## 《信息与计算科学丛书》编委会

**主　编**：石钟慈

**副主编**：王兴华　余德浩

**编　委**：(按姓氏拼音排序)

　　　　　白峰杉　白中治　陈发来　陈志明　陈仲英

　　　　　程　晋　鄂维南　郭本瑜　何炳生　侯一钊

　　　　　舒其望　宋永忠　汤　涛　吴　微　徐宗本

　　　　　许进超　羊丹平　张平文

"十二五"国家重点图书出版规划项目

信息与计算科学丛书　83

# 多维奇异积分的高精度算法

黄 晋 著

科 学 出 版 社

北 京

## 内 容 简 介

本书是系统地介绍各类多维奇异积分的高精度算法的专著. 全书共 5 章: 第 1 章介绍面型与点型奇异积分 (包括弱奇异、Cauchy 强奇异、Hadamard 超奇异积分) 的概念与存在条件及一些基本性质, 并介绍各类奇异积分算子的定义和基本性质; 第 2 章简略介绍正常积分的数值方法和加速收敛方法; 第 3 章主要论述一维各类奇异积分与含参数的奇异积分的高精度算法以及各类奇异积分的加速收敛方法, 同时给出了外推的稳定性分析; 第 4 章主要论述各类多维奇异积分与含参的奇异积分的高精度算法以及各类奇异积分的加速收敛方法; 第 3、4 章是本书的核心内容; 第 5 章介绍奇异积分与奇异积分算子的渐近展开式. 本书取材新颖, 算例翔实, 所提供的算法具有计算复杂度低、精度高、并行度高和拥有后验误差估计等特点.

本书可作为计算数学和应用数学专业的博士生、硕士生和本科高年级学生的教材或参考书, 也可作为从事积分方程和工程边界元计算的科研工作者和工程技术人员的参考资料.

**图书在版编目(CIP)数据**

多维奇异积分的高精度算法/黄晋著. —北京: 科学出版社, 2017.3
(信息与计算科学丛书; 83)
"十二五" 国家重点图书出版规划项目
ISBN 978-7-03-051972-6

I. ①多… II. ①黄… III. ①奇异积分算子 IV. ①O177.6

中国版本图书馆 CIP 数据核字 (2017) 第 045093 号

责任编辑: 王丽平 / 责任校对: 张凤琴
责任印制: 张 伟 / 封面设计: 陈 敬

科学出版社 出版
北京东黄城根北街 16 号
邮政编码: 100717
http://www.sciencep.com

北京虎彩文化传播有限公司 印刷
科学出版社发行 各地新华书店经销
\*
2017 年 3 月第 一 版 开本: 720×1000 1/16
2018 年 1 月第二次印刷 印张: 35 1/4
字数: 700 000
**定价: 198.00 元**
(如有印装质量问题, 我社负责调换)

# 《信息与计算科学丛书》序

20 世纪 70 年代末, 由已故著名数学家冯康先生任主编、科学出版社出版了一套《计算方法丛书》, 至今已逾 30 册. 这套丛书以介绍计算数学的前沿方向和科研成果为主旨, 学术水平高、社会影响大, 对计算数学的发展、学术交流及人才培养起到了重要的作用.

1998 年教育部进行学科调整, 将计算数学及其应用软件、信息科学、运筹控制等专业合并, 定名为"信息与计算科学专业". 为适应新形势下学科发展的需要, 科学出版社将《计算方法丛书》更名为《信息与计算科学丛书》, 组建了新的编委会, 并于 2004 年 9 月在北京召开了第一次会议, 讨论并确定了丛书的宗旨、定位及方向等问题.

新的《信息与计算科学丛书》的宗旨是面向高等学校信息与计算科学专业的高年级学生、研究生以及从事这一行业的科技工作者, 针对当前的学科前沿、介绍国内外优秀的科研成果. 强调科学性、系统性及学科交叉性, 体现新的研究方向. 内容力求深入浅出, 简明扼要.

原《计算方法丛书》的编委和编辑人员以及多位数学家曾为丛书的出版做了大量工作, 在学术界赢得了很好的声誉, 在此表示衷心的感谢. 我们诚挚地希望大家一如既往地关心和支持新丛书的出版, 以期为信息与计算科学在新世纪的发展起到积极的推动作用.

石钟慈
2005 年 7 月

# 前　言

所谓奇异积分是指被积函数在积分区域内部或曲面上包含有奇点的积分. 奇异积分按照奇性的强、弱分为弱奇异、强奇异 (Cauchy 奇异) 和超奇异 (Hadamard 奇异) 三类, 下面以位势型积分为例进行解释, 考虑积分

$$I(f(x)) = \int_\Omega \frac{f(y)}{|x-y|^\lambda} dy, \quad x \in \Omega, \tag{0.1}$$

其中 $\Omega$ 是 $\mathfrak{R}^n$ 的有界或无界子域, 或者 $n$ 维流形, $f(y)$ 是 $\Omega$ 上的可测函数, $\lambda > 0$, $|x-y|$ 是 $x$ 和 $y$ 的距离. 显然, $x$ 是积分 (0.1) 的奇点. 如果 $\lambda < n$, 则称 (0.1) 为弱奇异积分; 如果 $\lambda = n$, 则称 (0.1) 为强奇异积分; 如果 $\lambda > n$, 则称 (0.1) 为超奇异积分. 弱奇异积分是收敛的, 即积分具有有限值, 而强奇异和超奇异积分是发散的, 必须通过特殊方法定义积分的有限部分值.

对于强奇异积分, 定义 Cauchy 主值如下: 令 $B_\varepsilon(x) = \{y: |x-y| \leqslant \varepsilon\}$ 是以 $x$ 为心, $\varepsilon$ 为半径的一个球, 如果极限

$$\lim_{\varepsilon \to 0} \int_{\Omega \setminus B_\varepsilon(x)} \frac{f(y)}{|x-y|^n} dy \tag{0.2}$$

存在有限值, 则称强奇异积分存在 Cauchy 主值, 并且记为

$$\lim_{\varepsilon \to 0} \int_{\Omega \setminus B_\varepsilon(x)} \frac{f(y)}{|x-y|^n} dy = p.v \int_\Omega \frac{f(y)}{|x-y|^n} dy. \tag{0.3}$$

当然, 为了保证极限存在对于函数 $f(y)$ 必须受到限制, 这些条件将在正文叙述.

对于 $\lambda > n$, 即超奇积分也可以定义 Hadamard 的有限部分值, 为此假定积分, 关于 $\varepsilon$ 成立渐近展开

$$\int_{\Omega \setminus B_\varepsilon(x)} \frac{f(y)}{|x-y|^\lambda} dy = \sum_{k=0}^K \sum_{j=0}^J I_{k,j}(b) \varepsilon^{\alpha_k} \log^j \varepsilon + o(1), \tag{0.4}$$

则定义超奇积分的有限部分为

$$f.p \int_\Omega \frac{f(y)}{|x-y|^\lambda} dy = \begin{cases} I_{i,0}(b), & \alpha_i = 0 \text{ 且 } 0 \leqslant i \leqslant K, \\ 0, & \text{其他}. \end{cases} \tag{0.5}$$

超奇异积分的 Hadamard 的有限部分值的数学依据是广义函数和解析开拓. 为此, 举简单例子加以解释: 考虑积分

$$f(\mu) = \int_0^1 x^\mu dx, \tag{0.6}$$

显然当 $\operatorname{Re}\mu > -1$ 时, (0.6) 有意义, 且 $f(\mu) = 1/(1+\mu)$; 若 $\operatorname{Re}\mu < -1$, (0.6) 是超奇异积分. 然而, 众所周知这个函数可以解析开拓为复变函数

$$F(\mu) = \frac{1}{1+\mu}, \quad \forall \mu \neq -1, \tag{0.7}$$

$F(\mu)$ 除 $\mu = -1$ 是极点外, 在复平面其他点解析, 因此超奇异积分 (0.6) 在 $\mu \neq -1$ 的值, 可定义为 $1/(1+\mu)$. 这个定义与 (0.5) 的等价性, 证明如下: 假设 $\operatorname{Re}\mu < -1$, $\forall \varepsilon > 0$, 那么在 $(\varepsilon, 1)$ 区间上的积分为正常积分, 并且

$$\int_\varepsilon^1 x^\mu dx = \frac{1}{1+\mu} - \frac{\varepsilon^{1+\mu}}{1+\mu}, \tag{0.8}$$

右边第一项是有限部分, 第二项是发散部分. 所谓 Hadamard 意义下的发散积分的有限部分, 便是在 (0.8) 中去掉发散项, 这个结果与解析延拓 (0.7) 的结果相同, 因此, 两种定义是等价的.

从 19 世纪开始, 数学、物理和工程技术中许多问题皆归结于各种类型的奇异积分、奇异积分算子和奇异积分方程. 1823 年阿贝尔研究在一垂直平面上, 求一质点在垂直等加速条件下下落必经的路径, 使得其下落时间总是等于下落距离的预定函数便导出著名的阿贝尔积分:

$$I(u(h)) = \int_0^h \frac{u(y)}{\sqrt{h-y}} dy, \tag{0.9}$$

即一个具有可变上限的关于 $u(y)$ 的奇异积分.

基于牛顿的万有引力定律和电磁力学的库仑定律, 导出的位势型积分更是一类重要的奇异积分, 例如地质学中的一个基本问题便是绘制地球内部的三维构造图, 以便勘探、预报地震. 这些问题的基础离不开位势型积分 [9,17,35,36,113,115,116,158]

$$V_E(\xi, \eta, \zeta) = \iiint_E \frac{\rho(x,y,z)dxdydz}{\sqrt{(x-\xi)^2 + (y-\eta)^2 + (z-\zeta)^2}}. \tag{0.10}$$

位势型积分还出现在偏微分方程、调和分析、概率统计、理论物理、生物化学等诸多学科中. 特别是, 借助单层位势与双层位势理论导出的边界积分方程与边界元方法 [142,143,199,202,226,270,271,274], 已经成为计算数学中继有限元方法和有限差分后的被广泛应用的计算方法.

有关奇异积分、奇异积分方程和奇异积分变换, 已经有众多的论文和专著讨论. 例如, 一维 Hilbert 变换

$$Hg = \frac{1}{2\pi \mathrm{i}} p.v \int_{-\infty}^\infty \frac{g(t)}{t-z} dt$$

和 $n$ 维的 Riesz 变换

$$R_jf = p.v\int_{R^n} f(x-t)\frac{t_j}{|t|^{n+1}}dt, \quad j=1,\cdots,n$$

便涉及奇异积分计算. 在断裂力学、空气动力学和正则边界元方法的诸多问题, 则涉及超奇积分和超奇异积分方程.

上述位势型积分不过是奇异积分常见一类, 多维奇异积分的一般形式为

$$I(f) = \int_\Omega g_1^\eta(x_1,\cdots,x_s)h(x_1,\cdots,x_s)\ln^\beta g_2(x_1,\cdots,x_s)dx_1\cdots dx_s, \quad (0.11)$$

这里 $g_j(x_1,\cdots,x_s) = r^\mu$, 且 $r = (\sum_{i=1}^s (x_i-t_i)^2)^{1/2}$, 或者 $r = (\sum_{i=1}^s c_i(x_i-t_i)^\gamma)^\delta$ 且 $\mu = \gamma\delta$, $c_i > 0$, $\gamma > 0$, $j = 1, 2$, $(t_1,\cdots,t_s) \in \bar\Omega$, 即所谓点型奇异函数; 或者 $g_j(x_1,\cdots,x_s) = |x_1-t_1|^{\gamma_1}\cdots|x_s-t_s|^{\gamma_s}$ 且 $\mu = \sum_i^s \gamma_i$, $i=1,\cdots,s$, 即 $g_j(x_1,\cdots,x_s)$ 是所谓面型奇异函数, 奇点分布在 $x_i-t_i=0$, $i=1,\cdots,s$ 的平面上, $h(\mathbf{x}) = h(x_1,\cdots,x_s)$ 是 $[0,1]^s$ 上的光滑函数, $\eta,\beta \geqslant 0$ 为整数. 注意, 奇点可以在区域内部, 也可以在边界上.

按照前面的分析, 奇异积分 (0.11) 可分为三类: 第一类, 当 $\mu > -s$, $\eta = 1$ 时, 称为弱奇异积分, 特别是, 当 $\eta = 1$, $\beta = 0$ 时, 称 (0.11) 为代数型奇异积分, 当 $\eta = 0$, $\beta = 1$ 时, 称为对数弱奇异; 第二类, 当 $\mu = -s$, $\eta = 0 = \beta$ 时, 称为 Cauchy 奇异积分, 这类积分必须在 Cauchy 主值意义下理解; 第三类, 当 $\mu < -s$, $\eta = \beta = 0$ 时, 称为超奇异积分, 其值必须在 Hadamard 有限部分意义下理解.

奇异 (包括弱奇异、强奇异和超奇异) 积分计算是当今计算数学的前沿领域, 许多对于光滑函数行之有效的方法, 在计算奇异积分失效, 尤其是高维超奇积分的 Hadamard 的有限部分值的计算方法, 作者尚未见到有相关工作的报道. 本书的核心内容, 便是基于高维推广 Euler-Maclaurin 展开式, 构造超奇积分的外推与分裂外推等加速收敛方法.

众所周知, 如果被积函数足够光滑, 基于 Euler-Maclaurin 展开式的外推方法, 即所谓 Romberg 算法是一维积分的有效方法. 将 Romberg 算法推广到弱奇异积分, 最早是 Navot[181] 使用 Fourier 级数展开得到弱奇异积分的推广 Euler-Maclaurin 展开式, 其后 Ninhan 和 Lyness[125] 沿此思路得到更新的结果, 但是这些结果仍然不能使用到强奇异和超奇异积分. 新的证明思路是 Elliott 和 Venturino[48−51] 提出, 他们应用 Mellin 变换得到 Euler-Maclaurin 展开式的新证明, 其后 Monegato 和 Lyness[175] 发现 Mellin 变换方法和复变函数的解析开拓相结合, Euler-Maclaurin 展开式能够推广到奇异和超奇异积分上, 不同的是渐近展开具有步长的负指数, 这意味着简单的中矩形公式使用到超奇积分是发散的, 但是通过逐步的负指数外推消去发散项后, 再经过正指数外推便得到超奇积分的 Hadamard 的有限部分值的高精度算法.

对于高维积分，由林群、吕涛提供的分裂外推是克服维数效应的有效方法，这个方法的基础是证明误差具有多步长的多参数渐近展开. 但是要把这个方法应用到多维超奇积分的 Hadamard 有限部分值计算需要克服许多困难. 为此，本书先从弱奇异积分的 Duffy 变换着手，把点型的奇点转换到一维面型超奇积分上，再使用解析开拓方法推广到多维超奇积分，从而得到使用多步长的多维中矩形求积公式计算多维超奇积分的 Hadamard 有限部分值，具有步长的多参数渐近展开，不过展开中包含步长的负指数，这意味着多维中矩形公式用到超奇积分是发散的，但是通过逐步的负指数分裂外推消去发散项后，再经过正指数分裂外推便得到多维超奇积分的 Hadamard 的有限部分值的高精度算法. 本书的诸多算例的数值结果说明这个方法是有效的.

本书核心内容是国家自然科学基金资助项目 (项目编号: 10871034, 11371079) 的创新性研究成果，参加这一项目的有马燕影、李虎、曾光、程攀、罗兴、江乐、陈冲、潘玉斌、彭江艳.

本书得到四川大学吕涛教授的指导和帮助，在此表示衷心感谢；感谢四川大学朱瑞老师的帮助. 科学出版社王丽平编辑在本书出版的各个阶段给予极大的支持，在此谨表谢忱.

黄 晋

2016 年 4 月 25 日于电子科技大学清水河畔

# 符号便览

| | |
|---|---|
| $\Re$ | 实数集合 |
| $\Re^s$ | $s$ 维空间 |
| $\boldsymbol{x}=(x_1,\cdots,x_s)$ | $\Re^s$ 中的一个点 |
| $\|\boldsymbol{x}-\boldsymbol{y}\|=[(x_1-y_1)^2+\cdots+(x_s-y_s)^2]^{1/2}$ | $\boldsymbol{x}$ 与 $\boldsymbol{y}$ 的 Euclid 距离 |
| $f(\boldsymbol{x})$ | 函数 $f(x_1,\cdots,x_s)$ 的缩写 |
| $D_i$ | $\dfrac{\partial}{\partial x_i}$ 的缩写 |
| $\alpha=(\alpha_1,\cdots,\alpha_s)$ | 多指标 |
| $\|\alpha\|$ | $\alpha_1+\cdots+\alpha_s$ |
| $\alpha!$ | $\alpha_1!\cdots\alpha_s!$ |
| $D^\alpha$ | $D_1^{\alpha_1}\cdots D_s^{\alpha_s}$ |
| $\Omega$ | $\Re^s$ 中的区域 |
| $\bar\Omega$ | $\Omega$ 的闭包 |
| $\Omega^c$ | $\Omega$ 的补集 |
| $X,Y$ | Banach 空间 |
| $X^*$ | $X$ 的共轭空间 |
| $A:X\to Y$ | 映 $X$ 到 $Y$ 的算子 |
| $A^*$ | $A$ 的共轭算子 |
| $D(A)$ | $A$ 的定义域 |
| $\Re(A)$ | $A$ 的值域 |
| $N(A)$ | $A$ 的零点集合 |
| $\mathcal{L}(X,Y)$ | 映 $X$ 到 $Y$ 的全体有界算子空间 |
| $\|A\|_{Y,X}$ | $A\in\mathcal{L}(X,Y)$ 的算子范数 |
| $x_n\to x$ | $x_n$ 收敛于 $x$ |
| $C(\Omega)$ | $\Omega$ 上的连续函数 |
| $C^m(\Omega)$ | $\Omega$ 上直到 $m$ 阶导数连续的函数空间 |
| $C^{m,\alpha}(\Omega)$ | Hölder 空间,$0<\alpha\leqslant 1$ |
| $L_p(\Omega)$ | $\Omega$ 上 $p$ 次方可积函数空间 |
| $L_\infty(\Omega)$ | $\Omega$ 上真性有界函数空间 |
| $C_0^\infty(\Omega)$ | 支集包含于 $\Omega$ 内的无限可微函数空间 |

| | |
|---|---|
| $W_p^m(\Omega)$ | Sobolev 空间 |
| $H^m(\Omega)$ | $W_2^m(\Omega)$的缩写 |
| $S_\alpha^0$ | 局部可积函数$A(\xi)$且满足$\|A(\xi)\| \leqslant C(1+\|\xi\|)^\alpha$的函数类 |
| $F(f(x)), \hat{f}(x)$ | $f(x)$的 Fourier 变换 |
| $h=(h_1,\cdots,h_s)$ | 多参数步长 |
| $h_0$ | $\max\limits_{1\leqslant j\leqslant s} h_j$ |
| $\dfrac{h}{2^\alpha}$ | $\left(\dfrac{h_1}{2^{\alpha_1}},\cdots,\dfrac{h_s}{2^{\alpha_s}}\right)$ |
| $h^\alpha$ | $h_1^{\alpha_1}\cdots h_s^{\alpha_s}$ |

# 目　　录

**第 1 章　奇异积分与奇异积分算子** ································· 1
  1.1　奇异积分 ···················································· 1
    1.1.1　无穷限广义积分 ········································· 1
    1.1.2　无界函数广义积分 ······································· 5
    1.1.3　含参变量的广义积分 ····································· 7
    1.1.4　一维 Cauchy 强奇异主值积分 ···························· 16
    1.1.5　多维 Cauchy 强奇异主值积分 ···························· 21
    1.1.6　一维 Hadamard 超奇异积分与 Hadamard 意义下的有限部分 ·· 23
    1.1.7　多维 Hadamard 超奇异积分的有限部分 ····················· 26
  1.2　积分变换 ··················································· 28
    1.2.1　Fourier 变换与 Fourier 积分 ··························· 28
    1.2.2　Laplace 变换与逆变换 ·································· 33
    1.2.3　Mellin 变换与逆变换 ··································· 35
  1.3　奇异积分算子 ··············································· 36
    1.3.1　有界算子和紧算子 ······································ 36
    1.3.2　弱奇异积分算子 ········································ 38
    1.3.3　Volterra 型积分算子 ··································· 42
    1.3.4　一维 Cauchy 强奇异积分算子 ···························· 44
    1.3.5　多维 Cauchy 强奇异积分算子 ···························· 47
    1.3.6　Hadamard 超奇异积分算子 ······························· 55
    1.3.7　拟微分算子 (PDO) 中的变量替换 ·························· 59

**第 2 章　数值积分** ··············································· 63
  2.1　一维积分的数值算法 ········································· 63
    2.1.1　求积公式与求积法 ······································ 63
    2.1.2　Newton-Cotes 公式 ···································· 65
    2.1.3　复合型求积公式 ········································ 70
    2.1.4　Euler-Maclaurin 展开式 ································ 72
    2.1.5　Gauss 求积公式 ········································ 78
  2.2　多维积分的数值算法 ········································· 82
    2.2.1　乘法定理 ·············································· 82

2.2.2　多维近似积分的降维方法 ································· 83
　　　2.2.3　多维 Euler-Maclaurin 展开式 ···························· 89
　　　2.2.4　被积函数的周期化 ···································· 96
　2.3　加速收敛方法 ··············································· 100
　　　2.3.1　自变量替换 ·········································· 100
　　　2.3.2　Richardson 外推与 Romberg 算法 ······················· 106
　　　2.3.3　分裂外推法 ·········································· 109
　　　2.3.4　加速收敛的组合算法 ·································· 113

# 第 3 章　一维奇异积分的高精度算法 ······························ 116
　3.1　一维弱奇异积分的误差的渐近展开式 ··························· 116
　　　3.1.1　一维端点弱奇异积分的求积公式与误差的渐近展开式 ······ 116
　　　3.1.2　一维含参弱奇异积分的误差渐近展开式 ·················· 125
　　　3.1.3　一维弱奇异积分的积分法 ······························ 128
　　　3.1.4　端点弱奇异积分的计算 ································ 129
　3.2　一维 Cauchy 奇异积分的定义与计算 ··························· 132
　　　3.2.1　Cauchy 奇异积分的定义与运算规律 ····················· 132
　　　3.2.2　Cauchy 奇异积分的计算公式 ··························· 133
　　　3.2.3　含有弱奇异与 Cauchy 奇异积分的计算 ·················· 138
　3.3　一维 Cauchy 奇异积分的高精度算法 ··························· 142
　　　3.3.1　定点在区间内的 Cauchy 奇异积分的误差渐近展开式 ······ 142
　　　3.3.2　端点弱奇异与内点为 Cauchy 奇异积分的误差渐近展开式 ·· 145
　　　3.3.3　内点为 Cauchy 奇异积分的加速收敛方法 ················ 148
　　　3.3.4　端点弱奇异与内点为 Cauchy 奇异积分的加速收敛方法 ···· 150
　3.4　一维含参的 Cauchy 奇异积分的高精度算法 ····················· 151
　　　3.4.1　含参的 Cauchy 奇异积分的误差渐近展开式 ·············· 151
　　　3.4.2　带权的含参的 Cauchy 奇异积分的数值算法 ·············· 154
　　　3.4.3　含参的 Cauchy 奇异积分的加速收敛方法 ················ 163
　　　3.4.4　端点弱奇异与含参的 Cauchy 奇异积分的加速收敛方法 ···· 165
　3.5　一维 Hadamard 超奇异积分的计算 ····························· 169
　　　3.5.1　Hadamard 超奇异积分的定义与一些运算性质 ············· 169
　　　3.5.2　Hadamard 超奇异积分的常用公式 ······················· 172
　　　3.5.3　混合超奇异积分的计算 ································ 177
　　　3.5.4　高阶超奇异积分的计算 ································ 179
　3.6　二阶 Hadamard 超奇积分的高精度算法 ························· 184
　　　3.6.1　内点为奇点的 Hadamard 超奇异积分的误差渐近展开式 ···· 185

  3.6.2 端点弱奇异与内点为超奇异积分的加速收敛方法·····················186
 3.7 端点为任意阶的超奇异积分的误差渐近展开式······························191
  3.7.1 定义在 $[0,\infty)$ 上的超奇异积分误差的渐近展开式·····················191
  3.7.2 发散积分的有限部分·······························································196
  3.7.3 定义在 $[0,\infty)$ 上的强奇异与超奇异积分的 Euler-Maclaurin 展开式·····199
  3.7.4 有限区间上端点为强奇异与超奇异积分的 Euler-Maclaurin 展开式·····201
 3.8 含参的任意阶超奇异积分的高精度算法······································205
  3.8.1 含参的任意阶超奇异积分的误差渐近展开式······························205
  3.8.2 数值算例·······························································212
  3.8.3 含参的任意阶超奇异积分的加速收敛方法···································216
  3.8.4 用 Newton-Cote 公式计算超奇异积分的超收敛算法·······················220
 3.9 含参的任意阶超奇异积分的误差渐近展开式 (续)·························232
  3.9.1 含参的整数阶超奇异积分的 Euler-Maclaurin 渐近展开式················232
  3.9.2 含参的分数阶超奇异积分的 Euler-Maclaurin 渐近展开式················235
  3.9.3 外推算法·······························································239
  3.9.4 数值算例·······························································243
 3.10 弱、强、超混合型奇异积分的高精度算法···································250
  3.10.1 端点为混合乘积型奇异积分的 Euler-Maclaurin 展开式·················250
  3.10.2 含参的任意阶混合乘积型奇异积分的 Euler-Maclaurin 展开式·········264
  3.10.3 含参的二阶混合乘积型奇异积分的 Euler-Maclaurin 展开式············267
  3.10.4 含参的混合乘积型奇数阶奇异积分的 Euler-Maclaurin 展开式·········276
  3.10.5 算例·······························································278
  3.10.6 弱、强、超奇异积分的线性组合的高精度算法····························280
 3.11 无界区域上奇异积分的高精度算法············································289
  3.11.1 无界区域上的奇异积分的求积公式········································290
  3.11.2 无界区间上的插值型求积公式············································295
  3.11.3 无界区间上的 Gauss 求积公式··········································297
 3.12 关于强、超奇异数值积分的 Richardson 外推的稳定性分析············301
  3.12.1 Richardson 外推的稳定性分析··········································301
  3.12.2 关于 $Q_n^{(k)}[g]$ 的 Richardson 外推的稳定性分析·······················305
  3.12.3 被积函数为周期函数的数值算法的稳定性分析····························309

**第 4 章 多维奇异积分的误差多参数渐近展开式与分裂外推算法**············312
 4.1 点型弱奇异积分的误差单参数渐近展开式···································312
  4.1.1 点型弱奇异积分的误差单参数 Euler-Maclaurin 展开式·················313
  4.1.2 点型弱奇异积分的快速收敛方法··········································319

4.2 二维乘积型含参弱奇异积分的误差多参数渐近展开式 ·················· 327
4.3 多维弱奇异积分误差的多参数渐近展开式 ························· 333
   4.3.1 代数弱奇异积分的误差多参数渐近展开式 ···················· 333
   4.3.2 对数弱奇异积分的误差多参数渐近展开式 ···················· 340
   4.3.3 面型弱奇异积分的误差多参数渐近展开式 ···················· 341
   4.3.4 混合型弱奇异积分的数值算法 ······························ 345
4.4 多维含参的弱奇异积分的误差多参数渐近展开式 ···················· 349
   4.4.1 含参的点型弱奇异积分的误差多参数渐近展开式 ·············· 349
   4.4.2 多维单纯形区域上的弱奇异积分的数值方法 ·················· 353
   4.4.3 多维曲边形区域上的弱奇异积分的数值方法 ·················· 356
   4.4.4 多维一般区域上的弱奇异积分的数值方法 ···················· 357
   4.4.5 分裂外推算法 ············································ 358
4.5 二维含参的 Cauchy 奇异积分的高精度算法 ························· 370
   4.5.1 含参的点型 Cauchy 奇异积分的误差多参数渐近展开式 ········· 371
   4.5.2 含参的面型 Cauchy 奇异积分的误差多参数渐近展开式 ········· 379
   4.5.3 Cauchy 奇异积分的分裂外推算法 ···························· 380
   4.5.4 含参的点型 Cauchy 奇异积分的分离算法 ···················· 387
4.6 多维超球形区域上的 Cauchy 奇异积分的分离算法 ···················· 396
4.7 二维混合超奇异积分的误差渐近展开式 ····························· 397
   4.7.1 原点为奇点的超奇异积分的误差的单参数渐近展开式 ··········· 398
   4.7.2 原点为奇点的超奇异积分的误差多参数渐近展开式 ············· 413
   4.7.3 含参的点型超奇异积分的误差多参数渐近展开式 ··············· 419
4.8 面型超奇异积分的误差多参数渐近展开式 ··························· 421
   4.8.1 原点为奇点的面型超奇异积分的误差的多参数渐近展开式 ······· 422
   4.8.2 含参的乘积型超奇异积分的误差多参数渐近展开式 ············· 439
4.9 多维点型超奇异积分的求积公式与误差多参数渐近展开式 ············· 443
   4.9.1 原点为奇点的超奇异积分的误差多参数渐近展开式 ············· 446
   4.9.2 含有对数奇异与超奇异积分的误差多参数渐近展开式 ··········· 450
   4.9.3 含参的超奇异积分的误差多参数渐近展开式 ··················· 451

# 第 5 章 奇异积分的渐近展开式 ·················································· 458
5.1 基本概念与基本定理 ·············································· 458
5.2 基本方法 ························································ 461
   5.2.1 分部积分法 ·············································· 461
   5.2.2 逐项积分法 ·············································· 464
   5.2.3 Laplace 方法 ············································· 468

|  |  | 5.2.4 平稳相位法 · · · · · · · · · · · · · · · · · · · · · · · · · · · · · · · · · · · · · · · · · · · · · · · · · 474 |
| --- | --- | --- |
|  |  | 5.2.5 Mellin 变换法 · · · · · · · · · · · · · · · · · · · · · · · · · · · · · · · · · · · · · · · · · · · · · 479 |
|  |  | 5.2.6 求积法 · · · · · · · · · · · · · · · · · · · · · · · · · · · · · · · · · · · · · · · · · · · · · · · · · · · · · · 491 |
|  | 5.3 | 几类典型奇异积分的渐近展开式 · · · · · · · · · · · · · · · · · · · · · · · · · · · · · · · · · · 496 |
|  |  | 5.3.1 对数奇异积分的渐近展开式 · · · · · · · · · · · · · · · · · · · · · · · · · · · · · · · · · · 496 |
|  |  | 5.3.2 Fourier 积分的渐近展开式 · · · · · · · · · · · · · · · · · · · · · · · · · · · · · · · · · · · 501 |
|  |  | 5.3.3 Stieltjes 变换与 Hilbert 变换 · · · · · · · · · · · · · · · · · · · · · · · · · · · · · · · · 512 |
|  |  | 5.3.4 分数阶积分的渐近展开式 · · · · · · · · · · · · · · · · · · · · · · · · · · · · · · · · · · · · 519 |
|  |  | 5.3.5 Cauchy 奇异与 Hadamard 奇异积分算子 · · · · · · · · · · · · · · · · · · · · · · 521 |

参考文献 · · · · · · · · · · · · · · · · · · · · · · · · · · · · · · · · · · · · · · · · · · · · · · · · · · · · · · · · · · · · · · · · · · · · · · 523

索引 · · · · · · · · · · · · · · · · · · · · · · · · · · · · · · · · · · · · · · · · · · · · · · · · · · · · · · · · · · · · · · · · · · · · · · · · · · 539

《信息与计算科学丛书》已出版书目 · · · · · · · · · · · · · · · · · · · · · · · · · · · · · · · · · · · · · · · 541

# 第 1 章 奇异积分与奇异积分算子

积分分为正常积分和反常积分两种类型. 正常积分的被积函数没有奇点能够按照普通积分定义来计算; 反常积分的被积函数含有奇点, 积分值可能收敛, 也可能发散. 发散积分并非全无研究价值, 恰恰相反, 某些发散积分可以在 Cauchy 主值意义下定义积分的有限值; 某些发散积分必须在 Hadamard 有限部分意义下定义积分的有限值. 发散积分的有限值研究和计算在数学物理和工程计算中具有重要意义, 例如量子电动力学中的所谓重整化理论, 便归结于计算发散积分的有限值, 这个理论的数学基础构成广义函数这一学科的主要内容. 本章介绍各类奇异积分: 无穷限的广义积分、弱奇异积分、Cauchy 主值意义下的奇异积分和 Hadamard 的有限部分意义下奇异积分的定义、性质及奇异积分算子的定义、性质, 以及 Fourier 变换、Mellin 变换和 Laplace 变换的概念和性质.

## 1.1 奇 异 积 分

奇异积分在数学应用和工程问题中时常遇到, 尤其是在工程边界元中, 奇异积分的计算必不可少. 本节给出弱奇异积分、Cauchy 主值积分、Hadamard 有限部分积分的概念、性质及运算规律.

### 1.1.1 无穷限广义积分

1. 无穷限广义积分的概念及收敛性条件

**定义 1.1.1** 设函数 $f(x)$ 对于任意的 $A\,(A>a)$ 在区间 $[a,A]$ 上可积, 当有限的极限 $\lim_{A\to\infty}\int_a^A f(x)dx$ 存在时, 称这极限为 $f(x)$ 在区间 $[a,+\infty)$ 上的广义积分, 记

$$\int_a^\infty f(x)dx = I = \lim_{A\to\infty}\int_a^A f(x)dx, \tag{1.1.1}$$

此时也称该积分收敛. 若 (1.1.1) 不存在, 称该积分发散.

类似可定义广义积分 $\int_\infty^b f(x)dx$ 和 $\int_\infty^\infty f(x)dx$. 若 $F(x)$ 是 $f(x)$ 的原函数, 则

$$\int_a^A f(x)dx = F(A) - F(a) \tag{1.1.2}$$

成立. 因此 $\int_a^\infty f(x)dx$ 收敛, 相当于 $\lim_{A\to\infty} F(A) = F(+\infty)$ 存在, 从而

$$\int_a^\infty f(x)dx = F(+\infty) - F(a). \tag{1.1.3}$$

同样有

$$\int_{-\infty}^b f(x)dx = F(b) - F(-\infty) \text{ 和 } \int_{-\infty}^\infty f(x)dx = F(+\infty) - F(-\infty). \tag{1.1.4}$$

无穷限广义积分的分部积分公式

$$\int_a^\infty udv = uv\Big|_a^\infty - \int_a^\infty vdu.$$

无穷限广义积分收敛的充要条件 (Cauchy 条件), 即积分 $\int_a^\infty f(x)dx$ 收敛的充分必要条件是: 对于任意的 $\varepsilon > 0$, 存在 $A_0$ $(A_0 \geqslant a)$, 当 $A, A' \geqslant A_0$ 时,

$$|I(A') - I(A)| = \left|\int_a^{A'} f(x)dx - \int_a^A f(x)dx\right| = \left|\int_A^{A'} f(x)dx\right| < \varepsilon$$

成立.

若当 $x \geqslant a$ 时, $f(x) \geqslant 0$, 那么 $\int_a^A f(x)dx$ 是 $A$ 的上升函数, 只要 $\int_a^A f(x)dx$ 有界, 就可以得到 $\int_a^\infty f(x)dx$ 收敛.

**2. 无穷限广义积分收敛的判别法**

(1) 比较判别法: 设从某一值 $a_0 \geqslant a$ 起, 有 $|f(x)| \leqslant \varphi(x)$, 而积分 $\int_a^\infty \varphi(x)dx$ 收敛, 那么积分 $\int_a^\infty f(x)dx$ 绝对收敛; 又若 $|f(x)| \geqslant \varphi(x) \geqslant 0$, 而积分 $\int_a^\infty \varphi(x)dx$ 发散, 那么积分 $\int_a^\infty |f(x)|dx$ 发散.

比较判别法的极限形式: 若 $\lim_{x\to\infty} \dfrac{|f(x)|}{\varphi(x)} = l$, 当 $0 \leqslant l < \infty$, 且 $\int_a^\infty \varphi(x)dx$ 收敛, 则积分 $\int_a^\infty f(x)dx$ 绝对收敛; 若 $0 < l \leqslant \infty$, 且 $\int_a^\infty \varphi(x)dx$ 发散, 则积分 $\int_a^\infty |f(x)|dx$ 发散.

**证明** 若 $\lim_{x\to\infty} \dfrac{|f(x)|}{\varphi(x)} = l \neq 0$, 则对于 $\varepsilon, l - \varepsilon > 0$, 必然存在 $x_0$, 当 $x \geqslant x_0$ 时,

$$0 < l - \varepsilon < \dfrac{|f(x)|}{\varphi(x)} < l + \varepsilon, \text{即} (l-\varepsilon)\varphi(x) < |f(x)| < (l+\varepsilon)\varphi(x)$$

成立, 显然 $\int_a^\infty \varphi(x)dx$ 与 $\int_a^\infty |f(x)|dx$ 同时收敛与发散. 在 $l=0, l=\infty$ 情形, 可类似地证明. □

(2) Cauchy 判别法: 在 (1) 中取 $\varphi(x) = \dfrac{c}{x^p} (c>0)$, 得到若 $|f(x)| \leqslant \dfrac{c}{x^p}, p>1$, 则 $\int_a^\infty f(x)dx$ 绝对收敛; 若 $|f(x)| \geqslant \dfrac{c}{x^p}, p \leqslant 1$, 并且 $f(x)$ 自某一值起保持定号, 那么 $\int_a^\infty f(x)dx$ 发散.

Cauchy 判别法的极限形式: 若 $\lim_{x\to\infty}|f(x)|x^p = l$, 当 $0 \leqslant l < \infty, p>1$ 时, 则 $\int_a^\infty f(x)dx$ 绝对收敛; 当 $0 < l \leqslant \infty, p \leqslant 1$ 时, 则 $\int_a^\infty |f(x)|dx$ 发散.

(3) Abel 判别法: 若 $f(x)$ 在 $[a,\infty)$ 上可积, $g(x)$ 单调有界, 那么积分 $\int_a^\infty f(x)g(x)dx$ 收敛.

**证明** 根据假定, 在任何 $[A, A']$ 上, 存在 $\xi$, 使

$$\int_A^{A'} f(x)g(x)dx = g(A)\int_A^\xi f(x)dx + g(A')\int_\xi^{A'} f(x)dx.$$

因为 $\int_a^\infty f(x)dx$ 收敛, 所以对于任意 $\varepsilon > 0$, 存在 $A_0 \geqslant a$, 使得当 $A', A \geqslant A_0$ 时, 有 $\left|\int_A^\xi f(x)dx\right| < \varepsilon$, $\left|\int_\xi^{A'} f(x)dx\right| < \varepsilon$, 又 $|g(x)| < L$, 所以当 $A', A \geqslant A_0$ 时, 有

$$\left|\int_A^{A'} f(x)g(x)dx\right| \leqslant |g(A)|\left|\int_a^\xi f(x)dx\right| + g(A')\left|\int_\xi^{A'} f(x)dx\right| \leqslant 2L\varepsilon.$$

由 Cauchy 收敛原理知积分 $\int_a^\infty f(x)g(x)dx$ 收敛. □

(4) Dirichlet 判别法: 若 $F(A) = \int_a^A f(x)dx$ 有界, 即 $\left|\int_a^A f(x)dx\right| \leqslant K$, $g(x)$ 单调且当 $x \to +\infty$ 时趋向于零, 则 $\int_a^\infty f(x)g(x)dx$ 收敛.

**证明** 因 $g(x) \to 0\ (x\to +\infty)$, 对任何 $\varepsilon > 0$, 有 $A_0$, 使得当 $A' > A \geqslant A_0$ 时, $|g(A)| < \varepsilon, |g(A')| < \varepsilon$. 又 $\left|\int_a^A f(x)dx\right| \leqslant K$, 所以

$$\left|\int_A^\xi f(x)dx\right| = \left|\int_a^\xi f(x)dx - \int_a^A f(x)dx\right| \leqslant 2K,$$

同样有 $\left|\int_\xi^{A'} f(x)dx\right| \leqslant 2K$. 利用第二中值定理, 得到只要 $A', A \geqslant A$, 就有

$$\left|\int_A^{A'} f(x)g(x)dx\right| \leqslant |g(A)|\left|\int_a^\xi f(x)dx\right| + g(A')\left|\int_\xi^{A'} f(x)dx\right| \leqslant 4K\varepsilon.$$

所以积分 $\int_a^\infty f(x)g(x)dx$ 收敛.

### 3. 多维无界区域上的广义积分

本段给出二维无界区域上的广义积分的概念、性质及判别法则, 这些概念、性质及判别法则完全可以推广到 $s$ 维空间上.

**定义 1.1.2** 设 $D$ 是平面上一无界区域 (如全平面、半平面、有限区域的外部等), 函数 $f(x)$ ($x \in D$) 在 $D$ 上各点几乎处处有定义, 用任意光滑曲线 $\gamma$ 在 $D$ 中划出有限区域 $\sigma$(图 1.1.1). 设二重积分 $\iint_\sigma f(x)d\sigma$ 存在, 当曲线 $\gamma$ 连续变动, 使所划出的区域 $\sigma$ 无限扩展而趋于区域 $D$ 时, 如果不论 $\gamma$ 的形状如何, 也不论扩展的过程怎样, 而 $\lim_{\sigma \to D} \iint_\sigma f(x)d\sigma$ 常有同一极限值 $I$, 则称 $I$ 是函数 $f(x)$ 在无界区域 $D$ 上的积分, 记 $I = \iint_D f(x)d\sigma$.

无界区域上的广义二重积分存在的充分必要条件: 对任何 $\varepsilon > 0$, $D$ 中有有界区域 $\sigma_0$, 当 $D$ 中的任意两个区域 $\sigma', \sigma''$ 满足 $\sigma'' \supset \sigma' \supset \sigma_0$ 时, 成立

$$\left|\iint_{\sigma''} f(x)d\sigma - \iint_{\sigma'} f(x)d\sigma\right| = \left|\iint_{\sigma''-\sigma'} f(x)d\sigma\right| < \varepsilon,$$

其中 $\sigma'' - \sigma'$ 表示属于 $\sigma''$ 与 $\sigma'$ 的差集.

**定理 1.1.1** (无界区域上的广义二重积分的 Cauchy 判别法) 设 $f(x)$ 在无界区域 $D$ 的任意有界区域上的二重积分存在:

(1) 如果 $f(x)$ 在 $D$ 内充分远处满足

$$|f(x)| \leqslant \frac{c}{r^p}, \tag{1.1.5}$$

其中 $c$ 为正常数, $r$ 是 $x$ 点到原点的距离, 且 $p > 2$, 那么积分 $\iint_D f(x)d\sigma$ 收敛.

(2) 如果 $f(x)$ 在 $D$ 内充分远处满足

$$|f(x)| \geqslant \frac{c}{r^p}, \tag{1.1.6}$$

其中 $c$ 为正常数, 而 $D$ 含有顶点为原点的无限扇形区域如图 1.1.2 所示, 且 $p \leqslant 2$, 那么积分 $\iint_D f(x)d\sigma$ 发散.

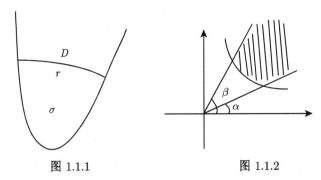

图 1.1.1　　　　　　图 1.1.2

**证明** (1) 作以原点为中心的圆域 $K_r$, $D$ 和 $K_r$ 的公共部分 $D_r$ 为扩展的区域. 显然, 当 $r \to \infty$ 时, $D_r \to D$. 设当 $r \geqslant r_0$ 时, $|f(x)| \leqslant \dfrac{c}{r^p}$ 成立, 当 $r'' > r' > r_0$ 时, 记 $D_{r'}$, $D_{r''}$ 相差的部分为 $D_{r'r''}$, 那么

$$\iint_{D_{r'r''}} |f(x)| d\sigma \leqslant \iint_{D_{r'r''}} \frac{c}{r^p} d\sigma \leqslant \iint_{r' \leqslant r \leqslant r''} \frac{c}{r^p} d\sigma = c \int_0^{2\pi} d\varphi \int_{r'}^{r''} \frac{rdr}{r^p}$$
$$= 2c\pi \frac{1}{2-p} \left[ \frac{1}{r''^{p-2}} - \frac{1}{r'^{p-2}} \right], \tag{1.1.7}$$

$\forall \varepsilon > 0$, 可找到 $r^* \geqslant r_0$, 当 $r'' > r' \geqslant r^*$ 时, 使 (1.1.7) 右边小于 $\varepsilon$, 从而积分 $\iint_D f(x) d\sigma$ 收敛.

(2) 如果 $D$ 内含有所说的无限扇形区域: $\alpha \leqslant \varphi \leqslant \beta$, $r \geqslant r_0$, 这里 $(r, \varphi)$ 是平面上的极坐标, 又 $|f(x)| \geqslant \dfrac{c}{r^p}$, 所以

$$\iint_{D_{rOR}} |f(x)| d\sigma \geqslant \iint_{D_{rOR}} \frac{c}{r^p} d\sigma \geqslant c \int_\alpha^\beta d\varphi \int_{r_0}^R \frac{rdr}{r^p} = c(\beta - \alpha) \int_{r_0}^R \frac{rdr}{r^p}$$
$$= \begin{cases} \dfrac{c(\beta - \alpha)}{2-p} \left[ \dfrac{1}{R^{p-2}} - \dfrac{1}{r_0^{p-2}} \right] \to \infty, (R \to \infty), & p < 2, \\ c(\beta - \alpha) \ln \dfrac{R}{r_0} \to \infty, (R \to \infty), & p = 2. \end{cases}$$

因之 $\iint_D |f(x)| d\sigma$ 发散, 从而 $\iint_D f(x) d\sigma$ 发散. □

### 1.1.2　无界函数广义积分

1. 无界函数广义积分的概念

**定义 1.1.3** 设 $x = b$ 是函数 $f(x)$ 的奇点, 但对于任意充分小的正数 $\eta$, $f(x)$ 在 $[a, b-\eta]$ 上可积, 即

$$F(\eta) = \int_a^{b-\eta} f(x)dx$$

存在. 如果 $\lim_{\eta \to 0} F(\eta)$ 存在, 那么称此极限值是无界函数 $f(x)$ 从 $a$ 到 $b$ 的积分, 记

$$\int_a^b f(x)dx = \lim_{\eta \to 0} \int_a^{b-\eta} f(x)dx. \tag{1.1.8}$$

若 (1.1.8) 成立, 则称无界函数 $f(x)$ 在 $[a,b]$ 上可积, 或称广义积分 $\int_a^b f(x)dx$ 收敛; 若 (1.1.8) 不成立, 则称无界函数 $f(x)$ 在 $[a,b]$ 上的积分发散.

定义 1.1.3 表明: 若函数 $f(x)$ 以区间 $[a,b]$ 的右端点 $x=b$ 为奇点, 积分 $\int_a^b f(x)dx$ 收敛的充分必要条件是: $\forall \varepsilon > 0, \exists \delta > 0$, 当 $0 < \eta, \eta' \leqslant \delta$ 时, $|F(\eta) - F(\eta')| = \left| \int_{b-\eta}^{b-\eta'} f(x)dx \right| < \varepsilon$, 所以 $\lim_{\eta \to 0} \int_{b-\eta}^b f(x)dx = 0$.

同样可以给出 $f(x)$ 在 $x=a$ 为奇点, 积分 $\int_a^b f(x)dx$ 收敛的充分必要条件: $\forall \varepsilon > 0, \exists \delta > 0$, 当 $0 < \eta, \eta' \leqslant \delta$ 时, $\left| \int_{a+\eta}^{a+\eta'} f(x)dx \right| < \varepsilon$, 所以 $\lim_{\eta \to 0} \int_a^{a+\eta} f(x)dx = 0$.

**2. 无界函数广义积分收敛的判别法**

(1) Cauchy 判别法 (设 $f(x)$ 在 $x=a$ 有奇点): 若 $|f(x)| \leqslant \dfrac{c}{(x-a)^p}$ ($c > 0$, $p < 1$), 则 $\int_a^b f(x)dx$ 绝对收敛; 若 $|f(x)| \geqslant \dfrac{c}{(x-a)^p}$ ($c > 0, p \geqslant 1$), 则 $\int_a^b f(x)dx$ 发散.

Cauchy 判别法的极限形式: 若 $\lim_{x \to a} |f(x)|(x-a)^p = l$, 当 $0 \leqslant l < \infty, p < 1$ 时, 则 $\int_a^b f(x)dx$ 绝对收敛; 当 $0 < l \leqslant \infty, p \geqslant 1$ 时, 则 $\int_a^b |f(x)|dx$ 发散.

(2) Abel 判别法: 若 $f(x)$ 在 $x=a$ 有奇点, 那么积分 $\int_a^b f(x)dx$ 收敛, $g(x)$ 单调有界, 那么 $\int_a^b f(x)g(x)dx$ 收敛.

(3) Dirichlet 判别法: 若 $f(x)$ 在 $x=a$ 有奇点, $\int_{a+\eta}^b f(x)dx$ 是 $\eta$ 的有界函数, $g(x)$ 单调且当 $x \to a$ 时趋向于零, 那么 $\int_a^b f(x)g(x)dx$ 收敛.

这些判别法则的证明, 类似于无穷限广义积分的判别法的证明.

## 1.1 奇异积分

**3. 二维无界函数的广义积分**

**定义 1.1.4** 设 $f(x)$ 在有界区域 $D$ 上有奇点或奇线 (函数在这些点或线的邻域内无界),以 $D$ 中的光滑曲线 $\gamma$ 来隔开奇点或奇线,$\gamma$ 所围成的区域记 $\Delta$,若在区域 $D-\Delta$ 上的积分 $\iint_{D-\Delta} f(x)d\sigma$ 存在,且当 $\Delta$ 收缩到奇点或奇线时,这些积分的极限值存在且与 $\gamma$ 的取法和收缩的方式无关,称此极限值是 $D$ 上的无界函数的二重积分,记 $\iint_D f(x)d\sigma$.

Cauchy 判别法: (1) 设在 $D$ 内函数 $f(x)$ 有奇点 $Q$,若对于和 $Q$ 充分邻近的点 $x$,有 $|f(x)| \leqslant \dfrac{c}{r^p}$,其中 $r$ 是 $x$ 与 $Q$ 点距离,且 $p<2$,那么积分 $\iint_D f(x)d\sigma$ 收敛 (图 1.1.3(a)).

(2) 设在 $D$ 内函数 $f(x)$ 有奇点 $Q$,在 $Q$ 的邻近有 $|f(x)| \geqslant \dfrac{c}{r^p}$,其中 $r$ 是 $x$ 与 $Q$ 点的距离,且 $D$ 含有以 $Q$ 为顶点的角状区域,又 $p \geqslant 2$,那么积分 $\iint_D f(x)d\sigma$ 发散 (图 1.1.3(b)).

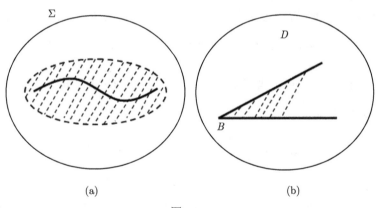

图 1.1.3

该判别法的证明可根据上面的证明方法得到. 同样可以推广到 $s(s>2)$ 维空间上.

### 1.1.3 含参变量的广义积分

**1. 一致收敛的定义**

**定义 1.1.5** 定义在 $a \leqslant x < \infty, c \leqslant y \leqslant d$ 上函数 $f(x,y)$,对每个固定的 $y$ 值,称无穷限积分 $\displaystyle\int_a^\infty f(x,y)dx$ 存在,若 $\forall \varepsilon > 0, \exists A_0(\varepsilon,y) \geqslant a$,使当 $A', A \geqslant A_0(\varepsilon,y)$

时, 成立
$$\left|\int_A^{A'} f(x,y)dx\right| < \varepsilon \text{ 或 } \left|\int_A^\infty f(x,y)dx\right| < \infty, \tag{1.1.9}$$

若 $\forall \varepsilon > 0, \exists y \in [c,d]$ 无关的 $A_0(\varepsilon)$, 使得当 $A', A \geqslant A_0(\varepsilon)$ 时, 有 (1.1.9) 成立, 称 $\int_a^\infty f(x,y)dx$ 关于 $y$ 在 $[c,d]$ 上为一致收敛.

**定义 1.1.6** 设对于 $[c,d]$ 上的每一 $y$ 值, 以 $x = b$ 为奇点的积分 $\int_a^b f(x,y)dx$ 存在, 若 $\forall \varepsilon > 0$, 存在与 $[c,d]$ 上的 $y$ 无关的 $\delta_0(\varepsilon)$, 使当 $0 < \eta, \eta' < \delta_0(\varepsilon)$ 时,

$$\left|\int_{b-\eta}^{b-\eta'} f(x,y)dx\right| < \varepsilon \text{ 或 } \left|\int_{b-\eta}^b f(x,y)dx\right| < \varepsilon \tag{1.1.10}$$

成立, 称 $\int_a^b f(x,y)dx$ 关于 $y$ 在 $[c,d]$ 上一致收敛.

2. 一致收敛的判别方法

以下判别方法都假设 $\int_a^\infty f(x,y)dx$ 收敛.

**Weierstrass 判别方法**: 设有函数 $F(x)$, 使 $|f(x,y)| \leqslant F(x), a \leqslant x < \infty, c \leqslant y \leqslant d$. 若积分 $\int_a^\infty F(x)dx$ 收敛, 那么 $\int_a^\infty f(x,y)dx$ 关于 $y$ 在 $[c,d]$ 上一致收敛.

**证明** 因 $\forall \varepsilon > 0, \exists A_0$, 使当 $A', A \geqslant A_0$ 时, 有 $\left|\int_A^{A'} F(x)dx\right| < \varepsilon$, 又由一致收敛定义 1.1.5 和不等式

$$\left|\int_A^{A'} f(x,y)dx\right| \leqslant \left|\int_A^{A'} |f(x,y)|dx\right| \leqslant \left|\int_A^{A'} F(x)dx\right|$$

可推出结论. □

**Abel 判别法**: 设 $\int_a^\infty f(x,y)dx$ 关于 $y$ 在 $[c,d]$ 上一致收敛, $g(x,y)$ 对 $x$ 单调且关于 $y$ 为一致有界, 即存在正数 $L$, 对 $a \leqslant x < \infty, c \leqslant y \leqslant d$, 有 $|g(x,y)| < L$ 成立, 那么积分 $\int_a^\infty f(x,y)g(x,y)dx$ 关于 $y$ 在 $[c,d]$ 上一致收敛.

**证明** 根据 $\int_a^\infty f(x,y)dx$ 的一致收敛性, 对 $\forall \varepsilon > 0, \exists A_0 \geqslant a$, 使当 $A', A \geqslant A_0$ 时, 有 $\left|\int_A^{A'} F(x)dx\right| < \varepsilon$ 成立. 因此, 当 $A', A \geqslant A_0$ 时, 由第二中值定理,

$$\int_A^{A'} f(x,y)g(x,y)dx = g(A,y)\int_A^{\xi(y)} f(x,y)dx + g(A',y)\int_{\xi(y)}^{A'} f(x,y)dx,$$

有
$$\left|\int_A^{A'} f(x,y)g(x,y)dx\right| \leqslant 2L\varepsilon,$$

所以 $\int_a^\infty f(x,y)g(x,y)dx$ 关于 $y$ 在 $[c,d]$ 上一致收敛. □

**Dirichlet 判别法**: 设 $\int_a^A f(x,y)dx$ 对于 $A \geqslant a, y \in [c,d]$ 上一致有界, 即存在正数 $K$, 使得
$$\left|\int_a^A f(x,y)dx\right| \leqslant K,$$

又 $g(x,y)$ 关于 $x$ 单调, 且当 $x \to +\infty$ 时, 有 $g(x,y)$ 关于 $[c,d]$ 上的 $y$ 一致趋于 $0$, 即 $\forall \varepsilon > 0, \exists A_0$, 使当 $x \geqslant A_0$ 时, 对一切 $y \in [c,d]$ 有 $|g(x,y)| < \varepsilon$ 成立, 那么积分 $\int_a^\infty f(x,y)g(x,y)dx$ 关于 $y$ 在 $[c,d]$ 上一致收敛.

**证明** 由假设可知, 对任何 $A', A \geqslant a$, 有
$$\left|\int_A^{A'} f(x,y)dx\right| \leqslant \left|\int_a^A f(x,y)dx\right| + \left|\int_a^{A'} f(x,y)dx\right| \leqslant 2K.$$

由 $|g(x,y)| < \varepsilon$ 推知当 $A', A \geqslant a$ 时, 有
$$\left|\int_A^{A'} f(x,y)g(x,y)dx\right| \leqslant |g(A,y)|\left|\int_a^{\xi(y)} f(x,y)dx\right| + |g(A',y)|\left|\int_{\xi(y)}^{A'} f(x,y)dx\right|$$
$$< 2K\varepsilon + 2K\varepsilon < 4K\varepsilon,$$

所以 $\int_a^\infty f(x,y)g(x,y)dx$ 关于 $y$ 在 $[c,d]$ 上一致收敛. □

**定理 1.1.2** (连续性定理) 设 $f(x,y)$ 在 $[a,\infty;c,d]$ 上连续, 积分 $\int_a^\infty f(x,y)dx$ 关于 $y$ 在 $[c,d]$ 上一致收敛, 那么 $I(y) = \int_a^\infty f(x,y)dx$ 是关于 $y$ 在 $[c,d]$ 上的连续函数.

**证明** 因为 $\int_a^\infty f(x,y)dx$ 关于 $y$ 在 $[c,d]$ 上一致收敛, 所以 $\forall \varepsilon \geqslant 0, \exists A_0(\varepsilon)$, 使当 $A \geqslant A_0$ 时, $\left|\int_A^\infty f(x,y)dx\right| < \varepsilon$, 对 $[c,d]$ 上一切 $y$ 成立. 因此当 $y + \Delta y$ 在 $[c,d]$ 上时, 有 $\left|\int_A^\infty f(x,y+\Delta y)dx\right| < \varepsilon$ 成立. 由 $f(x,y)$ 在 $[a,\infty;c,d]$ 上连续, 所以 $\int_a^A f(x,y)dx$ 是关于 $y$ 在 $[c,d]$ 上连续函数, 对 $\varepsilon \geqslant 0, \exists \delta > 0$, 使当 $|\Delta y| < \delta$ 时,
$$\left|\int_a^A f(x,y+\Delta y)dx - \int_a^A f(x,y)dx\right| < \varepsilon.$$

因此，当 $|\Delta y| < \delta$ 时，有

$$|I(y+\Delta y) - I(y)| \leqslant \left| \int_a^A f(x, y+\Delta y)dx - \int_a^A f(x,y)dx \right|$$
$$+ \left| \int_a^\infty f(x, y+\Delta y)dx \right| + \left| \int_a^\infty f(x,y)dx \right| < 3\varepsilon,$$

即 $I(y)$ 是 $[c, d]$ 上的连续函数.□

**定理 1.1.3** (极限交换定理)   设 $y$ 在某一个 $y_0$ 的邻域内固定时，积分

$$\int_a^\infty f(x,y)dx$$

存在，并且当 $y \to y_0$ 时，$f(x, y)$ 在任何 $x$ 的区间 $[a, A]$ 上一致趋于极限函数 $\varphi(x)$，而 $\int_a^\infty \varphi(x)dx$ 收敛. 如果 $I(y) = \int_a^\infty f(x, y)dx$ 关于 $y$ 在上述 $y_0$ 的邻域内一致收敛，那么有下式成立：

$$\lim_{y \to y_0} \int_a^\infty f(x,y)dx = \int_a^\infty \lim_{y \to y_0} f(x,y)dx = \int_a^\infty \varphi(x)dx. \tag{1.1.11}$$

证明和连续性定理的证明类似.

**定理 1.1.4** (函数的连续性导出积分一致收敛性)   设 $f(x,y)$ 在 $[a, \infty; c, d]$ 上连续，且保持同号，又 $I(y) = \int_a^\infty f(x,y)dx$ 是 $[c, d]$ 上的连续函数，那么 $\int_a^\infty f(x,y)dx$ 关于 $y$ 在 $[c, d]$ 上一致收敛.

**证明**   设 $f(x,y) \geqslant 0$，如果 $\int_a^\infty f(x,y)dx$ 关于 $y$ 在 $[c, d]$ 上不一致收敛，那么 $\forall \varepsilon > 0$, $\nexists A_0(\varepsilon)$, 使得当 $A \geqslant A_0$ 时，有 $0 \leqslant \int_A^\infty f(x,y)dx < \varepsilon$ 对 $[c, d]$ 中的一切 $y$ 成立. 由于 $\int_A^\infty f(x,y)dx \leqslant \int_{A_0}^\infty f(x,y)dx$，所以说不存在 $A_0$, 使得 $0 \leqslant \int_{A_0}^\infty f(x,y)dx < \varepsilon$ 对 $[c, d]$ 中的一切 $y$ 成立，因此，对于任意大于 $a$ 的正整数 $n$, 不等式 $0 \leqslant \int_n^\infty f(x,y)dx < \varepsilon$ 不能对 $[c, d]$ 中的一切 $y$ 成立，所以在 $[c, d]$ 中有 $y_n$ 使得 $\int_n^\infty f(x, y_n)dx \geqslant \varepsilon$ 成立，这样的点列 $\{y_n\}$ 有子点列 $\{y_{n_k}\}$ 收敛于 $[c, d]$ 中的一点 $y_0$.

因为 $\int_m^\infty f(x,y)dx = \int_a^\infty f(x,y)dx - \int_a^m f(x,y)dx$ 的右边两项都是连续函数，所以左边也如此. 对于任何 $m$ $(m > a)$ 成立，总有 $n_k \geqslant m$,

$$\int_m^\infty f(x, y_{n_k})dx \geqslant \int_{n_k}^\infty f(x, y_{n_k})dx \geqslant \varepsilon,$$

## 1.1 奇异积分

令 $y_{n_k} \to y_0$, 得到 $\int_m^\infty f(x, y_0)dx \geqslant \varepsilon$ 对任何 $m$ ($m > a$) 成立, 这和 $\int_a^\infty f(x, y_0)dx$ 收敛矛盾. 定理得证. □

**3. 一致收敛性的运算性质**

**定理 1.1.5** (积分顺序交换定理 (I))  设 $\int_a^\infty f(x, y)dx$ 在 $[a, \infty; c, d]$ 上连续, $\int_a^\infty f(x, y)dx$ 关于 $y \in [c, d]$ 一致收敛, 那么 $I(y) = \int_a^\infty f(x, y)dx$ 在 $[c, d]$ 上的积分可以在积分号下进行:

$$\int_c^d dy \int_a^\infty f(x, y)dx = \int_a^\infty dx \int_c^d f(x, y)dy. \qquad (1.1.12)$$

**证明**  设 $\{A_n\}$ 为一单增数列, $A_0 = a$, $A_n \to \infty$ ($n \to \infty$). 置 $u_n(y) = \int_{A_{n-1}}^{A_n} f(x, y)dx$, 因 $\int_a^\infty f(x, y)dx$ 关于 $y \in [c, d]$ 一致收敛, 那么级数 $\sum_{n=1}^\infty u_n(y)$ 在 $[c, d]$ 上一致收敛. 因为 $\forall \varepsilon \geqslant 0$, $\exists A_0$, 当 $A'$, $A \geqslant A_0$ 时, 对一切 $y \in [c, d]$ 有 $\left|\int_A^{A'} f(x, y)dx\right| < \varepsilon$ 成立. 当 $n > N$, $A_n \to \infty$ 时, 有 $A_n > A_0$. 因此, 当 $m > n > N$ 时, 对一切 $y \in [c, d]$ 有 $|u_n(y) + \cdots + u_m(y)| < \varepsilon$, 这说明 $\sum_{n=1}^\infty u_n(y)$ 在 $[c, d]$ 上一致收敛, 并且 $\int_{A_{n-1}}^{A_n} f(x, y)dx = u_n$ 在 $[c, d]$ 上都连续. 所以

$$\int_c^d I(y)dy = \int_c^d \sum_{n=1}^\infty u_n(y)dy = \sum_{n=1}^\infty \int_c^d u_n(y)dy$$
$$= \sum_{n=1}^\infty \int_c^d dy \int_{A_{n-1}}^{A_n} f(x, y)dx = \sum_{n=1}^\infty \int_{A_{n-1}}^{A_n} dx \int_c^d f(x, y)dy$$
$$= \int_a^\infty dx \int_c^d f(x, y)dy.$$

这里得到证明. □

**定理 1.1.6** (积分顺序交换定理 (II))  设 $f(x, y)$ 在 $[a, \infty; c, d]$ 上连续, 积分 $\int_a^\infty f(x, y)dx$ 关于 $y$ 在任何 $[c, C]$ 上为一致收敛, 积分 $\int_c^\infty f(x, y)dy$ 关于 $x$ 在任何 $[a, A]$ 上一致收敛, 并且 $\int_a^\infty dx \int_c^\infty |f(x, y)|dy$, $\int_c^\infty dy \int_a^\infty |f(x, y)|dx$ 有一个存在, 那么

$$\int_a^\infty dx \int_c^\infty f(x, y)dy = \int_c^\infty dy \int_a^\infty f(x, y)dx. \qquad (1.1.13)$$

**证明** 设 $\int_a^\infty dx \int_c^\infty |f(x,y)|dy$ 存在，从而 $\int_a^\infty dx \int_c^\infty f(x,y)dy$ 也存在，并且 $\forall \varepsilon \geqslant 0, \exists A > a$, 使 $\int_A^\infty dx \int_c^\infty |f(x,y)|dy < \varepsilon$ 成立. 从而，对于任何 $C > c$, 有 $\int_A^\infty dx \int_C^\infty |f(x,y)|dy < \varepsilon$. 因 $\int_c^\infty f(x,y)dy$ 关于 $x$ 在任何 $[a,A]$ 上一致收敛，所以对于 $\dfrac{\varepsilon}{A-a}$, 可取 $C$ 充分大，使 $\left|\int_c^\infty f(x,y)dy\right| < \dfrac{\varepsilon}{A-a}$ 对于 $[a,A]$ 中的一切 $x$ 成立. 因此

$$\left|\int_a^\infty dx \int_C^\infty f(x,y)dy\right| \leqslant \left|\int_a^A dx \int_C^\infty f(x,y)dy\right| + \left|\int_A^\infty dx \int_C^\infty f(x,y)dy\right|$$

$$\leqslant \int_a^A \left|\int_C^\infty f(x,y)dy\right|dx + \int_A^\infty dx \int_C^\infty |f(x,y)|dy$$

$$\leqslant \int_a^A \dfrac{\varepsilon}{A-a}dx + \varepsilon = 2\varepsilon.$$

又 $\int_a^\infty f(x,y)dx$ 关于 $y$ 在任何 $[c,C]$ 上一致收敛，根据交换定理（Ⅰ），它在 $[c,C]$ 上的积分顺序可交换，由此得到对于充分大的 $C$，有

$$\left|\int_a^\infty dx \int_c^\infty f(x,y)dy - \int_c^C dy \int_a^\infty f(x,y)dx\right|$$

$$= \left|\int_a^\infty dx \int_c^\infty f(x,y)dy - \int_a^\infty dx \int_c^C f(x,y)dy\right|$$

$$= \left|\int_a^\infty dx \int_C^\infty f(x,y)dy\right| \leqslant 2\varepsilon. \tag{1.1.14}$$

因此 (1.1.13) 得证. □

**定理 1.1.7** (积分号下求微商的定理)　设 $f(x,y), f_y(x,y)$ 在 $[a,\infty;c,d]$ 上连续，$\int_a^\infty f(x,y)dx$ 存在，$\int_a^\infty f_y(x,y)dx$ 关于 $y$ 在任何 $[c,d]$ 上一致收敛，那么 $I(y) = \int_a^\infty f(x,y)dx$ 的微商存在，且

$$\dfrac{d}{dy}\int_a^\infty f(x,y)dx = \int_a^\infty \dfrac{\partial}{\partial y}f(x,y)dx. \tag{1.1.15}$$

**证明**　设 $\varphi(y) = \int_a^\infty f_y(x,y)dx$, 根据定理 1.1.2 知，$\varphi(y)$ 是 $[c,d]$ 上的连续函

数，沿区间 $[c,d]$ $(c < y \leqslant d)$ 积分 $\varphi(y)$，得到

$$\int_c^y \varphi(y)dy = \int_c^y dy \int_a^\infty f_y(x,y)dx = \int_a^\infty dx \int_c^y f_y(x,y)dy$$
$$= \int_a^\infty f(x,y)dx - \int_a^\infty f(x,c)dx = I(y) - I(c).$$

左边有导数，因此 $I(y)$ 也有导数，两边求导，由于 $\varphi(y)$ 连续，得到 (1.1.15).□

**4. 几个常见含参广义积分**

**例 1.1.1** 为了研究 Dirichlet 积分

$$I = \int_0^\infty \frac{\sin x}{x} dx \tag{1.1.16}$$

的性质，考虑积分

$$I(\alpha) = \int_0^\infty e^{-\alpha x} \frac{\sin x}{x} dx \quad (\alpha \geqslant 0),$$

这个积分一致收敛，且 $I = I(0)$. 记当 $x \neq 0$ 时，$f(x,\alpha) = e^{-\alpha x}\frac{\sin x}{x}$；当 $x = 0$ 时，$f(x,\alpha) = 1$. 从而 $f_\alpha(x,\alpha) = e^{-\alpha x}\sin x$, 显然 $f(x,\alpha), f_\alpha(x,\alpha)$ 是 $0 \leqslant x < \infty$, $0 \leqslant \alpha < \infty$ 上的连续函数，又 $\int_0^\infty e^{-\alpha x}\frac{\sin x}{x}dx$ 关于 $\alpha \geqslant 0$ 为一致收敛. 所以 $I(\alpha)$ 是 $[0,\infty)$ 上的连续函数，故 $I = I(0) = \lim_{\alpha \to 0} I(\alpha)$.

因为 $\int_0^\infty f_\alpha(x,\alpha)dx = -\int_0^\infty e^{-\alpha x}\sin x dx$ 且关于 $\alpha$ 在 $[\varepsilon,\infty)$ ($\varepsilon > 0$) 上一致收敛，因 $|e^{-\alpha x}\sin x| \leqslant e^{-\varepsilon x}$, 而 $\int_0^\infty e^{-\alpha x}dx$ 收敛. 根据定理 1.1.7 得到在 $(\varepsilon,\infty)$ 内成立

$$I'(\alpha) = -\int_0^\infty e^{-\alpha x}\sin x dx = \left.\frac{e^{-\alpha x}(\alpha \sin x + \cos x)}{1+\alpha^2}\right|_{x=0}^{x=\infty} = \frac{-1}{1+\alpha^2}.$$

对于任何 $\alpha_0 > 0$, 常可取 $[\varepsilon,\infty)$ 含有 $\alpha_0$. 因此 $I'(\alpha)$ 存在，即 $I'(\alpha) = \frac{-1}{1+\alpha^2}$ 对 $\alpha > 0$ 成立，且 $I(\alpha) = -\arctan\alpha + C$. 另一方面 $|I(\alpha)| = \left|\int_0^\infty e^{-\alpha x}\frac{\sin x}{x}dx\right| \leqslant \int_0^\infty e^{-\alpha x}dx = \frac{1}{\alpha}$, 当 $\alpha \to \infty$ 时，$I(\alpha) \to 0$. 因此得到 $0 = -\frac{\pi}{2} + C$, 即 $C = \frac{\pi}{2}$, 故 $I = I(0) = \frac{\pi}{2}$.

**例 1.1.2** 对于 Beta 函数

$$B(p,q) = \int_0^1 x^{p-1}(1-x)^{q-1}dx, \tag{1.1.17}$$

可以证明以下性质.

(1) **连续性** 对任何 $p > 0$, $q > 0$, 有 $p \geqslant p_0 > 0$, $q \geqslant q_0 > 0$. 因为 $x^{p-1}(1-x)^{q-1} \leqslant x^{p_0-1}(1-x)^{q_0-1}$, 而 $\int_0^1 x^{p_0-1}(1-x)^{q_0-1}dx$ 收敛, 所以 $B(p,q)$ 在 $[p_0, \infty; q_0, \infty)$ 上一致收敛, 从而 $B(p,q)$ 在此范围内连续.

(2) **对称性** 对 $B(p,q) = \int_0^1 x^{p-1}(1-x)^{q-1}dx$ 作变换 $x = 1-t$, $dx = -dt$, 得到

$$B(p,q) = -\int_1^0 t^{q-1}(1-t)^{p-1}dt = \int_0^1 t^{q-1}(1-t)^{p-1}dt = B(q,p)$$

(3) **其他表示** 设 $x = \cos^2\theta$, $dx = -2\sin\theta\cos\theta d\theta$,

$$B(p,q) = -2\int_{\pi/2}^0 \cos^{2(p-1)}\theta \sin^{2(q-1)}\theta \sin\theta\cos\theta d\theta$$
$$= 2\int_0^{\pi/2} \cos^{2p-1}\theta \sin^{2q-1}\theta d\theta.$$

置 $x = 1/(1+z)$, $dx = -dz/(1+z)^2$, 那么

$$B(p,q) = \int_0^\infty \frac{z^{q-1}}{(1+z)^{p+q}}dz = \int_0^1 \frac{z^{q-1}}{(1+z)^{p+q}}dz + \int_1^\infty \frac{z^{q-1}}{(1+z)^{p+q}}dz,$$

对后一个积分, 置 $z = t^{-1}$, 再交换 $t$ 为 $z$, 得到

$$\int_1^\infty \frac{z^{q-1}}{(1+z)^{p+q}}dz = -\int_1^0 \frac{\frac{1}{t^{q-1}}\frac{1}{t^2}}{\left(1+\frac{1}{t}\right)^{p+q}}dt = \int_0^1 \frac{z^{p-1}}{(1+z)^{p+q}}dz,$$

故

$$B(p,q) = \int_0^1 \frac{z^{p-1}+z^{q-1}}{(1+z)^{p+q}}dz.$$

(4) **递推公式** (a) 当 $p > 0$, $q > 1$ 有

$$B(p,q) = \frac{q-1}{p+q-1}B(p,q-1); \tag{1.1.18}$$

(b) 当 $p > 1$, $q > 0$ 有

$$B(p,q) = \frac{p-1}{p+q-1}B(p-1,q); \tag{1.1.19}$$

(c) 当 $p > 1$, $q > 1$ 有

$$B(p,q) = \frac{(p-1)(q-1)}{(p+q-1)(q+p-2)}B(p-1,q-1). \tag{1.1.20}$$

**证明** 当 $p > 0, q > 1$ 有

$$B(p,q) = \int_0^1 x^{p-1}(1-x)^{q-1}dx = \frac{q-1}{p}\int_0^1 x^p(1-x)^{q-2}dx$$

$$= \frac{q-1}{p}\int_0^1 [x^{p-1} - x^{p-1}(1-x)](1-x)^{q-2}dx$$

$$= \frac{q-1}{p}\int_0^1 x^{p-1}(1-x)^{q-2}dx - \frac{q-1}{p}\int_0^1 x^{p-1}(1-x)^{q-1}dx$$

$$= \frac{q-1}{p}B(p, q-1) - \frac{q-1}{p}B(p,q),$$

(a) 得证,同理可证 (b). 当 $p > 1, q > 1$ 的情形,运用 (a) 和 (b) 得证.□

**例 1.1.3** 对于 Gamma 函数

$$\Gamma(t) = \int_0^\infty x^{t-1}e^{-x}dx, \tag{1.1.21}$$

可以证明以下性质:

(1) 连续性 $\Gamma(t)$ 函数在任何 $[t_0, T_0]$ $(0 < t_0 < T_0)$ 上一致收敛. 因为 $\Gamma(t) = \int_0^1 x^{t-1}e^{-x}dx + \int_1^\infty x^{t-1}e^{-x}dx = I_1(t) + I_2(t)$.

首先研究 $I_1(t)$, $x^{t-1}e^{-x} \leqslant x^{t_0-1}e^{-x}$, 而 $\int_0^1 x^{t_0-1}e^{-x}dx$ 收敛, 所以 $I_1(t)$ 关于 $t$ 在 $[t_0, T_0]$ 上一致收敛, 从而 $I_1(t)$ 是 $[t_0, T_0]$ 上的连续函数. 再研究 $I_2(t)$, $x^{t-1}e^{-x} \leqslant x^{t_0-1}e^{-x}$, 而 $\int_0^1 x^{t_0-1}e^{-x}dx$ 收敛, 所以 $I_2(t)$ 关于 $t$ 在 $[t_0, T_0]$ 上一致收敛, 从而 $I_2(t)$ 是 $[t_0, T_0]$ 上的连续函数. 因此 $\Gamma(t)$ 函数在 $[t_0, T_0]$ 上连续, 故 $\Gamma(t)$ 函数在 $t > 0$ 连续.

(2) $\Gamma(t)$ 的递推公式: $\Gamma(t+1) = t\Gamma(t)$ $(t > 0)$, 特别地, 当 $t = n + 1$ 为正整数, 有 $\Gamma(n+1) = n!$.

(3) Beta 函数与 Gamma 函数的关系

$$B(p,q) = \frac{\Gamma(p)\Gamma(q)}{\Gamma(p+q)}, \quad p > 0, q > 0. \tag{1.1.22}$$

**证明** 置 $t > 0, \alpha > 0$, 设 $\alpha s = x$, 得到 $\Gamma(t) = \alpha^t \int_0^\infty s^{t-1}e^{-\alpha s}ds$, 和 $\Gamma(t)/\alpha^t = \int_0^\infty s^{t-1}e^{-\alpha s}ds$. 因此当 $p > 0, q > 0, z \geqslant 0$ 时, 有

$$\frac{\Gamma(p+q)}{(1+z)^t} = \int_0^\infty s^{p+q-1}e^{-(1+z)s}ds.$$

又 $B(p,q) = \int_0^\infty \frac{z^{q-1}}{(1+z)^{p+q}} dz$, 得到

$$\Gamma(p+q)B(p,q) = \int_0^\infty \frac{\Gamma(p+q)z^{q-1}}{(1+z)^{p+q}} dz = \int_0^\infty dz \int_0^\infty z^{q-1} s^{p+q-1} e^{-(1+z)s} ds.$$

当 $p > 0, q > 1$, 积分顺序可交换, 这是因为 $f(z,s) = z^{q-1} s^{p+q-1} e^{-(1+z)s}$ 在 $[0,\infty; 0,\infty)$ 是非负的, $\int_0^\infty dz \int_0^\infty f(z,s) ds = \Gamma(p+q)B(p,q)$ 存在. 又

$$\int_0^\infty f(z,s) ds = z^{q-1} \int_0^\infty s^{p+q-1} e^{-(1+z)s} ds = z^{q-1} \frac{\Gamma(p+q)}{(1+z)^{p+q}}$$

在 $z \geqslant 0$ 时连续, 由定理 1.1.4 知道, $\int_0^\infty f(z,s) ds$ 关于 $z$ 在任何 $[0, Z]$ 上一致收敛, 又

$$\int_0^\infty f(z,s) ds = e^{-s} s^{p+q-1} \int_0^\infty z^{q-1} e^{-(1+z)s} ds = e^{-s} s^{p-1} \Gamma(q)$$

在 $s \geqslant 0$ 时连续, 同理, $\int_0^\infty f(z,s) dz$ 关于 $s$ 在任何 $[0, S]$ 上一致收敛. 由定理 1.1.6, 二次无穷积分可交换顺序, 得到

$$\Gamma(p+q)B(p,q) = \int_0^\infty ds \int_0^\infty f(z,s) ds = \int_0^\infty \Gamma(q) e^{-s} s^{p-1} ds = \Gamma(p)\Gamma(q).$$

因而 $p > 1, q > 1$ 时, 证得 $B(p+1, q+1) = \frac{\Gamma(p)\Gamma(q)}{\Gamma(p+q)}$.

若 $p > 0, q > 0$ 时, 由上式得 $B(p+1, q+1) = \frac{\Gamma(p+1)\Gamma(q+1)}{\Gamma(p+q+2)}$. 由递推公式得到

$$\frac{pq}{(p+q+1)(p+q)} B(p,q) = \frac{p\Gamma(p) q\Gamma(q)}{(p+q+1)(p+q)\Gamma(p+q)},$$

从而得到当 $p > 0, q > 0$ 时, 有 (1.1.22). □

### 1.1.4 一维 Cauchy 强奇异主值积分

**1. Hölder 条件** [179]

**定义 1.1.7** 设 $L$ 为平面上任一曲线, 其方程为 $z = z(t) = (x(t), y(t))$, $a \leqslant t \leqslant b$, 如果函数 $z(t)$ 满足下列条件:

(1) $z(t)$ 有连续导数 $z'(t) = (x'(t), y'(t))$, 且 $(x'(t))^2 + (y'(t))^2 > 0$, $a < t < b$;

(2) 对任意异于 $a, b$ 的 $t_1, t_2$, 且 $t_1 \neq t_2$, 有 $z(t_1) \neq z(t_2)$, 则称 $L$ 为光滑曲线. 此外, 如果 $z(t)$ 还满足条件: $z(a) = z(b)$, 则称 $L$ 为光滑闭合曲线, 否则称开光滑曲线段. 由有限条光滑曲线组成的曲线称为逐段光滑曲线.

**Hölder 条件**(H 条件)　设 $L$ 为一逐段光滑曲线,在 $L$ 上给定函数 $\varphi(t)$,若对任意 $t_1, t_2 \in L$,有

$$|\varphi(t_1) - \varphi(t_2)| \leqslant A|t_1 - t_2|^\lambda, \quad 0 < \lambda \leqslant 1, \tag{1.1.23}$$

其中 $A, \lambda$ 为正常数,则称 $\varphi(t)$ 在 $L$ 上满足 H 条件,记 $\varphi(t) \in H(\lambda)$. 显然有下列性质:

(i) 若 $\varphi(t) \in H(\lambda)$,则 $|\varphi(t)| \in H(\lambda)$;

(ii) 若 $\varphi(t) \in H(\lambda_1), \omega(t) \in H(\lambda_2)$,则 $\varphi(t) + \omega(t) \in H(\lambda)$,其中 $\lambda = \min\{\lambda_1, \lambda_2\}$;

(iii) 若 $\varphi(t) \in H(\lambda)$,且 $\varphi(t)$ 在 $L$ 上处处不为零,则 $1/\varphi(t) \in H(\lambda)$;

(iv) 若曲线 $L$ 包含在一有界区域内, $\varphi(t)$ 在 $L$ 上满足 $H(\lambda)$ 条件,则对任何 $\mu \leqslant \lambda$,有 $\varphi(t) \in H(\mu)$.

**定义 1.1.8** (Lyapunov 曲线)　设 $L$ 是非闭光滑曲线段,通过 $z(t) = (x(t), y(t))$, $a \leqslant t \leqslant b$ 描述,若 $z'(t)$ 在 $[a,b]$ 满足 $H(\lambda)$ 条件,称 $L$ 为 Lyapunov 曲线.

2. Cauchy 型积分

**定义 1.1.9** (Cauchy 型积分)[54,179]　设 $L$ 为一逐段光滑曲线,又设 $\varphi(t)$ 在 $L$ 上连续,称积分

$$\Phi(t) = p.v \int_L \frac{\varphi(\tau)}{\tau - t} d\tau \tag{1.1.24}$$

为 Cauchy 型积分, $\varphi(t)$ 称密度函数, $1/(\tau - t)$ 称积分核. 显然对于每一 $t \notin L$, 函数 $\Phi(t)$ 都有确定的值;又当 $D$ 为一不包含 $L$ 的单连通区域时, $\Phi(t)$ 在 $D$ 上解析;当 $L$ 包含在有界区域内时,有 $\Phi(\infty) = 0$,其导数定义为

$$\Phi'(t) = p.f \int_L \frac{\varphi(\tau)}{(\tau - t)^2} d\tau, \quad z \in D. \tag{1.1.25}$$

**定义 1.1.10** (Cauchy 主值积分)[179]　设 $L$ 为一光滑曲线, $t$ 为 $L$ 上任一异于端点 $a, b$ 的点,以 $t$ 为中心,充分小的 $\varepsilon > 0$ 为半径作圆 $C_\varepsilon$ 交 $L$ 于 $t_1$ 和 $t_2$ (图 1.1.4).

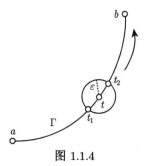

图 1.1.4

记在 $L$ 上 $t_1$ 到 $t_2$ 的弧为 $l\subset L$. 考虑积分

$$\int_{L-l}\frac{\varphi(\tau)}{\tau-t}d\tau, \tag{1.1.26a}$$

当 $\varepsilon\to 0$ 时, 若积分 (1.1.26a) 趋向一个确定的极限, 称此极限为积分 (1.1.26a) 的 Cauchy 主值积分 (简称 Cauchy 奇异积分或强奇异积分), 记

$$\Phi(t)=\lim_{\varepsilon\to 0}\int_{L-l}\frac{\varphi(\tau)}{\tau-t}d\tau=p.v\int_{L}\frac{\varphi(\tau)}{\tau-t}d\tau. \tag{1.1.26b}$$

**注 1.1.1** 在上述极限过程中, 要求 $t_1$ 和 $t_2$ 与 $t$ 保持相等的距离, 这正是定义主值积分和通常定义的广义积分不同之处. 显然, 如果积分 (1.1.26) 在通常的广义积分意义下存在, 则其 Cauchy 主值积分也必然存在, 反之不然.

**注 1.1.2** 若 $L=[a,b]$ 是实轴 $OX$ 上的闭区间, 有

$$\Phi(t)=\lim_{\varepsilon\to 0}\int_{L-l}\frac{\varphi(\tau)}{\tau-t}d\tau$$
$$=\lim_{\varepsilon\to 0}\left[\int_{a}^{t-\varepsilon}\frac{\varphi(\tau)}{\tau-t}d\tau+\int_{t+\varepsilon}^{b}\frac{\varphi(\tau)}{\tau-t}d\tau\right]=p.v\int_{a}^{b}\frac{\varphi(\tau)}{\tau-t}d\tau,\quad t\in[a,b]. \tag{1.1.26c}$$

**注 1.1.3** 为了方便, 在后面各章节中依然用普通积分符号 $\int$ 代替 Cauchy 主值积分符号 $p.v\int$.

**定理 1.1.8** (Cauchy 主值积分存在的充分条件)[179] 设 $L$ 是 Lyapunov 曲线, $\varphi(t)\in H(\lambda)$, $0<\lambda\leqslant 1$. 则 (1.1.26a) 的 Cauchy 主值积分存在, 且

$$\Phi(t)=\int_{L}\frac{\varphi(\tau)-\varphi(t)}{\tau-t}d\tau+\varphi(t)\left[\ln\frac{b-t}{a-t}+\pi i\right],\quad t\in L, \tag{1.1.27a}$$

其中 $a,b$ 是 $L$ 的端点.

**证明** 在复平面内, 以 $L$ 上的 $t$ 点为圆心, 任意小的正数 $\varepsilon$ 为半径作圆, 与 $L$ 相交于 $t_1$, $t_2$ 两点, 记在 $L$ 上 $t_1$ 到 $t_2$ 的弧为 $l\subset L$, 且 $t$ 不是 $L$ 的端点. 因为 $L$ 是 Lyapunov 曲线, 那么有

$$\int_{L-l}\frac{\varphi(\tau)}{\tau-t}d\tau=\int_{L-l}\frac{\varphi(\tau)-\varphi(t)}{\tau-t}d\tau+\varphi(t)\int_{L-l}\frac{1}{\tau-t}d\tau. \tag{1.1.27b}$$

因为

$$\left|\frac{\varphi(\tau)-\varphi(t)}{\tau-t}\right|\leqslant A|\tau-t|^{\mu-1},$$

(1.1.27b) 右边的第一个积分存在并极限对于 $\displaystyle\int_{L}\frac{\varphi(\tau)-\varphi(t)}{\tau-t}d\tau$.

下面讨论第二个积分，由

$$\int_{L-l} \frac{1}{\tau-t} d\tau = \ln(\tau-t)|_{\tau=a}^{\tau=t_1} + \ln(\tau-t)|_{\tau=t_2}^{\tau=b} = \ln\frac{b-t}{a-t} + \ln\frac{t_1-t}{t_2-t},$$

因为 $|t_1-t| = |t_2-t| = \varepsilon$，我们获得

$$\ln\frac{t_1-t}{t_2-t} = i[\arg(t_1-t) - \arg(t_2-t)],$$

当 $\varepsilon \to 0$ 时，$i[\arg(t_1-t) - \arg(t_2-t)] \to \pi i$. 这就证明了 (1.1.26) 的极限存在，且 (1.1.27a) 成立. □

**注 1.1.4** Cauchy 主值积分的定义可推广到一般情形，设 $L$ 是 Lyapunov 曲线，$t \in L$，在 $L$ 上 $t$ 的邻域内任选两点 $t_1$ 和 $t_2$，且 $(t_1, t_2) \subset L$，和

$$\lim_{t \to t_1, t \to t_2} \left|\frac{t_1-t}{t_2-t}\right| = 1,$$

那么根据定理 1.1.8，有

$$\int_L \frac{\varphi(\tau)}{\tau-t} d\tau = \lim_{t \to t_1, t \to t_2} \int_{L \setminus (t_1, t_2)} \frac{\varphi(\tau)}{\tau-t} d\tau$$

成立，这里 $t_1$ 和 $t_2$ 可能是端点，$t$ 是内点.

**推论 1.1.1** 若 $L$ 是封闭的 Lyapunov 曲线，$t \in L$，则

$$\int_L \frac{\varphi(\tau)}{\tau-t} d\tau = \int_L \frac{\varphi(\tau) - \varphi(t)}{\tau-t} d\tau + \pi i \varphi(t), \quad t \in L. \tag{1.1.28}$$

特别地，

$$\int_L \frac{1}{\tau-t} d\tau = \pi i.$$

下面给出 Cauchy 主值积分的自变量替换的基本定理.

**定理 1.1.9** 设 $L$ 和 $L'$ 是 Lyapunov 曲线，$\tau = \alpha(\xi): L \to L'$ 的一一映射，且在 $L'$ 上 $\alpha'(\xi)$ 满足 $H(\lambda)(0 < \lambda \leqslant 1)$ 条件和 $\alpha'(\xi) \neq 0$，那么

$$\int_L \frac{\varphi(\tau)}{\tau-t} d\tau = \int_{L'} \frac{\varphi[\alpha(\zeta)] \alpha'(\zeta)}{\alpha(\zeta) - \alpha(\xi)} d\zeta, \tag{1.1.29}$$

这里 $t = \alpha(\xi)$.

**证明** 根据定理 1.1.8 和 Cauchy 主值积分的定义，我们有

$$\int_{L'} \frac{\varphi[\alpha(\zeta)] \alpha'(\zeta)}{\alpha(\zeta) - \alpha(\xi)} d\zeta = \lim_{\varepsilon \to 0} \int_{L'-l} \frac{\varphi[\alpha(\zeta)] \alpha'(\zeta)}{\alpha(\zeta) - \alpha(\xi)} d\zeta,$$

这里 $l = \{\zeta \in L' : |\zeta - \xi| \geqslant \varepsilon\}$，在上面右边替换 $\tau = \alpha(\zeta)$，上面右边等于极限值

$$\lim_{t_1 \to t, t_2 \to t} \int_{L \setminus (t_1, t_2)} \frac{\varphi(\tau)}{\tau - t} d\tau,$$

其中 $t_j = \alpha(\xi_j)$ ($j = 1, 2$)，和 $\xi_1, \xi_2$ 是 $L'$ 上对应的点，$|\zeta - \xi| = \varepsilon$，运用 Taylor 公式有

$$\lim_{t_1 \to t, t_2 \to t} \left| \frac{t_1 - t}{t_2 - t} \right| = 1$$

成立. 根据 (1.1.28)，得到 (1.1.29) 的证明. □

**定理 1.1.10** (CoxoukNŇ-Plemelj 公式)[179] 若 $L$ 是分段光滑曲线，$\varphi(t) \in H(\lambda)$，$0 < \lambda \leqslant 1$，设 $t \in L$ 但不是 $L$ 的端点，则 Cauchy 型积分

$$\Phi(t) = \frac{1}{2\pi i} \int_L \frac{\varphi(\tau)}{\tau - t} d\tau$$

的左、右边界值 $\Phi^+(t)$ 和 $\Phi^-(t)$ 均存在且连续，而且有

$$\Phi^+(t) = \frac{1}{2}\varphi(t) + \Phi(t) = \frac{1}{2}\varphi(t) + \frac{1}{2\pi i}\int_L \frac{\varphi(\tau)}{\tau - t}d\tau, \quad (1.1.30a)$$

$$\Phi^-(t) = \frac{-1}{2}\varphi(t) + \Phi(t) = -\frac{1}{2}\varphi(t) + \frac{1}{2\pi i}\int_L \frac{\varphi(\tau)}{\tau - t}d\tau, \quad (1.1.30b)$$

这里 $\Phi^+(t)$ 和 $\Phi^-(t)$ 表示当 $t$ 从曲线 $L$ 的左侧或右侧 (相对于 $L$ 的正向而言) 趋向 $L$ 上的点 $t$ 时的边界值 (或称极限值).

公式 (1.1.30) 在一维 Cauchy 奇异积分方程的理论中占有十分重要的地位，运用它们能把一维 Cauchy 奇异积分方程化为解析函数的边值问题.

**定理 1.1.11** (Poincaré-Bertrand 公式)[179] 设 $L$ 一维光滑曲线，$t \in L$ 但不是 $L$ 的端点，那么

$$\int_L \frac{d\tau}{\tau - t} \int_L \frac{\varphi(\tau, \tau_1)}{\tau_1 - t} d\tau_1 = -\pi^2 \varphi(t, t) + \int_L d\tau_1 \int_L \frac{\varphi(\tau, \tau_1)}{(\tau - t)(\tau_1 - t)} \varphi(\tau) d\tau, \quad (1.1.31)$$

其中 $\varphi(t, \tau)$ 关于两个变量满足 Hölder 条件:

$$|\varphi(t_1, \tau_1) - \varphi(t_2, \tau_2)| \leqslant C[|t_1 - t_2|^\lambda + |\tau_1 - \tau_2|^\mu], \quad t_1, t_2, \tau_1, \tau_2 \in L.$$

**注 1.1.5** 积分

$$\Phi(\theta_0) = \int_0^{2\pi} \cot \frac{\theta - \theta_0}{2} d\theta, \quad \theta_0 \in [0, 2\pi]$$

称为 Hilbert 积分，有

$$\int_0^{2\pi} \cot \frac{\theta_0 - \theta}{2} d\theta \int_0^{2\pi} \cot \frac{\theta - \theta_1}{2} \varphi(\theta_1) d\theta_1 = -4\pi^2 \varphi(\theta_0) + 2\pi \int_0^{2\pi} \varphi(\theta) d\theta$$

$$\int_0^{2\pi} \cot \frac{\theta - \theta_0}{2} \cot \frac{\theta_1 - \theta}{2} d\theta = 2\pi, \quad \theta_0, \theta_1 \in [0, 2\pi].$$

### 1.1.5 多维 Cauchy 强奇异主值积分

**定义 1.1.11** 形如

$$\Phi(x) = \int_D r^{-s} f(x,\theta) \varphi(y) dy, \tag{1.1.32}$$

这里 $D \subset \mathcal{R}^s$, $x$ 和 $y$ 是 $D$ 内的两个点,且 $r = |y-x|$, $\theta = (y-x)/r$, $x$ 是极点, $f(x,\theta)$ 和 $\varphi(y)$ 称为奇异积分 (1.1.32) 的特征函数和密度函数. 设 $O(x,\varepsilon)$ 是点 $x$ 的 $\varepsilon$ 邻域,若

$$\Phi(x) = \lim_{\varepsilon \to 0} \int_{D \setminus O(x,\varepsilon)} \frac{f(x,\theta)}{r^s} \theta(y) dy$$

存在,则称该极限值为 (1.1.32) 的 Cauchy 主值.

假设特征函数 $f(x,\theta)$ 和密度函数 $\varphi(y)$ 具有下列特征.

**H1** 在 $\Omega_R = \{y: |y-x| \leqslant R\}$ 上密度函数 $\varphi(y)$ 的连续模 $\omega(u,t)$ 满足 Dini 条件[179]

$$\int_0^t \tau^{-1} \omega(\varphi,\tau) d\tau < \infty,$$

其中

$$\omega(\varphi,t) = \sup_{y,y_0 \in \Omega, |y-y_0| \leqslant t} |\varphi(y) - \varphi(y_0)|;$$

**H2** 对于充分大的 $|x|$,有 $\varphi(x) = O(|x|^{-k})$, $\forall k > 0$ 成立;

**H3** 定义固定的 $x$,特征函数 $f(x,\theta)$ 有界且关于 $\theta$ 连续.

**定理 1.1.12** 在条件 H1—H3 成立下,奇异积分 (1.1.32) 存在的充要条件是

$$\int_S f(x,\theta) dS = 0, \tag{1.1.32a}$$

其中 $S$ 为单位球面.

**证明** 我们有

$$\int_{\mathcal{R}^s} r^{-s} f(x,\theta) \varphi(y) dy = \int_{r>1} r^{-s} f(x,\theta) \varphi(y) dy + \int_{r<1} r^{-s} f(x,\theta) [\varphi(y) - \varphi(x)] dy$$
$$+ \varphi(x) \int_{r<1} r^{-s} f(x,\theta) dy,$$

上式右边第一、二个积分绝对收敛. 现在计算第三个积分,利用球坐标,设中心在 $x$ 点,那么 $dy = r^{s-1} dr dS$ 和

$$\int_{r<1} r^{-s} f(x,\theta) dy = \lim_{\varepsilon \to 0} \int_{0<r<1} r^{-s} f(x,\theta) dy = \lim_{\varepsilon \to 0} \ln \varepsilon^{-1} \int_S f(x,\theta) dS,$$

这个极限存在的充要条件是 (1.1.32a) 成立. □

**注 1.1.6** 以后总是假设条件 (1.1.32a) 成立，根据条件 (1.1.32a)，奇异积分 (1.1.32) 可以描述为绝对收敛的积分

$$\int_{\Re^s} r^{-s} f(x,\theta)\varphi(y)dy = \int_{r>1} r^{-s} f(x,\theta)\varphi(y)dy + \int_{r<1} r^{-s} f(x,\theta)[\varphi(y)-\varphi(x)]dy. \tag{1.1.32b}$$

**注 1.1.7** 在条件 H1—H3 和 (1.1.32a) 成立下，$x$ 在任何有界区域内奇异积分 (1.1.32) 依然成立.

实事上，条件 H1—H3 和 (1.1.32a) 成立下，有

$$\int_{r>\varepsilon} r^{-s} f(x,\theta)dy = \int_{r>1} r^{-s} f(x,\theta)dy + \int_{\varepsilon<r<1} r^{-s} f(x,\theta)[\varphi(y)-\varphi(x)]dy,$$

右边的第一个积分与 $\varepsilon$ 无关，第二个积分一致收敛于

$$\int_{r<1} r^{-s} f(x,\theta)[\varphi(y)-\varphi(x)]dy.$$

前面给出了点型的 Cauchy 奇异积分的定义 1.1.11，为了给出面型的 Cauchy 奇异积分的定义，需要引入拓扑相关知识. 设 $L_1,\cdots,L_n$ 是分片光滑曲面, 这些曲面的拓扑积定义为 $L = L_1 \times \cdots \times L_n$. 设 $\varphi(t^1,\cdots,t^n)$ 是定义在 $L$ 上的函数; 若 $t^k, k=1,\cdots,n$, 不是 $L_k$ 的结点, 那么称 $t = (t^1,\cdots,t^n)$ 内点. 设 $t_0$ 是 $L$ 的内点, 在曲面 $L_k$ 内以 $t_0^k$ 为球心, $\varepsilon_k$ 为半径作球面定义为 $l_k \subset L_k$.

**定义 1.1.12** 设点 $t_0 = (t_0^1,\cdots,t_0^n) \in L$, 函数 $\varphi(t^1,\cdots,t^n)$ 的 Cauchy 奇异积分定义为

$$\phi(t_0) = \lim_{\varepsilon_1,\cdots,\varepsilon_n \to 0} \int_{L_*} \frac{\varphi(t^1,\cdots,t^n)dt^1\cdots dt^n}{(t^1-t_0^1)\cdots(t^n-t_0^n)}, \quad L_* = (L_1\setminus l_1) \times \cdots \times (L_n\setminus l_n), \tag{1.1.33}$$

这里 $\varepsilon_1,\cdots,\varepsilon_n$ 独立地趋于零. 这个极限定义为

$$\phi(t_0) = \int_{L_1\times\cdots\times L_n} \frac{\varphi(t^1,\cdots,t^n)dt^1\cdots dt^n}{(t^1-t_0^1)\cdots(t^n-t_0^n)} = \int_L \frac{\varphi(t)dt}{((t-t_0))},$$

其中 $((t-t_0)) = (t^1-t_0^1)\cdots(t^n-t_0^n)$, $dt = dt^1\cdots dt^n$.

若称 $\varphi(t^1,\cdots,t^n)$ 是定义在 $D$ 内的 $H(\mu_1,\cdots,\mu_n)$ 类函数 (或称满足 $H$ 条件), 如果对任意点 $(t_1',\cdots,t_n'), (t_1'',\cdots,t_n'') \in D$, 有

$$|\varphi(t_1',\cdots,t_n') - \varphi(t_1'',\cdots,t_n'')| \leqslant A_1|t_1'-t_1''|^{\mu_1} + \cdots + A_n|t_n'-t_n''|^{\mu_n} \tag{1.1.33a}$$

成立, 这里常数 $A_k \geqslant 0, 0 < \mu_k \leqslant 1, k=1,\cdots,n$.

**定理 1.1.13** [145-147] 设 $\varphi(t^1,\cdots,t^n)$ 是定义在 $L = L_1 \times \cdots \times L_n$ 上的 $H(\mu_1,\cdots,\mu_n)$ 类函数, 那么 $\phi(t_0^1,\cdots,t_0^n) \in H(\mu_1-\varepsilon,\cdots,\mu_n-\varepsilon)$, 其中 $\varepsilon$ 是任意

## 1.1 奇异积分

小的正常数, $L_k, k = 1, \cdots, n$ 是分片光滑曲面, 并且乘积型 Cauchy 积分允许用迭代 Cauchy 型积分表示, 即

$$\int_{L_1\times\cdots\times L_n} \frac{\varphi(t^1,\cdots,t^n)dt^1\cdots dt^n}{(t^1-t_0^1)\cdots(t^n-t_0^n)} = \int_{L_1}\frac{dt^1}{(t^1-t_0^1)}\left(\cdots\left(\int_{L_n}\frac{\varphi(t^1,\cdots,t^n)dt^n}{(t^n-t_0^n)}\right)\cdots\right). \tag{1.1.33b}$$

### 1.1.6 一维 Hadamard 超奇异积分与 Hadamard 意义下的有限部分

**定义 1.1.13** (Hadamard 超奇异积分)  形如

$$\int_0^b f(x)dx = \int_0^b x^\alpha g(x)dx, \quad \alpha < -1 \tag{1.1.34a}$$

和

$$F(s) = \int_a^b |x-t|^\alpha g(x)dx, \quad \alpha < -1, \tag{1.1.34b}$$

类型的积分称 Hadamard 超奇异积分.

**定义 1.1.14** (超奇异积分的 Hadamard 意义下的有限部分)[170-177]  如果存在 $\varepsilon$ 满足 $0 < \varepsilon < b < \infty$, 使函数 $f(x)$ 在区间 $(\varepsilon, b)$ 上可积, 并且存在单调序列 $\alpha_0 < \alpha_1 < \alpha_2 < \cdots$ 和非负整数 $J$, 使得展开式

$$\int_\varepsilon^b f(x)dx = \sum_{i=0}^\infty \sum_{j=0}^J I_{i,j}\varepsilon^{\alpha_i}\ln^j\varepsilon \tag{1.1.35}$$

成立, 那么定义上面积分的 Hadamard 有限部分积分为

$$p.f\int_0^b f(x)dx = \begin{cases} I_{k,0}, & \alpha_k = 0, \\ 0, & \alpha_k \neq 0, \text{对所有} i. \end{cases} \tag{1.1.36}$$

按照上面定义, 容易证明无论正常积分和 Cauchy 主值积分意义下的奇异积分都可以统一在定义 1.1.14 的框架下. 我们容易推导出以下引理.

**引理 1.1.1** [171]  对任何 $b > 0$, 有

$$p.f\int_0^b x^\alpha dx = \begin{cases} \ln b, & \alpha = -1, \\ b^{\alpha+1}/(\alpha+1), & \alpha \neq -1. \end{cases} \tag{1.1.37}$$

**引理 1.1.2** [171]  若 $\alpha < -1, m > -\alpha - 2$ 和 $g(x) \in C^{m+1}[0,b]$, 则对任何 $b > 0$, 有

$$p.f\int_0^b g(x)x^\alpha dx = \int_0^b x^\alpha \left[g(x) - \sum_{k=0}^m g^{(k)}(0)x^k/k!\right]dx$$

$$+ \sum_{k=0}^{m} \frac{g^{(k)}(0)}{k!} p.f \int_{0}^{b} x^{\alpha+k} dx. \qquad (1.1.38)$$

当 $\alpha = -2$ 时，超奇异积分 (1.1.34b) 的有限部分最早由 Hadamard[75] 给出：

$$F(s) = p.f \int_{a}^{b} \frac{f(x)}{(x-s)^2} dx$$

$$= \lim_{\varepsilon \to 0} \left\{ \int_{a}^{s-\varepsilon} \frac{f(x)}{(x-s)^2} dx + \int_{s+\varepsilon}^{b} \frac{f(x)}{(x-s)^2} dx - \frac{2f(s)}{\varepsilon} \right\}; \qquad (1.1.39)$$

因此被称为 Hadamard 有限部分意义下的积分. 下面给出当 $\alpha = -2$ 时, 超奇异积分 (1.1.39) 在 Hadamard 意义下存在的条件.

**定理 1.1.14** 若 $f(x)$ 是定义在 $[a,b]$ 上的函数且 $f'(x) \in H(\lambda)$, 那么对任意点 $s \in (a,b)$, $F(s) = p.f \int_{a}^{b} \frac{f(x)}{(x-s)^2} dx$ 存在.

**证明** 首先取 $f(x) = 1$, $x \in [a,b]$. 那么

$$\lim_{\varepsilon \to 0} \left\{ \int_{a}^{s-\varepsilon} \frac{1}{(x-s)^2} dx + \int_{s+\varepsilon}^{b} \frac{1}{(x-s)^2} dx - \frac{2}{\varepsilon} \right\}$$

$$= \lim_{\varepsilon \to 0} \left\{ \frac{1}{a-s} - \frac{1}{b-s} \right\} = \frac{1}{a-s} - \frac{1}{b-s} = \int_{a}^{b} \frac{1}{(x-s)^2} dx. \qquad (1.1.40)$$

现在讨论一般情形，我们有

$$p.f \int_{a}^{b} \frac{f(x)}{(x-s)^2} dx = \int_{a}^{b} \frac{1}{(x-s)} \frac{f(x)-f(s)}{(x-s)} dx + f(s) \left( p.f. \int_{a}^{b} \frac{1}{(x-s)^2} dx \right). \qquad (1.1.41)$$

因为 $f'(x) \in H(\lambda)$, 那么有 $\frac{f(x)-f(s)}{(x-s)} \in H(\lambda)$, 积分 $\int_{a}^{b} \frac{1}{(x-s)} \frac{f(x)-f(s)}{(x-s)} dx$ 是 Cauchy 型积分, 由定理 1.1.8 知, 它存在, 由 (1.1.40) 知 (1.1.41) 右边第二个积分也存在, 该定理得证. □

**注 1.1.8** 若 $f'(x) \in H(\lambda)$, $F(s)$ 是定义在 $[a,b]$ 上的函数, 根据超奇异积分的 Hadamard 意义下的有限部分的定义, 我们有

$$F(s) = \frac{f(a)}{a-s} - \frac{f(b)}{b-s} + \int_{a}^{b} \frac{f'(x)}{x-s} dx, \qquad (1.1.42)$$

公式 (1.1.42) 正好是积分 $\int_{a}^{b} \frac{f(x)}{(x-s)^2} dx$ 通过分部积分的结果.

将密度函数 $f(x)$ 在奇异点 $s$ 处 Taylor 展开, 超奇异积分按照有限部分意义下计算, 则得到超奇异积分的奇异分离, 它也可看作超奇异积分的另一种定义

$$p.f \int_{a}^{b} \frac{f(x)}{(x-s)^2} dx = \int_{a}^{b} \frac{f(x)-f(s)-f'(s)(x-s)}{(x-s)^2} dx$$

## 1.1 奇异积分

$$-f(s)\left(\frac{1}{b-s}-\frac{1}{a-s}\right)+f'(s)\ln\frac{b-s}{s-a}, \quad (1.1.43)$$

而对 Cauchy 主值积分求导, 则得到 Hadamard 有限部分积分的求导定义

$$\frac{d}{ds}\int_a^b \frac{f(x)}{(x-s)}dx = \text{p.f}\int_a^b \frac{f(x)}{(x-s)^2}dx, \quad s\in(a,b). \quad (1.1.44)$$

超奇异积分的不同定义在一定条件下是等价的, 在前言中已经说明.

**二阶超奇异积分的推广.** 当奇异积分的奇异阶数高于 2 时, 有如下定义:

$$\text{p.f}\int_a^b \frac{f(x)}{(x-s)^{p+1}}dx$$
$$= \lim_{\varepsilon\to 0}\left\{\left(\int_a^{x-\varepsilon}+\int_{s+\varepsilon}^b\right)\frac{f(x)}{(x-s)^{p+1}}dx - \sum_{j=0}^{p-1}\frac{(-1)^j f^{(j)}(s)}{j!}\frac{1-(-1)^{p-j}}{(p-j)\varepsilon^{p-j}}\right\}. \quad (1.1.45)$$

特别地有

$$\text{p.f}\int_a^b \frac{f(x)}{(x-s)^3}dx = \lim_{\varepsilon\to 0}\left\{\left(\int_a^{x-\varepsilon}+\int_{s+\varepsilon}^b\right)\frac{f(x)}{(x-s)^3}dx - \frac{2f'(s)}{2\varepsilon^2}\right\} \quad (1.1.46)$$

和

$$\text{p.f}\int_a^b \frac{f(x)}{(x-s)^4}dx = \lim_{\varepsilon\to 0}\left\{\left(\int_a^{x-\varepsilon}+\int_{s+\varepsilon}^b\right)\frac{f(x)}{(x-s)^4}dx - \frac{f''(s)}{\varepsilon} - \frac{2f(s)}{3\varepsilon^3}\right\}. \quad (1.1.47)$$

根据 (1.1.45) 和定理 1.1.14, 我们立即得到积分 (1.1.34) 在一般情况下的存在条件.

**推理 1.1.1** 若 $g(x)\in H_m(\lambda)$ 和 $-m-1\leqslant\alpha\leqslant-m$, 那么 $\int_a^b |x-t|^\alpha g(x)dx$ 在 Hadamard 有限部分意义下存在, 这里函数空间 $H_m(\lambda)$ 表示它的任何函数 $g(x)$ 有连续的 $m$ 阶导数 $g^{(m)}(x)$, 且 $g^{(m)}(x)\in H(\lambda)$.

根据函数的 Taylor 展开式有奇异分离公式:

$$\text{p.f}\int_a^b \frac{f(x)}{(x-s)^{p+1}}dx = \int_a^b \frac{1}{(x-s)^{p+1}}\left[f(x)-\sum_{j=0}^r \frac{f^{(j)}(s)(x-s)^j}{j!}\right]dx$$
$$+\sum_{j=0}^r \frac{f^{(j)}(s)}{j!}\int_a^b \frac{dx}{(x-s)^{p+1-j}}, \quad (1.1.48)$$

其中 $p>0, r>p, s\in(a,b)$.

**注 1.1.9** 在以后各章节中依然用普通积分符号 $\int$ 代替超奇异积分符号 $\text{p.f}\int$.

**1.1.7 多维 Hadamard 超奇异积分的有限部分**

考虑二维点型超奇异积分

$$F(y_1,y_2) = \iint_\Omega \frac{f(x_1,x_2)dx_1dx_2}{[\sqrt{(x_1-y_1)^2+(x_2-y_2)^2}]^\lambda} \quad (1.1.49)$$

其中 $\Omega \subset \Re^2$ 是二维空间的有界区域，$(x_1,x_2)$ 是 $\Omega$ 的内部点，$\lambda > 2$，且 $\lambda$ 是整数.

**定义 1.1.15** (二维超奇异积分的 Hadamard 的有限部分定义) [2,145,243-245] 任意给定一个多么小的正数 $\varepsilon > 0$，以 $(x_1,x_2)$ 为圆心，$\varepsilon$ 为半径作圆 $\varepsilon(x_1,x_2)$，若极限

$$F(y_1,y_2) = \lim_{\varepsilon \to 0} \left( \iint_{\Omega \setminus \varepsilon(x_1,x_2)} \frac{f(x_1,x_2)dx_1dx_2}{[\sqrt{(x_1-y_1)^2+(x_2-y_2)^2}]^\lambda} - \frac{B(\varepsilon)}{\varepsilon^{\lambda-2}} \right) \quad (1.1.50)$$

存在，称此极限值为二维超奇异积分 (1.1.50) 的 Hadamard 意义下的有限部分，这里 $B(\varepsilon)$ 是在 $(x_1,x_2)$ 的邻域内至少有 $p-1$ 阶连续可导函数.

**定理 1.1.15** [246] 在 (1.1.49) 中，如果以 $P_0(y_1,y_2)$ 为圆心，$\varepsilon$ 为半径作邻域 $C_\varepsilon$，取 $P_0$ 为极点，在极坐标描述下，有

$$\frac{f(x_1,x_2)}{[\sqrt{(x_1-y_1)^2+(x_2-y_2)^2}]^\lambda} = \frac{f_{-\lambda}(P_0,\theta)}{r^\lambda} + f_0(P_0,P),$$

这里 $r = |P-P_0| = \sqrt{(x_1-y_1)^2+(x_2-y_2)^2}$，$P = (x_1,x_2)$，那么在 Hadamard 意义下的有限部分积分存在的充分必要条件是

$$\int_0^{2\pi} f_{-\lambda}(P_0,\theta)d\theta = 0. \quad (1.1.51)$$

**证明** 因为

$$\int_{\Omega-C_\varepsilon} \frac{f(x_1,x_2)d_1dx_2}{[\sqrt{(x_1-y_1)^2+(x_2-y_2)^2}]^\lambda}$$

$$= \int_{\Omega-C_\varepsilon} f_0(P_0,P)dP + \int_0^{2\pi} f_{-\lambda}(P_0,\theta) \left[ \int_\varepsilon^{R(\theta)} \frac{dr}{r^{\lambda-1}} \right] d\theta,$$

且 $R(\theta)$ 和 $\delta(\varepsilon,\theta)$ 分别由 $\Omega$ 和 $C_\varepsilon$ 确定，所以当 $\varepsilon \to 0$ 时，我们有

$$\lim_{\varepsilon \to 0} \int_{\Omega-C_\varepsilon} f_0(P_0,P)dP + \int_0^{2\pi} f_{-\lambda}(P_0,\theta) \frac{R(\theta)^{2-\lambda}}{2-\lambda} d\theta - \lim_{\varepsilon \to 0} \frac{\varepsilon^{2-\lambda}}{2-\lambda} \int_0^{2\pi} f_{-\lambda}(P_0,\theta)d\theta,$$

特别地，该极限存在的充分必要条件是

$$\int_0^{2\pi} f_{-\lambda}(P_0,\theta)d\theta = 0.$$

定理得证.□

二维面型超奇异积分

$$F(y_1,y_2) = \int_a^b \int_c^d \frac{f(x_1,x_2)d_1dx_2}{|x_1-y_1|^\alpha|x_2-y_2|^\beta}, \quad \alpha>1, \beta>1, \tag{1.1.52}$$

可通过一维超奇异积分来定义，这是因为

$$\int_a^b \int_c^d \frac{f(x_1,x_2)d_1dx_2}{|x_1-y_1|^\alpha|x_2-y_2|^\beta} = \int_a^b \frac{dx_1}{|x_1-y_1|^\alpha} \int_c^d \frac{f(x_1,x_2)dx_2}{|x_2-y_2|^\beta}.$$

**定理 1.1.16** 若 $\frac{\partial^m}{\partial x_1^m}f(x_1,x_2) \in H(\mu_1)$, $\frac{\partial^n}{\partial x_2^n}f(x_1,x_2) \in H(\mu_2)$, 且 $m=[\alpha]$, $n=[\beta]$, 则 (1.1.52) 在 Hadamard 意义下的有限部分积分存在.

**注 1.1.10** 对高于二维的面型超奇异积分的定义和存在条件可类似得到.

以下讨论多维点型 Hadamard 奇异积分，考虑

$$I_\lambda = \int_{\Re^n} \frac{u(y)}{|x-y|^{n+\lambda}}dy = \lim_{\varepsilon\to 0}\left[\int_{\Re^n\setminus\Omega_\varepsilon^*} \frac{u(y)dy}{|x-y|^{n+\lambda}} - \frac{u(x)\Omega_n}{\lambda\varepsilon^\lambda}\right], \tag{1.1.53}$$

这里 $\Omega_n$ 是 $\Re^n$ 中的单位球的球面积，$\Omega_\varepsilon^*$ 表示球心为 $x$, 半径为 $\varepsilon$ 的球，$0<\lambda<2$. 下面将给出对任意的 $u(x) \in S = S(\Re^n)$, ($S$ 表示无限可微急剧下降函数空间) 在 Hadamard 的有限部分意义下该积分存在. 利用在 $x$ 点的球坐标，积分

$$I_\lambda^*(\varepsilon) = \int_{\Re^n\setminus\Omega_\varepsilon^*} \frac{u(y)dy}{|x-y|^{n+\lambda}} = \Omega_n \int_\varepsilon^\infty \frac{1}{r^{1+\lambda}}S_u(r)dr,$$

其中

$$S_u(r) = \frac{1}{\Omega_n}\int_\Omega u(x+r\omega)d\omega,$$

$\Omega$ 是中心在 $x=(x_1,\cdots,x_n)$ 的单位球，$d\omega$ 是球面的面积元，$\omega$ 是单位向量. 利用 $u(x)$ 的 Taylor 展开式，我们有

$$S_u(r) = \frac{1}{\Omega_n}\int_\Omega\left[u(0) + \sum_{j=1}^n \frac{\partial u(0)}{\partial x_j}x_j + \sum_{i,j=1}^n \frac{\partial^2 u(0)}{\partial x_i\partial x_j}x_ix_j + \cdots\right]d\omega. \tag{1.1.54}$$

关于 $x_j$ 的奇次幂的积分为零，于是得到

$$S_u(r) = u(0) + a_1r^2 + a_2r^4 + \cdots + a_kr^{2k} + o(r^{2k}), \quad \lim_{r\to 0}\frac{o(r^{2k})}{r^{2k}}=0 \tag{1.1.55}$$

和

$$\frac{\partial^{2m+1}S_u(0)}{\partial r^{2m+1}} = 0, \quad m=1,2,\cdots,$$

从而得到

$$I_\lambda^*(\varepsilon) = \Omega_n \int_\varepsilon^1 \frac{1}{r^{1+\lambda}} [S_u(r) - S_u(0)] dr$$
$$+ \Omega_n \int_1^\infty \frac{1}{r^{1+\lambda}} S_u(r) dr + \Omega_n \int_\varepsilon^1 \frac{1}{r^{1+\lambda}} S_u(0) dr. \quad (1.1.56)$$

因为 $S_u(0) = u(x)$, 同时对 $0 \leqslant r \leqslant 1$ 时, 有 $|S_u(r) - S_u(0)| \leqslant cr^2$, 因此

$$\lim_{\varepsilon \to 0} \Omega_n \int_\varepsilon^1 \frac{1}{r^{1+\lambda}} [S_u(r) - S_u(0)] dr = \Omega_n \int_0^1 \frac{1}{r^{1+\lambda}} [S_u(r) - S_u(0)] dr,$$

$$\Omega_n \int_\varepsilon^1 \frac{1}{r^{1+\lambda}} S_u(0) dr = \Omega_n u(x) \left[ \frac{-1}{\lambda} + \frac{1}{\lambda \varepsilon^\lambda} \right].$$

根据 (1.1.54) 和 (1.1.56) 及上面两式, 我们得到

$$I_\lambda = \Omega_n \int_\varepsilon^1 \frac{1}{r^{1+\lambda}} [S_u(r) - S_u(0)] dr + \Omega_n \int_1^\infty \frac{1}{r^{1+\lambda}} S_u(r) dr - \frac{\Omega_n u(x)}{\lambda}. \quad (1.1.57)$$

该式表明不仅对 $u(x) \in S$, 而且对 $u(x) \in C^2(\Re^n)$, 且 $|u(x)| \leqslant M$, $x \in \Re^n$, 积分 $I_\lambda$ 在 Hadamard 的有限部分意义下存在.

## 1.2 积 分 变 换

积分变换是数学的一种非常有用的工具, 在数学和工程问题中有着广泛的应用, 更是数值积分的常用技巧, 往往能起到事半功倍的作用. 本节简略介绍 Fourier 变换、Mellin 变换和 Laplace 变换.

### 1.2.1 Fourier 变换与 Fourier 积分

**定义 1.2.1** 设 $S = S(\Re^n)$ 表示无限可微急减函数空间, 对任意 $\varphi(x) \in S$, 那么它的 Fourier 变换定义为

$$F[\varphi(x)] = \hat{\varphi}(\xi) = \int_{\Re^n} \varphi(x) e^{-i(x,\xi)} dx, \quad (x,\xi) = \sum_{j=1}^n x_j \xi_j. \quad (1.2.1)$$

Fourier 逆变换为 [147]

$$F^{-1}[\hat{\varphi}(\xi)] = \varphi(x) = \frac{1}{(2\pi)^n} \int_{R^n} \hat{\varphi}(\xi) e^{i(x,\xi)} d\xi. \quad (1.2.2)$$

在函数空间 $S$ 的 Fourier 变换有下列性质:

**性质 1.2.1** (1) $F\left(\frac{\partial^k}{\partial x^k} \varphi(x)\right) = (-i)^{|k|} \xi^k \hat{\varphi}(\xi)$, 这里 $\xi^k = \xi_1^{k_1} \cdots \xi_n^{k_n}$, $|k| = k_1 + \cdots + k_n$;

(2) $F(\varphi * \psi) = \hat{\varphi}(\xi)\hat{\psi}(\xi)$, 其中 $*$ 表示卷积;

(3) Parseval 等式

$$\int_{\Re^n} \varphi(x)\overline{\psi(x)}dx = \frac{1}{(2\pi)^n}\int_{\Re^n} \hat{\varphi}(\xi)\overline{\hat{\psi}(\xi)}\,d\xi, \tag{1.2.3}$$

这里 $\overline{\psi(x)}$ 和 $\overline{\hat{\psi}(\xi)}$ 分别是 $\psi(x)$ 和 $\hat{\psi}(\xi)$ 的共轭;

(4) $F(\varphi(x-a)) = e^{\mathrm{i}(a,\xi)}\hat{\varphi}(\xi)$.

**定理 1.2.1**[147] Fourier 变换 $F: S(\Re^n) \to S(\Re^n)$ 的一一映射.

**定义 1.2.2** 设 $S' = S'(\Re^n)$ 是广义函数空间, 一个广义函数 $f \in S'$ 的 Fourier 变换是广义函数 $\hat{f} \in S'(\Re^n)$ 使得

$$(\hat{f}, \hat{\varphi}) = (2\pi)^n(f, \varphi), \quad \forall \varphi \in S(\Re^n), \tag{1.2.4}$$

其中 $\hat{\varphi} = F[\varphi] \in S(\Re^n)$.

设 $\hat{f}$ 是定义在整个空间且连续的广义函数, 若 $f$ 是正规泛函且 $f(x)$ 绝对可积, 那么 $\hat{f}$ 也是正规泛函且 $\hat{f}(\xi) = F[f(x)]$, 同时根据 Parseval 等式 (1.2.4) 成立. 广义函数的 Fourier 变换有下列性质 [147].

**性质 1.2.2** (1) 设 $f \in S'$ 是任意广义函数, $\bar{a} \in \Re^n$ 任意向量, 那么有

$$F\left[\frac{\partial^k f}{\partial x^k}\right] = (-\mathrm{i}\xi)^k \hat{f}, \quad F[f(x-\bar{a})] = e^{-\mathrm{i}(\bar{a},\xi)}\hat{f};$$

(2) 若 $f \in S', \varphi \in S$, 那么 $F[f * \varphi] = \hat{\varphi}(\xi)\hat{f}$;

(3) 若 $f \in S'$ 和 $g \in S'$ 且有紧支集, 那么 $F[f * \varphi] = \hat{g}(\xi)\hat{f}$.

**例 1.2.1**[65] 考虑函数 $x_+^\lambda$, 即当 $x > 0$ 时为 $x$, 当 $x < 0$ 时为 $0$, 对 $\operatorname{Re}\lambda > -1$ 时定义泛函

$$(x_+^\lambda, \varphi) = \int_0^\infty x^\lambda \varphi(x)dx, \quad \varphi(x) \in S. \tag{1.2.5}$$

该函数是关于 $\lambda$ 解析的, 因它可以对 $\lambda$ 求导且 $\int_0^\infty x^\lambda \varphi(x)\ln x dx$. 这就意味着当 $\operatorname{Re}\lambda > -1$ 时, 泛函 $x_+^\lambda$ 是关于 $\lambda$ 的解析函数. 现在把该泛函延拓到关于 $\lambda$ 的整个平面上, 把 (1.2.5) 重新记为

$$(x_+^\lambda, \varphi) = \int_0^\infty x^\lambda \varphi(x)dx = \int_0^1 x^\lambda[\varphi(x) - \varphi(0)]dx + \int_1^\infty x^\lambda \varphi(x)dx + \frac{\varphi(0)}{\lambda+1}. \tag{1.2.6}$$

右边第一个积分在 $\operatorname{Re}\lambda > -2$ 成立, 第二个对所有的 $\lambda$ 成立, 第三个对 $\lambda \neq -1$ 成立, 因此泛函 $x_+^\lambda$ 能够解析延拓到 $\operatorname{Re}\lambda > -2$ 且 $\lambda \neq -1$ 上. 相似地, 泛函 $x_+^\lambda$ 能够

解析延拓到 $\operatorname{Re}\lambda > -n-1$ 且 $\lambda \neq -1, \cdots, -n$ 上,

$$(x_+^\lambda, \varphi) = \int_0^1 x^\lambda \left[ \varphi(x) - \sum_{j=1}^n \frac{x^{j-1}\varphi^{(j-1)}(0)}{(j-1)!} \right] dx$$
$$+ \int_1^\infty x^\lambda \varphi(x) dx + \sum_{j=1}^n \frac{\varphi^{(k-1)}(0)}{(j-1)!(\lambda+j)}. \tag{1.2.7}$$

从而广义函数 $x_+^\lambda$ 定义在 $\lambda$ 的整个平面且 $\lambda \neq -1, -2, \cdots$.

**例 1.2.2** 考虑泛函 $r^\lambda$, 对 $\operatorname{Re}\lambda > -n$ 给出

$$(r^\lambda, \varphi) = \int_{\Re^n} r^\lambda \varphi(x) dx, \tag{1.2.8}$$

其中 $r = \sqrt{x_1^2 + \cdots + x_n^2}$, $\varphi(x) \in S$. 因为

$$\frac{d}{d\lambda}(r^\lambda, \varphi) = \int_{R^n} r^\lambda \varphi(x) \ln r\, dx, \tag{1.2.9}$$

显然当 $\operatorname{Re}\lambda > -n$ 时, 泛函 $r^\lambda$ 是关于 $\lambda$ 的解析函数, 而当 $\operatorname{Re}\lambda \leqslant -n$ 时, 泛函 $r^\lambda$ 非局部可积函数, 但可采用解析延拓的方法来定义, 利用球坐标系, 把 (1.2.8) 转变成

$$(r^\lambda, \varphi) = \Omega_n \int_0^\infty r^{\lambda+n-1} S_\varphi(r) dr, \tag{1.2.10}$$

且

$$S_\varphi(r) = \frac{1}{\Omega_n} \int_\Omega \varphi(r\omega) d\omega,$$

这里 $\Omega_n$ 是 $\Re^n$ 中的单位球的球面积, $\Omega$ 是单位球, $d\omega$ 是球面的面积元, $\omega$ 是单位向量. 根据 (1.1.54) 和 (1.1.55) 可知, 在 (1.2.10) 的积分可理解为例 1.2.1 中的泛函 $\Omega_n x_+^\mu$, 且 $\mu = \lambda + n - 1$. 在上例中给出当 $\operatorname{Re}\mu > -1$, 即 $\operatorname{Re}\lambda > -n$ 时, $x_+^\mu$ 是解析的且可延拓到除去点 $\mu = -1, \cdots, -m$, 即 $\lambda = -n, -n-1, \cdots$ 外的整个平面, 于是有 $\lambda = -n, -n-2, \cdots$ 的极点.

**例 1.2.3**[147]  考虑泛函 $r^\lambda$ 的 Fourier 变换. 当 $\lambda \neq -n, -n-2, \cdots$, 时的广义函数 $r^\lambda$ 是球对称的, 即 $(r^\lambda, \varphi(U(x)) = (r^\lambda, \varphi(x))$, 其中 $U$ 是 $\Re^n$ 的任何正交变换, 因此它的 Fourier 变换 $g_\lambda(\xi)$ 也是球对称广义函数. Fourier 积分 $g_\lambda(\xi) = \int_{\Re^n} r^\lambda e^{-i(x,\xi)} dx$ 对 $-n < \operatorname{Re}\lambda < 0$ 是收敛的. 对任何 $t > 0$, 我们有 $g_\lambda(t\xi) = \int_{\Re^n} r^\lambda e^{-i(x,t\xi)} dx$, 作变量代换 $y = tx$, $x = t^{-1}y$, $dx = t^{-n}dy$, $r = |x| = t^{-1}|y|$, 我们得到

$$g_\lambda(t\xi) = t^{-\lambda-n} \int_{\Re^n} |y|^\lambda e^{-i(y,\xi)} dy = t^{-\lambda-n} g_\lambda(\xi).$$

这就意味着 $g_\lambda(\xi)$ 是 $-\lambda - n$ 阶的齐次函数. 因此

$$g_\lambda(\xi) = C_\lambda \rho^{-\lambda-n}, \qquad (1.2.11)$$

这里 $\rho = \sqrt{\rho_1^2 + \cdots + \rho_n^2}$, $C_\lambda$ 是常数. 现在来计算 $C_\lambda$. 因为

$$g_\lambda(\xi) = \int_{\Re^n} \overline{r^\lambda e^{i(x,\xi)}} dx = \overline{\int_{\Re^n} r^\lambda e^{-i(x,\xi)} dx} = \overline{g_\lambda(-\xi)} = \overline{g_\lambda(\xi)},$$

这里 $\overline{g_\lambda(\xi)}$ 表示 $g_\lambda(\xi)$ 的共轭, 从而有

$$(2\pi)^n \int_{\Re^n} r^\lambda \varphi(x) dx$$
$$= \int_{\Re^n} \overline{g_\lambda(\xi)}\, \hat{\varphi}(\xi) d\xi = \int_{\Re^n} g_\lambda(\xi) \hat{\varphi}(\xi) d\xi = C_\lambda \int_{\Re^n} \rho^{-\lambda-n} \hat{\varphi}(\xi) d\xi. \quad (1.2.12)$$

取 $\varphi(x) = e^{-r^2/2}$, 利用 $F(e^{-x^2/2}) = \sqrt{2} e^{-\xi^2/2}$ (文献 [71]), 获得 $\hat{\varphi}(\xi) = (2\pi)^{n/2} e^{-\rho^2/2}$. 把 $\varphi(x)$ 和 $\hat{\varphi}(\xi)$ 代入 (1.2.12), 我们发现

$$C_\lambda \int_{\Re^n} e^{-\rho^2/2} \rho^{-\lambda-n} d\xi = (2\pi)^{n/2} \int_{\Re^n} r^\lambda e^{-r^2/2} dx.$$

采用球坐标, 得到

$$C_\lambda \int_0^\infty e^{-\rho^2/2} \rho^{-\lambda-1} d\rho = \int_0^\infty e^{-r^2/2} r^{\lambda+n-1} dr. \qquad (1.2.13)$$

利用 $\Gamma(\lambda) = \int_0^\infty x^{\lambda-1} e^{-x} dx$, 获得

$$\int_0^\infty e^{-\rho^2/2} \rho^{-\lambda-1} d\rho = 2^{-\lambda/2-1} \Gamma\left(-\frac{\lambda}{2}\right),$$

$$\int_0^\infty e^{-r^2/2} r^{\lambda+n-1} dr = 2^{(\lambda+n-2)/2} \Gamma\left(\frac{\lambda+n}{2}\right).$$

代入 (1.2.13) 得到

$$C_\lambda = 2^{\lambda+n} \pi^{n/2} \Gamma\left(\frac{\lambda+n}{2}\right) / \Gamma\left(-\frac{\lambda}{2}\right)$$

和

$$F(r^\lambda) = g_\lambda = 2^{\lambda+n} \pi^{n/2} \rho^{-\lambda-n} \Gamma\left(\frac{\lambda+n}{2}\right) / \Gamma\left(-\frac{\lambda}{2}\right).$$

故当 $-n < \mathrm{Re}\,\lambda < 0$ 时, 泛函 $F(r^\lambda)$ 有下列表达式:

$$(F(r^\lambda), \psi(\xi)) = 2^{\lambda+n} \pi^{n/2} \Gamma\left(\frac{\lambda+n}{2}\right) / \Gamma\left(-\frac{\lambda}{2}\right) \int_{\Re^n} \rho^{-\lambda-n} \hat{\psi}(\xi) d\xi, \qquad (1.2.14)$$

这表明解析函数 $r^\lambda$, $\lambda \neq -n, -n-2, \cdots$ 在整个平面存在.

下面介绍一个常用的 Fourier 积分, 即 Riemann 引理. 假设函数 $f(x)$ 在区间 $[a,b]$ 上可积, 那么

$$\lim_{p\to\infty}\int_a^b f(x)\sin pxdx = 0, \quad \lim_{p\to\infty}\int_a^b f(x)\cos pxdx = 0. \tag{1.2.15}$$

**证明** 首先设 $f(x)$ 在 $[a,b]$ 上有界可积.

把 $[a,b]$ 剖分成 $n$ 个小区间 $a = x_0 < x_1 < \cdots < x_n = b$, 记 $\Delta x_i = x_i - x_{i-1}$, 而 $M_i, m_i$ 分别是 $f(x)$ 在 $\Delta x_i$ 的上、下确界, $\omega_i = M_i - m_i$, 那么有

$$\left|\int_a^b f(x)\sin pxdx\right| = \left|\sum_{i=1}^n \int_{x_{i-1}}^{x_i} f(x)\sin pxdx\right|$$

$$= \left|\sum_{i=1}^n \int_{x_{i-1}}^{x_i} [f(x) - m_i]\sin pxdx + \sum_{i=1}^n \int_{x_{i-1}}^{x_i} m_i\sin pxdx\right|$$

$$\leqslant \sum_{i=1}^n \int_{x_{i-1}}^{x_i} [f(x) - m_i]dx + \sum_{i=1}^n |m_i|\left|\int_{x_{i-1}}^{x_i} \sin pxdx\right|$$

$$\leqslant \sum_{i=1}^n \omega_i \Delta x_i + \frac{2}{p}\sum_{i=1}^n |m_i|.$$

因 $f(x)$ 可积, 即 $\forall \varepsilon > 0$, 存在分法 $\Delta$, 使得 $\sum_{i=1}^n \omega_i \Delta x_i < \varepsilon/2$, 再取充分大的 $p \geqslant p_0$, 满足 $\frac{2}{p}\sum_{i=1}^n |m_i| < \varepsilon/2$. 从而, 只要 $p \geqslant p_0$ 有

$$\left|\int_a^b f(x)\sin pxdx\right| < \varepsilon,$$

即 (1.2.5) 的第一个极限成立.

其次假设 $f(x)$ 是无界可积, 不妨设只有 $b$ 点是奇点. 因 $|f(x)|$ 可积, 故 $\forall \varepsilon > 0$, $\exists \eta > 0$, 有 $\int_{b-\eta}^b |f(x)|dx < \varepsilon$, 因此

$$\left|\int_a^b f(x)\sin pxdx\right| \leqslant \left|\int_a^{b-\eta} f(x)\sin pxdx\right| + \left|\int_{b-\eta}^b f(x)\sin pxdx\right|,$$

上面右边的第一个积分, 由前面的证明可知, 当 $p$ 充分大, 可使它小于 $\varepsilon$, 而第二个积分的绝对值小于 $\int_{b-\eta}^b |f(x)|dx < \varepsilon$, 所以对充分大的 $p$ 有

$$\left|\int_a^b f(x)\sin pxdx\right| < 2\varepsilon,$$

即 (1.2.15) 的第一个极限也成立. 同理可证 (1.2.15) 的第二个极限成立. □

### 1.2.2 Laplace 变换与逆变换

**定义 1.2.3** 积分
$$L[f(x)] = \int_0^\infty f(x)e^{-sx}dx \tag{1.2.16a}$$
称为函数 $f(x)$ 的 Laplace 变换, 记 $L[f(x)] = \tilde{f}(s)$.

**Riemann-Mellin 反演公式** 若函数 $f(x)$ 满足以下两条件: (1) 当 $x < 0$ 时, $f(x) = 0$; 当 $x \geqslant 0$ 时, $f(x)$ 在任意有限区域上分段连续. (2) $f(x)$ 是有限阶, 即当 $x \to \infty$ 时, $f(x)$ 的增长速度不超过某一指数函数, 也就是说, 存在常数 $M > 0$ 及 $\sigma_0 \geqslant 0$ 使得
$$|f(x)| \leqslant Me^{\sigma_0 x}, \quad 0 \leqslant x < \infty,$$
成立, 则有
$$f(x) = \frac{1}{2\pi i}\int_{\sigma-i\infty}^{\sigma+i\infty} \tilde{f}(s)e^{sx}ds \tag{1.2.16b}$$

**证明** 取一实数 $a > \sigma > \sigma_0$, 则在 $s$ 平面的直线 $\text{Re}(s) = a$ 的右边, $\tilde{f}(s)$ 是解析的, 没有奇点. 以原点为圆心作一个半径为 $r$ 的圆弧 $C_r$, 它与直线 $\text{Re}(s) = a$ 相交于 $a-ib$ 和 $a+ib$, 构成如图所示的回路 (图 1.2.1(a)), 且负方向如图所示.

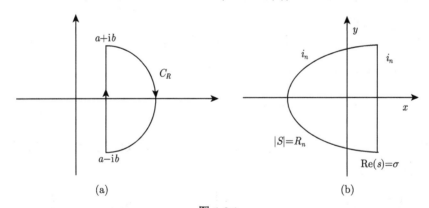

图 1.2.1

根据 Cauchy 公式有
$$\tilde{f}(s) = \frac{1}{2\pi i}\int_{a-ib}^{a+ib}\frac{\tilde{f}(\xi)}{\xi - s}d\xi + \frac{1}{2\pi i}\int_{C_r}\frac{\tilde{f}(\xi)}{\xi - s}d\xi,$$
令 $r \to \infty$, 从而有 $b \to \infty$. 上式为
$$\tilde{f}(s) = \frac{1}{2\pi i}\int_{a-i\infty}^{a+i\infty}\frac{\tilde{f}(\xi)}{\xi - s}d\xi + \frac{1}{2\pi i}\lim_{r \to \infty}\int_{C_r}\frac{\tilde{f}(\xi)}{\xi - s}d\xi.$$

右边第二项为 0, 事实上, 因

$$\left|\lim_{r\to\infty}\int_{C_r}\frac{\tilde{f}(\xi)}{\xi-s}d\xi\right| \sim \left|\lim_{r\to\infty}\int_{C_r}\frac{d\xi}{(\xi-s)(\xi-\sigma_0)}\right|$$

$$\leqslant \lim_{r\to\infty}\int_{C_r}\frac{d\xi}{|\xi-s||\xi-\sigma_0|} \sim \lim_{r\to\infty}\frac{1}{r^2}\int_{C_r}|d\xi| = \lim_{r\to\infty}\frac{2\pi r}{r^2} = 0.$$

故

$$\tilde{f}(s) = \frac{1}{2\pi i}\int_{a-i\infty}^{a+i\infty}\frac{\tilde{f}(\xi)}{\xi-s}d\xi,$$

两边同时取原函数, 右边积分号下的 $\dfrac{1}{\xi-s}$ 的原函数是 $e^{sx}$, 所以有 (1.2.16b) 成立.□

称 (1.2.16b) 为 $\tilde{f}(s)$ 的 Laplace 逆变换, 此积分应理解为 Cauchy 主值意义下的积分.

**定理 1.2.2** 若函数 $f(x)$ 满足 Riemann-Mellin 反演公式的条件, 则 $L[f(x)] = \tilde{f}(s)$ 在半平面 $\text{Re}(s) > \sigma_0$ 上存在且解析, 而且 (1.2.16b) 在 $f(x)$ 的连续点处成立.

**证明** 首先证明 $\tilde{f}(s)$ 存在. 根据

$$\int_0^\infty |f(x)e^{-sx}|dx \leqslant \int_0^\infty Me^{-(\sigma-\sigma_0)x}dx = \frac{M}{\sigma-\sigma_0}, \quad \sigma > \sigma_0,$$

所以积分 $\int_0^\infty f(x)e^{-sx}dx$ 绝对收敛, 即 $\tilde{f}(s)$ 在右半平面 $\text{Re}(s) = \sigma > \sigma_0$ 存在.

其次证明 $\tilde{f}(s)$ 解析. 取 $\sigma > \sigma_1 > \sigma_0$, 则有

$$\left|\int_0^\infty \frac{\partial}{\partial s}f(x)e^{-sx}dx\right| \leqslant \int_0^\infty \left|\frac{\partial}{\partial s}f(x)e^{-sx}\right|dx \leqslant \int_0^\infty Mxe^{-(\sigma_1-\sigma_0)x}dx = \frac{M}{(\sigma_1-\sigma_0)^2},$$

即积分 $\int_0^\infty \frac{\partial}{\partial s}f(x)e^{-sx}dx$ 在半平面 $\text{Re}(s) > \sigma_0$ 上一致收敛, 因此可交换积分与微分的顺序, 从而有

$$\left|\frac{d}{ds}\tilde{f}(s)\right| = \left|\frac{d}{ds}\int_0^\infty f(x)e^{-sx}dx\right| = \left|\int_0^\infty \frac{\partial}{\partial s}f(x)e^{-sx}dx\right| \leqslant \frac{M}{(\sigma_1-\sigma_0)^2}.$$

因此 $\tilde{f}(s)$ 的导数在 $\text{Re}(s) = \sigma > \sigma_0$ 上处处存在且解析.□

下面介绍 Laplace 逆变换的展开定理.

首先给出 Jordan 引理[261]: 设 $L$ 为平行于虚轴的定直线, $C_n$ 为一族以原点为圆心并在 $L$ 左边的圆弧, $C_n$ 的半径随着 $n\to\infty$ 而趋于无穷. 若在 $C_n$ 上, 函数 $g(s)$ 满足 $\lim\limits_{n\to\infty} g(s)|_{s\in C_n} = 0$, 则对任意一正数 $x$, 有

$$\lim_{n\to\infty}\int_{C_n}g(s)e^{sx}ds = 0,$$

## 1.2 积分变换

这里圆弧 $C_n$ 可推广到任意光滑凸曲线族.

**定理 1.2.3** (展开定理) 设解析函数 $g(s)$ 满足条件:

(1) 在平面内只有有限个极点为其奇点,且这些极点 $s_0, s_1, .., s_m$ 都分布在半平面 $\mathrm{Re}(s) \leqslant \sigma_0$ 上;

(2) 存在一族以原点为圆心,以 $r_n$ ($\lim_{n\to\infty} r_n = +\infty$) 为半径的圆弧 $C_n$, 在这族圆弧 $C_n$ 上, $\lim_{n\to\infty} g(s) = 0$;

(3) 对任意一个 $\sigma \geqslant \sigma_0 + \varepsilon$, 积分 $\int_{\sigma-\mathrm{i}\infty}^{\sigma+\mathrm{i}\infty} g(s)ds$ 绝对收敛. 则 $g(s)$ 的原像为

$$f(x) = \sum_{k=1}^{m} \mathrm{Res}(g(s)e^{sx}, s_k). \tag{1.2.17}$$

**证明** 由定义, $g(s)$ 的原像是 $f(x) = \dfrac{1}{2\pi\mathrm{i}} \int_{\sigma-\mathrm{i}\infty}^{\sigma+\mathrm{i}\infty} g(s)e^{sx}ds$. 考虑如图 1.2.1(b) 所示, 围道 $S_n = C'_n + l'_n$ 上的积分,

$$\frac{1}{2\pi\mathrm{i}}\int_{\sigma-\mathrm{i}\infty}^{\sigma+\mathrm{i}\infty} g(s)e^{sx}ds = \frac{1}{2\pi\mathrm{i}}\int_{C'_n} g(s)e^{sx}ds + \frac{1}{2\pi\mathrm{i}}\int_{l'_n} g(s)e^{sx}ds,$$

这里 $C'_n$ 表示圆弧 $C_n$ 位于直线 $\mathrm{Re}(s) = \sigma$ 左边的部分, $l'_n$ 表示这条直线与圆弧 $C_n$ 相交的部分. 根据 $\lim_{n\to\infty} \int_{C_n} g(s)e^{sx}ds = 0$, 得到

$$\frac{1}{2\pi\mathrm{i}}\lim_{n\to\infty}\int_{S_n} g(s)e^{sx}ds = \frac{1}{2\pi\mathrm{i}}\lim_{n\to\infty}\int_{l'_n} g(s)e^{sx}ds.$$

由留数定理有

$$f(x) = \frac{1}{2\pi\mathrm{i}}\int_{\sigma-\mathrm{i}\infty}^{\sigma+\mathrm{i}\infty} g(s)e^{sx}ds = \frac{1}{2\pi\mathrm{i}}\int_{S_n} g(s)e^{sx}ds = \sum_{k=1}^{m}\mathrm{Res}(g(s)e^{sx}, s_k).$$

定理得证. □

### 1.2.3 Mellin 变换与逆变换

**定义 1.2.4** 设 $s = \sigma + \mathrm{i}t$, 若函数 $f(x)$ 满足 $f(x)x^{\sigma-1} \in L_2(0, \infty)$, 那么称

$$M(f, x) = \int_0^{\infty} f(x)x^{s-1}dx \tag{1.2.18a}$$

为函数 $f(x)$ 的 Mellin 变换, 称

$$f(x) = \frac{1}{2\pi\mathrm{i}}\int_{c-\mathrm{i}\infty}^{c+\mathrm{i}\infty} M(f, x)x^{-s}ds \tag{1.2.18b}$$

为 $M(f,x)$ 的逆变换, 其中 $c = \mathrm{Re}(s)$, 且 $s$ 是使 (1.2.18a) 存在的复数.

Mellin 变换和 Fourier 变换密切相关, 事实上, $L_1(-\infty,\infty)$ 的函数 $f(x)$ 的 Fourier 变换, 置 $x = e^y, y \in \Re$, 有

$$\int_{-\infty}^{\infty} |f(e^y)| e^{\sigma y} dy = \int_0^{\infty} |f(x)| x^{\sigma-1} dx,$$

所以函数 $f(e^y) e^{\sigma y}$ 的 Fourier 逆变换成立

$$\frac{1}{\sqrt{2\pi}} \int_{-\infty}^{\infty} f(e^y) e^{\sigma y} e^{ty\mathrm{i}} dy = \frac{1}{\sqrt{2\pi}} \int_0^{\infty} f(x) x^{s-1} dx,$$

这表明 $f(x)$ 的 Mellin 变换 $M(f,x)$ 恰好是 $\sqrt{2\pi} f(e^y) e^{\sigma y}$ 的 Fourier 变换. 因此可由 Fourier 逆变换公式得到 Mellin 变换的反演公式 (1.2.18b).

## 1.3 奇异积分算子

随着工程边界元的发展, 奇异积分与奇异积分算子在各个学科处处可见, 研究弱奇异积分算子 (即积分核是弱奇异积分的算子)、Cauchy 强奇异积分算子 (即积分核是 Cauchy 强奇异积分的算子)、Hadamard 超奇异积分算子 (即积分核是 Hadamard 超奇异积分的算子) 就显得尤其重要. 本节主要介绍弱奇异、Cauchy 奇异、Hadamard 超奇异积分算子的主要性质.

### 1.3.1 有界算子和紧算子

**定义 1.3.1** 设 $\Lambda$ 是实数或复数域, $X$ 与 $Y$ 是域 $\Lambda$ 上的两个线性空间, $D$ 是 $X$ 的线性子空间, $T$ 是 $D$ 到 $Y$ 中的一个映射, 对 $x \in D$, 记 $x$ 经 $T$ 映射后的像为 $Tx$ 或 $T(x)$. 若对任何 $x, y \in D$ 及数 $\alpha, \beta \in \Lambda$, 有 $T(\alpha x + \beta y) = \alpha Tx + \beta Ty$ 成立, 称 $T$ 是线性算子, $D$ 是 $T$ 的定义域, 记为 $D(T)$, 集 $TD = \{Tx | x \in D\}$ 是 $T$ 的值域 (或像域), 记为 $\Re(T)$. 取值为实数或复数的线性算子 $T$ (即 $\Re(T) \subset \Lambda$) 分别称为实的或复的线性泛函.

线性算子有下列性质: 设 $T$ 是赋范线性空间 $X$ 到赋范线性空间 $Y$ 的线性算子. 若 $T$ 在某一点 $x_0 \in D(T)$ 连续, 那么在 $D(T)$ 上处处连续.

**定义 1.3.2** 若算子 $T$ 把定义域 $D(T)$ 中的每个有界集映射成一个有界集, 则称 $T$ 是有界算子, 否则称无界算子.

**定理 1.3.1** 设 $T$ 是赋范线性空间 $X$ 到赋范线性空间 $Y$ 的线性算子, 那么 $T$ 是有界算子的充分必要条件是存在常数 $M \geqslant 0$ 使得对一切 $x \in X$, 有 $||Tx|| \leqslant M||x||$.

**证明** 设 $T$ 是有界的线性算子, 那么 $T$ 把单位球面 $S = \{y|\ ||y|| = 1, y \in X\}$ 映射成有界集, 从而存在一个常数 $M \geqslant 0$, 对于 $y \in S$, 有 $||Ty|| \leqslant M$. 当 $x = 0$

时, 自然 $||Tx|| \leqslant M||x||$ 成立, 当 $x \neq 0$ 时, 作 $y = x/||x||$, 那么根据 $y \in S$, 得到 $||T(x/||x||)|| = ||Tx||/||x|| \leqslant M$, 从而对一切 $x \in X$ 有 $||Tx|| \leqslant M||x||$ 成立.

反之, 若 $||Tx|| \leqslant M||x||$ 成立, 设 $x$ 在一有界集 $A$ 中, 就有常数 $K$, 使得 $x \in A$ 时, 有 $||x|| \leqslant K$. 故由 $||Tx|| \leqslant M||x||$ 对一切 $x \in A$ 有 $||Tx|| \leqslant MK$ 成立, 即 $TA$ 是有界集.□

**定义 1.3.3** 设 $T$ 是赋范线性空间 $X$ 到赋范线性空间 $Y$ 的线性算子, 称 $||T|| = \sup_{x \neq 0}(||Tx||/||x||)$ 为算子 $T$ 的范数.

**定理 1.3.2** 线性算子 $T$ 是有界的充分必要条件是 $T$ 为连续算子.

**证明** 显然, 有界算子在点 $x = 0$ 是连续的, 根据线性算子的性质, 有界线性算子 $T$ 处处连续.

反之, 设 $T$ 是连续的线性算子, 只需证明 $M_0 = \sup_{||x||=1} ||Tx|| < \infty$. 假若不然, 设 $M_0 = \infty$, 那么在单位球面 $||x|| = 1$ 上存在点列 $\{x_n\}$, 使得 $||Tx_n|| = \alpha_n \to \infty$. 研究点列 $y_n = x_n/\alpha_n$, 且 $y_n \to 0$ $(n \to \infty)$. 由 $T$ 的连续性, 获得 $Ty_n \to 0$. 然而事实上 $||Ty_n|| = 1$, 这是矛盾的. 故 $M_0 < \infty$, 即 $T$ 是有界算子.□

**定义 1.3.4** 称映 Banach 空间 $X$ 到 $Y$ 的线性算子 $K$ 是紧的, 如果 $K$ 映 $X$ 的有界闭集合为 $Y$ 的紧集合. 全体 $X$ 到 $Y$ 的线性紧算子集合构成一个线性空间 用 $\mathfrak{G}(X,Y)$ 表示.

紧算子下列性质: 若 $K \in \mathfrak{G}(X,Y)$, $A$ 是空间 $X$ 到 $Y$ 的线性算子, 则 $KA$, $AK \in \mathfrak{G}(X,Y)$;

**定理 1.3.3** 紧算子序列 $\{K_n\} \subset \mathfrak{G}(X,Y)$ 按范收敛于 $K$, 则 $K$ 也是紧算子.

**证明** 取 $B_1$ 是 $X$ 的单位闭球, 因为 $||K_n - K|| \to 0$, 对任意小 $\varepsilon > 0$, 必有充分大的 $n > N$ 使

$$||K_n - K|| < \varepsilon/2, \tag{1.3.1}$$

由于 $K_n B_1$ 是紧集合, 必存在有限 $\varepsilon/2$-网: $\{y_1, \cdots, y_m\}$, 今证明 $\{y_1, \cdots, y_m\}$ 也是 $KB_1$ 的有限 $\varepsilon$-网. 事实上, 任何 $y \in B_1$ 必然 $y_j$, 使 $||K_n y_j - K_n y|| \leqslant \varepsilon/2$, 这便导出

$$||K_n y_j - Ky|| \leqslant ||K_n y_j - K_n y|| + ||K_n y - Ky|| \leqslant \varepsilon. \tag{1.3.2}$$

即 $\{y_1, \cdots, y_m\}$ 也是 $KB_1$ 的有限 $\varepsilon$-网 . □

**定理 1.3.4** 紧算子 $K$ 的值域是可分的.

**证明** 令 $B_k$ 是半径 $k$ 闭球, 因为 $KB_k$ 是紧集合, 故存在 $\dfrac{1}{n}$-网: $G_{kn} = \{y_{k1}, \cdots, y_{km_n}\}$. 显然, $G = \cup_{k,n=1}^{\infty} G_{kn}$ 是 $K$ 的值域的可数稠密集合. □

### 1.3.2 弱奇异积分算子

令 $\Omega$ 是 $\Re^n$ 的有界区域，考虑积分算子
$$(Ku)(x) = \int_\Omega k(x,y)u(y)dy, \tag{1.3.3}$$
这里 $x = (x_1, \cdots, x_n), y = (y_1, \cdots, y_n), dx = dx_1 \cdots dx_n$，而且积分核有表达式
$$k(x,y) = (\ln^\beta |x-y|)|x-y|^\alpha k_1(x,y), \tag{1.3.4}$$
其中 $k_1(x,y)$ 是 $\Omega \times \Omega$ 上的连续函数，$|x-y|$ 表示 $x$ 与 $y$ 两点的距离.

**定义 1.3.5** 当 $\beta = \alpha = 0$，称 $K$ 是连续核积分算子；当 $0 > \alpha > -n$，称 $K$ 是弱奇异积分算子；当 $\beta = 0, \alpha = -n$，称 $K$ 是奇异积分算子；当 $\alpha < -n$，称 $K$ 是超奇异积分算子.

以下证明：连续核积分算子和弱奇异积分算子是映 $C(\Omega)$ 到 $C(\Omega)$，或 $L_2(\Omega)$ 到 $L_2(\Omega)$ 的紧算子. 为此给出以下引理.

**引理 1.3.1** (Graham-Sloan)[154,248] 若 $1 \leqslant p \leqslant \infty, 1/p + 1/q = 1, K$ 是映 $L_r(\Omega)$ ($q \leqslant r \leqslant \infty$) 到 $C(\Omega)$ 的紧算子的必要且充分条件是函数 $k_x(y) = k(x,y)$ 满足

(1) $\sup \|k_x\|_p < \infty$；

(2) $\lim_{x' \to x} \|k_x - k_{x'}\|_p = 0, \forall x, x' \in \Omega$.

根据引理 1.3.1 我们容易证明下面的命题.

**命题 1.3.1** 若核满足

(1) $\sup_{x \in \Omega} \int_\Omega |k(x,y)|dy < \infty$；

(2) $\lim_{z \to x} \int_\Omega |k(z,y) - k(x,y)|dy = 0, \forall x, z \in \Omega$,

则 $K$ 是映 $C(\Omega)$ 到 $C(\Omega)$ 的紧算子.

**证明** 在引理 1.3.1 中置 $p = 1$，知 $K$ 是映 $L_\infty(\Omega)$ 到 $C(\Omega)$ 的紧算子，又因 $C(\Omega) \subset L_\infty(\Omega)$，故 $K$ 更是映 $C(\Omega)$ 到 $C(\Omega)$ 的紧算子. □

**推论 1.3.1** 若核 $k(x,y) \in C(\Omega \times \Omega)$，则 $K$ 是映 $C(\Omega)$ 到 $C(\Omega)$ 的紧算子.

由此我们有以下结论.

**定理 1.3.5**[154,248] 若 $K$ 的核是由 (1.3.3) 定义的弱奇异核，则 $K$ 是映 $C(\Omega)$ 到 $C(\Omega)$ 的紧算子.

**证明** 由命题 1.3.1，显然 (1) 成立. 现证明 (2) 也成立. 首先假定 $\beta = 0$，又设存在 $R$ 充分大使得：$\Omega \subset B_R(x)$，并且不失一般性认为：$x = (0, 0, \cdots, 0), z = (\varepsilon, 0, \cdots, 0)$，于是 $\forall y, z \in \Omega$
$$\int_\Omega |k(x,y) - k(z,y)|dy \leqslant \int_\Omega |k_1(x,y)|x-y|^\alpha - k_1(z,y)|z-y|^\alpha dy$$

## 1.3 奇异积分算子

$$\leqslant \int_\Omega |k_1(x,y) - k_1(z,y)||x-y|^\alpha dy + \int_\Omega |k_1(z,y)|||x-y|^\alpha - |z-y|^\alpha|dy$$
$$= I_1 + I_2, \tag{1.3.5}$$

估计
$$I_1 \leqslant (2R)^\alpha \int_\Omega |k_1(x,y) - k_1(z,y)|dy \to 0, \quad |x-z| = \varepsilon \to 0 \tag{1.3.6}$$

和
$$I_2 \leqslant \max_{y,z \in \Omega} |k_1(z,y)| \int_\Omega |r^\alpha - |r^2 - 2\varepsilon y_1 + \varepsilon^2|^{\alpha/2}|dy, \tag{1.3.7}$$

这里令 $r = |y|$, $|z-y| = |r^2 - 2\varepsilon y_1 + \varepsilon^2|^{1/2}$, 显然若 $y_1 \geqslant \varepsilon/2$, 则 $|r^2 - 2\varepsilon y_1 + \varepsilon^2|^{1/2} \leqslant r$; 若 $y_1 < \varepsilon/2$, 则 $|r^2 - 2\varepsilon y_1 + \varepsilon^2|^{1/2} > r$, 于是有

$$I_2 \leqslant \max_{y,z \in \Omega} |k_1(z,y)| \int_{\Omega \cap \{y_1 \geqslant \varepsilon/2\}} (r^\alpha - (r^2 - 2\varepsilon y_1 + \varepsilon^2)^{\alpha/2})dy$$
$$+ \max_{y,z \in \Omega} |k_1(z,y)| \int_{\Omega \cap \{y_1 < \varepsilon/2\}} ((r^2 - 2\varepsilon y_1 + \varepsilon^2)^{\alpha/2} - r^\alpha)dy$$
$$= I_3 + I_4, \tag{1.3.8}$$

假定 $\alpha \in (-k, -k+1]$, $0 < k < n$, 则 $1 \geqslant \alpha + k > 0$, 应用不等式: 对任意正数 $a, b$, 成立
$$|a^\beta - b^\beta| \leqslant |a-b|^\beta, \quad \forall \beta \in [0,1], \tag{1.3.9}$$

从而有下列估计

$$I_3 \leqslant \max_{y,z \in \Omega} |k_1(z,y)| \int_{\Omega \cap \{y_1 \geqslant \varepsilon/2\}} [r^{\alpha+k} - (r^2 - 2\varepsilon y_1 + \varepsilon^2)^{\alpha/2 + k/2}]r^{-k}dy$$
$$\leqslant \max_{y,z \in \Omega} |k_1(z,y)| \int_{\Omega \cap \{y_1 \geqslant \varepsilon/2\}} [r - (r^2 - 2\varepsilon y_1 + \varepsilon^2)^{1/2}]^{\alpha+k} r^{-k}dy$$
$$\leqslant \max_{y,z \in \Omega} |k_1(z,y)| \int_{\Omega \cap \{y_1 \geqslant \varepsilon/2\}} [r^2 - (r^2 - 2\varepsilon y_1 + \varepsilon^2)]^{(\alpha+k)/2} r^{-k}dy$$
$$\leqslant \max_{y,z \in \Omega} |k_1(z,y)| \int_{\Omega \cap \{y_1 \geqslant \varepsilon/2\}} [2\varepsilon y_1 - \varepsilon^2]^{(\alpha+k)/2} r^{-k}dy$$
$$\leqslant C_n \max_{y,z \in \Omega} |k_1(z,y)|(2\varepsilon R - \varepsilon^2)^{(\alpha+k)/2} \int_0^R r^{n-1-k}dr \to 0, \quad \varepsilon \to 0, \tag{1.3.10}$$

这里 $C_n$ 是单位球面积. 置 $r_1 = (r^2 - 2\varepsilon y_1 + \varepsilon^2)^{1/2}$, 有估计

$$I_4 \leqslant \max_{y,z \in \Omega} |k_1(z,y)| \int_{\Omega \cap \{y_1 < \varepsilon/2\}} (r_1^{\alpha+k} - r^{\alpha+k})r_1^{-k}dy$$
$$\leqslant \max_{y,z \in \Omega} |k_1(z,y)| \int_{\Omega \cap \{y_1 < \varepsilon/2\}} (r_1 - r)^{\alpha+k} r_1^{-k}dy$$

$$\leqslant \max_{y,z\in\Omega} |k_1(z,y)| \int_{\Omega\cap\{y_1<\varepsilon/2\}} [r_1^2 - r^2]^{(\alpha+k)/2} r_1^{-k} dy$$

$$\leqslant \max_{y,z\in\Omega} |k_1(z,y)| \int_{\Omega\cap\{y_1<\varepsilon/2\}} [\varepsilon^2 - 2\varepsilon y_1]^{(\alpha+k)/2} r_1^{-k} dy$$

$$\leqslant C_n \max_{y,z\in\Omega} |k_1(z,y)| [\varepsilon^2 + 2\varepsilon R]^{(\alpha+k)/2} \int_0^R r_1^{-k} r^{n-1} dr \to 0, \quad \varepsilon \to 0, \quad (1.3.11)$$

结合 (1.3.8) 便得到 $\beta = 0$ 情形的证明.

若 $\beta > 0$, 则 $\forall \varepsilon > 0$, 由不等式 [154]

$$|\ln h| \leqslant \frac{1}{\varepsilon e} h^{-\varepsilon}$$

可以选择 $\varepsilon$, 使 $\alpha_1 = \alpha - \beta\varepsilon > -n$, 重复上面估计便可得到定理的证明. □

下面讨论 $K: L_2(\Omega) \to L_2(\Omega)$ 为紧算子的条件.

**定理 1.3.6**  若 $K$ 的核 $k(x,y) \in L_2(\Omega \times \Omega)$ 且

$$M^2 = \int_\Omega \int_\Omega |k(x,y)|^2 dxdy < \infty, \tag{1.3.12}$$

则 $K$ 是映 $L_2(\Omega)$ 到 $L_2(\Omega)$ 的紧算子, 并且 $K$ 范满足 $\|K\| = M$.

**证明**  首先, $\forall u \in L_2(\Omega)$, 有

$$|Ku|^2 \leqslant \int_\Omega |k(x,y)|^2 dy \int_\Omega |u(y)|^2 dy$$

从而导出

$$\|Ku\|^2 \leqslant M^2 \|u\|^2,$$

进一步得到 $\|K\| = M$. 其次, 既然 $k(x,y) \in L_2(\Omega \times \Omega)$, 故可以按 $L_2(\Omega \times \Omega)$ 的完全正交系 $\{\varphi_i(x)\varphi_j(y), i,j = 1, 2, \cdots\}$ 展开

$$k(x,y) = \sum_{i,j=1}^\infty a_{ij} \varphi_i(x) \varphi_j(y). \tag{1.3.13}$$

现考虑退化核

$$k_n(x,y) = \sum_{i,j=1}^n a_{ij} \varphi_i(x) \varphi_j(y), \tag{1.3.14}$$

它对应的积分算子是一个紧算子 $K_n$, 但有

$$\|K - K_n\|^2 = \int_\Omega \int_\Omega |k(x,y) - k_n(x,y)|^2 dxdy = \sum_{i,j=n+1}^\infty a_{ij}^2 \to 0, \quad n \to \infty,$$

即紧算子 $K_n$ 按范收敛于 $K$, 故 $K$ 也是紧算子. □

## 1.3 奇异积分算子

因 $K^2$ 也是积分算子，为此定义

$$k_{(2)}(x,y) = \int_\Omega k(x,z)k(z,y)dz \tag{1.3.15}$$

为 $k(x,y)$ 的二次迭核，同理可定义

$$k_{(n)}(x,y) = \int_\Omega k(x,z)k_{(n-1)}(z,y)|^2 dz \tag{1.3.16}$$

为 $k(x,y)$ 的 $n$ 次迭核，它恰是 $K^n$ 的核，对于弱奇异核有以下重要性质.

**引理 1.3.2**[154]  设 $P(x,y), Q(x,y)$ 是两个弱奇异核，并且存在常数 $A_1, A_2$，使

$$|P(x,y)| \leqslant \frac{A_1}{r^\alpha}, \quad |Q(x,y)| \leqslant \frac{A_2}{r^\beta}, \tag{1.3.17}$$

$0 \leqslant \alpha < n, 0 \leqslant \beta < n$，则对于核

$$R(x,y) = \int_\Omega P(x,z)Q(z,y)dz \tag{1.3.18}$$

有下面估计

$$|R(x,y)| < \begin{cases} C, & \alpha+\beta < n, \\ C|\ln r| + C_1, & \alpha+\beta = n, \\ C/r^{\alpha+\beta-n}, & \alpha+\beta > n, \end{cases} \tag{1.3.19}$$

其中 $C_1, C_2$ 是正常数.

**定理 1.3.7**  弱奇异积分算子 $K$ 是映 $L_2(\Omega)$ 到 $L_2(\Omega)$ 的紧算子.

**证明**  若 $T = K^*K$ 是紧算子，则 $K$ 也是紧算子. 为此，设 $M$ 是 $L_2(\Omega)$ 的有界集: $||u|| \leqslant C, \forall u \in M$，其中一定存在子序列 $\{u_n\}$，使 $\{Tu_n\}$ 收敛，今证明序列 $\{Ku_n\}$ 也收敛，事实上

$$||K(u_n - u_m)||^2 = (K(u_n - u_m), K(u_n - u_m))$$
$$= (K^*K(u_n - u_m), u_n - u_m) \leqslant 2C||T(u_n - u_m)|| \to 0, \quad n,m \to \infty$$

这便证明 $K$ 是紧算子.

其次，应用引理 1.3.2 知一定存在充分大的 $n$，使 $T$ 的核 $t(x,y)$，它的 $2^n$ 次迭核是有界函数，按定理 1.3.4，便知 $T^{2^n}$ 是紧算子，应用前面得到结果，便推出 $T$ 是紧算子，从而证明了 $K$ 是紧算子. □

注意，奇异积分算子和超奇异积分算子不是紧的. 无界区域上的积分算子，例如 Wiener-Hopf 算子

$$(Wu)(t) = \int_0^\infty k(t-s)u(s)ds$$

也是非紧的.

### 1.3.3　Volterra 型积分算子

考虑线性 Volterra 型积分算子

$$(Vu)(t) = \int_0^t k(t,s)u(s)ds, \quad 0 \leqslant t \leqslant T. \tag{1.3.20}$$

**定义 1.3.6**　如果核 $k(t,s)$ 在区域: $0 \leqslant s \leqslant t \leqslant T$ 上是连续函数, 则称 $V$ 是有连续核的 Volterra 型积分算子; 若核

$$k(t,s) = \ln^\beta(t-s)(t-s)^\alpha k_1(t,s), \tag{1.3.21}$$

其中 $k_1(t,s)$ 是连续核, 且 $-1 < \alpha, \beta \geqslant 0$ 时, 则称 $V$ 是弱奇异 Volterra 型积分算子; 若上式中 $\alpha = 1, \beta = 0$, 则称 $V$ 是强奇异 Volterra 型积分算子, 并且相应积分按照 Cauchy 主值意义理解; 若上式中 $\alpha < -1, \beta = 0$, 则称 $V$ 是超奇异 Volterra 型积分算子, 并且积分应按照 Hadamard 有限部分意义下理解; 若上式中 $\beta \neq 0$, 则称混合奇异 Volterra 型积分算子.

显然, 连续核的 Volterra 型积分算子是弱奇异 Volterra 型积分算子的特例.

以下我们将证明弱奇异线性 Volterra 型积分算子是映 $C[0,T]$ 到 $C[0,T]$ 的紧算子, 为此先证明一个引理.

**引理 1.3.3** (Gronwall 不等式)[154]　若 $g(t)$ 和 $u(t)$ 是非负的可积函数, $c \geqslant 0$, 则不等式

$$u(t) \leqslant c + \int_0^t g(s)u(s)ds, \quad t \geqslant 0, \tag{1.3.22}$$

且

$$u(t) \leqslant c e^{\int_0^t g(s)ds}, \quad t \geqslant 0. \tag{1.3.23}$$

**证明**　由 (1.3.22) 导出

$$\frac{g(t)u(t)}{c + \int_0^t g(s)u(s)ds} \leqslant g(t),$$

两端积分得到

$$\ln\left[c + \int_0^t g(s)u(s)ds\right] - \ln c \leqslant \int_0^t g(s)ds$$

或者

$$c + \int_0^t g(s)u(s)ds \leqslant c e^{\int_0^t g(s)ds}.$$

上式应用于 (1.3.22) 便得到 (1.3.23) 的证明.　□

**定理 1.3.8** 若 $V$ 是有弱奇异核的 Volterra 型积分算子,则 $V$ 是映 $C[0,T]$ 到 $C[0,T]$ 的紧算子.

**证明** 设 $\beta = 0$, $u(s) \in C[0,T]$, 今证明 $V$ 映单位球 $B = \{u(t): \|u\|_\infty \leqslant 1\}$ 为紧集. 事实上,令 $u(s) \in B$, 则

$$(Vu)(t) = \int_0^t (t-s)^\alpha k_1(t,s)u(s)ds. \tag{1.3.24}$$

取范数得

$$\|Vu\|_\infty \leqslant \max_{0 \leqslant s \leqslant t \leqslant T} |k_1(t,s)| \int_0^t (t-s)^\alpha ds = M\frac{T^{1+\alpha}}{1+\alpha} < \infty,$$

因为 $M = \max_{0 \leqslant s \leqslant t \leqslant T} |k_1(t,s)| < \infty$, 这便得到 $VB$ 中函数是一致有界的. 其次,将证明 $VB$ 中函数是同等连续的. 为此假定 $t \geqslant \tau$, 考虑

$$\begin{aligned}(Vu)(t) - (Vu)(\tau) &= \int_\tau^t (t-s)^\alpha k_1(t,s)u(s)ds \\ &\quad - \int_0^\tau [(\tau-s)^\alpha k_1(\tau,s) - (t-s)^\alpha k_1(t,s)]u(s)ds \\ &= I_1 - I_2,\end{aligned} \tag{1.3.25}$$

容易估计出

$$|I_1| \leqslant M\frac{(t-\tau)^{1+\alpha}}{1+\alpha}. \tag{1.3.26}$$

其次

$$\begin{aligned}I_2 &= \int_0^\tau [k_1(\tau,s) - k_1(t,s)](\tau-s)^\alpha u(s)ds \\ &\quad + \int_0^\tau k_1(t,s)[(\tau-s)^\alpha - (t-s)^\alpha]u(s)ds = I_3 + I_4,\end{aligned}$$

而

$$|I_3| \leqslant \max_{0 \leqslant s \leqslant \tau \leqslant t} |k_1(\tau,s) - k_1(t,s)|\frac{T^{1+\alpha}}{1+\alpha} \tag{1.3.27}$$

和

$$\begin{aligned}|I_4| &\leqslant \int_0^\tau |k_1(t,s)[(\tau-s)^\alpha - (t-s)^\alpha]u(s)|ds \leqslant M\int_0^\tau [(\tau-s)^\alpha - (t-s)^\alpha]ds \\ &\leqslant M\left[\frac{(t-\tau)^{1+\alpha}}{1+\alpha} - \frac{t^{1+\alpha} - \tau^{1+\alpha}}{1+\alpha}\right] \leqslant M\frac{(t-\tau)^{1+\alpha}}{1+\alpha},\end{aligned}$$

故

$$\begin{aligned}&|(Vu)(t) - (Vu)(\tau)| \\ &\leqslant 2M\frac{(t-\tau)^{1+\alpha}}{1+\alpha} + \max_{0 \leqslant s \leqslant \tau \leqslant t} |k_1(\tau,s) - k_1(t,s)|\frac{T^{1+\alpha}}{1+\alpha}, \quad \forall u \in B.\end{aligned} \tag{1.3.28}$$

因对任意小 $\varepsilon > 0$, 可以找到充分小 $\delta > 0$, 使得 $0 < t - s < \delta$ 成立, 从而有

$$\max\left\{2M\frac{(t-\tau)^{1+\alpha}}{1+\alpha}, \max_{0 \leqslant s \leqslant \tau \leqslant t}|k_1(\tau,s) - k_1(t,s)|\frac{T^{1+\alpha}}{1+\alpha}\right\} \leqslant \frac{\varepsilon}{2},$$

于是由 (1.3.28) 得到

$$|(Vu)(t) - (Vu)(\tau)| \leqslant \varepsilon.$$

这说明了 $VB$ 中函数是同等连续的, 根据 Arzela-Ascoli 定理便得到结果.

若 $\beta > 0$, 则已知对任意小的 $\varepsilon > 0$, 不等式 [154]

$$|\ln h| \leqslant \frac{1}{\varepsilon e}h^{-\varepsilon}. \tag{1.3.29}$$

成立. 现在选择 $\varepsilon$, 使 $\alpha_1 = \alpha - \beta\varepsilon > -1$, 重复上面估计就能得到定理的证明. □

### 1.3.4 一维 Cauchy 强奇异积分算子

用 $H_\varepsilon(\varepsilon > 0)$ 表示由

$$H_\varepsilon f = \tilde{f}_\varepsilon = \int_{|x-t|>\varepsilon} \frac{f(t)}{x-t}dt, \quad x,t \in (-\infty, \infty) \tag{1.3.30}$$

给出的算子 (也称 Hilbert 变换)[122]. 运用 Hölder 不等式就知它对任意 $f \in L_p$, $1 \leqslant p < \infty$ 有定义.

**定理 1.3.9**[122] 若 $f \in L_p, 1 \leqslant p < \infty$, 则
(a) $\|\tilde{f}_\varepsilon\|_p \leqslant A_p\|f\|_p$, 其中常数 $A_p$ 与 $\varepsilon$ 和 $f$ 无关;
(b) 当 $\varepsilon \to 0$ 时, $\tilde{f}_\varepsilon$ 于 $L_p$ 中存在极限, 记作 $\tilde{f}$;
(c) $\|\tilde{f}\|_p \leqslant A_p\|f\|_p$, 其中 $A_p$ 与 (a) 中的常数相同.

**证明** (a) 根据 $H_\varepsilon$ 是线性的性质, 于是只需对非负函数证明 (a). 不妨设 $f \geqslant 0$, 定义一个函数 $f_n(x)$, 当 $|x| \leqslant n$ 时, $f_n(x) = f(x)$; 当 $|x| > n$ 时, $f_n(x) = 0$, 显然在每一点有 $\tilde{f}_{n,\varepsilon} \to \tilde{f}_\varepsilon$. 利用 Fatou 定理,

$$\int_{-\infty}^{\infty}|\tilde{f}_\varepsilon|^p dx = \int_{-\infty}^{\infty}\lim_{n\to\infty}|\tilde{f}_{n,\varepsilon}|^p dx \leqslant \varliminf_{n\to\infty}\int_{-\infty}^{\infty}|\tilde{f}_{n,\varepsilon}|^p dx,$$

于是, 若能够对具有紧支集的函数证明 (a), 则由此推出

$$\int_{-\infty}^{\infty}|\tilde{f}_\varepsilon|^p dx \leqslant \varliminf_{n\to\infty}\int_{-\infty}^{\infty}|\tilde{f}_{n,\varepsilon}|^p dx \leqslant \varliminf_{n\to\infty}A_p\int_{-\infty}^{\infty}|f_n|^p dx = A_p\|f\|^p.$$

设 $f \geqslant 0, f \in L_p, p \in (1,\infty), f$ 具有紧支集且其积分不为零 ($f = 0$ 是显然的). 因为 Hilbert 变换 (1.3.30) 与 Cauchy 型积分 $F(z) = \mathrm{i}\int_{-\infty}^{\infty}\frac{f(t)}{z-t}dt$ 的核相

似，其中 $\mathrm{Im}(z) > 0$，所以我们只需要研究该积分. 在积分号下求微商可获得在区域 $\mathrm{Im}(z) > 0$ 内 $F(x)$ 是解析的. 置

$$z = x + \mathrm{i}y(y > 0), \quad \mathrm{Re}(F(z)) = R(x,y), \quad \mathrm{Im}(F(z)) = I(x,y),$$

$$|F(z)| = M(x,y), \quad \theta = \mathrm{Arg} F(z).$$

从而

$$R(x,y) = \int_{-\infty}^{\infty} \frac{f(t)y}{(x-t)^2 + y^2} dt = f * \frac{y}{x^2 + y^2};$$

利用 Young 不等式：$\|f * g\|_p \leqslant \|f\|_p \|g\|_1$，对固定的 $y$ 有

$$\|R(x,y)\|_p \leqslant \|y(x^2+y^2)^{-1}\|_1 \|f\|_p = \pi \|f\|_p. \tag{1.3.31}$$

由 $R(x,y) > 0$，因而有 $-\frac{\pi}{2} < \theta < \frac{\pi}{2}$.

下面用 $\|R(x,y)\|_p$ 来估算 $\|I(x,y)\|_p$. 因 $(F(z))^p = M^p \exp(\mathrm{i}p\theta)$ 和 $f \in L_p$，从而当 $z \to \infty$ 时，有 $|F(z)| \sim |z|^{-1}$ 和 $|F(z)|^p \sim |z|^{-p}$. 记

$$L = \{z; |\mathrm{Re}(z)| \leqslant a, \mathrm{Im}(z) = y\}, \quad C = \{z = (u,v); v > y, u^2 + (v-y)^2 = a^2\}.$$

由 $(F(z))^p$ 解析，有 $\int_{C \cup L} (F(z))^p dz = 0$；又当 $a \to \infty$ 时，有 $\left| \int_C (F(z))^p dz \right| \leqslant ca^{-p+1} \to 0$，其中 $c$ 是常数，故 $\int_{-\infty + \mathrm{i}y}^{\infty + \mathrm{i}y} (F(z))^p dz = 0$，即

$$\int_{-\infty}^{\infty} M^p(x,y) \cos(p\theta) dx = \int_{-\infty}^{\infty} M^p(x,y) \sin(p\theta) dx = 0. \tag{1.3.32}$$

若 $p$ 不是奇数，因此存在 $b > 0$ 以及半径为 $\delta$ 的小邻域 $\left(-\frac{\pi}{2} + \delta, \frac{\pi}{2} + \delta\right)$ 使得 $|\cos(p\theta)| > b$，并且存在 $c > 0$ 使得在 $\left(-\frac{\pi}{2} + \delta, \frac{\pi}{2} + \delta\right)$ 上有 $\cos\theta > c$. 因此有

$$|\sin\theta|^p < b^{-1}\left(d\cos\frac{p\pi}{2}\right)\cos(p\theta) + (b^{-1} + 1)c^{-p}\cos^p\theta = A\cos(p\theta) + B\cos^p\theta,$$

这里 $d, A, B$ 是正常数，故当固定的 $y$ 时有

$$\int_{-\infty}^{\infty} |I(x,y)|^p dx = \int_{-\infty}^{\infty} M^p |\sin\theta|^p dx \leqslant A\int_{-\infty}^{\infty} M^p \cos(p\theta) dx + B\int_{-\infty}^{\infty} R^p dx,$$

根据 (1.3.32) 得到

$$\int_{-\infty}^{\infty} |I(x,y)|^p dx \leqslant B \int_{-\infty}^{\infty} R^p dx. \tag{1.3.33}$$

而 $I(x,\varepsilon) = \int_{-\infty}^{\infty} \dfrac{(x-t)f(t)}{(x-t)^2 + \varepsilon^2} dt$ 与 $\tilde{f}_\varepsilon$ 之差是核

$$g_\varepsilon(x) = \begin{cases} \dfrac{x}{x^2 + \varepsilon^2} - \dfrac{1}{x}, & |x| > \varepsilon, \\ \dfrac{x}{x^2 + \varepsilon^2}, & |x| \leqslant \varepsilon \end{cases}$$

与 $f$ 的卷积, 由 Young 不等式且注意到 $\|g_\varepsilon\|_1 < \pi$, 从而有

$$\|g_\varepsilon * f\|_p \leqslant \pi \|f\|_p. \tag{1.3.34}$$

根据 (1.3.33) 和 (1.3.34) 有

$$\|\tilde{f}_\varepsilon\|_p \leqslant \|I(x,\varepsilon)\|_p + \|I(x,\varepsilon) - \tilde{f}_\varepsilon\|_p \leqslant B^{1/p}\|R(x,\varepsilon)\|_p + \pi\|f\|_p,$$

再利用 (1.3.31) 便获得 $\|\tilde{f}_\varepsilon\|_p \leqslant A_p\|f\|_p$.

若 $p$ 是奇数, 则共轭指数 $q\left(\dfrac{1}{p} + \dfrac{1}{q} = 1\right)$ 就不是奇数. $\forall f \in \Im$ ($\Im$ 表示 $C^\infty$ 的具有紧支集的子类), $g \in L_q$, 有

$$(\tilde{f}_\varepsilon, g) = \int \tilde{f}_\varepsilon(x)g(x)dx = \int \left(\int_{|x-t|>\varepsilon} \dfrac{f(t)}{x-t} dt\right) g(x) dx$$
$$= \int \left(\int_{|x-t|>\varepsilon} \dfrac{g(x)dx}{x-t}\right) f(t) dt,$$

故 $|(\tilde{f}_\varepsilon, g)| \leqslant \|\tilde{g}_\varepsilon\|_q \|f\|_p \leqslant A_q \|g\|_q \|f\|_p$. 置 $g = \tilde{f}_\varepsilon^{p-1}$, 从而得到 $\|\tilde{f}_\varepsilon\|_p \leqslant A_q\|f\|_p$.

(b) 设 $g(x), h(x) \in \Im$, $h(x)$ 是偶函数且 $h(0) = 1$, 于是 $\int_{|x-t|>\varepsilon} \dfrac{h(x-t)}{x-t} dt = 0$, 而 $|g(t) - g(x)h(x-t)| < M|x-t|$, 这里 $M$ 是与 $x, t$ 无关的常数, 故

$$\lim_{\varepsilon \to 0} \int_{|x-t|>\varepsilon} \dfrac{g(t)}{x-t} dt$$
$$= \lim_{\varepsilon \to 0} \int_{|x-t|>\varepsilon} \dfrac{g(t) - g(x)h(x-t)}{x-t} dt = \int_{-\infty}^{\infty} \dfrac{g(t) - g(x)h(x-t)}{x-t} dt.$$

显然 $|\tilde{g}_\varepsilon(x)| < \dfrac{N}{|x|+1}$. 因为 $\dfrac{N}{|x|+1}$ 是 $p \in (1, \infty)$ 可积, 故由 Lebesgue 关于积分号下求极限的定理知 $\{\tilde{g}_\varepsilon(x)\}$ 是 $L_p$ 中的 Cauchy 序列. 设 $f \in L_p$, $\|f - g\|_p < \delta$, $g \in \Im$. 由 (a) 和 Minkowski 不等式有

$$\|\tilde{f}_\varepsilon - \tilde{f}_\eta\|_p \leqslant \|\tilde{f}_\varepsilon - \tilde{g}_\varepsilon\|_p + \|\tilde{g}_\varepsilon - \tilde{g}_\eta\|_p + \|\tilde{f}_\eta - \tilde{g}_\eta\|_p \leqslant 2A_p\delta + \|\tilde{g}_\varepsilon - \tilde{g}_\eta\|_p,$$

这表明 $\{\tilde{f}_\varepsilon\}$ 是 $L_p$ 中的 Cauchy 序列, 故收敛某一 $\tilde{f} \in L_p$.

(c) 因为 (c) 是 (a) 和 (b) 的直接推论, 这就得到了该定理的证明. □

### 1.3.5 多维 Cauchy 强奇异积分算子

**1. 具有奇核的 Cauchy 奇异积分算子**

假设 $k(x)$ 是一个 $-n$ 阶齐次函数 (即对任一 $a > 0$, $k(ax) = a^{-n}k(x)$), 在单位球面 $S$ 上属于 $L_1$, 且 $k(x) = -k(-x)$. 因为 $k$ 在任一不含原点的紧致部分上绝对可积, 从而对 $f \in \mathfrak{S}$ 可定义积分算子

$$\tilde{f}_\varepsilon(x) = (K_\varepsilon f)(x) = \int_{|x-y|>\varepsilon} k(x-y)f(y)dy.$$

**定理 1.3.10**[122]  假设 $k(x)$ 具有上述性质的函数, 若 $f \in L_p, 1 < p < \infty$, 则

(a) $\|K_\varepsilon f\|_p \leqslant \dfrac{A_p}{2}\|f\|_p \int_{|x|=1} |k(x)|d\sigma$ ($A_p$ 与定理 1.3.9 相同);

(b) 存在一函数 $\tilde{f} = Kf \in L_p$ 使得当 $\varepsilon \to 0$ 时 $\tilde{f}_\varepsilon$ $p$ 次平均收敛于 $\tilde{f}$;

(c) $\|Kf\| \leqslant \dfrac{A_p}{2}\|f\|_p \int_{|x|=1} |k(x)|d\sigma.$

**证明**  为了得到该定理的证明, 只需要在 $\mathfrak{S}$ 中函数证明 (a) 和 (b), 这是因为一族在稠密集强收敛的一致有界算子, 能够定义出一个作用于全空间的算子. 首先, 对 $f \in L_p$, $K_\varepsilon f$ 可作为 $\mathfrak{S}$ 中同一算子的连续扩张而得到, 便按卷积在 $L_p$ 中定义了 $K_\varepsilon$, 从而证明 $K$ 为 $K_\varepsilon$ 的极限. 证明方法是把 $n$ 维情形转化成一维情形. 设 $f \in \mathfrak{S}$.

(a) 固定 $t' \in S$ ($S$ 是单位球面), 以 $L$ 表示正交于向量 $t'$ 的子空间, 记 $g(\rho) = f(y + \rho t')$, 即 $g(\rho)$ 是 $f$ 在过点 $y$ 而平行向量 $t'$ 的直线上的限制. 因为 $k(x)$ 是奇函数且 $k(\rho t') = \rho^{-1}k(t')$ 和 $1/p + 1/q = 1$, 利用 Hölder 不等式和球面坐标获得

$$\|\tilde{f}_\varepsilon(x)\|_p = \left[\int_{E^n}\left|\int_S \frac{k(t')}{2}d\sigma \int_{|\rho|>\varepsilon} \frac{f(x-\rho t')}{\rho}d\rho\right|^p dx\right]^{1/p}$$

$$\leqslant \left(\int_S \frac{|k(t')|}{2}d\sigma\right)^{1/q}\left[\int_S \frac{|k(t')|}{2}\left(\int_{E^n}\left|\int_{|\rho|>\varepsilon}\frac{f(x-\rho t')}{\rho}d\rho\right|^p dx\right)d\sigma\right]^{1/p}.$$

置 $x = y + st'$, $y \in L$, 则

$$\int_{E^n}\left|\int_{|\rho|>\varepsilon}\frac{f(x-\rho t')}{\rho}d\rho\right|^p dx = \int_L dy \int_{-\infty}^{\infty}\left|\int_{|\rho|>\varepsilon}\frac{f(y+(s-\rho)t')}{\rho}d\rho\right|^p ds$$

$$= \int_L dy \int_{-\infty}^{\infty} |\tilde{g}(s)|^p ds \leqslant A_p^p \int_L dy \int_{-\infty}^{\infty} |g(s)|^p ds$$

$$= A_p^p \int_L dy \int_{-\infty}^{\infty} |f(y+st')|^p ds = A_p^p \|f\|_p^p,$$

从而得到

$$||\tilde{f}_\varepsilon(x)||_p \leqslant \left(\int_S \frac{|k(t')|}{2}d\sigma\right)^{1/q+1/p} A_p||f||_p = \frac{A_p}{2}||f||_p \int_S |k(t')|d\sigma.$$

(b) 在 (a) 的证明中已经注意到

$$\tilde{f}_\varepsilon(x) = \frac{1}{2}\int_S k(t')\left[\int_{|\rho|>\varepsilon} \frac{f(x-\rho t')}{\rho}d\rho\right]d\sigma$$

中括号内的积分为 $g(\rho) = f(x - \rho t')$ 的 Hilbert 变换在 $\rho = 0$ 的值: $H_\varepsilon g(0) = \tilde{g}_\varepsilon(0)$. 由定理 1.3.9 中 (a) 的证明便知 $\tilde{f}_\varepsilon(x)$ 当 $\varepsilon \to 0$ 时逐点收敛. 根据 $f \in \Im$, 故 $||\tilde{g}_\varepsilon(x)|| < M$, 其中 $M$ 是与 $f$ 有关的常数, 从而 $|\tilde{f}_\varepsilon(x)| \leqslant \frac{M}{2}\int_S |k(t')|d\sigma$.

用 $I$ 表示 $f(x)$ 的支集, 记 $\bar{X} = \{x; d(x, I) > 1\}$. 若 $x \in \bar{X}, \varepsilon < 1$, 则 $\tilde{f}_\varepsilon(x)$ 不依赖于 $\varepsilon$; $\tilde{f}_\varepsilon = \tilde{f}(x)$. 因 $\tilde{f}_\varepsilon(x)$ 有界, 又逐点收敛, 故 $\tilde{f}_\varepsilon(x)$ 是 $L_p$ 中的 Cauchy 序列. □

值得注意: (1) (a) 的证明中使用了 $g(\rho) \in L_p(\Re^1)$, 但由 $f \in L_p(\Re^n)$ 仅知, 对几乎所有 $y \in L, g(\rho) \in L_p(\Re^1)$, 这并不影响定理的证明.

(2) 若在 $\Im$ 中 $\{K_\varepsilon\}$ 是一致有界算子族, 且 $\{K_\varepsilon f\}$ 是 Cauchy 序列, 则可以连续扩张每一 $K_\varepsilon$ 使得成为 $L_p$ 中的连续算子 (一致有界), 且 $\forall f \in L_p, K_\varepsilon f$ 是 Cauchy 序列.

现在需要证明: $\forall \varepsilon > 0$, $\int_{|x-y|>\varepsilon} k(x-y)f(y)dy$ 几乎处处是有限的, 进而证明 $\int_{|x-y|>\varepsilon} k(x-y)f(y)dy = \tilde{f}_\varepsilon$ 与经过扩张得到的 $K_\varepsilon f$ 几乎处处相等. 因此, $\int k(x-y)f(y)dy$ 是当 $\varepsilon \to 0$ 时卷积 $\int_{|x-y|>\varepsilon} k(x-y)f(y)dy$ 的平均极限.

**引理 1.3.4** 假设 $k$ 是 $-n$ 阶齐次函数, $k(x) \geqslant 0$ 在 $S$ 上 $q \geqslant 1$ 可积, $f \geqslant 0$, $f \in L_p, 1 < p < \infty, y = \rho y', |y'| = 1$, 则

$$g(x) = \int_{|x-y|>\varepsilon} k(x-y)f(y)dy = \int_S k(y')d\sigma \int_\varepsilon^\infty \frac{f(x-\rho y')}{\rho}d\rho$$

几乎处处存在.

**证明** 该积分 p.p. 有限 (表示 $p$ 次方可积且积分有限), 若它在每一个球 $S$ 内 p.p. 有限, 特别地, 若此积分在每一个球 $S$ 上可积. 积分

$$\int_S k(y')d\sigma \int_S dx \int_\varepsilon^\infty \frac{f(x-\rho y')}{\rho}d\rho, \qquad (1.3.35)$$

因为 $\frac{1}{\rho}$ 在离开原点的地方是 $L_q, q > 1$ 可积, $\int_\varepsilon^\infty \frac{f(x-\rho y')}{\rho}d\rho, 1 < p < \infty$ 可积, 故若

## 1.3 奇异积分算子

不计因子, 该积分不超过 $\left[\int_{-\infty}^{\infty} f^p(x-\rho y')d\rho\right]^{1/p}$. 对积分 $\int_S dx \int_\varepsilon^\infty \dfrac{f(x-\rho y')}{\rho}d\rho$ 使用 Hölder 不等式, 若不计因子, 此积分不超过 $|S|^{\frac{p}{p-1}}\left[\int_S dx \int_{-\infty}^\infty f^p(x-\rho y')d\rho\right]^{1/p}$. 利用定理 1.3.10 (a) 的证明中的计算方法, 可获得 (1.3.35) 不超过一个常数与 $\|f\|_p$ 的乘积, 因此 $\int_S g(x) < \infty.\square$

**2. 奇异积分算子的特殊情形 (称 Riesz 变换)**

$$R_m f = \gamma_n \int \frac{x_m - y_m}{|x-y|^{n+1}} f(y)dy, \quad \gamma_n = -\mathrm{i}\pi^{-\frac{n+1}{2}}\Gamma\left(\frac{n+1}{2}\right) \tag{1.3.36}$$

的性质.

**定理 1.3.11**[122] 若 $f \in \Im$, 则

$$F(R_m f) = F(f)\frac{x_m}{|x|}, \tag{1.3.37}$$

这里 $F(R_m f)$ 表示 $R_m f$ 的 Fourier 变换.

**证明** 若 $f \in \Im$, 则广义函数 $\left(p.v.\gamma_n \dfrac{x_m}{|x|^{n+1}}\right) * f$ 与函数 $R_m f$ 重合, 其中 $p.v$ 表示主值积分. 事实上

$$\left\langle p.v.\gamma_n \frac{x_m}{|x|^{n+1}} * f, \varphi \right\rangle = \left\langle p.v.\gamma_n \frac{x_m}{|x|^{n+1}}, \langle f(y), \varphi(x+y)\rangle \right\rangle$$

$$= \lim_{\varepsilon \to 0} \gamma_n \int_{|x|>\varepsilon} \frac{x_m}{|x|^{n+1}}\left(\int_{E^n} f(y)\varphi(x+y)dy\right)dx$$

$$= \lim_{\varepsilon \to 0} \gamma_n \int_{E^n} dt \int_{|x|>\varepsilon} \frac{x_m}{|x|^{n+1}} f(t-x)\varphi(t)dx = \lim_{\varepsilon \to 0}\langle R_{m,\varepsilon}f, \varphi\rangle.$$

因 $R_{m,\varepsilon}f$ 在 $L_p$ 中收敛于 $R_m f$, 从而 $\lim_{\varepsilon\to 0}\langle R_{m,\varepsilon}f, \varphi\rangle = \langle R_m f, \varphi\rangle$.

另外 $|x|^{1-n}$ 是 $S'$ 中一广义函数 (缓增的), 其中 $S$ 和 $S'$ 分别表示 $C^\infty$ 中急剧下降函数子类和它的对偶, 它的微商也是如此. 现在证明

$$\frac{\partial}{\partial x_m}|x|^{1-n} = (1-n)p.v.\frac{x_m}{|x|^{n+1}}, \tag{1.3.38}$$

从而可知 $p.v.\dfrac{x_m}{|x|^{n+1}}$ 是缓增的. 因为

$$\left\langle \frac{\partial}{\partial x_m}|x|^{1-n}, \varphi \right\rangle = -\left\langle |x|^{1-n}, \frac{\partial}{\partial x_m}\varphi \right\rangle = \lim_{\varepsilon \to 0} -\int_{|x|\geqslant \varepsilon} \frac{1}{|x|^{n-1}}\frac{\partial}{\partial x_m}\varphi(x)dx$$

$$= \lim_{\varepsilon \to 0}\left(\int_{|x|\geqslant \varepsilon} \frac{\partial}{\partial x_m}\frac{1}{|x|^{n-1}}\varphi(x)dx - \int_{|x|=\varepsilon}\frac{1}{|x|^{n-1}}\varphi v_m d\sigma\right),$$

这里 $v_m$ 是 $|x|=\varepsilon$ 上单位法向量的第 $m$ 个分量. 上述积分当 $\varepsilon\to 0$ 时趋于零, 故 (1.3.38) 成立. 又因为

$$F(R_m f)=F\left(p.v.\gamma_n\frac{x_m}{|x|^{n+1}}*f\right)=F\left(\frac{\gamma_n}{1-n}\frac{\partial}{\partial x_m}|x|^{1-n}*f\right),$$

且 $\dfrac{\partial}{\partial x_m}|x|^{1-n}\in S',f\in\mathfrak{S}$, 故

$$F(R_m f)=\frac{\gamma_n}{1-n}F\left(\frac{\partial}{\partial x_m}|x|^{1-n}\right)F(f). \tag{1.3.39}$$

因 $\forall T\in S'$ 有 $F\left(\dfrac{\partial T}{\partial x_m}\right)=-2\pi\mathrm{i}x_m F(T)$, 从而由 (1.3.39) 得到

$$F(R_m f)=\frac{\gamma_n}{1-n}2\pi\mathrm{i}x_m F(|x|^{1-n})F(f). \tag{1.3.40}$$

接下来计算 $F(|x|^{-\alpha}),n/2<\alpha<n,n\geqslant 2$. 定义算子 $\Pi_\lambda$ 使得 $\langle\Pi_\lambda T,\varphi(x)\rangle=\langle T,\lambda^{-n}\varphi(x\lambda^{-1})\rangle$ 成立. 若 $T\in\mathfrak{S}'$ ($\mathfrak{S}'$ 是 $\mathfrak{S}$ 的对偶空间, $\mathfrak{S}'$ 中的元素都是广义函数), 则 $\Pi_\lambda T$ 依然. 对局部可积函数型广义函数 $f$, 有 $[\Pi_\lambda f](x)=f(\lambda x)$. 对 $T\in S'$, 有

$$F(\Pi_\lambda T)=\lambda^{-n}\Pi_{1/\lambda}F(T). \tag{1.3.41}$$

若 $\Pi_\lambda T=\lambda^m T$ 称广义函数 $T$ 为 $m$ 阶齐次的. 根据 $\alpha$ 的假设, $F(|x|^{-\alpha})$ 是一函数, 并且它是两个函数之和的变换, 一个是 $|x|^{-\alpha}$ 在单位球内的限制且属于 $L_1$, 另一个在单位球外的限制且属于 $L_2$. 由 (1.3.41), $F(|x|^{-\alpha})$ 是 $\alpha-n$ 阶齐次函数, 此外它还是径向函数, 故

$$F(|x|^{-\alpha})=c_\alpha|x|^{\alpha-n}. \tag{1.3.42}$$

现在来计算 $c_\alpha$. 因为 $F(e^{-\pi|x|^2})=e^{-\pi|x|^2}\in S$, 由 Parseval 公式得到

$$\langle|x|^{-\alpha},e^{-\pi|x|^2}\rangle=\langle c_\alpha|x|^{\alpha-n},e^{-\pi|x|^2}\rangle. \tag{1.3.43}$$

当 $\beta>-1$ 时, 有

$$\int_0^\infty e^{-\pi\rho^2}\rho^\beta d\rho=\frac{1}{2}\pi^{-(\beta+1)/2}\Gamma\left(\frac{\beta+1}{2}\right), \tag{1.3.44}$$

利用 (1.3.43) 得

$$c_\alpha=\pi^{\alpha-n/2}\Gamma\left(\frac{n-\alpha}{2}\right)\Gamma^{-1}\left(\frac{\alpha}{2}\right). \tag{1.3.45}$$

若 $n\geqslant 3$, 则 $\alpha=n-1$ 满足上述条件, 根据 (1.3.40), (1.3.41), (1.3.45) 获得

$$F(R_m f)=\frac{x_m}{|x|}F(f).$$

若 $n=2$, 则 $1=n-1=n/2$, 不具备上述计算中的条件的 $\alpha$, 但却是它们的极限. 显然缓增关于函数 $|x|^{-\alpha}$ 在 $S'$ 中当 $\alpha\to 1$ 时趋于 $|x|^{-1}$. 从而 $|x|^{-\alpha}$ 的 Fourier 变换趋于 $F(|x|^{-1})$. 在 $F(|x|^{-\alpha})=c_\alpha|x|^{\alpha-n}$ 两边令 $\alpha\to 1$ 而在 $S'$ 中取极限获得 $|x|^{-1}=c_1|x|^{-1}$. 故 (1.3.37) 成立. □

**推论 1.3.2** (1) $\forall f\in L_2$, (1.3.37) 成立;

(2) $\sum_{m=1}^n R_m^2=I$ 在 $L_p\ (1<p<\infty)$ 上成立, $I$ 是单位算子;

(3) Riesz 向量变换 $Rg=(R_1g,R_2g,\cdots,R_ng)$, 若 $g=\{g_1,\cdots,g_n\}$, $g_i\in L_p$, 令 $Rg=\sum_{m=1}^n R_mg_m$, 则 $R(Rg)=\sum_{m=1}^n R_m^2g=g$.

**证明** (1) 因 $R_m$ 和 Fourier 变换都是 $L_2$ 空间到 $L_2$ 空间的连续算子, 所以 (1) 成立. (2) 由 (1.3.37) 知, 若 $f\in L_2$ 有 $R_mf\in L_2$ 从而获得 $F(R_m^2f)=\dfrac{x_m}{|x|}F(R_mf)=\dfrac{x_m^2}{|x|^2}F(f)$, 故 $F(\sum_{m=1}^n R_m^2f)=F(f)$, 这说明在 $L_2$ 中有 $\sum_{m=1}^n R_m^2=I$. 因为 $R_m$ 在 $L_2$ 中连续, 且 $L_2\cap L_p$ 稠密, 所以该等式在 $L_2$ 中成立. (3) 的证明是显然的. □

3. 具有偶核的 Cauchy 奇异积分算子

假设 $k(x)$ 为 $-n$ 阶偶的齐函数, 在单位球面 $S$ 上的积分为零, 且 $q>1$, $\int_S|k(x)|^qd\sigma<\infty$. 因在离开原点的地方 $k(x)$ 是在 $L_q$ 内可积, 根据 $k(\rho t')=\rho^{-1}k(t')$, 和 $1/p+1/q=1$, 利用 Hölder 不等式, 于是获得

$$\int_{|x|>\varepsilon}|k(x)|^qdx=\int_S\left|k\left(\frac{x}{|x|}\right)\right|^qd\sigma\int_\varepsilon^\infty|x|^{n-1-nq}d|x|$$
$$=\int_S|k(x')|^qd\sigma\frac{\varepsilon^{(1-q)n}}{(1-q)n}<\infty,$$

若 $f\in\mathfrak{S}$, 则对确定的 $\varepsilon>0$, 积分算子

$$(K_\varepsilon f)(x)=\tilde{f}_\varepsilon(x)=\int_{|x-y|>\varepsilon}k(x-y)f(y)dy$$

是 $L_q$ 的函数.

**定理 1.3.12** 假设 $k(x)$ 是具有上述性质的函数, 若 $\forall f\in L_q$, $1<p<\infty$, 则

(a) $\|\tilde{f}_\varepsilon\|=\|K_\varepsilon f\|_p\leqslant A_{p,q}\|f\|_p\left(\int_S|k(x)^q|d\sigma\right)^{1/q}$ ($A_p$ 与定理 1.3.9 相同);

(b) 存在一函数 $\tilde{f}=Kf\in L_p$ 使得当 $\varepsilon\to 0$ 时 $\tilde{f}_\varepsilon$ 在 $L_p$ 内平均收敛于 $\tilde{f}$;

(c) $\|Kf\|\leqslant A_{p,q}\|f\|_p\left(\int_S|k(x)^q|d\sigma\right)^{1/q}$.

本定理的证明是将偶核化成一奇核的情形, 且奇或偶的二函数的卷积分别是偶函数或奇函数, 又阶数为 $s$ 和 $t$ 的两齐次函数的卷积是 $s+t+$ 空间维数阶的齐

次函数. 为了方便起见定义

$$[g]_\delta = \begin{cases} g(x), & |x| > \delta, \\ 0, & |x| \leqslant \delta, \end{cases} \quad ||g||_{p,A} = \left(\int_A |g|^p d\mu\right)^{1/p},$$

这里 $\mu$ 是 $A$ 中的测度.

**引理 1.3.5** 设 $f \in \mathfrak{S}$, 则

(1) $R_m(K_\varepsilon f) = R_m[k]_\varepsilon * f$;

(2) 存在 $-n$ 阶奇的齐次函数 $\tilde{k}(x)$ 使得

$$\int_{|x|=1} |\tilde{k}(x)| d\sigma = ||\tilde{k}(x)||_{1,S} \leqslant c_q ||k||_q;$$

(3) $[\tilde{k}] - R_m[k]_\varepsilon = \delta_\varepsilon \in L_1$, 且 $||\delta_\varepsilon||_1 \leqslant c_q ||k||_{q,S}$.

**证明** (1) 根据

$$R_{m\delta}(K_\varepsilon f) = \gamma_n \int \left[\frac{x_m - y_m}{|x-y|^{n+1}}\right]_\delta dy \int [k]_\varepsilon (x-y) f(z) dz, \tag{1.3.46}$$

由 Young 不等式知, $\int |[k]_\varepsilon (x-y) f(z)| dz \in L_q$, 而 Riesz 核的绝对值在离开原点的地方属于 $L_p (p > 1)$, 从而 (1.3.46) 中的被积函数取绝对值后积分有限, 故可交换积分次序,

$$R_{m\delta}(K_\varepsilon f) = \gamma_n \int f(z) \left(\int \left[\frac{x_m - y_m}{|x-y|^{n+1}}\right]_\delta [k]_\varepsilon (x-y) dy\right) dz.$$

置 $y = z - t$, 得到 $R_{m\delta}(K_\varepsilon f) = (R_{m\delta}[k]_\varepsilon) * f$. 在 $L_q$ 空间, 当 $\delta \to 0$ 时, 有 $R_{m\delta}(K_\varepsilon f) \to R_m(K_\varepsilon f)$ 和 $(R_{m\delta}[k]_\varepsilon) * f \to (R_m[k]_\varepsilon) * f$, 这是因为 $[k]_\varepsilon \in L_q$, 即 (1) 得证.

(2) 假设 $x \neq 0$, $\varepsilon < \eta < \frac{|x|}{2}$, 从而极限逐点有意义, 利用 $k(y)$ 在 $|y|=1$ 上积分为零, 于是

$$[R_m([k]_\varepsilon - [k]_\eta)](x) = \lim_{\delta \to 0} \int \left[\frac{x_m - y_m}{|x-y|^{n+1}}\right]_\delta (-[k]_\eta + [k]_\varepsilon)(y) dy$$

$$= \int_{\varepsilon < |y| < \eta} \frac{x_m - y_m}{|x-y|^{n+1}} k(y) dy = \int_{\varepsilon < |y| < \eta} \left(\frac{x_m - y_m}{|x-y|^{n+1}} - \frac{x_m}{|x|^{n+1}}\right) k(y) dy.$$

对括号内使用中值定理获得

$$|[R_m([k]_\varepsilon - [k]_\eta)](x)| \leqslant \int_{\varepsilon < |y| < \eta} \frac{c|y|}{|x|^{n+1}} |k(y)| dy$$

$$= c|x|^{-n-1} \int_\varepsilon^\eta d|y| \int_S |k(y)| d\sigma \leqslant c|x|^{-n-1} \eta ||k||_{q,S}. \tag{1.3.47}$$

## 1.3 奇异积分算子

从 (1.3.47) 可知, 在不含原点的任意闭区域上, $R_m[k]_\eta$ 是 $L^\infty$ 中一 Cauchy 序列, 从而可定义 $k^*(x)$ 使得在 $|x| > \alpha > 0$ 上有 $\|R_m[k]_\eta(x) - k^*(x)\|_\infty \to 0$. 根据定义有

$$R_{m\delta}[k]_\varepsilon(\lambda x) = \lambda^{-n} R_{m\delta/\lambda}[k]_{\varepsilon/\lambda}(x) \tag{1.3.48}$$

和

$$R_{m\delta}[k]_\varepsilon(-x) = -R_m[k]_\varepsilon(x). \tag{1.3.49}$$

从而可知, $k^*(x)$ 在一测度为零的集合外是奇函数. 现在来修补 $k^*(x)$ 使得处处是奇函数, 根据 (1.3.48), 对任意 $\lambda$ 和几乎所有 $x$, $k^*(x)$ 具有性质:

$$k^*(\lambda x) = \lambda^{-n} k^*(x). \tag{1.3.50}$$

因为 $k^*(\lambda x)$ 和 $\lambda^{-n} k^*(x)$ 在空间 $(0, \infty) \times E^n$ 可测, 从而对几乎所有 $x$, (1.3.50) 对几乎所有 $\lambda$ 成立. 置 $B$ 表所有这样的 $x$ 的全体, 对应于它, (1.3.50) 不对几乎所有 $\lambda$ 成立. 因此存在半径为 $\rho$ 的球面 $S$ 使得 $S \cap B$ 在 $S$ 上的测度是零. 又定义 $\tilde{k}(x) = \left(\frac{\rho}{|x|}\right)^n k^*\left(\frac{x\rho}{|x|}\right)$, 若 $\frac{x\rho}{|x|} \notin B$, 而在其他点有 $\tilde{k}(x) = 0$. 从而 $\tilde{k}(x)$ 和 $k^*(x)$ 只有在一测度为零的集合上不同, 故 $\tilde{k}(x)$ 是奇的, $-n$ 阶齐次的函数. 显然

$$\int_{1<|x|<2} |\tilde{k}(x)| dx = \int_1^2 \frac{d|x|}{|x|} \int_S \left|\tilde{k}\left(\frac{x}{|x|}\right)\right| d\sigma = \log 2 \int_S |\tilde{k}| d\sigma.$$

利用 (1.3.47), 当 $|x| > 1$, 则 $|(\tilde{k} - R_m[k]_{1/2})(x)| \leqslant c|x|^{-n-1} \|k\|_{1,S}$ 和 $\int_{1<|x|<2} |\tilde{k}(x) - R_m[k]_{1/2}(x)| dx \leqslant c\|k\|_{1,S} \leqslant c\|k\|_{q,S}$. 另一方面有

$$\int_{1<|x|<2} |R_m[k]_{1/2}(x)| dx \leqslant c\|R_m[k]_{1/2}\|_q \leqslant cA_q \|[k]_{1/2}\|_q \leqslant cA_q \|k\|_{q,S}.$$

进一步有

$$\int_S |\tilde{k}| d\sigma = (\log 2)^{-1} \int_{1<|x|<2} |\tilde{k}(x)| dx$$
$$\leqslant (\log 2)^{-1} \int_{1<|x|<2} |\tilde{k} - R_m[k]_{1/2}| + |R_m[k]_{1/2}| dx$$
$$\leqslant c_q \|k\|_{q,S}.$$

(3) 这里只需要证明: $|\delta|_1 < \infty$. 经过简单计算得 $\delta_\varepsilon(x) = \varepsilon^{-n} \delta_1(\frac{x}{\varepsilon})$, 且其模与 $\delta_1$ 的模相等. 又

$$\int_{|x|<2} |\delta_1(x)| dx \leqslant \int_{|x|<2} |R_m[k]_1| dx + \int_{1<|x|<2} |\tilde{k}(x)| dx$$
$$\leqslant c\|R_m[k]_1\|_q + c\|k\|_{1,S} \leqslant cA_q \|[k]_1\|_q + c_q \|k\|_q \leqslant c_q \|k\|_{q,S}$$

和
$$\int_{|x|\geqslant 2}|\delta_1(x)|dx \leqslant \left(\int_{|x|\geqslant 2}c|x|^{-n-1}dx\right)||k||_{1,S} \leqslant c_q||k||_{q,S}.$$

组合上面两式得到我们证明的结论.□

现在给出定理 1.3.12 的证明. 事实上, 若 $f \in \Im$, 则

$$R_m(K_\varepsilon f) = (R_m[K_\varepsilon]) * f = [\tilde{k}]_\varepsilon * f - \delta_\varepsilon * f,$$

根据引理 1.3.5 中的 (2) 和定理 1.3.10, 有

$$||[\tilde{k}]_\varepsilon * f||_p \leqslant c_q \frac{A_p}{2} ||k||_{q,S} ||f||_p.$$

由 $1 < p < \infty$ 和引理 1.3.5 中的 (3), 再利用 Young 不等式获得 $||\delta_\varepsilon * f||_p \leqslant c_q ||k||_{q,S} ||f||_p$. 故

$$||R_m(K_\varepsilon f)||_p \leqslant c_{q,p} ||k||_{q,S} ||f||_p. \tag{1.3.51}$$

再由推论 1.3.2 中的 (2) 获得 $||K_\varepsilon f||_p \leqslant A_{q,p} ||k||_{q,S} ||f||_p$, 便获得定理 1.3.12 中 (a) 的证明.

(b) 设 $\rho(x) \in \Im$ 在原点的一邻域内等于 1, 且是径向的, 又设 $f \in \Im$, 因 $|f(y) - f(x)\rho(x-y)| \leqslant M|x-y|$ 和 $\int_{|x-y|>\varepsilon} k(x-y)\rho(x-y)dy = 0$, 所以

$$\lim_{\varepsilon \to 0} \int_{|x-y|>\varepsilon} k(x-y)f(y)dy = \int k(x-y)[f(y) - f(x)\rho(x-y)]dy.$$

且此极限是一致的, 又当 $\varepsilon < 1$ 时, $\tilde{f}_\varepsilon(x)$ 在一紧致集外与 $\varepsilon$ 无关, 这是因为 $\tilde{f}_\varepsilon \in L_p$, 表明 $\tilde{f}_\varepsilon$ 在 $L_p$ 中收敛. 定理得证.□

**注 1.3.1** 在定理 1.3.12 和引理 1.3.5 中, $c, c_p, c_q, c_{p,q}, A_p, A_q, A_{p,q}$ 是不同的常数.

利用引理 1.3.5 立即获得下面推论.

**推论 1.3.3** $\forall f \in L_p$, 有 $k(x-y)f(y)$ 在 $|x-y|>\varepsilon$ 上对几乎所有 $x$ 绝对可积且存在一函数 $\tilde{f}(x) = (Kf)(x)$, 它是 $\tilde{f}(x) = \int_{|x-y|>\varepsilon} k(x-y)f(y)dy$ 在 $L_p$ 空间的 $p$ 模下的极限.

**定理 1.3.13** 假设 $k(x)$ 是 $-n$ 阶齐次函数, 且在 $S$ 上的平均值为零, 其中奇部 $\frac{1}{2}[k(x) - k(-x)]$ 在 $S$ 上可积, 而偶部是 $L_q, q>1$ 的函数. 定理 1.3.10 中的 (a), (b) 和 (c) 成立.

**注 1.3.2** 前面各个定理给出了 Cauchy 奇异积分算子在整个空间的情形, 若 $f(x)$ 是定义在有界区域 $\Omega \subset E^n$ 内, 我们可定义一个新的函数 $F(x)$, 当 $x \in \Omega$

时, $F(x) = f(x)$; 当 $x \notin \Omega$ 时, $F(x) = 0$. 奇异积分算子

$$\tilde{F}_\varepsilon(x) = (K_\varepsilon F)(x) = \int_{|x-y|>\varepsilon} k(x-y)F(y)dy$$

满足上面定理的结论.

### 1.3.6 Hadamard 超奇异积分算子

为了避免繁琐的运算, 我们借助广义函数和拟微分算子 (PDO) 理论来研究它的性质.

用 $S_\alpha^0$ 来表示局部可积函数 $A(\xi)$ 且满足

$$|A(\xi)| \leqslant C(1+|\xi|)^\alpha \tag{1.3.52}$$

的函数类.

**定义 1.3.7** 函数类 $S_\alpha^0$ 的拟微分算子是对 $u(x) \in S(\Re^n)$ 通过

$$Au = \frac{1}{(2\pi)^n} \int_{\Re^n} A(\xi)\hat{u}(\xi)e^{-\mathrm{i}(x,\xi)}d\xi \tag{1.3.53}$$

来定义, 这里 $\hat{u}(\xi)$ 是 $u(x) \in S(\Re^n)$ 的 Fourier 变换. 函数 $A(\xi)$ 称算子 $A$ 的符号.

若 $\alpha < -n$, 在 (1.3.52) 中的 $A(\xi)$ 绝对可积, 因此 $a(x) = F^{-1}A(\xi)$ 是有界连续函数[147]. 根据 Fourier 变换, 我们有

$$Au = F^{-1}(A(\xi)\hat{u}(\xi)) = \int_{\Re^n} a(x-y)u(y)dy,$$

这就意味着当 $\alpha < -n$ 时, 拟微分算子 $A$ 是卷积型积分算子.

若 $\alpha > -n$, 存在正整数 $m > 0$ 使得 $\alpha - 2m < -n$. 设 $A_1(\xi) = A(\xi)/(1+|\xi|^2)^m$, 那么 $|A_1(\xi)| \leqslant C(1+|\xi|^2)^{\alpha-2m}$, 从而 $A_1(\xi)$ 绝对可积. 取 $a_1(x) = F^{-1}(A_1(\xi))$, 得到

$$Au = F^{-1}(A(\xi)\hat{u}(\xi))$$
$$= (-\Delta+1)^m \int_{\Re^n} a_1(x-y)u(y)dy = \int_{\Re^n} a_1(x-y)(-\Delta+1)^m u(y)dy,$$

其中 $\Delta = \sum_{k=1}^n \frac{\partial^2}{\partial x_k^2}$ 是 Laplace 算子. 于是, 该拟微分算子是积微分算子.

若 $A_0(\xi)$ 是 $\alpha$ 阶的齐次函数, 用

$$A_0 u = \frac{1}{(2\pi)^n} \int_{\Re^n} A_0(\xi)\hat{u}(\xi)e^{-\mathrm{i}(x,\xi)}d\xi$$

来定义齐次函数 $A_0(\xi)$ 的拟微分算子. 考虑 Hadamard 超奇异积分算子

$$I_\lambda(x) = \int_{\Re^n} \frac{u(y)dy}{|x-y|^{n+\lambda}}, \quad I_{\lambda,\varepsilon}(x) = \int_{\Re^n \setminus \Omega_\varepsilon} \frac{u(y)dy}{|x-y|^{n+\lambda}},$$

这里 $\Omega_\varepsilon$ 表示中心为 $x$、半径是 $\varepsilon$ 的球. 置 $x - y = t$, 那么有

$$I_{\lambda,\varepsilon}(x) = \int_{\Re^n \setminus \Omega_\varepsilon} \frac{u(x-t)dt}{|t|^{n+\lambda}}, \tag{1.3.54}$$

根据卷积的定义, 有

$$I_\lambda(x) = \frac{1}{|x|^{n+\lambda}} * u(x). \tag{1.3.55}$$

由性质 1.2.2 的 (2) 知

$$F(I_\lambda(x)) = 2^{-\lambda} \pi^{n/2} \Gamma\left(-\frac{\lambda}{2}\right) |\xi|^\lambda \hat{u}(\xi) / \Gamma\left(\frac{\lambda+n}{2}\right). \tag{1.3.56}$$

这蕴涵 Hadamard 超奇异积分 $I_\lambda(x)$ 能够表示成拟微分算子

$$I_\lambda(x) = \frac{1}{(2\pi)^n} \int_{\Re^n} A(\xi) \hat{u}(\xi) e^{-\mathrm{i}(x,\xi)} d\xi$$

且符号是

$$A(\xi) = 2^{-\lambda} \pi^{n/2} \Gamma\left(-\frac{\lambda}{2}\right) |\xi|^\lambda / \Gamma\left(\frac{\lambda+n}{2}\right) \in S_\lambda^0. \tag{1.3.57}$$

**定理 1.3.14** 若

$$f(\eta) = \int_{\Re^n} B(\eta - \xi) g(\xi) d\xi \tag{1.3.58}$$

和 $\int_{\Re^n} |B(\eta)| d\eta = B_0 < \infty$, 其中 $g(\xi) \in S(\Re^n)$, 那么

$$\|f(\eta)\|_{L_2(\Re^n)} \leqslant B_0 \|g\|_{L_2(\Re^n)}. \tag{1.3.59}$$

**证明** 对 (1.3.58) 使用 Fourier 变换, 得到 $\hat{f}(x) = \hat{B}(x)\hat{g}(x)$, 其中 $\hat{B}(x) = F(B(\eta))$, $\hat{g}(x) = F(g(\xi))$. 利用 $|\hat{B}(x)| \leqslant \int_{\Re^n} |B(\eta)| d\eta$, 于是得到 (1.3.59) 的估计. □

现在我们把上面的结果进行推广. 设局部可积函数 $\hat{A}_1(\eta, \xi)$ 满足不等式

$$(1+|\eta|)^N |\hat{A}_1(\eta,\xi)| \leqslant C(1+|\xi|)^\alpha, \quad \forall N, \tag{1.3.60}$$

置

$$A_1(x,\xi) = F_\eta^{-1} \hat{A}_1(\eta,\xi) = \frac{1}{(2\pi)^n} \int_{\Re^n} \hat{A}_1(\eta,\xi) e^{\mathrm{i}(x,\xi)} d\xi. \tag{1.3.61}$$

由 (1.3.60), 对固定的 $\xi$ 和所有的 $s$, $A_1(x,\xi) \in H^s(\Re^n)$, 这里 $H^s(\Re^n)$ 是表示对所有的广义函数 $u$ 且它的 Fourier 变换 $\hat{u}(\xi)$ 在 Lebesgue 意义下局部可积的 Sobolev 空间, $s$ 是任意实数. 因此, $A_1(x,\xi)$ 是关于 $x$ 无限可微且当 $|x| \to \infty$, 对任意的 $k$, 有 $\partial^k A_1(x,\xi)/\partial x^k \to 0$.

## 1.3 奇异积分算子

**定义 1.3.8** $S_\alpha^0 = S_\alpha^0(\Re^n)$ 是由所有满足

$$A(x,\xi) = A(\infty,\xi) + A_1(x,\xi)$$

的函数 $A(x,\xi)$ 构成的空间, 其中 $A(\infty,\xi)$ 是局部可积且满足 $|A(\infty,\xi)| \leqslant C(1+|\xi|)^\alpha$ 的函数, $F_x A_1(x,\xi) = \hat{A}_1(\eta,\xi)$ 且满足 (1.3.60). 符号是 $A(x,\xi)$ 的拟微分算子定义为 $A(x,D)$.

**引理 1.3.6** 设 $A_1(x,\xi)$ 是由 (1.3.61) 定义的符号且满足条件 (1.3.60), 那么函数

$$v(x) = A_1(x,D)u = \frac{1}{(2\pi)^n}\int_{\Re^n} A_1(x,\xi)\hat{u}(\xi)e^{-i(x,\xi)}dx$$

的 Fourier 变换是

$$\hat{v} = \frac{1}{(2\pi)^n}\int_{\Re^n} \hat{A}_1(\eta-\xi,\xi)\hat{u}(\xi)d\xi, \tag{1.3.62}$$

这里 $\hat{u}(\xi) = F(u(x))$, $u(x) \in S(\Re^n)$.

**证明** 考虑广义函数

$$(f,\varphi) = \frac{1}{(2\pi)^n}\int_{\Re^n}\frac{1}{(2\pi)^n}\int_{\Re^n}\overline{[\hat{A}_1(\eta-\xi,\xi)\hat{u}(\xi)]}\,d\xi\hat{\varphi}(\eta)d\eta, \tag{1.3.63}$$

其中 $\varphi(x) \in S(\Re^n)$, $F(\varphi(x)) = \hat{\varphi}(\eta)$. 根据关于函数 $f \in S'(\Re^n)$ 的 Fourier 变换 $\hat{f} \in S'(\Re^n)$ 有

$$(\hat{f},\hat{\varphi}) = (2\pi)^n(f,\varphi), \quad \forall \varphi \in S(\Re^n), \quad \hat{\varphi} = F\varphi \in S(\Re^n)$$

和 (1.3.63), 我们得到

$$Ff = \frac{1}{(2\pi)^n}\int_{\Re^n} \hat{A}_1(\eta-\xi,\xi)\hat{u}(\xi)d\xi. \tag{1.3.64a}$$

利用 (1.3.60) 和不等式

$$(1+|x-y|)^{-|t|} \leqslant \frac{(1+|x|)^t}{(1+|y|)^t}, \quad \forall t \in \Re, \tag{1.3.64b}$$

获得

$$|Ff| \leqslant \frac{1}{(2\pi)^n}\int_{\Re^n}\frac{(1+|\xi|)^\alpha|u(\xi)|d\xi}{(1+|\eta-\xi|)^N} \leqslant \frac{1}{(2\pi)^n}\int_{\Re^n}\frac{(1+|\xi|)^{\alpha+N}|u(\xi)|d\xi}{(1+|\eta|)^N}. \tag{1.3.65}$$

这表明了 $Ff \in L_1(\Re^n)$, 因而 (1.3.63) 的右边是连续线性泛函且属于 $S$. 现在来求 $Ff$ 的逆变换, 考虑到 $A_1(\eta-\xi,\xi)\hat{u}(\xi) \in L_1(\Re^n \times \Re^n)$, 我们有

$$f = \frac{1}{(2\pi)^n}\int_{\Re^n}\frac{1}{(2\pi)^n}\int_{\Re^n}\left[\int_{\Re^n}\hat{A}_1(\eta-\xi,\xi)\hat{u}(\xi)d\xi\right]e^{-i(x,\eta)}d\eta$$

$$= \frac{1}{(2\pi)^n}\int_{\Re^n}\frac{1}{(2\pi)^n}\int_{\Re^n}\left[\int_{\Re^n}\hat{A}_1(\eta-\xi,\xi)e^{-i(x,\eta)}d\eta\right]\hat{u}(\xi)d\xi, \tag{1.3.66}$$

置 $\theta = \eta - \xi$, 有

$$f = \frac{1}{(2\pi)^n} \int_{\Re^n} \frac{1}{(2\pi)^n} \left[ \int_{\Re^n} \hat{A}_1(\theta,\xi) e^{-i(x,\theta)} d\theta \right] e^{-i(x,\xi)} \hat{u}(\xi) d\xi. \tag{1.3.67}$$

由定义 1.3.8

$$\frac{1}{(2\pi)^n} \int_{\Re^n} \hat{A}_1(\theta,\xi) e^{-i(x,\theta)} d\theta = A_1(x,\theta). \tag{1.3.68}$$

由 (1.3.67) 和 (1.3.68) 获得

$$f = \frac{1}{(2\pi)^n} \int_{\Re^n} A_1(x,\xi) e^{-i(x,\xi)} \hat{u}(\xi) d\xi = v(x).$$

引理得证. □

设 $A(\xi)$ 是局部可积函数且满足 $|A(\xi)| \leqslant C(1+|\xi|)^\alpha$, 我们在空间 $S(\Re^n)$ 上定义算子 $A$, 即

$$Au = \frac{1}{(2\pi)^n} \int_{\Re^n} A(\xi) \hat{u}(\xi) e^{-i(x,\xi)} d\xi = F^{-1}(A(\xi) F(u)), \tag{1.3.69}$$

这里 $\hat{u}(\xi) = F(u)$, $A(\xi)$ 是算子 $A$ 的符号.

**引理 1.3.7** 设 $A$ 是由 (1.3.69) 定义的算子且符号 $A(\xi)$ 满足 $|A(\xi)| \leqslant C(1+|\xi|)^\alpha$, 那么有

$$\|Au\|_{s-\alpha} \leqslant C_s \|u\|_s, \quad \forall u \in S(\Re^n). \tag{1.3.70}$$

**证明** 我们有

$$\|Au\|_{s-\alpha}^2 = \int_{\Re^n} (1+|\xi|)^{2(s-\alpha)} |A(\xi)|^2 |\hat{u}(\xi)|^2 d\xi$$

$$\leqslant C \int_{\Re^n} (1+|\xi|)^{2s} |\hat{u}(\xi)|^2 d\xi = C\|u\|_s^2.$$

故引理得证. □

**定理 1.3.15** 若 $A(x,\xi) \in S_\alpha^0$, 那么拟微分算子 $A(x,D)$ 是 $H^s(\Re^n)$ 到 $H^{s-\alpha}(\Re^n)$ 的有界算子, 这里 $s$ 是任意实数.

**证明** 设 $u(x) \in S(\Re^n)$, 由定义 1.3.8, 我们有

$$A(x,D)u = A(\infty,D)u + A_1(x,D)u. \tag{1.3.71}$$

根据引理 1.3.7 有

$$\|A(\infty,D)u\|_{s-\alpha} \leqslant K_s \|u\|_s. \tag{1.3.72}$$

对 $\hat{v}(\eta) = F(A_1(x,D)u)$, 由引理 1.3.7 获得

$$|\hat{v}(\eta)| \leqslant \frac{1}{(2\pi)^n} \int_{\Re^n} \frac{C_N (1+|\xi|)^\alpha |\hat{u}(\xi)| d\xi}{(1+|\eta-\xi|)^N}, \tag{1.3.73}$$

这里 $N$ 能够取任意值.

由不等式 (1.3.64a) 获得

$$(1+|\eta|)^t \leqslant (1+|\xi|)^t(1+|\xi-\eta|)^{|t|}, \quad \forall t \in \Re.$$

于是, 我们能够获得估计

$$(1+|\eta|)^{s-\alpha}|\hat{v}(\eta)| \leqslant \frac{1}{(2\pi)^n}\int_{\Re^n}\frac{C_N(1+|\xi|)^s|\hat{u}(\xi)|d\xi}{(1+|\eta-\xi|)^{N-|s-\alpha|}}. \tag{1.3.74}$$

使用定理 1.3.13 的结论对上式的右边, 取

$$N = |s-\alpha|+n+1,$$

$$B(\eta-\xi) = \frac{1}{(2\pi)^n}\frac{C_N}{(1+|\eta-\xi|)^{n+1}}g(\xi) = (1+|\xi|)^s|\hat{u}(\xi)|,$$

于是, $\forall u(x) \in S(\Re^n)$ 我们得到

$$||A_1(\infty,D)u||_{s-\alpha} = ||v||_{s-\alpha} \leqslant C'_N||u||_s. \tag{1.3.75}$$

因为 $S(\Re^n)$ 在空间 $H^s(\Re^n)$ 中稠密 [147], 算子 $A(x,D)$ 能够连续扩张从 $H^s(\Re^n)$ 到 $H^{s-\alpha}(\Re^n)$. 该定理得证. □

### 1.3.7 拟微分算子 (PDO) 中的变量替换

**定义 1.3.9** 设 $S_\alpha^t = S_\alpha^t(\Re^n)$, 且 $t = m+\gamma$, 整数 $m \geqslant 0$, $0 < \gamma \leqslant 1$, 空间由所有的 $A(x,\xi)$ 构成, 且 $(\partial^k/\partial\xi^k)A(x,\xi)$ 绝对可积, 同时当 $0 \leqslant |k| \leqslant m$ 时, 有 $(\partial^k/\partial\xi^k)A(x,\xi) \in S_{\alpha-|k|}^0$, 当 $|k| = m+1$ 时, 有 $(\partial^k/\partial\xi^k)A(x,\xi) \in S_{\alpha-m-\gamma}^0$. 用 $S_\alpha^\infty$ 定义 $\cap_{m=0}^\infty S_\alpha^m$ 的交集, 即 $S_\alpha^\infty = \cap_{m=0}^\infty S_\alpha^m$.

设 $A$ 是符号为 $A(x,\xi) \in S_\alpha^\infty(\Re^n)$ 的 PDO. 又设 $x = S(Z): \Re^n \to \Re^n$ 是单调映射且无限可微, 同时假设当 $|x| > N$ 时, $S(Z)$ 为恒等映射. 置 $V(x) = Au(x)$, $u_1(Z) = u(S(Z))$, $V_1(Z) = V(S(Z))$. 用 $B$ 表示拟微分算子 $A$ 在新坐标系下的算子, 即 $V_1(Z) = Bu_1(Z)$.

取 $\chi(x) \in C_0^\infty(\Re^n)$, 且当 $|x| \leqslant 1$ 时, $\chi(x) = 1$, 当 $|x| > 1$ 时, $0 \leqslant \chi(x) \leqslant 1$. $\forall \delta > 0$, 设

$$Au = A_0 u + T_\infty u,$$

$$A_0 u = \frac{1}{(2\pi)^n}\int_{\Re^n}\int_{\Re^n}A(x,\xi)\chi(\delta^{-1}(x-y))e^{-\mathrm{i}(x-y,\xi)}u(y)dyd\xi, \tag{1.3.76}$$

$$T_\infty u = \frac{1}{(2\pi)^n}\int_{\Re^n}\int_{\Re^n}A(x,\xi)\chi(1-\delta^{-1}(x-y))e^{-\mathrm{i}(x-y,\xi)}u(y)dyd\xi.$$

文献 [147] 的定理 3.2.3 表明 $T_\infty u$ 是一个积分算子且积分核属于 $C^\infty(\Re^n \times \Re^n)$. 作变量替换, $x = S(Z)$, $y = S(t)$, 置 $u_1(t) = u(S(t))$, $B_0 u_1 = A_0 u$, $T_\infty^1 u_1 = T_\infty u$, 且 $T_\infty^1 u_1$ 依然是一个积分算子, 同时积分核是无限可微的, 算子 $B_0 u_1$ 有以下表示

$$B_0 u_1 = \frac{1}{(2\pi)^n} \int_{\Re^n} \int_{\Re^n} A(S(Z), \xi) \chi(\delta^{-1}(S(Z) - S(t))) u_1(S(t))$$
$$\cdot \left|\frac{DS(t)}{Dt}\right| e^{-\mathrm{i}((S(Z)-S(t)),\xi)} dt d\xi, \tag{1.3.77}$$

这里 $DS(t)/Dt$ 是关于变换 $y = S(t)$ 的 Jacobi 矩阵, $|DS(t)/Dt|$ 是它的行列式. 应用 Lagrange 积分公式, 获得

$$S(Z) - S(t) = \int_0^1 \frac{d}{d\lambda} S(t + \lambda(Z - t)) d\lambda$$
$$= \left[\int_0^1 \frac{d}{du} S(t + \lambda(Z - t)) d\lambda\right](Z - t) = H(Z, t)(Z - t), \tag{1.3.78}$$

这里 $u = t + \lambda(Z - t)$; $H(Z, t)$ 是矩阵, 且 $H(Z, t) \in C^\infty(\Re^n \times \Re^n)$. 根据 Taylor 公式, 有

$$S(Z) = S(t) + \frac{DS(Z)}{DZ}(Z - t) + O(Z, t, Z - t), \tag{1.3.79}$$

其中余项为 $O(Z, t, Z - t)$, 且 $H(Z, Z) = DS(Z)/DZ$.

因为 $|DS(Z)/DZ| \neq 0$, 那么对充分小的 $|Z - t|$, 我们有 $|H(Z, t)| \neq 0$. 在 (1.3.77) 中, 假设 $\forall \delta > 0$, 以便 $|S(z) - S(t)|$ 充分小, 有 $|H(Z, t)| \neq 0$. 根据 (1.3.78) 获得

$$((S(Z) - S(t)), \xi) = (H(Z, t)(Z - t), \xi) = (Z - t, H^*(z, t)\xi), \tag{1.3.80}$$

其中 $H^*(z, t)$ 是 $H(Z, t)$ 的共轭矩阵. 把 (1.3.80) 代入 (1.3.77), 作变量替换 $\eta = H^*(Z, t)\xi$, 进一步获得

$$B_0 u_1 = \frac{1}{(2\pi)^n} \int_{\Re^n} \int_{\Re^n} A(S(Z), (H^*(Z, t))^{-1}\eta) \chi(\delta^{-1}(S(Z) - S(t)))$$
$$\times u_1(t) \left|\frac{DS(t)}{Dt}\right| |H(Z, t)|^{-1} e^{-\mathrm{i}((Z-t),\eta)} dt d\eta. \tag{1.3.81}$$

令

$$b(Z, t, \eta) = A(S(Z), (H^*(Z, t))^{-1}\eta) \chi(\delta^{-1}(S(Z) - S(t))) \left|\frac{DS(t)}{Dt}\right| |H(Z, t)|^{-1}. \tag{1.3.82}$$

算子 $B_0$ 是符号为 $b(Z, t, \eta)$ 的 PDO. 根据文献 [147] 中的命题 3.2.1 和注 3.2.1, 算子 $B$ 能够转换成一个形式为 (1.3.53) 的 PDO 且符号是

$$B_0(Z,\eta) = \frac{1}{(2\pi)^n}\int_{\Re^n}\hat{b}(Z,\theta,\theta+\eta)e^{-\mathrm{i}(x,\theta)}d\theta, \qquad (1.3.83)$$

这里 $\hat{b}(Z,\theta,\eta) = F_t b(Z,t,\eta)$.

根据文献 [147] 中的命题 3.2.2 和注 3.2.1, 这就蕴涵着对任何 $N$, 有下列表达式

$$B_0(Z,\eta) = b(Z,Z,\eta) + \sum_{|k|=1}^N \frac{1}{|k|!}\mathrm{i}^{|k|}\frac{\partial^k}{\partial t^k}\left.\frac{\partial^k b(Z,t,\eta)}{\partial \eta^k}\right|_{t=Z} + C_{N+1}(Z,\eta), \qquad (1.3.84)$$

这里 $C_{N+1}(Z,\eta) \in S^{\infty}_{\alpha-N-1}(\Re^n)$. 当 $Z=t$ 时, 我们有 $H(Z,Z)=DS(Z)/DZ$, 因此, 符号 $B_0(Z,\eta)$ 的主要部分有下列表达式

$$b(Z,Z,\eta) = A\left(S(Z),\left(\frac{DS(Z)}{DZ}\right)^*\right)^{-1}\eta. \qquad (1.3.85)$$

于是, 算子 $B$ 能够表示成 $B=B_0+T^1_\infty$, 且拟微分算子 $B_0\in S^\infty_\alpha$, 积分算子 $T^1_\infty$ 的核是光滑函数. 从而得到以下定理.

**定理 1.3.16**[147] 算子 $B\in S^\infty_\alpha$ 是一个 PDO, 其中算子 $B$ 是由拟微分算子 $A\in S^\infty_\alpha$ 通过变量替换而获得的, 且拟微分算子 $B$ 的符号为 $B(Z,\xi)=B_0(Z,\xi)+T^{(2)}_\infty(Z,\xi)$, 这里 $B_0(Z,\xi)$ 是由 (1.3.84) 给出的, $T^{(2)}_\infty(Z,\xi)\in S^\infty_{-\infty}$.

**推论 1.3.4**[147] 设 $y=f(x)\in C^\infty(\Re^n)$ 是 $\Re^n$ 的微分同胚, 使得当 $|x|\geqslant N$ 时, 有 $y=x$, 那么映自身到自身的映射 $u(x)\to V(x)=u(f(x))\in S(\Re^n)$ 能够被延拓作为一个连续单射算子, 且对任何 $s$ 映 $H^s(\Re^n)$ 到 $H^s(\Re^n)$.

接下来讨论特殊情况. 设 $x=By+a$ 是一个线性变换, $B$ 是一个 $n\times n$ 的常数矩阵且 $\det B\neq 0$, $a\in\Re^n$ 是常数向量. 考虑函数 $\psi(y)=u(By+a)\in S(\Re^n)$ 的 Fourier 变换,

$$\begin{aligned}\hat{\psi}(\xi) &= \int_{\Re^n}\psi(y)e^{-\mathrm{i}(y,\xi)}dy \\ &= \int_{\Re^n}u(By+a)e^{-\mathrm{i}(y,\xi)}dy = \int_{\Re^n}u(x)e^{-\mathrm{i}(B^{-1}x-B^{-1}a,\xi)}|\det B^{-1}|dx \\ &= e^{-\mathrm{i}(B^{-1}a,\xi)}|\det B^{-1}|\int_{\Re^n}u(x)e^{-\mathrm{i}(x,(B^{-1})^*\xi)}dx \\ &= e^{-\mathrm{i}(B^{-1}a,\xi)}|\det B^{-1}|\hat{u}((B^{-1})^*\xi),\end{aligned} \qquad (1.3.86)$$

这里 $(B^{-1})^*$ 是矩阵 $B^{-1}$ 的转置矩阵. 利用 (1.3.86) 我们得到

$$\|\psi(y)\|_s^2 = \int_{\Re^n}(1+|\xi|)^{2s}|\hat{\psi}(\xi)|^2 d\xi = |\det B^{-1}|^2\int_{\Re^n}(1+|\xi|)^{2s}|\hat{\psi}((B^{-1})^*\xi)|^2 d\xi. \qquad (1.3.87)$$

作变量替换，$\eta = (B^{-1})^*\xi$，在 (1.3.87) 中，利用不等式

$$C_1(1+|\xi|) \leqslant 1 + |B^{-1}\eta| \leqslant C_2(1+|\eta|),$$

获得 $\|\psi(y)\|_s^2 \leqslant C_3\|u(x)\|_s^2$. 相似地，我们能够建立不等式 $\|\psi(y)\|_s^2 \geqslant C_4\|u(x)\|_s^2$. 从而有

$$C_4\|u(x)\|_s^2 \leqslant \|\psi(y)\|_s^2 \leqslant C_3\|u(x)\|_s^2. \tag{1.3.88}$$

设 $A(x, D)$ 是符号为 $A(x, \xi) \in S_\alpha^\infty$ 的 PDO. 作变量替换，$x = By + a$，我们获得

$$\begin{aligned}A(x,D) &= \frac{1}{(2\pi)^n}\int_{\Re^n} A(x,\xi)\hat{u}(\xi)e^{i(x,\xi)}d\xi \\ &= \frac{1}{(2\pi)^n}\int_{\Re^n} A(By+a,\xi)e^{i(a,\xi)}\hat{u}(\xi)e^{i(By,\xi)}d\xi.\end{aligned} \tag{1.3.89}$$

在上式中，取 $B^*\xi = \eta$，我们得到

$$\frac{1}{(2\pi)^n}\int_{\Re^n} A(By+a,(B^*)^{-1}\eta)e^{i(a,(B^*)^{-1}\eta)}\hat{u}((B^*)^{-1}\eta)|\det(B^*)|^{-1}d\eta. \tag{1.3.90}$$

比较 (1.3.88) 和 (1.3.90)，利用 (1.3.86)，我们发现拟微分算子经过变量替换：$x = By + a$ 后，得到了一个拟微分算子

$$B(y,D)\psi(y) = \frac{1}{(2\pi)^n}\int_{\Re^n} A(By+a,(B^*)^{-1}\eta)\hat{\psi}(\eta)e^{i(y,\eta)}d\eta. \tag{1.3.91}$$

# 第 2 章　数 值 积 分

数值积分是计算数学的核心内容,当今国际著名期刊仍有大量的文章报道,产生了许多结果. 但对多维积分的数值算法, 如何提供运算量少、精确度高的有效方法, 依然是计算数学研究的热点. 本章仅介绍一些基本方法, 其他可参考专著 [6], [37], [74], [229], [268].

## 2.1　一维积分的数值算法

在有限区间上的数值积分方法虽然众多, 但是真正有竞争力的只有 Gauss 方法和 Romberg 方法, Gauss 方法 [3,18,29,101,109] 仅需要计算 $n$ 个结点值便取得 $2n-1$ 代数精度, 计算工作量最低, 误差最小; Romberg 方法则是基于梯形公式误差的 Euler-Maclaurin 展开式的外推法, 有后验估计和自适应算法功能, 被广泛应用. 考虑

$$I[f] = \int_a^b f(x)dx \tag{2.1.1}$$

的常用解法, 本节主要叙述插值方法、Guass 方法、求积方法.

### 2.1.1　求积公式与求积法

数值方法求 (2.1.1) 的值是指利用 $f(x)$ 在一些基点 $x_i$ 的值 $f_i = f(x_i)$ 的带权的和 $Q[f] = \sum_{i=0}^n w_i f_i$ 作为 (2.1.1) 的近似值, 即

$$\int_a^b f(x)dx = Q[f] + r[f], \tag{2.1.2}$$

常把 (2.1.2) 称为 (2.1.1) 的求积公式, 其中 $Q[f] = \sum_{i=0}^n w_i f_i$ 称为求积算式, $r$ 称为余项, 在 (2.1.2) 中的 $w_i$ 称为权, 或称求积系数.

**定义 2.1.1**　如果对于次数不超过 $m$ 的一切多项式求积公式 (2.1.2) 都精确成立, 即余项 $r = 0$; 而对于次数为 $m+1$ 的某一多项式求积公式 (2.1.2) 并不精确成立, 那么我们称公式 (2.1.2) 的代数精度为 $m$. 显然等价于

$$r[x^k] = I[x^k] - Q[x^k] = 0, \quad 0 \leqslant k \leqslant m, r[x^{m+1}] \neq 0;$$

同时有关系式

$$\sum_{i=0}^n w_i x_i^k = \frac{b^{k+1} - a^{k+1}}{k+1}, \quad 0 \leqslant k \leqslant m$$

成立.

设 $h = (b-a)/n$, $n$ 为正整数, 积分 (2.1.1) 的 Riemann 和

$$R_n(f) = R_n = h\sum_{k=1}^{n} f(a+kh) \tag{2.1.3}$$

或

$$\bar{R}_n(f) = \bar{R}_n = h\sum_{k=0}^{n-1} f(a+kh) \tag{2.1.4}$$

称为中矩形公式; 称

$$M_n(f) = M_n = h\sum_{k=0}^{n-1} f\left(a + \left(k + \frac{1}{2}\right)h\right) \tag{2.1.5}$$

为中点公式; 称

$$\begin{aligned}T_n(f) = T_n &= h\sum_{k=0}^{n-1}{}' f(a+kh) \\ &= h\left[\frac{f(a)}{2} + f(a+h) + \cdots + f(a+(n-1)h) + \frac{f(b)}{2}\right]\end{aligned} \tag{2.1.6}$$

为梯形公式, 广义梯形公式

$$T(f;\pi_n) = \sum_{i=0}^{n} \frac{x_i - x_{i-1}}{2}(f(x_{i-1}) + f(x_i)),$$

这里剖分 $\pi_n : a = x_0 < x_1 < \cdots < x_n = b$. 若 $x_i = a + i(b-a)/n$, 那么 $T(f;\pi_n)$ 变成了 $T_n(f)$.

**定义 2.1.2** 若 $f(x)$ 是定义在 $[a,b]$ 上的连续函数, 则函数 $f(x)$ 的连续模 $w(\delta)$ 定义为

$$w(\delta) = \max_{|x_1-x_2|\leqslant \delta} |f(x_1) - f(x_2)|, \quad a \leqslant x_1, x_2 \leqslant b, \tag{2.1.7}$$

等价定义: 当 $|x_1 - x_2| \leqslant \delta$ 时, 恒有 $|f(x_1) - f(x_2)| \leqslant w(\delta)$, 从而 $\lim_{\delta \to 0} w(\delta) = 0$.

**定理 2.1.1** 如果 $f(x)$ 是定义在 $[a,b]$ 上的连续函数, 那么

$$\left|\int_a^b f(x)dx - h\sum_{k=1}^{n} f(a+kh)\right| \leqslant (b-a)w\left(\frac{b-a}{n}\right). \tag{2.1.8}$$

**证明** 因

$$\int_a^b f(x)dx - h\sum_{k=1}^{n} f(a+kh) = \sum_{k=1}^{n} \int_{a+(k-1)h}^{a+kh} (f(x) - f(a+kh))dx,$$

当 $a+(k-1)h \leqslant x \leqslant a+kh$ 时，有

$$|f(x) - f(a+kh)| \leqslant w(h),$$

所以

$$\left|\int_{a+(k-1)h}^{a+kh} (f(x) - f(a+kh))dx\right| \leqslant hw(h),$$

再对 $k$ 从 1 到 $n$ 求和，有

$$\left|\int_a^b f(x)dx - h\sum_{k=1}^n f(a+kh)\right| \leqslant nhw(h) = (b-a)w\left(\frac{b-a}{n}\right).$$

设

$$E_n(f) = E_n = \int_a^b f(x)dx - h\sum_{k=1}^n f(a+kh), \tag{2.1.9}$$

如果 $f'(x)$ 存在且在 $[a,b]$ 上有界，那么

$$\frac{1}{2}h^2\sum_{k=1}^n m_k \leqslant -E_n \leqslant \frac{1}{2}h^2\sum_{k=1}^n M_k, \tag{2.1.10}$$

这里 $m_k = \inf f'(x)$, $M_k = \sup f'(x)$，且 $a+(k-1)h \leqslant x \leqslant a+kh$。如果进一步假设 $f'(x)$ 在 $[a,b]$ 上可积，那么

$$\lim_{n\to\infty} nE_n = \frac{b-a}{2}[f(a) - f(b)]. \tag{2.1.11}$$

若 $f(a) \neq f(b)$, Riemann 和 (2.1.3) 与 (2.1.4) 的精度是 $O(h)$ 阶。

### 2.1.2 Newton-Cotes 公式

把区间 $[a,b]$ 分成 $n$ 等份，步长 $h=(b-a)/n$，分点 $x_k = a+kh$, $k=0,1,\cdots,n$。设 $f(x)$ 在 $x_k$ 的值为 $f(x_k)$。作为 $f(x)$ 的以 $n+1$ 个点为结点的 Lagrange 插值多项式

$$L_n(x) = \sum_{k=0}^n f_k l_k(x),$$

其中 $l_k(x)$ 是 Lagrange 插值基函数。设 $f(x)$ 的余项为 $r_n(x)$，那么有 [227]

$$f(x) = L_n(x) + r_n(x),$$

则

$$\int_a^b f(x)dx = \int_a^b L_n(x)dx + \int_a^b r_n(x)dx = \int_a^b \sum_{k=0}^n f_k l_k(x)dx + \int_a^b r_n(x)dx$$

$$= (b-a)\sum_{k=0}^n f_k c_k^{(n)} + R_n(f), \tag{2.1.12}$$

其中
$$c_k^{(n)} = \frac{1}{b-a}\int_a^b l_k(x)dx, \quad k=0,1,\cdots,n. \tag{2.1.13}$$

称 (2.1.12) 为 Newton-Cotes 公式, $c_k^{(n)}$ 为 Newton-Cotes 系数, $R_n(f)$ 为 Newton-Cotes 公式的截断误差.

$$\begin{aligned}R_n(f) &= \int_a^b r_n(x)dx = \int_a^b f[x,x_0,x_1,\cdots,x_n]\prod_{j=0}^n(x-x_j)dx \\ &= \int_a^b \frac{f^{(n+1)}(\zeta)}{(n+1)!}\prod_{j=0}^n(x-x_j)dx, \quad a<\zeta<b.\end{aligned} \tag{2.1.14}$$

Newton-Cotes 系数具有以下性质:
(1) $c_k^{(n)}$ 与 $a,b$ 无关;
(2) $\sum_{k=0}^n c_k^{(n)} = 1$.

事实上, 作变量替换 $x = a+th$, 则 $x_i = a+ih$,
$$c_k^{(n)} = \frac{1}{b-a}\int_a^b \prod_{i=0,i\neq k}^n \frac{x-x_i}{x_k-x_i}dx = \frac{1}{n}\int_0^n \prod_{i=0,i\neq k}^n \frac{t-i}{k-i}dt,$$

故 $c_k^{(n)}$ 只与分点个数有关, 与区间端点 $a,b$ 无关.
$$\begin{aligned}\sum_{k=0}^n c_k^{(n)} &= \sum_{k=0}^n \frac{1}{b-a}\int_a^b l_k(x)dx = \frac{1}{b-a}\int_a^b \left(\sum_{k=0}^n l_k(x)\right)dx \\ &= \frac{1}{b-a}\int_a^b 1dx = 1.\end{aligned}$$

$c_k^{(n)}$ 的另一种计算方法: $c_k^{(n)}$ 既然与区间端点 $a,b$ 无关, 可取 $[a,b] = [0,1]$. Newton-Cotes 公式对函数
$$f_i(x) = x^i, \quad i = 1,2,\cdots,n$$

是精确成立的, 由 (2.1.14) 知 $R_n(f_i) = 0, i=1,2,\cdots,n$. 从而有
$$\int_0^1 x^i dx = \sum_{k=0}^n x_k^i c_k^{(n)}, \quad i=1,2,\cdots,n,$$

即
$$\frac{1}{i+1} = \sum_{k=0}^n \left(\frac{k}{n}\right)^i c_k^{(n)} \text{ 或 } \sum_{k=1}^n k^i c_k^{(n)} = \frac{n^i}{i+1}, \quad i=1,\cdots,n, \tag{2.1.15}$$

这是一个 $n$ 元线性代数方程组,其系数矩阵是范德蒙德矩阵,行列式不为零,故可由 (2.1.15) 唯一地解出 $c_k^{(n)}$, $k=1,\cdots,n$. $c_0^{(n)}$ 可由 $\sum_{k=0}^n c_k^{(n)}=1$ 求出.

常见的 Newton-Cotes 公式是 $n=1$ 和 $2$ 的情形.

(1) 当 $n=1$ 时的 Newton-Cotes 公式是梯形公式. 由 (2.1.15) 可知 $c_1^{(1)}=1/2$, 而 $c_0^{(1)}=1-c_1^{(1)}=1/2$, 故

$$\int_a^b f(x)dx = \frac{b-a}{2}\{f(a)+f(b)\} + \int_a^b \frac{f''(\zeta)}{2!}(x-a)(x-b)dx, \qquad (2.1.16)$$

这里 $a<\zeta<b$.

**定理 2.1.2** 若 $f(x)\in C^2[a,b]$, 则梯形公式的截断误差为

$$R_1(f) = -\frac{(b-a)^3}{12}f''(\eta), \quad a\leqslant \eta\leqslant b. \qquad (2.1.17)$$

**证明** 由 (2.1.16) 有

$$R_1(f) = \int_a^b \frac{f''(\zeta)}{2!}(x-a)(x-b)dx,$$

其中 $f''(\zeta)$ 对变量 $\zeta$ 是 $[a,b]$ 上的连续函数, 而 $(x-a)(x-b)$ 在 $[a,b]$ 上不变号, 由中值定理知, 在 $[a,b]$ 内存在一点 $\eta$ 使得

$$\int_a^b \frac{f''(\zeta)}{2!}(x-a)(x-b)dx = \frac{f''(\eta)}{2!}\int_a^b(x-a)(x-b)dx$$
$$= -\frac{(b-a)^3}{12}f''(\eta), \quad a\leqslant \eta\leqslant b.$$

(2) 当 $n=2$ 时的 Newton-Cotes 公式称为 Simpson 公式或抛物型公式.

由 (2.1.15) 有 $c_1^{(2)}=2/3$, $c_2^{(2)}=1/6$, 再由 $c_0^{(2)}+c_1^{(2)}+c_2^{(2)}=1$ 解得 $c_0^{(2)}=1/6$. 故 Simpson 公式为

$$\int_a^b f(x)dx \approx \frac{b-a}{6}\left\{f(a)+4f\left(\frac{a+b}{2}\right)+f(b)\right\}. \qquad (2.1.18)$$

这个公式的几何意义: 表示 $f(x)$ 的以 $a$, $\dfrac{a+b}{2}$, $b$ 为结点的二次插值多项式 $y=L_2(x)$, 以及 $x$ 轴和 $x=a$, $x=b$ 所围成的图形的面积.

由于 $n$ 次多项式的 $n$ 次 Lagrange 插值多项式就是该多项式本身, 所以 $n$ 阶 Newton-Cotes 公式对任何 $n$ 次多项式都是精确的, 从而该公式具有 $n$ 次代数精确度.

**定理 2.1.3** $2n$ 阶 Newton-Cotes 公式具有 $2n+1$ 次代数精确度[154,155].

**证明** 假设 $P_{2n+1}(x) = \sum_{k=0}^{2n+1} a_k x^k$ 为 $2n+1$ 次多项式，由截断误差 (2.1.14) 得

$$R_{2n}(P_{2n+1}) = \int_a^b \frac{P_{2n+1}^{(2n+1)}(\zeta)}{(2n+1)!} \prod_{k=0}^{2n}(x-x_k)dx = a_{2n+1}\int_a^b \prod_{k=0}^{2n}(x-x_k)dx.$$

在 $2n$ 阶 Newton-Cotes 公式中是把 $[a,b]$ 分成 $2n$ 等份的，所以 $c = \dfrac{a+b}{2}$ 必是分点. 置 $h = \dfrac{b-a}{2n}$，于是

$$R_{2n}(P_{2n+1}) = a_{2n+1}\int_a^b (x-c)\prod_{k=1}^{n}(x-c-hk)\prod_{k=1}^{n}(x-c+hk)dx$$

$$= a_{2n+1}\int_a^b (x-c)\prod_{k=1}^{n}\{(x-c)^2 - k^2h^2\}dx.$$

又设 $u = x - c = x - \dfrac{a+b}{2}$，我们有

$$R_{2n}(P_{2n+1}) = a_{2n+1}\int_{-\frac{b-a}{2}}^{\frac{b-a}{2}} u\prod_{k=1}^{n}\{u^2 - k^2h^2\}du.$$

该积分的被积函数为奇函数，积分区间关于原点对称，故 $R_{2n}(P_{2n+1}) = 0$. 这表明 $2n$ 阶 Newton-Cotes 公式具有 $2n+1$ 次代数精确度. $\square$

下面给出 Simpson 公式的截断误差.

**定理 2.1.4** 若 $f(x) \in C^4[a,b]$，则

$$R_2(f) = -\frac{(b-a)^5}{2880}f^{(4)}(\eta), \quad a \leqslant \eta \leqslant b. \tag{2.1.19}$$

**证明** (1) 首先考虑特殊情形 $[a,b] = [-1,1]$. 设 $F(t) \in C^4[-1,1]$，那么

$$\int_{-1}^{1} F(t)dt = \int_0^1 [F(t)+F(-t)]dt = \frac{1}{6}\int_0^1 u^{(3)}(t)v(t)dt, \tag{2.1.20}$$

这里 $v(t) = F(t)+F(-t)$；$u(t) = t(1-t)^2$. 对上式右端进行三次分部积分，得

$$\int_{-1}^{1} F(t)dt = \frac{1}{6}[uv'' - u'v' + u''v]\big|_{t=0}^{t=1} - \frac{1}{6}\int_0^1 u(t)v^{(3)}(t)dt$$

$$= \frac{1}{3}[F(-1) + 4F(0) + F(1)] - \frac{1}{3}\int_0^1 t^2(1-t)^2 F^{(4)}(\zeta)dt$$

$$= \frac{1}{3}[F(-1) + 4F(0) + F(1)] - \frac{1}{90}F^{(4)}(\eta), \quad -1 \leqslant \eta \leqslant 1. \tag{2.1.21}$$

(2) 对于函数 $f(x) \in C^4[a,b]$，置 $x = \dfrac{a+b}{2} + \dfrac{b-a}{2}t$ 和 $F(t) = f\left(\dfrac{a+b}{2} + \dfrac{b-a}{2}t\right)$，

## 2.1 一维积分的数值算法

且 $F(t) \in C^4[0, 1]$, 因 $dx = \dfrac{b-a}{2}dt$, $\dfrac{d}{dt}F(t) = \dfrac{b-a}{2}\dfrac{df(x)}{dx}$, 根据 (2.1.21) 有

$$\int_a^b f(x)dx = \frac{b-a}{2}\int_{-1}^1 F(t)dt$$

$$= \frac{b-a}{6}\left\{f(a) + 4f\left(\frac{a+b}{2}\right) + f(b)\right\}$$

$$- \frac{1}{90}\left(\frac{b-a}{6}\right)^5 f^{(4)}(\eta_1), \quad a \leqslant \eta_1 \leqslant b.$$

综合 (1) 和 (2) 得到该定理的证明.□

值得注意的是 Newton-Cotes 公式有其局限性. 根据截断误差 (2.1.14) 知, $R_n(f)$ 含有高阶导数项, 从而要求被积函数充分光滑, 且误差估计有一定的困难. 同时, 初始数据 $f_k$ 不可避免有舍入误差. 假设 $f_k \approx f_k^*$, $k = 0, 1, \cdots, n$, 那么由 (2.1.12) 有

$$\sum_{k=0}^n f_k^* c_k^{(n)} \approx \sum_{k=0}^n f_k c_k^{(n)},$$

其舍入误差的绝对值为

$$|\varepsilon| = \left|\sum_{k=0}^n (f_k - f_k^*) c_k^{(n)}\right| \leqslant \sum_{k=0}^n |c_k^{(n)}| \max_k |f_k - f_k^*|.$$

若 $c_k^{(n)} > 0$, $k = 0, 1, \cdots, n$, 由 $\sum_{k=0}^n |c_k^{(n)}| = \sum_{k=0}^n c_k^{(n)} = 1$ 得

$$|\varepsilon| \leqslant \max_k |f_k - f_k^*|.$$

当 $n \leqslant 7$ 时, 从初始数据到结果舍入误差不扩大, 但若 $c_k^{(n)}$ 对于某些 $k$ 是正的, 而对另一些 $k$ 则是负的时, 如当 $n = 8$ 时, $c_k^{(8)}$ 就是负的, 从而有

$$\sum_{k=0}^n |c_k^{(n)}| > \sum_{k=0}^n c_k^{(n)} = 1.$$

对所有的 $k$, $c_k^{(n)}(f_k^* - f_k) > 0$, 且 $|f_k - f_k^*| = \max_k |f_k - f_k^*|$ 时, 有

$$|\varepsilon| = \left|\sum_{k=0}^n (f_k - f_k^*) c_k^{(n)}\right| = \sum_{k=0}^n |c_k^{(n)}| \max_i |f_i - f_i^*| > \max_i |f_i - f_i^*|.$$

这说明初始数据的舍入误差会引起结果的误差扩大, 就导致求积公式的不稳定性.

**算例 2.1.1**[37] 计算下列积分 $f_1(x) = \dfrac{1}{1+x}$, $f_2(x) = \dfrac{x}{e^x - 1}$, $f_3(x) = x^{3/2}$, $f_4(x) = x^{1/2}$ 定义在 $[0, 1]$ 上. 利用 (2.1.12) 计算结果在表 2.1.1 中.

表 2.1.1　利用 Newton-Cotes 公式计算结果

| $n$ | $f_1(x)$ | $f_2(x)$ | $f_3(x)$ | $f_4(x)$ |
| --- | --- | --- | --- | --- |
| 1 | 0.69444444 | 0.77749413 | 0.40236892 | 0.63807119 |
| 2 | 0.69325395 | 0.77750400 | 0.40043191 | 0.65652627 |
| 4 | 0.69315450 | 0.77750446 | 0.40007723 | 0.66307925 |
| 8 | 0.69314759 | 0.77750450 | 0.40001368 | 0.66539813 |
| 16 | 0.69314708 | 0.77750438 | 0.40000235 | 0.66621804 |
| 32 | 0.69314683 | 0.77750416 | 0.40000033 | 0.66650782 |
| 64 | 0.69314670 | 0.77750411 | 0.39999984 | 0.66661024 |
| 128 | 0.69314664 | 0.77750407 | 0.39999973 | 0.66664641 |
| 精确值 | 0.69314718 | 0.77750463 | 0.40000000 | 0.66666667 |

选择 $n=8$，得到理论误差的界是

$$|E_n| \leqslant \frac{1}{180 \times 16^4} \max_{0 \leqslant x \leqslant 1} |f^{(4)}(x)|.$$

因 $f_1^{(4)}(x) = 24(1+x)^{-5}$，$\max_{0 \leqslant x \leqslant 1} |f^{(4)}(x)| = 24$，因此 $|E_n| \leqslant 24/(180 \times 16^4) \approx 0.000002$，计算的误差是 $0.0000004$.

因

$$f_2(x) = \frac{x}{e^x - 1} = \sum_{n=0}^{\infty} \frac{B_n}{n!} x^n,$$

这里 $B_n$ 是 $n$ 阶 Bernoulli 数，且

$$\left(\frac{x}{e^x - 1}\right)^{(4)} = B_4 + \frac{B_6}{2!}x^2 + \frac{B_8}{4!}x^4 + \cdots$$

和

$$m = \max_{0 \leqslant x \leqslant 1} |f_2^{(4)}(x)| \leqslant B_4 + \frac{B_6}{2!} + \frac{B_8}{4!} + \cdots \leqslant 0.5,$$

选择 $n=2$，有 $|E_n| \leqslant 0.5/(180 \times 4^4) \approx 10^{-6}$. 从表 2.1.1 中的结果可知，完全与理论误差一致. 其他情形误差分析与上述一样.

### 2.1.3　复合型求积公式

把 $[a,b]$ 分为 $n$ 等份：$[x_0,x_1], [x_1,x_2], \cdots, [x_{n-1},x_n]$，结点 $x_j = a + jh$，$j = 0, 1, \cdots, n$，$h = (b-a)/n$. 在每一个子区间上使用梯形公式，则有

$$\int_a^b f(x)dx = \sum_{k=1}^{n} \int_{x_{k-1}}^{x_k} f(x)dx = \frac{h}{2} \sum_{k=1}^{n} \{f(x_{k-1}) + f(x_k)\} - \frac{h^3}{12} \sum_{k=1}^{n} f''(\zeta_k), \quad (2.1.22)$$

这里 $x_{k-1} \leqslant \zeta_k \leqslant x_k$.

若 $f \in C^2[a,b]$，则 $\frac{1}{n}\sum_{k=1}^{n}f''(\zeta_k) = f''(\zeta)$，且 $a \leqslant \zeta \leqslant b$. 故

$$\int_a^b f(x)dx = \frac{b-a}{2n}\left\{f(x_0) + 2\sum_{k=1}^{n-1}f(x_k) + f(x_n)\right\} - \frac{(b-a)^3}{12n^2}f''(\zeta). \qquad (2.1.23)$$

于是有下列结果.

**定理 2.1.5** 设 $f(x) \in C^2[a,b]$，则梯形公式

$$T_n(f) = h\left[\frac{f(a)}{2} + f(a+h) + \cdots + f(a+(n-1)h) + \frac{f(b)}{2}\right]$$

满足

$$T_n(f) = \int_a^b f(x)dx + \frac{(b-a)^3}{12n^2}f''(\zeta) \quad (a < \zeta < b). \qquad (2.1.24a)$$

同理把 $[a,b]$ 分为 $2n$ 个等分点，则复合抛物型公式

$$\begin{aligned}\int_a^b f(x)dx =& \frac{2h}{6}\{f(x_0) + 2(f(x_2) + \cdots + f(x_{2n-2})) \\ &+ 4(f(x_1) + \cdots + f(x_{2n-1}) + f(x_{2n})\} \\ &- \frac{b-a}{180}f^{(4)}(\zeta)h^4, \quad a \leqslant \zeta \leqslant b.\end{aligned} \qquad (2.1.24b)$$

**算例 2.1.2**[37] 求 $\int_0^1 \frac{\sin x}{x}dx$，使截断误差不超过 $10^{-6}$. 若使用复合抛物型公式需要将 $[0,1]$ 分为多少等份？

设 $n = 2m$ 等份，$h = 1/(2m)$. 截断误差为

$$|R_{2m}(f)| = \frac{1}{180}|f^{(4)}(\zeta)|\left(\frac{1}{2m}\right)^4.$$

因为

$$f(x) = \frac{\sin x}{x} = \int_0^1 \cos(xt)dt,$$

有

$$f^{(4)}(x) = \int_0^1 t^4 \cos(xt + 4\pi/2)dt = \int_0^1 t^4 \cos(xt)dt.$$

从而

$$|f^{(4)}(x)| \leqslant \int_0^1 t^4 dt = \frac{1}{5}.$$

欲使 $|R_{2m}(f)| \leqslant 10^{-6}$，只要取 $m$ 满足

$$\frac{1}{180} \times \frac{1}{5} \times \left(\frac{1}{2m}\right)^4 \leqslant 10^{-6}.$$

解得 $m \geqslant 5/\sqrt{3}$，即当 $m \geqslant 3$，$n \geqslant 6$ 时，有 $|R_{2m}(f)| \leqslant 10^{-6}$ 成立.

### 2.1.4 Euler-Maclaurin 展开式

计算区间 $[a,b]$ 的积分

$$I(f) = \int_a^b f(x)dx \qquad (2.1.25)$$

的最简单求积公式是梯形公式

$$R_h(f) = h\left[\frac{1}{2}f(a) + f(a+h) + \cdots + f(b-h) + \frac{1}{2}f(b)\right], \qquad (2.1.26)$$

其中 $h = \dfrac{b-a}{n}$, $n > 0$. 梯形公式只有一阶代数精度, 看似精度不高, 但是如果被积函数是光滑周期函数 (周期为 $b-a$), 则 (2.1.26) 具有 $n$ 阶三角多项式精度, 即如果 $f(x) \in Span\{e^{imx}, -n \leqslant m \leqslant n\}$, $R_n(f)$ 是精确的. 如果被积函数不是光滑周期函数, 则借助 Euler-Maclaurin 展开式和 Richadson 外推导出的 Romberg 算法不仅有高精度, 而且有后验估计的自适应算法. 为此我们证明 Euler-Maclaurin 展开式之前, 先介绍 Bernoulli 多项式及其性质.

一个 $k$ 阶多项式称为 Bernoulli 多项式, 如果它满足以下递推关系:

(a) $B_0(x) = 1$,

(b) $B_k'(x) = kB_{k-1}(x), k \geqslant 1$,

(c) $\int_0^1 B_k(x)dx = 0, k \geqslant 1$.

按照上面关系不难递推地求出各阶 Bernoulli 多项式, 例如

$$B_1(x) = x - \frac{1}{2}, \quad B_2(x) = x^2 - x + \frac{1}{6},$$

$$B_3(x) = x^3 - \frac{3}{2}x + \frac{1}{2}, \quad B_4(x) = x^4 - 2x^3 + x^2 + \frac{1}{30}.$$

从关系式容易推出

$$B_k(0) = B_k(1), \quad k \geqslant 2.$$

这蕴涵 Bernoulli 多项式可以周期化开拓到整个实轴上. 例如, $p_1(x) = x - [x] - 1/2$ 便是 $B_1(x)$ 以 1 为周期的开拓, 其中 $[x]$ 表示不超过 $x$ 的最大整数, 函数 $p_1(x)$ 的展开式为

$$p_1(x) = -\sum_{n=1}^{\infty} \frac{2\sin(2\pi nx)}{2\pi n}, \qquad (2.1.27)$$

对 (2.1.27) 逐次积分得到

$$p_{2j}(x) = (-1)^{j-1}\sum_{n=1}^{\infty} \frac{2\cos(2\pi nx)}{(2\pi n)^{2j}}, \quad j = 1, 2, \cdots, \qquad (2.1.28)$$

和
$$p_{2j+1}(x) = (-1)^{j-1} \sum_{n=1}^{\infty} \frac{2\sin(2\pi nx)}{(2\pi n)^{2j+1}}, \quad j = 1, 2, \cdots, \tag{2.1.29}$$

显然, 可知 $p_j(x)$ 是 $B_j(x)$ 以 1 为周期的开拓. 利用 (2.1.28) 和 (2.1.29) 可以证明

$$\begin{aligned} &p'_{k+1}(x) = p_k(x), \\ &p_{2j+1}(0) = p_{2j+1}(1) = 0, \quad j = 1, 2, \cdots, \\ &p_{2j}(0) = p_{2j}(1) = (-1)^{j-1} \sum_{n=1}^{\infty} \frac{2}{(2\pi n)^{2j}} = \frac{B_{2j}}{(2j)!}, \end{aligned} \tag{2.1.30}$$

其中 $B_{2j} = B_{2j}(0)$ 称为 Bernoulli 数. 利用 $p_k(x)$ 容易证明如下 Euler-Maclaurin 展开式.

**定理 2.1.6** 若 $f \in C^{2m}[0, n]$, 则 [37]

$$\begin{aligned} &\frac{1}{2}f(0) + f(1) + \cdots + \frac{1}{2}f(n) \\ &= \int_0^n f(x)dx + \frac{B_2}{2!}[f'(n) - f'(0)] + \cdots + \frac{B_{2k}}{(2k)!}\left[f^{(2k-1)}(n) - f^{(2k-1)}(0)\right] \\ &\quad + \int_0^n p_{2k-1}(x)f(x)dx. \end{aligned} \tag{2.1.31}$$

**证明** 首先由分部积分法容易证明恒等式:

$$\begin{aligned} \frac{1}{2}[f(k) + f(k+1)] &= \int_k^{k+1} f(x)dx + \int_k^{k+1} \left(x - [x] - \frac{1}{2}\right) f'(x)dx \\ &= \int_k^{k+1} f(x)dx + \int_k^{k+1} p_1(x)f'(x)dx, \end{aligned}$$

上式对 $k = 0, 1, \cdots, n-1$ 求和得到

$$\frac{1}{2}f(0) + f(1) + \cdots + \frac{1}{2}f(n) = \int_0^n f(x)dx + \int_0^n p_1(x)f'(x)dx, \tag{2.1.32}$$

对 (2.1.32) 右端最后一个积分用分部积分法得

$$\begin{aligned} \int_0^n p_1(x)f'(x)dx &= p_2(x)f'(x)|_0^n - \int_0^n p_2(x)f''(x)dx \\ &= \frac{B_2}{2!}[f'(n) - f'(0)] - \int_0^n p_2(x)f''(x)dx. \end{aligned} \tag{2.1.33}$$

再对 (2.1.33) 右端最后一个积分用分部积分法, 应用 (2.1.30) 得

$$\begin{aligned} \int_0^n p_2(x)f''(x)dx &= p_3(x)f''(x)|_0^n - \int_0^n p_3(x)f'''(x)dx \\ &= -\int_0^n p_3(x)f'''(x)dx. \end{aligned} \tag{2.1.34}$$

对 (2.1.34) 右端积分继续用分部积分法并且把结果代入 (2.1.32) 便得到证明. □

定理 2.1.6 作为有穷级数求和公式早为人熟知, 但是直到 1955 年 Romberg 才应用这个渐近展开公式结合 Richardson 外推得到著名的 Romberg 算法.

**定理 2.1.7** 令 $g \in C^{2m+1}[a,b]$, 取 $h = (b-a)/n$, 则成立梯形公式的如下渐近展开式

$$T_n(g) = h\left[\frac{1}{2}g(a) + g(a+h) + \cdots + g(a+(n-1)h) + \frac{1}{2}g(b)\right]$$

$$= \int_a^b g(x)dx + \frac{B_2}{2!}h^2[g'(b) - g'(a)] + \cdots + \frac{B_{2m}}{(2m)!}h^{2m}\left[g^{(2m-1)}(b) - g^{(2m-1)}(a)\right]$$

$$+ h^{2m+1}\int_a^b p_{2m+1}\left(n\frac{x-a}{b-a}\right)g^{(2m+1)}(x)dx.$$

或者记为

$$T_n(g) = \int_a^b g(x)dx + \sum_{i=1}^m \frac{B_{2i}}{(2i)!}h^{2i}\int_a^b g^{(2i)}(x)dx$$

$$+ h^{2m+1}\int_a^b p_{2m+1}\left(n\frac{x-a}{b-a}\right)g^{(2m+1)}(x)dx. \tag{2.1.35}$$

**证明** 在 (2.1.31) 中取 $f(x) = g(a+hx)$ 便得到证明. □

**推论 2.1.1** 令 $g \in C^{2m+1}[a,b]$, 而且 $g^{(2j-1)}(b) = g^{(2j-1)}(a), j = 1, \cdots, m$, 又假定存在常数 $M > 0$, 使

$$|g^{(2m+1)}(x)| \leqslant M, \quad \forall x \in [a,b],$$

则有误差估计

$$\left|\int_a^b g(x)dx - T_n(g)\right| \leqslant C/n^{2k+1}, \tag{2.1.36}$$

并且常数

$$C = M(b-a)^{2k+2}2^{-2k}\pi^{-2k-1}\zeta(2k+1)$$

与 $n$ 无关, 其中 $\zeta(k) = \sum_{j=1}^\infty j^{-k}$ 是 Riemann Zeta 函数.

**证明** 在推论的假定下, 由 (2.1.34) 得

$$\int_a^b g(x)dx - T_n(g) = -h^{2m+1}\int_a^b p_{2m+1}\left(n\frac{x-a}{b-a}\right)g^{(2m+1)}(x)dx,$$

应用 (2.1.29) 又有估计

$$|p_{2m+1}(t)| \leqslant \sum_{n=1}^\infty \frac{2}{(2\pi n)^{2m+1}} = 2^{-2m}\pi^{-2m-1}\zeta(2m+1),$$

将其代入 (2.1.35) 中便得到 (2.1.36) 的证明. □

**推论 2.1.2** 若 $g' \in C^{2m+1}[-\infty,\infty]$, 而且是以 $2\pi$ 为周期的周期函数, 则

$$\left|\int_0^{2\pi} g(x)dx - T_n(g)\right| \leqslant 4\pi M\zeta(2m+1)/n^{2m+1}. \tag{2.1.37}$$

**证明** 周期性质包含: $g'(0) = g'(2\pi), \cdots, g^{(2m-1)}(0) = g^{(2m-1)}(2\pi)$, 由推论 2.1.1 得到证明.□

推论 2.1.2 表明梯形公式对于周期函数有高精度, 这便启示我们对被积函数周期化后, 再应用梯形公式可以得到高精度. 事实上, 如下定理证明梯形公式具有 $n$ 阶三角多项式精度.

**定理 2.1.8** 梯形公式具有 $n$ 阶三角多项式精度.

**证明** 对于周期为 $p = b - a$ 的函数, 梯形公式的误差为

$$E_{T_n}(f) = \frac{p}{n}\sum_{k=0}^{n-1} f\left(\frac{k}{n}p\right) - \int_0^p f(x)dx,$$

容易证明

$$E_{T_n}\left(\exp\left(\frac{2\pi\mathrm{i}jx}{p}\right)\right) = \begin{cases} p, & j \neq 0, n|j, \\ 0, & \text{其他}, \end{cases} \quad j = 0,\cdots,n-1,$$

这里 $\mathrm{i} = \sqrt{-1}$. 由此导出梯形公式具有 $n$ 阶三角多项式精度. □

梯形公式的渐近展开还可以推广到更一般的带偏差的梯形公式, 如可以把

$$T_n^\theta(f) = \frac{1}{n}\sum_{j=0}^{n-1} f\left(\frac{j+\theta}{n}\right) \tag{2.1.38}$$

作为对积分 $\int_0^1 f(x)dx$ 的近似, 其中 $0 < \theta < 1$. Euler-Maclaurin 可以推广到带偏差的梯形公式上. 并且条件 $f^{(m-1)} \in C[0,1]$, 可以减弱为有界变差函数, 对此有如下定理.

**定理 2.1.9**[154] 设存在整数 $k$ 使 $f^{(k-1)}(x)$ 是 $[0,1]$ 上的有界变差函数, 并且若 $k = 1$, $f(x)$ 在点 $x_i = (i+\theta)/n$, $i = 0, \cdots, n-1$ 处连续, 则成立推广的 Euler-Maclaurin 展开式梯形公式.

$$\int_0^1 f(x)dx$$
$$= \frac{1}{n}\sum_{j=0}^{n-1} f\left(\frac{j+\theta}{n}\right) - \sum_{j=1}^k \frac{f^{(j-1)}(1) - f^{(j-1)}(0)}{j!n^j}B_j(\theta) + R_n^{(k)}(f,\theta), \quad k \geqslant 1, \tag{2.1.39}$$

其中
$$R_n^{(k)}(f,\theta) = \frac{1}{n^k}\int_0^1 p_k(\theta-nx)df^{(k-1)}(x). \tag{2.1.40a}$$

**证明** 用数学归纳法，当 $k=1$ 时，由定理的假定，$f(x)$ 是有界变差函数，而
$$p_1(\theta-nx) = \theta - nx - 1/2 - [\theta-nx]$$

在 $x \neq (i+\theta)/n$ 处连续，在 $x=(i+\theta)/n$ 处有跳跃，故 (2.1.40) 右端积分存在，而且 $0 < x < 1$ 时，

$$\begin{aligned}
&\frac{1}{n}\int_0^1 p_1(\theta-nx)df(x)\\
=&\frac{1}{n}p_1(\theta-nx)f(x)\Big|_0^1 - \frac{1}{n}\int_0^1 f(x)dp_1(\theta-nx)\\
=&\frac{f(1)-f(0)}{n}B_1(\theta) - \frac{1}{n}\int_0^1 f(x)d\left(\theta-nx-\frac{1}{2}\right)\\
&+\frac{1}{n}\int_0^1 f(x)d[\theta-nx]\\
=&\frac{f(1)-f(0)}{n}B_1(\theta) - \frac{1}{n}\int_0^1 f(x)dx - \frac{1}{n}\sum_{j=0}^{n-1}f\left(\frac{j+\theta}{n}\right)\\
=&R_n^{(1)}(f,\theta),
\end{aligned}$$

故 $k=1$ 情形，(2.1.39) 被证。

假定 $k := k-1$ 成立，今证明对 $k$ 也成立，为此由 $p_k(\theta-nx)$ 的绝对连续性质，得

$$\begin{aligned}
&\frac{1}{n^k}\int_0^1 p_k(\theta-nx)df^{(k-1)}(x)\\
=&\frac{1}{n^k}p_k(\theta-nx)f^{(k-1)}(x)\Big|_0^1 - \frac{1}{n^{k-1}}\int_0^1 f^{(k-1)}(x)dp_k(\theta-nx)\\
=&\frac{f^{(k-1)}(1)-f^{(k-1)}(0)}{n^k}p_k(\theta) - \frac{1}{n^{k-1}}\int_0^1 f^{(k-1)}(x)p_{k-1}(\theta-x)\\
=&\frac{f^{(k-1)}(1)-f^{(k-1)}(0)}{k!n^k}B_k(\theta) + \frac{1}{n^{k-1}}\int_0^1 p_{k-1}(\theta-nx)df^{(k-2)}(x),
\end{aligned}$$

由归纳法得到定理的证明。□

**推论 2.1.3** 设 $f^{(k-1)}(x)$ 是 $[a,b]$ 上的有界变差函数，则在定理的假定下，成立

## 2.1 一维积分的数值算法

$$\int_a^b f(x)dx = h\sum_{j=0}^{n-1} f(a+h(j+\theta)) - \sum_{j=1}^{k} \frac{f^{(j-1)}(b) - f^{(j-1)}(a)}{j!} h^j B_j(\theta)$$

$$+ h^k \int_0^1 p_k\left(\theta + \frac{x-a}{n}\right) df^{(k-1)}(x), \tag{2.1.40b}$$

其中 $h = (b-a)/n$.

**证明** 令 $g(x) = (b-a)f(a+(b-a)x)$，由

$$\int_a^b f(x)dx = \int_0^1 g(x)dx,$$

用 $g(x)$ 代替 (2.1.21) 中 $f(x)$ 便得到证明. □

定理 2.1.9 的重要情形是 $\theta = 1/2$，被称为中矩形公式

$$M_n(f) = h\sum_{j=0}^{n-1} f(a+h(j+1/2)). \tag{2.1.41}$$

因为奇次 Bernoulli 多项式在 $x = 1/2$ 有

$$B_{2j+1}(1/2) = 0, \quad j = 0, 1, \cdots,$$

偶次 Bernoulli 多项式在 $x = 1/2$ 有

$$B_{2j}(1/2) = -\left(1 - \frac{1}{2^{2j-1}}\right) B_{2j}, \quad j = 1, 2, \cdots,$$

由此导出中矩形公式的误差渐近展开式.

**定理 2.1.10** 若 $g \in C^{2k+1}[a,b]$，则

$$M_n(g) - \int_a^b g(x)dx$$
$$= \frac{C_2}{2!} h^2 [g'(b) - g'(a)] + \cdots + \frac{C_{2k}}{(2k)!} h^{2k} \left[g^{(2k-1)}(b) - g^{(2k-1)}(a)\right]$$
$$+ h^{2k+1} \int_a^b p_{2k+1}\left(\frac{1}{2} + \frac{x-a}{h}\right) g^{(2k+1)}(x)dx, \tag{2.1.42}$$

其中 $C_{2j} = B_{2j}(1/2) = -\left(1 - \frac{1}{2^{2j-1}}\right) B_{2j}, j = 1, \cdots, k$.

显然，对于周期函数而言，梯形公式与中矩形公式是一致的. 对于非周期函数，中矩形公式因为不涉及端点 $a, b$ 处的函数值计算称为开型公式；梯形公式要涉及端点处的函数值计算，称为闭型公式. 对于端点是奇点的被积函数，开型公式可以避开奇点.

Simpson 公式是梯形公式和中矩形公式的组合

$$S_n(g) = \frac{2}{3}M_n(g) + \frac{1}{3}T_n(g) = \frac{4}{3}T_{2n}(g) - \frac{1}{3}T_n(g), \tag{2.1.43}$$

又可以视为梯形公式的一次外推. Simpson 公式有三阶代数精度, 其误差有渐近展开

$$\begin{aligned}&S_n(g) - \int_a^b g(x)dx\\ &= \frac{D_4}{4!}h^4[g'''(b) - g'''(a)] + \cdots + \frac{D_{2k}}{(2k)!}h^{2k}\left[g^{(2k-1)}(b) - g^{(2k-1)}(a)\right] + O(h^{2k+1}),\end{aligned} \tag{2.1.44}$$

其中, $D_{2j} = \frac{2}{3}C_{2j} + \frac{1}{3}B_{2j} = \frac{1}{3}(2^{2-2j} - 1)B_{2j}, j = 1, \cdots, k$.

### 2.1.5 Gauss 求积公式

考虑区间 $[-1, 1]$ 的积分

$$Q(g) = \int_{-1}^{1} g(x)dx, \tag{2.1.45}$$

求积公式 [37]

$$Q_n(g) = \sum_{j=1}^{n} \omega_j^{(n)} g(x_j^{(n)}), \tag{2.1.46}$$

其中实数 $\{\omega_j^{(n)}, j = 1, \cdots, n\}$ 为求积权, $\{x_j^{(n)}, j = 1, \cdots, n\}$ 求积基点, 共计有 $2n$ 自由度, 因此可以选择恰当的权和结点, 使得求积公式 (2.1.46) 对于 $2n - 1$ 阶多项式是精确的. 如此的点 $\{x_j^{(n)}, j = 1, \cdots, n\}$ 便是 Gauss 点, 它是 Legender 正交多项式

$$p_n(x) = \frac{n!}{(2n)!}\frac{d^n}{dx^n}(x^2 - 1)^{2n} \tag{2.1.47}$$

的 $n$ 个互异实根, 即

$$p_n(x) = (x - x_1^{(n)}) \cdots (x - x_n^{(n)})$$

并且

$$-1 < x_1^{(n)} < \cdots < x_n^{(n)} < 1.$$

熟知 Legender 正交多项式有正交性质

$$\int_{-1}^{1} p_n(x)p_m(x)dx = 0, \quad n \neq m. \tag{2.1.48}$$

令 $f^I(x)$ 是函数 $f(x)$ 以 Gauss 点 $\{x_j^{(n)}, j = 1, \cdots, n\}$ 为插值基点的 $n-1$ 阶 Lagrange 插值多项式, 即

$$f^I(x) = \sum_{j=1}^{n} f(x_j^{(n)}) L_j^{(n)}(x), \tag{2.1.49}$$

其中

$$L_i^{(n)}(x) = \frac{\prod_{j \neq i}(x - x_j^{(n)})}{\prod_{j \neq i}(x_i^{(n)} - x_j^{(n)})}$$

是插值基函数, 满足

$$L_i^{(n)}(x_j^{(n)}) = \delta_{ij},$$

于是

$$f(x_j^{(n)}) = f^I(x_j^{(n)})$$

从而有

$$Q_n(f) = \sum_{j=1}^{n} \omega_j^{(n)} f(x_j^{(n)}) = Q_n(f^I) = Q(f^I), \tag{2.1.50}$$

这表明 $Q_n(f)$ 有 $n-1$ 阶代数精度.

**定理 2.1.11** Gauss 求积公式 (2.1.46) 具有 $2n-1$ 阶代数精度.

**证明** 设 $f(x)$ 是任意 $2n-1$ 阶多项式, 显然成立

$$f(x) = p_n(x)q(x) + r(x), \tag{2.1.51}$$

其中 $q(x)$ 和 $r(x)$ 至多是 $n-1$ 阶多项式, 于是 (2.1.48) 蕴涵

$$\int_{-1}^{1} p_n(x)q(x)dx = 0,$$

或者

$$\int_{-1}^{1} f(x)dx = \int_{-1}^{1} r(x)dx = Q_n(r),$$

但是 (2.1.49) 表明, 成立

$$f(x_j^{(n)}) = r(x_j^{(n)}),$$

故

$$Q_n(f) = Q_n(r) = Q(f),$$

这便得到定理的证明. □

显然，权
$$\omega_j^{(n)} = \int_{-1}^{1} L_j^{(n)}(x)dx, \quad j = 1, \cdots, n$$
是正数，并且
$$\sum_{j=1}^{n} \omega_j^{(n)} = 2.$$

下面给出求积公式的余项估计定理.

**定理 2.1.12** 若 $f \in C^{2n}[-1,1]$ 则存在 $\xi \in [-1,1]$ 使得 Gauss 求积公式 (2.1.46) 有误差估计 [37]

$$\int_{-1}^{1} f(x)dx = \sum_{j=1}^{n} \omega_j^{(n)} f(x_j^{(n)}) + \frac{2^{2n+1}(n!)^4}{[(2n)!]^3(2n+1)} f^{(2n)}(\xi). \tag{2.1.52}$$

**证明** 设 $H(x)$ 是 $f(x)$ 的 $2n-1$ 阶 Hermite 插值多项式，满足

$$H(x_j^{(n)}) = f(x_j^{(n)}), \quad H'(x_j^{(n)}) = f'(x_j^{(n)}), \quad j = 1, \cdots, n.$$

应用 Newton 内插公式的余项表达式，有

$$f(x) = H(x) + \prod_{j=1}^{n}(x - x_j^{(n)})^2 f[x, x_1^{(n)}, x_1^{(n)}, \cdots, x_n^{(n)}, x_n^{(n)}], \tag{2.1.53}$$

这里 $f[x, x_1^{(n)}, x_1^{(n)}, \cdots, x_n^{(n)}, x_n^{(n)}]$ 是 Newton 差商. 于是

$$\int_{-1}^{1} f(x)dx = \int_{-1}^{1} H(x)dx + \int_{-1}^{1} \prod_{j=1}^{n}(x - x_j^{(n)})^2 f[x, x_1^{(n)}, x_1^{(n)}, \cdots, x_n^{(n)}, x_n^{(n)}]dx$$

$$= \sum_{j=1}^{n} \omega_j^{(n)} f(x_j^{(n)}) + R_n.$$

应用积分中值定理和 Newton 差商性质，可知存在常数 $\eta$ 和 $\xi$，使成立如下余项估计

$$R_n = \int_{-1}^{1} \prod_{j=1}^{n}(x - x_j^{(n)})^2 f[x, x_1^{(n)}, x_1^{(n)}, \cdots, x_n^{(n)}, x_n^{(n)}]dx$$

$$= f[\eta, x_1^{(n)}, x_1^{(n)}, \cdots, x_n^{(n)}, x_n^{(n)}] \int_{-1}^{1} \prod_{j=1}^{n}(x - x_j^{(n)})^2 dx$$

$$= f^{(2n)}(\xi) \int_{-1}^{1} \prod_{j=1}^{n}(x - x_j^{(n)})^2 dx = f^{(2n)}(\xi) \int_{-1}^{1} p_n(x)p_n(x)dx \tag{2.1.54}$$

## 2.1 一维积分的数值算法

令

$$q_1(x) = \int_{-1}^{x} p_n(x)dx,$$

$$q_j(x) = \int_{-1}^{x} q_{j-1}(x)dx, \quad j = 2, \cdots, n,$$

显然

$$q_n(x) = \frac{n!}{(2n)!}(x-1)^n(x+1)^n.$$

应用 (2.1.47) 和分部积分法, 导出

$$\int_{-1}^{1} p_n(x)p_n(x)dx = -\int_{-1}^{1} q_1(x)p'_n(x)dx = \int_{-1}^{1} q_2(x)p''_n(x)dx$$

$$= \cdots = (-1)^n \int_{-1}^{1} q_n(x)p_n^{(n)}(x)dx = (-1)^n n! \int_{-1}^{1} q_n(x)dx, \quad (2.1.55)$$

再次应用 (2.1.47) 和分部积分法, 又导出

$$\int_{-1}^{1} q_n(x)dx = \frac{n!}{(2n)!} \int_{-1}^{1} (x-1)^n(x+1)^n dx$$

$$= -\frac{n!n}{(2n)!(n+1)} \int_{-1}^{1} (x-1)^{n-1}(x+1)^{n+1} dx$$

$$= \cdots = (-1)^n \frac{(n!)^2}{(2n)!(n+1)\cdots(2n)} \int_{-1}^{1} (x+1)^{2n} dx$$

$$= (-1)^n \frac{(n!)^3}{[(2n)!]^2(2n+1)}, \quad (2.1.56)$$

于是得到

$$R_n = f^{(2n)}(\xi) \frac{2^{2n+1}(n!)^4}{[(2n)!]^3(2n+1)}.$$

定理证明完毕. □

**注 2.1.1** 该定理表明 Gauss 公式精度很高, 例如

$$R_2 = \frac{1}{135}f^{(4)}(\xi), \quad R_3 = \frac{1}{15750}f^{(6)}(\xi).$$

**注 2.1.2** 使用变换

$$x = \frac{b+a}{2} + \frac{b-a}{2}t$$

便把区间 $[a,b]$ 的积分变换为 $[-1,1]$ 的积分, 于是

$$\int_a^b f(t)dt = \frac{b-a}{2} \int_{-1}^{1} f\left[\frac{2}{b-a}\left(x - \frac{b-a}{2}\right)\right] dx.$$

因此对于分片光滑的函数可以分片使用 Gauss 公式.

**注 2.1.3** 所有正交多项式 (包括带权正交多项式) 都有互异单实根, 其中

$$\omega_1^1 = 2, \quad x_1^1 = 0; \quad \omega_1^2 = \omega_2^2 = 1, \quad x_1^2 = \frac{\sqrt{3}}{2}, \quad x_2^2 = -\frac{\sqrt{3}}{2},$$

更多的可以在数学手册中查到.

## 2.2 多维积分的数值算法

多维数值积分一直是计算数学的难点, 一般地, 多维积分的维数越高, 难度越大, 通常对于一维积分有效的方法, 未必适用于多维积分, 这是因为多维积分的计算复杂度随维数呈指数增长, 如对于一个 $s$ 维积分, 为了得到 $2m+1$ 阶代数精度, 使用乘积型 Gauss 公式我们必须计算 $(m+1)^s$ 个结点的函数值, 使用 Romberg 外推必须计算 $2^{ms}$ 个结点的函数值, 这便限制这两种方法不能在高于五维的问题中应用. 迄今, 有关高维积分的方法主要有概率统计法 [56,235,268] (Monte Carlo 法), 数论方法 [210] 和分裂外推 [152,154,155]. 其中, 前面两种没有代数精度, 甚至没有单调收敛性质. 然而分裂外推不仅具有代数精度, 而且计算复杂度是多项式的, 即计算量仅仅是维数的多项式阶. 事实上, 为了得到 $2m+1$ 阶代数精度, 我们仅需要计算 $C_{2s+m}^m$ 个结点的函数值. 本节主要介绍乘法定理、高维近似积分的降维方法、多维 Euler-Maclaurin 展开式, 其他可参考 A. H. Stroud[235] 和徐利治等 [268] 的专著.

令 $x = (x_1, \cdots, x_s) \in \Re^s$ 是 $s$ 维空间的点, $\nu = (\nu_1, \cdots, \nu_s)$ 是整数向量, 对于多元分析我们使用如下简化记号:

$$|\nu| = \sum_{j=1}^{s} \nu_j, \nu! = \nu_1! \cdots \nu_s!,$$

$$f(x) = f(x_1, \cdots, x_s), \quad x^\nu = x_1^{\nu_1} \cdots x_s^{\nu_s},$$

$$D^\nu = D_1^{\nu_1} \cdots D_s^{\nu_s}, \quad D_i = \frac{\partial}{\partial x_i}, \quad i = 1, \cdots, s.$$

### 2.2.1 乘法定理

**定理 2.2.1**[268](乘法定理) 设连续函数 $f(x) = f(y, z)$ 定义在 $R = R_1 \times R_2$ 上, 且 $y \in R_1, z \in R_2$, 则 $f(x) = f(y, z)$ 的误差泛函 $E(R_1 \times R_2, f(y, z))$ 可通过关于 $E(R_1, f)$ 与 $E(R_2, f)$ 的某种线性运算 (线性组合或积分) 来表示, 这里 $R_1 \subseteq \Re^n$, $R_2 \subseteq \Re^m$.

**证明** 因为

$$E(R, f) = \sum \sum a_i b_j f(y_i, z_j) - \int_{R_1} \int_{R_2} f(y, z) dy dz = \sum b_j \sum a_i f(y_i, z_j)$$

$$-\sum b_j \int_{R_1} f(y,z_j)dy + \sum b_j \int_{R_1} f(y,z_j)dy - \int_{R_1}\int_{R_2} f(y,z)dydz$$
$$=\sum b_j E(R_1, f(y,z_j)) + \int_{R_1} E(R_2, f(y,z))dy,$$

同理有
$$E(R,f) = \sum a_i E(R_2, f(y_i,z)) + \int_{R_2} E(R_1, f(y,z))dz,$$

故该定理得证.□

由该定理可得到下面两个有用的推论.

**推论 2.2.1** 若对每一个 $z \in R_2$ 有 $E(R_1, f(y,z)) = 0$, 且 $E(R_2, f(y,z)) = 0$ ($y \in R_1$), 则 $E(R,f) = 0$, 而此时 $R$ 区域上的求积公式对 $f$ 为精确成立.

设 $F_1$ 是以 $R_1$ 为定义域的函数类, $F_2$ 是以 $R_2$ 为定义域的函数类, 那么 $F = F_1 \times F_2$ 便代表 $R_1 \times R_2$ 区域上的函数类. 也就是说, $F$ 中包含所有这样的函数 $f(y,z)$, 而对每个固定的 $z \in R_2$, $f(y,z) \in F_1$; 对每个固定的 $y \in R_1$, $f(y,z) \in F_2$.

**推论 2.2.2** 若对 $f_1 \in F_1$ 恒有 $E(R_1, f_1) = 0$, 对 $f_2 \in F_2$ 恒有 $E(R_2, f_2) = 0$, 则必有
$$E(R_1 \times R_2, f) = 0 \quad (f \in F_1 \times F_2). \tag{2.2.1}$$

设 $R_1$ 与 $R_2$ 为低于 $n$ 维的空间 $\Re^{r_1}$ 与 $\Re^{r_2}$ 中的两个区域, 且 $r_1 + r_2 = n$, $R = R_1 \times R_2$ 为 $R_1$ 与 $R_2$ 的乘积区域, 即每一点 $x \in R$ 有
$$x = (y,z), \quad y \in R_1, z \in R_2.$$

相应的误差泛函记为
$$E(R_1, f_1) = \sum a_i f_1(y_i) - \int_{R_1} f_1(y)dy \tag{2.2.2}$$

和
$$E(R_2, f_2) = \sum b_i f_2(z_i) - \int_{R_2} f_2(z)dz. \tag{2.2.3}$$

由乘法定理立即可得, 若 (2.2.1) 和 (2.2.2) 中的求积公式精确成立, 即误差为 $0$, 则在乘积区域 $R_1 \times R_2$ 上的求积公式
$$\iint_{R_1 \times R_2} f(y,z)dydz \approx \sum\sum a_i b_j f(y_i, z_j) \tag{2.2.4}$$

必精确成立, 亦即 $E(R_1 \times R_2, f) = 0$.

### 2.2.2 多维近似积分的降维方法

该方法是把一个多维区域上的多重积分近似地化为低维区域上的若干积分之和的方法, 其基本思想是, 把原来的被积函数乘以一个恰当的多项式, 然后利用高

维 Gauss-Green-Ostrogradsky 公式，使得原来的被积函数在有界区域上的多重积分恰好能表现成若干个低一维的积分之和，而其误差余项能有任意预先指定的微小估值. 其方法的优点在于不受区域形状的限制，在于能够借助低维的数值积分公式计算高维的积分近似值，其缺点是积分的维数只能一维一维地进行. 下面介绍该方法.

设 $V_n$ 是 $n$ 维欧氏空间中的一个有界闭区域，它的 $n-1$ 维边界曲面 $S_{n-1}$ 由参数方程

$$\phi(x_1, x_2, \cdots, x_n) = 0 \tag{2.2.5}$$

所确定，而在 $V_n$ 中的点 $(x_1, \cdots, x_n)$ 满足 $\phi \leqslant 0$, 此处 $\phi$ 是一个关于各个变量具有连续偏导数的函数.

设函数 $f(X) = f(x_1, \cdots, x_n)$ 在 $V_n$ 上连续可微，由 Gauss-Green-Ostrogradsky 公式有

$$\int_{V_n} \frac{\partial f(X)}{\partial x_n} dV = \int_{S_{n-1}} f(X) \frac{\partial x_n}{\partial \nu} dS, \tag{2.2.6}$$

这里 $dS$ 表示超越曲面 $S_{n-1}$ 上的面积元素，而 $\dfrac{\partial x_n}{\partial \nu}$ 表示坐标变量 $x_n$ 对曲面的向外法线向量的方向导数，即

$$\frac{\partial x_n}{\partial \nu} = \frac{\partial \phi / \partial x_n}{\sqrt{(\partial \phi/\partial x_1)^2 + \cdots + (\partial \phi/\partial x_n)^2}}.$$

特别是，若 $f(X) = F(X)P(X)$, 可将 (2.2.6) 写成如下形式

$$\int_{V_n} F \frac{\partial P}{\partial x_n} dV = \int_{S_{n-1}} FP \frac{\partial x_n}{\partial \nu} dS - \int_{V_n} P \frac{\partial F}{\partial x_n} dV, \tag{2.2.7}$$

即为多重积分的分部积分公式.

设 $F(X) = F(x_1, \cdots, x_n)$ 关于变量 $x_n$ 具有直到 $m$ 阶的连续偏导数 $(m \geqslant 1)$, 又设 $P(X)$ 是一个具有如下形式的多项式

$$P(X) = x_n^m + Q(x_1, \cdots, x_n), \tag{2.2.8}$$

其中 $Q$ 中所含 $x_n$ 的次数低于 $m$, 则逐次利用 (2.2.7) 得到如下降维法基本公式

$$\int_{V_n} F(X) dV = \sum_{k=0}^{m-1} \frac{(-1)^k}{m!} \int_{S_{n-1}} L_k(F, P) dS + \rho_m, \tag{2.2.9}$$

其中

$$L_k(F, P) = \left(\frac{\partial^k F}{\partial x_m^k}\right) \left(\frac{\partial^{m-1-k} P}{\partial x_m^{m-1-k}}\right) \left(\frac{\partial x_n}{\partial \nu}\right),$$

## 2.2 多维积分的数值算法

而余项 $\rho_m$ 表达式

$$\rho_m = \frac{(-1)^k}{m!} \int_{V_n} \left(\frac{\partial^m F}{\partial x_m^m}\right) P(X) dV. \tag{2.2.10}$$

若 $V_n$ 的边界 $S_{n-1}$ 是参数方程组

$$x_i = x_i(t_1, \cdots, t_{n-1}), \quad i = 1, \cdots, n$$

表示,从而 (2.2.9) 的右端积分可由 $n-1$ 维积分表示. 特别地,若 $x_n$ 能从 (2.2.5) 解出,而 $V_n$ 可由

$$\phi_1(x_1, \cdots, x_{n-1}) \leqslant x_n \leqslant \phi_2(x_1, \cdots, x_{n-1}), \quad (x_1, \cdots, x_{n-1}) \in V_{n-1} \tag{2.2.11}$$

定义,其中 $\phi_1$ 与 $\phi_2$ 为单值连续函数,则 (2.2.9) 便可简单地表示成

$$\int_{V_n} F(X) dV = \sum_{k=0}^{m-1} \frac{(-1)^k}{m!} \int_{V_{n-1}} \left[\frac{\partial^k F}{\partial x_m^k} \frac{\partial^{m-1-k} P}{\partial x_m^{m-1-k}}\right]\Big|_{x_n=\phi_1}^{x_n=\phi_2} dV_{n-1} + \rho_m, \tag{2.2.12}$$

其中 $dV_k = dx_1 \cdots dx_k$ 和

$$[g(X)]|_{x_n=\phi_1}^{x_n=\phi_2} = g(x_1, \cdots, x_{n-1}, \phi_2) - g(x_1, \cdots, x_{n-1}, \phi_1).$$

公式 (2.2.12) 表明在有界区域 $V_n$ 上的 $n$ 重积分能利用 $V_{n-1}$ 上的一串 $n-1$ 重积分近似地表示.

下面介绍几种特殊区域上的降维法中的展开式及余项估计. 经常用到两类多项式: 称

$$\Phi_m(X) = \frac{m!}{(2m)!} \left(\frac{\partial}{\partial x_n}\right)^m (x_1^2 + \cdots + x_n^2 - 1)^m \tag{2.2.13}$$

为 $n$ 维的 Hermite-Didon 多项式,称

$$T_m(X) = \frac{m!}{(2m)!} \left(\frac{\partial}{\partial x_n}\right)^m [x_n^m(x_1 + \cdots + x_n - 1)^m], \tag{2.2.14}$$

广义 $n$ 维的 Appell 多项式.

对区域 $V_n$ 上的任意连续函数 $f(X)$,记

$$\|f\| = \left(\int_{V_n} |f(X)|^2 dV\right)^{1/2}, \quad \|f\|_c = \max_{X \in V_n} |f(X)|.$$

**定理 2.2.2**[268]  设 $F(X)$ 为球形区域 $\Omega: x_1^2 + \cdots + x_n^2 \leqslant 1$ 上的连续函数,且对 $x_n$ 具有 $m$ 阶连续偏导数,若 $V_n$ 为包含于 $\Omega$ 内的一个区域,那么有如下展开式

$$\int_{V_n} F(X) dV = \sum_{k=0}^{m-1} \frac{(-1)^k}{m!} \int_{S_{n-1}} L_k(F(X), \Phi_m(X)) dS + \rho_m, \tag{2.2.15}$$

且余项 $\rho_m$ 有估计式:

$$|\rho_m| \leqslant \left[\frac{\pi^{n/2}m!}{(m+n/2)!(2m)!}\right]^{\frac{1}{2}} \left\|\frac{\partial^m F}{\partial x_n^m}\right\|. \tag{2.2.16}$$

**定理 2.2.3** 设 $F(X)$ 为单纯形区域 $T$: $x_j \geqslant 0$, $x_1+\cdots+x_n \leqslant 1$ 上的连续函数, 且对 $x_n$ 具有 $m$ 阶连续偏导数, 若 $V_n$ 为包含于 $T$ 内的一个区域, 那么有如下展开式

$$\int_{V_n} F(X)dV = \sum_{k=0}^{m-1} \frac{(-1)^k}{m!} \int_{S_{n-1}} L_k(F(X), T_m(X))dS + \rho_m, \tag{2.2.17}$$

且余项 $\rho_m$ 有估计式:

$$|\rho_m| \leqslant \left[\frac{m!m!}{(2m)!(2m+n)!}\right]^{\frac{1}{2}} \left\|\frac{\partial^m F}{\partial x_n^m}\right\|. \tag{2.2.18}$$

**证明** 定理 2.2.2 和定理 2.2.3 中 (2.2.15) 和 (2.2.17) 无非是 (2.2.9) 的特例. 这里只需证明 (2.2.16) 和 (2.2.18) 即可. 利用余项 $\rho_m$ 表达式和 Schwarz 不等式

$$\begin{aligned}|\rho_m| &\leqslant \frac{1}{m!}\left(\int_{V_n}\left|\frac{\partial^m F}{\partial x_n^m}\right|^2 dV_n\right)^{1/2}\left(\int_{V_n}(\Phi_m(X))^2 dV_n\right)^{1/2}\\ &\leqslant \frac{1}{(2m)!}\left\|\frac{\partial^m F}{\partial x_n^m}\right\|\left(\int_{\Omega}\left[\left(\frac{\partial}{\partial x_n}\right)^m (r^2-1)^m\right]^2 dV_n\right)^{1/2},\end{aligned} \tag{2.2.19}$$

其中 $r^2 = x_1^2 + \cdots + x_n^2$. 现在计算

$$I_m = \int_{\Omega}\left[\left(\frac{\partial}{\partial x_n}\right)^m (r^2-1)^m\right]^2 dV_n.$$

利用分部积分公式 (2.2.7), 并注意 $\Omega$ 区域的边界 (球面) 方程为 $r-1=0$, 则

$$\begin{aligned}I_m &= (-1)^m \int_{\Omega}(r^2-1)^m\left(\frac{\partial}{\partial x_n}\right)^{2m}(r^2-1)^m dV_n\\ &= (2m)! \int_{\Omega}(1-r^2)^m dV_n.\end{aligned} \tag{2.2.20}$$

为了计算 $I_m$, 需要将 $(x_1,\cdots,x_n)$ 坐标转换成 $n$ 维的球坐标 $(r,\theta_1,\cdots,\theta_{n-1})$ 系, 从而有

$$\int_{\Omega}(1-r^2)^m dV_n = \frac{2\pi^{n/2}}{\Gamma(n/2)}\int_0^1 (1-r^2)^m r^{n-1} dr = \frac{\pi^{n/2}m!}{\Gamma(m+n/2+1)},$$

## 2.2 多维积分的数值算法

故

$$|\rho_m| \leqslant \left\| \frac{\partial^m F}{\partial x_n^m} \right\| \left( \frac{\pi^{n/2} m!}{(2m)!\Gamma(m+n/2+1)} \right)^{1/2}.$$

接下来证明 (2.2.18). 根据 (2.2.7) 和 (2.2.10), 并利用 Dirichlet 的多重积分计算法, 有

$$|\rho_m| \leqslant \frac{1}{(2m)!} \left\| \frac{\partial^m F}{\partial x_n^m} \right\| \left\{ \int_T \left( \left( \frac{\partial}{\partial x_n} \right)^m \left[ x_n^m \left( \sum_{j=1}^n x_j - 1 \right)^m \right] \right)^2 dV_n \right\}^{1/2}$$

$$\leqslant \frac{1}{(2m)!} \left\| \frac{\partial^m F}{\partial x_n^m} \right\| \left\{ (-1)^m (2m)! \int_T x_n^m \left( \sum_{j=1}^n x_j - 1 \right)^m dV_n \right\}^{1/2}$$

$$= \left( \frac{1}{(2m)!} \right)^{1/2} \left\| \frac{\partial^m F}{\partial x_n^m} \right\| \left( \frac{m! m!}{\Gamma(2m+n+1)} \right)^{1/2}.$$

从而 (2.2.18) 得证. □

若在 (2.2.8) 中 $P(X)$ 选择为

$$P(X) = \left( x_n - \frac{1}{2} \right)^m, \quad m = 1, 2, \cdots, \tag{2.2.21}$$

代入基本公式 (2.2.9) 可得

$$\int_{V_n} F(X) dV = \sum_{k=1}^m \frac{(-1)^k}{k!} \int_{S_{n-1}} \left( x_n - \frac{1}{2} \right)^k \left( \frac{\partial}{\partial x_n} \right)^{k-1} F(X) \left( \frac{\partial x_n}{\partial v} \right) dS + \rho_m, \tag{2.2.22}$$

特别地, 若 $V_n$ 由 (2.2.11) 确定, 则 (2.2.22) 变成为

$$\int_{V_n} F(X) dV = \sum_{k=1}^m \frac{(-1)^k}{k!} \int_{V_{n-1}} \left[ \left( x_n - \frac{1}{2} \right)^k \left( \frac{\partial}{\partial x_n} \right)^{k-1} F(X) \right]_{x_n=\phi_1}^{x_n=\phi_2} dV_{n-1} + \rho_m. \tag{2.2.23}$$

**定理 2.2.4**[268]  设 $V_n$ 为含于单位正方体 $K: 0 \leqslant x_1 \leqslant 1, \cdots, 0 \leqslant x_n \leqslant 1$ 中的一个区域, $F(X)$ 及偏导数 $\partial F/\partial x_n, \cdots, \partial^m F/\partial x_n^m$ 均在 $V_n$ 上连续, 则 (2.2.22) 和 (2.2.23) 中的余项有估计

$$|\rho_m| \leqslant \frac{1}{2^m m! \sqrt{2m+1}} \left\| \frac{\partial^m F}{\partial x_n^m} \right\|_c. \tag{2.2.24}$$

特别地, 当 $m$ 为偶数时, 有

$$|\rho_m| \leqslant \frac{1}{2^m m!(m+1)!} \left\| \frac{\partial^m F}{\partial x_n^m} \right\|_c. \tag{2.2.25}$$

**证明** 因为

$$|\rho_m| \leqslant \frac{1}{m!} \int_{V_n} \left|\frac{\partial^m F}{\partial x_n^m}\right| \left|x_n - \frac{1}{2}\right|^m dV_n \leqslant \frac{1}{m!} \left\|\frac{\partial^m F}{\partial x_n^m}\right\|_c \int_0^1 \left|x_n - \frac{1}{2}\right|^m dx_n$$

$$\leqslant \frac{1}{m!} \left\|\frac{\partial^m F}{\partial x_n^m}\right\|_c \left(\int_0^1 \left|x_n - \frac{1}{2}\right|^{2m} dx_n\right)^{1/2} \left(\int_0^1 1 dx_n\right)^{1/2}$$

$$= \frac{1}{m!} \left\|\frac{\partial^m F}{\partial x_n^m}\right\|_c \left(\frac{1}{2^{2m}(2m+1)}\right)^{1/2},$$

(2.2.24) 得证, 类似可证 (2.2.25). □

**推论 2.2.3** 设 $F(X)$ 是区域 $V_n \subset K$ 上的关于变量 $x_n$ 的无穷次可微函数满足

$$\lim_{m \to \infty} \frac{1}{\sqrt{m} 2^m m!} \left\|\frac{\partial^m F}{\partial x_n^m}\right\|_c = 0,$$

则有下列展开式

$$\int_{V_n} F(X) dV = \sum_{k=1}^{\infty} \frac{(-1)^{k-1}}{k!} \int_{S_{n-1}} \left(x_n - \frac{1}{2}\right)^k \left(\frac{\partial^{k-1} F}{\partial x_n^{k-1}}\right) \left(\frac{\partial x_n}{\partial v}\right) dS. \quad (2.2.26)$$

(2.2.26) 表明高维区域 $V_n$ 上的积分可利用低一维的积分的级数来表示.

下面给出二维的降维公式. 设 $C^{(m,m)}$ 表示二维区域 $D$ 上的一个函数类, 即每一个函数 $F(x,y)$ 关于 $x, y$ 都具有 $2m$ 阶连续的混合偏导数 $\partial^{2m} F / \partial x^m \partial y^m$. 若每一个二元多项式的各个项都比 $x^m y^m$ 的次数低的函数类记为 $H^{(m,m)}$. 引入微分算子 $\Lambda = \frac{\partial^2}{\partial x \partial y}$. 于是对每一个 $F(x,y) \in C^{(m,m)}$, 记 $\Lambda^m F = \left(\frac{\partial^2}{\partial x \partial y}\right)^m F = \frac{\partial^{2m} F}{\partial x^m \partial y^m}$.

设 $F(x,y), P(x,y) \in C^{(m,m)}$, 根据 Green 公式有

$$\begin{aligned} \int_D F \frac{\partial P}{\partial x} dxdy &= \int_{\partial D} FP dy - \int_D P \frac{\partial F}{\partial x} dxdy, \\ \int_D F \frac{\partial P}{\partial y} dxdy &= -\int_{\partial D} FP dx - \int_D P \frac{\partial F}{\partial y} dxdy, \end{aligned} \quad (2.2.27)$$

这里 $\partial D$ 表示 $D$ 的边界. 继续应用 (2.2.27) 可得

$$\int_D F \frac{\partial^2 P}{\partial x \partial y} dxdy = \int_{\partial D} F \frac{\partial P}{\partial y} dy + \int_{\partial D} P \frac{\partial F}{\partial x} dx + \int_D P \frac{\partial^2 F}{\partial x \partial y} dxdy.$$

利用数学归纳法可得到一般的积分关系式

$$\int_D F(x,y)\frac{\partial^{2m}P}{\partial x^m \partial y^m}dxdy$$
$$=\int_{\partial D}\left\{\sum_{k=0}^{m-1}\Lambda^k P\cdot \Lambda^{m-k-1}F'_x\right\}dx+\int_{\partial D}\left\{\sum_{k=0}^{m-1}\Lambda^k P'_y\cdot \Lambda^{m-k-1}F\right\}dy$$
$$+\int_D P\frac{\partial^{2m}F}{\partial x^m \partial y^m}dxdy.$$

特别地，若

$$P(x,y)=x^m y^m+Q(x,y), \tag{2.2.28}$$

其中 $Q(x,y)$ 的最高次项比 $x^m y^m$ 的次数低，则可导出

$$\int_D F(x,y)dxdy$$
$$=\frac{1}{(m!)^2}\int_{\partial D}\left\{\sum_{k=0}^{m-1}\Lambda^k P\Lambda^{m-k-1}F'_x\right\}dx$$
$$+\frac{1}{(m!)^2}\int_{\partial D}\left\{\sum_{k=0}^{m-1}\Lambda^k P'_y\Lambda^{m-k-1}F\right\}dy+\rho_m, \tag{2.2.29}$$

此处

$$\rho_m=\frac{1}{(m!)^2}\int_D P\cdot \Lambda^m F dxdy. \tag{2.2.30}$$

若 $F(x,y)\in H^{(m,m)}$，则 $\Lambda^m F=\left(\frac{\partial^2}{\partial x\partial y}\right)^m F=0$，从而 (2.2.29) 对 $H^{(m,m)}$ 类中的多项式是精确成立.

### 2.2.3 多维 Euler-Maclaurin 展开式

考虑 $s$ 维积分

$$I(f)=\int_V f(x)dx, \quad V=[0,1]^s. \tag{2.2.31}$$

取步长 $h=(h_1,\cdots,h_s)$, $h_i=1/N_i$, $i=1,\cdots,s$, $N_i$ 是正整数. 构造多维偏矩形求积公式

$$Q_\beta(h)=h_1\cdots h_s\sum_{j_1=0}^{N_1-1}\cdots\sum_{j_s=0}^{N_s-1}f(h_1(j_1+\beta_1),\cdots,h_s(j_s+\beta_s)), \tag{2.2.32}$$

这里 $\beta=(\beta_1,\cdots,\beta_s)$, $0<\beta_i<1$, $i=1,\cdots,s$. 特别地，$\beta=(1/2,\cdots,1/2)$, (2.2.32) 便成为多维中矩形求积公式. 显然 (2.2.32) 是一维偏矩形求积公式的张量积推广.

利用定理 2.1.9 便得到多维偏矩形公式的多参数 Euler-Maclaurin 展开式.

**定理 2.2.5**[125,127] 设 $f(x) \in C^{2n+1}(V)$, 则多维偏矩形公式有误差的多参数 Euler-Maclaurin 展开式

$$Q_\beta(h) = \int_V f(x)dx + (-1)^s \sum_{0 \leqslant |\alpha| \leqslant 2n} h^{\alpha+1} \zeta(-\alpha,\beta) I(D^{\alpha+1}f)/\alpha! + O(h_0^{2n+1}), \quad (2.2.33)$$

这里 $\alpha$ 是整数向量, $h_0 = \max\{h_j: 1 \leqslant j \leqslant s\}$, $h^{\alpha+1} = h_1^{\alpha_1+1} \cdots h_s^{\alpha_s+1}$, $D^{\alpha+1} = D_1^{\alpha_1+1} \cdots D_s^{\alpha_s+1}$, $\zeta(-\alpha,\beta) = \prod_{j=1}^s \zeta(-\alpha_j,\beta_j)$, 而

$$I(D^{\alpha+1}f) = \int_V D^{\alpha+1} f(x)dx.$$

**证明** 对 $s=1$, 直接由定理 2.1.9 可得, 若 $s>1$, 则应用维数归纳法可得到 (2.2.33) 的证明. □

**推论 2.2.4** 设 $f(x) \in C^{2n+2}(V)$, 则多维中矩形求积公式

$$Q_M(h) = h_1 \cdots h_s \sum_{j_1=0}^{N_1-1} \cdots \sum_{j_s=0}^{N_s-1} f(h_1(j_1+1/2), \cdots, h_s(j_s+1/2)), \quad (2.2.34)$$

由偶数幂的误差的多参数 Euler-Maclaurin 展开有

$$Q_M(h) = \int_V f(x)dx + \sum_{1 \leqslant |\alpha| \leqslant n} h^{2\alpha} \frac{B_{2\alpha}(1/2)}{(2\alpha)!} I(D^{2\alpha}f) + O(h_0^{2n+2}), \quad (2.2.35)$$

这里

$$\frac{B_{2\alpha}(1/2)}{(2\alpha)!} = \prod_{j=1}^s \frac{B_{2\alpha_j}(1/2)}{(2\alpha_j)!}, \quad D^{2\alpha}f = D_1^{2\alpha_1} \cdots D_s^{2\alpha_s} f(x_1, \cdots, x_s).$$

**证明** 因为 $\zeta(-2k, 1/2) = 0$, 由 (2.2.33) 得到

$$Q_M(h) = \int_V f(x)dx + (-1)^s \sum_{1 \leqslant |\alpha| \leqslant n} h^{2\alpha} \zeta(-2\alpha+1, 1/2) I(D^{2\alpha}f)/(2\alpha-1)! + O(h_0^{2n+1}), \quad (2.2.36)$$

其中 $\zeta(-2\alpha-1, 1/2) = \prod_{j=1}^s \zeta(-2\alpha_j-1, 1/2)$, 而

$$\zeta(-2\alpha_j+1, 1/2) = -\frac{B_{2\alpha_j}(1/2)}{2\alpha_j}, \quad j=1,\cdots,s,$$

把此式代入 (2.3.36) 便得到 (2.3.35) 的证明. □

## 2.2 多维积分的数值算法

**推论 2.2.5** 设 $f(x) \in C^{2n+2}(V)$，取单参数，$h_1 = \cdots = h_s = h_0 = 1/N$，则多维中矩形求积公式

$$Q_M(h) = h_0^s \sum_{j_1=0}^{N-1} \cdots \sum_{j_s=0}^{N-1} f(h_0(j_1+1/2),\cdots,h_0(j_s+1/2)), \qquad (2.2.37)$$

有误差的单参数偶数幂的 Euler-Maclaurin 展开

$$Q_M(h) = \int_V f(x)dx + \sum_{j=1}^{n} d_j h_0^{2j} + O(h_0^{2n+2}), \qquad (2.2.38)$$

这里

$$d_j = \sum_{|\alpha|=j} \frac{B_{2\alpha}(1/2)}{(2\alpha)!} I(D^{2\alpha}f), \quad j=1,\cdots,n.$$

$s$ 维立方体上的积分

$$I(f) = \int_0^1 \cdots \int_0^1 f(\boldsymbol{x})d\boldsymbol{x}, \qquad (2.2.39)$$

其中 $\boldsymbol{x}=(x_1,\cdots,x_n)$，$d\boldsymbol{x}=dx_1\cdots dx_s$，建立求积公式

$$Q(f) = \sum_{j=1}^{\nu} a_j f(\boldsymbol{x}_j), \quad \sum_{j=1}^{\nu} a_j = 1. \qquad (2.2.40)$$

若结点的集合 $\{x_j\}$ 关于平面：$x_i = \dfrac{1}{2}$，$i=1,\cdots,s$ 是对称的，称求积公式 $Q(f)$ 是对称的；若 $\forall f \in \pi_d$，有 $I(f)=Q(f)$，但 $f \in \pi_{d+1}$，且 $I(f) \neq Q(f)$，称 $Q(f)$ 是 $d$ 阶代数精确度，这里 $\pi_d$ 表示次数不高于 $d$ 的全体多项式集合；若 $\forall f \in T_d$，有 $I(f)=Q(f)$，但 $f \in T_{d+1}$，且 $I(f) \neq Q(f)$，称 $Q(f)$ 是 $d$ 阶三角代数精确度，这里 $T_d$ 表示所有以周期为 1 的次数不高于 $d$ 的三角多项式集合. 常见中矩形公式

$$Q(f) = f(\boldsymbol{x}), \quad \boldsymbol{x} = \left(\frac{1}{2},\cdots,\frac{1}{2}\right) \qquad (2.2.41)$$

具有一阶代数精度的对称求积公式. 利用 (2.2.40) 可建立 $m$ 次重复度的求积公式

$$Q^{(m)}(f) = \sum_{k_1=0}^{m-1} \cdots \sum_{k_n=0}^{m-1} \sum_{j=1}^{\nu} \frac{a_j}{m^n} f\left(\frac{x_{1,j}}{m},\cdots,\frac{x_{n,j}}{m}\right). \qquad (2.2.42)$$

该公式相当于把 $[0,1]^s$ 分割成 $m^s$ 个长度为 $1/m$ 的超立方体，再对每个立方体使用公式 (2.2.40) 并求和. 若 $Q(f)$ 是对称的，则 $Q^{(m)}(f)$ 也是对称的，并具有相同的代数精度.

Lyness[127] 推广了 Euler-Maclaurin 展开式到多维求积公式 (2.2.42), 得到了以下定理.

**定理 2.2.6** 假设 $f(\boldsymbol{x})$ 及偏导数 $f^{(\alpha)}(\boldsymbol{x})$, $|\alpha| \leqslant l$, 是 $[0,1]^s$ 上可积函数, $\alpha = (\alpha_1, \cdots, \alpha_s)$, 那么

$$Q^{(m)}(f) - I(f) = \sum_{\mu=1}^{l-1} \frac{b_\mu}{m^\mu} + R_l(Q^{(m)}; f), \quad s \leqslant l \leqslant p, \qquad (2.2.43)$$

此处 $b_\mu$ 仅与 $Q$ 和 $f$ 有关, 但与 $m$ 无关的常数, 而且存在函数 $h_\alpha(Q^{(m)}; m\boldsymbol{x})$, 使得 $s \leqslant l \leqslant p$ 时

$$R_l(Q^{(m)}; f) = \frac{1}{m^s} \sum_{\alpha=|l|} \int_0^1 \cdots \int_0^1 h_\alpha(Q^{(m)}; m\boldsymbol{x}) f^{(\alpha)}(\boldsymbol{x}) d\boldsymbol{x}. \qquad (2.2.44)$$

而且 $b_\mu$ 还有显式表达

$$b_\mu = \sum_{|\alpha|=\mu} C_\alpha I(f^{(\alpha)}), \qquad (2.2.45)$$

这里

$$C_\alpha = C_\alpha(Q) = Q(\varphi_\alpha) = \int_0^1 \cdots \int_0^1 h_\alpha(Q^{(m)}; m\boldsymbol{x}) d\boldsymbol{x}, \qquad (2.2.46)$$

且

$$\varphi_\alpha(\boldsymbol{x}) = \prod_{j=1}^n \frac{B_{\alpha_j}(x_j)}{\alpha_j!}, \qquad (2.2.47)$$

$B_i(x)$ 是 Bernoulli 多项式.

**推论 2.2.6** 若 $Q(f)$ 是对称型求积公式, 则

$$\text{当} \mu \text{ 是奇数时}, b_\mu = 0. \qquad (2.2.48)$$

**证明** 根据 (2.2.46) 和 (2.2.47), 因为 $\sum_{j=1}^s \alpha_j = \mu$ 是奇数, 故存在某个 $\alpha_j$ 是奇数, 由奇数阶 Bernoulli 多项式的性质 $B_{\alpha_j}(t) = -B_{\alpha_j}(1-t)$, $0 \leqslant t \leqslant 1$ 知, 有

$$\int_0^1 B_{\alpha_j}(t) dt = 0.$$

从而当 $|\alpha| = \mu$ 为奇数时, 有 $C_\alpha = C_\alpha(Q) = Q(\varphi_\alpha) = 0$, 故 $b_\mu = 0$. □

定理 2.2.6 给出了多维单参数的 Euler-Maclaurin 展开式, 即各个方向的步长一致, 这会使某些多维积分的计算精度受到影响, 比如这种区域 $[0, 10^8] \times [0, 1]$ 的积分计算, 必须先作变量替换才能使用该公式. 下面介绍更一般的区域上的误差的多参数 Euler-Maclaurin 展开式.

## 2.2 多维积分的数值算法

考虑 $s$ 维积分
$$I = \int_\Omega f(x)dx, \quad \Omega = [-1,1]^s, \tag{2.2.49}$$
取步长 $h = (h_1, \cdots, h_s)$, 把立方体 $\Omega$ 分割成边长为 $h_1, \cdots, h_s$ 的 $n$ 个小长方体之和
$$\Omega = \cup_{j=1}^n \Omega_j, \quad \Omega_j = \prod_{i=1}^s \left[ M_{ji} - \frac{h_i}{2}, M_{ji} + \frac{h_i}{2} \right],$$
此处 $M_j = (M_{j1}, \cdots, M_{js})$ 为 $\Omega_j$ 的中心, 定义中矩形求积公式
$$Q_R(h) = \sum_{j=1}^n \text{meas}(\Omega_j) f(M_j) \tag{2.2.50}$$
及梯形求积公式
$$Q_T(h) = \sum_{j=1}^n \frac{1}{2h_j} \sum_{i=1}^s \text{meas}(\Omega_j)[f(N_{ji}^+) + f(N_{ji}^-)], \tag{2.2.51}$$
其中 $N_{ji}^\pm = \left\{ M_{ji}, \cdots, M_{ji} \pm \frac{h_i}{2}, \cdots, M_{js} \right\}$ 是 $\Omega_j$ 与 $x_i$ 方向垂直的两个表面的中心. 现在来证明 (2.2.50) 和 (2.2.51) 都具有关于各个步长 $h_i$ 的多参数渐近展开式.

**定理 2.2.7** 假设 $f \in C^{2m+2}(\Omega)$, 那么
$$I - Q_R(h) = \sum_{1 \leqslant |\alpha| \leqslant m} c_\alpha h^{2\alpha} + O(h_0^{2m+2}), \tag{2.2.52}$$
其中 $c_\alpha = c_{\alpha_1, \cdots, \alpha_s}$ 是与 $h$ 无关的系数, $h_0 = \max h_j, j = 1, \cdots, s$.

**证明** 根据 (2.2.50), 有
$$I - Q_R(h) = \sum_{j=1}^n \int_{\Omega_j} (f(x) - f(M_j))dx. \tag{2.2.53}$$
利用 Taylor 展开式
$$f(x) - f(M_j) = \sum_{1 \leqslant |\alpha| \leqslant 2m+1} \frac{1}{\alpha!} f^{(\alpha)}(M_j)(x - M_j)^\alpha + O(h_0^{2m+2}), \quad \forall x \in \Omega_j, \tag{2.2.54}$$
因为
$$\int_{\Omega_j} (x - M_j)^{\alpha_j} dx = \begin{cases} 0, & \alpha \text{ 有分量 } \alpha_j \text{ 为奇数}, \\ \dfrac{\text{meas}(\Omega_j)}{\prod\limits_{i=1}^s (1 + 2\beta_i)} \left(\dfrac{h}{2}\right)^{2\beta}, & \alpha_j = 2\beta, \end{cases}$$

把 (2.2.54) 代入 (2.2.53) 得到

$$I - Q_R(h) = \sum_{j=1}^{n} \sum_{1 \leqslant |\alpha| \leqslant m} \frac{f^{(2\alpha)}(M_j)}{(2\alpha)!} \frac{\operatorname{meas}(\Omega_j)}{\prod\limits_{i=1}^{s}(1+2\alpha_i)} \left(\frac{h}{2}\right)^{2\alpha} + O(h_0^{2m+2}). \quad (2.2.55)$$

现在应用数学归纳法证明 (2.2.52). 假设对于 $k \leqslant m$, 有渐近展开式 (2.2.52) 成立, 现证明 $k \leqslant m+1$ 亦成立, 事实上, 若 $f \in C^{2m+4}(\Omega)$, 由 (2.2.55) 推导出

$$\begin{aligned}
I - Q_R(h) &= \sum_{j=1}^{n} \sum_{1 \leqslant |\alpha| \leqslant m+1} \frac{f^{(2\alpha)}(M_j)}{(2\alpha)!} \frac{\operatorname{meas}(\Omega_j)}{\prod\limits_{i=1}^{s}(1+2\alpha_i)} \left(\frac{h}{2}\right)^{2\alpha} + O(h_0^{2m+4}) \\
&= \sum_{j=1}^{n} \sum_{1 \leqslant |\alpha| \leqslant m+1} \int_{\Omega_j} f^{(2\alpha)}(x) dx \frac{1}{(2\alpha)! \prod\limits_{i=1}^{s}(1+2\alpha_i)} \left(\frac{h}{2}\right)^{2\alpha} \\
&\quad - \sum_{j=1}^{n} \sum_{1 \leqslant |\alpha| \leqslant m+1} \int_{\Omega_j} (f^{(2\alpha)}(x) - f^{(2\alpha)}(M_j)) dx \\
&\quad \cdot \frac{1}{(2\alpha)! \prod\limits_{i=1}^{s}(1+2\alpha_i)} \left(\frac{h}{2}\right)^{2\alpha} + O(h_0^{2m+4}) \\
&= \sum_{1 \leqslant |\alpha| \leqslant m+1} \int_{\Omega_j} f^{(2\alpha)}(x) dx \frac{1}{(2\alpha)! \prod\limits_{i=1}^{s}(1+2\alpha_i)} \left(\frac{h}{2}\right)^{2\alpha} \\
&\quad - \sum_{j=1}^{n} \sum_{1 \leqslant |\alpha| \leqslant m+1} \int_{\Omega_j} (f^{(2\alpha)}(x) - f^{(2\alpha)}(M_j)) dx \\
&\quad \cdot \frac{1}{(2\alpha)! \prod\limits_{i=1}^{s}(1+2\alpha_i)} \left(\frac{h}{2}\right)^{2\alpha} + O(h_0^{2m+4}). \quad (2.2.56)
\end{aligned}$$

用 $f^{(2\alpha)}(x)$ 代替 $f(x)$ $(1 \leqslant |\alpha| \leqslant m+1)$, 由归纳假设

$$\sum_{j=1}^{n} \int_{\Omega_j} (f^{(2\alpha)}(x) - f^{(2\alpha)}(M_j)) dx$$

具有渐近展开式, 故由 (2.2.56) 知 $k = m+1$ 的渐近展开式亦成立. □

**定理 2.2.8** 假设 $f \in C^{2m+2}(\Omega)$, 那么有渐近展开式

$$I - Q_T(h) = \sum_{1 \leqslant |\alpha| \leqslant m} d_\alpha h^{2\alpha} + O(h_0^{2m+2}), \quad (2.2.57)$$

## 2.2 多维积分的数值算法

其中 $d_\alpha = d_{\alpha_1,\cdots,\alpha_s}$ 是与 $h$ 无关的系数, $h_0 = \max h_j, j = 1, \cdots, s$.

**证明** 根据 (2.2.51), 有

$$I - Q_T(h) = \sum_{j=1}^{n} \int_{\Omega_j} \left( f(x) - \frac{1}{2h_j}(f(N_{ji}^+) + f(N_{ji}^-)) \right) dx = I_1 + I_2, \quad (2.2.58)$$

其中

$$I_1 = \sum_{j=1}^{n} \int_{\Omega_j} (f(x) - f(M_j)) dx \quad (2.2.59)$$

$$\begin{aligned}
I_2 &= \sum_{j=1}^{n} \int_{\Omega_j} \left( f(M_j) - \frac{1}{2h_j}(f(N_{ji}^+) + f(N_{ji}^-)) \right) dx \\
&= -\sum_{j=1}^{n} \frac{\operatorname{meas}(\Omega_j)}{2h_j} \sum_{i=1}^{s} (f(N_{ji}^+) - 2f(M_j) + f(N_{ji}^-)) \\
&= -\sum_{j=1}^{n} \frac{\operatorname{meas}(\Omega_j)}{2h_j} \sum_{i=1}^{s} \sum_{k=1}^{m} \frac{1}{(2k)!} D_i^{(2k)} f(M_j) \left( \frac{h_i}{2} \right)^{2k} + O(h_0^{2m+2}) \\
&= -\sum_{j=1}^{n} \frac{1}{h_j} \sum_{i=1}^{s} \sum_{k=1}^{m} \frac{1}{(2k)!} \int_{\Omega_j} D_i^{(2k)} f(x) dx \left( \frac{h_i}{2} \right)^{2k} \\
&\quad + \sum_{j=1}^{n} \frac{1}{h_j} \sum_{i=1}^{s} \sum_{k=1}^{m} \frac{1}{(2k)!} \int_{\Omega_j} (D_i^{(2k)} f(x) \\
&\quad - D_i^{(2k)} f(M_j)) dx \left( \frac{h_i}{2} \right)^{2k} + O(h_0^{2m+2}) \\
&= -\sum_{i=1}^{s} \sum_{k=1}^{m} \frac{1}{(2k)!} \int_{\Omega} D_i^{(2k)} f(x) dx \left( \frac{h_i}{2} \right)^{2k} \\
&\quad + \sum_{i=1}^{s} \sum_{k=1}^{m} \frac{1}{(2k)!} \sum_{j=1}^{n} \frac{1}{h_j} \int_{\Omega_j} (D_i^{(2k)} f(x) \\
&\quad - D_i^{(2k)} f(M_j)) dx \left( \frac{h_i}{2} \right)^{2} + O(h_0^{2m+2}).
\end{aligned} \quad (2.2.60)$$

由定理 2.2.8 得到 (2.2.49).□

值得注意的是, 定理 2.2.7 和定理 2.2.8 中的 $c_\alpha$ 和 $d_\alpha$ 并未给出, 但根据 (2.2.46) 和 (2.2.55) 容易得到

$$c_\alpha = \left( \prod_{i=1}^{s} \frac{B_{2\alpha_i}\left(\frac{1}{2}\right)}{(1+2\alpha_i)} \right) \int_{\Omega} D_i^{(2k)} f(x) dx, \quad 1 \leqslant |\alpha| \leqslant m. \quad (2.2.61)$$

类似地, 可得到 $d_\alpha$ 的显式表达式

$$d_\alpha = \left(\prod_{i=1}^s \frac{B_{2\alpha_i}}{2\alpha_i}\right) \int_\Omega D_i^{(2k)} f(x)dx, \quad 1 \leqslant |\alpha| \leqslant m, \tag{2.2.62}$$

这里 $B_j(x)$ 是 $j$ 阶 Bernoulli 多项式.

根据定理 2.2.7 和定理 2.2.8 给出了多参数渐近展开式, 借助分裂外推计算多维积分可达到较高精确度.

### 2.2.4 被积函数的周期化

从 (2.2.61) 和 (2.2.62) 可知, 如果 $f(x)$ 是周期函数, 渐近展开式 (2.2.52) 和 (2.2.57) 的低阶项可消去, 精度可大大提高. 利用有关周期函数数值积分的方法解决非周期函数的数值积分问题, 最简单的方法是被积函数周期化.

定义函数类 $B_s^\alpha(V_s)$, $|\alpha| \geqslant 1$ 是整数, $V_s \subset \Re^s$, 若 $f(x_1,\cdots,x_s)$ 的各阶混合偏导数 $f^{(\alpha_i,\cdots,\alpha_s)}$ $(0 \leqslant \alpha_1+\cdots+\alpha_s \leqslant |\alpha|s, 0 \leqslant \alpha_i \leqslant |\alpha|)$, 在 $V_s$ 上连续且 $|f^{(\alpha_i,\cdots,\alpha_s)}| \leqslant C$ ($C$ 为常数), 则称 $f \in B_s^\alpha(V_s)$ 或 $B_s^\alpha$.

设 $f(x_1,\cdots,x_s) \in B_s^\alpha(V_s)$, $|\alpha| \geqslant 2$, 则称满足下列两条件的函数 $\varphi(x_1,\cdots,x_s) \in B_s^\alpha(V_s)$ 是 $f(x_1,\cdots,x_s)$ 的简单周期化函数:

(1) $\varphi(x_1,\cdots,x_{i-1},1,x_{i+1},\cdots,x_s) = \varphi(x_1,\cdots,x_{i-1},0,x_{i+1},\cdots,x_s), i=1,\cdots,s$;

(2) $\int_{V_s} f(X)dX = \int_{V_s} \varphi(X)dX$.

若 $\varphi$ 不仅满足条件 (1), 而且 $\varphi$ 对诸变量的直到 $|\alpha|-2$ 阶偏导数亦满足条件 (1), 则称函数 $\varphi$ 是函数 $f$ 的完全周期化函数.

记 $(m,X) = m_1 x_1 + \cdots + m_s x_s$ 和

$$\frac{\partial^n}{\partial x_i^n} f(X_i(x)) = \frac{\partial^n}{\partial x_i^n} f(x_1,\cdots,x_{i-1},x_i,x_{i+1},\cdots,x_s).$$

那么完全周期化的条件 (1) 和 (2) 等价地写成如下形式:

$$\begin{aligned}&\frac{\partial^n}{\partial x_i^n}\varphi(X_i(1)) = \frac{\partial^n}{\partial x_i^n}\varphi(X_i(0)), \quad i=1,\cdots,s; n=0,1,\cdots,\alpha_1-2,\\ &\int_{V_s} f(X)dX = \int_{V_s} \varphi(X)dX.\end{aligned} \tag{2.2.63}$$

特别地, 当 $\alpha_1 = 2$ 或 $\alpha_1 = \alpha$ 时, 相应得到了简单或完全周期化条件.

非周期函数周期化是完全可能的. 事实上, 若 $\psi(x) \in B_1^{\alpha+1}$ 是任意的单调函数, 同时满足条件

$$\psi(0) = 0, \quad \psi(1) = 1; \quad \psi^{(i)}(0) = \psi^{(i)}(1) = 0, \quad i=1,\cdots,\alpha_1-1. \tag{2.2.64}$$

置 $x_i = \psi(Z_i)$, $i = 1, \cdots, s$, 由变量替换得

$$\int_{V_s} f(X)dX = \int_{V_s} f(\psi(Z_1), \cdots, \psi(Z_s))\psi'(Z_1)\cdots\psi'(Z_s)dZ_1\cdots dZ_s \quad (2.2.65)$$

和取

$$\varphi(x_1, \cdots, x_s) = f(\psi(x_1), \cdots, \psi(x_s))\psi'(x_1)\cdots\psi'(x_s). \quad (2.2.66)$$

因为 $f \in B_s^\alpha$ 和 $\psi \in B_1^{\alpha+1}$, 从而 $\varphi$ 有连续混合偏导数 $\varphi^{(\alpha,\cdots,\alpha)}(X)$, 故 $\varphi \in B_s^\alpha$. 其次, 根据 (2.2.65) 知 $\varphi$ 满足条件 (2) 和 (2.2.64), 当 $j = 1, \cdots, s$ 时, 有

$$\frac{\partial^n}{\partial x_i^n}\varphi(X_i(1)) = \frac{\partial^n}{\partial x_i^n}\varphi(X_i(0)), \quad n = 0, 1, \cdots, \alpha_1 - 2,$$

即条件 (1) 亦满足, 故 (2.2.66) 确定了 $\varphi$ 就是 $f$ 的周期化函数.

下面的定理说明将属于 $B_s^\alpha$ 类的非周期函数的数值积分问题转换成属于 $E_s^{\alpha_1}(C)$ 类的函数的数值积分问题, 这里 $E_s^\alpha(C)$, $\alpha > 0$, 表示如下的函数类:

$$f(x_1, \cdots, x_s) = \sum_{m_1, \cdots, m_s = -\infty}^{\infty} C(m_1, \cdots, m_s) e^{2\pi i(m_1 x_1 + \cdots + m_s x_s)},$$

且 Fourier 系数满足条件

$$|C(m_1, \cdots, m_s)| \leqslant \frac{C}{(\bar{m}_1 \cdots \bar{m}_s)^\alpha},$$

而 $C > 0$ 为常数和 $\bar{m} = \max(1, |m|)$. 对于函数类 $E_s^\alpha(C)$, 我们总假定 $\alpha > 1$, 并常常把 $E_s^\alpha(C)$ 简记为 $E_s^\alpha$.

**定理 2.2.9** 假设 $\alpha \geqslant 2$, $2 \leqslant \alpha_1 \leqslant \alpha$ 和 $\varphi(x_1, \cdots, x_s) \in B_s^\alpha(C)$, 若有如下等式

$$\frac{\partial^n}{\partial x_i^n}\varphi(X_i(1)) = \frac{\partial^n}{\partial x_i^n}\varphi(X_i(0)), \quad i = 1, \cdots, s; n = 0, 1, \cdots, \alpha_1 - 2, \quad (2.2.67)$$

成立, 那么 $\varphi(\{x_1\}, \cdots, \{x_s\}) \in E_s^{\alpha_1}(C)$, 其中 $\{x\}$ 表示 $x$ 的非负分数部分.

**证明** 对 (2.2.67) 的两边求导, 得到

$$\varphi^{(n_1,\cdots,n_s)}(X_i(1)) = \varphi^{(n_1,\cdots,n_s)}(X_i(0)), \quad (2.2.68)$$

其中

$$0 \leqslant n_j \leqslant \begin{cases} \alpha_1 - 2, & j = i, \\ \alpha_1, & j \neq i. \end{cases}$$

置 $\tau_1, \cdots, \tau_s$, 由

$$\tau_i = \begin{cases} 0, & m_i = 0, \\ 1, & m_i \neq 0, \end{cases} \quad i = 1, \cdots, s,$$

通过 $C(m_1,\cdots,m_s)$ 表示 $\varphi(\{x_1\},\cdots,\{x_s\})$ 的 Fourier 系数

$$C(m_1,\cdots,m_s) = \int_{V_s} \varphi(X)e^{-2\pi\mathrm{i}(m,X)}dX,$$

并分别对每一个变量 $x_i$ 进行 $(\alpha_1-1)\tau_i$ 次分部积分，由 (2.2.68) 得

$$\begin{aligned}&|C(m_1,\cdots,m_s)|\\=&\frac{(2\pi)^{-(\alpha_1-1)(\tau_1+\cdots+\tau_s)}}{(\bar{m}_1\cdots\bar{m}_s)^{\alpha_1-1}}\left|\int_{V_s}\varphi^{((\alpha_1-1)\tau_1,\cdots,(\alpha_1-1)\tau_s)}(X)e^{-2\pi\mathrm{i}(m,X)}dX\right|.\end{aligned} \quad (2.2.69)$$

再分别积分，并由 $B_s^\alpha(C)$ 的定义，利用

$$|\varphi^{(n_1,\cdots,n_s)}(X)| \leqslant C, \quad 0\leqslant n_i\leqslant\alpha, i=1,\cdots,s$$

估计，所以根据 (2.2.69) 得

$$|C(m_1,\cdots,m_s)| \leqslant \frac{3^{\tau_1+\cdots+\tau_s}C}{(2\pi)^{\alpha_1(\tau_1+\cdots+\tau_s)}(\bar{m}_1\cdots\bar{m}_s)^{\alpha_1}} \leqslant \frac{C}{(\bar{m}_1\cdots\bar{m}_s)^{\alpha_1}}.$$

从而函数 $\varphi(\{x_1\},\cdots,\{x_s\})$ 是诸多变量以 1 为周期的函数，故由 $E_s^{\alpha_1}(C)$ 的定义知 $\varphi(\{x_1\},\cdots,\{x_s\}) \in E_s^{\alpha_1}(C)$. □

下面给出周期函数的求积公式及误差估计，证明过程可参考文献 [268].

**定理 2.2.10** 假设 $f(x_1,\cdots,x_s)$ 可展开成绝对收敛的 Fourier 级数，

$$f(x_1,\cdots,x_s) = \sum_{m_1,\cdots,m_s=-\infty}^{\infty} C(m_1,\cdots,m_s)e^{-2\pi\mathrm{i}(m,X)}, \quad (2.2.70)$$

那么求积公式

$$\int_{V_s} f(X)dX = \frac{1}{N}\sum_{k=1}^{N} f(\xi_1(k,N),\cdots,\xi_s(k,N)) - \rho_N \quad (2.2.71)$$

的误差

$$\rho_N = \frac{1}{N}\sum_{m_1,\cdots,m_s=-\infty}^{\infty}{}' C(m_1,\cdots,m_s)S(m_1,\cdots,m_s), \quad (2.2.72)$$

这里 $M_k = (\xi_1(k,N),\cdots,\xi_s(k,N))$，$k=1,\cdots,N$，是求积公式的结点，$\sum'$ 表示求和中去掉了 $m_1=\cdots=m_s=0$ 的项，表示三角和

$$S(m_1,\cdots,m_s) = \sum_{k=1}^{N} e^{2\pi\mathrm{i}(m_1\xi_1(k,N)+\cdots+m_s\xi_s(k,N))}. \quad (2.2.73)$$

## 2.2 多维积分的数值算法

**定理 2.2.11** 设 $N = n^s$ $(n = 1, 2, \cdots)$, $f(x_1, \cdots, x_s) \in E_s^\alpha(C)$, 则 $\rho_N = O(N^{-\alpha/s})$; 且该估计在函数类 $E_s^\alpha(C)$ 上可达到.

该定理表明周期函数的求积公式精度非常好. 接下来介绍周期化的具体方法. 设 $f(x_1) \in B_1^\alpha(C)$, 置

$$\varphi(x_1) = \frac{1}{2}[f(x_1) + f(1-x_1)], \tag{2.2.74}$$

且 $\varphi(x_1) \in B_1^\alpha(C)$ 和

$$\varphi(0) = \frac{1}{2}[f(0) + f(1)] = \varphi(1),$$

$$\int_0^1 f(x)dx = \int_0^1 \frac{1}{2}[f(x_1) + f(1-x_1)]dx = \int_0^1 \varphi(x)dx,$$

这表明 $\varphi(x_1)$ 是 $f(x_1)$ 的简单周期化函数.

当 $s > 1$ 时, 对 $x_1, \cdots, x_s$ 依次应用 (2.2.74) 得到

$$\begin{aligned}\varphi_1(x_1, \cdots, x_s) &= \frac{1}{2}[f(x_1, \cdots, x_s) + f(1-x_1, \cdots, x_s)], \\ \varphi_2(x_1, \cdots, x_s) &= \frac{1}{2}[\varphi_1(x_1, \cdots, x_s) + \varphi_1(x_1, 1-x_2 \cdots, x_s)], \\ &\cdots\cdots \\ \varphi_s(x_1, \cdots, x_s) &= \frac{1}{2}[\varphi_{s-1}(x_1, \cdots, x_s) + \varphi_{s-1}(x_1, \cdots, x_{s-1}, 1-x_s)],\end{aligned} \tag{2.2.75}$$

置 $\varphi(x_1, \cdots, x_s) = \varphi_s(x_1, \cdots, x_s)$, 则这与 $s = 1$ 一样, 由 $f(x_1, \cdots, x_s) \in B_s^\alpha(C)$ 推出 $\varphi(x_1, \cdots, x_s) \in B_s^\alpha(C)$, 且显然有 $\varphi(X_i(1)) = \varphi(X_i(0))$ 和

$$\int_{V_s} f(x_1, \cdots, x_s)dx_1 \cdots dx_s = \int_{V_s} \frac{1}{2}[f(x_1, \cdots, x_s) + f(1-x_1, \cdots, x_s)]dX$$

$$\int_{V_s} \varphi_1(x_1, \cdots, x_s)dX = \cdots = \int_{V_s} \varphi_s(x_1, \cdots, x_s)dX,$$

这说明 (2.2.75) 确定的 $\varphi(x_1, \cdots, x_s)$ 是 $f(x_1, \cdots, x_s)$ 的简单周期化函数.

另一种简单周期化方法是常用的变量替换, 比如, 取

$$x_i = \psi(Z_i) = \sin^2\frac{\pi}{2}Z_i, \quad i = 1, \cdots, s, \tag{2.2.76}$$

则 $\psi(0) = 0, \psi(1) = 1, \psi'(0) = \psi'(1) = 0$. 置

$$\varphi_1(x_1, \cdots, x_s) = f(\psi(x_1), \cdots, \psi(x_s))\psi'(x_1) \cdots \psi'(x_s) \tag{2.2.77}$$

且满足 (2.2.63), 即为 $f(x_1, \cdots, x_s)$ 的简单周期化函数.

类似地, 可得到一种完全周期化方法.

设 $\alpha \geqslant 2$ 及 $f(x_1,\cdots,x_s) \in B_s^\alpha(C)$, 令

$$\varphi_1(x_1,\cdots,x_s) = f(\psi(x_1),\cdots,\psi(x_s))\psi'(x_1)\cdots\psi'(x_s), \quad (2.2.78)$$

其中 $\psi(x) \in B_s^{\alpha+1}(C)$ 是单调函数, 且满足

$$\psi(0)=0, \psi(1)=1, \quad \psi^{(n)}(0)=\psi^{(n)}(1)=0, \quad n=1,\cdots,\alpha-1. \quad (2.2.79)$$

比如

$$\psi_\alpha(x) = (2\alpha-1)C_{2\alpha-2}^{\alpha-1}\int_0^x (t(1-t))^{\alpha-1}dt. \quad (2.2.80)$$

分部积分

$$\int_0^1 (t(1-t))^{\alpha-1}dt = \frac{\alpha-1}{\alpha}\int_0^1 t^\alpha(1-t)^{\alpha-2}dt = \cdots = \frac{1}{(2\alpha-1)C_{2\alpha-2}^{\alpha-1}},$$

$$\psi_\alpha(1) = (2\alpha-1)C_{2\alpha-2}^{\alpha-1}\int_0^1 (t(1-t))^{\alpha-1}dt = 1,$$

其次

$$\psi'_\alpha(x) = (2\alpha-1)C_{2\alpha-2}^{\alpha-1}(x(1-x))^{\alpha-1},$$

同理有 $\psi^{(n)}{}_\alpha(0) = \psi^{(n)}{}_\alpha(1) = 0$, 故得到 $f(x_1,\cdots,x_s)$ 的完全周期化函数 (2.2.78).

## 2.3 加速收敛方法

运算量少、收敛速度快、精确度高是科学计算长期研究的热点问题. 在数值积分中使用适当的技巧能够减少运算量、提高精确度、增加收敛阶. 譬如在弱奇异积分中使用恰当的变量代换能够降低奇异性, 增加被积函数的光滑性, 提高计算的精度; 在使用中矩形公式、梯形公式时, 利用三角变量代换, 能够消去误差展开式中的导数项, 提高收敛阶; 使用 Richardson 外推与分裂外推组合算法, 既能减少运算量, 又能提高收敛阶.

### 2.3.1 自变量替换

若 $\int_0^1 f(x)dx$ 的被积函数 $f(x)$ 在端点有渐近展开式

$$f(x) \sim \sum_{i=0}^\infty a_i x^{\gamma_i}, x\to 0 \text{ 和} f(x) \sim \sum_{i=0}^\infty b_i(1-x)^{\delta_i}, \quad x\to 1, \quad (2.3.1)$$

## 2.3 加速收敛方法

且 $\gamma_i, \delta_i$ 是互异实数, 满足

$$-1 < \gamma_0 < \gamma_1 < \gamma_2 < \cdots \text{ 及 } \lim_{i \to \infty} \gamma_i = \infty$$

和

$$-1 < \delta_0 < \delta_1 < \delta_2 < \cdots \text{ 及 } \lim_{i \to \infty} \delta_i = \infty. \tag{2.3.2}$$

被积函数 $f(x)$ 在端点有弱奇异, 它影响积分计算的精度, 如果采用适当的变量替换, 通过 Jacobi 消去端点奇异, 使弱奇异积分转换成正常积分, 从而提高计算精度.

1. Sidi-替换 [212,218,220]

替换 $x = \phi(t) : [a,b] \to [c,d]$ 的 $2\lambda + 1$ 次可微函数, 则

$$I(g) = \int_a^b g(x)dx = \int_c^d g(\phi(t))\phi'(t)dt = \int_c^d G(t)dt, \tag{2.3.3}$$

若假设

$$\phi^{(2i-1)}(c) = \phi^{(2i-1)}(d), \quad i = 1, 2, \cdots, \lambda, \tag{2.3.4}$$

对积分 $\int_c^d G(t)dt$ 利用梯形或者中矩形公式, 其误差阶达到 $O(h^{2\lambda+1})$. 因此把被积函数先周期化再利用梯形或中矩形公式计算能够大幅度提高计算积分的精度. 最有效的是 Sidi-变换, 即 Sin-变换 [212], 置 $[a,b] = [0,1]$, 设

$$\varphi_\lambda(s) = \theta_\lambda(s)/\theta_1(s), \theta_\lambda(s) = \int_0^s (\sin(\pi t))^\lambda dt. \tag{2.3.5}$$

若 $\lambda$ 是整数, 则 $\varphi_\lambda(y)$ 可通过递推关系

$$\varphi_\lambda(s) = \frac{\lambda-1}{\lambda}\varphi_{\lambda-2}(s) - \frac{\Gamma\left(\dfrac{\lambda}{2}\right)}{2\sqrt{\pi}\Gamma\left(\dfrac{\lambda+1}{2}\right)}(\sin(\pi s))^{\lambda-1}\cos(\pi s), \tag{2.3.6}$$

计算. 我们列出前四个

$$\begin{aligned}\varphi_1(s) &= \frac{1}{2}(1 - \cos(\pi s)), \\ \varphi_2(s) &= \frac{1}{2\pi}(2\pi s - \sin(\pi s)), \\ \varphi_3(s) &= \frac{1}{16}(8 - 9\cos(\pi s) + \cos(3\pi s)), \\ \varphi_4(s) &= \frac{1}{12\pi}(12\pi s - 8\sin(2\pi s) + \sin(4\pi s)).\end{aligned} \tag{2.3.7}$$

若 $\lambda$ 不是整数，则 $\varphi_\lambda(s)$ 不能用初等函数表示，只能用超几何函数表示.

显然，$\varphi_\lambda(s)$ 与 $\varphi'_\lambda(s)$ 有下列性质：

(1) 渐近性质：当 $t \to 0$ 时，有 $\varphi_\lambda(s) \sim \alpha t^{\lambda+1}$，$\varphi'_\lambda(s) \sim \alpha t^\lambda$，当 $t \to 1$ 时，有 $\varphi_\lambda(s) \sim 1 - \beta(1-t)^{\lambda+1}$，$\varphi'_\lambda(s) \sim \beta(1-t)^\lambda$，

(2) 对称性质：$\varphi_\lambda(s) = 1 - \varphi_\lambda(1-s)$，$\varphi'_\lambda(s) = \varphi'_\lambda(1-s)$.

利用 $\varphi_\lambda(s)$ 作变量替换，可消去被积函数的奇异性，提高梯形或者中矩形公式的精度阶.

**定理 2.3.1**[218] 设 $f(x) \in C^\infty(0,1)$，且在端点有如同 (2.3.1) 和 (2.3.2) 的渐近展开式，在 (2.3.3) 中取替换函数 $\phi(x) = \varphi_\lambda(s)$，再利用梯形公式

$$Q_n(g) = \sum_{j=1}^{n-1} f(\varphi_\lambda(jh))\varphi'_\lambda(jh), g(t) = f(\varphi_\lambda(jh))\varphi'_\lambda(jh), \quad h = 1/n, \qquad (2.3.8)$$

则有误差估计：

(1) 最差情形

$$Q_n(g) - I(g) = O(h^{(\omega+1)(\lambda+1)}), \quad \omega = \min(\gamma_0, \delta_0); \qquad (2.3.9)$$

(2) 若把 $\{\gamma_j\}, \{\delta_j\}$ 合并为 $\{\varepsilon_j\}$，并依次排列

$$-1 < \varepsilon_0 < \varepsilon_1 < \varepsilon_2 < \cdots,$$

选择 $\lambda = (q - \varepsilon_0)/(1 + \varepsilon_0)$，而 $q$ 是任何偶数，那么

$$Q_n(g) - I(g) = O(h^{(\varepsilon_1+1)(\lambda+1)}). \qquad (2.3.10)$$

**证明** 置 $\tilde{G}(x) = G(\varphi_\lambda(jh))\varphi'_\lambda(jh)$，根据 (2.3.3) 和 $\varphi_n(s)$ 与 $\varphi'_n(s)$ 的性质，当 $x \to 0$ 时，有渐近展开式

$$g(t) = a_0 t^{\gamma_0(\lambda+1)+\lambda} + a_1 t^{\gamma_1(\lambda+1)+\lambda} + \cdots,$$

当 $x \to 1$ 时，有渐近展开式

$$g(t) = b_0(1-t)^{\delta_0(\lambda+1)+\lambda} + b_1 t^{\delta_1(\lambda+1)+\lambda} + \cdots,$$

利用推广的 Euler-Maclaurin 展开式，梯形公式的误差

$$\sum_{j=1}^{n-1} f(jh) = \int_0^1 f(x)dx + \sum_{j=0, \gamma_j \notin Z_2}^{\infty} c_j \zeta(-\gamma_j) h^{\gamma_j+1} + \sum_{j=0, \delta_j \notin Z_2}^{\infty} d_j \zeta(-\delta_j) h^{\delta_j+1}, \quad (2.3.11)$$

## 2.3 加速收敛方法

这里 $h = 1/n$, $Z_2 = \{2, 4, 6, \cdots\}$ 为偶数集, 且 $\forall j \in Z_2$, $\zeta(-j) = 0$, 把 $\tilde{G}(x)$ 的渐近展开式代入 (2.3.11) 得到 (2.3.9). 若选择 $\lambda = (q - \varepsilon_0)/(1 + \varepsilon_0)$, 而 $q$ 是任何偶数, 那么 $\varepsilon_0(\lambda + 1) + \lambda$ 是偶数, 按照 (2.3.11), 这些项消失, (2.3.9) 得到证明. □

**推论 2.3.1** 表明选择恰当的 $\lambda$ 可提高计算精度.

(1) 当 $\varepsilon_0 = 0$ 时, 选择 $\lambda$ 为偶数, 精度提高到 $O(h^{(\varepsilon_1+1)(\lambda+1)})$ 阶;

(2) 当 $\varepsilon_0 = -1/2$ 时, $f(x)$ 在端点有分数弱奇异, 选择 $\lambda = 4k+1, k = 0, 1, \cdots$, 使得 $\varepsilon_0(\lambda+1) + \lambda$ 为偶数, 精度提高到 $O(h^{(\varepsilon_1+1)(\lambda+1)})$ 阶, 特别地, 当 $\lambda = 1$ 时, 精度提高到 $O(h^{2(\varepsilon_1+1)})$ 阶, 当 $\lambda = 5$ 时, 精度提高到 $O(h^{6(\varepsilon_1+1)})$ 阶;

(3) 当 $\varepsilon_0 = -2/3$ 时, 选择 $\lambda = 2$ 和 $8$, 使得 $\varepsilon_0(\lambda+1) + \lambda$ 是偶数, 其精度分别提高到 $O(h^{3(\varepsilon_1+1)})$ 阶和 $O(h^{9(\varepsilon_1+1)})$ 阶;

(4) 当 $\varepsilon_0 = -1/3$ 时, 选择 $\lambda = 3k+1/2, k = 0, 1, \cdots$, 使得 $\varepsilon_0(\lambda+1) + \lambda$ 为偶数, 其精度提高到 $O(h^{(\varepsilon_1+1)(\lambda+1)})$ 阶.

**定理 2.3.2**[220] 假设 $f(x) \in C^\infty[0,1]$, 且 $|f(0)| + |f(1)| \neq 0$, $p(x)$ 是以 $x = 0$, $1$ 为基点的 $f(x)$ 的线性插值函数, 若 $g(x) = f(x) - p(x)$, 积分

$$I(g) = \int_0^1 g(x)dx, \tag{2.3.12}$$

并用 $Q_n(g)$ 表示 (2.3.12) 在使用 $\varphi_\lambda(s)$ 变换后, 用梯形公式近似的结果, 那么有

$$\left\{Q_n(g) + \frac{1}{2}[f(0) + f(1)]\right\} - I(g) = \begin{cases} O(h^{3\lambda+3}), & 2\lambda \text{ 是奇数}, \\ O(h^{2\lambda+3}), & 2\lambda \text{ 不是奇数}. \end{cases} \tag{2.3.13}$$

**证明** 因

$$\int_0^1 f(x)dx = \int_0^1 g(x)dx + \int_0^1 p(x)dx = \int_0^1 g(x)dx + \frac{1}{2}[f(0) + f(1)],$$

假设 $g(x)$ 在端点为零, 所以 $g(x)$ 在端点的渐近展开式存在 $\varepsilon_0 = 1$ 和 $\varepsilon_1 = 2$. 当 $2\lambda$ 是奇数时, 得到 $\varepsilon_0(\lambda+1) + \lambda = 2\lambda + 1$ 为偶数, 根据推论 2.3.1, 精度为 $O(h^{(\varepsilon_1+1)(\lambda+1)}) = O(h^{3\lambda+3})$ 阶, 否则仅有 $O(h^{2\lambda+3})$ 阶. □

2. Sigmoid-变换

**定义 2.3.1**[51] 对任意 $b \neq 0$ 和 $r > 0$. 设 $k_r(b, x)$ 是关于 $x$ 的实函数且满足以下条件:

(1) $k_r(b, x) \in C^1[0, 1] \cap C^\infty(0, 1)$;

(2) 当 $x \to 0$ 时, $k_r(b, x) \sim O(x^r)$;

(3) 对于 $\beta > 0$, 当 $b \to 0$ 时, $k_r(b, x) \sim bx^r$;

(4) 在 $[0, 1]$ 上, $k_r(b, x)$ 是严格单增或严格单减函数.

那么称
$$\Omega_r(b,x) = \frac{k_r(b,x)}{k_r(b,x)+k_r(b,1-x)} \tag{2.3.14}$$
是阶数为 $r$ 的 Sigmoid-变换.

**定理 2.3.3** Sigmoid-变换 $\Omega_r(b,x)$ 具有下列性质:
(1) $\Omega_r(b,x) \in C^1[0,1] \cap C^\infty(0,1)$ 且 $\Omega_r(b,0) = 0$;
(2) $\forall x \in \Re$, 有 $\Omega_r(b,x) + \Omega_r(b,1-x) = 1$;
(3) 在 $[0,1]$ 上, $\Omega_r(b,x)$ 是严格单增函数;
(4) 当 $x \to 0$ 时, $\Omega_r(b,x) = c_r(b)x^r + O(x^{r+1})$, 其中 $c_r(b)$ 是与 $b$ 和 $r$ 有关的常数;
(5) 对于充分小的 $b$, 在 $[0,1]$ 上, $\Omega_r(b,x) \sim \gamma_r(x)$, 这里
$$\gamma_r(x) = \frac{x^r}{x^r + (1-x)^r}, \quad 0 \leqslant x \leqslant 1. \tag{2.3.15}$$

该定理直接根据定义可得. 现在给出两个特殊函数: 当 $k_r^A(b,x) = e^{bx^r} - 1$ 时
$$\Omega_r^A(b,x) = \frac{e^{bx^r} - 1}{e^{bx^r} + e^{b(1-x)^r} - 2}, \tag{2.3.16}$$
当 $k_r^A(b,x) = (e^{bx} - 1)^r$ 时,
$$\Omega_r^B(b,x) = \frac{(e^{bx} - 1)^r}{(e^{bx} - 1)^r + (e^{b(1-x)} - 1)^r}. \tag{2.3.17}$$

**定理 2.3.4** 当 $b > 0, r \geqslant 1$ 时, Sigmoid-变换 $\Omega_r^B(b,x)$ 具有下列性质:
(1) 在 $[0,1]$ 上, 函数 $y = \Omega_r^B(b,x)$ 的逆变换
$$(\Omega_r^B)^{-1}(b,y) = \frac{1}{b}\log\left[\frac{(1-M) + \sqrt{(1-M)^2 + 4e^b M}}{2}\right], \tag{2.3.18a}$$
这里 $M = M(y) = (y/(1-y))^{1/r}$, $\lim_{\eta \to 1}(\Omega_r^B)^{-1}(b,\eta) = 1$.
(2) 在 $x$ 点, 有展开式
$$\Omega_r^B(b,x) = C_r^B(b)x^r \left\{1 + \sum_{k=1}^{\infty} D_{r,k}^B(b)x^k\right\}, \tag{2.3.18b}$$
其中
$$C_r^B(b) = \left(\frac{b}{e^b - 1}\right)^r, \quad D_{r,k}^B(b) = \frac{r}{2}(3e^b - 1)\frac{b}{e^b - 1};$$
在 $x = 1$ 点, 也有类似展开式.

**证明** 这里只需证明在 $[0, 1/2]$ 内, $\frac{d}{dx}\Omega_r^B(b,x)$ 是严格单增, 事实上

$$\frac{d^2}{dx^2}\Omega_r^B(b,x) = \frac{rb^2(e^{bx}-1)^{r-2}(e^{b(1-x)}-1)^{r-2}F(b,x)}{\{(e^{bx}-1)^r + (e^{b(1-x)}-1)^r\}^3},$$

其中

$$\begin{aligned}F(b,x) =& (e^{b(1-x)} - e^{bx})\{(r-1)(2e^b - e^{bx} - e^{b(1-x)}) + (e^{bx}-1)(e^{b(1-x)}-1)\} \\ & \times \{(e^{bx}-1)^r + (e^{b(1-x)}-1)^r\} + 2r(e^{bx}-1)(e^{b(1-x)}-1) \\ & \times (2e^b - e^{bx} - e^{b(1-x)})\{e^{b(1-x)}(e^{b(1-x)}-1)^{r-1} - e^{bx}(e^{bx}-1)^{r-1}\}.\end{aligned}$$

由此可知, 当 $b > 0, r \geqslant 1$ 时, $x \in \left(0, \dfrac{1}{2}\right)$ 有 $\dfrac{d^2}{dx^2}\Omega_r^B(b,x) > 0$, 从而有 $\dfrac{d}{dx}\Omega_r^B(b,x)$ 是严格单增函数. □

**3. 双幂替换**

双幂替换是由 Takahasi 和 Mori 提出的, 它的作用是把被积区间变成 $(-\infty, \infty)$, 被积函数及各阶导数在无限远趋于零, 而积分值集中在原点附近的有限区间内, 利用求积公式可得到高精度. 考虑积分

$$I(f) = \int_a^b f(x)dx, \tag{2.3.19a}$$

利用变换 $\varphi(t)$ 使 $a = \varphi(-\infty), b = \varphi(\infty)$, 上式积分转变成

$$I(f) = \int_a^b f(x)dx = \int_{-\infty}^{\infty} f(\varphi(t))\varphi'(t)dt,$$

称此变换为双幂替换, 若存在 $a_i > 0, i = 1, 2, 3$, 使

$$|f(\varphi(t))\varphi'(t)| \sim a_1 \exp(-a_2 \exp(a_3|t|)), \quad |t| \to \infty.$$

双幂替换的特征是保证在原点附近的某一个有限区间 $(-\alpha, \alpha)$ 之外积分值可以略去, 从而运用梯形公式

$$I_h(f) = h\sum_{i=-\alpha}^{\alpha} f(\varphi(ih))\varphi'(ih), \tag{2.3.19b}$$

其中 $h = \alpha/n$. 因为被积函数及各阶导数在无限远以双幂速度趋于零, (2.3.19b) 是高精度算法, Mori 证明误差是指数阶[37], 即存在正常数 $c > 0$, 使得 $I(f) - I_h(f) = O(\exp(-cn/\ln n))$. 通常的双幂替换有

$$x = \varphi_1(t) = \frac{1}{2}\left[\tanh\left(\frac{\pi}{2}\sinh(t)\right) + 1\right] : (-\infty, \infty) \to (0, 1), \quad (2.3.20)$$

$$x = \varphi_2(t) = \sinh\left(\frac{\pi}{2}\tanh(t)\right) : (-\infty, \infty) \to (-1, 1), \quad (2.3.21)$$

$$x = \varphi_3(t) = \exp(2\sinh(t)) : (-\infty, \infty) \to (0, \infty), \quad (2.3.22)$$

$$x = \varphi_4(t) = \sinh\left(\frac{\pi}{2}\sinh(t)\right) : (-\infty, \infty) \to (-\infty, \infty). \quad (2.3.23)$$

上面代换是把一个在无限远衰减缓慢的函数变为急剧衰减于零的函数.

### 2.3.2 Richardson 外推与 Romberg 算法

对于给出的积分 (2.3.19a) 先用网格步长 $h$, 将 $I(f)$ 离散得近似解为 $T(h)$, 其精度依赖于 $h$, 而 $h$ 越小, $T(h)$ 的精度越好, 但计算量越大. 在很多情况下, 精确解 $I(f)$ 不仅有

$$I(f) = \lim_{h_i \to 0} T(h) = a_0 \quad (2.3.24)$$

成立, 而且存在常数 $a_1, a_2, \cdots, p_1, p_2, \cdots$, 若有渐近展开式

**情形一**

$$T(h) = a_0 + a_1 h_i^{p_1} + a_2 h_i^{p_2} + \cdots + a_m h_i^{p_m} + O(h_i^{p_{m+1}}) \quad (2.3.25)$$

成立, 其中 $0 < p_1 < \cdots < p_{m+1}$. 若取步长 $h: h_0 > h_1 > \cdots > h_m > 0$, 那么 $m$ 次外推值 $T_m^{(0)}(h)$ 由线性方程

$$T(h_i) = a_0 + a_1 h_i^{p_1} + a_2 h_i^{p_2} + \cdots + a_m h_i^{p_m} + O(h_i^{p_{m+1}}), \quad i = 1, 2, \cdots, m \quad (2.3.26)$$

确定. 人们常常选择步长

$$h_i = h_0 b^i, \quad b > 0 \quad (2.3.27)$$

外推的递推算法:

**算法 2.3.1** E $(b, h_0; p_1, \cdots, p_m)$[151,152,157,201]

**步骤 1** 令 $T_0^{(i)} = T(h_0 b^i), i = 0, 1, \cdots, m, j := 1$;

**步骤 2** 令

$$T_j^{(i)} = \frac{T_{j-1}^{(i-1)} - b^{p_j} T_{j-1}^{(i)}}{1 - b^{p_j}} = T_{j-1}^{(i+1)} + \frac{T_{j-1}^{(i+1)} - T_{j-1}^{(i)}}{b^{-p_j} - 1}, \quad i = 0, \cdots, m - j; \quad (2.3.28)$$

**步骤 3** 若 $j = m$ 输出外推值 $T_m^{(0)}(h)$, 否则置 $j := j + 1$ 转到步骤 2.

**情形二**

若有渐近展开式中含有对数项

$$T(h) = a_0 + a_1 h^{p_1} \ln h + a_2 h^{p_1} + \cdots + a_m h_i^{p_m} + O(h_i^{p_{m+1}}), \quad (2.3.29)$$

既包含 $h^{p_1}$ 项又包含 $h^{p_1}\ln h$ 项，为了消去这两项需要两次使用程序 $E(b,h_0;p_1,p_1)$. 事实上，

**步骤 1** 消去 $h^{p_1}\ln h$ 项，有

$$T_0^{(0)} = a_0 + a_1 h_0^{p_1} \ln h_0 + a_2 h_0^{p_1} + \cdots,$$
$$T_0^{(1)} = T(bh_0) = a_0 + a_1 b^{p_1} h_0^{p_1} \ln(bh_0) + a_2 b^{p_1} h_0^{p_1} + \cdots,$$

由 (2.3.28) 得到

$$T_1^{(0)} = T_1(h_0) = a_0 + a_1 \frac{b^{p_1}\ln(bh_0) - b^{p_1}\ln(h_0)}{1-b^{p_1}} h_0^{p_1} + \cdots$$
$$= a_0 + a_1^{(1)} h_0^{p_1} + O(h_0^{p_2}),$$

其中

$$a_1^{(1)} = a_1 \frac{b^{p_1}\ln(b)}{1-b^{p_1}}$$

与 $h_0$ 无关，

**步骤 2** 消去 $h^{p_1}$ 项，再使用一次 $h^{p_1}$ 外推，利用 (2.3.28) 可得到.

**注 2.3.1** 在 (2.3.25) 中，若是偶数次幂展开式，1955 年 Romberg 运用渐近展开式得到著名的 Romberg 算法：若取 $b=1/2$，算法 2.3.1 简化为

$$\begin{aligned}
&T_0^{(i)} = T(h_0/2^i), \quad i=0,\cdots,m, \\
&T_j^{(i)} = T_{j-1}^{(i+1)} + \frac{T_{j-1}^{(i+1)} - T_{j-1}^{(i)}}{4^i - 1}, \quad j=1,\cdots,m, i=0,\cdots,m-1.
\end{aligned} \quad (2.3.30)$$

**注 2.3.2** 当网格加密时，$1 > b > 0$，当网格加粗时，$b > 1$.

关于 Romberg 算法的误差估计，有下面定理.

**定理 2.3.5** 设 $f \in C^{2m+1}[0,1]$, $b_0=1$, 那么存在 $\zeta \in [0,1]$, 使得梯形公式的外推 (2.3.30) 有

$$T_k^{(m)} = \int_0^1 f(x)dx + \frac{4^{-m(k+1)} B_{2k+2}}{2^{k(k+1)}(k+1)!} f^{(2k+2)}(\zeta). \quad (2.3.31)$$

**证明** 使用数学归纳法，当 $k=0$ 时，由 Euler-Maclaurin 公式易证

$$T_0^{(k)} = \int_0^1 f(x)dx + 2^{-2k} \int_0^1 b_2(2^m x) f''(x) dx,$$

这里

$$b_2(s) = -\int_0^s p_1(x)dx.$$

现假设存在周期函数 $b_{2k}(s)$ 使得

$$T_{k-1}^{(m)} = \int_0^1 f(x)dx + 2^{-2mk}\int_0^1 b_{2k}(2^m x)f^{(2m)}(x)dx,$$

从而有

$$T_k^{(m)} = \int_0^1 f(x)dx + \frac{2^{-2mk}}{4^k-1}\int_0^1 [b_{2k}(2^{m+1}x) - b_{2k}(2^m x)]f^{(2k)}(x)dx. \quad (2.3.32)$$

设

$$u(x) = b_{2k}(2x) - b_{2k}(x), \quad v(x) = \int_0^x u(y)dy, \quad w(x) = \int_0^x v(y)dy,$$

显然 $u(x)$ 是以 1 为周期的周期偶函数, 且

$$v(1) = \int_0^1 u(x)dx = \frac{1}{2}\int_0^2 b_{2k}(x)dx - \int_0^1 b_{2k}(x)dx = 0 = v(0),$$

所以 $v(x)$ 是以 1 为周期的周期奇函数, 同样由

$$w(1) = \int_0^1 v(x)dx = \int_{-1/2}^{1/2} v(x)dx = 0 = w(0)$$

得到 $w(x)$ 是以 1 为周期的周期偶函数, 使用分部积分法, 由 (2.3.32) 得

$$\begin{aligned}T_k^{(m)} &= \int_0^1 f(x)dx + \frac{2^{-2m(k+1)}}{4^k-1}\int_0^1 u(2^m x)f^{(2k)}(x)dx \\ &= \int_0^1 f(x)dx - \frac{2^{-2mk-m}}{4^k-1}\int_0^1 v(2^m x)f^{(2k+1)}(x)dx \\ &= \int_0^1 f(x)dx + \frac{2^{-2m(k+1)}}{4^k-1}\int_0^1 w(2^m x)f^{(2k+2)}(x)dx.\end{aligned} \quad (2.3.33)$$

置

$$b_{2k+2}(x) = \frac{1}{4^k-1}w(x),$$

于是得到归纳法证明. 另外

$$b_2(x) = x(1-x)/2,$$
$$b_{2k+2}(x) = \frac{1}{4^k-1}\int_0^x \int_0^y [b_{2k}(2s) - b_{2k}(s)]dsdy,$$

同样应用归纳法可证

$$b_{2k}(x) \geqslant 0, \quad k = 1, 2, \cdots$$

## 2.3 加速收敛方法

与

$$\int_0^1 b_{2k}(s)ds = \frac{B_{2k}}{(2k)!2^{(k-1)k}}, \quad k = 1, 2, \cdots,$$

对 (2.3.33) 使用积分中值定理得到本定理的证明. □

外推是在逐步加密网格实现的, 每层次的细网格包含低层次的粗网格信息, 因此加密只需要计算新生的细网格的函数值, 其次, Romberg 算法将得到一系列的近似值, 从而能够得到后验误差估计的大小, 事实上, 有

$$|T_{k+1}^{(m)} - T(0)| \leqslant |T_k^{(m+1)} - T_k^{(m)}|. \tag{2.3.34}$$

应用 (2.3.34) 可随时判断近似积分的精度, 以便判断是继续加密计算, 还是输入结果.

### 2.3.3 分裂外推法

多维积分通常不能得到准确解, 必须依靠离散方法得到近似的数值解, 而数值解的精度又依赖一个或多个网参数 $h = (h_1, h_2, \cdots, h_s)$. 设数值解 $u(h)$ 与准确解 $u$ 之间成立多参数渐近展开式

$$u(h) = u + \sum_{1 \leqslant |\alpha| \leqslant m} c_\alpha h^{2\alpha} + O(h_0^{2m+2}), \tag{2.3.35}$$

其中 $\alpha = (\alpha_1, \cdots, \alpha_2)$, $c_\alpha$ 是与 $h$ 无关但与 $D^{2\alpha}u$ 有关的展开式的系数. 当 $h_1 = \cdots = h_s = h_0$ 时, (2.3.35) 为单变量渐近展开式

$$u(h_0) = u + \sum_{i=1}^m c_i h_0^{2i} + O(h_0^{2m+2}). \tag{2.3.36}$$

根据 (2.3.35) 和 (2.3.36), 逐次运用 Richardson 外推精度能达到 $O(h_0^{2m+2})$, 但 Richardson 外推每次都需要整体加密, 每加密一次网点增加 $2^s$ 倍计算量. 为了降低外推的计算复杂度, 林群与吕涛在 1983 年首先提出基于多变量误差展开的分裂外推法, 该方法也称多参数外推, 其主要思想是用各个步长各自独立的加密代替整体加密, 这样既能够达到 Richardson 外推同阶精度, 又能够使计算量、储存量大大节省, 并行度大为提高.

下面介绍常用两类分裂外推加密方法.

**类型 1**[154,155] 若初始步长 $h = (h_1, h_2, \cdots, h_s)$, 逐步加密步长 $h/2^\beta = (h_1/2^{\beta_1}, \cdots, h_s/2^{\beta_s})$, $0 \leqslant |\beta| \leqslant m$, 把步长 $h/2^\beta$ 对应的近似解设为 $u(h/2^\beta)$. 用 $h/2^\beta$ 代替 (2.3.35) 中的 $h$, 并略去高阶项 $O(h_0^{2m+2})$, 得到

$$u(h/2^\beta) = \bar{u} + \sum_{1 \leqslant |\alpha| \leqslant m} c_\alpha h^{2\alpha}/2^{2(\alpha,\beta)}, \quad 0 \leqslant |\beta| \leqslant m, \tag{2.3.37}$$

其中 $(\alpha, \beta) = \sum_{i=1}^{s} \alpha_i \beta_i$.

**类型 2**[154,155] 若初始步长 $h = (h_1, \cdots, h_s)$, 逐步加密步长 $h/(1+\beta) = (h_1/(1+\beta), \cdots, h_s/(1+\beta))$, $0 \leqslant |\beta| \leqslant m$, 把步长 $h/(1+\beta)$ 对应的近似解设为 $u(h/(1+\beta))$. 用 $h/(1+\beta)$ 代替 (2.3.35) 中的 $h$, 并略去高阶项 $O(h_0^{2m+2})$, 得到

$$u(h/(1+\beta)) = \bar{u} + \sum_{1 \leqslant |\alpha| \leqslant m} c_\alpha h^{2\alpha}/(1+\beta)^{2\alpha}, \quad 0 \leqslant |\beta| \leqslant m, \tag{2.3.38}$$

其中 $h^{2\alpha}/(1+\beta)^{2\alpha} = (h_1^{2\alpha_1}/(1+\beta_1)^{2\alpha_1}, \cdots, h_s^{2\alpha_s}/(1+\beta_s)^{2\alpha_s})$.

一旦求出数值解 $u(h/2^\beta)$ 或 $u(h/(1+\beta))$, $0 \leqslant |\beta| \leqslant m$, 那么解方程 (2.3.37) 或 (2.3.38) 便得到对于型 1 或型 2 的外推值 $\bar{u}$. 根据 (2.3.35) 容易证明 $\bar{u}$ 的误差为 $O(h_0^{2m+2})$, 由于 $u(h/2^\beta)$ 或 $u(h/(1+\beta))$, $0 \leqslant |\beta| \leqslant m$, 计算可以并行求出, 故分裂外推特别适合在并行计算机上处理, 其并行度与分裂外推系数的数量一致.

下面介绍常见类型的分裂外推方法.

**算法 2.3.2 类型 1** 若近似解有如下渐近展开式

$$u(h) = u + c_1 h_1^{p_1} + \cdots + c_s h_s^{p_1} + O(h_0^{2p_2}), \quad 0 < p_1 < p_2, \tag{2.3.39}$$

置 $h^{(i)} = (h_1, \cdots, h_{i-1}, h_i/2, h_{i+1}, \cdots, h_s)$ 仅是对网参数 $h_i$ 单个加密, 在 (2.3.39) 中用 $h^{(i)}$ 代替 $h$ 得到

$$\begin{aligned} u(h^{(i)}) = & u + c_1 h_1^{p_1} + \cdots + c_{i-1} h_{i-1}^{p_1} + \frac{c_i h_i^{p_1}}{2^{p_1}} + c_{i+1} h_{i+1}^{p_1} + \cdots \\ & + c_s h_s^{p_1} + O(h_0^{2p_2}), \quad 0 < p_1 < p_2, \end{aligned} \tag{2.3.40}$$

把 (2.3.40) 两边对 $i$ 求和, 得

$$\sum_{i=1}^{s} u(h^{(i)}) = su + \left(s - 1 + \frac{1}{2^{p_1}}\right) \sum_{i=1}^{s} c_i h_i^{p_1} + O(h_0^{2p_2}), \quad 0 < p_1 < p_2.$$

设

$$u_1(h) = \frac{1}{1 - 2^{-p_1}} \left[\sum_{i=1}^{s} u(h^{(i)}) - \left(s - 1 + \frac{1}{2^{p_1}}\right) u(h)\right] \tag{2.3.41}$$

为第一次分裂外推值, 则由 (2.3.40) 和 (2.3.41) 得到

$$u_1(h) = u + O(h_0^{2p_2}). \tag{2.3.42}$$

**算法 2.3.3 类型 2** 若近似解的渐近展开式包含对数项

$$u(h) = u + \sum_{i=1}^{s} c_i h_i^{p_1} + \sum_{i=1}^{s} d_i h_i^{p_1} \ln h_i + O(h_0^{2p_2} \ln h_0), \quad 0 < p_1 < p_2, \tag{2.3.43}$$

## 2.3 加速收敛方法

则

$$u(h^{(i)}) = u + c_i 2^{-p_1} h_i^{p_1} + \sum_{j \neq i}^{s} c_j 2^{-p_1} h_j^{p_1} + d_i h_i^{p_1} \ln(h_i/2) + \sum_{j \neq i}^{s} d_i h_i^{p_1} \ln h_i$$
$$+ O(h_0^{2p_2} \ln h_0), \quad 0 < p_1 < p_2, \tag{2.3.44}$$

把 (2.3.44) 两边对 $i$ 求和, 得

$$\sum_{i=1}^{s} u(h^{(i)}) = su + \left(s - 1 + \frac{1}{2^{p_1}}\right) \sum_{i=1}^{s} c_i h_i^{p_1}$$
$$+ \left(s - 1 + \frac{1}{2^{p_1}}\right) \sum_{i=1}^{s} d_i h_i^{p_1} \ln h_i$$
$$+ \sum_{i=1}^{s} d_i 2^{-p_1} h_i^{p_1} \ln 2 + O(h_0^{2p_2} \ln h_0), \tag{2.3.45}$$

得到第一次分裂外推值

$$\bar{u}_1(h) = \frac{1}{1 - 2^{-p_1}} \left[\sum_{i=1}^{s} u(h^{(i)}) - \left(s - 1 + \frac{1}{2^{p_1}}\right) u(h)\right] \tag{2.3.46}$$

的误差展开式

$$\bar{u}_1(h) = u + \sum_{i=1}^{s} \tilde{c}_j h_j^{p_1} + O(h_0^{2p_2} \ln h_0), \tag{2.3.47}$$

仅消去对数项, 还需要再一次分裂外推

$$u_1(h) = \frac{1}{1 - 2^{-p_1}} \left[\sum_{i=1}^{s} \bar{u}(h^{(i)}) - \left(s - 1 + \frac{1}{2^{p_1}}\right) \bar{u}(h)\right] \tag{2.3.48}$$

得到

$$u_1(h) = u + O(h_0^{2p_2} \ln h_0), \tag{2.3.49}$$

其中 $\tilde{c}_j = 2^{-p_1}(1 - 2^{-p_1}) d_j \ln 2, j = 1, \cdots, s$ 与 $h$ 无关.

若近似解的误差关于网参数按不同幂次展开, 形如

$$u(h) = u + c_1 h_1^{p_1} + \cdots + c_s h_s^{p_s} + O(h_0^{\eta}), \quad \eta > p_i, i = 1, \cdots, s, \tag{2.3.50}$$

根据上面分裂外推容易导出该情形的分裂外推

$$\tilde{u}(h) = u(h) + \sum_{i=1}^{s} (1 - 2^{-p_i})^{-1} (u(h^{(i)}) - u(h)) \tag{2.3.51}$$

有高阶精度.

接下来给出分裂外推的后验误差估计. 置 $u_m(h)$ 是 $m$ 次分裂外推值, 且有渐近展开式

$$u - u_m(h) = \sum_{|\alpha|=m+1} c_\alpha h^{2\alpha} + O(h_0^{2(m+2)}), \quad (2.3.52)$$

$h^{(i)}$ 表示第 $i$ 个步长加密, 即

$$h^{(i)} = (h_1, \cdots, h_{i-1}, h_i/2, h_i, \cdots, h_s), \quad 1 \leqslant i \leqslant s,$$

利用 $h^{(i)}$ 作初始步长, 其 $m$ 次分裂外推值为: $u_m(h^{(i)})$, $1 \leqslant i \leqslant s$, 取成 $m$ 个分裂外推平均值, 由 (2.3.52) 得

$$u - \frac{1}{s}\sum_{i=1}^{s} u_m(h^{(i)}) = \sum_{|\alpha|=m+1} c_\alpha \left(\frac{1}{s}\sum_{i=1}^{s}\frac{1}{4^{\alpha_i}}\right) h^{2\alpha} + O(h_0^{2(m+2)}). \quad (2.3.53)$$

设

$$\bar{u}_m(h) = \frac{1}{s}\sum_{i=1}^{s} u_m(h^{(i)}), \quad b = \max_{|\alpha|=m+1}\left(\frac{1}{s}\sum_{i=1}^{s}\frac{1}{4^{\alpha_i}}\right) = \frac{1}{s}(s-1+4^{-m-1}),$$

$$U_m(h) = (1+\gamma)\bar{u}_m(h) - \gamma u_m(h),$$

其中 $\gamma$ 是待定常数, 应用 (2.3.53) 获得

$$u - U_m(h) = \sum_{|\alpha|=m+1} c_\alpha \left(\frac{1+\gamma}{s}\sum_{i=1}^{s}\frac{1}{4^{\alpha_i}} - \gamma\right) h^{2\alpha} + O(h_0^{2(m+2)}). \quad (2.3.54)$$

选择 $\gamma$ 使得

$$\frac{1+\gamma}{s}\sum_{i=1}^{s}\frac{1}{4^{\alpha_i}} - \gamma \leqslant (1+\gamma)b - \gamma \leqslant 0, \quad \forall |\alpha| = m+1, \quad (2.3.55)$$

这就表明对于充分小的 $h_0$, $u_m(h)$ 与 $U_m(h)$ 分别是 $u$ 的双边逼近, 采用估计

$$\left|\frac{1}{2}(U_m(h) + u_m(h)) - u\right| \leqslant \frac{1}{2}|U_m(h) - u_m(h)|, \quad (2.3.56)$$

而

$$\frac{1}{2}(U_m(h) + u_m(h)) = \frac{1}{2}[(1+\gamma)\bar{u}_m(h) - \gamma u_m(h) + u_m(h)]$$

$$= \bar{u}_m(h) + \frac{\gamma - 1}{2}(\bar{u}_m(h) - u_m(h)), \quad (2.3.57)$$

从而有

$$U_m(h) - u_m(h) = (1+\gamma)(\bar{u}_m(h) - u_m(h)), \quad (2.3.58)$$

且代入 (2.3.56) 中, 有

$$\left|\frac{1}{2}(1+\gamma)\bar{u}_m(h) - \frac{\gamma-1}{2}u_m(h) - u\right| \leqslant \frac{(1+\gamma)}{2}|\bar{u}_m(h) - u_m(h)|. \tag{2.3.59}$$

由 (2.3.55) 可取

$$\gamma = \frac{b}{1-b} = \frac{s-1+4^{-m-1}}{1-4^{-m-1}}, \tag{2.3.60}$$

代入上式就获得分裂外推误差的后验误差估计.

### 2.3.4 加速收敛的组合算法

外推与组合是两种关系密切而内涵完全不同的加速收敛方法, 它们都是把若干独立求出的近似值而组合为一个高精度近似解, 外推是同一算法但不同规格网下的近似值的组合, 由于细网格与粗网格下的近似解工作量相差很大, 故不能同步算出, 而组合算法是把求解规模大体相同、计算量大体相同的多种算法的近似解组合后得到高精度近似值. 组合算法的原理在林群和吕涛的工作[152]中首先提出.

设积分

$$I(f) = \int_{\Omega} f(x)dx \tag{2.3.61}$$

或积分算子

$$I(f) = \int_{\Omega} k(x,y)f(x)dx, \tag{2.3.62}$$

这里 $\Omega \subset \Re^s$, $x = (x_1, \cdots, x_s)$, $y = (y_1, \cdots, y_s)$, $dx = dx_1 \cdots dx_s$, 且 $f(x)$, $k(x,y)$ 是已知函数, 特别的在 (2.3.62) 中, 当 $k(x,y) = 1$ 时, (2.3.62) 就是 (2.3.61). 构造依赖于网参数 $h$ 的 $m$ 个近似 $I_i^h(f)$, $i = 1, \cdots, m$, 若存在 $l_i(f)$ 使得

$$I_i^h(f) - I(f) = h^p(l_i(f) + r_i^h) \to 0, \quad h \to 0 \tag{2.3.63}$$

成立, 这里 $p > 0$, 而且当 $h \to 0$ 时, 有 $r_i^h \to 0$.

**定理 2.3.6** (组合原理)[154,155] 　如果存在组合系数 $a_i$, $i = 1, \cdots, m$, 使得

$$\sum_{i=1}^{m} a_i = 1 \tag{2.3.64}$$

和

$$\sum_{i=1}^{m} a_i l_i(f) = 0, \tag{2.3.65}$$

那么有

$$I(f) - \sum_{i=1}^{m} a_i I_i^h(f) = h^p \sum_{i=1}^{m} a_i r_i^h. \tag{2.3.66}$$

**证明** 对 (2.3.63) 两边同乘以 $a_i$, 再对 $i = 1$ 到 $m$ 求和, 利用 (2.3.64) 和 (2.3.65), 得到 (2.3.66) 的证明.□

下面给出常见的组合算法, 其他的参看专著 [152]. 为了方便, 在 (2.3.62) 中假设 $\Omega = [0, 1]$, 利用中矩形求积公式构造 $I(f)$ 的近似

$$I_1^h(f) = h \sum_{i=0}^{n-1} k\left(x, \left(i + \frac{1}{2}\right)h\right) f\left(\left(i + \frac{1}{2}\right)h\right) \tag{2.3.67}$$

和利用梯形求积公式构造 $I(f)$ 的另一个近似

$$I_2^h(f) = h \sum_{i=0}^{n-1} [k(x, ih) + k(x, (i+1)h)] f((i+1)h), \tag{2.3.68}$$

这里 $h = 1/n$ 是步长.

由 Taylor 展开得到

$$I_i^h(f) - I(f) = h^2 l_i(f) + O(h^4), \quad i = 1, 2, \tag{2.3.69}$$

其中

$$\begin{cases} l_1(f) = -\dfrac{1}{24} \displaystyle\int_0^1 \dfrac{\partial^2}{\partial y^2} k(x, y) f(x) dy, \\ l_2(f) = \dfrac{1}{12} \displaystyle\int_0^1 \dfrac{\partial^2}{\partial y^2} k(x, y) f(x) dy. \end{cases} \tag{2.3.70}$$

于是有

$$\frac{1}{3} l_1(f) + \frac{2}{3} l_2(f) = 0, \tag{2.3.71}$$

根据定理 2.3.6 得到

$$I(f) - \frac{1}{3}(l_1(f) + 2l_2(f)) = O(h^4). \tag{2.3.72}$$

用 Simpson 公式构造近似

$$\begin{aligned} I_3^h(f) = & h \sum_{i=0}^{n-1} [k(x, ih) f(ih) + 4k(x, (i+1/2)h) f((i+1/2)h) \\ & + k(x, (i+1)h) f((i+1)h)]/6, \end{aligned} \tag{2.3.73}$$

## 2.3 加速收敛方法

利用两点 Gauss-Legendre 公式构造近似

$$I_4^h(f) = \frac{h}{2}\sum_{i=0}^{n-1}\left[k\left(x, \frac{2i+1}{2}h + \frac{h}{\sqrt{3}}\right)u\left(\frac{2i+1}{2}h + \frac{h}{\sqrt{3}}\right)\right.$$
$$\left. + k\left(x, \frac{2i+1}{2}h - \frac{h}{\sqrt{3}}\right)u\left(\frac{2i+1}{2}h - \frac{h}{\sqrt{3}}\right)\right]. \tag{2.3.74}$$

由于

$$I_3^h(f) - I(f) = \frac{h^4}{180}\frac{\partial^2}{\partial y^2}k(x,y)f(x) + O(h^6), \tag{2.3.75}$$

$$I_4^h(f) - I(f) = \frac{-h^4}{135}\frac{\partial^2}{\partial y^2}k(x,y)f(x) + O(h^6), \tag{2.3.76}$$

从而有

$$\frac{3}{7}I_3^h(f) + \frac{4}{7}I_4^h(f) = I(f) + O(h^6). \tag{2.3.77}$$

# 第3章 一维奇异积分的高精度算法

考虑积分

$$\int_a^b |x-t|^\alpha \ln^\beta |x-t| f(x) dx, \quad t \in [a,b], \tag{3.0.1}$$

这里 $\beta$ 为整数. 若 $-1 < \alpha < 0$, 则称 (3.0.1) 为弱奇异积分; 若 $\alpha = -1$, 则称 (3.0.1) 为 Cauchy 奇异积分 (又称强奇异积分), Cauchy 奇异积分是发散的, 必须在 Cauchy 主值积分意义下定义其值; 若 $\alpha < -1$, 则称 (3.0.1) 为 Hadamard 奇异积分 (又称超奇异积分), Hadamard 奇异积分也是发散的, 必须在 Hadamard 有限部分意义下定义有限部分值. 当 $t = a$ 或 $b$ 时, 称 (3.0.1) 为端点奇异积分; 当 $t \neq 0$, 且 $t \in (a,b)$, 则称 (3.0.1) 为含参数的内点奇异积分. 若 $-1 < \alpha < 0, t \neq 0$, 且 $t \in (a,b)$, 则称 (3.0.1) 为含参数的弱奇异积分; 若 $-1 = \alpha, t \neq 0$, 且 $t \in (a,b)$, 则称 (3.0.1) 为含参的 Cauchy 奇异积分; 若 $-1 > \alpha, t \neq 0$, 且 $t \in (a,b)$ 时, 则称 (3.0.1) 为含参的 Hadamard 奇异积分. 计算奇异积分的 Cauchy 主值和超奇异积的 Hadamard 有限部分值是当今计算数学研究的热点, 本章将介绍各类奇异积分的高精度算法.

## 3.1 一维弱奇异积分的误差的渐近展开式

端点弱奇异积分的梯形公式的误差的 Euler-Maclaurin 展开式最早是 Navot[181,182] 得到的, 他使用的方法是 Fourier 级数展开, 其后 Ninham[183] 和 Lyness[125] 沿此思路得到更新的结果. Sidi[215] 利用 Navot 的结果获得了含参弱奇异积分的 Euler-Maclaurin 展开式.

### 3.1.1 一维端点弱奇异积分的求积公式与误差的渐近展开式

本节介绍 Lyness[125,131] 的工作, 他采用 Fourier 变换与 Poisson 和得到了更一般的端点弱奇异积分的 Euler-Maclaurin 展开式, 但这些方法不能推广到 Cauchy 奇异和超奇异积分上.

**引理 3.1.1**[125,258] 如果 $f(x)$ 定义在 $[0,1]$ 上, 且满足下列三条件:

(1) 对所有的 $x$ 有 $f(x) = f(x+1)$, 且 $f(x)$ 存在;

(2) 对所有的 $x$ 有 $\lim_{\varepsilon \to 0} \frac{1}{2}[f(x+\varepsilon) + f(x-\varepsilon)] = f(x)$, 且 $f(x)$ 存在;

(3) $f(x)$ 在 $[0.1]$ 上可积, 或者该积分是不适定积分但绝对收敛.

那么

$$f(x) = \sum_{r=-\infty}^{\infty} \exp(-2\pi i r x) \int_0^1 f(t) \exp(2\pi i r t) dt. \tag{3.1.1}$$

根据 (3.1.1), 有

$$f(t_j) - \int_0^1 f(t) dt = \sum_{r=-\infty}^{\infty}{}' \exp(-2\pi i r t_j) \int_0^1 f(t) \exp(2\pi i r t) dt,$$

这里 $\sum_{r=-\infty}^{\infty}{}'$ 表示无 $r=0$ 该项, 乘以相应的权 $a_j$, 并对 $j=1,2,\cdots,n$ 求和, 得到

$$Qf - If = Ef, \tag{3.1.2}$$

其中

$$Qf = \sum_{j=1}^n a_j f(t_j), \quad If = \int_0^1 f(t) dt, \quad \sum_{j=1}^n a_j = 1,$$

$$Ef = Qf - If = \sum_{r=-\infty}^{\infty}{}' d_r(Q) \int_0^1 f(t) \exp(2\pi i r t) dt, \tag{3.1.3}$$

这里

$$d_r(Q) = \sum_{j=1}^n a_j \exp(-2\pi i r t_j). \tag{3.1.4}$$

为了后面讨论方便, 首先介绍两个常用结论. Delta 函数的 Fourier 表达式 [148]

$$\sum_{m=-\infty}^{\infty} \delta(t - t_j - n) = 1 + 2\sum_{r=1}^{\infty} \cos 2\pi r(t - t_j), \tag{3.1.5}$$

定义在 $[0,1]$ 上的函数 $f(x)$ 可用 $f(x)H(1-x)H(x)$ 代替, 其中 $H(x)$ 是单位阶梯函数, 即

$$H(x) = \begin{cases} 0, & x < 0, \\ 1/2, & x = 0, \\ 1, & x > 0. \end{cases}$$

若把 $[0,1]$ 分成 $n$ 等份, 那么权 $a_j = 1/n$, 偏矩形公式为

$$Q^{[n,\alpha]}f = \frac{1}{n}\sum_{j=1}^n f\left(\frac{2j-1+\alpha}{2n}\right), \quad |\alpha| < 1, \tag{3.1.6}$$

中矩形公式为

$$Q^{[n,0]}f = \frac{1}{n}\sum_{j=1}^n f\left(\frac{2j-1}{2n}\right), \tag{3.1.7}$$

端点梯形公式为
$$Q^{[n,1]}f = \frac{1}{n}\sum_{j=1}^{n-1} f\left(\frac{j}{n}\right) + \frac{1}{2n}[f(0) + f(1)]. \tag{3.1.8}$$

定义
$$Q^{[1,n]}f = f(t_\alpha), \quad t_\alpha = \frac{\alpha+1}{2}, |\alpha| < 1. \tag{3.1.9}$$

根据 (3.1.2) 有
$$Q^{[n,\alpha]}f - If = E^{[n,\alpha]}f = \sum_{r=-\infty}^{\infty}{}' d_r(Q^{[n,\alpha]})\int_0^1 f(t)\exp(2\pi i r t)dt, \tag{3.1.10}$$

其中
$$\begin{aligned}d_r(Q^{[n,\alpha]}) &= \frac{1}{n}\sum_{j=1}^{n}\exp(-2\pi i r(\alpha+2j-1)/2n) \\ &= \begin{cases} \exp(-\pi i r(\alpha-1)/n), & \dfrac{|r|}{n} \text{ 为整数}, \\ 0, & \text{其他}, \end{cases}\end{aligned} \tag{3.1.11}$$

从而有
$$Q^{[n,\alpha]}f - If = \sum_{r=-\infty}^{\infty}{}'(-1)^r \exp(-\pi i r\alpha)\int_0^1 f(t)\exp(2\pi i r n t)dt. \tag{3.1.12}$$

相应的中矩形公式和端点梯形公式有
$$Q^{[n,0]}f - If = \sum_{r=-\infty}^{\infty}{}'(-1)^r \int_0^1 f(t)\exp(2\pi i r n t)dt, \tag{3.1.13}$$

$$Q^{[n,1]}f - If = \sum_{r=-\infty}^{\infty}{}' \int_0^1 f(t)\exp(2\pi i r n t)dt, \tag{3.1.14}$$

$n$ 点 Gauss 求积公式有
$$Q^{[G,n]}f - If = \sum_{r=-\infty}^{\infty}{}' d_r(Q^{[G,n]})\int_0^1 f(t)\exp(2\pi i r n t)dt, \tag{3.1.15}$$

其中
$$Q^{[G,n]}f = \sum_{j=1}^{m} a_j^{[G,n]} f(t_j^{[G,n]}),$$

$$d_r(Q^{[G,n]}) = \sum_{j=1}^{m} a_j^{[G,n]} \exp(-2\pi i r t_j^{[G,n]}),$$

## 3.1 一维弱奇异积分的误差的渐近展开式

这里 $t_j^{[G,n]}$ 是次数为 $n$ 的 Legendre 多项式的根.

下面我们来研究这些公式的余项. 假设 $f(t)$ 在 $[0,1]$ 上有连续的 $w$ 阶导数, $r$ 为任意整数, 利用分部积分, 有

$$\begin{aligned}&\int_0^1 f(t)\exp(2\pi i rt)dt\\&=\frac{f(1)-f(0)}{2\pi i rt}-\frac{f'(1)-f'(0)}{(2\pi i rt)^2}+\cdots\\&\quad+(-1)^w\frac{f^{(w)}(1)-f^{(w)}(0)}{(2\pi i rt)^{w+1}}+(-1)^{w+1}\int_0^1\frac{f^{(w+1)}(t)e^{2\pi i rt}dt}{(2\pi i rt)^{w+1}}.\end{aligned} \qquad (3.1.16)$$

把 (3.1.16) 代入 (3.1.14) 得到梯形公式的 Euler-Maclaurin 展开式.

为了简化公式 (3.1.16), 需引进 Riemann Zeta 函数, 当 $\operatorname{Re} s > 1$ 时, 有

$$\zeta(s)=\sum_{r=1}^\infty\frac{1}{r^s},\quad \operatorname{Re} s>1. \qquad (3.1.17)$$

当 $\operatorname{Re} s < 1$ 时, $\zeta(s)$ 可根据 Riemann 关系将

$$\zeta(1-s)=\frac{2(s-1)!}{(2\pi)^s}\cos\left[\frac{\pi s}{2}\right]\zeta(s),\quad 对任何 s\ne 1 \qquad (3.1.18)$$

解析开拓到复平面. 定义相关函数

$$t(s)=(1-2^{1-s})\zeta(s)=\sum_{r=1}^\infty\frac{(-1)^{r-1}}{r^s},\quad \operatorname{Re} s>0 \qquad (3.1.19)$$

和广义 Riemann Zeta 函数

$$\zeta(s,a)=\sum_{r=0}^\infty\frac{1}{(a+r)^s} \qquad (3.1.20)$$

与

$$\zeta(-s,a)=\frac{2s!}{(2\pi)^{s+1}}\sum_{r=1}^\infty\frac{\sin[2\pi ar-\pi s/2]}{r^{1+s}},\quad \operatorname{Re} s>0. \qquad (3.1.21)$$

周期广义 Zeta 函数 $\bar\zeta(s,a)$, 由

$$\bar\zeta(s,a)=\zeta(s,\bar a),\quad a-\bar a\text{ 是整数且 }0<\bar a\leqslant 1 \qquad (3.1.22)$$

确定. 根据上面公式, 显然有

$$\zeta(s,1)=\zeta(s)$$

和

$$\zeta\left(s,\frac{1}{2}\right)=(2^s-1)\zeta(s)=-\frac{2(-s)!}{(2\pi)^{1-s}}\sin[\pi s/2]t(1-s).$$

Bernoulli 多项式及 Bernoulli 数与 Zeta 函数的关系：当 $p$ 是一个正整数时，有下列关系

$$\frac{2\zeta(2p)}{(2\pi)^{2p}} = \frac{|B_{2p}|}{(2p)!}, \quad \zeta(1-2p) = (-1)^p \frac{B_{2p}}{2p},$$

$$\zeta(2p) = 0, \quad \zeta(0) = -\frac{1}{2}, \quad \zeta(-p, a) = -\frac{B_{1+p}(a)}{1+p}. \tag{3.1.23}$$

把 (3.1.16) 代入 (3.1.3) 得到

$$Ef = Qf - If = \sum_{s=0}^{w} \frac{c_s(Q)}{s!}[f^{(s)}(1) - f^{(s)}(0)] + \int_0^1 f^{(w+1)}(t)\phi_{w+1}(Q,t)dt, \tag{3.1.24}$$

其中

$$\frac{c_s(Q)}{s!} = 2(-1)^s \sum_{r=1}^{\infty} \frac{\text{Re}[d_r(Q)\exp(-\pi i(s+1)/2)]}{(2\pi r)^{s+1}} \tag{3.1.25}$$

和

$$\phi_{w+1}(Q,t) = 2(-1)^{w+1} \sum_{r=1}^{\infty} \frac{\text{Re}[d_r(Q)\exp(2\pi i r t - \pi i(w+1)/2)]}{(2\pi r)^{w+1}}.$$

接下来，我们计算 $c_s(Q)$. 显然有 $c_s(Q^{[n,\alpha]}) = c_s^{[n,\alpha]}$. 把 (3.1.11) 代入 (3.1.25)，再利用 (3.1.21) 得到

$$c_s^{[n,\alpha]} = -\zeta(-s, t_\alpha)/n^{s+1}, \tag{3.1.26}$$

特别地有

$$c_s^{[1,\alpha]} = -\zeta(-s, t_\alpha).$$

因为

$$Qf = \sum a_j Q^{[1,\alpha_j]} f, \tag{3.1.27}$$

故

$$c_s(Q) = \sum a_j c_s^{[1,\alpha_j]} = -\sum a_j \zeta(-s, t_{\alpha_j}). \tag{3.1.28}$$

在 (3.1.28) 中，对梯形公式 $Q^{[n,\alpha]}f$ 而言，端点和中点梯形公式，$\alpha = 1$ 和 0，$t_\alpha = 1$ 和 1/2. 同样也有下列关系

$$\frac{c_s^{[n,1]}}{s!} = -\frac{\zeta(-s,1)}{n^{s+1}s!} = \frac{2\zeta(s+1)}{(2\pi n)^{s+1}}\sin[\pi s/2] \tag{3.1.29}$$

和

$$\frac{c_s^{[n,0]}}{s!} = -\frac{\zeta(-s,1/2)}{n^{s+1}s!} = -\frac{2t(s+1)}{(2\pi n)^{s+1}}\sin[\pi s/2]. \tag{3.1.30}$$

## 3.1 一维弱奇异积分的误差的渐近展开式

把上述公式代入 (3.1.24) 导出古典的 Euler-Maclaurin 展开式

$$Q^{[n,1]}f - If = 2\sum_{k=1}^{\infty}(-1)^{k-1}\frac{\zeta(2k)}{(2\pi n)^{2n}}[f^{(2k-1)}(1) - f^{(2k-1)}(0)] \quad (3.1.31)$$

和

$$Q^{[n,0]}f - If = 2\sum_{k=1}^{\infty}(-1)^{k-1}\frac{t(2k)}{(2\pi n)^{2n}}[f^{(2k-1)}(1) - f^{(2k-1)}(0)]. \quad (3.1.32)$$

现在考虑端点弱奇异函数

$$f(x) = x^{\beta}(1-x)^{\omega}|x - t_k|^{\gamma}\operatorname{sgn}(x - x_l)|x - x_l|^{\delta}h(x), \quad 0 \leqslant x \leqslant 1 \quad (3.1.33)$$

在 $[0,1]$ 上的积分的数值积分公式的渐近展开式, 这里 $h(x)$ 是 $[0,1]$ 上的连续可导函数, $\beta, \gamma, \delta$ 和 $\omega$ 不是整数. 根据 Fourier 变换, 有

$$g(r) = \int_0^1 f(t)\exp(-2\pi i r t)dt, \quad (3.1.34)$$

但不满足分部积分公式的条件, 需要用广义函数

$$\phi(x) = f(x)H(x)H(1-x), \quad (3.1.35)$$

显然, 当 $x \in [0,1]$ 时, 有 $\phi(x) = f(x)$; 当 $x \notin [0,1]$ 时, 有 $\phi(x) = 0$. 从而, 有

$$g(r) = \int_{-\infty}^{\infty}\phi(x)\exp(-2\pi i r t)dt. \quad (3.1.36)$$

假设奇异点 $x = t_0, t_1, t_2, \cdots, t_m$ 且 $t_0 = 0$, $t_1 = 1$. 现在需要在每一个奇异点建立近似函数 $F_j(x)$ 且满足下列条件:

(I) 函数 $\phi(x) - F_j(x)$ 在 $x = t_j$ 的邻域内绝对可积且 $M$ 次可导;

(II) $F_j(x)$ 是 $|x - t_j|^{\alpha}$, $|x - t_j|^{\alpha}\operatorname{sgn}(x - t_j)$, $|x - t_j|^{\alpha}\ln|x - t_j|$ 和 $|x - t_j|^{\alpha}\ln|x - t_j|\operatorname{sgn}(x - t_j)$ 的线性组合, 这里各项的 $\alpha$ 是不相同.

**定理 3.1.1** (文献 [148, p43]) 若 $F_j(x)$ 满足上面两条件, 且它的 Fourier 变换为

$$G_j(r) = \int_{-\infty}^{\infty}F_j(t)\exp(-2\pi i r t)dt, \quad (3.1.37)$$

那么 $g(r)$ 的渐近展开式为

$$g(r) = \sum_{j=0}^{n}G_j(r) + O(|r|^{-M}), \quad |r| \to \infty. \quad (3.1.38)$$

为了得到 $f(x)$ 在 $[0,1]$ 的积分的渐近展开式，可把 (3.1.33) 表示为

$$f(x) = x^\beta \psi_0(x) = (1-x)^\omega \psi_1(x) = |x-t_k|^\gamma \psi_k(x),$$
$$= |x-x_l|^\delta \mathrm{sgn}(x-x_l)\psi_l(x), \tag{3.1.39}$$

其中 $\psi_j(x)$, $j=0,1,k,l$ 是在 $x=t_j$ 处连续且可导. 于是在 $x=t_j$ 处把 $\psi_j(x)$ 展开成幂级数，来建立近似函数 $F_j(x)$,

$$\begin{aligned}
F_0(x) &= \sum_{s=0}^{M-1} \frac{\psi_0^{(s)}(0)}{s!} x^{\beta+s} H(x), \\
F_1(x) &= \sum_{s=0}^{M-1} (-1)^s \frac{\psi_1^{(s)}(1)}{s!} (1-x)^{\omega+s} H(1-x), \\
F_k(x) &= \sum_{s=0}^{M-1} \frac{\psi_k^{(s)}(t_k)}{s!} |x-t_k|^{\gamma+s} [\mathrm{sgn}(x-t_k)]^s, \\
F_l(x) &= \sum_{s=0}^{M-1} \frac{\psi_l^{(s)}(t_l)}{s!} |x-t_l|^{\delta+s} [\mathrm{sgn}(x-t_l)]^{s+1}.
\end{aligned} \tag{3.1.40}$$

令

$$h(\beta, r) = \frac{\beta!}{(2\pi\mathrm{i}r)^{\beta+1}}. \tag{3.1.41}$$

根据文献 [148, p43]，有

$$\int_{-\infty}^{\infty} x^{\beta+s} H(x) \exp(-2\pi\mathrm{i}rx) dx = h(\beta+s, r),$$
$$\int_{-\infty}^{\infty} (1-x)^{\omega+s} H(1-x) \exp(-2\pi\mathrm{i}rx) dx = h(\omega+s, -r),$$
$$\int_{-\infty}^{\infty} |x-t_k|^{\gamma+s} \exp(-2\pi\mathrm{i}rx) dx = \exp(-2\pi\mathrm{i}rt_k)[h(\gamma+s, r) + h(\gamma+s, -r)],$$
$$\int_{-\infty}^{\infty} |x-t_l|^{\delta+s} \mathrm{sgn}(x-t_l) \exp(-2\pi\mathrm{i}rx) dx$$
$$= \exp(-2\pi\mathrm{i}rt_l)[h(\delta+s, r) - h(\delta+s, -r)]. \tag{3.1.42}$$

把 (3.1.42) 代入 (3.1.37)，我们有

$$\int_0^1 f(x) \exp(-2\pi\mathrm{i}rx) dx$$
$$= \sum_{s=0}^{M-1} \left\{ \frac{\psi_0^{(s)}(0)}{s!} h(\beta+s, r) + (-1)^s \psi_1^{(s)}(1) h(\omega+s, -r) \right.$$

$$+ \exp(-2\pi i r t_k)\psi_k^{(s)}(t_k)[h(\gamma+s,r)+h(\gamma+s,-r)]$$
$$+ \exp(-2\pi i r t_l)\psi_l^{(s)}(t_l)[h(\delta+s,r)-(-1)^s h(\delta+s,-r)]\Big\} + O(|r|^{-N}). \quad (3.1.43)$$

根据 (3.1.43), 我们给出端点奇异的 Euler-Maclaurin 展开式.

**定理 3.1.2** 设
$$f(x) = x^\beta(1-x)^\omega h(x), \quad (3.1.44)$$

其中 $h(x) \in C^m[0,1]$, $m \in N$, 那么
$$Q^{[n,\alpha]}f - If = \sum_{s=0}^{m-1} \frac{a_s}{n^{\beta+s+1}} + \sum_{s=0}^{m-1} \frac{b_s}{s! n^{\omega+s+1}} + O(n^{-m}), \quad (3.1.45)$$

其中 $a_s = \dfrac{((1-x)^\omega h(x))^{(s)}|_{x=0}}{s!}\bar{\zeta}(-\beta-s,t_\alpha)$, $b_s = (-1)^s \dfrac{(x^\beta h(x))^{(s)}|_{x=1}}{s!}\bar{\zeta}(-\omega-s,1-t_\alpha)$.

**证明** 由 (3.1.12) 有
$$E^{[n,\alpha]} = \sum_{s=0}^{m-1} \frac{\psi_0^{(s)}(0)}{s!} c_s^{[n,\alpha]}(0,\beta) + \sum_{s=0}^{m-1} \frac{\psi_1^{(s)}(1)}{s!} d_s^{[n,\alpha]}(1,\omega) + O(n^{-m}), \quad (3.1.46)$$

这里
$$c_s^{[n,\alpha]}(0,\beta) = \sum_{r=-\infty}^{\infty}{}'(-1)^r \exp(-\pi i r\alpha)\frac{(\beta+s)!}{(-2\pi i r n)^{\beta+s+1}}$$
$$= \frac{\bar{\zeta}(-\beta-s,t_\alpha)}{n^{\beta+s+1}}, \quad \beta>-1, |\alpha|<1, \quad (3.1.47)$$

该式利用了 (3.1.21) 和 (3.1.41), 同理有
$$d_s^{[n,\alpha]}(1,\omega) = \frac{(-1)^s \bar{\zeta}(-\omega-s,1-t_\alpha)}{n^{\omega+s+1}}, \quad \omega>-1, |\alpha|<1. \quad (3.1.48)$$

特别的, 当 $\alpha=1$ 时, 有
$$c_s^{[n,\alpha]}(0,\beta) = (-1)^s d_s^{[n,1]}(1,\beta) = \begin{cases} \dfrac{\zeta(-\beta-s)}{n^{\beta+s+1}}, & s>0, \beta \geqslant 0, \\ 0, & s=\beta=0 \end{cases} \quad (3.1.49)$$

和
$$Q^{[n,1]}f - If = \sum_{s=0}^{m-1} \frac{\psi_0^{(s)}(0)}{s!}\frac{\zeta(-\beta-s)}{n^{\beta+s+1}} + \sum_{s=0}^{m-1} \frac{(-1)^s \psi_1^{(s)}(1)\zeta(-\omega-s)}{s! n^{\omega+s+1}} + O(n^{-m}).$$
$$(3.1.50)$$

同样可得

$$Q^{[n,0]}f - If = \sum_{s=0}^{m-1} \frac{\psi_0^{(s)}(0)}{s!} \frac{\zeta(-\beta-s,1/2)}{n^{\beta+s+1}}$$
$$+ \sum_{s=0}^{m-1} \frac{(-1)^s \psi_1^{(s)}(1)\zeta(-\omega-s,1/2)}{s! n^{\omega+s+1}} + O(n^{-m}). \qquad (3.1.51)$$

根据 (3.1.46)~(3.1.48)，可获得下列渐近展开式

$$Q^{[n,\alpha]}f - If = \sum_{s=0}^{m-1} \frac{a_s}{n^{\beta+s+1}} + \sum_{s=0}^{m-1} \frac{b_s}{s! n^{\omega+s+1}} + O(n^{-m}), \qquad (3.1.52)$$

其中 $a_s = \frac{((1-x)^\omega h(x))^{(s)}|_{x=0}}{s!}\bar\zeta(-\beta-s,t_\alpha)$, $b_s = (-1)^s \frac{(x^\beta h(x))^{(s)}|_{x=1}}{s!}\bar\zeta(-\omega-s,1-t_\alpha)$ 与 $n$ 无关. □

展开式 (3.1.52) 表明求积公式的精度只有 $O(\max(n^{-\beta-1}, n^{-\omega-1}))$，若把在 (3.1.52) 中右边的当 $s=0$ 时的项移动到求积公式中，精度可达到 $O(\max(n^{-\beta-2}, n^{-\omega-2}))$，利用一次外推，精度提高到 $O(\max(n^{-\beta-3}, n^{-\omega-3}))$.

**推论 3.1.1** 设

$$f(x) = x^\beta h(x), \qquad (3.1.53)$$

其中 $h(x) \in C^m[0,1]$，那么有下列 Euler-Maclaurin 展开式

$$Q^{[n,\alpha]}f - If = \sum_{s=0}^{m-1} \frac{a_s}{n^{\beta+s+1}} + O(n^{-m}), \qquad (3.1.54)$$

这里 $a_s = \frac{(h(x))^{(s)}|_{x=0}}{s!}\bar\zeta(-\beta-s,t_\alpha)$.

这个结果与 Navot[181] 得到的结果一致.

**推论 3.1.2** 设

$$f(x) = x^\beta \ln x (1-x)^\omega h(x), \quad 0 < x < 1, \qquad (3.1.55)$$

其中 $h(x) \in C^m[0,1]$，那么有下列 Euler-Maclaurin 展开式

$$Q^{[n,\alpha]}f - If = \sum_{s=0}^{m-1} \frac{e_s - a_s \ln n}{n^{\beta+s+1}} + \sum_{s=0}^{m-1} \frac{b_s}{s! n^{\omega+s+1}} + O(n^{-m}), \qquad (3.1.56)$$

其中 $e_s = \frac{((1-x)^\omega h(x))^{(s)}|_{x=0}}{s!}\bar\zeta'(-\beta-s,t_\alpha)$.

**证明** 在 (3.1.45) 两边同时对 $\beta$ 求导得到 (3.1.56).

从 (3.1.56) 可知，展开式精度只有 $O(\max(n^{-\beta-1}\ln n, n^{-\omega-1}))$，若把在 (3.1.56) 中右边当 $s=0$ 时的项移动到求积公式中，精度可达到 $O(\max(n^{-\beta-2}\ln n, n^{-\omega-2}))$，并且可利用外推提高精度.

利用推导 (3.1.45) 和 (3.1.56) 的方法，可得到更一般奇异函数

$$f(x) = x^\beta(1-x)^\omega |x-t_k|^\gamma |x-x_l|^\delta \mathrm{sgn}(x-x_l) h(x) \tag{3.1.57}$$

的 Euler-Maclaurin 展开式

$$\begin{aligned}Q^{[n,\alpha]}f - If =& \sum_{s=0}^{M-1} \frac{1}{s!} \Big\{ \frac{\psi_0^{(s)}(0)}{s!} c_s^{[n,\alpha]}(0,\beta) + \psi_1^{(s)}(1) d_s^{[n,\alpha]}(1,\omega) \\ & + \psi_k^{(s)}(t_k)[c_s^{[n,\alpha]}(t_k,\gamma) + d_s^{[n,\alpha]}(t_k,\gamma)] \\ & + \psi_l^{(s)}(t_l)[c_s^{[n,\alpha]}(t_l,\delta) - d_s^{[n,\alpha]}(t_l,\delta)] \Big\} + O(n^{-M}), \quad |\alpha|<1, \end{aligned} \tag{3.1.58}$$

其中

$$c_s^{[n,\alpha]}(t_k,\beta) = \bar\zeta(-\beta-s, t_\alpha - nt_k)/n^{\beta+s+1}$$

和

$$d_s^{[n,\alpha]}(t_k,\beta) = (-1)^s \bar\zeta(-\beta-s, nt_k - t_\alpha)/n^{\beta+s+1}.$$

虽然上面各个公式是函数定义在区间 $[0,1]$ 得到，但利用变量替换 $y=(b-a)x+a$ 可影射到任意有界区间 $[a,b]$ 上.

### 3.1.2 一维含参弱奇异积分的误差渐近展开式

上段得到的求积公式中被积函数不含任何参数，而在积分算子中，尤其是在解积分方程中含参积分的计算显得更为重要.

**定理 3.1.3**[215] 若 $g(x) \in C^{2m}[a,b]$, $m \in \mathbb{N}$，而 $G(x) = g(x)|x-t|^s$, $s>-1$, $t \in [a,b]$，则成立渐近展开

$$\int_a^b G(x)dx - h\sum_{\substack{j=0 \\ x_j \neq t}}^{N}{}' G(x_j) = \sum_{j=1}^{m-1} \frac{B_{2j}}{(2j)!} [G^{(2j-1)}(a) - G^{(2j-1)}(b)] h^{2j}$$

$$- 2\sum_{j=0}^{m-1} \frac{\zeta(-s-2j)}{(2j)!} g^{(2j)}(t) h^{2j+s+1} + O(h^{2m}). \tag{3.1.59}$$

**证明** 由 (3.1.54) 得到

$$E_1(h) = \int_t^b G(x)dx - h \sum_{x_j > t} G(x_j)$$

$$= -\sum_{j=0}^{m-1} \frac{B_{2j}}{(2j)!} G^{(2j-1)}(b) h^{2j}$$

$$-\sum_{j=0}^{m-1} \frac{\zeta(-s-j)}{j!} g^{(j)}(t) h^{j+s+1} + O(h^{2m}), \tag{3.1.60a}$$

同理又有

$$E_2(h) = \int_a^t G(x)dx - h\sum_{x_j<t} G(x_j)$$

$$= \sum_{j=0}^{m-1} \frac{B_{2j}}{(2j)!} G^{(2j-1)}(a) h^{2j}$$

$$-\sum_{j=0}^{m-1} (-1)^j \frac{\zeta(-s-j)}{j!} g^{(j)}(t) h^{j+s+1} + O(h^{2m}), \tag{3.1.60b}$$

这里符号 $\sum_{x_j<t} G(x_j)$ 和 $\sum_{x_j>t} G(x_j)$ 分别蕴涵对第一项和最后一项求和要乘系数 $1/2$. 合并 (3.1.60a) 和 (3.1.60b) 便得到 (3.1.59) 的证明. □

**定理 3.1.4** 若 $g(x) \in C^{2m}[a,b]$, 而 $G(x) = g(x)|x-t|^s \ln|x-t|$, $s > -1$, 则成立渐近展开式

$$D(h) = \int_a^b G(x)dx - h\sum_{\substack{j=0\\x_j\neq t}}^{N}{}' G(x_j)$$

$$= \sum_{j=1}^{m-1} \frac{B_{2j}}{(2i)!} [G^{(2i-1)}(a) - G^{(2i-1)}(b)] h^{2i}$$

$$- 2\sum_{j=0}^{m-1} \frac{g^{(2j)}(t)}{(2j)!} [-\zeta'(-s-2j) + \zeta(-s-2j)\ln h] h^{2j+s+1} + O(h^{2m}). \tag{3.1.61}$$

**证明** 对 (3.1.59) 两端关于参数 $s$ 微分便得到证明. □

**推论 3.1.3** 若 $s = 0$, 则 (3.1.61) 简化为

$$D(h) = \int_a^b G(x)dx - h\sum_{\substack{j=0\\x_j\neq t}}^{N}{}' G(x_j)$$

$$= g(t) h \ln h + \sum_{j=1}^{m-1} \frac{B_{2j}}{(2i)!} [G^{(2i-1)}(a) - G^{(2i-1)}(b)] h^{2i}$$

$$+ 2\sum_{j=0}^{m-1} \frac{g^{(2j)}(t)}{(2j)!} \zeta'(-2j) h^{2j+1} + O(h^{2m}). \tag{3.1.62}$$

## 3.1 一维弱奇异积分的误差的渐近展开式

**证明** 因为

$$\zeta(0) = -1/2, \quad \zeta(-2j) = 0, \quad j = 1, 2, \cdots,$$

所以在 (3.1.61) 中取 $s = 0$, 便得到 (3.1.62) 的证明. □

若 $G(x)$ 是周期函数, 那么 $G^{(2i-1)}(a) = G^{(2i-1)}(b)$, $j = 1, \cdots, m$. 由 (3.1.61) 可得以下定理.

**定理 3.1.5**[215] 若 $g(x)$ 和 $\tilde{g}(x) \in C^{2m}[a,b]$, 而 $G(x)$ 是以 $T = b - a$ 为周期的周期函数, 而且除奇点 $\{t+kT\}_{k=-\infty}^{\infty}$ 外, $G(x)$ 至少 $2m$ 次可微, 那么有:

(1) 若 $G(x) = g(x)|x-t|^s + \tilde{g}(x)$, $s > -1$, 则求积公式

$$Q_n(G) = h \sum_{\substack{j=1 \\ x_j \neq t}}^{N} G(x_j) + \tilde{g}(t)h - 2\zeta(-s)g(t)h^{s+1} \tag{3.1.63}$$

的误差有渐近展开

$$E_n(G) = -2 \sum_{j=1}^{m-1} \frac{\zeta(-s-2j)}{(2j)!} g^{(2j)}(t) h^{2j+s+1} + O(h^{2m}). \tag{3.1.64}$$

(2) 若 $G(x) = g(x)|x-t|^s \ln|x-t| + \tilde{g}(x)$, $s > -1$, 则求积公式

$$Q_n(G) = h \sum_{\substack{j=1 \\ x_j \neq t}}^{n} G(x_j) + \tilde{g}(t)h - 2[\zeta'(-s) - \zeta(-s)\ln h]g(t)h^{s+1} \tag{3.1.65}$$

的误差有渐近展开

$$E_n(G) = 2 \sum_{j=1}^{m-1} [\zeta'(-s-2j) - \zeta(-s-2j)\ln h] \frac{g^{(2j)}(t)}{(2j)!} h^{2j+s+1} + O(h^{2m}). \tag{3.1.66}$$

(3) 若 $s = 0$, 即 $G(x) = g(x)\ln|x-t| + \tilde{g}(x)$, 则注意 $\zeta'(0) = -\ln(2\pi)/2$, 便得到求积公式

$$Q_n(G) = h \sum_{\substack{j=1 \\ x_j \neq t}}^{N} G(x_j) + \tilde{g}(t)h + \ln \frac{h}{2\pi} g(t) h \tag{3.1.67}$$

的误差有渐近展开

$$E_n(G) = 2 \sum_{j=1}^{m-1} \zeta'(-2j) \frac{g^{(2j)}(t)}{(2j)!} h^{2j+1} + O(h^{2m}). \tag{3.1.68}$$

**证明** 因为 $G(x)$ 是以 $T = b - a$ 为周期的周期函数，故成立：

$$G^{(k)}(a) = G^{(k)}(b), \quad 0 \leqslant k \leqslant 2m.$$

应用定理 3.1.4 便得到证明. □

(3.1.68) 表明避开奇点的梯形公式的精度仅有 $O(h)$ 阶，但是应用外推方法导出的梯形公式却有高阶精度. 如果使用变换 $x = \phi(y)$，而且 $\phi$ 是映 $[a,b]$ 到 $[a,b]$ 的 $2m + 1$ 次可微函数，则

$$I(G) = \int_a^b G(\phi(y))\phi'(y)dy = \int_a^b G_1(y)dy,$$

若进一步假设

$$\phi^{(2i-1)}(a) = \phi^{(2i-1)}(b), \quad i = 1, \cdots, m,$$

并且对函数 $G_1(y)$ 应用梯形公式或者中矩形求积公式计算，按照 (3.1.59)，(3.1.61) 和 (3.1.62)，其误差阶可提高. 因此把被积函数先周期化再应用梯形公式或者中矩形公式计算能够大幅度提高计算精度.

### 3.1.3 一维弱奇异积分的积积法

考虑弱奇异积分

$$(If)(s) = \int_a^b k(s,t)f(t)dt, \tag{3.1.69}$$

其中 $k(s,t) = p(s,t)h(s,t)$，$p(s,t) = |s-t|^\alpha$ 或 $\ln|s-t|$，$f(t)$ 是 $[a,b]$ 上的光滑函数，$h(s,t)$ 是 $[a,b]^2$ 上的二元光滑函数. 为了构造积积法，把区间作如下剖分：

$$a = s_0 < s_1 < \cdots < s_n = b,$$

并置

$$h_i = t_{i+1} - t_i, \quad i = 0, 1, \cdots, n-1.$$

构造 (3.1.69) 的数值积分

$$\int_a^b p(s,t)h(s,t)f(t)dt \approx \sum_{i=0}^n w_i h(s,t_i)f(t_i), \tag{3.1.70}$$

其中权 $\{w_i, i = 0, 1, \cdots, n-1\}$ 作如下选择，使当 $h(s,t)f(t)$ 是次数小于 $r$ 次多项式时，(3.1.70) 两边精确相等，由此利用 Lagrange 插值得到

$$w_i = \int_a^b p(s_i,t)L_{ij}(t)dt, \quad j = 0, 1, \cdots, r, \tag{3.1.71}$$

其中 $L_{ij}(t)$ 是 $[a,b]$ 上的 $r$ 次 Lagrange 插值基函数. 根据 Lagrange 插值误差可得到 (3.1.70) 的误差.

该方法可推广到更一般的情形. 若

$$k(s,t) = \sum_{j=1}^{m} p_j(s,t) h_j(s,t), \qquad (3.1.72)$$

其中 $p_j(s,t) = |s-t|^\alpha$ 或 $\ln|s-t|$, $h(s,t)$ 是 $[a,b]^2$ 上的二元光滑函数. 如 $k(s,t) = Y_0(|s-t|)$, 这里 $Y_0(z)$ 是第二类零阶 Bessel 函数, 且 $Y_0(z) = f(z)\ln z + g(z)$, $f(z)$ 和 $h(z)$ 是解析函数. 在第一类边界积分方程中常常遇到这类积分核 [31]

$$k(s,t) = \ln|\cos s - \cos t|.$$

可把 $k(s,t)$ 表示成如下形式

$$k(s,t) = p(s,t)h(s,t),$$

其中

$$p(s,t) = |s-t|^{-\frac{1}{2}} \text{和} h(s,t) = |s-t|^{\frac{1}{2}} \ln|\cos s - \cos t|,$$

然而 $\partial h(s,t)/\partial t$ 是无界的, 不能直接运用上面方法. 如果把 $k(s,t)$ 表示成另一种形式 $k(s,t) = \sum_{j=1}^{4} p_j(s,t) h_j(s,t)$, 其中

$$h_1(s,t) = \ln\left[\frac{\sin\left(\dfrac{t-s}{2}\right)\sin\left(\dfrac{t+s}{2}\right)}{\left(\dfrac{t-s}{2}\right)(t+s)(2\pi-t-s)}\right]$$

和

$$h_2(s,t) = h_3(s,t) = h_4(s,t) = 1, \quad p_1(s,t) = 1,$$
$$p_2(s,t) = \ln|s-t|, \quad p_3(s,t) = \ln(2\pi-t-s), \quad p_4(s,t) = \ln(s+t),$$

这里 $\partial h_j(s,t)/\partial t$, $j=1,\cdots,4$ 是有界的, 可用积积法计算.

### 3.1.4 端点弱奇异积分的计算

考虑积分

$$u_n^{(1)}(x) = \int_{-1}^{x} \frac{\log(1-t^2)}{\sqrt{1-t^2}} T_n(t) dt, \quad x \in (-1,1), n = 0,1,2,\cdots, \qquad (3.1.73)$$

其中 $T_n(t)$ 是第一类 Chebyshev 多项式, 这类积分在许多工程应用中出现, 如在机械力学、弹性力学、空气动力学等. 首先计算 $n=0$ 和 $0 \leqslant x < 1$ 的情形 [41], 因为

$$u_0^{(1)}(x) = \int_{-1}^{1} \frac{\log(1-t^2)}{\sqrt{1-t^2}} dt - \int_{x}^{1} \frac{\log(1-t^2)}{\sqrt{1-t^2}} dt$$

$$= -2\pi \log 2 - \int_x^1 \frac{\log(1-t^2)}{\sqrt{1-t^2}} dt, \tag{3.1.74}$$

置 $x = \cos\theta$, $0 < \theta \leqslant \pi/2$, 代入 (3.1.74) 有

$$u_0^{(1)}(x) = -2\pi \log 2 - 2\int_0^\delta \log(\sin\theta)d\theta, \quad 0 < \delta = \arccos x \leqslant \pi/2. \tag{3.1.75}$$

设

$$L(z) = -\int_0^z \frac{\log(1-t)}{t} dt,$$

利用复变函数知识, 根据文献 [64,p113], 我们有

$$\int_0^\delta \log(\sin\theta)d\theta = -\frac{i}{2}L(e^{-2i\delta}) - \delta\log 2 + \frac{i}{2}\left(\frac{\pi}{2} - \delta\right)^2.$$

和

$$\int_0^\delta \log(\sin\theta)d\theta = \delta(\log\delta - 1) - \sum_{k=1}^\infty \frac{(-1)^{k+1}B_{2k}}{4k(2k+1)!}(2\delta)^{2k+1}, \quad |\delta| < \pi, \tag{3.1.76}$$

其中 $B_k$ 是 Bernoulli 数. 然而, 根据文献 [1,p805], 有

$$\begin{gathered} B_0 = 1, \\ \frac{2(2k)!}{(2\pi)^{2k}} < (-1)^{k+1}B_{2k} < \frac{2(2k)!}{(2\pi)^{2k}}\frac{1}{1-2^{1-2k}}, \quad k \geqslant 1, \end{gathered} \tag{3.1.77}$$

这表明 (3.1.76), 当 $0 < \delta < \pi/2$ 时, 右边第二项的无穷级数是快速收敛级数.

当 $-1 < x < 0$ 时, 置 $t = -\cos\theta$, $0 < \theta < \pi/2$, 根据 (3.1.76), 有

$$u_0^{(1)}(x) = \int_{-1}^x \frac{\log(1-t^2)}{\sqrt{1-t^2}} dt = \int_{-x}^1 \frac{\log(1-t^2)}{\sqrt{1-t^2}} dt = 2\int_0^\delta \log(\sin\theta)d\theta, \tag{3.1.78}$$

这里 $0 < t = \arccos(-x) < \pi/2$. 当 $x = 0$ 时, 有

$$u_0^{(1)}(0) = -\pi\log 2. \tag{3.1.79}$$

接下来我们计算

$$\begin{aligned} u_1^{(1)}(x) &= \int_{-1}^x \frac{t\log(1-t^2)}{\sqrt{1-t^2}} dt = -\int_{-1}^x \log(1-t^2) d\sqrt{1-t^2} \\ &= \sqrt{1-x^2}[2 - \log(1-x^2)]. \end{aligned} \tag{3.1.80}$$

为了计算 $u_n^{(1)}(x)$, $n \geqslant 2$, 利用 Rodriguez 恒等式 [224]

$$\frac{1}{\sqrt{1-x^2}}T_n(x) = -\frac{1}{n}\frac{d}{dx}[\sqrt{1-x^2}U_{n-1}(x)], \quad n \geqslant 1, \tag{3.1.81}$$

## 3.1 一维弱奇异积分的误差的渐近展开式

于是有

$$u_n^{(1)}(x) = -\frac{1}{n}\int_{-1}^{x}\log(1-t^2)d[\sqrt{1-t^2}U_{n-1}(t)]$$
$$= -\frac{1}{n}\left[\sqrt{1-x^2}\log(1-x^2)U_{n-1}(x) + \int_{-1}^{x}\frac{2tU_{n-1}(t)}{\sqrt{1-t^2}}dt\right],$$

又因为

$$U_n(t) = 2tU_{n-1}(t) - U_{n-2}(t), \quad n \geqslant 2,$$

从而有

$$u_n^{(1)}(x) = -\frac{1}{n}\left[\sqrt{1-x^2}\log(1-x^2)U_{n-1}(x) + \int_{-1}^{x}\frac{U_n(t)dt}{\sqrt{1-t^2}} + \int_{-1}^{x}\frac{U_{n-2}(t)dt}{\sqrt{1-t^2}}\right]. \tag{3.1.82}$$

根据 (3.1.82), 我们能够得到计算 $u_n^{(1)}(x)$, $n \geqslant 2$ 的递推关系, 记

$$m_k(x) = \int_{-1}^{x}\frac{U_k(t)dt}{\sqrt{1-t^2}}. \tag{3.1.83}$$

运用

$$\int_{-1}^{x}\frac{U_n(t)dt}{\sqrt{1-t^2}} = \begin{cases} \pi/2 + \arcsin x, & n = 0, \\ -\dfrac{1}{n}\sqrt{1-x^2}U_{n-1}(x), & n > 0 \end{cases}$$

和 [1]

$$U_{2k}(x) = 1 + 2\sum_{i=1}^{k}T_{2i}(x), \quad k = 1, 2, \cdots,$$
$$U_{2k-1}(x) = 2\sum_{i=0}^{k-1}T_{2i+1}(x), \quad k = 0, 1, 2, \cdots$$

得到

$$m_{2k}(x) = \pi/2 + \arcsin x - \sqrt{1-x^2}\sum_{i=1}^{k}\frac{U_{2i-1}(x)}{i}, \quad k = 1, 2, \cdots,$$
$$m_{2k-1}(x) = -2\sqrt{1-x^2}\sum_{i=0}^{k-1}\frac{U_{2i}(x)}{2i+1}, \quad k = 1, 2, \cdots, \tag{3.1.84}$$

从而获得计算积分 (3.1.83) 的递推关系

$$\begin{aligned} &m_0(x) = \pi/2 + \arcsin x, \\ &m_{2k+2}(x) = m_{2k}(x) - \sqrt{1-x^2}\frac{U_{2k+1}(x)}{k+1}, \quad k = 0, 1, 2, \cdots, \\ &m_1(x) = -\frac{2}{3}\sqrt{1-x^2}U_2(y), \\ &m_{2k+1}(x) = m_{2k-1}(x) - \frac{2}{2k+1}\sqrt{1-x^2}U_{2k}(x), \quad k = 1, 3, \cdots \end{aligned} \tag{3.1.85}$$

和
$$u_n^{(1)}(x) = -\frac{1}{n}[\sqrt{1-x^2}\log(1-x^2)U_{n-1}(x) + m_n(x) + m_{n-2}(x)]. \tag{3.1.86}$$

## 3.2 一维 Cauchy 奇异积分的定义与计算

在许多特殊情形下,利用 Cauchy 主值积分的定义和运算规律能够求出一维 Cauchy 奇异积分解析解. 本节首先给出一维 Cauchy 奇异积分的各类概念和运算规律, 然后给出常用函数的 Cauchy 奇异积分的解析表达式.

### 3.2.1 Cauchy 奇异积分的定义与运算规律

**定义 3.2.1** 若 $a < x < b$, 奇异点在区间内部的 Cauchy 主值积分的定义:

$$\int_a^b \frac{f(t)dt}{t-x} = \lim_{\varepsilon \to 0}\left[\int_a^{x-\varepsilon}\frac{f(t)dt}{t-x} + \int_{x+\varepsilon}^b\frac{f(t)dt}{t-x}\right]; \tag{3.2.1}$$

若 $a < x = b$, 奇异点在区间右端点的 Cauchy 主值积分的定义[119]:

$$\int_a^x \frac{f(t)dt}{t-x} = \lim_{\varepsilon \to 0}\left[\int_a^{x-\varepsilon}\frac{f(t)dt}{t-x} - f(x)\ln\varepsilon\right]; \tag{3.2.2}$$

若 $a = x < b$, 奇异点在区间左端点的 Cauchy 主值积分的定义[119]:

$$\int_x^b \frac{f(t)dt}{t-x} = \lim_{\varepsilon \to 0}\left[\int_{x+\varepsilon}^b\frac{f(t)dt}{t-x} + f(x)\ln\varepsilon\right]. \tag{3.2.3}$$

注意: 后面两类积分是端点 Cauchy 奇异积分, 若该类积分存在, 必有 $f(x) = 0$.

根据上述定义, 我们有

$$\int_a^b \frac{f(t)dt}{t-x} = \int_a^b \frac{[f(t)-f(x)]dt}{t-x} + f(x)\ln\frac{b-x}{x-a}, \tag{3.2.4}$$

利用 Taylor 公式展开, 右边第一积分为正常积分 (该方法通常称为奇异减方法).

Cauchy 奇异积分线性运算

$$\int_a^b \frac{\alpha f(t) + \beta g(t)}{t-x}dt = \alpha \int_a^b \frac{f(t)}{t-x}dt + \beta \int_a^b \frac{g(t)}{t-x}dt. \tag{3.2.5}$$

对 Cauchy 奇异积分的参数求导, 当 $a < x < b$ 时, 有

$$\frac{d}{dx}\int_a^b \frac{f(t)}{t-x}dt = \int_a^b \frac{f(t)}{(t-x)^2}dt, \tag{3.2.6}$$

当 $x = a$ 时, 有

$$\frac{d}{dx}\int_a^b \frac{f(t)}{t-x}dt = \int_a^b \frac{f(t)}{(t-x)^2}dt - f'(x). \tag{3.2.7}$$

用这种方法能够获得超奇异积分.

作变量替换, $X = \dfrac{2x - b - a}{b - a}$, $x \in (a, b)$, 有

$$\int_a^b \frac{f(t)}{t-a}dt = \int_{-1}^1 \frac{g(u)}{u-X}du, \tag{3.2.8}$$

其中 $g(u) = f((b-a)/2 + (b+a)/2)$, 这表明经过变量替换, 可把任意有界区间 $[a, b]$ 的积分变成 $-1$ 到 $1$ 上的积分, 特别地, 当 $x = a$ 时, 有

$$\int_a^b \frac{f(t)}{t-x}dt = \int_{-1}^1 \frac{g(u)}{u+1}du + f(a)\ln\left[\frac{b-a}{2}\right]. \tag{3.2.9}$$

### 3.2.2 Cauchy 奇异积分的计算公式

本段给出幂函数、指数函数、根式函数、分式函数、三角函数等常用函数的 Cauchy 积分的具体计算方法.

若 $a < x < b$, 根据定义得到

$$\int_a^b \frac{1}{t-x}dt = \ln\frac{b-x}{x-a}, \tag{3.2.10}$$

特别地, 当 $x = 0$ 时, 有

$$\int_{-1}^1 \frac{1}{t}dt = 0,$$

当 $0 < x < 1$ 时, 有

$$\int_0^1 \frac{1}{t-x}dt = \ln\frac{1-x}{x}.$$

利用 (3.2.4), 当 $a < x < b$ 时, 有

$$\int_a^b \frac{t}{t-x}dt = (b-a) + x\ln\frac{b-x}{x-a}, \tag{3.2.11}$$

根据恒等式 $t^2 = (t-x)^2 + 2(t-x)x + x^2$ 和 (3.2.10) 得到

$$\int_a^b \frac{t^2}{t-x}dt = \frac{1}{2}[(b-x)^2 - (a-x)^2] + 2x(b-a) + x^2\ln\frac{b-x}{x-a}, \tag{3.2.12}$$

类似又有

$$\int_a^b \frac{t^3}{t-x}dt = \frac{1}{3}(b^3 - a^3) + \frac{1}{2}x(b^2 - a^2) + x^2(b-a) + x^3\ln\frac{b-x}{x-a}.$$

当 $n$ 为任意正整数时,利用公式

$$t^n = (t-x+x)^n = \sum_{i=0}^n C_n^i (t-x)^i x^{n-i},$$

导出

$$\int_a^b \frac{t^n}{t-x} dt = x^n \ln\frac{b-x}{x-a} + \sum_{k=0}^{n-1} \frac{x^k}{n-k}(b^{n-k} - a^{n-k}); \qquad (3.2.13)$$

特别地,对 $\nu > 0$ 的有理数,利用恒等式 $t^\nu = t^{\nu-1}(t-x) + xt^{\nu-1}$ 和奇异减方法,有

$$\int_a^b \frac{t^\nu}{t-x} dt = x \int_a^b \frac{t^{\nu-1}}{t-x} dt + \frac{1}{\nu}(b^\nu - a^\nu). \qquad (3.2.14)$$

若 $-1 < x < 1$,有 [104]

$$\int_a^b \frac{P_n(t)}{t-x} dt = -2Q_n(x), \quad n \geqslant 0, \qquad (3.2.15)$$

其中 $P_n(x)$ 和 $Q_n(x)$ 分别为第一类和第二类 Legendre 多项式.

若 $a < x < b$ 和 $\alpha = a - x$, $\beta = b - x$, $\alpha < 0 < \beta$, 利用函数 $e^{kt}$ 在 $x$ 处的 Taylor 公式和 (3.2.13) 得到

$$\int_a^b \frac{e^{kt}}{t-x} dt = e^{kx}\left[\ln\left(-\frac{\beta}{\alpha}\right) + \sum_{i=1}^\infty \frac{k^i(\beta^i - \alpha^i)}{i \cdot i!}\right], \qquad (3.2.16)$$

特别地,

$$\int_a^b \frac{e^t}{t-x} dt = e^x\left[\ln\left(-\frac{\beta}{\alpha}\right) + \sum_{i=1}^\infty \frac{(\beta^i - \alpha^i)}{i \cdot i!}\right]$$

和

$$\int_a^b \frac{e^{-t}}{t-x} dt = e^{-x}\left[\ln\left(-\frac{\beta}{\alpha}\right) + \sum_{i=1}^\infty \frac{(-1)^i(\beta^i - \alpha^i)}{i \cdot i!}\right],$$

$$\int_{-1}^1 \frac{e^t}{t} dt = 2.114501751$$

及

$$\int_0^\infty \frac{e^{-t}}{t-x} dt = e^{-x}\left[\ln\frac{1}{x} - \gamma - \sum_{i=1}^\infty \frac{x^i}{i \cdot i!}\right], \qquad (3.2.17)$$

其中 $\gamma$ 是 Euler 常数且 $\gamma = 0.577215664\cdots$.

若 $a < x < b$, 和 $\alpha = a - x$, $\beta = b - x$, $\alpha < 0 < \beta$, 利用 Taylor 公式和 (3.2.4) 得到 [106]

$$\int_a^b \frac{e^{ti} dt}{t-x}$$

$$= \cos x \left[ \ln\left(-\frac{\beta}{\alpha}\right) + \sum_{k=1}^{\infty} \frac{(-1)^k (\beta^{2k} - \alpha^{2k})}{(2k) \cdot (2k)!} \right] - \sin x \left[ \sum_{k=1}^{\infty} \frac{(-1)^{k-1}(\beta^{2k-1} - \alpha^{2k-1})}{(2k-1) \cdot (2k-1)!} \right]$$

$$+ \mathrm{i} \Bigg\{ \cos x \left[ \sum_{k=1}^{\infty} \frac{(-1)^{k-1}(\beta^{2k-1} - \alpha^{2k-1})}{(2k-1) \cdot (2k-1)!} \right]$$

$$+ \sin x \left[ \ln\left(-\frac{\beta}{\alpha}\right) + \sum_{k=1}^{\infty} \frac{(-1)^k (\beta^{2k} - \alpha^{2k})}{(2k) \cdot (2k)!} \right] \Bigg\}. \tag{3.2.18}$$

特别地,
$$\int_{-1}^{1} \frac{e^{ti}}{t} dt = 2.107833859\mathrm{i}.$$

若 $a < x < b$ 和 $\alpha = a - x$, $\beta = b - x$, $\alpha < 0 < \beta$, 利用 $e^{ti} = \cos t + \mathrm{i} \sin t$ 和 (3.2.18) 得到

$$\int_a^b \frac{\sin t \, dt}{t - x} = \cos x \left[ \sum_{k=1}^{\infty} \frac{(-1)^{k-1}(\beta^{2k-1} - \alpha^{2k-1})}{(2k-1) \cdot (2k-1)!} \right]$$

$$+ \sin x \left[ \ln\left(-\frac{\beta}{\alpha}\right) + \sum_{k=1}^{\infty} \frac{(-1)^k (\beta^{2k} - \alpha^{2k})}{(2k) \cdot (2k)!} \right]. \tag{3.2.19}$$

特别地,
$$\int_{-1}^{1} \frac{\sin t \, dt}{t} = 2.107833859,$$

同理, 我们有

$$\int_a^b \frac{\cos t \, dt}{t - x} = \cos x \left[ \ln\left(-\frac{\beta}{\alpha}\right) + \sum_{k=1}^{\infty} \frac{(-1)^k (\beta^{2k} - \alpha^{2k})}{(2k) \cdot (2k)!} \right]$$

$$- \sin x \sum_{k=1}^{\infty} \frac{(-1)^{k-1}(\beta^{2k-1} - \alpha^{2k-1})}{(2k-1) \cdot (2k-1)!}. \tag{3.2.20}$$

特别地,
$$\int_{-1}^{1} \frac{\cos t \, dt}{t} = 0.$$

若 $a < x < b$, 和 $\alpha = a - x$, $\beta = b - x$, $\alpha < 0 < \beta$, $c$ 为常数, 利用 (3.2.19) 得到

$$\int_a^b \frac{\sin ct \, dt}{t - x} = \cos cx \left[ \sum_{k=1}^{\infty} \frac{(-1)^{k-1} c^{2k-1}(\beta^{2k-1} - \alpha^{2k-1})}{(2k-1) \cdot (2k-1)!} \right]$$

$$+ \sin cx \left[ \ln\left(-\frac{\beta}{\alpha}\right) + \sum_{k=1}^{\infty} \frac{(-1)^k c^{2k}(\beta^{2k} - \alpha^{2k})}{(2k) \cdot (2k)!} \right] \tag{3.2.21}$$

特别地，若 $0 < x < 1$ 时，利用 (3.2.19) 得到

$$\int_0^1 \frac{\sin \pi t dt}{t-x} = \cos \pi x \left[ \sum_{k=1}^{\infty} \frac{(-1)^{k-1}\pi^{2k-1}((1-x)^{2k-1}+x^{2k-1})}{(2k-1)\cdot(2k-1)!} \right]$$
$$+ \sin \pi x \left[ \ln\left(\frac{1-x}{x}\right) + \sum_{k=1}^{\infty} \frac{(-1)^k \pi^{2k}((1-x)^{2k}-x^{2k})}{(2k)\cdot(2k)!} \right]. \quad (3.2.22)$$

若 $a < x < b$，和 $\alpha = a - x$，$\beta = b - x$，$\alpha < 0 < \beta$，$c$ 为常数，利用 (3.2.20) 得到

$$\int_a^b \frac{\cos ct dt}{t-x} = \cos cx \left[ \ln\left(-\frac{\beta}{\alpha}\right) + \sum_{k=1}^{\infty} \frac{(-1)^k c^{2k}(\beta^{2k}-\alpha^{2k})}{(2k)\cdot(2k)!} \right]$$
$$- \sin cx \left[ \sum_{k=1}^{\infty} \frac{(-1)^{k+1} c^{2k-1}(\beta^{2k-1}-\alpha^{2k-1})}{(2k-1)\cdot(2k-1)!} \right], \quad (3.2.23)$$

特别地，若 $0 < x < 1$，有

$$\int_0^1 \frac{\cos \pi t dt}{t-x} = \cos \pi x \left[ \ln\left(\frac{1-x}{x}\right) + \sum_{k=1}^{\infty} \frac{(-1)^k \pi^{2k}((1-x)^{2k}-x^{2k})}{(2k)\cdot(2k)!} \right]$$
$$- \sin \pi x \left[ \sum_{k=1}^{\infty} \frac{(-1)^{k-1}\pi^{2k-1}((1-x)^{2k-1}+x^{2k-1})}{(2k-1)\cdot(2k-1)!} \right]. \quad (3.2.24)$$

由 Cauchy 主值积分的定义，有

$$\int_{-1}^1 \frac{dt}{t-x} = \log\left|\frac{1-x}{1+x}\right|, \quad (3.2.25)$$

根据文献 [241], [242] 有

$$\int_{-1}^1 \frac{(1-t)^\alpha(1+t)^\beta P_n^{(\alpha,\beta)}(t)}{t-x} dt$$
$$= \pi \cot \alpha \pi (1-x)^\alpha (1+x)^\beta P_n^{(\alpha,\beta)}(x)$$
$$- \frac{2^{\alpha+\beta}\Gamma(\alpha)\Gamma(n+\beta+1)}{\Gamma(n+\alpha+\beta+1)} F\left(n+1, -n-\alpha-\beta; 1-\alpha; \frac{1-x}{2}\right), \quad (3.2.26)$$

其中 $\alpha > -1$，$\beta > -1$，$\alpha \neq 0, 1, 2, \cdots$，$F(a,b;c;z)$ 是超几何分布函数，$\Gamma(x)$ 是 Gamma 函数。若 $n=0$，$\alpha = 1/2$，$\beta = 0$，利用超几何分布函数的性质，便得到

$$\int_{-1}^1 \frac{\sqrt{1-t}}{t-x} dt = -2\sqrt{2} F\left(1, -\frac{1}{2}; \frac{1}{2}; \frac{1-x}{2}\right) = \sqrt{1-x} \ln|B| - 2\sqrt{2}, \quad x < 1, \quad (3.2.27)$$

其中

$$B = \left(1 + \sqrt{\frac{1-x}{2}}\right) \bigg/ \left(1 - \sqrt{\frac{1-x}{2}}\right).$$

## 3.2 一维 Cauchy 奇异积分的定义与计算

若 $a<x<b\leqslant 1$, 据上面公式和 (3.2.8) 导出

$$\int_a^b \frac{\sqrt{1-t}}{t-x}dt = 2\sqrt{1-b} - 2\sqrt{1-a} + \sqrt{1-x}\ln|B^*|, \quad (3.2.28)$$

其中

$$B^* = \frac{\sqrt{-a+1}+\sqrt{1-x}}{\sqrt{-a+1}-\sqrt{1-x}}\frac{\sqrt{-b+1}-\sqrt{1-x}}{\sqrt{-b+1}+\sqrt{1-x}}.$$

利用 $t=(t-x)+x$ 和 (3.2.28), 根据奇异减方法得到

$$\int_a^b \frac{t\sqrt{1-t}}{t-x}dt = \frac{-2}{3}[(1-b)^{3/2}-(1-a)^{3/2}]$$
$$+ x[2\sqrt{1-b}-2\sqrt{1-a}+\sqrt{1-x}\ln|B^*|]; \quad (3.2.29)$$

根据

$$t^n = (t-x+x)^n = \sum_{i=0}^n C_n^i (t-x)^i x^{n-i} \quad (3.2.30)$$

和 (3.2.28) 获得

$$\int_a^b \frac{t^n\sqrt{1-t}}{t-x}dt$$
$$= \sum_{i=0}^{n-1}\left(x^i\int_a^b t^{n-1-i}\sqrt{1-t}dt + x^n\left[\sqrt{1-x}\ln|B^*|-2(\sqrt{1-a}-\sqrt{1-b})\right]\right).(3.2.31)$$

再利用分部积分法得到

$$\int_a^b t^m\sqrt{1-t}dt = -\frac{2t^m(1-t)^{3/2}}{2m+3}\Big|_{t=a}^{t=b} + \frac{2m}{2m+3}\int_a^b t^{m-1}\sqrt{1-t}dt. \quad (3.2.32)$$

当 $-1\leqslant a<x<b\leqslant 1$ 时, 根据 (3.2.26) 导出

$$\int_a^b \frac{\sqrt{1-t^2}dt}{t-x} = \sqrt{1-b^2}-\sqrt{1-a^2}-x\sin^{-1}b+x\sin^{-1}a+C^*, \quad (3.2.33)$$

其中

$$C^* = -\sqrt{1-x^2}\ln\left|\frac{2\sqrt{1-x^2}\sqrt{1-t^2}+2(1-xt)}{t-x}\right|\Big|_{t=a}^{t=b}, \quad (3.2.34)$$

特别是

$$\int_{-1}^1 \frac{\sqrt{1-t^2}dt}{t-x} = -\pi x, \quad x\in(-1,1). \quad (3.2.35)$$

当 $n$ 为正整数时, 若 $-1\leqslant a<x<b\leqslant 1$, 利用 (3.2.30) 和 (3.2.33) 同样有

$$\int_a^b \frac{t^n\sqrt{1-t^2}dt}{t-x} = \sum_{i=0}^{n-1}\left(x^i\int_a^b t^{n-1-i}\sqrt{1-t^2}dt\right)$$

$$+ x^n[\sqrt{1-t^2} - x\sin^{-1} t]\big|_{t=a}^{t=b} + x^n C^*; \qquad (3.2.36)$$

特别地,
$$\int_{-1}^{1}\frac{t^n\sqrt{1-t^2}}{t-x}dt = \pi\sum_{k=0}^{n+1}b_k x^k, \quad n\geqslant 0, x\in(-1,1), \qquad (3.2.37)$$

这里
$$b_k = \begin{cases} 0, & n-k\text{ 为偶数}, \\ \dfrac{1}{2\sqrt{\pi}}\Gamma\left(\dfrac{n-k+3}{2}\right), & n-k\text{ 为奇数}, \end{cases} \quad n\geqslant 0, k\leqslant n+1.$$

根据文献 [104, p105–122], 当 $x\in(-1,1)$ 时, 有
$$\int_{-1}^{1}\frac{U_n(t)\sqrt{1-t^2}}{t-x}dt = -\pi T_{n+1}(x), \quad n\geqslant 0 \qquad (3.2.38)$$

和
$$\int_{-1}^{1}\frac{T_n(t)}{(t-x)\sqrt{1-t^2}}dt = -\pi T_{n-1}(x), \quad n\geqslant 1, \qquad (3.2.39)$$

其中 $T_n(x)$ 和 $U_n(x)$ 分别是第一类和第二类 Chebyshev 多项式.

利用函数 $e^t$ 的 Taylor 展开式和上面方法, 当 $-1\leqslant a<x<b\leqslant 1$ 时, 有
$$\int_a^b\frac{e^t\sqrt{1-t^2}dt}{t-x} = \sum_{j=0}^{\infty}\frac{1}{j!}\Bigg\{\sum_{i=0}^{j-1}\left(x^i\int_a^b t^{j-1-i}\sqrt{1-t^2}dt\right) + x^j[\sqrt{1-t^2}\big|_{t=a}^{t=b} - x\arcsin t\big|_{t=a}^{t=b} + C^*]\Bigg\}. \qquad (3.2.40)$$

### 3.2.3 含有弱奇异与 Cauchy 奇异积分的计算

根据 (3.2.26), 得到
$$\int_{-1}^{1}\frac{dt}{(t-x)\sqrt{1-t}} = \sqrt{2}F\left(1,\frac{1}{2};\frac{3}{2};\frac{1-x}{2}\right) = \frac{\ln|B|}{\sqrt{1-x}}, \quad x<1, \qquad (3.2.41)$$

从而可推广到
$$\int_a^b\frac{dt}{(t-x)\sqrt{1-t}} = \frac{1}{\sqrt{1-x}}\ln|B^*|, \quad a<x<b\leqslant 1. \qquad (3.2.42)$$

利用恒等式 $t = (t-x) + x$ 和 (3.2.42), 根据奇异减方法得到
$$\int_a^b\frac{tdt}{(t-x)\sqrt{1-t}} = -2\sqrt{1-t}\big|_{t=a}^{t=b} + \frac{x}{\sqrt{1-x}}\ln|B^*|, \quad a<x<b\leqslant 1. \qquad (3.2.43)$$

## 3.2 一维 Cauchy 奇异积分的定义与计算

利用 (3.2.30) 可推广到 $n \geqslant 1$ 的正整数时, 即

$$\int_a^b \frac{t^n dt}{(t-x)\sqrt{1-t}} = \sum_{i=0}^{n-1} \int_a^b \frac{t^{n-1-i} dt}{\sqrt{1-t}} + \frac{x^n}{\sqrt{1-x}} \ln|B^*|, \quad a < x < b \leqslant 1. \quad (3.2.44)$$

根据 (3.2.26) 且 $\alpha = -1/2 = \beta$, 当 $-1 \leqslant a < x < b \leqslant 1$ 时, 利用 (3.2.9) 和 (3.2.26), 有

$$\int_a^b \frac{dt}{(t-x)\sqrt{1-t^2}} = \frac{-1}{\sqrt{1-x^2}} \ln|D^*|, \quad (3.2.45)$$

其中

$$D^* = \frac{\sqrt{1-x^2}\sqrt{1-b^2} + (1-bx)}{\sqrt{1-x^2}\sqrt{1-a^2} + (1-ax)} \frac{a-x}{b-x},$$

特别地,

$$\int_{-1}^1 \frac{dt}{(t-x)\sqrt{1-t^2}} = 0, \quad x \in (-1, 1).$$

当 $-1 \leqslant a < x < b \leqslant 1$ 时, 利用恒等式 $t = (t-x) + x$ 和 (3.2.45), 根据奇异减方法有

$$\int_a^b \frac{tdt}{(t-x)\sqrt{1-t^2}} = \sin^{-1} t \Big|_{t=a}^{t=b} - \frac{x}{\sqrt{1-x^2}} \ln|D^*|, \quad (3.2.46)$$

特别地,

$$\int_{-1}^1 \frac{tdt}{(t-x)\sqrt{1-t^2}} = \pi. \quad (3.2.47)$$

当 $-1 \leqslant a < x < b \leqslant 1$ 时, 利用 (3.2.30) 和 (3.2.46), 从而可推广到 $n \geqslant 1$ 的正整数时有

$$\int_a^b \frac{t^n dt}{(t-x)\sqrt{1-t^2}} = \sum_{i=0}^{n-1} x^i \int_a^b \frac{t^{n-1-i} dt}{\sqrt{1-t}} - \frac{x^n}{\sqrt{1-x}} \ln|D^*|; \quad (3.2.48)$$

特别地,

$$\frac{1}{\pi} \int_{-1}^1 \frac{t^n}{(t-x)\sqrt{1-t^2}} dt = \begin{cases} 0, & n = 0, \\ \sum_{k=0}^{n-1} d_k x^k, & n \geqslant 1, \end{cases} \quad (3.2.49)$$

这里

$$d_k = \begin{cases} 0, & n-k \text{ 为偶数}, \\ \dfrac{1}{\sqrt{\pi}} \dfrac{\Gamma\left(\dfrac{n-k}{2}\right)}{\Gamma\left(\dfrac{n-k+1}{2}\right)}, & n-k \text{ 为奇数}, \end{cases} \quad n \geqslant 1, k \leqslant n-1.$$

根据 (3.1.73), 得到

$$\mu_n^{(0)}(x) = \frac{1}{\pi}\int_{-1}^{1}\frac{\log(1-t^2)}{\sqrt{1-t^2}}T_n(t)dt = \begin{cases} -2\log 2, & n=0, \\ -\dfrac{2}{n}, & n\text{ 为偶数}, \\ 0, & n\text{ 为奇数}. \end{cases} \quad (3.2.50)$$

这里 $T_n(x)$ 是第一类 $n$ 阶 Chebyshev 多项式.

接下来我们来计算含有 Cauchy 奇异积分

$$\mu_n^{(1)}(x) = \frac{1}{\pi}\int_{-1}^{1}\frac{\log(1-t^2)}{\sqrt{1-t^2}}\frac{T_n(t)}{x-t}dt, \quad n\geqslant 0, \quad (3.2.51)$$

这类积分在工程上有许多应用. 为了推导该公式, 我们给出下面定理.

**定理 3.2.1** 积分 (3.2.51) 满足下列递推关系

$$\begin{aligned}
\mu_0^{(1)}(x) &= \frac{2\arcsin x}{\sqrt{1-x^2}}, \\
\mu_1^{(1)}(x) &= \frac{2x\arcsin x}{\sqrt{1-x^2}} + 2\log 2, \\
\mu_n^{(1)}(x) &= 2x\mu_{n-1}^{(1)}(x) - \mu_{n-2}^{(1)}(x) - 2\mu_{n-1}^{(0)}(x), \quad n\geqslant 2.
\end{aligned} \quad (3.2.52)$$

**证明** 考虑下列全纯函数

$$F(z) = \frac{\log(z^2-1)}{\sqrt{z^2-1}} + 2\mathrm{i}\frac{|z|}{z}\frac{\arcsin z}{\sqrt{z^2-1}}, \quad z\in C\backslash[-1,1].$$

这里 $C$ 是复数集. 因为

$$\frac{F(x^+) + F(x^-)}{2} = 2\frac{\arcsin x}{\sqrt{1-x^2}}$$

和

$$\frac{F(x^+) - F(x^-)}{2} = -\mathrm{i}\frac{\log(1-x^2)}{\sqrt{1-x^2}} + \frac{\pi}{\sqrt{1-x^2}},$$

利用 Plemelj 公式, 我们有

$$\frac{2\arcsin x}{\sqrt{1-x^2}} = \frac{1}{\pi\mathrm{i}}\left[-\mathrm{i}\int_{-1}^{1}\frac{\log(1-t^2)}{\sqrt{1-t^2}}\frac{1}{x-t}dt\right],$$

即 (3.2.52) 的第一式得证.

根据

$$\mu_1^{(1)}(x) = \frac{1}{\pi}\int_{-1}^{1}\frac{\log(1-t^2)}{\sqrt{1-t^2}}\frac{x}{x-t}dt = x\mu_0^{(1)}(x) - \mu_0^{(0)}, \quad (3.2.53)$$

## 3.2 一维 Cauchy 奇异积分的定义与计算

我们得到 (3.2.52) 的第二式.

下列两类积分在解奇异积分方程中经常出现

$$\mu_n^{(2)}(x) = \frac{1}{\pi}\int_{-1}^{1}\sqrt{1-t^2}\log(1-t^2)\frac{T_n(t)}{x-t}dt, \quad x\in(-1,1) \tag{3.2.54}$$

和

$$u_n^{(2)}(x) = \frac{1}{\pi}\int_{-1}^{x}\sqrt{1-t^2}\log(1-t^2)T_n(t)dt, \quad x\in(-1,1]. \tag{3.2.55}$$

根据下列关系式

$$(1-x^2)T_0(x) = -\frac{1}{2}[T_2(x)-1],$$

$$(1-x^2)T_1(x) = -\frac{1}{4}[T_3(x)-T_1(x)],$$

$$\cdots$$

$$(1-x^2)T_n(x) = -\frac{1}{4}T_{n+2}(x) + \frac{1}{2}T_n(x) - \frac{1}{4}T_{n-2}(x),$$

得到

$$\begin{aligned}\mu_n^{(2)}(x) &= -\frac{1}{2}[\mu_2^{(1)}(x) - \mu_0^{(1)}(x)], \\ \mu_1^{(2)}(x) &= -\frac{1}{4}[\mu_3^{(1)}(x) - \mu_1^{(1)}(x)], \\ &\cdots \\ \mu_n^{(2)}(x) &= -\frac{1}{4}\mu_{n+2}^{(1)}(x) + \frac{1}{2}\mu_n^{(1)}(x) - \frac{1}{4}\mu_{n-2}^{(1)}(x), \quad n\geqslant 2.\end{aligned} \tag{3.2.56}$$

对 $u_n^{(2)}(x)$ 和 $u_n^{(1)}(x)$ 有同样的关系式.

下面列出 $\mu_n^{(1)}(x)$ 前五个积分公式

$$\mu_0^{(1)}(x) = \frac{1}{\pi}\int_{-1}^{1}\frac{\log(1-t^2)}{\sqrt{1-t^2}}\frac{T_0(t)}{x-t}dt = \frac{2\arcsin x}{\sqrt{1-x^2}}T_0(t);$$

$$\mu_1^{(1)}(x) = \frac{1}{\pi}\int_{-1}^{1}\frac{\log(1-t^2)}{\sqrt{1-t^2}}\frac{T_1(t)}{x-t}dt = \frac{2\arcsin x}{\sqrt{1-x^2}}T_1(t) + 2\log 2 T_0(x);$$

$$\mu_2^{(1)}(x) = \frac{1}{\pi}\int_{-1}^{1}\frac{\log(1-t^2)}{\sqrt{1-t^2}}\frac{T_2(t)}{x-t}dt = \frac{2\arcsin x}{\sqrt{1-x^2}}T_2(t) + 4\log 2 T_1(x);$$

$$\mu_3^{(1)}(x) = \frac{1}{\pi}\int_{-1}^{1}\frac{\log(1-t^2)}{\sqrt{1-t^2}}\frac{T_3(t)}{x-t}dt = \frac{2\arcsin x}{\sqrt{1-x^2}}T_3(t) + 4\log 2 T_2(x)$$
$$\qquad + 2(1+\log 2)T_0(x);$$

$$\mu_4^{(1)}(x) = \frac{1}{\pi}\int_{-1}^1 \frac{\log(1-t^2)}{\sqrt{1-t^2}}\frac{T_4(t)}{x-t}dt = \frac{2\arcsin x}{\sqrt{1-x^2}}T_4(t) + 4\log 2 T_3(x)$$
$$+ 4(1+\log 2)T_1(x). \tag{3.2.57}$$

利用 Chebyshev 多项式的递推公式

$$T_n(t) = 2(t-x)T_{n-1}(t) + 2xT_{n-1}(t) - T_{n-2}(t), \quad n \geqslant 2$$

得到 (3.2.52) 的第三式. □

## 3.3　一维 Cauchy 奇异积分的高精度算法

本节给出奇异积分

$$I(f) = \int_a^b (x-a)^\alpha(b-x)^\beta(x-c)^{-1}\phi(x)dx, \quad \alpha > -1, \beta > -1 \tag{3.3.1}$$

的高精度的算法，其中 $0 \leqslant a < x < b \leqslant 1$ 和 $\phi(x) \in C^p[a,b]$. 若 $\alpha = \beta = 0$, 那么 (3.3.1) 是内点为奇点的 Cauchy 奇异积分; 若 $\alpha > -1, \beta = 0$, 那么 (3.3.1) 为左端点是弱奇异与内点为奇点的 Cauchy 混合奇异积分; 若 $\alpha = 0, \beta > -1$, 那么 (3.3.1) 为右端点是弱奇异与内点为奇点的 Cauchy 混合奇异积分; 若 $\alpha > -1, \beta > -1$, 那么 (3.3.1) 为左右端点是弱奇异与内点为奇点的 Cauchy 混合奇异积分. 本节主要介绍 Lyness 的工作[126,137], 其他可参看文献 [19], [24], [25], [30], [31], [34], [39], [40], [55], [62], [91], [121], [204], [237].

### 3.3.1　定点在区间内的 Cauchy 奇异积分的误差渐近展开式

本段给出积分

$$I(f) = \int_a^b f(x)dx \text{ 且 } f(x) = \frac{\phi(x)}{x-c}, \quad a < c < b \tag{3.3.2}$$

的 Euler-Maclaurin 展开式与求积公式. 记

$$\rho = \lim_{x\to c}(x-c)f(x) \text{ 和 } \rho' = \lim_{x\to c}\frac{d}{dx}[(x-c)f(x)]. \tag{3.3.3}$$

考虑辅助周期函数

$$\psi(x) = \pi\rho\cot(\pi(x-c)) = \pi i\rho\left(\frac{2}{e^{2\pi i(x-c)}-1}+1\right), \quad \forall x \neq c+n,$$
$$\psi(c+n) = 0, \quad \forall \text{ 整数 } n. \tag{3.3.4}$$

显然函数 $\psi(x)$ 具有下列性质.

## 3.3 一维 Cauchy 奇异积分的高精度算法

(i) $\psi(x)$ 在 $x = c$ 处有简单的一阶极点且留数为 $\rho$.

(ii) $\psi(x)$ 是周期为 1 的周期函数, 即 $\forall x$, 有 $\psi(x+1) = \psi(x)$.

(iii) $\psi(x)$ 是关于 $x = c$ 和 $x = c + 1/2$ 的反对称函数, 即 $\forall y$, 有

$$\psi(c+y) = -\psi(c-y) \text{ 和 } \psi(c+y+1/2) = -\psi(c-y+1/2). \quad (3.3.5)$$

(iv)
$$I(\psi) = \int_0^1 \psi(x)dx = 0. \quad (3.3.6)$$

事实上, 根据 (ii) 和 (iii) 知, $\psi(x)$ 是周期为 1 的周期函数, 于是可取任何一个周期上积分, 不妨在 $(c-1/2, c+1/2)$ 上积分, 运用 $\psi(x)$ 的反对称性得到 (3.3.6).

(v) 利用梯形公式, 有

$$R^{[m,v]}\psi = \begin{cases} 0, & mc - t_v \text{ 为整数}, \\ \pi\rho\cot(\pi(t_v - c)), & \text{其他}, \end{cases} \quad (3.3.7)$$

这里

$$R^{[m,v]}f = \frac{1}{m}\sum_{j=0}^{m-1} f((j+t_v)/m), \quad t_v = (v+1)/2, -1 < v < 1.$$

事实上, 当 $mc - t_v$ 是整数时, 梯形公式需要奇异点 $x = c$ 处的函数值, (3.3.7) 的第一个结论, 根据 $\psi(x)$ 的反对称性可得到. 现在证明第二个结论. 因为

$$R^{[m,v]}e^{2\pi ikx} = \begin{cases} 0, & k/m \neq \text{整数}, \\ e^{2\pi i(k/m)t_v}, & k/m = \text{整数}. \end{cases} \quad (3.3.8)$$

设 $\varepsilon > 0$, 有

$$\psi(x+i\varepsilon) = \pi\rho i\left(1 - \frac{2}{1 - e^{-2\pi\varepsilon}e^{2\pi i(x-c)}}\right) = \pi\rho i\left(1 - 2\sum_{k=0}^{\infty}e^{-2\pi k\varepsilon}e^{2\pi ikc}\right). \quad (3.3.9)$$

根据梯形公式, 获得

$$\begin{aligned} R^{[m,v]}\psi(x+i\varepsilon) &= \pi\rho i\left(1 - 2\sum_{k=0}^{m}e^{-2\pi mk\varepsilon}e^{2\pi ikt_v}e^{-2\pi ikmc}\right) \\ &= \pi\rho i\left(1 - \frac{2}{1 - e^{-2\pi m\varepsilon}e^{2\pi it_v}e^{-2\pi mc}}\right) \\ &= \pi\rho\cot(\pi(t_v - mc + im\varepsilon)). \end{aligned} \quad (3.3.10)$$

设 $\varepsilon \to 0$, 因为 $mc - t_v$ 不是整数, 从而有 (3.3.7) 的第二个结论.

(vi) 用 [0,1]+ 表示 0 到 1 在实轴上半平面的围道积分，且包括 $z = c$ 点，围道的四个顶点为 0, 1, 1+iL, iL，那么

$$\int_{[0,1]+} \psi(x)e^{2\pi i k x} dx = 0, \quad k = 1, 2, \cdots. \tag{3.3.11}$$

事实上，被积函数 $\psi(x)e^{2\pi i k z}$ 是周期为 1 的周期函数，且平行虚轴的积分为 0, 在边 iL, 1+iL 上有界且为 $3e^{-2\pi k L}/(1 - e^{-2\pi L})$，当 $L \to \infty$ 时，(3.3.11) 成立. 由留数定理得到

$$\int_0^1 \psi(x)e^{2\pi i k x} dx = \pi\rho i e^{2\pi i k x}, \quad k = 1, 2, \cdots. \tag{3.3.12}$$

下面讨论被积函数为

$$\begin{aligned} f(x) &= (x-c)^{-1}\phi(x), \quad \forall x \neq c \in (0,1), \\ f(c) &= 0, 0 < c < 1, \end{aligned} \tag{3.3.13}$$

这里 $\phi(x) \in C^p[0,1]$. 置 $\rho = \phi(c)$ 和

$$\begin{aligned} g(x) &= f(x) - \psi(x), \quad \forall x \neq c \in (0,1), \\ g(c) &= \phi'(c) = \rho', \quad 0 < c < 1, \end{aligned} \tag{3.3.14}$$

且 $g(x) \in C^p[0,1]$. 注意 $g(c) \neq f(c) - \psi(c) = 0$, 于是

$$I(g) = I(f) - I(\psi) = I(f), \tag{3.3.15}$$

这里 $I(f)$ 和 $I(\psi)$ 是 Cauchy 主值积分，$I(g)$ 是正常积分. 因为 $\psi(x)$ 是周期为 1 的周期函数，所以对任意大于或等于 0 的整数 $s$, 有 $\psi^{(s)}(0) = \psi^{(s)}(1)$ 和

$$g^{(s)}(1) - g^{(s)}(0) = f^{(s)}(1) - f^{(s)}(0). \tag{3.3.16}$$

利用

$$\begin{aligned} S^{[m,v]}f &= \pi\rho\cot(\pi(t_v - mc)), \quad mc - t_v \neq \text{整数}, \\ S^{[m,v]}f &= -\rho'/m, \quad mc - t_v = \text{整数}, \end{aligned} \tag{3.3.17}$$

我们有下面定理.

**定理 3.3.1** 当 $f(x)$ 由 (3.3.13) 定义，那么有

$$R^{[m,v]}f - S^{[m,v]}f = I(f) + \sum_{k=1}^{p-1} \frac{\bar{B}_k(t_v)}{k!} \frac{f^{(k-1)}(1) - f^{(k-1)}(0)}{m^k} + E_p^{[m,v]}f, \tag{3.3.18}$$

其中

$$E_p^{[m,v]}f = \frac{1}{m^p}\int_0^1 \left(\frac{d^p}{dx^p}(f(x) - \psi(x))\right)\left(\frac{\bar{B}_k(t_v) - \bar{B}_k(t_v - mx)}{p!}\right) dx = O(m^{-p}). \tag{3.3.19}$$

## 3.3 一维 Cauchy 奇异积分的高精度算法

**证明** 由 $g(x) \in C^p[0,1]$, 利用 Euler-Maclaurin 公式 (2.1.39) 获得

$$R^{[m,v]}g = I(g) + \sum_{k=1}^{p-1} \frac{\bar{B}_k(t_v)}{k!} \frac{g^{(k-1)}(1) - g^{(k-1)}(0)}{m^k}$$

$$+ \frac{1}{m^p} \int_0^1 g^{(p)}(x) \left( \frac{\bar{B}_k(t_v) - \bar{B}_k(t_v - mx)}{p!} \right) dx. \qquad (3.3.20)$$

利用 (3.3.15), (3.3.16) 和 $I(\psi) = 0$, 把 (3.3.20) 的右边代入 (3.3.18) 的右边, 注意到 $g^{(p)}(x)$ 是有界函数, 从而得到 $E_p^{[m,v]}f = O(m^{-p})$.

下面证明 $R^{[m,v]}g$ 等于 (3.3.18) 的左边. 当 $mc - t_v \neq$ 整数时, 由 $R^{[m,v]}g$ 确定的 $g(x)$ 的结点不包括 $x = c$, 那么有

$$R^{[m,v]}g = R^{[m,v]}f - R^{[m,v]}\psi, \qquad (3.3.21)$$

根据 (3.3.7) 得到 (3.3.18). 当 $mc - t_v =$ 整数时, 由 $R^{[m,v]}g$ 确定的 $g(x)$ 的结点包括 $x = c$, 于是

$$R^{[m,v]}g = \frac{1}{m} \sum_{j=0}^{m-1} g\left(\frac{j+t_v}{m}\right) = \frac{1}{m}g(c) + \frac{1}{m}\sum{}' g\left(\frac{j+t_v}{m}\right)$$

$$= \frac{1}{m}\phi'(c) + \frac{1}{m}\sum{}' f\left(\frac{j+t_v}{m}\right) - \frac{1}{m}\sum{}' \psi\left(\frac{j+t_v}{m}\right), \qquad (3.3.22)$$

这里 $\sum'$ 表示当 $\frac{j+t_v}{m} = c$ 时该项为 0. 因为 $f(c) = \psi(c) = 0$, 从而有

$$R^{[m,v]}g = \frac{1}{m}\phi'(c) + R^{[m,v]}f - R^{[m,v]}\psi. \qquad (3.3.23)$$

根据 (2.3.7) 有 $R^{[m,v]}\psi = 0$, 这样就得到了 (3.3.18). □

从定理 3.3.1 可得到计算积分 (3.3.2) 的求积公式

$$Q^{[m,v]}f = R^{[m,v]}f - S^{[m,v]}f, \qquad (3.3.24)$$

该公式的精度为 $O(m^{-1})$ 阶, 但利用外推可达到高精度, 特别地, 若是周期函数精度为 $O(m^{-p})$, $p > 1$.

### 3.3.2 端点弱奇异与内点为 Cauchy 奇异积分的误差渐近展开式

本段介绍函数 $f(x) = (x-a)^\alpha (b-x)^\beta (x-c)^{-1} \phi(x)$ 的积分 (3.3.1) 的 Euler-Maclaurin 展开式与求积公式, 其中 $\phi(x) \in C^p[a,b]$. 设

$$\theta(x) = (x-c)^{-1}\phi(x), \qquad (3.3.25)$$

定义
$$\rho = \phi(c)(c-a)^\alpha (b-c)^\beta = \lim_{x\to c} f(x)(x-c). \tag{3.3.26}$$

在带形区域 $0 < \mathrm{Im}(z) < L$ 内，$f(x)$ 无奇异，考虑积分

$$\int_{[a,b]+} f(x)e^{\mathrm{i}kx}dx = \left(\int_a^{a+\mathrm{i}L} + \int_{a+\mathrm{i}L}^{b+\mathrm{i}L} + \int_{b+\mathrm{i}L}^b\right) f(x)e^{\mathrm{i}kz}dz, \tag{3.3.27}$$

这里 $[a,b]+$ 表示 $a$ 到 $b$ 在实轴上半平面的围道积分，且包括 $z=c$ 点，围道的四个顶点为 $a, a+\mathrm{i}L, b+\mathrm{i}L, b$.

**引理 3.3.1** 在 (3.3.27) 的假设下，有下列渐近展开式

$$\int_{[a,b]+} f(x)e^{\mathrm{i}kx}dx \sim -e^{\mathrm{i}kb-\mathrm{i}\pi\beta/2}\sum_{q=0} \frac{h^{(q)}(b)\mathrm{i}^{q+1}(q+\beta)!}{q!k^{q+\beta+1}}$$
$$+ e^{\mathrm{i}ka+\mathrm{i}\pi\alpha/2}\sum_{q=0} \frac{g^{(q)}(a)\mathrm{i}^{q+1}(q+\alpha)!}{q!k^{q+\alpha+1}}, \tag{3.3.28}$$

其中 $h(x) = (x-a)^\alpha(x-c)^{-1}\phi(x)$ 和 $g(x) = (b-x)^\beta(x-c)^{-1}\phi(x)$，且 $\phi(x) \in C^p[a,b]$.

**证明** 置 $k = 2\pi r$，把 (3.3.11) 的围道 $[0,1]+$ 变成 $[a,b]+$ 得到

$$\int_{[a,b]+} \psi(x)e^{2\pi \mathrm{i}rx}dx = 0, \quad r = 1, 2, \cdots. \tag{3.3.29}$$

根据 $f(x) - \psi(x)$ 在 $x = c$ 点是正常函数，且 $f(x)$ 在区间 $[a,b]$ 外为 0，那么有

$$\int_{[a,b]+} f(x)e^{2\pi\mathrm{i}rx}dx - \int_{[a,b]+} \psi(x)e^{2\pi\mathrm{i}rx}dx = \int_0^1 (f(x)-\psi(x))e^{2\pi\mathrm{i}rx}dx. \tag{3.3.30}$$

于是 (3.3.28) 的左边可以用

$$\int_0^1 (f(x)-\psi(x))e^{2\pi\mathrm{i}rx}dx \tag{3.3.31}$$

来代替. 然而, (3.3.31) 是正常积分，利用 Poisson 和，得到

$$R^{[m,v]}(f-\psi) - I(f-\psi) = 2\sum_{r=1}^\infty \mathrm{Re}\left[e^{-2\pi\mathrm{i}rt_v}\int_0^1 (f(x)-\psi(x))e^{2\pi\mathrm{i}rmx}dx\right]. \tag{3.3.32}$$

根据定理 3.1.2 得到 (3.3.28). □

应用引理 3.3.1，我们立即得到本段的主要定理.

**定理 3.3.2** 设 $f(x) = (x-a)^\alpha(b-x)^\beta(x-c)^{-1}\phi(x)$ 且 $\phi(x) \in C^p[a,b]$，那么有下列渐近展开式

$$R^{[m,v]}f - S^{[m,v]}f \sim I(f) + \sum_{q=0} \frac{B_q(m)}{m^{q+\beta+1}} + \sum \frac{A_q(m)}{m^{q+\alpha+1}}, \tag{3.3.33}$$

## 3.3 一维 Cauchy 奇异积分的高精度算法

这里

$$B_q(m) = h^{(q)}(b)(-1)^q\bar{\zeta}(-(q+\beta), mb-t_v)/q!,$$
$$A_q(m) = g^{(q)}(b)(-1)^q\bar{\zeta}(-(q+\alpha), t_v-mb)/q!,$$
$$h(x) = (x-a)^\alpha(x-c)^{-1}\phi(x),$$
$$g(x) = (b-x)^\beta(x-c)^{-1}\phi(x),$$

$\bar{\zeta}(s,t)$ 是关于变量 $t$ 的周期函数且周期为 1, $I(f)$ 是 Cauchy 主值积分,

$$S^{[m,v]}f = \begin{cases} \pi\rho\cot(\pi(mc-t_v)), & mc-t_v \neq \text{整数}, \\ \dfrac{-\rho'}{m}, & mc-t_v = \text{整数}. \end{cases}$$

本定理给出了计算积分 (3.3.1) 的求积公式

$$Q^{[m,v]}f = R^{[m,v]}f - S^{[m,v]}f, \tag{3.3.34}$$

利用该公式计算，同样可以运用外推得到高精度算法.

**注 3.3.1** 若 $F(x)$ 在 $x=c$ 处有简单的一阶极点, 用 $[a,b]+$ 表示 $a$ 到 $b$ 在实轴上半平面的围道积分, 且包括 $z=c$ 点, 以 $c$ 为中心, $\varepsilon$ 为半径, 在实轴上半平面作半圆, 由留数定理获得

$$\int_a^b F(x)dx = \lim_{\varepsilon\to 0}\left\{\int_a^{c-\varepsilon}F(x)dx + \int_{c+\varepsilon}^b F(x)dx\right\} = \int_{[a,b]+}F(x)dx + \frac{2\pi\mathrm{i}R}{2}, \tag{3.3.35}$$

这里 $R$ 是在 $z=c$ 处的留数.

**注 3.3.2** 在 (3.3.33) 中, Fourier 系数起到了关键作用, 下面研究它的一些性质. 当 $f(x)$ 是解析函数时, $f(x)e^{kx\mathrm{i}}$ 在 $x=c$ 的留数为 $\rho e^{kc\mathrm{i}}$, 那么有

$$\mathrm{p.v}\int_a^b f(x)e^{kx\mathrm{i}}dx = \int_{[a,b]+}f(x)e^{kx\mathrm{i}}dx + \pi\mathrm{i}\rho e^{kc\mathrm{i}}.$$

从 (3.3.28) 获得

$$\int_{[a,b]+}f(x)e^{\mathrm{i}kx}dx \sim \pi\mathrm{i}\rho e^{kc\mathrm{i}} - e^{\mathrm{i}kb-\mathrm{i}\pi\beta/2}\sum_{q=0}\frac{h^{(q)}(b)\mathrm{i}^{q+1}(q+\beta)!}{q!k^{q+\beta+1}}$$
$$+ e^{\mathrm{i}ka+\mathrm{i}\pi\alpha/2}\sum_{q=0}\frac{g^{(q)}(a)\mathrm{i}^{q+1}(q+\alpha)!}{q!k^{q+\alpha+1}}, \quad k>0. \tag{3.3.36}$$

特别地, 若 $f(x)$ 在 $a,b$ 无奇异, 即 $\alpha=\beta=0$, (3.3.36) 变成

$$\sim \pi\mathrm{i}\rho e^{kc\mathrm{i}} - e^{\mathrm{i}kb}\sum_{q=0}\frac{f^{(q)}(b)\mathrm{i}^{q+1}}{q!k^{q+1}} + e^{\mathrm{i}ka}\sum_{q=0}\frac{f^{(q)}(a)\mathrm{i}^{q+1}}{q!k^{q+1}}, \quad k>0. \tag{3.3.37}$$

Fourier 系数在这种情况下取 $k = 2\pi r(b-a)$, $r$ 为整数, $[a,b] = [0,1]$, 根据 (3.3.14) 获得 $g(x) = f(x) - \psi(x)$ 是正常函数, 运用分部积分公式有

$$\int_0^1 g(x)e^{ikx}dx = \sum_{q=0}^{p-1} \frac{(g^{(q)}(1) - g^{(q)}(0))}{(2\pi ir)^{q+1}} + \int_0^1 \frac{g^{(p)}(x)e^{2\pi irx}}{(2\pi ir)^p}. \tag{3.3.38}$$

因为 $\psi(x)$ 是周期函数, 有

$$g^{(q)}(1) - g^{(q)}(0) = f^{(q)}(1) - f^{(q)}(0),$$

$$\int_0^1 f(x)e^{2\pi irx}dx = \pi i\rho e^{2\pi rci} + \sum_{q=0}^{p-1} \frac{(f^{(q)}(1) - f^{(q)}(0))}{(2\pi ir)^{q+1}} + R_p(f - \psi), \tag{3.3.39}$$

其中

$$R_p(f-\psi) = \frac{1}{(2\pi ir)^p} \int_0^1 \frac{d^p}{dx^p}(f(x) - \psi(x))e^{2\pi irx}dx, \quad \rho = \lim_{x \to c} f(x)(x-c). \tag{3.3.40}$$

### 3.3.3 内点为 Cauchy 奇异积分的加速收敛方法

考虑积分 (3.3.2), 利用 2.3 节中的 Sigmoid-变换, 特别地, 取

$$\gamma_r(x) = \frac{x^r}{x^r + (1-x)^r}, \quad 0 \leqslant x \leqslant 1, r > 0, \tag{3.3.41}$$

显然, $\gamma_r(\gamma_{1/r}(x)) = x$ 和 $\gamma_{1/r} = \gamma_r^{-1}$. 把 $\gamma_r(x)$ 代入 (3.3.2) 中, 有

$$I(f) = \int_0^1 \frac{\phi(\gamma_r(\sigma))\gamma_r'(\sigma)}{\gamma_r(\sigma) - c}d\sigma, \quad x = \gamma_r(\sigma),$$

置 $c = \gamma_r(s)$, 且 $0 < s < 1$, 于是得到

$$I(f) = \int_0^1 \frac{h_r(\sigma, s)}{\sigma - c}d\sigma, \tag{3.3.42}$$

其中

$$h_r(\sigma, s) = \begin{cases} \dfrac{\phi(\gamma_r(\sigma))\gamma_r'(\sigma)}{\gamma_r(\sigma) - \gamma_r(s)}, & \sigma \neq s, \\ \phi(\gamma_r(\sigma)) = \phi(c), & \sigma = s. \end{cases} \tag{3.3.43}$$

下面定理给出在 Sigmoid-变换下的求积公式.

**定理 3.3.3** 假设 $\phi(x) \in C^p[0,1]$, 且

$$p = \begin{cases} n, & B_n(t_v) \neq 0, \\ n+1, & B_n(t_v) = 0, \end{cases} \tag{3.3.44}$$

又设在端点 $x=0$ 和 $x=1$ 处有

$$\phi(x) \sim C_0 x^{n_0} \text{ 和} \phi(x) \sim C_1(1-x)^{n_1}, \tag{3.3.45}$$

且 $n_0$ 和 $n_1$ 是非负整数，$C_0$ 和 $C_1$ 均不为零；若 $\gamma_r$ 是 $r$ 阶 Sigmoid-变换，且 $2 \leqslant r \in N$,

$$n = \min\{r(1+n_0), r(1+n_1)\}; \tag{3.3.46}$$

当 $c = \gamma_r(s), 0 < s < 1$ 和 $m \in N$ 时，那么

$$I(f) = Q_{1,r}^{[m,v]}f + E_{1,r}^{[m,v]}f, \tag{3.3.47}$$

其中，$t_v - ms$ 不是整数，

$$Q_{1,r}^{[m,v]}f = \frac{1}{m}\sum_{j=0}^{m-1}\frac{\phi(\gamma_r(j+t_v)/m)\gamma_r'((j+t_v)/m)}{(j+t_v)/m - c} - \pi\phi(c)\cot(\pi(t_v-ms)), \tag{3.3.48}$$

$$E_{1,r}^{[m,v]}f = -\frac{1}{m^p}\int_0^1 \frac{\partial^p}{\partial\sigma^p}\left(\frac{h_r(\sigma,s)}{\sigma - s} - \psi_r(\sigma,s)\right)\left(\frac{B_p(t_v) - \bar{B}_p(t_v - m\sigma)}{p!}\right)d\sigma, \tag{3.3.49}$$

这里

$$\psi_r(\sigma, s) = \begin{cases} \pi\phi(\gamma_r(s))\cot(\pi(\sigma-s)), & \sigma - s \text{ 不是整数}, \\ 0, & \sigma - s \text{ 是整数}. \end{cases} \tag{3.3.50}$$

**证明** 根据 (3.3.43)，当 $s \in (0,1)$，在 $\sigma = 0^+$（在大于 0 的方向趋于 0）有

$$h_r(\sigma, s) = O(\sigma^{r(n_0+1)-1}).$$

同样在 $\sigma = 1^-$（在小于 1 的方向趋于 1）有

$$h_r(\sigma, s) = O((1-\sigma)^{r(n_0+1)-1}).$$

如选择 $p = n$，那么在 (3.3.18) 的右边第二项的和 $\sum_{k=1}^{p-1}$ 的每一项为 0；若 $B_n(t_v) = 0$，选择 $p = n+1$，那么这个和依然为 0. 现在来研究误差 $E_r^{[m,v]}f$，正如定理 3.3.1 的证明表明

$$\phi(x)/(x-c) - \psi(x) \in C^{(p)}[0,1],$$

对固定的 $s \in (0,1)$，有

$$h_r(\sigma,s)/(\sigma-s) - \psi_r(\sigma,s) \in C^p[0,1].$$

从而有 $E_r^{[m,v]}f = O(m^{-p})$. □

定理 3.3.1 说明求积公式 $R^{[m,v]}f - S^{[m,v]}f$ 的误差阶为 $O(m^{-1})$，然而经过简单的 Sigmoid-变换后，定理 3.3.3 表明，求积公式 (3.3.48) 的误差阶为 $O(m^{-p})$，其中 $p$ 由 (3.3.44) 定义，精确度大大提高.

### 3.3.4 端点弱奇异与内点为 Cauchy 奇异积分的加速收敛方法

定理 3.3.3 中的被积函数不包括端点为弱奇异的情形，下面定理给出包括端点为弱奇异的情形的求积公式及误差展开式 [48-51].

**定理 3.3.4** 设在端点 $x=0$ 和 $x=1$ 处有

$$\phi(x) \sim C_0 x^\alpha, \alpha > -1 \text{ 和 } \phi(x) \sim C_1(1-x)^\beta, \beta > -1, \quad (3.3.51)$$

且 $C_0$ 和 $C_1$ 均不为零；$\gamma_r$ 是 $r>1$ 阶 Sigmoid-变换，$c=\gamma_r(s)$，且 $s \in (0,1)$；若 $t_v - ms$ 不是整数，$m \in N$，那么

$$I(f) \sim Q_r^{[m,v]} f - \sum_{q=0} \left\{ \frac{A_q}{m^{r(1+\alpha)+q}} + \frac{B_q}{m^{r(1+\beta)+q}} \right\}, \quad (3.3.52)$$

其中

$$A_q = g^{(q)}(0)\bar{\zeta}(-(q+r(1+\alpha)-1), t_v)/q!, \quad q=0,1,2,\cdots \quad (3.3.53)$$

和

$$B_q = h^{(q)}(1)(-1)^q \bar{\zeta}(-(q+r(1+\beta)-1), m-t_v)/q!, \quad q=0,1,2,\cdots \quad (3.3.54)$$

这里

$$g(\sigma) = \sigma^{-r(1+\alpha)+1} \phi(\gamma_r(\sigma))\gamma_r'(\sigma)/(\gamma_r(\sigma)-c), \text{且} \sigma \neq s \quad (3.3.55)$$

和

$$h(\sigma) = (1-\sigma)^{-r(1+\beta)+1} \phi(\gamma_r(\sigma))\gamma_r'(\sigma)/(\gamma_r(\sigma)-c), \text{且} \sigma \neq s, \quad (3.3.56)$$

**证明** 因为 $s \in (0,1)$，根据 (3.3.43)，有 $h_r(\sigma,s) \sim C_1 \sigma^{r(1+\alpha)-1}$ 和 $h_r(\sigma,s) \sim C_2(1-\sigma)^{r(1+\beta)-1}$ 且 $C_i \neq 0$, $i=1,2$. 运用定理 3.3.2 的结论，得到本定理的证明. □

下面给出一些算例.

**算例 3.3.1** 计算积分[51]

$$I(U_4) = \int_0^1 \frac{(x(1-x))^{1/2} U_4(2x-1) dx}{x-c}, \quad (3.3.57)$$

它的精确解为 $I(U_4) = -\frac{\pi}{2} T_5(2c-1)$，这里 $U_n(x)$ 和 $T_n(x)$ 分别是 $n$ 阶第一类和第二类 Chebyshev 多项式. 选择 $c=\cos^2(\pi/10)$, $U_4(c)=0$. 根据定理 3.3.4, $\alpha=\beta=1/2$, 利用 $r$ 阶 Sigmoid-变换，由 (3.3.55) 和 (3.3.56) 得

$$g(0) = -\frac{5r}{c} \text{ 和 } h(1) = \frac{5r}{1-c}, \quad (3.3.58)$$

且收敛阶为 $O(m^{-3r/2})$. 那么根据 (3.3.52), 有

$$m^{3r/2}E_r^{[m,v]} \sim 5r\left\{\frac{\zeta(-(3r/2-1),t_v)}{c} - \frac{-\zeta(-(3r/2-1),1-t_v)}{1-c}\right\}. \quad (3.3.59)$$

若取 $r = 2.5$, $t_v = 0.65$ 和 $c = \cos^2(\pi/10)$, 有

$$m^3E_2^{[m,0.3]} \sim 1.316964 \text{对任意大的} m, \quad (3.3.60)$$

$r = 2$, $t_v = 0.65$ 和 $c = \cos^2(\pi/10)$, 有

$$m^{3.75}E_{2.5}^{[m,0.3]} \sim 0.953217 \text{对任意大的} m. \quad (3.3.61)$$

数值结果见表 3.3.1.

表 3.3.1  本算例的数值结果

| $m$ | 32 | 64 | 128 | 256 | $\infty$ |
|---|---|---|---|---|---|
| $m^3 E_2^{[m,0.3]}$ | 1.371 | 1.344 | 1.330 | 1.324 | 1.317 |
| $m^{3.75} E_{2.5}^{[m,0.3]}$ | 0.886 | 0.921 | 0.937 | 0.945 | 0.953 |

## 3.4  一维含参的 Cauchy 奇异积分的高精度算法

本节研究带一个参数 $t \in (a,b)$ 的 Cauchy 奇异积分

$$I(g) = \int_a^b G(x)dx \text{ 且} G(x) = \frac{g(x)}{x-t}, \quad a < t < b \quad (3.4.1)$$

的高精度数值算法, 这里 $G(x)$ 是以参数 $t$ 为奇点的函数, $g(x)$ 是 $[a,b]$ 上的光滑函数.

### 3.4.1  含参的 Cauchy 奇异积分的误差渐近展开式

Sidi[216] 和 Iseraeli 基于 Euler-Maclaurin 展开式得到计算 (3.4.1) 的梯形公式和误差的渐近展开式, 由此得到奇异积分的外推算法.

令 $x_j = a + jh$, $j = 0, 1, \cdots, N$, $h = (b-a)/N$, $N$ 是正整数, $t \in \{x_j : 1 \leqslant j \leqslant N-1\}$ 是固定参数, 并且记号 $\sum_{j=0}^{N}{}' G(x_j)$ 表示求和中 $j = 0, N$ 这两项应当乘系数 $1/2$. 利用定理 2.1.9, 我们证明以下定理.

**定理 3.4.1**  若 $g(x) \in C^{2m}[a,b]$, 而 $G(x) = g(x)/(x-t)$, 则成立渐近展开

$$\int_a^b G(x)dx - h\sum_{\substack{j=0\\x_j\neq t}}^{N}{}' G(x_j)$$

$$= hg'(t) + \sum_{i=1}^{m-1}\frac{B_{2j}}{(2i)!}[G^{(2i-1)}(a) - G^{(2i-1)}(b)]h^{2i} + R_{2m}, \quad (3.4.2)$$

这里 $R_{2m} = O(h^{2m})$.

**证明** 不失一般性，设 $t - a \leqslant b - t$, $t \in \{x_j\}$，从而 $b' = 2t - a \in \{x_j\}$，且 $t$ 是区间 $[a, b']$ 的中点，故

$$\int_a^b G(x)dx = \int_a^{b'} G(x)dx + \int_{b'}^b G(x)dx, \tag{3.4.3}$$

这里

$$\int_a^{b'} G(x)dx = \int_a^{b'} \frac{g(x) - g(t)}{x - t} dx \tag{3.4.4}$$

的右端是正常积分，且当 $x = t$ 被积函数取为 $g'(t)$ 时，应用定理 2.1.9，有

$$D_1(h) = \int_a^{b'} G(x)dx - h \sum_{\substack{x_j \leqslant b' \\ x_j \neq t}}^{n} {}' \frac{g(x_j) - g(t)}{x_j - t} - hg'(t)$$

$$= \sum_{i=1}^{m-1} \frac{B_{2i}}{(2i)!} \left\{ \frac{d^{2i-1}}{dx^{2i-1}} \left[ \frac{g(x) - g(t)}{x - t} \right]_{x=a} - \frac{d^{2i-1}}{dx^{2i-1}} \left[ \frac{g(x) - g(t)}{x - t} \right]_{x=b'} \right\} h^{2i} + O(h^{2m}). \tag{3.4.5}$$

因为 $t$ 是 $[a, b']$ 的中点，从而有

$$h \sum_{\substack{x_j \leqslant b' \\ x_j \neq t}}^{N} {}' \frac{1}{x_j - t} = 0 \tag{3.4.6}$$

和

$$\frac{d^i}{dx^i}\left(\frac{1}{x-t}\right) = \frac{(-1)^i i!}{(x-t)^{i+1}}, \quad i = 0, 1, \cdots \tag{3.4.7}$$

将其代入 (3.4.5)，得到

$$D_1(h) = \int_a^{b'} G(x)dx - h \sum_{\substack{x_j \leqslant b' \\ x_j \neq t}}^{n} {}' G(x_j) - hg'(t)$$

$$= \sum_{i=1}^{m-1} \frac{B_{2i}}{(2i)!} \left[ G^{(2i-1)}(a) - G^{(2i-1)}(b') \right] h^{2i} + O(h^{2m}). \tag{3.4.8}$$

再利用定理 2.1.9 得到 (3.4.3) 的第二个积分的误差渐近展开式，又得

$$D_2(h) = \int_{b'}^b G(x)dx - h \sum_{x_j \geqslant b'}^{N} {}' G(x_j)$$

$$= \sum_{i=1}^{m-1} \frac{B_{2i}}{(2i)!} [G^{(2i-1)}(b') - G^{(2i-1)}(b)] h^{2i} + O(h^{2m}). \tag{3.4.9}$$

## 3.4 一维含参的 Cauchy 奇异积分的高精度算法

合并 (3.4.8) 和 (3.4.9) 便得到 (3.4.2) 的证明. □

**推论 3.4.1** 公式 (3.4.2) 的余项可以显式地表达为

$$R_{2m} = h^{2m} \int_a^b \frac{\bar{B}_{2m}[(x-a)/h] - B_{2m}}{(2m)!} G^{(2m)}(x) dx, \quad (3.4.10)$$

其中积分应在 Cauchy 主值意义下理解, $\bar{B}_{2m}(x)$ 是 $B_{2m}(x)$ 的周期延拓.

**证明** 因为 (3.4.5) 的余项是

$$R_{2m} = h^{2m} \int_a^{b'} \frac{\bar{B}_{2m}[(x-a)/h] - B_{2m}}{(2m)!} \frac{d^{2m}}{dx^{2m}} \frac{g(x) - g(t)}{x-t}, \quad (3.4.11)$$

作变换 $x = t + \xi$, 我们得到

$$\int_a^{b'} \frac{\bar{B}_{2m}[(x-a)/h] - B_{2m}}{(2m)!} \frac{d^{2m}}{dx^{2m}} \frac{1}{x-t} dx$$
$$= \int_{-(t-a)}^{t-a} \frac{\bar{B}_{2m}[\xi/h + (t-a)/h] - B_{2m}}{(2m)!} \frac{d^{2m}}{d\xi^{2m}} \left(\frac{1}{\xi}\right) d\xi = 0, \quad (3.4.12)$$

而 $(t-a)/h$ 是整数, 应用 $\bar{B}_k(N+x) = \bar{B}_k(x)$ 和 $\bar{B}_k(-x) = (-1)^k \bar{B}_k(x), k \geqslant 2$, 这表明 (3.4.12) 的被积函数是奇函数, 故按照 Cauchy 主值意义, 其积分为零, 由此得到 (3.4.10) 的证明. □

**定理 3.4.2** 若 $g(x)$ 和 $\tilde{g}(x) \in C^{2m}[a,b]$, 而 $G(x)$ 是以 $T = b-a$ 为周期的周期函数, 而且除奇点 $\{t + kT\}_{k=-\infty}^{\infty}$ 外, $G(x)$ 至少 $2m$ 次可微, 若 $G(x) = g(x)/(x-t) + \tilde{g}(x)$, 则求积公式

$$Q_n(G) = h \sum_{\substack{j=1 \\ x_j \neq t}}^N G(x_j) \quad (3.4.13)$$

的误差有渐近展开

$$E_n(G) = \int_a^b G(x)dx - Q_n(G) = [g'(t) + \tilde{g}(t)]h + O(h^{2m}). \quad (3.4.14)$$

**证明** 根据 $G(x)$ 是以 $T = b-a$ 为周期的周期函数, 从而有

$$G^{(k)}(a) = G^{(k)}(b), \quad 0 \leqslant k \leqslant 2m.$$

应用定理 3.4.1 便得到证明. □

(3.4.14) 表明避开奇点的梯形公式的精度仅有 $O(h)$ 阶, 但是应用外推方法导出的梯形公式却有高阶精度.

**定理 3.4.3** 若 $G(x)$ 和 $Q_n(G)$ 和定理 3.4.2 的情形相同，则外推公式

$$\tilde{Q}_n(G) = 2Q_{2n}(G) - Q_n(G) = h\sum_{j=1}^{N} G\left(a + \frac{2j-1}{2}h\right) \quad (3.4.15)$$

正好是中矩形公式，并且误差有估计

$$\tilde{E}_n(G) = \int_a^b G(x)dx - \tilde{Q}_n(G) = O(h^{2m}). \quad (3.4.16)$$

此外，若 $G(z)$ 在带形区域 $|\operatorname{Im} z| < \sigma$ 内除去简单极点 $\{t + kT, k = 0, \pm 1, \pm 2, \cdots\}$ 外是解析的，则误差 $\tilde{E}_n(G)$ 是指数阶的，并且有估计

$$|\tilde{E}_n(G)| \leqslant 2TM(\sigma')\exp(-2\pi N\sigma'/T)/[1 - \exp(-2\pi N\sigma'/T)], \quad \sigma' < \sigma, \quad (3.4.17)$$

其中

$$M(y) = \max\{\max_{-\infty < x < \infty}|G_e(x+\mathrm{i}y)|, \max_{-\infty < x < \infty}|G_e(x-\mathrm{i}y)|\},$$

而 $G_e(\xi) = [G(t + \mathrm{i}\xi) + G(t - \mathrm{i}\xi)]/2$.

**证明** (3.4.16) 可以直接得到，(3.4.17) 的证明可见文献 [216]. □

**注** 定理 3.4.2 和定理 3.4.3 也给出了 Hilbert 积分

$$I(f)(x) = \frac{1}{2\pi}\int_0^{2\pi} f(t)\cot\frac{x-t}{2}dt, \quad x \in (0, 2\pi)$$

的求积公式和渐近展开式. 事实上

$$\frac{1}{2\pi}\int_0^{2\pi} f(t)\cot\frac{x-t}{2}dt$$
$$= \frac{1}{2\pi}\int_0^{2\pi} f(t)\left[\cot\frac{x-t}{2} - \frac{1}{(x-t)/2}\right] + \frac{1}{2\pi}\int_0^{2\pi}\frac{2f(t)}{(x-t)}dt,$$

利用 $\cot t$ 的幂级数展开式得到

$$\cot\frac{x-t}{2} - \frac{1}{(x-t)/2} = \sum_{n=1}^{\infty}\frac{-2^{2n}B_n}{(2n)!}\left(\frac{x-t}{2}\right)^{2n-1}, \quad 0 < \left|\frac{x-t}{2}\right| < \pi,$$

其中 $B_n$ 是 Bernoulli 数，从而上述积分可表示成一个正常积分与 Cauchy 奇异积分之和.

### 3.4.2 带权的含参的 Cauchy 奇异积分的数值算法

下面给出几个熟知的求积公式

$$\frac{1}{\pi}\int_{-1}^{1}\frac{f(t)dt}{(t-s)\sqrt{1-t^2}} \approx \frac{1}{n}\sum_{j=1}^{n}\frac{f(t_j)[U_{n-1}(s) - U_{n-1}(t_j)]}{U_{n-1}(t_j)(s-t_j)}, \quad (3.4.18)$$

其中 $t_j = \cos\dfrac{j\pi}{n}$ 为第二类 Chebyshev 多项式

$$U_{n-1}(t) = \frac{\sin n\theta}{\sin \theta}, \quad t = \cos t$$

的零点，该式称为 Paget-Elliott-Gauss-Chebyshev 求积公式.

$$\begin{aligned}&\frac{1}{\pi}\int_{-1}^{1}\frac{f(t)dt}{(t-s)\sqrt{1-t^2}}\\ &\approx \frac{1-T_n(s)}{2n(1-s)}f(1) - \frac{1-(-1)^n T_n(s)}{2n(1+s)}f(-1) + \frac{1}{n}\sum_{j=1}^{n-1}\frac{f(t_j)[T_n(s)-T_n(t_j)]}{T_n(t_j)(s-t_j)},\end{aligned} \quad (3.4.19)$$

这里 $t_j = \cos\dfrac{2j-1}{2n}\pi$ 为第一类 Chebyshev 多项式

$$T_n(x) = \cos n\theta, \quad x = \cos\theta$$

的零点，该式称为 Paget-Elliott-Lobatto-Chebyshev 求积公式.

$$\begin{aligned}&\frac{1}{\pi}\int_{-1}^{1}\frac{f(t)dt}{(t-s)\sqrt{1-t^2}}\\ &\approx \frac{1-V_n(s)}{(2n+1)(1-s)}f(1) + \frac{2}{2n+1}\sum_{j=1}^{n}\frac{f(t_j)[V_n(s)-V_n(t_j)]}{V_n(t_j)(s-t_j)},\end{aligned} \quad (3.4.20)$$

这里 $t_j = \cos\dfrac{2j-1}{2n+1}\pi$ 为关于权 $(1-x)^{-1/2}(1+x)^{1/2}$ 正交的多项式

$$V_n(x) = \frac{\cos\left(\dfrac{2n+1}{2}\theta\right)}{\cos(\theta/2)}, \quad x = \cos\theta$$

的零点，该式称为 Paget-Elliott-Radau-Chebyshev 求积公式.

$$\frac{1}{\pi}\int_{-1}^{1}\frac{f(t)\sqrt{1-t^2}dt}{(t-s)} \approx \frac{1}{n}\sum_{j=1}^{n-1}\frac{f(t_j)(1-t_j^2)[T_n(s)-T_n(t_j)]}{T_n(t_j)(s-t_j)}, \quad (3.4.21)$$

该式称为 Paget-Elliott-Gauss-Jacobi 求积公式.

接下来再给出两个内插型求积公式

$$\frac{1}{\pi}\int_{-1}^{1}\frac{f(t)\sqrt{1-t^2}dt}{(t-s)} \approx \frac{1}{n}\sum_{j=1}^{n}\frac{f(t_j)[(1-s^2)U_{n-1}(s)-(1-t_j^2)U_{n-1}(t_j)]}{U_{n-1}(t_j)(s-t_j)} \quad (3.4.22)$$

和

$$\frac{1}{\pi}\int_{-1}^{1}\frac{f(t)\sqrt{1-t^2}dt}{(t-s)}$$

$$\approx \frac{2}{2n+1}\sum_{j=1}^{n}\frac{(1+t_j)f(t_j)[(1-s)W_n(s)-(1-t_j)W_n(t_j)]}{W_n(t_j)(s-t_j)}, \tag{3.4.23}$$

这里 $t_j = \cos\dfrac{2j\pi}{2n+1}$ 为关于权 $(1-x)^{-1/2}(1+x)^{-1/2}$ 正交的多项式

$$W_n(x) = \frac{\sin\left(\dfrac{2n+1}{2}\theta\right)}{\sin(\theta/2)}, \quad x = \cos\theta$$

的零点.

为了得到各个公式的误差估计, 首先给出 $D_n$ 族函数 [45-47], 若

$$\int_0^1 \lg^{n-1}\frac{1}{x}\frac{\omega(f,x)}{x}dx < \infty, \tag{3.4.24}$$

则称 $f \in D_n$, 这里 $\omega(f,x)$ 表示 $f(x)$ 的连续模.

为了给出上述求积公式的误差估计, 首先给出以下引理.

**引理 3.4.1**[45] 若 $f \in D_1$, 则

$$\left|\frac{1}{\pi}\int_{-1}^{1}\frac{f(t)\sqrt{1-t^2}dt}{(t-s)}\right|$$

$$\leqslant \begin{cases} \dfrac{1}{\pi}(2\pi+4+2e^{-1})\|f\|_\infty + 6\|f\|_\infty \lg n + 2\displaystyle\int_0^{n^{-2}}\dfrac{\omega(f,x)}{x}dx, & -1 < s < 1, \\ \|f\|_\infty, & s = \pm 1. \end{cases}$$

**证明** 当 $s = \pm 1$ 时,

$$\left|\frac{1}{\pi}\int_{-1}^{1}\frac{f(t)\sqrt{1-t^2}dt}{(t-s)}\right| \leqslant \frac{1}{\pi}\|f\|_\infty \int_{-1}^{1}(1-t)^{-1/2}(1+t)^{1/2}dt = \|f\|_\infty.$$

当 $-1 < s < 1$ 时, 取 $0 < \varepsilon \leqslant \delta = \min\{1+s, 1-s\}$, 不妨取 $\delta = 1-s$,

$$\frac{1}{\pi}\int_{-1}^{1}\frac{f(t)\sqrt{1-t^2}dt}{(t-s)}$$

$$= \frac{1}{\pi}\int_{-1}^{1}\frac{f(t)(\sqrt{1-t^2}-\sqrt{1-s^2})dt}{(t-s)} + \sqrt{1-s^2}\frac{1}{\pi}\int_{-1}^{1}\frac{f(t)dt}{(t-s)}, \tag{3.4.25}$$

对于第一个积分有

$$\left|\frac{1}{\pi}\int_{-1}^{1}\frac{f(t)(\sqrt{1-t^2}-\sqrt{1-s^2})dt}{(t-s)}\right| \leqslant \frac{1}{\pi}\|f\|_\infty \int_{-1}^{1}\frac{|t+s|dt}{\sqrt{1-t^2}+\sqrt{1-s^2}}$$

$$\leqslant \frac{2}{\pi}\|f\|_\infty \int_{-1}^{1}\frac{dt}{\sqrt{1-t^2}} = 2\|f\|_\infty, \tag{3.4.26}$$

## 3.4 一维含参的 Cauchy 奇异积分的高精度算法

对于第二个积分

$$\sqrt{1-s^2}\frac{1}{\pi}\int_{-1}^{1}\frac{f(t)dt}{(t-s)} = \frac{\sqrt{1-t^2}}{\pi}\left[\int_{-1}^{s-\sqrt{\delta}}+\int_{s-\sqrt{\delta}}^{s-\varepsilon}+\int_{s-\varepsilon}^{s+\varepsilon}+\int_{s+\varepsilon}^{1}\right]\frac{f(t)dt}{(t-s)}$$

$$= \frac{\sqrt{1-t^2}}{\pi}[\Delta_1+\Delta_2+\Delta_3+\Delta_4],$$

且有以下估计

$$|\Delta_1| \leqslant \frac{2}{\sqrt{\delta}}\|f\|_\infty,$$

$$|\Delta_2| \leqslant \|f\|_\infty \int_{s-\sqrt{\delta}}^{s-\varepsilon}\frac{dt}{(t-s)} = \|f\|_\infty \lg\frac{\sqrt{\delta}}{\varepsilon} = \|f\|_\infty\left[\lg\frac{\delta}{\varepsilon}+\lg\delta^{-1/2}\right],$$

$$|\Delta_3| \leqslant \left|\int_{s-\varepsilon}^{s+\varepsilon}\frac{f(t)-f(s)}{t-s}dt\right| \leqslant 2\int_0^\varepsilon\frac{\omega(f,x)}{x}dx,$$

$$|\Delta_4| \leqslant \|f\|_\infty \int_{s+\varepsilon}^{1}\frac{dt}{t-s} = \|f\|_\infty \lg\frac{\delta}{\varepsilon},$$

注意到 $\sqrt{\delta}\lg\delta^{-1/2} \leqslant e^{-1}$, 我们有

$$\left|\frac{1}{\pi}\sqrt{1-s^2}\int_{-1}^{1}\frac{f(t)dt}{(t-s)}\right|$$
$$\leqslant \frac{1}{\pi}(4+2e^{-1})\|f\|_\infty + 2\|f\|_\infty\lg\frac{\delta}{\varepsilon} + 2\int_0^\varepsilon\frac{\omega(f,x)}{x}dx. \qquad (3.4.27)$$

根据 (3.4.24), (3.4.26) 和 (3.4.27) 可知

$$\left|\frac{1}{\pi}\sqrt{1-s^2}\int_{-1}^{1}\frac{f(t)dt}{(t-s)}\right| \leqslant \frac{1}{\pi}(2\pi+4+2e^{-1})\|f\|_\infty + 2\|f\|_\infty\lg\frac{\delta}{\varepsilon}.$$

在上式中令 $\varepsilon = \delta n^{-3}$ 得到引理 3.4.1 的证明. □

**引理 3.4.2**[45] 求积公式 (3.4.21) 的模

$$\mu_n(s) = \frac{1}{n}\sum_{i=1}^{n-1}\left|\frac{(1-t_j^2)[T_n(s)-T_n(t_j)]}{T_n(t_j)(s-t_j)}\right| \leqslant 8 + \frac{8}{\pi}\lg n, \quad -1 < s < 1, \qquad (3.4.28)$$
$$\mu_n(\pm 1) = 1.$$

**证明** 直接计算得到

$$\mu_n(1) = \frac{1}{n}\sum_{i=1}^{n-1}(1+t_i)[1-(-1)^i] = \frac{2}{n}\left[m+\sum_{i=1}^{m}s_{2i-1}\right] = 1 \text{ 且 } m = \left[\frac{n}{2}\right].$$

同理 $\mu_n(-1) = 1$. 现证 $-1 < t < 1$ 的情形, 置

$$t = \cos\theta, \quad \theta_m \leqslant \theta < \theta_{m+1}, \quad \theta_i = i\pi/n.$$

从而有

$$\mu_n(s) = \frac{1}{n}\sum_{i=1}^{m}\frac{\sin^2\theta_i|\cos n\theta_i - \cos n\theta|}{\cos n\theta_i(\cos\theta - \cos\theta_i)} + \frac{1}{n}\sum_{i=m+1}^{n-1}\frac{\sin^2\theta_i|\cos n\theta_i - \cos n\theta|}{\cos n\theta_i(\cos\theta - \cos\theta_i)}$$

$$\leqslant \frac{1}{n}\sum_{i=1}^{m}\frac{\sin\theta_i|\cos n\theta_i - \cos n\theta|}{(\cos\theta - \cos\theta_i)} + \frac{1}{n}\sum_{i=m+1}^{n-1}\frac{\sin\theta_i|\cos n\theta_i - \cos n\theta|}{(\cos\theta - \cos\theta_i)} = \Delta_1 + \Delta_2,$$

而

$$\Delta_1 = \frac{1}{n}\sum_{i=1}^{m-2}\frac{\sin\theta_i|\cos n\theta_i - \cos n\theta|}{(\cos\theta - \cos\theta_i)} + \frac{1}{n}\frac{\sin\theta_{m-1}|\cos n\theta_{m-1} - \cos n\theta|}{(\cos\theta - \cos\theta_{m-1})}$$

$$+ \frac{1}{n}\frac{\sin\theta_m|\cos n\theta_m - \cos n\theta|}{(\cos\theta - \cos\theta_m)},$$

且

$$\frac{1}{n}\frac{\sin\theta_i|\cos n\theta_i - \cos n\theta|}{(\cos\theta - \cos\theta_i)} \leqslant \frac{1}{n}\frac{\sin\theta_i\left|\sin\dfrac{n(\theta-\theta_i)}{2}\right|}{\sin\dfrac{(\theta+\theta_i)}{2}\left|\sin\dfrac{(\theta-\theta_i)}{2}\right|} \leqslant \frac{\sin\theta_i}{\sin\dfrac{(\theta+\theta_i)}{2}}$$

$$\leqslant \frac{\sin\theta_i + \sin\theta}{\sin\dfrac{(\theta+\theta_i)}{2}} = 2\cos\frac{\theta-\theta_i}{2} \leqslant 2,$$

又因函数 $\dfrac{\sin x}{\cos x - \cos\theta}$ 在 $0 \leqslant x < \theta$ 是递增的, 所以

$$\Delta_1 \leqslant 4 + \frac{2}{\pi}\sum_{i=1}^{m-2}\int_{\theta_i}^{\theta_{i+1}}\frac{\sin x}{\cos x - \cos\theta}dx \leqslant 4 + \frac{2}{\pi}\int_{\theta_i}^{\theta_{im-1}}\frac{\sin x}{\cos x - \cos\theta}dx$$

$$= 4 + \frac{2}{\pi}\lg\frac{1-\cos\theta}{\cos\theta_{m-1}-\cos\theta} \leqslant 4 + \frac{2}{\pi}\lg\frac{2}{\cos\theta_{m-1}-\cos\theta_m}$$

$$= 4 + \frac{2}{\pi}\lg\frac{1}{\sin\dfrac{2m-1}{2n}\pi\sin\dfrac{\pi}{2n}} \leqslant 4 + \frac{4}{\pi}\lg\frac{1}{\sin\dfrac{\pi}{2n}}.$$

注意到, 当 $m > 2$ 时, 有 $\dfrac{\pi}{2n} < \dfrac{2m-1}{2n}\pi < \pi - \dfrac{\pi}{2n}$ 和 $\sin\dfrac{2m-1}{2n}\pi > \sin\dfrac{\pi}{2n}$, 再根据当 $0 \leqslant x \leqslant \dfrac{\pi}{2}$ 时有 $\sin x \geqslant \dfrac{2x}{\pi}$, 故得到 $\Delta_1 \leqslant 4 + \dfrac{4}{\pi}\lg n$. 同样可得到 $\Delta_2 \leqslant 4 + \dfrac{4}{\pi}\lg n$. 从而引理得证. □

**定理 3.4.4**[45]  求积公式 (3.4.21) 是内插型求积公式, 若 $f \in D_1$, 则该求积公式对 $t \in [-1, 1]$ 一致收敛, 且

$$\|E_n(f, s)\|_\infty$$

## 3.4 一维含参的 Cauchy 奇异积分的高精度算法

$$\leqslant \left(140+\frac{12}{n^3}\right)\omega\left(f,\frac{1}{n-2}\right)+54\lg n\,\omega\left(f,\frac{1}{n-2}\right)+\frac{1}{n}\|f\|_\infty+\int_0^{n-2}\frac{\omega(f,x)}{x}dx,$$

$$|E_n(f,\pm 1)|\leqslant 24\omega\left(f,\frac{1}{n-2}\right),$$

其中 $E_n(f,t)$ 表示 (3.4.21) 左边与右边之差.

**证明**  令 $f(s)$ 的 $n-2$ 次最佳逼近多项式为 $P_{n-2}(s)$, 置 $r_{n-2}(s)=f(s)-P_{n-2}(s)$, 由公式 (3.4.21) 可得到

$$E_n(f,s)=\frac{1}{\pi}\int_{-1}^1\frac{r_{n-2}(t)\sqrt{1-t^2}dt}{(t-s)}-\frac{1}{n}\sum_{j=1}^{n-1}\frac{r_{n-2}(t_j)(1-t_j^2)[T_n(s)-T_n(t_j)]}{T_n(t_j)(s-t_j)}.$$

由引理 3.4.1 和引理 3.4.2 有

$$\|E_n(f,s)\|_\infty \leqslant 11.6\|r_{n-2}(s)\|_\infty+4.5\lg n\|r_{n-2}(s)\|_\infty+\int_0^{n-2}\frac{\omega(r_{n-2},x)}{x}dx$$

$$\leqslant 11.6\|r_{n-2}(s)\|_\infty+4.5\lg n\|r_{n-2}(s)\|_\infty+\int_0^{n-2}\frac{\omega(f,x)}{x}dx$$

$$+\int_0^{n-2}\frac{\omega(P_{n-2},x)}{x}dx.$$

根据 Jackson 定理 [47], 有

$$\|r_{n-2}(s)\|_\infty\leqslant 12\omega\left(f,\frac{1}{n-2}\right).$$

由 Markov 定理 [47], 有

$$\|P_{n-2}(s)\|_\infty\leqslant n^2(\|r_{n-2}(s)\|_\infty+\|f\|_\infty).$$

最后获得

$$\|E_n(f,s)\|_\infty$$
$$\leqslant\left(140+\frac{12}{n^3}\right)\omega\left(f,\frac{1}{n-2}\right)+54\lg n\,\omega\left(f,\frac{1}{n-2}\right)+\frac{1}{n}\|f\|_\infty+\int_0^{n-2}\frac{\omega(f,x)}{x}dx.$$

对于 $t=\pm 1$ 更有估计

$$\|E_n(f,\pm 1)\|_\infty\leqslant 24\omega\left(f,\frac{1}{n-2}\right).$$

考虑到 [45], $\lim_{n\to\infty}\omega\left(f,\frac{1}{n-2}\right)\lg n=0$, 从而有 $\lim_{n\to\infty}\|E_n(f,s)\|_\infty=0$. □

**引理 3.4.3** 求积公式 (3.4.22) 的模数

$$\mu_n(s) = \frac{1}{n}\sum_{i=1}^{n-1}|\frac{(1-s^2)U_{n-1}(s)-(1-t_j^2)U_{n-1}(t_j)}{U_{n-1}(t_j)(s-t_j)}| \leqslant 8 + \frac{8}{\pi}\lg n, \quad -1 < s < 1,$$

$\mu_n(\pm 1) = 1$.

**证明** 显然有 $\mu_n(\pm 1) = 1$. 当 $-1 < s < 1$ 时,置 $s = \cos\theta$, $\theta_m \leqslant \theta < \theta_{m+1}$, $\theta_j = (2i-1)\pi/(2n)$,注意到有 [46]

$$(1-s^2)U_{n-1}(s) = \frac{1}{2}[T_{n-1}(s) - T_{n+1}(s)], \quad U_{n-1}(t_j) = \frac{(-1)^{j-1}}{\sin\theta_j}.$$

由证引理 3.4.1 的方法可证得

$$\|\mu_n(s)\|_\infty \leqslant 8 + \frac{8}{\pi}\lg n.$$

该引理得证. □

**定理 3.4.5** 求积公式 (3.4.22) 是内插型求积公式,若 $f \in D_1$,则 (3.4.22) 对 $s \in [-1,1]$ 一致收敛,且

$$\|E_n(f,s)\|_\infty \leqslant \left(140 + \frac{12}{n^3}\right)\omega\left(f,\frac{1}{n-1}\right) + 54\lg n\,\omega\left(f,\frac{1}{n-1}\right)$$
$$+ \frac{1}{n}\|f\|_\infty + \int_0^{n^{-2}}\frac{\omega(f,x)}{x}dx,$$
$$\|E_n(f,\pm 1)\|_\infty \leqslant 24\omega\left(f,\frac{1}{n-1}\right),$$

这里 $E_n(f,t)$ 表示 (3.4.22) 左边与右边之差.

**证明** (3.4.22) 的内插性质在 $n = 1$ 时是显然的,当 $n \geqslant 2$ 时,在节点 $\{t_j\}_1^n$ 上作 Lagrange 插值多项式

$$L_n(f,t) = \sum_{j=1}^n \frac{T_n(t)f(t_j)}{T_n'(t_j)(t-s)}.$$

用 $L_n(f,t)$ 的奇异积分逼近得到内插型求积公式

$$\frac{1}{\pi}\int_{-1}^1 \frac{f(t)\sqrt{1-t^2}dt}{(t-s)}$$
$$\approx \frac{1}{\pi}\sum_{j=1}^n \int_{-1}^1 \frac{f(t_j)(1-t^2)^{1/2}T_n(t)}{T_n'(t_j)(t-t_j)(t-s)}dt$$
$$= \sum_{j=1}^n \frac{f(t_j)}{\pi T_n'(t_j)(t_j-s)}\left[\int_{-1}^1 \frac{(1-t^2)^{1/2}T_n(t)dt}{(t-t_j)} - \int_{-1}^1 \frac{(1-t^2)^{1/2}T_n(t)dt}{(t-s)}\right]$$

## 3.4 一维含参的 Cauchy 奇异积分的高精度算法

$$=\frac{1}{\pi}\sum_{j=1}^{n}\int_{-1}^{1}\frac{f(t_j)[(1-t_j^2)U_{n-1}(t_j)-(1-s^2)U_{n-1}(s)]}{U_{n-1}(t_j)(t-t_j)}dt.$$

根据文献 [46] 有

$$\frac{1}{\pi}\int_{-1}^{1}\frac{T_n(t)P_n(t)dt}{(t-s)(1-t^2)^{1/2}}=\frac{P_n(s)}{\pi}\int_{-1}^{1}\frac{T_n(t)dt}{(t-s)(1-t^2)^{1/2}},\quad P_n\in\pi_n,$$

这里 $\pi_n$ 表示不超过 $n$ 次的多项式族, 根据文献 [46] 有

$$\frac{1}{\pi}\int_{-1}^{1}\frac{T_n(t)dt}{(t-s)(1-t^2)^{1/2}}=U_{n-1}(s),\quad T_n'(s)=nU_{n-1}(s).$$

剩下的 $\|E_n(f,s)\|_\infty$ 的估计类似于引理 3.4.3, 只需根据引理 3.4.3 即可. □

**引理 3.4.4** 求积分公式 (3.4.23) 的模数

$$\mu_n(s)=\frac{2}{2n+1}\sum_{j=1}^{n}\left|\frac{(1+t_j)[(1-s)W_n(s)-(1-t_j)W_n(t_j)]}{W_n(t_j)(s-t_j)}\right|$$
$$\leqslant 16+\frac{168}{\pi}\lg n, -1<s<1,$$
$$\mu_n(-1)<2,$$
$$\mu_n(1)=1.$$

**证明** 因为 $\sum_{j=1}^{n}t_j=1/2$, 从而有 $\mu_n(1)=1$. 现在来证明 $\mu_n(-1)<2$. 事实上,

$$\mu_n(-1)=\frac{2}{2n+1}\sum_{j=1}^{n}|2\sin\frac{\theta_j}{2}+(-1)^{n+j}(1-t_j)|,$$

注意到 $2\sin\theta_j/2\geqslant\sin^2\theta_j/2=1-t_j$, 故

$$\mu_n(-1)=\frac{2}{2n+1}\sum_{j=1}^{n}\left|2\sin\frac{\theta_j}{2}+(-1)^{n+j}(1-t_j)\right|$$
$$=\frac{2}{2n+1}\left[\frac{1}{\sin\frac{\pi}{2(2n+1)}}+\frac{(-1)^n}{2}\left(\frac{1}{\cos\frac{\pi}{2(2n+1)}}-1\right)\right]$$
$$\leqslant\frac{2}{2n+1}\left[\frac{1}{\sin\frac{\pi}{2(2n+1)}}+\frac{1}{2}\left(\frac{1}{\cos\frac{\pi}{2(2n+1)}}-1\right)\right].$$

考察函数

$$F(t)=\frac{1}{\sin t}+\frac{1}{2}\left(\frac{1}{\cos 2t}-1\right)-\frac{\pi}{2t},\quad t\in\left(0,\frac{\pi}{6}\right],$$

得到

$$F'(t) = \frac{\cos t}{\sin^2 t} + \frac{\sin 2t}{\cos^2 2t} + \frac{\pi}{2t^2}$$
$$\geqslant \frac{\pi}{2t^2} - \frac{\cos t}{\sin^2 t}$$
$$\geqslant \frac{\pi}{2t^2} - \frac{1}{t\sin t} = \frac{\pi}{2t^2 \sin t}\left[1 - \frac{\pi t}{2\sin t}\right] \geqslant 0,$$

从而有 $F(t) \leqslant F(\pi/6) < 0$, 故 $\mu_n(-1) \leqslant \dfrac{2}{2n+1}\left[\dfrac{\pi}{2}\dfrac{2}{\pi}(2n+1)\right] = 2$.

接下来讨论 $-1 < t < 1$ 的情形. 令

$$t = \cos\theta, \quad \theta_m \leqslant \theta < \theta_{m+1}, \quad \theta_j = (2i-1)\pi/(2n+1)$$

且注意到 $(1-\theta)W_n(\theta) = T_n(\theta) - T_{n+1}(\theta)$, 从而有

$$\mu_n(s) = \frac{2}{2n+1}\sum_{j=1}^n \left|(1+\cos\theta_j)\sin\frac{\theta_j}{2}\left[\frac{\cos n\theta - \cos n\theta_j + \cos(n+1)\theta_j - \cos(n+1)\theta}{\cos\theta - \cos\theta_j}\right]\right|$$
$$= \frac{2}{2n+1}\sum_{j=1}^n \left|\sin\theta_j \cos\frac{\theta_j}{2}\frac{\cos n\theta - \cos n\theta_j + \cos(n+1)\theta_j - \cos(n+1)\theta}{\cos\theta - \cos\theta_j}\right|$$
$$\leqslant \frac{2}{2n+1}\sum_{j=1}^n \left|\frac{\sin\theta_j[\cos n\theta - \cos n\theta_j]}{\cos\theta - \cos\theta_j}\right|$$
$$+ \frac{2}{2n+1}\sum_{j=1}^n \left|\frac{\sin\theta_j[\cos(n+1)\theta - \cos(n+1)\theta_j]}{\cos\theta - \cos\theta_j}\right|.$$

剩下的类似于引理 3.4.3 的估计, 只需注意得当 $0 \leqslant \theta \leqslant \pi/3$ 时有 $\sin t \geqslant \sqrt{3}t/\pi$ 即可. □

**定理 3.4.6** 求积公式 (3.4.23) 是内插型求积公式, 若 $f \in D_1$, 则 (3.4.23) 对 $s \in [-1,1]$ 一致收敛, 且

$$\|E_n(f,s)\|_\infty \leqslant \left(234 + \frac{12}{n^3}\right)\omega\left(f, \frac{1}{n-1}\right) + 88\lg n\,\omega\left(f, \frac{1}{n-1}\right)$$
$$+ \frac{1}{n}\|f\|_\infty + \int_0^{n-2} \frac{\omega(f,x)}{x}dx,$$
$$\|E_n(f,-1)\|_\infty < 36\omega\left(f, \frac{1}{n-1}\right),$$
$$\|E_n(f,1)\|_\infty \leqslant 2\|r_{2n-1}(s)\|_\infty \leqslant 24\omega\left(f, \frac{1}{n-1}\right),$$

这里 $r_n(s) = f(s) - P_n(s)$, $E_n(f,s)$ 表示 (3.4.23) 左边与右边之差.

## 3.4 一维含参的 Cauchy 奇异积分的高精度算法

**证明** 在 $\{t_j\}_{j=1}^n$ 上作 $f(t)$ 的 Lagrange 插值多项式

$$L_n(f,t) = \sum_{j=1}^n \frac{V_n(t)f(t_j)}{V_n'(t_j)(t-t_j)}.$$

用 $L_n(f,t)$ 的奇异积分去逼近 $f(t)$ 的奇异积分获得

$$\frac{1}{\pi}\left(p.v\int_{-1}^1 \frac{f(t)\sqrt{1-t^2}dt}{t-s}\right)$$

$$\approx \frac{1}{\pi}\sum_{j=1}^n \int_{-1}^1 \frac{f(t_j)(1-t^2)^{1/2}V_n(t)}{V_n'(t_j)(t-t_j)t-s}dt$$

$$= \frac{1}{\pi}\sum_{j=1}^n \frac{f(t_j)}{V_n'(t_j)(s-t_j)}\left[\int_{-1}^1 \frac{(1-t^2)_n^{1/2}V_n(t)}{t-s}dt - \int_{-1}^1 \frac{(1-t^2)^{1/2}V_n(t)}{t-t_j}dt\right]$$

$$= \sum_{j=1}^n \frac{f(t_j)[(1-s)W_n(s)-(1-t_j)W_n(t_j)]}{V_n'(t_j)(s-t_j)}$$

$$= \frac{2}{2n+1}\sum_{j=1}^n \frac{(1+t_j)f(t_j)[(1-s)W_n(s)-(1-t_j)W_n(t_j)]}{W_n(t_j)(s-t_j)},$$

此处利用了

$$\frac{1}{\pi}\left(p.v\int_{-1}^1 \frac{V_n(t)\sqrt{1-t^2}dt}{t-s}\right) = \frac{1-s}{\pi}\int_{-1}^1 \frac{V_n(t)(1-t)^{-1/2}\sqrt{1-t}dt}{t-s}$$

和

$$\int_{-1}^1 \frac{V_n(t)(1-t)^{-1/2}\sqrt{1-t}dt}{t-s} = W_n(s),$$

$$(1+s)V_n'(t) = \frac{2n+1}{2}W_n(t) - \frac{1}{2}V_n(t).$$

利用引理 3.4.3 和引理 3.4.4 立即得到定理 3.4.6. □

值得注意的是以上定理仅给出求积公式是一致收敛, 但并没有给出收敛阶.

### 3.4.3 含参的 Cauchy 奇异积分的加速收敛方法

考虑积分 (3.4.1), 利用 Sigmoid-变换, 置 $y = \gamma_r(s)$, 且 $t \in [0,1]$, 代入 (3.4.1) 积分得到 [93-99]

$$(I_1(g))(x) = \int_0^1 \frac{G_r(t)}{\gamma_r(t)-x}dt, \quad x \in (0,1), \tag{3.4.29}$$

其中 $G_r(t) = g(\gamma_r(t))\gamma_r'(t)$. 设 $s$ 是奇异点 $x$ 对应的值且 $x = \gamma_r(s)$, $0 < s < 1$, 置 $t_v = \frac{1+v}{2}$, $-1 < v \leqslant 1$. 根据定理 3.3.3 有

$$(I_1(g))(x) = (Q_{1,m}^{[r,v]}g)(x) + (E_{1,m}^{[r,v]}g)(x), \tag{3.4.30}$$

这里 $Q_{1,m}^{[r,v]}g$ 为求积和且定义如下，对 $t_j = (j+t_v)/m$ 有

$$(Q_{1,m}^{[r,v]}g)(x) = \begin{cases} \dfrac{1}{m}\sum_{j=0}^{m-1}\dfrac{G_r(t_j)}{\gamma_r(t_j)-x} - \pi g(x)\cot(\pi(t_v-ms)), & ms-t_v \text{ 不是整数,} \\ \dfrac{1}{m}\sum_{j=0}^{m-1}\dfrac{G_r(t_j)}{\gamma_r(t_j)-x} + \dfrac{\gamma_r(t)''g(x)}{2m\gamma_r'(s)} - \gamma_r'(s)g'(x), & ms-t_v \text{ 是整数.} \end{cases} \quad (3.4.31)$$

为了得到 (3.4.30) 的误差估计，首先给出下面的定义和符号。

**定义 3.4.1**[48] $\dot{C}[0,1]$ 是由定义在 $[0,1]$ 上的函数且在 0 和 1 处的函数值为 0 的函数构成的空间。设 $\alpha$ 不是整数且 $n < \alpha < n+1$, $n \in N_0$，当 $N > \alpha$, $f \in K_\alpha^N$ 且满足下列条件：

(I) $f \in C^{(N)}(0,1)$,

(II) $f^{(j)} \in \dot{C}[0,1]$, $j = 0,1,\cdots,n-1$,

(III) $\int_0^1 (t(1-t))^{j-\alpha}|f^{(j)}(t)|dt < \infty$, $j = 0,1,\cdots,N$.

空间 $K_\alpha^N$ 的范数定义为

$$\|f\|_{\alpha,N} := \max_{0 \leqslant j \leqslant N} \int_0^1 (t(1-t))^{j-\alpha}|f^{(j)}(t)|dt.$$

**定理 3.4.7** 设 $\alpha > 0$ 不是整数，$g \in K_\alpha^N$，$\gamma_r$ 是 $1 \leqslant r$ 阶 Sigmoid-变换，且 $n_1 < \alpha r < n_1+1$，$n_1$ 为整数，$C_r$ 为 $\gamma_r(t)$ 在 $t=0$ 处展开式的低次项系数，对于 $m \in N$，那么有

$$|(E_{1,m}^{[r,v]}g)(x)| \leqslant \frac{c_1[C_r]^{2(n_1+1-\alpha r)/r}\|g\|_{\alpha,N}}{m^{n_1}\{x(1-x)\}^{(n_1+1-\alpha r)/r}}, \quad (3.4.32)$$

其中 $0 < x < 1$, $c_1$ 是与 $m$ 和 $x$ 无关的数。

**证明** 根据定理 3.3.3，我们有

$$|(E_{1,m}^{[r,v]}g)(x)| \leqslant \frac{c\|g\|_{\alpha,N}}{m^{n_1}\{\gamma_r^{-1}(x)(1-\gamma_r^{-1}(1-x))\}^{(n_1+1-\alpha r)/r}},$$

这里 $c$ 是与 $m$ 和 $x$ 无关的数。因为在 $t=0$ 处有 $\gamma_r^{-1}(t) \sim (C_r)^{-1/r}t^{1/r}$，所以在 $t=0$ 处有 $1-\gamma_r^{-1}(t) = \gamma_r^{-1}(1-x) \sim (C_r)^{-1/r}(1-t)^{1/r}$。又因为，当 $0 < x < 1$ 时，有

$$\gamma_r^{-1}(x)(1-\gamma_r^{-1}(1-x)) = (C_r)^{-2/r}x^{1/r}(1-x)^{1/r}X_r(x),$$

这里 $X_r(x)$ 是定义在 $[0,1]$ 上的正值连续函数。从而有

$$|(E_{1,m}^{[r,v]}g)(x)| \leqslant \frac{c_1[C_r]^{2(n_1+1-\alpha r)/r}\|g\|_{\alpha,N}}{m^{n_1}\{x(1-x)\}^{(n_1+1-\alpha r)/r}},$$

## 3.4 一维含参的 Cauchy 奇异积分的高精度算法

$c_1$ 是与 $m$ 和 $x$ 无关的数. □

**推论 3.4.2** 在定理 3.4.7 的假设下, 若选择带参数的 Sigmoid-变换 $\gamma_r(t) = \Omega_r^B(b;t)$, $b > 0$ (2.3 节), 那么对于 $m \in N$, $0 < x < 1$, 有

$$|(E_{1,m}^{[r,v]}g)(x)| \leqslant c_1 \left(\frac{b}{e^b-1}\right)^{2(n_1+1-\alpha r)} \frac{||g||_{\alpha,N}}{m^{n_1}\{x(1-x)\}^{(n_1+1-\alpha r)/r}}. \qquad (3.4.33)$$

**证明** 根据函数 $\Omega_r^B(b;t)$ 的性质和定理 3.4.7, 立即得到 (3.4.33). □

### 3.4.4 端点弱奇异与含参的 Cauchy 奇异积分的加速收敛方法

**定理 3.4.8**[94] 假设 $g(x)$ 在 $(0,1)$ 内解析, 在 $x = 0$ 和 $x = 1$ 处有

$$g(x) \sim k_0 x^\alpha, \quad g(x) \sim k_1(1-x)^\beta,$$

这里 $\alpha > -1$, $\beta > -1$, $k_0$, $k_1$ 是不为零的常数. 设 $\Omega_r^B(b;t)$ 是带参数 $b > 0$ 的 $r$ 阶 Sigmoid-变换, 且低次项系数为 $C_r(b)$, 那么对于充分大的 $m \in N$, 有

$$|(E_{1,m}^{[r,v]}g)(x)| \sim \left| \frac{C_r(b)^{1+\alpha}k_0 r\bar{\zeta}(-(r(1+\alpha)-1),t_v)}{m^{r(1+\alpha)}(-x)} \right.$$
$$\left. + \frac{C_r(b)^{1+\beta}k_1 r\bar{\zeta}(-(r(1+\beta)-1),m-t_v)}{m^{r(1+\alpha)}(1-x)} \right|, \qquad (3.4.34)$$

这里 $0 < x < 1$, $\bar{\zeta}(s,t)$ 是关于 $t$ 的周期为 1 的周期函数, 且当 $0 < t < 1$ 时, 与 Riemann-Zeta 函数 $\zeta(s,t)$ 一致.

**证明** 设

$$h_r(t,x) = \frac{g(\Omega_r(b;t))\Omega_r'(b;t)}{\Omega_r(b;t) - x}, \quad 0 < t < 1$$

和

$$\phi(t) = t^{-r(1+\alpha)+1}h_r(t,x), \quad \psi(t) = (1-t)^{-r(1+\beta)+1}h_r(t,x).$$

利用定理 3.3.4, 我们有

$$(E_{1,m}^{[r,v]}g)(x) \sim -\sum_{q=0}^\infty \left\{ \frac{A_q}{m^{r(1+\alpha)+q}} + \frac{B_q}{m^{r(1+\beta)+q}} \right\},$$

其中

$$A_q = \phi^{(q)}(0)\bar{\zeta}(-(q+r(1+\alpha)-1),t_v)/q!,$$
$$B_q = \psi^{(q)}(1)(-1)^q\bar{\zeta}(-(q+r(1+\beta)-1),m-t_v)/q!,$$

当 $m \in N$ 且充分大, 有

$$|(E_{1,m}^{[r,v]}g)(x)| \sim \left| \frac{A_0}{m^{r(1+\alpha)}} + \frac{B_0}{m^{r(1+\beta)}} \right|.$$

注意到在 $t=0$ 的邻域内，有

$$h_r(t,x) \sim \{C_r(b)^{1+\alpha}k_0 r/(-x)\}t^{r(1+\alpha)-1}$$

和在 $t=1$ 的邻域内，有

$$h_r(t,x) \sim \{C_r(b)^{1+\beta}k_1 r/(1-x)\}(1-t)^{r(1+\beta)-1}.$$

因为

$$\phi(0) \sim C_r(b)^{1+\alpha}k_0 r/(-x), \quad \psi(t) \sim C_r(b)^{1+\beta}k_1 r/(1-x),$$

从而

$$A_0 = \phi(0)\bar{\zeta}(-(r(1+\alpha)-1),t_v) \sim \frac{C_r(b)^{1+\alpha}k_0 r}{-x}\bar{\zeta}(-(r(1+\alpha)-1),t_v),$$

$$B_0 = \psi(1)\bar{\zeta}(-(r(1+\beta)-1),m-t_v) \sim \frac{C_r(b)^{1+\beta}k_1 r}{1-x}\bar{\zeta}(-(r(1+\beta)-1),m-t_v).$$

定理得到证明. □

**推论 3.4.3** 在定理 3.4.8 的假设下，$\omega = \min\{\alpha,\beta\}$，若选择带参数的 Sigmoid-变换 $\gamma_r(t) = \Omega_r^B(b;t)$, $b>0$，那么对于充分大的 $m \in N$，当 $b$ 足够大时，$m^{r(1+\omega)}|(E_{1,m}^{[r,v]}g)(x)|$ 与 $O((b/e^b)^{r(1+\omega)})$ 收敛速度一致.

**证明** 根据前面定理的证明，当 $m$ 足够大时，有

$$m^{r(1+\omega)}|(E_{1,m}^{[r,v]}g)(x)| \sim L[C^B(b)]^{1+\omega}, \tag{3.4.35}$$

其中 $L$ 是与 $m$ 和 $b$ 无关的常数，又在 $x=0$ 处有

$$\Omega_r^B(b;x) = C^B(b)x^r\left\{1 + \sum_{k=1}^{\infty} D_{r,k}^B(b)x^k\right\},$$

这里

$$C^B(b) = \left(\frac{b}{e^b-1}\right)^r, \quad D_{r,k}^B(b) = \frac{r}{2}(3e^b-1)\frac{b}{e^b-1}, \tag{3.4.36}$$

在 $x=1$ 处，有类似的结果. 把 (3.4.36) 代入 (3.4.35)，得到证明. □

**算例 3.4.1** 考虑 Cauchy 主值积分[48]

$$(I\phi_1)(x) = \int_0^1 \sqrt{y(1-y)}\frac{U_4(2y-1)}{y-x}dx = -\frac{\pi}{2}T_5(2x-1) \tag{3.4.37}$$

和

$$(I\phi_2)(x) = \int_0^1 \frac{T_2(2y-1)}{\sqrt{y(1-y)}(y-x)}dx = 2\pi U_1(2x-1), \tag{3.4.38}$$

其中 $T_n$ 和 $U_n$ 是 $n$ 阶第一类和第二类 Chebyshev 多项式.

因为
$$\phi_1(y) \sim U_4(-1)y^{1/2}, \quad \phi_1(y) \sim U_4(1)(1-y)^{1/2},$$

且在 $y = 0$ 和 $y = 1$ 处, $\alpha = \beta = 1/2$, $k_0 = U_4(-1) = 5$ 和 $k_1 = U_4(1) = 5$, 利用带参数的 Sigmoid-变换
$$\Omega_r^B(b;t) = \frac{k_r(b;x)}{k_r(b;x) + k_r(b;1-x)}, \quad b > 0,$$

$v = 0.3$, 根据定理 3.4.8 有

$$m^{3/(2r)}|(E_{1,m}^{[r,0.3]}\phi_1)(x)|$$
$$\sim 5r\left(\frac{b}{e^b-1}\right)^{3/(2r)}\left|\frac{\zeta\left(1-\frac{3}{2}r,0.65\right)}{-x} + \frac{\zeta\left(1-\frac{3}{2}r,0.35\right)}{1-x}\right|. \quad (3.4.39)$$

类似地, 对 $(I\phi_2)(x)$ 有 $\alpha = \beta = 1/2$, 和

$$m^{1/(2r)}|(E_{1,m}^{[r,0.3]}\phi_2)(x)|$$
$$\sim r\left(\frac{b}{e^b-1}\right)^{1/(2r)}\left|\frac{\zeta\left(1-\frac{1}{2}r,0.65\right)}{-x} + \frac{\zeta\left(1-\frac{1}{2}r,0.35\right)}{1-x}\right|. \quad (3.4.40)$$

若使用不带参数的 Sigmoid-变换 $\gamma_r^{\text{simp}}(t)$
$$\gamma_r^{\text{simp}}(t) = \frac{x^r}{x^r + (1-x)^r}, \quad 0 \leqslant x \leqslant 1,$$

对 $(I\phi_1)(x)$ 有

$$m^{3/(2r)}|(E_{1,m}^{[r,0.3]}\phi_1)(x)| \sim 5r\left|\frac{\zeta\left(1-\frac{3}{2}r,0.65\right)}{-x} + \frac{\zeta\left(1-\frac{3}{2}r,0.35\right)}{1-x}\right|, \quad (3.4.41)$$

对 $(I\phi_2)(x)$ 有

$$m^{1/(2r)}|(E_{1,m}^{[r,0.3]}\phi_2)(x)| \sim r\left|\frac{\zeta\left(1-\frac{1}{2}r,0.65\right)}{-x} + \frac{\zeta\left(1-\frac{1}{2}r,0.35\right)}{1-x}\right|. \quad (3.4.42)$$

下面给出不带参数的 Sigmoid-变换 $\gamma_r^{\text{simp}}(t)$ 和带参数的 Sigmoid-变换 $\Omega_r^B(b;t)$ 对 $(I\phi_1)(x)$ 的计算结果 (表 3.4.1 和表 3.4.2).

表 3.4.1 使用变换 $\gamma_r^{\text{simp}}(t)$ 和 $\Omega_r^B(b;t)$ 计算 $(I\phi_1)(x)$ 的误差 $m^{3/(2r)}|(E_{1,m}^{[r,0.3]}\phi_1)(x)|$ 结果

| $r$ | $m$ | $\gamma_r^{\text{simp}}(t)$ | $\Omega_r^B(b;t), b$ | | | |
|---|---|---|---|---|---|---|
| | | | 1.000 | 2.000 | 3.000 | 4.000 |
| 1.5 | 16 | 2.21 | 0.677 | 0.173 | 0.0370 | $9.86\times10^{-3}$ |
| | 32 | 2.14 | 0.649 | 0.164 | 0.0356 | $6.79\times10^{-3}$ |
| | 64 | 2.12 | 0.634 | 0.159 | 0.0342 | $6.49\times10^{-3}$ |
| | 128 | 2.10 | 0.626 | 0.156 | 0.0334 | $6.30\times10^{-3}$ |
| | $\infty$ | 2.09 | 0.618 | 0.153 | 0.0325 | $6.08\times10^{-3}$ |
| 2.0 | 16 | 1.16 | 0.197 | $7.72\times10^{-3}$ | 0.806 | 10.1 |
| | 32 | 1.21 | 0.226 | 0.0326 | $3.74\times10^{-3}$ | $2.55\times10^{-4}$ |
| | 64 | 1.24 | 0.238 | 0.0359 | $4.66\times10^{-3}$ | $4.49\times10^{-4}$ |
| | 128 | 1.25 | 0.243 | 0.074 | $4.66\times10^{-3}$ | $4.90\times10^{-4}$ |
| | $\infty$ | 1.26 | 0.249 | 0.0388 | $4.91\times10^{-3}$ | $5.25\times10^{-4}$ |
| 2.5 | 16 | 0.393 | 0.200 | 8.95 | 130 | 720 |
| | 32 | 0.296 | 0.052 | $6.54\times10^{-3}$ | $4.94\times10^{-3}$ | 0.460 |
| | 64 | 0.247 | 0.039 | $4.60\times10^{-3}$ | $4.08\times10^{-4}$ | $2.88\times10^{-5}$ |
| | 128 | 0.222 | 0.032 | $3.58\times10^{-3}$ | $3.01\times10^{-4}$ | $2.08\times10^{-5}$ |
| | $\infty$ | 0.197 | 0.025 | $2.53\times10^{-3}$ | $1.91\times10^{-4}$ | $1.17\times10^{-5}$ |

表 3.4.2 使用变换 $\gamma_r^{\text{simp}}(t)$ 和 $\Omega_r^B(b;t)$ 计算 $(I\phi_2)(x)$ 的误差 $m^{1/(2r)}|(E_{1,m}^{[r,0.3]}\phi_2)(x)|$ 结果

| $r$ | $m$ | $\gamma_r^{\text{simp}}(t)$ | $\Omega_r^B(b;t), b$ | | | |
|---|---|---|---|---|---|---|
| | | | 2.000 | 4.000 | 6.000 | 8.000 |
| 1.5 | 16 | 5.77 | 2.38 | 0.798 | 0.232 | 0.0565 |
| | 32 | 5.79 | 2.41 | 0.815 | 0.241 | 0.0660 |
| | 64 | 5.80 | 2.42 | 0.823 | 0.245 | 0.0674 |
| | 128 | 5.81 | 2.43 | 0.826 | 0.246 | 0.0680 |
| | $\infty$ | 5.81 | 2.43 | 0.829 | 0.248 | 0.0685 |
| 2.0 | 16 | 3.26 | 0.968 | 0.214 | 0.0220 | 0.216 |
| | 32 | 3.30 | 1.01 | 0.232 | 0.0447 | $7.66\times10^{-3}$ |
| | 64 | 3.32 | 1.03 | 0.241 | 0.0473 | $8.37\times10^{-3}$ |
| | 128 | 3.32 | 1.03 | 0.245 | 0.0485 | $8.67\times10^{-3}$ |
| | $\infty$ | 3.33 | 1.04 | 0.249 | 0.0497 | $8.95\times10^{-3}$ |
| 2.5 | 16 | 1.40 | 0.271 | 0.0223 | 0.330 | 2.42 |
| | 32 | 1.45 | 0.311 | 0.0463 | $5.29\times10^{-3}$ | $4.71\times10^{-3}$ |
| | 64 | 1.47 | 0.331 | 0.0524 | $6.61\times10^{-3}$ | $7.27\times10^{-4}$ |
| | 128 | 1.48 | 0.341 | 0.0554 | $7.21\times10^{-3}$ | $8.23\times10^{-4}$ |
| | $\infty$ | 1.50 | 0.350 | 0.0583 | $7.79\times10^{-3}$ | $9.14\times10^{-4}$ |

在表 3.4.1 和表 3.4.2 中, $x = 0.1$, 在 $\infty$ 行的数值结果是与 (3.4.39)~(3.4.42)

计算的值. 从表中看出，利用 $\Omega_r^B(b;t)$ 进行变量替换更比 $\gamma_r^{\text{simp}}(t)$ 的结果好.

## 3.5 一维 Hadamard 超奇异积分的计算

本节是按经典的 Hadamard 有限部分意义下给出超奇异积分的定义和一些运算性质以及一些常见函数的超奇异积分的解析计算方法. 为了方便，依然用普通积分记号 $\int_a^b f(t)dt$ 代替 p.f $\int_a^b f(t)dt$.

### 3.5.1 Hadamard 超奇异积分的定义与一些运算性质

**定义 3.5.1** 若 $a < x < b$ 时，定义

$$\int_a^b \frac{f(t)dt}{(t-x)^2} = \lim_{\varepsilon \to 0}\left[\int_a^{x-\varepsilon} \frac{f(t)dt}{(t-x)^2} + \int_{x+\varepsilon}^b \frac{f(t)dt}{(t-x)^2} - \frac{2f(x)}{\varepsilon}\right], \tag{3.5.1}$$

通常称 (3.5.1) 为二阶超奇异积分. 若 $a < x = b$ 时，定义

$$\int_a^x \frac{f(t)dt}{(t-x)^2} = \lim_{\varepsilon \to 0}\left[\int_a^{x-\varepsilon} \frac{f(t)dt}{(t-x)^2} - \frac{f(x)}{\varepsilon} - f'(x)\ln|x|\right], \tag{3.5.2}$$

若 $x = a < b$ 时，定义

$$\int_x^b \frac{f(t)dt}{(t-x)^2} = \lim_{\varepsilon \to 0}\left[\int_{x+\varepsilon}^b \frac{f(t)dt}{(t-x)^2} - \frac{f(x)}{\varepsilon} + f'(x)\ln|x|\right]. \tag{3.5.3}$$

根据上述定义获得超奇异积分的线性运算：若 $\alpha, \beta$ 为常数有

$$\int_a^b \frac{(\alpha f(t) + \beta g(t))dt}{(t-x)^2} = \alpha \int_a^b \frac{f(t)dt}{(t-x)^2} + \beta \int_a^b \frac{g(t)dt}{(t-x)^2}, \quad a < x < b. \tag{3.5.4}$$

利用 (3.5.4) 有

$$\int_a^b \frac{f(t)dt}{(t-x)^2}$$
$$= \int_a^b \frac{[f(t) - f(x) - f'(x)(t-x)]dt}{(t-x)^2} + f(x)\int_a^b \frac{dt}{(t-x)^2} + f'(x)\int_a^b \frac{dt}{(t-x)}. \tag{3.5.5}$$

该方法称奇异减.

利用广义函数理论，对参数求导，若 $a < x < b$, 由 Cauchy 奇异积分产生超奇异积分，有

$$\frac{d}{dx}\int_a^b \frac{f(t)dt}{t-x} = \int_a^b \frac{f(t)dt}{(t-x)^2},$$

若 $x = a$ 有

$$\frac{d}{dx}\int_a^b \frac{f(t)dt}{t-x} = \int_a^b \frac{f(t)dt}{(t-x)^2} - f'(x).$$

用同样的方法可由低阶超奇异积分产生高阶超奇异积分

$$\frac{d}{dx}\int_a^b \frac{f(t)dt}{(t-x)^2} = 2\int_a^b \frac{f(t)dt}{(t-x)^3}, \tag{3.5.6}$$

若 $x = a$ 有

$$\frac{d}{dx}\int_a^b \frac{f(t)dt}{(t-x)^2} = 2\int_a^b \frac{f(t)dt}{(t-x)^3} - \frac{f^{(2)}(x)}{2}. \tag{3.5.7}$$

根据文献 [147] 有超奇异积分的分部积分公式

$$\int_a^b \frac{f(t)dt}{(t-x)^2} = -\left[\frac{f(b)}{b-x} - \frac{f(a)}{a-x}\right] + \int_a^b \frac{f'(t)dt}{(t-x)}. \tag{3.5.8}$$

变量替换公式: 若 $x \in (a,b)$ 则

$$\int_a^b \frac{f(t)dt}{(t-x)^2} = \left(\frac{2}{b-a}\right)\int_{-1}^1 \frac{g(u)}{(u-X)^2}du, \tag{3.5.9}$$

且 $X = (2x-b-a)/(b-a)$ 和 $g(u) = f((b-a)u/2 + (b+a)/2)$; 若 $x = a$ 则

$$\int_a^b \frac{f(t)dt}{(t-x)^2} = \left(\frac{2}{b-a}\right)\int_{-1}^1 \frac{g(u)}{(u+1)^2}du + f'(a)\ln\frac{b-a}{2}, \tag{3.5.10}$$

这里 $g(u) = f((b-a)u/2 + (b+a)/2)$.

利用定义 3.5.1 可以推广到高阶超奇异积分上. 若 $a < x < b, p \geqslant 3$, 则

$$\int_a^b \frac{f(t)dt}{(t-x)^{p+1}} = \lim_{\varepsilon \to 0}\left[\int_a^{x-\varepsilon}\frac{f(t)dt}{(t-x)^{p+1}} + \int_{x+\varepsilon}^b\frac{f(t)dt}{(t-x)^{p+1}}\right.$$
$$\left. + \frac{1}{p!}\frac{d^{p-1}}{dx^{p-1}}\left(-\frac{2f(x)}{\varepsilon}\right) + \sum_{k=2}^{p-1}\left(\prod_{j=0}^{p-k-1}\frac{1}{p-j}\right)\frac{d^{p-k}S_k}{dx^{p-k}} + S_p\right], \tag{3.5.11}$$

且 $S_2 = -\dfrac{f'(x)}{\varepsilon}$ 和

$$S_l = \begin{cases} -2\displaystyle\sum_{k=1,3,\cdots}^{l-1}\frac{\varepsilon^{k-l}}{l}\frac{f^{(k)}(x)}{k!}, & l \text{ 为偶数}, \\ -2\displaystyle\sum_{k=0,2,\cdots}^{l-1}\frac{\varepsilon^{k-l}}{l}\frac{f^{(k)}(x)}{k!}, & l \text{ 为奇数}, \end{cases}$$

## 3.5 一维 Hadamard 超奇异积分的计算

这里 $\sum_{k=1}^{q(<1)} \cdots = 0$. 通常称为 $p+1$ 阶超奇异积分.

根据 (3.5.5) 可获得高阶超奇异积分的计算, 若 $a < x < b, p \geqslant 0, r > p$, 且 $r$ 为整数, 那么

$$\int_a^b \frac{f(t)dt}{(t-x)^{p+1}} = \int_a^b \frac{dt}{(t-x)^{p+1}} \left[ f(t) - \sum_{j=0}^r \frac{f^{(j)}(x)(t-x)^j}{j!} \right]$$
$$+ \sum_{j=0}^r \frac{f^{(j)}(x)}{j!} \int_a^b \frac{dt}{(t-x)^{p+1-j}}, \tag{3.5.12}$$

特别地, 当 $a = x, x = 0$ 且 $p \geqslant 0$ 为整数, 那么

$$\int_0^b \frac{f(t)dt}{t^{p+1}} = \int_0^b \frac{dt}{t^{p+1}} \left[ f(t) - \sum_{j=0}^p \frac{f^{(j)}(0)t^j}{j!} \right] + \sum_{j=0}^{p-1} \frac{f^{(j)}(0)}{j!} \frac{b^{-p+j}}{-p+j} + \frac{f^{(p)}(0)}{p!} \ln b, \tag{3.5.13}$$

当 $a = x, x = 0$ 且 $p > 0$ 不是整数, $k > p$ 且 $k$ 是整数, 那么

$$\int_0^b \frac{f(t)dt}{t^{p+1}} = \int_0^b \frac{dt}{t^{p+1}} \left[ f(t) - \sum_{j=0}^k \frac{f^{(j)}(0)t^j}{j!} \right] + \sum_{j=0}^k \frac{f^{(j)}(0)}{j!} \frac{b^{-p+j}}{-p+j}. \tag{3.5.14}$$

对参数求导, 根据 (3.5.6) 的方法有

$$\frac{d}{dx} \int_a^b \frac{f(t)dt}{(t-x)^p} = \int_a^b \frac{\partial}{\partial x} \left[ \frac{1}{(t-x)^p} \right] f(t)dt, \tag{3.5.15}$$

特别地, 当 $a < x < b, p$ 是整数时,

$$\frac{d}{dx} \int_a^b \frac{f(t)dt}{(t-x)^p} = p \int_a^b \frac{f(t)dt}{(t-x)^{p+1}}, \tag{3.5.16}$$

类似地可获得

$$\frac{1}{p!} \frac{d^p}{dx^p} \int_a^b \frac{f(t)dt}{t-x} = \int_a^b \frac{f(t)dt}{(t-x)^{p+1}}, \tag{3.5.17}$$

这由 Cauchy 积分产生了超奇异积分.

若 $x = a, p > 0$ 不是整数, 有

$$\frac{d}{dx} \int_a^b \frac{f(t)dt}{(t-x)^p} = p \int_a^b \frac{f(t)dt}{(t-x)^{p+1}}, \tag{3.5.18}$$

$x = a, p > 0$ 是整数, 有

$$\frac{d}{dx} \int_a^b \frac{f(t)dt}{(t-x)^p} = p \int_a^b \frac{f(t)dt}{(t-x)^{p+1}} - \frac{f^{(p)}(x)}{p!}. \tag{3.5.19}$$

若 $a < x < b$, 利用 (3.5.11) 可获得

$$\int_a^b \frac{f(t)dt}{(t-x)^{p+1}} = \frac{-1}{p}\left[\frac{f(b)}{(b-x)^p} - \frac{f(a)}{(a-x)^p}\right] + \frac{1}{p}\int_a^b \frac{f'(t)dt}{(t-x)^p}, \quad (3.5.20)$$

即高阶超奇异积分的分部积分公式.

高阶超奇异积分的变量替换, 当 $a \leqslant x \leqslant b$ 时,

$$\int_a^b \frac{f(t)dt}{(t-x)^{p+1}} = \left(\frac{2}{b-a}\right)^p \int_{-1}^1 \frac{g(u)du}{(u-X)^p}, \quad (3.5.21)$$

其中 $X = (2x-b-a)/(b-a)$, $g(u) = f((b-a)u/2 + (b+a)/2)$, $x = a$, $p$ 是整数, 有

$$\int_a^b \frac{f(t)dt}{(t-x)^{p+1}} = \left(\frac{2}{b-a}\right)^p \int_{-1}^1 \frac{g(u)du}{(u+1)^p} + \frac{f^{(p)}(x)}{p!}\ln\left[\frac{b-a}{2}\right], \quad (3.5.22)$$

其中 $g(u) = f((b-a)u/2 + (b+a)/2)$.

### 3.5.2 Hadamard 超奇异积分的常用公式

当 $a < x < b$ 时, 由定义可得到

$$\int_a^b \frac{dt}{(t-x)^2} = -\frac{1}{b-x} - \frac{1}{x-a}, \quad (3.5.23)$$

特别地, 当 $x = 0$ 时, 有[92]

$$\int_0^1 \frac{dt}{t^2} = -1.$$

当 $a < x < b$ 时, 由 $t = (t-x) + x$ 和 Cauchy 积分公式可得到

$$\int_a^b \frac{tdt}{(t-x)^2} = -\frac{b}{b-x} + \frac{a}{a-x} + \ln\frac{b-x}{x-a}, \quad (3.5.24)$$

推广到 $v$ 为有理数和整数时, 利用恒等式 $t^\nu = t^{\nu-1}(t-x) + xt^{\nu-1}$ 和奇异减方法, 有

$$\int_a^b \frac{t^v dt}{(t-x)^2} = \frac{1}{v-1}(b^{v-1} - a^{v-1}) + 2x\int_a^b \frac{t^{v-1}dt}{(t-x)^2} - x^2\int_a^b \frac{t^{v-2}dt}{(t-x)^2}, \quad (3.5.25)$$

特别地, $n$ 为整数, 利用 (3.2.30) 得到

$$\int_a^b \frac{t^n dt}{(t-x)^2} = nx^{n-1}\ln\frac{b-x}{x-a} + \frac{(a-b)x^n}{(b-x)(x-a)} + \sum_{k=1}^{n-1}\frac{kx^{k-1}}{n-k}(b^{n-k} - a^{n-k}). \quad (3.5.26)$$

若 $0 < x < 1$, $v$ 为有理数和整数, 根据上面的方法获得

$$\int_0^1 \frac{t^v dt}{(t-x)^2} = -\pi v x^{v-1}\cot\pi v - \frac{1}{1-x} - v\sum_{n=0}^\infty \frac{x^n}{n-v+1}, \quad (3.5.27)$$

特别地, 当 $v=n$ 时

$$\int_0^1 \frac{t^n dt}{(t-x)^2} = \frac{x^{n-1}}{x-1} + nx^{n-1}\ln\frac{1-x}{x} + \sum_{j=2}^n \frac{(j-1)x^{j-2}}{n-j+1}. \tag{3.5.28}$$

若 $-1<x<1$, 则有

$$\int_{-1}^1 \frac{P_n(t)dt}{(t-x)^2} = -\frac{2(n+1)}{1-x^2}[xQ_n(x) - Q_{n+1}(x)], \quad n \geqslant 0, \tag{3.5.29}$$

这里 $P_n(x)$ 和 $Q_n(x)$ 分别是第一类和第二类 Legendre 多项式.

若 $a<x<b$, $\alpha = a-x$, $\beta = b-x$, $\alpha<0<\beta$, 则利用函数 $e^{kx}$ 的 Taylor 展开式有

$$\int_a^b \frac{e^{kx}}{(t-x)^2} dt = e^{kx}\left[\frac{\beta-\alpha}{\alpha\beta} + k\ln\left(\frac{-\beta}{\alpha}\right) + \sum_{j=1}^\infty \frac{k^{j+1}(\beta^j - \alpha^j)}{j(j+1)!}\right], \tag{3.5.30}$$

特别地,

$$\int_{-1}^1 \frac{e^t}{t^2} dt = -0.971659519.$$

若 $a<x<b$, $\alpha = a-x$, $\beta = b-x$, $\alpha<0<\beta$, 则利用函数 $e^{\mathrm{i}x}$ 的 Taylor 公式有

$$\int_a^b \frac{e^{\mathrm{i}x}}{(t-x)^2} dt = e^{\mathrm{i}x}\left[\frac{\beta-\alpha}{\alpha\beta} + \mathrm{i}\ln\left(\frac{-\beta}{\alpha}\right) + \sum_{j=1}^\infty \frac{\mathrm{i}^{j+1}(\beta^j - \alpha^j)}{j(j+1)!}\right], \tag{3.5.31}$$

特别地,

$$\int_{-1}^1 \frac{e^{\mathrm{i}t}}{t^2} dt = -2.972770753.$$

若 $a<x<b$, $\alpha = a-x$, $\beta = b-x$, $\alpha<0<\beta$, $k$ 为常数, 则利用 Euler 公式 $e^{\mathrm{i}x} = \cos x + \mathrm{i}\sin x$ 和 (3.5.31) 得到 [117,119]

$$\int_a^b \frac{\sin kt}{(t-x)^2} dt = k\cos kx\left[\ln\left(\frac{-\beta}{\alpha}\right) + \sum_{j=1}^\infty \frac{(-1)^j k^{2j}(\beta^{2j} - \alpha^{2j})}{2j(2j+1)!}\right]$$
$$+ k\sin kx\left[\frac{\beta-\alpha}{k\alpha\beta} + \sum_{j=1}^\infty (-1)^j k^{2j-1}\frac{\beta^{2j-1} - \alpha^{2j-1}}{(2j-1)(2j)!}\right] \tag{3.5.32}$$

和

$$\int_{-1}^1 \frac{\sin t}{t^2} dt = 0.$$

若 $a<x<b$, $\alpha=a-x$, $\beta=b-x$, $\alpha<0<\beta$, $k$ 为常数,利用 Euler 公式 $e^{\mathrm{i}x}=\cos x+\mathrm{i}\sin x$ 和 (3.5.31) 得到

$$\int_a^b \frac{\cos kt}{(t-x)^2}dt = k\cos kx\left[\frac{\beta-\alpha}{k\alpha\beta} + \sum_{j=1}^{\infty}\frac{(-1)^j k^{2j-1}(\beta^{2j-1}-\alpha^{2j-1})}{(2j-1)(2j)!}\right]$$
$$- k\sin kx\left[\ln\left(\frac{-\beta}{\alpha}\right) + \sum_{j=1}^{\infty}\frac{(-1)^j k^{2j}(\beta^{2j}-\alpha^{2j})}{2j(2j+1)!}\right] \quad (3.5.33)$$

和

$$\int_{-1}^1 \frac{\cos t}{t^2}dt = -2.972770753.$$

根据文献 [119],当 $0<x<1$ 时,有

$$\int_0^1 \frac{[t(1-t)]^{3/2}}{(t-x)^2}dt = \frac{\pi}{2}\left[\frac{3}{4} - 6x(1-x)\right] \quad (3.5.34)$$

和

$$\int_0^1 \frac{\frac{1}{2}+\frac{t-c}{2|t-c|}}{(t-x)^2}dt = \frac{1}{x-1} + \frac{1}{c-x} \quad (3.5.35)$$

及

$$\int_0^1 \frac{\frac{1}{2}(c+(1-2c)t+|t-c|)}{(t-x)^2}dt = (c-1)\ln|x| - c\ln|1-x| + \ln|x-c|. \quad (3.5.36)$$

对 (3.2.27) 两边关于 $x$ 求导得到,当 $a<x<b\leqslant 1$ 时,有

$$\int_a^b \frac{\sqrt{1-t}}{(t-x)^2}dt = -\frac{\ln|B^*|}{2\sqrt{1-x}} + \sqrt{1-x}\frac{1}{B^*}\frac{dB^*}{dx}, \quad (3.5.37)$$

其中

$$B^* = \frac{\sqrt{-a+1}+\sqrt{1-x}}{\sqrt{-a+1}-\sqrt{1-x}}\frac{\sqrt{-b+1}-\sqrt{1-x}}{\sqrt{-b+1}+\sqrt{1-x}}, \quad (3.5.38)$$

特别地,

$$\int_{-1}^1 \frac{\sqrt{1-t}}{(t-x)^2}dt = -\frac{\ln|B|}{2\sqrt{1-x}} - \frac{\sqrt{2}}{1+x} \quad (3.5.39)$$

且

$$B = \left(1+\sqrt{\frac{1-x}{2}}\right)\bigg/\left(1-\sqrt{\frac{1-x}{2}}\right).$$

利用 $t = (t-x) + x$ 和 (3.5.37), 当 $a < x < b \leqslant 1$ 时, 有

$$\int_a^b \frac{t\sqrt{1-t}}{(t-x)^2}dt$$
$$= 2\sqrt{1-t}|_{t=a}^b - \frac{x\ln|B^*|}{2\sqrt{1-x}} + \sqrt{1-x}\ln|B^*| + x\sqrt{1-x}\frac{1}{B^*}\frac{dB^*}{dx}, \quad (3.5.40)$$

这里 $B^*$ 由 (3.5.38) 确定; 利用

$$t^n = (t-x+x)^n = \sum_{i=0}^n C_n^i (t-x)^i x^{n-i} \quad (3.5.41)$$

和 (3.5.37), 当 $a < x < b \leqslant 1$, $n$ 为整数时, 有

$$\int_a^b \frac{t^n\sqrt{1-t}}{(t-x)^2}dt$$
$$= \sum_{k=0}^{n-1}\left(kx^{k-1}\int_a^b t^{n-1-k}\sqrt{1-t}dt\right)$$
$$+ nx^{n-1}[\sqrt{1-x}\ln|B^*| + 2\sqrt{1-t}|_{t=a}^b + x^n\left[\frac{-\ln|B^*|}{2\sqrt{1-x}} + \sqrt{1-x}\frac{1}{B^*}\frac{dB^*}{dx}\right], \quad (3.5.42)$$

且

$$\int_a^b t^m\sqrt{1-t}dt = -\frac{2t^m(1-t)^{3/2}}{2m+3}|_{t=a}^b + \frac{2m}{2m+3}\int_a^b t^{m-1}\sqrt{1-t}dt,$$

这里 $B^*$ 由 (3.5.38) 确定.

对 (3.2.33) 两边关于 $x$ 求导, 当 $-1 \leqslant a < x < b \leqslant 1$ 时, 有

$$\int_a^b \frac{\sqrt{1-t^2}dt}{(t-x)^2} = -\sin^{-1}b + \sin^{-1}a + \frac{dC^*}{dx}, \quad (3.5.43)$$

其中

$$C^* = -\sqrt{1-x^2}\ln\left|\frac{2\sqrt{1-x^2}\sqrt{1-t^2} + 2(1-xt)}{t-x}\right|\Big|_{t=a}^{t=b},$$

特别地,

$$\int_{-1}^1 \frac{\sqrt{1-t^2}dt}{(t-x)^2} = -\pi, \quad x \in (-1, 1). \quad (3.5.44)$$

当 $-1 \leqslant a < x < b \leqslant 1$, $n$ 为整数时, 利用 (3.5.41) 和 (3.5.43) 有

$$\int_a^b \frac{t^n\sqrt{1-t^2}dt}{(t-x)^2}$$
$$= \sum_{i=1}^n \left(ix^{i-1}\int_a^b t^{n-1-i}\sqrt{1-t^2}dt\right)$$

$$+ nx^{n-1}[\sqrt{1-t^2} - (n+1)x^n \sin^{-1} t]|_{t=a}^{t=b} + nx^{n-1}C^* + x^n \frac{dC^*}{dx}, \quad (3.5.45)$$

特别地,
$$\int_{-1}^{1} \frac{t^n \sqrt{1-t^2} dt}{(t-x)^2} = \pi \sum_{k=0}^{n} c_k x^k, \quad n \geqslant 0, x \in (-1,1),$$

其中, 当 $k \leqslant n$ 时

$$c_k = \begin{cases} 0, & n-k \text{ 为奇数}, \\ \dfrac{k+1}{2\sqrt{\pi}} \dfrac{\Gamma\left(\dfrac{n-k-1}{2}\right)}{\Gamma\left(\dfrac{n-k-2}{2}\right)}, & n-k \text{ 为偶数}. \end{cases}$$

同样对 (3.2.28) 两边关于 $x$ 求导, 利用 (3.5.44) 得到

$$\int_{-1}^{1} \frac{U_n(t)\sqrt{1-t^2}}{(t-x)^2} dt = -\pi(n+1)U_n(x), \quad n \geqslant 0, \quad x \in (-1,1), \quad (3.5.46)$$

根据 (3.2.29), 采用上面的方法得

$$\int_{-1}^{1} \frac{T_n(t)}{(t-x)^2 \sqrt{1-t^2}} dt = -\pi \frac{nT_n(x) - xU_{n-1}(x)}{x^2 - 1}, \quad n \geqslant 1, x \in (-1,1), \quad (3.5.47)$$

其中 $T_n(x)$ 和 $U_n(x)$ 分别是第一类和第二类 Chebyshev 多项式, 特别地,

$$\int_{-1}^{1} \frac{dt}{(t-x)^2 \sqrt{1-t^2}} = 0, \quad x \in (-1,1). \quad (3.5.48)$$

根据函数 $e^t$ 的 Taylor 展开式和 (3.5.45), 当 $-1 \leqslant a < x < b \leqslant 1$ 时, 有

$$\int_a^b \frac{e^t \sqrt{1-t^2} dt}{(t-x)^2} = \sum_{j=0}^{\infty} \frac{1}{j!} \frac{d}{dx} \left\{ \sum_{i=0}^{j-1} \left( x^i \int_a^b t^{j-1-i} \sqrt{1-t^2} dt \right) \right.$$
$$\left. + x^j[\sqrt{1-t^2} - x \sin^{-1} t]|_{t=a}^{t=b} + x^j C^* \right\}, \quad (3.5.49)$$

其中

$$C^* = -\sqrt{1-x^2} \ln \left| \frac{2\sqrt{1-x^2}\sqrt{1-t^2} + 2(1-xt)}{t-x} \right| \Bigg|_{t=a}^{t=b},$$

和 $\sum_{i=0}^{q(<0)} \cdots = 0$, 特别地,

$$\int_{-1}^{1} \frac{e^t \sqrt{1-t^2} dt}{t^2} = -2.339556253339.$$

利用 $\sin t$ 的 Taylor 展开式，当 $-1 \leqslant a < x < b \leqslant 1$ 时，有

$$\int_a^b \frac{\sqrt{1-t^2}\sin t dt}{(t-x)^2} = \sum_{k=0}^{\infty} \frac{(-1)^k}{(2k+1)!} \frac{d}{dx}\left\{\sum_{i=0}^{2k} x^i \int_a^b t^{2k-i}\sqrt{1-t^2}dt \right.$$
$$\left. + x^{2k+1}[\sqrt{1-t^2} - x\sin^{-1} t]|_{t=a}^{t=b} + x^{2k+1}C^* \right\}, \quad (3.5.50)$$

且

$$\int_{-1}^1 (t-x)^m \sqrt{1-t}dt = 4\sqrt{2}\sum_{k=0}^m C_m^k x^{m-k}(-1)^m \sum_{p=0}^k \frac{(-1)^p C_k^p 2^{k-p}}{2k-2p+3},$$

特别地，

$$\int_{-1}^1 \frac{\sin t \sqrt{1-t^2}dt}{t^2} = 0.$$

同理，我们有

$$\int_a^b \frac{\sqrt{1-t^2}\cos t dt}{(t-x)^2} = \sum_{k=0}^{\infty} \frac{(-1)^k}{(2k)!} \frac{d}{dx}\left\{\sum_{i=0}^{2k-1} x^i \int_a^b t^{2k-i-1}\sqrt{1-t^2}dt \right.$$
$$\left. + x^{2k}[\sqrt{1-t^2} - x\sin^{-1} t]|_{t=a}^{t=b} + x^{2k}C^* \right\}, \quad (3.5.51)$$

特别地，

$$\int_{-1}^1 \frac{\sqrt{1-t^2}\cos t dt}{t^2} = -3.910898042871.$$

### 3.5.3 混合超奇异积分的计算

对 (3.2.26) 两边关于 $x$ 求导，当 $a < x < b \leqslant 1$ 时，有

$$\int_a^b \frac{dt}{(t-x)^2\sqrt{1-t}} = \frac{1}{1-x}\left[\frac{\ln|B^*|}{2\sqrt{1-x}} + \sqrt{1-x}\frac{1}{B^*}\frac{dB^*}{dx}\right], \quad (3.5.52)$$

这里 $B^*$ 由 (3.5.38) 确定，特别地，

$$\int_{-1}^1 \frac{dt}{(t-x)^2\sqrt{1-t}} = \frac{1}{1-x}\left[\frac{\ln|B^*|}{2\sqrt{1-x}} - \frac{\sqrt{2}}{1+x}\right], \quad x \in (-1,1),$$

这里 $B = (1+\sqrt{(1-x)/2})/(1-\sqrt{(1-x)/2})$。

利用 (3.5.41) 和 (3.5.52) 获得

$$\int_a^b \frac{t^n dt}{(t-x)^2\sqrt{1-t}}$$
$$= \sum_{i=1}^{n-1} ix^{i-1}\int_a^b \frac{t^{n-1-i}dt}{\sqrt{1-t}} + \frac{1}{\sqrt{1-x}}\left[nx^{n-1}\ln|B^*| + \frac{x^n \ln|B^*|}{2(1-x)} + \frac{x^n}{B^*}\frac{dB^*}{dx}\right], \quad (3.5.53)$$

这里 $a < x < b \leqslant 1$.

根据 (3.2.45) 得到

$$\int_a^b \frac{dt}{(t-x)^2\sqrt{1-t^2}} = \frac{-1}{\sqrt{1-x^2}}\left[\frac{x\ln|D^*|}{1-x^2} + \frac{1}{D^*}\frac{dD^*}{dx}\right], \tag{3.5.54}$$

其中 $-1 \leqslant a < x < b \leqslant 1$ 和

$$D^* = \frac{\sqrt{1-x^2}\sqrt{1-b^2}+(1-bx)}{\sqrt{1-x^2}\sqrt{1-a^2}+(1-ax)}\frac{a-x}{b-x},$$

特别地,

$$\int_{-1}^1 \frac{dt}{(t-x)^2\sqrt{1-t^2}} = 0, \quad -1 < x < 1.$$

根据 (3.5.41) 和 (3.5.54) 获得

$$\int_a^b \frac{t^n dt}{(t-x)^2\sqrt{1-t^2}} = \sum_{i=1}^{n-1} ix^{i-1}\int_a^b \frac{t^{n-1-i}dt}{\sqrt{1-t^2}} - \frac{1}{\sqrt{1-x^2}}\bigg[nx^{n-1}\ln|D^*|$$

$$+ \frac{x^{n+1}\ln|D^*|}{1-x^2} + \frac{x}{D^*}\frac{dD^*}{dx}\bigg], \tag{3.5.55}$$

这里 $-1 \leqslant a < x < b \leqslant 1$. 特别地,

$$\int_{-1}^1 \frac{t^n dt}{(t-x)^2\sqrt{1-t^2}} = \begin{cases} 0, & n=0,1, \\ \pi\sum_{k=0}^{n-2} e_k x^k, & n \geqslant 2, \end{cases} \tag{3.5.56}$$

其中 $-1 < x < 1$ 和

$$e_k = \begin{cases} 0, & n-k \text{ 为奇数}, \\ \dfrac{k+1}{\sqrt{\pi}}\dfrac{\Gamma\left(\dfrac{n-k-1}{2}\right)}{\Gamma\left(\dfrac{n-k}{2}\right)}, & n-k \text{ 为偶数}. \end{cases}$$

根据 $e^t$ 的 Taylor 展开式, 利用 (3.5.41) 和 (3.5.55) 获得

$$\int_a^b \frac{e^t dt}{(t-x)^2\sqrt{1-t^2}} = \sum_{j=0}^\infty \frac{1}{j!}\frac{d}{dx}\left[\sum_{i=0}^{j-1} x^i \int_a^b \frac{t^{j-1-i}dt}{\sqrt{1-t^2}} - \frac{x^j}{\sqrt{1-x^2}}\ln|D^*|\right], \tag{3.5.57}$$

其中 $-1 \leqslant a < x < b \leqslant 1$.

根据文献 [191], [192]

$$\int_{-1}^1 \frac{1/(t^2+\alpha^2)dt}{(t-x)^2\sqrt{1-t^2}} = \frac{-\pi(\alpha^2-x^2)}{\alpha(\alpha^2+1)^{1/2}(\alpha^2+x^2)} \tag{3.5.58}$$

和
$$\int_{-1}^{1}\frac{dt}{(t-x)^2\sqrt{\alpha^2-t^2}}=\frac{x}{(\alpha^2-x^2)^{3/2}}\ln\left[\frac{(\alpha^2-x^2)^{1/2}-x(\alpha^2-1)^{1/2}}{(\alpha^2-x^2)^{1/2}+x(\alpha^2-1)^{1/2}}\right]$$
$$-\frac{2(\alpha^2-1)^{1/2}}{(\alpha^2-x^2)(1-x^2)}, \tag{3.5.59}$$

其中 $\alpha^2 > 1$ 和 $-1 < x < 1$.

根据超奇异积分的定义和 (3.5.41) 直接得到
$$\int_{0}^{1}\frac{t^6 dt}{(t-x)^2}=\frac{6}{5}+\frac{3x}{2}+2x^2+3x^3+6x^4+\frac{1}{x-1}+6x^5\ln\frac{1-x}{x}, \tag{3.5.60}$$

其中 $0 < x < 1$, 以及
$$\int_{-1}^{1}\frac{t^4+|t|^{3+\alpha}}{t^2}dt=\frac{10+2\alpha}{6+3\alpha}, \quad 0 < \alpha \leqslant 1. \tag{3.5.61}$$

### 3.5.4 高阶超奇异积分的计算

根据 (3.5.11) 直接计算得到
$$\int_{a}^{b}\frac{dt}{(t-x)^{p+1}}=\begin{cases}\ln\dfrac{b-x}{x-a}, & p=0,\\[2mm] \dfrac{-1}{p}\left[\dfrac{1}{(b-x)^p}-\dfrac{1}{(a-x)^p}\right], & p=1,2,3,\cdots,\end{cases} \quad a < x < b,$$
$$\tag{3.5.62}$$

特别地,
$$\int_{-1}^{1}\frac{dt}{(t-x)^{p+1}}=\frac{1}{p}\left[\frac{(-1)^p}{(1+x)^p}-\frac{1}{(1-x)^p}\right], \quad p > 0, -1 < x < 1,$$
$$\int_{-1}^{1}\frac{dt}{t^{p+1}}=\frac{1}{p}[(-1)^p-1], \quad p > 0.$$

利用 $t=(t-x)+x$ 和 (3.5.62) 直接获得
$$\int_{a}^{b}\frac{tdt}{(t-x)^{p+1}}$$
$$=\begin{cases}b-a+x\ln\dfrac{b-x}{x-a}, & p=0,\\[2mm] \dfrac{-b}{b-x}+\dfrac{a}{a-x}+\ln\dfrac{b-x}{x-a}, & p=1,\\[2mm] \dfrac{-1}{p}\left[\dfrac{b}{(b-x)^p}-\dfrac{a}{(a-x)^p}\right]\\[2mm] +\dfrac{-1}{p(p-1)}\left[\dfrac{1}{(b-x)^{p-1}}-\dfrac{1}{(a-x)^{p-1}}\right], & p=2,3,\cdots,\end{cases} \tag{3.5.63}$$

利用恒等式 $t^2 = (t-x)^2 + 2(t-x)x + x^2$ 和 (3.5.62) 得到

$$\int_a^b \frac{t^2 dt}{(t-x)^{p+1}} = \begin{cases} \frac{1}{2}[(b-x)^2 - (a-x)^2] + 2x(b-a) + x^2 \ln\frac{b-x}{x-a}, & p=0, \\ \frac{-b^2}{b-x} + \frac{a^2}{a-x} + 2(b-a) + 2x \ln\frac{b-x}{x-a}, & p=1, \\ \frac{-1}{2}\left[\frac{b^2}{(b-x)^2} - \frac{a^2}{(a-x)^2}\right] + \left(\frac{-b}{b-x} + \frac{a}{a-x}\right) + \ln\frac{b-x}{x-a}, & p=2, \\ \frac{-1}{p}\left[\frac{b^2}{(b-x)^p} - \frac{a^2}{(a-x)^p}\right] + \frac{-2}{p(p-1)}\left[\frac{b}{(b-x)^{p-1}} - \frac{a}{(a-x)^{p-1}}\right] \\ \quad + \frac{-2}{p(p-1)(p-2)}\left[\frac{1}{(b-x)^{p-2}} - \frac{1}{(a-x)^{p-2}}\right], & p=3,4,\cdots. \end{cases}$$

(3.5.64)

同理可得

$$\int_0^1 \frac{t^3 dt}{(t-x)^{p+1}} = \begin{cases} \frac{3}{2} + 3x + \frac{1}{x-1} + 3x^2 \ln\frac{1-x}{x}, & p=1, \\ 1 + \frac{x}{2} - \frac{x^3 - 6x^2 + 6x}{2(x-1)^2} + 3x \ln\frac{1-x}{x}, & p=2, \end{cases}$$

(3.5.65)

其中 $0 < x < 1$.

根据 (3.5.17) 获得

$$\int_{-1}^1 \frac{P_n(t)dt}{(t-x)^{p+1}} = \frac{1}{p!}\frac{d^p}{dx^p}\int_{-1}^1 \frac{P_n(t)dt}{t-x}, \quad -1 < x < 1, \quad (3.5.66)$$

或者

$$\int_{-1}^1 \frac{P_n(t)dt}{(t-x)^{p+1}} = \frac{2}{p!}\frac{d^{p-1}}{dx^{p-1}}\left(\frac{nxQ_n(x) - nQ_{n-1}(x)}{1-x^2}\right), \quad -1 < x < 1, \quad (3.5.67)$$

特别地,

$$\int_{-1}^1 \frac{P_n(t)dt}{(t-x)^3} = \frac{2nx}{(1-x^2)^2}[xQ_n(x) - Q_{n-1}(x)] + \frac{n}{1-x^2}Q_n(x)(1+n), \quad (3.5.68)$$

这里 $n \geqslant 0$, $P_n(x)$ 和 $Q_n(x)$ 分别是第一类和第二类 Legendre 多项式.

若 $a < x < b, \alpha = a-x, \beta = b-x, \alpha < 0 < \beta, k$ 是常数, 利用 (3.2.16) 得到

$$\int_a^b \frac{e^{kt}}{(t-x)^{p+1}}dt = \frac{e^{kx}}{p!}\left[k^p \ln\left(-\frac{\beta}{\alpha}\right) + \sum_{j=1}^p \frac{k^{p-j}}{j}\left(\prod_{l=0}^{j-1}(p-l)\right)\left(\frac{\beta^j - \alpha^j}{(\alpha\beta)^j}\right)\right.$$

$$+\sum_{j=1}^{\infty}\frac{k^{j+p}p!(\beta^j-\alpha^j)}{j(j+p)!}\bigg]. \tag{3.5.69}$$

若 $a<x<b, \alpha=a-x, \beta=b-x, \alpha<0<\beta$, 利用上式得到

$$\int_a^b \frac{e^{it}}{(t-x)^{p+1}}dt = \frac{e^{ix}}{p!}\bigg[i^p\ln\left(-\frac{\beta}{\alpha}\right)+\sum_{j=1}^{p}\frac{i^{p-j}}{j}\left(\prod_{l=0}^{j-1}(p-l)\right)\left(\frac{\beta^j-\alpha^j}{(\alpha\beta)^j}\right)$$
$$+\sum_{j=1}^{\infty}\frac{i^{j+p}p!(\beta^j-\alpha^j)}{j(j+p)!}\bigg]. \tag{3.5.70}$$

若 $0<x<1$, 根据 $e^{i\pi t}=\cos\pi t+i\sin\pi t$, 利用上式得到

$$\int_0^1 \frac{\sin\pi t}{(t-x)^3}dt$$
$$=\cos\pi x\left\{\frac{\pi}{x(x-1)}+\sum_{j=0}^{\infty}(-1)^{j+1}\frac{\pi^{2j+3}}{(2j+1)(2j+3)!}[(1-x)^{2j+1}-(-x)^{2j+1}]\right\}$$
$$+\sin\pi t\left\{\frac{(1-x)^2-x^2}{2x^2(x-1)^2}-\frac{\pi^2}{2}\ln\left(\frac{1-x}{x}\right)\right.$$
$$\left.+\sum_{j=1}^{\infty}(-1)^{j+1}\frac{\pi^{2j+2}}{(2j)(2j+2)!}[(1-x)^{2j}-(-x)^{2j}]\right\} \tag{3.5.71}$$

和

$$\int_0^1 \frac{\cos\pi t}{(t-x)^3}dt$$
$$=\cos\pi x\left\{\frac{(1-x)^2-x^2}{2x^2(x-1)^2}-\frac{\pi^2}{2}\ln\left(\frac{1-x}{x}\right)\right.$$
$$\left.+\sum_{j=1}^{\infty}(-1)^{j+1}\frac{\pi^{2j+2}}{(2j)(2j+2)!}\left[(1-x)^{2j}-(-x)^{2j}\right]\right\}$$
$$+\sin\pi t\left\{\frac{\pi}{x(x-1)}+\sum_{j=0}^{\infty}(-1)^{j+1}\frac{\pi^{2j+1}}{(2j-1)(2j+1)!}\left[(1-x)^{2j-1}-(-x)^{2j-1}\right]\right\}. \tag{3.5.72}$$

直接计算得到

$$\int_{-1}^{1}\frac{t^2+(2+\text{sgn}(t))|t|^{p+1/2}}{t^{p+1}}dt=16-16p, \quad p=1,2, x=0. \tag{3.5.73}$$

利用 (3.5.17) 得到

$$\int_a^b \frac{f(t)\sqrt{1-t}dt}{(t-x)^{p+1}}=\frac{1}{p!}\frac{d^p}{dx^p}\int_a^b \frac{f(t)\sqrt{1-t}dt}{t-x}. \tag{3.5.74}$$

根据 (3.2.31) 和上式获得

$$\int_{-1}^{1}\frac{\sqrt{1-t}dt}{(t-x)^{p+1}} = \frac{2\sqrt{2}(-1)^{p+2}}{p(1-x)(1+x)^p} + \frac{2p-3}{2p(1-x)}\int_{-1}^{1}\frac{\sqrt{1-t}dt}{(t-x)^p}, \qquad (3.5.75)$$

这里 $-1 < x < 1, p = 1, 2, \cdots$.

利用 (3.5.41) 和 (3.5.74) 得到

$$\int_{-1}^{1}\frac{t^n\sqrt{1-t}}{(t-x)^{p+1}}dt = \sum_{m=1}^{p+1}C_n^{p+1-m}x^{n-p-1+m}\int_{-1}^{1}\frac{\sqrt{1-t}}{(t-x)^m}dt + \sum_{k=0}^{n-p-1}A_k^{p+1}x^{n-p-1-k}, \qquad (3.5.76)$$

其中 $-1 < x < 1, n \geqslant p, p = 0, 1, \cdots$ 和

$$A_k^{p+1} = 4\sqrt{2}C_{n-k-1}^{p}\sum_{i=p+1}^{k}(-1)^iC_k^i\frac{2^i}{2i+3}.$$

根据 (3.5.17) 有

$$\int_a^b\frac{f(t)\sqrt{1-t^2}dt}{(t-x)^{p+1}} = \frac{1}{p!}\frac{d^p}{dx^p}\int_a^b\frac{f(t)\sqrt{1-t^2}dt}{t-x}, \qquad (3.5.77)$$

这里 $-1 \leqslant a < x < b \leqslant 1, p = 1, 2, \cdots$,特别地,

$$\int_{-1}^{1}\frac{\sqrt{1-t^2}dt}{(t-x)^{p+1}} = \begin{cases} -\pi, & p = 1, \\ 0, & p = 2, 3, \cdots. \end{cases}$$

利用 (3.5.41) 和上式获得,当 $p = 1, 2, \cdots$ 时有

$$\int_{-1}^{1}\frac{t^n\sqrt{1-t^2}dt}{(t-x)^{p+1}} = \begin{cases} 0, & p > n+1, \\ \dfrac{\pi}{p!}\sum_{k=p}^{n+1}k(k-1)\cdots(k-p+1)b_kx^{k-p}, & p \leqslant n+1, \end{cases} \qquad (3.5.78)$$

且

$$b_k = \begin{cases} 0, & n-k \text{ 为偶数}, \\ \dfrac{1}{2\sqrt{\pi}}\dfrac{\Gamma\left(\dfrac{n-k}{2}\right)}{\Gamma\left(\dfrac{n-k+3}{2}\right)}, & n-k \text{ 为奇数}. \end{cases}$$

同样有

$$\int_{-1}^{1}\frac{U_n(t)\sqrt{1-t^2}dt}{(t-x)^{p+1}} = \frac{1}{p!}\frac{d^p}{dx^p}\int_{-1}^{1}\frac{U_n(t)\sqrt{1-t^2}dt}{t-x}, \quad -1 < x < 1, \qquad (3.5.79)$$

## 3.5 一维 Hadamard 超奇异积分的计算

或者

$$\int_{-1}^{1} \frac{U_n(t)\sqrt{1-t^2}dt}{(t-x)^{p+1}}$$
$$= \frac{-\pi}{p!} \frac{d^{p-1}}{dx^{p-1}} \left[ \frac{d}{dx}(T_{n+1}(x)) \right] = \frac{-\pi}{p!} \frac{d^{p-1}}{dx^{p-1}}[(n+1)U_n(x)],$$

特别地,

$$\int_{-1}^{1} \frac{U_n(t)\sqrt{1-t^2}dt}{(t-x)^3}$$
$$= \frac{-\pi}{2}(n+1)\frac{dU_n(x)}{dx} = \frac{(n+1)T_{n+1}(x) - xU_n(x)}{x^2-1}, \quad n \geqslant 0, \quad (3.5.80)$$

这里 $T_n(x)$ 和 $U_n(x)$ 分别为第一类和第二类 Chebyshev 多项式. 与 (3.5.79) 和 (3.5.80) 一样有

$$\int_{-1}^{1} \frac{T_n(t)dt}{(t-x)^{p+1}\sqrt{1-t^2}} = \frac{1}{p!}\frac{d^p}{dx^p} \int_{-1}^{1} \frac{T_n(t)dt}{(t-x)\sqrt{1-t^2}}, \quad -1 < x < 1, \quad (3.5.81)$$

或者

$$\int_{-1}^{1} \frac{T_n(t)dt}{(t-x)^{p+1}\sqrt{1-t^2}} = \frac{\pi}{p!} \frac{d^{p-1}}{dx^{p-1}} \left[ \frac{nT_n(x) - xU_{n-1}(x)}{x^2-1} \right], \quad n \geqslant 1. \quad (3.5.82)$$

当 $-1 \leqslant a < x < b \leqslant 1$ 时, 利用 $e^t$ 的 Taylor 展开式和 (3.2.40), 有

$$\int_a^b \frac{e^t \sqrt{1-t^2}dt}{(t-x)^{p+1}} = \frac{1}{p!}\frac{d^p}{dx^p} \left[ \sum_{j=0}^{\infty} \frac{1}{j!} \left\{ \sum_{i=0}^{j-1} \left( x^i \int_a^b t^{j-1-i}\sqrt{1-t^2}dt \right) \right.\right.$$
$$\left.\left. + x^j[\sqrt{1-t^2} - x\sin^{-1}t]\Big|_{t=a}^{t=b} + x^j C^* \right\} \right], \quad (3.5.83)$$

且

$$C^* = -\sqrt{1-x^2} \ln \left| \frac{2\sqrt{1-x^2}\sqrt{1-t^2} + 2(1-xt)}{t-x} \right| \Bigg|_{t=a}^{t=b},$$

其中 $\sum_{i=0}^{q(<0)} \cdots = 0$.

根据 (3.5.17) 得到, 当 $a < x < b \leqslant 1, p = 1, 2, \cdots$ 时, 有

$$\int_a^b \frac{f(t)dt}{(t-x)^{p+1}\sqrt{1-t}} = \frac{1}{p!}\frac{d^p}{dx^p} \int_a^b \frac{f(t)dt}{(t-x)\sqrt{1-t}}, \quad (3.5.84)$$

利用 (3.2.42) 和 (3.5.84), 当 $-1 < x < 1, p = 1, 2, \cdots$ 时, 有

$$\int_{-1}^{1} \frac{dt}{(t-x)^{p+1}\sqrt{1-t}}$$

$$=\frac{\sqrt{2}(-1)^{p+2}}{p(1-x)(1+x)^p}+\frac{2p-1}{2p(1-x)}\int_{-1}^1\frac{dt}{(t-x)^p\sqrt{1-t}}, \quad (3.5.85)$$

利用公式 (3.5.41) 和 (3.5.85) 得到

$$\int_{-1}^1\frac{t^n dt}{(t-x)^{p+1}\sqrt{1-t}}$$
$$=\sum_{m=1}^{p+1}C_n^{p+1-m}x^{n-p-1+m}\int_{-1}^1\frac{dt}{(t-x)^m\sqrt{1-t}}+\sum_{k=0}^{n-p-1}B_k^{p+1}x^{n-p-1-k}, \quad (3.5.86)$$

这里 $n \geqslant p+1$, $-1 < x < 1$, $p = 0, 1, \cdots$ 和

$$B_k^{p+1}=2\sqrt{2}C_{n-k-1}^p\sum_{i=0}^k(-1)^iC_k^i\frac{2^i}{2i+1}.$$

根据 (3.5.17)，当 $a<x<b\leqslant 1, p=1, 2, \cdots$ 时，有

$$\int_a^b\frac{f(t)dt}{(t-x)^{p+1}\sqrt{1-t^2}}=\frac{1}{p!}\frac{d^p}{dx^p}\int_a^b\frac{f(t)dt}{(t-x)\sqrt{1-t^2}}. \quad (3.5.87)$$

利用 (3.2.45) 得到

$$\int_a^b\frac{dt}{(t-x)^{p+1}\sqrt{1-t^2}}=\frac{1}{p!}\frac{d^p}{dx^p}\left(\frac{-1}{\sqrt{1-x^2}}\ln|D^*|\right), \quad (3.5.88)$$

其中 $a<x<b\leqslant 1, p=1, 2, \cdots$ 和

$$D^*=\frac{\sqrt{1-x^2}\sqrt{1-b^2}+(1-bx)}{\sqrt{1-x^2}\sqrt{1-a^2}+(1-ax)}\frac{a-x}{b-x}.$$

根据 (3.5.41) 和 (3.5.88) 有

$$\int_a^b\frac{t^n}{(t-x)^{p+1}\sqrt{1-t^2}}dt$$
$$=\frac{1}{p!}\frac{d^p}{dx^p}\left[\sum_{i=0}^{n-1}x^i\int_a^b\frac{t^{n-1-i}}{\sqrt{1-t^2}}dt-\frac{x^n}{\sqrt{1-x^2}}\ln|D^*|\right], \quad (3.5.89)$$

这里 $a<x<b\leqslant 1, p=1, 2,\cdots$.

## 3.6 二阶 Hadamard 超奇积分的高精度算法

二阶超奇异积分在数学应用和工程问题中经常见到，特别在断力力学、弹性力学、流体力学、空气动力学等工程边界元中随时可见，它更是 Hadamard 最初研究超奇异积分的对象，因此本节专门讨论这类积分的高精度算法，对于这类超奇异积分的数值计算出现的文章很多，如文献 [10], [22], [37], [43], [73], [77], [108].

### 3.6.1 内点为奇点的 Hadamard 超奇异积分的误差渐近展开式

本段研究积分 [51]

$$I_2(f) = \int_0^1 f(x)dx \text{ 且 } f(x) = \frac{\phi(x)}{(x-c)^2}, \quad 0 < c < 1 \tag{3.6.1}$$

的数值算法.

若 $\phi^{(n)}$ 是 Hölder 连续的, 那么 $\int_0^1 \frac{\phi(x)}{(x-c)^{n+1}}dx$ 存在, 从而有

$$I_{n+1}(f) = \frac{1}{n!}\frac{d^n}{dc^n}\int_0^1 \frac{\phi(x)}{x-c}dx = \int_0^1 \frac{\phi(x)}{(x-c)^{n+1}}dx, \quad c \in (0,1) \tag{3.6.2}$$

成立. 利用定理 3.3.1, 立即得到以下定理.

**定理 3.6.1** 若 $\phi^{(p)}$ 是 Hölder 连续的, 那么 (3.6.1) 有下列展开式

$$I_2(f) = Q_2^{[m,v]}f - \sum_{k=1}^{p-1}\frac{\bar{B}_k(t_v)}{k!}\frac{d}{dc}\frac{f^{(k-1)}(1) - f^{(k-1)}(0)}{m^k} + E_2^{[m,v]}f, \tag{3.6.3}$$

其中

$$Q_2^{[m,v]}f$$
$$=\frac{1}{m}\sum_{j=0}^{m-1}\frac{\phi((j+t_v)/m)}{((j+t_v)/m - c)^2}$$
$$-\begin{cases} \pi^2 m\phi(c)\sin^{-2}(\pi(mc - t_v)) - \pi\phi'(c)\cot(\pi(mc - t_v)), & mc - t_v \neq \text{整数}, \\ \dfrac{-\phi''(c)}{m}, & mc - t_v = \text{整数} \end{cases}$$
$$\tag{3.6.4}$$

和

$$E_2^{[m,v]}f = -\frac{1}{m^p}\int_0^1 \frac{\partial}{\partial c}\frac{d^p}{dx^p}(f(x) - \psi(x))\left(\frac{\bar{B}_k(t_v) - \bar{B}_k(t_v - mx)}{p!}\right)dx = O(m^{-p}). \tag{3.6.5}$$

**证明** 根据定理 3.3.1, 对 (3.3.18) 两边关于 $c$ 求导, 立即获得该定理的证明. □

接下来我们研究端点弱奇异和内部点为超奇异积分的数值方法.

**定理 3.6.2** 设在端点 $x=0$ 和 $x=1$ 处有

$$\phi(x) \sim C_0 x^\alpha, \alpha > -1 \text{ 和 } \phi(x) \sim C_1(1-x)^\beta, \quad \beta > -1,$$

且 $C_0$ 和 $C_1$ 均不为零; 则

$$I_2(f) = Q_2^{[m,v]}f - \sum_{q=0}\left\{\frac{A'_q}{m^{(1+\alpha)+q}} + \frac{B'_q}{m^{(1+\beta)+q}}\right\}, \tag{3.6.6}$$

其中 $Q_2^{[m,v]}f$ 是由 (3.3.34) 对 $c$ 求导而得，$A'_q$ 和 $B'_q$ 与 $m$ 无关.

**证明** 根据定理 3.3.4，对 (3.3.52) 两边关于 $c$ 求导，立即获得该定理的证明. □

展开式 (3.6.6) 表明，用 $Q_2^{[m,v]}f$ 计算奇异积分 (3.6.1)，精确度的误差阶是 $O(\max(m^{-(1+\alpha)}, m^{-(1+\beta)}))$.

**注 3.6.1** 根据定理 3.3.4 和 (3.6.2)，利用前面的方法，可得到高阶超奇异积分 $I_n(f)$，$n \geqslant 2$ 的求积公式

$$I_{n+1}(f) = Q_{n+1}^{[m,v]}f - \sum_{k=1}^{p-1} \frac{\bar{B}_k(t_v)}{k!} \frac{1}{n!} \frac{d^n}{dc^n}\left\{\frac{f^{(k-1)}(1) - f^{(k-1)}(0)}{m^k}\right\} + O(m^{-p}), \quad (3.6.7)$$

其中

$$Q_{n+1}^{[m,v]}f = \frac{1}{n!} \frac{d^n}{dc^n}\{Q_1^{[m,v]}f\}. \tag{3.6.8}$$

### 3.6.2 端点弱奇异与内点为超奇异积分的加速收敛方法

上段虽然给出了计算二阶超奇异积分的求积公式，但用它们来计算精度很低，收敛速度慢. 在实际计算中，这些公式不实用，但利用适当的变量替换，如 Sigmoid-变换等，可大大提高精确度，下面给出利用 Sigmoid-变换得到的相应结果.

**定理 3.6.3**[51]  假设 $\phi(x) \in C^p[0,1]$，且在端点 $x = 0$ 和 $x = 1$ 处有

$$\phi(x) \sim C_0 x^{n_0} \text{ 和 } \phi(x) \sim C_1(1-x)^{n_1}, \tag{3.6.9}$$

其中 $n_0$ 和 $n_1$ 是非负整数，$C_0$ 和 $C_1$ 均不为零；若 $x = \gamma_r(\sigma)$ 是 $r$ 阶 Sigmoid-变换，且 $2 \leqslant r \in N$，和

$$n = \min\{r(1+n_0), r(1+n_1)\}; \tag{3.6.10}$$

当 $c = \gamma_r(s)$，$0 < s < 1$ 和 $m \in N$ 时，且

$$p = \begin{cases} n, & B_n(t_v) \neq 0, \\ n+1, & B_n(t_v) = 0. \end{cases} \tag{3.6.11}$$

那么积分 (3.6.1) 有下列展开式

$$I_2(f) = Q_2^{[m,v]}f + E_2^{[m,v]}f, \tag{3.6.12}$$

其中，(I) 当 $mc - t_v$ 不是整数时，

$$Q_{2,r}^{[m,v]}f = \frac{1}{m}\sum_{j=0}^{m-1} \frac{\phi(\gamma_r(j+t_v)/m)\gamma'_r((j+t_v)/m)}{(\gamma_r((j+t_v)/m) - c)^2}$$
$$- \pi^2 m\phi(c)\sin^{-2}(\pi(t_v - ms))/\gamma'_r(s) - \pi\phi'(c)\cot(\pi(t_v - ms)) \tag{3.6.13}$$

和
$$E_{2,r}^{[m,v]}f = -\frac{1}{m^p}\int_0^1 \frac{d^p}{d\sigma^p}\left(\frac{\partial}{\partial c}\left(\frac{h_r(\sigma,s)}{\sigma-s} - \psi_r(\sigma,s)\right)\right)$$
$$\left(\frac{\bar{B}_k(t_v) - \bar{B}_k(t_v - mx)}{p!}\right)d\sigma = O(m^{-p}); \qquad (3.6.14)$$

(II) 当 $mc - t_v = k \in \{0, 1, 2, \cdots, m-1\}$ 是整数时,

$$Q_{2,r}^{[m,v]}f = \frac{1}{m}\sum_{j=0,j\neq k}^{m-1}\frac{\phi(\gamma_r(j+t_v)/m)\gamma_r'((j+t_v)/m)}{(\gamma_r((j+t_v)/m) - c)^2}$$
$$+ \frac{\phi(c)}{m\gamma_r'(s)}\left(\frac{\gamma_r''(s)}{6\gamma_r'(s)} - \frac{1}{4}\left(\frac{\gamma_r''(s)}{\gamma_r'(s)}\right)^2 - \frac{m^2\pi^2}{3}\right)$$
$$+ \frac{\phi'(c)\gamma_r''(s)}{2m\gamma_r'(s)} + \frac{\phi''(c)\gamma_r'(s)}{2m} \qquad (3.6.15)$$

和
$$E_{2,r}^{[m,v]}f = O(m^{-p}). \qquad (3.6.16)$$

**证明** (I) 当 $mc - t_v$ 不是整数时,根据 (3.3.47),两边关于 $c$ 求导,得到 $Q_{2,r}^{[m,v]}f = \frac{\partial}{\partial c}Q_{1,r}^{[m,v]}f$. 因为

$$\frac{\partial}{\partial c}\left(\frac{h_r(\sigma,s)}{\sigma-s} - \psi_r(\sigma,s)\right) = \frac{1}{\gamma_r'(s)}\frac{\partial}{\partial s}\left(\frac{h_r(\sigma,s)}{\sigma-s} - \psi_r(\sigma,s)\right),$$

特别地,当 $\sigma \to s$ 时,有

$$\frac{h_r(\sigma,s)}{\sigma-s} - \psi_r(\sigma,s) = \gamma_r'(s)\phi'(c) + \frac{\gamma_r''(s)}{\gamma_r'(s)}\phi(c) + O(\sigma-s),$$

所以,我们得到

$$\frac{\partial}{\partial c}\left(\frac{h_r(\sigma,s)}{\sigma-s} - \psi_r(\sigma,s)\right)$$
$$=\gamma_r'(c)\phi''(s) + \frac{2\gamma_r''(s)}{\gamma_r'(s)}\phi'(c) + \frac{\phi(c)}{\gamma_r'(s)}\frac{d}{ds}\left(\frac{\gamma_r''(s)}{\gamma_r'(s)}\right) + O(\sigma-s).$$

于是,这个积分存在,从而 (I) 成立.

(II) 当 $mc - t_v = k \in \{0, 1, 2, \cdots, m-1\}$ 是整数时,根据 (3.6.11),假设 $(k+t_v)/m = \varepsilon \neq 0$,当 $\varepsilon \to 0$,有

$$I_2(f) = \frac{1}{m}\sum_{j=0,j\neq k}^{m-1}\frac{\phi(\gamma_r(j+t_v)/m)\gamma_r'((j+t_v)/m)}{(\gamma_r((j+t_v)/m) - c)^2} + F_2\phi(k;\varepsilon) + O\left(\frac{1}{m^p}\right), \quad (3.6.17)$$

这里

$$F_2\phi(k;\varepsilon) = \frac{1}{m}\frac{\phi(\gamma_r(j+t_v)/m)\gamma'_r((j+t_v)/m)}{(\gamma_r((j+t_v)/m)-c)^2} - \pi\phi'(c)\cot(\pi(t_v-ms))$$
$$-\frac{\pi^2 m\phi(c)}{\gamma'_r(s)\sin^2(\pi(t_v-ms))} = \frac{1}{m}\frac{\phi(\gamma_r(s+\varepsilon))\gamma'_r(s+\varepsilon)}{(\gamma_r(s+\varepsilon)-\gamma(s))^2} - \frac{\pi^2 m\phi(c)}{\gamma'_r(s)\sin^2(\pi m\varepsilon)}.$$

假设 $0 < |\varepsilon| \ll 1$, 把上式右边, 用 Taylor 公式在 $s$ 处展开得到 (3.6.13) 的证明. □

该定理表明, 经过简单的变量替换, 求积公式 $Q_{2,r}^{[m,v]}f$ 的精度阶为 $O(m^{-p})$, $p > 1$, 显然收敛速度大大提高. 利用公式 (3.6.2), 我们还能够得到在变量替换下的高阶超奇异积分的求积公式

$$I_{n+1}(f) = Q_{n+1,r}^{[m,v]}f + O\left(\frac{1}{m^p}\right), \tag{3.6.18}$$

且

$$Q_{n+1,r}^{[m,v]}f = \frac{1}{n!}\frac{d^n}{dc^n}\{Q_{1,r}^{[m,v]}f\}. \tag{3.6.19}$$

定理 3.6.3 给出了在假设 $\phi(x) \in C^p[0,1]$ 的情形下的展开式, 对端点 $x = 0$ 和 $x = 1$ 处有奇异性的情况没有进行讨论, 下面定理得到此情形的误差展开式.

**定理 3.6.4** 设在端点 $x = 0$ 和 $x = 1$ 处有

$$\phi(x) \sim C_0 x^\alpha, \alpha > -1 \text{ 和 } \phi(x) \sim C_1(1-x)^\beta, \quad \beta > -1,$$

且 $C_0$ 和 $C_1$ 均不为零; 若 $x = \gamma_r(\sigma)$ 是 $r$ 阶 Sigmoid-变换, 且 $1 < r$ 和 $c = \gamma_r(s)$, $0 < s < 1$, 那么

$$I_2(f) \sim Q_{2,r}^{[m,v]}f - \sum_{q=0}\left\{\frac{A'_q}{m^{r(1+\alpha)+q}} + \frac{B'_q}{m^{r(1+\beta)+q}}\right\}, \tag{3.6.20}$$

这里 $A'_q$ 和 $B'_q$ 与 $m$ 无关, 其中, (I) 当 $mc - t_v$ 不是整数时, $Q_{2,r}^{[m,v]}f$ 由 (3.6.13) 确定; (II) 当 $mc - t_v$ 整数时, $Q_{2,r}^{[m,v]}f$ 由 (3.6.15) 确定.

**证明** 对 (3.6.6) 两边关于 $c$ 求导, 再运用定理 3.6.3 的证明方法立即可得. □

下面给出一些算例, 利用本段提供的求积公式计算一些超奇异积分.

**算例 3.6.1** 计算积分 [51]

$$I_2(f) = \int_0^1 \frac{\phi(x)dx}{(x-c)^2}, \quad \phi(x) = (2x-1)^3, \quad 0 < c = 0.68 < 1, \tag{3.6.21}$$

该积分的精确解

$$I_2(f) = 8(2c-1) + 6(2c-1)^2\ln\left(\frac{1-c}{c}\right) - \frac{(2c-1)^3}{c(1-c)}.$$

## 3.6 二阶 Hadamard 超奇积分的高精度算法

因为 $\phi(x) = (2x-1)^3$, 根据 (3.6.9) 有 $n_0 = n_1 = 0$, 由 (3.6.10) 和 (3.6.11) 有 $n = r \in N$ 和 $E_{2,r}^{[m,v]}f = O(m^{-r})$, 除非 $B_r(t_v) = 0$ 时, $E_{2,r}^{[m,v]}f = O(m^{-r-1})$, 于是 $E_{2,r}^{[m,v]}f$ 的第一项为 $-\dfrac{A_0' + B_0'}{m^r}$, 且 $A_0' = \dfrac{\partial A_0}{\partial c}$, $B_0' = \dfrac{\partial B_0}{\partial c}$, 这里 $A_0$ 和 $B_0$ 由 (3.3.53) 和 (3.3.54) 定义. 因为对任意的 $n \in N$, 有

$$\zeta(-n, t_v) = \frac{-B_{n+1}(t_v)}{n+1} \text{ 和 } B_n(1-t_v) = (-1)^n B_n(t_v), \tag{3.6.22}$$

又

$$g(0) = \frac{r}{c} \text{ 和 } h(1) = \frac{r}{1-c}, \tag{3.6.23}$$

故

$$m^r E_{2,r}^{[m,v]}f \sim B_r(t_v) \left\{ \frac{-1}{c^2} + \frac{(-1)^r}{1-c^2} \right\}. \tag{3.6.24}$$

表 3.6.1 给出了当 $r = 3, 4, 5$, $v = -0.4$ 和 $t_v = 0.3$ 时的数值结果.

**表 3.6.1  本算例的数值结果**

| $m$ | 32 | 64 | 128 | $\infty$ |
|---|---|---|---|---|
| $m^3 E_{2,3}^{[m,-0.4]}f$ | $-0.492$ | $-0.947$ | $-0.499$ | $-0.501$ |
| $m^4 E_{2,4}^{[m,-0.4]}f$ | $0.115$ | $0.0987$ | $0.0902$ | $0.0819$ |
| $m^5 E_{2,5}^{[m,-0.4]}f$ | $0.256$ | $0.268$ | $0.269$ | $0.272$ |

表 3.6.2 给出了当 $v = 0$, $t_v = 0.5$, $r = 3$, $B_3(1/2) = 0$, 收敛阶 $O(m^{-4})$, 由 (3.6.20) 知, 展开式为 $\dfrac{A_1' + B_1'}{m^4}$, 且

$$g'(0) = \frac{r(r+1)}{c} \text{ 和 } h'(1) = \frac{-r(r+1)}{1-c},$$

从而有

$$m^4 E_{2,3}^{[m,0]}f(0.68) \sim -0.665262 \text{ 对充分大的 } m. \tag{3.6.25}$$

若 $r = 4$, 有

$$m^4 E_{2,4}^{[m,0]}f(0.68) \sim 0.2218 \text{ 对充分大的 } m.$$

**表 3.6.2  本算例的数值结果**

| $m$ | 32 | 64 | 128 | $\infty$ |
|---|---|---|---|---|
| $m^4 E_{2,4}^{[m,0]}f(0.68)$ | $-0.6636$ | $-0.6648$ | $-0.6652$ | $-0.6653$ |
| $m^4 E_{2,4}^{[m,0]}f(0.68)$ | $0.1699$ | $0.2213$ | $0.2216$ | $0.2218$ |

在表 3.6.1 和表 3.6.2 中最后一列的结果是根据 (3.6.24) 右边计算的数值. 在表 3.6.3 中, 利用 Sigmoid-变换, 取 $r=3$, 计算结果.

**表 3.6.3　利用 Sigmoid-变换计算的数值结果**

| $m$ | 8 | 16 | 32 | 64 |
|---|---|---|---|---|
| $m^6 E_{2,3}^{[m,0]} f(0.68)$ | 4.872 | 4.620 | 4.547 | 4.537 |

**算例 3.6.2**　计算积分 [51]

$$J_k = \int_0^1 \frac{(x(1-2))^{1/2} U_4(2x-1) dx}{(x-c)^k}, \quad k=2,3, \tag{3.6.26}$$

真解为

$$\begin{aligned}J_2 &= -5\pi U_4(2c-1), \\ J_3 &= 5\pi[4(2c-1)U_4(2c-1) - 5U_3(2c-1)]/(4c(1-c)),\end{aligned} \tag{3.6.27}$$

这里 $U_n$ 是 $n$ 阶第二类 Chebyshev 多项式, $c = \cos^2(\pi/10)$, 从而 $U_4 = 0$. 根据定理 3.6.4, 当 $\alpha = \beta = 1/2$ 时, 采用 $r$ 阶 Sigmoid-变换, 那么计算积分 $J_k$, $k=2,3$ 的收敛阶为 $O(m^{-3r/2})$. 根据 (3.3.55) 和 (3.3.56), 有

$$g(0) = -5r/c \text{ 和 } h(1) = 5r/(1-c) \tag{3.6.28}$$

由 (3.6.20) 知

$$m^{3r/2} E_{2,r}^{[m,v]} \sim 5r \left\{ -\zeta(-(3r/2-1), t_v)/c^2 - \zeta(-(3r/2-1), 1-t_v)/(1-c)^2 \right\}. \tag{3.6.29}$$

对 (3.6.29) 右边关于 $c$ 求导数, 得到

$$m^{3r/2} E_{3,r}^{[m,v]} \sim 5r \left\{ 2\zeta(-(3r/2-1), t_v)/c^3 - 2\zeta(-(3r/2-1), 1-t_v)/(1-c)^3 \right\}. \tag{3.6.30}$$

特别地, 若 $r=2$, $t_v = 0.65$ 和 $c = \cos^2(\pi/10)$, 有

$$m^3 E_{2,2}^{[m,0.3]} \sim 12.3354 \text{ 和 } m^3 E_{3,2}^{[m,0.3]} \sim 130.788. \tag{3.6.31}$$

计算的数值结果列在表 3.6.4 中.

**表 3.6.4　本算例的数值结果**

| $m$ | 32 | 64 | 128 | 256 | $\infty$ |
|---|---|---|---|---|---|
| $m^3 E_{2,2}^{[m,0.3]}$ | 12.92 | 12.64 | 12.49 | 12.41 | 12.335 |
| $m^3 E_{3,2}^{[m,0.3]}$ | 136.4 | 133.8 | 132.0 | 131.6 | 130.8 |

若 $r=2.5$, $t_v=0.65$ 和 $c=\cos^2(\pi/10)$ 有

$$m^{3.75}E_{2,2.5}^{[m,0.3]} \sim 10.3684 \text{ 和 } m^{3.75}E_{3,2.5}^{[m,0.3]} \sim 108.152. \tag{3.6.32}$$

计算的数值结果列在表 3.6.5 中.

表 3.6.5　本算例的数值结果

| $m$ | 32 | 64 | 128 | 256 | $\infty$ |
|---|---|---|---|---|---|
| $m^{3.75}E_{2,2.5}^{[m,0.3]}$ | 9.79 | 10.09 | 10.23 | 10.30 | 10.37 |
| $m^{3.75}E_{3,2.5}^{[m,0.3]}$ | 101.9 | 105.2 | 106.7 | 109.6 | 108.2 |

表 3.6.4 和表 3.6.5 中最后一列的结果是根据 (3.6.29) 和 (3.6.30) 右边计算的数值.

## 3.7　端点为任意阶的超奇异积分的误差渐近展开式

本节介绍 Lyness 的工作 [131,134]，他们利用 Mellin 变换，通过求留数的方法得到端点为任意阶超奇异积分的 Euler-Maclaurin 渐近展开. 他们的方法是通过容许函数得到 $[0,\infty)$ 上的渐近展开式，然后利用中立型函数得到有界区间的渐近展开式.

### 3.7.1　定义在 $[0,\infty)$ 上的超奇异积分误差的渐近展开式

考虑积分

$$I(f) = \int_0^\infty f(t)dt, \tag{3.7.1}$$

其中 $f(t) = t^\alpha g(t)$，而且 $g(x)$ 是 $[0,\infty)$ 上具有紧支集的光滑函数. 现在，对任意大的 $m > 0$，设 (3.7.1) 的求积公式为

$$(Q_m f)(\beta) = \frac{1}{m}\sum_{k=0}^\infty f\left(\frac{\beta+k}{m}\right), \quad 1 > \beta > 0. \tag{3.7.2}$$

利用 Mellin 逆变换公式，得到

$$\begin{aligned}(Q_m f)(\beta) &= \frac{1}{m}\sum_{k=0}^\infty \frac{1}{2\pi i}\int_{c-i\infty}^{c+i\infty} M(f,p)\left(\frac{\beta+k}{m}\right)^{-p}dp \\ &= \frac{1}{2\pi i}\int_{c-i\infty}^{c+i\infty} m^{p-1}M(f,p)\sum_{k=0}^\infty \left(\frac{\beta+k}{m}\right)^{-p}dp \\ &= \frac{1}{2\pi i}\int_{c-i\infty}^{c+i\infty} m^{p-1}M(f,p)\zeta(p,\beta)dp, \quad c > 1.\end{aligned} \tag{3.7.3}$$

置 $c' < c$, 计算积分在带形: $c' < \mathrm{Re}(p) < c$ 区域内极点的留数. 因为

$$F(p) = M(f,p) = M(g, p+\alpha) = G(p+\alpha), \tag{3.7.4}$$

又 $G(p)$ 在 $\mathrm{Re}(p) > 0$ 是解析的, 根据 Mellin 变换的概念, 并且逐次使用分部积分法, 有

$$G(p) = M(g,p) = \frac{1}{-p} M(g',p) = \cdots$$
$$= \frac{1}{-p(-p-1)\cdots(-p-n+1)} M(g^{(n)}, p+n). \tag{3.7.5}$$

因 $M(g^{(n)}, p+n)$ 在 $\mathrm{Re}(p) > -n$ 是解析的, 这说明 $G(p)$ 允许解析开拓到 $C\backslash\{0, -1, -2, \cdots\}$ 上, 且以 $p = -n, (n = 0, 1, 2, \cdots)$ 为简单极点, 由 (3.7.5) 得到 $G(p)$ 在 $p = -n$ 的留数

$$\mathrm{Res}(G(p), -n) = -\frac{1}{n!} M(g^{(n+1)}, 1) = -\frac{1}{n!} \int_0^\infty g^{(n+1)}(x) dx$$
$$= \frac{1}{n!} g^{(n)}(0), \quad n = 0, 1, 2, \cdots, \tag{3.7.6}$$

从而对于所有的 $K > 0$ 和 $a, b \in R$ 只要选择 (3.7.6) 的 $n$ 充分大, 就可得到

$$G(p) = O(|p|^{-K}), \text{当} p \to \infty, \ -\infty < a \leqslant \mathrm{Re}(p) \leqslant b < \infty. \tag{3.7.7}$$

设 $c'$ 满足: $-\mathrm{Re}(\alpha) - n - 1 < c' < -\mathrm{Re}(\alpha) - n$, 考虑关于变元 $p$ 的函数 $m^{p-1}F(p)\zeta(p, \beta)$ 在带形区域 $c' \leqslant \mathrm{Re} p \leqslant c$ 上的围道积分. 为此, 注意此带形区域内该函数有简单极点: $p = 1$ 和 $p = -\alpha - k, k = 0, 1, \cdots, n$, 根据 (3.7.3) 得到 $p = 1$ 的留数

$$\mathrm{Res}(m^{p-1}F(p)\zeta(p,\beta), 1) = F(1)\mathrm{Res}(\zeta(p,\beta), 1) = \int_0^\infty f(t)dt, \tag{3.7.8}$$

由 (3.7.3) 和 (3.7.4) 获得 $p = -\alpha - k, k = 0, 1, \cdots, n$ 的留数为

$$\mathrm{Res}(m^{p-1}F(p)\zeta(p,\beta), -\alpha - k) = m^{-\alpha-k-1}\mathrm{Res}(F(p), -\alpha-k)\zeta(-\alpha-k, \beta)$$
$$= \frac{g^{(k)}(0)}{m^{\alpha+k+1}k!} \zeta(-\alpha-k, \beta), \quad k = 0, 1, \cdots, n.$$

应用留数定理得到

$$(Q_m f)(\beta) = \int_0^\infty f(t)dt + \sum_{k=0}^n \frac{g^{(k)}(0)}{m^{\alpha+k+1}k!} \zeta(-\alpha-k, \beta)$$
$$+ \frac{1}{2\pi \mathrm{i}} \int_{c'-\mathrm{i}\infty}^{c'+\mathrm{i}\infty} m^{p-1} F(p) \zeta(p, \beta) dp, \tag{3.7.9}$$

故上式右边的最后一个积分可以转换为在实数线上的积分

$$\frac{1}{2\pi i}\int_{c'-i\infty}^{c'+i\infty}m^{p-1}F(p)\zeta(p,\beta)dp = \frac{m^{c'-1}}{2\pi}\int_{-\infty}^{\infty}\mu^{is}F(c'+is)\zeta(c'+is,\beta)ds$$
$$= O(m^{c'-1}), \quad m\to\infty. \tag{3.7.10}$$

因 $c' < 0$, 对于 (3.7.10) 取 $m\to\infty$, 得到半无穷区间上奇异积分的 Euler-Maclaurin 展开式

$$(Q_m f)(\beta) = \frac{1}{m}\sum_{k=0}^{\infty}f\left(\frac{\beta+k}{m}\right)$$
$$= \int_0^{\infty}t^{\alpha}g(t)dt + \sum_{k=0}^{\infty}\frac{g^{(k)}(0)}{m^{\alpha+k+1}k!}\zeta(-\alpha-k,\beta), \quad m\to\infty, \tag{3.7.11}$$

这里 $f(t) = t^{\alpha}g(t)$.

欲把奇异积分在 $[0,\infty)$ 的 Euler-Maclaurin 展开式推广到有限区间 $[a,b]$ 上, 需引入中立型函数 (neutralized function). 当 $k_1 < k_2$ 时, 若函数 $\nu(x;k_1,k_2)$ 满足 $\nu(x;k_1,k_2) \in C^{\infty}(-\infty,\infty)$ 和

$$\nu(x;k_1,k_2) = \begin{cases} 1, & x \leqslant k_1, \\ 0, & x \geqslant k_2, \end{cases} \tag{3.7.12}$$

称 $\nu(x;k_1,k_2)$ 为中立型函数, 比如函数

$$\nu(x;k_1,k_2) = \begin{cases} \frac{1}{2}\left\{1+\tanh\left(\frac{1}{k_2-x}-\frac{1}{k_2-x}\right)\right\}, & x \in (k_1,k_2), \\ 1, & x \leqslant k_1, \\ 0, & x \geqslant k_2 \end{cases} \tag{3.7.13}$$

便是中立型函数, 这表明中立型函数是存在的.

利用中立型函数, 能够把任意 $f(x) \in C^n[0,1]$ 都可以延拓到 $C^n[0,\infty)$ 内的函数, 置

$$f(x) = \begin{cases} f(x), & 0 \leqslant x \leqslant 1, \\ \left(\sum_{j=0}^{n}\frac{f^{(j)}(1)}{j!}(x-1)^j\right)\nu(x;k_1,k_2), & x > 1, 1 \leqslant k_1 < k_2. \end{cases} \tag{3.7.14}$$

从而可知延拓后的函数 $f(x)$ 是具有紧支集的函数. 又 $k_1 \geqslant 1$, 故定义新函数

$$\tilde{f}(x) = f(x+1) \tag{3.7.15}$$

与求和公式
$$(\tilde{Q}_m f)(\beta) = (Q_m f)(\beta) - (Q_m \tilde{f})(\beta). \tag{3.7.16}$$

根据 (3.7.15)，(3.7.10) 和 (3.7.11)，获得

$$\begin{aligned}(\tilde{Q}_m f)(\beta) =& F(1) - \tilde{F}(1) + \sum_{k=0}^{n} \frac{1}{m^{\alpha+k+1} k!} \zeta(-k, \beta) f^{(k)}(0) \\ & - \sum_{k=0}^{n} \frac{1}{m^{k+1} k!} \zeta(-k, \beta) f^{(k)}(1) \\ & + \frac{1}{2\pi \mathrm{i}} \int_{c'-\mathrm{i}\infty}^{c'+\mathrm{i}\infty} m^{p-1} (F(p) - \tilde{F}(p)) \zeta(p, \beta) dp, \end{aligned} \tag{3.7.17}$$

这里 $\tilde{F}(p)$ 是 $\tilde{f}(x)$ 的 Mellin 变换，$c' \in (-n-2, -n-1)$. 故

$$\begin{aligned}(\tilde{Q}_m f)(\beta) =& (Q_m f)(\beta) - (Q_m \tilde{f})(\beta) = \frac{1}{m} \sum_{k=0}^{\infty} f\left(\frac{\beta+k}{m}\right) - \frac{1}{m} \sum_{k=0}^{\infty} f\left(1 + \frac{\beta+k}{m}\right) \\ =& \frac{1}{m} \sum_{k<m} f\left(\frac{\beta+k}{m}\right), \quad \beta > 0 \end{aligned} \tag{3.7.18}$$

与

$$F(1) - \tilde{F}(1) = \int_0^{\infty} (f(x) - f(x+1)) dx = \int_0^1 f(x) dx. \tag{3.7.19}$$

令 $m = N$ 为正整数，$0 < \beta < 1$，代入 (3.7.17) 得

$$\begin{aligned}& \frac{1}{N} \sum_{k=0}^{N-1} f\left(\frac{\beta+k}{N}\right) \\ =& \int_0^1 f(x) dx + \sum_{k=0}^{n} \frac{1}{N^{k+1+\alpha} k!} \zeta(-k-\alpha, \beta) f^{(k)}(0) \\ & - \sum_{k=0}^{n} \frac{1}{N^{k+1} k!} \zeta(-k, \beta) f^{(k)}(1) + \frac{1}{2\pi \mathrm{i}} \int_{c'-\mathrm{i}\infty}^{c'+\mathrm{i}\infty} N^{p-1} (F(p) - \tilde{F}(p)) \zeta(p, \beta) dp, \end{aligned} \tag{3.7.20}$$

这就是偏矩形公式 (3.7.16) 的 Euler-Maclaurin 展开式. 若取 $\beta = 1/2$，那么是中矩形公式的 Euler-Maclaurin 展开式.

若 $f(x) = x^{\alpha} g(x)$，$0 > \alpha > -1$，(3.7.11) 是弱奇异积分，重复上面的讨论得到在零点弱奇异函数的偏矩形公式的 Euler-Maclaurin 展开式

$$\frac{1}{N} \sum_{k=0}^{N-1} f\left(\frac{\beta+k}{N}\right)$$

$$= \int_0^1 x^\alpha g(x)dx + \sum_{k=0}^n \frac{1}{N^{k+1+\alpha}k!}\zeta(-k-\alpha,\beta)g^{(k)}(0)$$
$$- \sum_{k=0}^n \frac{1}{N^{k+1}k!}\zeta(-k,\beta)f^{(k)}(1) + \frac{1}{2\pi\mathrm{i}}\int_{c'-\mathrm{i}\infty}^{c'+\mathrm{i}\infty} N^{p-1}(F(p)-\tilde{F}(p))\zeta(p,\beta)dp. \quad (3.7.21)$$

若
$$f(x) = x^\alpha(1-x)^\gamma g(x), \quad -1 < \alpha, \gamma < 0, \quad (3.7.22)$$

即被积函数在两个端点皆是弱奇异的，其中 $g(x) \in C^n[0,1]$，那么采用中立型函数把 $f(x)$ 表达为

$$\begin{aligned}f(x) &= f(x)\nu(x;1/3,2/3) + f(x)(1-\nu(x;1/3,2/3))\\ &= f_0(x) + f_1(x) = f_0(x) + f_2(1-x),\end{aligned} \quad (3.7.23)$$

其中 $f_0(x)$, $f_2(x)$ 仅在 $x = 0$ 有弱奇性，利用 (3.7.21) 得到

$$\begin{aligned}(\tilde{Q}_N f)(\beta) &= (\tilde{Q}_N f_0)(\beta) + (\tilde{Q}_N f_2)(1-\beta)\\ &= F_0(1) + F_2(1) + \sum_{k=0}^n \frac{1}{N^{k+1+\alpha}k!}\zeta(-k-\alpha,\beta)g_0^{(k)}(0)\\ &\quad + \sum_{k=0}^n \frac{(-1)^k}{N^{k+1+\gamma}k!}\zeta(-k-\gamma,1-\beta)g_1^{(k)}(1)\\ &\quad + \frac{1}{2\pi\mathrm{i}}\int_{c'-\mathrm{i}\infty}^{c'+\mathrm{i}\infty} N^{p-1}(F_0(p)+F_2(p))\zeta(p,\beta)dp,\end{aligned} \quad (3.7.24)$$

其中
$$g_0(x) = (1-x)^\gamma g(x), \quad g_1(x) = x^\alpha g(x).$$

注意到
$$F_0(1) + F_2(1) = \int_0^1 f(x)dx = \int_0^1 x^\alpha(1-x)^\gamma g(x)dx,$$

利用 Mellin 变换导出了 Navot 的渐近展开式

$$\begin{aligned}\frac{1}{N}\sum_{k=0}^{N-1} f\left(\frac{\beta+k}{N}\right) &= \int_0^1 x^\alpha(1-x)^\gamma g(x)dx + \sum_{k=0}^n \frac{1}{N^{k+1+\alpha}k!}\zeta(-k-\alpha,\beta)g_0^{(k)}(0)\\ &\quad + \sum_{k=0}^n \frac{(-1)^k}{N^{k+1+\gamma}k!}\zeta(-k-\gamma,1-\beta)g_1^{(k)}(1)\\ &\quad + \frac{1}{2\pi\mathrm{i}}\int_{c'-\mathrm{i}\infty}^{c'+\mathrm{i}\infty} N^{p-1}(F_0(p)+F_2(p))\zeta(p,\beta)dp,\end{aligned} \quad (3.7.25)$$

这里 $1 > \beta > 0$, $c' \in (-n - \min(\alpha, \gamma) - 2, -n - \min(\alpha, \gamma) - 1)$.

把上式的 $\alpha, \beta$ 参数视为变元，两边对 $\alpha, \gamma$ 微分便得到包含对数的数值求积展开式

$$\frac{1}{N} \sum_{k=0}^{N-1} f\left(\frac{\beta+k}{N}\right)$$
$$= \int_0^1 x^\alpha (1-x)^\gamma \ln^\eta x \ln^\xi(1-x) dx$$
$$+ \sum_{k=0}^n \frac{1}{N^{k+1+\alpha} k!} [(-\ln N)^\eta \zeta(-k-\alpha, \beta) - \eta \zeta'(-k-\alpha, \beta)] g_0^{(k)}(0)$$
$$+ \sum_{k=0}^n \frac{(-1)^k}{N^{k+1+\gamma} k!} [(-\ln N)^\xi \zeta(-k-\gamma, \beta)$$
$$- \xi \zeta'(-k-\gamma, \beta)] \zeta(-k-\gamma, 1-\beta) g_1^{(k)}(1)$$
$$+ \frac{1}{2\pi \mathrm{i}} \int_{c'-\mathrm{i}\infty}^{c'+\mathrm{i}\infty} N^{p-1}(F_0(p) + F_2(p))\zeta(p, \beta) dp, \quad \eta, \xi = 0 \text{ 或 } 1, \quad (3.7.26)$$

其中

$$f(x) = x^\alpha (1-x)^\gamma \ln^\eta x \ln^\xi(1-x), \quad -1 < \alpha, \gamma < 0, \text{ 而 } \eta, \xi = 0 \text{ 或者 } 1,$$

而 $F_0(p), F_2(p)$ 分别是由 (3.7.23) 定义的函数 $f_0(x), f_2(x)$ 的 Mellin 变换.

### 3.7.2 发散积分的有限部分

积分
$$\int_0^b f(x) dx = \int_0^b x^\alpha g(x) dx, \quad \alpha \leqslant -1 \quad (3.7.27)$$

是发散的, 这种发散积分必须在 Hadamard 有穷部分的意义下确定.

**定义 3.7.1**[134] 若存在 $\varepsilon$ 满足 $0 < \varepsilon < b < \infty$, 使函数 $f(x)$ 在区间 $(\varepsilon, b)$ 上可积, 并且存在单调序列 $\alpha_0 < \alpha_1 < \alpha_2 < \cdots$ 和非负整数 $J$, 使展开式

$$\int_\varepsilon^b f(x) dx = \sum_{i=0}^\infty \sum_{j=0}^J I_{i,j} \varepsilon^{\alpha_i} \ln^j \varepsilon, \quad (3.7.28)$$

成立, 那么定义上面积分的 Hadamard 有限部分积分为

$$\int_0^b f(x) dx = \begin{cases} I_{k,0}, & \alpha_k = 0, \\ 0, & \alpha_k \neq 0, \text{ 对所有 } i. \end{cases} \quad (3.7.29)$$

按照上面定义, 容易证明正常积分和 Cauchy 主值意义下的奇异积分都可以统一在定义 3.7.1 下. 按照定义 3.7.1 容易推导出以下引理.

## 3.7 端点为任意阶的超奇异积分的误差渐近展开式

**引理 3.7.1** 若 $\forall b > 0$, 有

$$\int_0^b x^\alpha dx = \begin{cases} \ln b, & \alpha = -1, \\ b^{\alpha+1}/(\alpha+1), & \alpha \neq -1. \end{cases} \tag{3.7.30}$$

**引理 3.7.2** 若 $\alpha < -1, m > -\alpha - 2$ 和 $g(x) \in C^{m+1}[0,b]$, 则 $\forall b > 0$, 有

$$\int_0^b g(x)x^\alpha dx = \int_0^b x^\alpha \left[ g(x) - \sum_{k=0}^m g^{(k)}(0)x^k/k! \right] dx + \sum_{k=0}^m \frac{g^{(k)}(0)}{k!} \int_0^b x^{\alpha+k} dx \tag{3.7.31}$$

公式 (3.7.31) 表明, 除了 $\alpha$ 是负整数外, 积分关于 $\alpha$ 是解析依赖的. 对于 $[0,\infty)$ 上的积分, 我们引入容许函数的概念.

**定义 3.7.2** 如果 $g(x) \in C^{m+1}[0,\infty)$, 并且对所有的 $p > 1$, 有

$$\left| \int_0^\infty g^{(k)}(x) x^{p-1} dx \right| < \infty, \quad k = 0, 1, \cdots, m+1 \tag{3.7.32}$$

成立, 那么称 $g(x)$ 是 $C^{m+1}[0,\infty)$ 的容许函数. 显然, (3.7.32) 蕴涵 $g(x)$ 若是 $C^{m+1}[0,\infty)$ 的容许函数, 则 $g(x)$ 在无穷远的递减速度快于 $x$ 的任何负幂.

**引理 3.7.3** 若 $g(x)$ 是 $C^{m+1}[0,\infty)$ 的容许函数, 而 $f(x) = x^\alpha g(x)$, 则 $\forall b > 0$, 有

$$\int_0^\infty f(x) dx = \int_0^b f(x) dx + \int_b^\infty f(x) dx \tag{3.7.33}$$

成立.

由引理 3.7.3 立即得到

$$\int_0^\infty x^\alpha dx = 0, \quad \forall \alpha < -1. \tag{3.7.34}$$

若 $g(x)$ 是 $C^{m+1}[0,\infty)$ 的容许函数, $m \geqslant 0$, 可定义基于 Hadamard 有限部分意义下的广义 Mellin 变换

$$G(p) = \int_0^\infty x^{p-1} g(x) dx, \tag{3.7.35}$$

显然在区域 $\operatorname{Re} p > -m - 2$ 内除 $p$ 取负整数值外, $G(p)$ 是解析的.

**定理 3.7.1**[134] 设 $g(x)$ 是 $C^{m+1}[0,\infty)$ 的容许函数, 则

$$\int_0^\infty \frac{g(x)}{x^{m+1}} dx = \begin{cases} \dfrac{g^{(m)}(0)}{m!m} + \dfrac{1}{m} \int_0^\infty \dfrac{g'(x)}{x^m} dx, & m > 0, \\ -\int_0^\infty g'(x) \ln x\, dx, & m = 0, \end{cases} \tag{3.7.36}$$

且当 $k \geqslant 1$，也有

$$\int_0^\infty \frac{g(x)\ln^k x}{x^{m+1}}dx = \begin{cases} \frac{k}{m}\int_0^\infty \frac{g'(x)\ln^{k-1} x}{x^{m+1}}dx + \frac{1}{m}\int_0^\infty \frac{g'(x)\ln^k x}{x^m}dx, & m > 0, \\ -\frac{1}{k+1}\int_0^\infty g'(x)\ln^{k+1} x dx, & m = 0. \end{cases} \quad (3.7.37)$$

**证明** 分三种情形证明：(a) 对 $m > 0$ 情形，运用分部积分法，有

$$\int_\varepsilon^b \frac{g(x)}{x^{m+1}}dx = -\frac{g^{(m)}(b)}{mb^m} + \frac{g(\varepsilon)}{m\varepsilon^m} + \frac{1}{m}\int_\varepsilon^b \frac{g'(x)}{x^m}dx, \quad (3.7.38)$$

展开右端第二项

$$\frac{g(\varepsilon)}{m\varepsilon^m} = \frac{1}{m}\left(g(0)\varepsilon^{-m} + g'(0)\varepsilon^{-m+1} + \cdots + \frac{g^{(m)}(0)}{m!} + \frac{g^{(m+1)}(0)}{(m+1)!}\varepsilon + \cdots\right) \quad (3.7.39)$$

按照定义 3.7.1 得到

$$\int_0^b \frac{g(x)}{x^{m+1}}dx = -\frac{g(b)}{mb^m} + \frac{g^{(m)}(0)}{m!m} + \frac{1}{m}\int_0^b \frac{g'(x)}{x^m}dx, \quad m > 0, \quad (3.7.40)$$

令 $b \to \infty$，便获得 (3.7.36) 右端在 $m > 0$ 情形的证明.

(b) 对于 $k, m > 0$ 的情形，相似地，利用分部积分法得到

$$\int_\varepsilon^b \frac{g(x)\ln^k x}{x^{m+1}}dx = -\frac{g(x)\ln^k x}{mx^m}\Big|_\varepsilon^b + \frac{1}{m}\int_\varepsilon^b \frac{g'(x)\ln^k x}{x^m}dx$$
$$+ \frac{k}{m}\int_\varepsilon^b \frac{g'(x)\ln^{k-1} x}{x^{m+1}}dx, \quad k, m > 0, \quad (3.7.41)$$

(c) 对于 $k > 0, m = 0$ 情形，相似地导出

$$\int_\varepsilon^b \frac{g(x)\ln^k x}{x}dx = \frac{g(x)\ln^{k+1} x}{k+1}\Big|_\varepsilon^b - \frac{1}{k+1}\int_\varepsilon^b g'(x)\ln^{k+1} x dx, \quad k > 0. \quad (3.7.42)$$

因为 $g(x)$ 是 $C^{m+1}[0,\infty)$ 内的容许函数，只要令 $b \to \infty$，便获得定理的证明. □

**定理 3.7.2**[134] 设 $g(x) \in C^{m+1}[0,\infty)$ 内的容许函数，且 $m \geqslant 0$，则

$$\int_0^\infty \frac{g(x)}{x^{m+1}}dx = -\frac{1}{m!}\int_0^\infty g^{(m+1)}(x)\ln x dx + \frac{\psi(m+1) - \psi(1)}{m!}g^{(m)}(0), \quad (3.7.43)$$

这里 $\psi(z) = \Gamma'(z)/\Gamma(z)$.

**证明** 当 $m = 0$ 时，由定理 3.7.1 显然成立. 当 $m > 0$ 时，重复应用 (3.7.38) 的结果 $m$ 次，获得

$$\int_0^\infty \frac{g(x)}{x^{m+1}}dx = \frac{g^{(m)}(0)}{m!}\left(\frac{1}{m} + \frac{1}{m-1} + \cdots + 1\right)$$

$$+ \frac{1}{m!}\int_0^\infty \frac{g^{(m)}(x)}{x}dx, \quad m > 0, \tag{3.7.44}$$

由

$$\frac{1}{m!}\sum_{j=1}^m \frac{1}{j} = \frac{\psi(m+1)-\psi(1)}{m!},$$

且对 (3.7.44) 再次进行分部积分, 于是得到定理的证明. □

根据 (3.7.44), 若 $g(x)$ 是 $C_0^\infty[0,\infty)$ 的容许函数, 则其 Mellin 变换 $G(p)$ 允许解析开拓到 $C\backslash\{0,-1,-2,\cdots\}$ 上, 并且以 $p=-n, n=0,1,2,\cdots$ 为简单极点. 现推导 $G(p)$ 在极点的 Laurent 展开式, 因此在 (3.7.44) 中令 $p=-n+\varepsilon$ 得到

$$G(-n+\varepsilon) = \frac{-\Gamma(1-\varepsilon)}{\Gamma(n+1-\varepsilon)\varepsilon}\int_0^\infty g^{(n+1)}(x)x^\varepsilon dx, \tag{3.7.45}$$

利用 $\Gamma$ 函数和幂函数的展开式, 可导出

$$G(-n+\varepsilon) = b_{-1}^{(n)}/\varepsilon + b_0^{(n)} + b_1^{(n)}\varepsilon + \cdots, \tag{3.7.46}$$

其中 $b_{-1}^{(n)} = g^{(n)}(0)/n!$,

$$b_0^{(n)} = -\frac{1}{n!}\int_0^\infty g^{(n+1)}(x)\ln x dx + \frac{\psi(n+1)-\psi(1)}{n!}g^{(n)}(0), \tag{3.7.47}$$

和 (3.7.43) 一致. 上述展开式可以用于更一般情形

$$G(p+\varepsilon) = A_{-1}/\varepsilon + A_0 + A_1\varepsilon + \cdots, \quad \forall p \leqslant 0, \tag{3.7.48}$$

其中

$$A_0 = \int_0^\infty g(x)x^{p-1}dx,$$

并且 $A_{-1}\neq 0$ 仅当 $p$ 是负整数.

### 3.7.3 定义在 $[0,\infty)$ 上的强奇异与超奇异积分的 Euler-Maclaurin 展开式

根据 Cauchy 主值积分和 Hadamard 发散积分的有限部分理论, 可推广 Euler-Maclaurin 展开式到奇异和超奇异积分上. 事实上, 半无穷区间上弱奇异积分的 Euler-Maclaurin 展开式 (3.7.21) 可以推广到奇异和超奇异积分上, 即有以下定理.

**定理 3.7.3** 设 $f(x) = x^\alpha g(x)$, 且 $g(x)$ 是 $C^{m+1}[0,\infty)$ 的容许函数, $\alpha$ 不是负整数, 那么

$$(S_\mu f)(\beta) = \frac{1}{\mu}\sum_{k=0}^\infty f\left(\frac{\beta+k}{\mu}\right) = F(1) + \sum_{k=0}^m \frac{g^{(k)}(0)}{\mu^{\alpha+k+1}k!}\zeta(-\alpha-k,\beta)$$

$$+\frac{1}{2\pi i}\int_{c'-i\infty}^{c'+i\infty}\mu^{p-1}F(p)\zeta(p,\beta)dp, \tag{3.7.49}$$

这里 $c' \in (-m-\alpha-2, -m-\alpha-1)$, $F(p)$ 是 $f(x)$ 的广义 Mellin 变换 (在解析开拓意义下).

定理 3.7.3 意味着: 如果 $\alpha > -1$, 那么

$$F(1) = \int_0^\infty f(x)dx, \tag{3.7.50}$$

(3.7.49) 将是半无穷区间上弱奇异积分的 Euler-Maclaurin 展开式; 如果 $\alpha < -1$, $\alpha$ 不是负整数, 那么

$$F(1) = \int_0^\infty f(x)dx, \tag{3.7.51}$$

(3.7.49) 将是半无穷区间上超奇积分的 Euler-Maclaurin 展开式. (3.7.49) 表明偏矩形公式 $(S_\mu f)(\beta)$ 不是计算超奇积分的近似公式, 如果 $-l > \alpha > -l-1$, 除非把 (3.7.49) 右端中的这些项

$$\sum_{k=0}^{l}\frac{g^{(k)}(0)}{\mu^{\alpha+k+1}k!}\zeta(-\alpha-k,\beta), \quad l < m$$

移到左端作为求积公式的一部分.

若 $\alpha$ 是负整数, 当 $k \neq -1-\alpha$ 时的极点是简单的, 但当 $p=1, k=-1-\alpha$ 时, 复函数 $\mu^{p-1}F(p)\zeta(p,\beta)$ 在带形 $c' \leqslant \mathrm{Re}\, p \leqslant c$ 区域内的二阶极点 (因为 $c > 1$, 并且 $p=1$ 也是 $\zeta(p,\beta)$ 的一阶极点), 为了求它的留数, 需要计算 $\mu^\varepsilon F(1+\varepsilon)\zeta(1+\varepsilon,\beta)$ 的展开式中 $\varepsilon^{-1}$ 的系数. 令 $l = -1-\alpha$, 按照 (3.7.48) 有

$$F(1+\varepsilon) = \frac{g^{(l)}(0)}{\varepsilon l!} + \int_0^\infty f(x)dx + O(\varepsilon), \tag{3.7.52}$$

再使用

$$\zeta(1+\varepsilon,\beta) = 1/\varepsilon - \psi(\varepsilon) + O(\varepsilon),$$
$$\mu^\varepsilon = e^{\varepsilon \ln \mu} = 1 + \varepsilon \ln \mu + O(\varepsilon^2),$$

代入得到

$$\mathrm{Res}(\mu^{p-1}F(p)\zeta(p,\beta), 1) = \int_0^\infty f(x)dx - \frac{g^{(l)}(0)}{l!}\psi(\beta) + \frac{g^{(l)}(0)}{l!}\ln\mu, \tag{3.7.53}$$

于是我们导出了以下定理.

**定理 3.7.4** 设 $f(x) = x^\alpha g(x)$, 且 $g(x)$ 是 $C^{m+1}[0,\infty)$ 的容许函数, $\alpha = -1-l$ 是负整数, $l < m$, 那么

$$(S_\mu f)(\beta) = \frac{1}{\mu} \sum_{k=0}^{\infty} f\left(\frac{\beta+k}{\mu}\right) = \int_0^\infty f(x)dx - \frac{g^{(l)}(0)}{l!} \psi(\beta) + \frac{g^{(l)}(0)}{l!} \ln \mu$$
$$+ \sum_{\substack{k=0 \\ k \neq l}}^{m} \frac{g^{(k)}(0)}{\mu^{\alpha+k+1} k!} \zeta(-\alpha-k, \beta)$$
$$+ \frac{1}{2\pi i} \int_{c'-i\infty}^{c'+i\infty} \mu^{p-1} F(p) \zeta(p, \beta) dp, \qquad (3.7.54)$$

这里 $c' \in (-m-\alpha-2, -m-\alpha-1)$, $F(p)$ 是 $f(x)$ 的广义 Mellin 变换 (在解析开拓意义下).

同样, (3.7.54) 表明偏矩形公式 $(S_\mu f)(\beta)$ 不是计算超奇积分的近似公式, 除非把 (3.7.54) 右端的这些项

$$-\frac{g^{(l)}(0)}{l!} \psi(\beta) + \frac{g^{(l)}(0)}{l!} \ln \mu + \sum_{k=0}^{l-1} \frac{g^{(k)}(0)}{\mu^{\alpha+k+1} k!} \zeta(-\alpha-k, \beta),$$

移到左端作为求积公式的一部分.

### 3.7.4 有限区间上端点为强奇异与超奇异积分的 Euler-Maclaurin 展开式

积分

$$\int_0^1 f(x)dx, f(x) = x^\alpha (1-x)^\gamma g(x), \quad g(x) \in C^m[0,1]. \qquad (3.7.55)$$

若 $\min(\alpha, \gamma) = -1$, 那么称积分 (3.7.55) 为 Cauchy 奇异积分; 若 $\min(\alpha, \gamma) < -1$, 那么称积分 (3.7.55) 为 Hadamard 超奇异积分. 显然, 无论 Cauchy 奇异积分还是 Hadamard 超奇异积分 (3.7.55) 都是发散的, 这些积分都必须按照 Cauchy 主值或 Hadamard 有穷部分意义下理解.

为了把 Hadamard 超奇异积分的 Euler-Maclaurin 展开式推广到有限区间上, 应用 (3.7.13) 引入的中立型函数, 且利用 (3.7.14) 的办法, 把 $f(x) \in C^n[0,1]$ 延拓为 $C^n[0,\infty)$ 中的函数, 并且重复应用 (3.7.24) 的论述, 获得以下定理.

**定理 3.7.5** 设 $f(x) = x^\alpha (1-x)^\gamma g(x)$, $g(x) \in C^n[0,1]$, 若 $\omega = \min(\alpha, \gamma) < -1$, 并且 $\alpha$, $\gamma$ 皆不是负整数, 那么对于给定的 $0 < \beta < 1$ 和正整数 $N$, 有偏矩形公式的 Euler-Maclaurin 展开式

$$\frac{1}{N}\sum_{k=0}^{N-1}f\left(\frac{\beta+k}{N}\right)=\int_0^1 f(x)dx+\sum_{k=0}^{n}\frac{1}{N^{k+1+\alpha}k!}\zeta(-k-\alpha,\beta)g_0^{(k)}(0)$$

$$+\sum_{k=0}^{n}\frac{(-1)^k}{N^{k+1+\gamma}k!}\zeta(-k-\gamma,1-\beta)g_1^{(k)}(1)$$

$$+\frac{1}{2\pi\mathrm{i}}\int_{c'-\mathrm{i}\infty}^{c'+\mathrm{i}\infty}N^{p-1}(F_0(p)+F_2(p))\zeta(p,\beta)dp, \quad (3.7.56)$$

这里

$$g_0(x)=(1-x)^\gamma g(x), \quad g_1(x)=x^\alpha g(x), \quad c'\in[-n-\omega-2,-n-\omega-1],$$

$F_0(p)$, $F_2(p)$ 分别是由 (3.7.24) 定义的函数 $f_0(x)$, $f_2(x)$ 的广义 Mellin 变换.

**定理 3.7.6** 设 $f(x)=x^\alpha(1-x)^\gamma g(x)$, $g(x)\in C^n[0,1]$.

(a) 如果 $\min(\alpha,\gamma)\leqslant -1$, 且 $\alpha=-l-1$ 是负整数, 但 $\gamma$ 不是负整数, 那么对于给定的 $0<\beta<1$ 和正整数 $N$, 有偏矩形公式的 Euler-Maclaurin 展开式

$$\frac{1}{N}\sum_{k=0}^{N-1}f\left(\frac{\beta+k}{N}\right)=\int_0^1 f(x)dx-\frac{g_0^{(l)}(0)}{l!}\psi(\beta)+\frac{g_0^{(l)}(0)}{l!}\ln N$$

$$+\sum_{\substack{k=0\\k\neq l}}^{n}\frac{1}{N^{k+1+\alpha}k!}\zeta(-k-\alpha,\beta)g_0^{(k)}(0)$$

$$+\sum_{k=0}^{n}\frac{(-1)^k}{N^{k+1+\gamma}k!}\zeta(-k-\gamma,1-\beta)g_1^{(k)}(1)$$

$$+\frac{1}{2\pi\mathrm{i}}\int_{c'-\mathrm{i}\infty}^{c'+\mathrm{i}\infty}N^{p-1}(F_0(p)+F_2(p))\zeta(p,\beta)dp; \quad (3.7.57)$$

(b) 如果 $\min(\alpha,\gamma)\leqslant -1$, 且 $\gamma=-l-1$ 是负整数, 但 $\alpha$ 不是负整数, 那么有偏矩形公式的 Euler-Maclaurin 展开式

$$\frac{1}{N}\sum_{k=0}^{N-1}f\left(\frac{\beta+k}{N}\right)=\int_0^1 f(x)dx-(-1)^l\frac{g_1^{(l)}(1)}{l!}\psi(\beta)+(-1)^l\frac{g_1^{(l)}(1)}{l!}\ln N$$

$$+\sum_{k=0}^{n}\frac{1}{N^{k+1+\alpha}k!}\zeta(-k-\alpha,\beta)g_0^{(k)}(0)$$

$$+\sum_{\substack{k=0\\k\neq l}}^{n}\frac{(-1)^k}{N^{k+1+\gamma}k!}\zeta(-k-\gamma,1-\beta)g_1^{(k)}(1)$$

$$+\frac{1}{2\pi\mathrm{i}}\int_{c'-\mathrm{i}\infty}^{c'+\mathrm{i}\infty}N^{p-1}(F_0(p)+F_2(p))\zeta(p,\beta)dp. \quad (3.7.58)$$

(c) 如果 $\alpha = -l - 1$, $\gamma = -m - 1$ 皆是负整数，那么有偏矩形公式的 Euler-Maclaurin 展开式

$$\frac{1}{N}\sum_{k=0}^{N-1} f\left(\frac{\beta+k}{N}\right)$$
$$= \int_0^1 f(x)dx - \frac{g_0^{(l)}(0)}{l!}\psi(\beta) + \frac{g_0^{(l)}(0)}{l!}\ln N$$
$$- (-1)^m \frac{g_1^{(l)}(1)}{m!}\psi(\beta) + (-1)^m \frac{g_1^{(l)}(1)}{m!}\ln N$$
$$+ \sum_{\substack{k=0 \\ k\neq l}}^{n} \frac{1}{N^{k+1+\alpha} k!}\zeta(-k-\alpha,\beta)g_0^{(k)}(0)$$
$$+ \sum_{\substack{k=0 \\ k\neq m}}^{n} \frac{(-1)^k}{N^{k+1+\gamma} k!}\zeta(-k-\gamma,1-\beta)g_1^{(k)}(1)$$
$$+ \frac{1}{2\pi\mathrm{i}} \int_{c'-\mathrm{i}\infty}^{c'+\mathrm{i}\infty} N^{p-1}(F_0(p)+F_2(p))\zeta(p,\beta)dp, \tag{3.7.59}$$

这里 $F_0(p)$, $F_2(p)$ 分别是由 (3.7.35) 定义的函数 $f_0(x)$, $f_2(x)$ 的广义 Mellin 变换, $c' \in (-n-\omega-2, -n-\omega-1)$, 并且 $\omega = \min(\alpha,\gamma)$.

利用变量替换, 可以把上面公式推广到更一般有界区间 $[a,b]$ 上. 为此研究超奇异积分

$$\int_a^b (x-a)^\alpha (b-x)^\gamma g(x)dx = \int_a^b f(x)dx, \quad \min(\alpha,\gamma) \leqslant -1, \tag{3.7.60}$$

令 $y = x - a$, $d = b - a$ 得到

$$\int_a^b (x-a)^\alpha (b-x)^\gamma g(x)dx = \int_0^d y^\alpha (d-y)^\gamma \tilde{g}(y)dy = \int_0^d \tilde{f}(y)dy, \tag{3.7.61}$$

这里

$$\tilde{g}(y) = g(a+y),$$
$$\tilde{f}(y) = y^\alpha (d-y)^\gamma \tilde{g}(y) = f(a+y). \tag{3.7.62}$$

当 $\alpha$, $\gamma$ 皆不是负整数时, 置 $h = (b-a)/N$, 使用偏矩形求积公式, 得到与 (3.7.57) 类似的结果:

$$\sum_{j=0}^{N-1} hf(a+(j+\beta)h) = \sum_{j=0}^{N-1} h\tilde{f}((j+\beta)h)$$
$$= \int_a^b f(y)dy + \sum_{k=0}^n \frac{h^{k+1+\alpha}}{k!}\zeta(-k-\alpha,\beta)g_0^{(k)}(a)$$
$$+ \sum_{k=0}^n \frac{(-1)^k h^{k+1+\alpha}}{k!}\zeta(-k-\gamma,1-\beta)g_1^{(k)}(b)$$
$$+ \frac{1}{2\pi i}\int_{c'-i\infty}^{c'+i\infty} N^{p-1}(\tilde{F}_0(p)+\tilde{F}_2(p))\zeta(p,\beta)dp, \quad (3.7.63)$$

这里 $g_0(x) = (b-x)^\gamma g(x)$, $g_1(x) = (x-a)^\alpha g(x)$.

类似地, 若 $\alpha = -l-1, \gamma = -m-1$ 皆是负整数, 成立

$$\sum_{j=0}^{N-1} hf(a+(j+\beta)h)$$
$$= \int_a^b f(x)dx - \frac{g_0^{(l)}(a)}{l!}\psi(\beta) + \frac{g_0^{(l)}(a)}{l!}\ln\frac{1}{h}$$
$$- (-1)^m \frac{g_1^{(m)}(b)}{m!}\psi(\beta) + (-1)^m \frac{g_1^{(m)}(b)}{m!}\ln\frac{1}{h}$$
$$+ \sum_{\substack{k=0 \\ k\neq l}}^n \frac{h^{k+1+\alpha}}{k!}\zeta(-k-\alpha,\beta)g_0^{(k)}(a)$$
$$+ \sum_{\substack{k=0 \\ k\neq m}}^n \frac{(-1)^k h^{k+1+\gamma}}{k!}\zeta(-k-\gamma,1-\beta)g_1^{(k)}(b)$$
$$+ \frac{1}{2\pi i}\int_{c'-i\infty}^{c'+i\infty} h^{1-p}(F_0(p)+F_2(p))\zeta(p,\beta)dp, \quad (3.7.64)$$

这里 $\psi(z) = \Gamma'(z)/\Gamma(z)$.

把上式的 $\alpha, \gamma$ 参数视为变元, 对 (3.7.56)~(3.7.64) 的两边关于参数 $\alpha, \gamma$ 求导可得到含对数的数值求积展开式.

**注 3.7.1** (3.7.63) 或者 (3.7.64) 表明偏矩形公式不能收敛到超奇积分的有限部分, 除非把 (3.7.56) 或者 (3.7.64) 右端中与 $g_0^{(k)}(a)$, $k = 0, \cdots, l$ 和 $g_0^{(k)}(b)$, $k = 0, \cdots, m$ 相关的项移到左端作为求积公式的一部分.

**注 3.7.2** 从这些渐近展开式看出, 有 $h$ 的负幂项, 为了得到高精度的数值解, 必须进行负指数外推.

## 3.8 含参的任意阶超奇异积分的高精度算法

本节研究带参数的任意阶超奇异积分

$$\int_a^b G(x)dx = \int_a^b |x-t|^\alpha g(x)dx, \quad \alpha < -1 \tag{3.8.1}$$

或者更一般的积分

$$\int_a^b G_1(x)dx = \int_a^b |x-t|^\alpha (\ln|x-t|)^p g(x)dx, \quad \alpha < -1 \tag{3.8.2}$$

的数值积分及其渐近展开，这里 $p$ 为非负整数，$g(x)$ 是 $[a,b]$ 上的光滑函数. 这对解奇异积分方程显得尤为重要.

### 3.8.1 含参的任意阶超奇积分的误差渐近展开式

令 $x_j = a + jh$, $j = 0, 1, \cdots, N$, $h = (b-a)/N$, $N$ 是正整数, $t \in \{x_j \colon 1 \leqslant j \leqslant N-1\}$, 为了方便取 $\beta = 1/2$, 构造中矩形求积公式

$$I_h(G) = \sum_{j=0}^{N-1} hG(a + (j+1/2)h), \tag{3.8.3}$$

利用定理 3.7.5 的结果，我们导出以下定理 [81-84,90,154]:

**定理 3.8.1** 设 $g(x) \in C^{2n+1}[a,b]$, 而 $G(x) = g(x)|x-t|^\alpha$, $\alpha < -1$, $t \in \{x_j \colon 1 \leqslant j \leqslant N-1\}$, 且 $\alpha$ 不是负整数，那么有渐近展开

$$I_h(G) = \int_a^b G(y)dy - \sum_{k=1}^n \frac{h^{2k}}{(2k)!} B_{2k}(1/2)[G^{(2k-1)}(a) - G^{(2k-1)}(b)]$$
$$+ \sum_{k=0}^n 2\frac{h^{2k+1+\alpha}}{(2k)!} \zeta(-2k-\alpha, 1/2) g^{(2k)}(x_i) + O(h^{2n+1+\alpha}), \tag{3.8.4}$$

**证明** 取 $t = x_i$, 根据

$$\int_a^b G(y)dy = \int_{x_i}^b G(y)dy + \int_a^{x_i} G(y)dy, \tag{3.8.5}$$

采用定理 3.7.5 的结果和 $\zeta(-2k, 1/2) = 0$, $k = 0, 1, 2, \cdots$ 得到

$$\sum_{j=0}^{i-1} hG(a+(j+1/2)h)$$
$$= \int_a^{x_i} G(y)dy + \sum_{k=1}^n \frac{h^{2k}}{(2k-1)!}\zeta(-2k+1,1/2)G^{(2k-1)}(a)$$
$$+ \sum_{k=0}^{2n} \frac{(-1)^k h^{k+1+\alpha}}{k!}\zeta(-k-\alpha,1/2)g^{(k)}(x_i) + O(h^{2n+1}). \tag{3.8.6}$$

同理有
$$\sum_{j=i}^{N-1} hG(a+(j+1/2)h)$$
$$= \int_{x_i}^b G(y)dy - \sum_{k=1}^n \frac{h^{2k}}{(2k-1)!}\zeta(-2k+1,1/2)G^{(2k-1)}(b)$$
$$+ \sum_{k=0}^{2n} \frac{h^{k+1+\alpha}}{k!}\zeta(-k-\alpha,1/2)g^{(k)}(x_i) + O(h^{2n+1}). \tag{3.8.7}$$

根据 (3.8.6) 和 (3.8.7) 获得
$$\sum_{j=0}^{N-1} hG(a+(j+1/2)h)$$
$$= \int_a^b G(y)dy + \sum_{k=1}^n \frac{h^{2k}}{(2k-1)!}\zeta(-2k+1,1/2)[G^{(2k-1)}(a)$$
$$- G^{(2k-1)}(b)] + \sum_{k=0}^n 2\frac{h^{2k+1+\alpha}}{(2k)!}\zeta(-2k-\alpha,1/2)g^{(2k)}(x_i) + O(h^{2n+1}). \tag{3.8.8}$$

再把
$$\zeta(-2k+1,1/2) = -\frac{B_{2k}(1/2)}{2k},$$
代入 (3.8.8), 即得到 (3.8.4) 的证明. □

**推论 3.8.1** 在定理的假定下, 如果 $2l < -\alpha < 2(l+1) < 2n$, 那么有超奇积分的求积公式
$$\sum_{j=0}^{N-1} hG(a+(j+1/2)h) - \sum_{k=0}^l 2\frac{h^{2k+1+\alpha}}{(2k)!}\zeta(-2k-\alpha,1/2)g^{(2k)}(x_i)$$
$$= \int_a^b G(y)dy - \sum_{k=1}^n \frac{h^{2k}}{(2k)!}B_{2k}(1/2)[G^{(2k-1)}(a) - G^{(2k-1)}(b)]$$
$$+ \sum_{k=l+1}^n 2\frac{h^{2k+1+\alpha}}{(2k)!}\zeta(-2k-\alpha,1/2)g^{(2k)}(x_i) + O(h^{2n+1}). \tag{3.8.9}$$

## 3.8 含参的任意阶超奇异积分的高精度算法

显然，上面公式具有收敛阶 $O(h^\eta)$，且 $\eta = \min(2, 2l + 3 + \alpha)$.

**推论 3.8.2** 在定理的假定下，若 $G(x)$ 是以 $T = b - a$ 为周期的周期函数，且在 $(-\infty, \infty)/\{t + kT\}_{k=-\infty}^{\infty}$ 的点上至少 $2n$ 次可微，则成立

$$\sum_{j=0}^{N-1} hG(a + (j + 1/2)h) - \sum_{k=0}^{l} 2\frac{h^{2k+1+\alpha}}{(2k)!} \zeta(-2k - \alpha, 1/2) g^{(2k)}(x_i)$$

$$= \int_a^b G(y)dy + \sum_{k=l+1}^{n} 2\frac{h^{2k+1+\alpha}}{(2k)!} \zeta(-2k - \alpha, 1/2) g^{(2k)}(x_i) + O(h^{2n+1}). \quad (3.8.10)$$

**定理 3.8.2** 设 $g(x) \in C^{2n+1}[a, b]$，而 $G(x) = g(x)|x - t|^\alpha \ln|x - t|$ 和 $\alpha$ 不是负整数并且满足 $2l < -\alpha < 2(l+1) < 2n$, $t \in \{x_j : 1 \leqslant j \leqslant N - 1\}$，那么

$$\sum_{j=0}^{N-1} hG(a + (j + 1/2)h)$$

$$- \sum_{k=0}^{l} 2\frac{h^{2k+1+\alpha}}{(2k)!} [\zeta(-2k - \alpha, 1/2) \ln h - \zeta'(-2k - \alpha, 1/2)] g^{(2k)}(x_i)$$

$$= \int_a^b G(y)dy + \sum_{k=1}^{n} \frac{h^{2k}}{(2k-1)!} \zeta(-2k - 1, 1/2)[G^{(2k-1)}(a) - G^{(2k-1)}(b)]$$

$$+ \sum_{k=l+1}^{n} 2\frac{h^{2k+1+\alpha}}{(2k)!} [\zeta(-2k - \alpha, 1/2) \ln h - \zeta'(-2k - \alpha, 1/2)] g^{(2k)}(x_i)$$

$$+ O(h^{2n+1+\alpha}). \quad (3.8.11)$$

**证明** 因为 $\alpha$ 不是负整数，故 (3.8.10) 的两端关于 $\alpha$ 是解析相关的，关于 $\alpha$ 微分，于是得到 (3.8.11). $\square$

当 $\alpha$ 是负整数情形，超奇积分的中矩形公式有渐近展开式.

**定理 3.8.3** 若 $g(x) \in C^{2n+1}[a, b]$，而 $G(x) = g(x)|x - t|^\alpha$, $t = x_i$, $1 \leqslant i \leqslant N - 1$.
(1) 当 $\alpha = -2l - 1$ 是负奇整数时，则有渐近展开

$$\sum_{j=0}^{N-1} hG(a + (j + 1/2)h)$$

$$= \int_a^b G(y)dy + \sum_{k=1}^{n} \frac{h^{2k}}{(2k)!} B_{2k}(1/2)[G^{(2k-1)}(b) - G^{(2k-1)}(a)] - 2\frac{g^{(2l)}(x_i)}{(2l)!} \psi(1/2)$$

$$+ 2\frac{g^{(2l)}(x_i)}{(2l)!} \ln \frac{1}{h} + 2 \sum_{\substack{k=0 \\ k \neq l}}^{n} \frac{h^{2(k-l)}}{(2k)!} \zeta(2l + 1 - 2k, 1/2) g^{(k)}(x_i) + O(h^{2n+1}). \quad (3.8.12)$$

(2) 当 $\alpha = -2l, l \geqslant 1$ 是负偶整数时，则有渐近展开

$$\sum_{j=0}^{N-1} hG(a+(j+1/2)h)$$
$$= \int_a^b G(y)dy + \sum_{k=1}^n \frac{h^{2k}}{(2k)!} B_{2k}(1/2)[G^{(2k-1)}(b) - G^{(2k-1)}(a)] - 2\frac{g^{(2l-1)}(x_i)}{(2l-1)!}\psi(1/2)$$
$$+ 2\frac{g^{(2l+1)}(x_i)}{(2l-1)!}\ln\frac{1}{h} + 2\sum_{k=0}^{l-1} \frac{h^{2(k-l)}}{(2k)!}\zeta(2l-2k,1/2)g^{(k)}(x_i) + O(h^{2n+1}), \quad (3.8.13)$$

其中

$$\psi(1/2) = -0.577215 - 2\ln 2 = -1.9635.$$

**证明** 当 $\alpha = -2l - 1$ 时，根据

$$\int_a^b G(y)dy = \int_{x_i}^b G(y)dy + \int_a^{x_i} G(y)dy,$$

利用 (3.7.64) 得到

$$\sum_{j=0}^{i-1} hG(a+(j+1/2)h)$$
$$= \int_a^{x_i} G(y)dy - \sum_{k=1}^n \frac{h^{2k}}{(2k)!} B_{2k}(1/2)G^{(2k-1)}(a) - \frac{g^{(2l)}(x_i)}{(2l)!}\psi(1/2)$$
$$+ \frac{g^{(2l)}(x_i)}{(2l)!}\ln\frac{1}{h} + \sum_{\substack{k=0 \\ k \neq 2l}}^{2n} \frac{(-1)^k h^{k+1+\alpha}}{k!}\zeta(-k-\alpha,1/2)g^{(k)}(x_i) + O(h^{2n+1}), \quad (3.8.14)$$

同样有

$$\sum_{j=i}^{N-1} hG(a+(j+1/2)h)$$
$$= \int_{x_i}^b G(y)dy + \sum_{k=1}^n \frac{h^{2k}}{(2k)!} B_{2k}(1/2)G^{(2k-1)}(b) - \frac{g^{(2l)}(x_i)}{(2l)!}\psi(1/2)$$
$$+ \frac{g^{(2l)}(x_i)}{(2l)!}\ln\frac{1}{h} + \sum_{\substack{k=0 \\ k \neq 2l}}^{2n} \frac{h^{k+1+\alpha}}{k!}\zeta(-k-\alpha,1/2)g^{(k)}(x_i) + O(h^{2n+1}). \quad (3.8.15)$$

由 (3.8.14) 和 (3.8.15) 便得到

$$\sum_{j=0}^{N-1} hG(a+(j+1/2)h)$$

$$= \int_a^b G(y)dy + \sum_{k=1}^n \frac{h^{2k}}{(2k)!} B_{2k}(1/2)[G^{(2k-1)}(b) - G^{(2k-1)}(a)] - 2\frac{g^{(2l)}(x_i)}{(2l)!}\psi(1/2)$$

$$+ 2\frac{g^{(2l)}(x_i)}{(2l)!}\ln\frac{1}{h} + \sum_{\substack{k=0\\k\neq 2l}}^{2n}[1+(-1)^k]\frac{h^{k+1+\alpha}}{k!}\zeta(-k-\alpha,1/2)g^{(k)}(x_i) + O(h^{2n+1})$$

$$= \int_a^b G(y)dy + \sum_{k=1}^n \frac{h^{2k}}{(2k)!} B_{2k}(1/2)[G^{(2k-1)}(b) - G^{(2k-1)}(a)] - 2\frac{g^{(2l)}(x_i)}{(2l)!}\psi(1/2)$$

$$+ 2\frac{g^{(2l)}(x_i)}{(2l)!}\ln\frac{1}{h} + 2\sum_{\substack{k=0\\k\neq l}}^{n}\frac{h^{2(k-l)}}{(2k)!}\zeta(2l+1-2k,1/2)g^{(k)}(x_i) + O(h^{2n+1}).$$

这里注意到: 若 $k>0$ 为奇数, 且 $-k-\alpha \leqslant 0$, 则 $\zeta(-k-\alpha,1/2)=0$; 若 $k>0$ 为偶数, 则 $[-1+(-1)^k]=0$. 于是 (3.8.12) 被证明.

当 $\alpha = -2l, l \geqslant 1$ 时, $(-1)^{2l-1} = -1$, 则

$$\sum_{j=0}^{N-1} hG(a+(j+1/2)h)$$

$$= \int_a^b G(y)dy + \sum_{k=1}^n \frac{h^{2k}}{(2k)!} B_{2k}(1/2)[G^{(2k-1)}(b) - G^{(2k-1)}(a)]$$

$$- 2\frac{g^{(2l-1)}(x_i)}{(2l-1)!}\psi(1/2) + 2\frac{g^{(2l-1)}(x_i)}{(2l-1)!}\ln\frac{1}{h}$$

$$+ \sum_{\substack{k=0\\k\neq 2l-1}}^{2n}[1+(-1)^k]\frac{h^{k+1+\alpha}}{k!}\zeta(-k-\alpha,1/2)g^{(k)}(x_i) + O(h^{2n+1})$$

$$= \int_a^b G(y)dy + \sum_{k=1}^n \frac{h^{2k}}{(2k)!} B_{2k}(1/2)[G^{(2k-1)}(b) - G^{(2k-1)}(a)] - 2\frac{g^{(2l-1)}(x_i)}{(2l-1)!}\psi(1/2)$$

$$+ 2\frac{g^{(2l-1)}(x_i)}{(2l-1)!}\ln\frac{1}{h} + 2\sum_{k=0}^{l-1}\frac{h^{2(k-l)}}{(2k)!}\zeta(2l-2k,1/2)g^{(k)}(x_i) + O(h^{2n+1}).$$

这里用到 $\zeta(-2k,1/2)=0, k=0,1,2,\cdots$, 于是 (3.8.13) 被证明. □

**推论 3.8.3** 若 $\alpha = -1$ 时, $G(x)$ 是以 $T=b-a$ 为周期的周期函数, 并且在

$(-\infty, \infty)/\{t+kT\}_{k=-\infty}^{\infty}$ 的点上至少 $2n$ 次可微,则有

$$\sum_{j=0}^{N-1} hG(a+(j+1/2)h) + 2\frac{g^{(2l)}(x_i)}{(2l)!}\psi(1/2) - 2\frac{g^{(2l)}(x_i)}{(2l)!}\ln\frac{1}{h}$$

$$= \int_a^b G(y)dy + 2\sum_{k=1}^n \frac{h^{2k}}{(2k)!}\zeta(2l+1-2k,1/2)g^{(k)}(x_i) + O(h^{2n+1}). \quad (3.8.16)$$

**定理 3.8.4** 设 $g(x) \in C^{2n+1}[a,b]$,而 $G(x) = g(x)(x-t)^\alpha$, $t = x_i$, $1 \leqslant i \leqslant N-1$, 且 $\alpha = -2l-1$ 是负奇整数,则有渐近展开

$$\sum_{j=0}^{N-1} hG(a+(j+1/2)h) = \int_a^b G(y)dy + \sum_{k=1}^n \frac{h^{2k}}{(2k)!}B_{2k}(1/2)[G^{(2k-1)}(b)$$
$$- G^{(2k-1)}(a)] + O(h^{2n+1+\alpha}), \quad l = 0 \quad (3.8.17)$$

和

$$\sum_{j=0}^{N-1} hG(a+(j+1/2)h)$$
$$= \int_a^b G(y)dy + \sum_{k=1}^n \frac{h^{2k}}{(2k)!}B_{2k}(1/2)[G^{(2k-1)}(b) - G^{(2k-1)}(a)]$$
$$- 2\sum_{k=0}^{l-1} \frac{h^{2(k-l)}}{(2k)!}\zeta(2l-2k,1/2)g^{(k)}(x_i) + O(h^{2n+1+\alpha}), \quad l \geqslant 1. \quad (3.8.18)$$

**证明** 由

$$\int_a^b G(y)dy = \int_{x_i}^b G(y)dy + \int_a^{x_i} G(y)dy,$$

利用 (3.7.64) 获得

$$\sum_{j=0}^{i-1} hG(a+(j+1/2)h)$$
$$= \int_a^{x_i} G(y)dy - \sum_{k=1}^n \frac{h^{2k}}{(2k)!}B_{2k}(1/2)G^{(2k-1)}(a) - \frac{g^{(2l)}(x_i)}{(2l)!}\psi(1/2)$$
$$+ \frac{g^{(2l)}(x_i)}{(2l)!}\ln\frac{1}{h} + \sum_{\substack{k=0\\k\neq 2l}}^{2n} \frac{(-1)^k h^{k+1+\alpha}}{k!}\zeta(-k-\alpha,1/2)g^{(k)}(x_i) + O(h^{2n+1+\alpha}). \quad (3.8.19)$$

又因

$$\int_{x_i}^b G(y)dy = -\int_{x_i}^b (y-x_i)^\alpha g(y)dy,$$

## 3.8 含参的任意阶超奇异积分的高精度算法

故

$$\sum_{j=i}^{N-1} hG(a+(j+1/2)h)$$
$$= \int_{x_i}^{b} G(y)dy + \sum_{k=1}^{n} \frac{h^{2k}}{(2k)!} B_{2k}(1/2) G^{(2k-1)}(b)$$
$$+ \frac{g^{(2l)}(x_i)}{(2l)!} \psi(1/2) - \frac{g^{(2l)}(x_i)}{(2l)!} \ln\frac{1}{h}$$
$$- \sum_{\substack{k=0 \\ k \neq 2l}}^{2n} \frac{h^{k+1+\alpha}}{k!} \zeta(-k-\alpha, 1/2) g^{(k)}(x_i) + O(h^{2n+1+\alpha}). \quad (3.8.20)$$

由 (3.8.16) 和 (3.8.17),从而有

$$\sum_{j=0}^{N-1} hG(a+(j+1/2)h)$$
$$= \int_{a}^{b} G(y)dy + \sum_{k=1}^{n} \frac{h^{2k}}{(2k)!} B_{2k}(1/2)[G^{(2k-1)}(b) - G^{(2k-1)}(a)]$$
$$+ \sum_{\substack{k=0 \\ k \neq 2l}}^{2n} [-1 + (-1)^k] \frac{h^{k+1+\alpha}}{k!} \zeta(-k-\alpha, 1/2) g^{(k)}(x_i) + O(h^{2n+1})$$
$$= \int_{a}^{b} G(y)dy + \sum_{k=1}^{n} \frac{h^{2k}}{(2k)!} B_{2k}(1/2)[G^{(2k-1)}(b) - G^{(2k-1)}(a)]$$
$$- 2 \sum_{k=0}^{l-1} \frac{h^{2(k-l)}}{(2k)!} \zeta(2l-2k, 1/2) g^{(k)}(x_i) + O(h^{2n+1+\alpha}), \quad l \geqslant 1, \quad (3.8.21)$$

这里利用了当 $k > 0$ 为奇数,且 $-k - \alpha \leqslant 0$ 时,有 $\zeta(-k-\alpha, 1/2) = 0$; 当 $k > 0$ 为偶数时,有 $[-1 + (-1)^k] = 0$. 从而 (3.8.18) 得到证明,若 $l = 0$,根据 (3.3.48) 又得到 (3.8.17) 的证明. □

**注 3.8.1** 当 $\alpha = -1$ 时,我们导出定理 3.8.5 的新证明.

**注 3.8.2** 在这些求积公式中有

$$2 \sum_{k=0}^{\min(m,l-1)} \frac{h^{2(k-l)+1}}{(2k+1)!} \zeta\left(2(l-k), \frac{1}{2}\right) g^{(2k+1)}(t) \quad (3.8.22)$$

项,其中 $2(k-l) + 1 \leqslant -1$. 根据 Richardson 外推,逐次加密,能够消去低阶项,达

到高精度. $\bar{Q}(h) = Q_l, l = \dfrac{-1-\alpha}{2}, l \in N^+$, 修改的梯形公式和外推公式:

$$Q_0(h) = Q(h), \quad Q_i(h) = \dfrac{2^{2(l-k)-1}Q_{i-1}(h) - Q_{i-1}\left(\dfrac{h}{2}\right)}{2^{2(l-k)-1} - 1}, \tag{3.8.23}$$

其中 $k = 0, 1, \cdots l-1, i = 1, \cdots, l$, $Q_l(h)$ 的精确度是 $O(h^2)$, 而外推的精确度能够达到高精度.

当 $l = 1$ 时, (3.8.18) 的求积公式 $Q(h) = \sum_{j=0}^{n-1} hG(a+(j+1/2)h)$, 那么 $k$ 次外推公式:

$$\begin{cases} \bar{Q}^{(0)}(h) = 2Q(h) - Q\left(\dfrac{h}{2}\right), \\ \bar{Q}^{(k)}(h) = [2^{2k}\bar{Q}^{(k-1)}\left(\dfrac{h}{2}\right) - \bar{Q}^{(k-1)}(h)]/(2^{2k} - 1), \quad 1 \leqslant k \leqslant m+1 \end{cases} \tag{3.8.24}$$

和相应的误差渐近展开式

$$E_n^{(k)}(h) = \sum_{\mu=k+1}^{m+1} c_\mu^{(k)} h^{2\mu} + O(h^{2m+2+\alpha}), \tag{3.8.25}$$

其中

$$E_n^{(k)}(h) = I(g) - \bar{Q}^{(k)}(h), c_\mu^{(0)} = \dfrac{B_{2\mu}\left(\dfrac{1}{2}\right)(2-2^{-2\mu})[G^{(2\mu-1)}(a) - G^{(2\mu-1)}(b)]}{(2\mu)!}, \tag{3.8.26}$$

$(\mu = 1, \cdots, m+1)$ 和 $c_\mu^{(k)} = \dfrac{2^{2k-2\mu}-1}{2^{2k}-1} c_\mu^{(k-1)}$. 显然, $\bar{Q}^{(k)}(h)$ 有高精度且 $O(h^{2(k+1)})$, $k = 1, \cdots, m+1$.

**注 3.8.3** 由公式 (3.8.4)~(3.8.6), (3.8.17)~(3.8.19) 和 (3.8.23), 误差项包含 $[G^{(2k-1)}(b) - G^{(2k-1)}(a)]$. 若 $G(x)$ 是一个周期函数, 该项消失, 利用 Richardson 外推, 同样能够达到高精度.

**注 3.8.4** 从上述求积公式看出有 $h$ 的负幂项, 那么利用负指数幂外推效果更好.

### 3.8.2 数值算例

设 $h = \dfrac{b-a}{n}$ 为步长, $n$ 为正整数, $h^{2k} - ex$ $(k = 0, 1, 2, 3)$ 表 $k$ 次外推, $r_{2n}^{(k)} = \dfrac{h^{2k} - ex}{\left(\dfrac{h}{2}\right)^{2k} - ex}$ 为误差的绝对值之比.

## 3.8 含参的任意阶超奇异积分的高精度算法

**算例 3.8.1**[90]  计算超奇异积分

$$(I(g))(t) = \int_0^1 \frac{g(x)}{(x-t)^2}dx, \ g(x) = (2x-1)^3, \quad t \in (0,1), \quad (3.8.27)$$

真解为

$$(I(g))(t) = 8(2t-1) + 6(2t-1)^2 \ln[(1-t)/t] - (2t-1)^3/(t(1-t)).$$

因为 $g(x) = (2x-1)^3$ 和 $(I(g))(t)$ 是定义在 $(0,1)$ 上的非周期函数, 我们使用公式 (3.8.13). 近似解的误差列在表 3.8.1 中, 这里 $t = 0.25$. 根据 (3.8.3) 和 (3.8.6), 绝对值误差比为

$$r_n^{(k)} \approx 2^{2k+2}, \quad k = 0, 1, 2. \quad (3.8.28)$$

在表 3.8.1 中, $h^0 - ex$ 行是 $n = 2^3, \cdots, 2^8$ 分别计算的误差, $h^{2k} - ex, k = 1, 2, 3$ 行是外推 $k$ 次的误差, 从表中的结果表明, 这与 (3.8.28) 完全一致.

表 3.8.1  当 $t = 0.25$ 时, 利用公式 (3.8.15) 的计算结果

| $ex\backslash e\backslash n$ | $2^3$ | $2^4$ | $2^5$ |
|---|---|---|---|
| $h^0-ex$ | $2.331\times 10^{-2}$ | $6.077\times 10^{-3}$ | $1.573\times 10^{-3}$ |
| $r_n^{(0)}$ |  | $2^{1.9395}$ | $2^{1.9833}$ |
| $h^2-ex$ |  | $3.329\times 10^{-4}$ | $2.363\times 10^{-5}$ |
| $r_n^{(1)}$ |  |  | $2^{3.8163}$ |
| $h^4-ex$ |  |  | $3.014\times 10^{-6}$ |
| $ex\backslash e\backslash n$ | $2^6$ | $2^7$ | $2^8$ |
| $h^0-ex$ | $3.854\times 10^{-4}$ | $9.643\times 10^{-5}$ | $2.411\times 10^{-5}$ |
| $r_n^{(0)}$ | $2^{1.9957}$ | $2^{1.9989}$ | $2^{1.9997}$ |
| $h^2-ex$ | $1.533\times 10^{-6}$ | $9.696\times 10^{-8}$ | $6.065\times 10^{-9}$ |
| $r_n^{(1)}$ | $2^{3.9463}$ | $2^{3.9859}$ | $2^{3.9964}$ |
| $h^4-ex$ | $5.972\times 10^{-8}$ | $1.004\times 10^{-9}$ | $1.597\times 10^{-11}$ |
| $r_n^{(2)}$ | $2^{5.6571}$ | $2^{5.8942}$ | $2^{5.9745}$ |
| $h^6-ex$ | $1.284\times 10^{-8}$ | $7.213\times 10^{-11}$ | $2.800\times 10^{-13}$ |

**算例 3.8.2**[90]  考虑超奇异积分

$$(I(g))(t) = \int_{-1}^1 \frac{g(x)}{|x-t|}dx, \quad g(x) = e^x, \quad (3.8.29)$$

这里的精确解是

$$(I(g))(t) = e^t \sum_{k=1}^{\infty} \frac{1}{k!k}[(-1-t)^k + (1-t)^k] + 2e^t(\ln|1+t| + \ln|1-t|).$$

我们使用求积分公式 (3.8.12) 计算, 然后利用外推, 当 $t = 0.984375$ 时, 计算的结果列在表 3.8.2 中.

表 3.8.2  当 $t = 0.984375$ 时, 利用公式 (3.8.16) 的计算结果

| $ex\backslash e\backslash n$ | $2^8$ | $2^9$ | $2^{10}$ | $2^{11}$ |
|---|---|---|---|---|
| $h^0-ex$ | $6.894\times 10^{-3}$ | $1.737\times 10^{-3}$ | $4.352\times 10^{-4}$ | $1.088\times 10^{-4}$ |
| $r_n^{(0)}$ | | $2^{1.989}$ | $2^{1.997}$ | $2^{1.999}$ |
| $h^2-ex$ | | $1.832\times 10^{-5}$ | $1.178\times 10^{-6}$ | $7.430\times 10^{-8}$ |
| $r_n^{(1)}$ | | | $2^{3.959}$ | $2^{3.987}$ |
| $h^4-ex$ | | | $3.611\times 10^{-8}$ | $6.577\times 10^{-10}$ |
| $r_n^{(2)}$ | | | | $2^{5.779}$ |
| $h^6-ex$ | | | | $9.495\times 10^{-11}$ |

表 3.8.2 的结果表明误差阶为 $r_n^k \approx 2^{2k+2}$ ($k = 0, 1, 2$), 这与 (3.8.12) 一致.

**算例 3.8.3**[90]  计算超奇异积分

$$(I(g))(t) = \int_{-1}^{1} \frac{g(x)}{(x-t)^3} dx, \quad g(x) = x, \quad (3.8.30)$$

这里真解:

$$(I(g))(t) = \frac{-1}{2(-1-t)^2} - \frac{1}{2(1-t)^2} + \frac{1}{2(-1-t)} - \frac{1}{2(1-t)}.$$

(3.8.30) 的奇异阶 $\alpha = -3$, 我们使用公式 (3.8.24), $\bar{Q}(h) = Q_1(h)$ 和外推在 $t = -0.25$ 计算. 计算结果列在表 3.8.3 中.

表 3.8.3  当 $t = -0.25$ 时, 利用公式 (3.8.24) 的计算结果

| $ex\backslash e\backslash n$ | $2^3$ | $2^4$ | $2^5$ |
|---|---|---|---|
| $h^0 - ex$ | $3.409\times 10^{-2}$ | $8.812\times 10^{-3}$ | $2.223\times 10^{-3}$ |
| $r_n^{(0)}$ | | $2^{1.9517}$ | $2^{1.9871}$ |
| $h^2 - ex$ | | $3.872\times 10^{-4}$ | $2.636\times 10^{-5}$ |
| $r_n^{(1)}$ | | | $2^{3.8764}$ |
| $h^4 - ex$ | | | $2.309\times 10^{-6}$ |

| $ex\backslash e\backslash n$ | $2^6$ | $2^7$ | $2^8$ |
|---|---|---|---|
| $h^0 - ex$ | $5.570\times 10^{-4}$ | $1.393\times 10^{-4}$ | $3.484\times 10^{-5}$ |
| $r_n^{(0)}$ | $2^{1.9967}$ | $2^{1.9992}$ | $2^{1.9998}$ |
| $h^2 - ex$ | $1.687\times 10^{-6}$ | $1.061\times 10^{-7}$ | $6.640\times 10^{-9}$ |
| $r_n^{(1)}$ | $2^{3.9660}$ | $2^{3.9913}$ | $2^{3.9979}$ |
| $h^4 - ex$ | $4.195\times 10^{-8}$ | $6.824\times 10^{-10}$ | $1.041\times 10^{-11}$ |
| $r_n^{(2)}$ | $2^{5.7824}$ | $2^{5.9419}$ | $2^{6.0339}$ |
| $h^6 - ex$ | $5.967\times 10^{-9}$ | $2.735\times 10^{-11}$ | $2.522\times 10^{-13}$ |

表中的数值结果表明, 误差阶为

$$r_n^{(k)} \approx 2^{2k+2}, \quad k = 0, 1, 2,$$

这与 (3.8.26) 完全一致.

**算例 3.8.4**[90]  计算带分数阶超奇异积分

$$(I(g))(t) = \int_0^1 \frac{g(x)}{\sqrt{|x-t|^3}}dx, \quad g(x) = (2x-1)^3, \tag{3.8.31}$$

其中精确解是

$$(I(g))(t) = -0.4\left(\frac{128y^3 - 160y^2 + 60y - 5}{\sqrt{y}} + \frac{128y^3 - 224y^2 + 124y - 23}{\sqrt{1-y}}\right).$$

我们使用公式 (3.8.4) 和 Richardson 外推, 计算 $t = 0.25$ 的数值列在表 3.8.4 中. 因为 $g^{(i)}(x) = 0$, $i = 4, 5, \cdots$, 根据 (3.8.4) 误差展开式为

$$E_n(h) = \sum_{k=1}^{m+1} a_k h^{2k} + b_1 h^{1.5} + O(h^{2m-1}), \tag{3.8.32}$$

其中 $a_k$ 和 $b_1$ 是常数, $h$ 是步长. 第一步使用分数阶 $h^{1.5}$ 外推, 第二步使用整数阶 $h^2$ 外推, 误差比为

$$r_n^{(0)} \simeq 2^{1.5}, \quad r_n^{(1)} \simeq 2^2, \quad r_n^{(2)} \simeq 2^4,$$

从表 3.8.4 中的结果看出, 这与 (3.8.4) 一致.

表 3.8.4  当 $t = 0.25$ 时, 利用公式 (3.8.25) 的计算结果

| $ex \backslash e \backslash n$ | $2^4$ | $2^5$ | $2^6$ |
|---|---|---|---|
| $h^0-ex$ | $1.240 \times 10^{-2}$ | $4.286 \times 10^{-3}$ | $1.490 \times 10^{-3}$ |
| $r_n^{(0)}$ | $2^{1.5379}$ | $2^{1.5326}$ | $2^{1.5246}$ |
| $h^2-ex$ | $5.107 \times 10^{-4}$ | $1.514 \times 10^{-4}$ | $3.955 \times 10^{-5}$ |
| $r_n^{(1)}$ | | $2^{1.7538}$ | $2^{1.9368}$ |
| $h^4-ex$ | | $3.168 \times 10^{-5}$ | $2.262 \times 10^{-6}$ |
| $r_n^{(2)}$ | | | $2^{3.8081}$ |
| $ex \backslash e \backslash n$ | $2^7$ | $2^8$ | $2^9$ |
| $h^0-ex$ | $5.202 \times 10^{-4}$ | $1.823 \times 10^{-4}$ | $6.405 \times 10^{-5}$ |
| $r_n^{(0)}$ | $2^{1.5178}$ | $2^{1.5128}$ | $2^{1.5091}$ |
| $h^2-ex$ | $9.998 \times 10^{-6}$ | $2.506 \times 10^{-6}$ | $6.271 \times 10^{-7}$ |
| $r_n^{(1)}$ | $2^{1.9840}$ | $2^{1.9960}$ | $2^{1.9990}$ |
| $h^4-ex$ | $1.469 \times 10^{-7}$ | $9.272 \times 10^{-9}$ | $5.810 \times 10^{-10}$ |
| $r_n^{(2)}$ | $2^{3.9447}$ | $2^{3.9855}$ | $2^{3.9963}$ |

此表中, 当 $n = 2^3$ 时, $h^0-ex = 3.600 \times 10^{-2}$.
利用线性规划得到 $e_n^{(0)} = 0.834h^{1.51}$, $e_n^{(1)} = 0.127h^{1.99}$ 和 $e_n^{(2)} = 31.2h^{3.98}$.

**算例 3.8.5**[90]  计算含对数奇异项的超奇异积分

$$I(y) = \int_0^1 \frac{\ln|x-y|}{|x-y|^{3/2}}dx,$$

直接按定义导出

$$I(y) = -2\ln(1-y)(1-y)^{-1/2} - 4(1-y)^{-1/2} - 2y^{-1/2}\ln y + 4y^{-1/2}.$$

置 $y = 0.25$, 计算得到 $I(0.25) = -6.7859426$. 按照 (3.8.11) 有 $\alpha = -3/2, l = 0$, 若采用修改的中矩形求积法则

$$\hat{I}_h(G) = \sum_{j=0}^{N-1} hG(a+(j+1/2)h) - 2h^{-1/2}[\zeta(3/2,1/2)\ln h - \zeta'(3/2,1/2)]g(y),$$

该式虽然收敛, 但必须计算 $\zeta(3/2,1/2)$ 和 $\zeta'(3/2,1/2)$ 的值, 若直接采用中矩形法则, 则

$$I_h(G) = \sum_{j=0}^{N-1} hG(a+(j+1/2)h),$$

然后通过二次 $h^{-1/2}$ 外推, 消去 $h^{-1/2}\ln h$ 和 $h^{-1/2}$ 发散项, 便得到 $O(h^2)$ 阶精度, 其数值结果列在表 3.8.5 中.

表 3.8.5  取 $y = 0.25$ 的近似误差与外推误差

| $h$ | $2^{-2}$ | $2^{-3}$ | $2^{-4}$ | $2^{-5}$ | $2^{-6}$ |
| --- | --- | --- | --- | --- | --- |
| $I_h(G)$ | $-18.046$ | $-44.172$ | $-89.041$ | $-163.518$ | $-284.374$ |
| $h^{-1/2}$ 外推 | | $45.028$ | $64.151$ | $90.763$ | $128.255$ |
| $h^{-1/2}$ 外推 | | | $-1.138$ | $0.250$ | $-0.0963$ |

### 3.8.3  含参的任意阶超奇异积分的加速收敛方法

考虑积分

$$(I_2 g)(x) = \int_0^1 \frac{g(x)dy}{(y-x)^2}, \tag{3.8.33}$$

利用 Sigmoid-变换, 置 $y = \gamma_r(s)$, 且 $t \in [0,1]$, 代入 (3.8.33) 积分得到

$$(I_2(g))(x) = \int_0^1 \frac{G_r(t)}{(\gamma_r(t)-x)^2}dt, \quad x \in (0,1), \tag{3.8.34}$$

其中 $G_r(t) = g(\gamma_r(t))\gamma_r'(t)$. 设 $s$ 是奇异点 $x$ 对应的值且 $x = \gamma_r(s)$, $0 < s < 1$, 置 $t_v = \dfrac{1+v}{2}, -1 < v \leqslant 1$, 则有

$$(I_2(g))(x) = (Q_{2,m}^{[r,v]}g)(x) + (E_{2,m}^{[r,v]}g)(x), \tag{3.8.35}$$

3.8 含参的任意阶超奇异积分的高精度算法

这里 $Q_{2,m}^{[r,v]} g$ 为求积和且定义如下，对 $t_j = (j + t_v)/m$ 有

$$(Q_{2,m}^{[r,v]}g)(x) = \begin{cases} \dfrac{1}{m}\sum_{j=0}^{m-1}\dfrac{G_r(t_j)}{(\gamma_r(t_j)-x)^2} - [\pi g'(x)\cot(\pi(t_v-ms)), \\ +\pi^2 m\dfrac{g(x)}{\gamma_r'(s)}\csc^2(\pi(t_v-ms))], \quad ms-t_v \text{ 不是整数}, \\ \dfrac{1}{m}\sum_{j=0}^{m-1}{}'\dfrac{G_r(t_j)}{(\gamma_r(t_j)-x)^2} + \left[\dfrac{1}{2m(\gamma_r'(s))^2}\left\{\gamma_r''(t)g(x)+\gamma_r'(s)\gamma_r''(s)g'(x)\right.\right. \\ \left.\left. -\dfrac{(\gamma_r''(s))^2}{\gamma_r'(s)}g(x)\right\} - \dfrac{\gamma_r''(s)}{\gamma_r'(s)}g'(x) - \gamma_r'(s)g''(x)\right], \quad ms-t_v \text{ 是整数}, \end{cases} \tag{3.8.36}$$

这里 $\sum'$ 表示分母为 0 的项由 0 来代替.

**定理 3.8.5**[51] 设 $\alpha > 0$ 不是整数, $g \in K_\alpha^N$ ($K_\alpha^N$ 的定义见 3.4 节), $\gamma_r$ 是 $1 \leqslant r$ 阶 Sigmoid-变换, 且 $n_1 < \alpha r < n_1 + 1$, $n_1$ 为整数, $C_r$ 为 $\gamma_r(t)$ 在 $t = 0$ 处展开式的低次项系数, 对于 $m \in N$, 那么有

$$|(E_{2,m}^{[r,v]}g)(x)| \leqslant \frac{c_2[C_r]^{2(n_1+1-\alpha r)/r}\|g\|_{\alpha,N}}{m^{n_1}\{x(1-x)\}^{(n_1+1-\alpha r)/r}}, \tag{3.8.37}$$

其中 $0 < x < 1$, $c_2$ 是与 $m$ 和 $x$ 无关的数.

该定理的证明可根据定理 3.4.8 的结论, 对 $x$ 求导得到.

**推论 3.8.4** 在定理 3.8.5 的假设下, 若选择带参数的 Sigmoid-变换 $\gamma_r(t) = \Omega_r^B(b;t)$, $b > 0$ (见 2.3 节), 那么对于 $m \in N$, $0 < x < 1$, 有

$$|(E_{2,m}^{[r,v]}g)(x)| \leqslant c_2\left(\frac{b}{e^b-1}\right)^{2(n_1+1-\alpha r)}\frac{\|g\|_{\alpha,N}}{m^{n_1}\{x(1-x)\}^{(n_1+1-\alpha r)/r}}. \tag{3.8.38}$$

**证明** 根据函数 $\Omega_r^B(b;t)$ 的性质和定理 3.8.5, 立即得到 (3.8.38). □

下面给出被积函数在端点有弱奇异的情况.

**定理 3.8.6** 假设 $g(x)$ 在 $(0,1)$ 内解析, 在 $x = 0$ 和 $x = 1$ 处有

$$g(x) \sim k_0 x^\alpha, \quad g(x) \sim k_1(1-x)^\beta,$$

这里 $\alpha > -1$, $\beta > -1$, $k_0$, $k_1$ 是不为零的常数. 设 $\Omega_r^B(b;t)$ 是带参数 $b > 0$ 的 $r$ 阶 Sigmoid-变换, 且低次项系数为 $C_r(b)$, 那么对于充分大的 $m \in N$, 有

$$|(E_{2,m}^{[r,v]}g)(x)| \sim \left|\frac{C_r(b)^{1+\alpha}k_0 r\bar{\zeta}(-(r(1+\alpha)-1),t_v)}{m^{r(1+\alpha)}(-x)}\right. \\ \left.+ \frac{C_r(b)^{1+\beta}k_1 r\bar{\zeta}(-(r(1+\beta)-1),m-t_v)}{m^{r(1+\alpha)}(1-x)}\right|, \tag{3.8.39}$$

这里 $0 < x < 1$, $\bar{\zeta}(s,t)$ 是关于 $t$ 的周期为 1 的周期函数，且当 $0 < t < 1$ 时，与 Riemann Zeta 函数 $\zeta(s,t)$ 一致．

该定理的证明可仿照定理 3.8.5 的证明，我们有

$$(E_{2,m}^{[r,v]}g)(x) \sim -\sum_{q=0}^{\infty}\left\{\frac{A'_q}{m^{r(1+\alpha)+q}} + \frac{B'_q}{m^{r(1+\beta)+q}}\right\}, \quad (3.8.40)$$

其中

$$A_q = \phi^{(q)}(0)\bar{\zeta}(-(q+r(1+\alpha)-1), t_v)/q!,$$
$$B_q = \psi^{(q)}(1)(-1)^q\bar{\zeta}(-(q+r(1+\beta)-1), m-t_v)/q!$$

和

$$A'_q = \frac{\partial}{\partial x}A_q, \quad B'_q = \frac{\partial}{\partial x}B_q.$$

**推论 3.8.5** 在定理 3.8.6 的假设下，$\omega = \min\{\alpha,\beta\}$，若选择带参数的 Sigmoid-变换 $\gamma_r(t) = \Omega_r^B(b;t)$, $b > 0$，那么对于充分大的 $m \in N$，当 $b$ 足够大时，$m^{r(1+\omega)}|(E_{2,m}^{[r,v]}g)(x)|$ 与 $O((b/e^b)^{r(1+\omega)})$ 收敛速度一致.

**证明** 根据推论 3.4.2 的证明，当 $m$ 足够大时，有

$$m^{r(1+\omega)}|(E_{2,m}^{[r,v]}g)(x)| \sim L[C^B(b)]^{1+\omega}, \quad (3.8.41)$$

其中 $L$ 是与 $m$ 和 $b$ 无关的常数，又在 $x = 0$ 处有

$$\Omega_r^B(b;x) = C^B(b)x^r\left\{1 + \sum_{k=1}^{\infty}D_{r,k}^B(b)x^k\right\},$$

这里

$$C^B(b) = \left(\frac{b}{e^b-1}\right)^r, \quad D_{r,k}^B(b) = \frac{r}{2}(3e^b-1)\frac{b}{e^b-1}, \quad (3.8.42)$$

在 $x = 1$ 处，有类似的结果．把 (3.8.42) 代入 (3.8.41)，得到证明．□

**注 3.8.5** 根据高阶 Hadamard 超奇异积分的有限部分的基本公式

$$(I_{2+k}g)(x) := \int_0^1 \frac{g(y)dy}{(y-x)^{2+k}} = \frac{d^k}{dx^k}\left(\int_0^1 \frac{g(y)dy}{(y-x)^2}\right), \quad k = 1, 2, \cdots \quad (3.8.43)$$

和求积公式 (3.8.36)，利用定理 3.8.5，我们能够获得 $(I_{2+k}g)(x)$ 的 Euler-Maclaurin 的渐近展开式

$$(I_{2+k}g)(x) = (\Omega_{2+k,m}^{[r,v]}g)(x) + (E_{2+k,m}^{[r,v]}g)(x), \quad (3.8.44)$$

其中

$$(\Omega_{2+k}^{[r,v]}g)(x) = \frac{d^k}{dx^k}(\Omega_{2,m}^{[r,v]}g)(x) \text{ 和 } (E_{2+k,m}^{[r,v]}g)(x) = \frac{d^k}{dx^k}(E_{2,m}^{[r,v]}g)(x). \quad (3.8.45)$$

**算例 3.8.6**[51]  计算 Hadamard 有限部分积分

$$(I\psi_1)(x) = \int_0^1 \frac{\sqrt{y(1-y)}U_4(2x-1)dy}{(y-x)^2} = -5\pi U_4(2x-1). \quad (3.8.46)$$

表 3.8.6 中, $x = 0.1$, $v = 0.3$ 计算的数值结果.

**表 3.8.6**  使用变换 $\gamma_r^{\text{simp}}(t)$ 和 $\Omega_r^B(b;t)$ 计算 $(I\psi_1)(x)$ 的误差 $m^{3/(2r)}|(E_{2,m}^{[r,0.3]}\psi_1)(x)|$ 结果

| $r$ | $m$ | $\gamma_r^{\text{simp}}(t)$ | $\Omega_r^B(b;t), b$ | | | |
|---|---|---|---|---|---|---|
| | | | 1.000 | 2.000 | 3.000 | 4.000 |
| | 16 | 22.6 | 6.88 | 1.74 | 0.373 | 0.0847 |
| | 32 | 22.3 | 6.72 | 1.69 | 0.364 | 0.0690 |
| 1.5 | 64 | 22.1 | 6.61 | 1.65 | 0.355 | 0.0670 |
| | 128 | 22.0 | 6.55 | 1.63 | 0.348 | 0.0656 |
| | ∞ | 21.9 | 6.49 | 1.61 | 0.341 | 0.0638 |
| | 16 | 9.92 | 1.65 | 0.208 | 0.901 | 16.0 |
| | 32 | 10.6 | 1.95 | 0.277 | 0.0310 | $2.89\times 10^{-3}$ |
| 2.0 | 64 | 10.9 | 2.09 | 0.313 | 0.0378 | $3.83\times 10^{-3}$ |
| | 128 | 11.1 | 2.07 | 0.329 | 0.0409 | $4.28\times 10^{-3}$ |
| | ∞ | 11.2 | 2.21 | 0.345 | 0.0436 | $4.67\times 10^{-3}$ |
| | 16 | 4.90 | 0.780 | 9.92 | 2.21 | $1.83\times 10^{-3}$ |
| | 32 | 4.05 | 0.656 | 0.0771 | $4.42\times 10^{-3}$ | 0.333 |
| 2.5 | 64 | 3.60 | 0.537 | 0.0595 | $5.02\times 10^{-3}$ | $3.44\times 10^{-4}$ |
| | 128 | 3.37 | 0.474 | 0.0504 | $5.42\times 10^{-3}$ | $3.18\times 10^{-4}$ |
| | ∞ | 3.13 | 0.412 | 0.0402 | $3.04\times 10^{-3}$ | $1.86\times 10^{-4}$ |

**算例 3.8.7**[51]  计算 Hadamard 有限部分积分

$$(I\psi_2)(x) = \int_0^1 \frac{(2y-1)^3 dy}{(y-x)^2}, \quad (3.8.47)$$

其中精确解为

$$(I\psi_2)(x) = 8(2x-1) + 6(2x-1)^2 \log\left(\frac{1-x}{x}\right) - \frac{(2x-1)^3}{x(1-x)}.$$

在表 3.8.7 中, $x = 0.1$, $v = 0.3$ 计算的数值结果. 利用带参数的 Sigmoid-变换 $\gamma_r(t) = \Omega_r^B(b;t)$, $b > 0$, 对 (3.8.35) 的 $\alpha = \beta = 0.5$, 根据定理 3.8.5, 有

$$m^{3/(2r)}|(E_{2,m}^{[r,0.3]}\psi_1)(x)| \sim 5r\left(\frac{b}{e^b-1}\right)^{3/(2r)}\left|\frac{\zeta(1-\frac{3}{2}r, 0.65)}{x^2} + \frac{\zeta(1-\frac{3}{2}r, 0.35)}{(1-x)^2}\right|,$$

$$(3.8.48a)$$

对积分 (3.8.47) 的 $\alpha = \beta = 0$, 有

$$m^r|(E_{2,m}^{[r,0.3]}\psi_2)(x)| \sim r\left(\frac{b}{e^b-1}\right)^{1/(2r)}\left|-\frac{\zeta(1-r,0.65)}{-x}+\frac{\zeta(1-r,0.35)}{1-x}\right|. \quad (3.8.48b)$$

在表 3.8.6 和表 3.8.7 中, $\infty$ 行的结果分别由 (3.8.48a) 和 (3.8.48b) 计算的数值.

表 3.8.7 使用变换 $\gamma_r^{\mathrm{simp}}(t)$ 和 $\Omega_r^B(b;t)$ 计算 $(I\psi_2)(x)$ 的误差 $m^r|(E_{1,m}^{[r,0.3]}\psi_2)(x)|$ 结果

| $r$ | $m$ | $\gamma_r^{\mathrm{simp}}(t)$ | $\Omega_r^B(b;t), b$ | | | |
|---|---|---|---|---|---|---|
| | | | 1.000 | 2.500 | 4.000 | 5.500 |
| 1.5 | 16 | 1.13 | 0.708 | 0.273 | 0.0761 | 0.0176 |
| | 32 | 0.699 | 0.420 | 0.153 | 0.0416 | $9.01\times10^{-3}$ |
| | 64 | 0.493 | 0.277 | 0.0931 | 0.0240 | $5.04\times10^{-3}$ |
| | 128 | 0.398 | 0.207 | 0.0630 | 0.0152 | $3.05\times10^{-3}$ |
| | $\infty$ | 0.651 | 0.289 | 0.0688 | 0.0133 | $2.21\times10^{-3}$ |
| 2.0 | 16 | 6.37 | 2.31 | 0.372 | 0.0520 | 0.184 |
| | 32 | 6.21 | 2.18 | 0.340 | 0.0399 | $3.83\times10^{-3}$ |
| | 64 | 6.11 | 2.11 | 0.321 | 0.0369 | $3.48\times10^{-3}$ |
| | 128 | 6.06 | 2.08 | 0.311 | 0.0352 | $3.28\times10^{-3}$ |
| | $\infty$ | 6.16 | 2.09 | 0.308 | 0.0343 | $3.14\times10^{-3}$ |
| 2.5 | 16 | 6.05 | 1.55 | 1.55 | 0.597 | 5.96 |
| | 32 | 6.05 | 1.57 | 1.57 | $9.03\times10^{-3}$ | $4.28\times10^{-3}$ |
| | 64 | 6.05 | 1.57 | 1.57 | $9.21\times10^{-3}$ | $4.61\times10^{-4}$ |
| | 128 | 6.04 | 1.56 | 1.56 | $9.23\times10^{-3}$ | $4.64\times10^{-4}$ |
| | $\infty$ | 6.03 | 1.56 | 1.56 | $9.17\times10^{-3}$ | $4.61\times10^{-4}$ |

### 3.8.4 用 Newton-Cote 公式计算超奇异积分的超收敛算法

设 $a = x_0 < x_1 < \cdots < x_n = b$ 是积分

$$(If)(s) = \int_a^b \frac{f(x)}{(x-t)^2}dx \quad (3.8.49)$$

的积分区间 $[a,b]$ 的一个剖分, 且在每一个子区间 $[x_i, x_{i+1}]$ 的剖分为

$$x_i = x_{i0} < x_{i1} < \cdots < x_{ik} = x_{i+1},$$

为了方便起见, 我们假设上面剖分都是等距一致剖分. 作线性变换,

$$x = \hat{x}_i(\tau) := (\tau+1)(x_{i+1}-x_i)/2 + x_i, \quad \tau \in [-1,1],$$

把 $[-1,1]$ 影射到 $[x_i, x_{i+1}]$. 定义分片 Lagrange 插值多项式

$$F_{kn}(x) = \sum_{j=0}^k f(x_{ij})\frac{l_{ki}(x)}{(x-x_{ij})l'_{ki}(x_{ij})}, \quad x \in [x_i, x_{i+1}], \quad (3.8.50)$$

其中
$$l_{ki}(x) = \prod_{j=0}^{k}(x - x_{ij}).$$

用 $F_{kn}(x)$ 代替 (3.8.49) 中的 $f(x)$ 得到 Newton-Cotes 公式 [265,266]

$$Q_{kn}(f) := \int_a^b \frac{F_{kn}(x)}{(x-t)^2}dx = \sum_{i=0}^{n-1}\sum_{j=0}^{k}\omega_{ij}^{(k)}f(x_{ij}) = \int_a^b \frac{f(x)}{(x-t)^2}dx - E_{kn}(f), \quad (3.8.51)$$

这里 $E_{kn}(f)$ 定义的误差泛函和

$$\omega_{ij}^{(k)} = \frac{1}{l'_{ki}(x_{ij})}\int_{x_i}^{x_{i+1}} \frac{1}{(x-t)^2}\prod_{m=0,m\neq j}^{k}(x - x_{im})dx. \quad (3.8.52)$$

在文献 [149] 中给出了 Cotes 系数 $\omega_{ij}^{(k)}(k=1,2)$ 的表示式,同时获得误差泛函 $E_{kn}(f)$ 的界

$$|E_{kn}(f)| \leqslant c\gamma^{-2}(h,s)h^k, \quad k = 1,2, \quad (3.8.53)$$

这里
$$\gamma(h,s) = \min_{0\leqslant i\leqslant n}\frac{|s-x_i|}{h}, \quad h = \max_{0\leqslant i\leqslant n-1}|x_{i+1} - x_i|.$$

Linz 证明了以下结果:若 $f(x) \in C^{k+\alpha}[a,b]$, $0 < \alpha \leqslant 1$, $s \neq x_i$, $i = 0,1,\cdots,n$, 那么由 (3.8.51) 定义的 Newton-Cotes 公式 $Q_{kn}(f)$, 存在一个与 $h$ 和 $s$ 无关的常数 $C$ 使得

$$|E_{kn}(f)| \leqslant C|\ln\gamma(h,s)|h^{k+\alpha-1} \quad (3.8.54)$$

成立,其中 $\gamma(h,s)$ 由 (3.8.53) 确定.

设
$$\phi_k(\tau) = \prod_{j=0}^{k}(\tau - \tau_j) = \prod_{j=0}^{k}\left(\tau - \frac{2j-k}{k}\right) \quad (3.8.55)$$

和
$$\psi_k(t) = \begin{cases} \dfrac{-1}{2}\int_{-1}^{1}\dfrac{\phi_k(\tau)}{\tau - t}dt, & |t| < 1, \\ \dfrac{-1}{2}\int_{-1}^{1}\dfrac{\phi_k(\tau)}{\tau - t}dt, & |t| > 1, \end{cases} \quad (3.8.56)$$

且
$$\psi'_k(t) = \begin{cases} \dfrac{-1}{2}\int_{-1}^{1}\dfrac{\phi_k(\tau)}{(\tau - t)^2}dt, & |t| < 1, \\ \dfrac{-1}{2}\int_{-1}^{1}\dfrac{\phi_k(\tau)}{(\tau - t)^2}dt, & |t| > 1. \end{cases} \quad (3.8.57)$$

下面给出 Newton-Cotes 公式的超收敛结论.

**定理 3.8.7** 假设 $f(x) \in C^{k+\alpha+1}[a,b], 0 < \alpha \leqslant 1$ 和 $\tau^*$ 是

$$S_k(\tau) := \psi'_k(t) + \sum_{i=1}^{\infty} [\psi'_k(2i+\tau) + \psi'_k(-2i+\tau)], \quad \tau \in (-1, 1) \tag{3.8.58}$$

的零点, 那么在 $s = \hat{x}_i(\tau^*)$ 点, 有

$$|E_{kn}(f)| \leqslant C[1 + \eta(s)h^{1-\alpha}]h^{k+\alpha}, \quad 0 < \alpha \leqslant 1, k \text{ 为偶数} \tag{3.8.59}$$

和

$$|E_{kn}(f)| \leqslant \begin{cases} C[1 + \eta(s)h^{1-\alpha}]h^{k+\alpha}, & 0 < \alpha < 1, k \text{ 为奇数}, \\ C[|\ln h| + \eta(s)]h^{k+1}, & \alpha = 1, k \text{ 为奇数} \end{cases} \tag{3.8.60}$$

成立, 这里 $\eta(s) = \max\{(b-s)^{-1}, (s-a)^{-1}\}$.

现在列出一些超收敛点 [265](表 3.8.8).

表 3.8.8 Newton-Cotes 公式的超收敛点

| $k$ | Newton-Cotes 公式的超收敛点($\tau^*$) |
|---|---|
| $k=1$ | $\pm 0.6666666666666666$ |
| $k=2$ | $0$ |
| $k=3$ | $\pm 0.4176898586988372, \pm 0.9323070644490695$ |
| $k=4$ | $0, \pm 0.5543264529853550$ |
| $k=5$ | $\pm 0.1889629663325798, \pm 0.6786253433205400, \pm 0.9650849350320763$ |

为了证明该定理, 需要给出几个引理.

**引理 3.8.1** 若 $\psi_k(t)$ 是由 (3.8.56) 定义, 那么

$$\psi_k(t) = \begin{cases} \sum_{i=1}^{k_1+1} \omega_{2i-1} Q_{2i-1}(t), & k = 2k_1, \\ \sum_{i=0}^{k_1+1} \omega_{2i} Q_{2i}(t), & k = 2k_1 - 1 \end{cases} \tag{3.8.61}$$

和

$$\psi'_k(t) = \begin{cases} \sum_{i=1}^{k_1} a_i Q_{2i}(t), & k = 2k_1, \\ \sum_{i=1}^{k_1} b_i Q_{2i-1}(t), & k = 2k_1 - 1, \end{cases} \tag{3.8.62}$$

这里

$$\omega_i = \frac{2i+1}{2} \int_{-1}^{1} \phi_k(\tau) P_i(\tau) d\tau,$$
$$a_i = -(4i+1) \sum_{j=1}^{i} \omega_{2j-1}, \quad b_i = -(4i-1) \sum_{j=1}^{i} \omega_{2j-2}, \tag{3.8.63}$$

其中 $P_l$ 和 $Q_l$ 分别为 $l$ 阶 Legendre 多项式和第二类连带的 Legendre 函数.

**证明** 当 $k = 2k_1$ 时,

$$\phi_k(\tau) = \prod_{j=0}^{2k_1}\left(\tau - \frac{j-k_1}{k_1}\right) = \tau\prod_{j=0}^{k_1}\left(\tau^2 - \frac{j^2}{k_1^2}\right)$$

是奇函数. 根据 Legendre 多项式,

$$\phi_k(\tau) = \sum_{i=1}^{k_1+1}\omega_{2i-1}P_{2i-1}(\tau),$$

其中 $\omega_{2i-1}$ 由 (3.8.63) 确定,从而 (3.8.61) 的第一部分立即由 $\psi_k(t)$ 的定义得到. 因为

$$\sum_{i=1}^{k_1+1}\omega_{2i-1} = \sum_{i=1}^{k_1+1}\omega_{2i-1}P_{2i-1}(1) = \phi_k(1) = 0,$$

(3.8.61) 的第一部分可表示成

$$\psi_k(t) = \sum_{i=1}^{k_1}\frac{a_i}{4i+1}[Q_{2i+1}(t) - Q_{2i-1}(t)],$$

且 $a_i = -(4i+1)\sum_{j=1}^{i}\omega_{2j-1}$, 通过利用递推关系 [5,6]

$$Q'_{l+1}(\tau) - Q'_{l-1}(\tau) = (2l+1)Q_l(\tau), \quad l = 1,2,3,\cdots \quad (3.8.64)$$

获得 (3.8.62) 的第二部分. 相似的方法可证明 (3.8.61) 和 (3.8.62) 的其他部分. □

**引理 3.8.2** 设 $\psi_k(t)$ 是由 (3.8.56) 定义,那么若 $\tau \in (-1,1)$, $m \geqslant 1$, 我们有

$$\sum_{i=m+1}^{\infty}[|\psi'_k(2i+\tau)| + |\psi'_k(-2i+\tau)|] \leqslant \frac{C}{m^{1+[1+(-1)^k]/2}} \quad (3.8.65)$$

和

$$\sum_{i=0}^{2m}|2(m-i)+\tau|^{\alpha}|\psi'_k(m-i+\tau)| \leqslant \begin{cases} C, & 0 \leqslant \alpha < 1, \\ C(\ln m)^{|1-(-1)^k|/2}, & \alpha = 1. \end{cases} \quad (3.8.66)$$

**证明** 由恒等式 [5]

$$Q_l(t) = \frac{1}{2^{l+1}}\int_{-1}^{1}\frac{(1-\tau^2)^l}{(t-\tau)^{l+1}}d\tau, \quad |t| > 1, l = 0,1,2,\cdots \quad (3.8.67)$$

我们得到

$$|Q_l(t)| \leqslant \frac{C}{(|t|-1)^{l+1}}, \quad |t| > 1$$

和由 (3.8.62) 有

$$|\psi_k'(t)| \leqslant \frac{C}{(|t|-1)^{2+[1+(-1)^k]/2}}, \quad |t| \geqslant 2, \tag{3.8.68}$$

这就得到了该引理的证明. □

**引理 3.8.3** 设 $s \in (x_m, x_{m+1})$ 和 $c_i = 2(s-x_i)/h - 1$, 且 $0 \leqslant i \leqslant n-1$, 那么

$$\psi_k'(c_i) = \begin{cases} \dfrac{-2^{k-1}}{h^k} \int_{x_i}^{x_{i+1}} \dfrac{1}{(x-s)^2} \prod_{j=0}^{k}(x-x_{ij})dx, & i = m, \\ \dfrac{-2^{k-1}}{h^k} \int_{x_i}^{x_{i+1}} \dfrac{1}{(x-s)^2} \prod_{j=0}^{k}(x-x_{ij})dx, & i \neq m. \end{cases} \tag{3.8.69}$$

**证明** 由二阶超奇异积分的定义, 我们有

$$\int_{x_m}^{x_{m+1}} \frac{1}{(x-s)^2} \prod_{j=0}^{k}(x-x_{mj})dx$$

$$= \lim_{\varepsilon \to 0} \left\{ \left( \int_{x_m}^{s-\varepsilon} + \int_{s+\varepsilon}^{x_{m+1}} \right) \frac{1}{(x-s)^2} \prod_{j=0}^{k}(x-x_{mj})dx - \frac{2}{\varepsilon}\prod_{j=0}^{k}(x-x_{mj}) \right\}$$

$$= \left(\frac{h}{2}\right)^k \lim_{\varepsilon \to 0} \left\{ \left( \int_{-1}^{c_m - 2\varepsilon/h} + \int_{c_m + 2\varepsilon/h}^{1} \right) \frac{\phi_k(\tau)}{(\tau-c_m)^2} d\tau \right\}$$

$$= \left(\frac{h}{2}\right)^k \int_{-1}^{1} \frac{\phi_k(\tau)}{(\tau-c_m)^2} d\tau = \frac{-h^k}{2^{k-1}} \psi_k'(c_m),$$

这里使用了变量替换 $x = \hat{x}_m(\tau)$, 就证明了 (3.8.69) 的第一个结论, 第二个结论利用 Riemann 积分可得. □

**引理 3.8.4** 假设 $f(x) \in C^{k+1+\alpha}[a,b]$, $0 < \alpha \leqslant 1$, $n = 2m+1$ 和 $s = \hat{x}_m(\tau_k^*)$, $\tau_k^* \in (-1,1)$ 且是 $S_k(\tau)$ 的零点, 那么由 (3.8.51) 定义的 Newton-Cotes 公式 $Q_{kn}(f)$ 有下列估计

$$|E_{kn}(f)| \leqslant \begin{cases} Ch^{k+\alpha}, & k \text{ 为偶数}, \\ Ch^{k+\alpha}, & 0 < \alpha < 1, k \text{ 为奇数}, \\ C|\ln h|h^{k+1}, & \alpha = 1, k \text{ 为奇数}. \end{cases} \tag{3.8.70}$$

**证明** 设 $\hat{F}_{k+1,n}(x)$ 是分片 Lagrange 插值多项式且次数为 $k+1$, $f(x)$ 是每一个子区间 $[x_i, x_{i+1}]$ 上插值点为 $[x_{i0}, x_{i1}, \cdots, x_{ik}, \tilde{x}_{i,k+1}]$ 的插值函数, 其中 $\tilde{x}_{i,k+1}$ 是 $(x_i, x_{i+1})$ 内的增加的点且 $\tilde{x}_{i,k+1} = (x_{i1} + x_{i0})/2$. 于是误差泛函能够表示为

$$E_{kn} = \int_a^b \frac{f(x) - \hat{F}_{k+1,n}(x)}{(x-s)^2} dx + \int_a^b \frac{\hat{F}_{k+1,n}(x) - F_{kn}(x)}{(x-s)^2} dx. \tag{3.8.71}$$

## 3.8 含参的任意阶超奇异积分的高精度算法

根据 (3.8.54), 因为 $s = \hat{x}_m(\tau_k^*)$ 和 $\gamma(h,s) = (1+\tau_k^*)/2$ 或 $(1-\tau_k^*)/2$ 与 $h$ 无关, 所以第一部分的界由 $O(h^{k+\alpha})$ 控制. 于是我们只需要估计第二部分. 因为 $\hat{F}_{k+1,n}(x)$ 和 $F_{kn}(x)$ 是关于 $f(x)$ 在 $\{x_{ij}\}$ 上的插值, 从而有

$$\hat{F}_{k+1,n}(x) - F_{kn}(x) = \beta_{ki} \prod_{j=0}^{k}(x - x_{ij}), \quad x \in [x_i, x_{i+1}], \tag{3.8.72}$$

这里 $\beta_{ki}$ 是 $\hat{F}_{k+1,n}(x)$ 的系数. 由引理 3.8.3 有

$$\int_a^b \frac{\hat{F}_{k+1,n}(x) - F_{kn}(x)}{(x-s)^2} dx = \frac{-h^k}{2^{k-1}} \sum_{i=0}^{2m} \beta_{ki} \psi_k'(2(m-i) + \tau_k^*) = I_1 + I_2 + I_3, \tag{3.8.73}$$

这里

$$I_1 = \frac{-f^{(k+1)}(s)h^k}{2^{k-1}(k+1)!} \sum_{i=0}^{2m} \psi_k'(2(m-i) + \tau_k^*),$$

$$I_2 = \frac{-h^k}{2^{k-1}(k+1)!} \sum_{i=0}^{2m} [f^{(k+1)}(\hat{x}_i(0)) - f^{(k+1)}(s)] \psi_k'(2(m-i) + \tau_k^*),$$

$$I_3 = \frac{-h^k}{2^{k-1}} \sum_{i=0}^{2m} \left[\beta_{ki} - \frac{f^{(k+1)}(\hat{x}_i(0))}{(k+1)!}\right] \psi_k'(2(m-i) + \tau_k^*).$$

接下来分别估计 $I_i, i = 1, 2, 3$, 注意到 $S_k(\tau_k^*) = 0$ 和 (3.8.58),

$$I_1 = \frac{f^{(k+1)}(s)h^k}{2^{k-1}(k+1)!} \sum_{i=m+1}^{\infty} [\psi_k'(2i + \tau_k^*) + \psi_k'(-2i + \tau_k^*)],$$

由 (3.8.65) 和 $h = O(1/m)$, 对任何正整数 $k$, $I_1$ 的界由 $O(h^{k+\alpha})$ 控制. 因为当 $f(x) \in C^{k+1+\alpha}[a,b], 0 < \alpha \leqslant 1$ 时, 有

$$|f^{(k+1)}(\hat{x}_i(0)) - f^{(k+1)}(s)| \leqslant C|2(m-i) + \tau_k^*|^\alpha h^\alpha,$$

根据引理 3.8.2, 若 $k$ 是奇数, 则 $I_2$ 的界由 $O(h^{k+\alpha}), 0 < \alpha < 1$ 和 $O(|\ln h|h^{k+1})$, $\alpha = 1$ 控制; 若 $k$ 是偶数, 则 $I_2$ 的界由 $O(h^{k+\alpha})$ 控制. 现在给出 $I_3$ 的估计, 由引理 3.8.2 有

$$\left|\beta_{ki} - \frac{f^{(k+1)}(\hat{x}_i(0))}{(k+1)!}\right| \leqslant Ch^\alpha, \tag{3.8.74}$$

其中 $\beta_{ki}$ 由 (3.8.72) 确定. 根据 Lagrange 插值公式

$$\hat{F}_{k+1,n}(x) = \sum_{j=0}^{k} \frac{f(x_{ij})(x - \tilde{x}_{i,k+1}) l_{ki}(x)}{(x - x_{ij})(x_{ij} - \tilde{x}_{i,k+1}) l_{ki}'(x_{ij})} + \frac{f(\tilde{x}_{i,k+1}) l_{ki}(x)}{l_{ki}(\tilde{x}_{i,k+1})}, \quad x \in [x_i, x_{i+1}], \tag{3.8.75}$$

这就暗示着

$$\beta_{ki} = \sum_{j=0}^{k} \frac{f(x_{ij})}{(x_{ij} - \tilde{x}_{i,k+1})l'_{ki}(x_{ij})} + \frac{f(\tilde{x}_{i,k+1})}{l_{ki}(\tilde{x}_{i,k+1})}. \quad (3.8.76)$$

在 (3.8.75) 中取 $f(x) = \hat{F}_{k+1,n}(x) = (x - \hat{x}_i(0))^l$, $0 \leqslant l \leqslant k+1$, 获得

$$(x - \hat{x}_i(0))^l = \sum_{j=0}^{k} \frac{(x_{ij} - \hat{x}_i(0))^l (x - \tilde{x}_{i,k+1}) l_{ki}(x)}{(x - x_{ij})(x_{ij} - \tilde{x}_{i,k+1}) l'_{ki}(x_{ij})} + \frac{(\tilde{x}_{i,k+1} - \hat{x}_i(0))^l l_{ki}(x)}{l_{ki}(\tilde{x}_{i,k+1})}.$$

通过比较两边的系数有

$$\delta_{l,k+1} = \sum_{j=0}^{k} \frac{(x_{ij} - \hat{x}_i(0))^l}{(x_{ij} - \tilde{x}_{i,k+1}) l'_{ki}(x_{ij})} + \frac{(\tilde{x}_{i,k+1} - \hat{x}_i(0))^l}{l_{ki}(\tilde{x}_{i,k+1})},$$

这里 $\delta_{l,k+1}$ 是 Kronecker delta 函数. 同时与 Taylor 展开式有

$$f(x_{ij}) = \sum_{j=0}^{k} \frac{f^{(l)}(\hat{x}_i(0))}{l!} (x_{ij} - \hat{x}_i(0))^l + \frac{f^{(k+1)}(\xi_{ij})}{(k+1)!} (x_{ij} - \hat{x}_i(0))^{k+1},$$

$$f(\tilde{x}_{i,k+1}) = \sum_{j=0}^{k} \frac{f^{(l)}(\hat{x}_i(0))}{l!} (\tilde{x}_{i,k+1} - \hat{x}_i(0))^l + \frac{f^{(k+1)}(\xi_i)}{(k+1)!} (\tilde{x}_{i,k+1} - \hat{x}_i(0))^{k+1},$$

$$(3.8.77)$$

这里 $\xi_{ij}, \xi_i \in (x_i, x_{i+1})$. 把 (3.8.77) 代入 (3.8.76) 得到

$$\beta_{ki} - \frac{f^{(k+1)}(\hat{x}_i(0))}{(k+1)!} = \frac{1}{(k+1)!} \sum_{j=0}^{k} \frac{(x_{ij} - \hat{x}_i(0))^{k+1} (f^{(k+1)}(\xi_{ij}) - f^{(k+1)}(\hat{x}_i(0)))}{(x_{ij} - \tilde{x}_{i,k+1}) l'_{ki}(x_{ij})}$$
$$+ \frac{(\tilde{x}_{i,k+1} - \hat{x}_i(0))^{k+1} (f^{(k+1)}(\xi_i) - f^{(k+1)}(\hat{x}_i(0)))}{(k+1)! l'_{ki}(\tilde{x}_{i,k+1})}. \quad (3.8.78)$$

于是 (3.8.74) 立即由 $f^{(k+1)}(x) \in C^\alpha[a,b]$ 得到, 故该引理得证. □

现在给出定理 3.8.7 证明. 假设 $s = \hat{x}_m(\tau_k^*)$, 利用 $\tau_k^*$ 的局部坐标且 $S_k(\tau_k^*) = 0$. 若 $m = 0$ 或 $m = n-1$, 本定理的估计直接由 (3.8.54) 得到, 同时注意到 $\eta(s) = O(h^{-1})$. 因而, 我们只需要考虑 $1 \leqslant m \leqslant n/2$ 的情形, 在 $n/2 \leqslant m < n-1$ 的情形该定理的证明相似. 由 (3.8.51) 可知

$$E_{kn}(f) = \int_a^{x_{2m+1}} \frac{f(x) - F_{kn}(x)}{(x-s)^2} dx + \int_{x_{2m+1}}^{b} \frac{f(x) - F_{kn}(x)}{(x-s)^2} dx. \quad (3.8.79)$$

第一部分由引理 3.8.4 可获得估计. 根据插值理论有 $|f(x) - F_{kn}(x)| \leqslant Ch^{k+1}$, 从而有

$$\left| \int_{x_{2m+1}}^{b} \frac{f(x) - F_{kn}(x)}{(x-s)^2} dx \right| \leqslant Ch^{k+1} \int_{x_{2m+1}}^{b} \frac{1}{(x-s)^2} dx \leqslant C\eta(s) h^{k+1}. \quad (3.8.80)$$

该定理得证. □

前面证明了用 Newton-Cote 公式计算 (3.8.49) 在函数 $S_k(\tau)$ 的零点有超收敛, 接下来需要证明对任何正整数 $k$, 函数 $S_k(\tau)$ 的零点存在.

设 $J := (-\infty, 1) \cup (-1, 1) \cup (1, +\infty)$ 和算子 $W : C(J) \to C(-1, 1)$ 且由

$$Wf(\tau) = f(\tau) + \sum_{i=1}^{\infty}[f(2i+\tau) + f(-2i+\tau)], \quad \tau \in (-1, 1) \quad (3.8.81)$$

定义, 显然 $W$ 是线性算子. 由引理 3.8.1 可知, $\psi_k' \in C(J)$ 且是 $Q_l, l \leqslant k$ 的线性组合. 由 (3.8.58), 我们有

$$S_k(\tau) = W\psi_k'(\tau). \quad (3.8.82)$$

现在来研究算子 $W$ 的性质.

**引理 3.8.5**[265]  若算子 $W$ 由 (3.8.81) 定义, 那么

(i) $WQ_0(\tau) = 0$;

(ii) 对 $j > 0$ 和 $l \geqslant 0$, 有

$$D^j(WQ_l)(\tau) = W(Q_l^{(j)})(\tau) \text{ 且 } D^j = d^j/d\tau^j; \quad (3.8.83)$$

(iii) 对 $j > 0$, 有

$$W(P_1 Q_0^{(2j)})(\tau) > 0; \quad (3.8.84)$$

(iv) 对 $j > 0$, 有

$$\lim_{\tau \to 1^-} WQ_{2j}(\tau) = \lim_{\tau \to 1^+} WQ_{2j}(\tau) = 0. \quad (3.8.85)$$

**证明**  因为 $Q_0(t) = \ln|(1+t)/(1-t)|/2, |t| \neq 1$, 所以我们有

$$WQ_0(\tau) = \frac{1}{2}\ln\frac{1+\tau}{1-\tau} + \frac{1}{2}\sum_{i=1}^{\infty}\left\{\ln\frac{2i+1+\tau}{2i-1+\tau} + \ln\frac{2i-1-\tau}{2i+1-\tau}\right\}$$

$$= \lim_{i \to \infty}\frac{1}{2}\ln\frac{2i+1+\tau}{2i+1-\tau} = 0,$$

这就证明了 (i). 根据文献 [5], 有

$$Q_l(t) = \frac{1}{2^{l+1}}\int_{-1}^{1}\frac{(1-\tau^2)^l}{(t-\tau)^{l+1}}d\tau, \quad |t| > 1, l = 0, 1, 2, \cdots,$$

从而得到

$$|Q_l^{(j)}(t)| \leqslant \frac{C}{(|t|-1)^{l+1+j}}, \quad |t| > 1, j \geqslant 0$$

及级数 $WQ_l(\tau)$ 和 $WQ_l^{(j)}(\tau)$ 在 $(-1,1)$ 的任何子闭区间上一致收敛, 这就暗示当 $l \geqslant 1$ 时, (ii) 成立. 通过直接计算

$$WQ_0^{(j)}(\tau) = \frac{(-1)^{j+1}(j-1)!}{2}\left\{\frac{1}{(\tau+1)^j} - \frac{1}{(\tau-1)^j} + \sum_{i=1}^{\infty}\left[\frac{1}{(2i+1+\tau)^j}\right.\right.$$
$$\left.\left. - \frac{1}{(2i-1+\tau)^j} + \frac{1}{(-2i+1+\tau)^j} - \frac{1}{(-2i-1+\tau)^j}\right]\right\}$$
$$= \frac{(-1)^{j+1}(j-1)!}{2}\lim_{i\to\infty}\left[\frac{1}{(2i+1+\tau)^j} - \frac{1}{(-2i-1+\tau)^j}\right] = 0,$$

注意到 (i), 这就证明了当 $l = 0$ 时, (ii) 成立. 现在来证明第三部分, 因

$$P_1(t)Q_0^{(2j)}(t) = \frac{(2j-1)!}{2}\left[\frac{1}{(t+1)^{2j}} + \frac{1}{(t-1)^{2j}}\right] + (1-2j)Q_0^{(2j-1)}(t),$$

$j = 1, 2, \cdots$, 把算子 $W$ 作用到上式两边, 再利用 (i) 和 (ii), 发现有

$$W(P_1Q_0^{(2j)})(\tau) = \frac{(2j-1)!}{2}\left\{\frac{1}{(\tau+1)^{2j}} + \frac{1}{(\tau-1)^{2j}} + \sum_{i=1}^{\infty}\left[\frac{1}{(2i+1+\tau)^{2j}}\right.\right.$$
$$\left.\left. + \frac{1}{(2i-1+\tau)^{2j}} + \frac{1}{(-2i+1+\tau)^{2j}} + \frac{1}{(-2i-1+\tau)^{2j}}\right]\right\} > 0.$$

最后我们证明 (iv). 因 $P_l(t)$ 和 $Q_l(t)$ 分别是 Legendre 多项式和第二类连带函数, 有恒等式

$$Q_l(t) = P_l(t)Q_0(t) + f_{l-1}(t) = \frac{1}{2}\ln\left|\frac{1+t}{1-t}\right|P_l(t) + f_{l-1}(t), \quad l \geqslant 1,$$

这里 $f_{l-1}(t)$ 是次数不超过 $l-1$ 的多项式. 同时,

$$\lim_{\tau\to 1^-} WQ_{2j}(\tau) = \lim_{\tau\to 1^-}\left\{Q_{2j}(\tau) + \sum_{i=1}^{\infty}[Q_{2j}(2i+\tau) + Q_{2j}(-2i+\tau)]\right\}$$
$$= \lim_{\tau\to 1^-}[Q_{2j}(\tau) - Q_{2j}(2-\tau)]$$
$$= \lim_{\tau\to 1^-}\left[\frac{1}{2}\ln\frac{1+\tau}{1-\tau}P_{2j}(\tau) + f_{2j-1}(\tau)\right.$$
$$\left. - \frac{1}{2}\ln\frac{3-\tau}{1-\tau}P_{2j}(2-\tau) - f_{2j-1}(2-\tau)\right]$$
$$= \lim_{\tau\to 1^-}\frac{1}{2}[P_{2j}(2-\tau) - P_{2j}(\tau)]\ln(1-\tau)$$
$$= \lim_{\tau\to 1^-}P_{2j}'(\xi_\tau)(1-\tau)\ln(1-\tau) = 0,$$

这里 $\xi_\tau \in (\tau, 2-\tau)$. 相似地, 我们能够得到

$$\lim_{\tau\to 1^+} WQ_{2j}(\tau) = 0,$$

## 3.8 含参的任意阶超奇异积分的高精度算法

这就得到了我们的证明. □

**引理 3.8.6**[265] 若 $j \geqslant i > 0$, 那么

$$D^{2j}(WQ_{2i-1})(\tau) > 0 \text{和} D^{2j+1}(WQ_{2i})(\tau) > 0. \tag{3.8.86}$$

**证明** 因 $P_1(t) = t$, $Q_1(t) = P_1(t)Q_0(t) - 1$, 根据引理 3.8.5, 我们有

$$D^{2j}(WQ_1) = W(2jQ_0^{(2j-1)} + P_1Q_0^{(2j)}) = 2jD^{2j-1}(WQ_0 + W(P_1Q_0^{(2j)}))$$
$$= W(P_1Q_0^{(2j)}) > 0$$

和

$$D^{2j+1}(WQ_2) = W(Q_2^{(2j+1)} - Q_0^{(2j+1)} + Q_0^{(2j+1)}) = W(3Q_1^{(2j)}) = 3D^{2j}(WQ_1) > 0.$$

这就证明了 (3.8.86) 中当 $i = 1$ 的情形. 现在来证明一般情形. 我们有

$$Q_{2i-1}^{(2j)}(t) = \sum_{k=1}^{i-1}[Q_{2k+1}^{(2j)}(t) - Q_{2k-1}^{(2j)}(t)] + Q_1^{(2j)}(t) = \sum_{k=1}^{i-1}(4k+1)Q_{2k}^{(2j-1)}(t) + Q_1^{(2j)}(t),$$

$$Q_{2i}^{(2j+1)}(t) = \sum_{k=1}^{i}[Q_{2k}^{(2j+1)}(t) - Q_{2k-2}^{(2j+1)}(t)] + Q_0^{(2j+1)}(t) = \sum_{k=1}^{i}(4k-1)Q_{2k-1}^{(2j)}(t) + Q_0^{(2j+1)}(t)$$

和

$$D^{2j}(WQ_{2i-1}) = \sum_{k=1}^{i-1}(4k+1)D^{2j-1}(WQ_{2k}) + D^{2j}(WQ_1)$$

及

$$D^{2j+1}(WQ_{2i}) = \sum_{k=1}^{i}(4k-1)D^{2j}(WQ_{2k-1}).$$

这就立即得到 (3.8.86) 的证明. □

下面定理给出超收敛点的存在性.

**定理 3.8.8** 对任何正整数 $k$, 函数 $S_k(\tau)$ 在 $\tau \in (-1,1)$ 内至少存在一个零点.

**证明** 从正交函数理论可知 $Q_l(-t) = (-1)^{l+1}Q_l(t)$, $|t| \neq 1$, $l = 0, 1, 2, \cdots$ 和引理 3.8.1 获得

$$\psi_k'(-t) = (-1)^{k+1}\psi_k'(t).$$

又由 (3.8.61) 得到

$$S_k(-\tau) = (-1)^{k+1}S_k(\tau), \quad \tau \in (-1,1). \tag{3.8.87}$$

当 $k$ 是偶数时, $\tau^*$ 是 $S_k(\tau)$ 的零点. 现在证明 $k$ 为奇数的情形. 置 $k = 2k_1 - 1$ 和 $C_k(\tau) = W\psi_k(\tau)$. 又由 (3.8.87) 有 $C_k(-\tau) = (-1)^k C_k(\tau)$, 这就蕴涵着 $C_k(0) = 0$. 利用 (3.8.61) 和引理 3.8.5, 我们获得

$$C_k(\tau) = \sum_{i=0}^{k_1} \omega_{2i} WQ_{2i}(\tau) = \sum_{i=1}^{k_1} \omega_{2i} WQ_{2i}(\tau),$$

再利用引理 3.8.5 的 (ii) 结果产生了 $\lim_{\tau \to 1^-} C_k(\tau) = 0$. 根据 Roll 定理, $C_k'(\tau)$ 在 $\tau \in (0, 1)$ 内至少有一个零点. 另一方面, 由引理 3.8.5 的 (ii) 的结果和 (3.8.82) 有 $C_k'(\tau) = S_k(\tau)$. 这里就证明了该定理. □

**定理 3.8.9**[265] 假设 $\{a_i\}$ 和 $\{b_i\}$ 是由 (3.8.63) 定义的. 若 $a_i > 0$, $b_i > 0$, 那么 $S_k(\tau)$ 在 $(-1, 1)$ 内至多有 $k - (-1)^k$ 个确定的零点.

**证明** 对 $k = 2k_1$, 由引理 3.8.1, 我们有

$$S_k(\tau) = W\psi_k'(\tau) = \sum_{i=1}^{k_1} a_i WQ_{2i}(\tau). \tag{3.8.88}$$

根据引理 3.8.5 和引理 3.8.6 及假设 $a_i > 0$, 从而有

$$D^{k+1} S_k(\tau) = \sum_{i=1}^{k_1} a_i D^{2k_1+1}(WQ_{2i})(\tau) > 0.$$

相似地, 对 $k = 2k_1 - 1$, 我们有

$$D^{k+1} S_k(\tau) = \sum_{i=1}^{k_1} b_i D^{2k_1}(WQ_{2i-1})(\tau) > 0.$$

因此, 对任何正整数有 $D^{k+1}S_k(\tau) > 0$, 这就蕴涵着 $S_k(\tau)$ 在 $[-1, 1]$ 内至多有 $k+1$ 个确定的零点. 否则, 若 $S_k(\tau)$ 在 $[-1,1]$ 内至多有 $k+2$ 个确定的零点, 根据 Roll 定理, $D^{k+1}S_k(\tau)$ 在 $(-1,1)$ 内至少有 1 个确定的零点, 这与 $D^{k+1}S_k(\tau) > 0$ 矛盾. 若 $k$ 是偶数, 由 (3.8.88) 和引理 3.8.5 的 (iv) 的结果, 我们知道 $\lim_{\tau \to 1^-} S_k(\tau) = \lim_{\tau \to 1^+} S_k(\tau) = 0$, 这就表明 $S_k(\tau)$ 在 $\tau = \pm 1$ 处有两个零点. 故 $S_k(\tau)$ 在 $(-1, 1)$ 内至多有 $k - (-1)^k$ 个确定的零点. □

**注 3.8.6** 当 $\psi_k'(t)$ 是 $Q_i(t)$, $1 \leqslant i \leqslant k$ 的线性组合时, 本定理给出了 $S_k(t)$ 的零点个数的上界, 但是这里要求 $a_i > 0$, $b_i > 0$.

**定理 3.8.10** $S_3(\tau)$ 在 $(-1, 1)$ 内仅有 4 个零点.

**证明** 通过直接计算

$$\psi_4'(t) = \frac{8}{5} Q_3(t) + \frac{8}{45} Q_1(t).$$

根据上面定理，$S_3(\tau)$ 在 $(-1,1)$ 内至多有 4 个零点. 注意到

$$|\phi_3(\tau)| = |(\tau^2 - 1/9)(\tau^2 - 1)| \leqslant 16/18, \quad \tau \in (-1,1).$$

由引理 3.8.2 得到

$$\sum_{i=1}^{\infty}[|\psi_3'(2i+\tau)| + |\psi_3'(-2i+\tau)|] \leqslant \frac{16}{81(1-\tau^2)}, \quad \tau \in (-1,1)$$

和

$$S_3(0) = \psi_3'(0) + \sum_{i=1}^{\infty}[|\psi_3'(2i)| + |\psi_3'(-2i)|] \geqslant \psi_3'(0) - \frac{16}{81} = \frac{56}{81} > 0,$$

$$S_3\left(\frac{1}{2}\right) = \psi_3'\left(\frac{1}{2}\right) + \sum_{i=1}^{\infty}\left[\left|\psi_3'\left(2i+\frac{1}{2}\right)\right| + \left|\psi_3'\left(-2i+\frac{1}{2}\right)\right|\right] \leqslant \psi_3'\left(\frac{1}{2}\right) + \frac{64}{243} < 0.$$

又因为 $\lim_{\tau \to 1^-} S_3(\tau) = +\infty$，所以 $S_3(\tau)$ 在 $(0,1)$ 内有两个零点，由 (3.8.87) 知，$S_3(\tau)$ 在 $(-1,0)$ 内有两个零点. □

**算例 3.8.8** 考虑超奇异积分[265]

$$(If)(x) = \int_0^1 \frac{x^6}{(x-s)^2} ds, \quad s \in (0,1), \tag{3.8.89}$$

其精确解是 $(If)(x) = \frac{6}{5} + \frac{3}{2}s + 2s^2 + 3s^3 + 6s^4 + \frac{1}{s-1} + 6s^5 \ln\frac{1-s}{s}$. 利用由 (3.8.51) 定义的求积公式 $Q_{3n}(f)$ 和 $Q_{4n}(f)$ 计算，在 $s = x_{[n/2]} + (\tau+1)h/2$ 且 $\tau = 0, \tau_{31}^*,$ $\tau_{32}^*$ 的误差 $|E_{3n}(f)|$ 列在表 3.8.9 中.

表 3.8.9 $|E_{3n}(f)|$ 的结果

|  | 4 | 8 | 16 |
|---|---|---|---|
| 0 | $2.17425 \times 10^{-2}$ | $2.21968 \times 10^{-3}$ | $2.47923 \times 10^{-4}$ |
| $\tau_{31}^*$ | $7.02034 \times 10^{-3}$ | $4.36954 \times 10^{-4}$ | $2.72741 \times 10^{-5}$ |
| $\tau_{32}^*$ | $1.29230 \times 10^{-3}$ | $7.01566 \times 10^{-5}$ | $4.10229 \times 10^{-6}$ |
|  | 32 | 64 | $h^\alpha$ |
| 0 | $2.92062 \times 10^{-5}$ | $3.54134 \times 10^{-6}$ | 3.044 |
| $\tau_{31}^*$ | $1.70385 \times 10^{-6}$ | $1.06472 \times 10^{-7}$ | 4.000 |
| $\tau_{32}^*$ | $2.48203 \times 10^{-7}$ | $1.52658 \times 10^{-8}$ | 4.023 |

在 $s = x_{[n/2]} + (\tau+1)h/2$ 且 $\tau = 1/3, \tau_{41}^*, \tau_{42}^*$ 的误差 $|E_{4n}(f)|$ 列在表 3.8.10 中.

在表 3.8.9 和 3.8.10 中，$\tau = 0$ 和 $\tau = 1/3$ 并不是 $|E_{3n}(f)|$ 和 $|E_{4n}(f)|$ 的超收敛点，而 $\tau_{31}^*, \tau_{32}^*$ 和 $\tau_{41}^*, \tau_{42}^*$ 分别才是 $|E_{3n}(f)|$ 和 $|E_{4n}(f)|$ 的超收敛点，且收敛阶分别为 $O(h^4)$ 和 $O(h^5)$.

表 3.8.10  $|E_{4n}(f)|$ 的结果

|  | 4 | 8 | 16 |
|---|---|---|---|
| $1/3$ | $8.38864 \times 10^{-4}$ | $4.70630 \times 10^{-5}$ | $2.78089 \times 10^{-6}$ |
| $\tau_{41}^*$ | $1.87756 \times 10^{-5}$ | $6.64231 \times 10^{-7}$ | $2.18362 \times 10^{-8}$ |
| $\tau_{42}^*$ | $1.33747 \times 10^{-5}$ | $5.25892 \times 10^{-7}$ | $1.76760 \times 10^{-8}$ |
|  | 32 | 64 | $h^\alpha$ |
| $1/3$ | $1.68865 \times 10^{-7}$ | $1.04003 \times 10^{-8}$ | 4.021 |
| $\tau_{41}^*$ | $6.98379 \times 10^{-10}$ | $2.20682 \times 10^{-11}$ | 4.984 |
| $\tau_{42}^*$ | $5.69424 \times 10^{-10}$ | $1.80458 \times 10^{-11}$ | 4.980 |

## 3.9  含参的任意阶超奇异积分的误差渐近展开式 (续)

在上节中我们利用 Mellin 变换得到了超奇异积分的 Euler-Maclaurin 展开式, 本节直接利用中矩形公式和梯形公式得到超奇异积分的 Euler-Maclaurin 展开式.

### 3.9.1  含参的整数阶超奇异积分的 Euler-Maclaurin 渐近展开式

根据超奇异积分的定义

$$f.p. \int_a^b \frac{g(x)}{(x-t)^2} dx = \lim_{\varepsilon \to 0} \left[ \int_a^{t-\varepsilon} \frac{g(x)}{(x-t)^2} dx + \int_{t+\varepsilon}^b \frac{g(x)}{(x-t)^2} dx - \frac{2g(t)}{\varepsilon} \right], \quad (3.9.1)$$

其中 $g(x) \in C^m[a,b]$, $t \in (a,b)$ 和 $m \in N$.

设 $n$ 是正整数, $h_n = (b-a)/n$ 是步长, $x_j = a + jh_n$ $(j = 0, 1, \cdots, n)$ 为结点且 $t \in \{x_j | 1 \leqslant j \leqslant n-1\}$. 下面利用修改的梯形公式的 Euler-Maclaurin 展开式得到二阶超奇异积分的 Euler-Maclaurin 展开式和相应的求积公式.

**定理 3.9.1**[90]  设 $g(x)$ 是定义在 $[a,b]$ 上的 $2m+1$ 阶可微函数, 且 $I(g) = \int_a^b G(x)dx = \int_a^b \frac{g(x)dx}{(x-t)^2}$. 那么有下列展开式

$$E_n(h_n) = I(g) - Q(h_n)$$
$$= \sum_{\mu=1}^{m-1} \frac{B_{2\mu}}{(2\mu)!} [G^{(2\mu-1)}(a) - G^{(2\mu-1)}(b)] h_n^{2\mu} + \frac{h_n g''(t)}{2} + O(h_n^{2m}), \quad (3.9.2)$$

其中

$$Q(h_n) = h_n \sum_{j=0, x_j \neq t}^{n} {}' \left[ \frac{g(x_j) - g(t)}{(x_j - t)^2} \right] - \left( \frac{1}{b-t} + \frac{1}{t-a} \right) g(t)$$
$$- \sum_{\mu=1}^{m-1} \left[ \frac{B_{2\mu} g(t) h_n^{2\mu}}{(t-a)^{2\mu+1}} + \frac{B_{2\mu} g(t) h_n^{2\mu}}{(b-t)^{2\mu+1}} \right] \quad (3.9.3)$$

## 3.9 含参的任意阶超奇异积分的误差渐近展开式 (续)

是修改的梯形公式, $B_{2\mu}$ 是 Bernoulli 数, 且

$$\sum_{j=n_1}^{n_2}{}' \omega_j = \frac{1}{2}\omega_{n_1} + \omega_{n_1+1} + \cdots + \omega_{n_2-1} + \frac{1}{2}\omega_{n_2}. \tag{3.9.4}$$

**证明** 从

$$\int_a^b \frac{g(x)dx}{(x-t)^2} = \int_a^b \frac{g(t)dx}{(x-t)^2} + \int_a^b \frac{(g(x)-g(t))dx}{(x-t)^2} = I_1(g) + I_2(g) \tag{3.9.5}$$

和 (3.9.1), 得到

$$I_1(g) = \int_a^b \frac{g(t)dx}{(x-t)^2} = -\left(\frac{1}{b-t} + \frac{1}{t-a}\right)g(t). \tag{3.9.6}$$

不失一般性, 我们假设 $t-a \leqslant b-t$. 那么, 因为 $t \in \{x_j\}$, 置 $b' = 2t-a$, 所以 $t$ 是区间 $[a, b']$ 的中点. 于是

$$\begin{aligned}
I_2(g) &= p.v. \int_a^b \frac{(g(x)-g(t))dx}{(x-t)^2} \\
&= p.v. \int_a^{b'} \frac{g(x)-g(t)}{(x-t)^2}dx + \int_{b'}^b \frac{g(x)-g(t)}{(x-t)^2}dx = I_{21}(g) + I_{22}(g). 
\end{aligned} \tag{3.9.7}$$

这里 $I_{22}(g)$ 是一个正常积分, 利用 Euler-Maclaurin 公式, 我们有

$$\begin{aligned}
E_{22}(h_n) &= I_{22}(g) - h_n \sum_{x_j \geqslant b'}{}' \frac{g(x_j)-g(t)}{(x_j-t)^2} \\
&= \sum_{\mu=1}^{m-1} \frac{h_n^{2\mu} B_{2\mu}}{(2\mu)!}\left[\frac{\partial^{2\mu-1}}{\partial x^{2\mu-1}}\left(\frac{g(x)-g(t)}{(x-t)^2}\right)|_{x=b'} - \frac{\partial^{2\mu-1}}{\partial x^{2\mu-1}}\left(\frac{g(x)-g(t)}{(x-t)^2}\right)|_{x=b}\right] + O(h^{2m}) \\
&= \sum_{\mu=1}^{m-1} \frac{B_{2\mu} h_n^{2\mu}}{(2\mu)!}[G^{(2\mu-1)}(b') - G^{(2\mu-1)}(b)] \\
&\quad + \sum_{\mu=1}^{m-1}\left[\frac{B_{2\mu}g(t)}{(t-a)^{2\mu+1}} - \frac{B_{2\mu}g(t)}{(b-t)^{2\mu+1}}\right]h_n^{2\mu} + O(h_n^{2m}). 
\end{aligned} \tag{3.9.8}$$

因为

$$\sum_{x_j \leqslant b', t \neq x_j}(x_j-t)^{-1} = 0 \quad \text{和} \quad \int_a^{b'} g'(t)(x-t)/(x-t)^2 dx = 0,$$

从而有

$$I_{21}(g) = \int_a^{b'} \frac{(g(x)-g(t))}{(x-t)^2}dx = \int_a^{b'} \frac{(g(x)-g(t)-g'(t)(x-t))}{(x-t)^2}dx,$$

其中 $I_{21}(g)$ 是一个正常积分，且当 $x = t$ 时，被积函数变成 $g''(t)/2$. 根据 Euler-Maclaurin 公式，有

$$E_{21}(h_n) = \text{f.p.} \int_a^{b'} \frac{(g(x) - g(t))}{(x-t)^2} dx - h_n \sum_{x_j \leqslant b', t \neq x_j}{}' \frac{(g(x_j) - g(t) - g'(t)(x_j - t))}{(x_j - t)^2}$$

$$= \frac{h_n g''(t)}{2} + \sum_{\mu=1}^{m-1} \frac{h_n^{2\mu} B_{2\mu}}{(2\mu)!} \left[ \frac{\partial^{2\mu-1}}{\partial x^{2\mu-1}} \left( \frac{g(x) - g(t) - g'(t)(x-t)}{(x-t)^2} \right) \Big|_{x=a} \right.$$

$$\left. - \frac{\partial^{2\mu-1}}{\partial x^{2\mu-1}} \left( \frac{g(x) - g(t) - g'(t)(x-t)}{(x-t)^2} \right) \Big|_{x=b'} + O(h^{2m}) \right.$$

$$= \frac{h_n g''(t)}{2} + E_{21}^{(1)}(h_n) + E_{21}^{(2)}(h_n) + E_{21}^{(3)}(h_n) + O(h_n^{2m}), \qquad (3.9.9)$$

这里

$$E_{21}^{(1)}(h_n) = \sum_{\mu=1}^{m-1} \frac{h_n^{2\mu} B_{2\mu}}{(2\mu)!} [G^{(2\mu-1)}(a) - G^{(2\mu-1)}(b')], \qquad (3.9.10)$$

$$E_{21}^{(2)}(h_n) = \sum_{\mu=1}^{m-1} B_{2\mu} g(t) \left[ \frac{1}{(a-t)^{2\mu+1}} - \frac{1}{(b'-t)^{2\mu+1}} \right] h_n^{2\mu}$$

$$= -\sum_{\mu=1}^{m-1} \frac{2 B_{2\mu} g(t) h_n^{2\mu}}{(t-a)^{2\mu+1}} \qquad (3.9.11)$$

和

$$E_{21}^{(3)}(h_n) = \sum_{\mu=1}^{m-1} \frac{B_{2\mu}}{(2\mu)} g'(t) \left[ \frac{1}{(a-t)^{2\mu}} - \frac{1}{(b'-t)^{2\mu}} \right] h_n^{2\mu} = 0. \qquad (3.9.12)$$

注意 (3.9.7)~(3.9.12) 和

$$h_n \sum_{x_j \leqslant b', t \neq x_j} g'(t)(x_j - t)/(x_j - t)^2 = h_n g'(t) \sum_{x_j \leqslant b', t \neq x_j} (x_j - t)^{-1} = 0,$$

我们获得

$$E_2(h_n) = I_2(g) - h_n \sum_{j=0, t \neq x_j}^n (g(x_j) - g(t))/(x_j - t)^2$$

$$= \sum_{\mu=1}^{m-1} \frac{h_n^{2\mu} B_{2\mu}}{(2\mu)!} [G^{(2\mu-1)}(a) - G^{(2\mu-1)}(b)] - \sum_{\mu=1}^{m-1} B_{2\mu} g(t) \left[ \frac{1}{(t-a)^{2\mu+1}} \right.$$

$$\left. + \frac{1}{(b-t)^{2\mu+1}} \right] h_n^{2\mu} + \frac{h_n g''(t)}{2} + O(h_n^{2m}). \qquad (3.9.13)$$

接下来，设 $t-a \geqslant b-t$ 和置 $a' = 2t-a$，所以 $t$ 是 $[a',b]$ 的中点. 因为

$$\sum_{x_j \geqslant a', t \neq x_j} (x_j - t)^{-1} = 0 \quad \text{和} \quad \int_{a'}^{b} g'(t)(x-t)/(x-t)^2 dx = 0,$$

利用相似的方法，我们能够得到 (3.9.2) 误差渐近展开式，定理得证. □

然而，在 (3.9.2) 展开式中含有 $h_n g''(t)/2$ 项，这就意味着求积公式的误差是 $O(h_n)$ 阶，但利用 Richadson-$h$ 外推，我们能够得到高精度的新的求积公式.

**推论 3.9.1**　在定理 3.9.1 的假设下，我们有

$$\begin{aligned} E_n(h_n) =& I(g) - \bar{Q}(h_n) \\ =& \sum_{\mu=1}^{m-1} \frac{(2^{1-2\mu}-1)B_{2\mu}}{(2\mu)!}[G^{(2\mu-1)}(a) - G^{(2\mu-1)}(b)]h_n^{2\mu} + O(h_n^{2m}), \quad (3.9.14) \end{aligned}$$

其中求积公式如下：

$$\begin{aligned} \bar{Q}(h_n) =& 2Q(h_n/2) - Q(h_n) = h_n \sum_{j=1}^{n} \left[ \frac{g(x_{2j-1}) - g(t)}{(x_{2j-1}-t)^2} \right] - \left( \frac{1}{b-t} + \frac{1}{t-a} \right) g(t) \\ &+ \sum_{\mu=1}^{m-1} (1 - 2^{1-2\mu}) B_{2\mu} g(t) h_n^{2\mu} \left[ \frac{1}{(t-a)^{2\mu+1}} + \frac{1}{(b-t)^{2\mu+1}} \right]. \quad (3.9.15) \end{aligned}$$

公式 (3.9.14) 和 (3.9.15) 是直接从定理 3.9.1 得到的. 推论 3.9.1 表明求积公式 $\bar{Q}(h_n)$ 的精度是 $O(h_n^2)$ 阶，因为利用 Richardson-$h$ 外推消去了 $h_n g''(t)/2$ 项.

仿照上面的方法，我们能够得到奇异阶为 3 阶，4 阶，$\cdots$ 的求积公式和渐近展开式.

### 3.9.2　含参的分数阶超奇异积分的 Euler-Maclaurin 渐近展开式

考虑分数阶超奇异积分

$$(Ig)(t) = \text{f.p.} \int_a^b \frac{g(x)}{|x-t|^{1+\beta}} dx, \quad \beta > 0.$$

下面推导分数阶超奇异积分的求积公式和误差渐近展开式.

**引理 3.9.1**[90]　设 $g(x)$ 是定义在 $[a,b]$ 上的 $2m$ 阶可微函数，

$$I(g) = \int_a^b G(x) dx = \int_a^b (x-a)^s g(x) dx \quad (s > -1),$$

那么有

$$E_n(h_n) = I(g) - h_n \sum_{j=1}^{n}{}' G(x_j) = -\sum_{\mu=1}^{m-1} \frac{B_{2\mu}}{(2\mu)!} G^{(2\mu-1)}(b) h^{2\mu}$$
$$-\sum_{\mu=0}^{2m-1} \frac{\zeta(-s-\mu)}{\mu!} g^{(\mu)}(a) h_n^{\mu+s+1} + O(h_n^{2m}), \qquad (3.9.16)$$

其中 $\zeta(z)$ 是 Riemann Zeta 函数. 若 $g(x)$ 在 $[a,b]$ 上的无限阶可微函数, 那么 $E_n(h_n)$ 有下列误差渐近展开式

$$E_n(h_n) \sim -\sum_{\mu=1}^{\infty} \frac{B_{2\mu}}{(2\mu)!} G^{(2\mu-1)}(b) h_n^{2\mu} - \sum_{\mu=0}^{\infty} \frac{\zeta(-s-\mu)}{\mu!} g^{(\mu)}(a) h_n^{\mu+s+1}. \qquad (3.9.17)$$

根据超奇异积分的有限部分定义, 我们有

$$f.p. \int_a^b \frac{g(x)}{|x-t|^{1+\beta}} dx = \lim_{\varepsilon \to 0} \left[ \int_a^{t-\varepsilon} \frac{g(x)}{|x-t|^{1+\beta}} dx + \int_{t+\varepsilon}^b \frac{g(x)}{|x-t|^{1+\beta}} dx - \frac{2g(t)}{\beta \varepsilon^\beta} \right],$$

特别地,

$$f.p. \int_a^b \frac{dx}{|x-t|^{1+\beta}} = -\frac{1}{\beta} \left[ \frac{1}{|t-a|^\beta} + \frac{1}{|b-t|^\beta} \right]. \qquad (3.9.18)$$

**定理 3.9.2** 设 $g(x)$ 是定义在 $[a,b]$ 上的 $2m+1$ 阶可微函数,

$$I(g) = \int_a^b \frac{g(x)dx}{|x-t|^{1+\beta}} = \int_a^b G(x)dx \quad (0 < \beta < 1),$$

那么有求积公式

$$Q(h_n) = h_n \sum_{j=0, t \neq x_j}^{n}{}' \frac{g(x_j) - g(t)}{|x_j - t|^{1+\beta}} + \frac{1}{\beta} g(t) \left[ \frac{1}{(t-a)^\beta} + \frac{1}{(b-t)^\beta} \right]$$
$$+ \sum_{\mu=1}^{m-1} \frac{g(t) B_{2\mu} h_n^{2\mu} \varphi(2\mu-1, \beta)}{(2\mu)!} \left[ \frac{1}{(t-a)^{2\mu+\beta}} - \frac{1}{(b-t)^{2\mu+\beta}} \right] \qquad (3.9.19)$$

和渐近展开式

$$E_n(h_n) = I(g) - Q(h_n) = \sum_{\mu=1}^{m-1} \frac{B_{2\mu} h_n^{2\mu}}{(2\mu)!} [G^{(2\mu-1)}(a) - G^{(2\mu-1)}(b)]$$
$$- \sum_{\mu=1}^{m-1} \frac{2 B_{2\mu} \zeta(\beta - 2\mu + 1) g^{(2\mu)}(t) h_n^{2\mu-\beta}}{(2\mu-1)!} + O(h_n^{2m}), \qquad (3.9.20)$$

这里 $\varphi(\mu, \beta) = (1+\beta)(2+\beta)\cdots(\mu+\beta)$.

## 3.9 含参的任意阶超奇异积分的误差渐近展开式 (续)

**证明** 根据 (3.9.18)，我们有

$$\text{f.p.} \int_a^b \frac{g(x)}{|x-t|^{1+\beta}} dx = \int_a^b \frac{g(x)-g(t)}{|x-t|^{1+\beta}} dx + \text{f.p.} \int_a^b \frac{g(t)}{|x-t|^{1+\beta}} dx$$

$$= \int_a^b \frac{g(x)-g(t)}{|x-t|^{1+\beta}} dx - \frac{1}{\beta} g(t) \left[ \frac{1}{(t-a)^\beta} + \frac{1}{(b-t)^\beta} \right]. \tag{3.9.21}$$

因为 $g(x) \in C^{2m+1}[a,b]$，$(g(x)-g(t))/|x-t|^{1+\beta}$ 是弱奇异的. 不失一般性，我们假设 $x<t$ 和 $t \in \{x_j\}$. 利用引理 3.9.1 和 $\int_0^{t-a} \frac{g(t-z)}{z^{1+\beta}} dz = \int_a^t G(x) dx$，我们有下列误差渐近展开式

$$E_1(h_n) = \int_a^t \frac{[g(x)-g(t)]}{|x-t|^{1+\beta}} dx - h_n \sum_{x_j<t}{}' \frac{[g(x_j)-g(t)]}{|x_j-t|^{1+\beta}}$$

$$= \sum_{\mu=1}^{m-1} \frac{B_{2\mu} h_n^{2\mu}}{(2\mu)!} \left\{ \left[ \frac{g(x)-g(t)}{|x-t|^{1+\beta}} \right]^{(2\mu-1)} \Big|_{x=a} \right\}$$

$$- \sum_{\mu=0}^{2m-1} (-1)^\mu \frac{\zeta(\beta-\mu)}{\mu!} \left[ \frac{g(x)-g(t)}{|x-t|} \right]^{(\mu)} \Big|_{x=t} h_n^{\mu-\beta+1} + O(h_n^{2m})$$

$$= \sum_{\mu=1}^{m-1} \frac{B_{2\mu} h_n^{2\mu}}{(2\mu)!} G^{(2\mu-1)}(a) - \sum_{\mu=1}^{m-1} \frac{g(t) B_{2\mu} h_n^{2\mu}}{(2\mu)!} \left\{ \left[ \frac{1}{|x-t|^{1+\beta}} \right]^{(2\mu-1)} \Big|_{x=a} \right\}$$

$$- \sum_{\mu=0}^{2m-1} (-1)^\mu \frac{\zeta(\beta-\mu)}{\mu!} [-g'(t)]^{(\mu)} h_n^{\mu-\beta+1} + O(h_n^{2m})$$

$$= \sum_{\mu=1}^{m-1} \frac{B_{2\mu} h_n^{2\mu}}{(2\mu)!} G^{(2\mu-1)}(a) - \sum_{\mu=1}^{m-1} \frac{g(t) B_{2\mu} h_n^{2\mu}}{(2\mu)!} \frac{\varphi(2\mu-1,\beta)}{(t-a)^{2\mu+\beta}}$$

$$+ \sum_{\mu=0}^{2m-1} (-1)^\mu \frac{\zeta(\beta-\mu)}{\mu!} [g(t)]^{(\mu+1)} h_n^{\mu-\beta+1} + O(h_n^{2m}) \tag{3.9.22}$$

和

$$E_2(h_n) = \int_t^b \frac{[g(x)-g(t)]}{|x-t|^{1+\beta}} dx - h_n \sum_{x_j>t}{}' \frac{[g(x_j)-g(t)]}{|x_j-t|^{1+\beta}}$$

$$= -\sum_{\mu=1}^{m-1} \frac{B_{2\mu} h_n^{2\mu}}{(2\mu)!} \left\{ \left[ \frac{g(x)-g(t)}{|x-t|^{1+\beta}} \right]^{(2\mu-1)} \Big|_{x=b} \right\}$$

$$- \sum_{\mu=0}^{2m-1} \frac{\zeta(\beta-\mu)}{\mu!} \left[ \frac{g(x)-g(t)}{|x-t|} \right]^{(\mu)} \Big|_{x=t} h_n^{\mu-\beta+1} + O(h_n^{2m})$$

$$= -\sum_{\mu=1}^{m-1} \frac{B_{2\mu} h_n^{2\mu}}{(2\mu)!} G^{(2\mu-1)}(b) + \sum_{\mu=1}^{m-1} \frac{g(t) B_{2\mu} h_n^{2\mu}}{(2\mu)!} \left\{ \left[ \frac{1}{|x-t|^{1+\beta}} \right]^{(2\mu-1)} \Big|_{x=b} \right\}$$

$$-\sum_{\mu=0}^{2m-1}\frac{\zeta(\beta-\mu)}{\mu!}[g'(t)]^{(\mu)}h_n^{\mu-\beta+1}+O(h_n^{2m})$$

$$=-\sum_{\mu=1}^{m-1}\frac{B_{2\mu}h_n^{2\mu}}{(2\mu)!}G^{(2\mu-1)}(b)-\sum_{\mu=1}^{m-1}\frac{g(t)B_{2\mu}h_n^{2\mu}}{(2\mu)!}\frac{\varphi(2\mu-1,\beta)}{(b-t)^{2\mu+\beta}}$$

$$-\sum_{\mu=0}^{2m-1}\frac{\zeta(\beta-\mu)}{\mu!}[g(t)]^{(\mu+1)}h_n^{\mu-\beta+1}+O(h_n^{2m}). \qquad (3.9.23)$$

利用 (3.9.22) 和 (3.9.23), 我们导出

$$E_1(h_n)+E_2(h_n)=\sum_{\mu=1}^{m-1}\frac{B_{2\mu}h_n^{2\mu}}{(2\mu)!}[G^{(2\mu-1)}(a)-G^{(2\mu-1)}(b)]$$

$$+\sum_{\mu=1}^{m-1}\frac{g(t)B_{2\mu}h_n^{2\mu}\varphi(2\mu-1,\beta)}{(2\mu)!}\left[\frac{1}{(b-t)^{2\mu+\beta}}-\frac{1}{(t-a)^{2\mu+\beta}}\right]$$

$$-\sum_{\mu=1}^{m-1}\frac{2B_{2\mu}\zeta(\beta-2\mu+1)g^{(2\mu)}(t)h_n^{2\mu-\beta}}{(2\mu-1)!}+O(h_n^{2m}). \qquad (3.9.24)$$

组合 (3.9.21) 和 (3.9.24), 该定理得证. □

相似地, 我们得到推论 3.9.2.

**推论 3.9.2** 设 $g(x)$ 是定义在 $[a,b]$ 上的 $2m+1$ 阶可微函数, 和

$$I(g)=f.p.\int_a^b\frac{g(x)\ln|x-t|dx}{|x-t|^{1+\beta}}=f.p.\int_a^b G(x)dx\quad(0<\beta<1).$$

那么

$$E_n(h_n)$$
$$=I(g)-Q(h_n)=\sum_{\mu=1}^{m-1}\frac{B_{2\mu}h_n^{2\mu}}{(2\mu)!}[G^{(2\mu-1)}(a)-G^{(2\mu-1)}(b)]$$

$$-\sum_{\mu=1}^{m-1}\frac{2B_{2\mu}[\zeta(\beta-2\mu+1)\ln h_n+\zeta'(\beta-2\mu+1)]g^{(2\mu)}(t)h_n^{2\mu-\beta}}{(2\mu-1)!}+O(h_n^{2m}), \quad(3.9.25)$$

其中

$$Q(h_n)$$
$$=h_n\sum_{j=0,t\neq x_j}^{n}{}'\frac{[g(x_j)-g(t)]\ln|x_j-t|}{|x_j-t|^{1+\beta}}-\frac{1}{\beta^2}g(t)\left[\frac{1}{(t-a)^\beta}+\frac{1}{(b-t)^\beta}\right]$$

$$-\frac{1}{\beta}g(t)\left[\frac{\ln|t-a|}{(t-a)^\beta}+\frac{\ln|b-t|}{(b-t)^\beta}\right]$$

$$+\sum_{\mu=1}^{m-1}\frac{g(t)B_{2\mu}h_n^{2\mu}}{(2\mu)!}\frac{\partial\varphi(2\mu-1,\beta)}{\partial\beta}\left[\frac{1}{(t-a)^{2\mu+\beta}}-\frac{1}{(b-t)^{2\mu+\beta}}\right]$$

$$-\sum_{\mu=1}^{m-1}\frac{g(t)B_{2\mu}h_n^{2\mu}\varphi(2\mu-1,\beta)}{(2\mu)!}\left[\frac{\ln|t-a|}{(t-a)^{2\mu+\beta}}-\frac{\ln|b-t|}{(b-t)^{2\mu+\beta}}\right]. \quad (3.9.26)$$

利用本节的方法, 同样能够得到超奇异积分

$$(Ig)(t)=f.p.\int_a^b\frac{g(x)}{|x-t|^\alpha}dx, \quad n<\alpha<n+1, n\text{ 为正整数}$$

的求积公式和误差渐近展开式.

### 3.9.3 外推算法

从 (3.9.14), (3.9.19) 和 (3.9.25) 可知, $E_n(h_n)$ 不仅与 $t$ 有关, 而且与 $a$ 和 $b$ 有关. 然而, 如果 $G(x)$ 是周期函数, 那么误差项中的与 $a$ 和 $b$ 有关的项就会消失, 这就意味着通过外推可以提高精度.

**定理 3.9.3** 假设 $g(x)$ 是定义在 $[a,b]$ 上的 $2m+1$ 阶可微函数, 且 $G(x)$ 是周期为 $T=b-a$ 的周期函数, 进一步, 若 $G(x)$ 也是定义在 $(-\infty,+\infty)\backslash\{t+kT\}_{k=-\infty}^{k=+\infty}$ 上的 $2m$ 阶可微函数, 那么

(a) 当 $G(x)=g(x)/(x-t)^2$ 时, 由 (3.9.14), 有误差估计

$$E_n(h_n)=I(g)-Q(h_n)=O(h_n^{2m}); \quad (3.9.27)$$

(b) 当 $G(x)=g(x)/|x-t|^{1+\beta}$ $(0<\beta<1)$ 时, 由 (3.9.19), 有误差展开式

$$E_n(h_n)=I(g)-Q(h_n)=-\sum_{\mu=1}^{m-1}\frac{2B_{2\mu}\zeta(\beta-2\mu+1)g^{(2\mu)}(t)h_n^{2\mu-\beta}}{(2\mu-1)!}+O(h_n^{2m}); \quad (3.9.28)$$

(c) 当 $G(x)=g(x)\ln|x-t|/|x-t|^{1+\beta}$ $(0<\beta<1)$ 时, 由 (3.9.25), 有误差展开式

$$I(g)=Q(h_n)+E_n(h_n)=\sum_{\mu=1}^{m-1}A_\mu^{(0)}h_n^{2\mu-\beta}\ln h_n+\sum_{\mu=1}^{m-1}C_\mu^{(0)}h_n^{2\mu-\beta}+O(h_n^{2m}), \quad (3.9.29)$$

其中

$$A_\mu^{(0)}=-2B_{2\mu}\zeta(\beta-2\mu+1)g^{(2\mu)}(t)/(2\mu-1)!,$$
$$C_\mu^{(0)}=-2B_{2\mu}\zeta'(\beta-2\mu+1)g^{(2\mu)}(t)/(2\mu-1)!.$$

这些公式直接来源于 (3.9.14), (3.9.19) 和 (3.9.25).

基于渐近展开式 (3.9.28) 和 (3.9.29), 我们获得下列 Romberg 型外推公式.

**定理 3.9.4** 在定理 3.9.3 的假设条件下,我们有

(a) 当 $G(x) = g(x)/|x-t|^{1+\beta}$ $(0 < \beta < 1)$ 时,$K$ 次 Romberg 型外推公式

$$\begin{cases} Q^{(0)}(h_n) = Q(h_n), \\ Q^{(K)}(h_n) = [2^{2K-\beta}Q^{(K-1)}(h_n/2) - Q^{(K-1)}(h_n)]/(2^{2K-\beta}-1), \quad 1 \leqslant K \leqslant m-1 \end{cases} \tag{3.9.30}$$

和 $Q^{(K)}(h_n)$ 的误差展开式

$$E_n^{(K)}(h_n) = \sum_{\mu=K+1}^{m-1} A_\mu^{(K)} h_n^{2\mu-\beta} + O(h_n^{2m}), \tag{3.9.31}$$

其中

$$A_\mu^{(K)} = (2^{2K-2\mu}-1)A_\mu^{(K-1)}/(2^{2K-\beta}-1),$$
$$A_\mu^{(0)} = -2B_{2\mu}\zeta(\beta-2\mu+1)g^{(2\mu)}(t)/(2\mu-1)!, \quad \mu \geqslant K+1.$$

(b) 当 $G(x) = g(x)\ln|x-t|/|x-t|^{1+\beta}$ $(0 < \beta < 1)$ 时,$K$ 次 Romberg 型外推公式

$$\bar{Q}^{(K-1)}(h_n) = [2^{2K-\beta}Q^{(K-1)}(h_n/2) - \bar{Q}^{(K-1)}(h_n)]/(2^{2K-\beta}-1), \quad 1 \leqslant K \leqslant m-1$$

和

$$Q^{(K)}(h_n) = [2^{2K-\beta}\bar{Q}^{(K-1)}(h_n/2) - \bar{Q}^{(K-1)}(h_n)]/(2^{2K-\beta}-1), \quad 1 \leqslant K \leqslant m-1. \tag{3.9.32}$$

$Q^{(K)}(h_n)$ 的误差展开式

$$E_n^{(K)}(h_n) = \sum_{\mu=1}^{m-1} \hat{A}_\mu^{(K)} h_n^{2\mu-\beta} + \sum_{\mu=2}^{m-1} \bar{A}_\mu^{(K)} h_n^{2\mu-\beta} \ln h_n + \sum_{\mu=2}^{m-1} C_\mu^{(K)} h_n^{2\mu-\beta} + O(h_n^{2m}), \tag{3.9.33}$$

这里

$$\hat{A}_\mu^{(0)} = -2^{-2(\mu-1)} A_\mu^{(0)} \ln 2/(2^{2-\beta}-1), \quad \bar{A}_\mu^{(0)} = (2^{-2(\mu-1)}-1)A_\mu^{(0)}/(2^{2-\beta}-1),$$
$$\bar{C}_\mu^{(0)} = (2^{-2(\mu-1)}-1)C_\mu^{(0)}/(2^{2-\beta}-1), \quad \hat{A}_\mu^{(K)} = (2^{2(K-\mu)}-1)\hat{A}_\mu^{(K-1)}/(2^{2K-\beta}-1),$$
$$\bar{A}_\mu^{(K)} = -(2^{2(K-\mu)}\ln 2 + 1)\bar{A}_\mu^{(K-1)}/(2^{2K-\beta}-1),$$
$$C_\mu^{(K)} = (2^{2(K-\mu)}-1)\bar{C}_\mu^{(K-1)}/(2^{2K-\beta}-1), \quad 1 \leqslant K \leqslant m-1.$$

**证明** 使用数学归纳法,我们能够导出 (3.9.30) 和 (3.9.31). 下面我们来证明 (3.9.32) 和 (3.9.33).

**步骤 1** 有 $h_n/2$ 代替 (3.9.29) 中的 $h_n$,我们有

$$I(g) = Q(h_n) + \sum_{\mu=1}^{m-1} A_\mu^{(0)} \left(\frac{h_n}{2}\right)^{2\mu-\beta} \ln\left(\frac{h_n}{2}\right) + \sum_{\mu=1}^{m-1} C_\mu^{(0)} \left(\frac{h_n}{2}\right)^{2\mu-\beta} + O(h_n^{2m}). \tag{3.9.34}$$

组合 (3.9.34) 和 (3.9.29), 我们得到 [87]

$$I(g) = \bar{Q}^{(0)}(h_n) + \sum_{\mu=1}^{m-1} \hat{A}_\mu^{(0)} h_n^{2\mu-\beta} + \sum_{\mu=2}^{m-1} \bar{A}_\mu^{(0)} h_n^{2\mu-\beta} \ln h_n + \sum_{\mu=2}^{m-1} \bar{C}_\mu^{(0)} h_n^{2\mu-\beta} + O(h_n^{2m}), \tag{3.9.35}$$

其中

$$Q^{(0)}(h_n) = Q(h_n), \quad \hat{A}_\mu^{(0)} = -2^{-2(\mu-1)} A_\mu^{(0)} \ln 2 / (2^{2-\beta} - 1),$$
$$\bar{A}_\mu^{(0)} = (2^{-2(\mu-1)} - 1) A_\mu^{(0)} / (2^{2-\beta} - 1), \quad \bar{C}_\mu^{(0)} = (2^{-2(\mu-1)} - 1) C_\mu^{(0)} / (2^{2-\beta} - 1),$$
$$\bar{Q}^{(0)}(h_n) = [2^{2-\beta} Q^{(0)}(h_n/2) - Q^{(0)}(h_n)] / (2^{2-\beta} - 1).$$

**步骤 2** 用 $h_n/2$ 代替 (3.9.35) 中的 $h_n$, 可获得

$$I(g) = \bar{Q}^{(0)}(h_n/2) + \sum_{\mu=1}^{m-1} \hat{A}_\mu^{(0)} \left(\frac{h_n}{2}\right)^{2\mu-\beta} + \sum_{\mu=2}^{m-1} \bar{A}_\mu^{(0)} \left(\frac{h_n}{2}\right)^{2\mu-\beta} \ln\left(\frac{h_n}{2}\right)$$
$$+ \sum_{\mu=2}^{m-1} \bar{C}_\mu^{(0)} \left(\frac{h_n}{2}\right)^{2\mu-\beta} + O(h_n^{2m}). \tag{3.9.36}$$

组合 (3.9.36) 和 (3.9.35), 得到

$$I(g) = Q^{(1)}(h_n) + \sum_{\mu=2}^{m-1} \hat{A}_\mu^{(1)} h_n^{2\mu-\beta} + \sum_{\mu=2}^{m-1} \bar{A}_\mu^{(1)} h_n^{2\mu-\beta} \ln h_n + \sum_{\mu=2}^{m-1} C_\mu^{(1)} h_n^{2\mu-\beta} + O(h_n^{2m}), \tag{3.9.37}$$

这里

$$\hat{A}_\mu^{(1)} = (2^{-2(\mu-1)} - 1) \hat{A}_\mu^{(0)} / (2^{2-\beta} - 1),$$
$$\bar{A}_\mu^{(1)} = -(2^{-2(\mu-1)} \ln 2 + 1) \bar{A}_\mu^{(0)} / (2^{2-\beta} - 1), \quad C_\mu^{(1)} = (2^{-2(\mu-1)} - 1) \bar{C}_\mu^{(0)} / (2^{2-\beta} - 1),$$
$$Q^{(1)}(h_n) = [2^{2-\beta} \bar{Q}^{(0)}(h_n/2) - \bar{Q}^{(0)}(h_n)] / (2^{2-\beta} - 1).$$

重复上述过程, 能够得到公式 (3.9.32) 和 (3.9.33). □

下面给出非周期函数的 Romberg 型求积公式.

**推论 3.9.3** 在推论 3.9.2 的假设条件下, $K$ 次 Romberg 型外推公式如下:

$$\begin{cases} \bar{Q}^{(0)}(h_n) = \bar{Q}(h_n) \\ \bar{Q}^{(K)}(h_n) = [2^{2K} \bar{Q}^{(K-1)}(h_n/2) - \bar{Q}^{(K-1)}(h_n)]/(2^{2K} - 1), \quad 1 \leqslant K \leqslant m-1, \end{cases} \tag{3.9.38}$$

误差渐近展开式

$$E_n^{(K)}(g) = \sum_{\mu=K+1}^{m-1} c_\mu^{(K)} h_n^{2\mu} + O(h_n^{2m}), \tag{3.9.39}$$

其中

$$E_n^{(K)}(h_n) = I(g) - \bar{Q}^{(K)}(h), \quad C_\mu^{(0)} = \frac{B_{2\mu}(2^{1-2\mu}-1)[G^{(2\mu-1)}(a) - G^{(2\mu-1)}(b)]}{(2\mu)!}$$

$$C_\mu^{(K)} = \left(\frac{2^{2K}}{2^{2\mu}} - 1\right) C_\mu^{(K-1)}, \quad \mu = 1, \cdots, m-1.$$

公式 (3.9.38) 和 (3.9.39) 的证明是显然的. 在定理 3.9.4 的假设条件下, 我们也能够得到公式 (3.9.19) 的 $K$ 次 Romberg 外推公式. 重写 (3.9.20) 如下:

$$I(g) = Q^{(0)}(h_n) + \sum_{\mu=1}^{m-1} A_\mu^{(0)} h_n^{2\mu} + \sum_{\mu=1}^{m-1} C_\mu^{(0)} h_n^{2\mu-\beta} + O(h_n^{2m}), \qquad (3.9.40)$$

其中

$$A_\mu^{(0)} = \frac{B_{2\mu}}{(2\mu)!}[G^{(2\mu-1)}(a) - G^{(2\mu-1)}(b)], \quad Q^{(0)}(h_n) = Q(h_n),$$

$$C_\mu^{(0)} = -\frac{2B_{2\mu}\zeta(\beta - 2\mu + 1)g^{(2\mu)}(t)}{(2\mu - 1)!}.$$

**步骤 1** 用 $h_n/2$ 代替 (3.9.40) 中的 $h_n$, 得到

$$I(g) = Q^{(0)}\left(\frac{h_n}{2}\right) + \sum_{\mu=1}^{m-1} A_\mu^{(0)} \left(\frac{h_n}{2}\right)^{2\mu} + \sum_{\mu=1}^{m-1} C_\mu^{(0)} \left(\frac{h_n}{2}\right)^{2\mu-\beta} + O(h_n^{2m}). \qquad (3.9.41)$$

由 $[(3.9.41) \cdot 2^{2-\beta} - (3.9.40)]/[2^{2-\beta} - 1]$, 有

$$\bar{Q}^{(0)}(h_n) = I(g) - \sum_{\mu=1}^{m-1} \bar{A}_\mu^{(0)} h_n^{2\mu} - \sum_{\mu=2}^{m-1} \bar{C}_\mu^{(0)} h_n^{2\mu-\beta} + O(h_n^{2m}), \qquad (3.9.42)$$

其中

$$\bar{Q}^{(0)}(h_n) = [2^{2-\beta} Q^{(0)}(h_n/2) - Q^{(0)}(h_n)]/[2^{2-\beta} - 1],$$
$$\bar{A}_\mu^{(0)} = [2^{2-\beta}/2^{2(\mu-1)} - 1]/[2^{2-\beta} - 1] A_\mu^{(0)},$$
$$\bar{C}_\mu^{(0)} = [2^{-2(\mu-1)} - 1]/[2^{2-\beta} - 1] C_\mu^{(0)} \quad (\mu = 2, \cdots, m-1).$$

**步骤 2** 也用 $h_n/2$ 代替 (3.9.42) 中的 $h_n$, 获得

$$I(g) = \bar{Q}^{(0)}\left(\frac{h_n}{2}\right) + \sum_{\mu=1}^{m-1} \bar{A}_\mu^{(0)} \left(\frac{h_n}{2}\right)^{2\mu} + \sum_{\mu=2}^{m-1} \bar{C}_\mu^{(0)} \left(\frac{h_n}{2}\right)^{2\mu-\beta} + O(h_n^{2m}). \qquad (3.9.43)$$

由 $[(3.9.43) \cdot 2^2 - (3.9.42)]/[2^2 - 1]$, 得到

$$Q^{(1)}(h_n) = I(g) - \sum_{\mu=2}^{m-1} A_\mu^{(1)} h_n^{2\mu} - \sum_{\mu=2}^{m-1} C_\mu^{(1)} h_n^{2\mu-\beta} + O(h_n^{2m}), \qquad (3.9.44)$$

这里
$$Q^{(1)}(h_n) = [2^2 \bar{Q}^{(0)}(h_n/2) - \bar{Q}^{(0)}(h_n)]/[2^2 - 1],$$
$$A_\mu^{(1)} = [2^2/2^{2(\mu-1)} - 1]/[2^2 - 1] \bar{A}_\mu^{(0)},$$
$$C_\mu^{(1)} = [2^2/2^{2(\mu-1)-\beta} - 1]/[2^2 - 1] \bar{C}_\mu^{(0)} \quad (\mu = 2, \cdots, m-1).$$

重复上述过程, 能够获得公式 (3.9.19) 的 $K$ 次 Romberg 外推公式. 然而, 在实际数值计算中, 常常只需要一次外推就可达到要求的精确度.

**注 3.9.1** 在上面定理中, 我们仅给出奇异阶在 $1 \leqslant 1+\beta \leqslant 2$ 的情形, 对奇异阶在 $2 \leqslant 1+\beta$ 的情形一样可以得到渐近展开式, 这里不再重复.

**注 3.9.2** 定理 3.9.3 也给出了超奇异 Hilbert 积分
$$I(f)(x) = \frac{1}{2\pi} \int_0^{2\pi} f(t) \cot^2 \frac{x-t}{2} dt, \quad x \in (0, 2\pi)$$
的求积公式和渐近展开式. 事实上
$$\frac{1}{2\pi} \int_0^{2\pi} f(t) \cot^2 \frac{x-t}{2} dt$$
$$= \frac{1}{2\pi} \int_0^{2\pi} f(t) \left[ \cot^2 \frac{x-t}{2} - \left( \frac{1}{(x-t)/2} \right)^2 \right] + \frac{1}{2\pi} \int_0^{2\pi} \frac{4f(t)}{(x-t)^2} dt,$$
利用 $\cot t$ 的幂级数展开式得到
$$\cot \frac{x-t}{2} - \frac{1}{(x-t)/2} = \sum_{n=1}^\infty \frac{-2^{2n} B_n}{(2n)!} \left( \frac{x-t}{2} \right)^{2n-1}, \quad 0 < \left| \frac{x-t}{2} \right| < \pi,$$
其中 $B_n$ 是 Bernoulli 数, 从而上述积分可表示成一个正常积分与二阶超奇异积分之和.

### 3.9.4 数值算例

下面利用本节提供的求积公式给出三种类型的超奇异积分的计算, (a) 非周期的超奇异积分, (b) 非周期的超奇异积分通过周期替换后的积分, (c) 周期的超奇异积分.

**算例 3.9.1** 计算超奇异积分 [90]
$$(I(g))(y) = \int_0^1 \frac{g(x)}{(x-y)^2} dx, \quad g(x) = (2x-1)^3, \tag{3.9.45}$$
这里精确解是
$$(I(g))(y) = 8(2y-1) + 6(2y-1)^2 \log[(1-y)/y] - (2y-1)^3/(y(1-y)),$$
$g(x)$ 和 $(I(g))(y)$ 都是定义在 $[0,1]$ 上的非周期函数. 使用公式 (3.9.14) 计算的数值结果列在表 3.9.1~表 3.9.3.

表 3.9.1  当 $y = 0.015625$ 时，使用公式 (3.9.14) 计算的误差

| $n=\dfrac{1}{h}$ | $2^7$ | $2^8$ | $2^9$ |
|---|---|---|---|
| $e_n^{(0)}$ | $1.162\times 10^0$ | $3.109\times 10^{-1}$ | $7.900\times 10^{-2}$ |
| $r_n^{(0)}$ | $2^{1.530}$ | $2^{1.902}$ | $2^{1.976}$ |
| $e_n^{(1)}$ | $4.309\times 10^{-1}$ | $2.707\times 10^{-2}$ | $1.695\times 10^{-3}$ |
| $r_n^{(1)}$ |  | $2^{3.992}$ | $2^{3.996}$ |
| $e_n^{(2)}$ |  | $1.502\times 10^{-4}$ | $3.980\times 10^{-6}$ |
| $r_n^{(2)}$ |  |  | $2^{5.238}$ |
| $n=\dfrac{1}{h}$ | $2^{10}$ | $2^{11}$ | $2^{12}$ |
| $e_n^{(0)}$ | $1.983\times 10^{-2}$ | $4.962\times 10^{-3}$ | $1.240\times 10^{-3}$ |
| $r_n^{(0)}$ | $2^{1.994}$ | $2^{1.998}$ | $2^{1.999}$ |
| $e_n^{(1)}$ | $1.060\times 10^{-4}$ | $6.630\times 10^{-6}$ | $4.143\times 10^{-7}$ |
| $r_n^{(1)}$ | $2^{3.999}$ | $2^{3.999}$ | $2^{3.999}$ |
| $e_n^{(2)}$ | $7.604\times 10^{-8}$ | $1.262\times 10^{-9}$ | $1.900\times 10^{-11}$ |
| $r_n^{(2)}$ | $2^{5.710}$ | $2^{5.913}$ | $2^{6.050}$ |

此表中，当 $n = 2^6$ 时，$e_n^{(0)} = 3.357 \times 10^0$.

表 3.9.2  当 $y = 0.96875$ 时，使用公式 (3.9.14) 计算的误差

| $n=\dfrac{1}{h}$ | $2^6$ | $2^7$ | $2^8$ |
|---|---|---|---|
| $e_n^{(0)}$ | $5.539\times 10^{-1}$ | $1.479\times 10^{-1}$ | $3.756\times 10^{-2}$ |
| $r_n^{(0)}$ | $2^{1.548}$ | $2^{1.905}$ | $2^{1.977}$ |
| $e_n^{(1)}$ | $1.984\times 10^{-1}$ | $1.253\times 10^{-2}$ | $7.871\times 10^{-4}$ |
| $r_n^{(1)}$ |  | $2^{3.984}$ | $2^{3.993}$ |
| $e_n^{(2)}$ |  | $1.407\times 10^{-4}$ | $3.728\times 10^{-6}$ |
| $r_n^{(2)}$ |  |  | $2^{5.238}$ |
| $n=\dfrac{1}{h}$ | $2^9$ | $2^{10}$ | $2^{11}$ |
| $e_n^{(0)}$ | $9.428\times 10^{-3}$ | $2.359\times 10^{-3}$ | $5.900\times 10^{-4}$ |
| $r_n^{(0)}$ | $2^{1.994}$ | $2^{1.998}$ | $2^{1.999}$ |
| $e_n^{(1)}$ | $4.926\times 10^{-5}$ | $3.079\times 10^{-6}$ | $1.925\times 10^{-7}$ |
| $r_n^{(1)}$ | $2^{3.998}$ | $2^{3.999}$ | $2^{3.999}$ |
| $e_n^{(2)}$ | $7.122\times 10^{-8}$ | $1.182\times 10^{-9}$ | $1.900\times 10^{-11}$ |
| $r_n^{(2)}$ | $2^{5.709}$ | $2^{5.912}$ | $2^{5.986}$ |

此表中，当 $n = 2^5$ 时，$e_n^{(0)} = 1.620 \times 10^0$.

## 3.9 含参的任意阶超奇异积分的误差渐近展开式 (续)

**表 3.9.3** 当 $y = 0.25$ 时, 使用公式 (3.9.14) 计算的误差

| $n=\dfrac{1}{h}$ | $2^4$ | $2^5$ | $2^6$ |
|---|---|---|---|
| $e_n^{(0)}$ | $6.074\times 10^{-3}$ | $1.537\times 10^{-3}$ | $3.854\times 10^{-4}$ |
| $r_n^{(0)}$ | $2^{1.931}$ | $2^{1.982}$ | $2^{1.995}$ |
| $e_n^{(1)}$ | $3.751\times 10^{-4}$ | $2.443\times 10^{-5}$ | $1.546\times 10^{-6}$ |
| $r_n^{(1)}$ |  | $2^{3.940}$ | $2^{3.982}$ |
| $e_n^{(2)}$ |  | $1.058\times 10^{-6}$ | $2.022\times 10^{-8}$ |
| $r_n^{(2)}$ |  |  | $2^{5.709}$ |
| $n=\dfrac{1}{h}$ | $2^7$ | $2^8$ | $2^9$ |
| $e_n^{(0)}$ | $9.642\times 10^{-5}$ | $2.411\times 10^{-5}$ | $6.028\times 10^{-6}$ |
| $r_n^{(0)}$ | $2^{1.998}$ | $2^{1.999}$ | $2^{1.999}$ |
| $e_n^{(1)}$ | $9.696\times 10^{-8}$ | $6.065\times 10^{-9}$ | $3.790\times 10^{-10}$ |
| $r_n^{(1)}$ | $2^{3.995}$ | $2^{3.998}$ | $2^{3.999}$ |
| $e_n^{(2)}$ | $3.360\times 10^{-10}$ | $5.000\times 10^{-12}$ | $0.000\times 10^{-14}$ |
| $r_n^{(2)}$ | $2^{5.912}$ | $2^{5.980}$ | $2^{5.999}$ |

此表中, 当 $n = 2^3$ 时, $e_n^{(0)} = 2.317 \times 10^{-2}$. 在表 3.9.1~表 3.9.3, $e_n^{(k)}$ ($K = 0, 1, 2$) 表示第 $K$ 次 Romberg 外推的绝对误差, 这里 $n = 1/h$ 和 $r_n^{(K)} = e_n^{(k)}/e_{2n}^{(k)}$. 表 3.9.1~表 3.9.3 的结果表明

$$r_n^{(K)} \approx 2^{2K+2}, \quad K = 0, 1, 2,$$

这与 (3.9.14) 和 (3.9.31) 完全一致. 然而当 $y$ 趋于端点 0 和 1 时, 表 3.9.1 和表 3.9.2 中的精确度比表 3.9.3 低, 但是它们的比值 $r_n^{(K)}$ ($K = 0, 1, 2$) 没有变化.

使用三角周期替换[218,219]

$$\varphi_p(t) = \vartheta_p(t)/\vartheta_p(1): [0,1] \to [0,1], \quad \vartheta_p(t) = \int_0^t (\sin \pi t)^p dt, \quad p \in N, \tag{3.9.46}$$

任意选择 $y_1 = 4.235477485e-3$ 和 $y_2 = 0.941941738242$, 它们趋于端点 0 和 1. 为了计算 $(I(g))(y_i)$, 取 $x = \varphi_3(t)$, 计算的结果列在表 3.9.4 中.

**表 3.9.4** 计算的结果

| $n=\dfrac{1}{h}$ | $e_{1,n}^{(0)}$ | $r_{1,n}^{(0)}$ | $e_1^{(1)}$ | $e_{2,n}^{(0)}$ | $r_{2,n}^{(0)}$ | $e_{2,n}^{(1)}$ |
|---|---|---|---|---|---|---|
| 8 | $6.960\times 10^0$ |  |  | $4.447\times 10^{-2}$ |  |  |
| 16 | $5.149\times 10^{-1}$ | $2^{3.756}$ | $8.527\times 10^{-2}$ | $2.456\times 10^{-3}$ | $2^{4.178}$ |  |
| 32 | $2.883\times 10^{-2}$ | $2^{4.158}$ | $3.574\times 10^{-3}$ | $1.508\times 10^{-4}$ | $2^{4.025}$ | $2.835\times 10^{-6}$ |
| 64 | $1.776\times 10^{-3}$ | $2^{4.020}$ | $2.721\times 10^{-5}$ | $9.394\times 10^{-6}$ | $2^{4.005}$ | $3.602\times 10^{-8}$ |
| 128 | $1.107\times 10^{-4}$ | $2^{4.000}$ | $3.412\times 10^{-7}$ | $5.866\times 10^{-7}$ | $2^{4.000}$ | $5.160\times 10^{-10}$ |

在表 3.9.4 中，$e_{i,n}^{(k)}$ ($K=0,1, i=1,2$) 是 $K$ 次 Romberg 外推在 $y_i$ 计算的绝对误差，$r_{i,n}^{(K)} = e_{i,n}^{(k)}/e_{i,2n}^{(k)}$. 现在我们来检验表 3.9.4 的数值结果，有

$$\frac{e_{i,n}|_{n=2^k}}{e_{i,n}|_{n=2^{k+1}}} \approx 2^4, \quad i=1,2.$$

这与推论 3.9.3 一致，其原因是 $\varphi_3^{(i)}(t)|_{t=0,1} = 0$, $i=1,2,3$, 和 $\varphi_3^{(i)}(t)|_{t=0,1} \neq 0$, $i>3$. 通过 (3.9.14)，我们有

$$\begin{aligned}E_n(h_n) =& A_2^{(0)}(2^{-3}-1)h_n^4 + A_3^{(0)}(2^{-5}-1)h_n^6 \\ &+ \cdots + A_{m-1}^{(0)}(2^{1-2(m-1)}-1)h_n^{2m-2} + O(h_n^{2m}).\end{aligned}$$

从表 3.9.4 看出，经过变量替换，在 (3.9.45) 中用 $\varphi_3(t)$ 代替 $x$，数值解的精确度大大提高。

**算例 3.9.2** 考虑分数阶超奇异积分[90]

$$(I(g))(y) = \int_0^1 \frac{g(x)}{\sqrt{|x-y|^3}}dx, \quad g(x) = (2x-1)^3, \tag{3.9.47}$$

这里精确解是

$$\begin{aligned}(I(g))(y) = &-0.4[(128y^3 - 160y^2 + 60y - 5)\sqrt{1-y} \\ &+ (128y^3 - 224y^2 + 124y - 23)\sqrt{y}]/\sqrt{y(1-y)},\end{aligned}$$

$g(x)$ 和 $(I(g))(y)$ 是定义在 $(0,1)$. 使用求积公式 (3.9.26) 和外推公式 (3.9.32) 计算，计算结果列在表 3.9.5 和表 3.9.6 中。

表 3.9.5  当 $y=0.0625$ 时，计算的结果

| $n=\frac{1}{h}$ | $2^4$ | $2^5$ | $2^6$ | $2^7$ |
|---|---|---|---|---|
| $e_n^{(0)}$ | $1.071\times10^{-1}$ | $3.425\times10^{-2}$ | $1.109\times10^{-2}$ | $3.658\times10^{-3}$ |
| $r_n^{(0)}$ | | $2^{1.645}$ | $2^{1.626}$ | $2^{1.645}$ |
| $e_n^{(F)}$ | | $5.632\times10^{-3}$ | $1.576\times10^{-3}$ | $4.078\times10^{-4}$ |
| $r_n^{(F)}$ | | | $2^{1.836}$ | $2^{1.951}$ |
| $e_n^{(R)}$ | | | $2.249\times10^{-4}$ | $1.815\times10^{-5}$ |
| $r_n^{(R)}$ | | | | $2^{3.631}$ |
| $n=\frac{1}{h}$ | $2^8$ | $2^9$ | $2^{10}$ | $2^{11}$ |
| $e_n^{(0)}$ | $1.226\times10^{-3}$ | $4.170\times10^{-4}$ | $1.432\times10^{-4}$ | $4.967\times10^{-5}$ |
| $r_n^{(0)}$ | $2^{1.600}$ | $2^{1.576}$ | $2^{1.556}$ | $2^{1.541}$ |
| $e_n^{(F)}$ | $1.028\times10^{-4}$ | $2.578\times10^{-5}$ | $6.448\times10^{-6}$ | $1.612\times10^{-6}$ |
| $r_n^{(F)}$ | $2^{1.986}$ | $2^{1.996}$ | $2^{1.999}$ | $2^{1.999}$ |
| $e_n^{(R)}$ | $1.237\times10^{-6}$ | $7.926\times10^{-8}$ | $4.985\times10^{-9}$ | $3.120\times10^{-10}$ |
| $r_n^{(R)}$ | $2^{3.874}$ | $2^{3.964}$ | $2^{3.990}$ | $2^{3.997}$ |

## 3.9 含参的任意阶超奇异积分的误差渐近展开式 (续)

**表 3.9.6** 当 $y = 0.25$ 时，计算的结果

| $n=\dfrac{1}{h}$ | $2^3$ | $2^4$ | $2^5$ | $2^6$ |
|---|---|---|---|---|
| $e_n^{(0)}$ | $1.098\times 10^{-1}$ | $3.889\times 10^{-2}$ | $1.376\times 10^{-2}$ | $4.867\times 10^{-3}$ |
| $r_n^{(0)}$ |  | $2^{1.497}$ | $2^{1.499}$ | $2^{1.499}$ |
| $e_n^{(F)}$ |  | $8.784\times 10^{-5}$ | $1.454\times 10^{-5}$ | $3.127\times 10^{-6}$ |
| $r_n^{(F)}$ |  |  | $2^{2.594}$ | $2^{2.217}$ |
| $e_n^{(R)}$ |  |  | $9.885\times 10^{-6}$ | $6.790\times 10^{-7}$ |
| $r_n^{(R)}$ |  |  |  | $2^{3.863}$ |

| $n=\dfrac{1}{h}$ | $2^7$ | $2^8$ | $2^9$ | $2^{10}$ |
|---|---|---|---|---|
| $e_n^{(0)}$ | $1.721\times 10^{-3}$ | $6.087\times 10^{-4}$ | $2.152\times 10^{-4}$ | $7.611\times 10^{-5}$ |
| $r_n^{(0)}$ | $2^{1.499}$ | $2^{1.499}$ | $2^{1.499}$ | $2^{1.499}$ |
| $e_n^{(F)}$ | $7.491\times 10^{-7}$ | $1.852\times 10^{-7}$ | $4.617\times 10^{-8}$ | $1.153\times 10^{-8}$ |
| $r_n^{(F)}$ | $2^{2.061}$ | $2^{2.015}$ | $2^{2.004}$ | $2^{2.001}$ |
| $e_n^{(R)}$ | $4.358\times 10^{-8}$ | $2.743\times 10^{-9}$ | $1.720\times 10^{-10}$ | $1.100\times 10^{-11}$ |
| $r_n^{(R)}$ | $2^{3.961}$ | $2^{3.990}$ | $2^{3.997}$ | $2^{3.999}$ |

在表 3.9.5 和表 3.9.6 中，$e_n^{(0)}, e_n^{(F)}$ 和 $e_n^{(R)}$ 分别根据 (3.9.19), (3.9.42) 和 (3.9.44) 计算的结果，且 $r_n^{(P)} = e_n^{(P)}/e_{2n}^{(P)}$ $(P = 0, F, R)$。在 (3.9.47) 中，因为 $g^{(K)}(x) = 0$ $(K \geqslant 4)$，从 (3.9.20)，我们有

$$E_n(h_n) = \sum_{\mu=1}^{m-1} A_\mu^{(0)} h_n^{2\mu} + C_1^{(0)} h_n^{1.5} + O(h_n^{2m}). \tag{3.9.48}$$

从表 3.9.5 和表 3.9.6 可知，我们有

$$r_n^{(0)} \simeq 2^{1.5}, \quad r_n^{(F)} \simeq 2^2, \quad r_n^{(R)} \simeq 2^4,$$

这与 (3.9.48) 完全符合.

若取 $x = \varphi_4(t)$，作周期变换，我们使用公式 (3.9.19), (3.9.42) 和 (3.9.48) 计算的结果列在表 3.9.7 和表 3.9.8 中.

因为 $\varphi_4^{(i)}(t)|_{t=0,1} = 0, i = 1, \cdots, 4$，但 $\varphi_4^{(i)}(t)|_{t=0,1} \neq 0, i > 4$，根据 (3.9.40)，我们有

$$E_n(h_n) = C_1^{(0)} h_n^{1.5} + C_2^{(0)} h_n^{3.5} + O(h_n^4). \tag{3.9.49}$$

表 3.9.7~表 3.9.9 的数值结果表明，我们获得

$$r_n^{(0)} \simeq 2^{1.5}, \quad r_n^{(1)} \simeq 2^{3.5},$$

这与 (3.9.49) 相符合.

表 3.9.7 当 $y = 0.037793409211$ 时，计算的结果

| $n=\dfrac{1}{h}$ | $2^3$ | $2^4$ | $2^5$ | $2^6$ |
|---|---|---|---|---|
| $e_n^{(0)}$ | $6.250\times 10^{-1}$ | $2.180\times 10^{-1}$ | $7.683\times 10^{-2}$ | $2.714\times 10^{-2}$ |
| $r_n^{(0)}$ | | $2^{1.519}$ | $2^{1.504}$ | $2^{1.501}$ |
| $e_n^{(1)}$ | | $4.573\times 10^{-3}$ | $3.818\times 10^{-4}$ | $3.323\times 10^{-5}$ |
| $r_n^{(1)}$ | | | $2^{3.582}$ | $2^{3.522}$ |
| $e_n^{(2)}$ | | | $2.457\times 10^{-5}$ | $5.667\times 10^{-7}$ |
| $n=\dfrac{1}{h}$ | $2^7$ | $2^8$ | $2^9$ | $2^{10}$ |
| $e_n^{(0)}$ | $9.594\times 10^{-3}$ | $3.392\times 10^{-3}$ | $1.199\times 10^{-3}$ | $4.240\times 10^{-4}$ |
| $r_n^{(0)}$ | $2^{1.500}$ | $2^{1.500}$ | $2^{1.500}$ | $2^{1.500}$ |
| $e_n^{(1)}$ | $2.926\times 10^{-6}$ | $2.583\times 10^{-7}$ | $2.283\times 10^{-8}$ | $2.018\times 10^{-9}$ |
| $r_n^{(1)}$ | $2^{3.505}$ | $2^{3.501}$ | $2^{3.500}$ | $2^{3.500}$ |
| $e_n^{(2)}$ | $1.222\times 10^{-8}$ | $3.557\times 10^{-10}$ | $7.800\times 10^{-13}$ | $1.020\times 10^{-14}$ |

表 3.9.8 当 $y = 0.000048643386$ 时，计算的结果

| $n=\dfrac{1}{h}$ | $2^4$ | $2^5$ | $2^6$ | $2^7$ |
|---|---|---|---|---|
| $e_n^{(0)}$ | $1.156\times 10^{-1}$ | $4.058\times 10^{-2}$ | $1.434\times 10^{-2}$ | $5.071\times 10^{-3}$ |
| $r_n^{(0)}$ | | $2^{1.510}$ | $2^{1.500}$ | $2^{1.500}$ |
| $e_n^{(1)}$ | | $4.751\times 10^{-4}$ | $8.695\times 10^{-6}$ | $7.419\times 10^{-7}$ |
| $r_n^{(1)}$ | | | $2^{5.771}$ | $2^{3.550}$ |
| $e_n^{(2)}$ | | | $3.652\times 10^{-4}$ | $2.921\times 10^{-8}$ |
| $n=\dfrac{1}{h}$ | $2^8$ | $2^9$ | $2^{10}$ | $2^{11}$ |
| $e_n^{(0)}$ | $1.792\times 10^{-3}$ | $6.338\times 10^{-4}$ | $2.241\times 10^{-4}$ | $7.923\times 10^{-5}$ |
| $r_n^{(0)}$ | $2^{1.500}$ | $2^{1.500}$ | $2^{1.500}$ | $2^{1.500}$ |
| $e_n^{(1)}$ | $6.298\times 10^{-8}$ | $5.509\times 10^{-9}$ | $4.840\times 10^{-10}$ | $4.300\times 10^{-11}$ |
| $r_n^{(1)}$ | $2^{3.558}$ | $2^{3.515}$ | $2^{3.500}$ | $2^{3.500}$ |
| $e_n^{(2)}$ | $2.846\times 10^{-9}$ | $6.329\times 10^{-11}$ | $3.215\times 10^{-12}$ | $2.413\times 10^{-13}$ |

**算例 3.9.3** 考虑周期的超奇异积分 [90]

$$(I(g))(y) = \int_0^{2\pi} \frac{g(x)dx}{\sin^2((x-y)/2)}, \quad g(x) = \sin(2x), \tag{3.9.50}$$

其中 $(I(g))(y) = 2\sin(2y)$, $g(x)$ 和 $(I(g))(y)$ 都是定义在 $[0, 2\pi]$ 上的周期函数，我们使用公式 (3.9.27) 计算的结果列在表 3.9.10 中.

## 3.9 含参的任意阶超奇异积分的误差渐近展开式 (续)

**表 3.9.9** 当 $y = 0.001473104489$ 时, 计算的结果

| $n=\dfrac{1}{h}$ | $2^3$ | $2^4$ | $2^5$ | $2^6$ |
|---|---|---|---|---|
| $e_n^{(0)}$ | $6.033\times 10^{-1}$ | $2.102\times 10^{-1}$ | $7.421\times 10^{-2}$ | $2.622\times 10^{-2}$ |
| $r_n^{(0)}$ | | $2^{1.520}$ | $2^{1.502}$ | $2^{1.500}$ |
| $e_n^{(1)}$ | | $4.684\times 10^{-3}$ | $2.021\times 10^{-4}$ | $1.785\times 10^{-5}$ |
| $r_n^{(1)}$ | | | $2^{4.534}$ | $2^{3.500}$ |
| $e_n^{(2)}$ | | | $2.324\times 10^{-4}$ | $1.457\times 10^{-8}$ |

| $n=\dfrac{1}{h}$ | $2^7$ | $2^8$ | $2^9$ | $2^{10}$ |
|---|---|---|---|---|
| $e_n^{(0)}$ | $9.271\times 10^{-3}$ | $3.277\times 10^{-3}$ | $1.158\times 10^{-3}$ | $4.097\times 10^{-4}$ |
| $r_n^{(0)}$ | $2^{1.500}$ | $2^{1.500}$ | $2^{1.500}$ | $2^{1.500}$ |
| $e_n^{(1)}$ | $1.565\times 10^{-6}$ | $1.380\times 10^{-7}$ | $1.219\times 10^{-8}$ | $1.078\times 10^{-9}$ |
| $r_n^{(1)}$ | $2^{3.511}$ | $2^{3.503}$ | $2^{3.500}$ | $2^{3.500}$ |
| $e_n^{(2)}$ | $1.396\times 10^{-8}$ | $3.595\times 10^{-10}$ | $3.200\times 10^{-12}$ | $5.980\times 10^{-13}$ |

**表 3.9.10** 当 $h = 2\pi/n$ 时, 计算的结果

| $n$ | 4 | 8 | 16 |
|---|---|---|---|
| $e_{\max}$ | $1.11\times 10^{-15}$ | $3.44\times 10^{-15}$ | $2.38\times 10^{-15}$ |
| $e_{\min}$ | $2.22\times 10^{-16}$ | $1.11\times 10^{-16}$ | $2.77\times 10^{-16}$ |
| $n$ | 32 | 64 | 128 |
| $e_{\max}$ | $3.13\times 10^{-15}$ | $2.78\times 10^{-15}$ | $1.08\times 10^{-15}$ |
| $e_{\min}$ | $2.56\times 10^{-16}$ | $3.45\times 10^{-16}$ | $1.87\times 10^{-16}$ |

在表 3.9.10 中,

$$e_{\max} = \max_{1\leqslant j\leqslant n} |2\sin(2(2j-1)h) - (I_h(g))((2j-1)h)|,$$
$$e_{\min} = \min_{1\leqslant j\leqslant n} |2\sin(2(2j-1)h) - (I_h(g))((2j-1)h)|,$$

这里 $(I_h(g))((2j-1)h)$ 表示超奇异积分 $(I(g))(y)$ 在结点 $t_j = (2j-1)h$ $(j=1,\cdots,n)$ 的近似值. 因为 $\sin(2x) \in C^\infty[0,2\pi]$ 是周期为 $T=2\pi$ 的周期函数, $\sin(2x)/\sin^2 \cdot ((x-t)/2)$ 是定义在 $\tilde{R} = (-\infty, =\infty)\backslash\{t+kT\}_{k=-\infty}^{+\infty}$ 且周期为 $T=2\pi$ 的无限次可微函数, 数值解的精度是指数阶, 从表 3.9.10 的结果可知, 这与 (3.9.27) 一致.

由本节提供的求积公式和算例可知, 利用修改的梯形公式计算超奇异积分, 不需要计算任何积分权, 计算特别简单, 并且精度特别高; 由于这些求积公式都有误差渐近展开式, 使用 Romberg 外推, 能够提高精度, 达到高精度的目的, 得到 $O(h^{2m})$ 阶, 同时还能够得到后验含有误差估计.

## 3.10 弱、强、超混合型奇异积分的高精度算法

本节提供代数弱奇异、对数弱奇异、Cauchy 奇异和超奇异混合在一起的奇异积分与含参的混合奇异积分的高精度计算方法 [103,123,214,217].

### 3.10.1 端点为混合乘积型奇异积分的 Euler-Maclaurin 展开式

考虑混合奇异积分

$$I[f] = \int_a^b f(x)dx, \tag{3.10.1}$$

其中 $f(x)$ 有以下性质:

(I) $f \in C^\infty(a,b)$ 且 $f(x)$ 有下列渐近展开式

$$\begin{aligned} f(x) &\sim \hat{P}(\log(x-a))(x-a)^{-1} + \sum_{s=0}^{\infty} P_s(\log(x-a))(x-a)^{\gamma_s}, \quad x \to a^+, \\ f(x) &\sim \hat{Q}(\log(b-x))(b-x)^{-1} + \sum_{s=0}^{\infty} Q_s(\log(b-x))(b-x)^{\delta_s}, \quad x \to b^-, \end{aligned} \tag{3.10.2}$$

这里 $\hat{P}(y), P(y)$ 和 $\hat{Q}(y), Q(y)$ 是关于 $y$ 的多项式,且

$$\begin{aligned} \hat{P}(y) &= \sum_{i=0}^{\hat{p}} \hat{c}_i y^i, \quad P_s(y) = \sum_{i=0}^{p_s} c_{si} y^i, \\ \hat{Q}(y) &= \sum_{i=0}^{\hat{q}} \hat{d}_i y^i, \quad Q_s(y) = \sum_{i=0}^{q_s} d_{si} y^i, \end{aligned} \tag{3.10.3}$$

而 $\gamma_s$ 和 $\delta_s$ 是确定的实数或复数,且有下列顺序

$$\begin{aligned} \forall s \ &\text{有}\ \gamma_s \neq -1, \mathrm{Re}\gamma_0 \leqslant \mathrm{Re}\gamma_1 \leqslant \mathrm{Re}\gamma_2 \leqslant \cdots, \lim_{s\to\infty} \mathrm{Re}\gamma_s = +\infty, \\ \forall s \ &\text{有}\ \delta_s \neq -1, \mathrm{Re}\gamma_0 \leqslant \mathrm{Re}\delta_1 \leqslant \mathrm{Re}\delta_2 \leqslant \cdots, \lim_{s\to\infty} \mathrm{Re}\delta_s = +\infty, \end{aligned} \tag{3.10.4}$$

其中 $\mathrm{Re}z$ 表示复数 $z$ 的实数部分.

例如,考虑下列情况

$$f(x) = [\log(x-a)]^i (x-a)^{-p} g_a(x) = [\log(b-x)]^j (b-x)^{-q} g_b(x),$$

其中 $p$ 和 $q$ 是正整数,$g_a \in C^\infty[a,b]$ 和 $g_b \in C^\infty[a,b]$. 若 $g_a(x)$ 和 $g_b(x)$ 分别关于 $x=a$ 和 $x=b$ 有 Taylor 展开式,那么 $\gamma_s$ 和 $\delta_s$ 分别有下面规律:

$$\begin{aligned} &-p, -p+1, \cdots, -3, -2, 0, 1, 2, \cdots, \\ &-q, -q+1, \cdots, -3, -2, 0, 1, 2, \cdots, \end{aligned}$$

## 3.10 弱、强、超混合型奇异积分的高精度算法

且
$$\hat{P}(y) = \frac{g_a^{(p-1)}(a)}{(p-1)!} y^i \text{ 和 } \hat{Q}(y) = (-1)^{q-1} \frac{g_b^{(q-1)}(b)}{(q-1)!} y^i.$$

(II) 若 $\hat{p} = \deg(\hat{P}), \hat{q} = \deg(\hat{Q})$, 对每一个 $s$ 有 $p_s = \deg(P_s), q_s = \deg(Q_s)$, 那么 $\gamma_s$ 和 $\delta_s$ 有下列规律

若 $\text{Re}\gamma_{s+1} = \text{Re}\gamma_s$ 有 $p_s \geqslant p_{s+1}$; 若 $\text{Re}\delta_{s+1} = \text{Re}\delta_s$ 有 $q_s \geqslant q_{s+1}$. (3.10.5)

(III) 由 (3.10.2), 对每一个 $r = 0, 1, \cdots$, 有

$$\begin{aligned}
&f(x) - [\hat{P}(\log(x-a))(x-a)^{-1} + \sum_{s=0}^{r-1} P_s(\log(x-a))(x-a)^{\gamma_s}] \\
&= O(P_r(\log(x-a))(x-a)^{\gamma_r}), \quad x \to a^+, \\
&f(x) - [\hat{Q}(\log(b-x))(b-x)^{-1} + \sum_{s=0}^{r-1} Q_s(\log(b-x))(b-x)^{\delta_s}] \\
&= O(Q_r(\log(b-x))(b-x)^{\delta_r}), \quad x \to b^-,
\end{aligned} \quad (3.10.6)$$

这与 (3.10.4) 和 (3.10.5) 一致. 当 $r = 0$ 时, 在 (3.10.6) 中的和项为 0.

(IV) 当 $k = 1, 2, \cdots$ 时, $f^{(k)}(x)$ 分别关于 $x \to a^+$ 和 $x \to b^-$ 也有渐近展开式, 这里只需要对 (3.10.2) 逐项求导数即可. 根据 (3.10.4) 有下面性质:

(1) 对无限的 $s$ 和 $s'$, 有 $\text{Re}\gamma_s < \text{Re}\gamma_{s+1}$ 和 $\text{Re}\delta_s < \text{Re}\delta_{s+1}$.

(2) 当 $x \to a^+$ 和 $x \to b^-$ 时, 序列 $\{(x-a)^{\gamma_s}\}_{s=0}^{\infty}$ 和 $\{(b-x)^{\delta_s}\}_{s=0}^{\infty}$ 有渐近表示, 且对每一个 $s = 0, 1, \cdots$, 有

$$\lim_{x \to a^+} \left| \frac{(x-a)^{\gamma_{s+1}}}{(x-a)^{\gamma_s}} \right| = \begin{cases} 1, & \text{Re}\gamma_{s+1} = \text{Re}\gamma_s, \\ 0, & \text{Re}\gamma_s < \text{Re}\gamma_{s+1}, \end{cases}$$

和

$$\lim_{x \to b^-} \left| \frac{(x-b)^{\delta_{s+1}}}{(x-b)^{\delta_s}} \right| = \begin{cases} 1, & \text{Re}\delta_{s+1} = \text{Re}\delta_s, \\ 0, & \text{Re}\delta_s < \text{Re}\delta_{s+1}. \end{cases}$$

(3) 若 $\hat{P}(y) \equiv 0, \hat{Q}(y) \equiv 0$ 和 $\text{Re}\gamma_0 > -1, \text{Re}\delta_0 > -1$, 那么 $\int_a^b f(x)dx$ 是正常积分, 否则在 Hadamard 有限部分意义下的积分.

$$\text{Re}\gamma_\mu > -1, \quad \text{Re}\delta_\nu > -1. \quad (3.10.7)$$

定义

$$\begin{aligned}
\phi_\mu(x) &:= f(x) - [\hat{P}(\log(x-a))(x-a)^{-1} + \sum_{s=0}^{\mu-1} P_s(\log(x-a))(x-a)^{\gamma_s}], \\
\varphi_\nu(x) &:= f(x) - [\hat{Q}(\log(b-x))(b-x)^{-1} + \sum_{s=0}^{\nu-1} Q_s(\log(b-x))(b-x)^{\delta_s}],
\end{aligned} \quad (3.10.8)$$

那么对任意 $t \in (a,b)$,

$$\int_a^b f(x)dx = \sum_{i=0}^{\hat{p}} \hat{c}_i \frac{[\log(t-a)]^{i+1}}{i+1} + \sum_{s=0}^{\mu-1}\sum_{i=0}^{p_s} c_{si} \frac{d^i}{d\gamma_s^i} \frac{(t-a)^{\gamma_s+1}}{\gamma_s+1}$$
$$+ \int_a^t \phi_\mu(x)dx + \sum_{i=0}^{\hat{q}} \hat{d}_i \frac{[\log(b-t)]^{i+1}}{i+1}$$
$$+ \sum_{s=0}^{\upsilon-1}\sum_{i=0}^{q_s} d_{si} \frac{d^i}{d\delta_s^i} \frac{(t-a)^{\delta_s+1}}{\delta_s+1} + \int_t^b \psi_\upsilon(x)dx. \qquad (3.10.9)$$

这里 $\int_a^t \phi_\mu(x)dx$ 和 $\int_t^b \psi_\upsilon(x)dx$ 是正常积分. 记

$$\tilde{T}_n[f:\theta] := h\sum_{i=0}^{n-1} f(a+ih+\theta h); \quad h = \frac{b-a}{n}, n=1,2,\cdots, \theta \in [0,1] \qquad (3.10.10)$$

为 (3.10.1) 的截断的近似梯形公式, 因为 $f \in C^\infty(a,b)$, 当 $\theta \in (0,1)$ 时, $\tilde{T}_n[f:\theta]$ 是确定的, 且 $\tilde{T}_n\left[f:\dfrac{1}{2}\right]$ 是 $(If)(x)$ 的中矩形公式. 我们也记

$$\check{T}_n[f] := h\sum_{i=1}^{n-1} f(a+ih), \quad T_n[f] := \check{T}_n[f] + \frac{h}{2}[f(a)+f(b)]. \qquad (3.10.11)$$

事实上, 当 $f \in C^\infty(a,b)$ 时, $\tilde{T}_n[f]$ 也是确定的, 若 $f \in C[a,b]$, $T_n[f]$ 就是普通的梯形公式.

为了给出 (3.10.1) 的求积公式, 首先介绍 Stieltjes 数 $\sigma_s(\theta)$

$$\sigma_s(\theta) := \lim_{N \to \infty}\left(\sum_{k=0}^{N-1}\frac{[\log(k+\theta)]^s}{k+\theta} - \frac{(\log N)^{s+1}}{s+1}\right), \quad s=0,1,\cdots, \qquad (3.10.12)$$

置 $\sigma_s = \sigma_s(1)$, 且

$$\sigma_s := \lim_{N\to\infty}\left(\sum_{k=1}^{N}\frac{(\log k)^s}{k} - \frac{(\log N)^{s+1}}{s+1}\right), \quad s=0,1,\cdots. \qquad (3.10.13)$$

和

$$\sigma_0(\theta) = -\psi(\theta), \quad \sigma_0 = C, \qquad (3.10.14)$$

其中 $\psi(z) = \dfrac{d}{dz}\log\Gamma(z)$ 是 Psi 函数, $C = 0.577\cdots$ 是 Euler 数.

**定理 3.10.1** 假设 $f(x)$ 满足 (3.10.2)~(3.10.6), 和 $D_\omega = \dfrac{d}{d\omega}$. 对任意的多项式 $W(y) = \sum_{i=0}^k e_i y^i$ 和关于 $\omega$ 充分可导的函数 $u(\omega)$ 记

$$W(D_\omega)u := \sum_{i=0}^k e_i[D_\omega^i u] = \sum_{i=0}^k e_i \frac{d^i u}{d\omega^i}.$$

那么有下列结果：

(1) 当 $0 < \theta < 1, h \to 0$ 时，$\tilde{T}_n[f:\theta]$ 有渐近展开式

$$\tilde{T}_n[f:\theta] \sim I[f] + \sum_{i=0}^{\hat{p}} \left[\sum_{k=i}^{\hat{p}} C_i^k \hat{c}_k \sigma_{k-i}(\theta)\right] (\log h)^i - \sum_{i=0}^{\hat{p}} \hat{c}_k \frac{(\log h)^{i+1}}{i+1}$$

$$+ \sum_{s=0}^{\infty} P_s(D_{\gamma_s})[\zeta(-\gamma_s,\theta)h^{\gamma_s+1}] + \sum_{s=0}^{\infty} Q_s(D_{\delta_s})[\zeta(-\delta_s,1-\theta)h^{\delta_s+1}]$$

$$+ \sum_{i=0}^{\hat{q}} \left[\sum_{k=i}^{\hat{q}} C_i^k \hat{d}_k \sigma_{k-i}(1-\theta)\right] (\log h)^i - \sum_{i=0}^{\hat{q}} \hat{d}_k \frac{(\log h)^{i+1}}{i+1}. \quad (3.10.15)$$

(2) 当 $h \to 0$ 时，$\check{T}_n[f]$ 有渐近展开式

$$\check{T}_n[f] \sim I[f] + \sum_{i=0}^{\hat{p}} \left[\sum_{k=i}^{\hat{p}} C_i^k \hat{c}_k \sigma_{k-i}(\theta)\right] (\log h)^i - \sum_{i=0}^{\hat{p}} \hat{c}_k \frac{(\log h)^{i+1}}{i+1}$$

$$+ \sum_{s=0}^{\infty} P_s(D_{\gamma_s})[\zeta(-\gamma_s)h^{\gamma_s+1}] + \sum_{s=0}^{\infty} Q_s(D_{\delta_s})[\zeta(-\delta_s)h^{\delta_s+1}]$$

$$+ \sum_{i=0}^{\hat{q}} \left[\sum_{k=i}^{\hat{q}} C_i^k \hat{d}_k \sigma_{k-i}\right] (\log h)^i - \sum_{i=0}^{\hat{q}} \hat{d}_k \frac{(\log h)^{i+1}}{i+1}, \quad (3.10.16)$$

这里

$$D_\omega^i[\zeta(-\omega,\theta)h^{\omega+1}] = h^{\omega+1} \sum_{j=0}^{i} (-1)^{i-j} C_i^j \zeta^{(i-j)}(-\omega,\theta)(\log h)^j,$$

和 $\zeta^{(k)}(z,\theta)$ 是函数 $\zeta(z,\theta)$ 关于变量 $z$ 的 $k$ 阶导数，又

$$P_s(D_{\gamma_s})[\zeta(-\gamma_s,\theta)h^{\gamma_s+1}] = h^{\gamma_s+1} \sum_{j=0}^{p_s} w_{sj}(\log h)^j,$$

其中

$$w_{sj} = \sum_{i=j}^{p_s} (-1)^{i-j} C_i^j c_{si} \zeta^{(i-j)}(-\gamma_s,\theta), \quad j = 0, 1, \cdots, p_s.$$

为了证明该定理，首先给出 $\sum_{j=0}^{N-1} [\log(j+\theta)]^s/(j+\theta)$ 的 Euler-Maclaurin 展开式。

**引理 3.10.1**[227]  设 $F(y) \in C^m[J,+\infty)$，其中 $J$ 是整数，$\theta \in [0,1]$ 是确定的值，那么对任意的整数 $N > J$，有

$$\sum_{j=J}^{N-1} F(j+\theta) = \int_J^N F(y)dy + \sum_{k=1}^{m} \frac{B_k(\theta)}{k!}[F^{(k-1)}(N) - F^{(k-1)}(J)] + R_m(N;\theta),$$

且
$$R_m(N;\theta) = -\int_J^N F^{(m)}(y)\frac{\bar{B}_m(\theta-y)}{m!}dy,$$

这里 $\bar{B}_m(x)$ 是周期为 1 的 Bernoulli 多项式, 且 $\bar{B}_m(x) = B_k(x-[x])$.

**定理 3.10.2** 设
$$F_s(y) = \frac{(\log y)^s}{y}, \quad s = 0, 1, 2, \cdots. \tag{3.10.17}$$

(1) 对 $0 < \theta \leqslant 1$ 和 $m > 0, N \to \infty$, 有

$$\sum_{j=0}^{N-1} F_s(j+\theta) = \sigma_s(\theta) + \int_1^N F_s(y)dy + \sum_{k=1}^m \frac{B_k(\theta)}{k!}F_s^{(k-1)}(N) + O(N^{-m}(\log N)^s). \tag{3.10.18}$$

(2) 对 $\theta = 1$ 和 $m > 0, N \to \infty$, 有

$$\sum_{j=0}^{N-1} F_s(j) + \frac{1}{2}F_s(N)$$
$$= \sigma_s + \int_1^N F_s(y)dy + \sum_{k=2}^m \frac{B_k(\theta)}{k!}F_s^{(k-1)}(N) + O(N^{-m}(\log N)^s). \tag{3.10.19}$$

(3) 对 $s = 0, 1, \cdots,$
$$\int_1^N F_s(y)dy = \frac{(\log N)^{s+1}}{s+1}. \tag{3.10.20}$$

**证明** 由引理 3.10.1 和 $F(y) = F_s(y), J = 1$ 知

$$\sum_{j=0}^{N-1} F_s(j+\theta)$$
$$= F_s(\theta) + \int_1^N F_s(y)dy + \sum_{k=1}^m \frac{B_k(\theta)}{k!}[F_s^{(k-1)}(N) - F_s^{(k-1)}(1)] + R_m(N;\theta), \tag{3.10.21}$$

其中

$$\sum_{j=0}^{N-1} F_s(j+\theta) = \sum_{j=0}^{N-1} \frac{[\log(j+\theta)]^s}{j+\theta}, \quad R_m(N;\theta) = -\int_1^N F_s^{(m)}(y)\frac{\bar{B}_m(\theta-y)}{m!}dy. \tag{3.10.22}$$

注意到
$$F_s^{(m)}(y) = \frac{1}{y^{m+1}}\sum_{k=0}^{\min\{m,s\}} \alpha_{smk}(\log y)^{s-k}, \tag{3.10.23}$$

## 3.10 弱、强、超混合型奇异积分的高精度算法

且对某些常数 $\alpha_{smk}$ 和对任意的 $x$, $|\bar{B}_m(x)|$ 是一致有界的,从而对任意 $m \geqslant 1$,有 $R_m(\infty;\theta) = \lim_{n\to\infty} R_m(N;\theta)$ 存在.根据 (3.10.22),所以有

$$\sum_{j=0}^{N-1} \frac{[\log(j+\theta)]^s}{j+\theta} = \frac{(\log N)^{s+1}}{s+1} + S'_m(\theta) + S''_m(N;\theta), \quad (3.10.24)$$

其中

$$S'_m(\theta) = F_s(\theta) - \sum_{k=1}^{m} \frac{B_k(\theta)}{k!} F_s^{(k-1)}(1) + R_m(\infty;\theta)$$

和

$$S''_m(N;\theta) = \sum_{k=1}^{m} \frac{B_k(\theta)}{k!} F_s^{(k-1)}(N) + \tilde{R}_m(N;\theta), \quad (3.10.25)$$

且

$$\tilde{R}_m(N;\theta) = \int_N^{\infty} F_s(y) \frac{\bar{B}_m(\theta-y)}{m!} dy.$$

从 (3.10.23) 得到

$$F_s^{(k-1)}(N) = O(N^{-k}(\log N)^s), \quad \tilde{R}_m(N;\theta) = O(N^{-m}(\log N)^s), \quad N \to \infty. \tag{3.10.26}$$

因此 $\lim_{N\to\infty} S''_m(N;\theta) = 0$. 利用 (3.10.12),有

$$S'_m(\theta) = \lim_{N\to\infty} \left[ \sum_{j=0}^{N-1} \frac{[\log(j+\theta)]^s}{j+\theta} - \frac{(\log N)^{s+1}}{s+1} \right] = \sigma_s(\theta), \quad (3.10.27)$$

这与 $m$ 无关. 把 (3.10.27) 和 (3.10.25) 代入 (3.10.24), 利用 (3.10.26), 从而获得 (3.10.15).

为了证明 (3.10.16), 在 (3.10.15) 中, 置 $\theta = 1$, 再根据, 当 $k \geqslant 2$ 时, 有 $B_k(1) = B_k$ 和 $B_1(1) = -B_1 = \frac{1}{2}$, 从而有 (3.10.16) 成立. 定理得证. □

接下来研究

$$\int_a^t [\log(x-a)]^i (x-a)^\omega dx \text{ 和 } \int_t^b [\log(b-x)]^i (b-x)^\omega dx, \quad a < t < b$$

类型的 Euler-Maclaurin 展开式.

对任意的 $\alpha, \beta$, 置

$$I^{(\alpha,\beta)}[g] = \int_\alpha^\beta g(x)dx. \tag{3.10.28}$$

定义两个整数 $r, \bar{r}$ 如下

$$r = \left[\frac{n}{2}\right], \quad \bar{r} = n - r = \left[\frac{n+1}{2}\right], \tag{3.10.29}$$

置

$$t = a + rh, \quad \bar{t} = a + \bar{r}h \Rightarrow b - t = \bar{t} - a. \tag{3.10.30}$$

显然 $r, \bar{r}, t, \bar{t}$ 是 $n$ 的函数且满足渐近式

$$r \sim \bar{r} \sim \frac{n}{2}, \quad t - a \sim b - t \sim \frac{b-a}{2}, \quad t \sim \bar{t} \sim \frac{a+b}{2}, \quad n \to \infty. \tag{3.10.31}$$

下面定义

$$\tilde{T}_r^{(a,t)}[g;\theta] = h\sum_{j=0}^{r-1} g(a+jh+\theta h), \quad \tilde{T}_{\bar{r}}^{(t,b)}[g;\theta] = h\sum_{j=r}^{n-1} g(a+jh+\theta h) \tag{3.10.32}$$

和

$$\mathring{T}_r^{(a,t)}[g] := h\sum_{j=1}^{r-1} g(a+jh) + \frac{h}{2}g(t), \quad \dot{T}_{\bar{r}}^{(t,b)}[g] := \frac{h}{2}g(t) + h\sum_{j=r+1}^{n-1} g(a+jh). \tag{3.10.33}$$

容易看出 $\tilde{T}_r^{(a,t)}[g;\theta]$ 和 $\tilde{T}_{\bar{r}}^{(t,b)}[g;\theta]$ 分别是 $I^{(a,t)}[g]$ 和 $\tilde{T}_{\bar{r}}^{(t,b)}[g]$ 的截断梯形公式,且

$$\tilde{T}_r^{(a,t)}[g;\theta] + \tilde{T}_{\bar{r}}^{(t,b)}[g;\theta] = \tilde{T}_n[g;\theta]. \tag{3.10.34}$$

同样有

$$\mathring{T}_r^{(a,t)}[g] + \dot{T}_{\bar{r}}^{(t,b)}[g] = \check{T}_n[g]. \tag{3.10.35}$$

又定义

$$\begin{aligned}
u_{\omega,i}(x) &:= [\log(x-a)]^i (x-a)^\omega, \quad \forall \omega \in \hat{C} \text{ (复数集)}, \\
v_{\omega,i}(x) &:= [\log(b-x)]^i (b-x)^\omega, \quad \forall \omega \in \hat{C} \text{ (复数集)}, \\
\hat{u}_i(x) &:= u_{-1,i}(x) = [\log(x-a)]^i (x-a)^{-1}, \\
\hat{v}_i(x) &:= v_{-1,i}(x) = [\log(b-x)]^i (b-x)^{-1}.
\end{aligned} \tag{3.10.36}$$

那么

$$\begin{aligned}
I^{(a,t)}[u_{\omega,i}(x)] &= \int_a^t u_{\omega,i}(x)dx = \frac{d^i}{d\omega^i}\frac{(t-a)^{\omega+1}}{\omega+1}, \text{ 且 } \omega \neq -1, \\
I^{(a,t)}[\hat{u}_i(x)] &= \int_a^t \hat{u}_i(x)dx = \frac{[\log(t-a)]^{i+1}}{i+1}
\end{aligned} \tag{3.10.37}$$

和

$$I^{(t,b)}[v_{\omega,i}(x)] = \int_t^b v_{\omega,i}(x)dx = \frac{d^i}{d\omega^i}\frac{(b-t)^{\omega+1}}{\omega+1}, \text{ 且 } \omega \neq -1,$$
$$I^{(t,b)}[\hat{v}_i(x)] = \int_t^b \hat{v}_i(x)dx = \frac{[\log(b-t)]^{i+1}}{i+1}.$$
(3.10.38)

当 $\omega \neq -1$ 时，根据

$$u_{\omega,i} = \frac{d^i}{d\omega^i}u_\omega, \quad v_{\omega,i} = \frac{d^i}{d\omega^i}v_\omega,$$

若 $\text{Re}\,\omega > -1$ 时，积分 $I^{(a,t)}[u_{\omega,i}]$ 和 $I^{(a,t)}[\hat{u}_i]$ 是正常积分，否则为超奇异积分，然而，积分 $I^{(a,t)}[\hat{u}_i]$ 和 $I^{(t,b)}[\hat{v}_i]$ 是超奇异积分. 由 (3.10.30), (3.10.37) 和 (3.10.38), 有

$$I^{(t,b)}[v_{\omega,i}] = I^{(a,\bar{t})}[u_{\omega,i}] \text{ 且 } \omega \neq -1, \quad I^{(t,b)}[\hat{v}_i] = I^{(a,\bar{t})}[\hat{u}_i]. \quad (3.10.39)$$

此外，由 (3.10.30), (3.10.32) 和 (3.10.33), 有

$$\tilde{T}_{\bar{r}}^{(t,b)}[v_{\omega,i};\theta] = \tilde{T}_{\bar{r}}^{(a,\bar{t})}[u_{\omega,i};1-\theta], \quad \tilde{T}_{\bar{r}}^{(t,b)}[\hat{v}_i;\theta] = \tilde{T}_{\bar{r}}^{(a,\bar{t})}[\hat{u}_i;1-\theta] \quad (3.10.40)$$

和

$$\dot{T}_{\bar{r}}^{(t,b)}[v_{\omega,i}] = \mathring{T}_{\bar{r}}^{(a,\bar{t})}[u_{\omega,i}], \quad \dot{T}_{\bar{r}}^{(t,b)}[\hat{v}_i] = \mathring{T}_{\bar{r}}^{(a,\bar{t})}[u_i]. \quad (3.10.41)$$

下面的定理给出 $\tilde{T}_r^{(a,t)}[u_{\omega,i};\theta]$, $\theta \in (0,1]$ 和 $\tilde{T}_{\bar{r}}^{(t,b)}[v_{\omega,i};\theta]$, $\theta \in [0,1)$ 的 Euler-Maclaurin 展开式，由此来证明定理 3.10.1.

**定理 3.10.3** 设 $D_\omega = \dfrac{d}{d\omega}$.

(1) 有 $\tilde{T}_r^{(a,t)}[u_{\omega,i};\theta], \theta \in (0,1]$ 和 $\tilde{T}_{\bar{r}}^{(t,b)}[v_{\omega,i};\theta], \theta \in [0,1)$ 的 Euler-Maclaurin 展开式：

(1-a) 对 $\omega \neq -1$ 和 $m > \text{Re}\,\omega + 1$, 当 $h \to 0$ 时，

$$\tilde{T}_r^{(a,t)}[u_{\omega,i};\theta] = I^{(a,t)}[u_{\omega,i}] + D_\omega^i\left[\zeta(-\omega,\theta)h^{\omega+1}\right]$$
$$+ \sum_{k=1}^m \frac{B_k(\theta)}{k!}u_{\omega,i}^{(k-1)}(t)h^k + O(h^m), \quad 0 < \theta \leqslant 1 \quad (3.10.42)$$

和

$$\tilde{T}_{\bar{r}}^{(t,b)}[v_{\omega,i};\theta] = I^{(t,b)}[v_{\omega,i}] + D_\omega^i[\zeta(-\omega,1-\theta)h^{\omega+1}]$$
$$- \sum_{k=1}^m \frac{B_k(\theta)}{k!}v_{\omega,i}^{(k-1)}(t)h^k + O(h^m), \quad 0 \leqslant \theta \leqslant 1. \quad (3.10.43)$$

(1-b) 当 $m > 0, h \to 0$ 时,

$$\tilde{T}_r^{(a,t)}[\hat{u}_i;\theta]$$
$$= I^{(a,t)}[\hat{u}_i] + \left[\sum_{s=0}^{i} C_i^s \sigma_s(\theta)(\log h)^{i-s} - \frac{(\log h)^{i+1}}{i+1}\right]$$
$$+ \sum_{k=1}^{m} \frac{B_k(\theta)}{k!} \hat{u}_i^{(k-1)}(t) h^k + O(h^m (\log h)^i), \quad 0 < \theta \leqslant 1 \quad (3.10.44)$$

和

$$\tilde{T}_{\bar{r}}^{(t,b)}[\hat{v}_i;\theta]$$
$$= I^{(t,b)}[\hat{v}_i] + \left[\sum_{s=0}^{i} C_i^s \sigma_s(1-\theta)(\log h)^{i-s} - \frac{(\log h)^{i+1}}{i+1}\right]$$
$$- \sum_{k=1}^{m} \frac{B_k(\theta)}{k!} \hat{v}_i^{(k-1)}(t) h^k + O(h^m (\log h)^i), \quad 0 \leqslant \theta < 1. \quad (3.10.45)$$

(2) 在 (3.10.42) 和 (3.10.44) 中, 置 $\theta = 1$, 在 (3.10.23) 和 (3.10.45) 中, 置 $\theta = 0$, 有下列 Euler-Maclaurin 展开式:

(2-a) 当 $\omega \neq -1, m > \text{Re}\,\omega + 1, h \to 0$ 时,

$$\mathring{T}_r^{(a,t)}[u_{\omega,i}] = I^{(a,t)}[u_{\omega,i}] + D_\omega^i[\zeta(-\omega)h^{\omega+1}] + \sum_{k=2}^{m} \frac{B_k}{k!} u_{\omega,i}^{(k-1)}(t) h^k + O(h^m) \quad (3.10.46)$$

和

$$\dot{T}_r^{(t,b)}[v_{\omega,i}] = I^{(t,b)}[v_{\omega,i}] + D_\omega^i[\zeta(-\omega)h^{\omega+1}] + \sum_{k=2}^{m} \frac{B_k}{k!} v_{\omega,i}^{(k-1)}(t) h^k + O(h^m). \quad (3.10.47)$$

(2-b) 当 $m > 0, h \to 0$ 时,

$$\mathring{T}_r^{(a,t)}[\hat{u}_i] = I^{(a,t)}[\hat{u}_i] + \left[\sum_{s=0}^{i} C_i^s \sigma_s (\log h)^{i-s} - \frac{(\log h)^{i+1}}{i+1}\right]$$
$$+ \sum_{k=2}^{m} \frac{B_k}{k!} \hat{u}_i^{(k-1)}(t) h^k + O(h^m (\log h)^i) \quad (3.10.48)$$

和

$$\dot{T}_r^{(t,b)}[\hat{v}_i] = I^{(t,b)}[\hat{v}_i] + \left[\sum_{s=0}^{i} C_i^s \sigma_s (\log h)^{i-s} - \frac{(\log h)^{i+1}}{i+1}\right]$$
$$- \sum_{k=2}^{m} \frac{B_k}{k!} \hat{v}_i^{(k-1)}(t) h^k + O(h^m (\log h)^i). \quad (3.10.49)$$

在 (3.10.46)~(3.10.49) 中, 因 $B_{2s+1}=0$, $s=1,2,\cdots$, 对 $k$ 求和, 实际上, 只有 $k$ 的偶数次幂项.

**证明** 关于 $u_{\omega,i}$ 和 $v_{\omega,i}$ 的结果, 根据 $u_{\omega,i}=\dfrac{d^i}{d\omega^i}u_\omega$, $v_{\omega,i}=\dfrac{d^i}{d\omega^i}v_\omega$ 和文献 [217] 可得到. 下面我们只需给出 (3.10.48) 和 (3.10.49) 的证明.

利用 $\log[(j+\theta)h]=\log(j+\theta)+\log h$, 我们有

$$\tilde{T}_r^{(a,t)}[\hat{u}_i;\theta]=\sum_{j=0}^{r-1}\frac{(\log[(j+\theta)h])^i}{j+\theta}=\sum_{s=0}^{i}C_i^s(\log h)^{i-s}\sum_{j=0}^{r-1}F_s(j+\theta), \qquad (3.10.50)$$

其中 $F_s(y)$ 由定理 3.10.2 确定. 根据 (3.10.18), 有

$$\begin{aligned}\tilde{T}_r^{(a,t)}[\hat{u}_i;\theta]=&\sum_{s=0}^{i}C_i^s\sigma_s(\theta)(\log h)^{i-s}+\int_1^r\sum_{s=0}^{i}C_i^s(\log h)^{i-s}F_s(y)dy\\ &+\sum_{k=1}^{m}\frac{B_k(\theta)}{k!}\sum_{s=0}^{i}C_i^s(\log h)^{i-s}F_s^{(k-1)}(r)\\ &+\sum_{s=0}^{i}C_i^s(\log h)^{i-s}O(r^{-m}(\log r)^i),\quad r\to\infty.\end{aligned} \qquad (3.10.51)$$

由 (3.10.17) 和 (3.10.20), 我们有

$$\sum_{s=0}^{i}C_i^s(\log h)^{i-s}F_s(y)=\frac{[\log(ht)]^i}{y}=hF_i(hy),$$

$$\sum_{s=0}^{i}C_i^s(\log h)^{i-s}F_s^{(k)}(y)=h\frac{d^k}{dt^k}F_i(hy)=h^{k+1}F_i^{(k)}(hy)$$

和

$$\int_1^r\sum_{s=0}^{i}C_i^s(\log h)^{i-s}F_s(y)dy=h\int_1^rF_i(hy)dy=\int_h^{rh}F_i(\tau)d\tau=I^{(a,t)}[\hat{u}_i]-\frac{[\log h]^{i+1}}{i+1},$$

又

$$F_i(x-a)=\hat{u}_i(x)\Rightarrow F_i^{(k)}(x-a)=\hat{u}_i^{(k)}(x)\Rightarrow F_i^{(k)}(rh)=F_i^{(k)}(t-a)=\hat{u}_i^{(k)}(x),$$

这里 $rh=t-a$. 注意到, 当 $n\to\infty$ 时, $r=\dfrac{t-a}{h}\sim\dfrac{b-a}{2h}$ 和

$$(\log h)^{i-s}r^{-m}(\log r)^s\sim Kh^m(\log h)^i,\quad h\to 0, |K|=\left[\frac{b-a}{2}\right]^{-m}>0.$$

这就完成了 (3.10.44) 的证明. 接下来证明 (3.10.45). 在 (3.10.44) 中用 $1-\theta$ 和 $\bar{t}$ 分别代替 $\theta$ 和 $r$, 由 (3.10.39) 和 (3.10.40) 有 $\tilde{T}_{\bar{r}}^{(t,b)}[\hat{v}_i;\theta] = \tilde{T}_{\bar{r}}^{(a,\bar{t})}[\hat{u}_i;1-\theta]$, $I^{(t,b)}[\hat{v}_i] = I^{(a,\bar{t})}[\hat{u}_i]$ 和 $B_k(1-\theta) = (-1)^k B_k(\theta)$, 从而有

$$\hat{u}_i^{(k)}(\bar{t}) = (-1)^k \hat{v}_i^{(k)}(t) \Rightarrow B_k(1-\theta)\hat{u}_i^{(k-1)}(\bar{t}) = -B_k(\theta)\hat{v}_i^{(k-1)}(t).$$

剩余的证明与 (3.10.19) 的证明相似. □

下面给出定理 3.10.1 的证明, 我们主要给出 (3.10.15) 的证明, 对 (3.10.16) 的证明可根据 (3.10.15) 的证明得到. 先给出下面的 Euler-Maclaurin 展开式.

**定理 3.10.4** 设 $g \in C^m[\alpha,\beta]$, 且 $[\alpha,\beta]$ 是有限区间, 定义 $I(g) = \int_\alpha^\beta g(x)dx$, 又 $h = \dfrac{\beta-\alpha}{n}$, $N = 1, 2, \cdots$ 和

$$\tilde{T}_N[g;\theta] = h\sum_{j=0}^{N-1} g(\alpha+jh+\theta h), \quad T_N[g] = h\sum_{j=0}^{N-1} g(\alpha+jh) + \frac{h}{2}[g(\alpha)+g(\beta)].$$

(1) 对 $\theta \in [0,1]$, 有

$$\tilde{T}_N[g;\theta] = I[g] + \sum_{k=1}^m \frac{B_k(\theta)}{k!}[g^{(k-1)}(\beta) - g^{(k-1)}(\alpha)]h^k + U_m(h;\theta),$$

这里

$$U_m(h;\theta) = -h^m\int_\alpha^\beta g^{(m)}(x) \frac{\bar{B}\left(\theta - N\dfrac{x-\alpha}{\beta-\alpha}\right)}{m!} dx = O(h^m), \quad h \to 0,$$

$\bar{B}(x)$ 是周期为 1 的 Bernoulli 周期函数.

(2) 当 $\theta = 1$ 时, 有

$$T_N[g] = I[g] + \sum_{k=2,\text{且}k\text{为偶数}}^m \frac{B_k(\theta)}{k!}[g^{(k-1)}(\beta) - g^{(k-1)}(\alpha)]h^k + O(h^m), \quad h \to 0.$$

对任意大于或等于 0 的整数 $\mu$ 和 $v$, $u_{\omega,i}(x)$ 和 $v_{\omega,i}(x)$ 是由 (3.10.36) 定义的, $f(x)$ 的分解式为

$$f(x) = \sum_{i=0}^p \hat{c}_i \hat{u}_i(x) + \sum_{s=0}^{\mu-1}\sum_{i=0}^{p_s} c_{si} u_{\gamma_s,i}(x) + \phi_\mu(x),$$

$$f(x) = \sum_{i=0}^{\hat{p}} \hat{d}_i \hat{v}_i(x) + \sum_{s=0}^{v-1}\sum_{i=0}^{q_s} d_{si} v_{\delta_s,i}(x) + \varphi_v(x). \tag{3.10.52}$$

注意 $\phi_\mu(x)$ 和 $\varphi_\mu(x)$ 是由 (3.10.8) 定义的, 而 $\phi_\mu(x) \in C^\infty(a,b)$ 和 $\varphi_v(x) \in C^\infty(a,b)$, 且有渐近展开式

$$\phi_\mu(x) \sim \sum_{s=\mu}^{\infty} \sum_{i=0}^{p_s} c_{si} u_{\gamma_s,i}(x), \quad x \to a^+$$

$$\varphi_v(x) \sim \sum_{s=v}^{\infty} \sum_{i=0}^{q_s} d_{si} v_{\delta_s,i}(x), \quad x \to b^-,$$

这里假设 $f^{(k)}(x)$ 是无限次可微的. 于是

$$\begin{aligned} \phi_\mu^{(k)}(x) &= O((x-a)^{\gamma_\mu - k}[\log(x-a)]^{p_\mu}), \quad x \to a^+, k = 0,1,2,\cdots, \\ \varphi_v^{(k)}(x) &= O((b-x)^{\delta_v - k}[\log(b-x)]^{q_v}), \quad x \to b^-, k = 0,1,2,\cdots. \end{aligned} \quad (3.10.53)$$

设 $m$ 是任意正整数, $\mu$ 和 $v$ 是使得

$$\gamma_\mu > m, \quad \delta_v > m$$

成立的最小的整数. 因为 $\lim_{s\to\infty} \mathrm{Re}\gamma_\mu = +\infty$ 和 $\lim_{s\to\infty} \mathrm{Re}\delta_v = +\infty$, 从而 $\mu$ 和 $v$ 存在且唯一. 那么由 (3.10.52) 和 (3.10.53), 对任意 $t \in (a,b)$, 有

$$\begin{aligned} \phi_\mu(x) &\in C^m[a,t]; \quad \phi_\mu^{(k)}(a) = 0, \quad k = 0.1,\cdots,m-1, \\ \varphi_v(x) &\in C^m[t,b]; \quad \phi_\mu^{(k)}(b) = 0, \quad k = 0.1,\cdots,m-1. \end{aligned} \quad (3.10.54)$$

我们现在分解积分

$$I[f] = \int_a^b f(x)dx = I^{(a,t)}[f] + I^{(t,b)}[f], \quad (3.10.55)$$

其中

$$I^{(a,t)}[f] := \int_a^t f(x)dx, \quad I^{(t,b)}[f] := \int_t^b f(x)dx. \quad (3.10.56)$$

利用梯形公式 $\tilde{T}_n[f;\theta]$, 有

$$\tilde{T}_n[f;\theta] = \tilde{T}_r^{(a,t)}[f;\theta] + \tilde{T}_{\bar{r}}^{(t,b)}[f;\theta], \quad (3.10.57)$$

这里

$$\tilde{T}_r^{(a,t)}[f;\theta] := h\sum_{i=0}^{r-1} f(a+ih+\theta h), \quad \tilde{T}_{\bar{r}}^{(t,b)}[f;\theta] := h\sum_{i=r}^{n-1} f(a+ih+\theta h). \quad (3.10.58)$$

接下来我们给出 $\tilde{T}_r^{(a,t)}[f;\theta]$ 和 $\tilde{T}_{\bar{r}}^{(t,b)}[f;\theta]$ 的 Euler-Maclaurin 展开式.

根据 (3.10.52), 有

$$\tilde{T}_r^{(a,t)}[f;\theta] = \sum_{i=0}^{\hat{p}} \hat{c}_i \tilde{T}_r^{(a,t)}[\hat{u}_i;\theta] + \sum_{s=0}^{\mu-1} \sum_{i=0}^{p_s} c_{si} \tilde{T}_r^{(a,t)}[u_{\gamma_s,i};\theta] + \tilde{T}_r^{(a,t)}[\phi_\mu;\theta]. \quad (3.10.59)$$

由定理 3.10.3 中 (1-a) 和 (1-b) 的 $\hat{u}_i$ 和 $u_{\gamma_s,i}$，以及定理 3.10.4 中 (1) 中的 $\phi_\mu$，设

$$\hat{G}_i(\log h) = \sum_{s=0}^{i} C_i^s \sigma_s(\theta)(\log h)^{i-s} - \frac{(\log h)^{i+1}}{i+1}, \qquad (3.10.60)$$

于是 (3.10.59) 为

$$\begin{aligned}
&\tilde{T}_r^{(a,t)}[f;\theta] \\
&= \sum_{i=0}^{\hat{p}} \hat{c}_i \left\{ I^{(a,t)}[\hat{u}_i] + \hat{G}_i(\log h) + \sum_{k=1}^{m} \frac{B_k(\theta)}{k!} \hat{u}_i^{(k-1)}(t) + O(h^m (\log h)^i) \right\} \\
&+ \sum_{s=0}^{\mu-1} \sum_{i=0}^{p_s} c_{si} \left\{ I^{(a,t)}[u_{\gamma_s,i}] + D_{\gamma_s}^i[\zeta(-\gamma_s,\theta)h^{\gamma_s+1}] + \sum_{k=1}^{m} \frac{B_k(\theta)}{k!} u_{\gamma_s,i}^{(k-1)}(t) h^k + O(h^m) \right\} \\
&+ \left\{ I^{(a,t)}[\phi_\mu] + \sum_{k=1}^{m} \frac{B_k(\theta)}{k!} [\phi_\mu^{(k-1)}(t) - \phi_\mu^{(k-1)}(a)] h^k + O(h^m) \right\}, \quad h \to 0. \quad (3.10.61)
\end{aligned}$$

由 (3.10.54) 知，有 $\phi_\mu^{(k-1)}(a) = 0$, $k=1,\cdots,m$, 从而 (3.10.56) 为

$$\begin{aligned}
\tilde{T}_r^{(a,t)}[f;\theta] = &I^{(a,t)} \left[ \sum_{i=0}^{\hat{p}} \hat{c}_i \hat{u}_i + \sum_{s=0}^{\mu-1} \sum_{i=0}^{p_s} c_{si} u_{\gamma_s,i} + \phi_\mu \right] + \sum_{i=0}^{\hat{p}} \hat{c}_i \hat{G}_i(\log h) \\
&+ \sum_{k=1}^{m} \frac{B_k(\theta)}{k!} \left[ \sum_{i=0}^{\hat{p}} \hat{c}_i \hat{u}_i^{(k-1)}(t) + \sum_{s=0}^{\mu-1} \sum_{i=0}^{p_s} c_{si} u_{\gamma_s,i}^{(k-1)}(t) + \phi_\mu^{(k-1)}(t) \right] h^k \\
&+ \sum_{s=0}^{\mu-1} \sum_{i=0}^{p_s} c_{si} D_{\gamma_s}^i [\zeta(-\gamma_s,\theta)h^{\gamma_s+1}] + O(h^m (\log h)^{\hat{p}}), \quad h \to 0. \quad (3.10.62)
\end{aligned}$$

根据 (3.10.52)，我们得到

$$\begin{aligned}
\tilde{T}_r^{(a,t)}[f;\theta] = &I^{(a,t)}[f] + \sum_{i=0}^{\hat{p}} \hat{c}_i \hat{G}_i(\log h) + \sum_{s=0}^{\mu-1} \sum_{i=0}^{p_s} c_{si} D_{\gamma_s}^i [\zeta(-\gamma_s,\theta)h^{\gamma_s+1}] \\
&+ \sum_{k=1}^{m} \frac{B_k(\theta)}{k!} f^{(k-1)}(t) h^k + O(h^m (\log h)^{\hat{p}}), \quad h \to 0. \quad (3.10.63)
\end{aligned}$$

这就得到了 $\tilde{T}_r^{(a,t)}[f;\theta]$ 的 Euler-Maclaurin 展开式.

接下来推导 $\tilde{T}_{\bar{r}}^{(t,b)}[f;\theta]$ 的 Euler-Maclaurin 展开式. 设

$$\hat{H}_i(\log h) = \sum_{s=0}^{i} C_i^s \sigma_s(1-\theta)(\log h)^{i-s} - \frac{(\log h)^{i+1}}{i+1}, \qquad (3.10.64)$$

类似于 (3.10.63) 的推导, 有

$$\tilde{T}_{\bar{r}}^{(t,b)}[f;\theta] = I^{(t,b)}[f] + \sum_{i=0}^{\hat{q}} \hat{d}_i \hat{H}_i(\log h) + \sum_{s=0}^{v-1}\sum_{i=0}^{q_s} d_{si} D_{\delta_s}^i [\zeta(-\delta_s, 1-\theta) h^{\delta_s+1}]$$
$$- \sum_{k=1}^{m} \frac{B_k(\theta)}{k!} f^{(k-1)}(t) h^k + O(h^m (\log h)^{\hat{q}}), \quad h \to 0. \qquad (3.10.65)$$

把 (3.10.63) 和 (3.10.65) 代入 (3.10.57), 利用 (3.10.55), 我们有

$$\tilde{T}_n[f;\theta] = I[f] + \sum_{i=0}^{\hat{p}} \hat{c}_i \hat{G}_i(\log h) + \sum_{s=0}^{\mu-1}\sum_{i=0}^{p_s} c_{si} D_{\gamma_s}^i [\zeta(-\gamma_s, \theta) h^{\gamma_s+1}]$$
$$+ \sum_{i=0}^{\hat{q}} \hat{d}_i \hat{H}_i(\log h) + \sum_{s=0}^{v-1}\sum_{i=0}^{q_s} d_{si} D_{\delta_s}^i [\zeta(-\delta_s, 1-\theta) h^{\delta_s+1}]$$
$$+ O(h^m (\log h)^L), \quad h \to 0, L = \max\{\hat{p}, \hat{q}\}. \qquad (3.10.66)$$

注意在 (3.10.66) 中, 没有 $x = t$ 的任何信息, 其原因是在 (3.10.63) 和 (3.10.65) 中求和涉及 $B_k(\theta)$ 的项, 正好它们正负相消. 此外, 由 (3.10.60) 和 (3.10.64), 有

$$\sum_{i=0}^{\hat{p}} \hat{c}_i \hat{G}_i(\log h) = \sum_{i=0}^{\hat{p}} \left[\sum_{r=i}^{\hat{p}} C_i^r \hat{c}_r \sigma_{r-i}(\theta)\right] (\log h)^i - \sum_{i=0}^{\hat{p}} i \hat{c}_r \frac{(\log h)^{i+1}}{i+1},$$
$$\sum_{i=0}^{\hat{q}} \hat{d}_i \hat{H}_i(\log h) = \sum_{i=0}^{\hat{q}} \left[\sum_{r=i}^{\hat{q}} C_i^r \hat{d}_r \sigma_{r-i}(1-\theta)\right] (\log h)^i - \sum_{i=0}^{\hat{q}} \hat{d}_i \frac{(\log h)^{i+1}}{i+1} \qquad (3.10.67)$$

和

$$\sum_{i=0}^{p_s} c_{si} D_{\gamma_s}^i [\zeta(-\gamma_s, \theta) h^{\gamma_s+1}] = P_s(D_{\gamma_s})[\zeta(-\gamma_s, \theta) h^{\gamma_s+1}],$$
$$\sum_{i=0}^{q_s} d_{si} D_{\delta_s}^i [\zeta(-\delta_s, 1-\theta) h^{\delta_s+1}] = Q_s(D_{\delta_s})[\zeta(-\delta_s, 1-\theta) h^{\delta_s+1}]. \qquad (3.10.68)$$

于是, 我们得到 $\tilde{T}_n[f;\theta]$ 的 Euler-Maclaurin 展开式.

下面讨论 $\check{T}_n[f]$ 的 Euler-Maclaurin 展开式. (3.10.16) 的证明是类似的, 分离 $\check{T}_n[f]$ 如下

$$\check{T}_n[f] = \mathring{T}_r^{(a,t)}[f] + \dot{T}_{\bar{r}}^{(t,b)}[f],$$

并推导 $\mathring{T}_r^{(a,t)}[f]$ 和 $\dot{T}_{\bar{r}}^{(t,b)}[f]$ 的 Euler-Maclaurin 展开式. 利用定理 3.10.3 的 (2-a) 和 (2-b), 和定理 3.10.4 的 $\hat{u}_i$ 和 $u_{\gamma_s,i}$ 及 $\phi_\mu, \psi_v$, 注意到 $T_r^{(a,t)}[\phi_\mu]$ 和 $T_{\bar{r}}^{(t,b)}[\psi_v]$ 分别是

积分 $I^{(a,t)}[\phi_\mu]$ 和 $I^{(t,b)}[\psi_\upsilon]$ 的梯形公式，且满足

$$\check{T}_r^{(a,t)}[\phi_\mu] = \mathring{T}_r^{(a,t)}[\phi_\mu], \quad T_{\tilde{r}}^{(t,b)}[\psi_\upsilon] = \dot{T}_{\tilde{r}}^{(t,b)}[\psi_\upsilon],$$

这是因为在 (3.10.54) 中有 $\phi_\mu(a) = 0$, $\psi_\upsilon(b) = 0$. 根据 $\tilde{T}_n[f;\theta]$ 的推导，容易获得 $\check{T}_n[f]$ 的 Euler-Maclaurin 展开式 (3.10.16).

### 3.10.2 含参的任意阶混合乘积型奇异积分的 Euler-Maclaurin 展开式

本段讨论积分

$$I[f] = \int_a^b f(x)dx = \int_a^b g(x)|x-t|^\beta dx, \text{ 且 } \beta \leqslant -1, \quad a < t < b \tag{3.10.69a}$$

的 Euler-Maclaurin 展开式，其中 $g(x)$ 具有下列性质：$g \in C^\infty(a,b)$ 且 $g(x)$ 有下列渐近展开式

$$g(x) \sim \sum_{s=0}^\infty c_s(x-a)^{\gamma_s}, \text{当}\, x \to a^+ \text{和} g(x) \sim \sum_{s=0}^\infty d_s(b-x)^{\delta_s}, \text{当}\, x \to b^-, \tag{3.10.69b}$$

这里 $c_s$ 和 $d_s$ 是确定的常数，而 $\gamma_s$ 和 $\delta_s$ 是确定的实数或复数，且有下列顺序

$$\begin{aligned} &\forall s \text{ 有 } \gamma_s \neq -1, \text{Re}\gamma_0 \leqslant \text{Re}\gamma_1 \leqslant \text{Re}\gamma_2 \leqslant \cdots, \lim_{s\to\infty} \text{Re}\gamma_s = +\infty, \\ &\forall s \text{ 有 } \delta_s \neq -1, \text{Re}\gamma_0 \leqslant \text{Re}\delta_1 \leqslant \text{Re}\delta_2 \leqslant \cdots, \lim_{s\to\infty} \text{Re}\delta_s = +\infty, \end{aligned} \tag{3.10.69c}$$

其中 $\text{Re}z$ 表示复数 $z$ 的实数部分.

根据引理 3.10.1 的结果，容易得到下面引理.

**引理 3.10.2** 设 $u \in C^\infty(a,b)$, 且 $u(x)$ 有渐近展开式

$$\begin{aligned} u(x) &\sim K(x-a)^{-1} + \sum_{s=0}^\infty c_s(x-a)^{\gamma'_s}, \quad x \to a^+, \\ u(x) &\sim L(b-x)^{-1} + \sum_{s=0}^\infty d_s(b-x)^{\delta'_s}, \quad x \to b^-, \end{aligned} \tag{3.10.70}$$

其中 $\gamma'_s$ 和 $\delta'_s$ 是确定的复数且满足

$$\begin{aligned} &\forall s \text{ 有 } \gamma'_s \neq -1, \text{Re}\gamma'_0 \leqslant \text{Re}\gamma'_1 \leqslant \text{Re}\gamma'_2 \leqslant \cdots, \lim_{s\to\infty} \text{Re}\gamma'_s = +\infty, \\ &\forall s \text{ 有 } \delta'_s \neq -1, \text{Re}\gamma'_0 \leqslant \text{Re}\delta'_1 \leqslant \text{Re}\delta'_2 \leqslant \cdots, \lim_{s\to\infty} \text{Re}\delta'_s = +\infty. \end{aligned} \tag{3.10.71}$$

进一步假设对每一个正整数 $k$, 当 $x \to a^+$ 和 $x \to b^-$ 时, $u^{(k)}(x)$ 有渐近展开式. 置 $h = (b-a)/n$, $n = 1, 2, \cdots$, 那么, 当 $h \to 0$ 时, 有

$$h\sum_{j=1}^{n-1} u(a+jh) \sim \int_a^b u(x)dx + K(C - \log h) + \sum_{s=0,\gamma'_s\notin\{2,4,6,\cdots\}}^\infty c_s\zeta(-\gamma'_s)h^{\gamma'_s+1}$$

$$+ L(C - \log h) + \sum_{s=0,\delta'_s\notin\{2,4,6,\cdots\}}^\infty d_s\zeta(-\delta'_s)h^{\delta'_s+1}, \tag{3.10.72}$$

其中 $C = 0.577\cdots$ 是 Euler 常数，$\zeta(z)$ 是 Riemann Zeta 函数.

在该引理中应该注意到，当 $x \to a^+$ 和 $x \to b^-$ 时，在 $u(x)$ 的渐近展开式中，如果有 $(x-a)$ 和 $(b-x)$ 的正偶次幂，当 $h \to 0$ 时，它们对 $h\sum_{j=1}^{n-1}u(a+jh)$ 的渐近展开式没有任何贡献，其原因在于 $\zeta(-2k) = 0$, $k=1,2,\cdots$. 现在利用引理 3.10.2 来得到积分 (3.10.69a) 的 Euler-Maclaurin 展开式.

**定理 3.10.5** 设 $g(x)$ 满足 (3.10.69b) 和 (3.10.69c) 的条件，$h=(b-a)/n$, $n=1,2,\cdots$, $x_j = a+jh$, $j=0,1,\cdots,n$, 且 $t\in\{a+jh\}$, $j=1,\cdots,n-1$. 定义

$$T_n^*[f] = h \sum_{j=1,x_j\neq t}^{n-1} f(x_j) \tag{3.10.73a}$$

和

$$\begin{aligned}C_{si}(t;\beta) &= (-1)^i C_\beta^i c_s (t-a)^{\beta-i}, \quad s,i=0,1,\cdots,\\ D_{si}(t;\beta) &= (-1)^i C_\beta^i d_s (b-t)^{\beta-i}, \quad s,i=0,1,\cdots.\end{aligned} \tag{3.10.73b}$$

那么有下列结果：

(1) 当 $\beta \neq -1,-2,\cdots$ 时，有

$$\begin{aligned}T_n^*[f] \sim &I[f] + \sum_{s=0}^\infty \sum_{i=0,\,\gamma_s+i\notin\{2,4,6,\cdots\}}^\infty C_{si}(t;\beta)\zeta(-\gamma_s-i)h^{\gamma_s+i+1}\\ &+ 2\sum_{i=0}^\infty \frac{g^{(2i)}(t)}{(2i)!}\zeta(-\beta-2i)h^{\beta+2i+1}\\ &+ \sum_{s=0}^\infty \sum_{i=0,\,\delta_s+i\notin\{2,4,6,\cdots\}}^\infty D_{si}(t;\beta)\zeta(-\delta_s-i)h^{\delta_s+i+1},\quad h\to 0. \end{aligned} \tag{3.10.74}$$

(2) 当 $\beta=-m, m=1,2,\cdots$ 时，有

$$\begin{aligned}T_n^*[f] \sim &I[f] + \sum_{s=0,\,i=0}^\infty \sum_{\gamma_s+i\notin\{2,4,6,\cdots\}}^\infty C_{si}(t;-m)\zeta(-\gamma_s-i)h^{\gamma_s+i+1}\\ &+ \sum_{s=0,\,i=0}^\infty \sum_{\delta_s+i\notin\{2,4,6,\cdots\}}^\infty D_{si}(t;-m)\zeta(-\delta_s-i)h^{\delta_s+i+1}\\ &+ 2\sum_{i=0,2,i\neq m-1}^\infty \frac{g^{(2i)}(t)}{(2i)!}\zeta(m-2i)h^{-m+2i+1}\\ &+ [1-(-1)^m]\frac{g^{(m-1)}(t)}{(m-1)!}(C-\log h),\quad h\to 0. \end{aligned} \tag{3.10.75}$$

**证明** 由假设条件 $g\in C^\infty(a,b)$, 有 $f\in C^\infty(a,t)$ 和 $f\in C^\infty(t,b)$, 从而有 $f(x)$

在当 $x \to a^-$, $x \to b^+$ 及 $x \to t^\pm$ 时的展开式,

$$f(x) \sim \sum_{i=0}^\infty \frac{g^{(i)}(t)}{i!}(x-t)^{\beta+i}, \quad x \to t^+,$$

$$f(x) \sim \sum_{i=0}^\infty (-1)^i \frac{g^{(i)}(t)}{i!}(t-x)^{\beta+i}, \quad x \to t^-,$$

根据 (3.10.69b), 有

$$f(x) \sim \sum_{s=0}^\infty \sum_{i=0}^\infty C_{si}(t;\beta)(x-a)^{\gamma_s+i}, \quad x \to a^+,$$

$$f(x) \sim \sum_{s=0}^\infty \sum_{i=0}^\infty D_{si}(t;\beta)(b-x)^{\delta_s+i}, \quad x \to b^-,$$

利用

$$\int_a^b f(x)dx = \int_a^t f(x)dx + \int_t^b f(x)dx,$$

和

$$h\sum_{j\geqslant 1, x_j<t} f(x_j), \quad h\sum_{j\leqslant n-1, x_j>t} f(x_j),$$

利用引理 3.10.2, 得到 (3.10.74) 和 (3.10.75) 的证明. □

注意以下几点: (1) 若 $g \in C^\infty[a,b]$, $f(x)$ 在当 $x \to a^+$, $x \to b^-$, $a<t<b$ 时有无限次可微, 那么 $f(x)$ 在当 $x \to a^+$, $x \to b^-$ 时, 有 Taylor 级数展开, 即

$$f(x) \sim \sum_{s=0}^\infty \frac{f^{(s)}(a)}{s!}(x-a)^s, \quad x \to a^+,$$

$$f(x) \sim \sum_{s=0}^\infty (-1)^s \frac{f^{(s)}(t)}{s!}(b-x)^s, \quad x \to b^-,$$

利用 Bernoulli 数的性质, 那么 (3.10.74) 和 (3.10.75) 的前两项和变为

$$-\frac{h}{2}[f(a)+f(b)] + \sum_{i=1}^\infty \frac{B_{2i}}{(2i)!}[f^{(2i-1)}(b) - f^{(2i-1)}(a)]h^{2i}.$$

(2) 若 $g(x) = (x-a)^\gamma v_a(x) = (b-x)v_b(x)$, 且 $v_a \in C^\infty[a,b)$ 和 $v_b \in C^\infty(a,b]$, 我们有

$$\gamma_s = \gamma + s, \quad \delta_s = \delta + s, \quad s = 0, 1, \cdots,$$

那么 (3.10.74) 和 (3.10.75) 的前两项和变为

$$\sum_{s=0, \gamma+s \notin \{2,4,6,\cdots\}}^\infty A_s(t;\beta)\zeta(-\gamma-s)h^{\gamma+i+1} + \sum_{s=0,\delta+s \notin \{2,4,6,\cdots\}}^\infty B_s(t;\beta)\zeta(-\gamma-s)h^{\delta+i+1},$$

其中

$$A_s(t;\beta) = \sum_{i=0}^{s} C_{i,s-i}(t;\beta), \quad B_s(t;\beta) = \sum_{i=0}^{s} D_{i,s-i}(t;\beta), \quad s = 0, 1, \cdots.$$

(3) 从 (3.10.75) 可知, $T_n^*[f]$ 的渐近展开式与 $\beta = -m, m = 1, 2, \cdots$ 的奇偶有关.

(I) 当 $m$ 为偶数时, 设 $m = 2r, r = 1, 2, \cdots$, 该项 $(C - \log h)$ 消失, 这是根据 $\zeta(-2k) = 0, k = 1, 2, \cdots$, 且当 $i > r$ 时, 有 $\zeta(2r - 2i)$ 的项消失, 结果有

$$\begin{aligned}T_n^*[f] \sim & I[f] + \sum_{s=0}^{\infty} \sum_{i=0, \gamma_s+i \notin \{2,4,6,\cdots\}}^{\infty} C_{si}(t;-2r)\zeta(-\gamma_s - i)h^{\gamma_s+i+1} \\ & + 2\sum_{i=0}^{r} \frac{g^{(2i)}(t)}{(2i)!}\zeta(2r - 2i)h^{-2r+2i+1} \\ & + \sum_{s=0}^{\infty} \sum_{i=0, \delta_s+i \notin \{2,4,6,\cdots\}}^{\infty} D_{si}(t;-2r)\zeta(-\delta_s - i)h^{\delta_s+i+1}, \quad h \to 0. \end{aligned} \quad (3.10.76)$$

(II) 当 $m$ 为奇数时, 设 $m = 2r + 1, r = 0, 1, 2, \cdots$, 那么

$$\begin{aligned}T_n^*[f] \sim & I[f] + \sum_{s=0}^{\infty} \sum_{i=0, \gamma_s+i \notin \{2,4,6,\cdots\}}^{\infty} C_{si}(t;-2r-1)\zeta(-\gamma_s - i)h^{\gamma_s+i+1} \\ & + \sum_{s=0}^{\infty} \sum_{i=0, \delta_s+i \notin \{2,4,6,\cdots\}}^{\infty} D_{si}(t;-2r-1)\zeta(-\delta_s - i)h^{\delta_s+i+1} \\ & + 2\sum_{i=0, i \neq r}^{\infty} \frac{g^{(2i)}(t)}{(2i)!}\zeta(2r + 1 - 2i)h^{-2r+2i} \\ & + 2\frac{g^{(2r)}(t)}{(2r)!}(C - \log h), \quad h \to 0. \end{aligned} \quad (3.10.77)$$

### 3.10.3 含参的二阶混合乘积型奇异积分的 Euler-Maclaurin 展开式

1. 当 $\beta = -2, g \in C^{\infty}[a,b]$ 的情形

当 $\beta = -2$ 和 $g \in C^{\infty}[a,b]$ 时, 根据 (3.10.76) 有

$$\begin{aligned}T_n^*[f] \sim & I[f] + 2\zeta(2)g(t)h^{-1} + \zeta(0)g''(t)h - \frac{h}{2}[f(a) + f(b)] \\ & + \sum_{i=1}^{\infty} \frac{B_{2i}}{(2i)!}[f^{(2i-1)}(b) - f^{(2i-1)}(a)]h^{2i}, \quad h \to 0. \end{aligned} \quad (3.10.78)$$

应用 $\zeta(0) = -1/2$, $\zeta(2) = \pi^2/6$, 定义

$$Q_n[f] = \left(T_n^*[f] + \frac{h}{2}[f(a) + f(b)]\right) - \frac{\pi^2}{3}g(t)h^{-1}$$

$$= h\left[\frac{1}{2}f(a) + \sum_{j=1, x_j \neq t}^{n-1} f(x_j) + \frac{1}{2}f(b)\right] - \frac{\pi^2}{3}g(t)h^{-1}. \qquad (3.10.79)$$

于是，有

$$Q_n[f] \sim I[f] - \frac{1}{2}g''(t)h + \sum_{i=1}^{\infty} \frac{B_{2i}}{(2i)!}[f^{(2i-1)}(b) - f^{(2i-1)}(a)]h^{2i}, \quad h \to 0. \qquad (3.10.80)$$

在公式 (3.10.80) 中的含有 $g''(t)$ 项，若直接使用求积公式 (3.10.79) 计算，精度只有 $O(h)$ 阶，为了提高精度，有以下处理方法.

方法一：若 $g(x)$ 是已知函数，$g''(t)$ 也是已知的，那么定义

$$\bar{Q}_n[f] = Q_n[f] + \frac{1}{2}g''(t)h, \qquad (3.10.81)$$

对 $I[f]$ 当求积公式 $\bar{Q}_n[f]$ 的误差展开式是关于 $h$ 的偶次幂，即

$$\bar{Q}_n[f] \sim I[f] + \sum_{i=1}^{\infty} \frac{B_{2i}}{(2i)!}[f^{(2i-1)}(b) - f^{(2i-1)}(a)]h^{2i}, \quad 当\ h \to 0, \qquad (3.10.82)$$

利用 Richardson 外推，可得到高精度算法.

方法二：若 $g(x)$ 是未知函数，$g''(t)$ 也是未知的.

(I) 直接利用 Richardson 外推，消去该项 $\frac{1}{2}g''(t)h$，得到新的求积公式，

$$Q_n^{(1)}[f] = 2Q_{n/2}[f] - Q_n[f] \qquad (3.10.83)$$

和误差渐近展开式

$$Q_n^{(1)}[f] \sim I[f] + \sum_{i=1}^{\infty} \frac{B_{2i}}{(2i)!}[2^{1-2i} - 1][f^{(2i-1)}(b) - f^{(2i-1)}(a)]h^{2i}, \quad h \to 0. \qquad (3.10.84)$$

公式 (3.10.83) 的精度是 $O(h^2)$ 阶，利用 Richardson 外推，可达到更高精度算法.

(II) 利用中心差分近似 $g''(t)$，即

$$g''(t) \approx \frac{g(t+h) - 2g(t) + g(t-h)}{h^2},$$

用它来代替公式 (3.10.82) 中的 $g''(t)$，于是得到求积公式

$$\bar{Q}_n'[f] = \bar{Q}_n[f] + \frac{g(t+h) - 2g(t) + g(t-h)}{2h}. \qquad (3.10.85)$$

因 $t \in \{x_0, x_1, \cdots, x_n\}$, 从而 $t+h, t-h$ 也属于该集合, 利用 Taylor 公式有

$$\frac{g(t+h) - 2g(t) + g(t-h)}{h^2} \sim g''(t) + 2\sum_{i=2}^{\infty} \frac{g^{(2i)}(t)}{(2i)!} h^{2i-2}, \quad h \to 0.$$

根据 (3.10.82), 有

$$\bar{Q}'_n[f] \sim I[f] + \sum_{i=1}^{\infty} w_i(t) h^{i+1}, \quad h \to 0, \tag{3.10.86}$$

其中

$$w_{2i}(t) = 2\frac{g^{(2i+2)}(t)}{(2i+)!}, \quad w_{2i-1}(t) = \frac{B_{2i}}{(2i)!}[f^{(2i-1)}(b) - f^{(2i-1)}(a)], \quad i = 1, 2, \cdots. \tag{3.10.87}$$

**2. 当 $\beta = -2$, $f(x)$ 是周期函数的情形**

设 $g \in C^{\infty}[a,b]$, 这就意味 $f \in C^{\infty}[a,b]\backslash\{t\}$, 且假设 $f(x)$ 是关于 $x \in \Re_t$ 周期为 $T$ 的周期函数, $f \in C^{\infty}(\Re_t)$, 其中

$$T = b - a, \quad \Re_t = \Re\backslash\{t+kT\}_{k=-\infty}^{\infty}, \quad \Re = (-\infty, \infty). \tag{3.10.88}$$

于是积分

$$I[f] = \int_{a'}^{a'+T} f(x)dx, \quad a' \text{ 是任意数}$$

的相应的梯形公式和中矩形公式为

$$\begin{aligned}\bar{Q}_n[f] &= h\sum_{j=1}^{n-1} f(t+jh) - \frac{\pi^2}{3}g(t)h^{-1} + \frac{1}{2}g''(t)h, \\ \hat{Q}_n[f] &= h\sum_{j=1}^{n} f(t+jh-h/2) - \pi^2 g(t)h^{-1}.\end{aligned} \tag{3.10.89}$$

根据周期函数的特点, 有 $f^{(i)}(a) = f^{(i)}(b), i = 0, 1, \cdots$, 从而有相应的误差展开式

$$\frac{B_{2i}}{(2i)!}[f^{(2i-1)}(b) - f^{(2i-1)}(a)]h^{2i}, \quad \sum_{i=1}^{\infty} \frac{B_{2i}}{(2i)!}[2^{1-2i}-1][f^{(2i-1)}(b) - f^{(2i-1)}(a)]h^{2i}, \quad h \to 0.$$

**定理 3.10.6** 若 $f(x)$ 满足前面的假设条件, 根据 (3.10.89), 那么

$$\bar{Q}_n[f] - I[f] = O(h^{\mu}), \quad \hat{Q}_n[f] - I[f] = O(h^{\mu}), \quad h \to 0, \forall \mu > 0. \tag{3.10.90}$$

置

$$f(x) = \frac{u(x)}{\sin^2 \frac{\pi(x-t)}{T}}. \tag{3.10.91}$$

因为 $f(x) \in C^\infty(\Re_t)$ 是周期为 $T$ 的周期函数, 这就意味着 $u(x) \in C^\infty(\Re)$ 也是周期函数, 且

$$g(x) = \frac{(x-t)^2 u(x)}{\sin^2 \dfrac{\pi(x-t)}{T}},$$

根据 $g(t) = \lim_{x \to t} g(x)$, 有 $g(t) = \dfrac{T^2}{\pi^2} u(t)$, 从而有

$$\hat{Q}_n[f] = h \sum_{j=1}^n f(t+jh-h/2) - T^2 u(t) h^{-1} \tag{3.10.92}$$

和

$$\hat{Q}_n[f] = h \sum_{j=1}^n \frac{u(t+jh-h/2) - u(t)}{\sin^2[(2j-1)\pi/(2n)]}. \tag{3.10.93}$$

下面继续研究公式 $\hat{Q}_n[f]$ 的特征.

当 $u(x)$ 是次数小于或等于 $n-1$ 的三角多项式且周期为 $T = b-a$ 时, 梯形公式

$$T_n[u] = h\left[\frac{1}{2} u(a) + \sum_{j=1}^{n-1} u(a+jh) + \frac{1}{2} u(b)\right], \quad h = \frac{b-a}{n}, n \in N,$$

对积分

$$T_n[u] = \int_a^b u(x) dx, \text{且} u(x) = \sum_{m=-(n-1)}^{n-1} c_m e^{2m\pi x i/T}$$

是精确的. 有趣的是, 若 $f(x)$ 是周期函数, 求积公式 $\hat{Q}_n[f]$ 也有类似的性质.

**定理 3.10.7** 若

$$f_m(x) = \frac{e^{2m\pi x i/T}}{\sin^2 \dfrac{\pi(x-t)}{T}}, \quad m\text{为整数}, \tag{3.10.94}$$

那么 (I) 积分 $I[f_m] = \displaystyle\int_a^b f_m(x)dx, T = b-a$, 满足

$$I[f_m] = -2T|m|e^{2m\pi t i/T}, \quad m = 0, \pm 1, \pm 2, \cdots; \tag{3.10.95}$$

(II) 求积公式 $\hat{Q}_n[f]$ 满足

$$\hat{Q}_n[f_m] = I[f_m] = -2T|m|e^{2m\pi t i/T}, \quad m = 0, \pm 1, \pm 2, \cdots, \pm n, \tag{3.10.96}$$

且对任意的 $m$, 有

$$\hat{Q}_n[f_m] = T[(-1)^k(n-2r) - n]e^{2m\pi t i/T}, \tag{3.10.97}$$

## 3.10 弱、强、超混合型奇异积分的高精度算法

这里 $k$ 和 $r$ 是整数，$k \geqslant 0$ 和 $0 \leqslant r \leqslant n-1$，且满足 $|m| = kn + r$，在此情况下有

$$\hat{Q}_n[f_m] - I[f_m] = T\{[(-1)^k - 1](n - 2r) + 2kn\}e^{2m\pi t\mathrm{i}/T}; \tag{3.10.98}$$

(III) 若 $f(x)$ 具有下列形式

$$f(x) = \frac{u(x)}{\sin^2 \dfrac{\pi(x-t)}{T}}, \quad u(x) = \sum_{m=-(n-1)}^{n-1} c_m e^{2m\pi x\mathrm{i}/T}, \quad T = b - a, \tag{3.10.99}$$

则

$$\hat{Q}_n[f] = I[f]. \tag{3.10.100}$$

**证明** 首先证明第一部分. 计算

$$I[f_m] = e^{\mathrm{i}2m\pi t/T}\left[\int_a^b \frac{e^{\mathrm{i}2m\pi(x-t)/T}}{\sin^2 \dfrac{\pi(x-t)}{T}} dx\right], \quad m = 0, 1, \cdots,$$

置 $y = 2\pi(x-t)/T$，有

$$I[f_m] = \frac{T}{2\pi} L_m e^{\mathrm{i}2m\pi t/T}, \quad L_m = \int_{-\pi}^{\pi} \frac{e^{\mathrm{i}my}}{\sin^2 \dfrac{y}{2}} dy,$$

且

$$L_m = \int_{-\pi}^{\pi} \frac{\cos(my)}{\sin^2 \dfrac{y}{2}} dy + \mathrm{i} \int_{-\pi}^{\pi} \frac{\sin(my)}{\sin^2 \dfrac{y}{2}} dy = \int_{-\pi}^{\pi} \frac{\cos(my)}{\sin^2 \dfrac{y}{2}} dy = L_{-m}.$$

由

$$\cos[(m+1)y] + \cos[(m-1)y] = 2\cos y \cos(my) = 2\left[1 - 2\sin^2\left(\frac{y}{2}\right)\right]\cos(my),$$

得到

$$\frac{\cos[(m+1)y]}{\sin^2 \dfrac{y}{2}} - 2\frac{\cos(my)}{\sin^2 \dfrac{y}{2}} + \frac{\cos[(m-1)y)]}{\sin^2 \dfrac{y}{2}} = -4\cos(my),$$

从而有

$$L_{m+1} - 2L_m + L_{m-1} = -4\int_{-\pi}^{\pi} \cos(my) dy.$$

当 $m = 0$ 时，有

$$L_{-1} = L_1, \quad 2L_1 - 2L_0 = -8\pi, \quad L_1 = L_0 - 4\pi,$$

当 $m \geqslant 1$ 时，有

$$\int_{-\pi}^{\pi} \cos(my) dy = 0, \quad L_{m+1} - 2L_m + L_{m-1} = 0, \quad m = 1, 2, \cdots.$$

于是可设 $L_m = Am + B$，由

$$\int_a^b \frac{g(x)dx}{(x-t)^2} = \lim_{\varepsilon \to 0} \left[ \int_a^{t-\varepsilon} \frac{g(x)dx}{(x-t)^2} + \int_{t+\varepsilon}^b \frac{g(x)dx}{(x-t)^2} - \frac{2g(t)}{\varepsilon} \right], \quad a < t < b$$

得到

$$L_0 = \int_{-\pi}^{\pi} \csc^2(y/2) dy = \lim_{\varepsilon \to 0}[4\cot(\varepsilon/2) - 8/\varepsilon] = 0, \quad L_1 = L_0 - 4\pi = -4\pi.$$

所以 $A = -4\pi, B = 0$，

$$L_m = -4\pi|m|, \quad m = 0, \pm 1, \pm 2, \cdots,$$

代入上式，于是 (3.10.95) 得证.

接下来证明第二部分，由

$$\hat{Q}_n[f_m] = \frac{T}{n}(W_{m,n} - n^2)e^{2m\pi x\mathrm{i}}/T, \quad W_{m,n} = \sum_{j=1}^n \frac{e^{my_j\mathrm{i}}}{\sin^2(y_j/2)}, \quad y_j = (2j-1)\pi/T.$$

因为

$$W_{m,n} = \sum_{j=1}^n \frac{\cos(my_j)}{\sin^2(y_j/2)} + \mathrm{i}\sum_{j=1}^n \frac{\sin(my_j)}{\sin^2(y_j/2)} \text{ 和 } \frac{\sin(my_{n-j+1})}{\sin^2(y_{n-j+1}/2)} = \frac{-\sin(my_j)}{\sin^2(y_j/2)},$$

所以

$$\sum_{j=1}^n \frac{\sin(my_j)}{\sin^2(y_j/2)} = 0, \quad W_{m,n} = \sum_{j=1}^n \frac{\cos(my_j)}{\sin^2(y_j/2)},$$

$$\cos[(kn+r)y_j] = \cos[k(2j-1)\pi + ry_j] = (-1)^k \cos(ry_j), \quad j = 1, \cdots, n,$$

从而有 $W_{-m,n} = W_{m,n}$，即 $W_{-m,n} = W_{kn+r,n} = (-1)^k W_{r,n}$. 当 $0 \leqslant m \leqslant n-1$ 时，对每一个 $m$ 有 $|W_{m,n}| \leqslant \max_{0 \leqslant i \leqslant n-1} |W_{i,n}|$. 因此

$$W_{m+1,n} - 2W_{m,n} + W_{m-1,n} = -4\sum_{j=1}^n \cos(my_j) = -4\left[\mathrm{Re}\sum_{j=1}^n e^{my_j\mathrm{i}}\right].$$

令 $m=0$, 有 $W_{-1,0}=W_{1,0}$ 和 $2W_{1,n}-2W_{0,n}=-4n$, 从而有 $W_{1,n}=W_{0,n}-2n$. 现在考虑 $1\leqslant m\leqslant n-1$ 的情形, 因

$$\sum_{j=1}^n e^{my_j\mathrm{i}} = e^{m\pi/n\mathrm{i}}\sum_{j=1}^n (e^{2\pi m/n\mathrm{i}})^j = e^{m\pi/n\mathrm{i}}\frac{1-(e^{m\pi/n\mathrm{i}})^n}{1-e^{m\pi/n\mathrm{i}}}=0,$$

当 $1\leqslant m\leqslant n-1$ 时, 有 $0<2m\pi/n<2\pi$, $\sum_{j=1}^n\cos(my_j)=0$, 所以

$$W_{m+1,n}-2W_{m,n}+W_{m-1,n}=0,\quad m=1,\cdots,n-1.$$

现在来计算 $W_{0,n}$, 置 $W_{m,n}=Am+B$, $\theta_j=y_j/2$, $\xi_j=\cos\theta_j$, $j=1,\cdots,n$, 有

$$W_{0,n}=\sum_{j=1}^n\frac{1}{\sin^2\theta_j}=\sum_{j=1}^n\frac{1}{1-\xi_j^2}=\frac{1}{2}\left[\sum_{j=1}^n\frac{1}{1-\xi_j}+\sum_{j=1}^n\frac{1}{1+\xi_j}\right]$$

和 $\xi_{n-j+1}=-\xi_j$, $j=1,\cdots,n$,

$$\sum_{j=1}^n\frac{1}{1-\xi_j}=\sum_{j=1}^n\frac{1}{1+\xi_j},\quad W_{0,n}=\sum_{j=1}^n\frac{1}{1-\xi_j}.$$

又因为 $\xi_j$ 是 $T_n(\xi)$ 的零点 ($T_n(\xi)$ 是 Chebyshev 多项式), 由

$$\frac{T_n'(\xi)}{T_n(\xi)}=\sum_{j=1}^n\frac{1}{\xi-\xi_j},$$

置 $\xi=1$, 用 $T_n(1)=1$, $T_n'(1)=n^2$, 有

$$W_{0,n}=\sum_{j=1}^n\frac{1}{1-\xi_j}=\frac{T_n'(1)}{T_n(1)}=n^2,$$

从而 $W_{1,n}=W_{0,n}-2n=n^2-2n$. 故获得 $A=-2n$. $B=n^2$,

$$W_{m,n}=n^2-2mn,\quad m=0,1\cdots,n$$

和

$$W_{m,n}=n^2-2|m|n,\quad m=0,\pm1\cdots,\pm n.$$

这就得到第二部分的证明.

第三部分的证明, 根据

$$\hat{Q}_n[f]-I[f]=\sum_{m=-n}^n c_n(\hat{Q}_n[f_m]-I[f_m])$$

和第二部分, 直接得到. □

**定理 3.10.8** 若

$$f(x) = \frac{u(x)}{\sin^2 \frac{\pi(x-t)}{T}}, \quad a < t < b, T = b - a, \tag{3.10.101}$$

其中 $f(x)$ 也可能不是周期函数, 那么

$$I[f] = \int_a^b f(x)dx = \int_a^b \frac{u(x) - u(t)}{\sin^2 \frac{\pi(x-t)}{T}} dx, \tag{3.10.102}$$

且该积分是 Cauchy 主值积分.

**证明** 因为

$$I[f] = \int_a^b \frac{u(x) - u(t)}{\sin^2 \frac{\pi(x-t)}{T}} dx + u(t) \int_a^b \frac{dx}{\sin^2 \frac{\pi(x-t)}{T}},$$

利用 (3.10.95), 当 $m = 0$ 时, 我们得到

$$\int_a^b \frac{dx}{\sin^2 \frac{\pi(x-t)}{T}} = I[f_0] = 0.$$

于是 (3.10.102) 成立. 又因为

$$\frac{u(x) - u(t)}{\sin^2 \frac{\pi(x-t)}{T}} \sim \left(\frac{T}{\pi}\right)^2 \frac{u'(t)}{x-t}, \quad x \to t,$$

这就证明了该定理. □

**定理 3.10.9** 在定理 3.10.8 的假设条件下, 设 $h = T/n, t \in \{a+jh\}_{j=1}^{n-1}$, 那么

$$\hat{Q}_n[f] = h \sum_{j=1}^n \frac{u(a+jh-h/2) - u(t)}{\sin^2 \frac{\pi(a+jh-h/2-t)}{T}}. \tag{3.10.103}$$

若 $f(x)$ 是周期为 $T$ 的周期函数, 那么

$$\hat{Q}_n[f] = h \sum_{j=1}^n \frac{u(t+jh-h/2) - u(t)}{\sin^2 \frac{\pi(2j-1)}{2n}}. \tag{3.10.104}$$

**证明** 由 (3.10.92), 有

$$\hat{Q}_n[f] = h \sum_{j=1}^n \frac{u(a+jh-h/2)}{\sin^2 \frac{\pi(a+jh-h/2-t)}{T}} - T^2 u(t) h^{-1},$$

从而
$$\hat{Q}_n[f] = h\sum_{j=1}^{n} \frac{u(a+jh-h/2) - u(t)}{\sin^2 \dfrac{\pi(a+jh-h/2-t)}{T}} + K_n u(t), \qquad (3.10.105)$$

$$K_n = h\sum_{j=1}^{n} \frac{1}{\sin^2 \dfrac{\pi(a+jh-h/2-t)}{T}} - T^2 h^{-1}.$$

由定理 3.10.8, $K_n = \hat{Q}_n[f_0] = I[f_0] = 0$, 再代入 (3.10.105), 获得 (3.10.103). 根据 $f(x)$ 是周期函数, 利用 (3.10.103), 获得 (3.10.104) 的证明. □

**定理 3.10.10** 在定理 3.10.8 的假设条件下, 设

$$u(x) = \sum_{-\infty}^{\infty} c_m e^{2m\pi ti/T}, \quad c_m = \frac{1}{T}\int_a^b e^{-2m\pi ti/T} u(x) dx, \qquad (3.10.106)$$

那么

$$\hat{Q}_n[f] - I[f] = T\sum_{m=n+1}^{\infty} \{[(-1)^k - 1](n-2r) + 2kn\}[c_m e^{2m\pi ti/T} + c_{-m} e^{-2m\pi ti/T}] \qquad (3.10.107)$$

且

$$|\hat{Q}_n[f] - I[f]| \leqslant 2T\sum_{m=n+1}^{\infty} (m+n)(|c_m| + |c_{-m}|), \qquad (3.10.108)$$

这里 $k$ 和 $r$ 由定理 3.10.7 所给.

3. 若 $\beta = -2$, $f(x)$ 是周期的解析函数的误差估计

**定理 3.10.11** 设 $G(z)$ 是周期为 $T$ 的周期函数, 且在带形区域 $|\operatorname{Im} z| \leqslant \sigma$ ($\sigma$ 是一确定的正数) 解析, 在 $t+kT, k = 0, \pm 1, \pm 2, \cdots$ 点有一阶极点, $I[G] = \int_a^b G(x)dx$, $T = b-a$, $h = (b-a)/n$, 且

$$\tilde{Q}_n[G] = h\sum_{j=1}^{n} G(t+jh-h/2),$$

那么

$$|\tilde{Q}_n[G] - I[G]| \leqslant 2TM(\sigma')\frac{\exp(-2\pi n\sigma'/T)}{1 - \exp(-2\pi n\sigma'/T)}, \quad \forall \sigma' < \sigma,$$

其中

$$M(\tau) = \max\{\max_{x\in\Re}|G_e(x+\tau i)|, \max_{x\in\Re}|G_e(x-\tau i)|\}$$

这里 $G_e(\xi) = \dfrac{1}{2}[G(t+\xi) + G(t-\xi)]$.

值得注意的是 $G_e(z)$ 在整个带形区域 $|\operatorname{Im} z| \leqslant \sigma$ 内解析.

**定理 3.10.12** 设 $T = b - a$, $f(z)$ 是周期为 $T$ 的周期函数,且在带形区域 $|\operatorname{Im} z| \leqslant \sigma$ ($\sigma$ 是一确定的正数) 内解析,在 $t + kT$, $k = 0, \pm 1, \pm 2, \cdots$ 点有二阶极点,即 $f(z) = u(x)/\sin^2 \dfrac{\pi(x-t)}{T}$. 定义

$$G(z) = \dfrac{u(z) - u(t)}{\sin^2 \dfrac{\pi(x-t)}{T}} \ \text{和} \ G_e(\xi) = \dfrac{1}{2}[G(t+\xi) + G(t-\xi)],$$

那么

$$|\hat{Q}_n[f] - I[f]| \leqslant 2TM(\sigma') \dfrac{\exp(-2\pi n\sigma'/T)}{1 - \exp(-2\pi n\sigma'/T)}, \quad \forall \sigma' < \sigma, \tag{3.10.109}$$

其中

$$M(\tau) = \max\{\max_{x \in \Re} |G_e(x + \tau\mathrm{i})|, \max_{x \in \Re} |G_e(x - \tau\mathrm{i})|\}.$$

**证明** 因为 $f(z)$ 是周期为 $T$,在带形区域 $|\operatorname{Im} z| \leqslant \sigma$ 内的亚纯周期函数,且在 $t + kT$, $k = 0, \pm 1, \pm 2, \cdots$ 点有二阶极点. 从而 $u(z)$ 在带形区域 $|\operatorname{Im} z| \leqslant \sigma$ ($\sigma$ 是一确定的正数) 解析周期函数且周期为 $T$, $G(z)$ 是周期为 $T$,在带形区域 $|\operatorname{Im} z| \leqslant \sigma$ 内的亚纯周期函数,且在 $t + kT$, $k = 0, \pm 1, \pm 2, \cdots$ 点有一阶极点. 由定理 3.10.8,有 $I[f] = I[G]$. 又由定理 3.10.9 中的 (3.10.104) 得到

$$\hat{Q}_n[f] = \tilde{Q}_n[G] = h \sum_{j=1}^{n} G(t + jh - h/2),$$

从而有 $\hat{Q}_n[f] - I[f] = \tilde{Q}_n[G] - I[G]$. 由定理 3.10.11 得到该定理的证明. □

### 3.10.4 含参的混合乘积型奇数阶奇异积分的 Euler-Maclaurin 展开式

本段研究积分

$$I[f] = \int_a^b f(x)dx, f(x) = g(x)(x-t)^\beta, \quad \beta = -1, -3, -5, \cdots \tag{3.10.110}$$

的 Euler-Maclaurin 展开式,其中 $g(x)$ 满足 (3.10.69b) 和 (3.10.69c) 的条件. 仿照定理 3.10.5 的证明方法得到下面定理.

**定理 3.10.13** 假设 $g(x)$ 满足 (3.10.69b) 和 (3.10.69c) 的条件,$f(x)$ 由 (3.10.110) 定义,$\beta = -(2r+1)$, $r = 0, 1, 2, \cdots$. 设 $h = (b-a)/n$, $t \in \{a + jh\}_{j=1}^{n-1}$, $x_j = a + jh$, $j = 0, 1, \cdots, n$. 定义

$$T_n^*[f] = h \sum_{j=1, x_j \neq t}^{n-1} f(x_j) \tag{3.10.111}$$

和
$$C_{si}(t;\beta) = (-1)^i C_\beta^i c_s (t-a)^{\beta-i}, \quad s,i = 0,1,2,\cdots,$$
$$D_{si}(t;\beta) = (-1)^i C_\beta^i d_s (b-t)^{\beta-i}, \quad s,i = 0,1,2,\cdots, \tag{3.10.112}$$

那么

$$T_n^*[f] \sim I[f] + \sum_{s=0}^{\infty} \sum_{\substack{i=0 \\ \gamma_s+i \notin \{2,4,6,\cdots\}}}^{\infty} C_{si}(t;\beta)\zeta(-\gamma_s - i)h^{\gamma_s+i+1}$$
$$+ 2\sum_{i=0}^{r} \frac{g^{(2i+1)}(t)}{(2i+1)!}\zeta(2r-2i)h^{-2r+2i+1}$$
$$+ \sum_{s=0}^{\infty} \sum_{\substack{i=0 \\ \delta_s+i \notin \{2,4,6,\cdots\}}}^{\infty} D_{si}(t;\beta)\zeta(-\delta_s - i)h^{\delta_s+i+1}, \quad h \to 0. \tag{3.10.113}$$

**证明** 由 $I[f] = \int_a^t f(x)dx + \int_t^b f(x)dx$, 根据定理 3.10.5 的证明, 并注意到积分 $\int_a^t f(x)dx$ 和 $\int_t^b f(x)dx$ 是在 Hadamard 有限部分意义下, 相应的 Euler-Maclaurin 展开式有 $C - \log h$ 项, 其原因是在奇异点 $x = t$ 处对展开式有贡献, 然后两个展开式求其和, 得到 (3.10.113). □

若 $g \in C^\infty[a,b]$, 那么 (3.10.113) 变成

$$Q_n[f] \sim I[f] + 2\sum_{i=0}^{r} \frac{g^{(2i+1)}(t)}{(2i+1)!}\zeta(2r-2i)h^{-2r+2i+1}$$
$$+ \sum_{i=1}^{\infty} \frac{B_{2i}}{(2i)!}[f^{(2i-1)}(b) - f^{(2i-1)}(a)]h^{2i}, \tag{3.10.114}$$

当 $h \to 0$ 时, 其中

$$Q_n[f] = T_n^*[f] + \frac{h}{2}[f(a) + f(b)] = h\left[\frac{1}{2}f(a) + \sum_{j=1, x_j \neq t}^{n-1} f(x_j) + \frac{1}{2}f(b)\right]. \tag{3.10.115}$$

若 $\beta = -1$, 则由 $\zeta(0) = -1/2$, 得到

$$Q_n[f] \sim I[f] - g'(t)h + \sum_{i=1}^{\infty} \frac{B_{2i}}{(2i)!}[f^{(2i-1)}(b) - f^{(2i-1)}(a)]h^{2i}, \quad h \to 0. \tag{3.10.116}$$

若 $\beta = -3$, 则由 $\zeta(2) = \pi^2/6$, 得到

$$Q_n[f] \sim I[f] + \frac{\pi^2}{3}g'(t)h^{-1} - \frac{1}{6}g'''(t)h$$
$$+ \sum_{i=1}^{\infty} \frac{B_{2i}}{(2i)!}[f^{(2i-1)}(b) - f^{(2i-1)}(a)]h^{2i}, \quad h \to 0. \tag{3.10.117}$$

特别地, 当 $\beta = -1$ 时, 积分 (3.10.110) 是 Cauchy 主值积分, 在 (3.10.116) 中的求积公式 $Q_n[f]$ 仅是 $O(h)$ 阶精度, 需要构造新的公式

$$Q'_n[f] = Q_n[f] + g'(t)h = h\left[\frac{1}{2}f(a) + \sum_{j=1, x_j \neq t}^{n-1} f(x_j) + \frac{1}{2}f(b)\right] + g'(t)h,$$

它的精度是 $O(h^2)$ 阶, 然而, 该公式含有 $g'(t)$ 的项, 在解积分方程时很难确定 $g'(t)$, 需要消去此项, 重新构造新的公式

$$\tilde{Q}_n[f] = 2Q_{2n}[f] - Q_n[f] = h\sum_{j=1}^{n} f(a + jh - h/2), \qquad (3.10.118)$$

且

$$\tilde{Q}_n[f] \sim I[f] + \sum_{i=1}^{\infty} \frac{B_{2i}}{(2i)!}(2^{1-2i} - 1)[f^{(2i-1)}(b) - f^{(2i-1)}(a)]h^{2i}, \quad h \to 0.$$

**注 3.10.1** 本节没有直接给出带对数混合奇异的积分的求积公式, 如果有这种混合奇异积分, 可直接利用上述公式得到. 如要获得积分

$$I[f] = \int_a^b f(x)dx = \int_a^b g(x)|x-t|^\beta \log|x-t|dx, \quad \beta \leqslant -1, a < t < b$$

的求积公式, 只需对

$$I[f] = \int_a^b f(x)dx = \int_a^b g(x)|x-t|^\beta dx, 且 \beta \leqslant -1, a < t < b$$

的求积公式的两边关于 $\beta$ 求导可得.

### 3.10.5 算例

**算例 3.10.1** 考虑超奇异积分 [217]

$$I[f] = \int_{-\pi}^{\pi} f(x)dx, \quad f(x) = \frac{u(x)}{\sin^2 \dfrac{\pi(x-t)}{T}}, \qquad (3.10.119)$$

其中

$$u(x) = \sum_{m=0}^{\infty} \eta^m \cos mx = \frac{1 - \eta \cos x}{1 - 2\eta \cos x + \eta^2}, \quad |\eta| < 1 \text{ 且 } \eta \text{ 是实数},$$

即

$$u(x) = \text{Re} \sum_{m=0}^{\infty} \eta^m e^{imx} = \text{Re}\frac{1}{1 - \eta e^{ix}}.$$

利用公式 (3.10.105) 计算在 $t = 1$ 的值，置 $E_n(\eta = c) = |\hat{Q}_n[f] - I[f]|$，误差列在表 3.10.1 中。

表 3.10.1 利用求积公式 $\hat{Q}_n[f]$ 计算在 $t = 1$ 处的误差

| $n$ | $E_n(\eta=0.1)$ | $E_n(\eta=0.2)$ | $E_n(\eta=0.3)$ | $E_n(\eta=0.4)$ | $E_n(\eta=0.5)$ |
|---|---|---|---|---|---|
| 10 | $5.04D-11$ | $2.30D-07$ | $3.23D-05$ | $1.05D-03$ | $1.50D-02$ |
| 20 | $1.91D-20$ | $5.21D-14$ | $3.15D-10$ | $1.49D-07$ | $1.69D-05$ |
| 30 | $2.68D-30$ | $6.54D-21$ | $2.00D-15$ | $1.47D-11$ | $1.33D-08$ |
| 40 | $4.54D-32$ | $5.78D-28$ | $8.80D-21$ | $9.43D-16$ | $5.76D-12$ |
| 50 | $5.07D-32$ | $1.33D-32$ | $1.76D-26$ | $4.40D-21$ | $3.27D-15$ |
| 60 | $4.79D-32$ | $1.14D-32$ | $1.68D-31$ | $9.60D-24$ | $1.09D-17$ |
| 70 | $1.04D-31$ | $3.42D-32$ | $7.48D-33$ | $1.74D-27$ | $1.47D-20$ |
| 80 | $9.23D-32$ | $4.98D-32$ | $6.92D-32$ | $2.78D-31$ | $1.37D-23$ |
| 90 | $1.36D-31$ | $2.70D-33$ | $1.06D-31$ | $6.34D-32$ | $8.44D-27$ |
| 100 | $1.61D-31$ | $1.66D-32$ | $3.10D-32$ | $3.49D-32$ | $7.53D-31$ |

由 (3.10.95) 知，有

$$I[f] = -4\pi \sum_{m=0}^{\infty} m\eta^m \cos mt = -4\pi\eta \frac{\partial}{\partial \eta} u(t)$$
$$= -4\pi\eta \frac{(1+\eta^2)\cos t - 2\eta}{(1-2\eta\cos t + \eta^2)^2}. \tag{3.10.120}$$

根据 $u(x)$ 得到，函数 $f(z)$ 在带形区域 $|\text{Im}\, z| \leqslant \sigma = \log \eta^{-1}$ 内为亚纯周期函数，且在 $z = t + kT$, $k = 0, \pm 1, \pm 2, \cdots$ 点有二阶极点。由定理 3.10.12，有 $E_n = |\hat{Q}_n[f] - I[f]| = O(\eta^n)$, $n \to \infty$，从而有 $E_{n+k}/E_n \approx \eta^k$，表 3.10.1 中的数值也表明了该结果。

**算例 3.10.2** 考虑 Cauchy 奇异积分[217]

$$I[f] = \int_{-\pi}^{\pi} f(x)dx, \quad f(x) = \cot\frac{x-t}{2} u(x), \tag{3.10.121}$$

其中

$$u(x) = \sum_{m=0}^{\infty} \eta^m \cos mx = \frac{1 - \eta\cos x}{1 - 2\eta\cos x + \eta^2}, \quad |\eta| < 1 \text{ 且 } \eta \text{ 是实数},$$

即

$$u(x) = \text{Re}\sum_{m=0}^{\infty} \eta^m e^{\text{i}mx} = \text{Re}\frac{1}{1 - \eta e^{\text{i}x}}.$$

利用公式 (3.10.118) 计算在 $t = 1$ 的值，置 $E_n(\eta = c) = |\tilde{Q}_n[f] - I[f]|$，误差列在表 3.10.2 中。

表 3.10.2 利用求积公式 $\tilde{Q}_n[f]$ 计算在 $t=1$ 处的误差

| $n$ | $E_n(\eta=0.1)$ | $E_n(\eta=0.2)$ | $E_n(\eta=0.3)$ | $E_n(\eta=0.4)$ | $E_n(\eta=0.5)$ |
|---|---|---|---|---|---|
| 10 | $4.74D-10$ | $6.28D-07$ | $4.45D-05$ | $9.25D-04$ | $9.64D-03$ |
| 20 | $6.77D-20$ | $8.11D-14$ | $2.97D-10$ | $9.89D-08$ | $8.68D-06$ |
| 30 | $6.63D-30$ | $7.34D-21$ | $1.39D-15$ | $7.23D-12$ | $5.04D-09$ |
| 40 | $2.34D-32$ | $4.12D-28$ | $3.40D-21$ | $1.85D-16$ | $1.91D-14$ |
| 50 | $1.18D-32$ | $1.44D-32$ | $1.46D-26$ | $4.70D-20$ | $4.84D-15$ |
| 60 | $1.24D-32$ | $1.71D-32$ | $2.43D-31$ | $1.03D-23$ | $7.91D-18$ |
| 70 | $3.85D-34$ | $3.85D-34$ | $1.54D-33$ | $1.30D-27$ | $8.35D-21$ |
| 80 | $3.03D-32$ | $3.47D-32$ | $3.81D-32$ | $1.53D-31$ | $6.14D-24$ |
| 90 | $1.06D-31$ | $1.07D-31$ | $1.09D-31$ | $1.10D-31$ | $2.10D-27$ |
| 100 | $8.62D-32$ | $8.72D-32$ | $8.47D-32$ | $9.48D-32$ | $2.50D-30$ |

利用奇异积分公式, 有

$$I[f]=\mathrm{Re}\left(2\mathrm{i}\pi\sum_{m=1}^{\infty}\eta^m e^{\mathrm{i}mt}\right)=-2\pi\left[\mathrm{Im}\left(-1+\sum_{m=0}^{\infty}\eta^m e^{\mathrm{i}mx}\right)\right]=-2\pi\left(\mathrm{Im}\frac{1}{1-\eta e^{\mathrm{i}t}}\right),$$

从而

$$I[f]=-2\pi\frac{\eta\sin t}{1-2\eta\cos t+\eta^2}.$$

根据 $u(x)$ 得到, 函数 $f(z)$ 在带形区域 $|\mathrm{Im}\,z|\leqslant\sigma=\log\eta^{-1}$ 内为亚纯周期函数, 且在 $z=t+kT$, $k=0,\pm 1,\pm 2,\cdots$ 点有一阶极点. 由定理 3.10.11, 有 $E_n=|\tilde{Q}_n[f]-I[f]|=O(\eta^n)$, $n\to\infty$, 从而有 $E_{n+k}/E_n\approx\eta^k$, 表 3.10.2 中的数值也表明了该结果. 在表 3.10.1 和表 3.10.2 中, 使用了双精度计算.

### 3.10.6 弱、强、超奇异积分的线性组合的高精度算法

上段讨论了弱、强、超奇异积分的乘积型的数值算法, 本段研究线性混合奇异积分的算法[243]. 考虑如下形式的奇异积分

$$I(t)=\int_{-1}^{1}(1-s^2)^{\nu-1/2}f(s)\left[k_1(t,s)+k_2(t,s)\ln|t-s|+\frac{k_3(t,s)}{t-s}+\frac{k_4(t,s)}{(t-s)^2}\right]ds, \tag{3.10.122}$$

其中 $-1<t<1$, $\mathrm{Re}\,\nu>-1/2$ 的数值算法, $f$ 和 $k_i$ ($i=1,2,3,4$) 是充分光滑函数, 这类积分可利用前面相应的公式组合起来得到, 这里利用 Gauss 求积来计算. 积分

$$I(t)=\int_{-1}^{1}w(s)f(s)k(t,s)ds \text{ 且} w(s)=(1-s)^\alpha(1+s)^\beta, \quad \alpha>-1, \beta>-1$$

是端点弱奇异积分, 可利用标准的 $n$ 点 Gauss-Jacobi 公式计算. 当 $\alpha=\beta=\nu-1/2$

时, 我们使用公式
$$\int_{-1}^{1}(1-s^2)^{\nu-1/2}f(s)k(t,s)ds \approx \sum_{i=1}^{n}w_i f(s_i)k(t,s_i), \qquad (3.10.123)$$

其中 $\{s_1,\cdots,s_n\}$ 是指标为 $\nu$, 次数为 $n$ 的 Gegenbauer 多项式 $C_n^{\nu}(s)$ 的零点, 即 $C_n^{\nu}(s)=0$ 的根,
$$w_i = \frac{\pi 4^{-\nu}\Gamma(n+2\nu)}{n![\Gamma(1+\nu)]^2}\frac{1}{(1-s_i^2)[C_{n-1}^{\nu+1}(s_i)]^2}. \qquad (3.10.124)$$

Cauchy 型积分
$$I_C(t) = \int_{-1}^{1}(1-s^2)^{\nu-1/2}f(s)\frac{k(t,s)}{s-t}ds, \quad -<t<1, \operatorname{Re}\nu > \frac{-1}{2}, \qquad (3.10.125)$$

我们用次数为 $n-1$ 的 Gegenbauer 多项式 $C_{n-1}^{\nu}(s)$ 来近似 $f(s)k(t,s)$, 即
$$f(s)k(t,s) = \sum_{k=0}^{n-1}a_k(t)C_k^{\nu}(s), \qquad (3.10.126)$$

这里
$$C_n^{\nu}(s) = \sum_{k}^{[n/2]}(-1)^k\frac{\Gamma(n-k+v)}{\Gamma(v)k!(n-2k)!}(2x)^{n-2k}$$

是方程
$$(1-x^2)y'' - (2\lambda+1)xy' + n(n+2\lambda)y = 0$$

的解. 用 $(1-s^2)^{\nu-1/2}C_m^{\nu}(s)$, $m=0,1,\cdots,n-1$ 乘以 (3.10.126) 的两边, 然后对 $s$ 从 $-1$ 到 $1$ 积分得到展开式的系数 $a_k(t)$, 即
$$\int_{-1}^{1}(1-s^2)^{\nu-1/2}f(s)k(t,s)C_m^{\nu}(s)ds = a_m(t)h_m, \qquad (3.10.127)$$

且
$$h_m = h_m(\nu) = \frac{\pi 2^{1-2\nu}\Gamma(m+2\nu)}{m!(m+\nu)[\Gamma(\nu)]^2}.$$

对 (3.10.127) 的左边积分用 (3.10.123) 来近似, 因此
$$a_m(t) = \frac{1}{h_m}\sum_{i=1}^{n}w_i f(s_i)k(t,s_i), \qquad (3.10.128)$$

把 (3.10.128) 代入 (3.10.126), 再代到 (3.10.125) 中, 获得
$$I_C(t) = I_C^{(n)}(t) + r_C^{(n)}(t), \qquad (3.10.129)$$

这里 $r_C^{(n)}(t)$ 是误差和求积公式

$$I_C^{(n)}(t) = \sum_{k=0}^{n-1} J_C(t,k) a_k(t) = \sum_{k=0}^{n-1} \frac{J_C(t,k)}{h_k} \sum_{i=1}^{n} w_i f(s_i) k(t,s_i) C_k^\nu(s_i) \quad (3.10.130)$$

且

$$J_C(t,k) = \int_{-1}^{1} (1-s^2)^{\nu-1/2} \frac{C_k^\nu(s)}{s-t} ds. \quad (3.10.131)$$

接下来计算 $J_C(t,k)$, 根据文献 [69], [70] 有

$$\int_{-1}^{1} s^m (1-s^2)^{\nu-1/2} \frac{C_k^\nu(s)}{s-t} ds$$
$$= -\sqrt{\pi} \frac{2^{3/2-\nu}}{\Gamma(\nu)} e^{-\mathrm{i}\pi(\nu-1/2)} z^m (z^2-1)^{(\nu-1/2)/2} Q_{k+\nu-1/2}^{\nu-1/2}(z), \quad (3.10.132)$$

这里 $m, k = 0, 1, \cdots, m \leqslant k, z \notin [-1, 1]$, $\mathrm{Re}\,\nu > -1/2$, 和 $Q_n^\mu(z)$ 是第二类连带的 Legendre 函数, $z$ 是复平面去掉实轴 $-1$ 到 $1$ 的部分, 如图 3.10.1 所示.

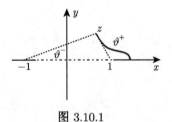

图 3.10.1

从而 $J_C(t,k)$ 是 $C \backslash [-1,1]$ 上的解析函数且

$$J_C(t,k) = -\sqrt{\pi} \frac{2^{3/2-\nu}}{\Gamma(\nu)} e^{-\mathrm{i}\pi(\nu-1/2)} (z^2-1)^{(\nu-1/2)/2} Q_{k+\nu-1/2}^{\nu-1/2}(z). \quad (3.10.133)$$

用 $\theta^+$ 表示以 $A$ 为顶点 ($A$ 是 1 在实轴 $X$ 上所对应的点), $AX$ 为始边, $AZ$ ($Z$ 是复数 $z$ 对应的点) 为终边按逆时针方向旋转的角, 用 $\theta^-$ 表示以 $B$ 为顶点 ($B$ 是 $-1$ 在实轴 $X$ 上所对应的点), $BX$ 为始边, $BZ$ ($Z$ 是复数 $z$ 对应的点) 为终边按逆时针方向旋转的角, 于是

$$z^2 - 1 = (z-1)(z+1) = |z-1|e^{\theta^+ \mathrm{i}}|z+1|e^{\theta^- \mathrm{i}} = |z^2-1|e^{\mathrm{i}(\theta^+ + \theta^-)}.$$

当 $z = t \pm 0\mathrm{i}$ 时, 有

$$[(t \pm 0\mathrm{i})^2 - 1]^{(\nu-1/2)/2} = (1-t^2)^{(\nu-1/2)/2} e^{\pm \mathrm{i}\pi(\nu-1/2)/2}$$

和
$$J_C(t \pm 0\mathrm{i}, k) = -\sqrt{\pi}\frac{2^{3/2-\nu}}{\Gamma(\nu)}e^{-\mathrm{i}\pi(\nu-1/2)}(1-t^2)^{(\nu-1/2)/2}e^{\pm\mathrm{i}\pi(\nu-1/2)/2}Q_{k+\nu-1/2}^{\nu-1/2}(t \pm 0\mathrm{i}).$$

当 $-1 < t < 1$ 时，有

$$\begin{aligned}J_C(t,k) =& \frac{1}{2}[J_C(t+0\mathrm{i},k)+J_C(t-0\mathrm{i},k)] = -\sqrt{\pi}\frac{2^{3/2-\nu}}{\Gamma(\nu)}(1-t^2)^{(\nu-1/2)/2}\\&\times \frac{1}{2}[e^{-\mathrm{i}\pi(\nu-1/2)/2}Q_{k+\nu-1/2}^{\nu-1/2}(t+0\mathrm{i})\\&+ e^{-3\mathrm{i}\pi(\nu-1/2)/2}Q_{k+\nu-1/2}^{\nu-1/2}(t-0\mathrm{i})].\end{aligned} \quad (3.10.134)$$

利用函数关系式 [69]

$$e^{-\mathrm{i}\pi\mu}Q_\lambda^\mu(t \pm 0\mathrm{i}) = e^{\pm\mathrm{i}\pi\mu/2}\left[Q_\lambda^\mu(t) \mp \mathrm{i}\frac{\pi}{2}P_\lambda^\mu(t)\right],$$

其中 $P_\lambda^\mu(t)$ 是第一类连带的 Legendre 函数，故

$$\begin{aligned}J_C(t,k) =& -\sqrt{\pi}\frac{2^{3/2-\nu}}{\Gamma(\nu)}(1-t^2)^{(\nu-1/2)/2}\frac{1}{2}\left\{e^{-\mathrm{i}\pi(\nu-1/2)}\left[Q_{k+\nu-1/2}^{\nu-1/2}(t) - \mathrm{i}\frac{\pi}{2}P_{k+\nu-1/2}^{\nu-1/2}(t)\right]\right.\\&\left.+ e^{-\mathrm{i}\pi(\nu-1/2)}\left[Q_{k+\nu-1/2}^{\nu-1/2}(t) + \mathrm{i}\frac{\pi}{2}P_{k+\nu-1/2}^{\nu-1/2}(t)\right]\right\}\\=& -\sqrt{\pi}\frac{2^{1/2-\nu}}{\Gamma(\nu)}(1-t^2)^{(\nu-1/2)/2}\\&\times \left[2\cos\frac{(2\nu-1)\pi}{2}Q_{k+\nu-1/2}^{\nu-1/2}(t) + \pi\sin\frac{(2\nu-1)\pi}{2}P_{k+\nu-1/2}^{\nu-1/2}(t)\right].\end{aligned} \quad (3.10.135)$$

$J_C(t,k)$ 的另一种算法. 根据文献 [195,p521]，我们获得

$$\begin{aligned}J_C(t,k) =& -\pi\tan(\pi\nu)(1-t^2)^{\nu-1/2}C_k^{(\nu)}(t) - 2^{2\nu-1}\frac{(2\nu)_k\Gamma(\nu-1/2)\Gamma(\nu+1/2)}{\Gamma(k+2\nu)}\\&\times {}_2F_1\left(k+1, -k-2\nu+1; \frac{3}{2}-\nu; \frac{1-t}{2}\right),\end{aligned} \quad (3.10.136)$$

这里 $(a)_k = \Gamma(a+k)/\Gamma(a)$, $(a)_0 = 1$ 和

$${}_2F_1(a,b;c;z) = \sum_{k=0}^{\infty}\frac{(a)_k(b)_k z^k}{(c)_k k!}$$

是超几何函数. 根据文献 [1,Eq(6.1.18)]，有

$$\Gamma(2z) = (2\pi)^{-1/2}2^{2z-1/2}\Gamma(z)\Gamma(z+1/2), \quad \Gamma(z)\Gamma(1-z) = \pi\csc(\pi z),$$

从而获得

$$J_C(t,k) = -\pi\tan(\pi\nu)(1-t^2)^{\nu-1/2}C_k^{(\nu)}(t)$$
$$+ \frac{\pi^{3/2}}{\cos(\pi\nu)\Gamma(\nu)}\,_2\tilde{F}_1\left(k+1,-k-2\nu+1;\frac{3}{2}-\nu;\frac{1-t}{2}\right), \quad (3.10.137)$$

其中

$$_2\tilde{F}_1(a,b;c;z) = \frac{_2F_1(a,b;c;z)}{\Gamma(c)}.$$

利用 L'Hopital 公式，我们获得极限值

$$J_C(t,k) = \frac{\sqrt{\pi}(-1)^m}{\Gamma(\nu)}[\partial\mu + 2\partial\lambda + \psi(\nu)]\,_2\tilde{F}_1\left(n+1,\lambda;\mu;\frac{1-t}{2}\right)|_{\lambda=-2m-n,\mu=1-m}$$
$$+ (1-t^2)^m(\partial\nu + \ln|1-t^2|)C_n^{(\nu)}(t), \quad \nu = m+1/2.$$

利用 (3.10.15)，我们立即获得

$$J_C(t,k;\nu)|_{\nu=m+1/2} = \frac{\sqrt{\pi}(-1)^m 2^{1-m}}{\Gamma(m+1/2)}(1-t^2)^{m/2}Q_{k+m}^m(t).$$

现在对上述两种结果进行比较. 置 $\omega_\nu(s) = (1-s)^{\nu-1/2}$ 和

$$I_f(t) = \int_{-1}^{1}\omega_\nu(s)\frac{f(s)ds}{s-t}, \quad -1 < t < 1, \text{Re}\,\nu > \frac{1}{2}, \nu \neq 0.$$

那么根据 (3.10.129) 和 (3.10.130)，我们获得

$$I_f(t) = \sum_{i=1}^{n}w_i f(s_i)\int_{-1}^{1}\frac{\omega_\nu(s)}{s-t}\left(\sum_{k=0}^{n-1}\frac{1}{h_k}C_k^\nu(s_i)C_k^\nu(s)\right)ds + r_n(f;t)$$
$$= \frac{k_n}{k_{n+1}h_n}\sum_{i=1}^{n}w_i f(s_i)C_{n-1}^\nu(s_i)\int_{-1}^{1}\frac{\omega_\nu(s)}{s-t}\frac{C_n^\nu(s)}{s-s_i}ds + r_n(f;t), \quad (3.10.138)$$

其中 $r_n(f;t)$ 是余项，由文献 [28,Table(22.3)] 有

$$k_n = \frac{2^n\Gamma(n+\nu)}{n!\Gamma(\nu)}$$

且它是多项式 $C_k^{(\nu)}(s)$ 的主要系数，(3.10.138) 的最后一步使用了 Christoffel–Darboux 公式 (见文献 [28,Eq.(22.12.1)])

$$\sum_{k=0}^{n-1}\frac{1}{h_k}C_k^{(\nu)}(x)C_k^{(\nu)}(y) = \frac{k_{n-1}}{k_n h_{n-1}}\frac{C_n^\nu(x)C_{n-1}^\nu(y) - C_{n-1}^\nu(x)C_n^\nu(y)}{x-y},$$

且 $x = s$, $y = s_i$ 和 $C_n^{(\nu)}(s_i) = 0$, $i = 1, 2, \cdots, n$. 从而有

$$\int_{-1}^{1} \frac{\omega_\nu(s)}{s-t} \frac{C_n^\nu(s)}{s-s_i} ds = \frac{1}{s_i-t} \int_{-1}^{1} \omega_\nu(s) C_n^\nu(s) \left( \frac{1}{s-s_i} - \frac{1}{s-t} \right) ds$$

$$= g_i(t) = \begin{cases} \dfrac{J_C(n, s_i) - J_C(n, t)}{s_i - t}, & t \neq s_i, \\ \left[ \dfrac{d}{dt} J_C(n, t) \right]\big|_{t=s_i}, & t = s_i. \end{cases} \quad (3.10.139)$$

根据文献 [28,Eq.(22.7.21)], 有

$$2\nu(1-s_i^2)C_{n-1}^{\nu+1}(s_i) = (n+2\nu-1)C_{n-1}^\nu(s_i) - ns_i C_n^\nu(s_i) = (n+2\nu-1)C_{n-1}^\nu(s_i)$$

和 $(C_n^\nu(x))' = 2\nu C_{n-1}^{\nu+1}(x)$, 故

$$\frac{k_{n-1}w_i}{k_n h_{n-1}} C_{n-1}^\nu(s_i) = \frac{(n+2\nu-1)C_{n-1}^\nu(s_i)}{4(1-s_i^2)\nu^2 [C_{n-1}^{\nu+1}(s_i)]^2} = \frac{1}{2\nu C_{n-1}^{\nu+1}(s_i)} = \frac{1}{(C_n^\nu(s))'|_{s=s_i}}$$

和

$$I_f(t) = \sum_{i=1}^{n} \frac{g_i(t)}{(C_n^\nu(s))'|_{s=s_i}} f(s_i) + r_n(f;t), \quad (3.10.140)$$

显然, 该公式的精度是 $n-1$ 阶.

根据文献 [95], 有下列收敛性定理.

**定理 3.10.14** 若 $f \in H^\mu[-1,1]$, $t \in [-1,1]$, 则

$$\lim_{n \to \infty} r_n(f;t) = 0, \quad \forall t \in [-1,1];$$

若 $f \in C^p[-1,1]$ $(p \geqslant 1)$ 且 $f^{(p)} \in H^\mu[-1,1]$, 则

$$|r_n(f;t)| \leqslant A n^{-(p+\mu-\varepsilon)}, \quad t \in [-1,1],$$

这里 $A$ 是与 $n$ 无关的常数, $\varepsilon$ 是任意小的正数.

对数型奇异积分

$$I_L(t) = \int_{-1}^{1} (1-s^2)^{\nu-1/2} f(s) k(t,s) \ln|s-t| ds, \quad t \in (-1,1), \operatorname{Re}\nu > -1/2, \quad (3.10.141)$$

我们依然使用公式 (3.10.126) 和 (3.10.128) 计算, 把 (3.10.126) 代入 (3.10.141) 获得

$$I_L(t) = I_L^{(n)}(t) + r_L^{(n)}(t), \quad (3.10.142)$$

这里 $r_L^{(n)}(t)$ 是余项, 和

$$I_L^{(n)}(t) = \sum_{k=0}^{n-1} J_L(t,k) a_k(t) = \sum_{k=0}^{n-1} \frac{J_L(t,k)}{h_k} \sum_{i=1}^{n} w_i f(s_i) k(t,s_i) C_k^\nu(s_i) \quad (3.10.143)$$

且
$$J_L(t,k) = \int_{-1}^{1} (1-s^2)^{\nu-1/2} C_k^{\nu}(s) \ln|s-t| ds. \tag{3.10.144}$$

现在来计算 $J_L(t,k)$. 当 $k>0$ 时,利用恒等式

$$(1-s^2)^{\nu-1/2} C_k^{\nu}(s) = -\frac{2\nu}{k(k+2\nu)} \frac{d}{dx}[(1-s^2)^{\nu+1/2} C_{k-1}^{\nu+1}(s)],$$

能够获得

$$\begin{aligned} J_L(t,k) &= -\frac{2\nu}{k(k+2\nu)} \int_{-1}^{1} \ln|t-s| \frac{d}{ds}[(1-s^2)^{\nu+1/2} C_{k-1}^{\nu+1}(s)] ds \\ &= \frac{2\nu}{k(k+2\nu)} \int_{-1}^{1} (1-s^2)^{\nu+1/2} \frac{C_{k-1}^{\nu+1}(s)}{s-t} ds \\ &= \frac{2\nu}{k(k+2\nu)} J_C(t, \nu+1, k-1), \end{aligned} \tag{3.10.145}$$

这里 $k=1, 2, \cdots, n-1$, $-1<t<1$, $\text{Re}\,\nu > 1/2$ 和 $J_C(t, \nu+1, k-1)$ 是通过 (3.10.135) 或 (3.10.137) 计算.

当 $k=0$ 时,根据文献 [160]

$$\ln|t-s| = -\ln 2 - 2 \sum_{m=1}^{\infty} \frac{1}{m} T_m(t) T_m(s),$$

有

$$J_L(t,0) = -\ln 2 \int_{-1}^{1} (1-s^2)^{\nu-1/2} ds - 2 \sum_{m=1}^{\infty} \frac{T_m(t)}{m} \int_{-1}^{1} (1-s^2)^{\nu-1/2} T_m(s) ds. \tag{3.10.146}$$

根据文献 [1,Eq.(3.249.2),(3.631.8)]

$$\int_{-1}^{1} (1-s^2)^{\nu-1/2} ds = \frac{\sqrt{\pi}\,\Gamma(\nu+1/2)}{\Gamma(1+\nu)}, \quad \text{Re}\,\nu > -1/2, \tag{3.10.147}$$

$$\begin{aligned} & \int_{-1}^{1} (1-s^2)^{\nu-1/2} T_m(s) ds \\ &= \int_0^{\pi} (\sin\theta)^{2(\nu-1/2)} con(m\theta) \sin\theta d\theta = \int_0^{\pi} (\sin\theta)^{2\nu} con(m\theta) d\theta \\ &= \frac{4^{-\nu} \pi \cos\dfrac{m\pi}{2} \Gamma(2\nu+1)}{\Gamma\left(1-\dfrac{m}{2}+\nu\right) \Gamma\left(1+\dfrac{m}{2}+\nu\right)}, \quad \text{Re}\,\nu > -1/2, \end{aligned} \tag{3.10.148}$$

## 3.10 弱、强、超混合型奇异积分的高精度算法

我们获得

$$J_L(t,0) = \frac{-\sqrt{\pi}\Gamma(\nu+1/2)}{\Gamma(1+\nu)}\ln 2$$
$$- 4^{-\nu}\pi\Gamma(2\nu+1)\sum_{m=1}^{\infty}\frac{(-1)^m T_{2m}(t)}{m\Gamma(1-m+\nu)\Gamma(1+m+\nu)}$$
$$= \frac{-\sqrt{\pi}\Gamma(\nu+1/2)}{\Gamma(1+\nu)}\ln 2$$
$$+ \frac{4^{-\nu}\pi\Gamma(2\nu+1)}{\Gamma(\nu)\Gamma(2+\nu)}\text{Re}[e^{2\theta i}{}_3F_2(1,1,1-\nu;2,2+\nu;e^{2\theta i})], \quad (3.10.149)$$

且 $\theta = \cos^{-1}t$ $(0 < t < \pi)$, $\text{Re}\,\nu > -1/2$ 和 ${}_pF_q(\alpha_1,\alpha_2,\cdots,\alpha_p;\beta_1,\beta_2,\cdots,\beta_q;z)$ 是广义超几何级数.

下面给出 $J_L(x,0)$ 的另外一种表达式. 显然有 $\partial J_L(x,0)/\partial x = -J_C(x,0)$, 由 (3.10.136) 从 $x = t$ 到 $x = 1$ 积分得到

$$J_L(t,0) = J_L(1,0) + \pi\tan(\nu\pi)I_1(t) + \frac{2^{2\nu-1}\Gamma(\nu-1/2)\Gamma(\nu+1/2)}{\Gamma(2\nu)}I_2(t), \quad (3.10.150)$$

其中

$$I_1(t) = \int_t^1 (1-x^2)^{\nu-1/2}dx,$$
$$I_2(t) = \int_t^1 {}_2F_1\left(1,-2\nu+1;\frac{3}{2}-\nu;\frac{1-x}{2}\right)dx.$$

作变量代换 $y = (1-x)/2$, 再由文献 [1,Eq.(6.6.1),(6.6.8)],

$$\int_0^u x^{a-1}(1-x)^{b-1}dx = B_u(a,b) = \frac{u^a}{a}{}_2F_1(a,1-b;a+1;u),$$

且 $\text{Re}\,a > 1$, $u < 1$, $|\arg u| < \pi$, $|\arg(1-u)| < \pi$, $B_u(a,b)$ 是不完全 Beta 函数, 于是得到

$$I_1(t) = 2^{2\nu}\int_0^{\frac{1-t}{2}} y^{\nu-1/2}(1-y)^{\nu-1/2}dy = 2^{2\nu}B_{\frac{1-t}{2}}\left(\nu+\frac{1}{2},\nu+\frac{1}{2}\right)$$
$$= \frac{2^{\nu-1/2}}{\nu+\frac{1}{2}}(1-t)^{\nu+1/2}{}_2F_1\left(\nu+\frac{1}{2},\frac{1}{2}-\nu;\frac{3}{2}+\nu;\frac{1-t}{2}\right), \quad (3.10.151)$$

根据文献 [57,p.193,Eq.(A.2.1.13)]

$$\int_0^u x^{a-1}{}_2F_1(a,b;c;x)dx = \frac{u^a}{a}{}_3F_2(a,b,\alpha;c,a+1;u) \quad (\alpha > 0, |u| < 1).$$

我们有
$$I_2(t) = 2\int_0^{\frac{1-t}{2}} {}_2F_1\left(1-2\nu+1; \frac{3}{2}-\nu; y\right)dy$$
$$= (1-t)\,{}_3F_2\left(1-2\nu+1, 1; 2, \frac{3}{2}-\nu; \frac{1-t}{2}\right). \tag{3.10.152}$$

根据文献 [95,Eq.(2.6.10.25)]
$$I_3(a,\lambda,\beta) = \int_0^a x^{\lambda-1}(1-x)^{\beta-1}\ln(a-x)dx$$
$$= a^{\lambda+\beta-1}\frac{\Gamma(\lambda)\Gamma(\beta)}{\Gamma(\lambda+\beta)}[\ln a + \psi(\beta) - \psi(\lambda+\beta)], \quad a > 0, \operatorname{Re}\beta > 0, \operatorname{Re}\lambda > 0,$$

其中
$$\psi(z) = \frac{\Gamma'(z)}{\Gamma(z)} = \frac{d}{dz}\ln\Gamma(z)$$

置 $y = x - a/2$, 于是得到
$$I_3(a,\lambda,\beta) = \int_{-a/2}^{a/2}\left(y+\frac{a}{2}\right)^{\lambda-1}\left(\frac{a}{2}-y\right)^{\beta-1}\ln\left(\frac{a}{2}-y\right)dy,$$

这蕴涵着 $J_L(1,0) = I_3(2, \nu+1/2, \nu+1/2)$, 因此
$$J_L(1,0) = \int_{-1}^1 (1-x^2)^{\nu-1/2}\ln(1-x)dx$$
$$= \frac{\sqrt{\pi}\Gamma(\lambda+1/2)}{2\Gamma(\lambda+1)}\left(\psi\left(\nu+\frac{1}{2}\right)-\psi(\nu+1)\right). \tag{3.10.153}$$

从而通过 (3.10.150)~(3.10.152) 计算 $J_L(x,0)$.

下面给出超奇异积分
$$I_H(t) = \int_{-1}^1 (1-s^2)^{\nu-1/2}f(s)\frac{k(t,s)}{(s-t)^2}ds, \quad - < t < 1, \operatorname{Re}\nu > \frac{-1}{2} \tag{3.10.154}$$

的计算, 利用公式 (3.10.126) 和 (3.10.128), 把 (3.10.126) 代入 (3.10.154) 获得
$$I_H(t) = I_H^{(n)}(t) + r_H^{(n)}(t), \tag{3.10.155}$$

这里 $r_H^{(n)}(t)$ 余项,
$$I_H^{(n)}(t) = \sum_{k=0}^{n-1} J_H(t,k)a_k(t) = \sum_{k=0}^{n-1}\frac{J_H(t,k)}{h_k}\sum_{i=1}^n w_i f(s_i)k(t,s_i)C_k^\nu(s_i) \tag{3.10.156}$$

且

$$J_H(t,k) = \int_{-1}^{1} (1-s^2)^{\nu-1/2} \frac{C_k^\nu(s)}{(s-t)^2} ds.$$

显然 $J_H(t,k) = \partial J_C(t,k)/dt$, 利用 (3.10.135), 我们得到

$$J_H(t,k) = -\sqrt{\pi} \frac{2^{1/2-\nu}}{\Gamma(\nu)} (1+k)(1-t^2)^{(\nu-5/2)/2} \left\{ 2\cos\frac{(2\nu-1)\pi}{2} \left[ tQ_{k+\nu-1/2}^{\nu-1/2}(t) \right.\right.$$
$$\left.\left. -Q_{k+\nu+1/2}^{\nu-1/2}(t) \right] + \pi\sin\frac{(2\nu-1)\pi}{2} \left[ tP_{k+\nu-1/2}^{\nu-1/2}(t) - P_{k+\nu+1/2}^{\nu-1/2}(t) \right] \right\}. \quad (3.10.157)$$

**算例 3.10.3** 考虑下列积分

$$I_L(t,\lambda) = \int_{-1}^{1} \frac{(1-s^2)^{1/2}}{s^2+\lambda^2} \ln|t-s| ds$$
$$= \pi\ln 2 + \frac{\pi}{\lambda}(1+\lambda^2)^{1/2} \ln\frac{\sqrt{t^2+\lambda^2}}{\lambda+\sqrt{1+\lambda^2}},$$

$$I_C(t,\lambda) = \int_{-1}^{1} \frac{(1-s^2)^{1/2}}{s^2+\lambda^2} \frac{1}{s-t} ds = -\frac{\pi t(1+\lambda^2)^{1/2}}{\lambda(t^2+\lambda^2)},$$

$$I_H(t,\lambda) = \int_{-1}^{1} \frac{(1-s^2)^{1/2}}{s^2+\lambda^2} \frac{1}{(s-t)^2} ds = -\frac{\pi(1+\lambda^2)^{1/2}(\lambda^2-t^2)}{\lambda(t^2+\lambda^2)^2}.$$

利用公式 (3.10.143), (3.10.130) 和 (3.10.156) 计算的结果列在表 3.10.3 中.

**表 3.10.3** 利用公式 (3.10.143), (3.10.130) 和 (3.10.156) 计算的结果

| $n$ | $I_L(0.25,5)$ | $I_C(0.25,5)$ | $I_H(0.25,5)$ |
|---|---|---|---|
| 8 | $-0.070692860319335$ | $-0.0319581881240502$ | $-0.127195193260058$ |
| 16 | $-0.070692860319876$ | $-0.0319581890162875$ | $-0.127195186209463$ |
| 32 | $-0.070692860319876$ | $-0.0319581890162875$ | $-0.127195186209463$ |
| Exact | $-0.070692860319875$ | $-0.0319581890162875$ | $-0.127195186209463$ |

从该表的数值结果看出, 用上述公式计算精度高, 收敛速度非常快.

## 3.11 无界区域上奇异积分的高精度算法

无界区域上的积分通常使用变量代换转换成有界区域上的积分, 但是被积函数的性质发生变化, 积分可能变成奇异积分. 譬如作替换 $x = e^{-y}$, 把 $[0,\infty)$ 的积分变换成 $[0,1]$ 上的积分, 如

$$\int_0^\infty f(y)dy = \int_0^1 \frac{f(-\ln x)}{x} dx. \quad (3.11.1)$$

一般地，设 $t(x) \in C^1[0,\infty)$ 是单调函数，且满足 $t(0) = 1$, $t(\infty) = 0$ 或 $t(0) = 0$, $t(\infty) = 1$, 那么

$$\int_0^\infty f(y)dy = \int_0^1 f(x(t)) \left|\frac{dx}{dt}\right| dt. \tag{3.11.2}$$

同样可置 $t(x) = x/(1+x)$ 或 $t(x) = \tanh x$ 把上面积分转换成有界区域上的积分.

变换

$$\phi(t) = \exp(-at^{-p} - b(1-t)^{-q}), \quad p,q \geqslant 1, a,b > 0,$$
$$\psi(x) = K^{-1}\int_0^x \phi(t)dt, \quad K = \int_0^1 \phi(t)dt. \tag{3.11.3}$$

$\psi(x)$ 是单调递增函数且把 $[0,1]$ 影射到自身，于是

$$\int_0^1 f(x)dx = K^{-1}\int_0^1 \phi(x)f(\psi(x))dx = K^{-1}\int_0^1 g(x)dx. \tag{3.11.4}$$

因为 $\phi'(0) = \phi'(1) = 0$, 若 $f(x) \in C^n[0,1]$, 那么

$$g^{(j)}(0) = g^{(j)}(1) = 0, \quad j = 0,1,\cdots,n.$$

置 $x = a + (1+t)/(1-t)$,

$$\int_a^\infty f(x)dx = \int_{-1}^1 f\left(a + \frac{1+t}{1-t}\right)\frac{2}{(1-t)^2}dt, \tag{3.11.5}$$

然后利用 (3.11.3) 变换，可减弱 $t = 1$ 的奇异性.

作变换 $x = t/(1-t^{2p})$, $p > 0$, $p \in N$ 可把 $-\infty \leqslant x \leqslant \infty$ 影射到 $-1 \leqslant t \leqslant 1$, 特别地，$f(\infty)$ 和 $f(-\infty)$ 存在, 可置 $x = \tan t$, 于是

$$\int_{-\infty}^\infty f(x)dx = \int_{-\pi/2}^{\pi/2} \frac{f(\tan t)dt}{\cos^2 t}. \tag{3.11.6}$$

### 3.11.1　无界区域上的奇异积分的求积公式

Riemann 和近似

$$\int_0^\infty f(x)dx \approx R_R(f;h) = h[f(h) + f(2h) + \cdots] = h\sum_{k=1}^\infty f(kh), \tag{3.11.7}$$

梯形公式

$$T(f;h) = \frac{1}{2}hf(0) + R_R(f;h) = h\sum_{k=0}^\infty{}' f(kh).$$

对 $(-\infty,\infty)$ 上的积分有相应的矩形公式

$$\int_{-\infty}^\infty f(x)dx \approx R(f;h) = h\sum_{k=-\infty}^\infty f(kh). \tag{3.11.8}$$

## 3.11 无界区域上奇异积分的高精度算法

因为
$$\int_{-\infty}^{\infty} f(x+x_0)dx = \int_{-\infty}^{\infty} f(x)dx,$$

矩形公式
$$\int_{-\infty}^{\infty} f(x)dx \approx h \sum_{k=-\infty}^{\infty} f(kh+x_0), \quad -\infty < x_0 < \infty.$$

**定理 3.11.1** 设 $f(x)$, $x \geqslant 0$ 是单调函数且 $\int_0^{\infty} f(x)dx$ 存在，则

$$\lim_{h \to 0} R_L(f;h) = \lim_{h \to 0} R_R(f;h) = \int_0^{\infty} f(x)dx, \tag{3.11.9}$$

其中 $R_L(f;h) = hf(0) + R_R(f;h)$.

**证明** 因为 $\int_0^{\infty} f(x)dx$ 存在且 $f(x)$, $x \geqslant 0$ 是单调函数, 所以 $\lim_{x \to \infty} f(x) = 0$, 从而在 $[0, \infty)$ 上 $f(x) > 0$ 或 $f(x) < 0$. 不妨假设 $f(x) > 0$ 且是单减函数, 故

$$0 \leqslant \int_h^{(h+1)} f(x)dx \leqslant h[f(h) + f(2h) + \cdots + f(nh)] \leqslant \int_0^{nh} f(x)dx. \tag{3.11.10}$$

当 $n \to \infty$ 时, 有

$$\int_h^{\infty} f(x)dx \leqslant h \sum_{k=1}^{\infty} f(kh) \leqslant \int_0^{\infty} f(x)dx. \tag{3.11.11}$$

当 $h \to 0$ 时, 有 (3.11.9) 成立. □

**定理 3.11.2** 假设 $a$ 和 $k$ 是确定的数, $b \geqslant a$, $f(x) \in C^{2k+1}[a, b]$, 若 $\int_a^{\infty} f(x)dx$ 存在且

$$M = \int_a^{\infty} |f^{(2k+1)}(x)|dx < \infty$$

和

$$\begin{aligned} f'(a) = f^{(3)}(a) = \cdots = f^{(2k-1)}(a) = 0, \\ f'(\infty) = f^{(3)}(\infty) = \cdots = f^{(2k-1)}(\infty) = 0, \end{aligned} \tag{3.11.12}$$

那么对固定的 $h > 0$, 有

$$\left| \int_a^{\infty} f(x)dx - h \left[ \frac{f(a)}{2} + f(a+h) + f(a+2h) + \cdots \right] \right| \leqslant \frac{h^{2k+1} M \zeta(2k+1)}{2^{2k} \pi^{2k+1}}, \tag{3.11.13}$$

这里 $\zeta(k) = \sum_{j=1}^{\infty} j^{-k}$ 是 Riemann-Zeta 函数.

**证明** 由定理 2.1.6，我们有

$$\left| h\left[\frac{f(a)}{2} + f(a+h) + \cdots + f(a+(n-1)h) + \frac{f(a+nh)}{2}\right] - \int_a^{a+nh} f(x)dx \right|$$

$$\leqslant \left|\frac{B_2}{2!}h^2[f'(a+nh) - f'(a)]\right| + \cdots + \left|\frac{B_{2k}}{(2k)!}h^{2k}[f^{(2k-1)}(a+nh) - f^{(2k-1)}(a)]\right|$$

$$+ h^{2k+1}\int_a^{a+nh} \left|P_{2k+1}\left(\frac{x-a}{h}\right)\right| \left|f^{(2k+1)}(x)\right| dx,$$

而

$$|P_{2k+1}(t)| = \left|(-1)^{k-1}\sum_{j=1}^{\infty} \frac{2\sin 2\pi jt}{(2\pi j)^{2k+1}}\right| \leqslant \sum_{j=1}^{\infty} \frac{2}{(2\pi j)^{2k+1}} = 2^{-2k}\pi^{-2k-1}\zeta(2k+1)$$

当 $n \to \infty$ 时，利用 (3.11.12) 得到 (3.11.13) 的证明。□

该定理告诉我们：若 $f(x)$ 和 $f^{(2j-1)}(a) = 0$, $f^{(2j-1)}(\infty) = 0$, $j = 1, 2, \cdots, k$, 当 $h \to 0$ 时，梯形公式的收敛速度是 $h^{2k+1}$，同时根据该定理也可获得 $\int_{-\infty}^{\infty} f(x)dx$ 的求积公式。

Poisson 公式

$$\int_0^{\infty} f(x)dx = h\left\{\frac{f(a)}{2} + \sum_{k=1}^{\infty} f(kh)\right\} - 2\sum_{k=1}^{\infty} g\left(\frac{2k\pi}{h}\right), \quad (3.11.14)$$

这里

$$g(x) = \int_0^{\infty} f(t)\cos xt \, dt. \quad (3.11.15)$$

若 $f(x)$ 的奇数阶导数在 $x = a$ 处不为零但是已知的，那么在 Euler-Maclaurin 展开式的梯形公式通过适当的修正项，(3.11.13) 的误差将依然有界。设 $S(x)$ 是次数为 $2m-1$ 的样条函数且满足：$S(x) \in C^{2m-2}(\Re^+)$, $\Re^+ = [0, \infty)$ 且 $S(x)$ 在每一个区间 $(v, v+1)$, $v = 0, 1, \cdots$ 是 $2m-1$ 次多项式. Silliman 给出了下列公式[37]：

$$\int_0^{\infty} f(x)dx = T + \sum_{v=0}^{\infty} h_v^{(m)}f(v) + \sum_{j=1}^{m-1} A_j^{(m)}f^{(j)}(0) + Rf, \quad (3.11.16)$$

若 $f \in S_{2m-1}(\Re^+) \cap L_1(\Re^+)$, $Rf = 0$, 其中 $T = \sum_{v=0}^{\prime\infty} f(v)$ 是梯形公式, $L_1(\Re^+)$ 是满足 $\int_0^{\infty}|f(x)|dx < \infty$ 的函数空间. 特别地, 当 $m = 1$ 时, (3.11.16) 为 $T + Rf$; 当 $m = 2$ 时, (3.11.16) 成为 Euler-Maclaurin 公式 $T + f'(0)/2 + Rf$; 当 $m = 3, 4, 5$ 时, Silliman 给出了 $A_j^{(m)}$ 和 $h_v^{(m)}$ 的值 [37].

**算例 3.11.1** 考虑积分 [37]

$$I = \int_0^\infty e^{-x^2} dx = \frac{\sqrt{\pi}}{2}.$$

利用梯形公式计算的结果列在表 3.11.1 中.

表 3.11.1 利用 (3.11.13) 计算的结果

| $h$ | 1.1 | 1.0 | 0.9 |
|---|---|---|---|
| $|I - I^h|$ | $7.4 \times 10^{-4}$ | $3.2 \times 10^{-4}$ | $3.59 \times 10^{-4}$ |
| $h$ | 0.8 | 0.7 | 0.6 |
| $|I - I^h|$ | $7.28 \times 10^{-6}$ | $8.50 \times 10^{-9}$ | $8.0 \times 10^{-11}$ |

利用围道积分, 文献 [37] 导出了矩形公式

$$\int_{-\infty}^\infty f(x)dx \approx R(f;h) = h \sum_{k=-\infty}^\infty f(kh) \tag{3.11.17}$$

的误差. 设 $f(z)$ 在带形区域 $0 \leqslant \text{Im} z \leqslant s$ 内解析且在实轴上是实数, 在带形区域 $0 \leqslant \text{Im} z \leqslant s$ 内, 当 $z \to \infty$ 时, $f(z) \to 0$. 若 $\int_{-\infty}^\infty f(x)dx$ 存在, 那么对所有的 $h > 0$ 有 $h \sum_{k=-\infty}^\infty f(kh)$ 收敛. 若

$$\int_{-\infty}^\infty f(x)dx = h \sum_{k=-\infty}^\infty f(kh) + E_h(f), \tag{3.11.18}$$

我们有

$$E_h(f) = \text{Re} \left\{ \int_{-\infty+si}^{\infty+si} f(z) \left(1 + \frac{1}{i} \cot \frac{\pi z}{h}\right) dx \right\}, \tag{3.11.19}$$

且

$$|E_h(f)| \leqslant \frac{2}{\exp(2\pi s/h) - 1} \int_{-\infty+si}^{\infty+si} |f(z)|dx. \tag{3.11.20}$$

从 (3.11.20) 可知, 该公式对解析函数收敛速度特别快. 文献 [37] 给出: 对任意 $f \in C(-\infty, \infty)$, 只要 $\int_{-\infty}^\infty f(x)dx$ 存在, 矩形公式 $R(f;h)$ $(h \to 0)$ 收敛.

利用矩形公式 $R(f;h)$ 计算 Hilbert 变换

$$g(t) = \int_{-\infty}^\infty \frac{f(x)}{x-t} dx,$$

有

$$g(t) = 2 \sum_{k=-\infty, k\text{是奇数}}^\infty \frac{f(t+kh)}{k} + E_h(f). \tag{3.11.21}$$

在上述解析和增长条件下,Kress 和 Martensen[114] 证明了

$$|E_h(f)| \leqslant s^{-1}(\coth(s\pi/2h) - 1) \int_{-\infty+si}^{\infty+si} |f(z)|dz, \qquad (3.11.22)$$

且该误差与 $t$ 无关.

Stenger[228] 推广了 Whittaker 基函数

$$C(x;f,h) = \sum_{k=-\infty}^{\infty} f(kh) S(x;k,h), \qquad (3.11.23)$$

这里

$$S(x;k,h) = \frac{\sin[(\pi/h)(x-kh)]}{(\pi/h)(x-kh)}$$

称 sinc-函数, $f(x)$ 的 sinc-函数展开式

$$\int_{-\infty}^{\infty} C(x;f,h)dx = h \sum_{k=-\infty}^{\infty} f(kh) \qquad (3.11.24)$$

从而矩形公式可看成是分片线性函数或者光滑函数的积分,同时矩形公式 (3.11.17) 的误差依靠着 $f(x)$ 的近似 $C(x;f,h)$. 若

$$|f(x)| \leqslant Ae^{-\alpha|x|}, \quad -\infty < x < \infty, A > 0, \alpha > 0, \qquad (3.11.25)$$

最好的结果能达到.

**定义 3.11.1** 设 $d > 0$ 和

$$D_d = \{z = x + yi : |y| < d\}, \qquad (3.11.26)$$

用 $B(D_d)$ 表示定义在 $D_d$ 内的所有解析函数构成的集合且当 $x \to \pm\infty$ 时有 $\int_{-d}^{d} |f(x+yi)|dy \to 0$ 和 $N(f, D_d) < \infty$, 其中

$$N(f, D_d) = \lim_{y \to d} \int_{-\infty}^{\infty} (|f(x+yi)| + |f(x-yi)|)dx. \qquad (3.11.27)$$

**定理 3.11.3** 若 $d > 0$, 有 $f \in B(D_d)$ 和

$$\eta_N(f,h) = \int_{-\infty}^{\infty} f(x)dx - h \sum_{k=-N}^{N} f(kh) \qquad (3.11.28)$$

且 $\eta(f,h) = \lim_{N \to \infty} \eta_N(f,h)$, 那么

$$|\eta(f,h)| \leqslant \frac{1}{2} \frac{e^{-\pi d/h}}{\sinh(\pi d/h)} N(f, D_d). \qquad (3.11.29)$$

进一步，若 $f$ 满足 (3.11.25)，那么取

$$h = [2\pi d/(\alpha N)]^{1/2}, \tag{3.11.30}$$

有

$$|\eta_N(f,h)| \leqslant A_1 g(\alpha, d, N), \tag{3.11.31}$$

其中

$$g(\alpha, d, N) = \exp[-(2\pi d\alpha N)^{1/2}], \tag{3.11.32}$$

$A_1$ 仅与 $f, d, \alpha$ 有关的常数.

**定理 3.11.4** 设 $d > 0$，有 $f \in B(D_d)$，又假设

$$\delta_N(w; f, h) = \begin{cases} \int_{-\infty}^{\infty} f(t)e^{wti}dt - h\sum_{j=-N}^{N} f(jh)e^{wjhi}, & |w| \leqslant \pi/h, \\ \int_{-\infty}^{\infty} f(t)e^{wti}dt, & |w| > \pi/h \end{cases} \tag{3.11.33}$$

和

$$\delta(w; f, h) = \lim_{N \to \infty} \delta_N(w; f, h), \tag{3.11.34}$$

则

$$|\delta(w; f, h)| \leqslant \frac{1}{2} \frac{N(f, D_d)\exp(-d(\pi/h - |w|))}{\sinh(\pi d/h)}. \tag{3.11.35}$$

进一步，若 $f$ 满足 (3.11.25) 和 $h$ 由 (3.11.30) 确定，那么

$$|\delta_N(w; f, h)| \leqslant A_1 g(\alpha, d/2, N), \quad |w| \leqslant \pi/h. \tag{3.11.36}$$

**定理 3.11.5** 设 $d > 0$，有 $f \in B(D_d)$ 且满足 (3.11.25)，$h = [\pi d/(\alpha N)]^{1/2}$，则存在着仅与 $f, d, \alpha$ 有关的常数 $A_1$ 使得对所有 $x$ 有

$$\left| \frac{1}{\pi \mathrm{i}} \int_{-\infty}^{\infty} \frac{f(t)}{t-x}dt - \mathrm{i} \sum_{j=-N}^{N} f(jh)\frac{1-\cos[(\pi/h)(x-kh)]}{(\pi/h)(x-kh)} \right| \leqslant A_1 N^{1/2} g(\alpha, d/2, N). \tag{3.11.37}$$

以上定理的证明可参看文献 [37,p216—217], 这些仅给出了 $(-\infty, \infty)$ 上的积分数值计算，若 $[0, \infty)$ 和 $[-1, 1]$ 上的积分可利用变量代换转变成 $(-\infty, \infty)$ 上的积分.

### 3.11.2 无界区间上的插值型求积公式

若 $f(x)$ 的 Newton 级数为

$$f(x) \sim \sum_{k=0}^{\infty} \frac{\Delta^k f(0)}{k! h^k}(x)(x-h)\cdots(x-(k-1)h), \tag{3.11.38}$$

那么

$$\int_0^\infty e^{-x}f(x)dx \sim \int_0^\infty e^{-x}\sum_{k=0}^\infty \frac{\Delta^k f(0)}{k!h^k}(x)(x-h)\cdots(x-(k-1)h)dx$$

$$\sim \sum_{k=0}^\infty \frac{\Delta^k f(0)}{k!h^k}\int_0^\infty e^{-x}x(x-h)\cdots(x-(k-1)h)dx$$

$$= \sum_{k=0}^\infty \frac{\Delta^k f(0)m_k}{k!h^k},$$

这里

$$m_k = \int_0^\infty e^{-x}(x)(x-h)\cdots(x-(k-1)h)dx$$

$$= h^{k+1}\int_0^\infty t(t-1)\cdots(t-(k-1))e^{-ht}dt. \tag{3.11.39}$$

现在来考察乘积型积分

$$I(f) = \int_a^\infty k(x)f(x)dx \tag{3.11.40}$$

的插值型求积公式, 这里 $a = -\infty$ 或 $a = 0$. 首先利用变量替换把无界区间转化成标准区间 $[-1, 1]$, 然后选择适当的基函数 $\{\phi_j\}$ 和取适当插值点 $\{t_{in}\}$, 建立插值近似. 若 $a = 0$, 可选择广义的 Laguerre 多项式 $L_n^{(\alpha)}(x)$ 的零点 $t_{in}$ 作插值点, 若 $a = -\infty$, 可选择 Hermite 多项式 $H_n(x)$ 的零点 $t_{in}$ 作插值点, 基函数 $\{\phi_j\}$ 可选择 $x$ 的方幂. 于是获得 (3.11.40) 的近似

$$Q_n(f) = \sum_{i=1}^n w_{in}f(t_{in}), \tag{3.11.41}$$

这里权

$$w_{in} = \int_a^\infty k(x)l_{in}(x)dx, \quad i = 1,\cdots,n, \tag{3.11.42}$$

其中

$$l_{in}(x) = \frac{P_n(x)}{P_n'(t_{in})(x-t_{in})}, \quad i = 1,\cdots,n \tag{3.11.43}$$

和 $P_n(x) = L_n^{(\alpha)}(x)$ 或 $H_n(x)$, 而矩 $\int_a^\infty k(x)x^m dx$ 是有限的. 在 (3.11.41) 中用修正的矩 $I(P_j) = \int_a^\infty k(x)P_j(x)dx$ 来代替, 即有

$$Q_n(f) = \sum_{j=0}^{n-1} c_j I(P_j), \tag{3.11.44}$$

其中

$$c_j = \frac{\sum_{i=1}^{n} \mu_{in} f(t_{in}) P_j(t_{in})}{\sum_{i=1}^{n} \mu_{in} P_j^2(t_{in})}, \tag{3.11.45}$$

这里 $\mu_{in}$ 是 Gauss-Laguerre 或 Gauss-Hermite 多项式相应零点 $t_{in}$ 的权. Lubinsky 和 Sidi 给出了下面的收敛性定理[37].

**定理 3.11.6** 设 $k(x)$ 满足 $\int_a^\infty k^2(x)/w(x)dx < \infty$, 且 $k(x) = x^\alpha e^{-x}$ (Laguerre 权) 或 $k(x) = e^{-x^2}$ (Hermite 权), 又假设 $f(x) \in C(a, \infty)$ 且满足下列条件:

(1) 若 $a = 0$, $\lim_{x \to 0} f(x) x^{(1+\alpha-\delta)/2} = 0$, 这里 $\delta > 0$;

(2) $\lim_{x \to \infty} f(x) e^{-\eta x} = 0$ 或 $\lim_{|x| \to \infty} f(x) e^{-\eta x^2} = 0$, 这里 $0 < \eta < 1/2$.

那么 $Q_n(f) \to I(f)$, 进一步 $\sum_{i=1}^n |w_{in}| f(t_{in}) \to \int_a^\infty |k(x)| f(x) dx$.

### 3.11.3 无界区间上的 Gauss 求积公式

Gauss 型求积公式

$$\int_0^\infty w(x) f(x) dx \approx \sum_{k=1}^n w_k f(x_k) \tag{3.11.46}$$

或

$$\int_{-\infty}^\infty w(x) f(x) dx \approx \sum_{k=1}^n w_k f(x_k), \tag{3.11.47}$$

这里 $x_k$ 和 $w_k$ 是由这些公式对 $2n-1$ 次多项式是精确的而确定的.

Laguerre 公式

$$\int_0^\infty e^{-x} f(x) dx = \sum_{k=1}^n w_k f(x_k) + \frac{(n!)^2}{(2n)!} f^{(2n)}(\xi), \quad 0 < \xi < \infty \tag{3.11.48}$$

和

$$\int_a^\infty e^{-x} f(x) dx = e^{-a} \sum_{k=1}^n w_k f(x_k + a) + \frac{(n!)^2}{(2n)!} f^{(2n)}(\xi), \quad -\infty < a < \xi < \infty, \tag{3.11.49}$$

这里 $x_k$ 是 Laguerre 多项式 $L_n(x) = L_n^{(0)}(x)$ 的零点, 权

$$w_k = \frac{x_k}{[L_{n+1}(x_k)]^2}. \tag{3.11.50}$$

广义 Laguerre 公式

$$\int_0^\infty x^\alpha e^{-x} f(x) dx = \sum_{k=1}^n w_k f(x_k) + \frac{n!\Gamma(n+\alpha+1)}{(2n)!} f^{(2n)}(\xi), \quad 0 < \xi < \infty, \quad (3.11.51)$$

这里权函数 $w(x) = x^\alpha e^{-x}$, $\alpha > -1$, $x_k$ 是广义 Laguerre 多项式 $L_n^{(\alpha)}(x) = L_n^{(0)}(x)$ 的零点和

$$w_k = \frac{x_k \Gamma(n+\alpha+1)}{n![L_{n+1}(x_k)]^2}. \quad (3.11.52)$$

Radau-Laguerre 公式

$$\int_0^\infty x^\alpha e^{-x} f(x) dx = \sum_{k=1}^{n-1} w_k f(x_k) + \frac{(n-1)!\Gamma(\alpha+1)\Gamma(\alpha+2)}{\Gamma(n+\alpha+1)} f(0)$$
$$+ \frac{(n-1)!\Gamma(n+\alpha+1)}{(2n-1)!} f^{(2n-1)}(\xi), \quad 0 < \xi < \infty, \quad (3.11.53)$$

这里 $x_k$ 是 Laguerre 多项式 $L_{n-1}^{(\alpha+1)}(x)$ 的零点和权

$$w_k = \frac{\Gamma(n+\alpha)}{(n-1)!(n+\alpha)[L_{n-1}^{(\alpha)}(x_k)]^2}. \quad (3.11.54)$$

特别地，$\alpha = 0$, 有简单的公式

$$\int_0^\infty e^{-x} f(x) dx = \frac{1}{n} f(0) + \sum_{k=1}^{n-1} w_k f(x_k) + \frac{(n-1)!n!}{(2n-1)!} f^{(2n-1)}(\xi), \quad (3.11.55)$$

其中 $0 < \xi < \infty$, $x_k$ 是 Laguerre 多项式 $L_{n-1}^{(1)}(x) = -L_n'(x)$ 的零点和权

$$w_k = \frac{1}{n[L_{n-1}(x_k)]^2}. \quad (3.11.56)$$

Hermite 公式

$$\int_{-\infty}^\infty e^{-x^2} f(x) dx = \sum_{k=1}^n w_k f(x_k) + \frac{n!\sqrt{\pi}}{2^n(2n)!} f^{(2n)}(\xi), \quad 0 < \xi < \infty, \quad (3.11.57)$$

这里 $x_k$ 是 Hermite 多项式 $H_n(x)$ 的零点和权

$$w_k = \frac{2^{n+1} n! \sqrt{\pi}}{[H_{n+1}(x_k)]^2}. \quad (3.11.58)$$

下面直接给出这些公式的收敛性定理 (证明看文献 [37]).

## 3.11 无界区域上奇异积分的高精度算法

首先推广 Laguerre 公式

$$L_n(f) = \sum_{k=1}^{n} w_{nk} f(x_{nk}) \approx \int_0^\infty x^\alpha e^{-x} f(x) dx, \quad \alpha > -1, \qquad (3.11.59)$$

该公式对 $f(x) \in \mathscr{F}_{2n-1}$ 是精确的，其中 $\mathscr{F}_{2n-1}$ 表示次数不超过 $2n-1$ 的多项式.

**定理 3.11.7** 若对充分大的 $x$, 函数 $f(x)$ 满足不等式

$$|f(x)| \leqslant \frac{e^x}{x^{\alpha+1+\rho}}, \quad \rho > 0, \qquad (3.11.60)$$

那么

$$\lim_{n \to \infty} L_n(f) = \int_0^\infty x^\alpha e^{-x} f(x) dx.$$

相似地, Hermite 公式

$$H_n(f) = \sum_{k=1}^{n} w_{nk} f(x_{nk}) \approx \int_{-\infty}^{\infty} e^{-x^2} f(x) dx \qquad (3.11.61)$$

收敛.

**定理 3.11.8** 若对充分大的 $|x|$, 函数 $f(x)$ 满足不等式

$$|f(x)| \leqslant \frac{e^{x^2}}{x^{1+\rho}}, \quad \rho > 0,$$

那么

$$\lim_{n \to \infty} H_n(f) = \int_{-\infty}^{\infty} e^{-x^2} f(x) dx.$$

Cauchy 主值积分

$$I(f;a) = \int_0^\infty \frac{e^{-x} f(x)}{x-a} dx, \quad 0 < a < \infty \qquad (3.11.62)$$

和

$$I(f;b) = \int_{-\infty}^{\infty} \frac{e^{-x^2} f(x)}{x-b} dx, \quad -\infty < b < \infty \qquad (3.11.63)$$

能够转变成正常积分，通过 Laguerre 公式和 Hermite 公式计算. 利用

$$I(f;a) = \int_0^\infty \frac{e^{-x}(f(x)-f(a))}{x-a} dx + f(a) I(1;a), \quad 0 < a < \infty$$

和

$$I(f;b) = \int_{-\infty}^{\infty} \frac{e^{-x^2}(f(x)-f(b))}{x-b} dx + f(b) I(1;b), \quad -\infty < b < \infty, \qquad (3.11.64)$$

这里
$$I(1;a) = \int_0^\infty \frac{e^{-x}}{x-a}dx = -e^{-a}\left[\gamma + \log a + \sum_{n=1}^\infty \frac{a^n}{n(n!)}\right], \quad (3.11.65)$$

$\gamma = 0.5772156659\cdots$ 是 Euler 数, 和

$$I(1;b) = \int_{-\infty}^\infty \frac{e^{-x^2}}{x-b}dx = -e^{-b^2}\sum_{n=0}^\infty \frac{(2b)^{2n+1}\Gamma(n+1/2)}{(2n+1)!}$$

$$= -\sqrt{\pi}be^{-b^2}\int_{-1}^1 e^{-b^2 x^2}dx. \quad (3.11.66)$$

若 $f(z) = \sum_{n=0}^\infty b_n z^n$, 且 $b_n$ 满足某些条件, Lubinsky 证明了 $L_n(f)$ 和 $H_n(f)$ 是几何收敛.

**定理 3.11.9** 设

$$A = \lim_{n\to\infty}\sup(|b_n|^{1/n}n/2), \quad B = \lim_{n\to\infty}\sup(|b_n|^{1/n}\sqrt{n/2}), \quad (3.11.67)$$

那么对充分大的 $n$, 若 $A < 1$ 有

$$\left|\int_0^\infty x^\alpha e^{-x}f(x)dx - L_n(f)\right| \leqslant A^{2n}, \quad (3.11.68)$$

若 $B < 1$ 有

$$\left|\int_0^\infty e^{-x^2}f(x)dx - H_n(f)\right| \leqslant B^{2n}. \quad (3.11.69)$$

利用

$$I(f;a) = \int_0^\infty \frac{e^{-x}f(x)}{(x-a)^2}dx$$

$$= \int_0^\infty \frac{e^{-x}(f(x) - f(a) - (x-a)f'(a))}{(x-a)^2}dx$$

$$+ f(a)I(1;a) + \int_0^\infty \frac{e^{-x}f'(a)}{x-a}dx, \quad 0 < a < \infty \quad (3.11.70)$$

和

$$I(f;b) = \int_{-\infty}^\infty \frac{e^{-x^2}f(x)}{(x-b)^2}dx$$

$$= \int_{-\infty}^\infty \frac{e^{-x^2}(f(x) - f(b) - (x-b)f'(b))}{(x-b)^2}dx$$

$$+ f(b)I(1;b) + \int_{-\infty}^\infty \frac{e^{-x}f'(b)}{x-b}dx, \quad -\infty < b < \infty, \quad (3.11.71)$$

也能够通过 Laguerre 公式和 Hermit 公式计算 Hadamard 超奇异积分.

## 3.12 关于强、超奇异数值积分的 Richardson 外推的稳定性分析

本节研究 Cauchy 强奇异积分

$$I^{(1)}[g] = \int_a^b \frac{g(x)}{x-t}dx, \quad a < t < b, g \in C^\infty[a,b] \tag{3.12.1}$$

的数值求积公式

$$Q_n^{(1)}[g] = h\sum_{j=1}^n f(a+jh-h/2), \quad f(x) = \frac{g(x)}{x-t} \tag{3.12.2}$$

和 Hadamard 超奇异积分

$$I^{(2)}[g] = \int_a^b \frac{g(x)}{(x-t)^2}dx, \quad a < t < b, g \in C^\infty[a,b] \tag{3.12.3}$$

的数值求积公式

$$Q_n^{(2)}[g] = h\sum_{j=1}^n f(a+jh-h/2) - \pi^2 g(t)h^{-1}, \quad f(x) = \frac{g(x)}{(x-t)^2} \tag{3.12.4}$$

的 Richardson 外推的稳定性, 这里 $h = (b-a)/n$. 其他求积公式的 Richardson 外推的稳定性分析可仿照本节的方法进行.

### 3.12.1 Richardson 外推的稳定性分析

设 $A(y)$ 是关于变量 $y$ 的连续或离散函数, 且 $y \in [0,b], b > 0$, 又设 $A = \lim_{y\to 0} A(y)$. 假设 $A(y)$ 有渐近展开式

$$A(y) \sim A + \sum_{i=1}^\infty \alpha_i y^{\sigma_i}, \quad y \to 0, \tag{3.12.5}$$

其中 $\alpha_i$ 是与 $y$ 无关的常数, $\sigma_i$ 是已知实数且满足

$$0 < \sigma_1 < \sigma_2 < \cdots; \quad \lim_{i\to\infty} \sigma_i = \infty. \tag{3.12.6}$$

对 $0 < y < b$, 我们假设 $A(y)$ 是已知的或通过计算的结果, 但不在 $y = 0$ 处, 需要确定或者近似 $A(0) = \lim_{y\to 0} A(y) = A$.

**算法 3.12.1**

**步骤 1** 输入 $A(y)$, $\{\sigma_n\}_{n=1}^\infty$, $y_0 \in (0,b)$ 和 $\omega \in (0,1)$.

**步骤 2** 置 $y_j = y_0\omega^j$,且计算 $A_0^{(j)} = A(y_j)$, $j = 0, 1, \cdots$.

**步骤 3** 对 $n = 1, 2, \cdots$ 和 $j = 0, 1, \cdots$,计算

$$A_n^{(j)} = \frac{A_{n-1}^{(j+1)} - c_n A_{n-1}^{(j)}}{1 - c_n}; \quad c_n = \omega^{\sigma_n}, \tag{3.12.7}$$

这里 $A_n^{(j)}$ 是 $A$ 的近似,且有表 3.12.1.

**表 3.12.1 外推表**

| | | | | |
|---|---|---|---|---|
| $A_0^{(0)}$ | | | | |
| $A_0^{(1)}$ | $A_1^{(0)}$ | | | |
| $A_0^{(2)}$ | $A_1^{(1)}$ | $A_2^{(0)}$ | | |
| $A_0^{(3)}$ | $A_1^{(2)}$ | $A_2^{(1)}$ | $A_3^{(0)}$ | $\cdots$ |
| $\cdots$ | $\cdots$ | $\cdots$ | $\cdots$ | $\cdots$ |

注意在 (3.12.7) 中 $c_n$ 满足

$$1 > c_1 > c_2 > \cdots; \quad \lim_{n \to \infty} c_n = 0. \tag{3.12.8}$$

定义多项式 $U_n(z)$ 且系数为 $\rho_{ni}$ 有

$$U_n(z) = \prod_{i=1}^{n} \frac{z - c_i}{1 - c_i} = \sum_{i=0}^{n} \rho_{ni} z^i, \quad n = 0, 1, \cdots. \tag{3.12.9}$$

由 (3.12.8) 有

$$(-1)^{n-i}\rho_{ni} > 0, \quad i = 0, 1, \cdots, n. \tag{3.12.10}$$

于是

$$U_n(1) = \sum_{i=0}^{n} \rho_{ni} = 1 \text{ 和 } |U_n(-1)| = \sum_{i=0}^{n} |\rho_{ni}| = \prod_{i=1}^{n} \frac{1 + c_i}{1 - c_i}. \tag{3.12.11}$$

那么有

$$A_n^{(j)} = \sum_{i=0}^{n} \rho_{ni} A(y_{j+i}). \tag{3.12.12}$$

在表 3.12.1 中,序列 $\{A_n^{(j)}\}_{j=0}^{\infty}$,对固定的 $n$,称该序列为列序列,对固定的 $j$,称该序列为对角序列. 以下两定理是显然的 [221-225].

**定理 3.12.1**[224] 在 (3.12.5) 和 (3.12.6) 对固定的 $n$,有渐近展开式

$$A_n^{(j)} \sim A + \sum_{i=n+1}^{\infty} \alpha_i U_n(c_i) y_i^{\sigma_i}, \quad i \to \infty. \tag{3.12.13}$$

## 3.12 关于强、超奇异数值积分的 Richardson 外推的稳定性分析

从而有
$$A_n^{(j)} - A = O(y_j^{\sigma_{n+1}}) = O(c_{n+1}^j), \quad j \to \infty. \tag{3.12.14}$$

如果 $\alpha_{n+\mu}$ 是第一个不为零的 $\alpha_i$ 且 $i \geqslant n+1$. 那么也有渐近展开式
$$A_n^{(j)} - A \sim \alpha_{n+\mu} U_n(c_{n+\mu}) y_j^{\sigma_{n+\mu}}, \quad j \to \infty. \tag{3.12.15}$$

换句话说,所有列序列线性收敛.

**定理 3.12.2**[224]  在 (3.12.5) 和 (3.12.6) 对固定的 $j$, 且假设 $\sigma_i$ 满足
$$\sigma_{i+1} - \sigma_i \geqslant d > 0, \quad i = 1, 2, \cdots \tag{3.12.16}$$

和 $A_n^{(j)}$ 满足
$$A_n^{(j)} - A = O(e^{-\lambda n}), \quad n \to \infty, \forall \lambda > 0. \tag{3.12.17}$$

在 $\alpha_s$ 上通过强加一个弱增长条件,从而有
$$A_n^{(j)} - A = O((\omega + \Delta)^{dn^2/2}), \quad n \to \infty; \forall \Delta > 0, \text{固定的 } j. \tag{3.12.18}$$

换句话说,对角序列超线性收敛,故比列序列收敛更快.

数值稳定性分析,关心的是输入函数值的数值误差的影响. 假设函数 $A(y)$ 是通过计算的结果且有误差, 即 $\bar{A}(y_s) = A(y_s) + \Delta_s$ 代替 $A(y_s)$. 其他是精确计算,通过 (3.12.7) Richardson 外推 $\bar{A}_n^{(j)}$ 代替 $A_n^{(j)}$. 于是根据 (3.12.7) 和 (3.12.12) 有

$$\bar{A}_n^{(j)} = \frac{\bar{A}_{n-1}^{(j+1)} - c_n \bar{A}_{n-1}^{(j)}}{1 - c_n} = \sum_{i=0}^n \rho_{ni}[A(y_{j+i}) + \Delta_{j+i}] = A_n^{(j)} + \sum_{i=0}^n \rho_{ni}\Delta_{j+i}. \tag{3.12.19}$$

从而 $\bar{A}_n^{(j)}$ 的绝对误差
$$\bar{A}_n^{(j)} - A = (\bar{A}_n^{(j)} - A_n^{(j)}) + (A_n^{(j)} - A) = \sum_{i=0}^n \rho_{ni}\Delta_{j+i} + (A_n^{(j)} - A) \tag{3.12.20}$$

和相对误差

$$\frac{\bar{A}_n^{(j)} - A}{A} = \frac{\bar{A}_n^{(j)} - A_n^{(j)}}{A} + \frac{A_n^{(j)} - A}{A} = \frac{\sum_{i=0}^n \rho_{ni}\Delta_{j+i}}{A} + \frac{A_n^{(j)} - A}{A}, \quad A \neq 0, \tag{3.12.21}$$

数值稳定性分析最关心的是相对误差.

当 $j \to \infty$ 或 $n \to \infty$ 时,根据上面两个定理,那么有 $(A_n^{(j)} - A)/A \to 0$. 这就暗示着: 在 (3.12.21) 中对充分大的 $j$ 和 $n$, $(A_n^{(j)} - A)/A$ 比起 $(\bar{A}_n^{(j)} - A_n^{(j)})/A$ 可以忽略, 从而

$$\frac{\bar{A}_n^{(j)} - A}{A} \approx \frac{\bar{A}_n^{(j)} - A_n^{(j)}}{A} = \frac{\sum_{i=0}^n \rho_{ni}\Delta_{j+i}}{A}, \quad \text{对充分大的} j \text{和} n, \text{且} A \neq 0. \tag{3.12.22}$$

因此数值稳定性分析仅涉及 $(\sum_{i=0}^n \rho_{ni}\Delta_{j+i})/A$.

假设有上界 $\delta_s$, 即

$$|\Delta_s| \leqslant \delta_s, \quad s = 0, 1, \cdots, \tag{3.12.23}$$

那么我们有

$$\left|\sum_{i=0}^n \rho_{ni}\Delta_{j+i}\right| \leqslant \sum_{i=0}^n |\rho_{ni}||\Delta_{j+i}| \leqslant \sum_{i=0}^n |\rho_{ni}|\delta_{j+i}$$

和

$$\frac{|\bar{A}_n^{(j)} - A|}{|A|} \leqslant \frac{\sum_{i=0}^n |\rho_{ni}|\delta_{j+i}}{|A|} \approx \frac{\sum_{i=0}^n |\rho_{ni}|\delta_{j+i}}{|A_{j+n}^{(0)}|}, \quad \text{对充分大的 } j \text{ 和 } n,$$

这里用 $A_{j+n}^{(0)}$ 来代替它的极限 $A$. 于是通过近似不等式

$$\frac{|\bar{A}_n^{(j)} - A|}{|A|} \lessapprox \frac{\tilde{D}_n^{(j)}}{|A_{j+n}^{(0)}|}, \quad \text{对充分大的}j\text{和}n; \tilde{D}_n^{(j)} = \sum_{i=0}^n |\rho_{ni}|\delta_{j+i} \tag{3.12.24}$$

来代替 (3.12.22) 不等式. 因为 $A(y_s)$ 和 $\delta_s$ 是已知的, 所以对充分大的 $j$ 和 $n$, (3.12.24) 的右边提供了有效的方法来估计 $\bar{A}_n^{(j)}$ 的相对误差.

我们的目的是根据算法 3.12.1 的递推关系来计算 $\tilde{D}_n^{(j)}$, 首先由 (3.12.10) 和 (3.12.24) 有

$$\tilde{D}_n^{(j)} = \sum_{i=0}^n (-1)^{n-i}\rho_{ni}\delta_{j+i} = (-1)^{j+n} D_n^{(j)}; \quad D_n^{(j)} = \sum_{i=0}^n \rho_{ni}[(-1)^{j+i}\delta_{j+i}]. \tag{3.12.25}$$

通过

$$D(y_s) = (-1)^s \delta_s, \quad s = 0, 1, \cdots \tag{3.12.26}$$

来定义函数 $D(y)$, 于是

$$D_n^{(j)} = \sum_{i=0}^n \rho_{ni} D(y_{j+i}), \quad j, i = 0, 1 \cdots. \tag{3.12.27}$$

从而利用算法 3.12.1, 用 $D(y_s)$ 和 $D_n^{(j)}$ 分别代替 $A(y_s)$ 和 $A_n^{(j)}$. 因此有下列算法.

**算法 3.12.2**

**步骤 1** 输入 $\{\delta_s\}_{s=0}^\infty, \{\sigma_n\}_{n=1}^\infty, y_0 \in (0, b)$ 和 $\omega \in (0, 1)$.

**步骤 2** 计算 $D_0^{(j)} = D(y_j) = (-1)^j \delta_j, j = 0, 1, \cdots$.

**步骤 3** 对 $n = 1, 2, \cdots$ 和 $j = 0, 1, \cdots$, 通过

$$D_n^{(j)} = \frac{D_{n-1}^{(j+1)} - c_n D_{n-1}^{(j)}}{1 - c_n}, \quad c_n = \omega^{\sigma_n} \tag{3.12.28}$$

来计算 $D_n^{(j)}$.

在 (3.12.28) 中涉及 $D_n^{(j)} = (-1)^{j+n}\tilde{D}_n^{(j)}$ 这样的事实,于是获得下列递推关系

$$\tilde{D}_0^{(j)} = \delta_j, j \geqslant 0; \quad \tilde{D}_n^{(j)} = \frac{\tilde{D}_{n-1}^{(j+1)} + c_n\tilde{D}_{n-1}^{(j)}}{1-c_n}, j \geqslant 0, n \geqslant 1. \quad (3.12.29)$$

### 3.12.2 关于 $Q_n^{(k)}[g]$ 的 Richardson 外推的稳定性分析

本节首先考虑数值积分公式 $Q_n^{(1)}[g]$ 和 $Q_n^{(2)}[g]$ 的 Richardson 外推.

**引理 3.12.1**[224] 设 $\{v_k\}_{k=0}^{\infty}$ 是正整数序列,$v_0 < v_1 < v_2 < \cdots$ 和 $h_k = (b-a)/v_k$. 对每一个 $k = 0, 1, \cdots$,有 $t \in \{a + jh_k\}_{j=1}^{v_k-1}$,若 $n \in \{v_k\}_{k=0}^{\infty}$ 和 $h = (b-a)/n$,根据 3.4.1 节和 3.10.3 节,我们有

$$Q_n^{(k)}[g] \sim I^{(k)}[g] + \sum_{i=1}^{\infty} \frac{B_{2i}}{(2i)!}(2^{1-2i}-1)[f^{(2i-1)}(b) - f^{(2i-1)}(a)]h^{2i}, \quad (3.12.30)$$

这里 $h = \dfrac{b-a}{n} \to 0$,$B_s$ 是 Bernoulli 数,当 $k = 1$ 时,$f(x)$ 是由 (3.12.2) 定义的,当 $k = 2$ 时,$f(x)$ 是由 (3.12.4) 定义的.

根据该引理有 (3.12.5) 成立且 $A(y) = Q_n^{(k)}[g]$,$\sigma_i = 2i$,$i = 1, 2, \cdots$ 此外 $\sigma_i$ 满足 (3.12.16),根据定理 3.12.1 和定理 3.12.2,我们有

$$A_n^{(j)} - I^{(k)}[g] = O(\omega^{2j(n+1)}), \quad 当 j \to \infty, n \text{ 固定} \quad (3.12.31)$$

和

$$A_n^{(j)} - I^{(k)}[g] = O(e^{-\lambda n}), \quad n \to \infty, j \text{ 固定}. \quad (3.12.32)$$

若强加条件当 $s \to \infty$, $c \geqslant 0$, $\sigma < 2$ 时使得 $\max_{a \leqslant x \leqslant b}|g^{(s)}(x)| = O(e^{cs^{\sigma}})$,于是上式有

$$A_n^{(j)} - I^{(k)}[g] = O((\omega+\varepsilon)^{n^2}), \quad n \to \infty; \varepsilon \text{是任意小正数}, j\text{固定}.$$

现在来研究 $|Q_n^{(k)}[g] - \bar{Q}_n^{(k)}[g]|$ 的界,其中 $\bar{Q}_n^{(k)}[g]$ 是实际计算 $Q_n^{(k)}[g]$ 的结果. 假设没有另外的舍入误差,$\bar{Q}_n^{(k)}[g]$ 的误差主要来源于计算 $g(x)$ 的误差,用 $\bar{g}(x)$ 来代替 $g(x)$,且

$$\bar{g}(x) = g(x)[1 + \eta(x)], \quad |\eta(x)| \leqslant u, \forall x \in [a,b]. \quad (3.12.33)$$

设 $x_j = a + jh - h/2$, $j = 1, \cdots, n$. 根据 (3.12.2) 和 (3.12.33) 有

$$\bar{Q}_n^{(1)}[g] = Q_n^{(1)}[\bar{g}] = h\sum_{j=1}^{n}\frac{\bar{g}(x_j)}{x_j-t} = Q_n^{(1)}[g] + h\sum_{j=1}^{n}\frac{g(x_j)\eta(x_j)}{x_j-t}. \quad (3.12.34)$$

于是

$$\bar{Q}_n^{(1)}[g] - Q_n^{(1)}[g] = h\sum_{j=1}^{n}\frac{g(x_j)\eta(x_j)}{x_j-t}, \quad (3.12.35)$$

利用 $|\eta(x)| \leqslant u, \forall x \in [a,b]$, 有

$$|\bar{Q}_n^{(1)}[g] - Q_n^{(1)}[g]| \leqslant u\left[h\sum_{j=1}^n |f(x_j)|\right] \equiv \varepsilon_n^{(1)}, \quad f(x) = \frac{g(x)}{x-t}. \tag{3.12.36}$$

显然 $\varepsilon_n^{(1)}$ 提供了 $|Q_n^{(1)}[g] - \bar{Q}_n^{(1)}[g]|$ 的上界.

根据 (3.12.4) 和 (3.12.33) 有

$$\begin{aligned}\bar{Q}_n^{(2)}[g] =& Q_n^{(2)}[\bar{g}] = h\sum_{j=1}^n \frac{\bar{g}(x_j)}{(x_j-t)^2} - \pi^2 \bar{g}(t) h^{-1} \\ =& Q_n^{(2)}[g] + h\sum_{j=1}^n \frac{g(x_j)\eta(x_j)}{(x_j-t)^2} - \pi^2 \bar{g}(t) h^{-1}.\end{aligned} \tag{3.12.37}$$

根据 $|\eta(x)| \leqslant u, \forall x \in [a,b]$, 有

$$|\bar{Q}_n^{(2)}[g] - Q_n^{(2)}[g]| \leqslant u\left[h\sum_{j=1}^n |f(x_j)| + \pi^2 \bar{g}(t) h^{-1}\right] \equiv \varepsilon_n^{(2)}, \quad f(x) = \frac{g(x)}{(x-t)^2}. \tag{3.12.38}$$

显然 $\varepsilon_n^{(2)}$ 提供了 $|Q_n^{(2)}[g] - \bar{Q}_n^{(2)}[g]|$ 的上界.

根据引理 3.12.1, 选择每个正整数 $v_0$, 固定 $t = a+kh_0$, $h_0 = (b-a)/v_0$ 和 $k \in \{1, 2, \cdots, v_0-1\}$, 根据 $v_s = v_0/\omega^s$, 选择 $v_1, v_2, \cdots$, 于是利用 Richardson 外推, 有 $y_s = h_s = h_0\omega^s$, $A_0^{(s)} = Q_{v_s}^{(k)}[g]$, $\tilde{D}_0^{(s)} = \varepsilon_{v_s}^{(k)}$, $s = 0, 1, \cdots$ 和 $A_n^{(j)} = \sum_{i=0}^n \rho_{ni} A_0^{(j+i)}$, $\tilde{D}_n^{(j)} = \sum_{i=0}^n |\rho_{ni}| \tilde{D}_0^{(j+i)}$, 这里 $\rho_{ni}$ 是由

$$U_n(z) = \prod_{i=1}^n \frac{z-c_i}{1-c_i} = \sum_{i=0}^n \rho_{ni} z^i; c_i = \omega^{2i}, \quad i = 1, 2, \cdots$$

确定的, 而 $A_n^{(j)}$ 和 $\tilde{D}_n^{(j)}$, $j \geqslant 0, n \geqslant 1$ 能够分别通过递推关系 (3.12.7) 和 (3.12.29) 计算. 因为 $\lim_{n\to\infty} Q_n^{(k)}[g] = I^{(k)}[g]$, 故对充分大的 $j$ 和 $n$, 有 (3.12.24) 成立.

现在我们开始研究在 (3.12.24) 中定义的 $\tilde{D}_n^{(j)}$ 随着 $n$ 增大的性质. 为了方便, 我们设 $\tilde{E}_n^{(j)}$ 是 $\tilde{D}_n^{(j)}$ 的上界. 因为对角序列 $\{A_n^{(j)}\}_{n=0}^\infty$, 对固定的 $j$, 有最好的收敛特征, 因此有

$$\frac{|\bar{A}_n^{(j)} - A|}{|A|} \lessapprox \frac{\tilde{D}_n^{(j)}}{|A_{j+n}^{(0)}|} \leqslant \frac{\tilde{E}_n^{(j)}}{|A_{j+n}^{(0)}|}, \text{对充分大的} j \text{或} n. \tag{3.12.39}$$

公式 (3.12.39) 表明以下两点:

(1) 比值 $\tilde{E}_n^{(j)}/|A_{j+n}^{(0)}|$ 给出了 $\bar{A}_n^{(j)}$ 的相对误差的上界;

(2) 比值 $\tilde{E}_n^{(j)}/|A_{j+n}^{(0)}|$ 描绘了整个外推过程中误差影响的速度.

现在我们来研究 $Q_n^{(1)}[g]$ 的情形.

置 $t = a + kh$, $k \in \{1, 2, \cdots, n-1\}$, 那么根据 (3.12.36) 我们有

$$|\bar{Q}_n^{(1)}[g] - Q_n^{(1)}[g]| \leqslant u\left[h\sum_{j=1}^n \frac{|g(x_j)|}{|x_j - t|}\right] \leqslant u\|g\|\sum_{j=1}^n \frac{1}{|j - 1/2 - k|}, \quad (3.12.40)$$

这里 $\|g\| = \max_{a \leqslant x \leqslant b} |g(x)|$. 因为对每一个 $k$ 和 $t$ 有

$$\sum_{j=1}^n \frac{1}{|j - 1/2 - k|} = \sum_{i=0}^{k-1} \frac{1}{i + 1/2} + \sum_{i=0}^{n-k-1} \frac{1}{i + 1/2} = O(\log n), \quad n \to \infty$$

和

$$\sum_{i=1}^{m-1} \frac{1}{i + 1/2} < \int_1^m \frac{dx}{x} = \log m, \quad (3.12.41)$$

因此有

$$\sum_{j=1}^n \frac{1}{|j - 1/2 - k|} < 4 + \log[k(n-k)] < 4 + 2\log(n/2),$$

从而对所有 $t = a + kh$, $k \in \{1, \cdots, n-1\}$, 我们获得

$$|\bar{Q}_n^{(1)}[g] - Q_n^{(1)}[g]| \leqslant u\|g\|[4 + 2\log(n/2)]. \quad (3.12.42)$$

根据 (3.12.42), 取 $\delta_s = u\|g\|[4 + 2\log(v_s/2)]$, 从上式得到

$$\tilde{D}_n^{(j)} \leqslant \sum_{i=0}^n |\rho_{ni}|\delta_{j+i} = u\|g\|\sum_{i=0}^n |\rho_{ni}|[4 + 2\log(v_{j+i}/2)]. \quad (3.12.43)$$

利用 $v_{j+i} = v_j\omega^{-i}$, 也有

$$\tilde{D}_n^{(j)} \leqslant u\|g\|\sum_{i=0}^n |\rho_{ni}|[4 + 2\log(v_j/2) + 2i\log\omega^{-1}], \quad (3.12.44)$$

因此

$$\tilde{D}_n^{(j)} \leqslant u\|g\|\left\{[4 + 2\log(v_j/2)]\sum_{i=0}^n |\rho_{ni}| + 2\log\omega^{-1}\sum_{i=0}^n i|\rho_{ni}|\right\}. \quad (3.12.45)$$

又因为

$$K_n = \sum_{i=0}^n |\rho_{ni}| = |U_n(-1)| = \prod_{i=1}^n \frac{1 + c_i}{1 - c_i} < \prod_{i=1}^\infty \frac{1 + c_i}{1 - c_i} = K_\infty < \infty \quad (3.12.46)$$

和
$$U_n'(z) = \sum_{i=0}^{n} i\rho_{ni}z^{i-1} \text{ 和 } \sum_{i=0}^{n} i|\rho_{ni}| = (-1)^{n-1}\sum_{i=0}^{n} i\rho_{ni}(-1)^{i-1} = |U_n'(-1)|, \quad (3.12.47)$$

从而 $U_n(z)$ 有 $c_1 > c_2 > \cdots > c_n$ 作为它的零点,根据 Roll 定理 $U_n'(z)$ 有 $c_1' > c_2' > \cdots > c_{n-1}'$ 作为它的零点且

$$1 > c_1 > c_1' > c_2 > c_2' > \cdots > c_{n-1} > c_{n-1}' > c_n > 0. \quad (3.12.48)$$

故

$$U_n'(z) = n\rho_{nn}\prod_{i=1}^{n-1}(z - c_i') \Rightarrow \sum_{i=0}^{n} i|\rho_{ni}| = n\rho_{nn}\prod_{i=1}^{n-1}(1 + c_i'), \quad \rho_{nn} = \prod_{i=1}^{n-1}\frac{1}{1 - c_i}. \quad (3.12.49)$$

注意到

$$\prod_{i=2}^{n-1}(1 + c_i) < \prod_{i=1}^{n-1}(1 + c_i') < \prod_{i=1}^{n-1}(1 + c_i),$$

根据 (3.12.48) 获得

$$\frac{K_n n}{1 + c_1} < \sum_{i=0}^{n} i|\rho_{ni}| < \frac{K_n n}{1 + c_n} < K_n n. \quad (3.12.50)$$

因 $K_n$ 有界,该不等式暗示了 $\sum_{i=0}^{n} i|\rho_{ni}|$ 随着 $n$ 递增,故由 (3.12.45) 得到

$$\tilde{D}_n^{(j)} \leqslant u\|g\|\{[4 + 2\log(v_j/2)]K_n + 2\log\omega^{-1}K_n n\}$$
$$= u\|g\|K_n[4 + 2\log(v_{j+n}/2)] \equiv \tilde{E}_n^{(j)}. \quad (3.12.51)$$

由此可知,计算 $g(x)$ 的误差对对角序列 $\{A_n^{(j)}\}_{n=0}^{\infty}$ 影响很慢,正好是 $\log h_{j+n}^{-1}$.

接下来研究 $Q_n^{(2)}[g]$ 的情形.

置 $t = a + kh, k \in \{1, 2, \cdots, n-1\}$,那么根据 (3.12.38) 我们有

$$|\bar{Q}_n^{(2)}[g] - Q_n^{(2)}[g]|$$
$$\leqslant u\left[h\sum_{j=1}^{n}\frac{|g(x_j)|}{(x_j - t)^2} + \pi^2 g(t)h^{-1}\right]$$
$$\leqslant u\|g\|h^{-1}\left[\pi^2 + \sum_{j=1}^{n}\frac{1}{(j - 1/2 - k)^2}\right].$$

注意到,对每一个 $k$ 和 $t$,当 $n \to \infty$ 时,有

$$\sum_{j=1}^{n}\frac{1}{(j - 1/2 - k)^2} = \sum_{i=0}^{k-1}\frac{1}{(i + 1/2)^2} + \sum_{i=0}^{n-k-1}\frac{1}{(i + 1/2)^2} = O(1),$$

利用了 Hurwitz Zeta 函数 $\zeta(z,\theta) = \sum_{i=0}^{\infty}(i+\theta)^{-z}$, $\text{Re}\,z > 1$, 且 $\zeta(z,1/2) = (2^z - 1)\zeta(z)$, 其中 $\zeta(z) = \zeta(z,1)$ 是 Riemann Zeta 函数，从而有

$$\sum_{j=1}^{n} \frac{1}{(j-1/2-k)^2} < 2\zeta(z,1/2) = 6\zeta(2) = \pi^2,$$

故

$$|\bar{Q}_n^{(2)}[g] - Q_n^{(2)}[g]| \leqslant 2\pi^2 u \|g\| h^{-1}. \tag{3.12.52}$$

现在再来研究 Richardson 外推. 即研究对 $n$ 充分大, $\tilde{D}_n^{(j)}$ 的性质. 根据 (3.12.24), 取 $\delta_s = 2u\|g\|\pi^2 h_s^{-1}$, 因 $h_{j+i} = h_j \omega^i$, 由上式得到

$$\tilde{D}_n^{(j)} \leqslant 2u\|g\|\pi^2 \sum_{i=0}^{n} |\rho_{ni}| h_{j+i}^{-1} = 2u\|g\|\pi^2 h_j^{-1} \sum_{i=0}^{n} |\rho_{ni}| \omega^{-i}. \tag{3.12.53}$$

利用 (3.12.8)~(3.12.10) 有

$$\sum_{i=0}^{n} |\rho_{ni}| \omega^{-i} = (-1)^n \sum_{i=0}^{n} \rho_{ni}(-\omega^{-1})^i = |U_n(-\omega^{-1})| = L_n \omega^{-n};$$

$$L_n = \prod_{i=1}^{n} \frac{1+c_i\omega}{1-c_i}. \tag{3.12.54}$$

因此

$$\tilde{D}_n^{(j)} \leqslant 2u\|g\|\pi^2 L_n h_{j+n}^{-1} \equiv \tilde{E}_n^{(j)}. \tag{3.12.55}$$

注意到对所有的 $i$ 有 $\omega c_i < c_i$, 从而

$$L_n = \prod_{i=1}^{n} \frac{1+c_i\omega}{1-c_i} < \prod_{i=1}^{\infty} \frac{1+c_i\omega}{1-c_i} = L_\infty < \infty,$$

这就暗示了计算 $g(x)$ 的误差对对角序列 $\{A_n^{(j)}\}_{n=0}^{\infty}$ 影响并不严重, 正好是 $h_{j+n}^{-1}$, 即 $\omega^{-n}$. 譬如 $\omega = 1/2$, $n = 10$, $\omega^{-n} = 1024 \approx 10^3$.

### 3.12.3 被积函数为周期函数的数值算法的稳定性分析

根据引理 3.12.1, 若 $g \in C^\infty(\Re)$, $f$ 是以 $T = b-a$ 为周期的周期函数, 奇异点是 $x = t + kT$, $k = 0, \pm 1, \pm 2, \cdots$, 那么 $Q_n^{(k)}[g]$, $k = 1, 2$ 有高精度, 利用外推提高精度是无效的. 利用上段的方法, 我们有

$$|\bar{Q}_n^{(1)}[g] - Q_n^{(1)}[g]| \leqslant u\left[h\sum_{j=1}^{n} \frac{|g(t+jh-h/2)|}{|jh-h/2|}\right] \leqslant u\|g\| \sum_{j=0}^{n-1} \frac{1}{j+1/2},$$

利用 (3.12.41) 获得

$$|\bar{Q}_n^{(1)}[g] - Q_n^{(1)}[g]| \leqslant u\|g\|(2+\log n). \tag{3.12.56}$$

同样利用上段的方法，有

$$|\bar{Q}_n^{(2)}[g] - Q_n^{(2)}[g]| \leqslant u\left[h\sum_{j=1}^n \frac{|g(t+jh-h/2)|}{(jh-h/2)^2} + \pi^2 g(t)h^{-1}\right]$$

$$\leqslant u\|g\|h^{-1}\left[\pi^2 + \sum_{j=0}^n \frac{1}{(j+1/2)^2}\right] \leqslant u\|g\|h^{-1}[\pi^2 + \zeta(2,1/2)]$$

$$\leqslant \frac{3\pi^2}{2}u\|g\|h^{-1}. \tag{3.12.57}$$

从 (3.12,56) 和 (3.12.57) 看到，随着 $n$ 的增大，利用求积公式 $Q_n^{(1)}[g]$ 和 $Q_n^{(2)}[g]$ 计算奇异积分的相对误差直接很微小.

**算例 3.12.1**[224]  在 (3.12.1) 和 (3.12.3) 中，取 $g(x) = x/(x^2+1)$, $[a,b] = [-\alpha, \alpha]$, $\alpha = 2$, 有

$$I^{(1)}[g] = \frac{1}{t^2+1}\left(t\log\frac{\alpha-t}{\alpha+t} + 2\arctan\alpha\right)$$

和

$$I^{(2)}[g] = \frac{d}{dt}I^{(1)}[g]$$

$$= -\frac{2t}{(t^2+1)^2}\left(t\log\frac{\alpha-t}{\alpha+t} + 2\arctan\alpha\right) + \frac{1}{t^2+1}\left(\log\frac{\alpha-t}{\alpha+t} - \frac{2\alpha t}{\alpha^2-t^2}\right),$$

这里利用了 $\int_a^b \frac{g(x)}{(x-t)^2}dx = \frac{d}{dt}\int_a^b \frac{g(x)}{x-t}dx$, $a < t < b$, 且容易得到

$$\|g\| = \max_{a \leqslant x \leqslant b}|g(x)| = \begin{cases} \alpha/(\alpha^2+1), & \alpha \leqslant 1, \\ 1/2, & \alpha > 1. \end{cases}$$

取 $v_0 = 4$, $v_s = v_0 2^s$, $s = 1, 2, \cdots$, 采用双精度计算，$u = 2.22 \times 10^{-16}$, $I^{(1)}[g]$ 的数值结果列入表 3.12.2 中，$I^{(2)}[g]$ 的数值结果列入表 3.12.3 中，数值结果表明：当 $n$ 充分大时，用 $\tilde{D}_n^{(j)}/|A_n^{(0)}|$ 和 $\tilde{E}_n^{(j)}/|A_n^{(0)}|$ 来估计 $|\bar{A}_n^{(k)} - A_n^{(k)}|/|A|$, $k = 1, 2$, 即实际上相对误差 $|\bar{A}_n^{(k)} - A|/|A|$, 效果非常好.

表 3.12.2  当 $t=1$ 时，$I^{(1)}[g]$ 的数值结果

| $n$ | $\varepsilon_n$ | $\tilde{D}_n^{(j)}/|A_n^{(0)}|$ | $\tilde{E}_n^{(j)}/|A_n^{(0)}|$ |
| --- | --- | --- | --- |
| 0  | $2.96D-02$ | $8.40D-16$ | $1.04D-15$ |
| 1  | $4.63D-03$ | $1.76D-15$ | $2.24D-15$ |
| 2  | $2.00D-04$ | $2.48D-15$ | $3.07D-15$ |
| 3  | $3.38D-06$ | $3.08D-15$ | $3.70D-15$ |
| 4  | $4.08D-09$ | $3.64D-15$ | $4.27D-15$ |
| 5  | $1.99D-11$ | $4.19D-15$ | $4.82D-15$ |
| 6  | $3.26D-14$ | $4.74D-15$ | $5.37D-15$ |
| 7  | $1.19D-15$ | $5.28D-15$ | $5.91D-15$ |
| 8  | $1.79D-15$ | $5.83D-15$ | $6.46D-15$ |
| 9  | $7.96D-16$ | $6.37D-15$ | $7.00D-15$ |
| 10 | $2.99D-15$ | $6.91D-15$ | $7.54D-15$ |

表 3.12.3  当 $t=1$ 时，$I^{(2)}[g]$ 的数值结果

| $n$ | $\varepsilon_n$ | $\tilde{D}_n^{(j)}/|A_n^{(0)}|$ | $\tilde{E}_n^{(j)}/|A_n^{(0)}|$ |
| --- | --- | --- | --- |
| 0  | $1.89D-02$ | $1.10D-15$ | $1.26D-15$ |
| 1  | $1.57D-07$ | $3.44D-15$ | $3.71D-15$ |
| 2  | $1.07D-04$ | $7.84D-15$ | $8.15D-15$ |
| 3  | $4.47D-07$ | $1.64D-14$ | $1.67D-14$ |
| 4  | $4.71D-09$ | $3.33D-14$ | $3.36D-14$ |
| 5  | $1.32D-11$ | $6.69D-14$ | $6.73D-14$ |
| 6  | $1.11D-14$ | $1.34D-13$ | $1.35D-13$ |
| 7  | $2.54D-14$ | $2.69D-13$ | $2.69D-13$ |
| 8  | $2.44D-13$ | $5.38D-13$ | $5.38D-13$ |
| 9  | $1.54D-12$ | $1.08D-12$ | $1.08D-12$ |
| 10 | $9.37D-12$ | $2.15D-12$ | $2.15D-12$ |

这里 $\varepsilon_n = |\bar{A}_n^{(0)} - I^{(k)}[g]|/|I^{(k)}[g]|$，$k=1,2$.

# 第4章 多维奇异积分的误差多参数渐近展开式与分裂外推算法

对多维弱奇异、强奇异、超奇异积分及相关的积分方程的研究是计算数学具有挑战性的问题. 当今，数学物理和工程技术中的许多数学模型问题都可归结于计算多维弱奇异、强奇异和超奇异积分，但是关于这方面研究的成果并不多. 20世纪70年代Lyness在文章 [132], [133], [135], [136], [138] 中给出了多维点型弱奇异积分的求积公式与误差的单参数 Euler-Maclaurin 展开式；1997年，Verlinden 等 [250–252] 根据 Lyness 的结果，利用 Sidi–变换 [212,213] 得到了原点弱奇异积分高精度的求积公式；Sidi 在 1983 年得到了三角形和正方形区域上的代数弱奇异的单参数 Euler-Maclaurin 展开式；2005年 Lyness 和 Monegato 利用 Mellin 变换得到了二维超奇异积分的求积公式与误差的单参数 Euler-Maclaurin 展开式，但是总的说来其成果还不能适应蓬勃发展的应用需要.

本章首先给出多维弱奇异积分、多维强奇异积分与多维超奇异积分的高精度算法，这里奇点可以在积分区域的面上，也可以在区域内部，因此奇性又分面型与点型两种.

## 4.1 点型弱奇异积分的误差单参数渐近展开式

本节给出多维弱奇异，包括代数弱奇异和对数弱奇异积分的高精度算法. 设 $\Omega$ 是 $\Re^s$ 的有界区域，考虑积分

$$I[f] = \int_\Omega g(\boldsymbol{x}) r^\alpha \log^\beta r d\boldsymbol{x} \tag{4.1.1}$$

和

$$I[f] = \int_\Omega g(\boldsymbol{x}) \prod_{j=1}^s |x_j - t_j|^{\alpha_j} d\boldsymbol{x} \tag{4.1.2}$$

的高精度数值算法，其中 $r = [\sum_{j=1}^s (x_j - t_j)^2]^{1/2}$, $(x_1, \cdots, x_s) \in \Omega$, $(t_1, \cdots, t_s) \in \Omega$, $-s < \alpha < 0$, $\beta$ 为正整数；$-1 < \alpha_j < 0$, $g \in C^m([\Omega])$. 称 (4.1.1) 为点型弱奇异积分；也称 (4.1.2) 为面型弱奇异积分. 在 (4.1.1) 和 (4.1.2) 中若 $t_j = 0, j = 1, \cdots, s$, 称 (4.1.1) 和 (4.1.2) 是原点 $(0, \cdots, 0) \in \Omega$ 为奇点的弱奇异积分；否则称含参弱奇异积分.

## 4.1.1 点型弱奇异积分的误差单参数 Euler-Maclaurin 展开式

Lyness[132,133] 对形如

$$I[f] = \int_\Omega f(\boldsymbol{x})d\boldsymbol{x}, \quad f(\boldsymbol{x}) = r^\alpha \varphi(\theta) h(r) g(\boldsymbol{x}), \quad \boldsymbol{x} = (x_1, \cdots, x_s) \tag{4.1.3}$$

的积分,给出了数值求积公式和误差的单参数渐近展开式,其中 $r = (\sum_{i=1}^s x_i^2)^{1/2}$, $\theta = (\theta_2, \cdots, \theta_s)$ 是球面坐标,$\varphi(\theta)$, $h(r)$ 和 $g(\boldsymbol{x})$ 是关于各个变量的光滑函数,故被积函数仅以原点为唯一奇点.

**定义 4.1.1** 对任意实数 $\lambda$, 若函数 $f(x_1, x_2, \cdots, x_s)$ 满足恒等式

$$f(\lambda x_1, \lambda x_2, \cdots, \lambda x_s) = \lambda^\gamma f(x_1, x_2, \cdots, x_s), \tag{4.1.4}$$

称该函数为 $\gamma$ 阶齐次函数,若用球面坐标表示 (4.1.4) 有等价形式

$$f(\lambda r) = \lambda^\gamma f(r). \tag{4.1.5}$$

用 $f_\gamma(\boldsymbol{x})$ 表示 $\gamma$ 阶齐次函数,$f_\gamma^{(\beta)}(\boldsymbol{x})$ 表示 $f_\gamma(\boldsymbol{x})$ 的 $\beta = (\beta_1, \cdots, \beta_s)$ 阶导数,显然齐次函数有下列性质:

(1) $f(\boldsymbol{x} \equiv 0)$ 是任意阶齐次函数;
(2) $\varphi(\theta)$ 是零阶齐次的函数;
(3) $(f_\gamma(\boldsymbol{x}))^a (f_\delta(\boldsymbol{x}))^b$ 是 $\gamma a + \delta b$ 阶齐次函数;
(4) $|f_\gamma(\boldsymbol{x})|$ 是 $\gamma$ 阶齐次函数;
(5) $f_\gamma^{(\beta)}(\boldsymbol{x})$ 是 $\gamma - |\beta|$ 阶齐次函数.

下面给出 Lyness 的主要结果.

**定理 4.1.1**[107] 若 $f_\gamma(\boldsymbol{x})$ 是 $\gamma$ 阶齐次函数,且在 $[0,1]^s \backslash \{0\}$ 上解析,那么有误差渐近展开式

$$Q^{(m)}(f_\gamma) - I(f_\gamma) = \frac{A_{s+\gamma}}{m^{s+\gamma}} + \sum_{\mu=1}^{l-1} \frac{B_{\gamma,\mu}}{m^\mu} + \frac{D_{s+\gamma} \ln m}{m^{s+\gamma}} + R_l^{(m)}(f_\gamma), \quad l > s+\gamma, \tag{4.1.6}$$

其中 $Q^{(m)}(f_\gamma)$ 由 (2.2.42) 定义,$A_{s+\gamma}$, $B_{\gamma,\mu}$ 和 $D_{s+\gamma}$ 与 $m$ 无关的常数,$R_l^{(m)}(f_\gamma)$ 是余项,并且有显式表达式

$$R_l^{(m)}(f_\gamma) = \frac{1}{m^{s+\gamma}} \sum_{|\alpha|=l} \int_{L[m,\infty)} h_\alpha(Q; \boldsymbol{x}) f^{(\alpha)}(\boldsymbol{x}) d\boldsymbol{x}, \tag{4.1.7}$$

这里 $h_\alpha(Q; \boldsymbol{x})$ 定义与 (2.2.44) 相同,而区域

$$L[m, \infty) = \{\boldsymbol{x} \in \Re^s : m \leqslant \max_i(x_i), 0 \leqslant \min_i(x_i)\}.$$

**推论 4.1.1** 余项有估计 $R_l^{(m)}(f_\gamma) = O(m^{-l})$, $l > \gamma + s$.

**推论 4.1.2** 若 $f_\gamma(x)$ 是多项式, 则 $A_{s+\gamma} = D_{s+\gamma} = 0$.

**推论 4.1.3** 若 $Q$ 是对称求积公式, 则当 $\mu$ 为奇数时, $B_{\gamma,\mu} = 0$; 当 $s+\gamma$ 为奇数时, $D_{s+\gamma} = 0$. 此外, 若 $Q$ 有 $d$ 阶代数精度, 则当 $\mu \leqslant d$ 时, $B_{\gamma,\mu} = 0$, 当 $\mu + N \leqslant d$ 时, $D_{s+\gamma} = 0$.

在 (4.1.6) 中的求积公式 $Q^{(m)}(f_\gamma)$ 不含 $f(0)$ 的计算 (对齐次函数 $f_\gamma(0)$ 或为零, 或无意义), 若有些求积公式要涉及 $f(0)$ 的值, 可以定义一个新的求积公式

$$\bar{Q}(f) = Q(f) - w_0 f(0), \quad \bar{Q}^{(m)}(f) = Q^{(m)}(f) - w_0 f(0)/m^s, \tag{4.1.8}$$

其中 $w_0$ 是 $Q(f)$ 关于 $f(0)$ 的权, 从而 $\bar{Q}(f)$ 和 $\bar{Q}^{(m)}(f)$ 没有 $f(0)$ 的计算, 能够证明 $\bar{Q}^{(m)}(f)$ 具有 (4.1.6) 的渐近展开式.

**定义 4.1.2** 若形如函数

$$f(\mathbf{x}) = r^\alpha \varphi(\theta) h(r) g(\boldsymbol{x}) \tag{4.1.9}$$

满足下列条件:

($H_1$) $f(\boldsymbol{x})$ 在 $[0,1]^s$ 上可积;

($H_2$) $\varphi(\theta)$ 关于 $\theta_2, \cdots, \theta_s$ 在区域: $\{\theta|\theta \in [0, 2\pi]^{s-1}\}$ 内解析;

($H_3$) $h(r)$ 在区间 $0 \leqslant r \leqslant \sqrt{s}$ 上解析;

($H_4$) $g(\boldsymbol{x})$ 在 $[0,1]^s$ 上解析. 则称函数 $f(\boldsymbol{x}) \in H_\alpha^{(s)}$.

特别地, (1) 在二维情形, $r = \sqrt{x^2+y^2}$, $\theta = \arctan(y/x)$, 条件 ($H_2$) 变成为 $\varphi(\theta)$ 在 $0 \leqslant \theta \leqslant \pi/2$ 上解析;

(2) 条件 ($H_1$) 要求 $f(\boldsymbol{x})$ 在 $[0,1]^s$ 上可积; 这并不意味着有 $\alpha > -s$, 比如 $r^{-4}x^3 = r^{-1}\cos^3\theta$ 是可积的, 从而有 $r^{-4}x^3 \in H_{-4}^{(2)}$.

(3) 条件 ($H_2$) 和 ($H_4$) 中在 $[0,1]^s$ 上有奇异线的函数不能包括在 $H_\alpha^{(s)}$ 内, 比如函数 $f(x,y) = (\lambda x + \mu y)^\beta$, $\beta$ 不是非负整数, 当 $\lambda\mu \leqslant 0$ 时, $f(x,y) \notin H_\alpha^{(s)}$; 而当 $\beta > -2$, $\lambda\mu \geqslant 0$ 时, $f(x,y) \in H_\alpha^{(s)}$.

**定理 4.1.2**[107] 若 $f(\boldsymbol{x}) \in H_\alpha^{(s)}$, 则有下列渐近展开式

$$Q^{(m)}(f) - I(f) = \sum_{\mu=0}^{p-1} \frac{A_{s+\alpha+\mu}}{m^{s+\alpha+\mu}} + \sum_{\mu=1}^{l-1} \frac{B_\mu}{m^\mu} + O(m^{-l}), \tag{4.1.10}$$

其中 $s \leqslant l < \alpha + s + p$, $\alpha \neq$ 整数, 和

$$Q^{(m)}(f) - I(f) = \sum_{\mu=1}^{l-1} \frac{A_\mu + B_\mu}{m^\mu} + \sum_{\mu=1}^{l-1} \frac{D_\mu \ln m}{m^\mu} + O(m^{-l} \ln m), \tag{4.1.11}$$

这里 $s \leqslant l$, $\alpha =$ 整数.

**推论 4.1.4** 若 $Q$ 是对称型求积公式，则当 $\mu$ 为奇数时，有 $B_\mu = D_\mu = 0$.

**推论 4.1.5** 若 $Q$ 拥有 $d$ 阶代数精度，则当 $\mu$ 小于 $d$ 的整数时，有 $B_\mu = D_\mu = 0$.

该定理还能够推广到含有对数弱奇异的函数，形如

$$F(\mathbf{x}) = r^\alpha \varphi(\theta) h(r) g(\boldsymbol{x}) \ln r = \frac{\partial}{\partial \alpha} f(\boldsymbol{x}), \tag{4.1.12}$$

此处 $f(\boldsymbol{x}) = r^\alpha \varphi(\theta) h(r) g(\boldsymbol{x}) \in H_\alpha^{(s)}$. 当 $\alpha$ 不是整数时，在 (4.1.10) 两边对 $\alpha$ 求导，我们获得下列结果.

**定理 4.1.3** 设 $\alpha$ 不是整数，那么由 (4.1.12) 定义的函数 $F(\boldsymbol{x})$，有求积公式的误差单参数渐近展开式

$$Q^{(m)}(F) - I(F) = \sum_{\mu=0}^{p-1} \frac{A'_{s+\alpha+\mu}}{m^{s+\alpha+\mu}} - \sum_{\mu=0}^{p-1} \frac{A_{s+\alpha+\mu} \ln m}{m^{s+\alpha+\mu}} + \sum_{\mu=0}^{l-1} \frac{B'_\mu}{m^\mu} + O(m^{-l}), \tag{4.1.13}$$

其中和

$$s \leqslant l < \alpha + s + p, \quad A'_{s+\alpha+\mu} = \frac{\partial A_{s+\alpha+\mu}}{\partial \alpha}, \quad B'_\mu = \frac{\partial B_\mu}{\partial \alpha},$$

且 $A_{s+\alpha+\mu}$ 和 $B_\mu$ 与 (4.1.10) 中的一致. 当 $\alpha$ 是整数时，不能由 (4.1.11) 得到，但 Lyness[132] 得到了下列结果.

**定理 4.1.4** 若 $\alpha$ 是整数，$F(\boldsymbol{x})$ 由 (4.1.12) 确定，那么有求积公式的误差单参数渐近展开式

$$Q^{(m)}(F) - I(F) = \sum_{\mu=0}^{p-1} \frac{\bar{A}_{s+\alpha+\mu}}{m^{s+\alpha+\mu}} + \sum_{\mu=1}^{l-1} \frac{\bar{B}_\mu}{m^\mu} + \sum_{\mu=0}^{p-1} \frac{\bar{D}_{s+\alpha+\mu} \ln m}{m^{s+\alpha+\mu}}$$

$$+ \sum_{\mu=0}^{p-1} \frac{\bar{E}_{s+\alpha+\mu} (\ln m)^2}{m^{s+\alpha+\mu}} + O(m^{-(\alpha+p+s)} (\ln m)^2). \tag{4.1.14}$$

注意展开式的系数是否为零还与 $f(\boldsymbol{x})$ 的性质相关. 若 $f(\boldsymbol{x})$ 有齐次分解

$$f(\boldsymbol{x}) = \sum_{\mu=0}^{p-1} f_{\alpha+\mu}(\boldsymbol{x}) + g_{\alpha+p}(\boldsymbol{x}), \tag{4.1.15}$$

且能确定某个分量 $f_{\alpha+\mu}(\boldsymbol{x})$ 为零，那么由定理 4.1.2 的证明过程[107] 可得 $A_{s+\alpha+\mu} = D_{s+\alpha+\mu} = 0$. 譬如 $f(x,y) = r^{-4} x^3 = r^{-1} \cos^3 \theta$ 是 $-1$ 阶齐次函数，通过齐次分解，除去 $f_{-1}(x,y)$ 项外，其他项为零. 我们还可以利用 $h(r)g(\boldsymbol{x})$ 的奇偶性得到渐近展开式的某些系数为零.

**定理 4.1.5** 设函数 $h(r)g(\boldsymbol{x})$ 满足

$$h(r)g(\boldsymbol{x}) = h(-r)g(-\boldsymbol{x}) \text{ 或 } h(r)g(\boldsymbol{x}) = -h(-r)g(-\boldsymbol{x}), \tag{4.1.16}$$

那么 (4.1.10) 和 (4.1.14) 的系数，当 $\mu$ 为奇 (偶) 数时，有

$$\begin{aligned}
A_{s+\alpha+\mu} = D_{s+\alpha+\mu} &= \frac{\partial A_{s+\alpha+\mu}}{\partial \alpha} \\
&= \bar{A}_{s+\alpha+\mu} = \frac{\partial A_{s+\alpha+\mu}}{\partial \alpha} \\
&= \bar{D}_{s+\alpha+\mu} = \frac{\partial D_{s+\alpha+\mu}}{\partial \alpha} = 0.
\end{aligned} \quad (4.1.17)$$

**证明** 因 $h(r)g(\boldsymbol{x}) = h(-r)g(-\boldsymbol{x})$，利用 $h(r)$ 与 $g(\boldsymbol{x})$ 的 Taylor 展开式能得到齐次分解 (4.1.15) 的项，当 $\mu$ 为奇数时，$f_{\alpha+\mu}(\boldsymbol{x}) = 0$，于是获得 (4.1.17). 同理，若 $h(r)g(\boldsymbol{x}) = -h(-r)g(-\boldsymbol{x})$，能导出，当 $\mu$ 为偶数时，$f_{\alpha+\mu}(\boldsymbol{x}) = 0$. 故该定理得到证明. □

**推论 4.1.6** 若 $\alpha = 0$ 且 $f(\boldsymbol{x}) = h(r)g(\boldsymbol{x})$，则当 $s$ 为偶数时，有

$$Q^{(m)}(f) - I(f) = \sum_{\mu=s, 2\nmid\mu}^{l-1} \frac{A_\mu}{m^\mu} + \sum_{\mu=1}^{l-1} \frac{B_\mu}{m^\mu} + \sum_{\mu=s, 2\nmid\mu}^{l-1} \frac{D_\mu \ln m}{m^\mu} + O(m^{-l} \ln m), \quad (4.1.18)$$

当 $s$ 为奇数时，有

$$Q^{(m)}(f) - I(f) = \sum_{\mu=s, 2|\mu}^{l-1} \frac{A_\mu}{m^\mu} + \sum_{\mu=1}^{l-1} \frac{B_\mu}{m^\mu} + \sum_{\mu=s, 2|\mu}^{l-1} \frac{D_\mu \ln m}{m^\mu} + O(m^{-l} \ln m). \quad (4.1.19)$$

**证明** 根据 ( 4.1.11) 和推论 4.1.2，有 $A_{s+\mu} = D_{s+\mu} = 0$ ($\mu$ 为偶数). □

**推论 4.1.7** 设 $f(\boldsymbol{x}) = h(r)g(\boldsymbol{x})$，$Q$ 是具有 $d$ 阶代数精度的对称型求积公式，那么

$$\begin{aligned}
&Q^{(m)}(f) - I(f) \\
&= \sum_{\mu=s, 2\nmid\mu}^{l-1} \frac{A_\mu}{m^\mu} + \sum_{\mu=d+1, 2|\mu}^{l-1} \frac{B_\mu}{m^\mu} + O(m^{-l}), \quad s \text{ 为偶数}
\end{aligned} \quad (4.1.20)$$

和

$$\begin{aligned}
&Q^{(m)}(f) - I(f) \\
&= \sum_{\mu=s, 2|\mu}^{l-1} \frac{A_\mu}{m^\mu} + \sum_{\mu=d+1, 2|\mu}^{l-1} \frac{B_\mu}{m^\mu} + \sum_{\mu=s, 2|\mu}^{l-1} \frac{D_\mu \ln m}{m^\mu} + O(m^{-l} \ln m), \quad s \text{ 为奇数}.
\end{aligned} \quad (4.1.21)$$

**证明** 因 $Q$ 是具有 $d$ 阶代数精度的对称型求积公式，根据推论 4.1.4 和 (4.1.17)，利用推论 4.1.6，得到 (4.1.20) 和 (4.1.21). □

## 4.1 点型弱奇异积分的误差单参数渐近展开式

高维奇异函数积分的数值计算是一个具有挑战性的问题，虽然带权 Gauss 求积公式不失为一个有效方法，但是权的选择随奇异性而定. 譬如

$$f(x,y) = r^{-1}\psi_1(x,y) + r^{-1/2}\psi_2(x,y)$$

或

$$f(x,y) = r^{-1}\psi_1(x,y) + r^{-1}\psi_2(x,y)\ln r$$

是具有混合奇性的函数, 利用 Gauss 求积公式就很困难, 必须使用两套不同公式, 而且这类混合奇性不能简单分解, 如函数

$$f(x,y) = (ax+by)/(cx+dy)$$

在 $[0,1]^2\backslash(0,0)$ 上正则, 但沿着各个方向趋于 $(0,0)$ 有不同的极限, 使用 Gauss 求积公式便失效, 但借助本段求积公式的渐近展开式, 再利用外推方法, 方能获得很好结果.

**算例 4.1.1**[133] 已知

$$I(f) = \int_0^1 \int_0^1 r^{-3/2} e^{-r^2} e^{-x^2} dxdy = 2.5255135399,$$

利用中矩形对称型求积公式 $Q$ 计算, 根据 (4.1.10) 和推论 4.1.4, 有 $\alpha = -3/2$, 且展开式为

$$Q^{(m)}(f) - I(f) = \frac{A_{1/2}}{m^{1/2}} + \frac{A_{3/2}}{m^{3/2}} + \frac{B_2}{m^2} + \frac{A_{5/2}}{m^{5/2}} + \frac{A_{7/2}}{m^{7/2}} + \frac{B_4}{m^4} + \cdots. \quad (4.1.22)$$

按照定理 4.1.5, 由上式得到: $A_{\alpha+s+\mu} = A_{1/2+\mu} = 0, \mu = 1, 3, 5, \cdots$, 故 (4.1.22) 变成

$$Q^{(m)}(f) - I(f) = \frac{A_{1/2}}{m^{1/2}} + \frac{B_2}{m^2} + \frac{A_{5/2}}{m^{5/2}} + \frac{B_4}{m^4} + \frac{B_{9/2}}{m^{9/2}} + \frac{B_6}{m^6} + \cdots. \quad (4.1.23)$$

如果使用 7 阶代数精度的 Gauss 求积公式 $G_7$ 计算, 展开式为

$$G_7^{(m)}(f) - I(f) = \frac{A_{1/2}}{m^{1/2}} + \frac{A_{5/2}}{m^{5/2}} + \frac{A_{9/2}}{m^{9/2}} + \frac{B_8}{m^8} + \frac{A_{17/2}}{m^{17/2}} + \cdots. \quad (4.1.24)$$

若采用 (4.1.8) 修改的梯形公式 $\bar{Q}^{(m)}(f)$, 展开式与 (4.1.23) 相同.

**算例 4.1.2**[152] 已知

$$I(f) = \int_0^1 \int_0^1 r^{-1/2} e^{-r^2} e^{-x^2} dxdy \approx 0.3386576711$$

采用二阶代数精度的对称型求积公式, 展开式为

$$Q^{(m)}(f) - I(f) = \frac{B_2}{m^2} + \frac{A_{5/2}}{m^{5/2}} + \frac{B_4}{m^4} + \frac{A_{9/2}}{m^{9/2}} + \frac{B_6}{m^6} + \frac{A_{13/2}}{m^{13/2}} + \cdots. \quad (4.1.25)$$

**算例 4.1.3**[152] 已知

$$I(f) = \int_0^1 \int_0^1 r^{-1} x dx dy \approx 0.4393173207,$$

且 $\alpha = 1$，根据 (4.1.10) 和 (4.1.17)，推论 4.1.4，有渐近展开式

$$Q^{(m)}(f) - I(f) = \frac{B_2}{m^2} + \frac{D_4 \ln m}{m^4} + \frac{A_4}{m^4} + \frac{B_6}{m^6} + \frac{B_8}{m^8} + \frac{B_{10}}{m^{10}} + \cdots. \quad (4.1.26)$$

在表 4.1.1 中比较了梯形公式与 12 点 7 阶代数精度的 Gauss 求积公式的数值结果，对算例 4.1.1，$G_7^{(32)}$，$G_7^{(128)}$ 较之 $Q^{(32)}$，$Q^{(128)}$ 改善并不明显，而计算点数却超过了 11 倍，其原因是二者精度均为 $O(m^{-1/2})$；对算例 4.1.2，梯形公式的精度为 $O(m^{-2})$；Gauss 求积公式的精度是 $O(m^{-5/2})$；对算例 4.1.3，梯形公式的精度为 $O(m^{-2})$；Gauss 求积公式的精度是 $O(m^{-4} \ln m)$。

**表 4.1.1  梯形公式与 Gauss 公式计算的结果比较**

| 求积公式 $Q$ | 计算点数 $v$ | 算例 4.1.1$e$ | 算例 4.1.2$e$ | 算例 4.1.3$e$ | $Q(f)$ |
|---|---|---|---|---|---|
| $Q^{(6)}$ | 49 | 0.4 | $9.3 \times 10^{-3}$ | $4.5 \times 10^{-3}$ | 1.496 |
| $Q^{(32)}$ | 1089 | 0.17 | $2.4 \times 10^{-4}$ | $1.6 \times 10^{-4}$ | 2.080 |
| $Q^{(128)}$ | 16641 | 0.08 | $1.3 \times 10^{-5}$ | | 2.303 |
| $G_7^{(1)}$ | 12 | 0.08 | $2.5 \times 10^{-3}$ | $4.0 \times 10^{-5}$ | 1.977 |
| $G_7^{(32)}$ | 12288 | 0.04 | $4.0 \times 10^{-7}$ | $3.7 \times 10^{-11}$ | 2.428 |
| $G_7^{(128)}$ | 196608 | 0.02 | $1.2 \times 10^{-8}$ | | 2.477 |

注：$e = |Q(f) - I(f)|/|I(f)|$ 是相对误差

表 4.1.2 给出了上面三算例按不同渐近展开式的外推结果，其中 $\{m\} = \{1, 2, 3, 6, 8, 12, 16, 24, 32, \cdots\}$，外推基于略去原点的修正的梯形公式，数值结果表明算例 4.1.1 按 (4.1.22) 展开式的外推效果远不及 (4.1.23) 的效果好．从表 4.1.1 和表 4.1.2 可知，外推效果特别好．

**表 4.1.2  利用外推得到的数值结果**

| 算例 | | 算例 4.1.1 | | 算例 4.1.2 | 算例 4.1.3 |
|---|---|---|---|---|---|
| 渐近展开式 | | (4.1.23) | (4.1.22) | (4.1.24) | (4.1.26) |
| $T_0^{(k)}$ | $v$ | 相对误差 $e$ | 外推误差 $\bar{e}$ | 外推误差 $\bar{e}$ | 外推误差 $\bar{e}$ |
| $T_0^{(3)}$ | 37 | $1.7 \times 10^{-3}$ | $1.2 \times 10^{-2}$ | $4.0 \times 10^{-5}$ | $2.2 \times 10^{-6}$ |
| $T_0^{(5)}$ | 121 | $4.5 \times 10^{-5}$ | $2.3 \times 10^{-2}$ | $4.4 \times 10^{-6}$ | $5.3 \times 10^{-9}$ |
| $T_0^{(9)}$ | 1633 | $1.3 \times 10^{-10}$ | $2.4 \times 10^{-7}$ | $2.3 \times 10^{-11}$ | $6.2 \times 10^{-14}$ |

注：$\bar{e} = |T_0^{(k)} - I(f)|/|I(f)|$ 是外推相对误差

### 4.1.2 点型弱奇异积分的快速收敛方法

Verlinden 等 [252] 利用 Sidi–变换, 得到了多维原点弱奇异积分的高精度数值求积公式和误差渐近展开式, 为了介绍他们的主要结果, 首先给出一些概念和符号.

**定义 4.1.3** 设 $\Omega \subset \Re^s$ 是开区域, 若对所有 $K \in N^s$, $f^{(K)}(x)$ 存在且在 $\Omega$ 上连续, 则称 $f$ 在 $\Omega$ 上光滑; 设 $\Omega$ 不是开区域但包含在它的闭包内, 若 $f$ 在 $\Omega$ 内光滑且它的所有各阶偏导数在 $\Omega$ 连续, 则称 $f$ 在 $\Omega$ 上光滑.

设
$$L^s[a,b] := \{(x_1, \cdots, x_s) | \forall i, x_i \geqslant 0 \text{ 且 } a \leqslant \max_j x_j \leqslant b\} \tag{4.1.27}$$

和它的极限情形
$$L^s(0,b] := \cup_{a>0} L^s[a,b],$$
$$L^s[a,\infty) := \cup_{b>0} L^s[a,b],$$
$$L^s(0,\infty) := \cup_{b>a>0} L^s[a,b]. \tag{4.1.28}$$

称上述这些区域为 L 型区域, 因为在二维空间中这些区域像 L 字母. 再定义 $U^s = L^s[1,1]$, 它是 $s-1$ 维立方体的和集. 即

在 $U^s = L^s[0,1] = \cup_{j=1}^s \{(x_1, \cdots, x_{j-1}, 1, x_{j+1}, \cdots, x_s) | 0 \leqslant x_i \leqslant 1 \text{ 且 } i \neq j\}$ 上的积分定义为

$$\int_{U^s} f(\boldsymbol{x}) d^{s-1}\boldsymbol{x} :$$
$$= \sum_{j=1}^s \int_0^1 \cdots \int_0^1 f(x_1, \cdots, x_{j-1}, 1, x_{j+1}, \cdots, x_s) dx_1 \cdots dx_{j-1} dx_{j+1} \cdots dx_s. \tag{4.1.29}$$

**引理 4.1.1** 若 $f(x)$ 是 $\alpha \in C$ (复数域) 阶齐次函数且在 $L^s(0,\infty)$ 内连续, 则当 $\alpha + s \neq 0$ 和 $0 < a < b$ 时, 有

$$\int_{L^s[a,b]} f(\boldsymbol{x}) d^s\boldsymbol{x} = \sum_{j=1}^s \frac{b^{\alpha+s} - a^{\alpha+s}}{\alpha+s} \int_{U^s} f(\boldsymbol{x}) d^{s-1}\boldsymbol{x}. \tag{4.1.30}$$

**证明** 把区域 $L^s[a,b]$ 分成 $s$ 个部分

$$L^s[a,b] = \cup_{j=1}^s L_j^s[a,b],$$

且

$$L_j^s[a,b] = \{(x_1, \cdots, x_s) \in L^s[a,b], x_j = \max\{x_1, \cdots, x_s\}\}$$

$$=\{t(u_1,\cdots,u_{j-1},1,u_{j+1},\cdots,u_s), t \in [a,b], u_1,\cdots,u_{j-1},u_{j+1},\cdots,u_s \in [0,1]\}.$$

于是, 我们有

$$\int_{L^s[a,b]} f(\boldsymbol{x}) d^s\boldsymbol{x} = \sum_{j=1}^{s} \int_{L_j^s[a,b]} f(\boldsymbol{x}) d^s\boldsymbol{x}.$$

作变量替换, 令 $x_j = t$ 和 $x_k = tu_k$, 且 $k \neq j$, 计算上述积分

$$\int_{L_j^s[a,b]} f(\boldsymbol{x}) d^s\boldsymbol{x}$$

$$= \int_a^b \int_0^1 \cdots \int_0^1 f(tu_1,\cdots,tu_{j-1},t,tu_{j+1},\cdots,tu_s) t^{s-1} dt du_1 \cdots du_{j-1} du_{j+1} \cdots du_s$$

$$= \int_a^b t^{\alpha+s-1} dt \int_0^1 \cdots \int_0^1 f(u_1,\cdots,u_{j-1},1,u_{j+1},\cdots,u_s) du_1 \cdots du_{j-1} du_{j+1} \cdots du_s$$

$$= \frac{b^{\alpha+s} - a^{\alpha+s}}{\alpha+s} \int_0^1 \cdots \int_0^1 f(u_1,\cdots,u_{j-1},1,u_{j+1},\cdots,u_s) du_1 \cdots du_{j-1} du_{j+1} \cdots du_s,$$

后对 $j$ 求和得到 (4.1.30).□

**定理 4.1.6** 若 $f(\boldsymbol{x})$ 是 $\alpha$ 阶齐次函数且在 $L^s(0,\infty)$ 上光滑, 那么当 $\alpha+s \notin N$ 且 $q > \text{Re}(\alpha) + s$ 时, 有

$$Q^{(m)}(f) - I(f) = \frac{A(Q,f)}{m^{\alpha+s}} + \sum_{\mu=0}^{q} \frac{B_\mu(Q,f)}{m^\mu} + \frac{R_q(Q,m,f)}{m^q}, \quad (4.1.31)$$

其中

$$B_\mu(Q,f) = \frac{1}{\alpha+s-|\mu|} \sum_{|\mu|=\mu} c_\mu(Q) \int_{U^s} f^{(\mu)}(\boldsymbol{x}) d^{s-1}\boldsymbol{x} \text{ 且 } \mu = (\mu_1,\cdots,\mu_s), \quad (4.1.32)$$

$$A(Q,f) = Q(f) - I(f) - \sum_{\mu=0}^{q} B_\mu(Q,f) + \sum_{|\mu|=q} \int_{L^s[1,\infty)} Q_{\boldsymbol{x}} h_\mu(\boldsymbol{x},\boldsymbol{t}) f^{(\mu)}(\boldsymbol{t}) d^s\boldsymbol{t}, \quad (4.1.33)$$

这里 $Q$ 是关于 $[0,1]^s$ 的中心对称法则, 则当 $\mu$ 为奇数时, 有 $B_\mu(Q,f) = 0$, 且 $\boldsymbol{t} = (t_1,\cdots,t_s)$,

$$R_q(Q,m,f) = \frac{1}{m^{-q+\alpha+s}} \sum_{|\mu|=q} \int_{L^s[m,\infty)} Q_{\boldsymbol{x}} h_\mu(\boldsymbol{x},\boldsymbol{t}) f^{(\mu)}(\boldsymbol{t}) d^s\boldsymbol{t} = O(1). \quad (4.1.34)$$

**证明** 当 $f(\boldsymbol{x})$ 是 $\alpha$ 阶齐次函数时, 我们有

$$Q^{(m)}(f) = \frac{1}{m^s} \sum_{\boldsymbol{k} \in \{0,1,\cdots,m-1\}^s} f\left(\frac{\boldsymbol{x}+\boldsymbol{k}}{m}\right) = \frac{1}{m^{\alpha+s}} f(\boldsymbol{x}) + \frac{1}{m^{\alpha+s}} \sum_{\boldsymbol{0} \neq \boldsymbol{k} \in \{0,1,\cdots,m-1\}^s} f_{\boldsymbol{k}}(\boldsymbol{x}), \tag{4.1.35}$$

## 4.1 点型弱奇异积分的误差单参数渐近展开式

这里 $f_{\bm k}(\bm x) = f_{\bm k}(\bm x+\bm k)$. 因 $f_{\bm k}(\bm x)$ 在 $[0,1]^s$ 上光滑, 利用 Euler-Maclaurin 展开式

$$\frac{1}{m^s}\sum_{\bm k \in \{0,1,\cdots,m-1\}^s} f\left(\frac{\bm x+\bm k}{m}\right) - I(f_{\bm k}(\bm x))$$

$$= \sum_{|\mu|\leqslant q}\frac{1}{m^{|\mu|}}\int_{[0,1]^s} f^{(\mu)}(\bm t)d^s\bm t \prod_i^s \frac{B_{\mu_i}(x_i)}{\mu_i!}$$

$$+ \frac{1}{m^q}\sum_{|\mu|=q}\int_{[0,1]^s} f^{(\mu)}(\bm t)h_\mu(\bm x;m\bm t)d^s\bm t,$$

其中 $|\mu| = |(\mu_1,\cdots,\mu_s)| = \mu_1+\cdots+\mu_s$, $B_{\mu_i}(x_i)$ 是 $\mu_i$ 阶 Bernoulli 多项式,

$$f^{(\mu)}(\bm t) = \frac{\partial^{\mu_1+\cdots+\mu_s}f}{\partial t_1^{\mu_1}\cdots\partial t_s^{\mu_s}}, h_\mu(\bm x;m\bm t) = \prod_i^s \frac{B_{\mu_i}(x_i-[x_i])}{\mu_i!},$$

获得

$$f_{\bm k}(\bm x) = \sum_{|\mu|\leqslant q}\int_{[0,1]^s} f^{(\mu)}(\bm t+\bm k)d^s\bm t \prod_i^s \frac{B_{\mu_i}(x_i)}{\mu_i!} + \sum_{|\mu|=q}\int_{[0,1]^s} f^{(\mu)}(\bm t+\bm k)h_\mu(\bm x;\bm t+\bm k)d^s\bm t,$$

这里 $h_\mu$ 是周期为 1 的周期函数. 把 $L^s[1,m]$ 分成 $m^s$ 个超立方体, 用 $\bm k + [0,1]^s$ 来表示超立方体 $[k_1,k_1+1]\times\cdots\times[k_s,k_s+1]$, 然后对 $\bm k$ 求和, 于是导出

$$\sum_{\bm 0\neq \bm k\in\{0,1,\cdots,m-1\}^s} f_{\bm k}(\bm x)$$

$$= \sum_{|\mu|\leqslant q}\int_{L^s[1,m]} f^{(\mu)}(\bm t)d^s\bm t \prod_i^s \frac{B_{\mu_i}(x_i)}{\mu_i!} + \sum_{|\mu|=q}\int_{L^s[1,m]} f^{(\mu)}(\bm t)h_\mu(\bm x;\bm t)d^s\bm t. \quad (4.1.36)$$

在 (4.1.36) 的右边第一项中, 因 $f^{(\mu)}(\bm t)$ 是 $\alpha - |\mu|$ 阶齐次函数, 利用引理 4.1.1, 获得

$$\int_{L^s[1,m]} f^{(\mu)}(\bm t)d^s\bm t = \frac{m^{\alpha-|\mu|+s}-1}{\alpha-|\mu|+s}\int_{U^s} f^{(\mu)}(\bm t)d^s\bm t, \quad (4.1.37)$$

而 (4.1.36) 右边第二项的积分可以表示成在区域 $L^s[1,\infty)$ 和 $L^s[m,\infty)$ 的积分, 它们有关于 $m$ 的渐近展开式, 应用求积公式 $Q$ 到 (4.1.35) 得到 (4.1.31).

接下来, 估计 $|R_q(Q,m,f)|$. 事实上, $Q_{\bm x}h_\mu(\bm x,\bm t)$ 是关于 $\bm t$ 的有界函数且 $|Q_{\bm x}h_\mu(\bm x,\bm t)|\leqslant M_q$ ($M_q$ 是常数), $|f^{(\mu)}(\bm t)|$ 是 $\text{Re}(\alpha) - q$ 的齐次函数, 于是得到

$$|R_q(Q,m,f)|$$
$$\leqslant m^{q-\text{Re}(\alpha)-s}\sum_{|\mu|=q} M_q\int_{L^s[m,\infty)} |f^{(\mu)}(\bm t)|d^s\bm t$$

$$= \frac{M_q}{q - \mathrm{Re}(\alpha) - s} \sum_{|\mu|=q} M_q \int_{U^s} |f^{(\mu)}(t)| d^{s-1}t.$$

该定理得证.□

从该定理的证明获得：

(1) 若求积公式 $Q$ 是关于超立方体 $[0,1]^s$ 的中心对称的, 那么当 $\mu$ 为奇数时, $B_\mu(Q,f) = 0$;

(2) $\alpha$ 的取值范围可以扩充到 $\mathrm{Re}(\alpha) < -s$, 即端点是超奇异的情形;

(3) 关于各个方向的剖分可用不等距剖分, 即可得到多参数渐近展开式.

该定理仅给出了齐次函数在原点有奇异性积分的渐近展开式, 利用该定理可以推广到非齐次函数的情形.

**定义 4.1.4** 设 $f(x)$ 是定义在 $\Omega \subset \Re^s$ 上的光滑函数, $\{f_j(x)\}_{j=0}^\infty$ 是定义在包含 $\Omega$ 的锥体上的齐次光滑函数列, 且 $f_j(x)$ 是 $\delta_j$ 次, 称关于 $f_j(x)$ 的齐次展开式为 $f(x) \sim \sum_{j=0}^\infty f_j(x)$. 若 $\forall q \in \Re$, 集合 $J_q = \{j \in N : \mathrm{Re}(\delta_j) \leqslant q\}$ 是有限的, 定义

$$f(x) = \sum_{j \in J_q} f_j(x) + r_q(x), \tag{4.1.38}$$

其中余项为 $r_q(x)$ 且满足下列条件: $\forall k \in N^s$ 存在 $M_k$ 使得

$$\forall x \in \Omega, \quad |r_q^{(k)}(x)| \leqslant M_k \|x\|^{q-|k|}. \tag{4.1.39}$$

**注 4.1.1** (1) 若在原点的邻域内 $f(x)$ 是光滑的, 则 $f(x)$ 关于原点的 Taylor 展开式是次数为 $\{\delta_j\}_{j=0}^\infty$ 的齐次函数;

(2) 若原点在 $\Omega$ 的闭包内, $r_q(x)$ 在原点有直到 $[\delta_q] - 1$ 阶连续偏导数;

(3) 若 $f(x)$ 和 $g(x)$ 有齐次展开式, 则 $f(x) + g(x)$, $f(x)g(x)$ 也有相应的齐次展开式;

(4) 若 $f(x) = h(x)g(x)$, 且 $h(x)$ 是定义在 $L^s(0,\infty)$ 上次数为 $\alpha$ 的齐次函数和 $g(x)$ 是 $[0,1]^s$ 上的光滑函数, 则 $f(x)$ 有次数为 $\{\delta_j = \alpha + j\}_{j=0}^\infty$ 的齐次展开式.

**定理 4.1.7** 如果 $f(x)$ 是定义在 $L^s(0,1]$ 有次数为 $\{\delta_j\}_{j=0}^\infty$ 的光滑齐次展开式, 且 $\delta_j + s \notin N, j = 0, 1, \cdots$, 那么

$$Q^{(m)}(f) \sim \sum_{j=0} \frac{A_j(Q,f)}{m^{\delta_j+s}} + \sum_{\mu=0} \frac{B_\mu(Q,f)}{m^\mu}, \tag{4.1.40}$$

这里

$$B_\mu(Q,f) = \sum_{j \in J_q} B_\mu(Q,f_j) + B_\mu(Q,r_q). \tag{4.1.41}$$

**证明** 对 (4.1.38) 各项直接应用求积公式 $Q^{(m)}$, 再根据定理 4.1.6, 得到上述结论. □

利用 Sidi-变换 (2.3 节), 我们有以下定理.

**定理 4.1.8** 若 $f(x)$ 是定义在 $L^s(0,\infty)$ 上次数为 $\alpha$ 的齐次光滑函数, 则

$$F_p(t_1,\cdots,t_s) = f(\psi_p(t_1),\cdots,\psi_p(t_s))\psi_p'(t_1)\cdots\psi_p'(t_s) \tag{4.1.42}$$

有次数为 $\{\beta+2j\}_{j=0}^{\infty}$ 的齐次展开式, 且 $\beta = (\alpha+s)(p+1)-s$.

**证明** 当 $f(x)$ 是次数为 $\alpha$ 的齐次光滑函数时, 经过 Sidi-变换后, 相应的函数记为 $F_p(t)$. 定义

$$g(x_1,\cdots,x_s) = f(x_1^{p+1},\cdots,x_s^{p+1}), \tag{4.1.43}$$

于是 $g(x)$ 在 $[0,\infty)^s\backslash\{\mathbf{0}\}$ 上是次数为 $\gamma = (p+1)\alpha$ 的齐次函数, 显然

$$f(\psi_p(t_1),\cdots,\psi_p(t_s)) = g(\phi(t_1),\cdots,\phi(t_s)), \text{且} \phi(t)=(\psi_p(t))^{1/(p+1)}. \tag{4.1.44}$$

因 $\phi: [0,1] \to [0,1]$ 是光滑函数, 从而存在常数 $b > a > 0$ 使得

$$at \leqslant \phi(t) \leqslant bt. \tag{4.1.45}$$

我们分解 $\phi(t)$ 为

$$\phi(t) = ct + t^3 h(t), \tag{4.1.46}$$

且 $a \leqslant c \leqslant b$, $h(t)$ 有关于 $t$ 的偶次幂展开式, $g(\phi(t_1),\cdots,\phi(t_s))$ 也有次数为 $\{\gamma+2j\}_{j=0}^{\infty}$ 的齐次展开式.

对于任意实数 $q$, 选择充分大的 $p \in N$ 使得

$$\mathrm{Re}(\gamma) + 2p > q. \tag{4.1.47}$$

我们有 Taylor 展开式

$$g(\boldsymbol{x}+\boldsymbol{y}) = \sum_{k=0}^{p-1} H_k(g;\boldsymbol{x},\boldsymbol{y}) + R_p(g;\boldsymbol{x},\boldsymbol{y}), \tag{4.1.48}$$

这里

$$H_k(g;\boldsymbol{x},\boldsymbol{y}) = \sum_{|\boldsymbol{k}|=k} g^{(\boldsymbol{k})}(\boldsymbol{x}) \frac{y_1^{k_1}\cdots y_s^{k_s}}{k_1!\cdots k_s!}$$

和

$$R_p(g;\boldsymbol{x},\boldsymbol{y}) = \sum_{|\boldsymbol{k}|=p} g^{(\boldsymbol{k})}(\boldsymbol{x}+\theta\boldsymbol{y}) \frac{y_1^{k_1}\cdots y_s^{k_s}}{k_1!\cdots k_s!}, \quad \theta \in (0,1).$$

置
$$x_j = ct_j, \quad y_j = t_j^3 h(t_j), \tag{4.1.49}$$

根据 (4.1.46), 有

$$\begin{aligned}&g(\phi(t_1),\cdots,\phi(t_s))\\&=\sum_{k=0}^{p-1}H_k(g;c\boldsymbol{t},t_1^3h(t_1),\cdots,t_s^3h(t_s))\\&\quad+R_p(g;c\boldsymbol{t},t_1^3h(t_1),\cdots,t_s^3h(t_s)),\end{aligned} \tag{4.1.50}$$

其中

$$H_k(g;c\boldsymbol{t},t_1^3h(t_1),\cdots,t_s^3h(t_s)) = \sum_{|\boldsymbol{k}|=k} g^{(\boldsymbol{k})}(c\boldsymbol{t})t_1^{3k_1}\cdots t_s^{3k_s}\frac{(h(t_1))^{k_1}\cdots(h(t_s))^{k_s}}{k_1!\cdots k_s!}. \tag{4.1.51}$$

在这个和中每一项都是次数为 $\gamma - k + 3k$ 的齐次函数与一个偶次的齐次光滑函数相乘, 因此 (4.1.51) 也有次数为 $\{\gamma + 2k + 2j\}_{j=0}^{\infty}$ 的齐次展开式. 然而

$$\begin{aligned}&R_p(g;c\boldsymbol{t},t_1^3h(t_1),\cdots,t_s^3h(t_s))\\&=\sum_{|\boldsymbol{k}|=p} g^{(\boldsymbol{k})}(ct_1+\theta t_1^3h(t_1),\cdots,ct_s+\theta t_s^3h(t_s))t_1^{3k_1}\cdots t_s^{3k_s}\frac{(h(t_1))^{k_1}\cdots(h(t_s))^{k_s}}{k_1!\cdots k_s!}.\end{aligned} \tag{4.1.52}$$

设充分大的 $G_p$ 对所有 $\boldsymbol{x}\in[0,\infty)^s$, $||\boldsymbol{x}||$ 和 $\boldsymbol{k}\in N^s$, $|\boldsymbol{k}|\leqslant p$, 我们有

$$|g^{(\boldsymbol{k})}(\boldsymbol{x})| \leqslant G_p, \tag{4.1.53}$$

从而, 当 $|\boldsymbol{k}|=p$ 时, 有

$$\begin{aligned}&|g^{(\boldsymbol{k})}(ct_1+\theta t_1^3h(t_1),\cdots,ct_s+\theta t_s^3h(t_s))|\\&\leqslant G_p||ct_1+\theta t_1^3h(t_1),\cdots,ct_s+\theta t_s^3h(t_s)||^{\mathrm{Re}(\gamma)-p}.\end{aligned} \tag{4.1.54}$$

利用 (4.1.45), 有

$$at \leqslant ct + \theta t^3 h(t) = (1-\theta)ct + \theta\phi(t) \leqslant bt, \tag{4.1.55}$$

从而

$$|g^{(\boldsymbol{k})}(ct_1+\theta t_1^3h(t_1),\cdots,ct_s+\theta t_s^3h(t_s))| \leqslant G_p||\boldsymbol{t}||^{\mathrm{Re}(\gamma)-p}\max\{a^{\mathrm{Re}(\gamma)-p},b^{\mathrm{Re}(\gamma)-p}\}. \tag{4.1.56}$$

把 (4.1.56) 代入 (4.1.52) 得到

$$|R_p(g;\boldsymbol{ct},t_1^3h(t_1),\cdots,t_s^3h(t_s))|$$
$$\leqslant G_p||\boldsymbol{t}||^{\operatorname{Re}(\gamma)-p}\max\{a^{\operatorname{Re}(\gamma)-p},b^{\operatorname{Re}(\gamma)-p}\}||\boldsymbol{t}||^{3p}$$
$$\cdot\frac{(|h(t_1)|+\cdots+|h_s(t_s)|)^p}{p!}\leqslant M||\boldsymbol{t}||^q, \tag{4.1.57}$$

这里 $M>0$. 相似地, 能够得到余项 (4.1.52) 中的偏导数的界. 根据

$$\frac{\partial}{\partial x_j}H_k(g;\boldsymbol{x},\boldsymbol{y})=H_k\left(\frac{\partial g}{\partial x_j}=\boldsymbol{x},\boldsymbol{y}\right), \frac{\partial}{\partial y_j}H_k(g;\boldsymbol{x},\boldsymbol{y})=H_{k-1}\left(\frac{\partial g}{\partial x_j};\boldsymbol{x},\boldsymbol{y}\right), \quad k>0,$$

因此, 利用 (4.1.48), 有

$$\frac{\partial}{\partial x_j}R_p(g;\boldsymbol{x},\boldsymbol{y})=R_p\left(\frac{\partial g}{\partial x_j};\boldsymbol{x},\boldsymbol{y}\right), \frac{\partial}{\partial y_j}R_p(g;\boldsymbol{x},\boldsymbol{y})=R_{p-1}\left(\frac{\partial g}{\partial x_j};\boldsymbol{x},\boldsymbol{y}\right), \quad p>0.$$

对 $\mu$ 利用归纳法, 获得

$$R_{p-l}(\tilde{g};\boldsymbol{ct},t_1^3h(t_1),\cdots,t_s^3h(t_s))\pi(\boldsymbol{t})\sigma(\boldsymbol{t}), \tag{4.1.58}$$

其中 $\tilde{g}$ 是 $g$ 的 $k+l$ 阶偏导数, $\pi(\boldsymbol{t})$ 是次数为 $2l-m$ 的齐次多项式, $\sigma(\boldsymbol{t})$ 是光滑函数, $k,l$ 和 $m$ 是非负整数且

$$k+l+m\leqslant\mu. \tag{4.1.59}$$

对 $\mu=0$, 显然成立. 剩下的需要检验在 (4.1.58) 中关于 $t_j$ 求导, 随着 $\mu$ 增加 1, 有限和与 (4.1.58) 的结构一样. 利用偏导链式法则, 在 (4.1.58) 中关于 $t_j$ 求导由下列四项的和构成:

$$R_{p-l}\left(\frac{\partial\tilde{g}}{\partial x_j};\boldsymbol{ct},t_1^3h(t_1),\cdots,t_s^3h(t_s)\right)c\pi(\boldsymbol{t})\sigma(\boldsymbol{t}),$$

随着 $k$ 和 $\mu$ 增加 1, 与 (4.1.58) 形式一样;

$$R_{p-l-1}\left(\frac{\partial\tilde{g}}{\partial x_j};\boldsymbol{ct},t_1^3h(t_1),\cdots,t_s^3h(t_s)\right)(t_j^2c\pi(\boldsymbol{t}))((3h(t_j)+t_jh'(t_j))\sigma(\boldsymbol{t}),$$

随着 $l$ 和 $\mu$ 增加 1, 与 (4.1.58) 形式相同;

$$R_{p-l}(\tilde{g};\boldsymbol{ct},t_1^3h(t_1),\cdots,t_s^3h(t_s))\frac{\partial\pi(\boldsymbol{t})}{\partial x_j}\sigma(\boldsymbol{t}),$$

随着 $m$ 和 $\mu$ 增加 1, 与 (4.1.58) 形式相同; 最后一部分, 随着 $\mu$ 增加 1, 有

$$R_{p-l}(\tilde{g};\boldsymbol{ct},t_1^3h(t_1),\cdots,t_s^3h(t_s))\pi(\boldsymbol{t})\frac{\partial}{\partial x_j}\sigma(\boldsymbol{t}).$$

利用 (4.1.57), 由

$$||\boldsymbol{t}||^{\mathrm{Re}(\gamma)-(k+l)+2(p-l)}||\boldsymbol{t}||^{2l-m} = ||\boldsymbol{t}||^{\mathrm{Re}(\gamma)+2p-k-l-m},$$

再乘以一个常数因子, 得到 (4.1.58) 的界为 $M_\mu||\boldsymbol{t}||^{q-\mu}$ 且 $M_\mu > 0$. 同样能够获得 (4.1.57) 和它的偏导数的界. 从而能够得到 $f(\psi_p(t_1), \cdots, \psi_p(t_s)) = g(\phi(t_1), \cdots, \phi(t_s))$ 有次数为 $\{\gamma+2j\}_{j=0}^\infty$ 的光滑齐次展开式, 故定理得证. □

现在给出多维原点弱奇异积分的快速收敛求积公式.

**定理 4.1.9** 设 $f(x)$ 是定义在 $L^s(0,\infty)$ 上的次数为 $\alpha$ 的齐次光滑函数, $F_p(t)$ 由 (4.1.42) 定义, 那么, 当 $\beta+s \notin Z$ 时, 有

$$R^{(m)}(F_p) \approx \sum_{\mu=0, \mu \in \{0,2,4,\cdots\}} \frac{A_\mu(R,F_p)}{m^{\beta+s+\mu}} + \sum_{\mu=0} \frac{B_\mu(R,F_p)}{m^\mu}, \tag{4.1.60}$$

这里 $\beta = (\alpha+s)(p+1) - s$, $Z$ 是整数集.

**证明** 因该定理的假设与定理 4.1.8 的假设一致, 根据定理 4.1.8, $F_p(t)$ 有次数为 $\{\beta+2j\}_{j=0}^\infty$ 的齐次展开式, 这就意味着 $F_p(t)$ 满足定理 4.1.7 的条件, 且 $\delta_j = \beta + 2j$. 在定理 4.1.7 中, 用 $R$ 代替 $Q$, 于是 (4.1.60) 成立. □

若被积函数是正常积分, (4.1.60) 中的许多项消失.

**定理 4.1.10** 在定理 4.1.9 的假设下, 当 $\mu$ 是奇数或 $\mu \in [1, \bar{p}]$ 时, 有 $B_\mu(R,F_p) = 0$, 其中 $\bar{p} = 2p+1$ 且 $p$ 是偶数或奇数.

若定义在 $L^s(0,1]$ 上的光滑非齐次函数, 但有光滑齐次展开式, 那么 $F_p(t)$ 也有类似于 (4.1.38) 右边的展开式, 根据定理 4.1.9 和定理 4.1.10, 可获得 $R^{(m)}(F_p)$ 的展开式和余项 $r_q$.

**定理 4.1.11** 设 $f(x) = f_\alpha(x)g(x)$, 且 $f_\alpha(x)$ 是定义在 $L^s(0,\infty)$ 上次数为 $\alpha$ 的光滑齐次函数, $g(x) \in C^\infty[0,1]$, 那么

$$R^{(m)}(F_p) \approx \sum_{\mu \in H_1} \frac{A_\mu(R,F_p)}{m^{\beta+s+\mu}} + \sum_{\mu \in H_2} \frac{B_\mu(R,F_p)}{m^\mu}, \tag{4.1.61}$$

这里 $\beta = (\alpha+s)(p+1) - s$, $H_1$ 和 $H_2$ 是整数集合, 且当 $p$ 为奇数时, $H_2 = \{$ 所有的偶数 $\mu \geqslant p+1\}$ 和 $H_1 = \{$ 所有的偶数 $\mu \geqslant 0\}$; 当 $p$ 为偶数时, $H_2 = \{$ 所有的偶数 $\mu \geqslant 2p+2\}$ 和 $H_1 = \{$ 所有的 $\mu \geqslant 0$ 但除去 $\mu \in [1, p-1]$ 的奇数 $\}$.

**算例 4.1.4** 已知 $f(x,y) = f_\alpha(x,y)g(x,y)$, 且 $f_\alpha(x,y) = (x+y)^{-3/4}$, $g(x,y) = \exp\left(\dfrac{x+y}{2}\right)$, 利用 Sidi- 替换公式, 其中 $p = 0, 2$ 和 4, $h = 1/m$, $m = 8, 16, 32, 64, 128$. 据求积公式 (4.1.31), (4.1.61) 和 Romberg 外推计算的误差列在表 4.1.3 中.

**表 4.1.3** 利用 (4.1.31) 和 (4.1.61) 与外推计算的误差

| $p\backslash e\backslash m$ | 16 | 32 | 64 | 128 |
|---|---|---|---|---|
| $p=0$ | $0.1063 \times 10^{-1}$ | $0.4365 \times 10^{-2}$ | $0.1809 \times 10^{-2}$ | $0.7540 \times 10^{-3}$ |
|  | $0.7290 \times 10^{-3}$ | $0.1822 \times 10^{-3}$ | $0.4555 \times 10^{-4}$ | $0.1139 \times 10^{-4}$ |
|  |  | $0.7695 \times 10^{-7}$ | $0.2537 \times 10^{-6}$ | $0.9436 \times 10^{-9}$ |
|  |  |  | $0.1187 \times 10^{-7}$ | $0.7565 \times 10^{-9}$ |
|  |  |  |  | $0.1536 \times 10^{-10}$ |
| $p=2$ | $0.2392 \times 10^{-4}$ | $0.1724 \times 10^{-5}$ | $0.1271 \times 10^{-6}$ | $0.9430 \times 10^{-8}$ |
|  | $0.3103 \times 10^{-5}$ | $0.5827 \times 10^{-7}$ | $0.1080 \times 10^{-8}$ | $0.1994 \times 10^{-10}$ |
|  |  | $0.6257 \times 10^{-9}$ | $0.3044 \times 10^{-11}$ | $0.1301 \times 10^{-12}$ |
|  |  |  | $0.1302 \times 10^{-10}$ | $0.8371 \times 10^{-13}$ |
|  |  |  |  | $0.2354 \times 10^{-13}$ |
| $p=4$ | $0.6619 \times 10^{-5}$ | $0.9859 \times 10^{-7}$ | $0.1342 \times 10^{-8}$ | $0.1780 \times 10^{-10}$ |
|  | $0.2011 \times 10^{-5}$ | $0.1179 \times 10^{-7}$ | $0.4725 \times 10^{-10}$ | $0.1654 \times 10^{-12}$ |
|  |  | $0.5197 \times 10^{-8}$ | $0.8558 \times 10^{-11}$ | $0.1021 \times 10^{-13}$ |
|  |  |  | $0.3486 \times 10^{-11}$ | $0.1998 \times 10^{-14}$ |
|  |  |  |  | $0.8882 \times 10^{-15}$ |

注: $p=0, m=8, e=0.2630 \times 10^{-1}$; $p=2, m=8, e=0.3605 \times 10^{-3}$; $p=4, m=8, e=0.3527 \times 10^{-3}$(若把这些数据列在表中, 放不下).

## 4.2 二维乘积型含参弱奇异积分的误差多参数渐近展开式

本段首先考虑含参的弱奇异积分

$$I(F(\boldsymbol{x})) = \int_{a_1}^{b_1} \cdots \int_{a_s}^{b_s} \frac{f(x_1, \cdots, x_s)}{\prod_{i=1}^{s}|x_i - t_i|^{\alpha_i}} dx_1 \cdots dx_s, \quad \alpha_i < 1, i = 1, \cdots, s \quad (4.2.1)$$

的求积公式与误差渐近展开式, 这里 $t_i \in [a_i, b_i]$ 是参数; 当 $0 < \alpha_i < 1$ 时, 这种弱奇异积分称面型弱奇异积分; 当 $\alpha_i \leqslant 0$ 时, (4.2.1) 为正常积分. 为了方便仅给出二维的情形, 对于高维, 根据本段的推导, 利用张量积可得到, 也可以利用数学归纳法证明.

设 $m > 0, n > 0$ 是自然数, 且 $h_m = (b_1-a_1)/m$, $x_{1i} = a_1 + ih_m$, $i = 0, 1, \cdots, m$ 和 $h_n = (b_2-a_2)/n$, $x_{2j} = a_2 + jh_n$, $j = 0, 1, \cdots, n$. 我们给出以下定理.

**定理 4.2.1** 假设 $f(x,y)$ 在区域 $[a_1, b_1] \times [a_2, b_2]$ 内有直到 $2l$ 阶连续偏导数, 置 $F(x_1, x_2) = \dfrac{f(x_1, x_2)}{|x_1-t_1|^{\alpha_1}|x_2-t_2|^{\alpha_2}}$, $t_i \in [a_i, b_i]$, $i=1,2$, $F_1(x_1, x_2) = \dfrac{f(x_1, x_2)}{|x_1-t_1|^{\alpha_1}}$,

$$F_2(x_1,x_2) = \frac{f(x_1,x_2)}{|x_2-t_2|^{\alpha_2}}, \quad I_1(x_2) = \int_{a_1}^{b_1} F_1(x_1,x_2)dx_1, \quad I_2(x_1) = \int_{a_2}^{b_2} F_2(x_1,x_2)dx_2,$$

$$I(F(\boldsymbol{x})) = \int_{a_1}^{b_1}\int_{a_2}^{b_2} F(x_1,x_2)dx_1dx_2, (\alpha_i < 1), \text{则有误差的渐近展开式}$$

$$E_{m,n}(h_m,h_n) = I(F(\boldsymbol{x})) - Q(h_m,h_n)$$

$$= h_n \sum_{\mu=1}^{l-1} \frac{h_m^{2\mu} B_{2\mu}}{(2\mu)!} \sum_{j=0,y_j\neq t_2}^{n}{}' [W_\mu(a_1,x_{2j}) - W_\mu(b_1,x_{2j})]$$

$$+ \sum_{\rho=1}^{l-1} \frac{B_{2\rho}h_n^{2\rho}}{(2\rho)!} \int_{a_1}^{b_1} \left[\frac{\partial^{2\rho-1}}{\partial x_2^{2\rho-1}}F(x_1,a_2) - \frac{\partial^{2\rho-1}}{\partial x_2^{2\rho-1}}F(x_1,b_2)\right] dx_1$$

$$- h_n \sum_{\mu=0}^{l-1} \frac{\zeta(-\alpha_1-2\mu)h_m^{2\mu+\alpha+1}}{\mu!} \sum_{j=0,x_{2j}\neq t}^{n}{}' \tilde{W}_\mu(t_1,x_{2j})$$

$$- \sum_{\rho=0}^{l-1} \frac{\xi(-\alpha_2-2\rho)h_n^{2\rho+\alpha_2+1}}{\rho!} I_1^{(2\rho)}(t_1) + O(h_0^{2l}), \tag{4.2.2}$$

其中

$$Q(h_m,h_n) = h_m h_n \sum_{i=0,x_i\neq t}^{m}{}' \frac{1}{|x_{1i}-t_1|^{\alpha_1}} \sum_{j=0,x_{2j}\neq t}^{n}{}' \frac{f(x_{1i},x_{2j})}{|x_{2j}-t_2|^{\alpha_2}} \tag{4.2.3}$$

是二维弱奇异积分的求积公式，$B_{2\mu}$ 是 Bernoulli 数，$\zeta(\tau)$ 是 Riemamn Zeta 函数，$h_0 = \max\{h_m,h_n\}$，同时

$$W_\mu(x_1,x_2) = \frac{\partial^{2\mu-1}}{\partial x_1^{2\mu-1}}F(x_1,x_2), \quad \tilde{W}_\mu(x_1,x_2) = \frac{\partial^{2\mu}}{\partial x_1^{2\mu}}F_2(x_1,x_2).$$

**证明** 利用一维弱奇异求积分的渐近展开式，可以推导出

$$\int_{a_1}^{b_1}\int_{a_1}^{b_1} F(x_1,x_2)dx_1dx_2 = \int_{a_1}^{b_1} \frac{1}{|x_1-t_1|^{\alpha_1}}\left[\int_{a_2}^{b_2} \frac{f(x_1,x_2)}{|x_2-t_2|^{\alpha_2}}dx_2\right]dx_1$$

$$= \int_{a_1}^{b_1} \frac{1}{|x_1-t_1|^{\alpha_1}}\Bigg\{h_n \sum_{j=0,y_j\neq t_2}^{n}{}' \frac{f(x_1,x_{2j})}{|x_{2j}-t_2|^{\alpha_2}}$$

$$+ \sum_{\rho=1}^{l-1} \frac{B_{2\rho}h_n^{2\rho}}{(2\rho)!}\left[\frac{\partial^{2\rho-1}}{\partial x_2^{2\rho-1}}F_2(x_1,a_2) - \frac{\partial^{2\rho-1}}{\partial x_2^{2\rho-1}}F_2(x_1,b_2)\right]$$

## 4.2 二维乘积型含参弱奇异积分的误差多参数渐近展开式

$$-2\sum_{\rho=0}^{l-1}\frac{\zeta(-\alpha_2-2\rho)}{(2\rho)!}\frac{\partial^{(2\rho)}f(x_1,x_2)}{\partial x_2^{2\rho}}\Big|_{x_2=t_2}h_n^{2\rho+\beta+1}+O(h_n^{2l})\Big\}dx_1. \quad (4.2.4)$$

置

$$P_1=\int_{a_1}^{b_1}\frac{1}{|x_1-t_1|^{\alpha_1}}\left[h_n\sum_{j=0,x_{2j}\neq t}^{n}{}'\frac{f(x_1,x_{2j})}{|x_{2j}-t|^{\beta}}\right]dx_1,$$

$$P_2=\int_{a_1}^{b_1}\frac{1}{|x_1-t_1|^{\alpha_1}}\sum_{\rho=1}^{l-1}\frac{B_{2\rho}h_n^{2\rho}}{(2\rho)!}\left[\frac{\partial^{2\rho-1}}{\partial x_2^{2\rho-1}}F_2(x_1,a_2)-\frac{\partial^{2\rho-1}}{\partial x_2^{2\rho-1}}F_2(x_1,b_2)\right]dx_1,$$

$$P_3=-2\int_{a_1}^{b_1}\frac{1}{|x_1-t_1|^{\alpha_1}}\left\{\sum_{\rho=0}^{l-1}\frac{\zeta(-\beta-2\rho)}{(2\rho)!}\frac{\partial^{2\rho}}{\partial x_2^{2\rho}}f(x_1,x_2)|_{x_2=t_2}h_n^{2\rho+\alpha_2+1}\right\}dx_1,$$

$$P_4=O(h_n^{2l})\int_{a_1}^{b_1}\frac{1}{|x_1-t_1|^{\alpha_1}}dx_1, \quad (4.2.5)$$

则

$$\int_{a_1}^{b_1}\int_{a_2}^{b_2}F(x_1,x_2)dx_1dx_2=P_1+P_2+P_3+P_4.$$

下面分别计算 $P_i$, $i=1,2,3,4$. 首先计算

$$P_1=\int_{a_1}^{b_1}\frac{1}{|x_1-t_1|^{\alpha_1}}\left[h_n\sum_{i=0,x_{2j}\neq t_1}^{m}{}'\frac{f(x_1,x_{2j})}{|x_{2j}-t_2|^{\alpha_2}}\right]dx_1$$

$$=h_n\sum_{j=0,x_{2j}\neq t_2}^{n}{}'\frac{1}{|x_{2j}-t_2|^{\alpha_2}}\int_{a_1}^{b_1}\frac{f(x_1,x_{2j})}{|x_1-t_1|^{\alpha_1}}dx_1$$

$$=h_n\sum_{j=0,x_{2j}\neq t_2}^{n}{}'\frac{1}{|x_{2j}-t_2|^{\alpha_2}}\bigg\{h_m\sum_{j=0,x_{2j}\neq t_2}^{n}{}'\frac{f(x_{1i},x_{2j})}{|x_{1i}-t_1|^{\alpha_1}}$$

$$+\sum_{\mu=1}^{l-1}\frac{h_m^{2\mu}B_{2\mu}}{(2\mu)!}\left[\frac{\partial^{2\mu-1}}{\partial x_1^{2\mu-1}}F_1(a_1,x_{2j})-\frac{\partial^{2\mu-1}}{\partial x_1^{2\mu-1}}F_1(b_1,x_{2j})\right]$$

$$-2\sum_{\mu=0}^{l-1}\frac{\zeta(-\alpha_1-2\mu)}{(2\mu)!}\frac{\partial^{(2\mu)}f(x_1,x_{2j})}{\partial x_1^{2\mu}}|_{x_1=t_1}h_m^{2\mu+\alpha_1+1}+O(h_m^{2l})$$

$$=P_{11}+P_{12}+P_{13}+P_{14}, \quad (4.2.6)$$

其中,

$$P_{11} = h_m h_n \sum_{i=0, x_{1i} \neq t_1}^{m}{}' \frac{f(x_{1i}, x_{2j})}{|x_{1i} - t_1|^{\alpha_1}} \sum_{j=0, x_{2j} \neq t_2}^{n}{}' \frac{1}{|x_{2j} - t_2|^{\alpha_2}},$$

$$\begin{aligned}P_{12} =& h_n \sum_{j=0, x_{2j} \neq t_2}^{n}{}' \frac{1}{|x_{2j} - t_2|^{\alpha_2}} \sum_{\mu=1}^{l-1} \frac{h_m^{2\mu} B_{2\mu}}{(2\mu)!} \left[ \frac{\partial^{2\mu-1}}{\partial x_1^{2\mu-1}} F_1(a_1, x_{2j}) \right. \\ & \left. - \frac{\partial^{2\mu-1}}{\partial x_2^{2\mu-1}} F_1(b_1, x_{2j}) \right] = \sum_{\mu=1}^{l-1} \frac{h_m^{2\mu} B_{2\mu}}{(2\mu)!} \frac{\partial^{2\mu-1}}{\partial x_1^{2\mu-1}} \\ & \cdot \left\{ \frac{1}{|x_1 - t_1|^{\alpha_1}} h_n \sum_{j=0, x_{2j} \neq t_2}^{n}{}' \left[ \frac{f(x_1, x_{2j})}{|x_{2j} - t|^{\beta}} |_{x_1 = a_1} \right. \right. \\ & \left. \left. - \frac{f(x_1, x_{2j})}{|x_{2j} - t_2|^{\alpha_2}} \right] |_{x_1 = b_1} \right\} \\ =& \sum_{\mu=1}^{l-1} \frac{h_m^{2\mu} B_{2\mu}}{(2\mu)!} h_n \sum_{j=0, x_{2j} \neq t_2}^{n}{}' \left[ \frac{\partial^{2\mu-1}}{\partial x_1^{2\mu-1}} F(x_1, x_{2j})|_{x_1 = a_1} - \frac{\partial^{2\mu-1}}{\partial x_1^{2\mu-1}} F(x_1, x_{2j})|_{x_1 = b_1} \right] \\ =& h_n \sum_{\mu=1}^{l-1} \frac{h_m^{2\mu} B_{2\mu}}{(2\mu)!} \sum_{j=0, x_{2j} \neq t_2}^{n}{}' [W_\mu(a_1, x_{2j}) - W_\mu(b_1, x_{2j})], \end{aligned} \tag{4.2.7}$$

这里,

$$W_\mu(x, y) = \frac{\partial^{2\mu-1}}{\partial x_1^{2\mu-1}} F(x_1, x_2).$$

接下来计算 $P_{13}, P_{14}$,

$$\begin{aligned} P_{13} =& h_n \sum_{j=0, x_{2j} \neq t_2}^{n}{}' \frac{1}{|x_{2j} - t_2|^{\alpha_1}} \left\{ -2 \sum_{\mu=0}^{l-1} \frac{\zeta(-\alpha_1 - 2\mu)}{(2\mu)!} \frac{\partial^{(2\mu)} f(t_1, x_{2j})}{\partial x_1^{2\mu}} h_m^{2\mu+\alpha_1+1} \right\} \\ =& -2 \sum_{\mu=0}^{l-1} \frac{\zeta(-\alpha_1 - 2\mu) h_m^{2\mu+\alpha_1+1}}{(2\mu)!} \frac{\partial^{2\mu}}{\partial x_1^{2\mu}} \left\{ h_n \sum_{j=0, x_{2j} \neq t_2}^{n}{}' \frac{f(x_1, x_{2j})}{|x_{2j} - t_2|^{\alpha_2}} |_{x_1 = t_1} \right\} \\ =& -h_n \sum_{\mu=0}^{l-1} \frac{\zeta(-\alpha_1 - 2\mu) h_m^{2\mu+\alpha_1+1}}{\mu!} \sum_{j=0, x_{2j} \neq t_2}^{n}{}' \tilde{W}_\mu(t_1, x_{2j}) \end{aligned} \tag{4.2.8}$$

其中,

$$\tilde{W}_\mu(x_1, x_2) = \frac{\partial^{2\mu}}{\partial x_1^{2\mu}} F_2(x_1, x_2),$$

## 4.2 二维乘积型含参弱奇异积分的误差多参数渐近展开式

和

$$P_{14} = h_n \sum_{j=0, x_{2j} \neq t_2}^{n}{'} \frac{1}{|x_{2j}-t_2|^{\alpha_2}} O(h_m^{2l})$$

$$= O(h_m^{2l}) \Big\{ \int_{a_2}^{b_2} \frac{dx_2}{|x_2-t_2|^{\alpha_2}} - \sum_{\rho=1}^{l-1} \frac{h_n^{2\rho} B_{2\rho}}{(2\rho)!} \Big[ \frac{\partial^{2\rho}}{\partial x_2^{2\rho}} \frac{1}{|x_2-t_2|^{\beta}} |_{x_2=a_2}$$

$$- \frac{\partial^{2\rho}}{\partial x_2^{2\rho}} \frac{1}{|x_2-t_2|^{\alpha_2}} |_{x_2=b_2} \Big] + 2\zeta(-\alpha_1) h_n^{\beta+1} - O(h_n^{2l}) \Big\}$$

$$= O(h_m^{2l}) \Big\{ \int_{a_2}^{b_2} \frac{dx_2}{|x_2-t_2|^{\alpha_2}} - \sum_{\rho=1}^{l-1} \frac{h_n^{2\rho} B_{2\rho}}{(2\rho)!} \Big[ \frac{\partial^{2\rho}}{\partial x_2^{2\rho}} \frac{1}{|x_2-t_2|^{\alpha_2}} |_{x_2=a_2}$$

$$- \frac{\partial^{2\rho}}{\partial x_2^{2\rho}} \frac{1}{|x_2-t_2|^{\alpha_2}} |_{x_2=b_2} \Big] + 2\zeta(-\alpha_1) h_n^{\alpha_2+1} - O(h_n^{2l}) \Big\}$$

$$= O(h_m^{2l}) \frac{1}{1-\alpha_2} \Big[ \frac{1}{(b_2-t_2)^{\alpha_2-1}} - \frac{1}{(t_2-a_2)^{\alpha_2-1}} \Big]$$

$$- O(h_m^{2l}) \sum_{\rho=1}^{l-1} \frac{h_n^{2\rho} B_{2\rho}}{(2\rho)!} (-1)^{2\rho-1} (\alpha_2+2\rho-2)!$$

$$\times \Big[ \frac{1}{(t_2-a_2)^{\alpha_2+2\rho-1}} - \frac{1}{(b_2-t_2)^{\alpha_2+2\rho-1}} \Big]$$

$$+ 2\zeta(-\alpha_1) h_n^{\alpha_2+1} O(h_m^{2l}) - O(h_m^{2l}) O(h_n^{2l}) = O(h_m^{2l}), \qquad (4.2.9)$$

现在计算 $P_2, P_3,$

$$P_2 = \int_{a_1}^{b_1} \frac{1}{|x_1-t_1|^{\alpha_1}} \sum_{\rho=1}^{l-1} \frac{B_{2\rho} h_n^{2\rho}}{(2\rho)!} \Big[ \frac{\partial^{2\rho-1}}{\partial x_2^{2\rho-1}} F_2(x_1,a_2) - \frac{\partial^{2\rho-1}}{\partial x_2^{2\rho-1}} F_2(x_1,b_2) \Big] dx_1$$

$$= \sum_{\rho=1}^{l-1} \frac{B_{2\rho} h_n^{2\rho}}{(2\rho)!} \int_{a_1}^{b_1} \frac{1}{|x_1-t_1|^{\alpha_1}} \frac{\partial^{2\rho-1}}{\partial x_2^{2\rho-1}} F_2(x_1,a_2) - \frac{\partial^{2\rho-1}}{\partial x_2^{2\rho-1}} F_2(x_1,b_2)] dx_1$$

$$= \sum_{\rho=1}^{l-1} \frac{B_{2\rho} h_n^{2\rho}}{(2\rho)!} \int_{a_1}^{b_1} \Big[ \frac{\partial^{2\rho-1}}{\partial x_2^{2\rho-1}} F(x_1,a_2) - \frac{\partial^{2\rho-1}}{\partial x_2^{2\rho-1}} F_2(x_1,b_2) \Big] dx_1, \qquad (4.2.10)$$

$$P_3 = -2 \int_{a_1}^{b_1} \frac{1}{|x_1-t_1|^{\alpha_1}} \Big\{ \sum_{\rho=0}^{l-1} \frac{\zeta(-\alpha_2-2\rho)}{(2\rho)!} \frac{\partial^{2\rho}}{\partial x_2^{2\rho}} f(x_1,x_2)|_{x_2=t_2} h_n^{2\rho+\alpha_2+1} \Big\} dx_1$$

$$= -\sum_{\rho=0}^{l-1} \frac{\zeta(-\alpha_2-2\rho)h_n^{2\rho+\alpha_2+1}}{\rho!} \frac{\partial^{2\rho}}{\partial x_2^{2\rho}} \int_{a_1}^{b_1} \frac{1}{|x_1-t_1|^{\alpha_1}} f(x_1,x_2)|_{x_2=t_2}$$

$$= -\sum_{\rho=0}^{l-1} \frac{\zeta(-\alpha_2-2\rho)h_n^{2\rho+\alpha_2+1}}{\rho!} I_1^{(2\rho)}(t_2), \tag{4.2.11}$$

同时,

$$P_4 = O(h_n^{2l}) \int_{a_1}^{b_1} \frac{1}{|x_1-t_1|^{\alpha_1}} dx_1 = O(h_n^{2l}). \tag{4.2.12}$$

综合上面各式, 得到该定理的证明.□

在 (4.2.2) 和 (4.2.3) 中, 若 $t_i = a_i$, $i = 1, \cdots, n$, 且 $a_i$ 是已知常数, 那么上述积分的奇异点是固定点, 特别地, 当 $a_i = 0$ 时, 为原点弱奇异.

**推论 4.2.1** 假设 $f(x,y)$ 在区域 $[a_1,b_1] \times [a_2,b_2]$ 内有直到 $2l$ 阶连续偏导数, 置
$F(x_1,x_2) = \dfrac{f(x_1,x_2)\ln|x_1-t_1|}{|x_1-t_1|^{\alpha_1}|x_2-t_2|^{\alpha_2}}$, $F_1(x_1,x_2) = \dfrac{f(x_1,x_2)\ln|x_1-t_1|}{|x_1-t_1|^{\alpha_1}}$, $F_2(x_1,x_2) = \dfrac{f(x_1,x_2)}{|x_2-t_2|^{\alpha_2}}$, $I_1(x_2) = \displaystyle\int_{a_1}^{b_1} F_1(x_1,x_2)dx_1$, $I_2(x_1) = \displaystyle\int_{a_2}^{b_2} F_2(x_1,x_2)dx_2$, $I(F(\boldsymbol{x})) = \displaystyle\int_{a_1}^{b_1}\int_{a_2}^{b_2} F(x_1,x_2)dx_1dx_2$, $(\alpha_i < 1)$. 那么有误差的渐近展开式

$$E_{m,n}(h_m,h_n) = I(F(\boldsymbol{x})) - Q(h_m,h_n)$$

$$= h_n \sum_{\mu=1}^{l-1} \frac{h_m^{2\mu} B_{2\mu}}{(2\mu)!} \sum_{j=0, x_{2j}\neq t_2}^{n}{}' \left[ \frac{\partial}{\partial \alpha_1} W_\mu(a_1,x_{2j}) - W_\mu(b_1,x_{2j}) \right]$$

$$+ \sum_{\rho=1}^{l-1} \frac{B_{2\rho}h_n^{2\rho}}{(2\rho)!} \int_{a_1}^{b_1} \left[ \frac{\partial}{\partial \alpha_1} \frac{\partial^{2\rho-1}}{\partial x_2^{2\rho-1}} F(x_1,a_2) - \frac{\partial}{\partial \alpha_1} \frac{\partial^{2\rho-1}}{\partial x_2^{2\rho-1}} F(x_1,b_2) \right] dx_1$$

$$- h_n \sum_{\mu=0}^{l-1} \frac{\frac{\partial}{\partial \alpha_1}\zeta(-\alpha_1-2\mu)h_m^{2\mu+\alpha_1+1}}{\mu!} \sum_{j=0, x_{2j}\neq t_2}^{n}{}' \tilde{W}_\mu(t_1,x_{2j})$$

$$- \sum_{\rho=0}^{l-1} \frac{\zeta(-\alpha_2-2\rho)h_n^{2\rho+\alpha_2+1}}{\rho!} \frac{\partial}{\partial \alpha_1} I_1^{(2\rho)}(t_1) + O(h_0^{2l}). \tag{4.2.13}$$

对 (4.2.2) 和 (4.2.3) 两边关于 $\alpha_1$ 求导数, 立即得到 (4.2.13). 同理可获得弱奇异积分

$$I(F(\mathbf{x})) = \int_{a_1}^{b_1} \int_{a_2}^{b_2} \frac{f(x_1,x_2)\ln|x_2-t_2|}{|x_1-t_1|^{\alpha_1}|x_2-t_2|^{\alpha_2}} dx_1 dx_2$$

和
$$I(F(\boldsymbol{x})) = \int_{a_1}^{b_1}\int_{a_2}^{b_2} \frac{f(x_1,x_2)\ln|x_1-t_1|\ln|x_2-t_2|}{|x_1-t_1|^{\alpha_1}|x_2-t_2|^{\alpha_2}} dx_1 dx_2$$
的多参数渐近展开式.

## 4.3 多维弱奇异积分误差的多参数渐近展开式

令 $\mathbf{x}=(x_1,\cdots,x_s)\in\Omega\subset\Re^s$ 是维空间的点，$\alpha=(\alpha_1,\cdots,\alpha_s)$ 是整数向量，且
$$|\alpha|=\sum_{j=1}^{s}\alpha_j, \alpha!=\alpha_1!\cdots\alpha_s!$$
为了导出多维弱奇异积分的 Euler-Maclaurin 渐近展开式，首先给出下面引理.

**引理 4.3.1** 若区域 $\Omega=[0,1]^s$，即
$$\Omega=\{(x_1,\cdots,x_{i-1},x_i,x_{i+1},\cdots,x_s):\forall j, 1>x_j>0\}, \tag{4.3.1}$$
那么 $\Omega$ 有分割：
$$\Omega=\cup_{i=1}^{s}\bar{\Omega}_i, \tag{4.3.2}$$
这里 $\bar{\Omega}_i$ 是 $\Omega_i$ 的闭包，而 $\Omega_i$ 是包含原点的 $s$ 维棱锥，即
$$\Omega_i=\{(x_1,\cdots,x_{i-1},x_i,x_{i+1},\cdots,x_s):0<x_i<1, x_i>x_j>0, \forall j\neq i\},$$
$i=1,\cdots,s$. 且当 $i\neq j$ 时，$\Omega_i\cap\Omega_j=\varnothing$ 和 meas $\Omega_i=1/s$.

**证明** 若 $x\in\Omega_i\cap\Omega_j$，则由 $x\in\Omega_i$ 蕴涵 $x_i>x_j$，又由 $x\in\Omega_j$ 蕴涵 $x_j>x_i$ 两相矛盾，这就证得 $\Omega_i$ 与 $\Omega_j$ 不相交. 另一方面 $\Omega_i\subset\Omega$，而体积
$$\text{meas }\Omega_i=\int_0^1\left(\int_0^{x_i}dx_1\cdots\int_0^{x_i}dx_{i-1}\int_0^{x_i}dx_{i+1}\cdots\int_0^{x_i}dx_s\right)dx_i=\int_0^1 x_i^{s-1}dx_i=1/s,$$
这就导出 $\{\Omega_i, i=1,\cdots,s\}$ 是 $\Omega$ 的不重叠分割，故 (4.3.2) 成立.□

### 4.3.1 代数弱奇异积分的误差多参数渐近展开式

许多数学应用和工程问题，都可归结于下列类型的弱奇异积分
$$I_1(f)=\int_0^1\cdots\int_0^1 f(x_1,\cdots,x_s)dx_1\cdots dx_s, \tag{4.3.3}$$
其中被积函数可以表示为
$$f(x_1,\cdots,x_s)=g(x_1,\cdots,x_s)h(x_1,\cdots,x_s), \tag{4.3.4}$$

这里 $h(x_1,\cdots,x_s)$ 是 $\Omega=[0,1]^s$ 上的光滑函数,
$$g(x_1,\cdots,x_s)=\prod_{i=1}^s x_i^{\lambda_i}g_\rho(x_1,\cdots,x_s)$$
是 $\mu=\sum_{i=1}^s\lambda_i+\rho$ 阶齐次函数, 其中 $\lambda_i>-1, g_\rho(x_1,\cdots,x_s)=r^\rho$ 或
$$g_\rho(x_1,\cdots,x_s)=\left(\sum_{i=1}^s a_ix_i^\gamma\right)^\delta,\quad a_i>0,\quad \gamma>0,\quad \gamma\delta=\rho,\quad r=\sqrt{\sum_{i=1}^s x_i^2}, \quad (4.3.5)$$

并且若 $\mu<0$, 则原点是唯一奇点, 此外又假定 $\mu>-s$. 如果 $-s<\mu<0$ 且 $\lambda_i=0$, $i=1,\cdots,s$, 称 (4.3.3) 为点型弱奇异积分, 这类积分不能应用一维张量积形式计算. 但是 1982 年 Duffy[83] 提出一个简单而又非常有用的方法, 可以转换点型弱奇异积分为面型弱奇异积分. 我们的方法是: 首先把 $\Omega=[0,1]^s$ 分解成 $s$ 个锥体 $\Omega_i$, $i=1,\cdots,s$, 且 $(0,\cdots,0)\in\Omega_i$, 然后在 $\Omega_i$ 上积分, 利用 Duffy 变换[44], 把积分在 $(0,\cdots,0)$ 的奇异转换到一维 $x_i=0$ 上, 然后利用 $s-1$ 重正常积分的误差的多参数 Euler-Maclaurin 渐近展开式和一维弱奇异求积公式, 采用迭代方法得到误差的多参数渐近展开式.

**定理 4.3.1** 若 $g(x_1,\cdots,x_s)=g_\rho(x_1,\cdots,x_s)$ 是关于 $x_1,\cdots,x_s$ 的次数为 $\mu=\rho$ 的齐次函数, $h(\boldsymbol{x})\in C^{2m+1}([0,1]^s)$, 且 $f(\boldsymbol{x})=g(\boldsymbol{x})h(\boldsymbol{x})$, 当 $\mu>-s$ 时, 则积分 (4.3.3) 有下列误差的多参数渐近展开式

$$\begin{aligned}I_1(f)=&Q_i(h_1\cdots h_s)+\sum_{i=1}^s\bigg\{(-1)^{s-1}\sum_{0\leq|\tilde\alpha|\leq 2m}\boldsymbol{h}^{\tilde\alpha+1}\frac{\zeta(-\tilde\alpha,\beta)}{|\tilde\alpha|!}I(\boldsymbol{D}^{\tilde\alpha+1}\hat F(\boldsymbol{y}))\\&+\sum_{k=0}^{2m}h_i^{k+\mu+s}\varpi(\mu,k)\bigg[(-1)^{s-1}\sum_{0\leq|\tilde\alpha|\leq 2m}\boldsymbol{h}^{\tilde\alpha+1}I\bigg(\boldsymbol{D}^{\tilde\alpha+1}\bigg(\frac{\partial^k}{\partial y_i^k}F(\boldsymbol{y})|_{y_i=0}\bigg)\bigg)\\&-G^{(k)}(0)\bigg]+\sum_{k=0}^{2m}h_i^{k+1}\omega(k)\bigg[\tilde G^{(k)}(1)-(-1)^{s-1}\\&\sum_{0\leq|\tilde\alpha|\leq 2m}\boldsymbol{h}^{\tilde\alpha+1}I\bigg(\boldsymbol{D}^{\tilde\alpha+1}\bigg(\frac{\partial^k}{\partial y_i^k}\tilde F(\boldsymbol{y})\bigg)|_{y_i=1}\bigg)\bigg]\bigg\}+O(h_0^{2m+1})\end{aligned}\quad(4.3.6)$$

这里

$$\begin{aligned}Q_h(I_1(f))=&Q_i(h_1\cdots h_s)\\=&\sum_{i=1}^s h_1\sum_{j_1=0}^{N_1-1}..\sum_{j_{i-1}=0}^{N_{i-1}-1}h_i\sum_{j_i=0}^{N_i-1}(h_i(j_i+\beta_i))^{\mu+s-1}h_{i+1}\end{aligned}$$

## 4.3 多维弱奇异积分误差的多参数渐近展开式

$$\times \sum_{j_{i+1}=0}^{N_{i+1}-1} \cdots h_s \sum_{j_s=0}^{N_s-1} F(h_1(j_1+\beta_1),\cdots h_s(j_s+\beta_s)), \quad (4.3.7)$$

且

$$\omega(k) = \frac{\zeta(-k,\beta_i)}{k!}, \quad \varpi(\mu,k) = \frac{\zeta(-k-\mu-s+1,\beta_i)}{k!}, \quad k=0,1,\cdots,2m,$$

$$F(y_1,\cdots,y_{i-1},y_i,y_{i+1},\cdots,y_s) = g(y_1,\cdots,y_{i-1},1,y_{i+1},\cdots,y_s)$$
$$h(y_1 y_i,\cdots,y_{i-1}y_i,y_i,y_{i+1}y_i,\cdots,y_i y_s), \quad (4.3.8)$$

$$\tilde{G}(y_i) = y_i^{\mu+s-1} G(y_i), \varphi(\mu,k) = \zeta(-k,\beta_i)(\mu+s-2)\cdots(\mu+s-k-1)/k!, \quad (4.3.9)$$

其中

$$G(y_i) = \int_0^1 \cdots \int_0^1 F(y_1,\cdots,y_{i-1},y_i,y_{i+1},\cdots,y_s) dy_1\cdots dy_{i-1}dy_{i+1}\cdots dy_s, \tag{4.3.10}$$

$$\tilde{F}(\boldsymbol{y}) = y_i^{\mu+s-1} F(y_1,\cdots,y_{i-1},y_i,y_{i+1},\cdots,y_s), \quad \hat{F}(\boldsymbol{y}) = \int_0^1 \tilde{F}(\boldsymbol{y}) dy_i, \quad (4.3.11)$$

以及 $\zeta(-\tilde{\alpha},\beta) = \prod_{j=1,j\neq i}^{s} \zeta(-\alpha_j,\beta_j)$ 和 $\mathbf{1}=(1,\cdots,1)$ 是 $s-1$ 个分量的向量，$h_0 = \max_{i=1}^{s} h_i$.

**证明** 对于在 $\Omega = [0,1]^s$ 上积分, 注意 $\{\Omega_i, i=1,\cdots,s\} \subset \Omega$, 并且 $\text{meas}\Omega_i = 1/s$, 这意味 $\{\Omega_i, i=1,\cdots,s\}$ 是 $\Omega$ 的不重叠分割, 于是

$$I_1(f) = \int_\Omega f(\boldsymbol{x}) d\boldsymbol{x} = \sum_{i=1}^{s} \int_{\Omega_i} f(\boldsymbol{x}) d\boldsymbol{x}$$
$$= \sum_{i=1}^{s} \int_0^{x_i} dx_1 \cdots \int_0^{x_i} dx_{i-1} \int_0^1 dx_i \int_0^{x_i} dx_{i+1} \cdots \int_0^{x_i} g(x_1,\cdots,x_s) \quad (4.3.12)$$
$$\times h(x_1,\cdots,x_s) dx_1\cdots dx_s,$$

其中 $0 \leqslant x_i \leqslant 1, x_j \leqslant x_i, i \neq j$, 作 Duffy 变换, 设 $x_i = y_i, x_j = y_i y_j, j = 1,\cdots,s$ 且 $j \neq i$ 得

$$\sum_{i=1}^{s} \int_0^1 \cdots \int_0^1 y_i^{\mu+s-1} g(y_1,\cdots,y_{i-1},1,y_{i+1},..,y_s)$$
$$\cdot h(y_1 y_i,\cdots,y_{i-1}y_i,y_i,y_{i+1}y_i,\cdots,y_i y_s) dy_1\cdots dy_s$$
$$= \sum_{i=1}^{s} \int_0^1 y_i^{\mu+s-1} G(y_i) dy_i, \quad (4.3.13)$$

其中
$$G(y_i) = \int_0^1 \cdots \int_0^1 F(y_1,\cdots,y_{i-1},y_i,y_{i+1},\cdots,y_s)dy_1\cdots dy_{i-1}dy_{i+1}\cdots dy_s, \tag{4.3.14}$$

这里
$$\begin{aligned}F(\boldsymbol{y}) &= F(y_1,\cdots,y_{i-1},y_i,y_{i+1},\cdots,y_s)\\&=g(y_1,\cdots,y_{i-1},1,y_{i+1},\cdots,y_s)h(y_1y_i,\cdots,y_{i-1}y_i,y_i,y_{i+1}y_i,\cdots,y_iy_s).\end{aligned} \tag{4.3.15}$$

因 $g(y_1,\cdots,y_{i-1},1,y_{i+1},\cdots,y_s) \in C^{2m+1}(\Omega)$ 和 $h(\boldsymbol{y}) \in C^{2m+1}(\Omega)$, 所以 $F \in C^{2m+1}(\Omega)$ 和 $G(y_i) \in C^{2m+1}([0,1]^{s-1})$. 利用定理 2.2.5, 我们有

$$\begin{aligned}G(y_i) =& h_1\cdots h_s \sum_{j_1=0}^{N_1-1}\cdots\sum_{j_s=0}^{N_s-1} F(h_1(j_1+\beta_1),\cdots,h_{i-1}(j_{i-1}+\beta_{i-1}),\\& \cdot y_i, h_{i+1}(j_{i+1}+\beta_{i+1}),\cdots,h_s(j_s+\beta_s)) + (-1)^{s-1}\\&\cdot \sum_{0\leqslant|\tilde{\alpha}|\leqslant 2m} \boldsymbol{h}^{\tilde{\alpha}+\mathbf{1}}\frac{\zeta(-\tilde{\alpha},\beta)}{|\tilde{\alpha}|!}I(\boldsymbol{D}^{\tilde{\alpha}+\mathbf{1}}F) + O(h_0^{2m+1}),\end{aligned} \tag{4.3.16}$$

这里 $\tilde{\alpha}=(\alpha_1,\cdots,\alpha_{i-1},\alpha_{i+1},\cdots,\alpha_s)$ 是 $s-1$ 个分量的向量, $\zeta(-\tilde{\alpha},\beta) = \prod_{j=1,j\neq i}^s \zeta(-\alpha_j,\beta_j)$ 和 $\beta_j \in [0,1]$, $h_0 = \max_{j=1,j\neq i}^s h_j$.

令 $\tilde{G}(y_i) = y_i^{\mu+s-1}G(y_i)$. 因 $\mu > -s$, 所以 (4.3.13) 至多是 $\mu+s-1 > -1$ 阶弱奇异积分. 利用定理 3.1.2 的结果, 得到

$$\begin{aligned}I_1(f) =& \sum_{i=1}^s \int_0^1 y_i^{\mu+s-1}G(y_i)dy_i\\=& \sum_{i=1}^s \Bigg\{h_i \sum_{j_i=0}^{N_i-1}(h_i(j_i+\beta_i))^{\mu+s-1}G(h_i(j_i+\beta_i)) + \sum_{k=0}^{2m}\frac{h_i^{k+1}}{k!}\zeta(-k,\beta_i)\tilde{G}^{(k)}(1)\\& - \sum_{k=0}^{2m}\frac{h_i^{k+\mu+s}}{k!}\zeta(-k-\mu-s+1,\beta)G^{(k)}(0) + O(h_i^{2m+1})\Bigg\} = I_1 + I_2.\end{aligned} \tag{4.3.17}$$

其中
$$\sum_{i=1}^s h_i \sum_{j_i=0}^{N_i-1}(h_i(j_i+\beta_i))^{\mu+s-1}G(h_i(j_i+\beta_i))$$

$$=\sum_{i=1}^{s}\left\{h_i\sum_{j_i=0}^{N_i-1}(h_i(j_i+\beta_i))^{\mu+s-1}\right.$$

$$\left.\cdot\int_0^1\cdots\int_0^1 F(y_1,\cdots,y_{i-1},h_i(j_i+\beta_i),y_{i+1},\cdots,y_s)\prod_{j=1,j\neq i}^{s}dy_j\right\}$$

$$=\sum_{i=1}^{s}h_i\sum_{j_i=0}^{N_i-1}(h_i(j_i+\beta_i))^{\mu+s-1}\left\{h_1\cdots h_s\right.$$

$$\cdot\sum_{j_1=0}^{N_1-1}\cdots\sum_{j_s=0}^{N_s-1}F(h_1(j_1+\beta_1),\cdots,h_s(j_s+\beta_s))+(-1)^{s-1}\sum_{0\leqslant|\tilde{\alpha}|\leqslant 2m}h^{\tilde{\alpha}+1}\frac{\zeta(-\tilde{\alpha},\beta)}{|\tilde{\alpha}|!}$$

$$\left.\cdot I(\boldsymbol{D}^{\tilde{\alpha}+1}F(y_1,\cdots,y_{i-1},h_i(j_i+\beta_i),y_{i+1},\cdots,y_s))+O(h_0^{2m+1})\right\}$$

$$=\sum_{i=1}^{s}h_1\cdots h_s\sum_{j_1=0}^{N_1-1}..\sum_{j_s=0}^{N_s-1}(h_i(j_i+\beta_i))^{\mu+s-1}$$

$$\cdot F(h_1(j_1+\beta_1),\cdots,h_s(j_s+\beta_s))+(-1)^{s-1}\sum_{i=1}^{s}h_i\sum_{j_i=0}^{N_i-1}(h_i(j_i+\beta_i))^{\mu+s-1}$$

$$\times\left\{\sum_{0\leqslant|\tilde{\alpha}|\leqslant 2m}\boldsymbol{h}^{\tilde{\alpha}+1}\frac{\zeta(-\tilde{\alpha},\beta_i)}{|\tilde{\alpha}|!}I(\boldsymbol{D}^{\tilde{\alpha}+1}F(y_1,\cdots,y_{i-1},h_i(j_i+\beta),y_{i+1},..,y_s))\right.$$

$$\left.+O(h_0^{2m+1})\right\}$$

$$=Q_i(h_1\cdots h_s)+(-1)^{s-1}\sum_{i=1}^{s}\sum_{0\leqslant|\tilde{\alpha}|\leqslant 2m}\boldsymbol{h}^{\tilde{\alpha}+1}\frac{\zeta(-\tilde{\alpha},\beta)}{|\tilde{\alpha}|!}I(\boldsymbol{D}^{\tilde{\alpha}+1}$$

$$\cdot\left\{\int_0^1 y_i^{\mu+s-1}F(y_1,\cdots,y_{i-1},y_i,y_{i+1},\cdots,y_s)dy_i\right.$$

$$+\sum_{k=0}^{m}\frac{h_i^{k+\mu+s}}{k!}\zeta(-k-\mu-s-1,\beta_i)\frac{\partial^k}{\partial y_i^k}F(y_1,\cdots,y_{i-1},y_i,y_{i+1},\cdots,y_s)|_{y_i=0}$$

$$\left.-\sum_{k=0}^{2m}\frac{h_i^{k+1}}{k!}\zeta(-k,\beta_i)\frac{\partial^k}{\partial y_i^k}[y_i^{\mu+s-1}F(y_1,\cdots,y_{i-1},y_i,y_{i+1},\cdots,y_s)]^{(k)}|_{y_i=1}\right\}$$

$$+(-1)^{s-1}\sum_{i=1}^{s}O(h_0^{2m+1})\left\{\frac{1}{\mu+s}+h_i^{\mu+s}\zeta(-\mu-s,\beta_i)\right.$$

$$\left.-\sum_{k=0}^{2m}\varphi(k)h_i^k+O(h_i^{2m+1})\right\}$$

$$
\begin{aligned}
&= Q_i(h_1\cdots h_s) + (-1)^{s-1} \\
&\quad \cdot \sum_{i=1}^{s}\bigg\{\sum_{0\leqslant |\tilde{\alpha}|\leqslant 2m} \boldsymbol{h}^{\tilde{\alpha}+1}\frac{\zeta(-\tilde{\alpha},\beta)}{|\tilde{\alpha}|!} I(\boldsymbol{D}^{\tilde{\alpha}+1}\hat{F}(\boldsymbol{y})) \\
&\quad + (-1)^{s-1}\sum_{k=0}^{2m}\frac{h_i^{k+\mu+s}}{k!}\zeta(-k-\mu-s-1,\beta_i)\sum_{0\leqslant|\tilde{\alpha}|\leqslant 2m}\frac{\boldsymbol{h}^{\tilde{\alpha}+1}}{|\tilde{\alpha}|!} \\
&\quad \cdot I\bigg(\boldsymbol{D}^{\tilde{\alpha}+1}\bigg(\frac{\partial^k}{\partial y_i^k}F(\boldsymbol{y})|_{y_i=0}\bigg)\bigg) - (-1)^{s-1}\sum_{k=0}^{2m}\frac{h_i^{k+1}}{k!}\zeta(-k,\beta_i)\sum_{0\leqslant|\tilde{\alpha}|\leqslant 2m}\frac{\boldsymbol{h}^{\tilde{\alpha}+1}}{|\tilde{\alpha}|!} \\
&\quad \cdot I\bigg(\boldsymbol{D}^{\tilde{\alpha}+1}\bigg(\frac{\partial^k}{\partial y_i^k}\tilde{F}(\boldsymbol{y})|_{y_i=1}\bigg)\bigg)\bigg\} + O(h_0^{2m+1}), \tag{4.3.18}
\end{aligned}
$$

其中

$$
\tilde{F}(\boldsymbol{y}) = y_i^{\mu+s-1}F(y_1,\cdots,y_{i-1},y_i,y_{i+1},\cdots,y_s), \quad \hat{F}(\boldsymbol{y}) = \int_0^1 \tilde{F}(\boldsymbol{y})dy_i,
$$

$\mathbf{1}=(1,\cdots,1)$ 是 $s-1$ 个分量的向量, 以及

$$
Q_i(h_1\cdots h_s) = \sum_{i=1}^{s} h_1\cdots h_s \sum_{j_1=0}^{N_1-1}\cdots\sum_{j_s=0}^{N_s-1}(h_i(j_i+\beta_i))^{\mu+s-1}F(h_1(j_1+\beta_1),\cdots,h_s(j_s+\beta_s)).
$$

注意, 这里用到了下面结果: 当 $\mu+s>0$ 时, 有

$$
\begin{aligned}
&h_i\sum_{j_i=0}^{N_i-1}(h_i(j_i+\beta_i))^{\mu+s-1} \\
&= \int_0^1 y_i^{\mu+s-1}dx_i + h_i^{\mu+s}\zeta(-\mu-s+1,\beta_i) - \sum_{k=0}^{2m}\frac{h_i^k}{k!}\zeta(-k,\beta_i)\varphi(k) + O(h_i^{2m+1}) \\
&= \frac{1}{\mu+s} + h_i^{\mu+s}\zeta(-\mu-s+1,\beta_i) - \sum_{k=0}^{2m}\varphi(k)h_i^k + O(h_i^{2m+1}), \tag{4.3.19}
\end{aligned}
$$

以及

$$
O(h_i^{2m+1})\bigg(\frac{1}{\mu+s} + h_i^{\mu+s}\zeta(-\mu-s+1,\beta_i) - \sum_{k=0}^{2m}\varphi(k)h_i^k + O(h_i^{2m+1})\bigg) = O(h_i^{2m+1}), \tag{4.3.20}
$$

这里 $\varphi(k) = \zeta(-k,\beta_i)(\mu+s-2)\cdots(\mu+s-k-1)/k!$.

组合 (4.3.17)∼(4.3.20), 我们获得 (4.3.6) 的证明. □

从 (4.3.6) 可知道, 渐近展开式 $h_i^{\mu+s}$ 和 $h_i^k$ 的系数完全由 $f(x)$ 确定, 且为显式表达式, 这为数值分析和误差估计带来很大的方便. 如果直接利用求积公式 (4.3.7) 来计算, 精度仅有 $O(h_i^{\mu+s})$ 阶, 为了获得高精度, 必须把 $k=0$ 的项放在求积公式中, 于是有下面的推论.

**推论 4.3.1** 在定理 4.3.2 的条件下有求积公式

$$\bar{Q}_h(I_1(f))\\=Q_i(h_1\cdots h_s)+\sum_{i=1}^s h_i^{\mu+s}\varpi(\mu,0)[(-1)^{s-1}\\\cdot \sum_{0\leqslant|\tilde{\alpha}|\leqslant 2m} I(\boldsymbol{D}^{\tilde{\alpha}+1}(F(\boldsymbol{y})|_{y_i=0}))-G(0)], \tag{4.3.21}$$

渐近展开式

$$I_1(f)=Q_h(I_1(f))+\sum_{i=1}^s\Big\{(-1)^{s-1}\sum_{0\leqslant|\tilde{\alpha}|\leqslant 2m}\boldsymbol{h}^{\tilde{\alpha}+1}\frac{\zeta(-\tilde{\alpha},\beta)}{|\tilde{\alpha}|!}I(\boldsymbol{D}^{\tilde{\alpha}+1}\hat{F}(\boldsymbol{y}))$$

$$+\sum_{k=1}^{2m}h_i^{k+\mu+s-1}\varpi(\mu,k)\Big[(-1)^{s-1}\sum_{0\leqslant|\tilde{\alpha}|\leqslant 2m}\frac{\boldsymbol{h}^{\tilde{\alpha}+1}}{|\tilde{\alpha}|!}$$

$$\cdot I\Big(\boldsymbol{D}^{\tilde{\alpha}+1}\Big(\frac{\partial^k}{\partial y_i^k}F(\boldsymbol{y})|_{y_i=0}\Big)\Big)-G^{(k)}(0)\Big]+\sum_{k=0}^{2m}h_i^{k+1}\omega(k)\Big[\tilde{G}^{(k)}(1)-(-1)^{s-1}$$

$$\cdot \sum_{0\leqslant|\tilde{\alpha}|\leqslant 2m}\frac{\boldsymbol{h}^{\tilde{\alpha}+1}}{|\tilde{\alpha}|!}I\Big(\boldsymbol{D}^{\tilde{\alpha}+1}\Big(\frac{\partial^k}{\partial y_i^k}\tilde{F}(\boldsymbol{y})|_{y_i=1}\Big)\Big)\Big]\Big\}+O(h_0^{2m+1}). \tag{4.3.22a}$$

在求积公式 (4.3.21) 中, 虽然含有导数项, 但是 $\tilde{F}(\boldsymbol{y}), F(\boldsymbol{y})\in C^{2m+1}([0,1]^{s-1})$, 可采用定理 2.2.5 获得误差的多参数渐近展开式. 然而, 在解积分方程的时候, 利用该公式有一些困难, 因为含有未知函数的导数项, 在这种情况下, 必须使用外推与分裂外推.

**推论 4.3.2** 在定理 4.3.1 的条件下, 若 $\beta_i=1/2, i=1,\cdots,s$, 即 $Q_i(h_1,\cdots,h_s)$ 为中矩形公式, 那么有下列误差的多参数渐近展开式:

$$I_1(f)=Q_i(h_1,\cdots,h_s)+\sum_{i=1}^s\Big\{(-1)^{s-1}\sum_{1\leqslant|\tilde{\alpha}|\leqslant m}\boldsymbol{h}^{2\tilde{\alpha}}\frac{B_{2\tilde{\alpha}}(1/2)}{|2\tilde{\alpha}|!}I(\boldsymbol{D}^{2\tilde{\alpha}}\hat{F}(\boldsymbol{y}))$$

$$+\sum_{k=0}^{2m}h_i^{k+\mu+s}\varpi(\mu,k)\Big[(-1)^{s-1}\sum_{1\leqslant|\tilde{\alpha}|\leqslant m}\frac{\boldsymbol{h}^{2\tilde{\alpha}}}{|2\tilde{\alpha}|!}I\Big(\boldsymbol{D}^{2\tilde{\alpha}}\Big(\frac{\partial^k}{\partial y_i^k}F(\boldsymbol{y})|_{y_i=0}\Big)\Big)-G^{(k)}(0)\Big]$$

$$+\sum_{k=1}^m h_i^{2k}\omega(2k)\Big[\tilde{G}^{(k)}(1)-(-1)^{s-1}\sum_{1\leqslant|\tilde{\alpha}|\leqslant m}\frac{\boldsymbol{h}^{2\tilde{\alpha}}}{|2\tilde{\alpha}|!}$$

$$\cdot I\left(\boldsymbol{D}^{2\tilde{\alpha}}\left(\frac{\partial^k}{\partial y_i^k}\tilde{F}(\boldsymbol{y})|_{y_i=1}\right)\right]\right\} + O(h_0^{2m+1}), \tag{4.3.22b}$$

这里 $Q_i(h_1,\cdots,h_s)$ 和各个函数由定理 4.3.1 给出，以及

$$\frac{B_{2\tilde{\alpha}}(1/2)}{|2\tilde{\alpha}|!} = \prod_{j=1,j\neq i}^{s}\frac{B_{2\alpha_j}(1/2)}{(2\alpha_j)!}, \quad \boldsymbol{D}^{2\tilde{\alpha}}w = D_1^{2\alpha_1}\cdots D_{i-1}^{2\alpha_{i-1}}D_{i+1}^{2\alpha_{i+1}}\cdots D_s^{2\alpha_s}w.$$

**证明** 因为

$$\zeta(-2k,1/2)=0, \zeta(-2\tilde{\alpha}-1,1/2)=\prod_{j=1,j\neq i}^{s}\zeta(-2\alpha_j-1,1/2),$$

把 $\zeta(-2\alpha_j+1,1/2) = -\dfrac{B_{2\alpha_j}(1/2)}{2\alpha_j}$, $j=1,\cdots,s$ 且 $j\neq i$, 代入 (4.3.7) 中, 获得 (4.3.22b). □

### 4.3.2 对数弱奇异积分的误差多参数渐近展开式

在位势理论中, 经常会遇到下列积分

$$I_2(f) = \int_\Omega h(x_1,\cdots,x_s)g_\mu(x_1,\cdots,x_s)\ln g(x_1,\cdots,x_s)dx_1\cdots dx_s \tag{4.3.23}$$

的数值计算, 这里 $h(x_1,\cdots,x_s)$ 和 $g(x_1,\cdots,x_s)$ 与上段的性质一样, 根据定理 4.3.1, 立即得到下面的渐近展开式.

**定理 4.3.2** 设 $g_\mu(x_1,\cdots,x_s) = r^\mu$, $\mu > -s$, 且 $r = (x_1^2+\cdots+x_s^2)^{1/2}$, $h(x)\in C^{2m+1}([0,1]^s)$, 若 $\mu$ 不是整数, 那么积分 (4.3.23) 有下列多参数误差渐近展开式:

$$Q_h(I_2(f)) = \frac{\partial Q_h(I_1(f))}{\partial \mu} \tag{4.3.24}$$

和渐近展开式

$$\begin{aligned}I_2(f) =& \frac{\partial}{\partial\mu}Q_h(I_1(f)) + \sum_{i=1}^{s}\left\{\sum_{0\leqslant|\tilde{\alpha}|\leqslant 2m}(-1)^{s-1}\boldsymbol{h}^{\tilde{\alpha}+1}\frac{\partial}{\partial\mu}\frac{\zeta(-\tilde{\alpha},\beta)}{|\tilde{\alpha}|!}I(\boldsymbol{D}^{\tilde{\alpha}+1}\hat{F}(\boldsymbol{y}))\right.\\ &+\sum_{k=0}^{2m}\frac{\partial}{\partial\mu}(h_i^{k+\mu+s}\varpi(\mu,k))\left[(-1)^{s-1}\sum_{0\leqslant|\tilde{\alpha}|\leqslant 2m}\frac{\boldsymbol{h}^{\tilde{\alpha}+1}}{|\tilde{\alpha}|!}\right.\\ &\left.\cdot I\left(\boldsymbol{D}^{\tilde{\alpha}+1}\frac{\partial^k}{\partial y_i^k}F(\boldsymbol{y})|_{y_i=0}-G^{(k)}(0)\right)\right]\\ &+\sum_{k=1}^{2m}h_i^{k+1}\frac{\partial}{\partial\mu}\left(\omega(k)\frac{\partial^k}{\partial y_i^k}\left[\tilde{G}^{(k)}(1)-(-1)^{s-1}\sum_{0\leqslant|\tilde{\alpha}|\leqslant 2m}\frac{\boldsymbol{h}^{\tilde{\alpha}+1}}{|\tilde{\alpha}|!}\right.\right.\end{aligned}$$

$$\cdot I\left(D^{\tilde{\alpha}+1}\frac{\partial^k}{\partial x_i^k}\tilde{F}(\boldsymbol{y})|_{y_i=1}\right)\bigg]\bigg)\bigg\}+O(h_0^{2m+1}), \tag{4.3.25}$$

这里 $F(\boldsymbol{y})$, $\tilde{F}(\boldsymbol{y})$, $\hat{F}(\boldsymbol{y})$, $G(y_i)$ 和 $\tilde{G}(y_i)$ 的定义与定理 4.3.1 相同.

**证明** 根据定理 4.3.1, 对 (4.3.5) 和 (4.3.6), 两边关于 $\mu$ 求导数就立即得到. □

特别地, 在 (4.3.24) 和 (4.3.25) 中, 令 $\mu=0$, 就能够得到积分

$$I_3(f) = \int_\Omega f(x_1,\cdots,x_s)\ln g(x_1,\cdots,x_s)dx_1\cdots dx_s \tag{4.3.26}$$

的展开式.

### 4.3.3 面型弱奇异积分的误差多参数渐近展开式

接下来我们考虑多维面型弱奇异积分

$$I(f) = \int_0^1\cdots\int_0^1 f(x_1,\cdots,x_s)dx_1\cdots dx_s, \tag{4.3.27}$$

且

$$f(x_1,\cdots,x_s) = \prod_{i=1}^s g(x_1,\cdots,x_s)h(x_1,\cdots,x_s), \tag{4.3.28}$$

这里 $g(x_1,\cdots,x_s) = (x_i^{\gamma_i}\ln^{\delta_i} x_i)$, 其中 $-1<\gamma_i<0$ 和 $\delta_i=0$ 或 $1$, $h(x_1,\cdots,x_s)\in C^{2m+1}([0,1]^s)$. 若 $\gamma_i$ 是有理数且 $\delta_i=0$, 则这类积分可以通过变量替换的方法转换为正常积分, 也可以应用一维弱奇异积分的张量积形式计算. 若 $\gamma_i$ 是无理数或 $\delta_i\neq 0$, 不能通过变换把 (4.3.27) 转换为正常积分, 但依然可用乘积形式的求积公式

$$Q_h(f) = h_1\cdots h_s\sum_{i_1}^{N_1-1}\cdots\sum_{i_s}^{N_s-1}f((i_1+\beta_1)h_1,\cdots,(i_s+\beta_s)h_s), \tag{4.3.29}$$

根据多参数 Euler-Maclaurin 渐近展开式作分裂外推计算, 这里 $h_i = 1/N_i$, $0\leqslant\beta_i\leqslant 1$, $i=1,\cdots,s$. 若 $\beta_i=1/2$, 为中矩形求积公式. 为了获得 (4.3.28) 的误差渐近展开式, 我们首先介绍 Navot[181] 给出的下列结果:

若 $G(x) = x^\alpha g(x)$, 且 $-1<\alpha<0$, $g(x)\in C^{2m+1}[0,1]$, $h=1/n$, 那么

$$E(h) = \int_0^1 G(x)dx - h\sum_{i=0}^{n-1}G((i+\beta)h)$$

$$= -\sum_{\mu=1}^{2m}\frac{B_\mu(\beta)}{\mu!}G^{(\mu-1)}(1)h^\mu - \sum_{\mu=0}^{2m}\frac{\zeta(-\alpha-\mu,\beta)}{\mu!}g^{(\mu)}(0)h^{\mu+\alpha+1} + O(h^{2m+1}), \tag{4.3.30}$$

其中 $\zeta(\mu,\beta)$ 是广义 Riemann Zeta 函数，$B_\mu(\beta)$ 是 Bernoulli 多项式. 利用 (4.3.30)，就能够得到形如 $G(x) = x^\alpha g(x)\ln x$，且 $-1<\alpha<0$ 的奇异积分的渐近展开式

$$E(h) = \sum_{\mu=1}^{2m} A_\mu h^\mu + \ln h \sum_{\mu=0}^{2m} B_\mu h^{\mu+\alpha+1} + \sum_{\mu=0}^{2m} C_\mu h^{\mu+\alpha+1} + O(h^{2m+1}), \quad (4.3.31)$$

特别地，若 $G(x) = g(x)\ln x$，且 $-1<\alpha<0$，则

$$E(h) = \sum_{\mu=1}^{2m} A_\mu h^\mu + \ln h \sum_{\mu=0}^{2m} B_\mu h^{\mu+1} + O(h^{2m+1}), \quad (4.3.32)$$

这里 $A_\mu, B_\mu, C_\mu$ 与 $h$ 无关，仅与 $g(x)$ 在端点的导数值有关的常数.

**定理 4.3.3** 若 $I(f), Q_h(f)$ 分别由 (4.3.27) 和 (4.3.29) 所确定，并且 $g(x_1,\cdots,x_s) \in C^{2m+1}([0,1]^s)$，则存在与 $\boldsymbol{h} = (h_1,\cdots,h_s)$ 无关但与 $h(x_1,\cdots,x_s)$ 及导数有关的常数 $A_\mu, B_\mu, C_\mu$，使得有下列误差的多参数渐近展开式:

$$I(f) - Q_h(f) = \sum_{1\leqslant|\mu|\leqslant 2m} A_\mu \boldsymbol{h}^\mu + \sum_{0\leqslant|\mu|\leqslant 2m} B_\mu \boldsymbol{h}^{\mu+\alpha+1}(\ln \boldsymbol{h})^\beta$$

$$+ \sum_{0\leqslant|\mu|\leqslant 2m} C_\mu \boldsymbol{h}^{\mu+\alpha+1} + O(h_0^{2m+1}(\ln \boldsymbol{h})^\beta), \quad (4.3.33)$$

此处 $(\ln \boldsymbol{h})^\gamma = (\ln h_1)^{\gamma_1}\cdots(\ln h_s)^{\gamma_s}$，$\gamma = (\gamma_1,\cdots,\gamma_s)$，$\alpha = (\alpha_1,\cdots,\alpha_s)$，$\boldsymbol{h}^\lambda = h_1^{\lambda_1}\cdots h_s^{\lambda_s}$，$\mathbf{1} = (1,\cdots,1)$，$h_0 = \max_{i=1}^s h_i$.

**证明** 用数学归纳法，当 $s=1$ 时，由 (4.3.30) 和 (4.3.31) 得到. 设当 $s-1$ 维时，有渐近展开式 (4.3.33) 成立，现证对 $s$ 维也有渐近展开式 (4.3.33) 成立. 置 $\bar{\boldsymbol{x}} = (x_2,\cdots,x_s)$，$\bar{\alpha} = (\alpha_2,\cdots,\alpha_s)$，$\bar{\gamma} = (\gamma_2,\cdots,\gamma_s)$，$d\bar{\boldsymbol{x}} = dx_2\cdots dx_s$，考虑积分

$$F(x_1) = \int_0^1 \cdots \int_0^1 \prod_{i=2}^s (x_i^{\alpha_i}(\ln x_i)^{\gamma_i}) g(x_1, \boldsymbol{x}) \prod_{i=2}^s dx_i, \quad (4.3.34)$$

它是以 $x_1$ 为参数的 $s-1$ 维积分，由归纳假设存在与 $\bar{\boldsymbol{h}} = (h_2,\cdots,h_s)$ 无关，而与 $x_1$ 相关的函数 $\bar{A}_{\bar{\mu}}(x_1), \bar{B}_{\bar{\mu}}(x_1), \bar{C}_{\bar{\mu}}(x_1)$ 使得

$$F(x_1) = h_2\cdots h_s \sum_{i_2=0}^{n_2-1}\cdots\sum_{i_s=0}^{n_s-1}\prod_{j=2}^s\{[(i_j+\beta_j)h_j]^{\alpha_j}[\ln(i_j+\beta_j)h_j]^{\gamma_j}\}$$

$$\cdot g(x_1,(i_2+\beta_2)h_2,\cdots,(i_s+\beta_s)h_s)$$

$$+ \sum_{1\leqslant|\bar{\mu}|\leqslant 2m} \bar{A}_{\bar{\mu}}(x_1)\bar{\boldsymbol{h}}^{\bar{\mu}} + \sum_{0\leqslant|\bar{\mu}|\leqslant 2m} \bar{B}_{\bar{\mu}}(x_1)\bar{\boldsymbol{h}}^{\bar{\mu}+\bar{\alpha}+1}(\ln\bar{\boldsymbol{h}})^{\bar{\gamma}}$$

$$+ \sum_{0\leqslant|\bar{\mu}|\leqslant 2m} \bar{C}_{\bar{\mu}}(x_1)\bar{h}^{\bar{\mu}+\bar{\alpha}+1} + O(h_0^{2m+1}(\ln\bar{h})^{\bar{\gamma}}), \tag{4.3.35}$$

根据一维积分的渐近展开式 (4.3.30) 和 (4.3.32), 有

$$I(f) = \int_0^1 x_1^{\alpha_1}(\ln x_1)^{\gamma_1} F(x_1) dx_1 = h_2 \cdots h_s \sum_{i_2=0}^{n_2-1} \cdots \sum_{i_s=0}^{n_s-1} \prod_{j=2}^{s}\{[(i_j+\beta_j)h_j]^{\alpha_j}$$

$$\times [\ln(i_j+\beta_j)h_j]^{\gamma_j}\} \cdot \int_0^1 x_1^{\alpha_1}(\ln x_1)^{\gamma_1} g(x_1, (i_2+\beta_2)h_2, \cdots, (i_s+\beta_s)h_s) dx_1$$

$$+ \sum_{1\leqslant|\bar{\mu}|\leqslant 2m} \bar{h}^{\bar{\mu}} \int_0^1 x_1^{\alpha_1}(\ln x_1)^{\gamma_1} \bar{A}_{\bar{\mu}}(x_1) dx_1$$

$$+ \sum_{0\leqslant|\bar{\mu}|\leqslant 2m} \bar{h}^{\bar{\mu}+\bar{\alpha}+1}(\ln\bar{h})^{\bar{\gamma}} \int_0^1 x_1^{\alpha_1}(\ln x_1)^{\gamma_1} \times \bar{B}_{\bar{\mu}}(x_1) dx_1$$

$$+ \sum_{0\leqslant|\bar{\mu}|\leqslant 2m} \bar{h}^{\bar{\mu}+\bar{\alpha}+1} \int_0^1 x_1^{\alpha_1}(\ln x_1)^{\gamma_1} \bar{C}_{\bar{\mu}}(x_1) dx_1 + O(h_0^{2m+1}(\ln\bar{h})^{\bar{\gamma}})$$

$$= I_1 + I_2 + I_3 + I_4 + O(h_0^{2m+1}(\ln\bar{h})^{\bar{\gamma}}), \tag{4.3.36}$$

这里 $I_i, i=1,\cdots,4$ 分别为上式右边的前四项. 因为

$$\int_0^1 x_1^{\alpha_1}(\ln x_1)^{\gamma_1} g(x_1, (i_2+\beta_2)h_2, \cdots, (i_s+\beta_s)h_s) dx_1$$

$$= h_1 \sum_{i_1=0}^{n_1-1} [(i_1+\beta_1)h_1]^{\alpha_1}[\ln((i_1+\beta_1)h_1)]^{\gamma_1} g((i_1+\beta_1)h_1, (i_2+\beta_2)h_2, \cdots, (i_s+\beta_s)h_s)$$

$$+ \sum_{j=1}^{2m} a_j((i_2+\beta_2)h_2, \cdots, (i_s+\beta_s)h_s) h_1^j$$

$$+ \sum_{j=0}^{2m} b_j((i_2+\beta_2)h_2, \cdots, (i_s+\beta_s)h_s) h_1^{j+\alpha_1+1}(\ln h_1)^{\gamma_1}$$

$$+ \sum_{j=0}^{2m} c_j((i_2+\beta_2)h_2, \cdots, (i_s+\beta_s)h_s) h_1^{j+\alpha_1+1} + O(h_0^{2m+1}(\ln h_1)), \tag{4.3.37}$$

其中 $a_j(x_2,\cdots,x_s), b_j(x_2,\cdots,x_s), c_j(x_2,\cdots,x_s)$ 是以 $x_2,\cdots,x_s$ 为参数的 (4.3.31) 展开式的系数. 设

$$\bar{I}(q) = \int_0^1 \cdots \int_0^1 q(x_2,\cdots,x_s) dx_2 \cdots dx_s, \tag{4.3.38}$$

是 $s-1$ 维重积分,

$$\bar{Q}_h(q) = h_2\cdots h_s \sum_{i_2=0}^{n_2-1}\cdots\sum_{i_s=0}^{n_s-1} q(x_1,(i_2+\beta_2)h_2,\cdots,(i_s+\beta_s)h_s) \quad (4.3.39)$$

为相应的求积公式,置

$$w(\bar{x}) = w(x_2,\cdots,x_s) = \prod_{j=2}^{s} x_j^{\alpha_j}(\ln x_j)^{\gamma_j}. \quad (4.3.40)$$

利用 (4.3.37) 得到 (4.3.36) 展开式中右边项

$$\begin{aligned}
I_1 =& Q_h(f) + \sum_{j=1}^{2m}\bar{Q}_h(wa_j)h_1^j + \sum_{j=0}^{2m}\bar{Q}_h(wb_j)h_1^{j+\alpha_1+1}(\ln h_1)^{\gamma_1} + \sum_{j=0}^{2m}\bar{Q}_h(wc_j)h_1^{j+\alpha_1+1} \\
=& Q_h(f) + \sum_{j=1}^{2m}\bar{Q}(wa_j)h_1^j + \sum_{j=0}^{2m}\bar{Q}(wb_j)h_1^{j+\alpha_1+1}(\ln h_1)^{\gamma_1} + \sum_{j=0}^{2m}\bar{Q}(wc_j)h_1^{j+\alpha_1+1} \\
&+ \sum_{j=1}^{2m}[\bar{Q}_h(wa_j)-\bar{Q}(wa_j)]h_1^j + \sum_{j=0}^{2m}[\bar{Q}_h(wb_j)-\bar{Q}(wb_j)]h_1^{j+\alpha_1+1}(\ln h_1)^{\gamma_1} \\
&+ \sum_{j=0}^{2m}[\bar{Q}_h(wb_j)-\bar{Q}(wb_j)]h_1^{j+\alpha_1+1}. \quad (4.3.41)
\end{aligned}$$

对括号里的项用归纳假设,并注意 $a_j,b_j,c_j \in C^{2m-j}([0,1]^{s-1})$,于是得到

$$\begin{aligned}
I_1 =& Q_h(f) + \sum_{1\leqslant|\mu|\leqslant 2m} \tilde{A}_\mu \boldsymbol{h}^\mu \\
& + \sum_{0\leqslant|\mu|\leqslant 2m} \tilde{B}_\mu \boldsymbol{h}^{\mu+\alpha+1}(\ln\boldsymbol{h})^\gamma + \sum_{0\leqslant|\mu|\leqslant 2m} \tilde{C}_\mu \boldsymbol{h}^{\mu+\alpha+1} + O(h_0^{2m+1}(\ln\boldsymbol{h})^\gamma),
\end{aligned}$$
$$(4.3.42)$$

其中 $\tilde{A}_\mu,\tilde{B}_\mu,\tilde{C}_\mu$ 是与 $\boldsymbol{h}$ 无关的常数,把 (4.3.48) 和 $I_2, I_3, I_4$ 诸项合并,得到 (4.3.33) 的证明。□

**推论 4.3.3** 若 $\beta_i = 1/2, i=1,\cdots,s$,则误差的多参数渐近展开式

$$I(f) - Q_h(f) = \sum_{1\leqslant|\mu|\leqslant m} A_{2\mu}\boldsymbol{h}^{2\mu} + \sum_{0\leqslant|\mu|\leqslant m} B_\mu \boldsymbol{h}^{2\mu+\alpha+1}(\ln\boldsymbol{h})^\gamma$$

$$+ \sum_{0\leqslant|\mu|\leqslant m} C_\mu \boldsymbol{h}^{2\mu+\alpha+1} + O(h_0^{2m+1}(\ln\boldsymbol{h})^\gamma). \quad (4.3.43)$$

**推论 4.3.4** 若

$$f(x_1,\cdots,x_s) = \prod_{i=1}^{s}(x_i^{\alpha_i}(1-x_i)^{\lambda_i}(\ln(1-x_i))^{\gamma_i}\ln^{\eta_i} x_i)g(x_1,\cdots,x_s), \quad (4.3.44)$$

且 $\eta_i, \gamma_i$ 的值为 0 和 1, $\alpha_i > -1$, $\lambda_i > -1$, 则存在与 $\boldsymbol{h}$ 无关的常数 $A_\mu, B_\mu, C_\mu, D_\mu$ 使得

$$I(f) - Q_h(f) = \sum_{0 \leqslant |\mu| \leqslant 2m} A_\mu \boldsymbol{h}^{\mu+\alpha+1} + \sum_{0 \leqslant |\mu| \leqslant 2m} B_\mu \boldsymbol{h}^{\mu+\lambda+1} + \sum_{0 \leqslant |\mu| \leqslant 2m} C_\mu \boldsymbol{h}^{\alpha+\mu+1}(\ln \boldsymbol{h})^\eta$$

$$+ \sum_{0 \leqslant |\mu| \leqslant 2m} D_\mu \boldsymbol{h}^{\mu+\lambda+1}(\ln \boldsymbol{h})^\gamma + O(h_0^{2m+1}(\ln \boldsymbol{h})^{\eta+\gamma}). \tag{4.3.45}$$

**算例 4.3.1** 用求积公式 (4.3.29) 计算含有对数奇性的六维弱奇异积分

$$\int_0^1 \cdots \int_0^1 \left(\prod_{i=1}^6 x_i\right) \ln\left(\frac{x_1 x_2 x_3}{x_4 x_5 x_6}\right) \prod_{i=1}^6 dx_i,$$

它的精确值为 0.0234375.

表 4.3.1 用求积公式 (4.3.29) 和分裂外推计算的结果的相对误差

| 方法/u | 1 | 2 | 3 | 4 |
|---|---|---|---|---|
| 型 1 | $2.982 \times 10^{-1}$ | $8.51 \times 10^{-2}$ | $2.59 \times 10^{-2}$ | $7.8 \times 10^{-3}$ |
| 型 2 | $2.89 \times 10^{-1}$ | $1.0 \times 10^{-1}$ | $4.6 \times 10^{-2}$ | $2.6 \times 10^{-2}$ |
| 方法/u | 5 | 6 | 7 | 8 |
| 型 1 | $2.3 \times 10^{-3}$ | $6.6 \times 10^{-4}$ | $1.8 \times 10^{-4}$ | $5.0 \times 10^{-5}$ |
| 型 2 | $1.6 \times 10^{-2}$ | $1.06 \times 10^{-2}$ | $7.5 \times 10^{-3}$ | $5.5 \times 10^{-3}$ |

注: $\mu$ 表示外推次数

### 4.3.4 混合型弱奇异积分的数值算法

考虑混合弱奇异积分

$$\int_\Omega f(x) dx = \int_0^1 \int_0^1 \cdots \int_0^1 x_1^{\lambda_1} \cdots x_s^{\lambda_s} g_\mu(x_1, \cdots, x_s) h(x_1, \cdots, x_s) dx_1 \cdots dx_s, \tag{4.3.46}$$

其中 $g_\mu(x_1, \cdots, x_s) = r^\mu$ 或 $(\sum_{i=1}^s a_i x_i^\gamma)^\delta$, $a_i > 0$, $\gamma > 0$, $\gamma\delta = \mu$ 是 $\mu$ 阶齐次函数. 若 $\lambda_i = 0$, $i = 1, \cdots, s$ 且 $-s < \mu < 0$ 原点是唯一奇点, 这种情况是点型奇异, (4.3.46) 的误差多参数渐近展开式由定理 4.3.1 给出; 若 $\mu = 0$ 且 $\lambda_i > -1$, $i = 1, \cdots, s$, (4.3.46) 是面型奇异积分, 它的误差多参数渐近展开式由定理 4.3.3 给出; 若 $-s < \mu < 0$, $\lambda_i > -1$ 且 $\sum_{i=1}^s \lambda_i + \mu > -s$, $i = 1, \cdots, s$, 这种混合弱奇异可利用定理 4.3.1 的方法得到 (4.3.46) 的渐近展开式, 但较为复杂, 最好的方法是先作变量替换消去面型奇异, 然后利用定理 4.3.1 的结果. 不妨设 $x_i = z_i^{p_i/q_i}$, $p_i > q_i$, $i = 1, \cdots, s$, 且 $p_i, q_i$ 为正整数且无公约数, 于是, (4.3.46) 能够表示成

$$\int_\Omega f(x) dx = \int_0^1 \int_0^1 \cdots \int_0^1 z_1^{\frac{\lambda_1 p_1 + p_1 - 1}{q_1}} z_2^{\frac{\lambda_2 p_2 + p_2 - 1}{q_2}} \cdots z_s^{\frac{\lambda_s p_s + p_s - 1}{q_s}} f(z_1, \cdots, z_s) dz_1 \cdots dz_s$$

其中
$$f(z_1,\cdots,z_s)=g_\mu(z_1^{p_1/q_1},\cdots,z_s^{p_s/q_s})h(z_1^{p_1/q_1},\cdots,z_s^{p_s/q_s})dz_1\cdots dz_s.$$

只要取恰当的 $p_i$ 和 $p_i$ 使得 $\lambda_i p_i+p_i-1>0$ 和 $\sum_{i=1}^s(\lambda_i p_i+p_i-1)+p_i\mu/q_i>-s$, $i=1,\cdots,s$ 即可. 这样就能把原来混合弱奇异积分转换成点型奇异积分, 根据定理 4.3.1 可获得误差的渐近展开式, 再应用分裂外推得到数值解, 然而该方法对 Cauchy 奇异积分和 Hadamard 奇异积分失效.

**算例 4.3.2** 计算弱奇异积分
$$I=\int_0^1\int_0^1 x^{-1/2}y^{-1/2}dxdy,$$

其精确解为 $I=4$, 利用求积分公式 $Q_h(f)$ 和分裂外推计算的结果列在表 4.3.2 中.

表 4.3.2 求积分公式 $Q_h(f)$ 和分裂外推计算的结果

| $N_1=N_2$ | $2^3$ | $2^4$ | $2^5$ | $2^6$ |
|---|---|---|---|---|
| $e_h$ | 0.8086 | 0.5817 | 0.4162 | 0.2967 |
| rate$_1$ |  | $2^{0.48}$ | $2^{0.48}$ | $2^{0.49}$ |
| $h_i^{1/2}$-RE |  |  | $1.66\times 10^{-2}$ | $8.20\times 10^{-3}$ |
| rate$_2$ |  | $3.41\times 10^{-2}$ | $2^{1.00}$ | $2^{1.00}$ |
| $h_i^1$-RE |  |  |  | $2.25\times 10^{-4}$ |
| rate$_3$ |  |  | $8.50\times 10^{-4}$ | $2^{1.92}$ |
| $h^2$-SE |  |  |  | $9.87\times 10^{-10}$ |
| rate$_4$ |  |  |  |  |
| $N_1=N_2$ | $2^7$ | $2^8$ | $2^9$ | $2^{10}$ |
| $e_h$ | 0.2110 | 0.1498 | 0.1062 | $7.53\times 10^{-2}$ |
| rate$_1$ | $2^{0.49}$ | $2^{0.49}$ | $2^{0.5}$ | $2^{0.5}$ |
| $h_i^{1/2}$-RE | $4.07\times 10^{-3}$ | $2.03\times 10^{-3}$ | $1.01\times 10^{-3}$ | $5.06\times 10^{-4}$ |
| rate$_2$ | $2^{1.00}$ | $2^{1.00}$ | $2^{1.00}$ | $2^{1.00}$ |
| $h_i^1$-RE | $5.84\times 10^{-5}$ | $1.50\times 10^{-5}$ | $3.81\times 10^{-6}$ | $9.64\times 10^{-7}$ |
| rate$_3$ | $2^{1.95}$ | $2^{1.96}$ | $2^{1.97}$ | $2^{1.98}$ |
| $h^2$-SE | $6.35\times 10^{-8}$ | $4.04\times 10^{-9}$ | $2.55\times 10^{-10}$ | $1.60\times 10^{-11}$ |
| rate$_4$ | $2^{3.96}$ | $2^{3.98}$ | $2^{3.98}$ | $2^{3.99}$ |

表中的误差是绝对误差, rate$_i$, $i=1,\cdots,4$, 表示粗网格的误差与细网格的误差的绝对值之比. 由被积函数可知 $\lambda_i=-1/2$, 求积公式的误差为 $O(h^{-1/2+1})=O(h^{0.5})$, 单参数外推的误差为 $O(h)$, 分裂外推的误差阶为 $O(h^4)$. 该表的数值结果表明与理论完全一致.

**算例 4.3.3** 计算弱奇异积分
$$I=\int_0^1\int_0^1 x^{-1/2}y^{-3/4}dxdy,$$

### 4.3 多维弱奇异积分误差的多参数渐近展开式

其精确解为 $I=8$, 利用求积分公式 $Q_h(f)$ 和分裂外推计算的结果列在表 4.3.3 中.

表 4.3.3 求积分公式 $Q_h(f)$ 和分裂外推计算的结果

| $N_1=N_2$ | $2^3$ | $2^4$ | $2^5$ | $2^6$ |
|---|---|---|---|---|
| $e_h$ | 3.35 | 2.77 | 2.30 | 1.90 |
| $\text{rate}_1$ |  | $2^{0.27}$ | $2^{0.27}$ | $2^{0.27}$ |
| $h_i^{1/4}$-RE |  | 0.25 | 0.23 | 0.19 |
| $\text{rate}_2$ |  |  | $2^{0.11}$ | $2^{0.25}$ |
| $h_i^{1/2}$-RE |  |  | 0.19 | 0.11 |
| $\text{rate}_3$ |  |  |  | $2^{0.79}$ |
| $h_i^{3/4}$-RE |  |  |  | $7.47\times 10^{-3}$ |

| $N_1=N_2$ | $2^7$ | $2^8$ | $2^9$ | $2^{10}$ |
|---|---|---|---|---|
| $e_h$ | 1.57 | 1.30 | 1.08 | 0.90 |
| $\text{rate}_1$ | $2^{0.27}$ | $2^{0.27}$ | $2^{0.27}$ | $2^{0.28}$ |
| $h_i^{1/4}$-RE | 0.16 | 0.12 | $9.28\times 10^{-2}$ | $6.95\times 10^{-2}$ |
| $\text{rate}_2$ | $2^{0.32}$ | $2^{0.37}$ | $2^{0.40}$ | $2^{0.42}$ |
| $h_i^{1/2}$-RE | $6.34\times 10^{-2}$ | $3.75\times 10^{-2}$ | $2.22\times 10^{-2}$ | $1.32\times 10^{-2}$ |
| $\text{rate}_3$ | $2^{0.77}$ | $2^{0.76}$ | $2^{0.75}$ | $2^{0.75}$ |
| $h_i^{3/4}$-RE | $2.05\times 10^{-3}$ | $5.48\times 10^{-4}$ | $1.44\times 10^{-4}$ | $3.75\times 10^{-5}$ |
| | $2^{1.87}$ | $2^{1.90}$ | $2^{1.93}$ | $2^{1.94}$ |
| $h^2$-SE | $1.25\times 10^{-5}$ | $8.19\times 10^{-7}$ | $5.29\times 10^{-8}$ | $3.39\times 10^{-9}$ |
| $\text{rate}_4$ |  | $2^{3.93}$ | $2^{3.95}$ | $2^{3.96}$ |

表中的误差是绝对误差, $\text{rate}_i$, $i=1,\cdots,4$, 表示粗网格的误差与细网格的误差绝对值之比. 表中的数值结果与理论一致.

**算例 4.3.4** 计算三维弱奇异积分

$$I = \int_0^1 \int_0^1 \int_0^1 x^{-1/5} y^{-1/5} z^{-1/5} dxdydz,$$

其精确解为 $I=8$, 利用求积分公式 $Q_h(f)$ 和分裂外推计算的结果列在表 4.3.4 中.

表 4.3.4 求积分公式 $Q_h(f)$ 和分裂外推计算的结构

| $N_1=N_2$ | $2^3$ | $2^4$ | $2^5$ |
|---|---|---|---|
| $e_h$ | $9.47\times 10^{-2}$ | $5.50\times 10^{-2}$ | $3.18\times 10^{-2}$ |
| $\text{rate}_1$ | $2^{0.77}$ | $2^{0.78}$ | $2^{0.79}$ |
| $h_i^{4/5}$-RE | $4.46\times 10^{-3}$ | $1.36\times 10^{-3}$ | $4.16\times 10^{-4}$ |
| $\text{rate}_2$ |  | $2^{1.72}$ | $2^{1.70}$ |
| $h_i^{8/5}$-RE |  | $1.70\times 10^{-4}$ | $4.78\times 10^{-5}$ |
| $\text{rate}_3$ |  |  | $2^{1.83}$ |
| $h^2$-SE |  |  | $2.69\times 10^{-6}$ |
| $\text{rate}_4$ |  |  |  |

续表

| $N_1=N_2$ | $2^6$ | $2^7$ | $2^8$ |
|---|---|---|---|
| $e_h$ | $1.83 \times 10^{-2}$ | $1.05 \times 10^{-2}$ | $6.05 \times 10^{-3}$ |
| $\text{rate}_1$ | $2^{0.80}$ | $2^{0.80}$ | $2^{0.80}$ |
| $h_i^{4/5}$-RE | $1.29 \times 10^{-4}$ | $4.02 \times 10^{-5}$ | $1.27 \times 10^{-5}$ |
| $\text{rate}_2$ | $2^{1.69}$ | $2^{1.68}$ | $2^{1.66}$ |
| $h_i^{8/5}$-RE | $1.27 \times 10^{-5}$ | $3.29 \times 10^{-6}$ | $8.38 \times 10^{-7}$ |
| $\text{rate}_3$ | $2^{1.93}$ | $2^{1.95}$ | $2^{1.97}$ |
| $h^2$-SE | $2.71 \times 10^{-7}$ | $2.90 \times 10^{-8}$ | $3.08 \times 10^{-9}$ |
| $\text{rate}_4$ | $2^{3.31}$ | $2^{3.22}$ | $2^{3.23}$ |

此表中, 当 $N_1 = N_2 = 2^2$ 时, $e_h = 1.62 \times 10^{-1}$. 表 4.3.2~ 表 4.3.4 的数值结果表明, 使用外推和分裂外推效果特别好.

**算例 4.3.5** 现在考虑奇异点在区域内部的点型弱奇异积分

$$I = \int_0^1 \int_0^1 \frac{dxdy}{[(x-1/2)^2 + (y-1/2)^2]^{1/2}}.$$

置 $x - 1/2 = r\cos\theta$, $y - 1/2 = r\sin\theta$, 于是

$$I = \int_{-\pi/4}^{\pi/4} d\theta \int_0^{1/(2\cos\theta)} \frac{1}{r} rdr + \int_{\pi/4}^{3\pi/4} d\theta \int_0^{1/(2\sin\theta)} \frac{1}{r} rdr$$

$$+ \int_{3\pi/4}^{5\pi/4} d\theta \int_0^{-1/(2\cos\theta)} \frac{1}{r} rdr + \int_{5\pi/4}^{7\pi/4} d\theta \int_0^{-1/(2\sin\theta)} \frac{1}{r} rdr = 4\ln(\sqrt{2}+1).$$

利用求积分公式 $Q_h(f)$ 和分裂外推计算的结果列在表 4.3.5 中.

表 4.3.5 求积分公式 $Q_h(f)$ 和分裂外推计算的结果

| $N_1=N_2$ | $2^4$ | $2^5$ | $2^6$ |
|---|---|---|---|
| error | $2.30 \times 10^{-4}$ | $5.75 \times 10^{-5}$ | $1.44 \times 10^{-5}$ |
| rate | $2^{2.00}$ | $2^{2.00}$ | $2^{2.00}$ |
| $h^2$-SE | $7.78 \times 10^{-8}$ | $4.90 \times 10^{-9}$ | $3.07 \times 10^{-10}$ |
| rate |  | $2^{3.99}$ | $2^{4.00}$ |
| $N_1=N_2$ | $2^7$ | $2^8$ | $2^9$ |
| error | $3.60 \times 10^{-7}$ | $8.99 \times 10^{-7}$ | $2.25 \times 10^{-7}$ |
| rate | $2^{2.00}$ | $2^{2.00}$ | $2^{2.00}$ |
| $h^2$-SE | $1.92 \times 10^{-11}$ | $1.21 \times 10^{-12}$ | $8.44 \times 10^{-14}$ |
| rate | $2^{4.00}$ | $2^{3.99}$ | $2^{3.94}$ |

此表中, 当 $N_1 = N_2 = 2^3$ 时, error $= 9.21 \times 10^{-4}$.

该积分的奇异阶 $\mu = -1 > -2$, 利用 Duffy 变换后, 正好通过雅可比把奇异消去, 变成了正常积分, 含有 $h_i^{k+\mu+s-1}$ 的项消失, 在计算中没有 Richardson 外推过

程, 只有分裂外推过程. 表 4.3.5 的数值结果表明, 这与理论完全一致.

## 4.4 多维含参的弱奇异积分的误差多参数渐近展开式

在解多维积分方程和泛函计算中随时会遇到多维含参弱奇异积分的计算, 尤其是随着工程边界元在各个学科的发展, 对多维含参弱奇异积分的计算显得尤为重要. 本节利用上节的结果来研究多维含参弱奇异积分的多参数渐近展开式.

### 4.4.1 含参的点型弱奇异积分的误差多参数渐近展开式

在 $\Re^s$ 空间中的直角坐标系有 $2^s$ 个象限, 对各象限作如此编号: $k = 1, 2, \cdots, 2^s$. 若

$$k = \sum_{i=1}^{s} k_i 2^{i-1}, \quad 0 \leqslant k \leqslant 2^s - 1,$$

那么 $(k_1, \cdots, k_s)$ 是 $k$ 的二进位表示, 即其中 $k_i = 0$ 或 1, 则第 $k$ 个象限的坐标指向为若 $k_i = 0$, 则要求第 $k+1$ 个象限的 $x_i$ 轴指向正方向; 若 $k_i = 1$, 则要求第 $k+1$ 个象限的 $x_i$ 轴指向负方向. 令

$$l_0 = (-1, 0), \quad l_1 = (0, 1),$$

并且置

$$L(i_1, \cdots, i_s) = l_{i_1} \times \cdots \times l_{i_s}, \quad i_j = 0, 1, j = 1, \cdots, s.$$

下面考虑一般情形

$$I(f) = \int_{-1}^{1} \cdots \int_{-1}^{1} g(x_1, \cdots, x_s) h(x_1, \cdots, x_s) dx_1 \cdots dx_s, \quad \mu > -s, \qquad (4.4.1)$$

其中 $\boldsymbol{t} = (t_1, \cdots, t_s) \in \Omega = [-1, 1]^s$, $g(x_1, \cdots, x_s) = r^\mu = (\sum_{i=1}^{s}(x_i - t_i)^2)^{\mu/2}$, 或者 $g(x_1, \cdots, x_s) = (\sum_{i=1}^{s} c_i (x_i - t_i)^\gamma)^\delta$, $c_i > 0$ 且 $\mu = \gamma\delta$ 和 $\gamma > 0$, 即 $g(x_1, \cdots, x_s)$ 是关于 $x_1 - t_1, \cdots, x_s - t_s$ 的次数为 $\mu$ 的齐次函数, $h(x_1, \cdots, x_s)$ 是 $\Omega$ 内的光滑函数.

下面我们给出积分 (4.4.1) 的多参数渐近展开式:

**定理 4.4.1** 设 $g(x_1, \cdots, x_s)$ 是次数为 $\mu$ 的齐次函数,

$$h(x_1, \cdots, x_s) \in C^{2m+1}([-1, 1]^s),$$

若 $\mu > -s$ 时, 那么积分 (4.4.1) 有下列误差的多参数渐近展开式:

$$I(f) = \sum_{k=1}^{2^s} a_k \int_0^1 \cdots \int_0^1 g(a_{k1} z_1, \cdots, a_{ks} z_s) h(a_{k1} z_1 + t_1, \cdots, a_{ks} z_s + t_s) dz_1 \cdots dz_s$$

$$= \sum_{k=1}^{2^s} a_k \bigg\{ \sum_{i=1}^{s} \bigg\{ Q_h(\phi) + (-1)^{s-1} \sum_{0 \leqslant |\tilde{\alpha}| \leqslant 2m} \boldsymbol{h}^{\tilde{\alpha}+1} \frac{\zeta(-\tilde{\alpha},\beta)}{|\tilde{\alpha}|!} I(\boldsymbol{D}^{\tilde{\alpha}+1}\hat{\phi}(\boldsymbol{y}))$$

$$+ \sum_{k=0}^{2m} h_i^{k+\mu+s} \varpi(\mu,k) \bigg[ (-1)^{s-1} \sum_{0 \leqslant |\tilde{\alpha}| \leqslant 2m} \frac{\boldsymbol{h}^{\tilde{\alpha}+1}}{|\tilde{\alpha}|!} I\bigg( \boldsymbol{D}^{\tilde{\alpha}+1} \frac{\partial^k}{\partial y_i^k} \phi(\boldsymbol{y})|_{y_i=0} \bigg) - w^{(k)}(0) \bigg]$$

$$+ \sum_{k=0}^{2m} h_i^{k+1} \omega(k) \bigg[ \tilde{w}^{(k)}(1) - (-1)^{s-1}$$

$$\cdot \sum_{0 \leqslant |\tilde{\alpha}| \leqslant 2m} \frac{\boldsymbol{h}^{\tilde{\alpha}+1}}{|\tilde{\alpha}|!} I\bigg( \boldsymbol{D}^{\tilde{\alpha}+1} \frac{\partial^k}{\partial y_i^k} \tilde{\phi}(\boldsymbol{y})|_{y_i=1} \bigg) \bigg] \bigg\} + O(h_0^{2m+1}), \qquad (4.4.2a)$$

这里

$$Q_h(\phi) = h_i \sum_{k=0}^{N_i-1} (h_i(j_i+\beta_i))^{\mu+s-1} \bigg\{ h_1 \cdots h_s \sum_{j_1=0}^{N_1-1} \cdots \sum_{j_s=0}^{N_s-1} \phi(h_1(j_1+\beta_1),\cdots,h_s(j_s+\beta_s)) \bigg\}, \qquad (4.4.3)$$

且

$$\phi(u_1,\cdots,u_s) = g(a_{k1}u_1,\cdots,a_{ki-1}u_{i-1},a_{ki},a_{ki+1}u_{i+1}\cdots,a_{ks}u_s)$$

$$\cdot h(a_{k1}u_1u_i+t_1,\cdots,a_{ki}u_i+t_i,\cdots,a_{ks}u_iu_s+t_s), \qquad (4.4.4)$$

$$\tilde{\phi}(\boldsymbol{y}) = y_i^{\mu+s-1} \phi(y_1,\cdots,y_{i-1},y_i,y_{i+1},\cdots,y_s), \qquad \hat{\phi}(\boldsymbol{y}) = \int_0^1 \tilde{\phi}(\boldsymbol{y}) dy_i,$$

$$w(u_i) = \int_0^1 \cdots \int_0^1 \phi(u_1,\cdots,u_s) du_1 \cdots du_{i-1} du_{i+1} \cdots du_s, \qquad (4.4.5)$$

且

$$\tilde{w}(u_i) = \int_0^1 w(u_i) u_i^{\mu+s-1} du_i, \qquad (4.4.6)$$

以及

$$a_k = a_{k1} \cdots a_{ks} 且 a_{ki} = (-1)^{k_i}[1-(-1)^{k_i}t_i], \quad i=1,\cdots,s, \qquad (4.4.7)$$

$(k_1,\cdots,k_s)$ 是第 $k$ 个象限的二进位表示.

**证明** 为了把 (4.4.1) 的积分变换到上段的情形,首先执行平移变换: $y_i = x_i - t_i$, $i=1,\cdots,s$, 于是

$$I(f) = \int_{\Omega_t} g(y_1,\cdots,y_s) h(y_1+t_1,\cdots,y_s+t_s) dy_1 \cdots dy_s, \qquad (4.4.8)$$

这里
$$\Omega_t = \{\boldsymbol{x} - \boldsymbol{t} : \boldsymbol{x} \in \Omega\}, \tag{4.4.9}$$
并且 $\Omega_t = \cup_{k=1}^{2^s}\Omega_{t,k}$,其中 $\Omega_{t,k}$ 是 $\Omega_t$ 在第 $k$ 个象限的部分,于是
$$I(f) = \sum_{k=1}^{2^s} \int_{\Omega_{t,k}} g(y_1,\cdots,y_s)h(y_1+t_1,\cdots,y_s+t_s)dy_1\cdots dy_s. \tag{4.4.10}$$
令 $(k_1,\cdots,k_s)$ 是 $k$ 的二进位表示,$\Omega_{t,k}$ 在坐标轴 $x_i$ 的区间是
$$\begin{cases} (0, 1-t_i), & k_i = 0, \\ (-1-t_i, 0), & k_i = 1, \end{cases}$$
这便蕴涵在变换
$$z_i = \frac{y_i}{a_{ki}} = \frac{y_i}{(-1)^{k_i}[1-(-1)^{k_i}t_i]}, \quad i=1,\cdots,s,$$
这里 $a_{ki} = (-1)^{k_i}[1-(-1)^{k_i}t_i]$,以下导出
$$I(f) = \sum_{k=1}^{2^s} a_k \int_0^1 \cdots \int_0^1 g(a_{k1}z_1,\cdots,a_{ks}z_s)h(a_{k1}z_1+t_1,\cdots,a_{ks}z_s+t_s)dz_1\cdots dz_s, \tag{4.4.11}$$
这里 $a_k = a_{k1}\cdots a_{ks}$,从而把 $\Omega_{t,k}$ 上的积分转化到 $V = [0,1]^s$ 上的积分. 设
$$V = \{(z_1,\cdots,z_{i-1},z_i,z_{i+1},\cdots,z_s) : \forall j, 1 > z_j > 0\},$$
$$V_i = \{(z_1,\cdots,z_{i-1},z_i,z_{i+1},\cdots,z_s) \in V : z_i > z_j > 0, \forall j \neq i\}.$$
因为
$$I(f) = \sum_{k=1}^{2^s} a_k \sum_{i=1}^s \int_0^{z_i} dz_1 \cdots \int_0^{z_i} dz_{i-1} \int_0^1 dz_i \cdots \int_0^{z_i} g(a_{k1}z_1,\cdots,a_{ks}z_s)$$
$$\cdot h(a_{k1}z_1+t_1,\cdots,a_{ks}z_s+t_s)dz_1\cdots dz_s, \tag{4.4.12}$$
使用 Duffy 变换 [23,44],设 $z_i = u_i, z_j = u_i u_j, j = 1,\cdots,s$ 且 $j \neq i$ 得
$$I(f) = \sum_{k=1}^{2^s} a_k \sum_{i=1}^s \int_0^1 \cdots \int_0^1 u_i^{\mu+s-1}\phi(u_1,\cdots,u_s)du_1\cdots du_s, \tag{4.4.13}$$
这里
$$\phi(u_1,\cdots,u_s) = g(a_{k1}u_1,\cdots,a_{ki-1}u_{i-1},a_{ki},a_{ki+1}u_{i+1},\cdots,a_{ks}u_s)$$

$$\cdot h(a_{k1}u_1u_i + t_1, \cdots, a_{ki}u_i + t_i, \cdots, a_{ks}u_iu_s + t_s). \quad (4.4.14)$$

设

$$w(u_i) = \int_0^1 \cdots \int_0^1 \phi(u_1, \cdots, u_s) du_1 \cdots du_{i-1} du_{i+1} \cdots du_s, \quad (4.4.15)$$

$$\tilde{w}(u_i) = \int_0^1 w(u_i) u_i^{\mu+s-1} du_i, \quad (4.4.16)$$

利用定理 4.3.1, 我们得到下列渐近展开式:

$$I(f) = \sum_{k=1}^{2^s} a_k \int_0^1 \cdots \int_0^1 g(a_{k1}z_1, \cdots, a_{ks}z_s) h(a_{k1}z_1 + t_1, \cdots, a_{ks}z_s + t_s) dz_1 \cdots dz_s$$

$$= \sum_{k=1}^{2^s} a_k \Bigg\{ \sum_{i=1}^{s} \Bigg\{ Q_h(\phi) + (-1)^{s-1} \sum_{0 \leqslant |\tilde{\alpha}| \leqslant 2m} \boldsymbol{h}^{\tilde{\alpha}+1} \frac{\zeta(-\tilde{\alpha}, \beta)}{\tilde{\alpha}!} I(\boldsymbol{D}^{\tilde{\alpha}+1}\hat{\phi}(\boldsymbol{y}))$$

$$+ \sum_{k=0}^{m} h_i^{k+\mu+s} \varpi(\mu, k) \Bigg[ \sum_{0 \leqslant |\tilde{\alpha}| \leqslant 2m} (-1)^{s-1} \frac{\boldsymbol{h}^{\tilde{\alpha}+1}}{|\tilde{\alpha}|!} I\Big(\boldsymbol{D}^{\tilde{\alpha}+1} \frac{\partial^k}{\partial y_i^k} \phi(\boldsymbol{y})|_{y_i=0}\Big) - w^{(k)}(0) \Bigg]$$

$$+ \sum_{k=0}^{m} h_i^{k+1} \omega(k) \Bigg[ \tilde{w}^{(k)}(1) - (-1)^{s-1}$$

$$\cdot \sum_{0 \leqslant |\tilde{\alpha}| \leqslant 2m} \frac{\boldsymbol{h}^{\tilde{\alpha}+1}}{|\tilde{\alpha}|!} I\Big(\boldsymbol{D}^{\tilde{\alpha}+1} \frac{\partial^k}{\partial y_i^k} \tilde{\phi}(\boldsymbol{y})|_{y_i=1}\Big) \Bigg] \Bigg\} + O(h_0^{2m+1}). \quad (4.4.17)$$

即得到 (4.4.2a) 的证明. □

渐近展开式 (4.4.2a) 表明, 若直接利用求积公式 (4.4.3) 来计算, 精度仅有 $O(h_i^{\mu+s})$ 阶, 为了获得高精度, 同样需要把 $k=0$ 的项放在求积公式中, 于是有下面的推论.

**推论 4.4.1** 在定理 4.4.1 的条件下有求积公式

$$\bar{Q}_h(\phi) = \sum_{k=1}^{2^s} a_k \sum_{i=1}^{s} Q_h(\phi) + h_i^{\mu+s} \varpi(0, k)$$

$$\times \Bigg[ \sum_{0 \leqslant |\tilde{\alpha}| \leqslant 2m} (-1)^{s-1} \frac{\boldsymbol{h}^{\tilde{\alpha}+1}}{|\tilde{\alpha}|!} I(\boldsymbol{D}^{\tilde{\alpha}+1}\phi(\boldsymbol{y})|_{y_i=0}) - w^{(k)}(0) \Bigg] \quad (4.4.2\text{b})$$

和渐近展开式

$$I(f) = \bar{Q}_h(\phi) = \sum_{k=1}^{2^s} a_k \Bigg\{ \sum_{i=1}^{s} Q_h(\phi) + (-1)^{s-1} \sum_{0 \leqslant |\tilde{\alpha}| \leqslant 2m} \boldsymbol{h}^{\tilde{\alpha}+1} \frac{\zeta(-\tilde{\alpha}, \beta)}{\tilde{\alpha}!} I(\boldsymbol{D}^{\tilde{\alpha}+1}\hat{\phi}(\boldsymbol{y}))$$

$$+ \sum_{k=1}^{m} h_i^{k+\mu+s} \varpi(\mu, k) \left[ \sum_{0 \leqslant |\tilde{\alpha}| \leqslant 2m} (-1)^{s-1} \frac{\boldsymbol{h}^{\tilde{\alpha}+1}}{|\tilde{\alpha}|!} I\left(\boldsymbol{D}^{\tilde{\alpha}+1} \frac{\partial^k}{\partial y_i^k} \phi(\boldsymbol{y})|_{y_i=0}\right) - w^{(k)}(0) \right]$$

$$+ \sum_{k=0}^{m} h_i^{k+1} \omega(k) [\tilde{w}^{(k)}(1) - (-1)^{s-1}$$

$$\cdot \sum_{0 \leqslant |\tilde{\alpha}| \leqslant 2m} \frac{\boldsymbol{h}^{\tilde{\alpha}+1}}{|\tilde{\alpha}|!} I\left(\boldsymbol{D}^{\tilde{\alpha}+1} \frac{\partial^k}{\partial y_i^k} \tilde{\phi}(\boldsymbol{y})|_{y_i=1}\right) \Big\} + O(h_0^{2m+1}). \tag{4.4.3b}$$

若

$$I(f) = \int_{\Omega} g(x_1, \cdots, x_s) h(x_1, \cdots, x_s) dx_1 \cdots dx_s, \quad \Omega = [-1,1]^s,$$

这里 $g(\mathbf{x}) = \prod_{i=1}^{s} |x_i - t_i|^{\lambda_i}, \lambda_i > -1, i = 1, \cdots, s, h(\boldsymbol{x}) \in C^{2m+1}(\Omega)$, 这种乘积型含参弱奇异积分的渐近展开式可利用 (4.3.33) 和采用证明定理 4.4.1 的方法得到.

### 4.4.2 多维单纯形区域上的弱奇异积分的数值方法

由于多维区域复杂, 有必要将其分割为若干单纯形区域后再积分, 因此研究单纯形区域上的积分非常有用. 为了克服奇异性带来的困难, 我们的方法是先把单纯形区域转换为立方体, 再应用 Duffy 变换消去奇性, 利用上节的方法进行数值计算.

考虑单纯形区域

$$T_1 = \{(x_1, \cdots, x_s) : 0 \leqslant x_1 \leqslant 1, x_1 \geqslant x_2 \geqslant \cdots \geqslant x_s \geqslant 0\} \tag{4.4.18}$$

上的积分

$$I_1 f = \int_{T_1} f(\boldsymbol{x}) d\boldsymbol{x} = \int_0^1 \int_0^{x_1} \cdots \int_0^{x_{s-1}} f(x_1, \cdots, x_s) dx_1 \cdots dx_s, \tag{4.4.19}$$

容易证明在积分变换

$$x_1 = y_1, \quad x_i = y_1 \cdots y_i, \quad i = 2, \cdots, s \tag{4.4.20}$$

下, 成立

$$I_1 f = \int_{T_1} f(\mathbf{x}) d\mathbf{x} = \int_0^1 \cdots \int_0^1 y_1^s y_2^{s-1} \cdots y_{s-1} f(y_1, y_1 y_2, \cdots, y_1 \cdots y_s) dy_1 \cdots dy_s. \tag{4.4.21}$$

若 $f(\boldsymbol{x}) = \boldsymbol{x}^{\mu} g_l(\boldsymbol{x}) h(\boldsymbol{x})$, 其中 $\boldsymbol{x}^{\mu} = x_1^{\mu_1} \cdots x_s^{\mu_s}$, $g_l(\boldsymbol{x})$ 是 $l$ 阶齐次函数, $h(\boldsymbol{x})$ 是光滑函数, 则在变换 (4.4.20) 下得到

$$I_1 f = \int_{T_1} \boldsymbol{x}^\mu g_l(\boldsymbol{x}) h(\boldsymbol{x}) d\boldsymbol{x} = \int_0^1 \cdots \int_0^1 y_1^{\mu_1+s+l} y_2^{\mu_2+s-1} \cdots y_s^{\mu_s+1}$$
$$\cdot g_l(1, y_2, y_2 y_3, \cdots, y_2 \cdots y_s) h(y_1, y_1 y_2, \cdots, y_1 \cdots y_s) dy_1 \cdots dy_s, \quad (4.4.22)$$

因为 $g_l(1, y_2, y_2 y_3, \cdots, y_2 \cdots y_s)$ 和 $h(y_1, y_1 y_2, \cdots, y_1 \cdots y_s)$ 是光滑函数,这表明只要

$$\mu_1 + s + l > -1, \quad \mu_i + s + 1 - i > -1, \quad i = 2, \cdots, s, \quad (4.4.23)$$

那么 (4.4.22) 成为 $[0,1]^s$ 上的面型弱奇异积分,并且可以再使用变换方法转换为正常积分.

对于有对数奇异的被积函数

$$f(\boldsymbol{x}) = \boldsymbol{x}^\mu \ln^\lambda \boldsymbol{x} g_l(\boldsymbol{x}) h(\boldsymbol{x}), \quad (4.4.24)$$

其中 $\ln^\lambda x = \prod_{i=1}^s \ln^{\lambda_i} x_i$, $\lambda_i = 0$ 或者 $1$, $i = 1, \cdots, s$, 则在变换 (4.4.20) 下,有

$$I_1 f = \int_{T_1} f(x) dx = \int_0^1 \cdots \int_0^1 y_1^{\mu_1+s+l} \prod_{j=2}^s y_j^{\mu_j+s+1-j} \prod_{j=1}^s (\ln(y_1 \cdots y_s))^{\lambda_j}$$
$$\cdot g_l(1, y_2, y_2 y_3, \cdots, y_2 \cdots y_s) h(y_1, y_1 y_2, \cdots, y_1 \cdots y_s) dy_1 \cdots dy_s, \quad (4.4.25)$$

(4.4.25) 是 $[0,1]^s$ 上的面型弱奇异积分,可以使用张量积形式的中矩形公式与分裂外推法计算.

对于单纯形区域

$$T_2 = \left\{ (x_1, \cdots, x_s) : \sum_{i=1}^s x_i \leqslant 1, x_j \geqslant 0, j = 1, \cdots, s \right\} \quad (4.4.26)$$

上的积分

$$I_2 f = \int_{T_2} f(x) dx = \int_0^1 \int_0^{1-x_1} \cdots \int_0^{1-x_1-\cdots-x_{s-1}} f(x_1, \cdots, x_s) dx_1 \cdots dx_s, \quad (4.4.27)$$

使用变换

$$x_1 = y_1, x_i = y_i \left( 1 - \sum_{j=1}^{i-1} x_j \right), \quad i = 2, \cdots, s, \quad (4.4.28)$$

可以把 $T_2$ 变换到 $[0,1]^s$ 上,且该变换有显式表达式

$$x_1 = y_1, x_i = y_i \prod_{j=1}^{i-1} (1 - y_j), \quad i = 2, \cdots, s$$

## 4.4 多维含参的弱奇异积分的误差多参数渐近展开式

和关系式
$$1 - \sum_{j=1}^{i-1} x_j = \prod_{j=1}^{i-1}(1-y_j), \quad i = 2, \cdots, s.$$

事实上, 采用数学归纳法, 当 $i=2$ 时, 根据 (4.4.28) 显然成立. 现证 $i$ 的情形, 由归纳假设有

$$1 - \sum_{j=1}^{i} x_j = 1 - \sum_{j=1}^{i-1} x_j - x_i = \prod_{j=1}^{i-1}(1-y_j) - y_i \prod_{j=1}^{i-1}(1-y_j) = \prod_{j=1}^{i}(1-y_j)$$

和

$$x_{i+1} = y_{i+1}\left(1 - \sum_{j=1}^{i} x_j\right) = y_{i+1}\prod_{j=1}^{i}(1-y_j),$$

这就证明了 $i+1$ 的情形, 故结论成立. 这就蕴涵着替换的 Jacobi 矩阵的行列式是下三角矩阵, 其元素为

$$\frac{\partial x_j}{\partial y_i} = \begin{cases} 0, & i > j, \\ (1-y_1)\cdots(1-y_{i-1}), & i = j, \\ \text{其他值}, & i < j, \end{cases}$$

从而 Jacobi 矩阵的行列式

$$J = (1-y_1)^s(1-y_2)^{s-1}\cdots(1-y_{s-1}).$$

这便导出 $T_2$ 上的积分被转换为

$$\begin{aligned}
I_2 f &= \int_{T_2} f(x)dx \\
&= \int_0^1 \cdots \int_0^1 \prod_{j=1}^{s-1}(1-y_j)^{s-j+1} \\
&\quad \cdot f\left(y_1, y_2(1-y_1), \cdots, y_s\prod_{j=1}^{s-1}(1-y_j)\right) \prod_{i=1}^{s} dy_i.
\end{aligned} \qquad (4.4.29)$$

再作变换
$$z_j = 1 - y_j, \quad j = 1, \cdots, s,$$

进一步简化为

$$I_2f = \int_0^1 \cdots \int_0^1 \prod_{j=1}^{s-1} z_j^{s-j+1} f(1-z_1, z_1(1-z_2), \cdots, (1-z_s)z_1\cdots z_{s-1}) dz_1 \cdots dz_s.$$
(4.4.30)

如果 $g_l(\boldsymbol{x})$ 是 $l$ 阶齐次函数, 并且以原点为唯一奇点, $h(\boldsymbol{x})$ 是光滑函数, 又 $f(\boldsymbol{x}) = x_1^{\mu_1} \cdots x_s^{\mu_s} g_l(1-x_1, x_2, \cdots, x_s) h(\boldsymbol{x})$,

$$\mu_j > -1, \quad l+s+\sum_{j=2}^s \mu_j > -1, \quad \sum_{i=j+1}^s \mu_i + s - j + 1 > -1, \quad j = 1, \cdots, s,$$

那么 $f(\boldsymbol{x})$ 在 $T_2$ 上的积分收敛且

$$I_2 f = \int_{T_2} f(\boldsymbol{x}) d\boldsymbol{x} = \int_0^1 \cdots \int_0^1 z_1^{l+s+\mu_2+\cdots+\mu_s} \left\{ \prod_{j=1}^i (1-z_j)^{\mu_j} \right\} \left\{ \prod_{j=2}^{s-1} z_j^{s-j+1+\mu_{j+1}+\cdots+\mu_s} \right\}$$

$$g_l(1, 1-z_2, \cdots, (1-z_s)z_2 \cdots z_s d\boldsymbol{z}.$$

**注 4.4.1**  如果被积函数含有对数弱奇异, 同样能够使用上面的方法把单纯形区域 $T_i$ 映射到 $[0,1]^s$ 上. 对任意的 $s$ 维单纯形区域, 可以通过仿射变换映射到上述两种标准单纯形区域上.

### 4.4.3  多维曲边形区域上的弱奇异积分的数值方法

许多曲面区域上的积分可通过变换方法转换为超立方体 $[0,1]^s$ 上的积分, 再应用前面给出的求积公式进行计算, 譬如区域

$$\Omega = \{(x_1, \cdots, x_s) : 0 \leqslant x_1 \leqslant 1, 0 \leqslant x_i \leqslant \theta_{i-1}(x_1, \cdots, x_{i-1}), 2 \leqslant i \leqslant s\} \quad (4.4.31)$$

上的积分

$$If = \int_\Omega f(x) dx = \int_0^1 \int_0^{\theta_1(x_1)} \cdots \int_0^{\theta_{s-1}(x_1,\cdots,x_{s-1})} f(x_1, \cdots, x_s) dx_1 \cdots dx_s. \quad (4.4.32)$$

构造变换

$$x_1 = y_1, x_2 = y_2\theta_1(x_1), \cdots, x_s = y_s\theta_{s-1}(x_1, \cdots, x_{s-1}). \quad (4.4.33)$$

显然, 此变换映 $\Omega$ 为 $[0,1]^s$. 为了得到变换的显式表达, 置

$$x_1 = y_1, x_2 = y_2\theta_1(x_1) = y_2\theta_1(y_1) = x_2(y_1, y_2),$$

若 $x_i = x_i(y_1, \cdots, y_i)$, $i < s$ 已确定, 由递推可获得

$$x_{i+1} = y_{i+1}\theta_i(x_1, \cdots, x_i) = y_{i+1}\theta_i(y_1, x_2(y_1, y_2), \cdots, x_i(y_1, \cdots, y_i))$$
$$= x_{i+1}(y_1, \cdots, y_{i+1}).$$

进一步置

$$\tilde{\theta}_i(y_1, \cdots, y_i) = \theta_i(y_1, x_2(y_1, y_2), \cdots, x_{i-1}(y_1, \cdots, y_i)),$$
$$i = 1, \cdots, s-1,$$

则变换 (4.4.33) 有显式表达

$$x_1 = y_1, \quad x_{i+1} = y_{i+1}\tilde{\theta}_i(y_1, \cdots, y_i), \quad i = 1, \cdots, s-1, \tag{4.4.34}$$

变换的 Jacobi 矩阵为三角阵, 其元素为

$$\frac{\partial x_j}{\partial y_i} = \begin{cases} 0, & j < i, \\ \tilde{\theta}_{i-1}(y_1, \cdots, y_{i-1}), & j = i, \\ \text{其他值}, & j > i. \end{cases}$$

Jacobi 矩阵的行列式的值为

$$J = \tilde{\theta}_1(y_1)\tilde{\theta}_1(y_1, y_2) \cdots \tilde{\theta}_{s-1}(y_1, \cdots, y_{s-1}),$$

于是积分 (4.4.32) 被转换为 $[0,1]^s$ 上的积分

$$If = \int_\Omega f(x)dx = \int_0^1 \cdots \int_0^1 f(y_1, y_2\tilde{\theta}_1(y_1), \cdots, y_s\tilde{\theta}_{s-1}(y_1, \cdots, y_{s-1}))Jdy_1 \cdots dy_s. \tag{4.4.35}$$

显然, 若 $\tilde{\theta}_i(y_1, \cdots, y_i)$, $i = 1, \cdots, s-1$ 是光滑函数, 则 (4.4.35) 可以使用前段的计算方法进行.

### 4.4.4 多维一般区域上的弱奇异积分的数值方法

对于更复杂的区域

$$\Omega_1 = \{(x_1, \cdots, x_s) : 0 \leqslant x_1 \leqslant 1,$$
$$\psi_{i-1}(x_1, \cdots, x_{i-1}) \leqslant x_i \leqslant \varphi_{i-1}(x_1, \cdots, x_{i-1}), 2 \leqslant i \leqslant s\} \tag{4.4.36}$$

上的积分

$$If = \int_{\Omega_1} f(x)dx = \int_0^1 \int_{\psi_{i-1}(x_1)}^{\varphi_1(x_1)} \cdots \int_{\psi_{s-1}(x_1, \cdots, x_{s-1})}^{\varphi_{s-1}(x_1, \cdots, x_{s-1})} f(x_1, \cdots, x_s)dx_1 \cdots dx_s, \tag{4.4.37}$$

可先通过变换
$$x_1 = x_1(y_1) = y_1, \quad x_i = y_i - \psi_{i-1}(x_1, \cdots, x_{i-1}), \quad i = 2, \cdots, s,$$
转换为 (4.4.31) 类型的积分，为此注意
$$x_1 = x_1(y_1) = y_1,$$
$$x_i = y_i - \psi_{i-1}(x_1(y_1), \cdots, x_{i-1}(y_1, \cdots, y_{i-1})) = x_i(y_1, \cdots, y_s), \quad i = 2, \cdots, s,$$
并且令
$$\theta_i(y_1, \cdots, y_i) = \varphi_i(x_1(y_1), \cdots, x_i(y_1, \cdots, y_i))$$
$$- \psi_{i-1}(x_1(y_1), \cdots, x_i(y_1, \cdots, y_i)), \quad i = 1, \cdots, s-1, \quad (4.4.38)$$
便把 (4.4.37) 简化为
$$If = \int_0^1 \int_0^{\theta_1(y_1)} \cdots \int_0^{\theta_{s-1}(y_1, \cdots, y_{s-1})} g(y_1, \cdots, y_s) dy_1 \cdots dy_s, \quad (4.4.39)$$
其中
$$g(y_1, \cdots, y_s) = f(x_1(y_1), \cdots, x_s(y_1, \cdots, y_s)).$$
于是 (4.4.36) 被转化为 (4.4.31) 情形.

### 4.4.5 分裂外推算法

根据前面各节所提供的求积公式与误差多参数渐近展开式，可导出外推与分裂外推算法[80,87-89,152,273]. 公式 (4.3.6) 和 (4.4.2a) 误差展开式由三部分构成，第一部分有 $h^{\tilde{\alpha}+1} = (h_1^{\alpha_1+1}, \cdots, h_{i-1}^{\alpha_{i-1}+1}, h_{i+1}^{\alpha_{i+1}+1}, \cdots, h_s^{\alpha_s+1})$ 的项，第二部分有 $h_i^{k+\mu+s}$, $k = 0, 1, \cdots, 2m$ 的项，第三部分有 $h_i^{k+1}$, $k = 0, 1, \cdots, 2m$ 的项，为了精确度达到一致，必须先对第二部分采用二次以上的外推，对第三部分采用一次外推，然后对第一部分使用分裂外推. 本段仅给出定理 4.3.1 所提供的求积公式的分裂外推算法，其他情形可仿照执行.

为了简便起见，这里仅由推论 4.3.1 给出的渐近展开式导出外推与分裂外推过程，这里第二部分仅需要二次外推即可. 不妨设
$$A_1(\tilde{\alpha}, \hat{F}(\boldsymbol{y})) = (-1)^{s-1} B_{2\tilde{\alpha}}(1/2) I(\boldsymbol{D}^{2\tilde{\alpha}} \hat{F}(\boldsymbol{y})), B_1(i, k, G) = -\varpi(\mu, k) G^{(k)}(0),$$
$$A_2(\tilde{\alpha}, F(\boldsymbol{y}), i, k) = \varpi(\mu, k)(-1)^{s-1} I\left(\boldsymbol{D}^{2\tilde{\alpha}}\left(\frac{\partial^k}{\partial y_i^k} F(\boldsymbol{y})|_{y_i=0}\right)\right),$$
$$A_3(\tilde{\alpha}, \tilde{F}(\boldsymbol{y}), i, k) = \omega(2k)[-\frac{(-1)^{s-1}}{|2\tilde{\alpha}|!} I\left(\boldsymbol{D}^{2\tilde{\alpha}}\left(\frac{\partial^k}{\partial x_i^k} \tilde{F}(\boldsymbol{y})|_{y_i=1}\right)\right),$$
$$B_2(i, k, \tilde{G}) = \omega(2k) \tilde{G}^{(k)}(1),$$

## 4.4 多维含参的弱奇异积分的误差多参数渐近展开式

于是 (4.3.22b) 重新表示成

$$\begin{aligned}
I_1(f) =& Q_i^{(0)}(h_1,\cdots,h_s) \\
&+ \sum_{i=1}^{s}\Bigg\{ \sum_{1\leqslant|\tilde{\alpha}|\leqslant m} \frac{A_1(\tilde{\alpha},\hat{F}(\boldsymbol{y}))}{|2\tilde{\alpha}|!}\boldsymbol{h}^{2\tilde{\alpha}} \\
&+ \sum_{k=0}^{2m} h_i^{k+\mu+s}\Bigg[ \sum_{1\leqslant|\tilde{\alpha}|\leqslant m} \frac{A_2(\tilde{\alpha},F(\boldsymbol{y}),i,k)}{|2\tilde{\alpha}|!}\boldsymbol{h}^{2\tilde{\alpha}} + B_1(i,k,G)\Bigg] \\
&+ \sum_{k=1}^{m} h_i^{2k}\Bigg[ B_2(i,k,\tilde{G}) + \sum_{1\leqslant|\tilde{\alpha}|\leqslant m} \frac{A_3(\tilde{\alpha},\tilde{F}(\boldsymbol{y}),i,k)}{|2\tilde{\alpha}|!}\boldsymbol{h}^{2\tilde{\alpha}}\Bigg]\Bigg\} \\
&+ O(h_0^{2m+1}), \quad (4.4.40)
\end{aligned}$$

这里

$$\begin{aligned}
& Q_i^{(0)}(h_1,\cdots,h_s) \\
=& \sum_{i=1}^{s} h_1 \sum_{j_1=0}^{N_1-1}\cdots\sum_{j_{i-1}=0}^{N_{i-1}-1} h_i \\
& \cdot \Bigg[ \sum_{j_i=0}^{N_i-1}(h_i(j_i+\beta))^{\mu+s-1} h_{i+1}\sum_{j_{i+1}=0}^{N_{i+1}-1}\cdots \\
& \cdot h_s \sum_{j_s=0}^{N_s-1} F(h_1(j_1+1/2),\cdots h_s(j_s+1/2))\Bigg]. \quad (4.4.41)
\end{aligned}$$

**算法 4.4.1**

**步骤 1** 利用 Richardson 外推消去含有 $h_i^{k+\mu+s}$, $k=0,1,\cdots,m$ 的项的低阶项, 即 $k=0,1$ 的项, 需要二次外推.

**第一次外推**: 用 $h_i/2$, $i=1,\cdots,s$ 代替 (4.4.40) 中的 $h_i$ 获得

$$\begin{aligned}
I_1(f) =& Q_i^{(0)}(h_1,\cdots,h_{i-1},h_i/2,h_i\cdots,h_s) \\
&+ \sum_{i=1}^{s}\Bigg\{ \sum_{1\leqslant|\tilde{\alpha}|\leqslant m} \frac{A_1(\tilde{\alpha},\hat{F}(\boldsymbol{y}))}{|2\tilde{\alpha}|!}\boldsymbol{h}^{2\tilde{\alpha}} + \sum_{k=0}^{2m}\left(\frac{h_i}{2}\right)^{k+\mu+s} \\
&\times \Bigg[ \sum_{1\leqslant|\tilde{\alpha}|\leqslant m} \frac{A_2(\tilde{\alpha},F(\boldsymbol{y}),i,k)}{|2\tilde{\alpha}|!}\boldsymbol{h}^{2\tilde{\alpha}} + B_1(i,k,G)\Bigg] \\
&+ \sum_{k=1}^{m}\left(\frac{h_i}{2}\right)^{2k}\Bigg[ B_2(i,k,\tilde{G}) + \sum_{1\leqslant|\tilde{\alpha}|\leqslant m} \frac{A_3(\tilde{\alpha},\tilde{F}(\boldsymbol{y}),i,k)}{|2\tilde{\alpha}|!}\boldsymbol{h}^{2\tilde{\alpha}}\Bigg]\Bigg\} + O(h_0^{2m+1}).
\end{aligned}$$

$$(4.4.42)$$

然后用 $2^{\mu+s}$ 乘以 (4.4.42) 再减去 (4.4.40) 得到

$$(2^{\mu+s}-1)I_1(f) = 2^{\mu+s}Q_i^{(0)}(h_1,\cdots,h_{i-1},h_i/2,h_i,\cdots,h_s) - Q_i^{(0)}(h_1\cdots h_s)$$

$$+\sum_{i=1}^{s}\left\{\sum_{1\leqslant|\tilde{\alpha}|\leqslant m}\frac{A_1(\tilde{\alpha},\hat{F}(\boldsymbol{y}))}{|2\tilde{\alpha}|!}\boldsymbol{h}^{2\tilde{\alpha}} + \sum_{k=1}^{2m}[2^{-k-\mu-s}-1]h_i^{k+\mu+s}\right.$$

$$\times\left[\sum_{1\leqslant|\tilde{\alpha}|\leqslant m}\frac{A_2(\tilde{\alpha},F(\boldsymbol{y}),i,k)}{|2\tilde{\alpha}|!}\boldsymbol{h}^{2\tilde{\alpha}} + B_1(i,k,G)\right]$$

$$+\sum_{k=1}^{2m}[2^{\mu+s-k}-1]h_i^{2k}\left[B_2(i,k,\tilde{G})\right.$$

$$\left.\left.+\sum_{1\leqslant|\tilde{\alpha}|\leqslant m}\frac{A_3(\tilde{\alpha},\tilde{F}(\boldsymbol{y}),i,k)}{|2\tilde{\alpha}|!}\boldsymbol{h}^{2\tilde{\alpha}}\right]\right\} + O(h_0^{2m+1}). \qquad (4.4.43)$$

两边同时除以 $C_{10} = (2^{\mu+s}-1)$ 获得

$$I_1(f) = Q_i^{(1)}(h_1,\cdots,h_s) + \sum_{i=1}^{s}\left\{\sum_{1\leqslant|\tilde{\alpha}|\leqslant m}\frac{C_{10}A_1(\tilde{\alpha},\hat{F}(\boldsymbol{y}))}{|2\tilde{\alpha}|!}\boldsymbol{h}^{2\tilde{\alpha}} + \sum_{k=1}^{2m}C_{11}(k)h_i^{k+\mu+s}\right.$$

$$\times\left[\sum_{1\leqslant|\tilde{\alpha}|\leqslant m}\frac{A_2(\tilde{\alpha},F(\boldsymbol{y}),i,k)}{|2\tilde{\alpha}|!}\boldsymbol{h}^{2\tilde{\alpha}} + B_1(i,k,G)\right]$$

$$\left.+\sum_{k=1}^{m}C_{12}(k)h_i^{2k}\left[B_2(i,k,\tilde{G}) + \sum_{1\leqslant|\tilde{\alpha}|\leqslant m}\frac{A_3(\tilde{\alpha},\tilde{F}(\boldsymbol{y}),i,k)}{|2\tilde{\alpha}|!}\boldsymbol{h}^{2\tilde{\alpha}}\right]\right\} + O(h_0^{2m+1}),$$

$$(4.4.44a)$$

其中

$$C_{11}(k) = [2^{-2k}-1]/C_{10}, \quad C_{12}(k) = [2^{\mu+s-k}-1]/C_{10},$$

$$Q_i^{(1)}(h_1,\cdots,h_s) = \frac{2^{\mu+s}Q_i^{(0)}(h_1,\cdots,h_{i-1},h_i/2,h_i,\cdots,h_s) - Q_i^{(0)}(h_1,\cdots,h_s)}{C_{10}},$$

$$(4.4.44b)$$

这里的精确度已经达到 $O(h_i^{2+\mu+s})$ 阶.

## 4.4 多维含参的弱奇异积分的误差多参数渐近展开式

**第二次外推**: 用同样的方法获得

$$
\begin{aligned}
I_1(f) = & Q_i^{(2)}(h_1,\cdots,h_s) + \sum_{i=1}^{s}\bigg\{\sum_{1\leqslant|\tilde{\alpha}|\leqslant m}\frac{C_{10}C_{20}A_1(\tilde{\alpha},\hat{F}(\boldsymbol{y}))}{|2\tilde{\alpha}|!}\boldsymbol{h}^{2\tilde{\alpha}} \\
& + \sum_{k=1}^{m}C_{21}(k)h_i^{k+\mu+s}\bigg[\sum_{1\leqslant|\tilde{\alpha}|\leqslant m}\frac{A_2(\tilde{\alpha},F(\boldsymbol{y}),i,k)}{|2\tilde{\alpha}|!}\boldsymbol{h}^{2\tilde{\alpha}}+B_1(i,k,G)\bigg] \\
& + \sum_{k=1}^{m}C_{22}(k)h_i^{2k}\bigg[B_2(i,k,\tilde{G})+\sum_{1\leqslant|\tilde{\alpha}|\leqslant m}\frac{A_3(\tilde{\alpha},\tilde{F}(\boldsymbol{y}),i,k)}{|2\tilde{\alpha}|!}\boldsymbol{h}^{2\tilde{\alpha}}\bigg]\bigg\} \\
& + O(h_0^{2m+1}),
\end{aligned} \tag{4.4.45}
$$

这里

$$C_{20}=2^{2+\mu+s}-1, \quad C_{21}(k)=C_{11}(k)[2^{-2k}-1]/C_{20},$$
$$C_{22}(k)=C_{12}(k)[2^{2+\mu+s}-1]/C_{20},$$

$$Q_i^{(2)}(h_1,\cdots,h_s)=\frac{2^{2+\mu+s}Q_i^{(1)}(h_1,\cdots,h_{i-1},h_i/2,h_i,\cdots,h_s)-Q_i^{(1)}(h_1,\cdots,h_s)}{C_{20}}. \tag{4.4.46}$$

这样第二部分的精度能够达到 $h_i^{4+\mu+s}$ 阶. 若精度不够还可继续进行外推.

**步骤 2** 根据 (4.4.46), 进行一次外推, 消去第三部分的低阶项, 精度可达到 $O(h_i^2)$ 阶. 采用第一步的第一次外推的操作方法获得

$$
\begin{aligned}
I_1(f) = & Q_i^{(3)}(h_1,\cdots,h_s) + \sum_{i=1}^{s}\bigg\{\sum_{1\leqslant|\tilde{\alpha}|\leqslant m}\frac{C_{10}C_{20}C_{30}A_1(\tilde{\alpha},\hat{F}(\boldsymbol{y}))}{|2\tilde{\alpha}|!}\boldsymbol{h}^{2\tilde{\alpha}} \\
& + \sum_{k=2}^{2m}C_{41}(k)h_i^{k+\mu+s}\bigg[\sum_{1\leqslant|\tilde{\alpha}|\leqslant m}\frac{A_2(\tilde{\alpha},F(\boldsymbol{y}),i,k)}{|2\tilde{\alpha}|!}\boldsymbol{h}^{2\tilde{\alpha}}+B_1(i,k,G)\bigg] \\
& + \sum_{k=2}^{m}C_{42}(k)h_i^{2k}\bigg[B_2(i,k,\tilde{G})+\sum_{1\leqslant|\tilde{\alpha}|\leqslant m}\frac{A_3(\tilde{\alpha},\tilde{F}(\boldsymbol{y}),i,k)}{|2\tilde{\alpha}|!}\boldsymbol{h}^{2\tilde{\alpha}}\bigg]\bigg\} \\
& + O(h_0^{2m+1})
\end{aligned} \tag{4.4.47}
$$

这里

$$C_{30}=2^2-1, \quad C_{31}(k)=C_{21}(k)[2^{-k-\mu-s}-1]/C_{30}, \quad C_{32}(k)=C_{22}(k)[2^{-2k}-1]/C_{30},$$

$$Q_i^{(3)}(h_1,\cdots,h_s)=2Q_i^{(2)}(h_1,\cdots,h_{i-1},h_i/2,h_i,\cdots,h_s)-Q_i^{(2)}(h_1,\cdots,h_s). \tag{4.4.47a}$$

**步骤 3** 采用分裂外推，消去第一部分的低阶项.

在 (4.4.47) 中，用 $h_j/2$ 代替 $h_j$, $j \neq i, j = 1, \cdots, s$ 得到的展开式，

$$\begin{aligned}I_1(f) =& Q_i^{(3)}(h_1 \cdots h_s) + \sum_{i=1}^s \bigg\{ \sum_{1 \leqslant |\tilde{\alpha}| \leqslant m} \prod_{j=1, j \neq i}^s \left(\frac{h_j}{2}\right)^{2\alpha_j} \frac{C_{10}C_{20}C_{30}A_1(\tilde{\alpha}, \hat{F}(\boldsymbol{y}))}{|2\tilde{\alpha}|!} \\ &+ \sum_{k=2}^{2m} C_{31}(k) h_i^{k+\mu+s} \bigg[ \sum_{1 \leqslant |\tilde{\alpha}| \leqslant m} \prod_{j=1, j \neq i}^s \left(\frac{h_j}{2}\right)^{2\alpha_j} \frac{A_2(\tilde{\alpha}, F(\boldsymbol{y}), i, k)}{|2\tilde{\alpha}|!} + B_1(i, k, G) \bigg] \\ &+ \sum_{k=2}^m C_{32}(k) h_i^{2k} \bigg[ B_2(i, k, \tilde{G}) + \sum_{1 \leqslant |\tilde{\alpha}| \leqslant m} \prod_{j=1, j \neq i}^s \left(\frac{h_j}{2}\right)^{2\alpha_j} \frac{A_3(\tilde{\alpha}, \tilde{F}(\boldsymbol{y}), i, k)}{|2\tilde{\alpha}|!} \bigg] \bigg\} \\ &+ O(h_0^{2m+1}), \end{aligned} \quad (4.4.48)$$

然后用 $2^{2\alpha_j}$ 乘以 (4.4.48) 再对 $j$ 求和，再减去 (4.4.47)，最后两边除以 $\sum_{j=1, j \neq i}^s 2^{2\alpha_j} - 1$ 得到

$$\begin{aligned}I_1(f) =& Q_h(h_1, \cdots, h_s) + \sum_{j=1, j \neq i}^s \sum_{i=1}^s \bigg\{ \sum_{2 \leqslant |\tilde{\alpha}| \leqslant m} \prod_{j=1, j \neq i}^s h_j^{2\alpha_j} \frac{C_{50} A_1(\tilde{\alpha}, \hat{F}(\boldsymbol{y}))}{|2\tilde{\alpha}|!} \\ &+ \sum_{j=1, j \neq i}^s \sum_{k=2}^{2m} h_i^{k+\mu+s} \bigg[ \sum_{2 \leqslant |\tilde{\alpha}| \leqslant m} \prod_{j=1, j \neq i}^s C_{41}(\alpha_j) h_j^{2\alpha_j} \frac{A_2(\tilde{\alpha}, F(\boldsymbol{y}), i, k)}{|2\tilde{\alpha}|!} \\ &+ C_{43}(\alpha_j) B_1(i, k, G) \bigg] + \sum_{k=2}^m h_i^{2k} \bigg[ C_{44}(\alpha_j) B_2(i, k, \tilde{G}) \\ &+ \sum_{2 \leqslant |\tilde{\alpha}| \leqslant m} \prod_{j=1, j \neq i}^s C_{42}(\alpha_j) h_j^{2\alpha_j} \frac{A_3(\tilde{\alpha}, \tilde{F}(\boldsymbol{y}), i, k)}{|2\tilde{\alpha}|!} \bigg] \bigg\} \\ &+ O(h_0^{2m+1}), \end{aligned} \quad (4.4.49\text{a})$$

这里

$$C_{40} = [C_{10}C_{20}C_{30} 2^{2(\alpha_j - \alpha_j)} - 1] \bigg/ \bigg[ \sum_{j=1, j \neq i}^s 2^{2\alpha_j} - 1 \bigg], \quad C_{4i}(\alpha_j), i = 1, 2, 3,$$

由 $C_{3i}(k)$, $i = 1, 2,$ 与 $2^{2\alpha_j}$ 构成

## 4.4 多维含参的弱奇异积分的误差多参数渐近展开式

$$Q_h(h_1,\cdots,h_s) = \frac{\sum_{j=1,j\neq i}^{s} 2^{2\alpha_j} Q_i^{(4)}(h_1,\cdots,h_{i-1},h_i/2,h_i,\cdots,h_s) - Q_i^{(4)}(h_1,\cdots,h_s)}{\sum_{j=1,j\neq i}^{s} 2^{2\alpha_j} - 1}.$$

(4.4.49b)

采用求积公式 (4.4.49b) 计算, 精度至少为 $O(h_0^4)$, 且 $h_0 = \max_{j=1}^{s} h_j$.

从上面第一步的外推来看, 若使用偏矩形公式, 至少需要两次外推, 若使用中矩形公式, 需要一次外推, 方能达到所需要的精度, 为了避免第一步的外推过程, 采用 2.3 节的 Sin-变换 [212],

$$s = \varphi_p(t) : [0,1] \to [0,1] \quad (p \in N) \tag{4.4.50}$$

且 $\varphi_p(t) = \vartheta_p(t)/\vartheta_p(1)$ 和 $\vartheta_p(t) = \int_0^t (\sin \pi \tau)^p d\tau$, 可提高精确度, 这是因为 $\varphi_p'(t)$ 在 $t=0$ 和 $t=1$ 处有 $p$ 阶零点. 若当 $s \to 0^+$ 时有 $v(s) = O(s^{\mu_1})$, $\mu_1 > -1$, 和当 $s \to 1^-$ 时有 $v(s) = O((1-s)^{\mu_2})$, $\mu_2 > -1$, 且 $v(s) = s^{\mu_1} g(s)$, $(s \to 0^+)$, 和 $v(s) = (1-s)^{\mu_2} \tilde{g}(s)$, $s \to 1^-$, 这里 $g(s), \tilde{g}_m(s), s \in [0,1]$ 充分可微且 $g(0) \neq 0$ 和 $\tilde{g}_m(1) \neq 0$.

**定理 4.4.2** 在 (4.4.50) 的参数变换下, 有下列结论成立:

$$v(\varphi_p(t))\varphi_p'(t) = c_1 g(0) t^{(p+1)\mu_1 + p}(1 + O(t^2)), \quad t \to 0^+ \tag{4.4.51}$$

和

$$v(\varphi_p(t))\varphi_p'(t) = c_2 \tilde{g}(1)(1-t)^{(p+1)\mu_2 + p}(1 + O((1-t)^2)), \quad t \to 1^-, \tag{4.4.52}$$

这里 $c_1$ 和 $c_2$ 是常数.

**证明** 利用 Taylor 展开式, 有

$$v(s) = \sum_{j=0}^{l} \frac{g^{(j)}(0)}{j!} s^{j+\mu_1} + O(s^{l+\mu_1+1}), \quad s \to 0^+, \tag{4.4.53}$$

$$\varphi_p'(t) \sim \sum_{j=0}^{\infty} \delta_j t^{p+2j}, \quad t \to 0^+, \delta_0 > 0, \tag{4.4.54}$$

把 (4.4.54) 代入 (4.4.53) 立即得到 (4.4.51). 同理可证 (4.4.52). □

该定理表明, 只要选择适当的 $p$ 使得 $(p+1)\mu_i + p > 0$, $i = 1, 2$, 就能够消去被积函数在端点的弱奇异. 并且根据文献 [212], [213], 求积公式的误差 [85]

$$If - I^h f = O(h^\omega), \quad \omega = \min\{\omega_1, \omega_2\}, \tag{4.4.55}$$

这里

$$\omega_i = \begin{cases} \min((p+1)(\mu_i+1), p+1), & p\text{ 为奇数}, i = 1, 2, \\ \min((p+1)(\mu_i+1), 2p+2), & p\text{ 为偶数}, i = 1, 2. \end{cases} \tag{4.4.56}$$

下面采用求积公式 (4.3.7) 计算几个不同类型的问题, 即利用中矩形公式, $\beta_j = 1/2, j = 1, \cdots, s$ 来计算, 表中的误差都是绝对误差, $h_i^{2+\mu+s}$-RE 表示对每个变量加密的误差与关于 $h_i^{2k+\mu+s}$, $k = 0, 1, \cdots, i = 1, \cdots, s$ 的项的 Richardson 外推, $h_i^2$-RE 表示对每个变量加密的误差, 关于 $h_i^{2k}$, $k = 1, 2, \cdots$ 的项的 Richardson 外推, $\boldsymbol{h}^2$-SE 表示整体的分裂外推, $e_h = |If - I^h f|$, $\text{rate} = \log_2 \dfrac{e_h}{e_{h/2}}$.

**算例 4.4.1** 计算

$$I(f) = \int_0^1 \int_0^1 r^{-3/2} e^{-r^2} e^{-x^2} dxdy \approx 2.52551353995. \tag{4.4.57}$$

计算的误差列在表 4.4.1 中, 这里在 $x$ 与 $y$ 轴方向上取的结点数相同. 在表 4.4.2 中, 关于 $x$ 与 $y$ 轴方向上取的节点数不同.

**表 4.4.1 外推与分裂外推的数值结果**

| $N_1 = N_2$ | $2^4$ | $2^5$ | $2^6$ |
| --- | --- | --- | --- |
| $e_h$ | 0.25 | 0.13 | 0.13 |
| rate$_1$ |  | 0.50 | 0.50 |
| $h_i^{2+\mu+s}$-RE | 5.07×10$^{-4}$ | 8.66×10$^{-5}$ | 1.47×10$^{-5}$ |
| rate$_2$ |  | 2.55 | 2.56 |
| $h_i^2$-RE |  | 9.45×10$^{-4}$ | 2.37×10$^{-4}$ |
| rate$_3$ |  |  | 2.00 |
| $\boldsymbol{h}^2$-SE |  |  | 3.10×10$^{-7}$ |
| rate$_4$ |  |  |  |
| $N_1 = N_2$ | $2^7$ | $2^8$ | $2^9$ |
| $e_h$ | 0.089 | 0.063 | 0.044 |
| rate$_1$ | 0.50 | 0.50 | 0.50 |
| $h_i^{2+\mu+s}$-RE | 2.46×10$^{-6}$ | 4.11×10$^{-7}$ | 6.26×10$^{-8}$ |
| rate$_2$ | 2.58 | 2.62 | 2.68 |
| $h_i^2$-RE | 5.92×10$^{-5}$ | 1.48×10$^{-5}$ | 3.70×10$^{-6}$ |
| rate$_3$ | 2.00 | 2.00 | 2.00 |
| $\boldsymbol{h}^2$-SE | 1.71×10$^{-8}$ | 9.71×10$^{-10}$ | 5.88×10$^{-11}$ |
| rate$_4$ | 4.19 | 4.14 | 4.04 |

此表中, 当 $N_1 = N_2 = 2^3$ 时, $e_h = 0.35$.

表 4.4.2 外推与分裂外推的数值结果

| $(N_1, N_2)$ | $(2^4, 2^5)$ | $(2^5, 2^6)$ | $(2^6, 2^7)$ |
|---|---|---|---|
| $e_h$ | 0.21 | 0.10 | 0.13 |
| rate$_1$ | 0.50 | 0.50 | 0.50 |
| $h_i^{2+\mu+s}$-RE | $4.42 \times 10^{-4}$ | $8.37 \times 10^{-5}$ | $1.63 \times 10^{-5}$ |
| rate$_2$ | | 2.55 | 2.56 |
| $h_i^2$-RE | | $6.28 \times 10^{-4}$ | $1.57 \times 10^{-4}$ |
| rate$_3$ | | | 2.00 |
| $h^2$-SE | | | $2.19 \times 10^{-7}$ |
| rate$_3$ | | | |
| $(N_1, N_2)$ | $(2^7, 2^8)$ | $(2^8, 2^9)$ | $(2^9, 2^{10})$ |
| $e_h$ | 0.076 | 0.054 | 0.038 |
| rate$_1$ | 0.50 | 0.50 | 0.50 |
| $h_i^{2+\mu+s}$-RE | $3.27 \times 10^{-6}$ | $6.75 \times 10^{-7}$ | $1.44 \times 10^{-8}$ |
| rate$_2$ | 2.58 | 2.62 | 2.68 |
| $h_i^2$-RE | $2.93 \times 10^{-5}$ | $9.83 \times 10^{-6}$ | $2.46 \times 10^{-6}$ |
| rate$_3$ | 2.00 | 2.00 | 2.00 |
| $h^2$-SE | $1.21 \times 10^{-8}$ | $6.94 \times 10^{-10}$ | $4.29 \times 10^{-11}$ |
| rate$_3$ | 4.18 | 4.13 | 4.02 |

此表中, 当 $N_1 = 2^3, N_2 = 2^4$ 时, $e_h = 0.30$.

从 (4.4.57) 可知, 被积函数的奇异阶是 $\mu = -3/2$, 求积公式 (4.4.41) 的误差阶是 $O(h_i^{\mu+s}) = O(h_i^{0.5})$, $h_i^{2+\mu+s}$-Richardson 外推的误差阶是 $O(h_i^{2+\mu+s}) = O(h_i^{2.5})$, 整体分裂外推的误差阶是 $O(\mathbf{h}^4)$, 然而从表 4.4.1 和表 4.4.2 的结果看出, 计算的误差完全与理论一致, 并且精确度很高.

为了避免进行 $h_i^{2+\mu+s}$-Richardson 外推, 采用三角变换 (4.4.50) 来提高精确度, 置 $x_i = \varphi_4(t_i)$, $i = 1, 2, \cdots, s$, 根据 (4.4.56),

$$\omega_i = \min((p+1)(\mu_i + 1), 2p+2) = \min(5/2, 10),$$

其中利用 Duffy 变换后, $\mu_i = -1/2$. 由 (4.4.55) 可知道, 求积公式的误差展开式

$$If - I^h f = A_i h_i^{2.5} + A h^{4.5} + \cdots. \tag{4.4.58}$$

计算的数值结果列于表 4.4.3 中.

从表中的数值结果看出, 这与 (4.4.48) 完全一致.

**算例 4.4.2** 已知 $f(x,y) = h(x,y)g(x,y)$, 其中

表 4.4.3  利用 $\varphi_4(t_i)$ 与分裂外推计算的误差

| $N_1 = N_2$ | $2^3$ | $2^4$ | $2^5$ |
|---|---|---|---|
| $e_h$ | $5.63 \times 10^{-3}$ | $9.67 \times 10^{-4}$ | $1.71 \times 10^{-4}$ |
| rate$_1$ |  | 2.54 | 2.50 |
| $h^2$-SE |  | $3.37 \times 10^{-5}$ | $6.33 \times 10^{-7}$ |
|  |  |  | 5.73 |
| $N_1 = N_2$ | $2^6$ | $2^7$ | $2^8$ |
| $e_h$ | $3.01 \times 10^{-5}$ | $5.32 \times 10^{-6}$ | $9.24 \times 10^{-7}$ |
| rate$_1$ | 2.50 | 2.50 | 2.50 |
| $h^2$-SE | $2.97 \times 10^{-8}$ | $1.23 \times 10^{-9}$ | $5.23 \times 10^{-11}$ |
|  | 4.5 | 4.5 | 4.5 |

$$h(x,y) = \exp\left(\frac{x+y}{2}\right)^2, \quad g(x,y) = (x+y)^{-3/4}, \qquad (4.4.59)$$

$$I(f(x,y)) = 1.528421461141788355.$$

计算的误差列在表 4.4.4 中, 这里在 $x$ 与 $y$ 轴方向上取的结点数相同. 在表 4.4.5 中, 关于 $x$ 与 $y$ 轴方向上取的结点数不同.

表 4.4.4  外推与分裂外推的数值结果

| $N_1 = N_2$ | $2^4$ | $2^5$ | $2^6$ |
|---|---|---|---|
| $e_h$ | $1.50 \times 10^{-3}$ | $8.00 \times 10^{-4}$ | $3.75 \times 10^{-4}$ |
| rate$_1$ | 0.63 | 0.97 | 1.11 |
| $h_i^{2+\mu+s}$-RE | $1.75 \times 10^{-5}$ | $4.76 \times 10^{-6}$ | $1.20 \times 10^{-6}$ |
| rate$_2$ |  |  | 1.99 |
| $h_i^2$-RE |  | 1.88 | $1.94 \times 10^{-4}$ |
| rate$_3$ |  | $7.74 \times 10^{-4}$ | 2.00 |
| $h^2$-SE |  |  | $6.73 \times 10^{-7}$ |
| rate$_4$ |  |  |  |
| $N_1 = N_2$ | $2^7$ | $2^8$ | $2^9$ |
| $e_h$ | $1.66 \times 10^{-4}$ | $7.22 \times 10^{-5}$ | $3.09 \times 10^{-5}$ |
| rate$_1$ | 1.17 | 1.21 | 1.22 |
| $h_i^{2+\mu+s}$-RE | $2.98 \times 10^{-7}$ | $7.44 \times 10^{-8}$ | $1.86 \times 10^{-8}$ |
| rate$_2$ | 2.00 | 2.00 | 2.00 |
| $h_i^2$-RE | $4.85 \times 10^{-5}$ | $1.21 \times 10^{-5}$ | $3.03 \times 10^{-6}$ |
| rate$_3$ | 2.00 | 2.00 | 2.00 |
| $h^2$-SE | $3.70 \times 10^{-8}$ | $1.75 \times 10^{-10}$ | $5.01 \times 10^{-11}$ |
| rate$_4$ | 4.41 | 4.40 | 4.45 |

此表中, 当 $N_1 = N_2 = 2^3$ 时, $e_h = 2.48 \times 10^{-3}$.

## 4.4 多维含参的弱奇异积分的误差多参数渐近展开式

**表 4.4.5  外推与分裂外推的数值结果**

| $(N_1, N_2)$ | $(2^4, 2^5)$ | $(2^5, 2^6)$ | $(2^6, 2^7)$ |
|---|---|---|---|
| $e_h$ | $1.20 \times 10^{-3}$ | $5.93 \times 10^{-4}$ | $2.71 \times 10^{-4}$ |
| $\text{rate}_1$ | 0.76 | 1.02 | 1.13 |
| $h_i^{2+\mu+s}$-RE | $1.14 \times 10^{-5}$ | $3.00 \times 10^{-6}$ | $1.86 \times 10^{-7}$ |
| $\text{rate}_2$ | | 1.94 | 2.00 |
| $h_i^2$-RE | | $4.29 \times 10^{-4}$ | $1.05 \times 10^{-4}$ |
| $\text{rate}_3$ | | | 2.00 |
| $h^2$-SE | | | $2.62 \times 10^{-7}$ |
| $\text{rate}_4$ | | | |

| $(N_1, N_2)$ | $(2^7, 2^8)$ | $(2^8, 2^9)$ | $(2^9, 2^{10})$ |
|---|---|---|---|
| $e_h$ | $1.19 \times 10^{-4}$ | $5.15 \times 10^{-5}$ | $2.20 \times 10^{-5}$ |
| $\text{rate}_1$ | 1.18 | 1.21 | 1.22 |
| $h_i^{2+\mu+s}$-RE | $3.27 \times 10^{-7}$ | $4.65 \times 10^{-8}$ | $1.16 \times 10^{-8}$ |
| $\text{rate}_2$ | 2.00 | 2.00 | 2.00 |
| $h_i^2$-RE | $2.63 \times 10^{-5}$ | $6.56 \times 10^{-6}$ | $1.65 \times 10^{-6}$ |
| $\text{rate}_3$ | 2.00 | 2.00 | 2.00 |
| $h^2$-SE | $1.59 \times 10^{-8}$ | $9.38 \times 10^{-10}$ | $5.23 \times 10^{-11}$ |
| $\text{rate}_4$ | 4.04 | 4.09 | 4.16 |

此表中, 当 $N_1 = 2^3, N_2 = 2^4$ 时, $e_h = 2.04 \times 10^{-3}$. 从 (4.4.59) 可知, 被积函数的奇异阶是 $\mu = -3/4$, 求积公式 (4.4.41) 的误差阶是 $O(h_i^{\mu+s}) = O(h_i^{1.25})$, $h_i^{2+\mu+s}$-Richardson 外推的误差阶是 $O(h_i^{2+\mu+s}) = O(h_i^{2.5})$, 整体分裂外推的误差阶是 $O(h^4)$, 然而从表 4.4.4 和表 4.4.5 的结果看出, 计算的误差完全与理论一致.

同样采用三角变换 (4.4.50) 来提高精确度, 置 $x_i = \varphi_4(t_i)$, $i = 1, 2, \cdots, s$, 根据 (4.4.56), $\omega_i = \min((p+1)(\mu+s-1+1), 2p+2) = \min(25/4, 10)$. 由 (4.4.55) 可知道, 求积公式的误差展开式

$$If - I^h f = O(h_i^{6.25}), \qquad (4.4.60)$$

计算的数值结果列于表 4.4.6 中.

**算例 4.4.3**  计算积分

$$If = \int_0^1 \int_0^1 \int_0^1 (x+y+z)^{-7/3} dx dy dz, \qquad (4.4.61)$$

且精确解是 $(27 \times 3^{2/3})/8 - (81 \times 2^{2/3})/8 + 81/8$. 计算的数值结果列在表 4.4.7 和表 4.4.8 中.

表 4.4.6 利用 $\varphi_4(t_i)$ 与分裂外推计算的误差

| $N_1=N_2$ | $2^3$ | $2^4$ | $2^5$ |
| --- | --- | --- | --- |
| $e_h$ | $8.61\times 10^{-6}$ | $1.12\times 10^{-7}$ | $1.44\times 10^{-9}$ |
| rate$_1$ | | 6.26 | 6.28 |
| $h^2$-SE | | $7.3\times 10^{-10}$ | $3.30\times 10^{-11}$ |
| rate$_2$ | | | 4.48 |
| $N_1=N_2$ | $2^6$ | $2^7$ | $2^8$ |
| $e_h$ | $1.89\times 10^{-12}$ | $2.47\times 10^{-13}$ | $3.33\times 10^{-15}$ |
| rate$_1$ | 6.26 | 6.25 | 6.21 |
| $h^2$-SE | $1.21\times 10^{-13}$ | $2.22\times 10^{-16}$ | $2.22\times 10^{-16}$ |
| rate$_2$ | 8.09 | 9.08 | |

表 4.4.7 外推与分裂外推的数值结果

| $N_1=N_2=N_3$ | $2^3$ | $2^4$ | $2^5$ |
| --- | --- | --- | --- |
| $e_h$ | $4.98\times 10^{-2}$ | $2.94\times 10^{-2}$ | $1.82\times 10^{-2}$ |
| rate$_1$ | | 0.73 | 0.69 |
| $h_i^{\mu+s}$-RE | | $3.95\times 10^{-3}$ | $9.94\times 10^{-4}$ |
| rate$_2$ | | | 1.99 |
| $h^2$-SE | | | $8.03\times 10^{-6}$ |
| rate$_3$ | | | |
| $N_1=N_2=N_3$ | $2^6$ | $2^7$ | $2^8$ |
| $e_h$ | $1.14\times 10^{-2}$ | $7.14\times 10^{-3}$ | $4.49\times 10^{-3}$ |
| rate$_1$ | 0.69 | 0.65 | 0.67 |
| $h_i^{\mu+s}$-RE | $2.49\times 10^{-4}$ | $6.23\times 10^{-5}$ | $1.56\times 10^{-6}$ |
| rate$_2$ | 2.00 | 2.00 | 2.00 |
| $h^2$-SE | $5.09\times 10^{-7}$ | $3.19\times 10^{-8}$ | $1.20\times 10^{-10}$ |
| rate$_3$ | 3.89 | 3.99 | 3.99 |

表 4.4.7 和表 4.4.8 的数值结果表明 rate$_1 \approx 2/3$, rate$_3 \approx 4$, 而求积公式 (4.4.41) 的误差阶是 $O(h_i^{\mu+s}) = O(h_i^{2/3})$, 分裂外推的误差阶是 $O(\mathbf{h}^4)$. 我们采用三角变换 (4.4.50) 来提高精确度, 置 $x_i = \varphi_4(t_i)$, $i = 1, 2, \cdots, s$, 根据 (4.4.56),

$$\omega_i = \min((p+1)(\mu+s-1+1), 2p+2)$$
$$= \min((5+1)(-7/3+3-1+1), 2\times 4+2) = \min(10/3, 10).$$

由 (4.4.55) 可知, 求积公式的误差展开式

$$If - I^h f = O(h_i^{10/3}), \tag{4.4.62}$$

计算的数值结果列于表 4.4.9 中, 其中 $i = 1, 2, 3$.

## 4.4 多维含参的弱奇异积分的误差多参数渐近展开式

**表 4.4.8  外推与分裂外推的数值结果**

| $(N_1, N_2, N_3)$ | $(2^2, 2^3, 2^4)$ | $(2^3, 2^4, 2^5)$ | $(2^4, 2^5, 2^6)$ |
|---|---|---|---|
| $e_h$ | $5.48\times 10^{-2}$ | $3.22\times 10^{-2}$ | $1.97\times 10^{-2}$ |
| rate$_1$ |  | 0.76 | 0.71 |
| $h_i^{2+\mu+s}$-RE |  | $7.12\times 10^{-3}$ | $1.81\times 10^{-4}$ |
| rate$_2$ |  |  | 1.98 |
| $h^2$-SE |  |  | $3.16\times 10^{-6}$ |
| rate$_3$ |  |  |  |
| $(N_1, N_2, N_3)$ | $(2^5, 2^6, 2^7)$ | $(2^6, 2^7, 2^8)$ | $(2^7, 2^8, 2^9)$ |
| $e_h$ | $1.22\times 10^{-2}$ | $7.67\times 10^{-3}$ | $4.82\times 10^{-3}$ |
| rate$_1$ | 0.68 | 0.65 | 0.67 |
| $h_i^{2+\mu+s}$-RE | $4.53\times 10^{-4}$ | $1.13\times 10^{-5}$ | $2.83\times 10^{-6}$ |
| rate$_2$ | 2.00 | 2.00 | 2.00 |
| $h^2$-SE | $2.05\times 10^{-7}$ | $1.29\times 10^{-8}$ | $8.1\times 10^{-10}$ |
| rate$_3$ | 3.85 | 3.99 | 4.00 |

**表 4.4.9  利用 $\varphi_4(t_i)$ 与分裂外推计算的误差**

| $N_i$ | $2^3$ | $2^4$ | $2^5$ |
|---|---|---|---|
| $e_h$ | $2.76\times 10^{-4}$ | $2.71\times 10^{-5}$ | $2.68\times 10^{-6}$ |
| rate$_1$ |  | 3.34 | 3.34 |
| $h^2$-SE |  | $2.33\times 10^{-7}$ | $1.72\times 10^{-8}$ |
| rate$_2$ |  |  | 3.78 |
| $N_i$ | $2^6$ | $2^7$ | $2^8$ |
| $e_h$ | $2.65\times 10^{-7}$ | $2.63\times 10^{-8}$ | $2.61\times 10^{-9}$ |
| rate$_1$ | 3.34 | 3.33 | 3.33 |
| $h^2$-SE | $4.21\times 10^{-10}$ | $1.04\times 10^{-11}$ | $2.57\times 10^{-13}$ |
| rate$_2$ | 5.35 | 5.34 | 5.34 |

**算例 4.4.4**  现在考虑二维含参数的弱奇异积分

$$I = \int_0^1 \int_0^1 \frac{dxdy}{\sqrt{(x-s)^2+(y-t)^2}},$$

置 $x-s = r\cos\theta$, $y-t = r\sin\theta$. 因为 $(-1-s)/\cos\theta \leqslant r \leqslant -s/(\cos\theta)$, $(-1-t)/\sin\theta \leqslant r \leqslant -t/\sin\theta$, 于是

$$I = \int_{-\arctan\frac{t}{1-s}}^{\arctan\frac{1-t}{1-s}} d\theta \int_0^{\frac{1-s}{\cos\theta}} \frac{1}{r} rdr + \int_{\arctan\frac{1-t}{1-s}}^{\frac{\pi}{2}+\arctan\frac{s}{1-s}} d\theta \int_0^{\frac{1-t}{\sin\theta}} \frac{1}{r} rdr$$

$$+ \int_{\frac{\pi}{2}+\arctan\frac{s}{1-s}}^{\pi+\arctan\frac{t}{s}} d\theta \int_0^{\frac{-s}{\cos\theta}} \frac{1}{r} rdr + \int_{\pi+\arctan\frac{t}{s}}^{\frac{3}{2}\pi+\arctan\frac{1-t}{t}} d\theta \int_0^{\frac{-t}{\sin\theta}} \frac{1}{r} rdr$$

$$=(1-s)\left[\ln\frac{1+\sin\left(\arctan\frac{1-t}{1-s}\right)}{\cos\left(\arctan\frac{1-t}{1-s}\right)}-\ln\frac{1+\sin\left(-\arctan\frac{t}{1-s}\right)}{\cos\left(-\arctan\frac{t}{1-s}\right)}\right]$$

$$+(1-t)\left[\ln\tan\frac{\frac{\pi}{2}+\arctan\frac{s}{1-s}}{2}-\ln\tan\frac{\arctan\frac{1-t}{1-s}}{2}\right]$$

$$+(-s)\left[\ln\frac{1+\sin\left(\pi+\arctan\frac{t}{s}\right)}{\cos\left(\pi+\arctan\frac{t}{s}\right)}-\ln\frac{1+\sin\left(\pi/2+\arctan\frac{s}{1-s}\right)}{\cos\left(\pi/2+\arctan\frac{s}{1-t}\right)}\right]$$

$$-t\left[\ln\tan\frac{\frac{3\pi}{2}+\arctan\frac{1-s}{t}}{2}-\ln\tan\frac{\pi+\arctan\frac{t}{s}}{2}\right].$$

接下来利用求积公式 (4.4.41) 来计算当 $s=0.125, t=0.5$ 时的数值解.

表 4.4.10  求积分公式 $Q_h(f)$ 和分裂外推计算的结果

| $N_1=N_2$ | $2^4$ | $2^5$ | $2^6$ |
|---|---|---|---|
| error | $1.81\times 10^{-4}$ | $4.51\times 10^{-5}$ | $1.13\times 10^{-5}$ |
| rate | 2.00 | 2.00 | 2.00 |
| $h^2$-SE | $3.48\times 10^{-7}$ | $9.05\times 10^{-9}$ | $5.66\times 10^{-10}$ |
| rate |  | 5.27 | 4.00 |
| $N_1=N_2$ | $2^7$ | $2^8$ | $2^9$ |
| error | $2.82\times 10^{-6}$ | $7.06\times 10^{-7}$ | $1.77\times 10^{-8}$ |
| rate | 2.00 | 2.00 | 2.00 |
| $h^2$-SE | $3.53\times 10^{-11}$ | $2.20\times 10^{-12}$ | $1.94\times 10^{-13}$ |
| rate | 4.00 | 4.00 | 3.98 |

此表中, 当 $N_1=N_2=2^3$ 时, error $e=7.22\times 10^{-4}$. 该积分的奇异阶 $\mu=-1>-2$, 利用 Duffy 变换后, 正好通过雅可比把奇异消去, 变成了正常积分, 含有 $h_i^{k+\mu+s-1}$ 的项消失, 在计算中没有 Richardson 外推过程, 只有分列外推过程. 表 4.3.5 的数值结果表明, 这与理论完全一致.

## 4.5  二维含参的 Cauchy 奇异积分的高精度算法

考虑下面两类二维 Cauchy 型主值积分

$$I_1(f(s,t)) = \int_a^b\int_c^d \frac{f(x,y)dxdy}{(x-s)^2+(y-t)^2} \tag{4.5.1}$$

和
$$I_2(f(s,t)) = \int_a^b \int_c^d \frac{f(x,y)dxdy}{(x-s)(y-t)}. \tag{4.5.2}$$

这两类积分在工程问题中,特别是在边界元方法中有广泛的应用,尤其是在计算固体力学、弹性力学、流体力学、空气动力学等时都会遇到. 在工程问题中,还会经常遇到下列积分

$$I_3(f(r,\theta)) = \int_{\theta_1}^{\theta_2} \int_0^{R(\theta)} \frac{f(r,\theta)}{r} dr d\theta, \tag{4.5.3}$$

但积分 (4.5.1) 与 (4.5.3) 是同类型,都属于点型 Cauchy 主值积分,而 (4.5.2) 是面型 Cauchy 主值积分,也称乘积型奇异积分.

### 4.5.1 含参的点型 Cauchy 奇异积分的误差多参数渐近展开式

设 $m$ 和 $n$ 是两个正整数,$h_m = (b-a)/m$, $h_n = (d-c)/n$, $x_i = a + ih_m$, $y_j = c + jh_n$ $(i = 0, 1, \cdots, m, j = 0, 1, \cdots, n)$, $s \in \{x_i | 1 \leqslant i \leqslant m-1\}$, $t \in \{y_j | 1 \leqslant j \leqslant n-1\}$. 为了得到 (4.5.1) 的渐近展开式,首先介绍下面引理.

**引理 4.5.1** 设 $f(x)$ 是定义在 $[a,b]$ 内具有 $2l$ 连续可导的函数,且 $I(f) = \int_a^b F(x)dx = \int_a^b \frac{f(x)dx}{x-t}$. Euler-Maclaurin 展开式为

$$\begin{aligned} E_m(h_m) &= I(f) - Q(h_m) \\ &= \sum_{\mu=1}^{l-1} \frac{B_{2\mu}}{(2\mu)!} \left[ F^{(2\mu-1)}(a) - F^{(2\mu-1)}(b) \right] h_m^{2\mu} \\ &\quad + h_m f'(t) + O(h_m^{2l}), \end{aligned} \tag{4.5.4}$$

其中

$$Q(h_m) = h_m \sum_{j=0, x_j \neq t}^{m} {}' \frac{f(x_j)}{x_j - t},$$

这里求和符合的单引号表示第一项和最后一项的系数是 $1/2$, 其他项的系数是 $1$, $B_{2\mu}$ 是 Bernoulli 数.

在展开式 (4.5.4) 中含有 $h_n f'(t)$ 这一项,就意味着求积公式的误差阶仅是 $O(h_m)$. 但是通过 Richardson's-$h$ 外推能够得到较高精度的求积公式.

**推论 4.5.1** 在引理 4.5.1 的假设下,有

$$\begin{aligned} E_m(h_m) &= I(g) - \bar{Q}(h_m) \\ &= \sum_{\mu=1}^{l-1} \frac{h_m^{2\mu}(2^{1-2\mu}-1)B_{2\mu}}{(2\mu)!} \int_a^b F^{(2\mu-2)}(x)dx + O(h_m^{2l}), \end{aligned} \tag{4.5.5}$$

其中 $\bar{Q}(h_m)$ 是新的求积公式，即

$$\bar{Q}(h_m) = 2Q(h_m/2) - Q(h_m) = h_m \sum_{j=1}^{m} \frac{f(x_{2j-1})}{x_{2j-1} - t}. \tag{4.5.6}$$

推论 4.5.1 可直接从引理 4.5.1 得到，(4.5.5) 表明求积公式 $\bar{Q}(h_m)$ 的精度阶是 $O(h_m^2)$，因为通过 Richardson's $h_m$-外推能够消去这一项 $h_m f'(t)$。

这部分的基本思想是把二维 Cauchy 型主值积分转变成一维 Cauchy 型主值积分，然后运用一维 Cauchy 型主值积分渐近展开式，通过迭代方法得到二维 Cauchy 型主值积分的多参数渐近展开式.

设 $z = t + \mathrm{i}(x-s)$ 且

$$(x-s)^2 + (y-t)^2 = [(y-t) - \mathrm{i}(x-s)][(y-t) + \mathrm{i}(x-s)], \tag{4.5.7}$$

这里 $\mathrm{i} = \sqrt{-1}$ 是虚数单位. 根据 (4.5.7)，下列表达式有效

$$\begin{aligned}
I_1(f(s,t)) &= \int_a^b \int_c^d \frac{f(x,y)dydx}{(x-s)^2 + (y-t)^2} \\
&= \int_a^b \int_c^d \frac{f(x,y)dxdy}{[(y-t) - \mathrm{i}(x-s)][(y-t) + \mathrm{i}(x-s)]} \\
&= \int_a^b \int_c^d \frac{f(x,y)dydx}{[(y-z)][(y-\bar{z})]} = \int_a^b \int_c^d \frac{(z-\bar{z})f(x,y)dydx}{2\mathrm{i}(y-z)(y-\bar{z})(x-s)} \\
&= -\frac{\mathrm{i}}{2} \int_a^b \frac{1}{x-s} \int_c^d \frac{y-\bar{z}-y+z}{(y-z)(y-\bar{z})} f(x,y)dxdy \\
&= -\frac{\mathrm{i}}{2} \int_a^b \frac{1}{x-s} \int_c^d \left[\frac{1}{y-z} - \frac{1}{y-\bar{z}}\right] f(x,y)dydx. \tag{4.5.8}
\end{aligned}$$

置

$$I_{11}(f(s,t)) = \int_c^d \frac{f(x,y)dy}{y-z} = \int_c^d \frac{f(x,y)dy}{y-t-\mathrm{i}(x-s)} = \int_c^d F_{11}(x,y)dy \tag{4.5.9}$$

和

$$I_{12}(f(s,t)) = \int_c^d \frac{f(x,y)dy}{y-\bar{z}} = \int_c^d \frac{f(x,y)dy}{y-t+\mathrm{i}(x-s)} = \int_c^d F_{12}(x,y)dy. \tag{4.5.10}$$

因为 $F_{11}$ 和 $F_{12}$ 的奇异在 $z$ 和 $\bar{z}$，运用推论 4.5.1 来计算 $I_{11}(f(s,t))$ 和 $I_{12}(f(s,t))$，一旦完成就可以处理奇异积分

$$\int_a^b \frac{1}{x-s} I_{11}(f(s,t))dx \text{ 和 } \int_a^b \frac{1}{x-s} I_{12}(f(s,t))dx.$$

## 4.5 二维含参的 Cauchy 奇异积分的高精度算法

**定理 4.5.1** 设 $f(x,y)$ 是定义在 $[a,b] \times [c,d]$ 内且具有 $2l$ 阶连续可导的函数，又 $F_1(x,y) = \dfrac{f(x,y)}{(x-s)^2+(y-t)^2}$，那么新的求积公式

$$Q_1(h_m, h_n) = h_n \sum_{j=1, y_{2j-1} \neq t}^{n} h_m \sum_{i=1, x_{2i-1} \neq s}^{m} \frac{f(x_{2i-1}, y_{2j-1})}{(y_{2j-1}-t)^2 + (x_{2i-1}-s)^2}$$

$$+ \sum_{\mu=1}^{l-1} \frac{h_m^{2\mu}(2^{1-2\mu}-1)B_{2\mu}}{(2\mu)!}$$

$$\times \sum_{j=1, y_{2j-1} \neq t}^{n} h_n f(s, y_{2j-1})\{G(b) - G(a)\} \qquad (4.5.11)$$

和误差展开式

$$E_1((h_m, h_n) = I(f(s,t)) - Q_1(h_m, h_n)$$
$$= \sum_{\mu=1}^{l-1} \frac{h_m^{2\mu}(2^{1-2\mu}-1)B_{2\mu}}{(2\mu)!} \int_a^b \int_c^d F_{1x}^{(2\mu-2)}(x,y) dy dx$$
$$+ \sum_{\mu=1}^{l-1} \frac{h_n^{2\mu}(2^{1-2\mu}-1)B_{2\mu}}{(2\mu)!} \int_a^b \int_c^d F_{1y}^{(2\mu-2)}(x,y) dx dy + O(h_n^{2l} + h_m^{2l}), \qquad (4.5.12)$$

这里

$$G(\zeta) = \frac{-(2\mu-3)!}{((\zeta-s)^2+(y_{2j-1}-t)^2)^{2\mu-2}}$$
$$\cdot \sum_{k=1}^{\mu} C_{2\mu-2}^{2k-1}(-1)^{k+1}(\zeta-s)^{2\mu-1-2k}(y_{2j-1}-t)^{2k-2}.$$

**证明** 运用推论 4.5.1, 有 (4.5.9) 和 (4.5.10) 的 Euler-Maclaurin 展开式

$$I_{11}(f(s,t)) = \sum_{j=1, y_{2j-1} \neq t}^{n} \frac{h_n f(x, y_{2j-1})}{y_{2j-1} - z}$$
$$+ \sum_{\mu=1}^{l-1} \frac{h_n^{2\mu}(2^{1-2\mu}-1)B_{2\mu}}{(2\mu)!} \int_c^d \frac{\partial^{(2\mu-2)}}{\partial y^{(2\mu-2)}} F_{11}(x,y) dy + O(h_n^{2l})$$
$$= \sum_{j=1, y_{2j-1} \neq t}^{n} \frac{h_n f(x, y_{2j-1})}{y_{2j-1} - t - i(x-s)} + \sum_{\mu=1}^{l-1} \frac{h_n^{2\mu}(2^{1-2\mu}-1)B_{2\mu}}{(2\mu)!}$$
$$\cdot \int_c^d \frac{\partial^{(2\mu-2)}}{\partial y^{(2\mu-2)}} F_{11}(x,y) dy + O(h_n^{2l}) \qquad (4.5.13)$$

和
$$I_{12}(f(s,t)) = \sum_{j=1,y_{2j-1}\neq t}^{n} \frac{h_n f(x,y_{2j-1})}{y_{2j-1} - \bar{z}}$$
$$+ \sum_{\mu=1}^{l-1} \frac{h_n^{2\mu}(2^{1-2\mu}-1)B_{2\mu}}{(2\mu)!} \int_c^d \frac{\partial^{(2\mu-2)}}{\partial y^{(2\mu-2)}} F_{12}(x,y)dy + O(h_n^{2l})$$
$$= \sum_{j=1,y_{2j-1}\neq t}^{n} \frac{h_n f(x,y_{2j-1})}{y_{2j-1} - t + \mathrm{i}(x-s)} + \sum_{\mu=1}^{l-1} \frac{h_n^{2\mu}(2^{1-2\mu}-1)B_{2\mu}}{(2\mu)!}$$
$$\cdot \int_c^d \frac{\partial^{(2\mu-2)}}{\partial y^{(2\mu-2)}} F_{12}(x,y)dy + O(h_n^{2l}). \tag{4.5.14}$$

注意: 因 $y$ 是实数, $y_{2j-1} \neq z$ 或 $y_{2j-1} \neq \bar{z}$, 所以有 $y_{2j-1} \neq t$. 根据 (4.5.8), (4.5.13) 和 (4.5.14), 有

$$I_1(f(s,t)) = -\frac{\mathrm{i}}{2} \int_a^b \frac{dx}{x-s} h_n \sum_{j=1,y_{2j-1}\neq t}^{n} \left[ \frac{f(x,y_{2j-1})}{y_{2j-1}-t-\mathrm{i}(x-s)} - \frac{f(x,y_{2j-1})}{y_{2j-1}-t+\mathrm{i}(x-s)} \right]$$
$$+ \sum_{\mu=1}^{l-1} \frac{h_n^{2\mu}(2^{1-2\mu}-1)B_{2\mu}}{(2\mu)!} \int_a^b \int_c^d F_{1y}^{(2\mu-2)}(x,y)dydx + O(h_n^{2l})$$
$$= -\frac{\mathrm{i}}{2} h_n \sum_{j=1,y_{2j-1}\neq t}^{n} \int_a^b \frac{f(x,y_{2j-1})dx}{(x-s)(y_{2j-1}-t) - \mathrm{i}(x-s)^2}$$
$$+ \frac{\mathrm{i}}{2} h_n \sum_{j=1,y_{2j-1}\neq t}^{n} \int_a^b \frac{f(x,y_{2j-1})dx}{(x-s)(y_{2j-1}-t) + \mathrm{i}(x-s)^2}$$
$$+ \sum_{\mu=1}^{l-1} \frac{h_n^{2\mu}(2^{1-2\mu}-1)B_{2\mu}}{(2\mu)!} \int_a^b \int_c^d F_{1y}^{(2\mu-2)}(x,y)dydx + O(h_n^{2l}). \tag{4.5.15}$$

置
$$I_{13}(f(s,t)) = \int_a^b \frac{f(x,y_{2j-1})dx}{(x-s)(y_{2j-1}-t) - i(x-s)^2}$$

和
$$I_{14}(f(s,t)) = \int_a^b \frac{f(x,y_{2j-1})dx}{(x-s)(y_{2j-1}-t) + i(x-s)^2}.$$

因为
$$I_{13}(f(s,t)) = \int_a^b \frac{(f(x,y_{2j-1}) - f(s,y_{2j-1}))dx}{(x-s)(y_{2j-1}-t) - \mathrm{i}(x-s)^2}$$
$$- \int_a^b \frac{f(s,y_{2j-1})dx}{(x-s)(y_{2j-1}-t) - \mathrm{i}(x-s)^2}$$
$$= I_{131}(f(s,t)) - I_{132}(f(s,t)),$$

## 4.5 二维含参的 Cauchy 奇异积分的高精度算法

和 $I_{131}(f(s,t))$ 是 Cauchy 型主值积分,运用推论 4.5.1,有

$$I_{131}(f(s,t)) = h_m \sum_{i=1, x_{2i-1} \neq s}^{m} \frac{f(x_{2i-1}, x_{2j-1}) - f(s, y_{2j-1})}{(x_{2i-1} - s)(y_{2j-1} - t) - i(x_{2i-1} - s)^2}$$

$$+ \sum_{\mu=1}^{l-1} \frac{h_m^{2\mu}(2^{1-2\mu} - 1)B_{2\mu}}{(2\mu)!} \int_a^b \frac{\partial^{(2\mu-2)}}{\partial x^{(2\mu-2)}} F_{131}(x, y_{2j-1}) dx + O(h_m^{2l}),$$

$$(4.5.16)$$

这里 $F_{131}(x, y_{2j-1}) = \dfrac{f(x, y_{2j-1}) - f(s, y_{2j-1})}{(x-s)(y_{2j-1}-t) - i(x-s)^2}$. 因为

$$I_{14}(f(s,t)) = \int_a^b \frac{(f(x, y_{2j-1}) - f(s, y_{2j-1}))dx}{(x-s)(y_{2j-1}-t) + i(x-s)^2}$$

$$- \int_a^b \frac{f(s, y_{2j-1})dx}{(x-s)(y_{2j-1}-t) + i(x-s)^2}$$

$$= I_{141}(f(s,t)) - I_{142}(f(s,t))$$

和 $I_{141}(f(s,t))$ 是 Cauchy 型主值积分,运用推论 4.5.1,有

$$I_{141}(f(s,t)) = h_m \sum_{i=1, x_{2i-1} \neq s}^{m} \frac{f(x_{2i-1}, x_{2j-1}) - f(s, y_{2j-1})}{(x_{2i-1} - s)(y_{2j-1} - t) + i(x_{2i-1} - s)^2}$$

$$+ \sum_{\mu=1}^{l-1} \frac{h_m^{2\mu}(2^{1-2\mu} - 1)B_{2\mu}}{(2\mu)!} \int_a^b \frac{\partial^{(2\mu-2)}}{\partial x^{(2\mu-2)}} F_{141}(x, y_{2j-1}) dx$$

$$+ O(h_m^{2l}), \qquad (4.5.17)$$

这里 $F_{141}(x, y_{2j-1}) = \dfrac{f(x, y_{2j-1}) - f(s, y_{2j-1})}{(x-s)(y_{2j-1}-t) + i(x-s)^2}$. 直接计算得到

$$I_{132}(f(s,t)) - I_{142}(f(s,t))$$

$$= \int_a^b \frac{f(s, y_{2j-1})dx}{(x-s)(y_{2j-1}-t) - i(x-s)^2} - \int_a^b \frac{f(s, y_{2j-1})dx}{(x-s)(y_{2j-1}-t) + i(x-s)^2}$$

$$= f(s, y_{2j-1}) \int_a^b \frac{2i\,dx}{(y_{2j-1}-t)^2 + (x-s)^2}$$

$$= \frac{2if(s, y_{2j-1})}{y_{2j-1} - t} \left[ \arctan \frac{(b-s)}{y_{2j-1} - t} - \arctan \frac{(a-s)}{y_{2j-1} - t} \right]. \qquad (4.5.18)$$

从 (4.5.16)~(4.5.18) 得

$$I_1(f(s,t)) = -\frac{\mathrm{i}}{2}h_n \sum_{j=1,y_{2j-1}\neq t}^{n}\left\{h_m \sum_{i=1,x_{2i-1}\neq s}^{m} \frac{f(x_{2i-1},y_{2j-1})-f(s,y_{2j-1})}{(x_{2i-1}-s)(y_{2j-1}-t)-\mathrm{i}(x_{2i-1}-s)^2}\right.$$

$$\left. -\frac{\mathrm{i}}{2}\sum_{\mu=1}^{l-1}\frac{h_m^{2\mu}(2^{1-2\mu}-1)B_{2\mu}}{(2\mu)!}\int_a^b \frac{\partial^{(2\mu-2)}}{\partial x^{(2\mu-2)}}F_{131}(x,y_{2j-1})dx + O(h_m^{2l})\right\}$$

$$+\frac{\mathrm{i}}{2}h_n \sum_{j=1,y_{2j-1}\neq t}^{n}\left\{h_m \sum_{j=1}^{m}\frac{f(x_{2i-1},y_{2j-1})-f(s,y_{2j-1})}{(x_{2i-1}-s)(y_{2j-1}-t)+\mathrm{i}(x_{2i-1}-s)^2}\right.$$

$$\left. +\frac{\mathrm{i}}{2}\sum_{\mu=1}^{l-1}\frac{h_m^{2\mu}(2^{1-2\mu}-1)B_{2\mu}}{(2\mu)!}\int_a^b \frac{\partial^{(2\mu-2)}}{\partial x^{(2\mu-2)}}F_{141}(x,y_{2j-1})dx + O(h_m^{2l})\right\}$$

$$+\sum_{\mu=1}^{l-1}\frac{h_n^{2\mu}(2^{1-2\mu}-1)B_{2\mu}}{(2\mu)!}\int_a^b\int_c^d F_{1y}^{(2\mu-2)}(x,y)dxdy + O(h_n^{2l})$$

$$+h_n\sum_{j=1}^{n}\frac{f(s,y_{2j-1})}{y_{2j-1}-t}\left[\arctan\frac{(b-s)}{y_{2j-1}-t}-\arctan\frac{(a-s)}{y_{2j-1}-t}\right]$$

$$=h_n\sum_{j=1,y_{2j-1}\neq t}^{n}h_m\sum_{i=1,x_{2i-1}\neq s}^{m}\frac{f(x_{2i-1},y_{2j-1})-f(s,y_{2j-1})}{(y_{2j-1}-t)^2+(x_{2i-1}-s)^2}$$

$$+h_n\sum_{j=1}^{n}\frac{f(s,y_{2j-1})}{y_{2j-1}-t}\left[\arctan\frac{(b-s)}{y_{2j-1}-t}-\arctan\frac{(a-s)}{y_{2j-1}-t}\right]$$

$$+h_n\sum_{j=1,y_{2j-1}\neq t}^{n}\sum_{\mu=1}^{l-1}\frac{h_m^{2\mu}(2^{1-2\mu}-1)B_{2\mu}}{(2\mu)!}\int_a^b F_{1x}^{(2\mu-2)}(x,y_{2j-1})dx$$

$$+\sum_{\mu=1}^{l-1}\frac{h_m^{2\mu}(2^{1-2\mu}-1)B_{2\mu}}{(2\mu)!}\sum_{j=1,y_{2j-1}\neq t}^{n}h_n f(s,y_{2j-1})$$

$$\cdot \int_a^b \frac{\partial^{2\mu-2}}{\partial x^{2\mu-2}}\frac{1}{(y_{2j-1}-t)^2+(x-s)^2}dx$$

$$+\sum_{\mu=1}^{l-1}\frac{h_n^{2\mu}(2^{1-2\mu}-1)B_{2\mu}}{(2\mu)!}\int_a^b\int_c^d F_{1y}^{(2\mu-2)}(x,y)dxdy + O(h_n^{2l}) + O(h_m^{2l}).$$

$$(4.5.19)$$

接下来考虑

$$h_n\sum_{j=1,y_{2j-1}\neq t}^{n}h_m\sum_{i=1,x_{2i-1}\neq s}^{m}\frac{-f(s,y_{2j-1})}{(y_{2j-1}-t)^2+(x_{2i-1}-s)^2}$$

$$=-h_n\sum_{j=1,y_{2j-1}\neq t}^{n}f(s,y_{2j-1})h_m\sum_{i=1,x_{2i-1}\neq s}^{m}\frac{1}{(y_{2j-1}-t)^2+(x_{2i-1}-s)^2}$$

## 4.5 二维含参的 Cauchy 奇异积分的高精度算法

$$= -h_n \sum_{j=1,y_{2j-1}\neq t}^{n} f(s,y_{2j-1})\left(\int_a^b \frac{dx}{(y_{2j-1}-t)^2+(x-s)^2} + O(h_m^2)\right)$$

$$= h_n \sum_{j=1,y_{2j-1}\neq t}^{n} \frac{-f(s,y_{2j-1})}{y_{2j-1}-t}\left\{\left[\arctan\frac{b-s}{y_{2j-1}-t} - \arctan\frac{a-s}{y_{2j-1}-t}\right]\right.$$

$$+ h_n \sum_{j=1,y_{2j-1}\neq t}^{n} \frac{-f(s,y_{2j-1})}{y_{2j-1}-t} O(h_m^2)$$

$$= h_n \sum_{j=1,y_{2j-1}\neq t}^{n} \frac{-f(s,y_{2j-1})}{y_{2j-1}-t}\left[\arctan\frac{b-s}{y_{2j-1}-t} - \arctan\frac{a-s}{y_{2j-1}-t}\right]$$

$$+ O(h_m^2)\left(\int_c^d \frac{-f(s,y)dy}{y-t} + O(h_n^2)\right)$$

$$= h_n \sum_{j=1,y_{2j-1}\neq t}^{n} \frac{-f(s,y_{2j-1})}{y_{2j-1}-t}\left[\arctan\frac{b-s}{y_{2j-1}-t} - \arctan\frac{a-s}{y_{2j-1}-t}\right] + O(h_m^2)$$

$$+ O(h_m^2 h_n^2), \tag{4.5.20}$$

$$h_n \sum_{j=1,y_{2j-1}\neq t}^{n} \int_a^b F_{1x}^{(2\mu-2)}(x,y_{2j-1})dx$$

$$= \int_a^b \int_c^d F_{1x}^{(2\mu-2)}(x,y_{2j-1})dydx + O(h_n^2), \tag{4.5.21}$$

又因为

$$\int_a^b \frac{\partial^{2\mu-2}}{\partial x^{2\mu-2}}\frac{dx}{(y_{2j-1}-t)^2+(x-s)^2}$$

$$= \frac{1}{2(y_{2j-1}-t)\mathrm{i}}\int_a^b \frac{\partial^{2\mu-2}}{\partial x^{2\mu-2}}\left[\frac{1}{(x-s)-\mathrm{i}(y_{2j-1}-t)} - \frac{1}{(x-s)+\mathrm{i}(y_{2j-1}-t)}\right]dx$$

$$= \frac{(2\mu-2)!}{2(y_{2j-1}-t)\mathrm{i}}\int_a^b \left\{\frac{1}{[(x-s)-\mathrm{i}(y_{2j-1}-t)]^{2\mu-1}} - \frac{1}{[(x-s)+\mathrm{i}(y_{2j-1}-t)]^{2\mu-1}}\right\}dx$$

$$= \frac{-(2\mu-3)!}{2(y_{2j-1}-t)\mathrm{i}}\left\{\left[\frac{1}{((b-s)-\mathrm{i}(y_{2j-1}-t))^{2\mu-2}} - \frac{1}{((a-s)-\mathrm{i}(y_{2j-1}-t))^{2\mu-2}}\right]\right.$$

$$\left. - \left[\frac{1}{((b-s)+\mathrm{i}(y_{2j-1}-t))^{2\mu-2}} - \frac{1}{((a-s)+\mathrm{i}(y_{2j-1}-t))^{2\mu-2}}\right]\right\}$$

$$= \frac{-(2\mu-3)!}{((b-s)^2+(y_{2j-1}-t)^2)^{2\mu-2}} \{C_{2\mu-2}^1(b-s)^{2\mu-3} - C_{2\mu-2}^3(b-s)^{2\mu-5}(y_{2j-1}-t)^2 + \cdots$$
$$+ (-1)^\mu C_{2\mu-2}^{2\mu-3}(b-s)(y_{2j-1}-t)^{2\mu-4}\}$$
$$- \frac{-(2\mu-3)!}{((a-s)^2+(y_{2j-1}-t)^2)^{2\mu-2}} \{C_{2\mu-2}^1(a-s)^{2\mu-3}$$
$$- C_{2\mu-2}^3(a-s)^{2\mu-5}(y_{2j-1}-t)^2 + \cdots + (-1)^\mu C_{2\mu-2}^{2\mu-3}(a-s)(y_{2j-1}-t)^{2\mu-4}\}$$
$$= \frac{-(2\mu-3)!}{((b-s)^2+(y_{2j-1}-t)^2)^{2\mu-2}} \sum_{k=1}^{\mu} C_{2\mu-2}^{2k-1}(-1)^{k+1}(b-s)^{2\mu-2-(2k-1)}(y_{2j-1}-t)^{2k-2}$$
$$- \frac{-(2\mu-3)!}{((a-s)^2+(y_{2j-1}-t)^2)^{2\mu-2}}$$
$$\cdot \sum_{k=1}^{\mu} C_{2\mu-2}^{2k-1}(-1)^{k+1}(a-s)^{2\mu-2-(2k-1)}(y_{2j-1}-t)^{2k-2}, \tag{4.5.22}$$

组合 (4.5.19)~(4.5.22), 得到

$$I_1(f(s,t)) = h_m h_n \sum_{j=1, y_{2j-1} \neq t}^{n} \sum_{i=1, x_{2i-1} \neq s}^{m} \frac{f(x_{2i-1}, y_{2j-1})}{(y_{2j-1}-t)^2 + (x_{2i-1}-s)^2}$$
$$+ \sum_{\mu=1}^{l-1} \frac{h_m^{2\mu}(2^{1-2\mu}-1)B_{2\mu}}{(2\mu)!}$$
$$\times \sum_{j=1, y_{2j-1} \neq t}^{n} h_n f(s, y_{2j-1}) \Big\{ \frac{-(2\mu-3)!}{((b-s)^2+(y_{2j-1}-t)^2)^{2\mu-2}}$$
$$\times \sum_{k=1}^{\mu} C_{2\mu-2}^{2k-1}(-1)^{k+1}(b-s)^{2\mu-2-(2k-1)}(y_{2j-1}-t)^{2k-2}$$
$$- \frac{-(2\mu-3)!}{((a-s)^2+(y_{2j-1}-t)^2)^{2\mu-2}}$$
$$\cdot \sum_{k=1}^{\mu} C_{2\mu-2}^{2k-1}(-1)^{k+1}(a-s)^{2\mu-2-(2k-1)}(y_{2j-1}-t)^{2k-2} \Big\}$$
$$+ \sum_{\mu=1}^{l-1} \frac{h_m^{2\mu}(2^{1-2\mu}-1)B_{2\mu}}{(2\mu)!} \int_a^b \int_c^d F_{1x}^{(2\mu-2)}(x, y_{2j-1}) dy dx$$
$$+ \sum_{\mu=1}^{l-1} \frac{h_n^{2\mu}(2^{1-2\mu}-1)B_{2\mu}}{(2\mu)!} \int_a^b \int_c^d F_{1y}^{(2\mu-2)}(x, y) dx dy$$
$$+ O(h_n^{2l} + h_m^{2l}). \tag{4.5.23}$$

所以 (4.5.11) 和 (4.5.12) 得到证明.□

积分 (4.5.2) 的展开式是通过迭代方法运用一维 Cauchy 主值积分的展开式得到.

### 4.5.2 含参的面型 Cauchy 奇异积分的误差多参数渐近展开式

**定理 4.5.2** 设 $f(x,y)$ 是定义在 $[a,b] \times [c,d]$ 内且 $2l$ 阶连续可导的函数,那么新的求积公式

$$Q_2(h_m, h_n) = h_m h_n \sum_{i=1, x_{2i-1} \neq s}^{m} \sum_{j=1, y_{2j-1} \neq t}^{n} \frac{f(x_{2i-1}, y_{2j-1})}{(x_{2i-1} - s)(y_{2j-1} - t)} \tag{4.5.24}$$

和

$$E_2(h_m, h_n) = I_2(f(s,t)) - Q_2(h_m, h_n)$$

$$= + \sum_{\mu=1}^{l-1} \frac{h_n^{2\mu}(2^{1-2\mu} - 1)B_{2\mu}}{(2\mu)!} \int_a^b \int_c^d \frac{\partial^{(2\mu-2)}}{\partial x^{(2\mu-2)}} F(x,y) dy dx + O(h_m^{2l})$$

$$+ \sum_{\mu=1}^{l-1} \frac{h_n^{2\mu}(2^{1-2\mu} - 1)B_{2\mu}}{(2\mu)!} \int_a^b \int_c^d \frac{\partial^{(2\mu-2)}}{\partial y^{(2\mu-2)}} F(x,y) dy dx + O(h_n^{2l}). \tag{4.5.25}$$

**证明** 因

$$I_2(f(s,t)) = \int_a^b \int_c^d \frac{f(x,y) dy dx}{(x-s)(y-t)} = \int_a^b \left[ \frac{1}{x-s} \int_c^d \frac{f(x,y) dy}{y-t} \right] dx,$$

运用推论 4.5.1,获得

$$\int_a^b \frac{1}{x-s} \left\{ h_n \sum_{j=1, y_{2j-1} \neq t}^{n} \frac{f(x, y_{2j-1})}{y_{2j-1} - t} \right.$$

$$\left. + \sum_{\mu=1}^{l-1} \frac{h_n^{2\mu}(2^{1-2\mu} - 1)B_{2\mu}}{(2\mu)!} \int_c^d \frac{\partial^{(2\mu-2)}}{\partial y^{(2\mu-2)}} F_{21}(x,y) dy + O(h_n^{2l}) \right\} dx,$$

这里 $F_{21}(x,y) = \dfrac{f(x,y)}{y-t}$ 和

$$\int_a^b \frac{1}{(x-s)} h_n \sum_{j=1}^n \frac{f(x,y_{2j-1})}{y_{2j-1}-t} dx$$

$$= h_m h_n \sum_{i=1,x_{2i-1}\ne s}^m \sum_{j=1,y_{2j-1}\ne t}^n \frac{f(x_{2i-1},y_{2j-1})}{(x_{2i-1}-s)(y_{2j-1}-t)}$$

$$+ \sum_{\mu=1}^{l-1} \frac{h_n^{2\mu}(2^{1-2\mu}-1)B_{2\mu}}{(2\mu)!} h_n \sum_{j=1}^n \frac{1}{y_{2j-1}-t} \int_a^b \frac{\partial^{(2\mu-2)}}{\partial x^{(2\mu-2)}} F_{22}(x,y_{2j-1}) dx + O(h_m^{2l}),$$

其中 $F_{22}(x,y) = \dfrac{f(x,y)}{x-s}$ 和

$$\int_a^b \frac{1}{x-s}\left(\sum_{\mu=1}^{l-1} \frac{h_n^{2\mu}(2^{1-2\mu}-1)B_{2\mu}}{(2\mu)!} \int_c^d \frac{\partial^{(2\mu-2)}}{\partial y^{(2\mu-2)}} F_{21}(x,y) dy\right) dx$$

$$= \sum_{\mu=1}^{l-1} \frac{h_n^{2\mu}(2^{1-2\mu}-1)B_{2\mu}}{(2\mu)!} \int_a^b \int_c^d \frac{\partial^{(2\mu-2)}}{\partial y^{(2\mu-2)}} F_2(x,y) dy dx,$$

$$\int_a^b \frac{1}{(x-s)} O(h_n^{2l}) dx = O(h_n^{2l}),$$

$$h_n \sum_{j=1,y_{2j-1}\ne t}^n \frac{1}{y_{2j-1}-t} \int_a^b \frac{\partial^{(2\mu-2)}}{\partial x^{(2\mu-2)}} F_{22}(x,y_{2j-1}) dx$$

$$= \int_a^b \int_c^d \frac{\partial^{(2\mu-2)}}{\partial x^{(2\mu-2)}} F_2(x,y) dy dx + O(h_n^2).$$

那么

$$I_2(f(s,t)) = h_m h_n \sum_{i=1,x_{2i-1}\ne s}^m \sum_{j=1,y_{2j-1}\ne t}^n \frac{f(x_{2i-1},y_{2j-1})}{(x_{2i-1}-s)(y_{2j-1}-t)}$$

$$+ \sum_{\mu=1}^{l-1} \frac{h_n^{2\mu}(2^{1-2\mu}-1)B_{2\mu}}{(2\mu)!} \int_a^b \int_c^d \frac{\partial^{(2\mu-2)}}{\partial x^{(2\mu-2)}} F(x,y) dy dx + O(h_m^{2l})$$

$$+ \sum_{\mu=1}^{l-1} \frac{h_n^{2\mu}(2^{1-2\mu}-1)B_{2\mu}}{(2\mu)!} \int_a^b \int_c^d \frac{\partial^{(2\mu-2)}}{\partial y^{(2\mu-2)}} F(x,y) dy dx + O(h_n^{2l}).$$

该定理的证明完成.□

### 4.5.3 Cauchy 奇异积分的分裂外推算法

定理 4.5.1 和定理 4.5.2 表明 $Q_1(h_m,h_n)$ 的误差阶是 $O(h_m^2+h_n^2)$, 且有渐近展开式, 从而利用分裂外推可以得到高精度. 从式 (4.5.12) 和 (4.5.25) 可知, $E_1(h_m,h_n)$

## 4.5 二维含参的 Cauchy 奇异积分的高精度算法

和 $E_2(h_m, h_n)$ 包含

$$\int_a^b \int_c^d \frac{\partial^{(2\mu-2)}}{\partial x^{(2\mu-2)}} F(x,y) dy dx$$

和

$$\int_a^b \int_c^d \frac{\partial^{(2\mu-2)}}{\partial y^{(2\mu-2)}} F(x,y) dy dx.$$

如果 $F(x,y)$ 是周期函数, 这些项可以消去, 这就启发我们通过分裂外推可以得到高精度的求积公式. 如果 $F(x,y)$ 不是周期函数, 也能运用分裂外推得到较高精度的求积公式. 本段考虑两类求积公式的分裂外推算法.

**定理 4.5.3** 假设 $f(x,y)$ 是定义在 $[a,b] \times [c,d]$ 内且 $2l$ 阶连续可导的函数, $F_i(x,y)$ $(i=1,2)$ 是一个关于变量 $x$ 周期为 $T_1 = b-a$ 和关于变量 $y$ 周期为 $T_2 = d-c$ 的周期函数, 又设 $F_i(x,y)$ $(i=1,2)$ 是定义在 $x \in (-\infty, +\infty) \backslash \{s+kT_1\}_{k=-\infty}^{k=+\infty}$, $y \in (-\infty, +\infty) \backslash \{t+kT_2\}_{k=-\infty}^{k=+\infty}$ 内且 $2l$ 阶连续可导的函数, 那么

(a) 对于 $F_1(x,y) = f(x,y)/[(x-s)^2 + (y-t)^2]$, 根据 (4.5.12), 存在误差估计

$$E_1(h_m, h_n) = I_1(f(s,t)) - Q_1(h_m, h_n) = O(h_m^{2l} + h_n^{2l}); \qquad (4.5.26)$$

(b) 对于 $F_2(x,y) = f(x,y)/[(x-s)(y-t)]$, 根据 (4.5.25), 存在误差估计

$$E_2(h_m, h_n) = I_2(f(s,t)) - Q_2(h_m, h_n) = O(h_m^{2l} + h_n^{2l}). \qquad (4.5.27)$$

公式 (4.5.26) 和 (4.5.27) 可直接从 (4.5.12) 和 (4.5.25) 得到.

根据渐近展开式 (4.5.12) 和 (4.5.25), 我们有下列分裂外推算法.

**定理 4.5.4** 假设 $f(x,y)$ 是定义在 $[a,b] \times [c,d]$ 内且具有 $2l$ 阶连续可导的函数, 那么有下列分裂外推公式:

(a) 对于 $F_1(x,y) = \dfrac{f(x,y)}{(x-s)^2 + (y-t)^2}$, 公式 (4.5.12) 的分裂外推算法.

**算法 4.5.1**

$$\begin{cases} Q_1^{(0,0)}(h_m, h_n) = Q_1(h_m, h_n), \\ Q_1^{(1,0)}(h_m, h_n) = \dfrac{1}{3}[4Q_1(h_m/2, h_n) - Q_1(h_m, h_n)], \\ Q_1^{(0,1)}(h_m, h_n) = \dfrac{1}{3}[4Q_1(h_m/2, h_n/2) - Q_1(h_m, h_n/2)], \\ \tilde{Q}_1(h_m, h_n) = \dfrac{1}{3}\left\{\dfrac{4}{3}[4Q_1(h_m/2, h_n/2) - Q_1(h_m, h_n/2)] \right. \\ \qquad \qquad \left. - \dfrac{1}{3}[4Q_1^{(1,0)}(h_m/2, h_n) - Q_1^{(0,0)}(h_m, h_n)]\right\}, \end{cases} \qquad (4.5.28)$$

公式 $\tilde{Q}_1(h_m, h_n)$ 的误差渐近展开式

$$\tilde{E}_1(h_m, h_n) = I_1(f(s,t)) - \tilde{Q}_1(h_m, h_n)$$

$$= \frac{4}{3^2} \sum_{\mu=2}^{l-1} \frac{(h_m/2)^{2\mu}(2^{1-2\mu}-1)B_{2\mu}}{(2\mu)!} \int_a^b \int_c^d F_{1x}^{(2\mu-2)}(x,y)dydx$$

$$+ \frac{1}{3^2} \sum_{\mu=2}^{l-1} \frac{h_n^{2\mu}(2^{2-2\mu}-1)(2^{1-2\mu}-1)B_{2\mu}}{(2\mu)!} \int_a^b \int_c^d F_{1y}^{(2\mu-2)}(x,y)dxdy$$

$$+ O(h_n^{2l} + h_m^{2l}). \tag{4.5.29}$$

(b) 对于 $F_2(x,y) = \dfrac{f(x,y)}{(x-s)(y-t)}$, 公式 (4.5.25) 的分裂外推算法.

**算法 4.5.2**

$$\begin{cases} Q_2^{(0,0)}(h_m, h_n) = Q_2(h_m, h_n), \\ Q_2^{(1,0)}(h_m, h_n) = \dfrac{1}{3}[4Q_2(h_m/2, h_n) - Q_2(h_m, h_n)], \\ Q_2^{(0,1)}(h_m, h_n) = \dfrac{1}{3}[4Q_2(h_m/2, h_n/2) - Q_2(h_m, h_n/2)], \\ \tilde{Q}_2(h_m, h_n) = \dfrac{1}{3}\left\{\dfrac{4}{3}[4Q_2(h_m/2, h_n/2) - Q_2(h_m, h_n/2)] \right. \\ \left. \qquad\qquad\qquad -\dfrac{1}{3}[4Q_2^{(1,0)}(h_m/2, h_n) - Q_2^{(0,0)}(h_m, h_n)] \right\}, \end{cases} \tag{4.5.30}$$

公式 $\tilde{Q}_2(h_m, h_n)$ 的误差渐近展开式

$$\tilde{E}_2(h_m, h_n) = I_2(f(s,t)) - \tilde{Q}_2(h_m, h_n)$$

$$+ \frac{4}{3^2} \sum_{\mu=2}^{l-1} \frac{(h_m/2)^{2\mu}(2^{1-2\mu}-1)B_{2\mu}}{(2\mu)!} \int_a^b \int_c^d F_{2x}^{(2\mu-2)}(x,y)dydx$$

$$+ \frac{1}{3^2} \sum_{\mu=2}^{l-1} \frac{h_n^{2\mu}(2^{2-2\mu}-1)(2^{1-2\mu}-1)B_{2\mu}}{(2\mu)!} \int_a^b \int_c^d F_{2y}^{(2\mu-2)}(x,y)dxdy$$

$$+ O(h_n^{2l} + h_m^{2l}). \tag{4.5.31}$$

**证明** 首先给出公式 (4.5.28) 和 (4.5.29) 的证明.

## 4.5 二维含参的 Cauchy 奇异积分的高精度算法

**步骤 1** 用 $h_m/2$ 代替公式 (4.5.12) 中的 $h_m$, 有

$$I_1(f(s,t)) = Q_1(h_m/2, h_n)$$

$$+ \sum_{\mu=1}^{l-1} \frac{(h_m/2)^{2\mu}(2^{1-2\mu}-1)B_{2\mu}}{(2\mu)!} \int_a^b \int_c^d F_{1x}^{(2\mu-2)}(x,y)dydx$$

$$+ \sum_{\mu=1}^{l-1} \frac{h_n^{2\mu}(2^{1-2\mu}-1)B_{2\mu}}{(2\mu)!} \int_a^b \int_c^d F_{1y}^{(2\mu-2)}(x,y)dxdy$$

$$+ O(h_n^{2l} + h_m^{2l}). \tag{4.5.32}$$

用 4 乘以 (4.5.32) 再减去 (4.5.12), 最后除以 3, 有

$$I_1(f(s,t)) = \frac{1}{3}[4Q_1(h_m/2, h_n) - Q_1(h_m, h_n)]$$

$$+ \frac{1}{3}\sum_{\mu=2}^{l-1} \frac{h_m^{2\mu}(2^{2-2\mu}-1)(2^{1-2\mu}-1)B_{2\mu}}{(2\mu)!} \int_a^b \int_c^d F_{1x}^{(2\mu-2)}(x,y)dydx$$

$$+ \frac{1}{3}\sum_{\mu=1}^{l-1} \frac{h_n^{2\mu}(2^{1-2\mu}-1)B_{2\mu}}{(2\mu)!} \int_a^b \int_c^d F_{1y}^{(2\mu-2)}(x,y)dxdy$$

$$+ O(h_n^{2l} + h_m^{2l}). \tag{4.5.33}$$

**步骤 2** 用 $h_n/2$ 代替公式 (4.5.33) 中的 $h_n$, 有

$$I_1(f(s,t)) = \frac{1}{3}[4Q_1(h_m/2, h_n/2) - Q_1(h_m, h_n/2)]$$

$$+ \frac{1}{3}\sum_{\mu=2}^{l-1} \frac{h_m^{2\mu}(2^{2-2\mu}-1)(2^{1-2\mu}-1)B_{2\mu}}{(2\mu)!} \int_a^b \int_c^d F_{1x}^{(2\mu-2)}(x,y)dydx$$

$$+ \frac{1}{3}\sum_{\mu=1}^{l-1} \frac{(h_n/2)^{2\mu}(2^{1-2\mu}-1)B_{2\mu}}{(2\mu)!} \int_a^b \int_c^d F_{1y}^{(2\mu-2)}(x,y)dxdy$$

$$+ O(h_n^{2l} + h_m^{2l}). \tag{4.5.34}$$

用 4 乘以 (4.5.34) 再减去 (4.5.33), 最后除以 3, 有

$$I_1(f(s,t)) = \frac{1}{3}\left\{\frac{4}{3}[4Q_1(h_m/2, h_n/2) - Q_1(h_m, h_n/2)]\right.$$

$$\left. - \frac{1}{3}[4Q_1^{(1,0)}(h_m/2, h_n) - Q_1^{(0,0)}(h_m, h_n)]\right\}$$

$$+ \frac{4}{3^2} \sum_{\mu=2}^{l-1} \frac{(h_m/2)^{2\mu}(2^{1-2\mu}-1)B_{2\mu}}{(2\mu)!} \int_a^b \int_c^d F_{1x}^{(2\mu-2)}(x,y)dydx$$

$$+ \frac{1}{3^2} \sum_{\mu=2}^{l-1} \frac{h_n^{2\mu}(2^{2-2\mu}-1)(2^{1-2\mu}-1)B_{2\mu}}{(2\mu)!} \int_a^b \int_c^d F_{1y}^{(2\mu-2)}(x,y)dxdy$$

$$+ O(h_n^{2l} + h_m^{2l}). \tag{4.5.35}$$

用同样的方法能够得到公式 (4.5.30) 和 (4.5.31) 的证明.□

从渐近展开式 (4.5.29) 和 (4.5.31) 可知, 即使 $F_1(x,y)$ 和 $F_2(x,y)$ 不是周期函数, 运用一次分裂外推, 求积公式 (4.5.28) 和 (4.5.30) 的精度是 $O(h_n^4 + h_m^4)$. 重复该定理证明的方法, 能够得到公式 (4.5.12) 和 (4.5.25) 的 $K-th$ 分裂外推算法, 求积公式 (4.5.28) 和 (4.5.30) 的精度可达到 $O(h_n^{2k} + h_m^{2k})$.

**数值算例**

为了验证上述各个公式, 本段给出三个不同类型的二维 Cauchy 奇异积分数值结果, 来说明上段公式的可靠性. 关于 $x$ 方向的网格点数是 $m+1$, 关于 $y$ 方向的网格点数是 $n+1$, 置 $\epsilon_k = |I(f(s,t)) - Q_k(h_m, h_n)|$, $k = 1, 2$, 这里 $Q_1(h_m, h_n)$ 和 $Q_2(h_m, h_n)$ 分别是 (4.5.11) 和 (4.5.25), 误差比为 $r_k$, 置 $\tilde{\epsilon}_k = |I(f(s,t)) - \tilde{Q}_k(h_m, h_n)|$, $k = 1, 2$, 这里 $\tilde{Q}_1(h_m, h_n)$ 和 $\tilde{Q}_2(h_m, h_n)$ 分别是 (4.5.28) 和 (4.5.30), 误差比为 $\tilde{r}_k$.

**算例 4.5.1** 计算二维 Cauchy 奇异积分

$$I(f(s,t)) = \int_{-1}^1 \int_{-1}^1 \frac{(x-s)(y-t)}{(x-s)^2 + (y-t)^2} dydx, \tag{4.5.36}$$

在点 $(0.5, 0.5)$ 的值 $I(f(x,y)) = 0.460080258960621$. 利用公式 (4.5.11) 计算, 这里 $f(x,y) = (x-s)(y-t)$. 取 $n = 2^{14}$ 固定值, $h_n = 2/2^{14}$, 对 $m = 2^4, \cdots, 2^8$ 取不同的值计算的结果列在表 4.5.1 中.

表 4.5.1 根据公式 (4.5.11) 计算的结果 $(n = 2^{14})$

| $m$ | $2^5$ | $2^6$ | $2^7$ | $2^8$ |
| --- | --- | --- | --- | --- |
| $\epsilon_1$ | $3.3184 \times 10^{-4}$ | $8.3098 \times 10^{-5}$ | $2.0784 \times 10^{-5}$ | $5.1975 \times 10^{-6}$ |
| $r_1$ | $2^{1.9899}$ | $2^{1.9976}$ | $2^{1.9993}$ | $2^{1.9996}$ |

在表中 $m = 2^4$, $\epsilon_1 = 1.3181 \times 10^{-3}$. 从表 4.5.1 的数值结果可知, 收敛阶是 $O(h_m^2)$, 由于被积函数是对称函数, 同样计算可得到关于 $h_n$ 的精确阶是 $O(h_n^2)$.

当 $m = n = 2^4, \cdots, 2^9$ 时, 根据求积公式 (4.5.11) 计算的数值结果见表 4.5.2, 结果表明近似解精度是 $O(h_m^2 + h_n^2)$, 外推一次近似解精度是 $O(h_m^4 + h_n^4)$.

**表 4.5.2　根据公式 (4.5.11) 计算的结果 ($m = n$)**

| $m, n$ | $2^4$ | $2^5$ | $2^6$ |
|---|---|---|---|
| $\epsilon_1$ | $2.653 \times 10^{-3}$ | $6.647 \times 10^{-4}$ | $1.662 \times 10^{-4}$ |
| $r_1$ | | $2^{1.997}$ | $2^{1.999}$ |
| $\tilde{\epsilon}_1$ | | $6.147 \times 10^{-6}$ | $3.685 \times 10^{-7}$ |
| $\tilde{r}_1$ | | | $2^{4.060}$ |
| $m, n$ | $2^7$ | $2^8$ | $2^9$ |
| $\epsilon_1$ | $4.156 \times 10^{-5}$ | $1.039 \times 10^{-5}$ | $2.598 \times 10^{-6}$ |
| $r_1$ | $2^{1.999}$ | $2^{2.000}$ | $2^{2.000}$ |
| $\tilde{\epsilon}_1$ | $2.277 \times 10^{-8}$ | $1.418 \times 10^{-9}$ | $8.861 \times 10^{-11}$ |
| $\tilde{r}_1$ | $2^{4.016}$ | $2^{4.004}$ | $2^{4.001}$ |

**算例 4.5.2**　计算二维 Cauchy 奇异积分

$$I(f(s,t)) = \int_{-1}^{1} \int_{-1}^{1} \frac{x-s}{[(x-s)^2 + (y-t)^2]^{3/2}} dy dx, \qquad (4.5.37)$$

其中

$$I(f(s,t)) = \log \frac{[1-t+\sqrt{(1+s)^2+(1-t)^2}][-1-t+\sqrt{(1-s)^2+(1+t)^2}]}{[-1-t+\sqrt{(1+s)^2+(1+t)^2}][1-t+\sqrt{(1-s)^2+(1-t)^2}]}$$

在 $(0.5, 0.5)$ 的精确值 $I(f(x,y)) = 1.490996308994808$, 利用公式 (4.3.11) 计算.

取 $n = 2^{14}$ 固定值, 即 $h_n = 2/2^{14}$.

在表中 $m = 2^4$, $\epsilon_1 = 1.9146 \times 10^{-2}$. 对 $m = 2^4, \cdots, 2^8$ 取不同的值计算的结果列在表 4.5.3 中. 表 4.5.3 中的数值结果表明, 近似解的精度是 $O(h_m^2)$.

**表 4.5.3　根据公式 (4.5.11) 计算的结果 ($n = 2^{14}$)**

| $m$ | $2^5$ | $2^6$ | $2^7$ | $2^8$ |
|---|---|---|---|---|
| $\epsilon_1$ | $4.9415 \times 10^{-3}$ | $1.2461 \times 10^{-3}$ | $3.1220 \times 10^{-4}$ | $7.8091 \times 10^{-5}$ |
| $r_1$ | $2^{1.9540}$ | $2^{1.9876}$ | $2^{1.9968}$ | $2^{1.9993}$ |

取 $m = 2^{14}$ 固定值, 即 $h_m = 2/2^{14}$, 对 $n = 2^4, \cdots, 2^8$ 取不同的值计算的结果列在表 4.5.4 中.

**表 4.5.4** 根据公式 (4.5.11) 计算的结果 $(m = 2^{14})$

| $n$ | $2^5$ | $2^6$ | $2^7$ | $2^8$ |
|---|---|---|---|---|
| $\epsilon_1$ | $9.8398 \times 10^{-4}$ | $2.4582 \times 10^{-4}$ | $6.1429 \times 10^{-5}$ | $1.5342 \times 10^{-5}$ |
| $r_1$ | $2^{2.0013}$ | $2^{2.0010}$ | $2^{2.0006}$ | $2^{2.0014}$ |

此表中 $m = 2^4$，$\epsilon_1 = 3.9395 \times 10^{-3}$. 在表 4.5.4 中的数值结果表明，近似解的精度是 $O(h_n^2)$.

接下来对 $x$ 方向和 $y$ 方向同时加密，取 $m = n = 2^4, \cdots, 2^9$，利用求积公式 (4.5.11) 来计算，数值结果列在表 4.5.5 中.

**表 4.5.5** 根据公式 (4.5.11) 计算的结果 $(m = n)$

| $m, n$ | $2^4$ | $2^5$ | $2^6$ |
|---|---|---|---|
| $\epsilon_1$ | $1.5280 \times 10^{-2}$ | $3.9625 \times 10^{-3}$ | $1.0005 \times 10^{-3}$ |
| $r_1$ | | $2^{1.9471}$ | $2^{1.9856}$ |
| $\tilde{\epsilon}_1$ | | $2.0839 \times 10^{-4}$ | $1.4463 \times 10^{-5}$ |
| $\tilde{r}_1$ | | | $2^{3.8489}$ |
| $m, n$ | $2^7$ | $2^8$ | $2^9$ |
| $\epsilon_1$ | $2.5078 \times 10^{-4}$ | $6.2734 \times 10^{-5}$ | $1.5686 \times 10^{-5}$ |
| $r_1$ | $2^{1.9963}$ | $2^{1.9991}$ | $2^{1.9998}$ |
| $\tilde{\epsilon}_1$ | $9.2969 \times 10^{-7}$ | $5.8532 \times 10^{-8}$ | $3.6650 \times 10^{-9}$ |
| $\tilde{r}_1$ | $2^{3.9595}$ | $2^{3.9894}$ | $2^{3.9973}$ |

结果表明近似解精度是 $O(h_m^2 + h_n^2)$，外推一次近似解精度是 $O(h_m^4 + h_n^4)$.

**算例 4.5.3** 计算二维 Cauchy 奇异积分

$$I(f(s,t)) = \int_{-1}^{1} \int_{-1}^{1} \frac{\sin(x-s)\sin(y-t)}{(x-s)(y-t)} dy dx \tag{4.5.38}$$

在 $(0.5, 0.5)$ 的精确值 $I(f(x,y)) = 0.952747427413044$. 利用公式 (4.5.24) 计算，这里 $f(x,y) = \sin(x-s)\sin(y-t)$. 取 $n = 2^{14}$ 固定值，$h_n = 2/2^{14}$，对 $m = 2^4, \cdots, 2^8$ 取不同值计算的结果列在表 4.5.6 中.

**表 4.5.6** 根据公式 (4.5.24) 计算的结果 $(n = 2^{14})$

| $m$ | $2^5$ | $2^6$ | $2^7$ | $2^8$ |
|---|---|---|---|---|
| $\varepsilon_1$ | $5.0688 \times 10^{-5}$ | $1.2671 \times 10^{-5}$ | $3.6180 \times 10^{-6}$ | $7.9213 \times 10^{-7}$ |
| $r_1$ | $2^{2.0003}$ | $2^{2.0001}$ | $2^{2.0000}$ | $2^{1.9997}$ |

此表中 $m = 2^4$，$\varepsilon_1 = 2.0279 \times 10^{-4}$. 由表 4.5.6 的数值结果可知，收敛阶是 $O(h_m^2)$，由于被积函数是对称函数，同样计算可得到关于 $h_n$ 的精确阶是 $O(h_n^2)$.

接下来对 $x$ 方向和 $y$ 方向同时加密，取 $m = n = 2^4, \cdots, 2^9$，利用求积公式 (4.5.24) 来计算，数值结果列在表 4.5.7 中.

## 4.5 二维含参的 Cauchy 奇异积分的高精度算法

表 4.5.7 根据公式 (4.5.24) 计算的结果 $(m = n)$

| $m, n$ | $2^4$ | $2^5$ | $2^6$ |
|---|---|---|---|
| $\epsilon_1$ | $4.0562 \times 10^{-4}$ | $1.0138 \times 10^{-4}$ | $2.5343 \times 10^{-5}$ |
| $r_1$ | | $2^{2.0004}$ | $2^{2.0001}$ |
| $\tilde{\epsilon}_1$ | | $2.7494 \times 10^{-8}$ | $1.7179 \times 10^{-9}$ |
| $\tilde{r}_1$ | | | $2^{4.0004}$ |
| $m, n$ | $2^7$ | $2^8$ | $2^9$ |
| $\epsilon_1$ | $6.3355 \times 10^{-6}$ | $1.5839 \times 10^{-6}$ | $3.9597 \times 10^{-7}$ |
| $r_1$ | $2^{2.0000}$ | $2^{2.0000}$ | $2^{2.0000}$ |
| $\tilde{\epsilon}_1$ | $1.0736 \times 10^{-10}$ | $6.7111 \times 10^{-12}$ | $4.1889 \times 10^{-13}$ |
| $\tilde{r}_1$ | $2^{4.0001}$ | $2^{3.9998}$ | $2^{4.0019}$ |

结果表明近似解精度是 $O(h_m^2 + h_n^2)$, 外推一次近似解精度是 $O(h_m^4 + h_n^4)$.

公式 (4.5.11) 和 (4.5.25) 是根据一维修改的梯形公式扩展到二维 Cauchy 主值积分上, 当被积函数是周期函数时, 求积公式的精度为 $O(h_m^{2l} + h_n^{2l})$, 当被积函数不是周期函数时, 求积公式的精度为 $O(h_m^2 + h_n^2)$, 但经过 $k$ 次分裂外推, 求积公式的精度可达到 $O(h_m^{2(k+1)} + h_n^{2(k+1)})$, 说明算法非常有效.

公式 (4.5.11) 和 (4.5.25) 不含 $f(x, y)$ 的导数, 用这些公式来解二维 Cauchy 奇异积分方程非常有用, 并且离散元素仅有 $f(x, y)$ 的结点值, 更不需要计算积分权, 说明该算法是更加有效的方法.

### 4.5.4 含参的点型 Cauchy 奇异积分的分离算法

本段考虑积分 [66,68,72,105,236,239]

$$I(F; P_0) = \int_S F(P_0, P) dP, \quad P_0 \in S \tag{4.5.39}$$

的数值计算, 其中 $S$ 是矩形或三角形区域, $F(P_0, P)$ 在 $P_0$ 点有二阶极点, 这个积分在 Cauchy 主值意义下成立, 即

$$I(F; P_0) = \lim_{\varepsilon \to 0^+} \int_{S-C_\varepsilon} F(P_0, P) dP, \quad P_0 \in S,$$

这里 $C_\varepsilon$ 表示以 $P_0$ 为中心, $\varepsilon$ 为半径的邻域. 取 $P_0$ 为极点, 利用极坐标, 有

$$F(P_0, P) = \frac{f_{-2}(P_0; \theta)}{r^2} + F_1(P_0; P),$$

其中 $r = |P - P_0|$ 和 $F_1(P_0; P)$ 是定义在 $S$ 上的正常积分, 于是

$$\int_{S-C_\varepsilon} F(P_0, P) dP = \int_{S-C_\varepsilon} F_1(P_0, P) dP + \int_0^{2\pi} f_{-2}(P_0; \theta) \left[ \int_{\delta(\varepsilon,\theta)}^{R(\theta)} \frac{dr}{r} \right] d\theta,$$

且 $R(\theta)$ 和 $\delta(\varepsilon,\theta)$ 分别由 $S$ 和 $C_\varepsilon$ 确定. 当 $\varepsilon \to 0$ 时, 有

$$\lim_{\varepsilon\to 0^+}\int_{S-C_\varepsilon} F_1(P_0,P)dP + \int_0^{2\pi} f_{-2}(P_0;\theta)\log R(\theta)d\theta$$
$$- \lim_{\varepsilon\to 0^+}\int_\varepsilon^{2\pi} f_{-2}(P_0;\theta)\log\delta(\varepsilon,\theta)d\theta. \tag{4.5.40}$$

特别地, 若 $C_\varepsilon$ 为圆,

$$\lim_{\varepsilon\to 0^+}\int_\varepsilon^{2\pi} f_{-2}(P_0;\theta)\log\delta(\varepsilon,\theta)d\theta = \log\varepsilon\int_0^{2\pi} f_{-2}(P_0;\theta)d\theta,$$

该极限存在的充分必要条件是

$$\int_0^{2\pi} f_{-2}(P_0;\theta) = 0,$$

若 $C_\varepsilon$ 不是圆, 但有

$$\lim_{\varepsilon\to 0^+}\frac{\delta(\varepsilon,\theta)}{\varepsilon} = \delta_0(\theta),$$

于是

$$I(F;P_0) = \int_S F_1(P_0,P)dP + \int_0^{2\pi} f_{-2}(P_0;\theta)\log\frac{R(\theta)}{\delta_0(\theta)}d\theta.$$

为了讨论方便, 假设 $\delta(\varepsilon,\theta) = \varepsilon$, 建立积分 $\int_{\theta_1}^{\theta_2}\int_0^{R(\theta)}\frac{f(r,\theta)}{r}drd\theta$ 的求积公式, 这里

$$\int_0^{R(\theta)}\frac{f(r,\theta)}{r}dr = \int_0^{R(\theta)}\frac{f(r,\theta)-f(0,\theta)}{r}dr + f(0,\theta)\log R(\theta).$$

首先利用第一类 Gauss 公式计算 (Radau 型求积公式):

$$\int_a^b w(x)\frac{f(x)}{x-a}dx = w_0^I f(a) + \sum_{i=1}^n w_i^I f(x_i^I) + R_n^I(f), \tag{4.5.41}$$

这里 $w(x) = (b-x)^\alpha(x-a)^\beta$, $\alpha > -1$, $-1 < \beta \leqslant 0$, 是 Jacobi 权函数,

$$x_i^I = \frac{b-a}{2}x_i^{(\alpha,\beta)} + \frac{b+a}{2}, \quad i = 1,\cdots,n,$$

其中 $x_i^{(\alpha,\beta)}$ 是定义在 $(-1,1)$ 内的 $n$ 次 Jacobi 多项式的零点, 即是以 $w(x)$ 为权的

## 4.5 二维含参的 Cauchy 奇异积分的高精度算法

$n$ 次正交多项式的零点，且 $-1 < x_1^{(\alpha,\beta)} < x_2^{(\alpha,\beta)} < \cdots < x_n^{(\alpha,\beta)} < 1$. 系数由下式给出

$$\begin{cases} w_i^I = \left(\dfrac{b-a}{2}\right)^{\alpha+\beta} \dfrac{h_i^{(\alpha,\beta)}}{1+x_i^{(\alpha,\beta)}}, i=1,\cdots,n, \\ w_0^I = \displaystyle\int_a^b \dfrac{w(x)}{x-a} dx - \sum_{i=1}^n w_i^I, \\ \displaystyle\int_a^b \dfrac{w(x)}{x-a} dx = \begin{cases} \log(b-a), & \alpha = \beta = 0, \\ \dfrac{\alpha+\beta+1}{\beta}(b-a)^{\alpha+\beta}\dfrac{\Gamma(\alpha+1)\Gamma(\beta+1)}{\Gamma(\alpha+\beta+2)}, & \alpha > -1, -1 < \beta < 0, \end{cases} \end{cases}$$
(4.5.42)

这里 $h_i^{(\alpha,\beta)}$ 表示标准的 Gauss-Jacobi 求积公式的权，$\Gamma(x)$ 是 Gamma 函数，和

$$\int_{-1}^1 (1-x)^\alpha (1+x)^\beta f(x) dx = \sum_{i=1}^n h_i^{(\alpha,\beta)} f(x_i^{(\alpha,\beta)}) + R_n^G(f).$$

公式 (4.5.41) 的精确度为 $2n$ 阶，即当 $f(x)$ 为次数小于或等于 $2n$ 的多项式时，$R_n^I(f) = 0$.

**引理 4.5.2**  公式 (4.5.41) 的系数 $w_i^I$ 有以下估计:

$$\sum_{i=1}^n |w_i^I| = \begin{cases} O(\log n), & \beta = 0, \\ O(n^{-2\beta}), & \beta < 0. \end{cases}$$

**证明**  因为 $w_i^I > 0$, $i = 1, \cdots, n$,

$$\sum_{i=1}^n w_i^I < \sum_{i=1}^n |w_i^I| < \left|\int_a^b \dfrac{w(x)}{x-a} dx\right| + 2\sum_{i=1}^n w_i^I,$$

而

$$\sum_{i=1}^n w_i^I = \left(\dfrac{b-a}{2}\right)^{\alpha+\beta} \sum_{i=1}^n \dfrac{h_i^{(\alpha,\beta)}}{1+x_i^{(\alpha,\beta)}}.$$

注意，对任意给定的 $\delta \in (0,2)$, 有

$$\sum_{i=1}^n \dfrac{h_i^{(\alpha,\beta)}}{1+x_i^{(\alpha,\beta)}} = \sum_{|1+x_i^{(\alpha,\beta)}|<\delta} \dfrac{h_i^{(\alpha,\beta)}}{1+x_i^{(\alpha,\beta)}} + O(1).$$

根据文献 [234,Eq(15.3.14)] 和 $P_n^{(\alpha,\beta)}(x) = (-1)^n P_n^{(\alpha,\beta)}(-x)$, 有关系式

$$h_i^{(\alpha,\beta)} \sim \theta_i^{2\beta+1} n^{-1} \sim i^{2\beta+1} n^{-2\beta-2}, \tag{4.5.43}$$

其中 $\theta_i = \arccos x_i^{(\alpha,\beta)}$. 对于 $\varepsilon \leqslant \theta_i < \pi$, 有

$$\frac{h_i^{(\alpha,\beta)}}{1+x_i^{(\alpha,\beta)}} \sim \theta_i^{2\beta-1} n^{-1} \sim i^{2\beta-1} n^{-2\beta}.$$

于是, 当 $\beta = 0$ 时, 有

$$\sum_{|1+x_i^{(\alpha,\beta)}|<\delta} w_i^I < c \sum_{i=1}^n \frac{1}{i} = O(\log n),$$

当 $\beta < 0$ 时, 有

$$\sum_{|1+x_i^{(\alpha,\beta)}|<\delta} w_i^I < cn^{-2\beta} \sum_{i=1}^n \frac{1}{i^{1-2\beta}} = O(n^{-2\beta}),$$

这里 $c$ 是常数. □

值得注意的是, $K_n = \sum_{i=1}^n |w_i^I|$ 表示了积分和的条件数, 若 $a = -1$, $b = 1$, $\alpha = \beta = 0$, 计算结果列入表 4.5.8 中.

表 4.5.8 计算 $K_n$ 的值

| $n$ | 2 | 4 | 8 | 16 | 32 | 64 | 128 |
|---|---|---|---|---|---|---|---|
| $K_n$ | 5.31 | 7.64 | 10.28 | 12.83 | 15.54 | 17.28 | 21.04 |

从该表可以看出, 随着 $n$ 的增大, $K_n$ 的值增长很慢.

根据

$$\int_a^b w(x) \frac{f(x)}{x-a} dx = \int_a^b w(x) \frac{f(x)-f(a)}{x-a} dx + f(a) \int_a^b \frac{w(x)}{x-a} dx, \tag{4.5.44}$$

能够获得 $R_n^I(f)$ 的界.

**定理 4.5.5** 在 (4.5.41) 中, 若 $f \in C^k[a,b]$, $k \geqslant 1$, 且 $\beta = 0$, 那么有

$$R_n^I(f) = O(n^{-k+1}) \omega(f^{(k)}; n^{-1}), \tag{4.5.45}$$

这里 $\omega(f^{(k)}; \cdot)$ 表示定义在 $[a,b]$ 上 $f^{(k)}$ 的连续模.

**证明** 根据文献 [205, p303–308], 对于每个整数 $n \geqslant 2k+1$, 存在一个次数为 $n$ 的多项式 $q_n(x)$ 使得

$$|f(x) - q_n(x)| \leqslant c \left( \frac{\sqrt{(b-x)(x-a)}}{n} \right)^k \omega(f^{(k)}; n^{-1}) \tag{4.5.46}$$

成立, 这里 $c$ 是常数. 于是

$$R_n^I(f) = \int_a^b w(x) \frac{f(x) - q_n(x)}{x-a} dx - \sum_{i=1}^n w_i^I [f(x_i^I) - q_n(x_i^I)], \tag{4.5.47}$$

## 4.5 二维含参的 Cauchy 奇异积分的高精度算法

其中 $x_0^I = a$, $q_n(a) = f(a)$ 且 $f \in C^k[a,b]$, $k \geqslant 1$. 因为 $x_0^I - a = \dfrac{b-a}{2}(1+x_i^{(\alpha,0)})$ 和 $k \geqslant 1$, 从 (4.5.47) 可知, 仅需估计

$$\sum_{i=1}^n w_i^I [(x_i^I - a)^{k/2}] \leqslant c \sum_{i=1}^n \frac{h_i^{(\alpha,0)}}{1+x_i^{(\alpha,0)}}.$$

根据 (4.5.43), 当 $\varepsilon \leqslant \theta_i \leqslant \pi$, 我们获得 $h_i^{(\alpha,0)}(1+x_i^{(\alpha,0)})^{-1/2} \sim n^{-1}$, 故

$$\sum_{i=1}^n \frac{h_i^{(\alpha,0)}}{1+x_i^{(\alpha,0)}} = O(1).$$

这就得到了该定理的证明.□

利用第二类 Gauss 求积公式计算 (Lobatto 型求积公式):

$$\int_a^b w(x) \frac{f(x)}{x-a} dx = w_0^{II} f(a) + \sum_{i=1}^n w_i^{II} f(x_i^{II}) + R_n^{II}(f). \tag{4.5.48}$$

它属于插值型且插值点 $x_i^{II}$ 是 Jacobi 多项式 $P_n^{(\alpha+1,\beta)}(x)$ 的零点在 $(a,b)$ 的像, 精确度为 $2n+1$, 系数由下式确定:

$$\begin{cases} w_i^{II} = \left(\dfrac{b-a}{2}\right)^{\alpha+\beta} \dfrac{\lambda_i^{(\alpha,\beta)}}{1+x_i^{(\alpha+1,\beta)}}, & i=1,\cdots,n, \\ w_{n+1}^{II} = \dfrac{1}{2}\left(\dfrac{b-a}{2}\right)^{\alpha+\beta} \lambda_{n+1}^{(\alpha,\beta)}, \\ w_0^{II} = \displaystyle\int_a^b \dfrac{w(x)}{x-a} dx - \sum_{i=1}^{n+1} w_i^{II}, \end{cases} \tag{4.5.49}$$

这里 $\lambda_i^{(\alpha,\beta)}$ 是 Gauss-Radau 公式的权,

$$\int_{-1}^1 w(x) f(x) dx \approx \sum_{i=1}^n \lambda_i^{(\alpha,\beta)} f(x_i^{(\alpha+1,\beta)}) + \lambda_{n+1}^{(\alpha,\beta)} f(1). \tag{4.5.50}$$

**引理 4.5.3** 公式 (4.5.48) 中的系数有下列估计:

$$\sum_{i=1}^{n+1} |w_i^{II}| = \begin{cases} O(\log n), & \beta = 0, \\ O(n^{-2\beta}), & \beta < 0. \end{cases} \tag{4.5.51}$$

**证明** 因为

$$\lambda_i^{(\alpha,\beta)} = \frac{h_i^{(\alpha+1,\beta)}}{1-x_i^{(\alpha+1,\beta)}}, \quad i=1,\cdots,n,$$

所以

$$\sum_{i=1}^{n+1}|w_i^{II}| = \left(\frac{b-a}{2}\right)^{\alpha+\beta}\frac{h_i^{(\alpha+1,\beta)}}{1-[x_i^{(\alpha+1,\beta)}]^2}$$

$$=\frac{1}{2}\left(\frac{b-a}{2}\right)^{\alpha+\beta}\left[\sum_{|1+x_i^{(\alpha+1,\beta)}|<\delta}\frac{h_i^{(\alpha+1,\beta)}}{1+x_i^{(\alpha+1,\beta)}} + \sum_{|1-x_i^{(\alpha+1,\beta)}|<\delta}\frac{h_i^{(\alpha+1,\beta)}}{1-x_i^{(\alpha+1,\beta)}}\right] + O(1).$$

因为 $\lambda_{n+1}^{(\alpha,\beta)} = O(1)$, 运用证明引理 4.5.2 一样的方法, 能够得到: 当 $\beta = 0$ 时, $\sum_{i=1}^{n+1}|w_i^{II}| = O(\log n)$; 当 $\beta < 0$ 时, $\sum_{i=1}^{n+1}|w_i^{II}| = O(n^{-2\beta})$.□

根据 (4.5.48) 和定理 4.5.5, 立即获得下列定理.

**定理 4.5.6** 在 (4.5.48) 中, 若 $f(x) \in C^k[a,b]$, $k \geqslant 1$, 且 $\beta = 0$, 那么有

$$R_n^{II}(f) = O(n^{-k})\omega(f^{(k)}; n^{-1}). \tag{4.5.52}$$

**注 4.5.1** 从 (4.5.41) 和 (4.5.48) 可知, 这些求积公式可直接用来计算超奇异积分

$$\int_a^b \frac{f(x)}{(x-a)^{1+\mu}}dx, \quad 0 < \mu < 1.$$

据定理 4.5.4 和定理 4.5.6 的证明可获得: 若 $w(x) = (x-a)^{-\mu}$, $f \in C^1[a,b]$, 当 $0 < \mu < 1/2$ 时, (4.5.41) 和 (4.5.50) 的收敛速度为 $O(n^{-1})\omega(f^{(1)}; n^{-1})$; 当 $\mu = 1/2$ 时, 收敛速度为 $O(n^{-1}\log n)\omega(f^{(1)}; n^{-1})$; 当 $1/2 < \mu < 1$ 时, 收敛速度为 $O(n^{-2+2\mu})\omega(f^{(1)}; n^{-1})$. 当 $f(x) \in C^k[a,b]$, $k \geqslant 2$ 且 $0 < \mu < 1$ 时, 收敛速度为 $O(n^{-k})\omega(f^{(k)}; n^{-1})$.

现在我们来建立二维 Cauchy 积分

$$I(f) = \int_{\theta_1}^{\theta_2}\int_0^{R(\theta)}\frac{f(r,\theta)}{r}drd\theta, \tag{4.5.53}$$

数值求积公式, 这里积分区域为三角形 $T$ 如图 4.5.1 所示.

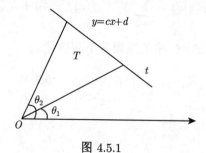

图 4.5.1

若直线 $t: y = cx + d$, 那么 $R(\theta) = \dfrac{d}{\sin\theta - c\cos\theta}$; 若直线 $t: x = d$, 那么 $R(\theta) = \dfrac{d}{\cos\theta}$. 在 (4.5.53) 中, 对变量 $\theta$ 利用 $m$ 点 Gauss-Legendre 公式计算, 对变量 $r$ 利用 (4.5.41) 计算, 且取 $\alpha = \beta = 0$, 于是有

$$I(f) = \frac{\theta_2 - \theta_1}{2}\sum_{j=1}^{m} h_j^{(0,0)} \sum_{i=0}^{n} w_i^I f(r_{ij}, \xi_j) + R_{mn}^I(f), \tag{4.5.54}$$

这里

$$\begin{cases} r_{0j} = 0, \\ r_{ij} = \dfrac{R(\xi_j)}{2}(1 + x_i^{(0,0)}), & i = 1, \cdots, n, \\ w_i^I = \dfrac{h_i^{(0,0)}}{1 + x_i^{(0,0)}}, & i = 1, \cdots, n, \\ w_0^I = \log R(\xi_j) - \sum_{i=0}^{n} w_i^I, \\ \xi_j = \dfrac{\theta_2 - \theta_1}{2}x_j^{(0,0)} + \dfrac{\theta_2 + \theta_1}{2}, & j = 1, .., m. \end{cases}$$

设 $f(r, \theta) \in H_s(\mu, \mu)$, $0 < \mu \leqslant 1$, 其中 $H_s(\mu, \mu)$ 表示 $f(r, \theta)$ 的所有 $j = 0, \cdots, s$ 阶偏导数在 $\Omega = [0, R] \times [\theta_1, \theta_2]$ 连续, 且

$$R = \max_{\theta_1 \leqslant \theta \leqslant \theta_2} |R(\theta)|,$$

$$|f^{(s)}(\bar{r}, \bar{\theta}) - f^{(s)}(r, \theta)| \leqslant c[|\bar{r} - r|^\mu + |\bar{\theta} - \theta|^\mu].$$

**定理 4.5.7** 在 (4.5.54) 中, 若 $f(r, \theta) \in H_s(\mu, \mu)$, $0 < \mu \leqslant 1$, $s \geqslant 1$, 那么

$$R_{mn}^I(f) = O(m^{1-s-\mu} + n^{1-s-\mu}\log n). \tag{4.5.55}$$

**证明** 记

$$I(f) = \int_{\theta_1}^{\theta_2} F(\theta)d\theta, \quad F(\theta) = \int_0^{R(\theta)} \frac{f(r, \theta)}{r}dr. \tag{4.5.56}$$

因当 $\theta \in [\theta_1, \theta_2]$ 时, $F(\theta)$ 总是解析的, 然而当 $R(\theta) = d/(\sin\theta - c\cos\theta)$ 时, 在 $\theta^{(k)} = \arctan(c) \pm k\pi$, $k = 0, 1, \cdots$ 处有无数多个极点. 若 $f \in H_s(\mu, \mu)$, 根据文献 [170], 那么 $F \in H_s(\mu - \varepsilon)$ 且 $\varepsilon > 0$.

利用 $m$. Gauss-Legendre 公式, 获得

$$I(f) = \frac{\theta_2 - \theta_1}{2}\sum_{j=1}^{m} h_j^{(0,0)} F(\xi_j) + R_m^G(F).$$

注意，当 $F \in H_s(\mu - \varepsilon)$ 且 $\varepsilon > 0$ 时，有估计

$$|R_m^G(F)| = |R_m^G(F - q_m)| \leqslant 2|\theta_2 - \theta_1| \|F - q_m\|_\infty,$$

这里 $q_m$ 为 $m$ 次多项式的最佳逼近，根据文献 [150]，就暗示了 $R_m^G(F) = O(m^{-s-\mu+\varepsilon})$. 现在利用 (4.5.41) 来近似 $F(\xi_j)$，得到

$$I(f) = \frac{\theta_2 - \theta_1}{2} \left[ \sum_{j=1}^m h_j^{(0,0)} \sum_{i=0}^n w_i^I f(r_{ij}, \xi_j) + \sum_{j=1}^m h_j^{(0,0)} R_n^I(f; \xi_j) \right] + R_m^G(F)$$

且

$$R_{mn}^I(f) = \sum_{j=1}^m h_j^{(0,0)} R_n^I(f; \xi_j) + R_m^G(F). \tag{4.5.57}$$

置 $f(r, \theta) = f(0, \theta) + rf_0(r, \theta)$，对定义在 $[\theta_1, \theta_2] \times [0, R(\theta)]$ 上函数 $f_0(r, \theta)$ 关于变量 $r$ 的 $n$ 次和关于变量 $\theta$ 的 $m$ 次最佳逼近的多项式为 $p_{n,m}(r, \theta)$. 又置

$$\bar{p}_{n,m}(r, \theta) = f(0, \theta) + r p_{n,m}(r, \theta).$$

然而，一般情况，关于变量 $\theta$ 函数 $\bar{p}_{n,m}(r, \theta)$ 并不是多项式，但关于变量 $r$ 是 $n+1$ 次多项式. 因公式 (4.3.41) 的精度为 $2n \geqslant n+1$ 阶，从而记

$$R_n^I(f; \xi_j) = \int_0^{R(\xi_j)} \frac{f(r, \xi_j) - \bar{p}_{n,m}(r, \xi_j)}{r} dr - \sum_{i=0}^n w_i^I [f(r_{ij}, \xi_j) - \bar{p}_{n,m}(r_{ij}, \xi_j)],$$

即

$$R_n^I(f; \xi_j) = \int_0^{R(\xi_j)} [f_0(r, \xi_j) - p_{n,m}(r, \xi_j)] dr - \sum_{i=0}^n w_i^I r_{ij} [f_0(r_{ij}, \xi_j) - p_{n,m}(r_{ij}, \xi_j)]. \tag{4.5.58}$$

注意 $f_0 \in H_{s-1}(\mu, \mu)$，根据文献 [150]，我们得到

$$\|f_0(r, \xi_j) - p_{n,m}(r, \xi_j)\|_\infty = O(m^{1-s-\mu} + n^{1-s-\mu}),$$

$$\sum_{j=1}^m h_j^{(0,0)} = 2, \quad \sum_{i=0}^n |w_i^I| = O(\log n).$$

从 (4.5.57) 和 (4.5.58) 能推出 (4.5.55). □

若积分区域是多边形，可分解成若干个三角形，最好利用 Lobatto 公式，如长方形，以长方形的四个顶端和内部一点构成四个三角形，在 (4.5.56) 和 (4.5.41) 中的 $F(\theta)$ 建议采用 Gauss-Lobatto 公式:

$$I(f) = \sum_{j=0}^m \delta_j \sum_{i=0}^n w_i^I f(r_{ij}, \eta_j) + R_{mn}^{II}(f), \tag{4.5.59}$$

## 4.5 二维含参的 Cauchy 奇异积分的高精度算法

这里 $\{\eta_j\}$ 和 $\{\delta_j\}$ 分别是关于变量 $\theta \in (\theta_1, \theta_2)$ 的 $m$ 点 Gauss-Lobatto 公式结点和系数.

**算例 4.5.4**[150]  计算

$$I(f(x_0, y_0)) = \int_S \frac{x - x_0}{[(x - x_0)^2 + (y - y_0)^2]^{3/2}} dxdy \qquad (4.5.60)$$

这里 $S = [-1, 1] \times [-1, 1]$, 精确解为

$$\log \frac{[1 - y_0 + \sqrt{(1+x_0)^2 + (1-y_0)^2}][-1 - y_0 + \sqrt{(1-x_0)^2 + (1+y_0)^2}]}{[-1 - y_0 + \sqrt{(1+x_0)^2 + (1-y_0)^2}][1 - y_0 + \sqrt{(1-x_0)^2 + (1-y_0)^2}]}.$$

采用公式 (4.5.39) 计算 $P_1(x_0, y_0) = P_1(0.3606231751, 0.3606231751)$ 和 $P_2(x_0, y_0) = P_2(0.5479477112, 0.9509446082)$ 点的积分的数值结果, 把相对误差列入表 4.5.9 中.

表 4.5.9  计算 $I(f(P_1))$ 和 $I(f(P_2))$ 相对误差

| $m$ | $n$ | 结点数 | $I(f(P_1))$ | $I(f(P_2))$ |
| --- | --- | --- | --- | --- |
| 3 | 1 | 16 | $4.37 \times 10^{-2}$ | $3.49 \times 10^{-1}$ |
| 4 | 1 | 24 | $2.03 \times 10^{-3}$ | $1.42 \times 10^{-1}$ |
| 5 | 1 | 32 | $2.53 \times 10^{-4}$ | $6.47 \times 10^{-2}$ |
| 6 | 1 | 40 | $3.06 \times 10^{-5}$ | $3.23 \times 10^{-2}$ |
| 7 | 1 | 48 | $3.90 \times 10^{-6}$ | $1.70 \times 10^{-2}$ |
| 8 | 1 | 56 | $5.14 \times 10^{-7}$ | $9.24 \times 10^{-3}$ |
| 9 | 1 | 64 | $6.95 \times 10^{-8}$ | $5.17 \times 10^{-3}$ |
| 10 | 1 | 72 | $9.57 \times 10^{-9}$ | $2.95 \times 10^{-3}$ |
| 16 | 1 | 120 | $8.21 \times 10^{-14}$ | $1.41 \times 10^{-4}$ |
| 32 | 1 | 248 | — | $7.65 \times 10^{-8}$ |

采用公式 (4.5.39) 计算 $P_3(x_0, y_0) = P_1(0.4, 0.1)$, $P_4(x_0, y_0) = P_4(0.6, 0.2)$ 和 $P_5(x_0, y_0) = P_5(0.8, 0.4)$ 点的积分的数值结果, 把相对误差列入表 4.5.10 中.

表 4.5.10  计算 $I(f(P_3)), I(f(P_4))$ 和 $I(f(P_5))$ 相对误差

| $m$ | $n$ | 结点数 | $I(f(P_3))$ | $I(f(P_4))$ | $I(f(P_5))$ |
| --- | --- | --- | --- | --- | --- |
| 3 | 1 | 16 | $4.66 \times 10^{-2}$ | $6.27 \times 10^{-2}$ | $8.66 \times 10^{-2}$ |
| 5 | 1 | 32 | $8.46 \times 10^{-5}$ | $1.88 \times 10^{-4}$ | $6.10 \times 10^{-4}$ |
| 7 | 1 | 48 | $6.09 \times 10^{-7}$ | $3.06 \times 10^{-6}$ | $2.81 \times 10^{-5}$ |
| 9 | 1 | 64 | $5.82 \times 10^{-9}$ | $7.50 \times 10^{-8}$ | $2.04 \times 10^{-6}$ |
| 10 | 1 | 88 | $7.53 \times 10^{-12}$ | $4.29 \times 10^{-10}$ | $5.98 \times 10^{-8}$ |

**算例 4.5.5**  计算

$$I(f(x_0, y_0)) = \int_S \frac{(x - x_0)e^x}{[(x - x_0)^2 + (y - y_0)^2]^{3/2}} dxdy, \qquad (4.5.61)$$

这里 $S = [-1,1] \times [-1,1]$, $I(f(0.5, 0.5)) = 2.04712179371331$ 和 $I(f(0.9, 0.9)) = -4.78691846480268$. 相对误差列于表 4.5.11 中.

表 4.5.11 计算 $I(f(0.5,0.5))$ 和 $I(f(0.9,0.9))$ 相对误差

| $m$ | $n$ | 结点数 | $I(f(0.5,0.5))$ | $I(f(0.9,0.9))$ |
|---|---|---|---|---|
| 8 | 4 | 140 | $3.43 \times 10^{-8}$ | $3.23 \times 10^{-4}$ |
| 16 | 4 | 300 | $1.10 \times 10^{-9}$ | $8.87 \times 10^{-9}$ |

## 4.6 多维超球形区域上的 Cauchy 奇异积分的分离算法

考虑定义在

$$\Omega = \left\{ (x_1, \cdots, x_s) | : r = \left( \sum_{i=1}^{s} x_i^2 \right)^{1/2} \leqslant R \right\} \tag{4.6.1}$$

上的 Cauchy 型主值积分

$$I(f) = \int_{\Omega} g(x_1, \cdots, x_s) f(x_1, \cdots, x_s) dx_1 \cdots dx_s, \tag{4.6.2}$$

这里 $g(x_1, \cdots, x_s) = r^\mu$, 且 $r = (\sum_{i=1}^{s} x_i^2)^{1/2}$, 且 $\mu = -s$, 或者 $g(x_1, \cdots, x_s) = (\sum_{i=1}^{s} c_i x_i^\gamma)^\delta$ 且 $\mu = \gamma\delta = -s$, $c_i > 0$, $\gamma > 0$, $i = 1, \cdots, s$, 并且 $g(x_1, \cdots, x_s)$ 是关于 $x_1, \cdots, x_s$ 的次数为 $\mu$ 次齐次函数, $f(x) = f(x_1, \cdots, x_s)$ 是 $\Omega$ 上的光滑函数.

利用 $s$ 维球坐标系, 有

$$\begin{cases} x_s = r\cos\theta_1, \\ x_{s-1} = r\sin\theta_1 \cos\theta_2, \\ \quad \cdots\cdots \\ x_2 = r\sin\theta_1 \sin\theta_2 \cdots \sin\theta_{s-2} \cos\theta_{s-1}, \\ x_1 = r\sin\theta_1 \sin\theta_2 \cdots \sin\theta_{s-2} \sin\theta_{s-1} \end{cases} \tag{4.6.3}$$

和雅可比式

$$J = \frac{\partial(x_1, \cdots, x_s)}{\partial(r, \theta_1, \cdots, \theta_{s-1})} = (-1)^{s(s-1)/2} r^{s-1} \sin^{s-2}\theta_1 \sin^{s-3}\theta_2 \cdots \sin\theta_{s-2}, \tag{4.6.4a}$$

这里 $0 \leqslant \theta_i \leqslant \pi$, $i = 1, 2, \cdots, s-2$, $0 \leqslant \theta_{s-1} \leqslant 2\pi$. 把 (4.6.3) 代入 (4.6.2) 得到

$$I(f) = \int_0^R r^{-1} \left( \int_0^\pi d\theta_1 \int_0^{2\pi} d\theta_2 \cdots \int_0^{2\pi} F(\theta_1, \cdots, \theta_{s-1}) d\theta_{s-1} \right) dr, \tag{4.6.4b}$$

其中

$$F(r, \theta_1, \cdots, \theta_{s-1}) = g(\theta_1, \cdots, \theta_{s-1}) f(r, \theta_1, \cdots, \theta_{s-1}) \sin^{s-2}\theta_1 \sin^{s-3}\theta_2 \cdots \sin\theta_{s-2},$$

这里
$$g(\theta_1,\cdots,\theta_{s-1}) = g(\cos\theta_1, \sin\theta_1\cos\theta_2, \cdots, \sin\theta_1\sin\theta_2\cdots\sin\theta_{s-2}\sin\theta_{s-1})$$
和
$$f(r,\theta_1,\cdots,\theta_{s-1}) = f(r\cos\theta_1, r\sin\theta_1\cos\theta_2, \cdots, r\sin\theta_1\sin\theta_2\cdots\sin\theta_{s-2}\sin\theta_{s-1}).$$

应用定理 2.2.5 得到多参数 Euler-Maclaurin 展开式，关于 $r$ 的积分是一维 Cauchy 型积分，利用 3.3 节和 4.5 节的公式计算可得到高精度.

Sag 和 Szekeres[206] 给出了把超立方体和单纯形区域转变成超球形域的变换

$$\xi_i = \tanh\frac{ux_i}{1-r}, \quad i = 1, 2, \cdots, \quad r^2 = \sum_{i=1}^{s} x_i^2, \tag{4.6.5}$$

逆变换为

$$x_i = \frac{1-r}{2u}\ln\frac{1+\xi_i}{1-\xi_i}, \quad |\xi_i| < 1, \tag{4.6.6}$$

这里 $u$ 是常数，通常取 $u=1.5$，且该变换把超立方体 $\Omega: -1 \leqslant \xi_i \leqslant 1$ 影射到超球形域 $\hat{\Omega}: \sum_{i=1}^{s} x_i^2 \leqslant 1$，而雅可比式

$$J(x_1,\cdots,x_s) = \frac{\partial(\xi)}{\partial(x)} = u^s(1-r)^{-s-1}\prod_{i=1}^{s}(1-\xi_i^2). \tag{4.6.7}$$

## 4.7 二维混合超奇异积分的误差渐近展开式

考虑二维超奇异积分

$$I(f) = \int_\Omega g(x_1,x_2)h(x_1,x_2)dx_1dx_2, \tag{4.7.1}$$

这里 $g(x_1,x_2) = r^\mu$，且 $r = (\sum_{i=1}^{2}(x_i-t_i)^2)^{1/2}$，或者

$$g(x_1,x_2) = \left(\sum_{i=1}^{2}c_i(x_i-t_i)^\gamma\right)^\delta 且 \mu = \gamma\delta, \quad c_i > 0, \gamma > 0, i = 1, 2,$$

即 $g(x_1,x_2)$ 是关于 $x_1-t_1$, $x_2-t_2$ 的次数为 $\mu$ 的齐次函数. 函数 $h(x_1,x_2)$ 是 $[0,1]^2$ 上的光滑函数. 当 $\mu < -2$ 时，(4.7.1) 是二维超奇异积分，这类积分必须在 Hadamard 有限部分意义下才成立. 若 $t = 0$，称 (4.7.1) 是原点为奇点的超奇异积分；若 $t \neq 0$，称 (4.7.1) 是含参的超奇异积分，也称超奇异积分算子. 若

$$g(x_1,x_2) = |x_1-t_1|^{\gamma_1}|x_2-t_2|^{\gamma_2} 且 \gamma_i < -1, \quad i = 1, 2,$$

称 (4.7.1) 为面型超奇异积分.

**4.7.1 原点为奇点的超奇异积分的误差的单参数渐近展开式**

下面介绍 Lyness 和 Monegato 的工作[139].

考虑积分
$$I(f) = \int_0^1 \int_0^1 f(x_1, x_2) dx_1 dx_2, \qquad (4.7.2)$$

这里 $f(x_1, x_2) = x_1^{\alpha_1} x_2^{\alpha_2} r_\rho(x_1, x_2) g(x_1, x_2)$, 其中 $r_\rho(x_1, x_2)$ 是定义在 $[0,1]^2$ 上除 $(0,0)$ 点外无限的可微函数且 $r_\rho$ 还是次数为 $\rho$ 的齐次函数, 其中 $\alpha_1 + \alpha_2 + \rho < -2$ 且 $\alpha_i < -1, i = 1, 2; g \in C^\infty[0,1]^2$.

**1. Mellin 变换与超奇异积分**

为了得到渐近展开式, 首先引入二维 Mellin 变换
$$M_{x_1,x_2}(f(x_1,x_2); p_1, p_2) = M(f; p_1, p_2) = \int_0^\infty \int_0^\infty f(x_1, x_2) x_1^{p_1-1} x_2^{p_2-1} dx_1 dx_2, \qquad (4.7.3)$$

其中 $p_1$ 和 $p_2$ 是使得积分 (4.7.3) 存在的二数, 对 $p_1$ 和 $p_2$ 其他数, 可以通过解析延拓得到, 相应的逆变换为:
$$f(x_1, x_2) = \frac{1}{(2\pi\mathrm{i})^2} \int_{c_1-\infty\mathrm{i}}^{c_1+\infty\mathrm{i}} \int_{c_2-\infty\mathrm{i}}^{c_2+\infty\mathrm{i}} M(f; p_1, p_2) x_1^{-p_1} x_2^{-p_2} dp_1 dp_2, \qquad (4.7.4)$$

这里 $c_1$ 和 $c_2$ 可以取 (4.7.3) 定义的 $M(f; p_1, p_2)$ 在正常积分意义下存在的任何实数.

**定义 4.7.1** (许可函数) 称 $g(x_1, x_2)$ 是 $C^n([0,\infty)^2)$, $n \geqslant 0$ 内的许可函数, 若 $g(x_1, x_2) \in C^n([0,\infty)^2)$ 且对所有的整数阶导数 $g^{(i,j)}(x_1, x_2)$, $0 \leqslant i, j \leqslant n$ 和 $k, l > 0$ 满足
$$\left| \int_0^\infty \int_0^\infty g^{(i,j)}(x_1, x_2) x_1^k x_2^l dx_1 dx_2 \right| < \infty.$$

显然, 若 $g(x_1, x_2)$ 是许可函数, 那么 $g(x_1, x_2) x_1^{\alpha_1} x_2^{\alpha_2}$ 也是许可函数.

根据 (4.7.3), 对变量 $x_1$ 进行 $i$ 次分部积分, 对变量 $x_2$ 进行 $j$ 次分部积分, 我们有
$$M(g; p_1, p_2) = \frac{(-1)^{i+j}}{p_1(p_1+1)\cdots(p_1+i-1)p_2(p_2+1)\cdots(p_2+j-1)}$$
$$\times \int_0^\infty \int_0^\infty g^{(i,j)}(x_1, x_2) x_1^{p_1+i-1} x_2^{p_2+j-1} dx_1 dx_2. \qquad (4.7.5)$$

当 $p_i, i = 1, 2$ 的取值使得 (4.7.3) 存在时, 这个关系式有效, 这对 $p_i$ 较大的范围 (4.7.5) 的右边存在且关于 $p_i$ 解析, 利用解析延拓, 得到
$$M(g; p_1, p_2) = \frac{(-1)^{i+j}(p_1-1)!(p_2-1)!}{(p_1+i-1)!(p_2+j-1)!} M(g^{(i,j)}; p_1+i, p_2+j), \qquad (4.7.6)$$

## 4.7 二维混合超奇异积分的误差渐近展开式

该式对许可函数 $g$ 和所有非整数 $p_i$ 有效.

根据二维 Mellin 变换的定义, 显然有下列性质.

**引理 4.7.1** 设 $f, \phi$ 和 $h$ 都是二维函数, $p_1$ 和 $p_2$ 是使得这些函数的 Mellin 变换存在的二参数, 那么

(1) 若 $\phi(x_1, x_2) = f(y_1 y_2, y_2)$, 则
$$M_{x,y}(f(x,y); p_1, p_2) = M_{x,y}(\phi(x,y); p_1, p_1 + p_2);$$

(2) 若 $\phi(x_1, x_2) = x_1^{\gamma_1} x_2^{\gamma_2} h(x_1, x_2)$, 则
$$M_{x,y}(\phi(x,y); p_1, p_2) = M_{x,y}(h(x,y); p_1 + \gamma_1, p_2 + \gamma_2);$$

(3) 若 $f(x,y) = g(x)h(y)$, 则
$$M_{x,y}(\phi(x,y); p_1, p_2) = M_t(g(t); p_1) M_t(h(t); p_2).$$

**定义 4.7.2** (二维超奇异积分 HFP) 假设对满足 $0 < \epsilon < b \leqslant \infty$ 的所有的 $\epsilon$, 函数 $f$ 在 $(\epsilon, b)^2$ 上可积, 若存在严格单调递增非正数 $\alpha_0 < \alpha_1 < \cdots < \alpha_M \leqslant 0$ 和非负整数 $J$ 使得

$$\int_\epsilon^b \int_\epsilon^b f(x_1, x_2) dx_1 dx_2 = \sum_{k=0}^K \sum_{j=0}^J I_{k,j}(b) \epsilon^{\alpha_k} \log^j \epsilon + o(1) \quad (4.7.7)$$

存在, 那么相应的有限部分积分定义如下:

$$\text{p.f} \int_0^b \int_0^b f(x_1, x_2) dx_1 dx_2 = \begin{cases} I_{i,0}(b), & \alpha_i = 0 \text{ 且 } 0 \leqslant i \leqslant K, \\ 0, & \text{其他}. \end{cases} \quad (4.7.8)$$

在这个和中有唯一的一项与 $\epsilon$ 无关, 在上述定义中可取两个独立参数 $\epsilon_1$ 和 $\epsilon_2$ 来定义.

首先讨论下列特殊情形:

$$I[g; \alpha_1, \alpha_2] =: \int_0^\infty \int_0^\infty g(x_1, x_2) x_1^{\alpha_1} x_2^{\alpha_2} dx_1 dx_2, \quad (4.7.9)$$

这里 $g(x_1, x_2)$ 是 $[0, \infty)^2$ 上的可积函数. 显然, 当 $\alpha_1 + 1$ 和 $\alpha_2 + 1$ 是正数时, 这个积分为正常积分且

$$I[g; \alpha_1, \alpha_2] = M[g; \alpha_1 + 1, \alpha_2 + 1], \quad \alpha_i > -1. \quad (4.7.10)$$

**定理 4.7.1** 假设 $g(x_1, x_2)$ 是 $C^n([0, \infty)^2)$, $n \geqslant 0$ 内的许可函数, 若 $\alpha_1$ 和 $\alpha_2$ 都不是负整数, $i$ 和 $j$ 是非负整数, 且 $\alpha_1 + i > -1$ 和 $\alpha_2 + j > -1$, 那么

$$\int_\epsilon^\infty \int_\epsilon^\infty g(x_1, x_2) x_1^{\alpha_1} x_2^{\alpha_2} dx_1 dx_2 = T_{1,1} + T_{2,1}(\epsilon) + T_{1,2}(\epsilon) + T_{2,2}(\epsilon), \quad (4.7.11)$$

其中

$$T_{1,1} = \frac{(-1)^{i+j}\alpha_1!\alpha_2!}{(\alpha_1+i)!(\alpha_2+j)!} \int_0^\infty \int_0^\infty g^{(i,j)}(x_1,x_2) x_1^{\alpha_1+i} x_2^{\alpha_2+j} dx_1 dx_2, \quad (4.7.12)$$

$$T_{2,1}(\epsilon) = \epsilon^{\alpha_1} U_{2,1}(\epsilon), \quad T_{1,2}(\epsilon) = \epsilon^{\alpha_2} U_{1,2}(\epsilon), \quad T_{2,2}(\epsilon) = \epsilon^{\alpha_1+\alpha_2} U_{2,2}(\epsilon),$$

这里 $U_{m,n}(\epsilon)$ 是关于 $\epsilon$ 的收敛幂级数, 且 (4.7.9) 是 (4.7.11) 右边 $\epsilon$ 的系数.

**定理 4.7.2** 假设 $\alpha_1$, $\alpha_2$, $\alpha_1+\alpha_2$ 都不是负整数, $g(x_1,x_2)$ 是 $C^n([0,\infty)^2)$, $n \geqslant 0$ 内的许可函数, 那么对所有非负整数 $i$ 和 $j$, 有

$$\int_0^\infty \int_0^\infty g(x_1,x_2) x_1^{\alpha_1} x_2^{\alpha_2} dx_1 dx_2$$
$$= \frac{(-1)^{i+j}\alpha_1!\alpha_2!}{(\alpha_1+i)!(\alpha_2+j)!} \int_0^\infty \int_0^\infty g^{(i,j)}(x_1,x_2) x_1^{\alpha_1+i} x_2^{\alpha_2+j} dx_1 dx_2, \quad (4.7.13)$$

当 $\alpha_1+i > -1$ 和 $\alpha_2+j > -1$ 时, 右边的有限部分积分为正常积分. 根据 (4.7.6), 立即得到下列定理.

**定理 4.7.3** 在定理 4.7.2 的假设下, 有

$$\int_0^\infty \int_0^\infty g(x_1,x_2) x_1^{\alpha_1} x_2^{\alpha_2} dx_1 dx_2 = I[g;\alpha_1,\alpha_2] = M[g;\alpha_1+1,\alpha_2+1]. \quad (4.7.14)$$

(4.7.14) 给出了有限部分积分与 Mellin 变换的关系.

**2. 中立型函数**

为了导出超奇异积分的渐近展开式, 还需要引入中立型函数, 它仅在推导过程中出现, 而最终的结果消失.

**定义 4.7.3** (中立型函数) 若对任意实数 $k_1 < k_2$, 关于变量 $x$ 的无限可微函数 $v(x,k_1,k_2)$, 满足

$$v(x,k_1,k_2) = \begin{cases} 1, & x \leqslant k_1, \\ 0, & x \geqslant k_2. \end{cases}$$

简记为 $v(x)$. 引入另一个中立型函数:

$$\bar{v}(x) = \bar{v}(x,k_1,k_2) 且 1 < k_1 < k_2.$$

现在我们来建立二维中立型函数

$$\bar{N}(x_1,x_2) = \bar{v}(x_1,k_1,k_2)\bar{v}(x_2,k_1,k_2). \quad (4.7.15)$$

置

$$\bar{f}(x_1,x_2) = x_1^{\alpha_1} x_2^{\alpha_2} r_\rho(x_1,x_2) \bar{N}(x_1,x_2). \quad (4.7.16)$$

若 $\rho \neq 0$, 该函数在后面使用并不方便, 因为相关积分并不收敛, 还需要引入第二类中立型函数:
$$v_0(x) = v_0(x, k_0^{-1}, k_0), \quad k_0 > 1.$$
从而得到
$$\tilde{v}_0(x) = \tilde{v}_0(x, k_0^{-1}, k_0) = 1 - v_0(x^{-1}, k_0^{-1}, k_0), \tag{4.7.17}$$
这也是一个中立型函数.

定义二维中立型函数
$$N(x_1, x_2) = v_0\left(\frac{x_1}{x_2}, k_0^{-1}, k_0\right)\bar{v}(x_2, k_1, k_2) + \left[1 - v_0\left(\frac{x_1}{x_2}, k_0^{-1}, k_0\right)\right]\bar{v}(x, k_1, k_2)$$
$$=: N^{[1]}(x_1, x_2) + N^{[2]}(x_1, x_2). \tag{4.7.18}$$

显然有如下性质: 当 $(x_1, x_2) \in [0,1]^2$ 时, $N(x_1, x_2) = 1$; 当 $x_1 > k_0 k_2$ 或 $x_2 > k_0 k_2$ 时, $N(x_1, x_2) = 0$, 且 $N \in C^\infty[0, \infty)^2$.

于是可记
$$f(x_1, x_2) = x_1^{\alpha_1} x_2^{\alpha_2} r_\rho(x_1, x_2) = x_1^{\alpha_1} x_2^{\alpha_2} r_\rho(x_1, x_2) N(x_1, x_2), \tag{4.7.19}$$
必须把该函数分解成两部分之和
$$f^{[i]}(x_1, x_2) = x_1^{\alpha_1} x_2^{\alpha_2} r_\rho(x_1, x_2) N^{[i]}(x_1, x_2), \quad i = 1, 2, \tag{4.7.20}$$
且把齐次函数 $r_\rho(x_1, x_2)$ 表示为
$$r_\rho(x_1, x_2) = x_2^\rho r_\rho(x_1/x_2, 1) \text{或} r_\rho(x_1, x_2) = x_1^\rho r_\rho(1, x_2/x_1). \tag{4.7.21}$$
从而 (4.7.3) 重新表示成
$$M(f; p_1, p_2) = M(f^{[1]}; p_1, p_2) + M(f^{[2]}; p_1, p_2), \tag{4.7.22}$$
$$f^{[1]}(x_1, x_2) = x_1^{\alpha_1} x_2^{\alpha_2+\rho} r_\rho(x_1/x_2, 1) N^{[1]}(x_1, x_2) \tag{4.7.23}$$
和
$$f^{[2]}(x_1, x_2) = x_1^{\alpha_1+\rho} x_2^{\alpha_2} r_\rho(1, x_2/x_1) N^{[2]}(x_1, x_2). \tag{4.7.24}$$
显然, 当 $x_1 \geqslant k_0 x_2$ 时, 有 $f^{[1]}(x_1, x_2) = 0$; 当 $x_1 \leqslant k_0^{-1} x_2$ 时, 有 $f^{[2]}(x_1, x_2) = 0$.

**定理 4.7.4** 若 $f(x_1, x_2) = x_1^{\alpha_1} x_2^{\alpha_2} r_\rho(x_1, x_2) N(x_1, x_2)$, $\alpha_1$, $\alpha_2$, $\alpha_1 + \rho$, $\alpha_2 + \rho$, $\alpha_1 + \alpha_2 + \rho$ 都不是负整数, 那么
$$\int_0^\infty \int_0^\infty f(x_1, x_2) dx_1 dx_2 = M[f; 1, 1]. \tag{4.7.25}$$

**证明** 首先处理 $f^{[1]}(x_1, x_2)$，根据 (4.7.23)，有
$$\int_0^\infty \int_0^\infty f^{[1]}(x_1, x_2) dx_1 dx_2 = \int_0^\infty \int_0^\infty x_1^{\alpha_1} x_2^{\alpha_2+\rho} g(x_1, x_2) dx_1 dx_2, \quad (4.7.26)$$
其中
$$g(x_1, x_2) = r_\rho(x_1/x_2, 1) N^{[1]}(x_1, x_2). \quad (4.7.27)$$

只要 $\alpha_1, \alpha_2 + \rho, \alpha_1 + \alpha_2 + \rho$ 都不是负整数，利用定理 4.7.3，该积分为 $M[g; \alpha_1 + 1, \alpha_2 + \rho + 1]$，根据引理 4.7.1，从而该积分与 $M[f^{[1]}; 1, 1]$ 一致. 同理可证明另一部分，然后组合得到该定理的证明.□

**3. 定义在 $[0, \infty)^2$ 上的超奇异积分的渐近展开式**

接下来计算 $M[f^{[1]}; p_1, p_2]$ 和 $M[f^{[2]}; p_1, p_2]$. 对 (4.7.23) 中的 $f^{[1]}(x_1, x_2)$ 利用 Duffy 变换
$$y_1 = x_1/x_2, \quad y_2 = x_2 \quad (4.7.28)$$
和引理 4.7.1，有 $M(f^{[1]}; p_1, p_2) = M(\phi; p_1, p_1 + p_2)$ 且
$$\phi(y_1, y_2) = f^{[1]}(y_1 y_2, y_2) = (y_1 y_2)^{\alpha_1} y_2^{\alpha_2+\rho} r_\rho(y_1, 1) N^{[1]}(y_1 y_2, y_2)$$
$$= (y_1)^{\alpha_1} y_2^{\alpha_1+\alpha_2+\rho} r_\rho(y_1, 1) v_0(y_1) \bar{v}(y_2).$$

根据引理 4.7.1，立即获得下面定理.

**定理 4.7.5** 若 $f^{[1]}$ 和 $f^{[2]}$ 由 (4.7.23) 和 (4.7.24) 定义，则
$$M(f^{[1]}; p_1, p_2) = M_t(t^{\alpha_1} r_\rho(t, 1) v_0(t), p_1) M_t(t^{\alpha_1+\alpha_2+\rho} \bar{v}(t), p_1 + p_2),$$
$$M(f^{[2]}; p_1, p_2) = M_t(t^{\alpha_2} r_\rho(1, t) \tilde{v}_0(t), p_2) M_t(t^{\alpha_1+\alpha_2+\rho} \bar{v}(t), p_1 + p_2).$$

该定理表明了二维 Mellin 变换转换为两个一维 Mellin 变换的乘积. 根据一维中立型函数，有 $v(0) = 1$ 和 $v^{(n)}(0) = 0$，根据一维 Mellin 变换有下面引理.

**引理 4.7.2**[139] 若 $f(x) = x^\alpha g(x)$ 且 $g(x)$ 是 $C^\infty[0, \infty)$ 内的许可函数，那么 $f(x)$ 的 Mellin 变换的解析延拓在 $p = -\alpha - n, n = 0, 1, 2, \cdots$ 处有一阶极点且
$$M_t(t^\alpha g(t); -\alpha - n + \epsilon)$$
$$= \frac{g^{(n)}(0)}{n! \epsilon} + \int_0^\infty g(x) x^{-n-1} dx + \epsilon \int_0^\infty g(x)(\log x) x^{-n-1} dx + O(\epsilon^2). \quad (4.7.29)$$

**引理 4.7.3** $M_t(t^{\alpha_1} r_\rho(t, 1) v_0(t), p_1)$ 在 $p_1 = -\alpha_1 - n_1, n_1 = 0, 1, \cdots$ 处有一阶极点且留数是 $r_\rho^{(n_1,0)}(0, 1)/n_1!$，同时它的 Laurent 展开式为
$$M_t(t^{\alpha_1} r_\rho(t, 1) v_0(t), -\alpha_1 - n_1 + \epsilon)$$
$$= \frac{r_\rho^{(n_1,0)}(0, 1)}{n_1! \epsilon} + \sum_{j=0}^\infty \frac{\epsilon^j}{j!} \left( \text{p.f} \int_0^\infty r_\rho(t, 1) t^{-n-1} v_0(t) \log^j t \, dt \right). \quad (4.7.30)$$

## 4.7 二维混合超奇异积分的误差渐近展开式

**引理 4.7.4** $M_t(t^\gamma \bar{v}(t,k_1,k_2),p)$ 在 $p=-\gamma$ 处有一阶极点且留数是 1.

事实上,当 $p=-\gamma$ 时,$t=0$ 是一阶极点,且留数 $\lim_{t\to 0} t \times \frac{1}{t}\bar{v}(t,k_1,k_2)=\bar{v}(0,k_1,k_2)=1$. 若 $p>-\gamma$,根据一维 Mellin 变换的定义和当 $t<k_1$ 有 $\bar{v}(t)=1$,当 $t>k_2$ 有 $\bar{v}(t)=0$,于是得到

$$M_t(t^\gamma \bar{v}(t,k_1,k_2),p) = \frac{k_1^{p+\gamma}}{p+\gamma} + \int_{k_1}^{k_2} t^{p+\gamma-1}\bar{v}(t)dt. \tag{4.7.31}$$

通过解析延拓到 $p\neq \gamma$.

当 $k_1>1$ 时,在该极点的 Laurent 展开式

$$M_t(t^\gamma \bar{v}(t,k_1,k_2),-\gamma+\epsilon) = \frac{1}{\epsilon} + \sum_{j=0}^{\infty} \frac{\epsilon^j}{j!}\left(\int_1^{k_2} t^{-1}\bar{v}(t,k_1,k_2)\log^j t\, dt\right). \tag{4.7.32}$$

下面研究求积公式的误差展开式. 根据 (4.7.23),定义无限和

$$S^m(\beta_1,\beta_2)f^{[1]} = \frac{1}{m^2}\sum_{j_1=0}^{\infty}\sum_{j_2=0}^{\infty} f^{[1]}\left(\frac{j_1+\beta_1}{m},\frac{j_2+\beta_2}{m}\right). \tag{4.7.33}$$

若此和收敛,则该和为正常积分

$$M[f^{[1]};1,1] = \int_0^\infty \int_0^\infty f^{[1]}(x_1,x_2)dx_1 dx_2, \tag{4.7.34}$$

利用 Mellin 逆变换,有

$$\begin{aligned}&S^m(\beta_1,\beta_2)f^{[1]}\\&=\frac{1}{(2\pi i)^2}\int_{c_1-\infty i}^{c_1+\infty i}\int_{c_2-\infty i}^{c_2+\infty i} M(f^{[1]};p_1,p_2)\zeta(p_1,\beta_1)\zeta(p_2,\beta_2)m^{p_1+p_2-2}dp_1 dp_2,\end{aligned} \tag{4.7.35}$$

其中 $\zeta(p,x)=\sum_{k=0}^{\infty}(x+k)^{-p}$,$x\in(0,1]$,$p>1$,是 Riemann Zeta 函数,被积函数在 $p_1=p_2=1$ 处有一阶极点且留数为 $M(f^{[1]};1,1)$,积分路径沿着 $\text{Re}(p_1)=c_1$ 和 $\text{Re}(p_2)=c_2$,这就暗示 $M(f^{[1]};p_1,p_2)$ 的极点在 $\text{Re}(p_1)=c_1$ 和 $\text{Re}(p_2)=c_2$ 的左边,根据引理 4.7.3 和引理 4.7.4,能够获得 $f^{[1]}$ 和 $f^{[2]}$ 的极点且发现

$$c_1>1, c_2>1;\quad c_1>-\alpha_1;\quad c_2>-\alpha_2;\quad c_1+c_2>-(\alpha_1+\alpha_2+\rho). \tag{4.7.36}$$

选择 $c_2'<\min(1,-(p_1+\alpha_1+\alpha_2+\rho))$,我们有

$$\begin{aligned}&\frac{1}{2\pi i}\int_{c_2-\infty i}^{c_2+\infty i} M(f^{[1]};p_1,p_2)\zeta(p_2,\beta_2)m^{p_2-1}dp_2\\&=M[f^{[1]};p_1,1]+\frac{\zeta(-(\alpha_1+\alpha_2+\rho+p_1),\beta_2)M_t(t^{\alpha_1}r_\rho(t,1)v_0(t),p_1)}{m^{(\alpha_1+\alpha_2+\rho+p_1)+1}}\\&\quad+\frac{1}{2\pi i}\int_{c_2'-\infty i}^{c_2'+\infty i} M(f^{[1]};p_1,p_2)\zeta(p_2,\beta_2)m^{p_2-1}dp_2.\end{aligned} \tag{4.7.37}$$

然而,若 $p_1$ 是 $M(f^{[1]};p_1,p_2)$ 的极点,则该式无效,这种情况后面作讨论. 因为我们选择 $c_2'$ 是任意大负数,从而该积分的后一项积分消失.

把 (4.7.37) 代入 (4.7.35) 有

$$\begin{aligned}&S^m(\beta_1,\beta_2)f^{[1]}\\&=\frac{1}{2\pi\mathrm{i}}\int_{c_1-\infty\mathrm{i}}^{c_1+\infty\mathrm{i}}M(f^{[1]};p_1,1)\zeta(p_1,\beta_1)m^{p_1-1}dp_1+\frac{1}{2\pi\mathrm{i}}\int_{c_1-\infty\mathrm{i}}^{c_1+\infty\mathrm{i}}\zeta(p_1,\beta_1)\\&\quad\times\frac{\zeta(-(\alpha_1+\alpha_2+\rho+p_1),\beta_2)M_t(t^{\alpha_1}r_\rho(t,1)v_0(t),p_1)}{m^{\alpha_1+\alpha_2+\rho+p_1+2}}dp_1\\&\quad+\frac{1}{(2\pi\mathrm{i})^2}\int_{c_1-\infty\mathrm{i}}^{c_1+\infty\mathrm{i}}\int_{c_2'-\infty\mathrm{i}}^{c_2'+\infty\mathrm{i}}M(f^{[1]};p_1,p_2)\zeta(p_1,\beta_1)\zeta(p_2,\beta_2)m^{p_1+p_2-2}dp_1dp_2.\end{aligned}$$
(4.7.38)

因为上式右边第二项的积分与 $m$ 有关,而与 $p_1$ 无关,于是可设

$$\begin{aligned}&A^{[1,0]}_{\alpha_1+\alpha_2+\rho+p_1+2}\\&=\frac{1}{2\pi\mathrm{i}}\int_{c_1-\infty\mathrm{i}}^{c_1+\infty\mathrm{i}}\zeta(p_1,\beta_1)\zeta(-(\alpha_1+\alpha_2+\rho+p_1),\beta_2)M_t(t^{\alpha_1}r_\rho(t,1)v_0(t),p_1)dp_1,\end{aligned}$$
(4.7.39)

从而 (4.7.38) 变为

$$\begin{aligned}&S^m(\beta_1,\beta_2)f^{[1]}\\&=\frac{1}{2\pi\mathrm{i}}\int_{c_1-\infty\mathrm{i}}^{c_1+\infty\mathrm{i}}M(f^{[1]};p_1,1)\zeta(p_1,\beta_1)m^{p_1-1}dp_1+\frac{A^{[1,0]}_{\alpha_1+\alpha_2+\rho+p_1+2}}{m^{\alpha_1+\alpha_2+\rho+p_1+2}}\\&\quad+\frac{1}{(2\pi\mathrm{i})^2}\int_{c_1-\infty\mathrm{i}}^{c_1+\infty\mathrm{i}}\int_{c_2'-\infty\mathrm{i}}^{c_2'+\infty\mathrm{i}}M(f^{[1]};p_1,p_2)\zeta(p_1,\beta_1)\zeta(p_2,\beta_2)m^{p_1+p_2-2}dp_1dp_2.\end{aligned}$$
(4.7.40)

向左边移动上式右边的第一项积分路径 $\operatorname{Re}p_1$ 到 $\operatorname{Re}p_1=c'<c_1$,增加了被积函数 $\Phi^{[1]}(p_1):=M(f^{[1]};p_1,1)\zeta(p_1,\beta_1)m^{p_1-1}$ 的极点 $P_i$ 的留数 $R_i$,故

$$\begin{aligned}&\frac{1}{2\pi\mathrm{i}}\int_{c_1-\infty\mathrm{i}}^{c_1+\infty\mathrm{i}}M(f^{[1]};p_1,1)\zeta(p_1,\beta_1)m^{p_1-1}dp_1\\&=\sum_{P_i>c_1'}R_i+\frac{1}{2\pi\mathrm{i}}\int_{c_1'-\infty\mathrm{i}}^{c_1'+\infty\mathrm{i}}M(f^{[1]};p_1,1)\zeta(p_1,\beta_1)m^{p_1-1}dp_1.\end{aligned}$$
(4.7.41)

根据定理 4.7.5, 有

$$\Phi^{[1]}(p_1)=:M_t(t^{\alpha_1}r_\rho(t,1)v_0(t),p_1)M_t(t^{\alpha_1+\alpha_2+\rho}\bar{v}(t),p_1+1)\zeta(p_1,\beta_1)m^{p_1-1}.$$
(4.7.42)

Zeta 函数在 $p_1 = p_1^{(0)} = 1$ 处有一阶极点且留数是 $1$; 根据引理 4.7.3 和引理 4.7.4, 第一个 Mellin 变换在 $p_1 = p_1^{(1)}(n_1) = -\alpha_1 - n_1$, $n_1 = 0, 1, \cdots$, 处有简单极点且留数为 $r_\rho^{(n_1,0)}(0,1)/n_1!$; 第二个 Mellin 变换在 $p_1 = p_1^{(2)} = -(\alpha_1 + \alpha_2 + \rho + 1)$ 处有简单极点且留数是 $1$.

**定义 4.7.4** 称参数 $\alpha_1$, $\alpha_2$, $\rho$ 的集合是同类, 当 $\Phi^{[1]}$ 和 $\Phi^{[2]}$ 所有极点都是简单的时, 这里 $\Phi^{[2]}$ 是在 (4.7.42) 中用 $f^{[2]}$ 代替 $f^{[1]}$ 得到的.

**定理 4.7.6** 若以下五个条件没有一个满足:

(1) $\alpha_1 + \alpha_2 + \rho = -2$;

(2) $\alpha_2 + \rho + 2 = m_1$ 为正整数;

(3) $\alpha_1 = -m_2$ 为负整数;

(4) $\alpha_1 + \rho + 2 = m_1'$ 为正整数;

(5) $\alpha_2 = -m_2'$ 为负整数.

那么同类的情形发生.

在定理 4.7.6 的条件下, 有

$$\frac{1}{2\pi i}\int_{c_1-\infty i}^{c_1+\infty i} M(f^{[1]};p_1,1)\zeta(p_1,\beta_1)m^{p_1-1}dp_1$$
$$=M(f^{[1]};1,1) + \sum_{n_1=0}^{N_1}\frac{A^{[1,1]}_{\alpha_1+n_1+1}}{m^{\alpha_1+n_1+1}} + \frac{A^{[1,2]}_{\alpha_1+\alpha_2+\rho+2}}{m^{\alpha_1+\alpha_2+\rho+2}}$$
$$+\frac{1}{2\pi i}\int_{c_1'-\infty i}^{c_1'+\infty i} M(f^{[1]};p_1,1)\zeta(p_1,\beta_1)m^{p_1-1}dp_1, \quad (4.7.43)$$

其中

$$A^{[1,1]}_{\alpha_1+n_1+1} = \frac{r_\rho^{(n_1,0)}(0,1)}{n_1!}M_t(t^{\alpha_1+\alpha_2+\rho}\bar{v}(t), -\alpha_1-n_1+1)\zeta(-\alpha_1-n_1,\beta_1),$$
$$A^{[1,2]}_{\alpha_1+\alpha_2+\rho+2} = M_t(t^{\alpha_1}r_\rho(t,1)v_0(t), -\alpha_1-\alpha_2-\rho-1)\zeta(-\alpha_1-\alpha_2-\rho-1,\beta_1),$$
$$(4.7.44)$$

$N_1$ 是围道 $\mathrm{Re}(p_1) = c_1$ 右边极点的个数. 于是

$$c_1 \in (\alpha_1 - N_1 - 2, \alpha_1 - N_1 - 1).$$

把 (4.7.43) 代入 (4.7.40) 获得

$$S^m(\beta_1,\beta_2)f^{[1]}$$
$$=M(f^{[1]};1,1) + \frac{\bar{A}^{[1]}_{\alpha_1+\alpha_2+\rho+2}}{m^{\alpha_1+\alpha_2+\rho+2}} + \sum_{n_1=0}^{N_1}\frac{A^{[1,1]}_{\alpha_1+n_1+1}}{m^{\alpha_1+n_1+1}}$$
$$+\frac{1}{2\pi i}\int_{c_1'-\infty i}^{c_1'+\infty i} M(f^{[1]};p_1,1)\zeta(p_1,\beta_1)m^{p_1-1}dp_1$$

$$+ \frac{1}{(2\pi i)^2} \int_{c_1-\infty i}^{c_1+\infty i} \int_{c_2'-\infty i}^{c_2'+\infty i} M(f^{[1]};p_1,p_2)\zeta(p_1,\beta_1)\zeta(p_2,\beta_2)m^{p_1+p_2-2}dp_1 dp_2, \tag{4.7.45}$$

且

$$\bar{A}^{[1]}_{\gamma+2} = A^{[1,0]}_{\gamma+2} + A^{[1,2]}_{\gamma+2}.$$

即 (4.7.45) 的渐近展开式为

$$S^m(\beta_1,\beta_2)f^{[1]} \sim M(f^{[1]};1,1) + \frac{\bar{A}^{[1]}_{\alpha_1+\alpha_2+\rho+2}}{m^{\alpha_1+\alpha_2+\rho+2}} + \sum_{n_1=0} \frac{A^{[1,1]}_{\alpha_1+n_1+1}}{m^{\alpha_1+n_1+1}},$$
$$+ O(m^{-p_1+1}) + O(m^{p_1-p_2+2}) \tag{4.7.46}$$

其中

$$f^{[1]}(x_1,x_2) = x_1^{\alpha_1} x_2^{\alpha_2} r_\rho(x_1,x_2) N^{[1]}(x_1,x_2).$$

用同样的方法可推出

$$f^{[2]}(x_1,x_2) = x_1^{\alpha_1} x_2^{\alpha_2} r_\rho(x_1,x_2) N^{[2]}(x_1,x_2)$$

的渐近展开式

$$S^m(\beta_1,\beta_2)f^{[2]} \sim M(f^{[2]};1,1) + \frac{\bar{A}^{[2]}_{\alpha_1+\alpha_2+\rho+2}}{m^{\alpha_1+\alpha_2+\rho+2}} + \sum_{n_2=0} \frac{A^{[2,1]}_{\alpha_1+n_2+1}}{m^{\alpha_2+n_2+1}}.$$
$$+ O(m^{-p_2+1}) + O(m^{-p_1-p+2}) \tag{4.7.47}$$

**定理 4.7.7** 假设参数 $\alpha_1$, $\alpha_2$ 和 $\rho$ 的集合是同类的，若 $S^m(\beta_1,\beta_2)f$ 由 (4.7.33) 对函数 $f(x_1,x_2) = x_1^{\alpha_1} x_2^{\alpha_2} r_\rho(x_1,x_2) N(x_1,x_2)$, $(x_1,x_2) \in [0,\infty)^2$, 定义梯形公式, 那么存在渐近展开式

$$S^m(\beta_1,\beta_2)f \sim M(f;1,1) + \frac{A^{[0]}_{\alpha_1+\alpha_2+\rho+2}}{m^{\alpha_1+\alpha_2+\rho+2}} + \sum_{n_1=0} \frac{A^{[1,1]}_{\alpha_1+n_1+1}}{m^{\alpha_1+n_1+1}} + \sum_{n_2=0} \frac{A^{[2,1]}_{\alpha_2+n_2+1}}{m^{\alpha_2+n_2+1}},$$
$$+ O(m^{-p_1+1}) + O(m^{-p_2+1}) + O(m^{-p_1-p_2+2}) \tag{4.7.48}$$

这里

$$M(f;1,1) = M(f^{[1]};1,1) + M(f^{[2]};1,1),$$
$$A^{[0]}_{\gamma+2} = \bar{A}^{[1]}_{\gamma+2} + \bar{A}^{[2]}_{\gamma+2} = A^{[1,0]}_{\gamma+2} + A^{[1,2]}_{\gamma+2} + A^{[2,0]}_{\gamma+2} + A^{[2,2]}_{\gamma+2}. \tag{4.7.49}$$

## 4.7 二维混合超奇异积分的误差渐近展开式

**4. 定义在 $[0,1]^2$ 上的超奇异积分的渐近展开式**

下面来讨论函数 $f(x_1, x_2) = x_1^{\alpha_1} x_2^{\alpha_2} r_\rho(x_1, x_2) N(x_1, x_2)$, $(x_1, x_2) \in [0,1]^2$ 的渐近展开式.

定义
$$\bar{H}_{0,0} = [0,1)^2; \quad H_{p,q} = [p, \infty) \times [q, \infty); \quad p, q = 0, 1. \tag{4.7.50}$$

特别地,
$$H_{0,0} = [0, \infty)^2; H_{0,1} = [0, \infty) \times [1, \infty); H_{1,0} = [1, \infty) \times [0, \infty); H_{1,1} = [1, \infty)^2.$$

根据 (4.7.33), 有
$$S^m(H_{p,q})f = \frac{1}{m^2} \sum_{j_1=mp}^{\infty} \sum_{j_2=mq}^{\infty} f\left(\frac{j_1 + \beta_1}{m}, \frac{j_2 + \beta_2}{m}\right), \quad p, q = 0, 1, \tag{4.7.51}$$

$$S^m(\bar{H}_{0,0})f = \frac{1}{m^2} \sum_{j_1=0}^{m-1} \sum_{j_2=0}^{m-1} f\left(\frac{j_1 + \beta_1}{m}, \frac{j_2 + \beta_2}{m}\right), \tag{4.7.52}$$

从而在 $\bar{H}_{0,0}$ 的和可表示成
$$S^m(\bar{H}_{0,0})f = S^m(H_{0,0})f - S^m(H_{0,1})f - S^m(H_{1,0})f + S^m(H_{1,1})f. \tag{4.7.53}$$

在 (4.7.53) 中 $S^m(H_{0,1})f$ 和 $S^m(H_{1,0})f$ 是一维奇异积分的离散和, 可得到它们的渐近展开式, $S^m(H_{1,1})f$ 可直接利用 Euler-Maclaurin 展开式, 从而能够获得 $S^m(\bar{H}_{0,0})f$ 的展开式.

在数值积分中, 我们更需要函数 $f(x_1, x_2)g(x_1, x_2)$ 的渐近展开式, 其中 $g(x_1, x_2)$ 是光滑函数, $f(x_1, x_2)$ 是由 (4.7.2) 定义的. 利用 Taylor 展开式, 把 $g(x_1, x_2)$ 关于 $x_1$, $x_2$ 在 $(0,0)$ 点展开, 然后对每一项利用定理 4.7.7 的结果, 可获得 $f(x_1, x_2)g(x_1, x_2)$ 的渐近展开式.

**定理 4.7.8** 假设参数 $\alpha_1$, $\alpha_2$ 和 $\rho$ 的集合是同类的, 若 $S^m(\bar{H}_{0,0})fg$ 和 $S^m(H_{0,0})fg$ 是分别由 (4.7.52) 和 (4.7.51) 定义在 $[0,1]^2$ 和 $[0, \infty)^2$ 上的积分和, $g(x_1, x_2)$ 是光滑函数, $f(x_1, x_2) = x_1^{\alpha_1} x_2^{\alpha_2} r_\rho(x_1, x_2) N(x_1, x_2)$, $(x_1, x_2) \in [0,1]^2$, 那么存在 $S^m fg$ 关于 $m$ 幂 $A_\gamma / m^\gamma$ 的渐近展开式, 其中 $\gamma$ 为下列情况:

(1) $\gamma = 0$;

(2) $\gamma = s; s = 1, 2, 3, \cdots$;

(3) $\gamma = \alpha_2 + 1 + n_1; n_1 = 0, 1, 2, \cdots$;

(4) $\gamma = \alpha_1 + 1 + n_2; n_2 = 0, 1, 2, \cdots$;

(5) $\gamma = \alpha_1 + \alpha_2 + \rho + 2 + n; n = 0, 1, 2, \cdots$.

**5. 进一步考察系数**

现在我们来讨论这些展开式的系数，首先给出下面定理.

**定理 4.7.9** 设 $f(x_1, x_2)$ 是 $C^p([0, \infty)^2)$ 内的许可函数，$S^m(\beta_1, \beta_2)f$ 是由 (4.7.33) 定义的积分和，那么有下列渐近展开式：

$$S^m(\beta_1, \beta_2)f = M(f; 1, 1) + \sum_{s=1}^{p-1} \frac{B_s}{m^s} + R_p, \qquad (4.7.54)$$

这里 $B_s$ 是与 $m$ 无关且 $R_p = O(m^{-p})$.

该结果可直接利用 Euler-Maclaurin 展开式得到，其中

$$B_s = \sum_{k=0}^{s} c_k(\beta_1) c_{s-k}(\beta_2) \int_0^\infty \int_0^\infty f^{(k, s-k)}(x_1, x_2) dx_1 dx_2, \qquad (4.7.55)$$

且

$$c_k(\beta) = \frac{-\zeta(-k+1, \beta)}{(k-1)!} = \frac{B_k(\beta)}{k!}, \qquad (4.7.56)$$

这里 $B_k(\beta)$ 是 Bernoulli 多项式，若 $f$ 是高阶连续可导，有

$$B_s = -c_s(\beta_1) \int_0^\infty f^{(s-1, 0)}(0, x_2) dx_2 - c_s(\beta_2) \int_0^\infty f^{(0, s-1)}(x_1, 0) dx_1$$
$$+ \sum_{k=1}^{s-1} c_k(\beta_1) c_{s-k}(\beta_2) f^{(k-1, s-k-1)}(0, 0). \qquad (4.7.57)$$

简单的中立型函数，当 $0 \leqslant x_1 \leqslant k_1 k_0^{-1}, 0 \leqslant x_2 \leqslant k_1 k_0^{-1}$ 时，

$$\bar{N}(x_1, x_2) = \bar{v}(x_1, k_1, k_2) \bar{v}(x_2, k_1, k_2) \qquad (4.7.58)$$

奇异函数

$$f(x_1, x_2) = x_1^{\alpha_1} x_2^{\alpha_2} r_\rho(x_1, x_2) g(x_1, x_2) N(x_1, x_2) \qquad (4.7.59)$$

和

$$\bar{f}(x_1, x_2) = x_1^{\alpha_1} x_2^{\alpha_2} r_\rho(x_1, x_2) g(x_1, x_2) \bar{N}(x_1, x_2) \qquad (4.7.60)$$

是定义在沿着坐标轴的带形区域内且属于 $C^\infty([k_1 k_0^{-1}, \infty))^2$，然而 $f(x_1, x_2) - \bar{f}(x_1, x_2) \in C^\infty([0, \infty)^2)$，从而定理 4.7.9 可应用，于是获得以下定理.

**定理 4.7.10** 若 $\bar{N}(x_1, x_2)$ 代替 $f(x_1, x_2)$ 中的 $N(x_1, x_2)$，则定理 4.7.7 依然成立.

## 4.7 二维混合超奇异积分的误差渐近展开式

当 $\bar{N}(x_1, x_2)$ 代替 $N(x_1, x_2)$ 时, 虽然 $S^{(m)}f$ 和 $M(f; 1, 1)$ 发生变化, 但是展开式的系数不变, 且 $A_\gamma^{[j,1]}$ 与 $v_0$ 无关, 仅 $A_\gamma^{(0)}$ 的几项与 $v_0$ 有关. 在 (4.7.48) 中的 $A_\gamma^{[1,1]}$ 涉及的中立型函数 $N$, 根据定理 4.7.10, 可用 $\bar{N}(x_1, x_2)$ 代替 $N(x_1, x_2)$. 置

$$h_1(x_1, x_2) = x_1^{-\alpha_1} f(x_1, x_2) = x_2^{\alpha_2} r_\rho(x_1, x_2) \bar{v}(x_1) \bar{v}(x_2). \tag{4.7.61}$$

**引理 4.7.5** $h_1(x_1, x_2)$ 的 $n_1$ 阶导数为

$$h_1^{(n_1,0)}(0, x_2) = r_\rho^{(n_1,0)}(0, x_2) x_2^{\alpha_2} \bar{v}(x_2) = r_\rho^{(n_1,0)}(0, 1) x_2^{\alpha_2+\rho-n_1} \bar{v}(x_2). \tag{4.7.62}$$

**证明** 对 (4.7.61) 关于 $x_1$ 求 $n_1$ 阶导数, 因当 $\mu > 0$ 时, $\bar{v}^{(\mu)}(0) = 0$; 和当 $x_1 = 0$ 时, 乘积项仅有一项, 即为 (4.7.62) 中间部分, 而 $r_\rho^{(n_1,0)}(0, x_2)$ 是关于 $x_2$ 的次数为 $\rho - n_1$ 的齐次函数. □

利用该引理可简化系数,

$$A_{\alpha_1+n_1+1}^{[1,1]} = \frac{\zeta(-\alpha_1 - n_1, \beta_1)}{n_1!} M_t(r_\rho^{(n_1,0)}(0, 1) t^{\alpha_2+\rho-n_1} \bar{v}(t), 1)$$

$$= \frac{\zeta(-\alpha_1 - n_1, \beta_1)}{n_1!} M_t(h_1^{(n_1,0)}(0, t), 1). \tag{4.7.63}$$

若 $\alpha_2 + \rho - n_1 > -1$, (4.7.63) 最后部分是正常积分, 否则除了 $\alpha_2 + \rho - n_1$ 为负整数外, 该部分是 HFP 积分.

**定理 4.7.11** 若 $r_\rho(x_1, x_2) = 1$, $\rho = 0$, $f(x_1, x_2) = x_1^{\alpha_1} x_2^{\alpha_2} \bar{v}(x_1) \bar{v}(x_2)$, 且 $\alpha_1 \neq -1$, $\alpha_2 \neq -1$, $\alpha_1 + \alpha_2 \neq -2$, 那么对所有的 $p$, 有

$$S^{(m)}(\beta_1, \beta_2)f = M(f; 1, 1) + \frac{A_{\alpha_1+\alpha_2+2}^{[0]}}{m^{\alpha_1+\alpha_2+2}} + \frac{A_{\alpha_1+1}^{[1,1]}}{m^{\alpha_1+1}} + \frac{A_{\alpha_1+1}^{[2,1]}}{m^{\alpha_1+1}} + O(m^{-p}), \tag{4.7.64}$$

这里

$$A_{\alpha_1+1}^{[1,1]} = M_t(t^{\alpha_2} \bar{v}(t), 1) \zeta(-\alpha_1, \beta_1); \quad A_{\alpha_1+1}^{[2,1]} = M_t(t^{\alpha_1} \bar{v}(t), 1) \zeta(-\alpha_2, \beta_2), \tag{4.7.65}$$

$$A_{\alpha_1+\alpha_2+2}^{[0]} = \zeta(-\alpha_1, \beta_1) \zeta(-\alpha_2, \beta_2). \tag{4.7.66}$$

该定理给出了乘积型 HFP 积分的渐近展开式, 也可以直接运用一维 HFP 积分的渐近展开式得到.

**定理 4.7.12** 若 $\alpha_1 = 0$, $\alpha_2 = 0$, $f(x_1, x_2) = r_\rho(x_1, x_2) \bar{v}(x_1) \bar{v}(x_2)$, 且 $\rho + 2$ 不是负整数, 那么有

$$S^{(m)}(\beta_1, \beta_2)f = M(f; 1, 1) + \frac{A_{\rho+2}^{[0]}}{m^{\rho+2}} + \sum_{\mu=1} \frac{B_\mu}{m^\mu}, \tag{4.7.67}$$

这里

$$B_\mu = A_\mu^{[1,1]} + A_\mu^{[2,1]}$$
$$= \frac{\zeta(-\mu+1,\beta_1)}{(\mu-1)!} M_t(f^{(\mu-1,0)}(0,t),1) + \frac{\zeta(-\mu+1,\beta_2)}{(\mu-1)!} M_t(f^{(0,\mu-1)}(t,0),1)$$
$$= -c_\mu(\beta_1) \int_0^\infty f^{(\mu-1,0)}(0,x_2)dx_2 - c_\mu(\beta_2) \int_0^\infty f^{(0,\mu-1)}(x_1,0)dx_1. \quad (4.7.68)$$

这种情况在工程边界元经常出现.

**引理 4.7.6** 在定理 4.7.12 的假设条件下, 若 $\mu_1, \mu_2$ 和 $\mu$ 是整数, 且 $\rho - \mu \neq -2$, 那么

$$\int_0^\infty \int_0^\infty f^{(\mu_1,\mu_2)}(x_1,x_2)dx_1dx_2 = 0, \quad (4.7.69)$$

$$\int_0^\infty \int_0^\infty f^{(0,\mu)}(x_1,x_2)dx_1dx_2 = \int_0^\infty f^{(0,\mu-1)}(x_1,0)dx_1. \quad (4.7.70)$$

根据该引理, 我们有

$$B_\mu = \sum_{k=0}^\mu c_k(\beta_1) c_{\mu-k}(\beta_2) \left( \mathrm{p \cdot f} \int_0^\infty \int_0^\infty f^{(k,\mu-k)}(x_1,x_2)dx_1dx_2 \right). \quad (4.7.71)$$

**定理 4.7.13** 若 $\alpha_1 = 0$, $\alpha_2 = 0$, $f(x_1,x_2) = r_\rho(x_1,x_2)\bar{v}(x_1)\bar{v}(x_2)$, $(x_1, x_2) \in \bar{H}_{0,0} = [0,1]^2$, 当 $\rho + 2$ 不是负整数时, 那么

$$S^{(m)}(\bar{H}_{0,0})f \sim M(f;1,1) + \frac{A_{\rho+2}^{[0]}}{m^{\rho+2}} + \sum_{\mu=1} \frac{B_\mu}{m^\mu}, \quad (4.7.72)$$

其中

$$B_\mu = \sum_{k=0}^\mu c_k(\beta_1) c_{\mu-k}(\beta_2) \int_0^1 \int_0^1 f^{(k,\mu-k)}(x_1,x_2)dx_1dx_2 \quad (4.7.73)$$

和 $A_{\rho+2}^{[0]}$ 是由 (4.7.68) 确定.

若参数 $\alpha_1, \alpha_2$ 和 $\rho$ 的集合不是同类, 即某些极点不是简单极点, 留数需要进一步计算, 下面仅处理 $f^{[1]}$, 对 $f^{[2]}$ 的处理类似. 若在 (4.7.42) 中极点的 $p_1^{(j)}$ 有两个或更多的一致, 那么有下列关系:

(1) 对某些非负整数 $\bar{n}_1$, $p^{(0)} = p^{(1)} = p^{(1)}(\bar{n}_1)$;

(2) 对所有非负整数 $n$, $p^{(0)} = p^{(1)} \neq p^{(1)}(\bar{n}_1)$;

(3) 对某些非负整数 $\bar{n}_3$, $p^{(0)} = p^{(1)}(\bar{n}_3) \neq p^{(2)}$;

(4) 对某些非负整数 $\bar{n}_4$, $p^{(2)} = p^{(1)}(\bar{n}_4) \neq p^{(0)}$.

## 4.7 二维混合超奇异积分的误差渐近展开式

情形 (1) 是三重极点, $\Phi^{[1]}$ 其他极点都是简单的; 情形 (2) 是二重极点, $\Phi^{[1]}$ 其他极点都是简单的; 情形 (3) 和情形 (4) 也是二重极点, 当 $\bar{n}_3 \neq \bar{n}_4$ 时, 两种情形都发生, 或者只有一种情形发生, $\Phi^{[1]}$ 其他极点都是简单的. 注意当 $p^{(0)} = 1$ 时, 在表达式中给出了这一项 $M(f^{[1]}; 1, 1)$. 在 (4.7.42) 中, $\Phi^{[1]}(p)$ 可重新表示为 $\Phi^{[1]}(p) = G(p)m^{p-1}$, 且 $G(p)$ 包含着极点 $p = P_i$. 因为 $G(p)$ 的极点没有超过三阶, 利用 Laurent 级数在任意极点 $P$ 处展开得到

$$G(p) = c_{-3}(p-P)^{-3} + c_{-2}(p-P)^{-2} + c_{-1}(p-P)^{-1} + c_0 + \cdots. \qquad (4.7.74)$$

当 $P$ 是二重极点时, $c_{-3} = 0$; 当 $P$ 是简单极点时, $c_{-3} = c_{-2} = 0$. $\Phi^{[1]}$ 的因子 $m^{p-1}$ 可表示为

$$\begin{aligned} m^{p-1} &= m^{P-1} \exp((p-P)\log m) \\ &= m^{P-1}(1 + (p-P)\log m + ((p-P)\log m)^2/2 + \cdots). \end{aligned} \qquad (4.7.75)$$

$\Phi^{[1]}(p) = G(p)m^{p-1}$ 在极点 $p = P$ 的留数是上述两个表达式的乘积的 $(p-P)^{-1}$ 的系数, 即

$$R = (c_{-3}(\log m)^2/2 + c_{-2}(\log m) + c_{-1})/m^{1-P}. \qquad (4.7.76)$$

公式 (4.7.48) 需要修改, 若 $P$ 是一个二重极点, 这种形式 $A_{1-P}/m^{1-p}$ 的二项不确定, 此时的留数有 (4.7.76) 这种形式且 $c_{-3} = 0$, 此时不确定的项应该由 $(C_{1-P}\log m + D_{1-P})/m^{1-p}$ 代替; 若 $P$ 是一个三重极点, 只有当 $P = 1$ 时发生时, 不确定的项应该由 $C_0'(\log m)^2 + C_0\log m + D_0$ 代替.

6. 数值算例

在这些算例中, 积分区域为 $(0,1)^2$, 使用中点公式 ($\beta_1 = \beta_2 = 1/2$), 网点为 $m_1$, $m_2, \cdots, m_k$, 函数值计算数不超过 $\sum w = \sum_{i=1}^k m_i^2$.

**算例 4.7.1**[139] 计算

$$I(f) = \int_0^1 \int_0^1 (x_1 x_2)^{-3/2} dx_1 dx_2.$$

取 $m_j = 4, 7, 10, 13, \cdots, 28$. 在定理 4.7.7 条件下, 有渐近展开式

$$Q^{(m)}f \sim A_{-1}m + A_{-1/2}m^{1/2} + A_0 + \sum_{j=0} \frac{A_{j/2}}{m^{j/2}}. \qquad (4.7.77)$$

因为 $f(x_1 x_2) = (x_1 x_2)^{-3/2} g(x_1 x_2)$ 且 $g(x_1 x_2) = 1$, 展开式中有许多项为零, 从而有

$$Q^{(m)}f \sim A_{-1}m + A_{-1/2}m^{1/2} + \hat{A}_0 + \sum_{k=1}\left(\frac{A_{2k-1/2}}{m^{2k-1/2}} + \frac{A_{2k}}{m^{2k}}\right). \qquad (4.7.78)$$

精确解 $I(f) = 4 = A_0$.

表 4.7.1 中的第五、六列分别根据 (4.7.77), (4.7.78) 计算的结果, 最后一行是当 $m = 28$ 时计算的条件数. 表 4.7.1 的数据表明, 利用求积公式计算效果很差, 但是再使用外推效果特别好.

表 4.7.1　算例 4.7.1 的数值结果

| $m$ | $w$ | $\sum w$ | $Q^{(m)}f$ | $A_0$ | $\hat{A}_0$ |
|---|---|---|---|---|---|
| 4 | 14 | 16 | 57.10 | | |
| 7 | 49 | 65 | 113.18 | | |
| 10 | 100 | 165 | 171.75 | $0.4279947 \times 10$ | $0.4279947 \times 10$ |
| 13 | 169 | 334 | 231.72 | $0.3643213 \times 10$ | $0.4027182 \times 10$ |
| 16 | 256 | 590 | 292.62 | $0.4048171 \times 10$ | $0.3998226 \times 10$ |
| 19 | 361 | 951 | 354.21 | $0.4062080 \times 10$ | $0.3999871 \times 10$ |
| 22 | 484 | 1435 | 416.32 | $0.3991173 \times 10$ | $0.4000007 \times 10$ |
| 25 | 629 | 2064 | 478.85 | $0.4000613 \times 10$ | $0.4000001 \times 10$ |
| 28 | 784 | 2848 | 541.73 | $0.4000711 \times 10$ | $0.4000000 \times 10$ |
| Cond | | | | $5.3 \times 10^5$ | $3.6 \times 10^7$ |

**算例 4.7.2**[139]　计算积分

$$I(f) = \int_0^1 \int_0^1 r^{-2} dx_1 dx_2 \text{ 且 } r = \sqrt{x_1^2 + x_2^2}.$$

此种情况不是同类, 根据上段理论, 渐近展开式为

$$Q^{(m)}f \sim C_0 \log m + A_0 + \sum_{j=1} \frac{A_j}{m^j}, \qquad (4.7.79)$$

其中对任意的 $\beta_1, \beta_2$ 有 $C_0 = \pi/2$, $A_0$ 与 $\beta_1, \beta_2$ 有关. 算例的计算的数值结果列在表 4.7.2 中.

**算例 4.7.3**[139]　计算积分

$$I(f) = \int_0^1 \int_0^1 r^{-3} dx_1 dx_2 \text{ 且 } r = \sqrt{x_1^2 + x_2^2}.$$

这种情况是同类, 但 $f(x_1 x_2) = r^{-3} x_1$ 不是同类. 精确解 $I(f) = A_0 = -\sqrt{2}$, 而求积公式的渐近展开式为

$$Q^{(m)}f \sim A_{-1}m + A_0 + \sum_{j=1} \frac{A_j}{m^j}. \qquad (4.7.80)$$

## 4.7 二维混合超奇异积分的误差渐近展开式

算例 4.7.2 是二维 Cauchy 奇异积分, 算例 4.7.3 是二维超奇异积分, 从表 4.7.1 和表 4.7.2 的数值结果看出, 这与理论一致.

表 4.7.2　算例 4.7.2 和算例 4.7.3 的数值结果

| | | | 算例 4.7.2 | | 算例 4.7.3 | |
|---|---|---|---|---|---|---|
| $m$ | $w$ | $\sum w$ | $Q^{(m)}f$ | $A_0$ | $Q^{(m)}f$ | $A_0$ |
| 1 | 1 | 1 | 2.00 | | 2.83 | |
| 2 | 4 | 5 | 3.02 | 2.000000 | 6.88 | $-1.221442$ |
| 3 | 9 | 14 | 3.65 | 1.916538 | 10.99 | $-1.397090$ |
| 4 | 16 | 30 | 4.09 | 1.908571 | 15.11 | $-1.412839$ |
| 5 | 25 | 55 | 4.44 | 1.907900 | 19.24 | $-1.414188$ |
| 6 | 36 | 91 | 4.73 | 1.907868 | 23.37 | $-1.414208$ |
| 7 | 49 | 140 | 4.97 | 1.907866 | 27.50 | $-1.414213$ |
| Cond | | | | 935 | | 361 |

### 4.7.2　原点为奇点的超奇异积分的误差多参数渐近展开式

本节借助上段的方法来推导 (4.7.2) 的多参数渐近展开式, 利用 Mellin 变换有

$$f\left(\frac{i+\beta_1}{m}, \frac{j+\beta_2}{n}\right)$$
$$= \frac{1}{(2\pi i)^2} \int_{c_1-i\infty}^{c_1+i\infty} \int_{c_2-i\infty}^{c_2+i\infty} M(f;p_1,p_2) \left(\frac{i+\beta_1}{m}\right)^{-p_1} \left(\frac{j+\beta_2}{n}\right)^{-p_2} dp_1 dp_2,$$

从而可得

$$S^{(m,n)}(\beta_1,\beta_2)f = \frac{1}{mn} \sum_{i=0}^{\infty} \sum_{j=0}^{\infty} f\left(\frac{i+\beta_1}{m}, \frac{j+\beta_2}{n}\right)$$
$$= \frac{1}{(2\pi i)^2} \int_{c_1-i\infty}^{c_1+i\infty} \int_{c_2-i\infty}^{c_2+i\infty} M(f;p_1,p_2) \zeta(p_1,\beta_1) \zeta(p_2,\beta_2) m^{p_1-1} n^{p_2-1} dp_1 dp_2$$
$$= \frac{1}{2\pi i} \int_{c_1-i\infty}^{c_1+i\infty} \left\{ \frac{1}{2\pi i} \int_{c_2-i\infty}^{c_2+i\infty} M(f;p_1,p_2) \zeta(p_2,\beta_2) n^{p_2-1} dp_2 \right\}$$
$$\cdot \zeta(p_1,\beta_1) m^{p_1-1} dp_1. \tag{4.7.81}$$

若 $f(x_1,x_2) = x_1^{\alpha_1} x_2^{\alpha_2} r_\rho(x_1,x_2) N(x_1,x_2)$ 和 $\alpha_1, \alpha_2, \alpha_1+\rho, \alpha_2+\rho, \alpha_1+\alpha_2+\rho$ 都不是负整数, 那么有

$$M(f(x_1,x_2);p_1,p_2) = M(f^{[1]};p_1,p_2) + M(f^{[2]};p_1,p_2), \tag{4.7.82}$$

其中

$$f^{[1]}(x_1,x_2) = x_2^{\rho+\alpha_2} r_\rho(x_1/x_2, 1) N^{[1]}(x_1,x_2)$$

和
$$f^{[2]}(x_1, x_2) = x_1^{\rho+\alpha_1} r_\rho(1, x_2/x_1) N^{[2]}(x_1, x_2).$$

采用 Duffy 变换，置 $y_1 = x_1/x_2$ 和 $y_2 = x_2$，我们得到
$$f^{[1]}(y_1 y_2, y_2) = y_2^{\rho+\alpha_2} r_\rho(y_1, 1) N^{[1]}(y_1 y_2, y_2) = y_2^{\rho+\alpha_2} r_\rho(y_1, 1) v_0(y_1) \bar{v}(y_2)$$

同样置 $y_1 = x_1$ 和 $y_2 = x_2/x_1$，有
$$f^{[2]}(y_1, y_1 y_2) = y_1^{\rho+\alpha_1} r_\rho(1, y_2) N^{[1]}(y_1, y_1 y_2) = y_1^{\rho+\alpha_1} r_\rho(1, y_2) \tilde{v}_0(y_1) \bar{v}(y_2).$$

根据 Mellin 变换有
$$M(f^{[1]}; p_1, p_2) = M(r_\rho(y_1, 1) v_0(y_1), p_1) M(y_2^\rho \bar{v}(y_2), p_2) \tag{4.7.83}$$

和
$$M(f^{[2]}; p_1, p_2) = M(y_1^\rho \tilde{v}_0(y_1), p_1) M(r_\rho(1, y_2) \bar{v}(y_2), p_2), \tag{4.7.84}$$

这里中立型函数 $v(x)$, $\bar{v}(x)$, $v_0(x)$ 和 $\tilde{v}_0(x)$ 的定义与上段一致，从而可获得
$$\frac{1}{2\pi i} \int_{c_1-i\infty}^{c_1+i\infty} \left\{ \frac{1}{2\pi i} \int_{c_2-i\infty}^{c_2+i\infty} M(f(x_1, x_2); p_1, p_2) \zeta(p_2, \right.$$
$$\left. \cdot \beta_2) n^{p_2-1} dp_2 \right\} \zeta(p_1, \beta_1) m^{p_1-1} dp_1 \tag{4.7.85}$$
$$= I_1 + I_2,$$

其中
$$I_1 = \frac{1}{2\pi i} \int_{c_1-i\infty}^{c_1+i\infty} \left\{ \frac{1}{2\pi i} \int_{c_2-i\infty}^{c_2+i\infty} M(f^{[1]}; p_1, p_2) \zeta(p_2, \beta_2) n^{p_2+\alpha_2-1} dp_2 \right\} \zeta(p_1, \beta_1) m^{p_1-1} dp_1$$
$$= \frac{1}{2\pi i} \int_{c_1-i\infty}^{c_1+i\infty} M(r_\rho(y_1, 1) v_0(y_1), p_1)$$
$$\times \left\{ \frac{1}{2\pi i} \int_{c_2-i\infty}^{c_2+i\infty} M(y_2^\rho \bar{v}(y_2), p_2) \zeta(p_2, \beta_2) n^{p_2+\alpha_2-1} dp_2 \right\} \zeta(p_1, \beta_1) m^{p_1-1} dp_1 \tag{4.7.86a}$$

和
$$I_2 = \frac{1}{2\pi i} \int_{c_1-i\infty}^{c_1+i\infty} \left\{ \frac{1}{2\pi i} \int_{c_2-i\infty}^{c_2+i\infty} M(f^{[2]}; p_1, p_2) \zeta(p_2, \beta_2) n^{p_2-1} dp_2 \right\} \zeta(p_1, \beta_1) m^{p_1+\alpha_1-1} dp_1$$
$$= \frac{1}{2\pi i} \int_{c_1-i\infty}^{c_1+i\infty} M(r_\rho(1, y_2) \bar{v}(y_1), p_2) \zeta(p_2, \beta_2)$$
$$\times \left\{ \frac{1}{2\pi i} \int_{c_2-i\infty}^{c_2+i\infty} M(y_1^\rho \tilde{v}_0(y_1), p_1) \zeta(p_1, \beta_2) m^{p_1+\alpha_1-1} dp_1 \right\} n^{p_2-1} dp_2. \tag{4.7.86b}$$

## 4.7 二维混合超奇异积分的误差渐近展开式

利用引理 4.7.2 和引理 4.7.3 来计算 $I_1$ 和 $I_2$. 因为 $\zeta(p_2,\beta_2)$ 仅有一个单极点 $p_2 = 1$ 且留数是 1, $M(y_2^\rho \bar{v}(y_2), p_2)$ 也仅有一个单极点 $p_2 = -\rho - \alpha_2$ 且留数是 1, 故

$$\frac{1}{2\pi i}\int_{c_2-i\infty}^{c_2+i\infty} M(y_2^\rho \bar{v}(y_2), p_2)\zeta(p_2,\beta_2)n^{p_2-1}dp_2$$
$$=M(y_2^\rho \bar{v}(y_2), 1) + \frac{\zeta(-\rho-\alpha_2,\beta_2)}{n^{\rho+1}}$$
$$+ \frac{1}{2\pi i}\int_{c_2'-i\infty}^{c_2'+i\infty} M(y_2^\rho \bar{v}(y_2), p_2)\zeta(p_2,\beta_2)n^{p_2+\alpha_2-1}dp_2 \tag{4.7.87}$$

和

$$I_1 = I_{11} + I_{12} + I_{13}$$

这里

$$I_{11} = \frac{1}{2\pi i}\int_{c_1-i\infty}^{c_1+i\infty} M(r_\rho(y_1,1)v_0(y_1),p_1)M(y_2^\rho \bar{v}(y_2),1)\zeta(p_1,\beta_1)m^{p_1-1}dp_1,$$
$$I_{12} = \frac{1}{2\pi i}\int_{c_1-i\infty}^{c_1+i\infty} M(r_\rho(y_1,1)v_0(y_1),p_1)\frac{\zeta(-\rho-\alpha_2,\beta_2)}{n^{\rho+1}}\zeta(p_1,\beta_1)m^{p_1-1}dp_1$$

和

$$I_{13} = \frac{1}{2\pi i}\int_{c_1-i\infty}^{c_1+i\infty} M(r_\rho(y_1,1)v_0(y_1),p_1)\zeta(p_1,\beta_1)m^{p_1-1}dp_1$$
$$\times \frac{1}{2\pi i}\left[\int_{c_2'-i\infty}^{c_2'+i\infty} M(y_2^\rho \bar{v}(y_2),p_2)\zeta(p_2,\beta_2)n^{p_2-1}dp_2\right].$$

下面计算 $I_{1i}$, $i = 1, 2, 3$. 因为 $\zeta(p_1,\beta_1)$ 仅有一个单极点 $p_1 = 1$ 且留数是 1, 和 $M(r_\rho(y_1,1)v_0(y_1),p_1)$ 有一个单极点 $p_1 = -n_1$, $n_1 = 0, 1, \cdots, N_1$, 且留数是 $r_\rho^{(n_1,0)}(0,1)/n_1!$. 我们移动积分围道 $\operatorname{Re} p_1 = c_1$ 到左边 $\operatorname{Re} p_1 = c_1' < c_1$. 被积函数 $M(f^{[1]};p_1,1)\zeta(p_1,\beta_1)m^{p_1-1}$ 的每一个极点 $p_i$ 的留数 $R_i$, 于是

$$I_{11} = \frac{1}{2\pi i}\int_{c_1-i\infty}^{c_1+i\infty} M(r_\rho(y_1,1)v_0(y_1),p_1)M(y_2^\rho \bar{v}(y_2),1)\zeta(p_1,\beta_1)m^{p_1-1}dp_1$$
$$= M(f^{[1]};1,1) + \sum_{-n_1>c_1',n_1=0}^{N_1} \frac{r_\rho^{(n_1,0)}(0,1)}{n_1!m^{n_1+1}}\zeta(-n_1,\beta_1)M(y_2^\rho \bar{v}(y_2),1)$$
$$+ \frac{1}{2\pi i}\int_{c_1'-i\infty}^{c_1'+i\infty} M(f^{[1]};p_1,1)\zeta(p_1,\beta_1)m^{p_1-1}dp_1 \tag{4.7.88}$$

且

$$\frac{1}{2\pi i}\int_{c_1'-i\infty}^{c_1'+i\infty} M(f^{[1]};p_1,1)\zeta(p_1,\beta_1)m^{p_1-1}dp_1 = O\left(\frac{1}{m^{N_1}}\right)$$

和

$$I_{12} = \frac{1}{2\pi i} \int_{c_1-i\infty}^{c_1+i\infty} M(r_\rho(y_1,1)v_0(y_1),p_1) \frac{\zeta(-\rho,\beta_2)}{n^{\rho+1}} \zeta(p_1,\beta_1) m^{p_1-1} dp_1$$

$$= M(r_\rho(y_1,1)v_0(y_1),1) \frac{\zeta(-\rho,\beta_2)}{n^{\rho+1}}$$

$$+ \sum_{-n_1>c'_1, n_1=0}^{N_1} \frac{r_\rho^{(n_1,0)}(0,1)}{n_1! m^{n_1+1}} \zeta(-n_1,\beta_1) \frac{\zeta((\rho+\alpha_1-n_1),\beta_2)}{n^{\rho-n_1+1}}$$

$$+ \frac{1}{2\pi i} \int_{c'_1-i\infty}^{c'_1+i\infty} M(r_\rho(y_1,1)v_0(y_1),p_1) \frac{\zeta(-(\rho+p_1),\beta_2)}{n^{\rho+p_1+1}} \zeta(p_1,\beta_1) m^{p_1-1} dp_1 \qquad (4.7.89)$$

且

$$\frac{1}{2\pi i} \int_{c'_1-i\infty}^{c'_1+i\infty} M(r_\rho(y_1,1)v_0(y_1),p_1) \frac{\zeta(-(\rho+\alpha_2+p_1),\beta_2)}{n^{\rho+p_1+1+\alpha_2}} \zeta(p_1,\beta_1) m^{p_1-1} dp_1$$

$$= O\left(\frac{1}{n^{\rho+N_1+1}} \frac{1}{m^{N_1-1}}\right)$$

及

$$I_{13} = \left\{ \frac{1}{2\pi i} \int_{c'_1-i\infty}^{c'_1+i\infty} M(r_\rho(y_1,1)v_0(y_1),p_1) \zeta(p_1,\beta_1) m^{p_1-1} dp_1 \right\}$$

$$\times \left\{ \frac{1}{2\pi i} \int_{c'_2-i\infty}^{c'_2+i\infty} M(y_2^\rho \bar{v}(y_2),p_2) \zeta(p_2,\beta_2) n^{p_2-1} dp_2 \right\}$$

$$= O\left(\frac{1}{m^{N_1}} \frac{1}{n^{N_2}}\right) \qquad (4.7.90)$$

组合上面各式得到

$$I_1 = M(f^{[1]};1,1) + \sum_{-n_1>c'_1, n_1=0}^{N_1} \frac{h_m^{n_1+1}}{n_1!} A_{11} + A_{12} h_n^{\rho+2+\alpha_2}$$

$$+ \sum_{-n_1>c'_1, n_1=0}^{N_1} \frac{h_m^{n_1+1}}{n_1!} h_n^{\rho-n_1+\alpha_2+1} A_{13} + O(h_m^{N_1})$$

$$+ O(h_m^{N_1-1} h_n^{\rho+\alpha_2+N_1+1}) + O(h_m^{N_1} h_n^{N_1+1}), \qquad (4.7.91)$$

其中

$$A_{11} = r_\rho^{n_1,0}(0,1) \zeta(-n_1,\beta_1) M(y_2^\rho \bar{v}(y_2), -n_1+1),$$

## 4.7 二维混合超奇异积分的误差渐近展开式

$$A_{12} = M(r_\rho(y_1,1)v_0(y_1),1)\zeta(-(\rho+1),\beta_2),$$
$$A_{13} = r_\rho^{(n_1,0)}(0,1)\zeta(-n_1,\beta_1)\zeta(-(\rho-n_1),\beta_2), \quad h_m = 1/m, h_n = 1/n.$$

采用同样的方法来计算 $I_2$, 可获得

$$\begin{aligned} I_2 =& M(f^{[2]};1,1) + \sum_{-n_2>c_2',n_2=0}^{N_2} \frac{h_n^{n_2+1}}{n_2!} A_{21} + A_{22}h_m^{\rho+2+\alpha_1} \\ & + \sum_{-n_2>c_2',n_2=0}^{N_2} \frac{h_2^{n_2+1}}{n_2!} h_m^{\rho-n_2+\alpha_1+1} A_{23} \\ & + O(h_n^{N_2}) + O(h_n^{N_2-1}h_m^{\rho+\alpha_1+N_2+1}) + O(h_m^{N_1}h_n^{N_2}), \end{aligned} \quad (4.7.92)$$

其中

$$\begin{aligned} A_{21} &= \zeta(-n_2,\beta_2)M(y_1^\rho \bar{v}(y_1),-n_2+1), \\ A_{22} &= M(r_\rho(1,y_2)\bar{v}_0(y_2),1)\zeta(-(\rho+1),\beta_1), \\ A_{23} &= r_\rho^{(0,n_2)}(1,0)\zeta(-n_2,\beta_2)\zeta(-(\rho-n_2),\beta_1). \end{aligned}$$

组合上面各式立即得到

$$\begin{aligned} S^{(m,n)}(\beta_1,\beta_2)f =& \frac{1}{mn}\sum_{i=0}^{\infty}\sum_{j=0}^{\infty} f\left(\frac{i+\beta_1}{m},\frac{j+\beta_2}{n}\right) \\ =& M(f;1,1) + \sum_{-n_1>c_1',n_1=0}^{N_1} \frac{h_m^{n_1+1}}{n_1!} A_{11} + A_{12}h_n^{\rho+2+\alpha_2} \\ & + \sum_{-n_1>c_1',n_1=0}^{N_1} \frac{h_m^{n_1+1}}{n_1!} h_n^{\rho+\alpha_2-n_1+1} A_{13} \\ & + \sum_{-n_2>c_2',n_2=0}^{N_2} \frac{h_n^{n_2+1}}{n_2!} A_{21} + A_{22}h_m^{\rho+2+\alpha_1} \\ & + \sum_{-n_2>c_2',n_2=0}^{N_2} \frac{h_n^{n_2+1}}{n_2!} h_m^{\rho-n_2+\alpha_1+1} A_{23} + O(h_n^{N_2}) \\ & + O(h_n^{N_2-1}h_m^{\rho+\alpha_1+N_2+1}) + O(h_m^{N_1}h_n^{N_2}) + O(h_m^{N_1}) \\ & + O(h_m^{N_1-1}h_n^{\rho+\alpha_2+N_1+1}) + O(h_m^{N_1}h_n^{N_1+1}), \end{aligned} \quad (4.7.93)$$

这里 $r_\rho(y_1,1) = (y_1^2+1)^{\frac{1}{2}\rho}$, $r_\rho(1,y_2) = (1+y_2^2)^{\frac{1}{2}\rho}$ 和 $\zeta(p,\beta) = \sum_{k=0}^{\infty}(k+\beta)^{-p}$ 是 Riemann Zeta 函数.

接下来讨论定义在有界区域上 $[0,1]^2$ 的二维超奇异积分的 Euler-Maclaurin 渐近展开式. 利用 (4.7.53) 立即得到下面定理.

**定理 4.7.14** 假设 $f(x_1,x_2) = x_1^{\alpha_1} x_2^{\alpha_2} r_\rho(x_1,x_2) g(x_1,x_2)$, 其中 $r_\rho(x_1,x_2)$ 是定义在 $[0,1]^2$ 上除 $(0,0)$ 点外无限可微函数且 $r_\rho$ 还是次数为 $\rho$ 的齐次函数, 其中 $\alpha_1 + \alpha_2 + \rho < -2$ 且 $\alpha_i < -1, i=1,2$; $g \in C^\infty[0,1]^2$. 若参数 $\alpha_1, \alpha_2$ 和 $\rho$ 的集合是同类的, 那么超奇异积分 $I(f(x_1,x_2)) = \int_0^1 \int_0^1 f(x_1,x_2) dx_1 dx_2$ 有下列误差渐近展开式

$$S^{(h_1,h_2)}(\beta_1,\beta_2)f = h_1 h_2 \sum_{i=0}^{m} \sum_{j=0}^{n} f(h_m(i+\beta_1), h_n(j+\beta_2))$$

$$= I(f(x_1,x_2)) + \sum_{-n_1 > c_1', n_1=0}^{N_1} \frac{h_m^{n_1+1}}{n_1!} \bar{A}_{11} + \bar{A}_{12} h_n^{\rho+2+\alpha_2}$$

$$+ \sum_{-n_1 > c_1', n_1=0}^{N_1} \frac{h_m^{n_1+1}}{n_1!} h_n^{\rho+\alpha_2-n_1+1} \bar{A}_{13}$$

$$+ \sum_{-n_2 > c_2', n_2=0}^{N_2} \frac{h_n^{n_2+1}}{n_2!} \bar{A}_{21} + \bar{A}_{22} h_m^{\rho+2+\alpha_1}$$

$$+ \sum_{-n_2 > c_2', n_2=0}^{N_2} \frac{h_n^{n_2+1}}{n_2!} h_m^{\rho-n_2+\alpha_1+1} \bar{A}_{23} + O(h_n^{N_2})$$

$$+ O(h_n^{N_2-1} h_m^{\rho+\alpha_1+N_1+1}) + O(h_n^{N_1} h_n^{N_2})$$

$$+ O(h_m^{N_1}) + O(h_m^{N_1-1} h_n^{\rho+\alpha_2+N_1+1}) + O(h_m^{N_1} h_n^{N_2+1}), \tag{4.7.94}$$

这里 $\bar{A}_{1j}$, $\bar{A}_{2j}$, $j=1,2,3$ 与 $h_m$, $h_n$ 无关, 仅与 $A_{2j}$, $j=1,2,3$ 和二维 Euler-Maclaurin 渐近展开式的系数有关.

**注 4.7.1** 若参数 $\alpha_1, \alpha_2$ 和 $\rho$ 的集合不是同类的, 可仿照获得.

值得注意的是对一般情形 $f(x_1,x_2)$, $x_1,x_2 \in [0,1]^2$ 有下列分解

$$f(x_1,x_2) = \sum_{j=0}^{N} r^{\rho+j} f_j(\theta) + R_N(x_1,x_2), \quad x_1,x_2 \in [0,1]^2, \tag{4.7.95}$$

其中 $r = \sqrt{x_1^2 + x_2^2}$, $\theta = \arctan(x_2/x_1)$, $f_j(\theta)$ 是 $[0,\pi/2]$ 上的解析函数, 余项 $R_N(x_1,x_2)$ 是 $[0,1]^2$ 内充分光滑函数. 因为 $r^{\rho+j} f_j(1, x_2/x_1) \arctan(x_2/x_1)$ 是次数为 $\rho+j$ 的齐次函数, 可直接利用前面的结果获得 $f(x_1,x_2)$ 的渐近展开式.

现在来讨论定义在有界区域 $[c,a] \times [d,b]$ 上的二维超奇异积分

$$I(f(x_1,x_2)) = \int_c^a \int_d^b f(x_1,x_2) dx_1 dx_2 \tag{4.7.96}$$

的 Euler-Maclaurin 渐近展开式, 这里 $f(x_1, x_2) = (x_1 - c)^{\alpha_1}(x_2 - d)^{\alpha_2} r_\rho(x_1, x_2)$ 且 $r_\rho(x_1, x_2) = [(x_1 - c)^2 + (x_2 - d)^2]^{\frac{1}{2}\rho}$. 作变量替换 $y_1 = \dfrac{x_1 - c}{a - c}$, $y_2 = \dfrac{x_2 - d}{b - d}$, 可把 (4.7.96) 转换成

$$I(F(y_1, y_2)) = \int_0^1 \int_0^1 F(y_1, y_2) dy_1 dy_2$$
$$= \int_0^1 \int_0^1 (a-c)^{\alpha_1}(b-d)^{\alpha_2} y_1^{\alpha_1} y_2^{\alpha_2} \tilde{r}_\rho dy_1 dy_2, \quad (4.7.97)$$

这里 $\tilde{r} = [((a-c)y_1)^2 + ((b-d)y_2)^2]^{\rho/2}$. 然后利用前面的结果自然能够获得 (4.7.97) 的渐近展开式.

### 4.7.3 含参的点型超奇异积分的误差多参数渐近展开式

随着工程边界元在各个领域的发展, 迫切需要解决含参的超奇异积分的计算. 然而工程界更需要运算量少, 精度高的有效算法的计算公式. 本段讨论二维含参的超奇异积分

$$I(f(x_1, x_2)) = \int_0^1 \int_0^1 f(x_1, x_2) dx_1 dx_2 \quad (4.7.98)$$

的误差多参数渐近展开式, 这里

$$f(x_1, x_2) = h(x_1, x_2) r_\rho(x_1, x_2), r_\rho(x_1, x_2) = [(x_1 - t_1)^2 + (x_2 - t_2)^2]^{\frac{1}{2}\rho},$$

且 $t_i \in (0, 1)$, $i = 1, 2$, $h(x_1, x_2)$ 是充分光滑的函数.

**定理 4.7.15** 在 (4.7.98) 的假设条件下, 有下列误差多参数渐近展开式:

$$Q(h_1, h_2)f = \sum_{k=1}^4 a_k (S^{(h_1, h_2)}(\beta_1, \beta_2))f$$
$$= \sum_{k=1}^4 a_k h_1 h_2 \sum_{i=0}^m \sum_{j=0}^n f(h_1(i + \beta_1), h_2(j + \beta_2))$$
$$= M[f; 1, 1] + \sum_{k=1}^4 a_k \bigg\{ \sum_{-n_1 > c_1', n_1 = 0}^{N_1} \frac{h_1^{n_1+1}}{n_1!} \tilde{A}_{11} + \tilde{A}_{12} h_n^{\rho+2}$$
$$+ \sum_{-n_1 > c_1', n_1 = 0}^{N_1} \frac{h_1^{n_1+1}}{n_1!} h_2^{\rho - n_1 + 1} \tilde{A}_{13}$$

$$+ \sum_{-n_2>c_2', n_2=0}^{N_2} \frac{h_2^{n_2+1}}{n_2!} \tilde{A}_{21} + \tilde{A}_{22} h_1^{\rho+2}$$

$$+ \sum_{-n_2>c_2', n_2=0}^{N_2} \frac{h_2^{n_2+1}}{n_2!} h_1^{\rho-n_2+1} \tilde{A}_{23} + O(h_2^{N_2})$$

$$+ O(h_2^{N_2-1} h_1^{\rho+\alpha_1+N_1+1}) + O(h_1^{N_1} h_2^{N_2})$$

$$+ O(h_1^{N_1}) + O(h_1^{N_1-1} h_2^{\rho+\alpha_2+N_1+1}) \Big\}, \tag{4.7.99}$$

这里 $\tilde{A}_{1j}$, $\tilde{A}_{2j}$, $j = 1, 2, 3$ 与 $h_1$, $h_2$ 无关, 仅与 $\bar{A}_{1j}$, $\bar{A}_{2j}$, $j = 1, 2, 3$ 和二维 Euler-Maclaurin 渐近展开式的系数有关.

**证明** 作变量替换 $y_i = x_i - t_i$, $i = 1, 2$, 于是

$$I(f) = \int_{\Omega_t} r_\rho(y_1, y_2) h(y_1 + t_1, y_2 + t_2) dy_1 dy_2, \tag{4.7.100}$$

这里

$$\Omega_t = \{x - t : x \in \Omega = [0,1]^2\}, \tag{4.7.101}$$

并且 $\Omega_t = \cup_{k=1}^{4} \Omega_{t,k}$, 其中 $\Omega_{t,k}$ 是 $\Omega_t$ 在第 $k$ 象限的部分, 于是

$$I(f) = \sum_{k=1}^{4} \int_{\Omega_{t,k}} r_\rho(y_1, y_2) h(y_1 + t_1, y_2 + t_2) dy_1 dy_2. \tag{4.7.102}$$

令 $(k_1, \cdots, k_4)$ 是 $k$ 的二进位表示, $\Omega_{t,k}$ 在坐标轴 $x_i$ 的区间是

$$\begin{cases} (0, 1 - t_i), & k_i = 0, \\ (-1 - t_i, 0), & k_i = 1, \end{cases} \tag{4.7.103}$$

这便蕴涵在变换

$$y_i = a_{ki} z_i = (-1)^{k_i} [1 - (-1)^{k_i} t_i] z_i, \quad i = 1, \cdots, 4 \tag{4.7.104}$$

下, (4.7.101) 能够转换成

$$I(f) = \sum_{k=1}^{4} a_k \int_0^1 \int_0^1 r_\rho(a_{k1} z_1, a_{k2} z_{i2}) h(a_{k1} z_1 + t_1, a_{k2} z_2 + t_2) dz_1 dz_2, \tag{4.7.105}$$

这里 $a_k = a_{k1} a_{k2} a_{k3} a_{k4}$. 然而该积分 (4.7.105) 的被积函数满足公式 (4.7.94) 的条

件，于是由该公式获得

$$Q(h_1,h_2)f = \sum_{k=1}^{4} a_k(S^{(h_1,h_2)}(\beta_1,\beta_2))$$

$$= \sum_{k=1}^{4} a_k h_1 h_2 \sum_{i=0}^{m}\sum_{j=0}^{n} f(h_1(i+\beta_1), h_2(j+\beta_2))$$

$$= M[f;1,1] + \sum_{k=1}^{4} a_k \Bigg\{ \sum_{-n_1 > c'_1, n_1 = 0}^{N_1} \frac{h_1^{n_1+1}}{n_1!} \tilde{A}_{11} + \tilde{A}_{12} h_2^{\rho+2}$$

$$+ \sum_{-n_1 > c'_1, n_1 = 0}^{N_1} \frac{h_1^{n_1+1}}{n_1!} h_2^{\rho-n_1+1} \tilde{A}_{13}$$

$$+ \sum_{-n_2 > c'_2, n_2 = 0}^{N_2} \frac{h_2^{n_2+1}}{n_2!} \tilde{A}_{21} + \tilde{A}_{22} h_1^{\rho+2}$$

$$+ \sum_{-n_2 > c'_2, n_2 = 0}^{N_2} \frac{h_2^{n_2+1}}{n_2!} h_1^{\rho-n_2+1} \tilde{A}_{23} + O(h_2^{N_2})$$

$$+ O(h_2^{N_2-1} h_1^{\rho+\alpha_1+N_1+1}) + O(h_1^{N_1} h_2^{N_2})$$

$$+ O(h_1^{N_1}) + O(h_1^{N_1-1} h_2^{\rho+\alpha_2+N_1+1}) \Bigg\}, \qquad (4.7.106)$$

这里 $\tilde{A}_{1j}, \tilde{A}_{2j}, j = 1, 2, 3$ 与 $h_1, h_2$ 无关，仅与 $\bar{A}_{1j}, \bar{A}_{2j}, j = 1, 2, 3$ 和二维 Euler-Maclaurin 渐近展开式的系数有关.□

**注 4.7.2** 渐近展开式 (4.7.106) 虽然没有给出 $\tilde{A}_{1j}, \tilde{A}_{2j}, j = 1, 2, 3$ 的显式表达式，但利用求积公式 $Q(h_1,h_2)$ 来计算无任何影响，且精度为 $O(h_i^{\eta_i})$, $\eta_i = \min(h_i, h_i^{\rho+1}), i = 1, 2.$ 采用分裂外推可获得高精度.

## 4.8 面型超奇异积分的误差多参数渐近展开式

上节给出了二维面型和点型混合超奇异积分的误差渐近展开式，但在展开式中含有二维中立型函数，虽然在计算中使用外推与分裂外推与中立型函数无关，然而，在误差定性的研究时就有关，这样使用上节的求积公式计算就会受到限制. 本节利用 3.7 节和 3.8 节的结果导出多维乘积型超奇异积分的误差的多参数渐近展开式.

考虑乘积型超奇异积分

$$I(f) = \int_\Omega \prod_{i=1}^{s} |x_i - t_i|^{\gamma_i} g(x_1,\cdots,x_s) dx_1 \cdots dx_s, \quad \Omega = [0,1]^s, \qquad (4.8.1)$$

其中 $g(x_1,\cdots,x_2) \in C^{l+1}([0,1]^s])$ 且 $\gamma_i < -1$, $t_i \in [0,1]$, $i = 1,\cdots,s$. 若 $t_i = 0$, $i = 1,\cdots,s$, 称 (4.8.1) 是原点为奇点的面型 (或乘积型) 超奇异积分；若 $t_i \neq 0$, $i = 1,\cdots,s$, 称 (4.8.1) 是含参的面型 (或乘积型) 超奇异积分. 这类面型超奇异积分可直接利用一维超奇异求积公式得到. 本节为了避免繁琐的分类讨论, 仅给出二维的情形. 设 $m$, $n$ 是自然数, 且 $h_1 = 1/m$, $x_{1i} = (i+\beta_1)h_1$, $i = 0,1,\cdots,m$ 和 $h_2 = 1/n$, $x_j = (j+\beta_2)h_2$, $j = 0,1,\cdots,n$.

### 4.8.1 原点为奇点的面型超奇异积分的误差的多参数渐近展开式

**定理 4.8.1** 假设 $g(x_1,x_2) \in C^{l+1}([0,1]^2)$, 置

$$f(x_1,x_2) = x_1^{\gamma_1} x_2^{\gamma_2} g(x_1,x_2),$$

$$g_1(x_1,x_2) = x_1^{\gamma_1} g(x_1,x_2),$$

$$g_2(x_1,x_2) = x_2^{\gamma_2} g(x_1,x_2),$$

$$I_1(x_2) = \int_0^1 g_1(x_1,x_2)dx_1,$$

$$I_2(x_1) = \int_0^1 g_2(x_1,x_2)dx_2,$$

$$I(f) = \int_0^1 \int_0^1 f(x_1,x_2)dx_1dx_2, \quad \gamma_i < -1, \; i = 1,2,$$

则有误差的渐近展开式:

(1) 若 $\gamma_i < -1$ 且 $\gamma_i$, $i = 1,2$, 不是负整数, 则超奇异积分的偏矩形公式的 Euler-Maclaurin 展开式:

$$\begin{aligned}
\int_0^1 &\int_0^1 f(x_1,x_2)dx_1dx_2 \\
=& Q_1(h_1,h_2) + \sum_{i=0}^l \frac{h_1^{i+1+\gamma_1}}{i!}A_1 + \sum_{i=0}^l \frac{(-1)^i h_1^{i+1}}{i!}A_2 \\
&+ \sum_{j=0}^l \frac{h_2^{j+1+\gamma_2}}{j!}A_3 + \sum_{j=0}^l \frac{(-1)^j h_2^{j+1}}{j!}A_4 + \sum_{i=0}^l \sum_{j=0}^l \frac{h_1^{i+1+\gamma_1}}{i!}\frac{h_2^{j+1+\gamma_2}}{j!}A_5 \\
&+ \sum_{i=0}^l \sum_{j=0}^l \frac{h_1^{i+1+\gamma_1}}{i!}\frac{(-1)^j h_2^{j+1}}{j!}A_6 + \sum_{i=0}^l \sum_{j=0}^l \frac{(-1)^i h_1^{i+1}}{i!}\frac{h_2^{j+1+\gamma_2}}{j!}A_7 \\
&+ \sum_{i=0}^l \sum_{j=0}^l \frac{(-1)^i h_1^{i+1}}{i!}\frac{(-1)^j h_2^{j+1}}{j!}A_8 + O(h_1^{l+1}) + O(h_2^{l+1}), \tag{4.8.2}
\end{aligned}$$

## 4.8 面型超奇异积分的误差多参数渐近展开式

这里 $A_1 = A_{1121}$, $A_2 = A_{1131}$, $A_3 = A_{12}$, $A_4 = A_{13}$, $A_5 = A_{1122}$, $B_6 = A_{1123}$, $A_7 = A_{1132}$, $A_8 = A_{1133}$ 与 $h_i$, $i = 1, 2$ 无关.

(2) 若 $\gamma_1 = -p - 1$ 是负整数, $\gamma_2$ 不是负整数, 则超奇异积分的偏矩形公式的 Euler-Maclaurin 展开式:

$$\int_0^1 \int_0^1 f(x_1, x_2) dx_1 dx_2$$
$$= Q_1(h_1, h_2) + \frac{\psi(\beta_1) + \ln h_1}{p!} \Bigg[ B_{01} + \sum_{j=0}^{l} \frac{h_2^{j+1+\gamma_2}}{j!} B_{02}$$
$$+ \sum_{j=0}^{l} \frac{(-1)^j h_2^{j+1}}{j!} B_{03} \Bigg] \sum_{i=0, i \neq p}^{l} \frac{h_1^{i+1+\gamma_1}}{i!} B_1 + \sum_{i=0}^{l} \frac{(-1)^i h_1^{i+1}}{i!} B_2 + \sum_{j=0}^{l} \frac{h_2^{j+1+\gamma_2}}{j!} B_3$$
$$+ \sum_{j=0}^{l} \frac{(-1)^j h_2^{j+1}}{j!} B_4 + \sum_{i=0, i \neq p}^{l} \sum_{j=0}^{l} \frac{h_1^{i+1+\gamma_1}}{i!} \frac{h_2^{j+1+\gamma_2}}{j!} B_5$$
$$+ \sum_{i=0, i \neq p}^{l} \sum_{j=0}^{l} \frac{h_1^{i+1+\gamma_1}}{i!} \frac{(-1)^j h_2^{j+1}}{j!} B_6 + \sum_{i=0}^{l} \sum_{j=0}^{l} \frac{(-1)^i h_1^{i+1}}{i!} \frac{h_2^{j+1+\gamma_2}}{j!} B_7$$
$$+ \sum_{i=0}^{l} \sum_{j=0}^{l} \frac{(-1)^i h_1^{i+1}}{i!} \frac{(-1)^j h_2^{j+1}}{j!} B_8 + O(h_1^{l+1}) + O(h_2^{l+1}), \tag{4.8.3}$$

这里 $B_{01} = B_{2121}$, $B_{02} = B_{2122}$, $B_{03} = B_{2123}$, $B_1 = B_{2131}$, $B_2 = B_{2141}$, $B_3 = B_{22}$, $B_4 = B_{23}$, $B_5 = B_{2132}$, $B_6 = B_{2133}$, $B_7 = B_{2142}$, $B_8 = B_{2143}$ 与 $h_i$, $i = 1, 2$ 无关.

(3) 若 $\gamma_1 = p - 1$ 和 $\gamma_2 = q - 1$ 都是负整数, 则超奇异积分的偏矩形公式的 Euler-Maclaurin 展开式:

$$\int_0^1 \int_0^1 f(x_1, x_2) dx_1 dx_2$$
$$= Q(h_1, h_2) + \frac{\psi(\beta_1) + \ln h_1}{p!} \Bigg[ C_{01} + \sum_{j=0, j \neq q}^{l} \frac{h_2^{j+1+\gamma_2}}{j!} C_{02}$$
$$+ \sum_{j=0}^{l} \frac{(-1)^j h_2^{j+1}}{j!} C_{03} \Bigg] + \frac{\psi(\beta_2) + \ln h_2}{q!}$$
$$\cdot \Bigg[ C_{11} + \sum_{i=0, i \neq p}^{l} \frac{h_1^{i+1+\gamma_1}}{i!} C_{12} + \sum_{i=0}^{l} \frac{(-1)^i h_1^{i+1}}{i!} C_{13} \Bigg]$$

$$+ \frac{\psi(\beta_1) + \ln h_1}{p!} \frac{\psi(\beta_2) + \ln h_2}{q!} C_2 \sum_{i=0, i \neq p}^{l} \frac{h_1^{i+1+\gamma_1}}{i!} C_3$$

$$+ \sum_{i=0}^{l} \frac{(-1)^i h_1^{i+1}}{i!} C_4 + \sum_{j=0, j \neq q}^{l} \frac{h_2^{j+1+\gamma_2}}{j!} C_5$$

$$+ \sum_{j=0}^{l} \frac{(-1)^j h_2^{j+1}}{j!} C_6 + \sum_{i=0, i \neq p}^{l} \sum_{j=0, j \neq q}^{l} \frac{h_1^{i+1+\gamma_1}}{i!} \frac{h_2^{j+1+\gamma_2}}{j!} C_7$$

$$+ \sum_{i=0, i \neq p}^{l} \sum_{j=0}^{l} \frac{h_1^{i+1+\gamma_1}}{i!} \frac{(-1)^j h_2^{j+1}}{j!} C_8 + \sum_{i=0}^{l} \sum_{j=0, j \neq q}^{l} \frac{(-1)^i h_1^{i+1}}{i!} \frac{h_2^{j+1+\gamma_2}}{j!} C_9$$

$$+ \sum_{i=0}^{l} \sum_{j=0}^{l} \frac{(-1)^i h_1^{i+1}}{i!} \frac{(-1)^j h_2^{j+1}}{j!} C_{10} + O(h_1^{l+1}) + O(h_2^{l+1}), \tag{4.8.4}$$

这里 $C_{01} = C_{4121}$, $C_{02} = C_{4122}$, $C_{03} = C_{4123}$, $C_{11} = C_{42}$, $C_{12} = C_{4132}$, $C_{13} = C_{4142}$, $C_2 = C_{4124}$, $C_3 = C_{4131}$, $C_4 = C_{4141}$, $C_5 = C_{43}$, $C_6 = C_{44}$, $C_7 = C_{4133}$, $C_8 = C_{4134}$, $C_9 = C_{4143}$, $C_{10} = C_{4144}$ 与 $h_i$, $i = 1, 2$ 无关.

**证明** (1) 利用定理 3.7.5 和定理 3.7.6 的结果, 我们有

$$\int_0^1 \int_0^1 f(x_1, x_2) dx_1 dx_2$$

$$= \int_0^1 x_1^{\gamma_1} dx_1 \int_0^1 x_2^{\gamma_2} g(x_1, x_2) dx_2$$

$$= \int_0^1 x_1^{\gamma_1} \left[ h_2 \sum_{j=0}^{N-1} g_2(x_1, h_2(j + \beta_2)) - \sum_{j=0}^{l} \frac{h_2^{j+1+\gamma_2}}{j!} \zeta(-j - \gamma_2, \beta_2) \frac{\partial^j}{\partial x_2^j} g(x_1, 0) \right.$$

$$\left. - \sum_{j=0}^{l} \frac{(-1)^j h_2^{j+1}}{j!} \zeta(-j, \beta_2) \frac{\partial^j}{\partial x_2^j} g_2(x_1, 1) + O(h_2^{l+1}) \right] dx_1$$

$$= u_{11} + u_{12} + u_{13} + u_{14}, \tag{4.8.5}$$

其中

$$u_{11} = \int_0^1 x_1^{\gamma_1} \left[ h_2 \sum_{j=0}^{N-1} g_2(x_1, h_2(j + \beta_2)) \right] dx_1,$$

$$u_{12} = - \sum_{j=0}^{l} \frac{h_2^{j+1+\gamma_2}}{j!} \zeta(-j - \gamma_2, \beta_2) \int_0^1 x_1^{\gamma_1} \frac{\partial^j}{\partial x_2^j} g(x_1, 0) dx_1,$$

## 4.8 面型超奇异积分的误差多参数渐近展开式

$$u_{13} = -\sum_{j=0}^{l} \frac{(-1)^j h_2^{j+1}}{j!} \zeta(-j, \beta_2) \int_0^1 x_1^{\gamma_1} \frac{\partial^j}{\partial x_2^j} g_2(x_1, 1) dx_1,$$

$$u_{14} = -O(h_2^{l+1}) \int_0^1 x_1^{\gamma_1} dx_1 = O(h_2^{l+1}), \tag{4.8.6}$$

接下来，我们分别计算 $u_{1i}, i = 1, 2, 3.$

$$\begin{aligned}
u_{11} = & h_2 \sum_{j=0}^{N-1} \int_0^1 x_1^{\gamma_1} g_2(x_1, h_2(j+\beta_2)) dx_1 \\
= & h_2 \sum_{j=0}^{N-1} \Bigg[ \sum_{i=0}^{M-1} f(h_1(i+\beta_1), h_2(j+\beta_2)) \\
& - \sum_{i=0}^{l} \frac{h_1^{i+1+\gamma_1}}{i!} \zeta(-i-\gamma_1, \beta_1) \frac{\partial^i}{\partial x_1^i} g_2(0, h_2(j+\beta_2)) \\
& - \sum_{i=0}^{l} \frac{(-1)^i h_1^{i+1}}{i!} \zeta(-i, \beta_1) \frac{\partial^i}{\partial x_1^i} f(1, h_2(j+\beta_2)) + O(h_1^{l+1}) \Bigg] + O(h_1^{l+1}) \\
= & u_{111} + u_{112} + u_{113} + u_{114},
\end{aligned} \tag{4.8.7}$$

这里

$$u_{111} = h_1 h_2 \sum_{i=0}^{M-1} \sum_{j=0}^{N-1} f(h_1(i+\beta_1), h_2(j+\beta_2)) = Q_1(h_1, h_2) \tag{4.8.8}$$

和

$$\begin{aligned}
u_{112} = & -h_2 \sum_{j=0}^{N-1} \sum_{i=0}^{l} \frac{h_1^{i+1+\gamma_1}}{i!} \zeta(-i-\gamma_1, \beta_1) \frac{\partial^i}{\partial x_1^i} g_2(x_1, h_2(j+\beta_2))|_{x_1=0} \\
= & -\sum_{i=0}^{l} \frac{h_1^{i+1+\gamma_1}}{i!} \zeta(-i-\gamma_1, \beta_1) \frac{\partial^i}{\partial x_1^i} \Bigg[ h_2 \sum_{j=0}^{N-1} g_2(x_1, h_2(j+\beta_2)) \Bigg]\Bigg|_{x_1=0} \\
= & -\sum_{i=0}^{l} \frac{h_1^{i+1+\gamma_1}}{i!} \zeta(-i-\gamma_1, \beta_1) \frac{\partial^i}{\partial x_1^i} \Bigg[ I(g_2) \\
& + \sum_{j=0}^{l} \frac{h_2^{j+1+\gamma_2}}{j!} \zeta(-j-\gamma_2, \beta_2) \frac{\partial^j}{\partial x_2^j} g(x_1, 0)
\end{aligned}$$

$$+\sum_{j=0}^{l}\frac{(-1)^j h_2^{j+1}}{j!}\zeta(-j,\beta_2)\frac{\partial^j}{\partial x_2^j}g_2(x_1,1)+O(h_2^{l+1})\bigg]\bigg|_{x_1=0}$$

$$=\sum_{i=0}^{l}\frac{h_1^{i+1+\gamma_1}}{i!}\bigg[-\zeta(-i-\gamma_1,\beta_1)\bigg[\frac{\partial^i}{\partial x_1^i}[I(g_2)]|_{x_1=0}+O(h_2^{l+1})\bigg]\bigg]$$

$$+\sum_{i=0}^{l}\sum_{j=0}^{l}\frac{h_1^{i+1+\gamma_1}}{i!}\frac{h_2^{j+1+\gamma_2}}{j!}\bigg[-\zeta(-i-\gamma_1,\beta_1)\zeta(-j-\gamma_2,\beta_2)\frac{\partial^{i+j}}{\partial x_1^i \partial x_2^j}g(0,0)\bigg]$$

$$+\sum_{i=0}^{l}\sum_{j=0}^{l}\frac{h_1^{i+1+\gamma_1}}{i!}\frac{(-1)^j h_2^{j+1}}{j!}\bigg[-\zeta(-i-\gamma_1,\beta_1)\zeta(-j,\beta_2)\frac{\partial^{i+j}}{\partial x_1^i x_2^j}g_2(0,1)\bigg]$$

$$=\sum_{i=0}^{l}\frac{h_1^{i+1+\gamma_1}}{i!}A_{1121}+\sum_{i=0}^{l}\sum_{j=0}^{l}\frac{h_1^{i+1+\gamma_1}}{i!}\frac{h_2^{j+1+\gamma_2}}{j!}A_{1122}$$

$$+\sum_{i=0}^{l}\sum_{j=0}^{l}\frac{h_1^{i+1+\gamma_1}}{i!}\frac{(-1)^j h_2^{j+1}}{j!}A_{1123}, \tag{4.8.9}$$

且

$$A_{1121}=-\zeta(-i-\gamma_1,\beta_1)\bigg[\frac{\partial^i}{\partial x_1^i}[I(g_2)]|_{x_1=0}+O(h_2^{l+1})\bigg],$$

$$A_{1122}=-\zeta(-i-\gamma_1,\beta_1)\zeta(-j-\gamma_2,\beta_2)\frac{\partial^{i+j}}{\partial x_1^i \partial x_2^j}g(0,0),$$

$$A_{1123}=-\zeta(-i-\gamma_1,\beta_1)\zeta(-j,\beta_2)\frac{\partial^{i+j}}{\partial x_1^i x_2^j}g_2(0,1). \tag{4.8.10}$$

然后，计算 $u_{113}$，

$$u_{113}$$
$$=-h_2\sum_{j=0}^{N-1}\sum_{i=0}^{l}\frac{h_1^{i+1+\gamma_1}}{i!}\zeta(-i,\beta_1)\frac{\partial^i}{\partial x_1^i}f(x_1,h_2(j+\beta_2))|_{x_1=1}$$

$$=-\sum_{i=0}^{l}\frac{(-1)^i h_1^{i+1}}{i!}\zeta(-i,\beta_1)\frac{\partial^i}{\partial x_1^i}\bigg[h_2\sum_{j=0}^{N-1}f(x_1,h_2(j+\beta_2))\bigg]\bigg|_{x_1=1}$$

$$=-\sum_{i=0}^{l}\frac{(-1)^i h_1^{i+1}}{i!}\zeta(-i-\gamma_1,\beta_1)\frac{\partial^i}{\partial x_1^i}\bigg[I(f)$$

$$+\sum_{j=0}^{l}\frac{h_2^{j+1+\gamma_2}}{j!}\zeta(-j-\gamma_2,\beta_2)\frac{\partial^j}{\partial x_2^j}g_1(x_1,0)$$

$$+\sum_{j=0}^{l}\frac{(-1)^j h_2^{j+1}}{j!}\zeta(-j,\beta_2)\frac{\partial^j}{\partial x_2^j}f(x_1,1)+O(h_2^{l+1})\bigg]\bigg|_{x_1=1}$$

$$=\sum_{i=0}^{l}\frac{(-1)^i h_1^{i+1}}{i!}\bigg[-\zeta(-i,\beta_1)\bigg[\frac{\partial^i}{\partial x_1^i}[I(f)]|_{x_1=1}+O(h_2^{l+1})\bigg]\bigg]$$

$$+\sum_{i=0}^{l}\sum_{j=0}^{l}\frac{(-1)^i h_1^{i+1}}{i!}\frac{h_2^{j+1+\gamma_2}}{j!}\bigg[-\zeta(-i,\beta_1)\zeta(-j-\gamma_2,\beta_2)\frac{\partial^{i+j}}{\partial x_1^i\partial x_2^j}g_1(1,0)\bigg]$$

$$+\sum_{i=0}^{l}\sum_{j=0}^{l}\frac{(-1)^i h_1^{i+1}}{i!}\frac{(-1)^j h_2^{j+1}}{j!}\bigg[-\zeta(-i,\beta_1)\zeta(-j,\beta_2)\frac{\partial^{i+j}}{\partial x_1^i x_2^j}f(1,1)\bigg]$$

$$=\sum_{i=0}^{l}\frac{(-1)^i h_1^{i+1}}{i!}A_{1131}+\sum_{i=0}^{l}\sum_{j=0}^{l}\frac{(-1)^i h_1^{i+1}}{i!}\frac{h_2^{j+1+\gamma_2}}{j!}A_{1132}$$

$$+\sum_{i=0}^{l}\sum_{j=0}^{l}\frac{(-1)^i h_1^{i+1}}{i!}\frac{(-1)^j h_2^{j+1}}{j!}A_{1133}, \tag{4.8.11}$$

这里

$$A_{1131}=-\zeta(-i,\beta_1)\bigg[\frac{\partial^i}{\partial x_1^i}[I(f)]|_{x_1=1}+O(h_2^{l+1})\bigg],$$

$$A_{1132}=-\zeta(-i,\beta_1)\zeta(-j-\gamma_2,\beta_2)\frac{\partial^{i+j}}{\partial x_1^i\partial x_2^j}g_1(1,0),$$

$$A_{1133}=-\zeta(-i,\beta_1)\zeta(-j,\beta_2)\frac{\partial^{i+j}}{\partial x_1^i x_2^j}f(1,1). \tag{4.8.12}$$

因此, 获得

$$u_{11}=Q_1(h_1,h_2)+\sum_{i=0,i\neq p}^{l}\frac{h_1^{i+1+\gamma_1}}{i!}A_{1121}+\sum_{i=0}^{l}\sum_{j=0}^{l}\frac{h_1^{i+1+\gamma_1}}{i!}\frac{h_2^{j+1+\gamma_2}}{j!}A_{1122}$$

$$+\sum_{i=0}^{l}\sum_{j=0}^{l}\frac{h_1^{i+1+\gamma_1}}{i!}\frac{(-1)^j h_2^{j+1}}{j!}A_{1123}+\sum_{i=0}^{l}\frac{(-1)^i h_1^{i+1}}{i!}A_{1131}$$

$$+\sum_{i=0}^{l}\sum_{j=0}^{l}\frac{(-1)^i h_1^{i+1}}{i!}\frac{h_2^{j+1+\gamma_2}}{j!}A_{1132}$$

$$+\sum_{i=0}^{l}\sum_{j=0}^{l}\frac{(-1)^i h_1^{i+1}}{i!}\frac{(-1)^j h_2^{j+1}}{j!}A_{1133}. \tag{4.8.13}$$

又因为
$$u_{12} = -\sum_{j=0}^{l} \frac{h_2^{j+1+\gamma_2}}{j!}\zeta(-j-\gamma_2,\beta_2)\frac{\partial^j}{\partial x_2^j}I(g_1)|_{x_2=0} = \sum_{j=0}^{l} \frac{h_2^{j+1+\gamma_2}}{j!}A_{12},$$
$$u_{13} = -\sum_{j=0}^{l} \frac{(-1)^j h_2^{j+1}}{j!}\zeta(-j,\beta_2)\frac{\partial^j}{\partial x_2^j}I(f)|_{x_2=1} = \sum_{j=0}^{l} \frac{(-1)^j h_2^{j+1}}{j!}A_{13}. \quad (4.8.14)$$

组合上面各式，得到 (4.8.2)。

(2) 同样利用定理 3.7.5 和定理 3.7.6，我们有
$$\int_0^1 \int_0^1 f(x_1,x_2)dx_1 dx_2$$
$$= \int_0^1 x_1^{\gamma_1} dx_1 \int_0^1 x_2^{\gamma_2} g(x_1,x_2)dx_2$$
$$= \int_0^1 x_1^{\gamma_1} \bigg[h_2 \sum_{j=0}^{N-1} g_2(x_1, h_2(j+\beta_2))$$
$$-\sum_{j=0}^{l} \frac{h_2^{j+1+\gamma_2}}{j!}\zeta(-j-\gamma_2,\beta_2)\frac{\partial^j}{\partial x_2^j}g(x_1,0)$$
$$-\sum_{j=0}^{l} \frac{(-1)^j h_2^{j+1}}{j!}\zeta(-j,\beta_2)\frac{\partial^j}{\partial x_2^j}g_2(x_1,1) + O(h_2^{l+1})\bigg]dx_1$$
$$= u_{21} + u_{22} + u_{23} + u_{24}, \quad (4.8.15)$$

这里
$$u_{21} = \int_0^1 x_1^{\gamma_1}\bigg[h_2 \sum_{j=0}^{N-1} g_2(x_1, h_2(j+\beta_2))\bigg]dx_1,$$
$$u_{22} = -\sum_{j=0}^{l} \frac{h_2^{j+1+\gamma_2}}{j!}\zeta(-j-\gamma_2,\beta_2)\int_0^1 x_1^{\gamma_1}\frac{\partial^j}{\partial x_2^j}g(x_1,0)dx_1,$$
$$u_{23} = -\sum_{j=0}^{l} \frac{(-1)^j h_2^{j+1}}{j!}\zeta(-j,\beta_2)\int_0^1 x_1^{\gamma_1}\frac{\partial^j}{\partial x_2^j}g_2(x_1,1)dx_1,$$
$$u_{24} = -O(h_2^{l+1})\int_0^1 x_1^{\gamma_1}dx_1 = O(h_2^{l+1}), \quad (4.8.16)$$

分别计算 $u_{2i}, i = 1, 2, 3, 4$。
$$u_{21} = h_2 \sum_{j=0}^{N-1} \int_0^1 x_1^{\gamma_1} g_2(x_1, h_2(j+\beta_2))dx_1$$

## 4.8 面型超奇异积分的误差多参数渐近展开式

$$\begin{aligned}
=& h_2 \sum_{j=0}^{N-1}\bigg[\sum_{i=0}^{M-1} f(h_1(i+\beta_1), h_2(j+\beta_2)) \\
&+ \frac{\psi(\beta_1)+\ln h_1}{p!}\frac{\partial^p}{\partial x_1^p}g_2(0, h_2(j+\beta_2)) \\
&- \sum_{i=0,i\neq p}^{l} \frac{h_1^{i+1+\gamma_1}}{i!}\zeta(-i-\gamma_1,\beta_1)\frac{\partial^i}{\partial x_1^i}g_2(0,h_2(j+\beta_2)) \\
&- \sum_{i=0}^{l} \frac{(-1)^i h_1^{i+1}}{i!}\zeta(-i,\beta_1)\frac{\partial^i}{\partial x_1^i}f(1,h_2(j+\beta_2)) + O(h_1^{l+1})\bigg] + O(h_1^{l+1}) \\
=& u_{211}+u_{212}+u_{213}+u_{214}+u_{215},
\end{aligned} \quad (4.8.17)$$

这里

$$u_{211}=h_1 h_2 \sum_{i=0}^{M-1}\sum_{j=0}^{N-1} f(h_1(i+\beta_1), h_2(j+\beta_2)) = Q_1(h_1,h_2) \quad (4.8.18)$$

和

$$\begin{aligned}
u_{212}=& h_2 \sum_{j=0}^{N-1} \frac{\psi(\beta_1)+\ln h_1}{p!}\frac{\partial^p}{\partial x_1^p}g_2(x_1, h_2(j+\beta_2))|_{x_1=0} \\
=& \frac{\psi(\beta_1)+\ln h_1}{p!}\frac{\partial^p}{\partial x_1^p}\bigg[h_2\sum_{j=0}^{N-1} g_2(x_1, h_2(j+\beta_2))\bigg]\bigg|_{x_1=0} \\
=& \frac{\psi(\beta_1)+\ln h_1}{p!}\frac{\partial^p}{\partial x_1^p}\bigg[I(g_2)+\sum_{j=0}^{l}\frac{h_2^{j+1+\gamma_2}}{j!}\zeta(-j-\gamma_2,\beta_2)\frac{\partial^j}{\partial x_2^j}g(x_1,0) \\
&+ \sum_{j=0}^{l}\frac{(-1)^j h_2^{j+1}}{j!}\zeta(-j,\beta_2)\frac{\partial^j}{\partial x_2^j}g_2(x_1,1)+O(h_2^{l+1})\bigg]\bigg|_{x_1=0} \\
=& \frac{\psi(\beta_1)+\ln h_1}{p!}\bigg[\frac{\partial^p}{\partial x_1^p}[I(g_2)]|_{x_1=0}+O(h_2^{l+1}) \\
&+ \sum_{j=0}^{l}\frac{h_2^{j+1+\gamma_2}}{j!}\zeta(-j-\gamma_2,\beta_2)\frac{\partial^{p+j}}{\partial x_1^p \partial x_2^j}g(0,0) \\
&+ \sum_{j=0}^{l}\frac{(-1)^j h_2^{j+1}}{j!}\zeta(-j,\beta_2)\frac{\partial^{p+j}}{\partial x_1^p x_2^j}g_2(0,1)\bigg] \\
=& \frac{\psi(\beta_1)+\ln h_1}{p!}\bigg[B_{2121}+\sum_{j=0}^{l}\frac{h_2^{j+1+\gamma_2}}{j!}B_{2122}+\sum_{j=0}^{l}\frac{(-1)^j h_2^{j+1}}{j!}B_{2123}\bigg], \quad (4.8.19)
\end{aligned}$$

且

$$B_{2121} = \frac{\partial^p}{\partial x_1^p}[I(g_2)]|_{x_1=0} + O(h_2^{l+1}), B_{2122} = \zeta(-j-\gamma_2,\beta_2)\frac{\partial^{p+j}}{\partial x_1^p \partial x_2^j}g(0,0)$$

$$B_{2123} = \zeta(-j,\beta_2)\frac{\partial^{p+j}}{\partial x_1^p x_2^j}g_2(0,1). \tag{4.8.20}$$

接下来，我们计算 $u_{213}$,

$$u_{213} = -h_2 \sum_{j=0}^{N-1}\sum_{i=0,i\neq p}^{l}\frac{h_1^{i+1+\gamma_1}}{i!}\zeta(-i-\gamma_1,\beta_1)\frac{\partial^i}{\partial x_1^i}g_2(x_1,h_2(j+\beta_2))|_{x_1=0}$$

$$= -\sum_{i=0,i\neq p}^{l}\frac{h_1^{i+1+\gamma_1}}{i!}\zeta(-i-\gamma_1,\beta_1)\frac{\partial^i}{\partial x_1^i}\left[h_2\sum_{j=0}^{N-1}g_2(x_1,h_2(j+\beta_2))\right]|_{x_1=0}$$

$$= -\sum_{i=0,i\neq p}^{l}\frac{h_1^{i+1+\gamma_1}}{i!}\zeta(-i-\gamma_1,\beta_1)\frac{\partial^i}{\partial x_1^i}\bigg[I(g_2)$$

$$+ \sum_{j=0}^{l}\frac{h_2^{j+1+\gamma_2}}{j!}\zeta(-j-\gamma_2,\beta_2)\frac{\partial^j}{\partial x_2^j}g(x_1,0)$$

$$+ \sum_{j=0}^{l}\frac{(-1)^j h_2^{j+1}}{j!}\zeta(-j,\beta_2)\frac{\partial^j}{\partial x_2^j}g_2(x_1,1) + O(h_2^{l+1})\bigg]|_{x_1=0}$$

$$= \sum_{i=0,i\neq p}^{l}\frac{h_1^{i+1+\gamma_1}}{i!}\left[-\zeta(-i-\gamma_1,\beta_1)\left[\frac{\partial^i}{\partial x_1^i}[I(g_2)]|_{x_1=0} + O(h_2^{l+1})\right]\right]$$

$$+ \sum_{i=0,i\neq p}^{l}\sum_{j=0}^{l}\frac{h_1^{i+1+\gamma_1}}{i!}\frac{h_2^{j+1+\gamma_2}}{j!}\left[-\zeta(-i-\gamma_1,\beta_1)\zeta(-j-\gamma_2,\beta_2)\frac{\partial^{i+j}}{\partial x_1^i \partial x_2^j}g(0,0)\right]$$

$$+ \sum_{i=0,i\neq p}^{l}\sum_{j=0}^{l}\frac{h_1^{i+1+\gamma_1}}{i!}\frac{(-1)^j h_2^{j+1}}{j!}\left[-\zeta(-i-\gamma_1,\beta_1)\zeta(-j,\beta_2)\frac{\partial^{i+j}}{\partial x_1^i x_2^j}g_2(0,1)\right]$$

$$= \sum_{i=0,i\neq p}^{l}\frac{h_1^{i+1+\gamma_1}}{i!}B_{2131} + \sum_{i=0,i\neq p}^{l}\sum_{j=0}^{l}\frac{h_1^{i+1+\gamma_1}}{i!}\frac{h_2^{j+1+\gamma_2}}{j!}B_{2132}$$

$$+ \sum_{i=0,i\neq p}^{l}\sum_{j=0}^{l}\frac{h_1^{i+1+\gamma_1}}{i!}\frac{(-1)^j h_2^{j+1}}{j!}B_{2133}, \tag{4.8.21}$$

其中

$$B_{2131} = -\zeta(-i-\gamma_1,\beta_1)\left[\frac{\partial^i}{\partial x_1^i}[I(g_2)]|_{x_1=0} + O(h_2^{l+1})\right],$$

$$B_{2132} = -\zeta(-i-\gamma_1,\beta_1)\zeta(-j-\gamma_2,\beta_2)\frac{\partial^{i+j}}{\partial x_1^i \partial x_2^j}g(0,0),$$

$$B_{2133} = -\zeta(-i-\gamma_1,\beta_1)\zeta(-j,\beta_2)\frac{\partial^{i+j}}{\partial x_1^i x_2^j}g_2(0,1). \tag{4.8.22}$$

同样，我们有

$$\begin{aligned}
u_{214} &= -h_2 \sum_{j=0}^{N-1}\sum_{i=0}^{l} \frac{h_1^{i+1+\gamma_1}}{i!}\zeta(-i,\beta_1)\frac{\partial^i}{\partial x_1^i}f(x_1,h_2(j+\beta_2))|_{x_1=1}\\
&= -\sum_{i=0}^{l}\frac{(-1)^i h_1^{i+1}}{i!}\zeta(-i,\beta_1)\frac{\partial^i}{\partial x_1^i}\left[h_2\sum_{j=0}^{N-1}f(x_1,h_2(j+\beta_2))\right]|_{x_1=1}\\
&= -\sum_{i=0}^{l}\frac{(-1)^i h_1^{i+1}}{i!}\zeta(-i-\gamma_1,\beta_1)\frac{\partial^i}{\partial x_1^i}\bigg[I(f)\\
&\quad +\sum_{j=0}^{l}\frac{h_2^{j+1+\gamma_2}}{j!}\zeta(-j-\gamma_2,\beta_2)\frac{\partial^j}{\partial x_2^j}g_1(x_1,0)\\
&\quad +\sum_{j=0}^{l}\frac{(-1)^j h_2^{j+1}}{j!}\zeta(-j,\beta_2)\frac{\partial^j}{\partial x_2^j}f(x_1,1)+O(h_2^{l+1})\bigg]|_{x_1=1}\\
&= \sum_{i=0}^{l}\frac{(-1)^i h_1^{i+1}}{i!}\bigg[-\zeta(-i,\beta_1)\Big[\frac{\partial^i}{\partial x_1^i}[I(f)]|_{x_1=1}+O(h_2^{l+1})\Big]\bigg]\\
&\quad +\sum_{i=0}^{l}\sum_{j=0}^{l}\frac{(-1)^i h_1^{i+1}}{i!}\frac{h_2^{j+1+\gamma_2}}{j!}\bigg[-\zeta(-i,\beta_1)\zeta(-j-\gamma_2,\beta_2)\frac{\partial^{i+j}}{\partial x_1^i \partial x_2^j}g_1(1,0)\bigg]\\
&\quad +\sum_{i=0}^{l}\sum_{j=0}^{l}\frac{(-1)^i h_1^{i+1}}{i!}\frac{(-1)^j h_2^{j+1}}{j!}\bigg[-\zeta(-i,\beta_1)\zeta(-j,\beta_2)\frac{\partial^{i+j}}{\partial x_1^i x_2^j}f(1,1)\bigg]\\
&= \sum_{i=0}^{l}\frac{(-1)^i h_1^{i+1}}{i!}B_{2141}+\sum_{i=0}^{l}\sum_{j=0}^{l}\frac{(-1)^i h_1^{i+1}}{i!}\frac{h_2^{j+1+\gamma_2}}{j!}B_{2142}\\
&\quad +\sum_{i=0}^{l}\sum_{j=0}^{l}\frac{(-1)^i h_1^{i+1}}{i!}\frac{(-1)^j h_2^{j+1}}{j!}B_{2143},
\end{aligned} \tag{4.8.23}$$

这里

$$\begin{aligned}
B_{2141} &= -\zeta(-i,\beta_1)\left[\frac{\partial^i}{\partial x_1^i}[I(f)]|_{x_1=1}+O(h_2^{l+1})\right],\\
B_{2142} &= -\zeta(-i,\beta_1)\zeta(-j-\gamma_2,\beta_2)\frac{\partial^{i+j}}{\partial x_1^i \partial x_2^j}g_1(1,0),\\
B_{2143} &= -\zeta(-i,\beta_1)\zeta(-j,\beta_2)\frac{\partial^{i+j}}{\partial x_1^i x_2^j}f(1,1).
\end{aligned} \tag{4.8.24}$$

从而，获得

$$
\begin{aligned}
u_{21} =& Q_1(h_1,h_2) + \frac{\psi(\beta_1)+\ln h_1}{p!}\Bigg[B_{2121} + \sum_{j=0}^{l}\frac{h_2^{j+1+\gamma_2}}{j!}B_{2122} \\
& + \sum_{j=0}^{l}\frac{(-1)^j h_2^{j+1}}{j!}B_{2123}\Bigg] + \sum_{i=0,i\neq p}^{l}\frac{h_1^{i+1+\gamma_1}}{i!}B_{2131} \\
& + \sum_{i=0,i\neq p}^{l}\sum_{j=0}^{l}\frac{h_1^{i+1+\gamma_1}}{i!}\frac{h_2^{j+1+\gamma_2}}{j!}B_{2132} \\
& + \sum_{i=0,i\neq p}^{l}\sum_{j=0}^{l}\frac{h_1^{i+1+\gamma_1}}{i!}\frac{(-1)^j h_2^{j+1}}{j!}B_{2133} + \sum_{i=0}^{l}\frac{(-1)^i h_1^{i+1}}{i!}B_{2141} \\
& + \sum_{i=0}^{l}\sum_{j=0}^{l}\frac{(-1)^i h_1^{i+1}}{i!}\frac{h_2^{j+1+\gamma_2}}{j!}B_{2142} \\
& + \sum_{i=0}^{l}\sum_{j=0}^{l}\frac{(-1)^i h_1^{i+1}}{i!}\frac{(-1)^j h_2^{j+1}}{j!}B_{2143}.
\end{aligned}
\tag{4.8.25}
$$

又因

$$
\begin{aligned}
u_{22} =& -\sum_{j=0}^{l}\frac{h_2^{j+1+\gamma_2}}{j!}\zeta(-j-\gamma_2,\beta_2)\frac{\partial^j}{\partial x_2^j}I(g_1)|_{x_2=0} = \sum_{j=0}^{l}\frac{h_2^{j+1+\gamma_2}}{j!}B_{22}, \\
u_{23} =& -\sum_{j=0}^{l}\frac{(-1)^j h_2^{j+1}}{j!}\zeta(-j,\beta_2)\frac{\partial^j}{\partial x_2^j}I(f)|_{x_2=1} = \sum_{j=0}^{l}\frac{(-1)^j h_2^{j+1}}{j!}B_{23}.
\end{aligned}
\tag{4.8.26}
$$

根据上面各式的结果，我们立即获得 (4.8.3).

(3) 利用定理 3.7.6 的结果，我们有

$$
\begin{aligned}
\int_0^1\int_0^1 f(x_1,x_2)dx_1dx_2 =& \int_0^1 x_1^{\gamma_1}dx_1\int_0^1 x_2^{\gamma_2}g(x_1,x_2)dx_2 \\
=& \int_0^1 x_1^{\gamma_1}\Big[h_2\sum_{j=0}^{N-1}g_2(x_1,h_2(j+\beta_2)) + \frac{\psi(\beta_2)+\ln h_2}{q!}\frac{\partial^q}{\partial x_2^q}g(x_1,0) \\
& -\sum_{j=0,j\neq q}^{l}\frac{h_2^{j+1+\gamma_2}}{j!}\zeta(-j-\gamma_2,\beta_2)\frac{\partial^j}{\partial x_2^j}g(x_1,0) \\
& -\sum_{j=0}^{l}\frac{(-1)^j h_2^{j+1}}{j!}\zeta(-j,\beta_2)\frac{\partial^j}{\partial x_2^j}g_2(x_1,1) + O(h_2^{l+1})\Big]dx_1 \\
=& u_{41}+u_{42}+u_{43}+u_{44}+u_{45},
\end{aligned}
\tag{4.8.27}
$$

## 4.8 面型超奇异积分的误差多参数渐近展开式

这里

$$u_{41} = \int_0^1 x_1^{\gamma_1} \left[ h_2 \sum_{j=0}^{N-1} g_2(x_1, h_2(j+\beta_2)) \right] dx_1,$$

$$u_{42} = \frac{\psi(\beta_2) + \ln h_2}{q!} \frac{\partial^q}{\partial x_2^q} \int_0^1 x_1^{\gamma_1} g(x_1, x_2) dx_1 |_{x_2=0},$$

$$u_{43} = -\sum_{j=0, j\neq q}^{l} \frac{h_2^{j+1+\gamma_2}}{j!} \zeta(-j-\gamma_2, \beta_2) \int_0^1 x_1^{\gamma_1} \frac{\partial^j}{\partial x_2^j} g(x_1, 0) dx_1,$$

$$u_{44} = -\sum_{j=0}^{l} \frac{(-1)^j h_2^{j+1}}{j!} \zeta(-j, \beta_2) \int_0^1 x_1^{\gamma_1} \frac{\partial^j}{\partial x_2^j} g_2(x_1, 1) dx_1,$$

$$u_{45} = -O(h_2^{l+1}) \int_0^1 x_1^{\gamma_1} dx_1 = O(h_2^{l+1}), \tag{4.8.28}$$

接下来，部分计算 $u_{4i}, i=1,2,3,4$.

$$\begin{aligned} u_{41} =& h_2 \sum_{j=0}^{N-1} \int_0^1 x_1^{\gamma_1} g_2(x_1, h_2(j+\beta_2)) dx_1 \\ =& h_2 \sum_{j=0}^{N-1} \Bigg[ h_1 \sum_{i=0}^{M-1} f(h_1(i+\beta_1), h_2(j+\beta_2)) \\ & + \frac{\psi(\beta_1) + \ln h_1}{p!} \frac{\partial^p}{\partial x_2^p} g_2(0, h_2(j+\beta_2)) \\ & - \sum_{i=0, i\neq p}^{l} \frac{h_1^{i+1+\gamma_1}}{i!} \zeta(-i-\gamma_1, \beta_1) \frac{\partial^i}{\partial x_1^i} g_2(0, h_2(j+\beta_2)) \\ & - \sum_{i=0}^{l} \frac{(-1)^i h_1^{i+1}}{i!} \zeta(-i, \beta_1) \frac{\partial^i}{\partial x_1^i} f(1, h_2(j+\beta_2)) \Bigg] - O(h_1^{l+1}) \\ =& h_1 h_2 \sum_{i=0}^{M-1} \sum_{j=0}^{N-1} f(h_1(i+\beta_1), h_2(j+\beta_2)) \\ & + \frac{\psi(\beta_1) + \ln h_1}{p!} \frac{\partial^p}{\partial x_2^p} \left[ \sum_{j=0}^{N-1} h_2 g_2(x_1, h_2(j+\beta_2)) \right]\bigg|_{x_1=0} \\ & - \sum_{i=0, i\neq p}^{l} \frac{h_1^{i+1+\gamma_1}}{i!} \zeta(-i-\gamma_1, \beta_1) \frac{\partial^i}{\partial x_1^i} \left[ h_2 \sum_{j=0}^{N-1} g_2(x_1, h_2(j+\beta_2)) \right]\bigg|_{x_1=0} \\ & - \sum_{i=0}^{l} \frac{(-1)^i h_1^{i+1}}{i!} \zeta(-i, \beta_1) \frac{\partial^i}{\partial x_1^i} \sum_{j=0}^{N-1} f(x_1, h_2(j+\beta_2)) \bigg|_{x_1=1} + O(h_1^{l+1}) \\ =& u_{411} + u_{412} + u_{413} + u_{414} + u_{415}, \end{aligned} \tag{4.8.29}$$

这里
$$u_{411} = Q(h_1, h_2) = h_1 h_2 \sum_{i=0}^{M-1} \sum_{j=0}^{N-1} f(h_1(i+\beta_1), h_2(j+\beta_2))$$

和

$$\begin{aligned}
u_{412} =& \frac{\psi(\beta_1) + \ln h_1}{p!} \frac{\partial^p}{\partial x_2^p} \left[ \sum_{j=0}^{N-1} h_2 g_2(x_1, h_2(j+\beta_2)) \right]\Big|_{x_1=0} \\
=& \frac{\psi(\beta_1) + \ln h_1}{p!} \frac{\partial^p}{\partial x_2^p} \left[ I(g_2) - \frac{\psi(\beta_2) + \ln h_2}{q!} \frac{\partial^q}{\partial x_2^q} g(x_1, 0) \right. \\
&+ \sum_{j=0, j \neq q}^{l} \frac{h_2^{j+1+\gamma_2}}{j!} \zeta(-j-\gamma_2, \beta_2) \frac{\partial^j}{\partial x_2^j} g(x_1, 0) \\
&+ \left. \sum_{j=0}^{l} \frac{(-1)^j h_2^{j+1}}{j!} \zeta(-j, \beta_2) \frac{\partial^j}{\partial x_2^j} g_2(x_1, 1) + O(h_2^{l+1}) \right]\Big|_{x_1=0} \\
=& \frac{\psi(\beta_1) + \ln h_1}{p!} \left\{ \frac{\partial^p}{\partial x_2^p}[I(g_2)]\Big|_{x_1=0} + O(h_2^{l+1}) \right. \\
&+ \sum_{j=0, j \neq q}^{l} \frac{h_2^{j+1+\gamma_2}}{j!} \zeta(-j-\gamma_2, \beta_2) \frac{\partial^{p+j}}{\partial x_1^p \partial x_2^j} g(0, 0) \\
&+ \left. \sum_{j=0}^{l} \frac{(-1)^j h_2^{j+1}}{j!} \zeta(-j, \beta_2) \frac{\partial^{p+j}}{\partial x_1^p \partial x_2^j} g_2(0, 1) \right\} \\
&+ \frac{\psi(\beta_1) + \ln h_1}{p!} \frac{\psi(\beta_2) + \ln h_2}{q!} \left[ -\frac{\partial^{p+q}}{\partial x_1^p \partial x_2^q} g(0, 0) \right] \\
=& \frac{\psi(\beta_1) + \ln h_1}{p!} \left[ C_{4121} + \sum_{j=0, j \neq q}^{l} \frac{h_2^{j+1+\gamma_2}}{j!} C_{4122} + \sum_{j=0}^{l} \frac{(-1)^j h_2^{j+1}}{j!} C_{4123} \right] \\
&+ \frac{\psi(\beta_1) + \ln h_1}{p!} \frac{\psi(\beta_2) + \ln h_2}{q!} C_{4124},
\end{aligned} \quad (4.8.30)$$

其中

$$\begin{aligned}
C_{4121} &= \frac{\partial^p}{\partial x_2^p}[I(g_2)]\Big|_{x_1=0} + O(h_2^{l+1}), \\
C_{4122} &= \zeta(-j-\gamma_2, \beta_2) \frac{\partial^{p+j}}{\partial x_1^p \partial x_2^j} g(0, 0), \\
C_{4123} &= \zeta(-j, \beta_2) \frac{\partial^{p+j}}{\partial x_1^p \partial x_2^j} g_2(0, 1), \\
C_{4124} &= -\frac{\partial^{p+q}}{\partial x_1^p \partial x_2^q} g(0, 0).
\end{aligned} \quad (4.8.31)$$

## 4.8 面型超奇异积分的误差多参数渐近展开式

同样有

$$u_{413} = -\sum_{i=0,i\neq p}^{l} \frac{h_1^{i+1+\gamma_1}}{i!} \zeta(-i-\gamma_1,\beta_1) \frac{\partial^i}{\partial x_2^i} \left[ \sum_{j=0}^{N-1} h_2 g_2(x_1, h_2(j+\beta_2)) \right]\Big|_{x_1=0}$$

$$= -\sum_{i=0,i\neq p}^{l} \frac{h_1^{i+1+\gamma_1}}{i!} \zeta(-i-\gamma_1,\beta_1) \frac{\partial^i}{\partial x_2^i} \Bigg[ I(g_2) - \frac{\psi(\beta_2)+\ln h_2}{q!} \frac{\partial^q}{\partial x_2^q} g(x_1,0)$$

$$+ \sum_{j=0,j\neq q}^{l} \frac{h_2^{j+1+\gamma_2}}{j!} \zeta(-j-\gamma_2,\beta_2) \frac{\partial^j}{\partial x_2^j} g(x_1,0)$$

$$+ \sum_{j=0}^{l} \frac{(-1)^j h_2^{j+1}}{j!} \zeta(-j,\beta_2) \frac{\partial^j}{\partial x_2^j} g_2(x_1,1) + O(h_2^{l+1}) \Bigg]\Big|_{x_1=0}$$

$$= \sum_{i=0,i\neq p}^{l} \frac{h_1^{i+1+\gamma_1}}{i!} \left[ -\zeta(-i-\gamma_1,\beta_1) \frac{\partial^i}{\partial x_2^i}[I(g_2)]\Big|_{x_1=0} \right.$$

$$\left. - \zeta(-i-\gamma_1,\beta_1)O(h_2^{l+1}) \right] + \frac{\psi(\beta_2)+\ln h_2}{q!} \cdot$$

$$\sum_{i=0,i\neq p}^{l} \frac{h_1^{i+1+\gamma_1}}{i!} \zeta(-i-\gamma_1,\beta_1) \frac{\partial^{i+q}}{\partial x_1^i x_2^q} g(0,0)$$

$$+ \sum_{i=0,i\neq p}^{l} \sum_{j=0,j\neq q}^{l} \frac{h_1^{i+1+\gamma_1}}{i!} \frac{h_2^{j+1+\gamma_2}}{j!} \left[ -\zeta(-i-\gamma_1,\beta_1)\zeta(-j-\gamma_2,\beta_2) \frac{\partial^{i+j}}{\partial x_1^i x_2^j} g(0,0) \right]$$

$$+ \sum_{i=0,i\neq p}^{l} \sum_{j=0}^{l} \frac{h_1^{i+1+\gamma_1}}{i!} \frac{(-1)^j h_2^{j+1}}{j!} \left[ -\zeta(-i-\gamma_1,\beta_1)\zeta(-j,\beta_2) \frac{\partial^{i+j}}{\partial x_1^i x_2^j} g_2(0,1) \right]$$

$$= \sum_{i=0,i\neq p}^{l} \frac{h_1^{i+1+\gamma_1}}{i!} C_{4131}$$

$$+ \frac{\psi(\beta_2)+\ln h_2}{q!} \sum_{i=0,i\neq p}^{l} \frac{h_1^{i+1+\gamma_1}}{i!} C_{4132} + \sum_{i=0,i\neq p}^{l} \sum_{j=0,j\neq q}^{l} \frac{h_1^{i+1+\gamma_1}}{i!} \frac{h_2^{j+1+\gamma_2}}{j!} C_{4133}$$

$$+ \sum_{i=0,i\neq p}^{l} \sum_{j=0}^{l} \frac{h_1^{i+1+\gamma_1}}{i!} \frac{(-1)^j h_2^{j+1}}{j!} C_{4134}, \tag{4.8.32}$$

这里

$$C_{4131} = -\zeta(-i-\gamma_1,\beta_1) \frac{\partial^i}{\partial x_2^i}[I(g_2)]\Big|_{x_1=0} - \zeta(-i-\gamma_1,\beta_1)O(h_2^{l+1}),$$

$$C_{4132} = \zeta(-j-\gamma_2,\beta_2) \frac{\partial^{i+j}}{\partial x_1^i x_2^j} g(0,0).$$

$$C_{4133} = -\zeta(-i-\gamma_1,\beta_1)\zeta(-j-\gamma_2,\beta_2)\frac{\partial^{i+j}}{\partial x_1^i x_2^j}g(0,0),$$

$$C_{4134} = -\zeta(-i-\gamma_1,\beta_1)\zeta(-j,\beta_2)\frac{\partial^{i+j}}{\partial x_1^i x_2^j}g_2(0,1). \tag{4.8.33}$$

此外, 有

$$u_{414} = -\sum_{i=0}^{l}\frac{(-1)^i h_1^{i+1}}{i!}\zeta(-i,\beta_1)\frac{\partial^i}{\partial x_2^i}\left[\sum_{j=0}^{N-1}h_2 f(x_1,h_2(j+\beta_2))\right]\bigg|_{x_1=1}$$

$$= -\sum_{i=0}^{l}\frac{(-1)^i h_1^{i+1}}{i!}\zeta(-i,\beta_1)\frac{\partial^i}{\partial x_2^i}\bigg[I(f) - \frac{\psi(\beta_2)+\ln h_2}{q!}\frac{\partial^q}{\partial x_2^q}g_1(x_1,0)$$

$$+ \sum_{j=0,j\neq q}^{l}\frac{h_2^{j+1+\gamma_2}}{j!}\zeta(-j-\gamma_2,\beta_2)\frac{\partial^j}{\partial x_2^j}g_1(x_1,0)$$

$$+ \sum_{j=0}^{l}\frac{(-1)^j h_2^{j+1}}{j!}\zeta(-j,\beta_2)\frac{\partial^j}{\partial x_2^j}f(x_1,1) + O(h_2^{l+1})\bigg]\bigg|_{x_1=1}$$

$$= \sum_{i=0}^{l}\frac{(-1)^i h_1^{i+1}}{i!}\zeta(-i,\beta_1)\bigg[-\frac{\partial^i}{\partial x_2^i}[I(f)]|_{x_1=1} - O(h_2^{l+1})\bigg] + \frac{\psi(\beta_2)+\ln h_2}{q!}\cdot$$

$$\sum_{i=0}^{l}\frac{(-1)^i h_1^{i+1}}{i!}\zeta(-i,\beta_1)\frac{\partial^{i+q}}{\partial x_1^i x_2^q}g_1(1,0)$$

$$+ \sum_{i=0}^{l}\sum_{j=0,j\neq q}^{l}\frac{(-1)^i h_1^{i+1}}{i!}\frac{h_2^{j+1+\gamma_2}}{j!}\bigg[-\zeta(-i,\beta_1)\zeta(-j-\gamma_2,\beta_2)\frac{\partial^{i+j}}{\partial x_1^i x_2^j}g_1(1,0)\bigg]$$

$$+ \sum_{i=0}^{l}\sum_{j=0,j\neq q}^{l}\frac{(-1)^i h_1^{i+1}}{i!}\frac{(-1)^j h_2^{j+1}}{j!}\bigg[-\zeta(-i,\beta_1)\zeta(-j,\beta_2)\frac{\partial^{i+j}}{\partial x_1^i x_2^j}f(1,1)\bigg]$$

$$= \sum_{i=0}^{l}\frac{(-1)^i h_1^{i+1}}{i!}C_{4141} + \frac{\psi(\beta_2)+\ln h_2}{q!}\sum_{i=0}^{l}\frac{(-1)^i h_1^{i+1}}{i!}C_{4142}+$$

$$\sum_{i=0}^{l}\sum_{j=0,j\neq q}^{l}\frac{(-1)^i h_1^{i+1}}{i!}\frac{h_2^{j+1+\gamma_2}}{j!}C_{4143} + \sum_{i=0}^{l}\sum_{j=0}^{l}\frac{(-1)^i h_1^{i+1}}{i!}\frac{(-1)^j h_2^{j+1}}{j!}C_{4144}, \tag{4.8.34}$$

其中

$$C_{4141} = \zeta(-i,\beta_1)\bigg[-\frac{\partial^i}{\partial x_2^i}[I(f)]|_{x_1=1} - O(h_2^{l+1})\bigg],$$

$$C_{4142} = \zeta(-i,\beta_1)\frac{\partial^{i+q}}{\partial x_1^i x_2^q}g_1(1,0),$$

## 4.8 面型超奇异积分的误差多参数渐近展开式

$$C_{4143} = -\zeta(-i,\beta_1)\zeta(-j-\gamma_2,\beta_2)\frac{\partial^{i+j}}{\partial x_1^i x_2^j}g_1(1,0),$$

$$C_{4144} = -\zeta(-i,\beta_1)\zeta(-j,\beta_2)\frac{\partial^{i+j}}{\partial x_1^i x_2^j}f(1,1). \tag{4.8.35}$$

从而, 有

$$\begin{aligned}
u_{41} =& Q_1(h_1,h_2) + \frac{\psi(\beta_1)+\ln h_1}{p!}\bigg[C_{4121} + \sum_{j=0,j\neq q}^{l}\frac{h_2^{j+1+\gamma_2}}{j!}C_{4122} \\
&+ \sum_{j=0}^{l}\frac{(-1)^j h_2^{j+1}}{j!}C_{4123}\bigg] + \frac{\psi(\beta_1)+\ln h_1}{p!}\frac{\psi(\beta_2)+\ln h_2}{q!}C_{4124} \\
&+ \frac{\psi(\beta_2)+\ln h_2}{q!}\bigg[\sum_{i=0,i\neq p}^{l}\frac{h_1^{i+1+\gamma_1}}{i!}C_{4132} + \sum_{i=0}^{l}\frac{(-1)^i h_1^{i+1}}{i!}C_{4142}\bigg] \\
&+ \sum_{i=0}^{l}\frac{(-1)^i h_1^{i+1}}{i!}C_{4141} + \sum_{i=0,i\neq p}^{l}\frac{h_1^{i+1+\gamma_1}}{i!}C_{4131} \\
&+ \sum_{i=0,i\neq p}^{l}\sum_{j=0,j\neq q}^{l}\frac{h_1^{i+1+\gamma_1}}{i!}\frac{h_2^{j+1+\gamma_2}}{j!}C_{4133} + \sum_{i=0,i\neq p}^{l}\sum_{j=0}^{l}\frac{h_1^{i+1+\gamma_1}}{i!}\frac{(-1)^j h_2^{j+1}}{j!}C_{4134} \\
&+ \sum_{i=0}^{l}\sum_{j=0,j\neq q}^{l}\frac{(-1)^i h_1^{i+1}}{i!}\frac{h_2^{j+1+\gamma_2}}{j!}C_{4143} + \sum_{i=0}^{l}\sum_{j=0}^{l}\frac{(-1)^i h_1^{i+1}}{i!}\frac{(-1)^j h_2^{j+1}}{j!}C_{4144}.
\end{aligned} \tag{4.8.36}$$

此外, 有

$$u_{42} = \frac{\psi(\beta_2)+\ln h_2}{p!}\frac{\partial^q}{\partial x_2^q}[I(g_1)]|_{x_2=0} = \frac{\psi(\beta_2)+\ln h_2}{p!}C_{42},$$

$$u_{43} = \sum_{j=0,j\neq q}^{l}\frac{h_2^{j+1+\gamma_2}}{j!}\bigg[-\zeta(-j-\gamma_2,\beta_2)\frac{\partial^j}{\partial x_2^j}(I(g_1))|_{x_2=0}\bigg] = \sum_{j=0,j\neq q}^{l}\frac{h_2^{j+1+\gamma_2}}{j!}C_{43},$$

$$u_{44} = \sum_{j=0}^{l}\frac{(-1)^j h_2^{j+1}}{j!}[-\zeta(-j,\beta_2)\frac{\partial^j}{\partial x_2^j}(I(f))|_{x_2=1}] = \sum_{j=0}^{l}\frac{(-1)^j h_2^{j+1}}{j!}C_{44}.$$

组合上面各式, 得到 (4.8.4) 的证明. □

**算例 4.8.1** 计算超奇异积分

$$I(f(x_1,x_2)) = \int_0^1\int_0^1 x_1^{-3/2}x_2^{-3/2}dx_1dx_2,$$

其中精确解 $I(f(x_1,x_2)) = 4$, 且奇异阶 $\gamma_i = -3/2$, $i=1,2$. 利用求积公式 (4.8.2) 计算, 外推和分裂外推的结果列在表 4.8.1 中.

表 4.8.1  利用求积公式 (4.8.2) 计算，外推与分裂外推的数值结果

| $N_1 = N_2$ | $2^3$ | $2^4$ | $2^5$ | $2^6$ |
|---|---|---|---|---|
| $e_h$ | $5.31 \times 10$ | $1.29 \times 10^2$ | $6.22 \times 10^2$ | $1.31 \times 10^3$ |
| $\text{rate}_1$ | | $2^{-1.17}$ | $2^{-1.11}$ | $2^{-1.07}$ |
| $h_i^{-0.5}$-RE | | $3.61 \times 10$ | $4.48 \times 10$ | $6.33 \times 10$ |
| $\text{rate}_2$ | | | $2^{-0.50}$ | $2^{-0.50}$ |
| $h_i^{0.5}$-RE | | | $9.15 \times 10^{-2}$ | $3.45 \times 10^{-2}$ |
| $\text{rate}_3$ | | | | $2^{1.49}$ |
| $h_i^2$-RE | | | | $3.29 \times 10^{-3}$ |
| $\text{rate}_4$ | | | | |
| $N_1 = N_2$ | $2^7$ | $2^8$ | $2^9$ | $2^{10}$ |
| $e_h$ | $2.71 \times 10^3$ | $5.54 \times 10^3$ | $1.12 \times 10^4$ | $2.28 \times 10^4$ |
| $\text{rate}_1$ | $2^{-1.04}$ | $2^{-1.03}$ | $2^{-1.02}$ | $2^{-1.02}$ |
| $h_i^{-0.5}$-RE | $8.95 \times 10$ | $1.27 \times 10^2$ | $1.79 \times 10^2$ | $1.53 \times 10^2$ |
| $\text{rate}_2$ | $2^{-0.50}$ | $2^{-0.50}$ | $2^{-0.50}$ | $2^{-0.50}$ |
| $h_i^{0.5}$-RE | $1.27 \times 10^{-2}$ | $4.62 \times 10^{-3}$ | $1.66 \times 10^{-3}$ | $5.96 \times 10^{-4}$ |
| $\text{rate}_3$ | $2^{1.44}$ | $2^{1.46}$ | $2^{1.47}$ | $2^{1.48}$ |
| $h_i^2$-RE | $7.90 \times 10^{-3}$ | $1.94 \times 10^{-4}$ | $4.83 \times 10^{-5}$ | $1.20 \times 10^{-5}$ |
| $\text{rate}_4$ | $2^{2.06}$ | $2^{2.02}$ | $2^{2.00}$ | $2^{2.00}$ |
| $h^{3.5}$-SE | $8.98 \times 10^{-5}$ | $8.33 \times 10^{-6}$ | $7.56 \times 10^{-7}$ | $6.85 \times 10^{-8}$ |
| $\text{rate}_5$ | | $2^{3.43}$ | $2^{3.46}$ | $2^{3.46}$ |

表中的误差都是绝对误差，$\text{rate}_1 = e_h / e_{h/2}$，从表中的数值结果看出，误差的阶完全与 (4.8.2) 的展开式一致.

**算例 4.8.2** 计算超奇异积分

$$I(f(x_1, x_2)) = \int_0^1 \int_0^1 x_1^{-2} x_2^{-2} dx_1 dx_2, \tag{4.8.37}$$

其精确解 $I(f(x_1, x_2)) = 1$，且奇异阶 $\gamma_i = -2$, $i = 1, 2$. 利用求积公式 (4.8.4) 计算，外推和分裂外推的结果列在表 4.8.2 中.

表 4.8.2  利用求积公式 (4.8.4) 计算，外推与分裂外推的数值结果

| $N_1 = N_2$ | $2^3$ | $2^4$ | $2^5$ | $2^6$ |
|---|---|---|---|---|
| $e_h$ | $1.48 \times 10^3$ | $2.46 \times 10^4$ | $9.91 \times 10^4$ | $3.98 \times 10^5$ |
| $\text{rate}_1$ | | $2^{-2.04}$ | $2^{-2.02}$ | $2^{-2.00}$ |
| $h_i^{-1}$-RE | | $5.25 \times 10$ | $1.05 \times 10^2$ | $2.11 \times 10^2$ |
| $\text{rate}_2$ | | | $2^{-1.00}$ | $2^{-1.00}$ |
| $h_i^1$-RE | | | $1.73 \times 10^{-1}$ | $8.84 \times 10^{-2}$ |
| $\text{rate}_3$ | | | | $2^{0.97}$ |
| $h_i^2$-RE | | | | $3.82 \times 10^{-3}$ |
| $\text{rate}_4$ | | | | |

| $N_1=N_2$ | $2^7$ | $2^8$ | $2^9$ | $2^{10}$ |
|---|---|---|---|---|
| $e_h$ | $1.59\times 10^6$ | $6.38\times 10^6$ | $2.55\times 10^7$ | $2.28\times 10^7$ |
| rate$_1$ | $2^{-2.00}$ | $2^{-2.00}$ | $2^{-2.00}$ | $2^{-2.00}$ |
| $h_i^{-1}$-RE | $4.21\times 10^2$ | $8.42\times 10^2$ | $1.68\times 10^3$ | $3.37\times 10^3$ |
| rate$_2$ | $2^{-1.00}$ | $2^{-1.00}$ | $2^{-1.00}$ | $2^{-1.00}$ |
| $h_i^1$-RE | $4.46\times 10^{-2}$ | $2.24\times 10^{-2}$ | $1.12\times 10^{-2}$ | $5.62\times 10^{-3}$ |
| rate$_3$ | $2^{0.98}$ | $2^{0.99}$ | $2^{0.99}$ | $2^{0.99}$ |
| $h_i^2$-RE | $8.37\times 10^{-4}$ | $1.93\times 10^{-4}$ | $4.65\times 10^{-5}$ | $1.14\times 10^{-5}$ |
| rate$_4$ | $2^{2.19}$ | $2^{2.11}$ | $2^{2.05}$ | $2^{2.03}$ |
| $h^3$-SE | $5.75\times 10^{-4}$ | $7.63\times 10^{-5}$ | $9.25\times 10^{-5}$ | $1.18\times 10^{-6}$ |
| rate$_5$ | | $2^{2.97}$ | $2^{2.99}$ | $2^{2.98}$ |

该表的数值表明，误差与 (4.8.4) 的展开式一致.

### 4.8.2 含参的乘积型超奇异积分的误差多参数渐近展开式

利用定理 4.8.1 的结果立即获得下面定理.

**定理 4.8.2** 在 (4.8.1) 假设的条件下，$t_i \in (0,1), i=1,2$ 有下列误差渐近展开式.

(1) 若 $\gamma_i < -1$ 且 $\gamma_i$ 不是负整数，$i=1,2$，则超奇异积分的偏矩形公式的 Euler-Maclaurin 展开式：

$$\int_0^1 \int_0^1 f(x_1, x_2) dx_1 dx_2$$
$$= \sum_{k=1}^4 a_k Q(h_m, h_n) + \sum_{k=1}^4 a_k \Bigg\{ \sum_{i=0}^l \frac{h_m^{i+1+\gamma_1}}{i!} A_1$$
$$+ \sum_{i=0}^l \frac{(-1)^i h_m^{i+1}}{i!} A_2 + \sum_{i=0}^l \frac{h_n^{i+1+\gamma_2}}{i!} A_3$$
$$+ \sum_{i=0}^l \frac{(-1)^i h_n^{i+1}}{i!} A_4 + \sum_{i=0}^l \sum_{j=0}^l \frac{h_m^{i+1+\gamma_1}}{i!} \frac{h_n^{j+1+\gamma_2}}{j!} A_5$$
$$+ \sum_{i=0}^l \sum_{j=0}^l \frac{h_m^{i+1+\gamma_1}}{i!} \frac{(-1)^j h_n^{j+1}}{j!} A_6 + \sum_{i=0}^l \sum_{j=0}^l \frac{(-1)^i h_m^{i+1}}{i!} \frac{h_n^{j+1+\gamma_2}}{j!} A_7$$
$$+ \sum_{i=0}^l \sum_{j=0}^l \frac{(-1)^i h_m^{i+1}}{i!} \frac{(-1)^j h_n^{j+1}}{j!} A_8 + O(h_m^{l+1}) + O(h_m^{l+1}) \Bigg\}, \qquad (4.8.38)$$

其中

$$Q(h_m, h_n) = \sum_{i=0}^m \sum_{j=0}^n h_m h_n f(h_1(i+\beta_m), h_n(j+\beta_2)). \qquad (4.8.39)$$

(2) 若 $\gamma_1 = -p-1$ 是负整数，$\gamma_2 < -1$ 且 $\gamma_2$ 不是负整数，则超奇异积分的偏矩形公式的 Euler-Maclaurin 展开式：

$$\int_0^1 \int_0^1 f(x_1, x_2) dx_1 dx_2$$
$$= \sum_{k=1}^4 a_k Q_1(h_1, h_2) + \sum_{k=1}^4 a_k \left\{ \frac{\psi(\beta) + \ln h_1}{p!} \left[ B_{01} + \sum_{i=0}^l \frac{h_2^{i+1+\gamma_2}}{i!} B_{02} \right.\right.$$
$$\left. + \sum_{i=0}^l \frac{(-1)^i h_2^{i+1}}{i!} B_{03} \right] + \sum_{i=0, i\neq p}^l \frac{h_1^{i+1+\gamma_1}}{i!} B_1 + \sum_{i=0}^l \frac{(-1)^i h_1^{i+1}}{i!} B_2$$
$$+ \sum_{i=0}^l \frac{h_2^{i+1+\gamma_2}}{i!} B_3 + \sum_{i=0}^l \frac{(-1)^i h_2^{i+1}}{i!} B_4 + \sum_{i=0, i\neq p}^l \sum_{j=0}^l \frac{h_1^{i+1+\gamma_1}}{i!} \frac{h_2^{j+1+\gamma_2}}{j!} B_5$$
$$+ \sum_{i=0, i\neq p}^l \sum_{j=0}^l \frac{h_1^{i+1+\gamma_1}}{i!} \frac{(-1)^j h_2^{j+1}}{j!} B_6 + \sum_{i=0,}^l \sum_{j=0}^l \frac{(-1)^i h_1^{i+1}}{i!} \frac{h_2^{j+1+\gamma_2}}{j!} B_7$$
$$\left. + \sum_{i=0,}^l \sum_{j=0}^l \frac{(-1)^i h_1^{i+1}}{i!} \frac{(-1)^j h_2^{j+1}}{j!} B_8 + O(h_1^{l+1}) + O(h_2^{l+1}) \right\}. \tag{4.8.40}$$

这里系数

$$B_{01} = B_{2131}, \quad B_{02} = B_{2132}, \quad B_{03} = B_{2133} \tag{4.8.41}$$

由定理 4.8.1 中给出.

(3) 若 $\gamma_1 = -p-1$ 和 $\gamma_2 = -q-1$ 都是负整数，则超奇异积分的偏矩形公式的 Euler-Maclaurin 展开式：

$$\int_0^1 \int_0^1 f(x_1, x_2) dx_1 dx_2$$
$$= \sum_{k=1}^4 a_k Q_1(h_1, h_2) + \sum_{k=1}^4 a_k \left\{ \frac{\psi(\beta_1) + \ln h_1}{p!} \left[ C_{01} + \sum_{j=0, j\neq q}^l \frac{h_2^{j+1+\gamma_2}}{j!} C_{02} \right.\right.$$
$$\left. + \sum_{j=0}^l \frac{(-1)^j h_2^{j+1}}{j!} C_{03} \right] + \frac{\psi(\beta_2) + \ln h_2}{q!}$$
$$\cdot \left[ C_{11} + \sum_{i=0, i\neq p}^l \frac{h_1^{i+1+\gamma_2}}{i!} C_{12} + \sum_{i=0}^l \frac{(-1)^i h_1^{i+1}}{i!} C_{13} \right]$$
$$+ \frac{\psi(\beta_1) + \ln h_1}{p!} \frac{\psi(\beta_2) + \ln h_2}{p!} C_2 + \sum_{i=0, i\neq p}^l \frac{h_1^{i+1+\gamma_1}}{i!} C_3 + \sum_{i=0}^l \frac{(-1)^i h_1^{i+1}}{i!} C_4$$

## 4.8 面型超奇异积分的误差多参数渐近展开式

$$+\sum_{j=0,j=q}^{l}\frac{h_2^{i+1+\gamma_2}}{j!}C_5+\sum_{j=0}^{l}\frac{(-1)^ih_2^{i+1}}{j!}C_6+\sum_{i=0,i\neq p}^{l}\sum_{j=0,j\neq q}^{l}\frac{h_1^{i+1+\gamma_1}}{i!}\frac{h_2^{j+1+\gamma_2}}{j!}C_7$$

$$+\sum_{i=0,i\neq p}^{l}\sum_{j=0}^{l}\frac{h_1^{i+1}}{i!}\frac{(-1)^jh_2^{j+1+\gamma_2}}{j!}C_8+\sum_{i=0}^{l}\sum_{j=0,j\neq q}^{l}\frac{(-1)^ih_1^{i+1}}{i!}\frac{h_2^{j+1+\gamma_2}}{j!}C_9$$

$$+\sum_{i=0}^{l}\sum_{i=0}^{l}\frac{(-1)^ih_1^{i+1}}{i!}\frac{(-1)^jh_2^{j+1}}{j!}C_{10}+O(h_1^{l+1})+O(h_2^{l+1})\bigg\}, \qquad (4.8.42)$$

这里系数

$$C_{01}=B_{2131},\quad C_{02}=B_{2132},\quad C_{03}=B_{2133},\quad C_i=B_i \qquad (4.8.43)$$

由定理 4.8.1 中给出, 这里 $Q(h_m,h_n)$ 是二维超奇异积分的求积公式, $B_{2\mu}$ 是 Bernoulli 数及 $\xi(\tau)$ 是 Riemamn Zeta 函数, $h_0=\max\{h_1,h_2\}$, $\beta_1,\beta_2\in(0,1)$.

**算例 4.8.3** 考虑积分

$$I(f(x_1,x_2))=\int_{-1}^{1}\int_{-1}^{1}\frac{xdx_1dx_2}{(x_1-s)^{4/3}(x_2-t)^{5/3}},\quad s,t\in[-1,1], \qquad (4.8.44)$$

精确解

$$I(f(x_1,x_2))=\left[\frac{-3}{(1-s)^{1/3}}+\frac{3}{(-1-s)^{1/3}}+\frac{9}{2}(1-s)^{2/3}-\frac{9}{2}(-1-s)^{2/3}\right]$$

$$\times\left[-\frac{3}{2}\frac{1}{(1-t)^{2/3}}+\frac{3}{2}\frac{1}{(-1-t)^{2/3}}\right], \qquad (4.8.45)$$

这里 $\gamma_1=-\frac{4}{3}<-1$, $\gamma_2=-\frac{5}{3}<-1$.

第一步, 利用负指数外推公式

$$Q_1(h_m,h_n)=\left[2^{2+\gamma_1+\gamma_2}Q\left(\frac{h_m}{2},\frac{h_n}{2}\right)-Q(h_m,h_n)\right]/(2^{2+\gamma_1+\gamma_2}-1), \qquad (4.8.46)$$

消去 $h_m^{1+\gamma_1}h_n^{1+\gamma_2}$ 的项.

第二步, 先沿 $x_1$ 方向进行负指数外推消去 $h_m^{1+\gamma_1}$ 的项, 利用公式

$$Q_2^{(0)}(h_m,h_n)=\left[2^{1+\gamma_1}Q_1\left(\frac{h_m}{2},h_n\right)-Q_1(h_m,h_n)\right]\bigg/(2^{1+\gamma_1}-1), \qquad (4.8.47)$$

计算; 再沿 $x_2$ 方向进行负指数外推消去 $h_n^{1+\gamma_2}$ 的项, 利用公式

$$Q_2(h_m,h_n)=\left[2^{1+\gamma_2}Q\left(h_m,\frac{h_n}{2}\right)-Q_2^{(0)}(h_m,h_n)\right]\bigg/(2^{1+\gamma_2}-1), \qquad (4.8.48)$$

进行计算.

第三步，沿 $x_1$ 方向进行外推消去 $h_m^{1+\gamma_1}h_n$ 与 $h_m^{2+\gamma_1}$ 的项，利用公式

$$Q_3^{(0)}(h_m, h_n) = \left[2^{2+\gamma_1}Q_2\left(\frac{h_m}{2}, h_n\right) - Q_2(h_m, h_n)\right]\bigg/(2^{2+\gamma_1} - 1), \qquad (4.8.49)$$

进行计算；再沿 $x_2$ 方向进行外推消去 $h_m h_n^{1+\gamma_2}$ 与 $h_n^{2+\gamma_1}$ 的项，利用公式

$$Q_3(h_m, h_n) = \left[2^{2+\gamma_2}Q_3^{(0)}\left(h_m, \frac{h_n}{2}\right) - Q_3^{(0)}(h_m, h_n)\right]\bigg/(2^{2+\gamma_2} - 1), \qquad (4.8.50)$$

进行计算.

第四步，分裂外推.

根据上面过程，计算结果列在表 4.8.3 中.

**表 4.8.3** 在 $(s,t) = (-1/16, 1/8)$ 的数值解

| $N_1 = N_2$ | $2^4$ | $2^5$ | $2^6$ |
|---|---|---|---|
| $e_h$ | $5.64\times 10^0$ | $1.26\times 10^1$ | $2.72\times 10^1$ |
| rate$_0$ | $2^{-1.25}$ | $2^{-1.16}$ | $2^{-1.11}$ |
| step$_1$ | $8.84\times 10^{-1}$ | $1.33\times 10^0$ | $2.01\times 10^0$ |
| rate$_1$ | | $2^{-0.59}$ | $2^{-0.60}$ |
| step$_2$ | | $4.94\times 10^{-3}$ | $2.92\times 10^{-3}$ |
| rate$_2$ | | | $2^{0.76}$ |
| step$_3$ | | | $1.11\times 10^{-3}$ |
| rate$_3$ | | | |
| $N_1 = N_2$ | $2^7$ | $2^8$ | $2^9$ |
| $e_h$ | $5.75\times 10^1$ | $1.20\times 10^1$ | $2.47\times 10^2$ |
| rate$_0$ | $2^{-1.08}$ | $2^{-1.06}$ | $2^{-1.04}$ |
| step$_1$ | $3.07\times 10^0$ | $4.71\times 10^0$ | $7.28\times 10^0$ |
| rate$_1$ | $2^{-0.61}$ | $2^{-0.62}$ | $2^{-0.63}$ |
| step$_2$ | $1.79\times 10^{-3}$ | $1.11\times 10^{-3}$ | $6.99\times 10^{-4}$ |
| rate$_2$ | $2^{0.71}$ | $2^{0.68}$ | $2^{0.67}$ |
| step$_3$ | $2.80\times 10^{-4}$ | $7.00\times 10^{-5}$ | $1.75\times 10^{-5}$ |
| rate$_3$ | $2^{2.00}$ | $2^{2.00}$ | $2^{2.00}$ |
| step$_4$ | $1.40\times 10^{-7}$ | $8.82\times 10^{-9}$ | $8.21\times 10^{-10}$ |
| rate$_4$ | | $2^{3.97}$ | $2^{3.94}$ |

此表中，当 $N_1 = N_2 = 2^3$ 时，$e_h = 2.38\times 10^0$.

**算例 4.8.4** 考虑积分

$$I(f(x_1, x_2)) = \int_{-1}^{1}\int_{-1}^{1}\frac{dx_1 dx_2}{(x_1-s)^2(x_2-t)^2}, \quad s,t \in [-1,1], \qquad (4.8.51)$$

精确解
$$I(f(x_1,x_2)) = \left[\frac{1}{1+s} - \frac{1}{1-s}\right]\left[\frac{1}{1+t} - \frac{1}{1-t}\right].$$
计算过程仿照上例进行.

表 4.8.4 在 $(s,t) = (-1/16, 1/8)$ 的数值解

| $N_1=N_2$ | $2^3$ | $2^4$ | $2^5$ |
|---|---|---|---|
| $e_h$ | $6.04\times 10^3$ | $2.48\times 10^4$ | $1.00\times 10^5$ |
| $\text{rate}_0$ | | $2^{-2.04}$ | $2^{-2.02}$ |
| $\text{step}_1$ | | $2.14\times 10^2$ | $4.29\times 10^2$ |
| $\text{rate}_1$ | | | $2^{-1.00}$ |
| $\text{step}_2$ | | | $2.31\times 10^{-2}$ |
| $\text{rate}_2$ | | | |
| $\text{step}_3$ | | | |
| $\text{rate}_3$ | | | |
| $N_1=N_2$ | $2^6$ | $2^7$ | $2^8$ |
| $e_h$ | $4.04\times 10^5$ | $1.62\times 10^5$ | $6.50\times 10^6$ |
| $\text{rate}_0$ | $2^{-2.01}$ | $2^{-2.00}$ | $2^{-2.00}$ |
| $\text{step}_1$ | $8.59\times 10^2$ | $1.72\times 10^3$ | $3.44\times 10^3$ |
| $\text{rate}_1$ | $2^{-1.00}$ | $2^{-1.00}$ | $2^{-1.00}$ |
| $\text{step}_2$ | $5.80\times 10^{-3}$ | $1.45\times 10^{-3}$ | $3.63\times 10^{-4}$ |
| $\text{rate}_2$ | $2^{2.00}$ | $2^{2.00}$ | $2^{2.00}$ |
| $\text{step}_3$ | $1.34\times 10^{-5}$ | $8.63\times 10^{-7}$ | $5.90\times 10^{-8}$ |
| $\text{rate}_3$ | | $2^{3.99}$ | $2^{3.87}$ |

在表 4.8.3 和表 4.8.4 中, $e_h = |If - I^h f|$, $\text{rate}_i = e_h/e_{h/2}$, $i = 0, 1, 2, 3, 4$.

## 4.9 多维点型超奇异积分的求积公式与误差多参数渐近展开式

考虑 $s$ 维超奇异积分

$$I(f) = \int_\Omega g(x_1,\cdots,x_s)h(x_1,\cdots,x_s)dx_1\cdots dx_s, \quad \Omega = [0,1]^s, \tag{4.9.1}$$

这里 $g(x_1,\cdots,x_s) = r^\mu$, 且 $r = (\sum_{i=1}^s (x_i - t_i)^2)^{1/2}$, 或者 $g(x_1,\cdots,x_s) = (\sum_{i=1}^s c_i(x_i - t_i)^\gamma)^\delta$ 且 $\mu = \gamma\delta$, $c_i > 0$, $\gamma > 0$, $i = 1,\cdots,s$, 即 $g(x_1,\cdots,x_s)$ 是关于 $x_1 - t_1,\cdots,x_s - t_s$ 的次数为 $\mu$ 的齐次函数. $h(\boldsymbol{x}) = h(x_1,\cdots,x_s)$ 是 $[0,1]^s$ 上的光滑函数. 当 $\mu < -s$ 时, (4.9.1) 是 $s$ 维超奇异积分, 这类积分必须在 Hadamard 有限部分意义下才成立. 若 $t = 0$, 则 (4.9.1) 称为端点超奇异积分; 若 $t \neq 0$, 则 (4.9.1) 称为含参的点型超奇异积分.

为了给出多维超奇异积分的求积公式与误差多参数渐近展开式，我们首先介绍以下引理.

**引理 4.9.1**  假设超奇异积分 (4.9.1) 的被积函数

$$f(\mathbf{x}) = g(x_1,\cdots,x_s)h(x_1,\cdots,x_s)$$

满足下列条件：

(1) $g(x_1,\cdots,x_s) = (\sum_{i=1}^{s} c_i x_i^\gamma)^{-\alpha}$ 且 $\mu = -\alpha\gamma < -s$，和 $\mu \neq -n$, $(n \in N)$，$c_i > 0, \gamma > 0, i = 1,\cdots,s$，即 $g(x_1,\cdots,x_s)$ 是关于 $x_1,\cdots,x_s$ 的次数为 $\mu$ 的齐次函数；

(2) $h(x_1,\cdots,x_s) \in C^{2m+1}([0,1]^s)$.

那么超奇异积分的

$$I(f) = \int_\Omega g(x_1,\cdots,x_s)h(x_1,\cdots,x_s)dx_1\cdots dx_s, \quad \Omega = [0,1]^s$$

的有限部分值可由

$$\sum_{i=1}^{s}\left(\text{f.p}\int_0^1 y_i^{s-1-\alpha\gamma}G(y_i,\alpha)dy_i\right) \tag{4.9.2}$$

定义，其中

$$G(y_i,\alpha) = \int_0^1\cdots\int_0^1 F(y_1,\cdots,y_{i-1},y_i,y_{i+1},\cdots,y_s)dy_1\cdots dy_{i-1}dy_{i+1}\cdots dy_s, \tag{4.9.3}$$

这里

$$\begin{aligned}F(\mathbf{y}) =& F(y_1,\cdots,y_{i-1},y_i,y_{i+1},..,y_s)\\=& g(y_1,\cdots,y_{i-1},1,y_{i+1},\cdots,y_s)h(y_1 y_i,\cdots,y_{i-1}y_i,y_i,y_{i+1}y_i,\cdots,y_i y_s),\end{aligned}$$

且 $g(y_1,y_{i-1},1,y_{i+1}..,y_s)$ 是充分光滑的函数, $h(\mathbf{y}) \in C^{2m+1}(\Omega)$, $F(\mathbf{y}) \in C^{2m+1}(\Omega)$ 和 $G(y_i) \in C^{2m+1}([0,1]^{s-1})$.

**证明**  首先考虑当 $\alpha\gamma < s$ 时的情形. 因为 $h(x_1,\cdots,x_s) \in C^{2m+1}([0,1]^s)$，$g(x_1,\cdots,x_s)$ 是 $\mu$ 阶齐次函数，当 $\alpha\gamma < s$ 时，$I(f)$ 是弱奇异积分，因此能够使用 Duffy 变换. 根据引理 4.3.1，

$$\Omega = [0,1]^s = \{(x_1,\cdots,x_j,\cdots,x_s) : \forall j, 0 < x_j < 1\},$$

有分割

$$\Omega = \cup_{i=1}^{s}\bar{\Omega}_i,$$

## 4.9 多维点型超奇异积分的求积公式与误差多参数渐近展开式

这里 $\bar{\Omega}_i$ 是 $\Omega$ 的闭包, 而 $\Omega_i$ 是 $s$ 维棱锥, 且

$$\Omega_i = \{(x_1,\cdots,x_{i-1},x_i,x_{i+1}\cdots,x_s) : 0 < x_i < 1, x_i > x_j > 0, \forall j \neq i\},$$

其中 $i=1,\cdots,s$, 且当 $i \neq j$ 时, $\Omega_i \cap \Omega_j = \varnothing$, 并且 meas $\Omega_i = 1/s$, 这意味 $\{\Omega_i, i=1,\cdots,s\}$ 是 $\Omega$ 的不重叠分割. 于是

$$\begin{aligned} I(f) &= \int_\Omega f(\boldsymbol{x})d\boldsymbol{x} = \sum_{i=1}^s \int_{\Omega_i} f(\boldsymbol{x})d\boldsymbol{x} \\ &= \sum_{i=1}^s \int_0^{x_i} dx_1 \cdots \int_0^{x_i} dx_{i-1} \int_0^1 dx_i \int_0^{x_i} dx_{i+1} \cdots \\ &\quad \cdot \int_0^{x_i} g(x_1,\cdots,x_s)h(x_1,\cdots,x_s)dx_s, \end{aligned}$$

其中 $0 \leqslant x_i \leqslant 1$, $x_j \leqslant x_i$, $i \neq j$, 作 Duffy 变换, 设 $x_i = y_i$, $x_j = y_i y_j$, $j = 1,\cdots,s$ 且 $j \neq i$ 得

$$\begin{aligned} &\sum_{i=1}^s \int_0^1 \cdots \int_0^1 y_i^{s-1-\alpha\gamma} g(y_1,\cdots,y_{i-1},1,y_{i+1},\cdots,y_s) \\ &\quad \times h(y_1 y_i,\cdots,y_{i-1}y_i,y_i,y_{i+1}y_i,\cdots,y_i y_s)dy_1\cdots dy_s \\ &= \sum_{i=1}^s \int_0^1 y_i^{s-1-\alpha\gamma} G(y_i,\alpha)dy_i, \end{aligned}$$

其中

$$G(y_i,\alpha) = \int_0^1 \cdots \int_0^1 F(y_1,\cdots,y_{i-1},y_i,y_{i+1},\cdots,y_s)dy_1\cdots dy_{i-1}dy_{i+1}\cdots dy_s,$$

这里

$$\begin{aligned} F(\boldsymbol{y}) &= F(y_1,\cdots,y_{i-1},y_i,y_{i+1},\cdots,y_s) \\ &= g(y_1,\cdots,y_{i-1},1,y_{i+1},\cdots,y_s)h(y_1 y_i,\cdots,y_{i-1}y_i,y_i,y_{i+1}y_i,\cdots,y_i y_s). \end{aligned}$$

$g(y_1,\cdots,y_{i-1},1,y_{i+1},\cdots,y_s)$ 是充分光滑的函数, $h(\boldsymbol{y}) \in C^{2m+1}(\Omega)$, 所以 $F \in C^{2m+1}(\Omega)$ 和 $G(y_i) \in C^{2m+1}([0,1]^{s-1})$. 于是 $G(y_i,\alpha)$ 可作为复变量 $\alpha$ 的函数, 积分 (4.9.1) 转变成

$$I(f) = I(\alpha) = \sum_{i=1}^s \int_0^1 y_i^{s-1-\alpha\gamma} G(y_i,\alpha)dy_i.$$

在 $s-\alpha\gamma>0$, 或者 $\alpha<s/\gamma$, 被定义. 如果 $s/\gamma+n+1>\alpha>s/\gamma+n(n\in N)$, 按照解析开拓, 定义超奇异积分的有限部分值为

$$I(f)=I(\alpha)=\sum_{i=1}^{s}\left\{\int_0^1 y_i^{s-1-\alpha\gamma}\left[G(y_i,\alpha)-\sum_{j=1}^n\frac{G^{(j)}(0,\alpha)y_i^j}{j!}\right]dy_i\right.$$
$$\left.+\sum_{j=1}^n G^{(j)}(0,\alpha)\frac{1}{j!(s-\alpha\gamma+j)}\right\}.$$

因为解析开拓是唯一的, 从而多维超奇异积分的有限部分值可以通过一维超奇异积分定义如下:

$$I=\text{f.p.}\int_0^1\cdots\int_0^1 h(x_1,\cdots,x_s)g(x_1,x_2,\cdots x_s)dx_1\cdots dx_s,$$
$$=\sum_{i=1}^s(f.p\int_0^1 y_i^{s-1-\alpha\gamma}G(y_i,\alpha)dy_i).$$

引理得证. □

该引理表明, 一维超奇异积分的算法可以使用到多维超奇异积分情形上.

本段根据该引理和拟伪微分算子的变量替换的基本定理 (1.3.7 节), 采用 Duffy 变换, 利用一维超奇异积分的算法获得多维超奇异积分 (4.9.1) 的误差多参数渐近展开式. 我们的方法是: 第一步, 首先把 $\Omega=[0,1]^s$ 分解成 $s$ 个锥体 $\Omega_i,i=1,\cdots,s$, 且 $(0,\cdots,0)\in\Omega_i$; 第二步, 在 $\Omega_i$ 上积分, 首先利用 Duffy 变换, 把积分在 $(0,\cdots,0)$ 的奇异积分转换到一维在 $x_i=0$ 处的奇异积分, 其次利用 $s-1$ 重正常积分的 Euler-Maclaurin 和一维超奇异求积公式, 采用迭代方法得到误差的多参数渐近展开式.

### 4.9.1 原点为奇点的超奇异积分的误差多参数渐近展开式

**定理 4.9.1** 设 $g(x_1,\cdots,x_s)$ 是关于 $x_1,\cdots,x_s$ 的次数为 $\mu$ 的齐次函数, $h(x)\in C^{2m+1}([0,1]^s)$. 若 $\mu<-s$, 且 $\mu\neq -n(n\in N)$, 不是负整数时, 则积分 (4.9.1) 有下列误差的多参数渐近展开式:

$$I(f)=\sum_{i=1}^s\left\{Q_M(F_i)+(-1)^{s-1}\sum_{1\leqslant|\tilde\alpha|\leqslant 2m}\bm{h}^{\tilde\alpha}\frac{\zeta(\tilde\alpha,\beta)}{(\tilde\alpha)!}I(\bm{D}^{\tilde\alpha}\tilde G_i(y_i))\right.$$
$$+(h_i^{\mu+s}\zeta(\mu+s+1,\beta_i)+O(h_i^{2m+1}))O(h_0^{2m+1})$$
$$+\sum_{k=0}^{2m}\frac{h_i^{k+\mu+s}}{k!}\zeta(-k-\mu-s+1,\beta_i)G^{(k)}(0)$$
$$\left.+\sum_{k=0}^{2m}\frac{h_i^{k+1}}{k!}\zeta(-k,\beta_i)\tilde G^{(k)}(1)+O(h_i^{2m+1})\right\},\tag{4.9.4}$$

## 4.9 多维点型超奇异积分的求积公式与误差多参数渐近展开式

这里 $\zeta(\tilde{\alpha},\beta) = \prod\limits_{j=1,j\neq i} \zeta(\alpha_j,\beta_j)$ 和

$$Q_M(F_i) = h_i \sum_{j_i=0}^{N_i-1} (h_i(j_i+\beta_i))^{\mu+s-1} h_1 \cdots h_s \sum_{j_1=0}^{N_1-1} \cdots \sum_{j_s=0}^{N_s-1} F(h_1(j_1+\beta_1),\cdots,h_s(j_s+\beta_s)) \quad (4.9.5)$$

且

$$F_i(y_1,\cdots,y_s) = y_i^{\mu+s-1} F(y_1,\cdots,y_{i-1},y_i,y_{i+1}\cdots,y_s) \quad (4.9.6)$$

和

$$\tilde{G}(y_i) = y_i^{\mu+s-1} G(y_i), \quad (4.9.7)$$

其中

$$G(y_i) = \int_0^1 \cdots \int_0^1 F(y_1,\cdots,y_{i-1},y_i,y_{i+1},\cdots,y_s) dy_1 \cdots dy_{i-1} dy_{i+1} \cdots dy_s \quad (4.9.8)$$

和

$$F(y_1,\cdots,y_{i-1},y_i,y_{i+1},\cdots,y_s) = g(y_1,\cdots,y_{i-1},1,y_{i+1},\cdots,y_s) h(y_1 y_i,\cdots,y_{i-1} y_i, y_i, y_{i+1} y_i,\cdots,y_i y_s). \quad (4.9.9)$$

**证明** 设积分区域 $\Omega = [0,1]^s$，即

$$\Omega = \{(x_1,\cdots,x_{i-1},x_i,x_{i+1},\cdots,x_s) : \forall j, 1 > x_j > 0\}$$

和

$$\Omega_i = \{(x_1,\cdots,x_{i-1},x_i,x_{i+1},\cdots,x_s) \in \Omega : x_i > x_j > 0, \forall j \neq i\},$$

注意 $\{\Omega_i, i=1,\cdots,s\} \subset \Omega$ 且它们互不相交，同时 meas $\Omega_i = 1/s$，这就意味着 $\{\Omega_i, i=1,\cdots,s\}$ 是 $\Omega$ 的不重叠分割，显然，有

$$\Omega = \cup_{i=1}^s \Omega_i.$$

因为

$$I(f) = \sum_{i=1}^s \int_{\Omega_i} g(x_1,\cdots,x_s) h(x_1,\cdots,x_s) dx_1 \cdots dx_s$$

$$= \sum_{i=1}^s \int_0^{x_1} dx_1 \cdots \int_0^{x_{i-1}} dx_{i-1} \int_0^1 dx_i \cdots \int_0^{x_s} g(x_1,\cdots,x_s) h(x_1,\cdots,x_s) dx_s,$$

作 Duffy 变换，设 $x_i = y_i, x_j = y_i y_j, j = 1, \cdots, s$ 且 $j \neq i$ 得

$$\begin{aligned}
I(f) &= \sum_{i=1}^{s} \int_0^1 \cdots \int_0^1 y_i^{\mu+s-1} g(y_1, \cdots, y_{i-1}, 1, y_{i+1}, \cdots, y_s) \\
&\quad h(y_1 y_i, \cdots, y_{i-1} y_i, y_i, y_{i+1} y_i, \cdots, y_i y_s) dy_1 \cdots dy_s.
\end{aligned} \quad (4.9.10)$$

设

$$G(y_i) = \int_0^1 \cdots \int_0^1 F(y_1, \cdots, y_{i-1}, y_i, y_{i+1}, \cdots, y_s) dy_1 \cdots dy_{i-1} dy_{i+1} \cdots dy_s, \quad (4.9.11)$$

这里

$$F(y_1, \cdots, y_{i-1}, y_i, y_{i+1}, \cdots, y_s) = g(y_1, \cdots, y_{i-1}, 1, y_{i+1}, \cdots, y_s)$$
$$h(y_1 y_i, \cdots, y_{i-1} y_i, y_i, y_{i+1} y_i, \cdots, y_i y_s).$$

因 $g(y_1, \cdots, y_{i-1}, 1, y_{i+1}, \cdots, y_s) \in C^{2m+1}(\Omega)$ 和 $f(x) \in C^{2m+1}(\Omega)$，所以 $F \in C^{2m+1}(\Omega)$。利用定理 2.2.5，我们有

$$\begin{aligned}
G(y_i) = &h_1 \cdots h_s \sum_{j_1=0}^{N_1-1} \cdots \sum_{j_s=0}^{N_s-1} F(h_1(j_1+\beta_i), \cdots, h_{i-1}(j_{i-1}+\beta_{i-1}), y_i, h_{i+1}(j_{i+1}+\beta_{i+1}), \\
&\cdots, h_s(j_s+\beta_s)) + (-1)^{s-1} \sum_{1 \leq |\tilde{\alpha}| \leq 2m} h^{\tilde{\alpha}} \frac{\zeta(\tilde{\alpha}, \beta)}{(2\tilde{\alpha})!} I(D^{\tilde{\alpha}} F) + O(h_0^{2m+1}),
\end{aligned} \quad (4.9.12)$$

这里 $\tilde{\alpha} = (\alpha_1, \cdots, \alpha_{i-1}, \alpha_{i+1}, \cdots, \alpha_s)$。

若 $\mu < -s$，且 $\mu$ 不是负整数，因 $G(y_i) \in C^{2m+1}(\Omega)$，$\tilde{G}(y_i) = y_i^{\mu+s-1} G(y_i)$，所以 $\tilde{G}(y_i)$ 是 $\mu + s - 1$ 阶超奇异积分，利用 3.7 节的结果，我们有

$$\begin{aligned}
I(f) = \sum_{i=1}^{s} \int_0^1 y_i^{\mu+s-1} G(y_i) dy_i = &\sum_{i=1}^{s} \left\{ h_i \sum_{j_i=0}^{N_i-1} (h_i(j_i+\beta_i))^{\mu+s-1} G(h_i(j_i+\beta_i)) \right. \\
&+ \sum_{k=0}^{2m} \frac{h_i^{k+\mu+s}}{k!} \zeta(-k-\mu-s+1, \beta_i) G^{(k)}(0) \\
&\left. + \sum_{k=0}^{2m} \frac{h_i^{k+1}}{k!} \zeta(-k, \beta_i) \tilde{G}^{(k)}(1) + O(h_i^{m+1}) \right\}.
\end{aligned} \quad (4.9.13)$$

把 (4.9.12) 代入 (4.9.13) 的右端的第一项

$$h_i \sum_{j_i=0}^{N_i-1} (h_i(j_i+\beta_i))^{\mu+s-1} G(h_i(j_i+\beta_i))$$

$$=h_i \sum_{j_i=0}^{N_i-1} (h_i(j_i+\beta_i))^{\mu+s-1}$$

$$\left\{h_1\cdots h_s \sum_{j_1=0}^{N_1-1}\cdots\sum_{j_s=0}^{N_s-1} F(h_1(j_1+\beta_1),\cdots,h_{i-1}(j_{i-1}+\beta_{i-1}),y_i,h_{i+1}(j_{i+1}+\beta_{i+1}),\right.$$

$$\left.\cdots,h_s(j_s+\beta_s)) + (-1)^{s-1}\sum_{1\leqslant|\tilde{\alpha}|\leqslant 2m} \bm{h}^{\tilde{\alpha}}\frac{\zeta(\tilde{\alpha},\beta)}{(\tilde{\alpha})!} I(\bm{D}^{\tilde{\alpha}}F) + O(h_0^{2m+1})\right\}. \quad (4.9.14)$$

利用一维超奇异积分的误差渐近展开式，所以有

$$h_i \sum_{j_i=0}^{N_i-1} (h_i(j_i+\beta_i))^{\mu+s-1}$$

$$=\int_0^1 y_i^{\mu+s-1} dx_i + h_i^{\mu+s}\zeta(\mu+s+1,\beta_i) + O(h_i^{2m+1}) \quad (4.9.15)$$

和

$$\sum_{1\leqslant|\tilde{\alpha}|\leqslant 2m} \bm{h}^{\tilde{\alpha}}\frac{\zeta(\tilde{\alpha},\beta)}{(\tilde{\alpha})!} I\left(\bm{D}^{\tilde{\alpha}}\left\{h_i\sum_{j_i=0}^{N_i-1}(h_i(j_i+\beta_i))^{\mu+s-1}\right.\right.$$

$$\left.\left.\cdot F(y_1,\cdots,y_{i-1},h_i(j_i+\beta_i),y_{i+1},\cdots,y_s)\right\}\right)$$

$$=\sum_{i=1}^s \sum_{1\leqslant|\tilde{\alpha}|\leqslant 2m} \bm{h}^{\tilde{\alpha}}\frac{\zeta(\tilde{\alpha},\beta)}{(\tilde{\alpha})!} I\left(\bm{D}^{\tilde{\alpha}}\left\{\int_0^1 y_i^{\mu+s-1} F(y_1,\cdots,y_{i-1},y_i,y_{i+1},\cdots,y_s)\right)dy_i\right\}$$

$$=\sum_{i=1}^s \sum_{1\leqslant|\tilde{\alpha}|\leqslant 2m} \bm{h}^{\tilde{\alpha}}\frac{\zeta(\tilde{\alpha},\beta)}{(\tilde{\alpha})!} I(\bm{D}^{\tilde{\alpha}}\tilde{G}(y_i)). \quad (4.9.16)$$

把 (4.9.14)~(4.9.16) 代入 (4.9.13) 得

$$I(f) = \sum_{i=1}^s \int_0^1 y_i^{\mu+s-1} G(y_i)dy_i$$

$$=\sum_{i=1}^s \left\{h_i(h_i(j_i+\beta_i))^{\mu+s-1} h_1\cdots h_s \sum_{j_1=0}^{N_1-1}\cdots\sum_{j_s=0}^{N_s-1} F(h_1(j_1+\beta_1),\cdots,h_s(j_s+\beta_s))\right.$$

$$+ (-1)^{s-1} \sum_{1 \leqslant |\tilde{\alpha}| \leqslant 2m} h^{\tilde{\alpha}} \frac{\zeta(\tilde{\alpha}, \beta)}{(\tilde{\alpha})!} I \bigg( D^{\tilde{\alpha}} \tilde{G}_i(y_i)$$

$$+ h_i^{\mu+s} \zeta(\mu+s+1, \beta_i) + O(h_i^{2m+1}) \bigg) O(h_0^{2m+1})$$

$$+ \sum_{k=0}^{2m} \frac{h_i^{k+\mu+s}}{k!} \zeta(-k-\mu-s+1, \beta_i) G^{(k)}(0)$$

$$+ \sum_{k=0}^{2m} \frac{h_i^{k+1}}{k!} \zeta(-k, \beta_i) \tilde{G}^{(k)}(1) + O(h_i^{2m+1}) \bigg\}. \tag{4.9.17}$$

(4.9.2) 得到证明. □

### 4.9.2 含有对数奇异与超奇异积分的误差多参数渐近展开式

在位势理论中, 经常会遇到下列积分

$$I(f) = \int_\Omega h(x_1, \cdots, x_s) g(x_1, \cdots, x_s) \ln g(x_1, \cdots, x_s) dx_1 \cdots dx_s \tag{4.9.18}$$

的数值解, 这里 $g(x_1, \cdots, x_s) = r^\mu$ 且 $r = (x_1^2 + \cdots + x_s^2)^{1/2}$, 或者 $g(x_1, \cdots, x_s) = (\sum_{i=1}^s a_i x_i^\gamma)^\delta$ 且 $\mu = \gamma\delta$, 和 $\mu$ 不是负整数, $a_i > 0, \gamma > 0, i = 1, \cdots, s, g(x_1, \cdots, x_s)$ 是定义在 $(0,1)^s$ 内的函数, 且是关于 $x_1, \cdots, x_s$ 的次数为 $\mu$ 的齐次函数, $h(\boldsymbol{x}) \in C^{2m+1}([0,1]^s)$. 下面给出 (4.9.18) 的渐近展开式.

**定理 4.9.2** 在 (4.9.18) 的假设下, 积分 (4.9.18) 有下列误差渐近展开式:

$$I(f) = \sum_{i=1}^s \bigg\{ Q_M(F_i) + (-1)^{s-1}$$

$$\cdot \sum_{1 \leqslant |\tilde{\alpha}| \leqslant 2m} h^{\tilde{\alpha}} \frac{\zeta(\tilde{\alpha}, \beta)}{(\tilde{\alpha})!} I \bigg( D^{\tilde{\alpha}} \tilde{G}_i(y_i) + h_i^{\mu+s} [\zeta(\mu+s+1, \beta_i) \ln h_i$$

$$+ \zeta'(\mu+s+1, \beta_i)] + O(h_i^{2m+1}) \bigg) O(h_0^{2m+1})$$

$$+ \sum_{k=0}^{2m} \frac{h_i^{k+\mu+s}}{k!} [\zeta(-k-\mu-s+1, \beta_i) \ln h_i$$

$$- \zeta'(-k-\mu-s+1, \beta_i)] G^{(k)}(0)$$

$$+ \sum_{k=0}^{2m} \frac{h_i^{k+1}}{k!} \zeta(-k, \beta_i) \tilde{G}^{(k)}(1) + O(h_i^{2m+1}) \bigg\}, \tag{4.9.19}$$

这里

$$\hat{Q}_M(F_i) = \frac{\partial Q_M(F_i)}{\partial \mu}$$

$$= h_i \sum_{k=0}^{N_i-1} \frac{\partial}{\partial \mu} (h_i(j_i + \beta_i))^{\mu+s-1}$$

$$\cdot \left\{ h_1 \cdots h_s \sum_{j_1=0}^{N_1-1} \cdots \sum_{j_s=0}^{N_s-1} F(h_1(j_1+\beta_1), \cdots, h_s(j_s+\beta_s)) \right\} \quad (4.9.20)$$

和

$$\tilde{G}(y_i) = y_i^{\mu+s-1} G(y_i), \quad (4.9.21)$$

其中

$$G(y_i) = \int_0^1 \cdots \int_0^1 F(y_1, \cdots, y_{i-1}, y_i, y_{i+1}, \cdots, y_s) dy_1 \cdots dy_{i-1} dy_{i+1} \cdots dy_s, \quad (4.9.22)$$

和

$$F(y_1, \cdots, y_{i-1}, y_i, y_{i+1}, \cdots, y_s)$$
$$= g(y_1, \cdots, y_{i-1}, 1, y_{i+1}, \cdots, y_s)$$
$$\cdot h(y_1 y_i, \cdots, y_{i-1} y_i, y_i, y_{i+1} y_i, \cdots, y_i y_s) \ln g(y_1, \cdots, y_{i-1}, 1, y_{i+1}, \cdots, y_s)$$
$$\quad (4.9.23)$$

且

$$F_i(y_1, \cdots, y_s) = y_i^{\mu+s-1} F(y_1, \cdots, y_{i-1}, y_i, y_{i+1}, \cdots, y_s). \quad (4.9.24)$$

**证明** 在定理 4.9.1 的 (4.9.4) 和 (4.9.6) 中，两边关于 $\mu$ 求导，得到该定理的结果.□

### 4.9.3 含参的超奇异积分的误差多参数渐近展开式

在 $\Re^s$ 空间中的直角坐标系有 $2^s$ 个象限，对各象限作如此编号：$k = 1, 2, \cdots, 2^s$. 若

$$k = \sum_{i=1}^{s} k_i 2^{i-1}, \quad 0 \leqslant k \leqslant 2^s,$$

那么 $(k_1, \cdots, k_s)$ 是 $k$ 的二进位表示，即其中 $k_i = 0$ 或 1，则第 $k$ 象限的坐标指向为：若 $k_i = 0$，则要求第 $k+1$ 个象限的 $x_i$ 轴指向正方向；若 $k_i = 1$，则要求第 $k+1$

个象限的 $x_i$ 轴指向负方向. 令

$$l_0 = (-1, 0), \quad l_1 = (0, 1),$$

并且置

$$L(i_1, \cdots, i_s) = l_{i_1} \times \cdots \times l_{i_s}, \quad i_j = 0, 1, j = 1, \cdots, s.$$

下面考虑积分

$$I(f) = \int_{-1}^{1} \cdots \int_{-1}^{1} g(x_1, \cdots, x_s) h(x_1, \cdots, x_s) dx_1 \cdots dx_s, \tag{4.9.25}$$

其中 $t = (t_1, \cdots, t_s) \in \Omega = (-1, 1)^s$, $g(x_1, \cdots, x_s) = r^\mu = (\sum_{i=1}^{s} (x_i - t_i)^2)^{\mu/2}$, 或者 $g(x_1, \cdots, x_s) = (\sum_{i=1}^{s} c_i (x_i - t_i)^\gamma)^\delta$, $c_i > 0$ 且 $\mu = \gamma \delta$ 和 $\gamma > 0$, 即 $g(x_1, \cdots, x_s)$ 是关于 $x_1, \cdots, x_s$ 的次数为 $\mu$ 的齐次函数, $h(y_1, \cdots, y_s)$ 是 $\Omega$ 内的光滑函数.

下面我们给出积分 (4.9.25) 的多参数渐近展开式.

**定理 4.9.3** 若 $g(x_1, \cdots, x_s)$ 是关于 $x_1, \cdots, x_s$ 的次数为 $\mu$ 的齐次函数, $h(y_1, \cdots, y_s) \in C^{2m+1}([-1, 1]^s)$, 且 $\mu < -s$, $\mu$ 不是负整数时, 则积分 (4.9.25) 有下列误差的多参数渐进展开式:

$$I(f) = \sum_{k=1}^{2^s} a_k \sum_{i=1}^{s} \left\{ Q_M(F_i) + (-1)^{s-1} \left( \sum_{1 \leqslant |\tilde{\alpha}| \leqslant 2m} \boldsymbol{h}^{\tilde{\alpha}} \frac{\zeta(\tilde{\alpha}, \beta)}{(\tilde{\alpha})!} I(\boldsymbol{D}^{\tilde{\alpha}} \tilde{G}_i(y_i)) \right. \right.$$

$$+ (h_i^{\mu+s} \zeta(\mu + s + 1, \beta_i) + O(h_i^{2m+1})) O(h_0^{2m+1})$$

$$+ \sum_{k=0}^{2m} \frac{h_i^{k+\mu+s}}{k!} \zeta(-k - \mu - s + 1, \beta_i) G^{(k)}(0)$$

$$\left. \left. + \sum_{k=0}^{2m} \frac{h_i^{k+1}}{k!} \zeta(-k, \beta_i) \tilde{G}^{(k)}(1) + O(h_i^{2m+1}) \right\}, \right. \tag{4.9.26}$$

这里

$$Q_M(F_i)$$

$$= h_i \sum_{k=0}^{N_i-1} (h_i(j_i + 1/2))^{\mu+s-1}$$

$$\cdot \left\{ h_1 \cdots h_s \sum_{j_1=0}^{N_1-1} \cdots \sum_{j_s=0}^{N_s-1} F(h_1(j_1 + \beta_1), \cdots, h_s(j_s + \beta_s)) \right\}. \tag{4.9.27}$$

且

$$F_i(y_1, \cdots, y_s) = y_i^{\mu+s-1} F(y_1, \cdots, y_{i-1}, y_i, y_{i+1}, \cdots, y_s), \tag{4.9.28}$$

## 4.9 多维点型超奇异积分的求积公式与误差多参数渐近展开式

和
$$\tilde{G}(y_i) = y_i^{\mu+s-1} G(y_i), \quad (4.9.29)$$

其中
$$G(y_i) = \int_0^1 \cdots \int_0^1 F(y_1, \cdots, y_{i-1}, y_i, y_{i+1}, \cdots, y_s) dy_1 \cdots dy_{i-1} dy_{i+1} \cdots dy_s \quad (4.9.30)$$

和
$$F(y_1, \cdots, y_{i-1}, y_i, y_{i+1}, \cdots, y_s)$$
$$= g(y_1, \cdots, y_{i-1}, 1, y_{i+1}, \cdots, y_s) h(y_1 y_i, \cdots, y_{i-1} y_i, y_i, y_{i+1} y_i, \cdots, y_i y_s).$$
$$(4.9.31)$$

**证明** 为了把 (4.9.25) 的积分变换到上段的情形，首先执行平移变换：$y = x - t$，于是
$$I(f) = \int_{\Omega_t} g(y_1, \cdots, y_s) h(y_1 + t_1, \cdots, y_s + t_s) dy_1 \cdots dy_s, \quad (4.9.32)$$

这里
$$\Omega_t = \{x - t : x \in \Omega\}, \quad (4.9.33)$$

并且 $\Omega_t = \cup_{k=1}^{2^s} \Omega_{t,k}$，其中 $\Omega_{t,k}$ 是 $\Omega_t$ 在第 $k$ 象限的部分，于是
$$I(f) = \sum_{k=1}^{2^s} \int_{\Omega_{t,k}} g(y_1, \cdots, y_s) h(y_1 + t_1, \cdots, y_s + t_s) dy_1 \cdots dy_s. \quad (4.9.34)$$

令 $(k_1, \cdots, k_s)$ 是 $k$ 的二进位表示，$\Omega_{t,k}$ 在坐标轴 $x_i$ 的区间是
$$\begin{cases} (0, 1 - t_i), & k_i = 0, \\ (-1 - t_i, 0), & k_i = 1, \end{cases}$$

这便蕴涵在变换
$$z_i = \frac{y_i}{a_{ki}} = \frac{y_i}{(-1)^{k_i}[1 - (-1)^{k_i} t_i]}, \quad i = 1, \cdots, s$$

下导出
$$I(f) = \sum_{k=1}^{2^s} a_k \int_0^1 \cdots \int_0^1 g(a_{k1} z_1, \cdots, a_{ks} z_s) h(a_{k1} z_1 + t_1, \cdots, a_{ks} z_s + t_s) dz_1 \cdots dz_s,$$
$$(4.9.35)$$

这里 $a_k = a_{k1} \cdots a_{ks}$，从而把 $\Omega_{t,k}$ 上的积分转化到 $V = (0,1)^s$ 上的积分. 设

$$V = \{(z_1, \cdots, z_{i-1}, z_i, z_{i+1}, \cdots, z_s) : \forall j, 1 > z_j > 0\}$$

和

$$V_i = \{(z_1, \ldots, z_{i-1}, z_i, z_{i+1}, \cdots, z_s) \in V : z_i > z_j > 0, \forall j \neq i\}.$$

因为

$$I(f) = \sum_{k=1}^{2^s} a_k \sum_{i=1}^{s} \int_0^{z_1} dz_1 \cdots \int_0^{z_{i-1}} dz_{i-1} \int_0^1 dz_i \cdots \int_0^{z_s} g(a_{k1}z_1, \cdots, a_{ks}z_s)$$
$$\cdot h(a_{k1}z_1 + t_1, \cdots, a_{ks}z_s + t_s) dz_1 \cdots dz_s, \tag{4.9.36}$$

使用 Duffy 变换, 设 $z_i = u_i, z_j = u_i u_j, j = 1, \cdots, s$ 且 $j \neq i$ 得

$$I(f) = \sum_{k=1}^{2^s} a_k \sum_{i=1}^{s} \int_0^1 \cdots \int_0^1 u_i^{\mu+s-1} F(u_1, \cdots, u_s) du_1 \cdots du_s, \tag{4.9.37}$$

这里

$$F(u_1, \cdots, u_s) = g(a_{k1}u_1, \cdots, a_{ki-1}u_{i-1}, a_{ki}, a_{ki+1}u_{i+1}, \cdots, a_{ks}u_s)$$
$$\cdot h(a_{k1}u_1u_i + t_1, \cdots, a_{ki}u_i + t_i, \cdots, a_{ks}u_iu_s + t_s). \tag{4.9.38}$$

设

$$G(u_i) = \int_0^1 \cdots \int_0^1 F(u_1, \cdots, u_s) du_1 \cdots du_{i-1} du_{i+1} \cdots du_s \tag{4.9.39}$$

和

$$\breve{G}(u_i) = \tilde{G}(u_i) u_i^{\mu+s-1}, \tag{4.9.40}$$

利用定理 4.9.1, 得到下列渐近展开式:

$$I(f) = \sum_{k=1}^{2^s} a_k \int_0^1 \cdots \int_0^1 g(a_{k1}z_1, \cdots, a_{ks}z_s) h(a_{k1}z_1 + t_1, \cdots, a_{ks}z_s + t_s) dz_1 \cdots dz_s$$

$$= \sum_{k=1}^{2^s} a_k \sum_{i=1}^{s} h_1 \sum_{j_1=0}^{N_1-1} \cdots \sum_{j_{i-1}=0}^{N_{i-1}-1} h_i \sum_{j_i=0}^{N_i-1} (h_i(j_i + \beta_i))^{\mu+s-1} h_{i+1}$$

$$\times \sum_{j_{i+1}=0}^{N_{i+1}-1} \cdots h_s \sum_{j_s=0}^{N_s-1} F(h_1(j_1 + \beta_1), \cdots, h_s(j_s + \beta_s))$$

$$+ \sum_{k=1}^{2^s} a_k \sum_{i=1}^{s} \sum_{k=0}^{2m} \frac{h_i^{k+1}}{k!} \zeta(-k, \beta_i) \tilde{G}^{(k)}(1)$$

$$-\sum_{k=1}^{2^s} a_k \sum_{i=1}^{s} \sum_{k=0}^{2m} \frac{h_i^{k+\mu+s}}{k!} \zeta(-k-\mu-s+1, \beta_i) G^{(k)}(0)$$

$$+(-1)^{s-1} \sum_{k=1}^{2^s} a_k \left\{ \sum_{i=1}^{s} \sum_{1 \leqslant |\tilde{\alpha}| \leqslant 2m} \boldsymbol{h}^{\tilde{\alpha}} \frac{\zeta(\tilde{\alpha}, \beta)}{(\tilde{\alpha})!} I(\boldsymbol{D}^{\tilde{\alpha}} \tilde{G}(y_i)) + O(h_0^{2m+1}) \right\}. \quad (4.9.41)$$

即得到 (4.9.26) 的证明.□

从定理 4.9.1～定理 4.9.3 可知, 误差渐近展开式在端点含有函数的导数值, 并且这些项的因子 $h_i$ 的阶数很低, 甚至出现负指数, 这就导致所得到求积公式的精度并不高, 必须使用外推和分裂外推方法提高精度, 外推和分裂外推算法可参照 4.4.5 节给出.

下面我们给出几个算例的数值结果. 我们采用求积公式 (4.9.5), (4.9.20), (4.9.27) 以及 (4.7.94) 来计算几个不同类型的问题, 即利用中矩形公式, $\beta_j = 1/2$, $j = 1, \cdots, s$ 来计算, 表中的误差都是绝对误差, $h_i^{\mu+s}$-RE 表示对每个变量加密的 Richardson 外推, 和关于 $h_i^{2k+\mu+s}$, $k = 0, 1, \cdots, i = 1, \cdots, s$ 的项的 Richardson 外推, $\boldsymbol{h}^2$-SE 表示整体的分裂外推, $e_h = |If - I^h f|$, rate $= e_h/e_{h/2}$.

**算例 4.9.1** 计算

$$I(f) = \int_0^1 \int_0^1 r^{-3} dxdy = -\sqrt{2}. \quad (4.9.42)$$

我们利用公式 (4.7.94) 来计算, 误差列在表 4.9.1 中, 这里在 $x$ 与 $y$ 轴方向上取的结点数相同. 在表 4.9.2 中, 关于 $x$ 与 $y$ 轴方向上取的结点数不同.

表 4.9.1 外推与分裂外推的数值结果

| $N_1 = N_2$ | $2^3$ | $2^4$ | $2^5$ | $2^6$ |
|---|---|---|---|---|
| $e_h$ | $5.86 \times 10$ | $1.12 \times 10^2$ | $2.23 \times 10^2$ | $4.47 \times 10^2$ |
| rate$_1$ | | $2^{-1.00}$ | $2^{-1.00}$ | $2^{-1.00}$ |
| $h_i^{\mu+s}$-RE | | $2.51 \times 10^{-3}$ | $6.32 \times 10^{-4}$ | $1.58 \times 10^{-4}$ |
| rate$_2$ | | | $2^{1.99}$ | $2^{2.00}$ |
| $\boldsymbol{h}^2$-SE | | | $4.70 \times 10^{-6}$ | $2.97 \times 10^{-7}$ |
| rate$_4$ | | | | $2^{3.98}$ |
| $N_1 = N_2$ | $2^7$ | $2^8$ | $2^9$ | $2^{10}$ |
| $e_h$ | $8.93 \times 10^2$ | $1.79 \times 10^3$ | $3.57 \times 10^3$ | $1.74 \times 10^3$ |
| rate$_1$ | $2^{-1.00}$ | $2^{-1.00}$ | $2^{-1.00}$ | $2^{-1.00}$ |
| $h_i^{\mu+s}$-RE | $3.96 \times 10^{-5}$ | $9.89 \times 10^{-6}$ | $2.47 \times 10^{-6}$ | $6.18 \times 10^{-7}$ |
| rate$_2$ | $2^{2.00}$ | $2^{2.00}$ | $2^{2.00}$ | $2^{2.00}$ |
| $\boldsymbol{h}^2$-SE | $1.87 \times 10^{-8}$ | $1.17 \times 10^{-9}$ | $7.19 \times 10^{-11}$ | $3.10 \times 10^{-12}$ |
| rate$_4$ | $2^{4.00}$ | $2^{4.00}$ | $2^{4.02}$ | $2^{4.53}$ |

**表 4.9.2　外推与分裂外推的数值结果**

| $(N_1, N_2)$ | $(2^4, 2^5)$ | $(2^5, 2^6)$ | $(2^6, 2^7)$ |
|---|---|---|---|
| $e_h$ | $1.68\times 10^2$ | $3.35\times 10^2$ | $6.70\times 10^2$ |
| $\text{rate}_1$ | $2^{-1.00}$ | $2^{-1.00}$ | $2^{-1.00}$ |
| $h_i^{\mu+s}$-RE | | $3.95\times 10^{-4}$ | $9.89\times 10^{-5}$ |
| $\text{rate}_2$ | $1.57\times 10^{-3}$ | $2^{1.97}$ | $2^{1.99}$ |
| $h^2$-SE | | | $1.58\times 10^{-7}$ |
| $\text{rate}_3$ | | $2.50\times 10^{-7}$ | $2^{3.98}$ |
| $(N_1, N_2)$ | $(2^7, 2^8)$ | $(2^8, 2^9)$ | $(2^9, 2^{10})$ |
| $e_h$ | $1.34\times 10^3$ | $2.68\times 10^3$ | $5.36\times 10^3$ |
| $\text{rate}_1$ | $2^{-1.00}$ | $2^{-1.00}$ | $2^{-1.00}$ |
| $h_i^{\mu+s}$-RE | $2.47\times 10^{-5}$ | $6.18\times 10^{-6}$ | $1.55\times 10^{-6}$ |
| $\text{rate}_2$ | $2^{2.00}$ | $2^{2.00}$ | $2^{2.00}$ |
| $h^2$-SE | $9.91\times 10^{-9}$ | $6.20\times 10^{-10}$ | $3.82\times 10^{-11}$ |
| $\text{rate}_3$ | $2^{4.00}$ | $2^{4.00}$ | $2^{4.02}$ |

此表中, 当 $N_1 = 2^3, N_2 = 2^4$ 时, $e_h = 8.38 \times 10^1$.

此表中, 当 $N_1 = N_2 = 2^3$ 时, $e_h = 9.25 \times 10^1$.

从 (4.7.94) 可知, 被积函数的奇异阶是 $\mu = -3$, 求积公式 (4.7.94) 的误差阶是 $O(h_i^{\rho+s}) = O(h_i^{-1.00})$, 整体分裂外推的误差阶是 $O(\boldsymbol{h}^4)$, 然而从表 4.9.1 和表 4.9.2 的结果看出, 计算的误差完全与理论一致, 并且精确度很高, 同时说明分裂外推效果特别明显.

**算例 4.9.2**　计算

$$\int_0^1 \int_0^1 (x+y)^{-7/2} dx dy = 15(2^{-3/2} - 2)/4. \tag{4.9.43}$$

被积函数的奇异阶 $\mu = -7/2$, 是非负整数, 同样采用求积公式 (4.9.5) 计算, 数值结果列在表 4.9.3 和表 4.9.4 中, 其中 $\beta_i = 1/2, i = 1, \cdots, s$.

**表 4.9.3　外推与分裂外推的数值结果**

| $N_1 = N_2$ | $2^4$ | $2^5$ | $2^6$ |
|---|---|---|---|
| $e_h$ | $2.63\times 10^2$ | $7.44\times 10^2$ | $2.11\times 10^3$ |
| $\text{rate}_1$ | $2^{-1.51}$ | $2^{-1.50}$ | $2^{-1.50}$ |
| $h_i^{\mu+s}$-RE | | $1.10\times 10^{-4}$ | $2.76\times 10^{-4}$ |
| $\text{rate}_2$ | $4.36\times 10^{-3}$ | $2^{1.95}$ | $2^{1.99}$ |
| $h^2$-SE | | | $7.07\times 10^{-7}$ |
| $\text{rate}_4$ | | $1.11\times 10^{-5}$ | $2^{3.98}$ |

## 4.9 多维点型超奇异积分的求积公式与误差多参数渐近展开式

续表

| $N_1=N_2$ | $2^7$ | $2^8$ | $2^9$ |
|---|---|---|---|
| $e_h$ | $5.96\times10^3$ | $1.69\times10^4$ | $4.77\times10^4$ |
| $\text{rate}_1$ | $2^{-1.50}$ | $2^{-1.50}$ | $2^{-1.50}$ |
| $h_i^{\mu+s}$-RE | $6.90\times10^{-5}$ | $1.72\times10^{-6}$ | $4.32\times10^{-6}$ |
| $\text{rate}_2$ | $2^{2.00}$ | $2^{2.00}$ | $2^{2.00}$ |
| $h^2$-SE | $4.44\times10^{-8}$ | $2.80\times10^{-9}$ | $1.95\times10^{-10}$ |
| $\text{rate}_4$ | $2^{3.99}$ | $2^{3.99}$ | $2^{3.98}$ |

表 4.9.4  外推与分裂外推的数值结果

| $(N_1,N_2)$ | $(2^4,2^5)$ | $(2^5,2^6)$ | $(2^6,2^7)$ |
|---|---|---|---|
| $e_h$ | $5.03\times10^3$ | $1.43\times10^3$ | $4.03\times10^3$ |
| $\text{rate}_1$ | $2^{-1.51}$ | $2^{-1.50}$ | $2^{-1.50}$ |
| $h_i^{\mu+s}$-RE | $2.737\times10^{-3}$ | $6.88\times10^{-4}$ | $1.72\times10^{-4}$ |
| $\text{rate}_2$ |  | $2^{1.96}$ | $2^{1.99}$ |
| $h^2$-SE |  | $5.91\times10^{-6}$ | $3.76\times10^{-7}$ |
| $\text{rate}_3$ |  |  | $2^{3.91}$ |
| $(N_1,N_2)$ | $(2^7,2^8)$ | $(2^8,2^9)$ | $(2^9,2^{10})$ |
| $e_h$ | $1.14\times10^4$ | $3.23\times10^4$ | $9.12\times10^4$ |
| $\text{rate}_1$ | $2^{-1.50}$ | $2^{-1.50}$ | $2^{-1.50}$ |
| $h_i^{\mu+s}$-RE | $4.31\times10^{-5}$ | $1.08\times10^{-5}$ | $2.70\times10^{-7}$ |
| $\text{rate}_2$ | $2^{2.00}$ | $2^{2.00}$ | $2^{2.00}$ |
| $h^2$-SE | $2.36\times10^{-8}$ | $1.48\times10^{-9}$ | $1.34\times10^{-10}$ |
| $\text{rate}_3$ | $2^{3.98}$ | $2^{3.99}$ | $2^{3.94}$ |

此表中,当 $N_1=2^3,N_2=2^4$ 时, $e_h=1.77\times10^2$. 从 (4.9.43) 可知,被积函数的奇异阶是 $\mu=-7/2$, 求积公式 (4.9.5) 的误差阶是 $O(h_i^{\mu+s})=O(h_i^{-1.50})$, 整体分裂外推的误差阶是 $O(\mathbf{h}^4)$, 然而从表 4.9.3 和表 4.9.4 的结果看出,求积公式误差阶是 $O(h_i^{-1.50})$, 整体分裂外推的误差阶是 $O(\mathbf{h}^4)$, 这与理论完全一致,同时说明分裂外推效果特别明显.

# 第 5 章 奇异积分的渐近展开式

大量的奇异积分无法求其精确解,只能依靠求数值解,而受到奇异性影响,精确度并不理想,因此需要进一步研究它们的渐近展开式. 根据渐近展开式和所要求的精度可选择展开式前面的项. 特别地,对奇异积分的定性分析,渐近展开式就显得尤其重要. 本章主要给出奇异积分的渐近展开式的基本定理,基本方法及对数奇异积分、Mellin 积分、Fourier 积分、Laplace 积分的渐近展开式,这些渐近展开式有许多重要的理论和应用价值. 许多奇异积分的渐近展开式的获得需要众多的数学基础知识,譬如实分析、复分析、调和函数、广义函数的分部理论等知识,还需要较强的数学技巧. 本章省略了许多复杂数学推导过程,列入了重要结论和基本公式. 本章主要取自专著 [12], [261] 以及文献 [13], [14] 和一些最新的研究结果.

## 5.1 基本概念与基本定理

本节介绍渐近展开式的一些基本概念和基本定理.

**定义 5.1.1**(Poincaré)  设 $f(z)$ 是定义在无界集 $\Omega$ 的函数, 一个收敛或者发散的幂级数 $\sum_{n=0}^{\infty} a_n z^{-n}$ 称为 $f(z)$ 的渐近展开式, 若对每一个固定整数 $N \geqslant 0$, 有

$$f(z) = \sum_{n=0}^{N} a_n z^{-n} + O(z^{-(N+1)}), \quad z \to \infty, \tag{5.1.1}$$

在此情况下, 记为

$$f(z) \sim \sum_{n=0}^{\infty} a_n z^{-n}, \quad z \to \infty. \tag{5.1.2}$$

Poincaré 渐近展开式的重要特征是: 如果展开式存在, 那么是唯一的, 且系数有下面关系

$$a_0 = \lim_{z \to \infty} f(z), \quad a_m = \lim_{z \to \infty} z^m \left[ f(z) - \sum_{n=0}^{m-1} a_n z^{-n} \right]. \tag{5.1.3}$$

**定理 5.1.1**  设 $f(z)$ 是定义在 $\Omega : |z| > a, \theta_0 \leqslant \arg z \leqslant \theta_1$ 的连续函数, 若

## 5.1 基本概念与基本定理

$z \to \infty, z \in \Omega, f(z) \sim \sum_{n=0}^{\infty} a_n z^{-n}$, 那么[76]

$$\int_z^{\infty} \left[ f(t) - a_0 - \frac{a_1}{t} \right] dt \sim \sum_{n=1}^{\infty} \frac{a_{n+1}}{n} z^{-n}, \quad z \to \infty, z \in \Omega. \tag{5.1.4}$$

这里 $z \to \infty$ 意指 $|z| \to \infty$.

**定理 5.1.2** 设 $f(z)$ 是定义在 $\Omega: |z| > R, \theta_0 \leqslant \arg z \leqslant \theta_1$ 上的连续可导函数, 若当 $z \to \infty, z \in \Omega, f(z) \sim \sum_{n=0}^{\infty} a_n z^{-n}$, 且 $f'(z), z \in \Omega, z \to \infty$ 时有渐近展开式, 则

$$f'(z) \sim \sum_{n=0}^{\infty} b_n z^{-n}, \quad z \to \infty, z \in \Omega. \tag{5.1.5}$$

**证明** 因为 $f'(z), z \in \Omega$ 连续, 我们有

$$\begin{aligned} &f(z_1) - f(z) \\ &= \int_z^{z_1} f'(\zeta) d\zeta = b_0(z_1 - z) + b_1 \log \frac{z_1}{z} + \int_z^{z_1} \left[ f'(\zeta) - b_0 - \frac{b_1}{\zeta} \right] d\zeta, \end{aligned} \tag{5.1.6}$$

这里积分路径是 $z$ 到 $z_1$ 的直线段. 当 $z_1 \to \infty, f(z_1) \to a_0$, 最后积分趋于 $\int_z^{z_1} \left[ f'(\zeta) - b_0 - \frac{b_1}{\zeta} \right] d\zeta$ 且收敛, 因此 $b_0$ 和 $b_1$ 为零, 从而 (5.1.6) 变成

$$a_0 - f(z) = \int_z^{z_1} \left[ f'(\zeta) - b_0 - \frac{b_1}{\zeta} \right] d\zeta.$$

由定理 5.1.1, 有

$$f(z) \sim a_0 - \sum_{n=1}^{\infty} \frac{b_{n+1}}{nz^{n+1}}, \quad z \to \infty, z \in \Omega,$$

那么根据渐近展开式的唯一性就蕴涵 $b_{n+1} = -na_n, n = 1, 2, \cdots$, 即

$$f'(z) \sim -\sum_{n=2}^{\infty} \frac{(n-1)a_{n-1}}{z^n}, \quad z \to \infty, z \in \Omega.$$

该定理得证. □

**定理 5.1.3** 设 $f(z)$ 是定义在 $\Omega = \{z : |z| \geqslant R\}$ 的解析函数且

$$f(z) \sim \sum_{n=0}^{\infty} a_n z^{-n}, \quad z \to \infty, z \in \Omega, \tag{5.1.7}$$

那么对任意充分大的 $z$, 该级数收敛且无穷和等于 $f(z)$.

**证明** 当 $|z| \geqslant R_1 > R$, $f(z)$ 的 Laurent 级数为 $\sum_{n=-\infty}^{\infty} c_n z^{-n}$, 且系数

$$c_n = \frac{1}{2\pi i} \int_{\Gamma} \frac{f(z)}{z^{n+1}} dz,$$

这里 $\Gamma$ 是任意圆 $|z| = \rho > R_1$. 因当 $|z| \to \infty$, $f(z) \to a_0$ 时, 存在常数 $M > 0$ 使得当 $|z| \geqslant R_1$ 时有 $|f(z)| \leqslant M$. 对 $n > 0$, 有 $|c_n| \leqslant M/\rho^n$. 设 $\rho \to \infty$, 对所有的 $n > 0$, 有 $c_n = 0$. 因此

$$f(z) = \sum_{n=0}^{\infty} c_n z^{-n}, \quad |z| \geqslant R_1.$$

因为收敛级数是渐近序列, 由唯一性定理得到 $c_{-n} = a_n$. 故对所有 $|z| \geqslant R_1$, 有 $f(z) = \sum_{n=0}^{\infty} a_n z^{-n}$. □

**定义 5.1.2** 设 $\{\varphi_n(z)\}$ 是函数序列, $z \in \Omega$, 我们称当 $z \to z_0 \in \Omega$, $\{\varphi_n\}$ 是渐近序列, 那么对所有的 $n \geqslant 0$, 有

$$\varphi_{n+1}(z) = o(\varphi_n(z)), \quad z \to z_0. \tag{5.1.8}$$

**定义 5.1.3** 设 $f(z)$ 和 $f_n(z), n = 0, 1, 2, \cdots$ 是定义在 $\Omega$ 上的函数, 称 $\sum f_n(z)$ 关于渐近序列 $\{\varphi_n(z)\}$ 的广义渐近展开式, 如果对每一个 $N$ 有

$$f(z) = \sum_{n=0}^{N} f_n(z) + o(\varphi_n(z)), \quad z \to z_0. \tag{5.1.9}$$

在此情况下, 记

$$f(z) \sim \sum_{n=0}^{\infty} f_n(z) : \{\varphi_n(z)\}, \quad z \to z_0. \tag{5.1.10}$$

若对每一个 $n$, 有 $f_n(z) = a_n \varphi_n(z)$, 其中 $a_n$ 是固定的复数, 称 Poincaré 型. 进一步, 若 $\varphi_n(z) = (\xi(z))^{\lambda_n}$, $\lambda_n$ 固定的复数, 称此展开式为幂级数型.

**定义 5.1.4** 定义在 $z_0$ 的同一邻域内的两个函数 $f(z)$ 和 $g(z)$ 称渐近相等, 若

$$f(z) \approx g(z) : \{\varphi_n\}, \quad z \to z_0, \tag{5.1.11}$$

或者, 对每一个 $n$, 有

$$f(z) = g(z) + o(\varphi_n(z)), \quad z \to z_0. \tag{5.1.12}$$

## 5.2 基本方法

本节主要介绍得到奇异积分的渐近展开式的基本方法, 包括分部积分法、逐项积分法、Laplace 方法、平稳相位法、Mellin 变换法、求积法.

### 5.2.1 分部积分法

导出奇异积分的渐近展开式最常用且简单的方法是分部积分法, 它的特点是每一步积分和误差都是明确给出的. 下面给出几个例子来介绍该方法.

**例 5.2.1** 指数积分定义为

$$\mathrm{Ei}(z) = \int_{-\infty}^{z} \frac{e^t}{t} dt, \quad |\arg(-z)| < \pi, \tag{5.2.1}$$

这里积分路径是在复平面沿着正实轴割掉一部分, 可能的选择为: $-\infty < \mathrm{Re}\, t < \mathrm{Re}\, z$, $\mathrm{Im}\, t = \mathrm{Im}\, z$, $t$ 从 $-\infty$ 到 $z$ 且平行于实轴, 重复分部积分

$$\begin{aligned}
\mathrm{Ei}(z) &= \frac{e^z}{z} + \int_{-\infty}^{z} \frac{e^t}{t^2} dt \\
&= \frac{e^z}{z} + \frac{e^z}{z^2} + 2\int_{-\infty}^{z} \frac{e^t}{t^3} dt \\
&= \frac{e^z}{z} \left[ \sum_{k=0}^{n} \frac{k!}{z^k} + \varepsilon_n(z) \right],
\end{aligned} \tag{5.2.2}$$

这里

$$\varepsilon_n(z) = (n+1)! z e^{-z} \int_{-\infty}^{z} \frac{e^t}{t^{n+2}} dt, \quad |\arg(-z)| < \pi. \tag{5.2.3}$$

为了得到余项 $\varepsilon_n(z)$ 的估计, 取围道 $C$ 是: $-\infty < \mathrm{Re}\, t < \mathrm{Re}\, z$, $\mathrm{Im}\, t = \mathrm{Im}\, z$. 假设 $|\arg(-z)| < \pi - \delta$, 其中任意正数 $\delta \in (0, \pi)$. 置 $z = x + yi$. 沿着线段 $t = \tau + yi$, $-\infty < \tau \leqslant x$, 我们有 $|e^t| = e^\tau$, $|t| \geqslant |z| \sin\delta$, 因此

$$|\varepsilon_n(z)| \leqslant \frac{(n+1)!}{|z|^{n+1} (\sin\delta)^{n+2}}. \tag{5.2.4}$$

从而, 在 $|\arg(-z)| < \pi - \delta$ 内, 当 $z \to \infty$ 时, 有

$$\mathrm{Ei}(z) = \frac{e^z}{z} \sum_{k=0}^{n} \frac{k!}{z^k}. \tag{5.2.5}$$

若 $\mathrm{Re}\, z \leqslant 0$, 即 $|\arg(-z)| \leqslant \pi/2$, 那么取 $\delta = \pi/2$, (5.2.4) 变为

$$|\varepsilon_n(z)| \leqslant \frac{(n+1)!}{|z|^{n+1}}. \tag{5.2.6}$$

从 (5.2.4) 和 (5.2.6) 可以看出,在实际计算中,根据精度的要求来确定展开式 (5.2.5) 的项,这在计算时非常有用.

**例 5.2.2** Fourier 积分定义为 [77]

$$F(x) = \int_a^b f(t)e^{xti}dt, \qquad (5.2.7)$$

这里 $[a,b]$ 是实数有界区间,$f(t)$ 是定义在 $[a,b]$ 上的 $N$ 阶连续可微函数,通过重复分部积分,有

$$F(x) = \sum_{n=0}^{N-1} \left(\frac{\mathrm{i}}{x}\right)^{n+1} [f^{(n)}(a)e^{xai} - f^{(n)}(b)e^{xbi}] + \varepsilon_N(x), \qquad (5.2.8)$$

其中

$$\varepsilon_N(x) = \left(\frac{\mathrm{i}}{x}\right)^N \int_a^b f^{(N)}(t)e^{xti}dt. \qquad (5.2.9)$$

由 Riemann 引理可知,$\varepsilon_N(x) = o(x^{-N})$,$x \to \infty$,这表明 (5.2.8) 是 $F(x)$ 的渐近展开式. 如果 $N$ 是无限,那么 (5.2.8) 为

$$F(x) \sim \sum_{n=0}^{\infty} \left(\frac{\mathrm{i}}{x}\right)^{n+1} [f^{(n)}(a)e^{xai} - f^{(n)}(b)e^{xbi}] : \{x^{-n-1}\}, \quad x \to +\infty. \qquad (5.2.10)$$

现在来估计 $\varepsilon_N(x)$ 的上界,

$$|\varepsilon_N(x)| \leqslant x^{-N} \int_a^b |f^{(N)}(t)|dt, \qquad (5.2.11)$$

对 (5.2.9) 分部积分更多次有

$$\varepsilon_N(x) = \left(\frac{\mathrm{i}}{x}\right)^{N+1} [f^{(N)}(a)e^{xai} - f^{(N)}(b)e^{xbi}] + \left(\frac{\mathrm{i}}{x}\right)^{N+1} \int_a^b f^{(N+1)}(t)e^{xti}dt, \qquad (5.2.12)$$

从而有

$$|\varepsilon_N(x)| \leqslant x^{-N-1}[|f^{(N)}(a)| + |f^{(N)}(b)| + \int_a^b |f^{(N+1)}(t)|dt]. \qquad (5.2.13)$$

这个结果可以扩充到半无界区域上. 若 $f(t)$ 是定义在 $[a,\infty)$ 上且

$$f^{(n)}(t) = O(t^{-1-\varepsilon}), \quad t \to \infty, \qquad (5.2.14)$$

那么对某些 $\varepsilon > 0$ 和每一个 $n$,在 (5.2.12) 中令 $b \to \infty$,有

$$\int_a^\infty f(t)e^{xti}dt \sim e^{xai} \sum_{n=0}^{\infty} \left(\frac{\mathrm{i}}{x}\right)^{n+1} f^{(n)}(a), \quad x \to +\infty. \qquad (5.2.15)$$

**例 5.2.3** 考虑无界区域上的 Fourier 积分 [52]

$$F(x) = \int_0^\infty t^{\alpha-1} f(t) e^{xti} dt, \tag{5.2.16}$$

其中 $0 < \alpha < 1$, 这是端点有代数奇性, 也可以利用分部积分得到, 置

$$g_0(t) = t^{\alpha-1} e^{xti} \tag{5.2.17}$$

和定义

$$g_1(t) = -\int_t^{t+\infty i} \tau^{\alpha-1} e^{x\tau i} d\tau, \tag{5.2.18}$$

这里积分路径是铅垂线 $\tau = t + yi, y \geqslant 0$. 显然 $g_1'(t) = g_0(t)$ 和

$$g_1(0) = -\int_0^{\infty i} \tau^{\alpha-1} e^{x\tau i} d\tau = -e^{\pi \alpha i/2} \Gamma(\alpha) x^{-\alpha}. \tag{5.2.19}$$

在条件 (5.2.14) 的假设下且令 $\varepsilon = 0$, 通过分部积分, 由 (5.2.16) 得

$$F(x) = f(0) e^{\pi \alpha i/2} \Gamma(\alpha) x^{-\alpha} - \int_0^\infty f'(t) g_1(t) dt. \tag{5.2.20}$$

置

$$g_{n+1}(t) = -\int_t^{t+\infty i} g_n(\tau) d\tau = \frac{(-1)^{n+1}}{n!} \int_t^{t+\infty i} (z-t)^n z^{\alpha-1} e^{xzi} dz, \tag{5.2.21}$$

继续上述过程, 获得

$$\frac{d}{dt} g_{n+1}(t) = g_n(t), \tag{5.2.22}$$

$$g_{n+1}(0) = \frac{(-1)^{n+1}}{n!} e^{\pi(n+\alpha)i/2} \Gamma(n+\alpha) x^{-\alpha-n}. \tag{5.2.23}$$

反复利用分部积分法, 有

$$F(x) = \sum_{n=0}^{N-1} \frac{f^{(n)}(0)}{n!} e^{\pi(n+\alpha)i/2} \Gamma(n+\alpha) x^{-\alpha-n} + R_N, \tag{5.2.24}$$

且

$$R_N = (-1)^N \int_0^\infty f^{(N)}(t) g_N(t) dt. \tag{5.2.25}$$

为了估计 $R_N$, 首先估计 $g_N(t)$. 沿着 (5.2.25) 的积分路径, 有

$$|g_{n+1}(t)| \leqslant \frac{t^{\alpha-1}}{n!} \int_0^\infty y^n e^{-xy} dy = t^{\alpha-1} x^{-n-1}, \quad t > 0, x > 0, n = 0, 1, \cdots. \tag{5.2.26}$$

由 (5.2.25) 得到

$$|R_N| \leqslant x^{-N} \int_0^\infty t^{\alpha-1} |f^{(N)}(t)| dt. \tag{5.2.27}$$

## 5.2.2 逐项积分法

该方法是根据积分的级数展开式进行逐项积分,若被积函数是呈指数下降的,则这种方法特别容易运用.

**例 5.2.4** 考虑积分

$$L(x) = \int_0^\infty \frac{t^{\lambda-1}}{1+t} e^{-xt} dt, \quad \lambda > 0, \tag{5.2.28}$$

这个积分显然是弱奇异的广义积分. 因为

$$\frac{1}{1+t} = \sum_{n=0}^{N-1} (-1)^n t^n + (-1)^N \frac{t^N}{1+t},$$

代入上式,然后逐项积分,

$$L(x) = \sum_{n=0}^{N-1} (-1)^n \frac{\Gamma(n+\lambda)}{x^{n+\lambda}} + R_N(x), \quad R_N(x) = (-1)^N \int_0^\infty \frac{t^{N+\lambda-1}}{1+t} e^{-xt} dt. \tag{5.2.29}$$

于是 $|R_N(x)| \leqslant \Gamma(n+\lambda)/x^{N+\lambda}$ 和

$$L(x) \sim \sum_{n=0}^{\infty} (-1)^n \frac{\Gamma(n+\lambda)}{x^{n+\lambda}}, x \to \infty. \tag{5.2.30}$$

**定理 5.2.1**(文献 [254-156], [261],Watson 引理)  若满足以下条件:
(1) 当 $|t| \leqslant a + \delta, a > 0, \delta > 0$, $f(t)$ 除原点的分支外解析且

$$f(t) = \sum_{m=1}^{\infty} a_m t^{m/r-1} \tag{5.2.31}$$

和当 $|t| \leqslant a$, $r$ 是正数;
(2) 当 $t$ 是正数且 $t \geqslant a$ 时, $|f(t)| < Ke^{bt}$, 这里 $K$ 和 $b$ 与 $t$ 无关;
(3) $|\arg z| \leqslant \pi/2 - \Delta$, 且 $\Delta > 0$;
(4) $|z|$ 充分大; 那么存在渐近展开式

$$F(z) = \int_0^\infty f(t) e^{-zt} dt \sim \sum_{m=1}^{\infty} a_m \Gamma\left(\frac{m}{r}\right) z^{-m/r}. \tag{5.2.32}$$

**证明** 设 $M$ 是任意固定的整数,我们有

$$\left| f(t) - \sum_{m=1}^{M-1} a_m t^{-m/r-1} \right| < K_1 t^{M/r-1} e^{bt}, \tag{5.2.33}$$

## 5.2 基本方法

其中 $K_1$ 与 $t$ 无关, 因此

$$F(z) = \sum_{m=1}^{M-1} a_m \int_0^\infty t^{m/r-1} e^{-zt} dt + R_M,$$

这里

$$|R_M| < K_1 \int_0^\infty t^{M/r-1} e^{bt} |e^{-zt}| dt < K_1 \Gamma\left(\frac{M}{r}\right) (\operatorname{Re} z - b)^{-M/r}, \tag{5.2.34}$$

且 $\operatorname{Re} z > b$ 和 $|z|$ 充分大, 在此情况下 $(\operatorname{Re} z - b)^{-1} = O(1/z)$, 我们有

$$F(z) = \sum_{m=1}^{M-1} a_m \Gamma\left(\frac{m}{r}\right) z^{-m/r} + O(z^{-M/r}), \tag{5.2.35}$$

故定理得证. □

虽然该定理给出了寻找积分的渐近展开式的一种常用方法, 但限制条件太多, 使用不方便, 有必要进行推广.

考虑积分

$$F(z) = \int_0^{\infty e^{\gamma i}} f(t) e^{-zt} dt, \tag{5.2.36}$$

其中 $\gamma$ 是确定实数, 积分路径是从 $t=0$ 到 $t=\infty e^{\gamma i}$ 的直线.

**定理 5.2.2**(文献 [261]) 假设积分 (5.2.36) 存在某个固定 $z=z_0$ 和沿着 $\arg t = \gamma$ 直线 $t \to 0$, 有

$$f(t) \sim \sum_{n=0}^\infty a_n t^{\lambda_n - 1}, \tag{5.2.37}$$

其中 $\operatorname{Re} \lambda_0 > 0$ 和 $\operatorname{Re} \lambda_{n+1} > \operatorname{Re} \lambda_n$, 那么在 $|\arg(ze^{\gamma i})| \leqslant \pi/2 - \Delta$, 且 $\Delta \in (0, \pi/2]$ 范围内当 $z \to \infty$ 时, 有

$$F(z) \sim \sum_{n=0}^\infty a_n \Gamma(\lambda_n) z^{-\lambda_n}. \tag{5.2.38}$$

**证明** 根据 Laplace 变换

$$F(z) = \int_0^{\infty e^{\gamma i}} f(t) e^{-zt} dt \tag{5.2.39}$$

的性质, 当 $\operatorname{Re}(ze^{\gamma i}) > \operatorname{Re}(z_0 e^{\gamma i})$ 保证了 Laplace 变换存在. 置

$$g(t) = \int_c^t f(\tau) e^{-z_0 \tau} d\tau, \tag{5.2.40}$$

那么对所有的沿着直线从 $t=c$ 到 $t=\infty e^{\gamma i}$ 的 $t$ 有 $|g(t)| \leqslant M < \infty$, 于是对任意选定 $t = c = |c|e^{\gamma i}$, $0 < |c| < \infty$, 有

$$\int_c^{\infty e^{\gamma i}} f(t)e^{-zt}dt = (z-z_0) \int_c^{\infty e^{\gamma i}} g(t)e^{-(z-z_0)t}dt. \tag{5.2.41}$$

进一步, 右边通过

$$\frac{M|z-z_0|}{\text{Re}[(z-z_0)e^{\gamma i}]} \exp\{-\text{Re}[(z-z_0)e^{\gamma i}]|c|\} \tag{5.2.42}$$

控制. 因为

$$\text{Re}[(z-z_0)e^{\gamma i}] = \text{Re}(ze^{\gamma i}) - \text{Re}(z_0 e^{\gamma i}) \geqslant |z|\cos(\arg(ze^{\gamma i})) - |z_0| \geqslant |z|\sin\Delta - |z_0|,$$

所以, 对 $|z| > 2|z_0|\csc\Delta$, 且 $\delta = 1/2 \sin\Delta$, 有

$$\int_c^{\infty e^{\gamma i}} f(t)e^{-zt}dt = O(e^{-\delta|z||c|}). \tag{5.2.43}$$

因此, 在 $|\arg(ze^{\gamma i})| \leqslant \pi/2 - \Delta$ 内, 当 $z \to \infty$ 时, 有

$$\int_c^{\infty e^{\gamma i}} f(t)e^{-zt}dt \approx 0. \tag{5.2.44}$$

这就暗示了在 $|\arg(ze^{\gamma i})| \leqslant \pi/2 - \Delta$ 内, 当 $z \to \infty$ 时, 在 $\arg z$ 内, 有

$$F(z) \approx \int_0^c f(t)e^{-zt}dt. \tag{5.2.45}$$

对每一个确定的整数 $N \geqslant 1$, 存在着正数 $K_N$ 和 $r_N$, 使得

$$f(t) = \sum_{n=0}^{N-1} a_n t^{\lambda_n - 1} + R_N, \text{当}|t| \leqslant r_N \text{ 和 } \arg t = \gamma, \tag{5.2.46}$$

其中

$$|R_N| \leqslant K_N |t^{\lambda_n - 1}|. \tag{5.2.47}$$

从而

$$\int_0^c f(t)e^{-zt}dt = \sum_{n=0}^{N-1} a_n \int_0^c t^{\lambda_n - 1} e^{-zt}dt + S_N, \quad |c| \leqslant r_N \text{和} S_N = \int_0^c R_N e^{-zt}dt. \tag{5.2.48}$$

从 (5.2.43) 得到

$$\int_0^c t^{\lambda_n - 1} e^{-zt}dt = \int_0^{\infty e^{\gamma i}} t^{\lambda_n - 1} e^{-zt}dt + O(e^{-\delta|z||c|}) = \Gamma(\lambda_n) z^{-\lambda_n} + O(e^{-\delta|z||c|}). \tag{5.2.49}$$

进一步，在 $|\arg(ze^{\gamma \mathrm{i}})| \leqslant \pi/2 - \Delta$ 内，当 $z \to \infty$ 时，我们有

$$|S_N| \leqslant K_N \int_0^c |t^{\lambda_N - 1} e^{-zt}| dt \leqslant K_N \int_0^{\infty e^{\gamma \mathrm{i}}} |t^{\lambda_N - 1} e^{-zt}| dt = O(z^{-\lambda_N}). \quad (5.2.50)$$

组合上式，在 $|\arg(ze^{\gamma \mathrm{i}})| \leqslant \pi/2 - \Delta$ 内，当 $z \to \infty$ 时，在 $\arg z$ 内，有 (5.2.48) 成立.□

**例 5.2.5** 考虑对数奇异积分

$$F(x) = \int_0^x \frac{e^t - 1}{t} dt, \quad x > 0, \quad (5.2.51)$$

作变量替换 $t = x(1-v)$，再逐项积分

$$F(x) = -xe^x \int_0^1 e^{-xv} \log(1-v) dv \sim e^x \sum_{n=0}^{\infty} \frac{n!}{x^{n+1}}. \quad (5.2.52)$$

**例 5.2.6** 考虑 Laplace 变换

$$F(z) = \int_0^{\infty} f(t) e^{-zt} dt, \quad (5.2.53)$$

和逆变换

$$f(t) = \frac{1}{2\pi \mathrm{i}} \int_{\sigma - \infty \mathrm{i}}^{\sigma + \infty \mathrm{i}} F(z) e^{zt} dz. \quad (5.2.54)$$

我们给出 Watson 引理的逆定理.

**定理 5.2.3** 设 $f(t)$ 是定义在 $(0, \infty)$ 上的连续函数，且当 $t < 0$ 时，$f(t) = 0$；又设 $F(z)$ 是 $f(t)$ 的 Laplace 变换；若在 $|\arg(z-c)| \leqslant \pi/2$ 范围内，当 $z \to \infty$ 时，有

$$F(z) \sim \sum_{n=0}^{\infty} a_n \Gamma(\lambda_n) z^{-\lambda_n}, \quad (5.2.55)$$

其中 $\lambda_n \to +\infty$ $(n \to \infty)$，那么当 $t \to 0^+$ 时，有

$$f(t) \sim \sum_{n=0}^{\infty} a_n t^{\lambda_n - 1}. \quad (5.2.56)$$

**证明** 在该定理的假设下，当 $\mathrm{Re}\, z > c$ 时，$F(z)$ 解析且当 $\mathrm{Re}\, z \geqslant c$ 时，$F(z)$ 连续. 在 $\sigma \geqslant c$ 情况下，(5.2.53) 存在. 置

$$F(z) = \sum_{n=0}^{N-1} a_n \Gamma(\lambda_n) z^{-\lambda_n} + F_N(z). \quad (5.2.57)$$

根据 (5.2.43) 知, 对所有的 $\operatorname{Re} z \geqslant c$ 存在常数 $K_N$ 使得 $|F_N(z)| \leqslant K_N|z^{-\lambda_N}|$. 由 (5.2.42) 得到

$$f(t) = \sum_{n=0}^{N-1} a_n t^{\lambda_n - 1} + f_N(t), \quad f_N(t) = \frac{1}{2\pi i} \int_{\sigma - \infty i}^{\sigma + \infty i} F_n(z) e^{zt} dz.$$

当 $t \in (0,1)$, 取 $\sigma = c/t$, 并且置 $z = (c/t)(1 + \tau i)$. 若 $\lambda_N = \alpha_N + \beta_N i$ 且 $\alpha_N > 1$, 则

$$|F_N(z)| \leqslant K_N \left(\frac{t}{c}\right)^{\alpha_N} (1 + \tau^2)^{-\alpha_N/2} e^{\pi/(2\beta_N)}.$$

于是

$$|f_N(t)| \leqslant \frac{K_N}{2\pi} \left(\frac{t}{c}\right)^{\alpha_N - 1} \int_{-\infty}^{\infty} (1 + \tau^2)^{-\alpha_N/2} e^{\pi/(2\beta_N) + c} d\tau = O(t^{\lambda_N - 1}), \quad t \to 0^+.$$

此定理的证明由 Watson(1981,p.89) 给出[261]. □

### 5.2.3 Laplace 方法

在概率统计中经常遇到这样的积分 [60,254,259]

$$I_n = \int_a^b \varphi(x)[f(x)]^n dx, \tag{5.2.58}$$

这里 $\varphi(x)$ 和 $f(x)$ 是定义在有限或无限区域 $[a,b]$ 上的连续函数, 且 $f(x)$ 是正数. Laplace[261] 获得对 $I_n$ 的主要贡献来自于 $f(x)$ 达到最大值的点的那个邻域. 若 $f(x)$ 有最大值且在 $\xi \in (a,b)$ 点达到, 即 $f'(\xi) = 0$ 和 $f''(\xi) < 0$, 那么 Laplace 的结果是

$$I_n \sim \varphi(\xi)[f(\xi)]^{n+1/2} \left[\frac{-2\pi}{nf''(\xi)}\right]^{1/2}, \quad n \to \infty. \tag{5.2.59}$$

特别地, 若 $f(x) = e^{h(x)}$, 且 $h(x)$ 在 $x = \xi$ 达到最大值, 即 $h'(\xi) = 0$ 和 $h''(\xi) < 0$, 那么有

$$\int_a^b \varphi(x) e^{nh(x)} dx \sim \varphi(\xi) e^{nh(\xi)} \left[\frac{-2\pi}{nh''(\xi)}\right]^{1/2}, \quad n \to \infty. \tag{5.2.60}$$

称 (5.2.59) 和 (5.2.60) 为 Laplace 近似或 Laplace 公式. 用 $\varphi(x)$ 和 $h(x)$ 的 Taylor 级数的主要部分代替 $\varphi(x)$ 和 $h(x)$, 积分区间从 $-\infty$ 到 $\infty$, 于是

$$\int_a^b \varphi(x) e^{nh(x)} dx \approx \int_a^b \varphi(\xi) e^{n[h(\xi) + (x-\xi)^2 h''(\xi)/2]} dx$$

$$\approx \varphi(\xi) e^{nh(\xi)} \int_{-\infty}^{\infty} e^{n(x-\xi)^2 h''(\xi)/2} dx$$

## 5.2 基本方法

$$=\varphi(\xi)e^{nh(\xi)}\left[\frac{-2\pi}{nh''(\xi)}\right]^{1/2}. \tag{5.2.61}$$

为了证明上述结果, 考虑积分

$$I(\lambda) = \int_a^b \varphi(x)e^{-\lambda h(x)}dx, \tag{5.2.62}$$

这里 $\lambda$ 是充分大的正参数. 这里采用的方法是把这些积分变成 Laplace 变换, 根据 $h(x)$ 的最大和最小值点, 把区间分开, 然后利用定理 5.2.1. 不妨设 $h(x)$ 在 $[a,b]$ 内只有一个最小值点且为 $x = a$, 于是有

$$h(x) \sim h(a) + \sum_{i=0}^{\infty} a_i(x-a)^{i+\mu}, \quad x \to a^+, \tag{5.2.63}$$

$$\varphi(x) \sim \sum_{i=0}^{\infty} b_i(x-a)^{i+\alpha-1}, \quad x \to a^+, \tag{5.2.64}$$

且 (5.2.63) 能够二次可微,

$$h'(x) \sim \sum_{i=0}^{\infty} a_i(i+\mu)(x-a)^{i+\mu-1}, \quad x \to a^+, \tag{5.2.65}$$

其中 $\mu$ 是一个正常数, $\alpha$ 是实数或复数且 $\text{Re}\,\alpha > 0$, 同时假设 $a_0 \neq 0, b_0 \neq 0$.

**定理 5.2.4** 对积分 (5.2.62) 有以下假设:

(1) 当 $x \in (a,b)$ 时, $h(x) > h(a)$, 和对每一个 $\delta > 0$, 当 $x \in [a+\delta, b)$ 时, 有 $h(x) - h(a)$ 的下确界为正;

(2) $h'(x)$ 和 $\varphi(x)$ 在 $x = a$ 的邻域可能除去 $a$ 点是连续的;

(3) 表达式 (5.2.63)~(5.2.65) 成立;

(4) 对充分大的 $\lambda$, $I(\lambda)$ 绝对收敛; 那么

$$I(\lambda) \sim e^{-\lambda h(a)} \sum_{i=0}^{\infty} \Gamma\left(\frac{i+\alpha}{\mu}\right) \frac{c_i}{\lambda^{(i+\alpha)/\mu}}, \quad \lambda \to \infty, \tag{5.2.66}$$

这里系数 $c_i$ 与 $a_i$ 和 $b_i$ 有关, 且前三项的系数为

$$c_0 = \frac{b_0}{\mu a_0^{\alpha/\mu}}, c_1 = \left\{\frac{b_1}{\mu} - \frac{(\alpha+1)a_1 b_0}{\mu^2 a_0}\right\} \frac{1}{a_0^{(\alpha+1)/\mu}},$$

$$c_2 = \left\{\frac{b_2}{\mu} - \frac{(\alpha+2)a_1 b_1}{\mu^2 a_0} + [(\alpha+\mu+2)a_1^2 - 2\mu a_0 a_2]\frac{(\alpha+2)b_0}{2\mu^3 a_0^2}\right\}\frac{1}{a_0^{(\alpha+2)/\mu}}. \tag{5.2.67}$$

**证明** 由条件 (2) 和 (3) 蕴涵着存在 $c \in (a,b)$ 使得 $h'(x)$ 和 $\varphi(x)$ 在 $(a,c]$ 上连续, 且 $h'(x)$ 为正. 置 $T = h(c) - h(a)$, 引入新变量

$$t = h(x) - h(a). \tag{5.2.68}$$

因为 $h(x)$, $x \in (a,c)$ 是单调递增, 记

$$e^{\lambda h(a)} \int_a^c \varphi(x) e^{-\lambda h(x)} dx = \int_0^T f(t) e^{-\lambda t} dt \qquad (5.2.69)$$

且

$$f(t) = \varphi(x) \frac{dx}{dt} = \frac{\varphi(x)}{h'(x)} \qquad (5.2.70)$$

是 $(0,T]$ 上的连续函数. 把 (5.2.63) 代入 (5.2.68), 得到展开式

$$x - a \sim \sum_{i=1}^\infty \alpha_i t^{i/\mu}, \quad t \to 0^+, \qquad (5.2.71)$$

且前三项系数为

$$\alpha_1 = \frac{1}{a_0^{1/\mu}}, \quad \alpha_2 = \frac{a_1}{\mu a_0^{1+2/\mu}}, \quad \alpha_3 = \frac{(\mu+3)a_1^2 - 2\mu a_0 a_2}{2\mu^2 a_0^{2+3/\mu}}. \qquad (5.2.72)$$

把 (5.2.70) 代入 (5.2.69) 有

$$f(t) \sim \sum_{i=0}^\infty c_i t^{(i+\alpha-\mu)/\mu}, \quad t \to 0^+. \qquad (5.2.73)$$

为了积分 (5.2.65) 的右边, 运用 Watson 引理, 于是

$$\int_a^c \varphi(x) e^{-\lambda h(x)} dx \sim e^{-\lambda h(a)} \sum_{i=0}^\infty \Gamma\left(\frac{i+\alpha}{\mu}\right) \frac{c_i}{\lambda^{(i+\alpha)/\mu}}, \quad \lambda \to +\infty. \qquad (5.2.74)$$

现在来估计积分在 $(c,b)$ 的误差. 设 $\lambda_0$ 是积分 $I(\lambda)$ 绝对收敛的 $\lambda$ 的值, 置

$$\varepsilon = \inf_{c \leqslant x < b} \{h(x) - h(a)\}. \qquad (5.2.75)$$

根据条件 (1), $\varepsilon$ 为正, 当 $\lambda \geqslant \lambda_0$ 时, 我们计算

$$\lambda[h(x) - h(a)] = (\lambda - \lambda_0)[h(x) - h(a)] + \lambda_0[h(x) - h(a)]$$
$$\geqslant (\lambda - \lambda_0)\varepsilon + \lambda_0[h(x) - h(a)]$$

和

$$\left| e^{\lambda h(a)} \int_c^b \varphi(x) e^{-\lambda h(x)} dx \right| \leqslant M e^{\varepsilon \lambda}, \qquad (5.2.76)$$

这里 $M$ 是常数, 即

$$M = e^{\lambda_0(\varepsilon + h(a))} \int_c^b |\varphi(x)| e^{-\lambda_0 h(x)} dx.$$

根据 (5.2.74) 和 (5.2.76) 得到 (5.2.66). □

**例 5.2.7** 考虑 Gamma 函数

$$\Gamma(\lambda+1) = \int_0^\infty u^\lambda e^{-u} du, \quad \lambda > 0. \tag{5.2.77}$$

被积函数在 $u = \lambda$ 取得最大值 $e^{-\lambda}\lambda^\lambda$. 因最大值点 $u = \lambda$ 是变量, 我们作变量替换 $u = \lambda(1+x)$, (5.2.77) 转变成

$$\Gamma(\lambda+1) = e^{-\lambda}\lambda^{\lambda+1}\int_{-1}^\infty [(1+x)e^{-x}]^\lambda dx = e^{-\lambda}\lambda^{\lambda+1}\int_{-1}^\infty e^{-\lambda h(x)} dx, \tag{5.2.78}$$

其中

$$h(x) = x - \log(1+x). \tag{5.2.79}$$

把积分在 $x = 0$ 分成两部分, 有

$$e^\lambda \lambda^{-\lambda-1}\Gamma(\lambda+1) = \int_0^\infty e^{-\lambda h(x)} dx + \int_0^1 e^{-\lambda h(-x)} dx. \tag{5.2.80}$$

为了计算上述积分, 运用定理 5.2.4, 因为

$$h(x) = \frac{1}{2}x^2 - \frac{1}{3}x^3 + \frac{1}{4}x^4 - \cdots, \quad x \in [0,1), \tag{5.2.81}$$

$\mu = 2$, $\alpha = 1$, $b_0 = 1$, $b_1 = b_2 = \cdots = 0$ 和 $a_i = (-1)^i/(i+2)$, 于是, 由 (5.2.67) 得到 $c_0 = 1/\sqrt{2}$, $c_1 = 2/3$ 和 $c_3 = \sqrt{2}/12$. 表达式 (5.2.66) 给出

$$\int_0^\infty e^{-\lambda h(x)} dx \sim \sqrt{\frac{\pi}{2}}\frac{1}{\sqrt{\lambda}} + \frac{2}{3}\frac{1}{\lambda} + \frac{1}{12}\sqrt{\frac{\pi}{2}}\frac{1}{\sqrt{\lambda^3}} + \cdots, \quad \lambda \to +\infty. \tag{5.2.82}$$

相似地, 有

$$\int_0^1 e^{-\lambda h(-x)} dx \sim \sqrt{\frac{\pi}{2}}\frac{1}{\sqrt{\lambda}} - \frac{2}{3}\frac{1}{\lambda} + \frac{1}{12}\sqrt{\frac{\pi}{2}}\frac{1}{\sqrt{\lambda^3}} - \cdots, \quad \lambda \to +\infty. \tag{5.2.83}$$

组合上述两式, 利用 $\Gamma(\lambda+1) = \lambda\Gamma(\lambda)$, 得到

$$\Gamma(\lambda) \sim e^{-\lambda}\lambda^\lambda \sqrt{\frac{2\pi}{\lambda}}\left[1 + \frac{1}{12\lambda} + \cdots\right], \quad \lambda \to +\infty. \tag{5.2.84}$$

重复上述方法, 根据定理 5.2.4 的证明, 可以得到高阶近似.

**例 5.2.8** 考虑积分

$$H(\rho) = \int_0^\infty \tau^{\gamma-1}\exp(-\rho\tau - \alpha\tau^{-\beta}) d\tau, \tag{5.2.85}$$

其中 $\alpha > 0, \beta > 0, \gamma$ 是任意实数. 虽然该积分不能直接利用定理 5.2.4, 但是作变量替换

$$\tau = \left(\frac{\alpha\beta}{\rho}\right)^{1/(\beta+1)} x, \tag{5.2.86}$$

代入 (5.2.85) 得

$$H(\rho) = \left(\frac{\alpha\beta}{\rho}\right)^{\gamma/(\beta+1)} \int_0^\infty x^{\gamma-1} \exp\left[-\lambda\left(x + \frac{1}{\beta}x^{-\beta}\right)\right] dx, \tag{5.2.87}$$

且

$$\lambda = (\alpha\beta\rho^\beta)^{1/(\beta+1)}. \tag{5.2.88}$$

当 $x \in (0, \infty)$ 时, 函数 $x+(1/\beta)x^{-\beta}$ 在 $x = 1$ 处取得最小值 $1+1/\beta$. 把积分 (5.2.87) 在 $x = 1$ 处分成两部分, 有

$$H(\rho) = \left(\frac{\alpha\beta}{\rho}\right)^{\gamma/(\beta+1)} [I_1(\lambda) + I_2(\lambda)]. \tag{5.2.89}$$

运用定理 5.2.4, $a = 1$, $b = \infty$, $\varphi(x) = x^{\gamma-1}$ 和 $h(x) = x + \frac{1}{\beta}x^{-\beta}$, 于是有

$$I_2(\lambda) \sim e^{-\lambda(1+\beta^{-1})} \sum_{i=0}^\infty \Gamma\left(\frac{i+1}{2}\right) \frac{c_{2,i}}{\lambda^{(i+1)/2}}, \tag{5.2.90}$$

这里

$$c_{2,0} = \frac{1}{\sqrt{2(\beta+1)}}, \quad c_{2,1} = \frac{\left[\gamma - 1 + \frac{1}{3}(\beta+2)\right]}{\beta+1}$$

$$c_{2,2} = \frac{\left[(\gamma-1)(\gamma+\beta) + \frac{1}{12}(\beta+2)(2\beta+1)\right]}{\sqrt{2(\beta+1)^3}}. \tag{5.2.91}$$

相似地, $I_1(\lambda)$ 能够表示为

$$I_1(\lambda) = \int_{-1}^0 (-x)^{\gamma-1} \exp\left[-\lambda\left(-x + \frac{1}{\beta}(-x)^{-\beta}\right)\right] dx. \tag{5.2.92}$$

置 $\varphi(x) = (-x)^{\gamma-1}$ 和 $h(x) = -x + \frac{1}{\beta}(-x)^{-\beta}$, 根据定理 5.2.4, 得到

$$I_1(\lambda) \sim e^{-\lambda(1+\beta^{-1})} \sum_{i=0}^\infty \Gamma\left(\frac{i+1}{2}\right) \frac{c_{1,i}}{\lambda^{(i+1)/2}}, \tag{5.2.93}$$

其中 $c_{1,0} = c_{2,0}$, $c_{1,1} = -c_{2,1}$ 和 $c_{1,2} = c_{2,2}$. 组合 (5.2.90) 与 (5.2.93) 获得

$$H(\rho) \sim \left(\frac{\alpha\beta}{\rho}\right)^{\gamma/(\beta+1)} e^{-\lambda(1+\beta^{-1})} \sum_{i=0}^{\infty} \Gamma\left(\frac{i+1}{2}\right) \frac{c_i}{\lambda^{(i+1)/2}}, \qquad (5.2.94)$$

这里 $c_i = c_{1,i} + c_{2,i}$.

现在来计算系数 $c_i$. 因为当 $i$ 为奇数时, $c_i = 0$; 当 $i$ 为偶数时, $c_i = 2c_{2,i}$. 考虑方程

$$\begin{aligned} t = h(x) - h(1) &= x + \frac{1}{\beta}x^{-\beta} - 1 - \beta^{-1} \\ &= \frac{\beta+1}{2}(x-1)^2 - \frac{(\beta+1)(\beta+2)}{6}(x-1)^3 + \cdots, \quad 1 < x < 2. \end{aligned} \qquad (5.2.95)$$

运用 Lagrange 逆定理 [21,261], 有

$$x - 1 = \sum_{i=1}^{\infty} \alpha_{2,i} t^{i/2},$$

$$\alpha_{2,i} = \frac{1}{i!}\left[\frac{d^{i-1}}{dx^{i-1}}\{\varphi(x)\}^i\right]\bigg|_{x=1} \text{和} \left[x + \frac{1}{\beta}x^{-\beta} - 1 - \frac{1}{\beta}\right]^{1/2} = \frac{x-1}{\varphi(x)}.$$

类似地, 有

$$\begin{aligned} t = h(-x) - h(1) &= -x + \frac{1}{\beta}(-x)^{-\beta} - 1 - \beta^{-1} \\ &= \frac{\beta+1}{2}(-x-1)^2 - \frac{(\beta+1)(\beta+2)}{6}(-x-1)^3 + \cdots, \quad -1 < x < 0, \end{aligned} \qquad (5.2.96)$$

从而, 有

$$-x - 1 = \sum_{i=1}^{\infty} \alpha_{2,i}(-\sqrt{t})^i.$$

置

$$\sigma_{\pm}(\sqrt{t}) = \sum_{i=1}^{\infty} \alpha_{2,i}(\pm\sqrt{t})^i \text{ 和 } F_{\pm}(\sqrt{t}) = [1 + \sigma_{\pm}(\sqrt{t})]^{\gamma-1}\frac{d}{dt}\sigma_{\pm}(\sqrt{t}). \qquad (5.2.97)$$

于是, 当 $1 < x < 2$ 时, $x = 1 + \sigma_+(\sqrt{t})$, 当 $-1 < x < 0$ 时, $-x = 1 + \sigma_-(\sqrt{t})$. 因为 $\sigma_-(\sqrt{t}) = \sigma_+(-\sqrt{t})$, 我们有

$$F_-(\sqrt{t}) = F_+(-\sqrt{t}). \qquad (5.2.98)$$

在 (5.2.87) 中使 $t$ 作积分变量 (5.2.95) 和 (5.2.96) 有

$$I_1(\lambda) = -e^{-\lambda(1+\beta^{-1})}\int_0^{\infty} f_1(t)e^{-\lambda t}dt \text{ 和 } I_2(\lambda) = -e^{-\lambda(1+\beta^{-1})}\int_0^{\infty} f_2(t)e^{-\lambda t}dt, \qquad (5.2.99)$$

其中
$$f_2(t) = x^{\gamma-1}\frac{dx}{dt}, x > 1 \text{ 和} f_1(t) = (-x)^{\gamma-1}\frac{d(-x)}{dt}, \quad -1 < x < 0.$$
根据 (5.2.87) 有
$$H(\rho) = \left(\frac{\alpha\beta}{\rho}\right)^{\gamma/(\beta+1)} e^{-\lambda(1+\beta^{-1})} \int_0^\infty f(t)e^{-\lambda t}dt, \quad f(t) = f_2(t) - f_1(t). \quad (5.2.100)$$
根据 (5.2.97), 对 $t$ 的小正数, 有
$$f_1(t) = F_-(\sqrt{t}) \text{ 和} f_2(t) = F_+(\sqrt{t}). \quad (5.2.101)$$
因为在 $x = 1$ 的邻域内 $x^{\gamma-1}$ 解析, 所以存在一个正数 $\delta$, 当 $0 < t < \delta$ 时, $F_+(\sqrt{t})$ 有收敛级数展开式为 $F_+(\sqrt{t}) = \sum_{i=0}^\infty c_{2,i}(\sqrt{t})^{i-1}$. 而 (5.2.98) 暗示了 $F_-(\sqrt{t}) = \sum_{i=0}^\infty c_{2,i}(-\sqrt{t})^{i-1}$. 组合 (5.2.100) 和 (5.2.101) 得到
$$f(t) = F_+(\sqrt{t}) - F_-(\sqrt{t}) = 2\sum_{i=0}^\infty c_{2,2i}t^{i-1/2} = \sum_{i=0}^\infty c_{2i}t^{i-1/2}.$$
利用 Watson 引理得
$$H(\rho) \sim \left(\frac{\alpha\beta}{\rho}\right)^{\gamma/(\beta+1)} e^{-\lambda(1+\beta^{-1})} \sum_{i=0}^\infty \Gamma\left(i+\frac{1}{2}\right)\frac{c_{2n}}{\lambda^{i+1/2}}.$$

### 5.2.4 平稳相位法

该方法最早是由 Lord Kelvin 介绍的, 他的原始问题是寻找积分
$$u(x) = \frac{1}{2\pi}\int_0^\infty \cos\{m[x - tf(m)]\}dm, \quad x \to \infty$$
的渐近展开式. 我们介绍更广泛的一类 Fourier 积分
$$I(x) = \int_a^b g(t)e^{xf(t)\mathrm{i}}dt \quad (5.2.102)$$
的渐近展开式, 这里 $a$, $b$ 和 $f(t)$ 是实数, $x$ 是充分大的实参数, $f(t)$ 称相位函数. 这个方法的本质是研究对 (5.2.102) 的渐近展开式的主要贡献来自于相位函数 $f(t)$ 的极值点和极值, 即 $f'(t) = 0$ 的点. 假设 $f(t), t \in (a, b)$ 只有一个这样的点 $c \in (a, b)$, 且 $f'(c) = 0$ 和 $f''(t) > 0$, 也就是说, $f(c)$ 是极小值, 那么我们有
$$I(x) \approx \int_{c-\varepsilon}^{c+\varepsilon} g(t)e^{xf(t)\mathrm{i}}dt = g(c)\int_{c-\varepsilon}^{c+\varepsilon} e^{x[f(c)+f''(c)(t-c)^2/2]\mathrm{i}}dt$$

## 5.2 基本方法

$$\approx g(c)e^{xf(c)\mathrm{i}} \int_{-\infty}^{\infty} e^{xf''(c)(t-c)^2/2\mathrm{i}} dt$$

$$= g(c)\sqrt{\frac{2\pi}{xf''(c)}}\, e^{[xf(c)+\pi/4]\mathrm{i}}, \quad \varepsilon > 0. \tag{5.2.103}$$

相似地, 若 $f''(c) < 0$, $f(c)$ 是极大值, 那么

$$I(x) \sim g(c)\sqrt{\frac{2\pi}{-xf''(c)}}\, e^{[xf(c)''-\pi/4]\mathrm{i}}. \tag{5.2.104}$$

现在来详细介绍该方法. 假设 $f'(t)$ 只有有限个零点, 根据这些零点把积分区间分成有限个子区间, 要求每一个子区间最多只有一个极值点, 且是子区间的端点. 通过改变积分变量从 $t$ 到 $-t$, 或者改变 $f(t)$ 到 $-f(t)$, 和 $x$ 到 $-x$, 且假设 $f(t)$ 是严格单增. 考虑 (5.2.102) 且 $f(t)$ 和 $g(t)$ 满足下列条件:

(a) $f'(t) > 0, t \in (a, b)$ 且

$$f(t) = f(a) + (t-a)^\rho f_1(t), \quad f_1(t) \neq 0,$$

其中 $\rho \geqslant 1$, $f_1(t)$ 是在 $[a, b]$ 上无限可微.

(b) $g(t) = (t-a)^{\lambda-1} g_1(t), \lambda \in (0, 1]$, 且 $g_1(t)$ 是在 $[a, b]$ 上无限可微.

把 (5.2.102) 的积分 $I(x)$ 变成 Fourier 积分, 然后使用分部积分法. 引入新变量

$$u^\rho = f(t) - f(a). \tag{5.2.105}$$

因为 $f(t)$ 在 $[a,b]$ 内严格单增, $t$ 和 $u$ 有一对一的关系. 根据条件(a), $t$ 是 $u \in [0, B]$ 的无限可微函数, 且 $B^\rho = f(b) - f(a)$. 因此

$$I(x) = e^{xf(a)\mathrm{i}} \int_0^B u^{\lambda-1} h(u) e^{xu^\rho \mathrm{i}} du, \tag{5.2.106}$$

这里

$$h(u) = u^{1-\lambda} g(t)\frac{dt}{du} = \left(\frac{t-a}{u}\right)^{\lambda-1} g_1(t) \frac{dt}{du}. \tag{5.2.107}$$

而条件 (a) 和 (b) 暗示 $h(u) \in C^\infty[0, B]$. 为了进一步研究, 延拓 $h(u) \in C^\infty[0, \infty)$ 且

$$h(u) \equiv 0, \text{在无穷远的邻域内}, \tag{5.2.108}$$

从而有

$$I(x) = e^{xf(a)\mathrm{i}} \left( \int_0^\infty - \int_B^\infty \right) u^{\lambda-1} h(u) e^{xu^\rho \mathrm{i}} du \equiv e^{xf(a)\mathrm{i}}[I_1(\lambda) - I_2(\lambda)]. \tag{5.2.109}$$

置

$$k_0(u) = u^{\lambda-1}e^{xu^\rho i}, \quad k_{n+1}(u) = -\int_u^{u+\infty e^{\pi i/2\rho}} k_n(z)dz, \quad n=0,1,\cdots, \quad (5.2.110)$$

这里积分路径为 $\arg(z-a) = \pi/2\rho$. 通过改变积分顺序, 能够获得

$$k_{n+1}(u) = \frac{(-1)^{n+1}}{n!}\int_u^{u+\infty e^{\pi i/2\rho}} (z-u)^n z^{\lambda-1}e^{xz^\rho i}dz, \quad (5.2.111)$$

且

$$\begin{aligned}k_{n+1}(0) &= \frac{(-1)^{n+1}}{n!}\int_0^{\infty e^{\pi i/2\rho}} z^{n+\lambda-1}e^{xz^\rho i}dz \\ &= \frac{(-1)^{n+1}}{n!\rho}\Gamma\left(\frac{n+\lambda}{\rho}\right)x^{-(n+\lambda)/\rho}e^{(n+\lambda)\pi i/2\rho}. \end{aligned} \quad (5.2.112)$$

因为 $dk_{n+1}/du = k_n(u)$. 所以

$$\begin{aligned}I_1(x) &= \sum_{n=0}^{N-1}(-1)^{n+1}h^{(n)}(0)k_{n+1}(0) + R_N^{(1)}(x) \\ &= \sum_{n=0}^{N-1}\frac{1}{n!\rho}\Gamma\left(\frac{n+\lambda}{\rho}\right)h^{(n)}(0)x^{-(n+\lambda)/\rho}e^{(n+\lambda)\pi i/2\rho} \\ &\quad + R_N^{(1)}(x), \quad N \geqslant 1, \end{aligned} \quad (5.2.113)$$

根据 (5.2.108),

$$R_N^{(1)}(x) = (-1)^N\int_0^\infty h^{(N)}(u)k_N(u)du. \quad (5.2.114)$$

在 (5.2.103) 中的系数 $h^{(n)}(0)$ 可根据 (5.2.105) 和 (5.2.107) 中的 $f(t)$ 和 $g(t)$ 确定. 特别地, 有

$$h(0) = g_1(a)f_1(a)^{-\lambda/\rho}. \quad (5.2.115)$$

现在给出 $R_N^{(1)}(x)$ 的估计. 通过分部积分法

$$R_N^{(1)}(x) = (-1)^{N+1}[h^{(N)}(0)k_N(0) + \int_0^\infty h^{(N+1)}(u)k_{N+1}(u)du].$$

利用 (5.2.112), 从而有

$$|R_N^{(1)}(x)| \leqslant \frac{1}{N!\rho}\Gamma\left(\frac{N+\lambda}{\rho}\right)|h^{(N)}(0)|x^{-(N+\lambda)/\rho} + \int_0^\infty |h^{(N+1)}(u)||k_{N+1}(u)|du. \quad (5.2.116)$$

## 5.2 基本方法

在 (5.2.111) 中, 置 $z = u + \zeta e^{\pi i/2\rho}$ 且 $u \geqslant 0, \zeta \geqslant 0$. 当 $\lambda \leqslant 1$ 时, 有 $|z|^{\lambda-1} \leqslant u^{\lambda-1}$ 和

$$\rho \int_0^u (\eta + \zeta e^{\pi i/2\rho})^{\rho-1} d\eta = z^\rho - \zeta^\rho i.$$

因为该被积函数的虚部为正, 得到 $\text{Re}(ixz^\rho) + x\zeta^\rho \leqslant 0$ 和 $|\exp(ixz^\rho)| \leqslant \exp(-x\zeta^\rho)$, 所以

$$|k_{N+1}(u)| \leqslant \frac{u^{\lambda-1}}{N!} \int_0^\infty \zeta^N e^{-x\zeta^\rho} d\zeta = \frac{1}{N!\rho} \Gamma\left(\frac{N+1}{\rho}\right) u^{\lambda-1} x^{-(N+1)/\rho}. \quad (5.2.117)$$

把 (5.2.117) 代入 (5.2.116) 得到

$$|R_N^{(1)}(x)| \leqslant \frac{1}{N!\rho} \left[ \Gamma\left(\frac{N+\lambda}{\rho}\right) |h^{(N)}(0)| x^{-(N+\lambda)/\rho} \right.$$
$$\left. + \Gamma\left(\frac{N+1}{\rho}\right) \left\{ \int_0^\infty u^{\lambda-1} |h^{(N+1)}(u)| du \right\} x^{-(N+1)/\rho} \right]. \quad (5.2.118)$$

又因 $0 < \lambda \leqslant 1$, 故

$$R_N^{(1)}(x) = O(x^{-(N+1)/\rho}), \quad x > 0. \quad (5.2.119)$$

现在来研究第二个积分

$$I_2(x) = \int_B^\infty u^{\lambda-1} h(u) e^{xu^\rho i} du.$$

因为奇异点 $u = 0$ 在积分区间外面, 置 $u^\rho = v$, 那么有

$$I_2(x) = \frac{1}{\rho} \int_{B^\rho}^\infty v^{\lambda/\rho - 1} h(v^{1/\rho}) e^{xvi} dv.$$

然而, 这个被积函数无限可微, 利用分部积分法有

$$I_2(x) = \frac{1}{\rho} e^{xB^\rho i} \sum_{n=0}^{M-1} h_1^{(n)}(B^\rho) \left(\frac{i}{x}\right)^{n+1} + R_M^{(2)}(x), \quad M \geqslant 1, \quad (5.2.120)$$

其中

$$R_M^{(2)}(x) = \frac{1}{\rho} \left(\frac{i}{x}\right)^M \int_{B^\rho}^\infty h_1^{(M)}(v) e^{xvi} dv \text{ 且 } h_1(v) = v^{\lambda/\rho - 1} h(v^{1/\rho}). \quad (5.2.121)$$

根据 (5.2.108) 和 Riemann 引理, 有 $R_M^{(2)}(x) = o(x^{-M})$, $x \to \infty$. 组合 (5.2.107), (5.2.113) 和 (5.2.120) 得到, 当 $x \to +\infty$ 时, 有

$$I(x) \sim e^{xf(a)i} \sum_{n=0}^\infty \frac{1}{n!\rho} \Gamma\left(\frac{n+\lambda}{\rho}\right) h^{(n)}(0) x^{-(n+\lambda)/\rho} e^{(n+\lambda)\pi i/2\rho}$$

$$-e^{xf(b)\mathrm{i}}\sum_{n=0}^{\infty}\frac{1}{\rho}h_1^{(n)}(B^\rho)\left(\frac{\mathrm{i}}{x}\right)^{n+1}, \tag{5.2.122}$$

这里的系数 $\frac{1}{\rho}h_1^{(n)}(B^\rho)$ 可根据原来的函数 $f(t)$ 和 $g(t)$ 确定. 事实上, 由 (5.2.105), (5.2.107) 和 (5.2.121), 根据文献 [187], 我们有

$$\frac{1}{\rho}h_1^{(n)}(B^\rho) = \left\{\frac{1}{f'(t)}\frac{d}{dt}\right\}^n \frac{g(t)}{f'(t)}\bigg|_{t=b}. \tag{5.2.123}$$

若 $x$ 是负参数, 或者 $f'(x)$ 是负数, 那么 $I(x)$ 的渐近展开式可通过取复数共轭得到. 为了得到 (5.2.103), 根据 (5.2.122), 把 (5.2.103) 在 $t=c$ 分成两部分, 于是

$$I(x) = \int_a^c g(t)e^{xf(t)\mathrm{i}}dt + \int_c^b g(t)e^{xf(t)\mathrm{i}}dt, \tag{5.2.124}$$

上述右端的第一个积分用 $-t$ 代替 $t$, 再利用 (5.2.122), 发现 (5.2.124) 右端的每一个积分是

$$\frac{1}{2}g(c)\sqrt{\frac{2\pi}{xf''(c)}}\,e^{[xf(c)+\pi/4]\mathrm{i}},$$

故获得 (5.2.103).

**例 5.2.9** 求 $F(x) = \int_0^1 e^{xu^2\mathrm{i}}du$ 的展开式, 根据 (5.2.106), $f(a)=0$, $\lambda = B = 1$, $\rho = 2$, $h(u) = 1$, 直接运用 (5.2.122) 的结论且 $f(b) = 1$, $h^{(n)}(0) = 0$, $n = 1, 2, \cdots$, 和根据 (5.2.121) 有 $h_1(v) = v^{-1/2}$, 从而立即得到

$$F(x) \sim \frac{1}{2}\sqrt{\frac{\pi}{x}}e^{\pi/4\mathrm{i}} - \frac{\mathrm{i}}{2}e^{x\mathrm{i}}\sum_{n=0}^{\infty}(-\mathrm{i})^n\frac{\Gamma(n+1/2)}{\Gamma(1/2)}\frac{1}{x^{n+1}}, \quad x \to \infty.$$

**例 5.2.10** 考虑积分

$$H(x) = \frac{1}{\pi}\int_0^\pi e^{x(t-\sin t)\mathrm{i}}dt,$$

其中 $a = 0$, $b = \pi$, $g(t) \equiv 1$, $f(t) = t - \sin t$, 因此 $\lambda = 1$, $g_1(t) = 1$, $\rho = 3$, $f_1(t) = (t-\sin t)/t^3$. 由 (5.2.107) 得: $h^{(n)} = d^{n+1}t/du^{n+1}$, $n = 0, 1, 2, \cdots$, 且

$$u^3 = t - \sin t = \frac{t^3}{3!} - \frac{t^5}{5!} + \frac{t^7}{7!} - \cdots.$$

根据这个级数的逆有 $h(0) = 6^{1/3}$, $h''(0) = \dfrac{6}{10}$, $h^{(4)}(0) = \dfrac{6\times 6^{5/3}}{70}$, $h^{(1)}(0) = h^{(3)}(0) = h^{(5)}(0) = 0$, 利用 (5.2.123) 得到

$$\frac{1}{\rho}h_1^{(n)}(B^\rho) = \left(\frac{1}{1-\cos t}\frac{d}{dt}\right)^n \frac{1}{1-\cos t}\bigg|_{t=\pi}.$$

直接计算获得

$$\frac{1}{\rho}h_1(B^\rho) = \frac{1}{2}, \quad \frac{1}{\rho}h_1''(B^\rho) = \frac{1}{2^4}, \quad \frac{1}{\rho}h_1^{(4)}(B^\rho) = -\frac{1}{2^4}.$$

从 (5.2.122) 获得

$$H(x) \sim \left[\frac{1}{3}\Gamma\left(\frac{1}{3}\right)e^{\pi/6\mathrm{i}}\left(\frac{6}{x}\right)^{1/3} + \frac{\mathrm{i}}{60}\left(\frac{6}{x}\right) + \frac{1}{840}\Gamma\left(\frac{5}{3}\right)\left(\frac{6}{x}\right)^{5/3} + \cdots\right]$$
$$+ \mathrm{i}e^{\pi x \mathrm{i}}\left[-\frac{1}{2x} + \frac{1}{16x^3} - \frac{1}{16x^5} + \cdots\right].$$

### 5.2.5  Mellin 变换法

Mellin 变换是一个非常有用的数学工具, 它有着广泛的理论和应用价值, 在前面几章中多次使用, 并且许多重要的积分, 如 Laplace 积分、Fourier 积分、Hankel 积分和 Stieltjes 积分都与 Mellin 变换有着密切的联系. 本节利用 Mellin 变换的性质来研究奇异积分的渐近展开式.

**1. 一维 Mellin 变换法**

若 $f(t)$ 是定义在 $(0,\infty)$ 上的局部可积函数, 当积分[186,261]

$$M[f;z] = \int_0^\infty t^{z-1}f(t)dt \tag{5.2.125}$$

收敛时, 那么称该积分为 $f(t)$ 的 Mellin 变换. 它的解析区域通常是带形区域 $a < \mathrm{Re}\, z < b$, 该变换的逆变换定义为

$$f(t) = \frac{1}{2\pi\mathrm{i}}\int_{c-\infty\mathrm{i}}^{c+\infty\mathrm{i}} t^{-z}M[f;z]dz, \quad a < c < b. \tag{5.2.126}$$

卷积分为

$$I(x) = \int_0^\infty f(t)h(xt)dt. \tag{5.2.127}$$

许多重要的积分, 如 Laplace 积分、Fourier 积分、Hankel 积分和 Stieltjes 积分都可以视为这种积分. 在 (5.2.127) 两边取 Mellin 变换有

$$M[I;z] = M[f;1-z]M[h;z]. \tag{5.2.128}$$

若 $M[f;1-z]$ 和 $M[h;z]$ 有共同的解析带形区域 $a < \mathrm{Re}\, z < b$, 那么有逆变换

$$I(x) = \frac{1}{2\pi\mathrm{i}}\int_{c-\infty\mathrm{i}}^{c+\infty\mathrm{i}} x^{-z}M[f;1-z]M[h;z]dz, \quad a < c < b. \tag{5.2.129}$$

当 $x=1$ 时, 上式为 Parseval 恒等式. 若 $M[f;1-z]$ 和 $M[h;z]$ 沿铅垂线从 $\operatorname{Re} z=c$ 到 $\operatorname{Re} z=d<c$ 滑动的左边区域解析, 那么通过 Cauchy 留数定理有

$$I(x)=\sum_{d<\operatorname{Re} z<c}\operatorname{Re} s\{x^{-z}M[f;1-z]M[h;z]\}+E(x), \qquad (5.2.130)$$

其中

$$E(x)=\frac{1}{2\pi\mathrm{i}}\int_{d-\infty\mathrm{i}}^{d+\infty\mathrm{i}} x^{-z}M[f;1-z]M[h;z]dz. \qquad (5.2.131)$$

上述公式给出了当 $x$ 充分小时 $I(x)$ 的渐近展开式.

下面研究 Mellin 变换的特征 [186]. 设 $t=e^{-u}$, 由 (5.2.125) 得

$$M[f;z]=\int_{-\infty}^{\infty} f(e^{-u})e^{-zu}du, \qquad (5.2.132)$$

根据 Laplace 变换理论可获得下面一些定理.

**定理 5.2.5** (1) 若 $a=\sup\{\alpha: f(t)=O(t^\alpha),\ \text{当}\ t\to 0^+\}$, $b=\sup\{\beta: f(t)=O(t^{-\beta}),\ \text{当}\ t\to+\infty\}$, 当 $b>-a$ 时, 那么当 $\operatorname{Re} z\in(-a,b)$ 时, (5.2.125) 绝对收敛且 $M[f;z]$ 是解析函数.

(2) 若 $-a<x<b$, 那么有

$$\lim_{y\to\pm\infty} M[f;x+y\mathrm{i}]=0. \qquad (5.2.133)$$

(3) 若 $I$ 是 $(-a,b)$ 的紧集和

$$N(f,I;y)=\sup\{|M[f;x+y\mathrm{i}]|: x\in I\}, \qquad (5.2.134)$$

那么 $N(f,I;y),\ y\in(-\infty,\infty)$ 是连续函数且

$$\lim_{y\to\pm\infty} N(f,I;y)=0. \qquad (5.2.135)$$

**证明** 结论 (1) 由文献 [261] 的证明可得, 结论 (2) 由 (5.2.132) 和 Riemann 引理可得. 现在来证明 (3). 因为

$$\frac{d}{dz}M[f;z]=\int_0^\infty t^{z-1}(\log t)f(t)dt$$

和

$$\left|\frac{d}{dz}M[f;z]\right|\leqslant\int_0^\infty t^{z-1}|(\log t)f(t)|dt,$$

且右边的积分是连续的, 因此, 对 $x\in I$, 存在常数 $K$ 使得 $\forall z_1, z_2$ 且 $\operatorname{Re} z_i \in I$, $i=1,2$ 有

$$|M[f;z_1]-M[f;z_2]|\leqslant K|z_1-z_2|. \qquad (5.2.136)$$

根据该不等式, 立即有

$$|N[f,I;y_1] - N[f,I;y_2]| \leqslant K|y_1 - y_2|, \tag{5.2.137}$$

这就蕴涵着 $N[f,I;y]$ 是连续的. 现在用反证法来证明 (5.2.135), 假设当 $y \to +\infty$ 时, 这个结果是错误的, 那么存在一个正数 $\delta$ 和一个序列 $\{y_k\}$ 使得 $y_k \to +\infty$ 和 $N[f,I;y_k] \geqslant \delta$. 该不等式暗示也存在一个序列 $\{x_k\}$ 使得

$$|M[f;x_k + y_k\mathrm{i}]| \geqslant \frac{\delta}{2}. \tag{5.2.138}$$

因为 $I$ 是紧集, 那么存在一个子序列 $\{x_{k_j}\}$ 收敛 $x^* \in I$. 选择 $J$ 以便 $|x_{k_j} - x^*| \leqslant \delta/(4K)$, 且 $k_j \geqslant J$. 根据 (5.2.136), 我们有

$$|M[f;x_{k_j} + y_{k_j}\mathrm{i}] - M[f;x^* + y_{k_j}\mathrm{i}]| \leqslant \frac{\delta}{4}, \text{对所有的} k_j \geqslant J,$$

再根据 (5.2.138) 产生了 $|M[f;x^* + y_{k_j}\mathrm{i}]| \geqslant \frac{\delta}{4} > 0$, 这与 (5.2.133) 矛盾.□

**定理 5.2.6** 设

$$M[f;1-z] = \int_0^\infty t^{-z}f(t)dt, \quad M[h;z] = \int_0^\infty t^{z-1}h(t)dt, \tag{5.2.139}$$

那么

$$M[I;z] = M[f;1-z]M[h;z],$$

其中 $I(x)$ 由 (5.2.127) 定义.

**证明** 设 $\operatorname{Re} z = \sigma$. 由假设有

$$\int_0^\infty |f(t)| \int_0^\infty u^{\sigma-1}|h(tu)|dudt = \left(\int_0^\infty t^{-\sigma}|f(t)|dt\right)\left(\int_0^\infty t^{\sigma-1}|h(t)|dt\right) < \infty,$$

于是根据 Fubini 定理得到

$$\begin{aligned}
M[f;1-z]M[h;z] &= \int_0^\infty t^{-1}f(t)\int_0^\infty \left(\frac{y}{t}\right)^{z-1} h(y)dydt \\
&= \int_0^\infty f(t)\int_0^\infty u^{z-1}h(tu)dudt \\
&= \int_0^\infty u^{z-1}\int_0^\infty f(t)h(tu)dtdu \\
&= \int_0^\infty u^{z-1}I(u)du \\
&= M[I;z].
\end{aligned}$$

**定理 5.2.7** 设 $t^{-c}f(t)$ 和 $t^{c-1}h(t)$ 在 $(0,\infty)$ 内绝对可积. 若

(1) $M[h; c+yi] \in L^1(-\infty, \infty)$ 或

(2) $M[f; 1-c-yi] \in L^1(-\infty, \infty)$,那么

$$\int_0^\infty f(t)h(xt)dt = \frac{1}{2\pi i}\int_{c-\infty i}^{c+\infty i} x^{-z}M[f; 1-z]M[h; z]dz. \tag{5.2.140}$$

**证明** 这里仅证明在 (1) 的假设条件下的结论,其他类似. 根据 Fubini 定理,我们有

$$\frac{1}{2\pi i}\int_{c-\infty i}^{c+\infty i} x^{-z}M[f; 1-z]M[h; z]dz$$
$$=\frac{1}{2\pi i}\int_{c-\infty i}^{c+\infty i} x^{-z}\int_0^\infty t^{-z}f(t)dt M[h; z]dz$$
$$=\int_0^\infty f(t)\left[\frac{1}{2\pi i}\int_{c-\infty i}^{c+\infty i}(xt)^{-z}M[h; z]dz\right]dt$$
$$=\int_0^\infty f(t)h(xt)dt,$$

这就证明了该定理.□

**定理 5.2.8** 假设

(1) $f(t)$ 在 $(0, \infty)$ 内局部可积,

(2) 当 $t \to \infty$ 时,$f(t) = O(t^{-b})$,

(3)

$$f(t) \sim \sum_{s=0}^\infty a_s t^{\alpha_s}, \quad t \to 0^+, \tag{5.2.141}$$

其中当 $s \to \infty$ 时,序列 $\{\operatorname{Re}\alpha_s\}$ 递增且趋于无穷. 若 $-\operatorname{Re}\alpha_0 < b$,那么由 (5.2.125) 定义的 $M[f; z]$ 可以解析延拓到半平面 $\operatorname{Re} z < b$ 的亚纯函数,且简单极点 $z = -\alpha_s$ 的留数是 $a_s$,$s = 0, 1, \cdots$.

**证明** 置

$$f_n(t) = f(t) - \sum_{s=0}^{n-1} a_s t^{\alpha_s}. \tag{5.2.142}$$

对 $-\operatorname{Re}\alpha_0 < \operatorname{Re} z < b$,有

$$M[f; z] = \int_0^1 t^{z-1}f_n(t)dt + \sum_{s=0}^{n-1}\frac{a_s}{z+\alpha_s} + \int_1^\infty t^{z-1}f(t)dt. \tag{5.2.143}$$

根据定理 5.2.5,右边第一个积分在 $-\operatorname{Re}\alpha_n < \operatorname{Re} z$ 内解析,而第二个积分在 $\operatorname{Re} z < b$ 内解析,于是上式右边是 $M[f; z]$ 的解析延拓到带形区域 $-\operatorname{Re}\alpha_n < \operatorname{Re} z < b$,且有简单极点 $z = -\alpha_s$,$s = 0, 1, 2, \cdots, n-1$,这是因为当 $n \to \infty$ 时,$\operatorname{Re}\alpha_n \to +\infty$.□

### 5.2 基本方法

**例 5.2.11** 考虑积分

$$I(\lambda) = \int_0^\infty e^{-\lambda t^2} \frac{\sin t}{t^2} J_1(\lambda) dt, \tag{5.2.144}$$

这里 $J_1(\lambda)$ 是第一类一阶 Bessel 函数，$\lambda$ 是小正参数. 置 $x = \lambda^{1/2}$, $h(t) = e^{-t^2}$ 和 $f(t) = (J_1(\lambda)\sin t)/t^2$. Mellin 变换公式 [111]

$$M[h;z] = \frac{1}{2}\Gamma\left(\frac{z}{2}\right), \quad M[f;1-z] = \frac{\Gamma\left(\frac{3}{2}+z\right)\Gamma\left(\frac{1}{2}-\frac{z}{2}\right)}{\Gamma(3+z)\Gamma\left(1+\frac{z}{2}\right)}.$$

$M[h;z]$ 的解析区域是 $\operatorname{Re} z > 0$ 半平面，而 $M[f;1-z]$ 的解析区域是 $-3/2 < \operatorname{Re} z < 1$ 带形区域，它们共同的解析区域是 $0 < \operatorname{Re} z < 1$. 由 $\Gamma(1+w) = w\Gamma(w)$ 和 (5.2.140) 得到

$$I(\lambda) = \frac{1}{2\pi i} \int_{c-\infty i}^{c+\infty i} \lambda^{-z/2} \frac{\Gamma\left(\frac{3}{2}+z\right)\Gamma\left(\frac{1}{2}-\frac{z}{2}\right)}{z\Gamma(3+z)} dz, \quad c \in (0,1). \tag{5.2.145}$$

根据文献 [261] 的结果

$$|\Gamma(x+yi)| = \sqrt{2\pi} e^{-\pi|y|/2} |y|^{x-1/2}[1+r(x,y)], \tag{5.2.146}$$

这里当 $|y| \to \infty$ 时，有 $r(x,y) \to 0$. 向左边移动积分路径，利用 Cauchy 定理，有

$$\operatorname{Re} s\{\Gamma(w) : w = -s\} = \frac{(-1)^s}{s!}, \quad s = 0, 1, 2, \cdots, \tag{5.2.147}$$

从而得到

$$I(\lambda) = \frac{\pi}{4} - \sum_{s=0}^n \frac{(-1)^s}{s!} \frac{\Gamma\left(\frac{s}{2}+\frac{5}{4}\right)}{\left(s+\frac{3}{2}\right)\Gamma\left(\frac{3}{2}-s\right)} \lambda^{s/2+3/4} + E_n(\lambda), \quad n \geqslant 0, \tag{5.2.148}$$

其中

$$E_n(\lambda) = \frac{1}{2\pi i} \int_{-n-2-\infty i}^{-n-2+\infty i} \lambda^{-z/2} \frac{\Gamma\left(\frac{3}{2}+z\right)\Gamma\left(\frac{1}{2}-\frac{z}{2}\right)}{z\Gamma(3+z)} dz.$$

现在来讨论 $E_n(\lambda)$ 的界. 根据公式

$$|\Gamma(yi)|^2 = \frac{\pi}{y\sinh \pi y}, \quad \left|\Gamma\left(\frac{1}{2}+yi\right)\right|^2 = \frac{\pi}{\cosh \pi y} \tag{5.2.149}$$

和
$$\Gamma(z-n) = \frac{\Gamma(z)}{(z-1)(z-2)\cdots(z-n)}, \tag{5.2.150}$$

得到
$$\left|\frac{\Gamma\left(\frac{3}{2}-n-2+y\mathrm{i}\right)}{\Gamma(3-n-2+y\mathrm{i})}\right| \leqslant \frac{(y\tanh\pi y)^{1/2}}{\frac{1}{4}+y^2}. \tag{5.2.151}$$

再利用 $|\tanh y| \leqslant 1$, $|\Gamma(x+y\mathrm{i})| \leqslant |\Gamma(x)|$ 和
$$\int_0^\infty \frac{t^{x-1}}{(1+t)^{x+y}} dt = \frac{\Gamma(x)\Gamma(y)}{\Gamma(x+y)}, \tag{5.2.152}$$

这就暗示了
$$|E_n(\lambda)| \leqslant \Gamma\left(\frac{3+n}{2}\right)\lambda^{n/2+1}.$$

**例 5.2.12** 考虑积分
$$I(x) = \int_0^\infty \frac{J_v^2(xt)}{1+t} dt, \quad v > -1/2, \tag{5.2.153}$$

这里 $J_v(\lambda)$ 是第一类 $v$ 阶 Bessel 函数, $x$ 是大正参数. 令 $h(t) = J_v^2(t)$ 和 $f(t) = 1/(1+t)$. 根据文献 [[186], p13], 有
$$M[f; 1-z] = \frac{\pi}{\sin\pi z}, \quad 0 < \mathrm{Re}\, z < 1,$$

$$M[h; z] = \frac{2^{z-1}\Gamma(v+z/2)}{\Gamma^2(1-z/2)\Gamma(1+v-z/2)\Gamma(z)} \frac{\pi}{\sin\pi z}, \quad -2v < \mathrm{Re}\, z < 1.$$

利用 $\Gamma(z)\Gamma(1-z) = \pi/\sin\pi z$, 于是在半平面 $\mathrm{Re}\, z > \max\{0, -2v\}$, $M[f; 1-z]M[h; z]$ 在每一个正整数有二阶极点, 通过计算获得
$$\mathrm{Res}\{x^{-z}M[f; 1-z]M[h; z]\}|_{z=n} = (a_n\log x + b_n)x^{-n}, \tag{5.2.154}$$

这里
$$a_n = -\frac{2^{n-1}\Gamma(v+n/2)}{\Gamma^2(1-n/2)\Gamma(1+v-n/2)\Gamma(n)} \tag{5.2.155}$$

和
$$b_n = -a_n\left\{\log 2 + \frac{1}{2}\psi(v+n/2) + \psi(1-n/2) + \frac{1}{2}\psi(1+v-n/2) - \psi(n)\right\}. \tag{5.2.156}$$

值得注意的是: 当 $n$ 为偶数时, $a_n = b_n = 0$.

利用 Parseval 恒等式, 即

$$I(x) = \frac{1}{2\pi i} \int_{c-\infty i}^{c+\infty i} x^{-z} M[f; 1-z] M[h; z] dz,$$

这里 $c$ 是位于 $\max\{0, -2v\}$ 与 $1$ 之间. 移动积分路径 $\operatorname{Re} z = c$ 到右边产生了 $I(x)$ 在大参数的展开式

$$\begin{aligned} I(x) = &- \sum_{c < \operatorname{Re} z < d} \operatorname{Res}\{x^{-z} M[f; 1-z] M[h; z]\} \\ &+ \frac{1}{2\pi i} \int_{d-\infty i}^{d+\infty i} x^{-z} M[f; 1-z] M[h; z] dz, \end{aligned} \quad (5.2.157)$$

其中 $d = 2n + 1 - \varepsilon$ $(0 < \varepsilon < 1)$. 根据 (5.2.146) 最后的积分绝对收敛, 其收敛阶 $O(x^{-2n-1+\varepsilon})$. 组合 (5.2.154) 和 (5.2.157) 有

$$I(x) = -\sum_{s=0}^{2n}(a_s \log x + b_s) x^{-s} + O(x^{-2n-1+\varepsilon}). \quad (5.2.158)$$

因为 $a_{2s} = b_{2s} = 0$, 该式变为

$$I(x) = -\sum_{s=0}^{n-1}(c_s \log x + d_s) x^{-2s-1} + O(x^{-2n-1+\varepsilon}), \quad (5.2.159)$$

其中 $c_s = -a_{2s+1}$, $d_s = -b_{2s+1}$.

2. **多维 Mellin 变换法**

设 $g(\boldsymbol{x})$ 是 $[0, \infty)$ 上的绝对可积函数且在无穷远呈指数下降, 又设 $f \in C^\infty(\Re^n)$ 和 $K_n = [0, 1]^n$. 考虑多维积分

$$J(s) = \int_{K_n} g\left(\frac{\boldsymbol{x}^{\boldsymbol{\alpha}}}{s}\right) \boldsymbol{x}^{\boldsymbol{\beta}} \log^{\boldsymbol{\gamma}} \boldsymbol{x} d\boldsymbol{x}, \quad (5.2.160)$$

这里 $\boldsymbol{x} \in \Re^n$, $\boldsymbol{\alpha}$ 和 $\boldsymbol{\beta} \in \Re_+^n$, $\boldsymbol{\gamma} \in Z_+^n$, $\boldsymbol{x}^{\boldsymbol{\alpha}} = x_1^{\alpha_1} \cdots x_n^{\alpha_n}$, 和 $\log^{\boldsymbol{\gamma}} \boldsymbol{x} = \log^{\gamma_1} x_1 \cdots \log^{\gamma_n} x_n$, 且 $\Re_+ = [0, \infty)$.

**定理 5.2.9**(文献 [261]) 当 $s \to 0^+$ 时, 我们有

$$J(s) \sim \sum I_{jkl}(f) s^{(\beta_l + j + 1)/\alpha_l} \log^k s, \quad (5.2.161)$$

这里 $j \geqslant 0$, $0 \leqslant k \leqslant |\boldsymbol{\gamma}| + n - 1$, $1 \leqslant l \leqslant n$, $I_{jkl}$ 是定义在 $C^\infty(\Re^n)$ 上的连续线性泛函且在集合 $\{\mathbf{x} \in \boldsymbol{K}_n : \boldsymbol{x}^{\boldsymbol{\alpha}} = 0\}$ 之外为零.

Brüning 的证明使用了数学归纳法, 但是没有给出系数 $I_{jkl}(f)$ 的明确表达式. 下面介绍 McClure[164,166] 和 Wong[261] 的工作, 他们提供了 (5.2.160) 的具体表示式. 为了简单, 我们仅考虑 $n = 2, \gamma = 0$, 即

$$J(s) = \int_0^1 \int_0^1 g\left(\frac{x^a y^b}{s}\right) x^\alpha y^\beta f(x, y) dx dy, \tag{5.2.162}$$

这里 $a$ 和 $b$ 为正数, $\alpha$ 和 $\beta$ 是非负数, $f \in C^\infty(\Re^2)$, $g$ 是 $[0, \infty)$ 上绝对可积且在无穷远呈指数下降.

因为 $g$ 是 $[0, \infty)$ 上快速下降函数, 那么 $M[J; z]$ 存在且在带形区域 $-d_{11} < \mathrm{Re}\, z < 0$ 解析, 这里

$$d_{11} = \min\left\{\frac{1+\alpha}{a}, \frac{1+\beta}{b}\right\}. \tag{5.2.163}$$

进一步有

$$M[J; z] = \int_0^\infty s^{z-1} J(s) ds = \int_0^1 \int_0^1 x^\alpha y^\beta f(x, y) \left[\int_0^\infty s^{z-1} g\left(\frac{x^a y^b}{s}\right) ds\right] dx dy$$

$$= M[g; -z] \int_0^1 \int_0^1 x^{\alpha+az} y^{\beta+bz} f(x, y) dx dy = M[g; -z] F(z),$$

这里

$$F(z) = \int_0^1 \int_0^1 x^{\alpha+az} y^{\beta+bz} f(x, y) dx dy. \tag{5.2.164}$$

利用 Mellin 逆变换

$$J(s) = \frac{1}{2\pi i} \int_{c-\infty i}^{c+\infty i} s^{-z} M[g; -z] F(z) dz, \tag{5.2.165}$$

这里 $d_{11} < c < 0$. 注意 Mellin 变换 $M[g; -z]$ 是半平面 $\mathrm{Re}\, z < 0$ 的解析函数且在 $\mathrm{Re}\, z \leqslant c$ $(c < 0)$ 内有界, 同时二重积分 (5.2.164) 在半平面 $-d_{11} < \mathrm{Re}\, z$ 内解析.

对 $-d_{11} < \mathrm{Re}\, z < 0$, 通过分部积分法

$$F(z) = \frac{1}{\alpha + az + 1}\left[\int_0^1 y^{\beta+bz} f(x, y) dy - \int_0^1 \int_0^1 x^{\alpha+az+1} y^{\beta+bz} f_{1,0}(x, y) dx dy\right]$$

$$= \frac{1}{(\alpha + az + 1)(\beta + bz + 1)}\Big[f(1, 1) - \int_0^1 y^{\beta+bz+1} f_{0,1}(1, y) dy$$

$$- \int_0^1 x^{\alpha+az+1} f_{1,0}(x, 1) dx + \int_0^1 \int_0^1 x^{\alpha+az+1} y^{\beta+bz+1} f_{1,1}(x, y) dx dy\Big]. \tag{5.2.166}$$

最后这个二重积分在 $\mathrm{Re}\, z > -d_{22} = \min\left\{\frac{\alpha+2}{a}, \frac{\beta+2}{b}\right\}$ 内解析. 于是, 根据

(5.2.166), $F(z)$ 可延拓到半平面 $\operatorname{Re} z > -d_{22}$ 的亚纯函数且在 $z = -d_{11}$ 至少为一个极点, 有可能为二个极点, 一个为 $z = -(\alpha+1)/a$, 另一个为 $z = -(\beta+1)/b$, 依赖于是否 $d_{22} > \max\{(\alpha+1)/a, (\beta+1)/b\}$. 这些极点可能是也可能不是简单的.(5.2.166) 显示沿着垂直线在 $\operatorname{Re} z > -d_{22}$ 内当 $z \to \infty$ 时 $F(z) = O((\operatorname{Im} z)^{-2})$, 且 (5.2.166) 最后的二重积分与 $F(z)$ 同形. 重复 (5.2.166) 过程, 有

$$F(z) = \sum_{k=1}^{n} \left[ \prod_{j=1}^{k} (\alpha+az+j)(\beta+bz+j)^{-1} \Big\{ f_{k-1,k-1}(1,1) \right.$$
$$\left. - \int_0^1 y^{\beta+bz++k} f_{k-1,k}(1,y) dy - \int_0^1 x^{\alpha+az++k} f_{k,k-1}(x,1) dx \Big\} \right.$$
$$\left. + \left[ \prod_{j=1}^{k} (\alpha+az+j)(\beta+bz+j)^{-1} \int_0^1 \int_0^1 x^{\alpha+az+n} y^{\beta+bz+n} f_{n,n}(x,y) dx dy \right] \right..$$

再作分部积分, 对任何正整数 $n$, 有

$$F(z) = \sum_{k,l=1}^{n} (-1)^{k+l} f_{k-1,l-1}(1,1) \prod_{j=1}^{k} (\alpha+az+j) \prod_{i=1}^{l} (\beta+bz+i)^{-1}$$
$$+ \sum_{k=1}^{n} (-1)^{k+n-1} \prod_{j=1}^{k} (\alpha+az+j) \prod_{i=1}^{n} (\beta+bz+i)^{-1} \int_0^1 y^{\beta+bz+n} f_{k-1,n}(1,y) dy$$
$$+ \sum_{l=1}^{n} (-1)^{l+n-1} \prod_{j=1}^{n} (\alpha+az+j) \prod_{i=1}^{l} (\beta+bz+i)^{-1} \int_0^1 x^{\alpha+az+n} f_{n,l-1}(x,1) dx$$
$$+ \prod_{j=1}^{n} (\alpha+az+j) \prod_{i=1}^{n} (\beta+bz+i)^{-1} \int_0^1 \int_0^1 x^{\alpha+az+n} y^{\beta+bz+n} f_{n,n}(x,y) dx dy.$$
(5.2.167)

从 (5.2.167) 可知, $F(z)$ 在 $\operatorname{Re} z > -d_{n+1,n+1} = \min\left\{\dfrac{\alpha+n+1}{a}, \dfrac{\beta+n+1}{b}\right\}$ 内是亚纯函数. 因为当 $n \to \infty$ 时, $d_{nn} \to \infty$, 于是有下列结论.

**定理 5.2.10** 由 (5.2.134) 定义的函数能够解析延拓到全平面且在全平面为亚纯函数, 极点是 $-(\alpha+n)/a$, $-(\beta+n)/b$ $(n = 1, 2, \cdots)$. 同时在带形区域 $-\infty < d \leqslant \operatorname{Re} z \leqslant c < 0$ 内当 $|z| \to \infty$ 时, 一致地有 $F(z) = O((\operatorname{Im} z)^{-2})$ 成立.

现在来计算 $F(z)$ 的留数, 根据 (5.2.167), 对任何正整数 $n$ 和 $m$, 有

$$F(z) = \sum_{k=1}^{n} \sum_{l=1}^{m} (-1)^{k+l} f_{k-1,l-1}(1,1) \prod_{j=1}^{k} (\alpha+az+j) \prod_{i=1}^{l} (\beta+bz+i)^{-1}$$
$$+ \sum_{k=1}^{n} (-1)^{k+m-1} \prod_{j=1}^{k} (\alpha+az+j) \prod_{i=1}^{l} (\beta+bz+i)^{-1} \int_0^1 y^{\beta+bz+m} f_{k-1,m}(1,y) dy$$

$$+ \sum_{l=1}^{m}(-1)^{l+n-1}\prod_{j=1}^{n}(\alpha+az+j)\prod_{i=1}^{l}(\beta+bz+i)^{-1}\int_{0}^{1}x^{\alpha+az+n}f_{n,l-1}(x,1)dx$$

$$+(-1)^{n+m}\prod_{j=1}^{n}(\alpha+az+j)\prod_{i=1}^{m}(\beta+bz+i)^{-1}$$

$$\cdot \int_{0}^{1}\int_{0}^{1}x^{\alpha+az+n}y^{\beta+bz+m}f_{n,m}(x,y)dxdy. \tag{5.2.168}$$

注意 (5.2.168) 右边的每一个积分在 $\operatorname{Re} z > -d_{n+1,m+1}$ 内是解析的, 这里

$$d_{nm} = \min\left\{\frac{\alpha+n}{a}, \frac{\beta+m}{b}\right\},$$

且 $d_{nm}$ 是关于 $n$ 和 $m$ 单调递增序列, 同时有 $d_{nm} \to \infty \ (n, m \to \infty)$.

设 $w$ 是 $F(z)$ 的极点, $n$ 和 $m$ 是使得 $w > -d_{n+1,m+1}$ 最小的正整数. 为了更加明确, 假设 $w = -(\alpha+n)/a$, 且对所有正整数 $m$ 有 $-(\alpha+n)/a \neq -(\beta+m)/b$, 于是 $w$ 是简单极点, 根据 (5.2.168), 获得

$$\operatorname{Re} s\left[F; -\frac{\alpha+n}{a}\right]$$

$$= \frac{1}{a(n-1)!}\Bigg\{\sum_{l=1}^{m}(-1)^{l-1}f_{n-1,l-1}(1,1)\prod_{i=1}^{l}\left(\beta+i-b\frac{\alpha+n}{a}\right)^{-1}$$

$$+ (-1)^{m}\prod_{i=1}^{m}\left(\beta+i-b\frac{\alpha+n}{a}\right)^{-1}\int_{0}^{1}y^{\beta+m-b(n+\alpha)/a}f_{n-1,m}(1,y)dy$$

$$+ \sum_{l=1}^{m}(-1)^{l}\prod_{i=1}^{l}\left(\beta+i-b\frac{\alpha+n}{a}\right)^{-1}\int_{0}^{1}f_{n,l-1}(x,1)dx$$

$$+ (-1)^{m-1}\prod_{i=1}^{m}\left(\beta+i-b\frac{\alpha+n}{a}\right)^{-1}$$

$$\cdot \int_{0}^{1}\int_{0}^{1}y^{\beta+m-b(n+\alpha)/a}f_{n,m}(x,y)dxdy\Bigg\}. \tag{5.2.169}$$

对上式第二个和, 关于 $x$ 积分重复上述过程, 最后得到

$$\operatorname{Re} s\left[F; -\frac{\alpha+n}{a}\right]$$

$$= \frac{1}{a(n-1)!}\Bigg\{\sum_{l=1}^{m}(-1)^{l+1}\prod_{i=1}^{l}\left(\beta+i-b\frac{\alpha+n}{a}\right)^{-1}f_{n-1,l-1}(0,1)$$

$$+ (-1)^{m}\prod_{i=1}^{m}\left(\beta+i-b\frac{\alpha+n}{a}\right)^{-1}\int_{0}^{1}y^{\beta+m-b(n+\alpha)/a}f_{n-1,m}(0,y)dy\Bigg\}. \tag{5.2.170}$$

## 5.2 基本方法

相似地, 若 $w = -(\beta+m)/b$ 是简单极点, $n$ 和 $m$ 的选择与前面一样, 那么有

$$\operatorname{Res}\left[F; -\frac{\beta+m}{b}\right]$$
$$= \frac{1}{a(m-1)!}\left\{\sum_{k=1}^{n}(-1)^{k+1}\prod_{j=1}^{k}\left(\alpha+j-a\frac{\beta+m}{b}\right)^{-1}f_{k-1,m-1}(1,0)\right.$$
$$\left. + (-1)^{n}\prod_{j=1}^{n}\left(\alpha+j-a\frac{\beta+m}{b}\right)^{-1}\int_{0}^{1}x^{\alpha+n-a(m+\beta)/b}f_{n,m-1}(x,0)dx\right\}. \quad (5.2.171)$$

最后假设对某些整数 $n$ 和 $m$, 有 $(\alpha+n)/a = (\beta+m)/b$, 那么 $F(z)$ 在 $-(\alpha+n)/a$ 有二重极点, 根据 (5.2.168) 有

$$\frac{1}{ab(n-1)!(m-1)!}\left\{f_{n-1,m-1}(1,1) - \int_{0}^{1}f_{n-1,m}(1,y)dy - \int_{0}^{1}f_{n,m-1}(x,1)dx\right.$$
$$\left. + \int_{0}^{1}\int_{0}^{1}f_{n,m}(x,y)dxdy\right\}\left(z+\frac{\alpha+n}{a}\right)^{-2} + \frac{1}{ab(n-1)!(m-1)!}\left\{\left[f_{n-1,m-1}(1,1)\right.\right.$$
$$- \int_{0}^{1}f_{n-1,m}(1,y)dy - \int_{0}^{1}f_{n,m-1}(x,1)dx$$
$$+ \int_{0}^{1}\int_{0}^{1}f_{n,m}(x,y)dxdy\Bigg](aH_{n-1}+bH_{m-1})$$
$$- b\int_{0}^{1}f_{n-1,m}(1,y)\log y\,dy - a\int_{0}^{1}f_{n,m-1}(x,1)\log x\,dx$$
$$+ \int_{0}^{1}\int_{0}^{1}(a\log x + b\log y)f_{n,m}(x,y)dxdy$$
$$- a\sum_{k=1}^{n-1}(n-k-1)!f_{k-1,m-1}(1,1) - b\sum_{l=1}^{m-1}(m-l-1)!f_{n-1,l-1}(1,1)$$
$$+ a\sum_{k=1}^{n-1}(n-k-1)!\int_{0}^{1}f_{k-1,m}(1,y)dy$$
$$+ b\sum_{l=1}^{m-1}(m-l-1)!\int_{0}^{1}f_{n,l-1}(x,1)dx\Bigg\}\left(z+\frac{\alpha+n}{a}\right)^{-1},$$

这里 $H_n = \sum_{k=1}^{n}\frac{1}{k}$. 为了方便, 把上述表达式重新记为

$$\operatorname{Prin}\left[F; -\frac{\alpha+n}{a}\right]$$
$$= \frac{1}{ab(n-1)!(m-1)!}f_{n-1,m-1}(0,0)\left(z+\frac{\alpha+n}{a}\right)^{-2} + \frac{1}{ab(n-1)!(m-1)!}$$

$$\left\{ f_{n-1,m-1}(0,0)(aH_{n-1}+bH_{m-1}) - b\int_0^1 f_{n-1,m}(0,y)\log y dy \right.$$
$$- a\int_0^1 f_{n,m-1}(x,0)\log x dx - a\sum_{k=1}^{n-1}(n-k-1)!f_{k-1,m-1}(1,0)$$
$$\left. - b\sum_{l=1}^{m-1}(m-l-1)!f_{n-1,l-1}(0,1) \right\} \left(z+\frac{\alpha+n}{a}\right)^{-1}. \tag{5.2.172}$$

现在回到围道积分 (5.2.165) 上, 对任意正数 $d > -c$, 我们能够选择任意小的正数 $\varepsilon$ 使得 $F(z)$ 在带形区域 $-d < \operatorname{Re} z \leqslant -d+\varepsilon$ 内无极点. 因为 $M[g;-z]$ 在 $\operatorname{Re} z \leqslant c < 0$ 内解析且有界, 由定理 5.2.9 知, 我们可以向左滑动 (5.2.165) 的积分围道, 获得

$$J(s) = \sum_{-d+\varepsilon < \operatorname{Re} z < c} \operatorname{Res}\{s^{-z}F(z)M[g;-z]\} + \frac{1}{2\pi\mathrm{i}}\int_{-d+\varepsilon-\infty\mathrm{i}}^{-d+\varepsilon+\infty\mathrm{i}} s^{-z}F(z)M[g;-z]dz. \tag{5.2.173}$$

然而 $\dfrac{1}{2\pi\mathrm{i}}\displaystyle\int_{-d+\varepsilon-\infty\mathrm{i}}^{-d+\varepsilon+\infty\mathrm{i}} s^{-z}F(z)M[g;-z]dz = O(s^{d-\varepsilon})$, 于是

$$J(s) = \sum_{-d+\varepsilon < \operatorname{Re} z < c} \operatorname{Res}\{s^{-z}F(z)M[g;-z]\} + O(s^{d-\varepsilon}), \quad s \to 0^+. \tag{5.2.174}$$

$F(z)$ 的每一个简单极点 $-(\alpha+n)/a$ 和 $-(\beta+m)/b$ 分别对 $J(s)$ 的渐近展开式的贡献为

$$s^{(\alpha+n)/a}M\left[g;\frac{\alpha+n}{a}\right]\operatorname{Res}\left[F;-\frac{\alpha+n}{a}\right] \text{和} s^{(\beta+m)/b}M\left[g;\frac{\beta+m}{b}\right]\operatorname{Res}\left[F;-\frac{\beta+m}{b}\right]. \tag{5.2.175}$$

若 $w = -(\alpha+n)/a = -(\beta+m)/b$ 是 $F(z)$ 的二重极点, 那么留数为

$$s^{-z}F(z)M[g;-z] = \exp(-z\log s)F(z)M[g;-z],$$

对 $J(s)$ 的渐近展开式的贡献为

$$a_n(f)s^{(\alpha+n)/a}\log s + b_n(f)s^{(\alpha+n)/a}, \tag{5.2.176}$$

这里

$$a_n(f) = -\frac{f_{n-1,m-1}(0,0)}{ab(n-1)!(m-1)!}M\left[g;\frac{\alpha+n}{a}\right] \tag{5.2.177}$$

和

$$b_n(f) = -\frac{f_{n-1,m-1}(0,0)}{ab(n-1)!(m-1)!}M\left[g;\frac{\alpha+n}{a}\right] + \frac{1}{ab(n-1)!(m-1)!}$$
$$\times \left\{ f_{n-1,m-1}(0,0)(aH_{n-1}+bH_{m-1}) - b\int_0^1 f_{n-1,m}(0,y)\log y dy \right.$$

$$- a \int_0^1 f_{n,m-1}(x,0) \log x\, dx - a \sum_{k=1}^{n-1}(n-k-1)! f_{k-1,m-1}(1,0)$$
$$- b \sum_{l=1}^{m-1}(m-l-1)! f_{n-1,l-1}(0,1)\bigg\} M\left[g; \frac{\alpha+n}{a}\right]. \tag{5.2.178}$$

把 (5.2.175) 和 (5.2.176) 代入 (5.2.174) 得到 $J(s)$ 的渐近展开式.

利用上述展开式, 两边对 $\alpha$ 或 $\beta$ 求导可得到奇异积分 (5.2.160) 的渐近展开式. 同时该方法可推广到高维积分上.

### 5.2.6 求积法

考虑 Fourier 变换

$$F(x) = \int_0^\infty t^\mu f(t) e^{xti} dt, \quad \mu > -1 \tag{5.2.179}$$

和 Bessel 变换

$$H_i(x) = \int_0^\infty t^\mu f(t) H_\nu^{(i)}(xt) dt, \quad \mu \pm \nu > -1, i = 1,2, \tag{5.2.180}$$

这里 $x$ 是实参数. Davis[37] 和 Rabinowitz[204] 利用 Gauss-Laguerre 求积公式给出了

$$\int_0^\infty t^\mu f(t) e^{-t} dt = \sum_{k=2}^n w_k f(t_k) + E_n(f), \tag{5.2.181}$$

且

$$E_n(f) = \frac{n!\Gamma(\mu+n+1)}{(2n)!} f^{(2n)}(\xi), \quad 0 < \xi < \infty, \tag{5.2.182}$$

这里 $t_k$ 是 Laguerre 多项式

$$L_n^{(\mu)} = e^t t^{-\mu} \frac{d^n}{dt^n}(e^{-t} t^{-\mu+n})$$

的零点和权

$$w_k = \frac{n!\Gamma(\mu+n+1) t_k}{[L_{n+1}^{(\mu)}(t_k)]^2}.$$

若 $z$ 是正实数, 那么 (5.2.181) 可表示为

$$\int_0^\infty t^\mu f(t) e^{-zt} dt = z^{-\mu-1} \sum_{k=2}^n w_k f\left(\frac{t_k}{z}\right) + E_n(f), \tag{5.2.183}$$

这里

$$E_n(f;z) = \frac{n!\Gamma(\mu+n+1)}{(2n)! z^{2n+\mu+1}} f^{(2n)}\left(\frac{\xi}{z}\right), \quad 0 < \xi < \infty. \tag{5.2.184}$$

事实上, 当 $z$ 是纯虚数, 且假设 $f(t)$ 在半平面 $\operatorname{Re} t > 0$ 解析时, 上述结果同样成立.

**引理 5.2.1**  若作为不适定 Riemann 积分 $\int_0^\infty f(t)dt$ 存在, 那么

$$\lim_{\varepsilon \to 0+} \int_0^\infty f(t) e^{-\varepsilon t} dt = \int_0^\infty f(t) dt.$$

**证明**  置 $F(t) = \int_t^\infty f(\tau) d\tau$. 对 $\eta > 0$, 选择 $t_0 > 0$ 使得当 $t > t_0$ 时有 $|F(t)| < \eta/5$. 经过分部积分,

$$\left| \int_{t_0}^t f(\tau) e^{-\varepsilon \tau} d\tau \right| = |F(t_0) e^{-\varepsilon t_0} - F(t) e^{-\varepsilon t} - \varepsilon \int_{t_0}^t F(\tau) e^{-\varepsilon \tau} d\tau| < \frac{\eta}{5} + \frac{\eta}{5} + \frac{\eta}{5}.$$

令 $t \to \infty$, 有 $\left| \int_{t_0}^\infty f(\tau) e^{-\varepsilon \tau} d\tau \right| \leqslant 3\eta/5$. 现在选择充分小的 $\varepsilon > 0$ 以便

$$\left| \int_0^{t_0} f(\tau) e^{-\varepsilon \tau} d\tau - \int_0^{t_0} f(\tau) d\tau \right| < \eta/5.$$

因为 $|F(t_0)| < \eta/5$, 所以

$$\left| \int_0^\infty f(t) e^{-\varepsilon t} dt - \int_0^\infty f(t) dt \right| \leqslant \eta.$$

因为 $\eta > 0$ 的任意实数, 故该引理得证.□

**定理 5.2.11**  假设 $f(t)$ 在半平面 $\operatorname{Re} t > 0$ 解析且 $f^{(2n)}(t)$ 在半平面 $\operatorname{Re} t > 0$ 连续, 又若由 (5.2.179) 定义的 Fourier 变换收敛, 那么我们有

$$F(x) = \frac{e^{(\mu+1)\pi i/2}}{x^{\mu+1}} \sum_{k=1}^n w_k f\left(\frac{it_k}{x}\right) + \varepsilon_n(f;x), \qquad (5.2.185)$$

且

$$\varepsilon_n(f;x) = \frac{n!\Gamma(\mu+n+1)}{(2n)! x^{2n+\mu+1}} e^{(2n+\mu+1)\pi i/2} f^{(2n)}\left(\frac{i\xi}{x}\right), \quad 0 < \xi < \infty. \qquad (5.2.186)$$

**证明**  (5.2.183) 左边的积分可看成 $t^\mu f(t)$ 的 Laplace 变换, 于是根据 Laplace 变换理论, 对 $\operatorname{Re} z > 0$, 该积分收敛且定义了一个解析函数. 因为 $f(t)$ 在半平面 $\operatorname{Re} t > 0$ 解析, 所以 (5.2.183) 右边对 $\operatorname{Re} z > 0$ 解析. 通过解析延拓, 对所有 $\operatorname{Re} z > 0$ 的 $z$ 有 (5.2.183) 成立. 在 (5.2.183) 中置 $z = \varepsilon - ix$ 且设 $\varepsilon \to 0$, 于是 (5.2.183) 的右边趋于 (5.2.185) 的右边. 根据引理 5.2.1, (5.2.183) 的 Laplace 变换趋于 (5.2.185) 的 Fourier 变换[77]. 定理得证.□

## 5.2 基本方法

对 (5.2.183) 的误差项还可以表示成

$$E_n(f) = n!\Gamma(\mu+n+1)f[t_1,t_1,t_2,t_2,\cdots,t_n,t_n,\xi_1], \quad 0<\xi_1<\infty, \tag{5.2.187}$$

这里 $f[t_1,t_1,t_2,t_2,\cdots,t_n,t_n,\xi_1]$ 是 $f(t)$ 的 $2n$ 次差分, 且差分递推关系

$$f[x_0] = f(x_0), f[x_0,x_1] = \frac{f[x_1]-f[x_0]}{x_1-x_0}, \cdots,$$

$$f[x_0,\cdots,x_k] = \frac{f[x_1,\cdots,x_k]-f[x_0,\cdots,x_{k-1}]}{x_k-x_0}. \tag{5.2.188}$$

若 $x_1 = x+\varepsilon$, 那么

$$f[x_1,x] = f[x+\varepsilon,x] = \frac{f(x+\varepsilon)-f(x)}{\varepsilon}.$$

于是, 若 $f'(x)$ 存在, 当 $\varepsilon \to 0$ 时, 我们有 $f[x,x] = f'(x)$. 相似地, 有

$$\frac{d}{dx}f[x_0,\cdots,x_k,x] = f[x_0,\cdots,x_k,x,x]. \tag{5.2.189}$$

若 $x_0,\cdots,x_k$ 是常数, (5.2.186) 能够表示成

$$\varepsilon_n(f;x) = \frac{n!\Gamma(\mu+n+1)}{x^{2n+\mu+1}}e^{(2n+\mu+1)\pi i/2}f\left[\frac{t_1}{x}\mathrm{i},\frac{t_1}{x}\mathrm{i},\cdots,\frac{t_n}{x}\mathrm{i},\frac{t_n}{x}\mathrm{i},\frac{\xi_1}{x}\mathrm{i}\right], \tag{5.2.190}$$

这里 $0<\xi_1<\infty$.

若 $f^{(2n)}(t)$ 在虚轴上一致有界且为 $M_{2n}$, 那么 (5.2.186) 可表示为

$$|\varepsilon_n(f;x)| \leqslant \frac{n!\Gamma(\mu+n+1)}{(2n)!x^{2n+\mu+1}}M_{2n}. \tag{5.2.191}$$

相似地, 若 (5.2.190) 的差分有界, 相似估计成立.

**例 5.2.13** 考虑积分

$$S(x) = \int_0^\infty t^{1/2}\frac{\sin xt}{1+t}dt, \tag{5.2.192}$$

这里 $\mu = 1/2$, $f(t) = 1/(1+t)$. 根据 (5.2.186) 有

$$S(x) = \frac{1}{\sqrt{2x}}\sum_{k=1}^n w_k \frac{x+t_k}{x^2+t_k^2} + \varepsilon_n(x),$$

其中

$$|\varepsilon_n(x)| \leqslant \frac{n!\Gamma(n+1+1/2)}{x^{3/2}(x^2+t_1^2)\cdots(x^2+t_n^2)}.$$

接下来考虑 Bessel 变换 (5.2.180). 设 $K_v(t)$ 是第三类修正的 Bessel 函数, 且置

$$w(t) = t^\mu K_v(t), \quad \mu \pm v > -1. \tag{5.2.193}$$

定义矩量

$$\rho_n = \int_0^\infty t^{n+\mu} K_v(t) dt, \quad n = 0, 1, 2, \cdots, \tag{5.2.194}$$

根据 (文献 [187], p254) 有

$$\rho_n = 2^{n+\mu-1} \Gamma(n/2 + \mu/2 + v/2 + 1/2) \Gamma(n/2 + \mu/2 - v/2 + 1/2). \tag{5.2.195}$$

置 $D_{-1} = 1$, $D_0 = \rho_0$ 和

$$D_n = \begin{vmatrix} \rho_0 & \rho_1 & \cdots & \rho_n \\ \rho_1 & \rho_2 & \cdots & \rho_{n+1} \\ \vdots & \vdots & & \vdots \\ \rho_{n-1} & \rho_n & \cdots & \rho_{2n-1} \\ \rho_n & \rho_{n+1} & \cdots & \rho_{2n} \end{vmatrix}, \quad n \geqslant 1. \tag{5.2.196}$$

定义多项式

$$p_n(t) = (D_{n-1} D_n)^{-1/2} \begin{vmatrix} \rho_0 & \rho_1 & \cdots & \rho_n \\ \rho_1 & \rho_2 & \cdots & \rho_{n+1} \\ \vdots & \vdots & & \vdots \\ \rho_{n-1} & \rho_n & \cdots & \rho_{2n-1} \\ 1 & t & \cdots & t^n \end{vmatrix}, \quad n \geqslant 1, \tag{5.2.197}$$

且 $p_0(t) = D_0^{-1/2} = \rho_0^{-1/2}$. 该多项式序列是关于权 $w(t)$, $t \in (0, \infty)$ 正交[234], 且零点是正数, 同时 $p_n(t)$ 的两个零点之间必有 $p_{n+1}(t)$ 的零点. 对固定的 $n$, 设 $t_1, t_2, \cdots, t_n$ 是 $p_n(t)$ 的零点, $A_n$ 是 $p_n(t)$ 中 $t^n$ 该项的系数. 求积公式[261]

$$\int_0^\infty t^\mu f(t) K_v(zt) dt = z^{-\mu-1} w_k f\left(\frac{t_k}{z}\right) + E_n(f; z), \tag{5.2.198}$$

这里 $z$ 是正数,

$$w_k = \frac{A_n}{A_{n-1} p_n'(t_k) p_{n-1}(t_k)} \tag{5.2.199}$$

和

$$E_n(f; z) = \frac{f^{(2n)}(\frac{\xi}{z})}{A_n^2 (2n)! z^{2n+\mu+1}}, \quad 0 < \xi < \infty. \tag{5.2.200}$$

若 $f(t)$ 是在 $\operatorname{Re} t > 0$ 上解析, 那么根据解析延拓, (5.2.200) 对 $\operatorname{Re} z > 0$ 的复数 $z$ 也成立.

**定理 5.2.12** 假设 $f(t)$ 在半平面 $\operatorname{Re} t > 0$ 上解析, 且 $f^{(2n)}(t)$ 在半平面 $\operatorname{Re} t > 0$ 上连续; 若 Bessel 变换 (5.2.180) 作为不适定的 Riemann 积分收敛, 那么我们有

$$H_1(x) = \frac{2}{\pi} \frac{e^{(\mu-v)\pi i/2}}{x^{\mu+1}} \sum_{k=1}^n w_k f\left(\frac{t_k i}{x}\right) + \delta_n^{(1)}(f;x), \quad (5.2.201)$$

其中

$$\delta_n^{(1)}(f;x) = \frac{2}{\pi} \frac{e^{(\mu-v+2n)\pi i/2}}{x^{\mu+1+2n}} \frac{f^{(2n)}\left(\frac{\xi_1 i}{x}\right)}{A_n^2 (2n)!}, \quad 0 < \xi_1 < \infty. \quad (5.2.202)$$

$H_2(x)$ 的渐近展开式只需在 (5.2.201) 和 (5.2.202) 中用 $-i$ 代替 $i$ 即可.

**证明** 在 (5.2.198) 中, 首先置 $z = \varepsilon - xi$ 然后令 $\varepsilon \to 0$. 除了相差因子 $(2/(\pi i))e^{-\pi v i/2}$ 外, (5.2.198) 的右边趋向于 (5.2.201) 的右边. 根据

$$H_v^{(1)}(t) = \frac{2}{\pi i} e^{-\pi v i/2} K_v(-ti), \quad 0 < t < \infty, \quad (5.2.203)$$

若当 $\varepsilon \to 0$ 时, 极限能够在积分号内取得, (5.2.198) 的左边趋向于 (5.2.201) 的左边. 事实上, 根据渐近展开式 (文献 [187], p250)

$$K_v(z) \sim \left(\frac{\pi}{2z}\right)^{1/2} e^{-z} \sum_{s=0}^\infty \frac{A_s(v)}{z^s}, \quad z \to \infty, \quad |\arg z| \leqslant \frac{3\pi}{2} - \delta \quad (5.2.204)$$

和引理 5.2.1, 极限与积分能够交换顺序. $H_2(x)$ 的求积公式同样可以获得, 用

$$H_v^{(2)}(t) = -\frac{2}{\pi i} e^{\pi v i/2} K_v(ti), \quad 0 < t < \infty \quad (5.2.205)$$

代替 (5.2.203), 在 (5.2.198) 中, 置 $z = \varepsilon + xi$ 即可. □

根据熟知的第一类 Bessel 函数

$$J_v(t) = \{H_v^{(1)}(t) + H_v^{(2)}(t)\}/2, \quad (5.2.206)$$

利用 $H_v^{(1)}(t)$ 和 $H_v^{(2)}(t)$ 的求积公式, 我们能够得到 Hankel 变换 $\int_0^\infty t^\mu f(t) J_v(xt) dt$, $\mu + v > -1$ 的数值积分公式. (5.2.202) 同样可以用差分表示

$$\delta_n^{(1)}(f;x) = \frac{2}{\pi} \frac{e^{(\mu-v+2n)\pi i/2}}{A_n^2 x^{\mu+1+2n}} f\left[\frac{t_1}{x}i, \frac{t_1}{x}i, \cdots, \frac{t_n}{x}i, \frac{t_n}{x}i, \frac{\xi_1}{x}\right], \quad \xi \in (0,\infty). \quad (5.2.207)$$

**例 5.2.14** 考虑积分

$$I(x) = \int_0^\infty \frac{J_0(xt)}{\sqrt{t}(1+t)} dt, \quad (5.2.208)$$

且 $\mu = -1/2, v = 0, f(t) = 1/(1+t)$. 根据 (5.2.206) 和定理 5.2.12 有

$$I(x) = \frac{\sqrt{2x}}{\pi} \sum_{k=1}^{n} w_k \frac{x - t_k}{x^2 + t_k^2} + \delta_n(x) \tag{5.2.209}$$

且

$$|\delta_n(x)| \leqslant \frac{2}{\pi} \frac{1}{A_n^2 x^{2n+1/2}}.$$

## 5.3 几类典型奇异积分的渐近展开式

本节给出对数奇异积分、Fourier 奇异积分、Stieltjes 变换与 Hilbert 变换、Cauchy 奇异积分、Hadamard 奇异积分的渐近展开式.

### 5.3.1 对数奇异积分的渐近展开式

回顾大家熟悉的积分公式

$$\int_0^{\infty e^{\gamma i}} t^{\lambda-1} e^{-zt} dt = \Gamma(\lambda) z^{-\lambda}, \tag{5.3.1}$$

其中 $\operatorname{Re} \lambda > 0$ 和 $|\arg(z e^{\gamma i})| < \pi/2$. 对此恒等式关于 $\lambda$ 进行 $m$ 次微分得到

$$\int_0^{\infty e^{\gamma i}} t^{\lambda-1} (\log t)^m e^{-zt} dt = \frac{d^m}{d\lambda^m} [\Gamma(\lambda) z^{-\lambda}], \tag{5.3.2}$$

或者

$$\int_0^{\infty e^{\gamma i}} t^{\lambda-1} (-\log t)^m e^{-zt} dt = z^{-\lambda} (\log z)^m \sum_{i=0}^{m} (-1)^i C_m^i \Gamma^{(i)}(\lambda) (\log z)^{-i}. \tag{5.3.3}$$

定义

$$L(\lambda, \mu, z) = \int_0^c t^{\lambda-1} (-\log t)^\mu e^{-zt} dt, \tag{5.3.4}$$

这里 $c = |c| e^{\gamma i}$, $0 < |c| < 1$, 积分路径是直线段 $t$ 从 $t = 0$ 到 $t = c$.

**定理 5.3.1** 若对任意复数 $\lambda$ 和 $\mu$ 且 $\operatorname{Re} \lambda > 0$, 那么, 当 $|\arg(z e^{\gamma i})| < \pi/2 - \Delta$, $z \to \infty$ 时, 在 $\operatorname{Re} z$ 内, 积分 (5.3.4) 有下列渐近展开式:

$$L(\lambda, \mu, z) \sim z^{-\lambda} (\log z)^\mu \sum_{i=0}^{\infty} (-1)^i C_\mu^i \Gamma^{(i)}(\lambda) (\log z)^{-i}. \tag{5.3.5}$$

**证明** 作变量替换, 令 $u = zt$, 有

$$L(\lambda, \mu, z) = z^{-\lambda} \int_0^{cz} u^{\lambda-1} (\log z - \log u)^\mu e^{-u} du$$

$$= z^{-\lambda}(\log z)^{\mu}\int_0^{cz} u^{\lambda-1}\left(1-\frac{\log u}{\log z}\right)^{\mu} e^{-u}du. \tag{5.3.6}$$

设 $N$ 是任意大的整数且 $N+1>\mu$. 利用二项式展开, 对积分路径的所有点有

$$\left(1-\frac{\log u}{\log z}\right)^{\mu} = \sum_{n=0}^{N}(-1)^n C_{\mu}^n \frac{(\log u)^n}{(\log z)^n} + R_N \tag{5.3.7}$$

且对某个固定的 $K_N > 0$,

$$|R_N| \leqslant K_N \left|\frac{(\log u)^{N+1}}{(\log z)^{N+1}}\right| \tag{5.3.8}$$

把 (5.3.7) 代入 (5.3.8), 获得

$$L(\lambda,\mu,z) = z^{-\lambda}(\log z)^{\mu}\left[\sum_{n=0}^{N} C_{\mu}^n(-\log z)^{-n}\int_0^{cz} u^{\lambda-1}(\log u)^n e^{-u}du + r_N\right],$$

这里

$$r_N = \int_0^{cz} u^{\lambda-1}e^{-u}R_N du. \tag{5.3.9}$$

根据 (5.3.2), 对任意点 $t = c = |c|e^{\gamma i}$, 其中 $\varepsilon = \sin\Delta/2$ 和在区域 $|\arg(ze^{\gamma i})| < \pi/2 - \Delta < \pi/2$, $z\to\infty$ 时, 我们有

$$\int_c^{\infty e^{\gamma i}} t^{\lambda-1}(-\log t)^{\mu} e^{-zt}dt = O(\exp(-\varepsilon|c||z|)). \tag{5.3.10}$$

设 $\tau = \arg(ze^{\gamma i})$, 取 $z=1$, $\mu = n$, 在 (5.3.10) 中用 $cz$ 和 $\tau$ 代替 $c$ 和 $\gamma$, 得到

$$\int_{cz}^{\infty e^{\gamma i}} u^{\lambda-1}(\log u)^n e^{-u}du = O(\exp(-\varepsilon|c||z|)).$$

于是, 在区域 $|\arg(ze^{\gamma i})| < \pi/2 - \Delta$, 当 $z\to\infty$ 时, 有

$$L(\lambda,\mu,z) = z^{-\lambda}(\log z)^{\mu}\left[\sum_{n=0}^{N} C_{\mu}^n(-1)^n \Gamma^{(n)}(\lambda)(\log z)^{-n} + O(\exp(-\varepsilon|c||z|)) + r_N\right],$$

进一步

$$|r_N| \leqslant K_N|\log z|^{-(N+1)}\int_0^{cz}|u^{\lambda-1}(\log u)^{N+1}e^{-u}du|$$

$$\leqslant K_N|\log z|^{-(N+1)}\int_0^{\infty e^{\gamma i}}|u^{\lambda-1}(\log u)^{N+1}e^{-u}du|. \tag{5.3.11}$$

显然在 (5.3.11) 中的积分存在且在 $\arg z$ 内有界, 因此在区域 $|\arg(ze^{\gamma i})| < \pi/2 - \Delta$, 当 $z \to \infty$ 时, 有

$$L(\lambda,\mu,z) = z^{-\lambda}(\log z)^{\mu} \left[ \sum_{n=0}^{N} C_{\mu}^{n}(-1)^{n}\Gamma^{(n)}(\lambda)(\log z)^{-n} + O((\log z)^{-N-1}) \right], \tag{5.3.12}$$

这就证明了 (5.3.5).□

用相似的方法, 我们能够得到积分

$$F(z) = \int_{0}^{c} t^{\lambda-1}\log(-\log t)e^{-zt}dt, \quad \operatorname{Re}\lambda > 0, 0 < c < 1 \tag{5.3.13}$$

的渐近展开式

$$z^{\lambda}F(z) - \Gamma(\lambda)\log\log z \sim \sum_{n=1}^{\infty} \frac{1}{n}\Gamma^{(n)}(\lambda)(\log z)^{-n}, \quad z \to \infty \tag{5.3.14}$$

和积分

$$G(z) = \int_{0}^{c} \log(-\log t)(-\log t)^{-1/2}e^{-zt}dt, \quad 0 < c < 1, \tag{5.3.15}$$

的渐近展开式

$$G(z) \sim \frac{\log\log z}{z\sqrt{\log z}} \sum_{n=0}^{\infty} (-1)^{n}C_{-1/2}^{n}\Gamma^{(n)}(1)(\log z)^{-n}$$

$$+ \frac{1}{z\sqrt{\log z}} \sum_{n=0}^{\infty} c_{n}\Gamma^{(n)}(1)(\log z)^{-n}, \quad z \to \infty, \tag{5.3.16}$$

这里 [1]

$$c_{n} = -\sum_{i=0}^{n-1} C_{-1/2}^{i} \frac{(-1)^{i}}{n-i}. \tag{5.3.17}$$

对数奇异积分不仅出现在 Laplace 型积分中, 而且还经常出现在 Fourier 型积分中, 譬如在 Fourier 级数中经常有这样的积分

$$\int_{0}^{\pi} \left(\log\frac{2\pi}{t}\right)^{\beta} \frac{\sin nt}{t}dt \quad \text{和} \quad \int_{0}^{\pi} \left(\log\frac{2\pi}{t}\right)^{\beta} \cos nt\, dt.$$

根据 [261]

$$\int_{0}^{\pi} \left(\log\frac{2\pi}{t}\right)^{\beta} \frac{\sin nt}{t}dt \sim \frac{\pi}{2}(\log n)^{\beta}, \quad \text{对所有}\beta \tag{5.3.18}$$

和

$$\int_{0}^{\pi} \left(\log\frac{2\pi}{t}\right)^{\beta} \cos nt\, dt \sim \frac{\pi}{2}\frac{\beta(\log n)^{\beta-1}}{n}, \quad \text{对所有}\beta \neq 0. \tag{5.3.19}$$

## 5.3 几类典型奇异积分的渐近展开式

这些积分都是有限区间上 Fourier 积分

$$I(\lambda,\mu,x) = \int_0^a t^{\lambda-1}(-\log t)^\mu e^{xti}dt \qquad (5.3.20)$$

的特殊情形, 这里 $\operatorname{Re}\lambda > 0$, $\mu$ 是复数, $0 < a < 1$, $x$ 是正数. 为了得到 (5.3.20) 的渐近展开式, 首先考虑修改的积分

$$J(\lambda,\mu,x) = \int_0^c t^{\lambda-1}(-\log t)^\mu e^{xti}dt, \qquad (5.3.21)$$

其中 $|c| < 1$, $\arg c = \gamma \in (0, \pi/2)$. 因为 $J(\lambda,\mu,x) = L(\lambda,\mu,-x\mathrm{i})$, 这里 $L(\lambda,\mu,x)$ 由 (5.3.4) 定义. 根据定理 5.3.1 获得

$$J(\lambda,\mu,x) \sim \frac{e^{\lambda\pi\mathrm{i}/2}}{x^\lambda} \sum_{j=0}^\infty (-1)^j C_\mu^j \Gamma^{(j)}(\lambda) \left(\log x - \frac{\pi\mathrm{i}}{2}\right)^{\mu-j}, \quad x \in (0,+\infty). \qquad (5.3.22)$$

把 $\left(\log x - \dfrac{\pi\mathrm{i}}{2}\right)^{\mu-j}$ 展开成 $\log x$ 的幂的形式, 获得

$$J(\lambda,\mu,x) \sim \frac{e^{\lambda\pi\mathrm{i}/2}}{x^\lambda} \sum_{j=0}^\infty c_j(\lambda,\mu)(\log x)^{\mu-j}, \quad x \in (0,+\infty), \qquad (5.3.23)$$

这里的系数

$$c_j(\lambda,\mu) = (-1)^j C_\mu^j \sum_{k=0}^j C_j^k \Gamma^{(k)}(\lambda) \left(\frac{\pi\mathrm{i}}{2}\right)^{j-k}. \qquad (5.3.24)$$

**定理 5.3.2** 设 $g_s(\lambda,\mu)$ 是函数 $t^{\lambda-1}(-\log t)^\mu$ 的 $s$ 阶导数在 $t = a$ 处的值, $c_j(\lambda,\mu)$ 是由 (5.3.24) 给出, 那么积分 (5.3.20) 有下列渐近展开式:

$$\begin{aligned}I(\lambda,\mu,x) \sim &\frac{e^{\lambda\pi\mathrm{i}/2}}{x^\lambda} \sum_{j=0}^\infty c_j(\lambda,\mu)(\log x)^{\mu-j} \\ &+ e^{ax\mathrm{i}} \sum_{s=0}^\infty (-1)^s g_s(\lambda,\mu)(x\mathrm{i})^{-s-1}, \quad x \in (0,+\infty).\end{aligned} \qquad (5.3.25)$$

**证明** 运用 Cauchy 定理, 我们获得

$$I(\lambda,\mu,x) = \left(\int_0^c - \int_a^c\right) t^{\lambda-1}(-\log t)^\mu e^{xti}dt,$$

这里积分路径如图 5.3.1 所示.

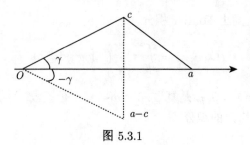

图 5.3.1

第二个积分用 $a-t$ 代替 $t$, 利用 (5.3.21) 获得

$$I(\lambda,\mu,x) = J(\lambda,\mu,x) + e^{ax\mathrm{i}}\int_0^{a-c} G_{\lambda\mu}(t)e^{-tx\mathrm{i}}dt, \tag{5.3.26}$$

这里 $G_{\lambda\mu}(t) = (a-t)^{\lambda-1}[-\log(a-t)]^\mu$. 利用 Maclaurin 级数展开 $G_{\lambda\mu}(t)$ 得到

$$G_{\lambda\mu}(t) = \sum_{s=0}^\infty \frac{(-1)^s}{s!}g_s(\lambda,\mu)t^s,$$

在区域 $-\pi+\gamma+\Delta \leqslant \arg x \leqslant \gamma-\Delta,\ 0<\Delta<\gamma$ 内, 当 $x\to\infty$ 时, 根据 Watson 引理, 得到

$$\int_0^{a-c} G_{\lambda\mu}(t)e^{-tx\mathrm{i}}dt \sim \sum_{s=0}^\infty (-1)^s g_s(\lambda,\mu)(x\mathrm{i})^{-s-1}, \quad x\in(0,+\infty). \tag{5.3.27}$$

**例 5.3.1** 考虑积分

$$S(n) = \int_0^\pi \left(\log\frac{2\pi}{t}\right)^\beta \frac{\sin nt}{t}dt, \tag{5.3.28}$$

置 $t = 2\pi\tau$, 有

$$S(n) = \int_0^{1/2} (-\log\tau)^\beta \frac{\sin 2\pi n\tau}{\tau}d\tau,$$

通过分部积分法得到

$$\frac{\beta+1}{2\pi n}S(n) = \int_0^{1/2} (-\log\tau)^{\beta+1}\cos 2\pi n\tau d\tau,$$

这是积分 $\int_0^{1/2}(-\log\tau)^{\beta+1}e^{2\pi n\tau\mathrm{i}}d\tau$ 的实数部分. 运用定理 5.3.2, $a=1/2$, $\lambda=1$, $\mu=\beta+1$, $x=2\pi n$, 这个积分的展开式的前几项为

$$\frac{\mathrm{i}}{2\pi n}\left[(\log 2\pi n)^{\beta+1} - (\beta+1)\left(\frac{\pi\mathrm{i}}{2}-\gamma\right)(\log 2\pi n)^\beta + O((\log 2\pi n)^{\beta-1})\right]$$

$$+ e^{\pi n \mathrm{i}} \left[ -(\log 2)^{\beta+1} \frac{\mathrm{i}}{2\pi n} + O(n^{-2}) \right].$$

仅取实数部分获得

$$\int_0^{1/2} (-\log \tau)^{\beta+1} \cos 2\pi n\tau d\tau = \frac{\beta+1}{4n} (\log 2\pi n)^\beta + O((\log 2\pi n)^{\beta-1}),$$

这就蕴涵着 (5.3.18) 的结果, 同样可得到 (5.3.19) 的结论.

### 5.3.2 Fourier 积分的渐近展开式

Fourier 积分

$$F(x) = \int_0^\infty f(t) e^{xt\mathrm{i}} dt \tag{5.3.29}$$

且假设 $f(t)$ 有下列渐近展开式:

$$f(t) \sim \sum_{s=0}^\infty a_s t^{\lambda_s - 1}, \quad t \to 0^+, \tag{5.3.30}$$

这里 $\mathrm{Re}\,\lambda_0 > 0$ 和 $\mathrm{Re}\,\lambda_{s+1} > \mathrm{Re}\,\lambda_s$, $s = 0, 1, 2, \cdots$.

函数 $f(t)$ 的 Abel 极限定义为 $\lim_{\varepsilon \to 0^+} \int_0^\infty f(t) e^{-\varepsilon t} dt$. 若该极限存在, 称此情形为 Abel 和. 若 $f$ 在 $[0, \infty)$ 上绝对可积, 那么 Abel 极限就是 $f$ 的积分.

**引理 5.3.1** 当 $x > 0$ 和 $\mathrm{Re}\,\lambda > 0$ 时, 有

$$\lim_{\varepsilon \to 0^+} \int_0^\infty t^{\lambda-1} e^{-(\varepsilon - x\mathrm{i})t} dt = \frac{e^{\lambda \pi \mathrm{i}/2} \Gamma(\lambda)}{x^\lambda}. \tag{5.3.31}$$

**证明** 利用恒等式

$$\int_0^\infty t^{\lambda-1} e^{-zt} dt = \frac{\Gamma(\lambda)}{z^\lambda}, \quad \mathrm{Re}\,\lambda > 0, \mathrm{Re}\,z > 0.$$

用 $\varepsilon - x\mathrm{i}$ 代替 $z$ 且 $\varepsilon > 0$, 有

$$\int_0^\infty t^{\lambda-1} e^{-(\varepsilon - x\mathrm{i})t} dt = \frac{\Gamma(\lambda)}{(\varepsilon - x\mathrm{i})^\lambda}.$$

当 $\varepsilon \to 0$ 时, 有 (5.3.31) 成立. □

在 (5.3.29) 中 $f(t)$ 满足下列条件:

(1) $f(t)$ 在 $(0, \infty)$ 上有 $m$ 阶连续可微, $m$ 为非负整数;

(2) $f(t)$ 有展开式 (5.3.30) 且逐项可导 $m$ 次;

(3) 对充分大的 $x$, 每一个积分 $\int_1^\infty f^{(s)}(t) e^{x\mathrm{i} t} dt$, $s = 0, 1, \cdots, m$ 一致收敛.

**定理 5.3.3** 设 $n$ 是最小的非负整数使得 $\mathrm{Re}\,\lambda_n > m$ 和定义 $f_n(t)$ 使得

$$f(t) = \sum_{s=0}^{n-1} a_s t^{\lambda_s - 1} + f_n(t). \tag{5.3.32}$$

那么 Fourier 积分 (5.3.29) 满足

$$F(x) = \sum_{s=0}^{n-1} a_s \exp\left(\frac{\pi \mathrm{i}}{2}\lambda_s\right) \frac{\Gamma(\lambda_s)}{x^{\lambda_s}} + F_n(x), \tag{5.3.33}$$

这里余项

$$F_n(x) = \left(\frac{\mathrm{i}}{x}\right)^m \int_0^\infty f_n^{(m)}(t) e^{x \mathrm{i} t} dt, \tag{5.3.34}$$

进一步, 当 $x \to \infty$ 时, $F_n(x) = o(x^{-m})$.

**证明** 因为

$$\int_1^c f^{(j)}(t) e^{x \mathrm{i} t} dt = \frac{1}{x \mathrm{i}} [f^{(j)}(c) e^{x \mathrm{i} c} - f^{(j)}(1) e^{x \mathrm{i}}] - \frac{1}{x \mathrm{i}} \int_1^c f^{(j+1)}(t) e^{x \mathrm{i} t} dt, \tag{5.3.35}$$

由条件 (3), 所以当 $c \to +\infty$ 时, 两边的积分收敛. 因此从上式得到

$$f^{(j)}(c) \to 0, \quad c \to \infty, 0 \leqslant j \leqslant m - 1. \tag{5.3.36}$$

从条件 (2) 获得

$$f_n^{(j)}(t) = O(t^{\lambda_n - j - 1}), \quad j = 0, 1, \cdots, m, t \to 0^+. \tag{5.3.37}$$

由 $\mathrm{Re}\,\lambda_n > m$, (5.3.37) 暗示了

$$f_n^{(j)}(0) = 0, \quad j = 0, 1 \cdots, m - 1, \tag{5.3.38}$$

和 $f_n^{(m)}(t)$ 在 $t = 0$ 的邻域内绝对可积. 由 (5.3.32) 得到

$$\int_0^\infty f(t) e^{-(\varepsilon - x \mathrm{i})t} dt = \sum_{s=0}^{n-1} a_s \int_0^\infty t^{\lambda_s - 1} e^{-(\varepsilon - x \mathrm{i})t} dt + E_n(\varepsilon, x), \tag{5.3.39}$$

这里

$$E_n(\varepsilon, x) = \int_0^\infty f_n(t) e^{-(\varepsilon - x \mathrm{i})t} dt. \tag{5.3.40}$$

通过分部积分

$$E_n(\varepsilon, x) = \frac{1}{\varepsilon - x \mathrm{i}} \int_0^\infty f_n'(t) e^{-(\varepsilon - x \mathrm{i})t} dt. \tag{5.3.41}$$

## 5.3 几类典型奇异积分的渐近展开式

由 (5.3.36) 和 (5.3.38), 该积分在 $\infty$ 和 0 的值为 0. 重复上述过程 $m-1$ 次, 获得

$$E_n(\varepsilon, x) = \frac{1}{(\varepsilon - x\mathrm{i})^m} \int_0^\infty f_n^{(m)}(t) e^{-(\varepsilon - x\mathrm{i})t} dt. \tag{5.3.42}$$

注意 (5.3.32), 有

$$f_n^{(m)}(t) = f^{(m)}(t) - \sum_{s=0}^{n-1} \frac{\Gamma(\lambda_s)}{\Gamma(\lambda_s - m)} a_s t^{\lambda_n - m - 1}. \tag{5.3.43}$$

因 $n$ 是最小的非负整数使得 $\mathrm{Re}\,\lambda_n > m$, 所以上述关于 $t$ 的幂都是负实数, 这由 (3) 暗示了对充分大的 $x$, 积分 $\int_0^\infty f_n^{(m)}(t) e^{x\mathrm{i}t} dt$ 一致收敛. 在 (5.3.29) 和 (5.3.42) 中, 令 $\varepsilon \to 0$, 由引理 5.2.1 和引理 5.3.1 知, (5.3.33) 和 (5.3.34) 成立. 又由 Riemann 引理得到: 当 $x \to +\infty$ 时, 有 $F_n(x) = o(x^{-m})$. □

**引理 5.3.2** 设 $q(t)$ 在 $(0, \infty)$ 上连续, 那么

$$\int_0^\infty q(t) e^{x\mathrm{i}t} dt = o(1), \quad x \to \infty, \tag{5.3.44}$$

这里假设对充分大的 $x$, 积分在 0 和 $\infty$ 一致收敛.

**证明** $\forall \varepsilon > 0$, 由假设有正实数 $a$ 和 $b$ 使得

$$\left| \int_0^a q(t) e^{x\mathrm{i}t} dt \right| < \varepsilon/3 \quad \text{和} \quad \left| \int_b^\infty q(t) e^{x\mathrm{i}t} dt \right| < \varepsilon/3. \tag{5.3.45}$$

因 $q(t)$ 在 $(0, \infty)$ 上连续, 从而 $q(t)$ 在 $[a,b]$ 上有界且一致连续. 置 $M = \max_{t \in [a,b]} q(t)$. 对 $[a,b]$ 进行剖分 $a = t_0 < t_1 < \cdots < t_n = b$ 使得

$$|q(t) - q(t_j)| < \frac{\varepsilon}{6(b-a)}, \quad t \in [t_j, t_{j+1}], j = 0, 1, \cdots, n-1 \tag{5.3.46}$$

和

$$\int_a^b q(t) e^{x\mathrm{i}t} dt = \sum_{j=0}^{n-1} \int_{t_j}^{t_{j+1}} [q(t) - q(t_j)] e^{x\mathrm{i}t} dt + \sum_{j=0}^{n-1} q(t_j) \int_{t_j}^{t_{j+1}} e^{x\mathrm{i}t} dt. \tag{5.3.47}$$

由 (5.3.46), 容易得到上式的第一个和小于 $\varepsilon/6$, 第二个和小于 $2nM/x$, 于是选择 $x > 12nM/\varepsilon$, 我们有 $\left| \int_a^b q(t) e^{x\mathrm{i}t} dt \right| < \varepsilon/3$. (5.3.44) 得证. □

**例 5.3.2** 考虑 Fourier 积分

$$F(x) = \int_0^\infty e^{x t \mathrm{i} - t^{1/4}} \sin t^{1/4} dt, \tag{5.3.48}$$

这里 $f(t) = e^{-t^{1/4}} \sin t^{1/4}$, $\lambda_s = (s+5)/4$. 因为 $f(t)$ 在 $(0, \infty)$ 上无限可微，我们取 $m = 2$ 和 $n = 4$ 以便 $\text{Re}\,\lambda_n > m$ 成立，根据 (5.3.33) 得

$$F(x) = \frac{\mathrm{i}}{4}\Gamma\left(\frac{1}{4}\right)e^{\pi\mathrm{i}/8}x^{-5/4} - \frac{\mathrm{i}}{2}\Gamma\left(\frac{1}{2}\right)e^{\pi\mathrm{i}/4}x^{-3/2} + \frac{\mathrm{i}}{4}\Gamma\left(\frac{3}{4}\right)e^{3\pi\mathrm{i}/8}x^{-7/4} + F_4(x), \tag{5.3.49}$$

其中

$$F_4(x) = \left(\frac{\mathrm{i}}{x}\right)^2 \int_0^\infty f_4''(t)e^{x\mathrm{i}t}dt. \tag{5.3.50}$$

通过简单计算

$$|f_4''(t)| \leqslant \frac{3}{8}t^{-3/2} + \frac{9}{16}t^{-7/4} + \frac{1}{16}t^{-5/4}, \quad t > 1. \tag{5.3.51}$$

利用 Taylor 公式有

$$|f_4''(t)| \leqslant \frac{7}{48}t^{-3/4}, \quad 0 < t < 1. \tag{5.3.52}$$

组合上述各式得到 $|F_4(x)| \leqslant 7x^{-2}/3$.

下面讨论更一般的情形 [223]：

$$F[f; \pm s] = \int_a^b f(x) e^{\pm\mathrm{i}sx}dx, \quad s > 0, \tag{5.3.53}$$

当 $s \to \infty$ 时，该积分的渐近展开式，这里 $[a, b]$ 是有界区域，$f(x)$ 在 $x = a$ 或 $x = b$ 有代数和对数奇异. 不妨假设 $f(x)$ 具有下列特征：

(1) $f(x) \in C^\infty(a, b)$ 且有渐近展开式

$$\begin{aligned}
f(x) &\sim \sum_{j=0}^\infty U_j(\log(x-a))(x-a)^{\gamma_j}, \quad x \to a^+, \\
f(x) &\sim \sum_{j=0}^\infty V_j(\log(b-x))(b-x)^{\delta_j}, \quad x \to b^-,
\end{aligned} \tag{5.3.54}$$

其中 $U_j$ 和 $V_j$ 是 $y$ 的多项式，$\gamma_j$ 和 $\delta_j$ 是复数且满足

$$\begin{aligned}
&\gamma_j \neq -1, -2, \cdots, \quad \text{Re}\,\gamma_0 \leqslant \text{Re}\,\gamma_1 \leqslant \cdots, \quad \lim_{j \to \infty} \text{Re}\,\gamma_j = +\infty, \\
&\delta_j \neq -1, -2, \cdots, \quad \text{Re}\,\delta_0 \leqslant \text{Re}\,\delta_1 \leqslant \cdots, \quad \lim_{j \to \infty} \text{Re}\,\delta_j = +\infty.
\end{aligned} \tag{5.3.55}$$

(2) 若设 $p_j = \deg(U_j)$ 和 $q_j = \deg(V_j)$，那么 $\gamma_j$ 和 $\delta_j$ 的顺序使得若 $\text{Re}\,\gamma_j = \text{Re}\,\gamma_{j+1}$ 有 $p_j \geqslant p_{j+1}$；若 $\text{Re}\,\delta_j = \text{Re}\,\delta_{j+1}$ 有 $q_j \geqslant q_{j+1}$.

(3) 根据 (5.3.54), 对每一个 $m=1,2,\cdots$, 有

$$f(x) - \sum_{j=0}^{m-1} U_j(\log(x-a))(x-a)^{\gamma_j} = O(U_m(\log(x-a))(x-a)^{\gamma_m}), \quad x \to a^+,$$

$$f(x) - \sum_{j=0}^{m-1} V_j(\log(b-x))(b-x)^{\delta_j} = O(V_m(\log(b-x))(b-x)^{\delta_m}), \quad x \to b^-.$$
(5.3.56)

这与 (5.3.55) 一致.

(4) $f^{(k)}(x)$, $k=1,2,\cdots$, 关于 $x \to a^+$ 和 $x \to b^-$ 的渐近展开式可由 $f(x)$ 逐次求导得到.

**引理 5.3.3** 设 $\alpha \neq -1, -2, \cdots$ 的复数, $\xi > 0$ 和 $s > 0$, 那么 $w = \pm is$ 有

$$\int_0^\xi t^\alpha e^{wt} dt = \frac{\Gamma(\alpha+1)}{(-w)^{\alpha+1}} + e^{w\xi} \sum_{k=0}^{m-1} (-1)^k \frac{[\alpha]_k \xi^{\alpha-k}}{w^{k+1}}$$
$$- (-1)^m \frac{[\alpha]_m}{w^m} \int_\xi^\infty t^{\alpha-m} e^{wt} dt, \quad m > \operatorname{Re} \alpha \quad (5.3.57)$$

和渐近展开式

$$\int_0^\xi t^\alpha e^{wt} dt \sim \frac{\Gamma(\alpha+1)}{(-w)^{\alpha+1}} + e^{w\xi} \sum_{k=0}^\infty (-1)^k \frac{[\alpha]_k \xi^{\alpha-k}}{w^{k+1}}, \quad s \to \infty, \quad (5.3.58)$$

其中 $[\alpha]_0 = 1$ 和 $[\alpha]_k = \prod_{i=0}^{k-1}(\alpha-i)$, $k=1,2,\cdots$, 特别地, 当 $\operatorname{Re}\alpha \leqslant -1$ 时, 该积分是发散积分, 必须在 Cauchy 主值和 Hadamard 有限部分积分意义下理解.

**证明** 设 $-1 < \operatorname{Re}\alpha < 0$, 则 $\int_0^\xi t^\alpha e^{wt} dt$ 对任意的 $w$ 是关于 $\alpha$ 的解析函数, 于是

$$\int_0^\xi t^\alpha e^{wt} dt = \int_0^\infty t^\alpha e^{wt} dt - \int_\xi^\infty t^\alpha e^{wt} dt$$

且右边两个积分存在. 当 $w = is$ 时, 通过旋转围道 $90°$, 当 $w = -is$ 时, 通过旋转围道 $-90°$ 来计算第一个积分,

$$\int_0^\infty t^\alpha e^{wt} dt = (\pm i)^{\alpha+1} \int_0^\infty \tau^\alpha e^{-s\tau} d\tau = (\pm i)^{\alpha+1} \frac{\Gamma(\alpha+1)}{s^{\alpha+1}} = \frac{\Gamma(\alpha+1)}{(-w)^{\alpha+1}}. \quad (5.3.59)$$

重复利用分部积分法, 第二个积分为

$$\int_\xi^\infty t^\alpha e^{wt} dt = -e^{w\xi} \sum_{k=0}^{m-1} (-1)^k \frac{[\alpha]_k \xi^{\alpha-k}}{w^{k+1}} + (-1)^m \frac{[\alpha]_m}{w^m} \int_\xi^\infty t^{\alpha-m} e^{wt} dt. \quad (5.3.60)$$

组合 (5.3.59) 和 (5.3.60) 得到 (5.3.57) 的证明.

当 $\alpha \in S_1 = \{\alpha : \operatorname{Re}\alpha < m\}$ 时, (5.3.57) 右边是解析的且在 $\alpha = -1, -2, \cdots$, 有简单极点 (由 $\Gamma(\alpha+1)$ 产生), 而当 $\alpha \in S_2 = \{\alpha : \operatorname{Re}\alpha > -1\}$ 时, (5.3.57) 左边是解析的. 因为 $S_1 \cap S_2 \neq \varnothing$ 和 $m$ 是选择得任意大, 所以 (5.3.57) 右边在整个 $\alpha$ 平面是左边的解析延拓. 同时, 若 $m > \operatorname{Re}\alpha + 1$, 有

$$\left| \int_\xi^\infty t^{\alpha-m} e^{wt} dt \right| \leqslant \frac{\xi^{\operatorname{Re}\alpha - m + 1}}{m - \operatorname{Re}\alpha - 1} \tag{5.3.61}$$

与 $w$ 无关. 由 (5.3.57) 和 (5.3.61), 于是获得 (5.3.57) 右边第二项是 $O(w^{-m})$ (当 $s \to \infty$). 从而 (4.3.58) 得到证明.□

值得注意的是积分 $\int_0^\xi t^\alpha e^{wt} dt$ 是关于 $\alpha$ 的亚纯函数, 由 $e^{wt}$ 的展开式, 再逐项积分得到

$$\int_0^\xi t^\alpha e^{wt} dt = \sum_{k=0}^\infty \frac{w^k}{k!} \frac{\xi^{\alpha+km+1}}{\alpha+km+1}. \tag{5.3.62}$$

因为该式关于 $\alpha$ 一致绝对收敛, 这个无穷级数表示一个关于 $\alpha$ 的亚纯函数且在 $\alpha = -1, -2, \cdots$ 处有简单极点, 所以 (5.3.62) 的右边是 $\int_0^\xi t^\alpha e^{wt} dt$ 在整个 $\alpha$ 平面的解析延拓. 当 $\alpha = -1, -2, \cdots$ 除去时, 这正好是当 $\operatorname{Re}\alpha \leqslant -1$, 但 $\alpha \neq -1, -2,$ $\cdots$ 时该积分的 Hadamard 的有限部分.

**定理 5.3.4** 若 $f(x)$ 满足前面 (1)~(4) 条件, $U_j(y)$ 和 $V_j(y)$ 是常多项式, 即

$$\begin{cases} f(x) \sim \sum_{j=0}^\infty c_j(x-a)^{\gamma_j}, & x \to a^+, \\ f(x) \sim \sum_{j=0}^\infty d_j(b-x)^{\delta_j}, & x \to b^-, \end{cases} \tag{5.3.63}$$

其中 $c_j$ 和 $d_j$ 是常数且某些非零. 设 $w = \pm is \ (s > 0)$, 那么

$$\int_a^b f(x) e^{wx} dx \sim e^{wa} \sum_{j=0}^\infty c_j \frac{\Gamma(\gamma_j+1)}{(-w)^{\gamma_j+1}} + e^{wb} \sum_{k=0}^\infty d_j \frac{\Gamma(\delta_j+1)}{w^{\delta_j+1}}, \quad s \to \infty. \tag{5.3.64}$$

**证明** 由

$$\int_a^b f(x) e^{wx} dx = \int_a^r f(x) e^{wx} dx + \int_r^b f(x) e^{wx} dx = I_{[a,r]} + I_{[r,b]}, \quad a < r < b, \tag{5.3.65}$$

选择一个正整数 $m$ 使得 $\operatorname{Re}\gamma_m > 0$ 和 $\operatorname{Re}\delta_m > 0$, 置 $\aleph_m = \min\{[\operatorname{Re}\gamma_m - 1], [\operatorname{Re}\delta_m - 1]\}$. 因为由 (5.3.55) 有 $\lim_{j\to\infty} \operatorname{Re}\gamma_j = +\infty$ 和 $\lim_{j\to\infty} \operatorname{Re}\delta_j = +\infty$, 从而这样的正整数 $m$ 存在.

现在来计算 $I_{[a,r]}$. 置 $t = x - a$ 和 $\xi = r - a$, 我们有

$$I_{[a,r]} = e^{wa} \int_0^\xi f(a+t)e^{wt} dt. \tag{5.3.66}$$

由 (5.3.63), 又置

$$P_m(t) = \sum_{j=0}^{m-1} c_j t^{\gamma_j}, \quad E_m(t) = f(a+t) - P_m(t), \tag{5.3.67}$$

从而得到

$$I_{[a,r]} = e^{wa}\left[\int_0^\xi P_m(t)e^{wt}dt + \int_0^\xi E_m(t)e^{wt}dt\right]. \tag{5.3.68}$$

根据 (5.3.67), (5.3.63) 和 $f(x)$ 的假设条件, 有

$$E_m^{(k)}(t) \sim \sum_{j=m}^\infty c_j[\gamma_j]_k t^{\gamma_j - k}, \quad t \to 0^+, k = 0,1,2,\cdots. \tag{5.3.69}$$

由 (5.3.69) 及 $\aleph_m$ 的定义, 得到

$$E_m^{(k)}(0) = 0, \quad k = 0,1,\cdots,\aleph_m, \tag{5.3.70}$$

且 $E_m(t) \in C^{\aleph_m}[0,\xi]$. 利用分部积分法获得

$$\int_0^\xi E_m(t)e^{wt}dt = e^{w\xi}\sum_{k=0}^{\aleph_m-1}(-1)^k \frac{E_m^{(k)}(\xi)}{w^{k+1}} + \frac{(-1)^{\aleph_m}}{w^{\aleph_m}}\int_0^\xi E_m^{(\aleph_m)}(t)e^{wt}dt, \tag{5.3.71}$$

因为 $E_m^{(\aleph_m)}(t)$ 是 $[0,\xi]$ 上的连续函数, 由 Riemann 引理有

$$\int_0^\xi E_m^{(\aleph_m)}(t)e^{wt}dt = o(1), \quad s \to \infty, \tag{5.3.72}$$

所以

$$e^{wa}\int_0^\xi E_m(t)e^{wt}dt = e^{wr}\sum_{k=0}^{\aleph_m-1}(-1)^k \frac{E_m^{(k)}(\xi)}{w^{k+1}} + o(s^{-\aleph_m}), \quad s \to \infty. \tag{5.3.73}$$

由引理 5.3.3, 我们获得

$$e^{wa}\int_0^\xi P_m(t)e^{wt}dt$$
$$= e^{wa}\sum_{k=0}^{m-1} c_j \int_0^\xi t^{\gamma_j} e^{wt}dt = e^{wa}\sum_{k=0}^{m-1} c_j \frac{\Gamma(\gamma_j+1)}{(-w)^{\gamma_j+1}}$$

$$+ e^{wr} \sum_{k=0}^{m-1} c_j \left[ \sum_{k=0}^{\aleph_m - 1} (-1)^k \frac{[\gamma_j]_k \xi^{\gamma_j - k}}{w^{k+1}} + O(s^{-\aleph_m}) \right]$$

$$= e^{wa} \sum_{k=0}^{m-1} c_j \frac{\Gamma(\gamma_j + 1)}{(-w)^{\gamma_j + 1}} + e^{wr} \sum_{k=0}^{\aleph_m - 1} (-1)^k \frac{P_m^{(k)}(\xi)}{w^{k+1}} + O(s^{-\aleph_m}), \quad s \to \infty, \quad (5.3.74)$$

这里使用了

$$\sum_{k=0}^{m-1} c_j [\gamma_j]_k \xi^{\gamma_j - k} = \sum_{k=0}^{m-1} c_j \frac{d^k}{d\xi^k} \xi^{\gamma_j} = \frac{d^k}{d\xi^k} \sum_{k=0}^{m-1} c_j \xi^{\gamma_j} = P_m^{(k)}(\xi).$$

把 (5.3.74) 和 (5.3.73) 代入 (5.3.68),且注意到 $E_m^{(k)}(\xi) + P_m^{(k)}(\xi) = f^{(k)}(r)$, $k = 0, 1,$ $\cdots$,由 (5.3.67),我们得到

$$I_{[a,r]} = e^{wa} \sum_{j=0}^{m-1} c_j \frac{\Gamma(\gamma_j + 1)}{(-w)^{\gamma_j + 1}} + e^{wr} \sum_{k=0}^{\aleph_m - 1} (-1)^k \frac{f^{(k)}(r)}{w^{k+1}} + O(s^{-\aleph_m}), \quad s \to \infty. \quad (5.3.75)$$

接下来我们计算 $I_{[r,b]}$. 因为

$$I_{[r,b]} = \int_{-b}^{-r} f(-x) e^{-wx} dx \qquad (5.3.76)$$

和 (5.3.63),有

$$f(-x) \sim \sum_{j=0}^{\infty} d_j (x + b)^{\delta_j}, \quad x \to -b. \qquad (5.3.77)$$

用 $-b, -r, f(-x), d_j, \delta_j$ 分别代替 $a, r, f(x), c_j, \gamma_j$,根据 (5.3.75) 得到

$$I_{[r,b]} = e^{wb} \sum_{j=0}^{m-1} d_j \frac{\Gamma(\delta_j + 1)}{w^{\delta_j + 1}} + e^{wr} \sum_{k=0}^{\aleph_m - 1} (-1)^{k+1} \frac{f^{(k)}(r)}{w^{k+1}} + O(s^{-\aleph_m}), \quad s \to \infty.$$
$$(5.3.78)$$

把 (5.3.75) 和 (5.3.78) 代入 (5.3.65) 整理得到

$$\int_a^b f(x) e^{wx} dx \sim e^{wa} \sum_{j=0}^{m-1} c_j \frac{\Gamma(\gamma_j + 1)}{(-w)^{\gamma_j + 1}} + e^{wb} \sum_{k=0}^{m-1} d_j \frac{\Gamma(\delta_j + 1)}{w^{\delta_j + 1}}, \quad s \to \infty. \quad (5.3.79)$$

根据 $\lim_{m \to \infty} \aleph_m = \infty$, (5.3.64) 的结果直接可得.□

**引理 5.3.4** 设 $\alpha$ 是不等于负整数的复数,$\xi > 0$ 和 $s > 0$,那么置 $w = \pm is$, $p = 1, 2, \cdots$,有

$$\int_0^\xi (\log t)^p t^\alpha e^{wt} dt = \frac{d^p}{d\alpha^p} \left[ \frac{\Gamma(\alpha + 1)}{(-w)^{\alpha + 1}} + e^{w\xi} \sum_{k=0}^{m-1} (-1)^k \frac{[\alpha]_k \xi^{\alpha - k}}{w^{k+1}} \right.$$

$$- (-1)^m \frac{[\alpha]_m}{w^m} \int_\xi^\infty t^{\alpha-m} e^{wt} dt \bigg], \quad m > \operatorname{Re}\alpha \quad (5.3.80)$$

和渐近展开式

$$\int_0^\xi (\log t)^p t^\alpha e^{wt} dt$$

$$\sim \frac{d^p}{d\alpha^p}\left[\frac{\Gamma(\alpha+1)}{(-w)^{\alpha+1}}\right] + e^{w\xi} \sum_{k=0}^\infty \frac{(-1)^k}{w^{k+1}} \frac{d^k}{d\xi^k}[(\log \xi)^p \xi^\alpha], \quad s \to \infty, \quad (5.3.81)$$

这里 $[\alpha]_0 = 1$, $[\alpha]_k = \prod_{i=0}^{k-1}(\alpha-i)$, $k=1,2,\cdots$, 当 $\operatorname{Re}\alpha \leqslant -1$ 时, 该积分是发散积分, 必须在 Cauchy 主值和 Hadamard 有限部分积分意义下理解.

**证明** 首先假设 $-1 < \operatorname{Re}\alpha < 0$, 所以积分 $\int_0^\xi (\log t)^p t^\alpha e^{wt} dt$ 在普通意义下存在且对任意的 $w$ 是 $\alpha$ 的解析函数, 于是

$$\int_0^\xi (\log t)^p t^\alpha e^{wt} dt = \int_0^\xi \left(\frac{d^p}{d\alpha^p} t^\alpha\right) e^{wt} dt = \frac{d^p}{d\alpha^p} \int_0^\xi t^\alpha e^{wt} dt. \quad (5.3.82)$$

根据引理 5.3.4 可知, (5.3.57) 的右边当 $\operatorname{Re}\alpha < m$ 时是 $\int_0^\xi t^\alpha e^{wt} dt$ 关于 $\alpha$ 解析延拓, 从而获得 (5.3.80). 在 (5.3.80) 中, 由

$$\frac{d^p}{d\alpha^p}([\alpha]_k \xi^{\alpha-k}) = \frac{d^p}{d\alpha^p}\left(\frac{\partial^k}{\partial \xi^k} \xi^\alpha\right) = \frac{\partial^k}{\partial \xi^k}\left(\frac{d^p}{d\alpha^p} \xi^\alpha\right) = \frac{\partial^k}{\partial \xi^k}[(\log \xi)^p \xi^\alpha]$$

和最后一项取 $s \to \infty$, 有 $O(s^{-m})$, 这是因为

$$\frac{d^p}{d\alpha^p}\left([\alpha]_m \int_\xi^\infty t^{\alpha-m} e^{wt} dt\right) = \sum_{k=0}^p C_p^k \left(\frac{d^{p-k}}{d\alpha^{p-k}}[\alpha]_m\right) \left(\frac{d^k}{d\alpha^k} \int_\xi^\infty t^{\alpha-m} e^{wt} dt\right)$$

$$= \sum_{k=0}^p C_p^k \left(\frac{d^{p-k}}{d\alpha^{p-k}}[\alpha]_m\right) \left(\int_\xi^\infty (\log t)^k t^{\alpha-m} e^{wt} dt\right) = O(1), \quad s \to \infty, \text{若} m > \operatorname{Re}\alpha + 1.$$

这就证明了该引理. □

**定理 5.3.5** 若 $f(x)$ 满足 (1)~(4) 特征, $U_j(y) = \sum_{i=0}^{p_j} u_{ji} y^i$ 和 $V_j(y) = \sum_{i=0}^{q_j} v_{ji} y^i$, 这里 $u_{ji}$ 和 $v_{ji}$ 是常数, 又设 $w = \pm is$ ($s > 0$). 定义 $D_\omega = \frac{d}{d\omega}$, 对任意的多项式 $S(y) = \sum_{i=0}^k e_i y^i$ 和与 $\omega$ 有关的任意函数 $g$, 也定义

$$S(D_\omega) g = \sum_{i=0}^k e_i [D_\omega^i g] = \sum_{i=0}^k e_i \frac{d^i g}{d\omega^i}.$$

那么, 当 $s \to \infty$ 时, 有

$$\int_a^b f(x)e^{wx}dx \sim e^{wa}\sum_{j=0}^{\infty} U_j(D_{\gamma_j})\left[\frac{\Gamma(\gamma_j+1)}{(-w)^{\gamma_j+1}}\right] + e^{wb}\sum_{j=0}^{\infty} V_j(D_{\delta_j})\left[\frac{\Gamma(\delta_j+1)}{(-w)^{\delta_j+1}}\right]. \tag{5.3.83}$$

本定理的证明与定理 5.3.4 的证明相似. $I_{[a,r]}$, $I_{[r,b]}$ 和 $\aleph_m$ 的定义与前面相同. 现在来计算 $I_{[a,r]}$. 置 $t = x - a$, $\xi = r - a$ 和定义

$$P_m(t) = \sum_{j=0}^{m-1} U_j(\log t)t^{\gamma_j}, \quad E_m(t) = f(a+t) - P_m(t). \tag{5.3.84}$$

由引理 5.3.4, 获得

$$I_{[a,r]} = e^{wa}\sum_{j=0}^{m-1} U_j(D_{\gamma_j})\frac{\Gamma(\gamma_j+1)}{(-w)^{\gamma_j+1}} + e^{wr}\sum_{k=0}^{\aleph_m-1}(-1)^k\frac{f^{(k)}(r)}{w^{k+1}} + O(s^{-\aleph_m}). \tag{5.3.85}$$

作适当的替换, 运用 (5.3.85) 到 $I_{[r,b]}$, 当 $s \to \infty$ 时, 有

$$I_{[r,b]} = e^{wb}\sum_{j=0}^{m-1} V_j(D_{\gamma_j})\frac{\Gamma(\delta_j+1)}{w^{\delta_j+1}} + e^{wr}\sum_{k=0}^{\aleph_m-1}(-1)^{k+1}\frac{f^{(k)}(r)}{w^{k+1}} + O(s^{-\aleph_m}). \tag{5.3.86}$$

组合 (5.3.85) 和 (5.3.86) 得到

$$\int_a^b f(x)e^{wx}dx$$
$$= e^{wa}\sum_{j=0}^{m-1} U_j(D_{\gamma_j})\left[\frac{\Gamma(\gamma_j+1)}{(-w)^{\gamma_j+1}}\right]$$
$$+ e^{wb}\sum_{j=0}^{m-1} V_j(D_{\delta_j})\left[\frac{\Gamma(\delta_j+1)}{(-w)^{\delta_j+1}}\right] + O(s^{-\aleph_m}), \quad s \to \infty. \tag{5.3.87}$$

根据 $\lim_{m\to\infty} \aleph_m = \infty$, (5.3.83) 的结果直接可得.□

利用上面的定理可获得下面一些结果.

**例 5.3.3** 若 $f(x)$ 在 $[a,b]$ 上没有奇异, $\gamma_j = \delta_j = j$, $c_j = f^{(j)}(a)/j!$, $d_j = f^{(j)}(b)/j!$, $j = 0, 1, 2, \cdots$, 根据定理 5.3.4 获得

$$\int_a^b f(x)e^{wx}dx \sim \sum_{j=0}^{\infty}(-1)^j\frac{e^{bw}f^{(j)}(b) - e^{aw}f^{(j)}(a)}{w^{j+1}}, \quad s \to \infty, w = \pm is. \tag{5.3.88}$$

**例 5.3.4** 设 $f(x) = g(x)|x-r|^\sigma$, 其中 $g \in C^\infty[a,b]$, $a < r < b$, $\sigma \in \Re$ 且

$\sigma \neq -1, -2, \cdots$, 运用定理 5.3.4 到积分 $\int_a^r f(x)e^{wx}dx = \int_a^r g(x)|x-r|^\sigma e^{wx}dx$ 和 $\int_r^b f(x)e^{wx}dx = \int_r^b g(x)|x-r|^\sigma e^{wx}dx$ 上, 得到

$$\int_a^b f(x)e^{wx}dx \sim \sum_{j=0}^\infty (-1)^j \frac{e^{bw}f^{(j)}(b) - e^{aw}f^{(j)}(a)}{w^{j+1}} \mp 2\mathrm{i}e^{\pm\mathrm{i}\sigma\pi/2}\sin(\sigma\pi/2)e^{rw}$$
$$\times \sum_{j=0}^\infty (-1)^j \frac{g^{(j)}(r)}{j!} \frac{\Gamma(\sigma+j+1)}{w^{j+1+\sigma}}, \quad s \to \infty, w = \pm \mathrm{i}s. \quad (5.3.89)$$

**例 5.3.5** 设 $f(x) = g(x)\log|x-r|$, 其中 $g \in C^\infty[a,b]$, $a < r < b$, 在 (5.3.89) 两边对 $\sigma$ 求导, 运用定理 5.3.5 到积分 $\int_a^r f(x)e^{wx}dx$ 和 $\int_r^b f(x)e^{wx}dx$ 上, 再令 $\sigma = 0$ 得到

$$\int_a^b f(x)e^{wx}dx \sim \sum_{j=0}^\infty (-1)^j \frac{e^{bw}f^{(j)}(b) - e^{aw}f^{(j)}(a)}{w^{j+1}}$$
$$\mp \mathrm{i}\pi e^{rw} \sum_{j=0}^\infty (-1)^j \frac{g^{(j)}(r)}{w^{j+1}}, \quad s \to \infty, w = \pm\mathrm{i}s. \quad (5.3.90)$$

**例 5.3.6** 设 $f(x)$ 是定义在 $(-\infty, \infty)$ 上以 $2\pi$ 为周期的周期函数, 除 $x = r + 2k\pi$, $k = 0, 1, 2, \cdots$ 外无限可微, 且有对数奇异, $0 < r < 2\pi$, 假设

$$f(x) = h_1(x) + h_2(x), 0 \leqslant x \leqslant 2\pi, \quad h_1(x) = g(x)\log|x-r|, \quad g, h_2 \in C^\infty[a,b], \tag{5.3.91}$$

但 $h_1(x)$ 和 $h_2(x)$ 并非是周期函数. $f(x)$ 的 Fourier 的系数

$$e_n = \int_0^{2\pi} f(x)e^{\mathrm{i}nx}dx, \quad n = 0, \pm 1, \pm 2, \cdots,$$

利用 (5.3.90) 到积分 $\int_0^{2\pi} h_1(x)e^{wx}dx$, $w = \pm \mathrm{i}n$ 上, 我们获得

$$\int_0^{2\pi} h_1(x)e^{wx}dx \sim \sum_{j=0}^\infty (-1)^j \frac{h_1^{(j)}(2\pi) - h_1^{(j)}(0)}{w^{j+1}} \mp \mathrm{i}\pi e^{rw} \sum_{j=0}^\infty (-1)^j \frac{g^{(j)}(r)}{w^{j+1}}, \quad n \to \infty. \tag{5.3.92}$$

利用 (5.3.88) 到积分 $\int_0^{2\pi} h_2(x)e^{wx}dx$, $w = \pm \mathrm{i}n$ 上, 我们获得

$$\int_0^{2\pi} h_2(x)e^{wx}dx \sim \sum_{j=0}^\infty (-1)^j \frac{h_2^{(j)}(2\pi) - h_2^{(j)}(0)}{w^{j+1}}, \quad n \to \infty. \tag{5.3.93}$$

根据 (5.3.91) 和 $f^{(k)}(0) = f^{(k)}(2\pi)$, $k = 0, 1, 2, \cdots$, 利用上面两式, 我们得到

$$e_{\pm n} = \int_0^{2\pi} f(x) e^{\pm \mathrm{i} n x} dx \sim \mp \mathrm{i}\pi e^{\pm \mathrm{i} n r} \sum_{j=0}^{\infty} (-1)^j \frac{g^{(j)}(r)}{(\pm \mathrm{i} n)^{j+1}}, \quad n \to \infty. \tag{5.3.94}$$

特别地, $f(x) = u(x) \log \left( c \left| \sin \dfrac{x-r}{2} \right| \right)$, $0 < r < 2\pi$, $u \in C^{\infty}(-\infty, \infty)$, 是以 $2\pi$ 为周期的周期函数, $c$ 是正常数, 可设

$$h_1(x) = u(x) \log |x - r|, \quad h_2(x) = u(x) \log \left( c \left| \frac{\sin \dfrac{x-r}{2}}{x - r} \right| \right),$$

能够利用结果获得展开式.

### 5.3.3 Stieltjes 变换与 Hilbert 变换

若 $f$ 是定义在 $[0, \infty)$ 上的局部可积函数, 称

$$S_f(z) = \int_0^{\infty} \frac{f(t)}{t + z} dt \tag{5.3.95}$$

为 Stieltjes 变换, 其中 $z$ 是复变量且 $|\arg z| < \pi$.

**定理 5.3.6**[261]  (1) 若 $0 < \alpha < 1$, 且 $f(t)$ 具有下列渐近展开式:

$$f(t) \sim \sum_{s=0}^{\infty} a_s t^{-s-\alpha}, \quad t \to \infty, \tag{5.3.96}$$

那么 $S_f(z)$ 有下面展开式:

$$S_f(z) = \frac{\pi}{\sin \alpha \pi} \sum_{s=0}^{n-1} (-1)^s \frac{a_s}{z^{s+\alpha}} - \sum_{s=1}^{n} (s-1)! \frac{c_s}{z^s} + R_n(z), \tag{5.3.97}$$

这里系数 $c_s = \dfrac{(-1)^s}{(s-1)!} M[f; s]$, $M[f; s]$ 是 $f(t)$ 的 Mellin 变换, 误差项满足

$$R_n(z) = n! \int_0^{\infty} \frac{f_{n,n}(t)}{(t+z)^{n+1}} dt, \tag{5.3.98}$$

且

$$f_{n,j+1}(t) = -\int_t^{\infty} f_{n,j}(\tau) d\tau = \frac{(-1)^{j+1}}{j!} \int_t^{\infty} (\tau - t)^j f_n(\tau) d\tau, \tag{5.3.99}$$

和 $f_{n,0}(t) = f_n(t) = f(t) - \sum_{s=0}^{n-1} a_s t^{-s-\alpha}$, $n \geqslant 1$.

(2) 若 $\alpha = 1$, 且 $f(t)$ 满足 (5.3.96), 那么 $S_f(z)$ 有下面展开式:

$$S_f(z) = \log z \sum_{s=0}^{n-1} (-1)^s \frac{a_s}{z^{s+1}} + \sum_{s=0}^{n-1} (-1)^s \frac{a_s^*}{z^{s+1}} + R_n(z), \quad n \geqslant 1, \quad (5.3.100)$$

这里

$$a_s^* = \lim_{z \to s+1} \left\{ M[f; z] + \frac{a_s}{z - s - 1} \right\}, \quad (5.3.101)$$

$$R_n(z) = n! \int_0^\infty \frac{f_{n,n}(t)}{(t+z)^{n+1}} dt, \quad (5.3.102)$$

其中 $f_{n,n}(t)$ 同上.

下面研究 $f(t)$ 是振荡函数的情形. 若 $f(t)$ 是振荡函数且

$$f(t) \sim e^{cti} \sum_{s=0}^\infty a_s t^{-s-1}, \quad c \neq 0, c\text{为实数}. \quad (5.3.103)$$

记

$$e_s(t) = e^{cti} t^{-s-1} \text{ 和 } E_s(t) = (-1)^{s+1} \int_t^\infty \int_{\tau_s}^\infty \cdots \int_{\tau_1}^\infty e_s(\tau_0) d\tau_0 \cdots d\tau_s. \quad (5.3.104)$$

显然 $E_s(t)$ 是局部可积, 且当 $t \to \infty$ 时, $E_s(t) = O(t^{-s-1})$. 置

$$f(t) = \sum_{s=0}^{n-1} a_s e_s(t) + f_n(t) \quad (5.3.105)$$

和 $f_{n,n}(t)$ 的定义如 (5.3.109), 而 $f_{n,n}(t)$ 是定义在 $[0, \infty)$ 上局部可积且当 $t \to \infty$ 时, $f_{n,n}(t) = O(t^{-s-1})$.

**定理 5.3.7**[261] (1) 若 $f$ 是定义在 $[0, \infty)$ 的局部可积函数且 $f(t)$ 满足 (5.3.103), 那么有

$$S_f(z) = e^{-czi} E_0(z) \sum_{s=0}^{n-1} (-1)^s \frac{a_s}{z^{s+1}} - \sum_{s=0}^{n-1} \frac{b_s s!}{z^{s+1}} + R_n(z), \quad n \geqslant 1, \quad (5.3.106)$$

这里

$$b_s = \frac{(-1)^{s+1}}{s!} \left\{ M[f; s+1] - \sum_{k=0}^{s-1} a_k \exp\left[\frac{(s-k)\pi i}{2}\right] \frac{\Gamma(s-k)}{c^{s-k}} \right\}, \quad (5.3.107)$$

和 $R_n(z)$ 的定义同 (5.3.102).

(2) 若 $f$ 是定义在 $[0, \infty)$ 的局部可积函数且 $f(t)$ 满足

$$f(t) \sim e^{cti} \sum_{s=0}^\infty a_s t^{-s-\alpha}, \quad t \to \infty, 0 < \alpha < 1, \quad (5.3.108)$$

且 $c \neq 0, c$ 为实数, 那么

$$S_f(z) = e^{-czi} E_{1-\alpha}(z) \sum_{s=0}^{n-1} (-1)^s \frac{a_s}{z^{s+1}} - \sum_{s=0}^{n-1} \frac{d_s s!}{z^{s+1}} + R_n(z), \quad n \geqslant 1, \qquad (5.3.109)$$

其中

$$d_s = \frac{(-1)^{s+1}}{s!} \left\{ M[f; s+1] - \sum_{k=0}^{s-1} a_k \exp\left[\frac{(s+1-k-\alpha)\pi i}{2}\right] \frac{\Gamma(s-k-\alpha+1)}{c^{s-k-\alpha+1}} \right\} \qquad (5.3.110)$$

和 $R_n(z)$ 的定义同 (5.3.102).

若 $f$ 是定义在 $(-\infty, \infty)$ 的局部可积函数, 称

$$H_f(x) = \frac{1}{\pi} p.v \int_{-\infty}^{\infty} \frac{f(t)}{t-x}, \quad x \in (-\infty, \infty) \qquad (5.3.111)$$

为 Hilbert 变换. 把积分区间从原点分开, 有

$$H_f(x) = \frac{1}{\pi} \{H_f^-(x) + H_f^+(x)\}, \qquad (5.3.112)$$

这里 $H_f^-(x)$ 和 $H_f^+(x)$ 的积分区间分部为 $(-\infty, 0)$ 和 $(0, \infty)$, 且 $H_f^-(x)$ 是 $-f(-t)$ 的 Stieltjes 变换. 因此我们只需要讨论

$$H_f^+(x) = \int_0^{\infty} \frac{f(t)}{t-x}. \qquad (5.3.113)$$

本段假设 $f(t), t \in [0, \infty)$ 局部可积且 $f(t), t \in (0, \infty)$ 连续可微, 同时 $f(t)$ 有下列渐近展开式:

$$f(t) \sim e^{cti} \sum_{s=0}^{\infty} a_s t^{-s-\alpha}, \quad t \to \infty, 0 < \alpha \leqslant 1, \qquad (5.3.114)$$

且 $c$ 为实数. 根据熟知的 Plemelj 公式, 我们有

$$H_f^+(x) = \frac{1}{2} \lim_{\varepsilon \to 0} \int_0^{\infty} \left[\frac{1}{t-x+\varepsilon i} + \frac{1}{t-x-\varepsilon i}\right] f(t) dt. \qquad (5.3.115)$$

因为上式右边的积分是 $f(t)$ 的 Stieltjes 变换, 利用 (5.3.107) 和 (5.3.108), 于是有

$$H_f^+(x) = \pi \cot \alpha \pi \sum_{s=0}^{n-1} \frac{a_s}{x^{s+\alpha}} - \sum_{s=1}^{n} \frac{(s-1)!(-1)^s c_s}{x^s} + \varepsilon_n(x), \qquad (5.3.116)$$

这里

$$\varepsilon_n(x) = \frac{1}{2} \lim_{\varepsilon \to 0} [R_n(-x+\varepsilon i) + R_n(-x-\varepsilon i)]$$

$$=\frac{n!}{2}\lim_{\varepsilon\to 0}\int_0^\infty \left[\frac{1}{(t-x+\varepsilon\mathrm{i})^{n+1}}+\frac{1}{(t-x-\varepsilon\mathrm{i})^{n+1}}\right]f_{n,n}(t)dt. \quad (5.3.117)$$

该误差很难确定, 需要进一步简化, 把 (5.3.109) 代入 (5.3.112) 得到

$$R_n(z)=(-1)^n n\int_0^\infty f_n(\tau)\int_0^\tau (\tau-t)^{n-1}(t+z)^{-n-1}dtd\tau$$

$$=(-1)^n n\int_0^\infty f_n(\tau)\left[\frac{1}{n}\frac{\tau^n}{z^n(\tau+z)}\right]d\tau=\frac{(-1)^n}{z^n}\int_0^\infty \frac{\tau^n f_n(\tau)}{\tau+z}d\tau. \quad (5.3.118)$$

若 $\varphi(t), t\in[0,\infty)$ 连续可微, 那么 $\varphi(t)=O(t^{-\alpha})$ 且 $\alpha>0$. 根据这一结论可获得 $\lim_{\varepsilon\to 0}\int_0^\infty \frac{\varphi(t)dt}{t-x\pm\varepsilon\mathrm{i}}$ 存在. 从而由 (5.3.117) 和 Plemelj 公式得

$$\varepsilon_n(x)=\frac{1}{x^n}p.v\int_0^\infty \frac{\tau^n f_n(\tau)}{\tau-x}d\tau. \quad (5.3.119)$$

**定理 5.3.8**[261]　在 (5.3.114) 中,

(1) 若 $c=0$ 和 $0<\alpha<1$, 那么 (5.3.116) 和 (5.3.119) 成立且 (5.3.115) 中的系数 $c_s$ 有明显的表示式

$$c_s=\frac{(-1)^s}{(s-1)!}M[f;s]. \quad (5.3.120)$$

(2) 若 $c=0$ 和 $\alpha=1$, 那么

$$H_f^+(x)=(-\log x)\sum_{s=0}^{n-1}\frac{a_s}{x^{s+1}}-\sum_{s=0}^{n-1}\frac{a_s^*}{x^{s+1}}+\varepsilon_n(x),\quad n\geqslant 1, \quad (5.3.121)$$

这里

$$a_s^*=\lim_{z\to s+1}\left\{M[f;z]+\frac{a_s}{z-s-1}\right\}; \quad (5.3.122)$$

(3) 若 $c>0$ 和 $\alpha=1$, 那么

$$H_f^+(x)=E_0^*(x)\sum_{s=0}^{n-1}\frac{a_s}{x^{s+1}}-\sum_{s=0}^{n-1}\frac{(-1)^{s+1}s!b_s}{x^{s+1}}+\varepsilon_n(x),\quad n\geqslant 1, \quad (5.3.123)$$

其中

$$(-1)^{s+1}s!b_s=M[f;s+1]-\sum_{j=0}^{s-1}a_j\exp\left[\frac{(s-j)\pi\mathrm{i}}{2}\right]\frac{\Gamma(s-j)}{c^{s-j}}; \quad (5.3.124)$$

(4) 若 $c>0$ 和 $0<\alpha<1$, 那么

$$H_f^+(x)=E_\alpha^*(x)\sum_{s=0}^{n-1}\frac{a_s}{x^s}-\sum_{s=0}^{n-1}\frac{d_s^*}{x^{s+1}}+\varepsilon_n(x),\quad n\geqslant 1, \quad (5.3.125)$$

其中
$$d_s^* = M[f; s+1] - \sum_{j=0}^{s} a_j \exp\left[\frac{(s-j+1-\alpha)\pi i}{2}\right] \frac{\Gamma(s-j+1-\alpha)}{c^{s-j+1-\alpha}}; \quad (5.3.126)$$

(5) 若 $c > 0$ 和 $0 < \alpha \leqslant 1$, 那么当 $x \to \infty$ 时, 有
$$H_f^+(x) \sim \pi e^{cxi} i \sum_{s=0}^{\infty} \frac{a_s}{x^{s+\alpha}} - \sum_{s=0}^{\infty} \frac{M[f; s+1]}{x^{s+1}}; \quad (5.3.127)$$

以上的 $\varepsilon_n(x)$ 由 (5.3.119) 确定,
$$E_\alpha^*(x) = p.v \int_0^\infty \frac{e^{cti}}{t^\alpha(t-x)} dt, \quad 0 \leqslant \alpha < 1. \quad (5.3.128)$$

根据文献 [261,p319], 当 $0 \leqslant \alpha < 1$ 和 $c > 0$ 时, 有
$$E_\alpha^*(x) = \frac{\pi i}{x^\alpha} e^{cxi} - \sum_{s=0}^{n-1} \frac{\Gamma(s+1-\alpha)}{c^{s+1-\alpha}} \frac{e^{(s+1-\alpha)\pi i/2}}{x^{s+1}} + \delta_n(x), \quad n \geqslant 1, x > 0, \quad (5.3.129)$$

其中
$$|\delta_n(x)| \leqslant \frac{\Gamma(n+1-\alpha)}{c^{n+1-\alpha}} \frac{1}{x^{n+1}}.$$

剩下的需要证明余项, 当 $x \to \infty$ 时, $\varepsilon_n(x) = o(x^{-n})$, 同时存在正数 $M_n$ 使得对 $0 < \alpha \leqslant 1$ 有
$$\left|\int_0^\infty \frac{\tau^n f_n(\tau)}{\tau - x} d\tau\right| \leqslant M_n \frac{\log x}{x^\alpha}, \quad \text{对所有的} x > e. \quad (5.3.130)$$

**定理 5.3.9**(文献 [261],p317) 设 $f(t), t \in [0, \infty)$ 局部可积且 $f(t), t \in (0, \infty)$ 连续可微, 若 $f(t)$ 有 (5.3.108) 的渐近展开式, 同时 $f'(t)$ 通过 (5.3.108) 逐项求导可得, 那么 (5.3.129) 成立.

由文献 [261] 可知:

(1) 若
$$f(t) = \sum_{s=1}^{n} \frac{a_s}{t^s} + \cos wt \sum_{s=1}^{n} \frac{A_s}{t^s} + \sin wt \sum_{s=1}^{n} \frac{B_s}{t^s} + f_n(t), \quad (5.3.131)$$

这里 $w$ 是正常数, 当 $t \to \infty$ 时, 有 $f_n(t) = O(t^{-n-1})$, 则
$$H_f^+(x) = -\sum_{s=1}^{n} \frac{c_s}{x^s} - \log x \sum_{s=1}^{n} \frac{a_s}{x^s} + \left(\sum_{s=1}^{n} \frac{A_s}{x^s}\right) \left(p.v \int_0^\infty \frac{\cos wt}{t-x} dt\right)$$
$$+ \left(\sum_{s=1}^{n} \frac{B_s}{x^s}\right) \left(p.v \int_0^\infty \frac{\sin wt}{t-x} dt\right) + \frac{1}{x^n} \left(p.v \int_0^\infty \frac{t^n f_n(t)}{t-x} dt\right), \quad (5.3.132)$$

## 5.3 几类典型奇异积分的渐近展开式

且

$$c_s = \lim_{z \to s}\left\{M[f;z] + \frac{a_s}{z-s}\right\} - \sum_{j=1}^{s-1}\frac{\Gamma(s-j)}{w^{s-j}}\left[A_j\cos\frac{\pi(s-j)}{2} + B_j\sin\frac{\pi(s-j)}{2}\right].$$

把 (5.3.131) 代入 (5.3.132), 并运用 (5.3.129) 且令 $\alpha = 0$ 得到: 若 (5.3.129) 成立, 那么有下列渐近展开式:

$$H_f^+(x) \sim -\sum_{s=1}^{\infty}\frac{d_s}{x^s} - \log x \sum_{s=1}^{\infty}\frac{a_s}{x^s} - \pi\sin wx\sum_{s=1}^{\infty}\frac{A_s}{x^s} + \pi\cos wx\sum_{s=1}^{\infty}\frac{B_s}{x^s}, \quad (5.3.133)$$

这里

$$d_s = \lim_{z \to s}\left\{M[f;z] + \frac{a_s}{z-s}\right\}.$$

(2) 若

$$f(t) \sim \sum_{s=0}^{\infty}\frac{a_s}{t^{s+\alpha}} + \cos wt\sum_{s=0}^{\infty}\frac{A_s}{t^{s+\beta}} + \sin wt\sum_{s=0}^{\infty}\frac{B_s}{t^{s+\beta}}, \quad (5.3.134)$$

其中 $0 < \alpha < 1$, $0 < \beta < 1$, $w > 0$, 那么

$$H_f^+(x) \sim \pi\cot\pi\alpha\sum_{s=0}^{\infty}\frac{a_s}{x^{s+\alpha}}$$

$$-\sum_{s=1}^{\infty}\frac{M[f;s]}{x^s} - \pi\sin wx\sum_{s=0}^{\infty}\frac{A_s}{x^{s+\beta}} + \pi\cos wx\sum_{s=0}^{\infty}\frac{B_s}{x^{s+\beta}}. \quad (5.3.135)$$

**例 5.3.7** 考虑积分

$$I(x) = p.v\int_0^{\infty}\frac{J_0^2(t)dt}{t-x}. \quad (5.3.136)$$

根据第一类零阶 Bessel 函数的展开式, 当 $t \to \infty$ 时, 有

$$J_0(x) = \left(\frac{2}{\pi t}\right)^{1/2}\left\{\cos\left(t - \frac{\pi}{4}\right)\left(1 - \frac{9}{128t^2}\right) + \sin\left(t - \frac{\pi}{4}\right)\left(\frac{1}{8t}\right) + O\left(\frac{1}{t^3}\right)\right\},$$

有当 $t \to \infty$ 时,

$$J_0^2(x) = \frac{1}{\pi t} - \frac{1}{8\pi t^3} - \cos 2t\left(\frac{1}{4\pi t^2}\right) + \sin 2t\left(\frac{1}{\pi t} - \frac{5}{32\pi t^3}\right) + O\left(\frac{1}{t^4}\right). \quad (5.3.137)$$

根据 (5.3.131) 和 Mellin 变换, 我们有 $w = 2$, $a_1 = 1/\pi$, $a_2 = 0$, $a_3 = -1/(8\pi)$; $A_1 = 0$, $A_2 = -1/(4\pi)$, $A_3 = 0$; $B_1 = 1/\pi$, $B_2 = 0$, $B_3 = -5/(32\pi)$,

$$M[J_0^2;z] = \frac{2^{z-1}\Gamma\left(\frac{z}{2}\right)\Gamma(1-z)}{\left\{\Gamma\left(1-\frac{z}{2}\right)\right\}^3}$$

与
$$\Gamma(z) = \frac{(-1)^s}{s!}\left[\frac{1}{z+s} + \psi(s+1) + O(z+s)\right],$$

从而获得
$$d_1 = \frac{1}{\pi}(\gamma + 3\log 2), \quad d_2 = 0, \quad d_3 = \frac{-1}{8\pi}\left(\gamma + 3\log 2 - \frac{5}{2}\right).$$

运用 (5.3.133) 得到
$$\begin{aligned}I(x) \sim &-\frac{1}{\pi x}\log x - \frac{1}{\pi x}(\gamma + 3\log 2) + \frac{1}{x}\cos 2x + \frac{1}{4x^2}\sin 2x \\ &+ \frac{1}{8\pi x^3}\log x + \frac{1}{8\pi x^3}\left(\gamma + 3\log 2 - \frac{5}{2}\right) - \frac{5}{32x^3}\cos 2x + \cdots.\end{aligned} \quad (5.3.138)$$

现在进一步来讨论 Laplace 变换和 Fourier 变换靠近原点的情况 (文献 [261] p323–324).

考虑积分
$$L_f(z) = \int_0^\infty f(t)e^{-zt}dt, \quad \text{Re }z > 0, \text{且} z \to 0 \quad (5.3.139)$$

和
$$F_f(x) = \int_0^\infty f(t)e^{xti}dt. \quad (5.3.140)$$

**定理 5.3.10** 设 $f(t), t \in [0, \infty)$ 局部可积,

(I) 若满足定理 5.3.7 中 (2) 的条件, 那么
$$L_f(z) = \sum_{s=0}^{n-1} a_s \Gamma(1-s-\alpha)z^{\alpha+s-1} - \sum_{s=1}^{n} c_s z^{s-1} + R_n(z), \quad n \geqslant 1, \quad (5.3.141)$$

其中 $c_s = \dfrac{(-1)^s}{(s-1)!}M[f;s]$;

(II) 若满足定理 5.3.7 中 (1) 的条件, 那么
$$L_f(z) = \log z \sum_{s=0}^{n-1}\frac{(-1)^{s+1}}{s!}a_s z^s + \sum_{s=0}^{n-1}\gamma_s z^s + R_n(z), \quad n \geqslant 1, \quad (5.3.142)$$

其中
$$\gamma_s = \frac{(-1)^{s+1}}{s!}\gamma a_s - \lim_{t\to 0}\left[f_{s+1,s+1}(t) + \frac{(-1)^s}{s!}a_s \log t\right], \quad s = 0, 1, 2, \cdots,$$

余项 $R_n(z) = z^n \int_0^\infty f_{n,n}(t)e^{-zt}dt$, 这里 $f_{n,n}(t)$ 如 (5.3.99) 确定.

## 5.3 几类典型奇异积分的渐近展开式

在 (5.3.141) 和 (5.3.142) 中, 置 $z = \varepsilon - xi$, 然后令 $\varepsilon \to 0$ 可获得下面定理.

**定理 5.3.11** 设 $f(t), t \in [0, \infty)$ 局部可积,

(I) 若满足定理 5.3.7 中 (2) 的条件, 那么

$$F_f(x) = e^{-\alpha\pi i/2} \sum_{s=0}^{n-1} (-i)^{s-1} a_s \Gamma(1-s-\alpha) x^{\alpha+s-1} - \sum_{s=1}^{n} c_s(-xi)^{s-1} + R_n(z), \quad (5.3.143)$$

其中 $c_s = \dfrac{(-1)^s}{(s-1)!} M[f;s]$;

(II) 若满足定理 5.3.7 中 (1) 的条件, 那么

$$F_f(x) = -\log x \sum_{s=0}^{n-1} \frac{a_s}{s!} (xi)^s + \sum_{s=1}^{n} \gamma_s^*(-xi)^s + R_n(z), \quad (5.3.144)$$

这里

$$\gamma_s^* = \frac{(-1)^{s+1}}{s!} \left(\gamma - \frac{\pi}{2}i\right) a_s - \lim_{t \to 0} \left[f_{s+1,s+1}(t) + \frac{(-1)^s}{s!} a_s \log t\right], \quad s = 0, 1, 2, \cdots,$$

余项 $R_n(z) = (-xi)^n \int_0^\infty f_{n,n}(t) e^{xti} dt$, 这里 $f_{n,n}(t)$ 如前面 (5.3.109) 确定.

### 5.3.4 分数阶积分的渐近展开式

若 $f(t), t \in [0, \infty)$ 局部可积, 那么称

$$I^\mu f(x) = \frac{1}{\Gamma(\mu)} \int_0^x (x-t)^{\mu-1} f(t) dt, \quad \mu > 0 \quad (5.3.145)$$

为阶数是 $\mu$ 的分数阶积分.

**定理 5.3.12**(文献 [261, p328—333])  设 $f(t), t \in [0, \infty)$ 局部可积, (I) 若满足定理 5.3.7 中 (2) 的条件, 那么

$$I^\mu f(x) = \sum_{s=0}^{n-1} a_s \frac{\Gamma(1-s-\alpha)}{\Gamma(\mu+1-s-\alpha)} x^{\mu-s-\alpha} - \sum_{s=1}^{n} \frac{c_s}{\Gamma(\mu+1-s)} x^{\mu-s} + \frac{1}{x^n} \delta_n(x), \quad (5.3.146)$$

这里 $n \geqslant 1$, $c_s = \dfrac{(-1)^s}{(s-1)!} M[f;s]$ 和误差

$$\delta_n(x) = \sum_{j=0}^{n} C_n^j \frac{\Gamma(\mu+1)}{\Gamma(\mu+1-j)} I^\mu [t^{n-j} f_{n,j}](x)$$

且 $f_{n,j}(t)$ 如前面 (5.3.109) 确定;

(II) 若满足定理 5.3.7 中 (1) 的条件, 那么

$$I^\mu f(x) = \sum_{s=0}^{n-1} \frac{(-1)^s a_s}{\Gamma(\mu+1)s!} \{x^\mu[\log x - \gamma - \psi(\mu+1)]\}^{(s+1)}$$
$$- \sum_{s=1}^{n} \frac{d_s x^{\mu-s}}{\Gamma(\mu+1-s)} + \frac{1}{x^n}\delta_n(x), \qquad (5.3.147)$$

这里 $\gamma$ 是 Euler-Mascheroni 常数, $\psi$ 是 Gamma 函数的对数的导数,

$$d_s = \lim_{t \to 0}\left[f_{s,s}(t) + \frac{(-1)^{s-1}}{(s-1)!}a_{s-1}\log t\right].$$

根据文献 [261, p328–333] 给出了误差的上界,

$$|\delta_n(x)| \leqslant M_n(\rho)\left[\frac{\Gamma(\mu+1)\Gamma(1-\rho)}{\Gamma(\mu+1-\rho)\Gamma(n+\rho)}\sum_{j=0}^{n}C_n^j\frac{\Gamma(n+\rho-j)}{|\Gamma(\mu+1-j)|}\right]x^{\mu-\rho}, \qquad (5.3.148)$$

且

$$M_n(\rho) = \sup_{(0,\infty)}\{t^{n+\rho}|f_n(t)|\} < \infty.$$

**例 5.3.8** 考虑积分

$$I(x) = \int_0^1 \frac{\tau}{\sqrt{1-\tau^2}} e^{-2x\tau^2 i} F\left(2\tau\sqrt{\frac{x}{\pi}}\right) d\tau, \qquad (5.3.149)$$

这里 $F(x)$ 是 Fresnel 积分且定义为

$$F(t) = \int_t^\infty e^{\pi \xi^2 i/2} d\xi.$$

作变量代换 $x\tau^2 = t$, 得到

$$I(x) = \frac{1}{2\sqrt{x}}\int_0^x (x-t)^{-1/2} f(t) dt, \qquad (5.3.150)$$

其中 $f(t) = e^{-2ti}F\left(2\sqrt{\frac{t}{\pi}}\right)$. 根据误差函数的余函数, $f(t)$ 能够表示为

$$f(t) = \frac{1}{\sqrt{2}}e^{-2ti+\pi i/4}\operatorname{erfc}(e^{-\pi i/4}\sqrt{2t}), \qquad (5.3.151)$$

且有渐近展开式

$$f(t) = \frac{i}{2\sqrt{2}}t^{-1/2}\left[1 + \sum_{s=1}^{n-1}(-i)^s\frac{(2s-1)!!}{2^{2s}t^s} + r_n(t)\right]$$

和
$$|r_n(t)| \leqslant \sqrt{2}\frac{(2s-1)!!}{2^{2s}t^s}.$$

置 $a_0 = \mathrm{i}/(2\sqrt{\pi})$ 和 $a_s = (-1)^s \mathrm{i}^{s+1}\dfrac{(2s-1)!!}{2^{2s+1}\sqrt{\pi}}$, $s = 1, 2, \cdots$, 根据定理 5.3.12, 此处 $\mu = \alpha = 1/2$, 于是

$$I(x) = \frac{\sqrt{\pi}}{2\sqrt{x}}\left[\sum_{s=0}^{n-1} a_s \frac{\Gamma(1/2-s)}{\Gamma(1-s)} x^{-s} - \sum_{s=1}^{n} \frac{c_s}{\Gamma(3/2-s)} x^{1/2-s} + \frac{1}{x^n}\delta_n(x)\right], \quad (5.3.152)$$

且利用 $c_s = M[f;t] = \dfrac{1}{\sqrt{2}}\left(\dfrac{\mathrm{i}}{2}\right)^s e^{\pi \mathrm{i}/4}$. 当 $x \to \infty$ 时, 上式除第一项外, 其他项全部为零, 从而有

$$I(x) \sim \frac{\mathrm{i}\sqrt{\pi}}{4\sqrt{x}} + \frac{e^{-\pi \mathrm{i}/4}}{4\sqrt{2}}\sum_{s=0}^{\infty}\frac{\Gamma(s+1/2)/\Gamma(1/2)}{(2\mathrm{i})^s}x^{-s-1}, \quad x \to \infty. \quad (5.3.153)$$

### 5.3.5 Cauchy 奇异与 Hadamard 奇异积分算子

考虑 Cauchy 奇异积分算子

$$I(t) = \int_a^b \frac{f(x)dx}{x-t}, \quad (5.3.154)$$

其中 $f \in C^{n+1}[a,b]$, $a < t < b$, 利用 $f(x)$ 的 Taylor 展开式

$$f(x) = \sum_{k=0}^{n}\frac{f^{(k)}(t)}{k!}(x-t)^k + \frac{f^{(n+1)}(\xi)(x-t)^{n+1}}{(n+1)!}, \quad a < \xi < b, \quad (5.3.155)$$

代入 (5.3.154) 得到

$$\begin{aligned}\int_a^b \frac{f(x)dx}{x-t} =& f(t)\int_a^b \frac{dx}{x-t} + \sum_{k=1}^{n}\int_a^b \frac{f^{(k)}(t)}{k!}(x-t)^{k-1}dx \\ & + \int_a^b \frac{f^{(n+1)}(\xi)(x-t)^n dx}{(n+1)!} \\ =& f(t)\log\frac{b-t}{t-a} + \sum_{k=1}^{n}\frac{f^{(k)}(t)}{k!}\frac{(b-t)^k-(a-t)^k}{k} + R_n(x), \quad (5.3.156)\end{aligned}$$

这里 $R_n(x) = \displaystyle\int_a^b \frac{f^{(n+1)}(\xi)(x-t)^n dx}{(n+1)!}$, $a < \xi < b$.

同理能够得到 Hadamard 奇异积分算子展开式

$$\int_a^b \frac{f(x)dx}{(x-t)^2} = f(t)\int_a^b \frac{dx}{(x-t)^2} + f'(t)\int_a^b \frac{dx}{x-t}$$

$$+ \sum_{k=2}^{n} \int_{a}^{b} \frac{f^{(k)}(t)}{k!}(x-t)^{k-2}dx + \int_{a}^{b} \frac{f^{(n+1)}(\xi)(x-t)^{n-1}dx}{(n+1)!}$$

$$= -f(t)[\frac{1}{b-t} + \frac{1}{t-a}] + f(t)\log\frac{b-t}{t-a}$$

$$+ \sum_{k=2}^{n} \frac{f^{(k)}(t)}{k!} \frac{(b-t)^{k-1} - (a-t)^{k-1}}{k-1} + R_n(x), \tag{5.3.157}$$

这里 $R_n(x) = \int_{a}^{b} \frac{f^{(n+1)}(\xi)(x-t)^{n-1}dx}{(n+1)!}, a < \xi < b.$

利用上述方法能够获得奇异积分算子

$$I(t) = \int_{a}^{b} \frac{f(x)dx}{|x-t|^{\alpha}}, \quad \alpha \leqslant -1 \tag{5.3.158}$$

的展开式, 这里不再重复. 但这种展开式不适于解奇异积分方程, 因为它含有 $f(x)$ 的导函数.

# 参 考 文 献

[1] Abramowitz M, Stegun A. Handbook of Mathematical Functions. New York: Dover, 1972: 805

[2] Alberto S. Analytical integrations of hypersingular kernel in 3D BEM problems. Compute. Methods Appl. Mech. Engrg., 2001,190: 3957–3975

[3] Alpert B K. Hybrid Gauss-trapezoidal quadrature rules. SIAM J. Sci. Comput, 1999,20: 1551–1584

[4] Ainsworth M, Guo B. An additive Schwarz preconditioner for $p$-version boundary element approximation of the hypersingular operator in three dimensions. Numer. Math., 2000, 85: 343–366

[5] Andrews L C. Special Functions of Mathematics for Engineers. 2nd ed. New York: McGraw-Hill, Inc., 1992.

[6] Atkinson K E. An Introduction to Numerical Analysis. 2nd. New York: Wiley, 1989

[7] Bao G, Sun W. A fast algorithm for the electromagnetic scattering from a large cavity. SIAM J. Sci. Comput., 2005, 27: 553–574

[8] Bauer F L, Rutishauser H, Stiefel E. New Aspects in Numerical Quadrature. Proc. Symp. Appl. Math., Providence, R.I.: Amer. Math. Soc., 1963

[9] Bender C M, Orszag S A. Advanced Mathematical Methods for Scientists and Engineers. New York: McGraw-Hill, 1978

[10] Bialecki B. A sinc quadrature rule for Hadamard finite-part integrals. Numer. Math., 1990, 57: 263–269

[11] Bibby M M, Peterson A F. High-order treatment of Junctions and edge singularities with the locally-corrected Nyström. ACES J., 2013, 28: 892–902

[12] Bleistein N, Handelsman R A. Asymptotic Expansion of Integrals. New York: Dover, 1986

[13] Bleistein N. Asymptotic expansions of integrals transforms of functions with logarithmic singularities. SIAM J. Math. Anal., 1977, 8: 655–672

[14] Bleistein N. Uniform asymptotic expansions of integrals with stationary poits nearalgebraic singularity. Comm. Pure Appl. Math., 1966, 19: 353–370

[15] Boykov I V, Ventsel E S, Boykova A I. An approximate solution of hypersingular integral equations. Appl. Numer. Math., 2010,60:607–628

[16] Brauchart J S, Hardin D P, Saff E B. The Riesz energy of the $N$th roots of unity: an asymptotic expansion for large $N$. Bull. Lond. Math. Soc. 2009, (41): 621–633

[17] Brebbia C A, Telles C F, Wrobel L C. Boundary element techniques. Berlin: Springer-Verlag, 1984

[18] Brunner H. Collocation Methods for Volterra Intergral and Related Functional Equations. Cambridge: Cambridge University Press, 2004

[19] Capobianco M R, Mastroianni G, Russo M G. Pointwise and uniform approximation of the finite Hilbert transform// Approximation and Optimization, Cluj-Napoca, 1996, I: 45-66. Translilvania, Cluj-Napoca, 1997

[20] Chan Y S, Albert C, Fann J, Glaucio H P. Integral equations with hypersingular kernels-theory and applications to fracture mechanics. J Engineering Science, 2003, 41: 683-720

[21] Chako N. Asymptotic expansions of double and multiple integrals arising in diffraction theory. J. Inst. Math. Appl., 1963, 1: 372-422

[22] Carley M. Numerical quadratures for singular and hypersingular integrals in boundary element methods. SIAM J. Sci. Comput., 2007, 29: 1207-1216

[23] Cano A, Moreno C. A new method for numerical integration of singular functions on the plane. Numer. Algor., 2015, 68: 547-568

[24] Chawla M M, Kumar S. Convergence of quadratures for Cauchy principal value integrals, Computing., 1979, 23: 67-72

[25] Chawla N M, Ramakrishnan T R. Modified Gauss-Jacobi quadrature formulas for the numerical evaluation of Cauchy type singular integrals. BIT., 1974, 14: 14-21

[26] Chen J T, Kuo S R, Lin J H. Analytical study and numerical experiments for degenerate scale problems in the boundary element method for two-dimentional elasticity. Int. J. Numer. Methods Eng., 2002, 54: 1669-1681

[27] Chen Y Z. Hypersingular integral equation method for three-dimentional crack problem in shear mode. Commun. Numer. Methods Eng., 2004, 20: 441-454

[28] Chen Y Z. Numerical solution of a curved crack problem by using hypersingular integral equation approach. Engineering Fracture Mechanics., 1993, 46: 275-283

[29] Chrysakis A C, Tsamasphyros G. Numerical solution of integral equations with alogarithmic kernel by method of arbitrary collocation points, Int. J. Numer. Meth. Engng., 1992, 33: 143-148

[30] Choi U J, Kim S W, Yun B I. Improvement of the asymptotic behaviour of the Euler-Maclaurin formula for Cauchy principal value and Hadamard finite-part integrals. Int. J. Numer. Meth. Engng., 2004, 61: 496-513

[31] Chrysakis A C, Tsamasphyros G. Numerical solution of integral equations with a logarithmic kernel by the method of arbitrary collocation points. Int. J. Numer. Meth. Engng., 1992, 33: 143-148.

[32] Colton D, Kress R. Inverse Acoustic and Electromaggnetic Scattering Theory, Applied Mathematical Sciences. Berlin: Springer-Verlag, 1998

[33] Crisulolo G, Mastroianni G. On the convergence of product formulas for the evaluation of derivatives of Cauchy principal value integrals. Int. J. Number. Meth. Engng., 1988, 25: 713-727

[34] Cruse T A. Numerical solutions in three-dimensional elastostatics, Internat. J. Solids and Structures, 1969, 5: 1259-1274

# 参考文献

[35] Cruse T A. Application of the boundary-integral equation method to three-dimensional stress analysis. Comput. & Structures, 1973, 3: 509–527

[36] Cruse T A. Wilson R B. Advanced applications of boundary-integral equation methods. Nuclear Engrg. Des., 1978, 46: 223–234

[37] Davis P J, Rabinowitz P. Methods of Numerical Integration. 2nd. New York: Academic Press, 1984

[38] Delbourgo D, Eliott D. On the approximate evaluation of Hadamard finite-part integrals. Computer Methods in Applied Mechanics and Engineering, 1994, 14: 485–500

[39] Deloff A. Gauss-Legendre and Chebyshev quadratures for singular integrals. Computer Phys. Comm., 2008, 179: 908–914

[40] Diethelm K. Modified compound quadrature rules for strongly singular integrals. Computing, 1994, 52: 337–354

[41] Diligenti M, Monegato G. Finite-part integrals: their occurrence and computation. Rend. Circ. Mat. Palermo,(2) Suppl., 1993, 33: 39–61

[42] Donalson J D, Elliott D. A unified approach to quadrature rules with asymptotic estimates of their remainders. SIAM J. Numer. Anal., 1972, 9: 513–602

[43] Du Q K. Evaluations of certain hypersingular integrals on interval. Int. J. Numer. Methods Eng., 2001, 51: 1195–1210

[44] Duffy M G. Quadrature over a pyramid or cube of integrands with a singularity at a vertex. SIAM J. Numer. Anal., 1982, 6 : 1260–1262

[45] 杜金元. 关于利用内插型求积公式的奇异积分方程的数值解法 (I). 数学物理学报, 1985, 2: 205–223

[46] 杜金元. 关于利用内插型求积公式的奇异积分方程的数值解法 (II). 数学物理学报, 1985, 4: 433–443

[47] 杜金元. 奇异积分方程的数值解法 (I). 数学物理学报, 1987, 2: 169–189

[48] Elliott D. The cruciform crack problem and sigmoidal transformations. Math. Methods Appl. Sc., 1997, 20: 121–132

[49] Elliott D, Paget D F. Gauss type quadrature rules for Cauchy principal value integrals, Math. Comp. 1979, 33: 301–309

[50] Elliott D, Paget D F. On the convergence of a quadrature rule for evaluating certain Cauchy principal value integrals. An Addendum, Numer. Math., 1976, 25: 287–289

[51] Elliott D, Venturino E. Sigmoidal transformations and the Euler-Maclaurin expansion for evaluating certain Hadamard finite-part integrals. Numer. Math., 1997, 77: 453–465

[52] Erdelyi A. Asymptotic representations of Fourier integrals and the method of stationary phase. J. Soc. Indust. Appl. Math., 1955, 3: 17–27

[53] Erdogan F, Gupta G D. On the numerical solution of sinular integral equations. Quart. Appl. Math., 1972, 29: 525–534

[54] Estrada R, Kanwal R P. Singular Integral Equations. Birkhäuser: Boston, 2000

[55] Espelid T O. On integrating vertex singuarties using extepolation. BIT, 1994, 34: 62–79

[56] Evans G. Practical Numerical Integration. New York: Wiley, 1993

[57] Exton H. Handbook of Hypergeometric Integrals: Theory, Applications, Tables, Computer Programs. New York: Halsted/ Wiley, 1978

[58] Fu J C, Wong R. An asymptotic expansion of a Beta-type integral and its application to probabilities of large deviations. Proc. Amer. Math. Soc., 1980, 79: 410–414.

[59] Fulks W. Asymptotics I: A note on Laplace's method. Amer. Math. Monthly, 1960, 67: 880–882

[60] Fulks W. Sather J O. Asymptotics II: Laplace's method for multiple integrals. Pacific J. Math., 1961, 11: 185–192

[61] Gabdulkhaev B G. Cubature formulas for multidimensional singular integrals, II, IZV. Vyss. Uch. Zav. Matem., 1975, 4: 3–13. [English translation in the corresponding issue of Sov. Math. (Izv. VUZ)]

[62] Gabdulkhaev B G, Onezov L A. Cubature formulas for singular integrals, Izv. Vyssh. Uchebn. Zaved. Mat., 1976, 7: 100-105. [English transl. in Soviet Math. (Iz. VUZ)].

[63] Gakhov F D. Boundary Value Problems. Oxford: Pergamon Press, 1966

[64] Gröber W, Hofreiter N. Integraltable, Unbestimmte Integrale. Springer, Wien, 1949: 113

[65] 盖尔方德, 希洛夫. 广义函数 I. 林坚冰, 译, 北京: 科学出版社, 1955

[66] Gladwell G M L. Contact Probelms in the Classical Theory of Elasticity. Dordrecht: Kluwer Academic Publishers, 1980

[67] Gautschi W. Numerical integration over the square in the presence of algebraic/ logarithmic singularities with an application to aerodynamices. Nuer Algor, 2012, 61: 275–290

[68] Giovanni M. The numerical evaluation of a 2-D Cauchy principal value integra arising in boundary integral equation methods. Math. Comp., 1994, 62: 765-777

[69] Gradshteyn I S, Ryzhik I M. Tables of Integrals, Series and Products. Boston: Academic Press, 1994

[70] Grigolyuk E, Tolkachev V. Contact Problems in the Theory of Plates and Shells. Moscow: MIR, 1987

[71] Gradshteyn I S, Ryzhik I M. Table of Integrals, Series, and Products. New York: Academic Press, 1965

[72] Guiggiani M, Gigante A. A general algorithm for multidimensional cauchy prinicipal value integrals in the boundary element method. Trans. ADME J. Appl. Mech., 1990, 57: 906–915

[73] Guiggiani M, Krishnasamy G, Rudolphi T J, Rizzo F J. A general algorithm for the numerical solution of hypersingular boundary integral equations. Trans. ASME J. Appl. Mech., 1992, 59: 604–614

[74] 华罗庚, 王元. 数论在近似分析中的应用. 北京: 科学出版社, 1978

[75] Hadamard J. Lectures on Cauchy's problem in linear partical differential equations. Yale Univ. Press, 1923, Dover Publ., 1952

[76] Hardy G H. Divergent Series. London: Oxford University Press, 1949

[77] Hasegawa T. Uniform approximations of hypersingular integrals using Gaussian quadrature. Int. J. Numer. Methods Eng., 1999, 44: 205–214

[78] Hasegawa T, Torii T. Application of a modified FFT to product type integration. J. Comput. Appl. Math., 1991, 38: 157–168

[79] Hasegawa T. Uniform approximations of finite Hilbert transform and its derivative. J. Comput. Appl. Math., 2004, 163: 127–138

[80] 黄晋, 吕涛. 曲边多角形域上第一类边界积分方程的机械求积法与分裂外推, 计算数学, 2004, 26: 51–60

[81] Huang J, Lu T. Mechanical quadrature methods and their extrapolation for solving boundary integral equation of Steklov eigenvalue problem. Journal of computational Mathematics, 2004, 22: 719–726

[82] Huang J, Lu T. Splitting extrapolations for solving boundary integral equations of linear elasticity Dirichlet problems on polygons by mechanical quadrature. Journal of computational Mathematics, 2006, 24: 9–18

[83] Huang J, Li Z C, Lu T, Zhu R. Splitting extrapolations for solving integral equations of mixed boundary conditions on polygons by mechanical quadrature methods. Taiwanese Mathematics, 2008, 12: 2341–2361

[84] Huang J, Zhu W. Extrapolation algorithms for solving mixed boundary integral equations of the helmholtz equation by mechanical quadrature methods. SIAM, J. SCI. Comput, 2009, 32: 4115–4129

[85] Huang J, Lu T, Li Z C. Mechanical quadrature methods and their splitting extrapolations for boundary integral equations of first kind on open arcs. Applied Numerical Mathematics, 2009, 59: 2908–2922

[86] 黄晋, 吕涛, 朱瑞. 机械求积法与组合法解 Cauchy 奇异积分方程. 数学与物理学报, 2009, 1: 105–129

[87] Huang J, Li Z C, Chen I L, Cheng A H D. Advanced quadrature methods and splitting extrapolation algorithms for first kind boundary integral equations of laplace's equation with discontinuity solutions. Engineering Analysis with Boundary Elements, 2010, 34: 1003–1008

[88] Huang J, Huang H T, Li Z C, Wei Y M. Stability analysis via condition number and effective condition number for the first kind boundary integral equations by advanced quadrature methods. A Comparison, Engineering Analysis with Boundary Elements, 2011, 35: 667–677

[89] Huang J, Zeng G, He X M, Li Z C. Splitting extrapolation algorithms for first kind boundary integral equations with singularities by mechanical quadrature methods. Advances in Computational Mathematics., 2011, 59: 659–672

[90] Huang J, Wang Z, Zhu R. Asymptotic error expansions for hypersingular integrals. Advances in Computational Mathematics, 2013, 38: 257–279

[91] Hunter D B. The numerical evaluation of Cauchy principal values of integrals by Romberg integration. Numer. Math., 1973, 21: 185–192

[92] Hui C Y, Shia D. Evaluations of hypersingular integrals using Gaussian quadrature. Int. J. Numer. Meth. Engng., 1999, 44: 205–214

[93] Ioakimidis N I, Theocaris P S. On the numerical solution of singular integro-differential equations. Quart. Appl. Math., 1979, 37: 325–331

[94] Ioakimidis N I. On the numerical evaluation of derivatives of Cauchy principal value integrals. Computing., 1981, 27: 81–88

[95] Ioakimidis N I. Further convergence results for two quadrature rules for Cauchy type principal value integrals. Apl. Mat., 1982, 27: 457–466

[96] Ioakimidis N I. A new interpretation of Cauchy type singular integrals with an application to singular integral equations. Comput. Appl. Math., 1986, 14: 271–278

[97] Ioakimidis N I. A modification of the quadrature method for the direct numerical solution of singular integral equations. Comput. Methods Appl. Mech. Engng., 1984, 46: 1–13

[98] Ioakimidis N I. On the uniform convergence of Gauss quadrature rules for Cauchy principal value integrals and their derivatives. Math Comput., 1985, 44: 191–198

[99] Ioakimidis N I. Remarks on the Gauss quadrature rule for a particular class of finite-part integrals. Int. J. Numer. Meth. Engng., 1995, 38: 2433–2448

[100] Ioakimidis N I. The Gauss-Laguerre quadrature rule for finite-part integrals. Communications in Numerical methods in engineering, 1993, 9: 439–450

[101] Iri M, Moriguti S, Takasawa Y. On a certain quadrature formula. Kokyuroku, Res. Inst. Sci. Kyoto., 1970, 91: 82–118 (in Japanese). English translation: J. Comput. Appl. Math., 1987, 17: 3–20

[102] Kapur S, Rokhlin V. High-order corrected trapezoidal quadrature rules for singular function. SIAM J. Numer.Anal, 1997, 34: 1331–1356

[103] Kabir H, Madenci E. Ortega a numerical solution of integral equations with logarithmic-,Cauchy-, and Hadamard-type singularities. Int. J. Numer. Mech. Engng., 1998, 41: 617–638

[104] Kaya A C, Erdogan F. On the solution of integral equations with strongly singular kernels. Quart. Appl. Math., 1987, 45: 105–122

[105] Kazantzakis J G, Theocaris P S. The evaluation of certain two-dimensional singular integrals used in three-dimensional elasticity. Internat. J. Solids and Structures, 1979,

15: 203-207

[106] Kieser R. Uber Einseitige Sprungrelationen und Hypersingulare Operatoren in der Methode der Randelemente. Doctoral Thesis, University Stuttgart, 1991.

[107] Kim P, Jin U C. Two trigonometric quadrature formulae for evaluating hypersingular integrals. Inter. J. Numer. Methods Eng., 2003, 56: 469-486

[108] Kolm P, Rokhlin V. Numerical quadratures for singular and hypersingular integrals. Comput. Math. Appl., 2001, 41: 327-352

[109] Korobov N M. Number-Theoretic methods of approximate analysis (GIFL, Moscow, 1963) (in Russian).

[110] Korsunsky A M. Gauss-Chebyshev quadrature formulae for strongly singular integrals. Quart. Appl. Math., 1998, 56: 461-472

[111] Krenk S. On the use of the interpolation polynomial of solutions of singular integral equations. Quart. Appl. Math., 1975, 33: 479-484

[112] Krenk S. On the quadrature formulas for singular integral equations of the first and seccond kinds. Quart. Appl. Math., 1975, 33: 225-233

[113] Kress R, Lee K M. Integral equation methods for scattering from an impedance crack. J. Comput. Appl. Math., 2003, 161: 161-177

[114] Kress R, Martensen E. Anwendung der Rechteckregel auf die reele Hibert transformation mit undendlichem inter. ZAMM, 1970, 50: 61-64

[115] Kress R. On the numerical solution of a hypersingular integral equation in scattering theory. J. Comp. Appl. Math., 1995, 50: 345-360

[116] Krishnasamy G, Schmerr L W, Rudolphi T J, Rizzo F J. Hypersingular boundary integral equations: some applications in acoustic and elastic scattering. ASME J. Appl. Mech., 1990, 57: 404-414

[117] Krylov V I, Lugin V V. Yanovich Tables for numerical integration of functions with power singularities. Minsk, Izdat, Akad. Nauk. BSSR, 1963

[118] Kutt H R. The numerical evaluation of principal value integrals by finite-part integration. Numer. Math., 1975, 24: 205-210

[119] Kythe P K, Schäferkotter M R. Handbook of computational methods for integration. New York: Chapman Hall/CRC Press, 2005.

[120] Korsunsky A M. Gauss-Jacobi quadratures for hypersingular integrals.Proceedings of the 1st UK Conference on boundary integral methods, 1997: 164-177

[121] Korsunsky A M. Gauss-Chebyshev quadrature formulae for strongly singular integrals. Quarterly of Applied Mathematics, 1998, 56: 461-472

[122] 卡尔台龙 A P. 奇异积分算子及其在双曲微分方程上的应用. 伍卓群, 译. 上海: 上海科学出版社, 1963.

[123] Kabir H, Madenci E, Ortega A. Numerical solution of integral equations with

logarithmic-, Cauchy- and Hadamard-type singularitics. Int. J. Numer. Meth. Engng., 1998, 41: 617–638

[124] Kaneko H, Xu Y. Gauss-type quadratures for weakly singular integrals and their application to Fredholm integral equations of the second kind. Mathematics of computation, 1994, 62: 739–753

[125] Lyness J N, Ninham B W. Numerical Quadrature and asymptotic expansions. Math. Comp., 1967, 21: 162–178

[126] Lyness J N. An error functional expansion for N-dimensional quadrature with an integrand function singular for a point. Math. Comp., 1976, 30: 1–23

[127] Lyness J N. Extrapolation Methods for Multidimensional Quadrature,Numerical Algorithms. Oxford. Clarendon Press, 1986: 105–123

[128] Lyness J N. The calculation of Fourier coefficients by the Möbius inversion of the Poisson summation. Par III. Functions having algebraic singularities. Math. Comput., 1971, 25: 483–493

[129] Lyness J N. On handling singularities in finite elements// Espelied T. and A. Numerical Integration, 1992: 219–233

[130] Lyness J N. Finite-part Integrals and the Euler-Maclaurin Expansion// Zahar R. approximation & computation, ISNM 119, Basel:Birkhauser, Verlag, 1994

[131] Lyness J N. Adjusted forms of the Fourier coefficient asymptotic expansion and applications in numerical quadrature. Math. Comput., 1971, 25: 87–104

[132] Lyness J N. An error expansion for $N$-dimensional quadrature with an integrand function singular at a point. Math. Comp., 1976, 113: 1–23

[133] Lyness J N. Applications of extrapolation techniques to multidimensional quadrature of some integrand functions with a singularity. J. Comp. Phys., 1976, 20: 346–364.

[134] Lyness J N. Finite-part integrals and the Euler-Maclaurin expansion. //Zahar R V M. Approximation and Computation. ISNM, Birkhäuser, Boston., 1994, 119: 397–407

[135] Lyness J N. The calculation of Fourier coefficients by the Möbius Inversion of the Poisson summation formula. Part III. Functions having Algebraic Singularities. Math. Comput., 1971, 25: 483–493.

[136] Lyness J N. Puri K K. The Euler-Maclaurin expansion for the simplex. Comput. Math., 1973, 27: 273–293

[137] Lyness J N. The Euler Maclaurin expansion for the Cauchy pinipal value integral. Numer. Math., 1985, 46: 611–622

[138] Lyness J N, McHugh J J. On the remainder term in the $N$-dimensional Euler-Maclaurin expansion. Numer, Math., 1970, 15: 333–334

[139] Lyness J N, Monegato G. Asymptotic expansions for two-dimmernsional hypersingular integrals. Numer, Math., 2005, 100: 293–329

[140] Lyness J N, Ninham B W. Numerical quadrature and asymptotic expansions. Math. Comput., 1967, 21: 162–178

[141] Ivi'c A. The Riemann Zeta-Function. New York: Wiley, 1985

[142] Ladopoulos E G. On a new integration rule with the Gegenbauer polynomials for singular integral equations used in the theory of elasticity. Ing.-Arch., 1988, 58: 35–46

[143] Ladopoulos E G. Singular Integral Equations: Linear and Non-linear Theory and Its Applications in Science and Engineering. Berlin: Springer, 2000

[144] Laurie D P. Periodizing transformations for numerical integration. JCAM., 1996, 66: 337–344

[145] Lifanov I K. An instance of numerical solution of integral equations with singularities in the periodic case. Differ. Equ., 2006, 42: 1134-1342. Translated from Differ. Uravn., 2006, 42: 1263–1271

[146] Lifanov I K, Poltavskii L N. On the numerical solution of hypersingular integral equations and their applications on the circle. Differ. Equ., 2003, 39: 1175-1197. Translated from Differ. Uravn., 2003, 39: 1115–1136

[147] Lifanov I K, Poltavskii L N, Vainikko G M. Hypersingular Integral Equations and Their Applications. New York: CRC Press, 2004

[148] Lighthill M J. Introduction to Fourier Analysis and Generalised Function. New York: Cambridge Univ. Pree, 1958

[149] Linz P. On the approximate computation of certain strongly singular integrals. Computing, 1985, 35: 345–353

[150] Lorentz G G. Approximation of functions: New York: Holt, Rinehart and Winston, 1966

[151] 吕涛, 黄晋. 第二类弱奇异积分方程的高精度 Nyström 方法与外推. 计算物理, 1997, 55: 349–355

[152] 吕涛, 石济民, 林振宝. 分裂外推与组合技巧. 北京: 科学出版社, 1998

[153] 吕涛, 黄晋. 解第一类边界积分方程的机械求积法与外推. 计算数学, 2000, 1: 59–76

[154] 吕涛, 黄晋. 积分方程的高精度算法. 北京: 科学出版社, 2013

[155] 吕涛. 高精度解多维问题的外推法. 北京: 科学出版社, 2015

[156] 吕涛. 超奇异积分的外推法. 中国科学, 2015, 8: 1345–1360

[157] Lü T, Shih T M, Liem C B. An analysis of splitting extrapolation for multidimensional problems. Systems Sci. & Math., 1990, 3: 261–272

[158] Lacerda L A D, Wrobel L C. Hypersingular boundary integral equation for axisymmetric elasticity. Int. J. Numer. Meth. Engng, 2001, 52: 1337–1354

[159] Mao S, Chen S, Shi D. Convergence and superconvergence of a nonconforming finite element on anisotropic meshes. Int. J. Numer. Anal. Model., 2007, 4: 16–38

[160] Mason J C, Handscomb D C. Chebyshev Polynomials. Boka. Raton: CRC Press. 2003

[161] Mastroanni G, Occorsio D. Interlacing properties of the zeros of the orthogonal polynomials and approximation of the Hilbert transform. Comput. Math. Appl., 1995, 30: 155–168

[162] Mastronardi N, Occorsio D. Some numerical algorithms to evaluate Hadamard finite-part integrals. J. Comput. Appl. Math., 1996, 70: 75–93

[163] McClure J P, Wong R. Explicit error terms for asymptotic expansions of Stieltjes transforms. J. Ins. Math. Appl., 1978, 22: 129–145

[164] McClure J P, Wong R. Exact remainders for asymptotic expansions of fractional integrals. J.Inst. Math. Appl., 1979, 24: 139–147

[165] McClure J P, Wong R. Asymptotic expansion of a multiple integral. SIAM J. Math. Anal., 1987, 18: 1630–1637

[166] McClure J P, Wong R. Asymptotic expansion of a double integral with a curve of stationary points. IMA J. Appl.Math., 1987, 38: 49–59

[167] Miller G R, Keer L M. A numerical technique for the solution of singular integral equations of the second kind. Quart. Appl. Math., 1985, 42: 455–465

[168] Mittra R, Lee S W. Analytical Techniques in the Theory of Guided Waves. McMillan and Company, 1971

[169] Mousavi S E, Sukumar N. Generalizied Duffy transformation for integrating vertex singularities. Comput. Mech., 2010, 45: 127–140

[170] Monegato G. Convergence of product formulas for the numerical evaluation of certain two-dimensional Cauchy principal value integrals. Numer. Math., 1984, 43: 161–173

[171] Monegato G. Numerical evaluation of hypersingular integrals, J. Comput. Appl. Math. 1994, 50: 9–31

[172] Monegato G. The numerical evaluation of a 2-D Cauchy principal value integral arising in boundary integral equation methods. Comp. Math., 1994, 206: 765–777

[173] Monegato G. On the weights of certain quadratures for the numerical evaluation of Cauchy priniciple value integrals and their derivatives. Numer. Math., 1987, 50: 273–281

[174] Monegato G. The numerical evaluation of one-dimensional Cauchy principal value integrals. Computing., 1982, 29: 337–354

[175] Monegato G, Lyness J N. The Euler-Maclaurin expansion and finite-part integrals. Numer. Math., 1998, 81: 273–291

[176] Monegato G, Strozzi A. On the form of the contact reaction in a solid circular plate simply supported along two antipodal edge arcs and deflected by a central concentreated force. J. Elasticity, 2002, 68: 13–35

[177] Monegato G. Strozzi A. The numerical evaluation of two integral transforms. J Comp. App. Math., 2008, 211: 173–180

[178] Muskhelishvili N I. In singluar integral equations. Noordhoff International Publ. Leyden, 1977

[179] Mikhlin S G, Prössdorf S. Singular Integral Operators. Berlin Heidelberg, New York, Tokyo: Springer-Verlag, 1986

[180] Nagarajan A. Mukherjee S. A mapping method for numerical evaluation of two-dimensional integrals with $1/r$ singularity. Comput. Mech. 1993, 12: 19–26

[181] Navot I. An extension of the Euler-Maclaurin summation formula to functions with a branch singularity. J. Math. Phys., 1961, 40: 271–276

[182] Navot I. A further extension of the Euler-Maclaurin summation formula. J. Math. Phys., 1962, 41: 155–163

[183] Ninham B W. Generalised functions and divergent integrals. Numer. Math., 1966, 8: 444–457

[184] Nosich A A, Gandel U V. Numerical analysis of quasioptical multireflector antennas in 2-D with the method of discrete singularities: E-wave Case, IEEE Trans. Antennas Propagat., 2007, 57: 399–406

[185] Oberhettinger F. Tables of Bessel Transforms. New York: Springer-Verlag, 1972

[186] Oberhettinger F. Tables of Mellin Transforms. New York: Springer-Verlag, 1974

[187] Olver F W J. Asymptotics and Special Functions. New York: Academic Press, 1974

[188] Olver F W J. Error bounds for the Laplace approximation for definite integrals. J. Approximation theory, 1968, 1: 293–313

[189] Olver F W J. Asymptotic approximations and error bounds. SIAM Review, 22, 188–203.

[190] Olver F W J, Lozier D W, Boisvert R F, Clark C W. NIST Handbook of Mathematical Functions. Cambridge: Cambridge University Press, 2010

[191] Paget D F. The numerical evluation of Hadamard finite-part integrals. Numer. Math. 1981, 36: 447–453

[192] Paget D F, Elliott D. An algorithm for the numerical evaluation of certain Cauchy principal value integrals. Numer. Math., 1972, 19: 373–385

[193] Peterson A F, Bibby M M. An introduction to the locally-corrected Nystrom method. Morgan & Claypool Synthesis Lectures, 2010

[194] Piessens R. Modified Clenshaw-Curtis integration and application to numerical computation of integral transform// Keat P, Fairweather G, ed. Numerical Integration, NATO ASI Series, Series C: Mathematical and Physical Sciences 2003, 2987: 35–51

[195] Prudnikov A P, Brychkov Yu A, Marichev O I. Integrals and Series: Special Functions. New York: Gordon and Breach, 1986

[196] Ralston A, Rabinowitz P. A First Course in Numerical Analysis. 2nd ed. New York: McGraw- Hill, 1978

[197] Ramm A G, Van A, Sluis D, Calculating singular integrals as an ill-posed problem. Numer. Math., 1990, 57: 139–145

[198] Rivlin T J. Chebyshev Polynomials: from Approximation Theory to Algebra and Number Theory. 2nd ed. New York: Wiley, 1990

[199] Rizzo F J, Shippy D J. An advanced boundary integral equation method for three-dimentional thermoelasticity, Internat. J. Numer. Methods Engrg., 1977, 11: 1753–1768

[200] Rokhlin J, Ma V, Wandzura S. Generalized Gaussian quadrature rules for systems of arbitrary functions. SIAM J. Numer. Anal. 1996, 33: 971–996

[201] Romberg W. Vereinfachte numerische integration. Det. Kong. Norske Videnskabers Forhandlinger., 1955, 28: 30–36

[202] Rabinnowitz P. Extrapolation methods in numerical integration. Numer Algorithms, 1992, 3: 17–28

[203] Rathsfeld A. On quadrature methods for the double layer potential equation over the boundary of a polyhedron. Numer. Math., 1993, 66: 67–95

[204] Rabinowitz P, Lubinsky D S. Noninterpolatory integration rules for Cauchy principal value integrals. Comput. Math., 1989, 53: 279–295

[205] Runck P O. Bemerkungen zu den, Approximationssätzen von jackson und Jackson-Timan, Abstrakte Räume und Approximation//Butzer P L, Szökefalvi-Nagy B ed. ISNM, Basel: Birkhäuser Verlag, 1969, 10: 303–308

[206] Sag T W, Szekeres G. Numerical evaluation of high-dimensional integrals. Math. Comp., 1964, 18: 245–253

[207] Schwab C, Wendland W L. On numerical cubatures of singular surface integrals in boundary element methods. Numer. Math. 1992, 62: 343–369

[208] Shapoval O V, Nosich A I, Ctyroky J. Resonance effects in the optical antennas shaped as finite comb-like grating of noble-metal nanostrips. Proc. of SPIE, Integrated Optics: Physics and Simulations 2013, 87810U-1

[209] Shand Y. Numerical quadratures for Hadamard hypersingular integrals.Numerical mathematics., 2006, 15: 50–59

[210] Sloan I H. Lattice methods for multiple integration. Comput. App., 1985, 12/13: 131–143

[211] Sidi A. Euler-Maclaurin expansions for integrals over triangles and squares of function having algebraic/logarithmic singularities along an edge. J Approximation Theory, 1983, 39: 39–53

[212] Sidi A. A new variable transformation for numerical integration. //Brass H, Hammerlin G, ed. Numerical Integration IV ISNM., 1993, 112: 359–373

[213] Sidi A. A novel class of symmetric and nonsymmetric periodizing variable transformations for numerical integration. J. Sci. Comput., 2007, 3: 391–417

[214] Sidi A. Compact numerical quadrature formulas for hypersingular integrals and intergal equations. J. Sci. Comput., 2013, 54: 145–176

[215] Sidi A. Comparison of some numerical quadrature formulas for weakly singular periodic Fredholm integral equations. Computing., 1989, 43: 159–170

[216] Sidi A. Euler-Maclaurin expansions for integrals with arbitrary algebraic endpoint singularities. Math. Comput., 2012, 81: 2159–2173

[217] Sidi A. Euler-Maclaurin expansions for integrals with arbitrary algebraic-logarithmic endpoint singularities. Constr. Approx., 2012, 36: 331–352

[218] Sidi A. Euler-Maclaurin expansions for integrals with endpoint singularities: a new perspective. Numer. Math., 2004, 98: 371–387

[219] Sidi A. Extension of a class of periodizing variable transformations for numerical integration. Math. Comput., 2006, 75: 327–343

[220] Sidi A. Further extension of a class of periodizing variable transformations for numerical integration. J. Comput. Appl. Math., 2008, 221: 132–149.

[221] Sidi A, Israeli M. Quadrature methods for periodic singular and weakly singular Fredholm integral equations. J. ci. Comput., 1988, 3: 201–231

[222] Sidi A. Practical Extraolation Methods, Theory and Applications. Cambridge: Cambridge University Press, 2003

[223] Sid A. A simple approach to asymtotic expansions for fourier integrals of singular functions. Applied Mathematice and Computation, 2010, 216: 3378–3385

[224] Sidi A. Richardson extrapolation on some recent numerical quadrature formulas for singular and hypersingular integrals and its study of stability. J. Sci. Comput., 2014, 60: 141–159

[225] Sidi A. Analysis of Atikinson's variable transformation for numerical integration over smooth surfaces in $R^3$.Numer. Math., 2005, 100: 519–536

[226] Sladek V, Sladek J. Singular integrals in boundary element methods. Comput. Mech. Publ.: Southampton. 1998.

[227] Steffensen J F. Interpolation. 2nd ed. New York: Dover, 2006.

[228] Stenger F. Numerical methods based on Whittaker cardinal or sinc functions. SIAM Rev., 1981, 23: 165–224

[229] Stoer J, Bulirsch R. Introduction to Numerical Analysis, 3rd ed. New York: Springer, 2002

[230] Strain J. Locally corrected multidimensional quadrature rules for singular functions. SIAM J. Sci. Comput., 1995, 16: 992–1017

[231] Sun W. The spectral analysis of Hermite cubic spline collocation systems. SIAM J. Numer. Anal., 1999, 36: 1962–1975

[232] Sun W, Wu J M. Newton-Cotes formulae for the numerical evaluation of certain hypersingular integral. Computing, 2005, 75: 297–309

[233] Sun W, Zamani N G. Adaptive mesh redistribution for the boundary element method in elastostatics. Comput. Struct., 1990, 36: 1081–1088

[234] Szegö G. Orthogonal polynomials. American mathematical society colloquium publications, 1975, 23. Revised ed. American Mathematical Society, Providence, R.I.

[235] Stroud A H. Approximate Calculation of Multiple Integrals. Prentice-Hall,Inc. Englewood Cliffs,New Jersey, 1971

[236] Theocaris P S. Modified Gauss-Legendre, Lobatto and Radau cubature formulas for the numerical evaluation of 2-D singular integrals. Internat. J. Math. Math. Sci., 1983, 6: 567–587

[237] Theocaris P S, Ioakimidis N I. Numerical integration methods for the solution of singular integral equations. Quart. Appl. Math., 1977, 35: 173–183

[238] Theocaris P S, Ioakimidis N I. Tables of collocation points for the numerical solution of cauchy-type singular integral equations. Publications of National Technical University, Athens, 1978.

[239] Theocaris P S, Ioakimidis N I, Kazantzakis J G. On the numerical evaluation of two-dimensional principal value integrals. Internat. J. Numer. Methods Engrg., 1980, 14: 629–634

[240] Titchmarsh E C. The theory of the Riemann Zeta-Function. 2nd ed. New York: Oxford University Press, 1986. (Revised by D.R. Heath-Brown)

[241] Tricomi F. Equazioni integrali contenenti il valor principale di un integrale doppio. Math. Z., 1928, 27: 87–133

[242] Tricomi F G. On the finite Hilbert transformation. Quart. J. Math. Oxfort Ser., 1951, 2: 199–211

[243] Tsalamengas J L. Quadrature rules for weakly singular,strongly singular, and hypersingular integrals in boundary integral equation methods. Comp. Phy., 2015, 23: 1–29

[244] Tsalamengas J L. A direct method to quadrature rules for a certain class of singular interals with logarithmic, Cauchy, or Hadamard-type singularities. Int. J. Numer. Model. 2012, 25: 512–524.

[245] Tsalamengas J L. Exponentially converging Nystrom's methods for systems of singular integral equations with applications to open/closed stripor slot-loaded 2-D structures. IEEE Trans. Antennas Propagat., 2006, 54: 1549–1558

[246] Tsamasphyros G, Dimou G. Gauss quadrature rules for finite part integrals. Int. J. Numer. Methods Eng., 1990, 30: 13–26

[247] Tsamasphyros G, Theocaris P S. Cubature formulas for the evaluation of surface singular integrals. BIT, 1979, 19: 368–377

[248] Vainikko G. Multidimensional Weakly Singular Integral Equations// Lecture Notes in Mathemtics. Berlin: Springer-Verlag, 1993

[249] Venturino E. Recent developments in the numerical solution of singular integral equations. Math. Anal. Appl., 1986, 115: 239–277

[250] Verlinden P. Cubature formulas and asymptotic expansions. PhD thesis, Katholieke Universiteit Leuven. 1993. (Supervised by A. Haegemans.)

[251] Verlinden P, Haegemans A. An error expansion for cubature with an integrand with homogeneous boundary singularities. Numer. Math., 1993, 65: 383–406

[252] Verlinden P, Potts D M, Lyness J N. Error expansion for multidimensional trapezoidal rules with Sidi transformations. Numer. Algor., 1997, 35: 321–347

[253] Waterman P C, Yos J M, Abodeely R.J. Numerical integration of non-analytic function. Math. Phys., 1962, 41: 155–163

[254] Watson E J. Laplace Transforms and Applications. New York: van Nostrand Reinhold, 1981

[255] Watson G N. The constants of Landau and Lebesgue. Quart. J. Math., 1930, 1: 310–318

[256] Watson G N. Harmonic funcions associated with the parabolic cylinder. Proc. Lond. Math. Soc., 1918, 17: 116–148

[257] Weaver J. Three-dimensional crack analysis. Internat. J. Solids and Structures, 1977, 13: 321–330

[258] Whittaker E T, Watson G N. A Course of Mordern Analysis. New York: Cambridge University. Press, 1958

[259] Wyman M. The method of Laplace. Trans. Roy. Soc. Canada., 1964, 2: 227–256

[260] Wyman M. Asymptotic Analysis. University of Alberta, 1965

[261] Wong R. Asymptotic Aproximations of Integrals. Boston: Academic Press, 1989.

[262] Wu J, Dai Z, Zhang X. The superconvergence of the composite midpoint rule for the finite-part integral. J. Comput. Appl. Math., 2010, 233: 1954–1968.

[263] Wu J M, Lu Y. A superconvergence result for the second-order Newton-Cotes formula for certain finite-part integrals. IMA J. Numer. Anal., 2005, 25: 253–263.

[264] Wu J M, Lu Y, Li W, Sun W. Toeplitz-type approximations to the Hadamard integral operators and their applications in electromagnetic cavity problems. Appl. Numer. Math., 2007.

[265] Wu J, Sun W. The superconvergence of Newton-Cotes rules for the Hadamard finite-part integral on an interval. Numer. Math., 2008, 109: 143–165

[266] Wu J M, Sun W. The superconvergence of the composite trapezoidal rule for Hadamard finite part integrals. Numer. Math., 2005, 102: 343–363

[267] 王竹溪, 郭敦仁. 特殊函数概论, 北京: 科学出版社, 1979.

[268] 徐利治, 周蕴时. 高维数值积分, 北京: 科学出版社, 1980.

[269] Yang Y, Atkinson K. Numerical integration for multivariable functions with poit singularities. SIAMJ. Numer. Anal., 1993, 32: 969–983

[270] Yu D H. The numerical computation of hypersingular integras and its application in BEM. Adv. Engng. Software, 1993, 18: 103–109

[271] 余德浩. 自然边界元方法的数学理论. 北京: 科学出版社, 1993.

[272] Zhang X P, Wu J M, Yu D H. The superconvergence of composite trapezoidal rule for Hadamard finite-part integal on a circle and its application. Int. J. Comput. Math., Doi: 10. 1080/00207

[273] Zhu R, Huang J, Lü T. Mechanical quadrature methods and their splitting extrapolation for solving boundary integrals of axisymmetric Laplace mixed boundary value problems. Engineering Analysis with Boundary Elements, 2006, 30: 391-398

[274] 祝家麟, 袁政强. 边界元分析. 北京: 科学出版社, 2009

# 索　引

## B

比较判别法, 2
变换, 28, 32, 35, 59, 101
Beta, 13

## C

超奇异, 23, 26, 55, 169, 172,
　　177, 179, 185, 186, 191, 199,
　　201, 220, 280, 301, 397, 413,
　　418, 437, 441, 444, 446
Cauchy, 3,4,6,16,21,44,
　　47,132,133,142,145,
　　148,151,154,163,165,
　　176,370, 521

## D

多维, 26, 82, 89, 90, 312,
　　333, 396, 443
端点, 129, 145, 150, 186, 191, 250
定点, 142
带权, 154
点型, 312, 313, 319
单参数, 312, 313, 398
多参数, 327, 333, 339,
　　340, 349, 371, 379, 419,
　　439, 443, 446, 450
单纯形, 353
Dirichlet 判别法, 3, 6

## E

二阶, 184
二维, 327, 369, 397
Euler-Maclaurin, 72, 90, 199, 201,
　　232, 235, 250, 264, 267, 276, 313

## F

复合型, 70
发散, 196
分裂外推, 109, 358, 380
分数阶, 235
分离, 396
分部, 458
Fourier, 28, 496

## G

广义, 1, 5, 7
公式, 65, 133, 172
高阶, 179
Gauss, 78, 297

## H

含参, 151, 163, 205, 216,
　　232, 235, 264, 267, 349, 369,
　　379, 387, 419, 439
混合, 177, 250, 264, 267,
　　276, 345, 397
Hadamard, 23, 26, 55,
　　169, 172, 184, 185, 521
Hilbert, 48, 512

## J

计算, 129, 132, 138, 169, 177, 179
降维方法, 83
加速收敛, 113
基本概念, 458
基本定理, 446

## L

Laplace, 33, 461

## M

面型, 371, 421
Mellin, 35, 479

## N

内点, 148, 185, 186
拟微分算子, 59
Newton-Cotes, 65, 221

## Q

奇异, 38, 44, 47, 54, 116, 125,
　　128, 129, 132, 150, 332, 348, 453
求积公式, 63, 290, 295, 297
强奇异, 16, 21, 44, 47, 199, 201

## P

平稳, 474

## R

弱奇异, 38, 116, 145, 150, 165,
　　186, 312, 313, 319, 327, 333, 340,
　　341, 345, 348
任意阶, 191, 216, 264
Richardson, 106
Romberg, 106, 326

## S

算法, 63, 82, 116, 142, 184, 205,
　　250, 280, 289, 312
算例, 166, 188, 190, 212, 215,
　　219, 231, 243, 246, 248,
　　278, 279, 289, 293, 310, 317,
　　326, 346–348, 364–367,
　　384, 395, 411–413,
　　438, 455, 455

收敛, 1, 2, 3, 5, 6, 7, 8, 11
Stieltjes, 512

## V

Volterra 型, 42

## X

相位, 461

## Y

有界, 36
一维, 23, 63, 116, 125, 128,
　　132, 142, 151, 169
原点, 397, 413, 442

## W

误差, 116, 125, 142, 145, 151,
　　185, 191, 205, 312, 313, 333,
　　339, 340, 347, 369, 373, 395,
　　418, 435, 438, 446
外推, 106, 239, 312
无穷限, 1
无界, 5
稳定性, 301, 305, 309

## Z

周期, 96
整数阶, 232
展开式, 72, 90, 116, 125, 142, 145, 151,
　　185, 191, 205, 312, 313, 333,
　　339, 340, 346, 371, 379, 397,
　　413, 420, 438, 443, 443
逐项, 464
主值积分
组合算法, 113

# 《信息与计算科学丛书》已出版书目

1. 样条函数方法 1979.6 李岳生 齐东旭 著
2. 高维数值积分 1980.3 徐利治 周蕴时 著
3. 快速数论变换 1980.10 孙 琦等 著
4. 线性规划计算方法 1981.10 赵凤治 编著
5. 样条函数与计算几何 1982.12 孙家昶 著
6. 无约束最优化计算方法 1982.12 邓乃扬等 著
7. 解数学物理问题的异步并行算法 1985.9 康立山等 著
8. 矩阵扰动分析 1987.2 孙继广 著
9. 非线性方程组的数值解法 1987.7 李庆扬等 著
10. 二维非定常流体力学数值方法 1987.10 李德元等 著
11. 刚性常微分方程初值问题的数值解法 1987.11 费景高等 著
12. 多元函数逼近 1988.6 王仁宏等 著
13. 代数方程组和计算复杂性理论 1989.5 徐森林等 著
14. 一维非定常流体力学 1990.8 周毓麟 著
15. 椭圆边值问题的边界元分析 1991.5 祝家麟 著
16. 约束最优化方法 1991.8 赵凤治等 著
17. 双曲型守恒律方程及其差分方法 1991.11 应隆安等 著
18. 线性代数方程组的迭代解法 1991.12 胡家赣 著
19. 区域分解算法——偏微分方程数值解新技术 1992.5 吕 涛等 著
20. 软件工程方法 1992.8 崔俊芝等 著
21. 有限元结构分析并行计算 1994.4 周树荃等 著
22. 非数值并行算法(第一册)模拟退火算法 1994.4 康立山等 著
23. 矩阵与算子广义逆 1994.6 王国荣 著
24. 偏微分方程并行有限差分方法 1994.9 张宝琳等 著
25. 非数值并行算法(第二册)遗传算法 1995.1 刘 勇等 著
26. 准确计算方法 1996.3 邓健新 著
27. 最优化理论与方法 1997.1 袁亚湘 孙文瑜 著
28. 黏性流体的混合有限分析解法 2000.1 李 炜 著
29. 线性规划 2002.6 张建中等 著
30. 反问题的数值解法 2003.9 肖庭延等 著
31. 有理函数逼近及其应用 2004.1 王仁宏等 著
32. 小波分析·应用算法 2004.5 徐 晨等 著
33. 非线性微分方程多解计算的搜索延拓法 2005.7 陈传淼 谢资清 著
34. 边值问题的 Galerkin 有限元法 2005.8 李荣华 著
35. Numerical Linear Algebra and Its Applications 2005.8 Xiao-qing Jin, Yi-min Wei
36. 不适定问题的正则化方法及应用 2005.9 刘继军 著

37 Developments and Applications of Block Toeplitz Iterative Solvers  2006.3  Xiao-qing Jin
38 非线性分歧：理论和计算  2007.1  杨忠华 著
39 科学计算概论  2007.3  陈传淼 著
40 Superconvergence Analysis and a Posteriori Error Estimation in Finite Element Methods  2008.3  Ningning Yan
41 Adaptive Finite Element Methods for Optimal Control Governed by PDEs  2008.6  Wenbin Liu  Ningning Yan
42 计算几何中的几何偏微分方程方法  2008.10  徐国良 著
43 矩阵计算  2008.10  蒋尔雄 著
44 边界元分析  2009.10  祝家麟  袁政强 著
45 大气海洋中的偏微分方程组与波动学引论  2009.10  〔美〕Andrew Majda 著
46 有限元方法  2010.1  石钟慈  王鸣 著
47 现代数值计算方法  2010.3  刘继军 编著
48 Selected Topics in Finite Elements Method  2011.2  Zhiming Chen  Haijun Wu
49 交点间断 Galerkin 方法：算法、分析和应用  〔美〕Jan S. Hesthaven  T. Warburton 著  李继春  汤涛 译
50 Computational Fluid Dynamics Based on the Unified Coordinates  2012.1  Wai-How Hui  Kun Xu
51 间断有限元理论与方法  2012.4  张铁 著
52 三维油气资源盆地数值模拟的理论和实际应用  2013.1  袁益让  韩玉笈 著
53 偏微分方程外问题——理论和数值方法  2013.1  应隆安 著
54 Geometric Partial Differential Equation Methods in Computational Geometry  2013.3  Guoliang Xu  Qin Zhang
55 Effective Condition Number for Numerical Partial Differential Equations  2013.1  Zi-Cai Li  Hung-Tsai Huang  Yimin Wei  Alexander H.-D. Cheng
56 积分方程的高精度算法  2013.3  吕涛  黄晋 著
57 能源数值模拟方法的理论和应用  2013.6  袁益让 著
58 Finite Element Methods  2013.6  Shi Zhongci  Wang Ming 著
59 支持向量机的算法设计与分析  2013.6  杨晓伟  郝志峰 著
60 后小波与变分理论及其在图像修复中的应用  2013.9  徐晨  李敏  张维强  孙晓丽  宋宜美 著
61 统计微分回归方程——微分方程的回归方程观点与解法  2013.9  陈乃辉 著
62 环境科学数值模拟的理论和实际应用  2014.3  袁益让  芮洪兴  梁栋 著
63 多介质流体动力学计算方法  2014.6  贾祖朋  张树道  蔚喜军 著
64 广义逆的符号模式  2014.7  卜长江  魏益民 著
65 医学图像处理中的数学理论与方法  2014.6  孔德兴  陈韵梅  董芳芳  楼琼 著
66 Applied Iterative Analysis  2014.10  Jinyun Yuan 著
67 偏微分方程数值解法  2015.1  陈艳萍  鲁祖亮  刘利斌 编著
68 并行计算与实现技术  2015.5  迟学斌  王彦棡  王珏  刘芳 编著
69 高精度解多维问题的外推法  2015.6  吕涛 著

70　分数阶微分方程的有限差分方法　2015.8　孙志忠　高广花　著
71　图像重构的数值方法　2015.10　徐国良　陈　冲　李　明　著
72　High Efficient and Accuracy Numerical Methods for Optimal Control Problems　2015.11　Chen Yanping　Lu Zuliang
73　Numerical Linear Algebra and Its Applications (Second Edition) 2015.11　Jin Xiao-qing　Wei Yi-min　Zhao Zhi
74　分数阶偏微分方程数值方法及其应用　2015.11　刘发旺　庄平辉　刘青霞　著
75　迭代方法和预处理技术(上册)　2015.11　谷同祥　安恒斌　刘兴平　徐小文　编著
76　迭代方法和预处理技术(下册)　2015.11　谷同祥　刘兴平　安恒斌　徐小文　杭旭登　编著
77　Effective Condition Number for Numerical Partial Differential Equations (Second Edition)　2015.11　Li Zi-Cai　Huang Hung-Tsgi　Wei Yi-min　Cheng Alexander H.-D.
78　扩散方程计算方法　2015.11　袁光伟　盛志强　杭旭登　姚彦忠　常利娜　岳晶岩　著
79　自适应Fourier变换：一个贯穿复几何，调和分析及信号分析的数学方法　2015.11　钱　涛　著
80　Finite Element Language and Its Applications I　2015.11　Liang Guoping　Zhou Yongfa
81　Finite Element Language and Its Applications II　2015.11　Liang Guoping　Zhou Yongfa
82　水沙水质类水利工程问题数值模拟理论与应用　2015.11　李春光　景何仿　吕岁菊　杨　程　赵文娟　郑兰香　著
83　多维奇异积分的高精度算法　2017.3　黄　晋　著